신항공법정해 개정5판

이론 · 법규 · 문제 · 국제조약

신항공법정해 개정5판

초판 발행 1999년 8월 20일
개정5판 발행 2022년 8월 19일
2쇄 발행 2023년 2월 20일

지은이 홍순길, 이강석
펴낸이 최국주
펴낸곳 동명사
출판등록 1950년 11월 1일(제1-76호)
주소 (우 10881) 경기도 파주시 회동길 50(문발동)
전화 031-955-7200(대표)~2, 7203(편집부), 7204(물류)
팩스 031-955-7205
전자우편 webmaster@dmsbook.com
홈페이지 www.dmsbook.com

東明社

ISBN 978-89-411-8228-3 93550
값 38,000원

개정5판 머리말

그 동안 이 책을 애독하고 이용하여 주신 여러분께 깊은 감사를 드립니다.

과거 우리나라에 대한 미연방항공청(FAA)의 항공안전2등급 판정 및 9.11 테러이후 우리나라 항공법과 국제항공법에 많은 변화를 가져 왔으며, 최근에는 국제민간항공기구(ICAO)가 국가별 항공안전체제구축을 위한 점검(Audit)을 국제민간항공기구 부속서(Annex)별로 점검하고 있다. 또한 최근에 동 부속서 19(안전관리)가 추가되어 회원국 안전체계를 강화시키고 감독하고 있다. 이에 따라 우리나라 항공법도 국제기준에 효율적으로 발맞추기 위하여 항공안전법, 공항시설법, 항공사업법등으로의 분법을 포함하여 빠르게 변화하고 있는 실정이다.

이 책은 단행본으로서 국제 및 국내항공법 전반을 올바르게 이해하고 실현하는데 더할 나위 없는 역할을 한다고 저자는 믿고 싶다. 이 책으로 대학에서 강의를 하면서 느낀 것은 요즘의 학생들도 법의 기능주의적 관점보다는 진정한 법, 법다운 법이 무엇인지 그리고 국제기준과 비교하여 어떻게 발전하고 있는지에 큰 관심을 가지고 있다는 점이다.

이 책이 학생들뿐만 아니라, 항공법을 연구하고 실제로 적용하는 실무자들에게도 다소나마 도움이 되었으면 한다.

이 책의 개정5판에서는 최근 개정된 국제·국내 항공법의 반영은 물론 분법된 항공안전법, 공항시설법, 항공사업법에 대해서도 이해하기 쉽게 정리 수록하였으며, 항공법 예상문제도 최신으로 수정하였다. 수시로 개정 보완되는 항공법규를 반영하기 위하여 앞으로도 최선을 다해 시의 적절하게 보완 개정할 것을 약속한다.

끝으로, 이 개정판을 내는데 독려와 격려를 해준 동명사 김급태 상무님과 편집 관계자 여러분께 감사드리며, 공동저자인 한서대학교 항공교통물류학과 이강석 교수와 그의 제자인 이종민, 하지승군의 노고에 고마움을 표시하고 싶다.

2022년 5월 30일

지은이 씀

초판 머리말

21세기 문턱까지 항공우주 과학기술은 급속히 발전해 왔으며, 이에 따라 항공환경도 급변하고 있어서 이에 적응하는 제반항공 활동이나 이의 법규제 체제도 변화하지 않을 수 없게 되었다.

국제 항공법의 대헌장격(Magna Carta 格)인 1944년의 국제민간항공조약(시카고조약)도 55년이 지난 오늘의 현실에 맞게 수술이 필요하며, 국제항공운송인의 책임체제의 근본인 1929년 바르샤바 협약과 그 체제도 붕괴위기에 직면하여 진통을 겪어 왔다. 주권국가 중심의 종전 국제 항공법 질서는 초국가적인 WTO 체제엔 부적합한 점이 있으며, 공익을 우선으로 보호 및 규제중심의 국내·국제 항공법은 규제완화, 자유경쟁 체제로 변모하고 있다. 그럼에도 불구하고 항공사고는 계속되어 항공안전이 강화될 수밖에 없는 현실이다.

결국 변화하는 항공환경에 합치하도록 국제 항공법 질서나 국내 항공법 체제도 변화할 수밖에 없게 되었다. 본서는 세계 민항공의 공통법 질서이며 기초인 국제 항공법의 기본이론과 주요내용 및 최신경향을 제1부에서 다루었으며, 국내 항공법의 내용과 해당법규를 간단한 해설과 더불어 제2부에서 다루었다. 이에는 1999년 8월 초까지 개정된 항공법, 시행령 및 시행규칙도 반영하려고 노력했다. 그리고 제3부에서는 항공법을 보다 쉽게 이해하고 각종 국가고시 준비에 다소나마 도움과 참고가 되도록 연습문제를 다루었다.

마지막 부분은 가장 중요한 국제민간항공조약(시카고조약)과 국제항공업무통과협정의 원문을 부록으로 하여 필요시 편리하게 참고토록 하였다. 따라서 본서는 항공분야를 전공하는 학생은 물론 항공행정이나 산업계 근무자, 또한 항공종사자 면장을 취득하기 위하여 항공법을 공부하는 수험생에게 더 없는 지침서가 되리라 생각한다.

한편의 책으로 위의 모든 방대한 내용을 수록하고자 욕심을 냈으나 깊이 있는 이론, 학설, 판례 및 사례들을 충분히 포함하지 못한 점을 아쉽게 생각하며, 이 점은 계속해서 가능한 한 보완해 나갈 것을 다짐한다. 본서를 준비하는 과정에서 필자는 많은 분들로부터 조언과 지도 및 협조의 은혜를 받았으며, 모든 분들에게 깊이 감사드린다.

특히, 끝까지 항공법 연구에 많은 업적을 내시고 교육에 헌신하시다가 작고하신 한국항공 대학교 송효경 전학장님, 그리고 최완식 교수님의 평소 가르침과 지도에 다시한번 감사드린다. 또한, 한국항공우주법학회 초대회장이신 손주찬 박사님과 2대 회장이신 김두환 교수님, 이강빈 부회장(상지대), 최준선 박사(성균관대), 신동춘 박사(건교부), 신성환 교수(공사), 박현목 박사(경성대)의 따뜻한 격려와 가르침에 감사드린다.

한국항공대학교 박오화 총장님, 양한모·이영혁·김칠영·유광의·신홍균 등 동료 교수님들의 지도와 격려에도 감사드린다. 또, 바쁜 현업에도 불구하고 부단히 연구하시는 박원화 외교통상부 대사, 이태원 한진 사장님과 건교부 항공국 최영일 서기관의 조언과 자료지원에 감사드린다.

본서 편집과 교정을 위하여 수고해 준 한국항공대학교 대학원 박사과정의 이강석 선생, 박선래 석사, 송청호 석사, 대학원생 김용범, 김소영에게 고마운 마음을 표한다. 본서가 출판되도록 늘 독려해 주신 동명사 김현경 전무님과 직원 여러분께도 깊은 감사를 드린다. 따라서 본서는 위 여러분의 조언과 격려 및 협조 없이는 불가능했을 것이다. 그러나 내용상 어떠한 과오가 있다면 물론 본인의 책임일 것이다.

끝으로 바쁜 학교일과 연구를 핑계로 집안에 불충실한 가장을 인내와 사랑으로 이해해 준 아내 점희, 그리고 영표, 민아, 정표 3남매에게도 미안한 마음과 감사한 마음을 동시에 표한다.

1999년 8월 15일

경기도 고양시 화전 연구실에서

개정4판 서 문

지난 5년 동안 우리나라 항공법 체제와 내용은 국내외 항공여건과 환경변화에 부응하여 여러 차례 수정을 거듭해 왔다. 우선 주무당국인 건설교통부가 국토교통부로 변경되고 항공안전 행정체제 강화를 위해 설립되었던 항공안전본부가 폐지되고 국토교통부내에 항공정책실이 신설되고, 항공사고조사위원회는 항공철도사고조사위원회로 변경되면서 각종인허가권자의 변경으로 해당법규가 수정되었으며 세계적인 규제완화와 항공자유화 추세에 따라 항공운송사업의 면허나 각종 인·허가 기준이 대폭 완화된 반면 안전기준과 감독은 강화되었다. 이 책의 개정 4판에서는 최근 개정된 국제·국내 항공법규의 반영은 물론, 그에 따른 항공법 예상문제도 최신내용으로 수정하였다.

수시로 개정 보완되는 항공법규를 그때마다 개정판을 내기가 쉽지 않아 이 책을 애독하는 여러분께 늘 죄송하게 여겨왔으나 이번 개정판으로 모든 개정내용을 반영하여 다행스럽게 여기며 앞으로도 최선을 다해서 시의 적절하게 보완 개정할 것을 약속한다.

끝으로, 이 개정판을 내는데 독려와 협조를 해준 동명사 최국주 사장님과 편집관계자 여러분께 감사드리며, 공동저자로서 수고가 많았던 한서대학교 항공교통관리학과의 이강석교수와 방대한 자료정리와 교정업무에 오랫동안 수고해 온 한서대학교 항공교통관리학과 고준영 학사, 박예라 학사, 김혜지 학사에게도 깊은 고마움을 표시한다.

2010년 2월

지은이 씀

차례

제2부
국내 항공법

제1부 | 국제 항공법

제1장 서론

1.1 항공법의 역사적 배경

1783년 비행기가 처음으로 지상에서 이륙했고,[1] 1년 뒤엔 최초의 항공법인 「기구사용의 제한금지에 관한 경찰명령」이 프랑스에서 제정되었다.[2] 1889년 파리의 만국 박람회 때 개최된 제1회 국제 항공법 회의가 최초의 항공에 관한 국제회의였으며, 동년 7월 29일에 제1회 헤이그 평화회의에 참가한 제국은 경기구상이나 혹은 이와 같은 다른 새로운 방법에 의한 투사물 및 폭발물 투하금지에 관한 선언을 행하였는데, 이것이 소위 헤이그 선언으로서 1907년에 갱신되었다. 1898년 8월 6일에는 독일과 오스트리아, 헝가리간에 체결된 「군용기구의 상호국 경비상에 대한 각서」는 항공법 사상 최초의 2개국간 항공협정인 것이다.

20세기에 들어서면서 항공법의 발달도 본격적인 단계에 들어선 느낌이 있으나, 1914년 제1차 세계대전 발발 이전까지는 항공기의 발달은 유치한 시기였으며, 실험단계에 있었기 때문에 항공기의 제작이용도 전혀 기업화되지 못하였다. 이와 같은 제상황하에 부응하여 항공법도 아직 시원적 형성단계를 벗어나지 못했으며, 각국의 항공입법도 대부분 경찰규칙의 정도에 지나지 않았다. 1903년 미국의 라이트 형제에 의한 동력 항공기의 성공으로 공중비행의 기술적 문제가 근본적으로 해결되자, 이와 병행하여 항공에 관한 법률문제가 구체적으로 문제화되고 연구의 대상이 되었지만, 항공에 관련되는 항공 법권상에서 전혀 미지의 대상이었으므로 공법(空法)의 조직화도 그 시초단계에서는 Common Law 민법, 해법 및 국제 관습법 등의 법원칙에 의존할 수밖에 없었다. 이 때문에 항공법 특히 국제 항공법의 문제는 관계영역의 학자나 학회의 활동에 의존할 때가 많았다. 이 당시의 항공법의 주문제는 주로 공역의 법적성질에 집중되었다.[3] 프랑스의 Fauchille는 1901년 「공역과 항공법에 관한 법률문제」라는 논문을 발표하여 국제 항공법상 최초의 체계적인 문헌을 이루었다.

1909년 4월 25일 일요일 아침에는 Bl riot가 항공기로 도버해협을 건너서 마침내 "England no longer

---

1) Peter B Keenen 외 2인: Shawcross Beaumont on Air Law, vol 1, 3rd ed. London, 1966, p. 3 참조.

2) ibid p. 3 A police decree in Paris, prohibiting balloon flight without special permits.

3) ibid: 공역의 법적성질에 관하여는 공역 자유설과 공역 주권설이 대립되고, 공역 자유설엔 절대적 자유설과 상대적 자유설이 있으며, 초기엔 상대적 자유설이 압도적이었으나 후에는 공역 주권설이 공역의 법률성질에 관한 대표적 학설이 되었음. 전자는 Fauchille, Miblinys 등에 의하여 대표되고, 후자는 Bluntshi, Holjendorft 등에 의해 대표되었다.

Island"가 되게 사실상 지리적 변혁의 효과를 가져왔다.[4] 국제회의로서는 1900년의 마이랜드 항공회의, 1909년의 난시 항공회의 1910년의 베로나 국제항공회의, 1916년의 산티아고 항공회의 등이 있었으나 괄목할 만한 성과를 찾아볼 수 없었고, 1914년 제1차 세계대전의 발발로 말미암아 항공법의 발달은 중단되었다.

제1차 세계대전이 끝난 후 1919년 3월 22일 정기적인 국제항공운송 업무가 파리와 브뤼셀간 시작되었고,[5] 1919년 6월에는 처음으로 항공기에 의해 대서양을 횡단하였다. 이에 따라 국제 항공법도 그 외연이 확대되었을 뿐만 아니라, 그 내용도 점차 충실해져 항공법도 성장되었다. 1919년 제1차 세계대전 종결 후 파리에서 체결한 국제항공조약은 공역에 대한 국가주권을 확립하였고, 국제간에 있어서 항공기의 사용과 비행을 규제할 국제항공의 기본체제를 수립하였다. 파리조약은 1944년의 시카고 조약에 의해 대체될 때까지 국제항공의 기본법이 되었고, 이 시기에 미국, 영국, 프랑스, 독일, 스위스, 이탈리아 등의 항공법은 파리조약을 수락한 것이다.

이와 같은 파리조약의 목적은 민간항공을 위하여 세계적으로 통일된 항공사법을 제정하려는데 있었으며, 또한 동공법에 의하여 항공운송을 국제적으로 규율하고 체계화하려는데 있는 것이다. 파리조약 이외에도 1926년의 『이베로 아메리칸 상업항공 조약』,[6] 1928년의 『팬 아메리카 상업항공 조약』,[7] 1933년의 『국제항공 위생조약』[8]과 1934년의『국제항공 연료협정』[9]이 있었고, 국제항공 법률문제 위원회(Comite international technique d'experts juridiques a riens: CITEJA)[10]가 설립되어 CITEJA에 의하여 여러 가지 중요한 국제항공 사법조약(1929년의 바르샤바 조약, 1933년의 로마조약, 1938년의 브뤼셀 조약[11] 등이 이루어졌다. 정말, 이 시기에 국제항공법은 많은 발달과 성장을 하였다고 볼 수 있다.

1939년에 발발한 제2차 세계대전은 국제항공을 비약적으로 발달시켰으며, 이에 수반하여 필연적으로 국제항공의 전분야에 걸쳐 종래 이상의 큰 국제적 협력의 필요성이 요청됨과 동시에, 한편으로는 국제민간항공의 안전한 발달의 필수적 요소인 국제교통권과 항공발달에 있어서의 상업권의 확립을 위하여는, 종래의 파리조약이나 하바나 조약 역시 재검토되지 않을 수 없었다. 그리하여 1944년 11월 1일, 미국의 초청에 의하여 시카고 국제민간항공회의(International Civil Aviation Conference)가 개최되었다. 이는 파리회담 이후 국제민간항공사상 가장 중요한 의의를 갖는 회의이다. 이 회의는 국제항공을 종래의 어느 항공조약에서 보다 가장 일반적이

---

4) Peter. B. Keenan 외 2인, 「Op. Cit」, p. 4.

5) Peter. B. Keenan 외 2인, 「Op. Cit」, p. 5.

6) 1926년 10월 스페인 정부의 주최로 마드리드에서 개최된 중남미 21개국 항공회의에서 그 원안이 작성되어, 동년 12월 1일에 서명된 조약으로서 스페인·아르헨티나 등 9개국이 비준하였다.

7) Pan American Convention on Commercial Aviation은 1928년 2월 22일 하바나에서 범미 연합국간에 서명된 조약으로서, 조약의 기본원리는 대체로 파리조약과 같다.

8) 국제항공 위생조약은 1933년 4월 12일 헤이그에서 서명된 조약으로서, 국제항공에 있어서 위생상의 조치를 규정한 것

9) 국제항공 연료조약은 1934년 3월 1일 런던에서 44개국이 참가한 가운데 체결서명된 협정이다.

10) 1925년 10월 파리에서 프랑스 정부의 주최로 제1회 국제항공 사법회의가 개최되고, 이 회의에서 항공사법에 관한 제조약의 초안작성을 위한 자문기관으로서 설치된 것이 CITEJA임.

11) Brussel Insurance Protocol, 1938년 로마조약의 보충조약임.

고 세계적인 기초 위에 올려 놓았으며, 또한 항공운송의 국제적 규율의 체계를 수립했다는 점에서 높이 평가되며, 이 회의에서 성립된 문서는 국제민간항공조약(시카고 조약)과 4개 조약이 있다.[12] 시카고 조약에 의해 설립된 국제민간항공기구(ICAO)는 국제민간항공을 전세계를 통하여 안전하고도 정연한 발달 및 보장을 목적으로 해서, 이를 위한 국제민간 행정기관으로서도 중요한 역할을 하지만 법률관계의 전문기관으로서 법률 위원회(legal committee)를 설치하여 국제항공법에 관한 문제를 담당했다. 이 법률 위원회는 CITEJA를 대신하는 기관으로서 국제항공법의 발달을 위하여 다대한 공헌을 하고 있는 것이다.[13]

이상에서 살펴본 바와 같이 국제항공법은 아주 짧은 기간 동안 항공운송발전에 뒤따라서(follow after), 오늘날과 같이 많은 발전을 이룩하였으며, 현재 계속해서 급속도로 비약발전하는 국제항공에 적응하기 위해, 계속 발전되어야 하는 역사적 배경과 현실에 당면하고 있는 것이다.

1.2 항공법의 개념과 특성

항공법의 개념은 형식적 의의의 개념과 실질적 의의의 개념 두 가지로 나눌 수 있다. 형식적 의의의 개념이라면 "항공법"이라는 명칭하에 제정, 공포되어 시행 중인 법령을 가리키는 것으로서, 그 실체는 명확하고 한정된 것으로 파악될 수 있다. 이에 대하여 실질적 의의의 항공법이란, 항공기에 의하여 발생하는 법적관계를 규율하기 위한 법규의 총체, 즉 항공기와 그 운항, 이용 및 그것에 수반하여 일어나는 제관계를 규율하는 법규의 전부라고 정의할 수 있다. 그러나 그 실체적인 내용은 결코 명확하지 않다. 그 이유는 항공기를 이용한 활동이라는 것이 실정법상의 개념으로서 정의되어 있지 않기 때문이다.

항공법은 또한 지구상의 공간, 즉 공역을 이용하는 것에 관한 법이며, 이를 이용하는 것으로부터 발생하는 법률관계를 규율하는 법규범의 총체라고 정의하기도 한다. 다시 말해서 항공법은 항공의 장소로서의 공역, 항공에 이용하는 항공기, 비행장 기타의 항공시설, 항공 종사자 및 항공산업 등에 관한 법률관계를 규제하는 것이다. 따라서, 항공법은 특수한 법의 영역을 형성하고 있으며, 민법·상법 등의 일반법규가 아닌 특별법에 속하여 독자적인 자율성을 갖는 법이라고 볼 수 있다. 이러한 항공법, 특히 국제항공법은 다음과 같은 특성을 지니고 있다.

첫째, 국제항공법은 과거 반세기 동안 각국 항공법을 기초로 국제적 통일화를 위한 제국가의 적극적 노력의 소산인 것이다. 국제항공법은 공간의 이용에 관한 법(공법) 중 특히 항공기에 의한 공간 이용시 발생하는 제법률 관계를 규율하는 법규범의 총체라고 정의할 수 있다.

---

12) 국제민간항공조약 외의 4개 조약은 국제항공업무 통과협정, 국제항공운송협정, 국제민간항공에 관한 잠정협정, 2개국간 협정의 표준형식임.

13) Memorandum on ICAO, pp. 36~37.

둘째, 국제항공법은 타기술 및 비정치 분야의 조약이나 법규에서와 같이[14] 잘 협조가 이루어지고 강한 특이성이 있다. 이것은 항공이 국제적으로 공통적인 조직과 운영이 필요하기 때문이다.[15] 셋째, 국제항공법은 공법(空法) 중에서도 중요한 비중을 차지하고 있는데, 그 이유는 항공 그 자체가 갖는 국제성이라는 속성이 그대로 반영된 것이 국제항공법인 것이다. 다시 말하면, 항공기는 제국가간의 공간을 비행하기 때문에 항공운송은 필연적으로 국제운송이 된다.[16] 따라서, 이를 규제하는 법규도 지극히 국제적이며, 보편적인 특성을 갖는 것이 당연하다.

넷째, 국제항공법은 역사도 짧지만(droit jeune), 관습법규가 아닌 직접적으로 입법된 성문의 국제조약으로 조직되어 있다는 점이 그 체계상의 특징이라 하겠다. 따라서, 해법이 오랜 해상관습의 집적에 근거를 둔 관습의 성문화라는 점에서 근본적으로 다르다.

다섯째, 국제항공법은 국제공법(國際公法)과 사법(私法)의 결합이며, 그 목적은 국제민간 항공의 국제적 규제체제를 마련하고 동시에 각 국내법의 불일치(inconsistences)나 충돌(conflicts)을 제거하려는데 있다.[17] 예를 들면 한 독일인이 폴란드에서 산 탑승권으로 미국에 등록된 항공기에 탑승하여, 미국으로부터 독일을 경유해서 여행하다 사고로 사망하였을 경우, 그 부인은 그 남편의 사망에 대한 배상을 항공기 소유국인 영국법원에 청구할 수 있는 것이다. 그러나 영국법원은 독일, 폴란드, 벨기에, 미국, 영국법을 조화하지 않으면 안 된다는 어려운 문제가 발생한다. 이 경우 국제항공법에 의하여 통일된 규정으로, 그 부인은 영국이나 또는 타국에서 배상받을 수 있게 되는 것이다.

여섯째, 국제항공법의 내용은 대단히 전문적이며 기술적이다. 항공자체가 과학의 고도의 발달에 의한 소산이고 기술적이므로, 이를 다루는 국제항공법의 내용도 자연히 전문적이고 기술적일 수밖에 없다. 민간항공의 이용의 분야가 다양화함에 따라 국제항공법의 내용범위도 확대해지고 다양하다.[18]

일곱째, 국제항공법은 항공기의 운항에 관한 안전의 확보가 강조되었다. 고속성에 있어서 우위를 자랑하는 항공기는 정치, 경제, 사회 각 방면에 광범위하게 이용되고 있으며, 극히 중요한 공공적 사명을 가지고 있다. 그러나 항공기는 일반사고가 발생한 경우에는 탑승하고 있는 귀중한 인명과 재화는 물론이고, 지상의 제삼자까지도 막대한 손해를 입는다. 따라서, 국제항공법에는 안전성이 강조되었고, 일단 발생된 사고에 대한 적용규정도 비교적 구체화되었다. 이상 국제항공법이 갖는 몇 가지 중요한 특성을 고찰해 보았다.

---

14) 항공지 「Korean Aviation」, vol 2, no. 4, p. 19, 서울항공 협회 1968.

15) 송효경, 「항공법 精解」, 국립항공대학교, 1967, p. 3.

16) Paul Chauveau, Droit Aeilen, 1951, p. 13.

17) Peter, B, Keenan 외 2인, 「Op. Cit」, p. 25.

18) Paul Chauveau, Op. Cit, p. 25.

1.3 항공법의 법원

본래 법원(法源, source of law)의 의미는 넓게는 법을 형성하는 원동력, 또는 법이 규범으로써의 타당성(legal validity)을 가지는 근원을 말하며, 좁게는 법이 객관적으로 존재하는 형식을 가리킨다. 그러나 법원이라는 용어는 보통 좁은 의미로 사용되기 때문에 여기에서는 법규범의 객관적인 존재형식을 가리키는 뜻으로 사용한다.

항공법을 구성하는 법체계에 대하여는 다음과 같이 분류할 수 있다.

① 다국간의 협약

② 양자협정

③ 국내법

④ 국가와 항공회사간의 협정

⑤ 항공회사 상호간의 협정

⑥ 국제법상의 일반적인 규칙

항공법규에 관한 또 다른 분류는 군용항공과 민간항공의 구별이다. 그러나 군용항공은 이 책의 영역밖이므로 고려하지 않았다.

국내법과 국제법, 공법(公法)과 사법(私法)과 같은 분류방법은 항공법에도 적용된다. 국제항공 사법은 운항과 항공기 사용에 관한 개인 사이에 적용될 법체계(예: 바르샤바 조약)를 의미하는 반면에, 국제항공 공법이란 그들의 활동과 관련하여 국가와 국제기구들 사이의 관계를 규정하는 법적기준의 묶음이다(예: 국제민간항공조약, 한미항공협정 등).

1.4 공(空)의 자유(自由)

국제민간항공조약(시카고 조약) 제1조는 한 나라의 영공에서의 완전하고 배타적인 주권을 보유할 것을 인정하고 있다. 영공에서의 완전하고 배타적인 주권이 인정되므로, 외국 항공사의 상업용 항공기 운항권을 허용하는 국가(granting state) 입장에서 보면 특권(privilege)이며, 운항권을 승인받은 항공사나 그 소속국가 입장에서 보면 규제로부터의 자유권을 얻는 셈이다. 공의 자유(freedom of the air)의 제개념은 「5개의 자유」와 「기타의 자유」로 구분해서 설명하기로 한다.

1.4.1 「5개의 자유」(The five freedoms)

「5개의 자유」 개념은 1944년 체결된 국제항공운송협정(international air transport agreement) 약칭(five freedom agreement, 10여 개국만 비준하여 미발효됨)에 설명되어 있으며, 그 밖에 대부분의 2국간에 체결된 항공협정에도 언급되고 있다.

제1의 자유(the first freedom)는 영공 통과권(the right to fly over the territory of the grantor state)을 의미한다. 즉, 한국(flag-state)의 flag-carrier인 K항공사가 미국(grantor state)의 영공을 통과하는 특권을 받는 경우를 예로 들 수 있다.

제2의 자유(the second freedom)는 한국의 K항공사가 미국내 지점에 비운수권 행사(for non-traffic purposes), 즉 급유(refueling) 또는 정비 등 기술상의 목적(for technical purposes)으로 착륙하는 권리를 말한다.

이상의 제1과 제2의 자유를 운항권(operational right) 또는 경유권(transit right)이라고 한다.[19]

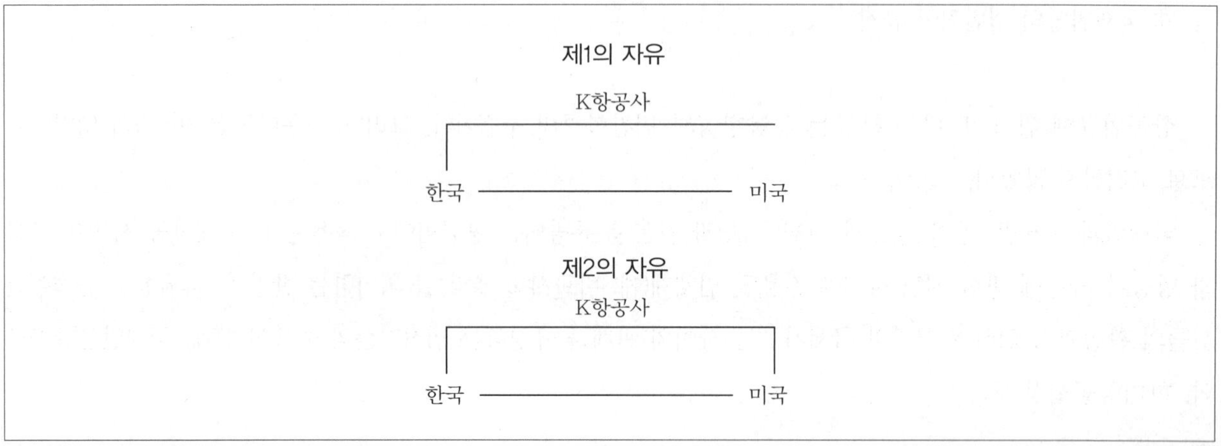

그림 1.1

제3의 자유(the third freedom)는 항공사 소속국(home state)에서 승인국(grantor state)으로 여객, 화물, 우편물을 유상으로 운송할 수 있는 권리이다. 즉, K항공사의 소속국인 한국의 서울에서 승인국인 미국의 로스앤젤레스로 여객, 화물, 우편물을 유상으로 수송하는 권리를 말한다.

제4의 자유(the fourth freedom)는 그 반대로 승인국으로부터 항공사 소속국으로 여객, 화물, 우편물을 유상으로 수송할 수 있는 권리를 말한다. 즉, K항공사가 미국의 로스앤젤레스로부터 한국의 서울로 수송할 수 있는 유상 운송권을 뜻한다.

이상, 제3과 제4의 자유는 한 쌍(pair)이며, 양국간의 기본 운송권(primary traffic right)으로서 쉽게 상호교

---

19) Bin Cheng. The Law of International Air Transport, Stevens & sons Ltd. London, 1962. p. 11.

환이 이루어진다.

제5의 자유(the fifth freedom)는 상대국(승인국)과 제3국간의 운송권을 말한다. 제5의 자유는 제3국의 지점이 양국간의 중간에 위치한 중간지점 제5의 자유(intermediate-point fifth freedom)와 제3국의 지점이 상대국(승인국)의 이원(以遠) 지점(beyond point)인 경우, 이 원지점 제5의 자유(beyond-point fifth freedom)의 두 가지로 구별된다.[20]

이상의 제5의 자유는 제3과 제4의 자유가 기본 운수권임에 반하여 제2차적 운수권(secondary traffic right)이라고 하며, 이의 교환과 관련하여 여러 가지 문제와 어려움이 발생한다.

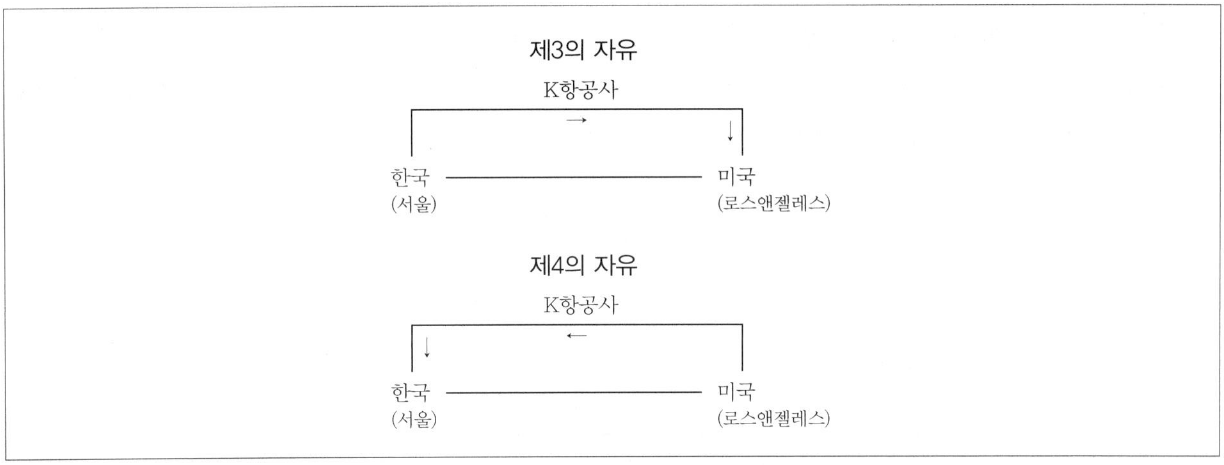

그림 1.2

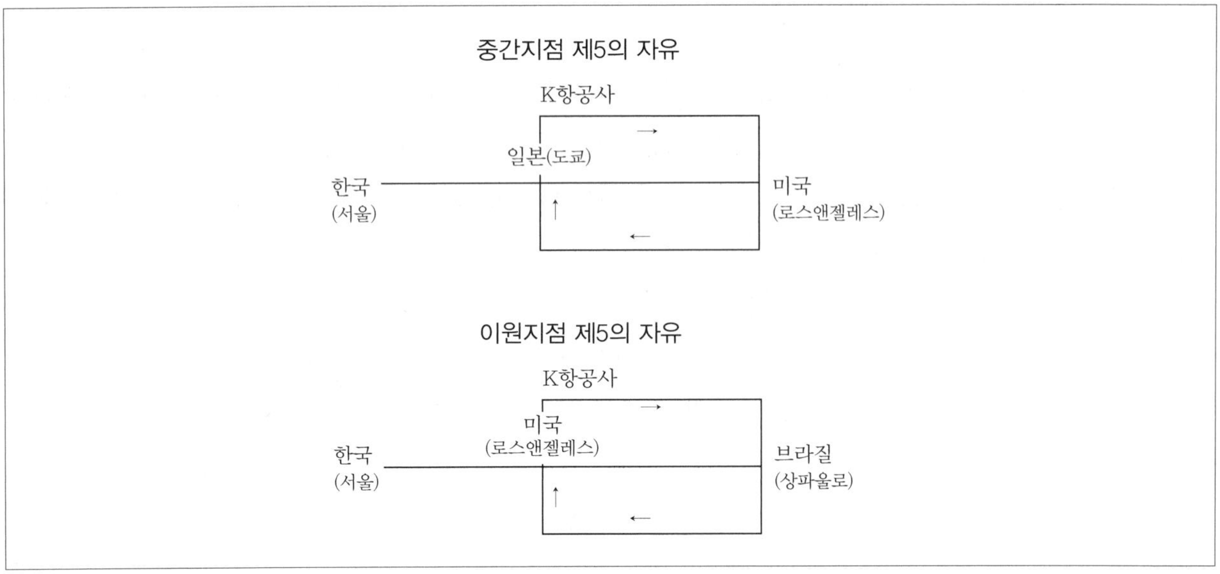

그림 1.3

20) Bin Cheng 박사는 anterior-point fifth freedom(이전 저점 5의 자유)까지 세 가지로 구분하나, 다수의 구분이 아님.

또한, 이상의 제3, 4, 5의 자유는 운수권(traffic right)이라고 하며, 제1과 제2의 자유인 운항권 또는 경유권(transit right)과 구별된다.

1.4.2 기타의 자유

제6의 자유(the sixth freedom)는 두 외국 지점간의 여객, 화물 및 우편물 등이 교통량(traffic)을 항공사의 본국(home state)을 경유하여 수송하는 권리를 말한다. 일부 학자들은 CABOTAGE를 제6의 자유라고 설명한 예도 있었으나, 이는 사실과 다르며 나중에 별도로 자세히 언급하기로 한다.

예를 들면, 본국(home state)의 K항공사가 미국과 홍콩간의 TRAFFIC을 한국을 경유, 수송할 경우가 이에 해당된다. 이는 결국 본국(home state)과 두 외국(미국 및 홍콩)과의 제3과 제4의 자유들의 종합형태로서, 이론적으로나 현실적으로 논쟁의 여지가 많다.

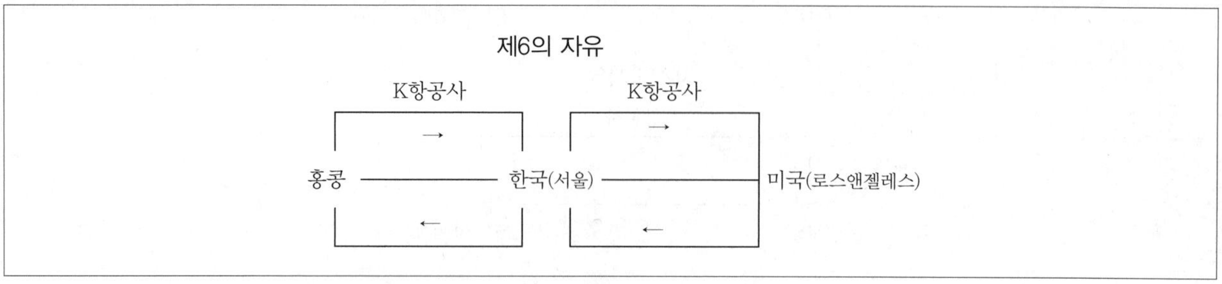

그림 1.4

제7의 자유(the seventh freedom)는 항공사가 본국(home state)을 완전히 떠나서 승인국(grantor state)과 타 외국(들)간의 운수권을 행사하는 것을 말한다. 즉, K항공사가 본국(home state)과는 별도로 미국내(grantor state 內) 지점과 캐나다내 지점간, 또는 미국내 지점과 멕시코내 지점간의 운수권을 행사하는 것으로서 상당히 제한적이다. 이 이론은 국제법상 확립된 개념은 아니다. Bin Cheng 교수 등 EC 지역학자들에 의해 위에 설명한 다른 「공의 자유」와 구별해서 사용된다.

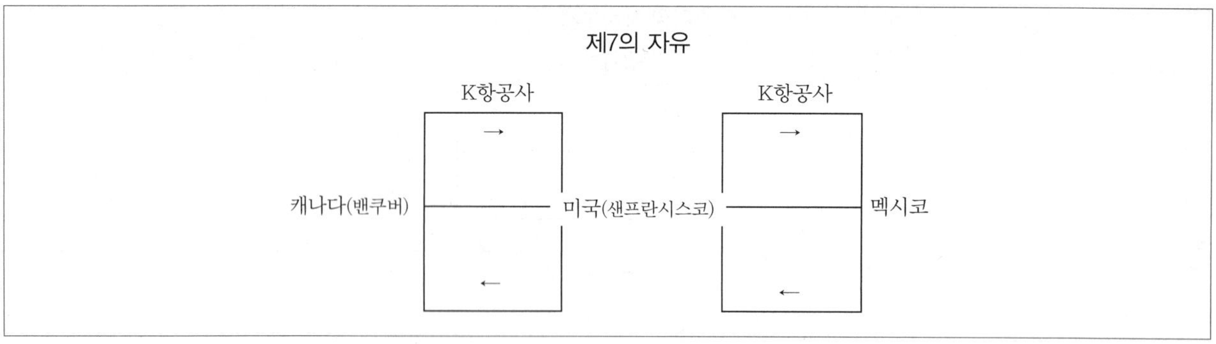

그림 1.5

제8의 자유(the eighth freedom)는 CABOTAGE 를 말하기도 한다.[21] 이는 같은 국가 내의 한 지점에서 타 지점으로 운수권을 행사하는 것을 의미한다. 즉, K항공사가 미국내(grantor state 內) 한 지점(로스앤젤레스)과 다른 지점간(샌프란시스코間)의 운수권을 행사하는 경우이다.

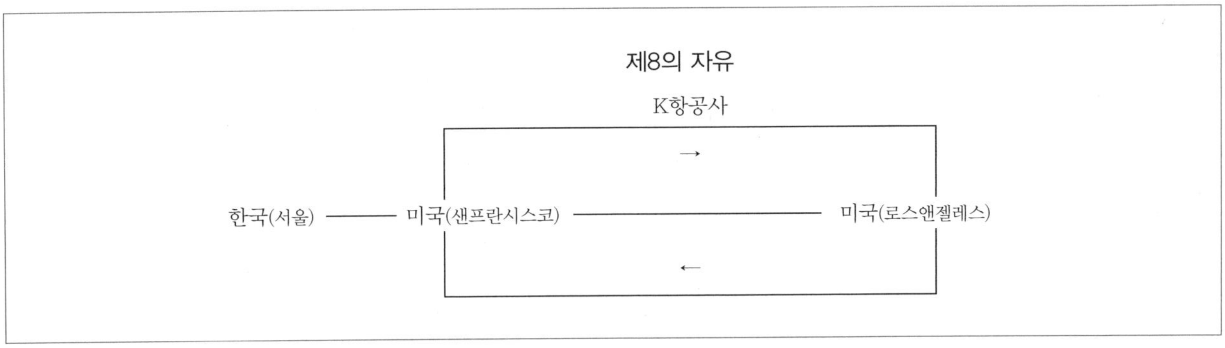

그림 1.6

CABOTAGE는 CHICAGO 조약이나 대부분의 항공협정에서는 그냥 CABOTAGE로 사용하고 있다. 특히, 최근 EC 통합과 더불어 문제되고 있는 CABOTAGE는 다음 장에서 자세히 검토하기로 한다. 이상에서 다양한 「공의 자유」 개념에 대하여 검토해 보았으나, 「5개의 자유」(five freedom) 외의 자유에 대해서는 최근 국내외 항공환경 여건변화와 더불어 논란의 여지가 많다.

제9의 자유(the eighth freedom)는 항공사가 본국(home state)을 완전히 떠나서 승인국 (grantor state)의 영역 내에서만 상대국의 항공사로 하여금 운송할 수 있도록 권리를 부여하는 것을 독립카보타지(STAND ALONE CABOTAGE)권리 또는 특권이라 하며, 이를 제9의 자유라고도 한다. 이는 허가국의 국내지점간에만 운송하는 매우 특별한 경우에 해당된다. 이는 항공사의 본국(home state)과는 관계없이 카보타지 특권을 허용한 승인국(grantor state)에서 지점간(POINT TO POINT)을 독립적으로 운송하는 것을 말한다.

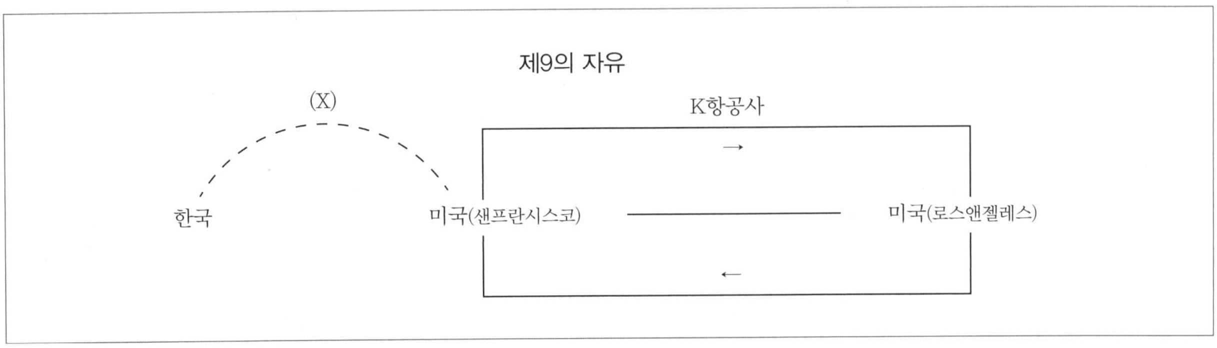

그림 1.7

21) Bin Ching. The Law of International Air Transport. pp. 15~17.

제2장 국제민간항공조약(1944년 시카고 조약)

2.1 시카고 회의와 국제민간항공조약의 체결

1944년에 개최된 시카고 회의는 국제항공질서를 확립하는 획기적인 전기를 마련하였다. 시카고 회의는 영공주권에 관한 파리조약의 원칙을 그대로 인정하였다. 반면에, 항공기술의 발달로 인해 대양을 넘나드는 대형항공운송이 가능하게 된 시점에서, 시카고 회의에서의 주요의제는 "하늘의 자유"를 인정할 것인가의 문제가 대두하였다. 미국은 국제항공에 있어서의 완전한 자유주의를 주장한 반면에, 영국을 비롯한 유럽국가들은 합리적 규제를 통해야만 각국이 국익을 도모할 수 있고, 상호평등이 확립될 수 있다는 입장을 취하였다.

결국, 양진영은 완전한 하늘의 자유를 인정하지는 않는다는 데에 회의의 결론을 맺게 되었다. 즉, 이미 인정되고 있는 영공의 주권에 기초하여, 각국은 자국의 안전보장과 경제적 이유 등을 고려해서 타국의 항공기가 자국에 비행하는 것을 통제할 권리를 인정받게 되었으며, 각국은 타국의 영공을 비행함에 있어서 그 국가의 승인을 득하여야만 하고, 그러한 승인을 득하는 절차는 각국간의 개별적 교섭에 맡겨지게 된 것이다. 달리 말하면, 다국간의 조약에 의해 조약 당사국들의 영공이 다른 조약 당사국의 항공기에 개방되는 체제는 시카고 회의에서 수립되지 않은 것이다. 따라서, 영공 비행권 내지는 운항권의 승인의 문제는 각국이 추후 관련 국가간에 양자간 협정을 체결하여, 운항권 등을 상호인정함으로써 해결하든지 또는 별도의 다자간 협정을 통해 협정 당사국들이 상호 운항권 등을 인정함으로써 해결하여야만 하게 되었다.

시카고 회의에서 영공의 자유를 인정하는 다국간 질서가 수립되지는 않았지만, 반면에 국제민간 항공을 통일적으로 규율하는 국제민간항공조약(시카고조약)이 제정되었으며, 국제항공의 안전성 확보와 국제항공질서의 감시를 목적으로 한 국제적 관리기구인 국제민간항공기구(International Civil Aviation Organization: ICAO)의 설립이 결정되었다. 이는 향후 국제민간항공질서에 있어서 초석이 되는 것으로서, 조약의 전문에서 명시되었듯이 국제민간항공의 정연하고 질서 있는 발달이 비로소 모색될 수 있게 된 것이다.

2.2 국제민간항공조약

1919년의 파리조약, 1926년의 마드리드 조약, 1928년의 아바나 조약 등에서 채택된 국제항공에 관한 원칙을 정리해서 통합하고, 동시에 제2차 세계대전 이후의 국제항공의 건전하고 질서 있는 발전을 위하여 필요한 기본원칙과 법적질서를 확립하기 위해, 1944년 12월 7일에 시카고 회의(국제민간항공회의: International Civil Aviation Conference)의 결실인 국제민간항공조약을 체결하게 되었다. 그래서 본조약은 1947년 4월 4일에 발효되었다. 우리나라는 1952년 12월 11일 이에 가입하였으며 1998년 12월 말 현재 이 조약을 비준한 국가는 185개국에 이르렀다.

시카고조약은 전문, 본문, 말문으로 구성되어 있으며, 본문은 제1부 항공, 제2부에 국제민간항공기구, 제3부에 국제항공 운송, 제4부에 최종규정으로 구성된다. 본조약의 전문에 명시된 조약의 목적은 국제민간항공이 안전하게, 그리고 질서정연하게 발달할 수 있도록, 또한 국제항공운송 업무가 기회균등주의를 기초로 확립되고, 건전한 발달과 경제적인 운영이 될 수 있도록 하기 위하여 체약국이 일정한 원칙과 규제에 대하여 합의함에 있다.[22]

제1부에서는 일반원칙으로서 체약국의 영공주권의 확인(제1장), 체약국의 영공비행(제2장), 항공기 국적(제3장), 항공을 용이하게 하기 위하여 필요한 조치(제4장), 항공기가 구비해야 할 요건(제5장), 국제표준 및 권고방식(제6장)에 대하여 규정하고 있다. 제2부에서는 국제민간항공기구(ICAO)의 설립, 조직 및 임무에 대하여 규정하고 있다. 제3부에서는 국제항공운송을 원활하게 하기 위하여 필요한 조치(정보 및 권고, 공항 기타 항공시설, 공동운영 조직 및 공동계산 업무)에 대하여 규정하고 있다. 제4부의 최종규정에서는 이 조약이 기존의 파리조약(1919), 아바나 조약(1929)에 대신한다는 것과 조약의 비준, 가입, 개정 및 폐기 등에 대하여 규정하고 있다.

국제민간항공조약이 채택하고 있는 국제항공에 관한 원칙과 주요한 내용을 요약해 보면 다음과 같다.

2.2.1 영공주권의 원칙

자국의 영공을 외국국적의 항공기가 비행하는 것에 대해서 영공국가는 그 안보의 차원에서 당연히 통제권을 향유하여야 한다는 필요성은, 미국 및 유럽 각국에 의해 이미 인정된 바 있다. 그러한 인식에 기초하여 영공주권의 원칙은 국제 관습법으로써의 지위를 가진 것이나 다름없었으며, 1919년 파리조약은 그것을 최초로

22) 조약본문 4부 96조 이외에 부속서 제1~제18로 구성되어 있음. 부속서의 내용을 보면 제1에 항공 종사자의 면허, 제2에 항공교통 규칙, 제3에 항공기상, 제4에 항공지도, 제5에 공지통신에 사용되는 단위, 제6에 항공기 운항, 제7에 항공기의 국적기호 및 등록기호, 제8에 항공기의 감항성, 제9에 출입국 간소화, 제10에 항공통신, 제11에 항공교통업무서비스, 제12에 수색 및 구조, 제13에 항공기 사고, 제14에 비행장, 제15에 항공정보업무, 제16에 환경보호(항공기 소음), 제17에 항행안전, 제18에 위험물의 안전한 수송.

성문화하였던 것이다. 시카고조약은 그러한 영공주권주의를 인정하였다. 조약의 제1조에서 체약국은 각국이 그 영공에서 완전하고 배타적인 주권을 갖고 있음을 인정한다고 규정하고 있다.

2.2.2 영공통과의 자유의 인정

(1) 무상 부정기 비행

정기국제항공업무에 종사하지 않는 체약국의 항공기가 사전허가가 없더라도 체약국의 영공을 통과(제1의 자유)하거나, 운송이외의 목적을 위한 기술착륙(technical landing), 즉 여객, 화물 등의 적하를 하지 않고 급유나 정비 등의 기술적 필요성 때문에 착륙할 수 있다. 다만, 각 영공국가는 비행의 안전을 위하여 항공로를 지정하거나 착륙을 지시할 수 있다(제5조).

(2) 유상 부정기항공

정기국제항공업무에 종사하지 않는 체약국의 항공기가 유상으로 여객, 화물, 우편물의 운송을 할 경우에는, 원칙적으로 타체약국의 사전허가 없이도 영공을 통과하거나 영역 내에 착륙할 수 있다. 다만, 타체약국은 필요하다고 인정하는 규제나 조건을 부여할 수 있는 권리를 갖고 있다(제5조). 이 규정에 의하여 사실상으로 각 정부는 무제한의 제약을 할 수 있게 되었다.

2.2.3 정기항공업무

정기국제항공업무는 체약국의 특별한 허가를 받아야 하며, 그 허가조건을 준수할 경우에 한하여 그 체약국의 영공을 통과하거나 그 영역에 취항할 수가 있다(제6조). 이와 같이 시카고조약은 정기국제항공업무에 대하여 2국간의 항공협정을 체결하거나 또는 상대국의 허가를 받을 경우에만 취항할 수 있고, 그렇지 못할 경우에는 영공통과 조차도 금지하고 있다. 이 때문에 현재로서는 주로 버뮤다 협정을 표준으로 한 2국간 항공협정을 체결하여 정기국제항공업무를 실시하고 있다.

2.2.4 캐버티지(Cabotage)

"캐버티지(cabotage)"라는 용어는 해상법에서 연안의 항구간을 항해하는 것을 의미한다. 항공운송의 경우, 캐버티지(cabotage)는 영공국가의 국내지점들간을 타국 항공기가 유상운송을 목적으로 운항하는 것을 의미하는 것으로 일반적으로 해석되고 있다. 시카고조약 제7조는 체약국은 타체약국의 항공기가 정기 또는 유상으로 대절해서 자국의 영역 내에 있는 국내 지점간에 여객, 화물, 우편물을 적재할 때, 항공수송을 하는 것을 금지할 수 있다고 규정하고 있다. 이것이 소위 캐버티지(cabotage)의 금지규정으로서 자국내 지점간의 국내수송을 자국의 항공기만이 운항할 수 있는 것이다.

2.2.5 세관공항에의 착륙

체약국의 영역에 취항하는 항공기는 타국의 특별허가를 받아 그 국가의 영역에 무착륙 횡단을 허가받은 경우를 제외하고는, 그 국가가 지정하는 세관공항에만 착륙한다. 또, 체약국의 영역을 출발할 때에도 지정된 세관공항에서 출발하지 않으면 안 된다. 지정된 모든 세관공항에 관한 세부사항은 그 국가가 발표하고, 또한 국제민간항공기구(ICAO)에 그 명세를 통보하도록 되어 있다(제10조).

2.2.6 항공에 관한 규제

본 조약의 체약국 국적의 항공기로서 국제항공에 종사하는 항공기가 타체약국의 영역에 출입할 때 및 영역 내에 있는 동안, 영공국가의 운항 및 항행에 관한 법령은 항공기의 국적에 관계없이 적용된다(제11조).

2.2.7 항공규칙

각 체약국은 자국의 영공을 비행하는 여하한 국적의 항공기 및 자국의 국적을 달고 자국영역 외에서 비행하고 있는 항공기가, 그 지역에서 시행되는 각종 규칙 및 규제를 준수하도록 하기 위해 필요한 조치를 취하여야 한다. 이를 위해 각국은 첫째, 그러한 규칙이 가급적 국제표준에 일치되도록 노력하여야 하며, 둘째, 공해상공에서 시행되는 규칙 및 규제는 본조약에 따라 제정된 것임을 인정한다(제12조). 항공규칙에 관한 국제표준으로서는 조약 부속서 제2(rules of the air)가 채택되었으며, 또한 ICAO 이사회의 결의에 의해 공해상공에 있어서는 이 부속서 제2가 적용된다.

2.2.8 국가항공기(State aircraft)

국가항공기의 법적지위는 현재 상당한 정도의 불확실성과 함께 매우 만족스럽지 못하다. 그 원인은 시카고조약 제3조(a)에서 대개 찾을 수 있다. 그 규정에 따라 국가항공기는 시카고조약 적용대상에서 제외된다. 협약 제3조 제2항에 보면 군용기, 세관용 항공기, 경찰용 항공기 등을 포함하는 국가기관에 소속된 항공기를 말하며, 이들 국가항공기가 타국의 영공을 통과한다든지 착륙을 필요로 할 경우에는 당사국과 특별협정을 체결하거나 혹은 특별허가에 의한 경우 이외에는 인정하지 않는다. "국가항공기"라는 말은 덜 분명하고 때때로 많은 다른 타입의 항공기를 포함한다. 국가항공기의 정의 속에 주요한 표준은 공무의 사용에 이용되는 것인가에 있다. 메이어(Meyer)에 따르면, 국가항공기에 보편적으로 인정된 정의는 없다는 것이다. 대체로 항공기는 그들이 국가의 통제하에 있고, 오로지 국가에 의하여 배타적으로 국가의 의도된 목적을 위해 부여될 때에 국가항공기로 인정된다. 이러한 점에서 국가항공기의 범주는 다음 항목들로 구분될 수 있다.

① 세관 항공기
② 경찰 항공기
③ 군용 항공기
④ 우편배달 항공기
⑤ 국가원수의 수행 항공기
⑥ 고위관료 수행 항공기
⑦ 특별사절 수행 항공기

그러나 군용 항공기라는 말의 정확성에 대해서 의문을 제기하는 학자도 있다. 군에 동원되어 군수품을 수송하는 민간항공기의 지위에 대해서도 명확치 않다. 따라서, 시키고 협약 제3조의 국가항공기의 개념을 보다 명확히 하고 구체화할 필요가 있다.

2.2.9 항공기의 국적(Nationality of aircraft)

시카고조약은 항공기의 국적문제를 제17조에서 규정하고 있다(항공기는 등록한 국가의 국적을 소유한다). 이 협약 제18조는 항공기는 1개국을 초과하여 유효한 등록을 할 수 없지만, 그러나 등록이나 등록변경은 가능하다고 규정하고 있다. 제19조에 의하면 "어떤 국가에 있어서 항공기의 등록이나 등록변경은 그 나라의 규칙에 따르도록 한다." 제20조는 "모든 국제항공에 종사하는 항공기는 그들의 적정한 국적과 등록의 기호를 제시하여서 한다." 그러나 대부분의 국제 항공법상 항공기에 대한 권리의무 또는 관할권은 해당 항공기가 등록한 국가가 지게 되어 있으므로, 항공기의 국적문제는 중요시된다. 즉, 항공기의 소유사나 소속회사보다는 등록국가 권리와 의무에 따라 부여받는 노선권을 포함하고, 제반규제도 받게 된다.

항공기가 타국영역에서 사고가 났을 경우, 그 조사과정에 등록국가의 대표가 전과정에 참여할 수 있다(시카고조약 제26조).

공해상공의 기상에서 발생한 범죄에 대하여는 항공기 등록국이 1차적인 관할권을 갖는다(1963년 동경조약).

2.2.10 국제표준과 권고방식(International standards and Recommendedpractices)

(1) 국제표준 및 권고방식의 의미

국제표준 및 권고방식이라 함은, 조약 제37조에 의하여 가입한 각 국가가 항공업무의 안전과 질서를 위해서 각국의 비행방식, 항로, 항공 종사자 규칙 등 여기에 대한 관련업무를 통일하기 위해 설정되는 국제적 기준으로서, 다음의 각 항목에 관하여 필요에 의해 설정되는 것이다.

① 통신조직 및 항행안전시설(지상표지를 포함)
② 공항 및 착륙대 특성
③ 항공규칙 및 항공교통관제방식
④ 운항 및 정비관계의 항공종사자의 면허
⑤ 항공기의 감항성
⑥ 항공기의 등록 및 식별
⑦ 항공기상 정보의 수집 및 교환
⑧ 항공일지
⑨ 항공지도 및 항공도
⑩ 세관 및 출입국의 절차
⑪ 조난 항공기 및 사고조사

이상의 각 항목에 관하여 국제표준 및 권고방식이 필요한 경우에는, 먼저 전 가입국의 전문기술 대표가 소집되는 기술부회의 토의결과 그 원안이 작성되고, 각 가맹국과 충분한 조정을 행한 다음 국제민간항공기구의 항공위원회에서 다시 심의되어 최후로는 이사회에 제출하는데, 이사회는 조약 제 54 조에 의해서 편의상 이와 같은 국제표준 및 권고방식을 시카고조약의 부속서로써 채택한다.

(2) 부속서의 법적성질

부속서의 성질에 관해서는 먼저 조약규정 자체와의 관계를 고려하지 않으면 안 된다. 즉, 부속서는 조약에 기초를 두고 주로 기술적 사항에 관한 통일을 용이하게 하기 위해서 채택된 것이므로, 조약규정 자체에 대하여 우월적 지위에 있는 것은 아니다. 따라서, 조약규정 자체에 반하여 내용을 정할 수 없다. 양자가 경합할 경우에는 부속서는 조약규정을 구체적으로 실시할 경우의 세부적인 사항을 규정하는 것으로 해석된다. 그리고, 양자가 저촉할 경우에 조약규정이 우선함은 물론이다.

다음으로 부속서에서 채택하는 국제표준 및 권고방식은 각각 그 취급을 달리한다. 먼저, 국제표준은 전기사항에 관한 물질적 특성, 형상, 시설, 성능, 종사자, 절차 등에 관한 세칙으로서, 그 통일적 적용이 국제항공의 안전이나. 정확을 위하여 필요하다고 인정한 것이며, 체약국이 조약에 대해 준수할 것을 요하고 준수할 수 없을 경우에는 이사회에 통보하는 것을 의무로 하고 있다.

즉, 첫째 국제표준은 전기사항에 관하여 그 통일적 적용이 국제항공의 안전 및 정확을 위하여 필요하다고 인정되는 사항이다. 둘째로 채택된 국제표준에 관하여 각 체약국은 규칙이나 표준 등의 통일을 확보하는 데 협력할 것을 약속하고 있다. 이 협력은 원칙적으로 당해 국제표준을 준수할 것을 내용으로 하고 있다. 그러나 이것은 절대적인 강제가 아니라 체약국이 당해 국제표준에 따를 수 없을 경우, 자국의 방식과 국제표준에 의하여 설정된 방식과의 차이를 ICAO에 통고하지 않으면 안 될 의무를 부담한다(조약 제33조). 이러한 국제표준과의 차이는 다른 모든 체약국에 통보된다. 즉, 국제표준은 그 내용에 따를 것을 체약국에 강제하는 것이 아니고 차이점에 대한 통보의무만이 있다. 이것은 설비 등의 수준이 현실적으로 크게 다른 현상을 감안해 볼 때, 국제표준은 직접 법률상의 의무라는 것이 부적당하다고 생각되기 때문이다. 권고방식은 전기사항에 관하여 그 통일적 적용이 국제항공의 안전정확 및 능률을 위하여 바람직하다고 인정되는 사항이다. 그러나 국제표준과는 달리 의무적이 아니고 여기에 따르도록 노력하는 것에 불과하다. 따라서, 권고방식과 자국의 방식과의 차이에 대하여 ICAO에 통고할 것이 의무로 되고 있지는 않지만, 이러한 사항이 항공의 안전성을 위하여 중대할 경우에는 그 상이점에 관하여 통고를 행할 것이 권장되고 있다.

(3) 현행 부속서

현재까지 국제표준 및 권고방식으로서 국제 민간항공기관에 의해 채택된 조약 부속서는 19개 부속서로 되어 있는데, 제9 부속서의 출입국 간소화 외에는 모두 운항에 관한 표준, 규칙의 통일에 관한 내용이다.[23]

---

23) 19 부속서의 명칭 및 내용은 본서 제8장 제8. 4를 참조하기 바람.

제3장 2국간 항공협정

3.1 양자협정(항공협정)의 성립배경

시카고 회의의 주요한 의제 중의 하나인 항행의 자유는, 그 완전한 자유를 주장하는 미국과 제한된 자유만을 보장하는 영국을 비롯한 구주 제국간에 격심한 대립의 결과 확립되지 않았다. 시카고조약에서는 부정기 항공에 대한 자유만을 일정한 조건하에 각 체약국이 향유할 수 있을 뿐이고, 각국은 타국의 허가없이는 정기 항공운송을 위해 그 영역으로 취항하는 것은 물론, 영공통과의 권리도 인정받지 않았다. 이는 곧 각국이 타국의 영공을 항행하여 정기항공운송을 행하기 위해 각 국가마다 개별적으로 그러한 허가를 받아야 함을 의미한다. 그러한 불편함을 각국은 이미 인식하고 있었으나, 의견의 차이를 해소하지 못해 시카고조약이 그 문제를 완벽히 해결하지 못한 반면, 시카고조약과는 별개로 국제항공업무통과협정[24]과 국제항공운송협정의 2개의 조약이 성립되었다.

국제항공업무통과협정은 정기국제항공업무에 있어서 각 체약국이 타체약국에 대하여 자국의 영역을 무착륙으로 횡단하는 특권[25]과, 운수 이외의 목적으로 착륙하는 기술착륙의 특권,[26] 즉 두 가지의 하늘의 자유만을 인정하였다(제1조 제1항).

또한, 이러한 특권은 시카고조약의 규정에 따라 행사하지 않으면 안 된다는 것과(동조 제2항), 운수 이외의 목적으로 착륙할 특권을 타체약국에 허용하는 경우에도 체약국은 그 착륙지점에서 합리적인 급유, 정비, 지상조업 등 상업상 업무의 제공을 요구할 수 있도록(동조 제3항) 규정하고 있다. 국제항공업무통과협정은 1945년 1월 30일에 발효하여 현재 세계 주요국가의 대부분이 가맹하였으며, 국제항공의 발달에 크게 공헌하고 있다. 우리나라도 1960년 6월 22일에 가맹하였다.

한편, 국제항공운송협정은 다섯 가지의 하늘의 자유를 상호승인할 것을 인정하였다. 다섯 가지의 하늘의 자유를 규정한 국제항공운송협정은 1945년 2월 8일에 발효했지만, 영국을 비롯한 주요국이 참가하지 않았고

---

24) 정기항공에 관한 다수국간 협정으로서 제1 및 제2의 자유만을 인정하고 있어, 2개의 자유의 협정(two freedom agreement) 또는 transit 조약이라고도 함.

25) 영공통과(fly-over)의 자유.

26) 운수이외의 목적(non-traffic purposes)을 위한 착륙을 인정하는 기술착륙의 자유.

당초에 참가했던 미국도 나중에 탈퇴함으로써 실효를 잃고 말았다. 이 협정의 의의는 하늘의 자유의 개념을 명확하게 분류하고 정의하였다는 점에 있다.

이와 같이 시카고 회의에서는 상업항공, 즉 정기국제항공 업무에 필요한 제3, 제4 및 제5의 자유에 대한 다국간 조약을 성립시키는 데 실패했으며, 이때문에 정기국제항공업무의 개설은 2국간의 개별적인 항공협정에 의존하지 않을 수 없게 되었다.

시카고 회의에서는 정기국제항공업무에 관한 권리(운수권)를 상호부여하는 것은 체약국간에 체결되는 2국간 항공협정에 의해 이루어지도록 하면서, 2국간 항공협정의 표준방식을 작성하여 각국에 권고했다. 그러나 이 표준방식은 2국간 협정에서의 가장 중요한 부분인 수송력에 관한 원칙, 운임결정의 원칙 등에 대하여 전혀 규정하지 않았기 때문에 표준방식으로써의 목적을 충분히 할 수 없었다.

결국 1946년 2월에 미국과 영국은 2국간 항공협정을 처음으로 체결하였으며, 이것이 이후 각국의 2국간 항공협정체결에 있어서 표준형이 된 소위 버뮤다 협정이다.

3.2 항공협정

3.2.1 버뮤다 협정

(1) 1946년의 버뮤다 협정[27]

버뮤다 협정은 시카고 표준방식을 채택해서 체계적인 형태를 갖춘 최초의 항공협정(航空協定)이며,[28] 전후 각국이 체결한 2국간 항공협정의 기본모델이 되었으며, 전후의 국제민간항공의 발전을 위한 초석이 되었다. 우리나라가 각국과 체결한 항공협정도 대부분이 버뮤다 방식을 따르고 있다는 것이 통설이다.

버뮤다 협정은 크게 다음의 세 가지 부분으로 구성된다.

① 양국의 지정항공기업이 제공할 수송력에 관한 원칙을 규정한 결의(최종 의정서의 본문)

② 양국의 지정항공기업이 수행할 항공업무에 관한 원칙을 규정한 것으로서 협정의 본문에 해당

③ 운임결정에 관한 원칙, 양국 항공기업이 항공업무를 수행하는 노선, 항공기의 변경(change of gauge)에

---

27) N. K. Taneja, U. S. Aviation Policy, 1980, pp. 11~17 및 坂本昭雄·吉永榮助, 前揭書, 1968, pp. 61~79 참조.

28) 이천표, "서비스 교역자유화의 기대효과와 접근방안(항공 및 해운서비스)," 한국개발 연구원, 『정책연구자료』 88~15(1988), p. 15. 시카고조약의 2국간 항공협정의 표준방식이 보호주의적 색채가 농후한 데 비하여, 자유주의적 요소를 가미한 것이 버뮤다 협정이며, 제5의 자유를 보다 널리 인정하고 운항횟수(수송력)와 수송실적에 대해 제한 상대국이 이의를 제기하지 않는다는 점이 특징임. 그러나 1976년 6월 23일에 체결된 신버뮤다 항공협정은 수송력의 사전심사주의 원칙을 채택하고 있음.

대한 규정(부속서) 등

동협정의 주요내용을 보면 i) 양국 항공기업이 운영할 노선의 특정, ii) 특정노선의 정기업무를 운영할 항공회사를 지정할 권리의 교환, iii) 항공기업의 수송력을 항공기업의 자유결정에 일임하는 수송력의 사후심사주의(ex post factor review),[29] 즉 수송력에 관한 기본적인 무제한 주의의 설정, iv) 항공운임은 국제항공운송협회(IATA)의 rate conference machinery에 의해 설정한다는 것과 엄격한 규제를 주요골자로 하고 있다.

수송력 제공에 관한 원칙은 하늘의 자유, 즉 수송력의 규제조항이 불필요하다고 주장하는 미국과 하늘의 자유의 제한, 즉 수송력의 제한을 주장하는 영국과의 타협의 결과, 영국의 주장을 추상적으로 표현함으로써 자유주의에 대한 제약조건을 명시하고 있다. 이때문에 버뮤다 협정을 표준으로 하여 체결한 항공협정에서는 그 추상적인 표현으로 인한 애매성이 항상 협정 당사국간에 문제가 된다. 특히, 제공하는 수송력을 체약국이 사전에 심사할 수 있느냐 없느냐가 항상 분쟁의 초점이 되고 있다.

운임결정에 관한 원칙은, 첫째 양체약국간에 적용하는 운임은 양체약국의 승인을 얻도록 규정하고 있으며, 둘째 1년 기한부이지만 국제항공운송협회(IATA)의 운임결정기능을 인정하였다. 이것은 수송력 결정의 원칙의 경우와는 반대로 버뮤다 회의에서 영국이 미국에 승리했다고 할 수 있는 부분이다. 또한, 미국은 1년 후에도 동기능에 대하여 계속적으로 승인을 갱신하여 오늘에 이르고 있다. 이와 같이 버뮤다 협정은 운임에 대하여는 엄격하게 규제하는 대신에 수송력에 대해서는 규제하지 않고 자율적인 조절을 원칙으로 하고 있다.

양국의 항공기업이 항공업무를 운영하는 "노선의 특정"에 대하여는, 부속서에서 영국측 노선과 미국측 노선으로 나누어 기점, 중간지점, 상대국 지점 및 이원(以遠) 지점에 대하여 각각 지명을 명기하도록 하고 있다. 또한, 협정본문은 양국 항공기업이 수행하는 항공업무에 대한 원칙을 규정하고 있지만, 그것은 시카고 회의에서 채택된 표준방식에 준하여 작성되었다.

(2) 1976년의 버뮤다 신협정(新協定)[30]

항공협정(bilateral air service agreement)의 표준이 된 1946년의 버뮤다 협정은 영·미 양국의 타협의 산물이었으며, 영국은 이 협정이 제5의 자유의 행사에 관하여 영국에 불공평한 결과를 가져왔다는 이유로 항상 불만과 비판적인 입장을 취해 왔다. 그리하여 1946년에 체결한 버뮤다 협정은 시대의 변천과 함께 영국에 대하여 현

29) 국제항공에 있어서 수송력의 결정방법으로서는 i) 자유결정 방식(free determination method), ii) 사후심사방식(expost factor review method: 버뮤다 제1형 방식), iii) 사전결정방식(predetermination method)의 세 가지가 있음. 미국과 네덜란드, 칠레는 자유결정방식이나 사후결정방식을 주장하고 있으며, 그 밖의 대부분의 국가는 사전심사주의를 주장하고 있음. 증편이나 대형기의 신규투입을 함에 있어서 시장규모와 비교해 타당성이 있는 경우에 인정하는 것이 사전심사방식이고, 투입한 후에 심사하는 것은 사후심사방식임.

30) N. K. Taneja, U. S. Aviation Policy, 1980, pp. 21~25.

저하게 불리하다는 이유로 1976년에 영국은 동협정의 폐기를 미국에 통고하였고,[31] 그 결과로 1977년 7월 23일에 버뮤다섬에서 영·미 양국은 새로운 항공협정인 제2 버뮤다 협정(Bermuda Ⅱ agreement)을 체결하였다. 이것은 1946년의 협정을 대폭 개정한 것으로서, 새로운 협정의 체결당시에 영국은 이것이 새로운 항공협정의 모델이 된다고 생각하였다.[32]

1946년의 버뮤다 협정과 새로운 버뮤다 협정의 내용상의 차이를 요약 비교해 보면, i) 협정업무의 내용으로서 부정기항공업무(charter international air services)의 추가, ii) 상대국 영역에 있어서의 국내운송(cabotage)의 금지에 대한 명문 규정화, iii) 지정항공기업의 수의 특정 노선별 제한, iv) 화물전문 항공업무(all cargo service) 개념의 새로운 도입과 화객혼합 항공업무(combination air service)와의 구분, v) 항공사의 보안(aviation security)에 대한 새로운 규정의 설정, vi) 수송력에 대한 제1 버뮤다 협정의 원칙을 준수하되, 구체적 기준으로서 이용률 개념의 도입(수송력 조정방식의 설정), vii) 운임에 대하여 항공기업간의 운임협정과 운임 그 자체를 분리하는 새로운 개념의 도입 등에 있다.

이 협정은 내용상 미국항공기업에게 불리하게 개정되었고, 원래 자유로운 국제항공업무의 운영을 지향해 온 미국의 항공기업으로서는 제2 버뮤다 협정의 제한적인 내용을 도저히 받아들일 수 없다는 이유 때문에, 각 항공사들로부터 강력한 비판을 받지 않을 수 없었다. 이것이 기회가 되어 미국은 새로운 국제항공정책을 채택하기에 이르렀으며, 1978년에 국무성은 저운임 및 charter 항공의 촉진, 수송력의 자유화, 항공기업의 복수지정을 주요골자로 하는 신국제 항공교섭의 방침을 공표하였다.

그리하여 동년 10월에 미국정부는 국내항공의 규제를 완화하는 항공운송산업규제완화법(airline deregulation act)을 제정하였고, 다음해인 1979년에는 국제항공운송경쟁법(international air transportation competition act)을 제정하였다. 이것은 종래보다 더 강력한 항공의 자유화를 지향하는 새로운 항공정책이라는 점에 특징이 있다. 이와 같이 미국은 제2 버뮤다 협정을 수정하여 미국위주의 모델항공협정을 채택하고, 이것을 기준으로 외국과의 항공교섭을 추진하게 되자 제2 버뮤다 협정은 1946년의 버뮤다 협정이 각국의 제2국간 항공협정의 표본이 된 것과는 달리 단발적인 협정으로 그치고 말았다. 그러나 국내에서는 단시일에 추진되었던 규제완화도 국제선에서는 상대국의 주권을 방해하는 결과가 되기 때문에 조속히 진전을 보지 못하였다.

미국의 자유경쟁촉진법의 기본자세는 IATA의 운임조정 기능에 대한 부정이라는 형태로 표면화되었다. 1978년 6월의 이유제시 명령(show cause orders)은 미국이 IATA의 운임협정에 독점법 위반의 의심이 있다고 해서 이것을 인가하지 않을 방침을 명백히 한 것으로서, 이에 대하여 이의가 있는 자에 대하여는 그 이유를 개진할 것을 요구하는 명령이다. 이 사건은 그 후에 IATA 회원자격을 운임협정 참가회원과 직능활동(trade

---

31) 1976년 6월 22일, 대미 항공협정의 폐기통고의 문장의 일부를 보면 "Her Majesty's Government believe that the time has come to renegotiate the Bermuda Agreement as a whole. Accordingly, they request consultations under the terms of Article 13 and, pending the outcome of such consultations, they serve notice of termination of the Bermuda Agreement,…"라고 표현하고 있음.

32) 제2버뮤다 협정은 1946년의 협정과는 달리 항공협정의 모델이 되지 못하고, 단발적인 협정으로 끝나고 말았음.

association)회원으로 분리하게 했으며, 구주민간항공회의간(ECAC 間)에만 적용하는 지역운임의 설정 등이 부산물로 탄생되었지만, 결국 이것이 IATA 운임조정기능의 붕괴와 운임자유화의 계기가 되었다.

3.2.2 2국간 항공협정

2국간의 항공협정은 시카고 회의 최종문서 부속서에 규정된 형태(시카고 type)와 이를 발전 체계화한 버뮤다 형태로 구분할 수 있는데, 대부분의 경우 다음과 같은 사항에 대한 규율을 그 주된 목적으로 하고 있다.

(1) 항공사의 지정과 운영허가[33]

항공회사가 항공협정상 인정된 정기국제항공업무를 개시하기 위해서는, 소속국가의 항공회사의 지정(designate)과 협정상대국으로부터의 업무의 운영허가를 취득하지 않으면 안 된다. 항공회사가 지정을 받으면 이것을 지정항공기업(designated airline)[34]이라 하며, 지정항공기업은 상대국의 항공당국에 협정업무의 운영허가를 신청할 수 있다.

(2) 특권부여

항공협정의 당사국은 상호 상대국의 지정항공기업에 대하여 제1, 제2 및 특정노선에 관해 제3, 제4, 제5의 자유를 행사할 수 있는 특권을 부여하고 있다. 제1, 제2의 자유에 대하여는 상술한 바와 같이 다국간 조약인 국제항공업무통과협정에서 규정하고 있기 때문에, 구태여 이를 2국간의 항공협정에서 합의할 필요가 없으나, 반드시 항공협정의 당사국이 동조약에 가입하고 있는 것이 아니다. 경우에 따라서는 항공협정체결 후에 탈퇴할 수도 있기 때문에 2국간 항공협정에서도 규정하는 것이 바람직하다.

(3) 노선특정

항공협정은 양당사국간의 지정항공기업이 정기국제항공업무를 위해 운영하는 노선을 특정한다. 노선의 특정은 본문에 부속되는 붙임표(schedule)에 표시된다. 노선의 특정은 일반적으로 지점을 자국 내의 지점, 당사

33) carrier's permit 또는 operating permit은 항공당국이 그 국가의 국내법에 따라 발급하는 항공업무 운영을 위한 포괄적 허가를 말함.

34) 공히 인정하고 있는 제도로서 항공기업과 그 소속국가와의 관계를 명확히 할 뿐만 아니라, 그 국가에 항공기업이 복수로 존재할 경우, 이들 항공기업과 특정노선과의 관계를 명확히 함으로써 체약국간에 불필요한 혼란이 발생하는 것을 방지하고 있음.

국간의 지점, 상대국 내의 지점 및 상대국에서 제3국 내의 지점으로 도표화하거나, 단순히 지점을 자국 내의 지점으로부터 순차로 연결표시하는 방식을 사용한다.

(4) 수송력 규제

정기국제항공업무를 운영함에 있어서 지정항공기업이 제공하는 수송력을 결정하기 위한 기준으로서, 항공협정은 일반적으로 다음과 같은 원칙을 설정해 놓고 있다. 여기서 수송력이란, 특정의 노선에 있어서 항공기의 유상 탑재량에 특정기간의 운항횟수를 곱한 것을 말한다.

① 당사국의 지정항공기업이 정기국제항공업무를 수행함에 있어서는, 협정이 정한 노선에 공평하고 균등한 기회를 갖도록 할 것
② 당사국의 지정항공기업에 부당한 영향을 미치지 않도록 할 것
③ 수요와 밀접한 관계를 가질 것
④ 당사국간의 화객의 운송을 위한 수송력의 공급을 제1차 목적으로 할 것

이 조항은 원래 버뮤다 협정의 조항으로서 영미 양국간의 타협의 산물로 표현이 추상적이어서 해석상 많은 문제를 남기고 있으며, 협정체결 후의 당사국간에 논란의 대상이 되는 경우가 많다.

(5) 운임

정기국제항공업무에 있어서 운임은 지정항공기업간의 합의 후에 양당사국의 승인을 받지 않으면 안 된다. 항공협정에서는 원칙적으로 지정항공기업간의 운임에 관한 합의는 가능한 한 IATA가 결정하도록 위임하고 있으나, 이것이 불가능한 경우에는 지정항공기업간의 합의에 일임하고 있다.

이 밖에도 2국간 협정은 다음과 같은 여덟 가지 분야를 포함하고 있다.

① 합의된 업무를 수행할 항공사의 자격에 관한 규정
② 운항허가의 발급절차
③ 여객·화물 등의 운송을 위한 항공기의 입국·출국에 관련된 해당국가의 법규적용
④ 증명서나 면허의 상호승인
⑤ 공항 사용료나 제요금의 무차별 적용
⑥ 연료·부품 등에 대한 관세나 과세의 면제
⑦ 직원파견, 지사운영 허가 및 송금
⑧ 분쟁의 해결

[표 3.1] 우리나라의 항공협정체결현황(2022년 1월 31일 현재)

구분	2022년	체결 국가 현황
동북 아시아	6	중국, 일본, 몽골, 대만, 홍콩, 마카오
동남 아시아	10	라오스, 말레이시아, 미얀마, 베트남, 베트남, 브루나이, 싱가폴, 인도네시아, 캄보디아, 태국, 필리핀
서남 아시아	6	네팔, 몰디브, 방글라데시, 스리랑카, 인도, 파키스탄
러시아·CIS	8	러시아 벨라루스, 아제르바이잔, 우즈베키스탄, 우크라이나, 키르키즈스탄, 투루크메니스탄, 타지키스탄
아프리카	9	남아프리카공화국, 라이베리아, 튀니지, 수단, 모로코, 가봉, 르완다, 세이셀, 캐냐
유럽	27	영국, 폴란드, 체코, 유고슬라비아, 루마니아, 몰타, 불가리아, 핀란드, 네덜란드, 독일, 벨기에, 스위스, 오스트리아, 프랑스, 그리스, 스페인, 헝가리, 이탈리아, 포르투칼, 룩셈부르크, 크로아티아, 세르비아, 조지아, 유럽연합(HA), 이탈리아, 터키, 슬로바키아,
미주	10	미국, 칠레, 브라질, 아르헨티나, 캐나다, 파나마, 멕시코, 페루, 에콰도르, 파라과이
대양주	5	오스트레일리아, 피지, 뉴질랜드, 파푸아뉴기니, 팔라우
중동	10	사우디아라비아, 아랍에미레이트, 오만, 요르단, 이라크, 이란, 이스라엘, 이집트, 카타르, 쿠웨이트
계	92	

자료: 외교부 경제협정규범과, 2022. 1. 기준.

⑨ 협정폐기 절차 등[35]

3.2.3 항공기업간의 운송협정

국가간의 협정 이외에 i) 항공협정에 대신하는 운수협정, ii) 항공협정체결의 전제가 되는 운수협정, iii) 항공협정을 보완하는 운수협정 등, 항공기업간의 협정체결에 의해 국가간의 정기항공운송이 이루어질 수 있는 경우도 있다.[36]

(1) 항공협정에 대신하는 운수협정

정치적 사유 등과 같은 특별한 사유에 의해서 국가간에 항공협정을 체결하는 것이 불가능한 경우에, 양국의 항공기업간에 체결된 운수협정만에 기초해서 국제항공운송을 위한 항공노선이 개설되는 경우이다. 이 경우에 운수협정은 양국간의 항공협정을 대신한다고 할 수 있다.[37]

---

35) 최완식, 「국제 항공법」, 한국항공 대학교 출판부, 1990, p. 458.

36) 坂本昭雄, 前揭書, 1984, p. 91.

37) 한·일노선이 개설된 1963년은 한·일간에 아직 국교가 없었기 때문에, 양국 정부는 항공협정의 체결이 불가능하였다. 이 당시 양국간의 항공노선은 제3국의 항공기업인 미국의 NWA1)와 대만의 CAL에 의해서만 이루어졌다. 이러한 상황에서 대한항공과 일본항공은

일부 국가의 경우, 자국 항공사가 상대국에 취항할 가능성이 적다는 이유 때문에, 특별한 사정이 없는 한 국가의 방침으로써 항공협정을 체결하지 않는다. 반면에, 자국내 행정령에 의해 외국 항공사가 자국에 취항하는 것을 허가하여, 일단 운송수요는 충족하고, 필요에 따라서는 언제든지 일방적으로 그러한 허가를 취소 내지 철회하는 방식이 선호되는 것이다.

(2) 항공협정체결의 전제가 되는 운수협정

자국의 항공기업이 취항하고 있는 노선에 외국 항공기업이 취항하려 할 경우, 정부는 그 외국 항공기업의 취항을 인정하지 않을 수 없으며, 그 결과 자국 항공기업에 미치는 영향이 크다. 이와 같은 경우에 외국 항공기업의 취항으로부터 자국 항공기업을 보호하기 위해서는 항공협정체결을 전제조건으로 운수협정을 체결하는 경우가 있다. 이러한 사례는 중동지역의 제국가에서 흔히 볼 수 있으며, 최근에는 구주 및 아시아의 일부에서도 이러한 사례를 볼 수 있다.

이러한 형태의 가장 전형적인 것으로는, 외국 항공기업의 취항으로 자국의 항공기업이 입게 될 손실을 보상(compensation fee) 또는 자국의 항공기업이 외국 항공기업의 취항을 반대하지 않는 조건으로서 승낙료(no objection fee)의 징수 등을 들 수 있다.[38] 그러나 이러한 형태의 운수협정은 내용이 천차만별이며, 공동운항 또는 이익참가의 체제가 압도적으로 많다.

(3) 항공협정을 보완하는 운수협정

항공협정을 보완하는 운수협정으로서는 수송력에 관한 것이 대부분이다. 수송력의 규제는 시카고 회의에서는 물론 1946년의 버뮤다 회의에서도 가장 중요한 과제였다. 버뮤다 회의에서 수송력의 규제에 대한 추상적인 원칙만이 합의되었기 때문에, 이를 모델로 한 각국의 항공협정은 대부분이 수송력의 규제에 대해 구체적인 수단을 결여하고 있다. 따라서, 항공기업이 항공수송을 현실적으로 수행하기 위해서는, 정부간에 별도의 협의를 거쳐서 결정하거나 아니면 양국의 항공기업간에 운수협정의 체결이 필요하다.

이러한 운수협정으로서는 수입풀(revenue pooling) 협정과 공동운항(joint operation) 협정이 대표적이다. 이러한 운수협정은 다음과 같은 세 가지의 이점이 있다. 첫째, 수송력을 과잉제공함으로서 발생하기 쉬운 항공

우선 1962년 4월 10일에 "한·일간의 항공로 개설을 위한 KAL과 JAL 양사 제휴의 기본구상에 관한 합의서"인 운수협정을 체결하였고, 1962년 12월 19일에 다시 그 내용을 상세히 규정한 세부협정을 체결하였다. 이를 기초로 양국 정부로부터 운영허가를 취득하여 한·일간에 항공로를 개설하였다. 1965년의 한·일 기본조약의 체결로 한·일간에 국교가 성립하자, 양국 정부는 항공교섭을 개시하여 1967년 5월 6일에 한·일 항공협정을 체결하였고, 동 8월 30일에 발효되었다. 따라서, 그 후에는 한·일간의 항공업무는 항공협정에 의해 운영되었지만, 한·일 항공기업간의 운수협정은 항공협정이 발효되기까지 항공협정을 대신하는 역할을 하였던 것이다.

38) 현재 대한항공이 리비아에 취항하고 있으나 승객 1인당 일정액의 보상금을 지불하고 있음.

기업간의 불필요한 경쟁을 배제할 수가 있다. 둘째, 항공기의 가동률의 향상, 공동판매활동 및 잉여인원의 삭감 등에 의해 운항원가를 절감할 수 있다. 셋째, 특정 시간대에 운항편의 집중을 피하고 이용자에 대한 보다 좋은 서비스를 제공할 수 있다. 이들은 과당경쟁으로부터 항공기업의 보호와 그 결과 얻는 이익을 이용자에게 환원한다는 사고에 기초를 두고 있다.

수입풀 협정 및 공동운항 협정의 구체적인 내용을 보면, 대부분의 경우 각 항공기업이 이들 협정을 비밀로 하고 있기 때문에 상세하게는 알 수 없으나, 그 중에서 대표적인 것을 보면 다음과 같다.[39]

수입풀은 우선 수송력의 과잉공급을 피하기 위하여 항공기업간의 합의로 각각 제공하는 수송력을 결정하고, 그 범위 안에서 각 항공기업은 항공기를 독자적으로 운항하여 생긴 수입을 특별계정에 풀로 넣는다. 그리고 이것을 사전에 결정한 방식에 따라 기업간에 배분하는 것이다. 협정에 따라서는 일방의 항공기업의 운항비가 타방의 운항비에 비하여 아주 높은 경우도 있기 때문에, 이에 대비하여 일정한 운항비를 풀수입으로부터 뺀 후에 잔액을 합의한 방식에 따라 항공기업간에 배분하는 경우도 있다. 또한, 판매장려의 의미에서 풀해야 할 특정의 비율을 모든 수입으로부터 공제한 후 잔액을 풀하는 경우도 있다.

한편, 풀협정을 체결한 항공기업의 경쟁력에 차이가 있는 경우, 풀수입의 정산에 있어서 경쟁력이 우수한 항공기업의 수입이 그렇지 못한 항공기업으로 일방적으로 지출되게 한다. 이것은 판매장려의 정신에 역행하게 되므로, 이러한 모순을 제거하기 위하여 지불한도(ceiling of payment)를 설정해서 이것을 초과하는 수입에 대하여는 지불을 하지 않거나, 아니면 풀수입의 한도액(revenue ceiling)을 설정하여 이것을 초과하지 않도록 하고 있다.

풀수입의 배분방식은 각 항공기업이 제공하는 수송력의 비율에 따라 이루어지는 것이 원칙이지만, 사용 항공기의 기종에 따라 집객력이 다른 경우가 있기 때문에 풀수입을 각 항공기업의 운항편수에 의해 배분하고, 사용 항공기의 집객력과 항공기의 수송력을 고려하여 항공기의 기종별 계수를 설정해서 다른 기종의 항공기가 풀업무에 사용되는 경우에 대비하고 있다. 이것을 항공기 계수(aircraft coefficient)라고 부른다. 편수를 사용하지 않고 실제로 제공된 좌석수를 기준으로 수입을 분배하는 경우도 있다.

공동운항에 대하여는 양국의 항공기업이 운항노선을 특정해서 공동운항노선으로 결정하고, 그 노선에 대하여 계산상의 운항원가를 결정함과 동시에, 그 노선운영으로 생산수입이 운항원가를 상회할 경우에는 일정한 배분방식에 의해 이윤을 항공기업간에 분배한다. 그리고 운항원가가 수입을 상회할 경우에는 항공기를 운항한 항공기업이 손실을 부담하는 것을 원칙으로 하고 있다. 또한, 공동 운항편에 대한 관계항공 기업의 선전 및 판매는 각각의 판매조직을 이용하여 공동으로 실시하는 것이 원칙이다. 공동운항에 사용된 항공기에는 관계항공 기업의 명칭이나 기호를 부착하는 경우도 있으며, 객실 승무원을 공동으로 승무시키는 경우도 있다.[40]

39) 항공기업간의 pool 협정에 대하여는 R. Doganis, 中西建一外 譯, 前揭書, 1988, pp. 25~29 및 항공기업간의 로열티 협정에 대하여는 同書, pp. 29~31 참조.

40) 대한항공 "공동운항", 『주간 항공정보』, No. 378(1989. 8. 10), pp. 11~13.

3.3 미국의 국제항공 정책과 한·미 항공협정

한·미 항공협정의 역사적 배경과 과정을 설명하기 전에 한·미 항공협정의 당사자이며 세계민간항공 발달과 질서확립에 가장 중요하고 영향력 있는 국가(ACTOR)인 미국의 국제항공 정책을 우선 간단히 살펴보기로 한다.

3.3.1 미국의 국제항공 정책

(1) 제2차 세계대전 이전

제2차 세계대전 이전의 국제항공 시장은 미국의 PAN AMERICAN과 소수의 유럽 항공사에 의하여 독점되었다. 운항형태는 다소 다르지만 다같이 식민지나 경제적 영향권의 지역에 소속국가의 대외정책에 따라 미국의 지원하에 운항되었었다. 팬암의 남미취항은 당시 미주지역 국가간에 체결된 국제항공협약인 하바나 협정으로 쉽게 진출했다. 초기에 팬암은 항공운송이 남미에 절대 필요하고, 또한 미국의 남미무역이 유럽국가들보다 상대적으로 적다는 점에 관심을 갖고 적극적으로 진출하였다.

미국정부의 지정된 단일 국제선 항공사(chosen instrument)로서, 남미에 적극 진출하여 파나마 운하보호와 남미에서 유럽 경쟁국들의 활동에 대한 정보를 제공했다. 팬암은 더 나아가서 미국과 남미간의 무역을 촉진하고 발전시키는 데 공헌하였다. 팬암은 공항 등 운항시설이 없는 지역은 공항을 건설하면서 취항하기 시작했다. 정부를 대신하여 노선권을 교섭하는 과정에서 자국기에 의한 운항을 주장하는 외국의 경우는, 그 나라 국적 항공사를 사들여 운항하기도 하였다(멕시코와 아르헨티나의 경우). 이처럼 팬암은 제2차 세계대전 전까지는 미국의 단일국적 항공사로서 미국의 보호와 지원하에 큰 저항없이 남미시장을 석권운항 확장해서 많은 이익을 얻음은 물론, 국가정책에 기여할 수 있었다.

(2) 제2차 세계대전 이후

미국의 제2차 세계대전 이후의 국제항공 정책은 항공사간 자유경쟁보장과 항공시장 개방정책(open sky policy)이라고 볼 수 있다. 미국은 다른 국가에 비하여 경쟁력이 강하고 생산성이 높은 강력한 다수의 항공사를 보유할 수 있었다. 우선, 풍부한 천연자원에서 오는 거대한 자본력, 광대한 국내시장 및 항공기재 등으로, 구주제국의 항공사들보다 훨씬 높은 생산성과 경쟁력을 제공해 주었기 때문이다.

1944년 전후 세계 항공질서를 확립하기 위한 시카고 회의에서 전쟁의 피해가 적었던 미국과 피해가 컸던 타국과는 기업 경쟁력의 차가 현저했다. 미국의 open sky 정책에 대해 영국을 대표로 한 많은 국가가 반대했다.

반대한 국가로서는 국제항공운송에서 얻을 수 있는 이익을 당연히 자국적기를 위해 확보해 두지 않으면 안 되었다. 따라서, 미국이 주장한 다국간 제한없는 "국제항공운송협정"은 성립이 되지 못하였으며, 영공통과(제1의 자유)와 기술착륙(제2의 자유)만 교환하는 "국제항공업무통과협정"만이 다국간 협약으로 체결되었다.

"국제항공운송협정"이 성립되지 않았기 때문에 정기 항공업무를 담당하는 항공사 수, 운항하는 특정노선, 운송력(capacity), 운임에 대한 원칙을 정하는 항공협정을 당사국간에 개별적으로 체결할 필요가 있었다. 이를 위해 1946년에 버뮤다에서 미국과 영국이 체결된 항공협정인 "버뮤다 협정"에서 미국은 원하는 만큼 open sky policy와 자유경쟁원칙을 반영하진 못하였으나, 수송력(capacity)은 사후 심사주의(ex post facto review)를 채택하고 취항 항공사 수를 복수로 하여 어느 정도 뜻을 이루었다.

영국은 30년 뒤인 1976년에 협정을 폐기통고한 후, 공급력과 항공사 수도 사전에 규제할 것과 노선권도 영국측에 일부 양보할 것을 강력히 요구하고, 1년간 교섭 끝에 영국측의 뜻을 어느 정도 반영한 버뮤다 Ⅱ를 체결하는 데 성공하였다.

(3) 국제항공운송 경쟁법 제정

미국은 세계유수의 항공기업을 갖고 있으며, 전후 계속하여 세계항공운송을 이끌어 왔다. 그러나 그 상대적 지위는 점차로 저하하여 온 것이 사실이다. 제2차 세계대전 직후의 미국은 그 절대적인 정치적·경제적 우위를 배경으로 해서 미국에 유리한 항공협정을 세계각국과 체결하고, 1947년에는 세계의 국제선 항공시장에서 50% 이상의 실적을 과시했다. 그러나 그 후 구주, 아시아, 라틴 아메리카 등, 제외국의 항공기업이 급속하게 성장함에 따라, 미국의 점유율은 계속 저하되어 25% 정도에도 못 미치게 되었다. 한편 일본, 영국, 프랑스, 이탈리아 등 여러 나라는 경제적 지위향상에 따라 미국과의 항공 협정상의 불평등 시정과 항공질서의 재구축을 요구하게 되었고, 미국은 이상과 같은 세계의 동향을 가만히 묵과할 수 없게 되어 1980년 2월 15일 카터 대통령의 서명에 의해 「국제항공운송 경쟁법」을 발전시켰다.

이 법률은 국제항공운송에 있어서 경쟁을 촉진하고, 미국항공 기업에 보다 큰 기회를 제공하는 미국의 국제항공 교섭정책을 전개하기 위한 목표를 설정하는 것을 목적으로, 미국항공 연방법을 개정한 것이다. 이것은 미국내선에 있어서 규제완화를 시킨 항공기업 규제완화법(airline deregulation act of 1978)의 국제선 확장이라 할 수 있다. 미국은 기득권 이익의 기반 위에 서서 일방적인 항공 자유화 정책을 다시 강화하는 데 역점을 두고 있어서, 본래 국제적 협조에 기초를 두고 운영해야 할 국제항공운송에 큰 문제를 야기시켰다.

동경쟁법의 주요내용은 i) 국제선 면허기준의 완화(multiple permissive awards), ii) 표준 국제선 운임수준의 설정(standard foreign fare level), iii) 외국 항공사에 대한 보복조치의 강화, iv) 항공교섭 정책의 목표 등이다. 특히 iii)항은 무역의 경우 통상법 제301조처럼 미국기업이 외국정부 또는 외국항공 기업에 의해 반경쟁적인 효과를 가져오는 부당한 제한, 차별을 받는다고 판단될 경우, 미국정부가 그 상대국의 항공사에 대해 보복조치를 할 수 있는 권한을 부여하는 것이다. iv)항의 교섭목표로서는 첫째 다수기업의 시장진출(경쟁강화), 둘째, 운임결정의 자유화, 셋째, 운항 및 운영활동에 대한 제한의 철폐, 넷째, 부정기운항에 대한 규제의 축소, 다섯째, 불공정한 경쟁행위의 배제, 여섯째, 미국 항공사와 대중(public travellers)이 동등한 권익을 획득할 경우, 외국항공사에 대해 새로운 미국취항 지점을 부여한다는 것 등이다.

3.3.2 한·미 항공협정의 경과

한·미 항공협정의 불평등의 시발은 1949년에 체결된 한·미 잠정운수협정에서 그 유래를 찾아볼 수 있다. 1949년 6월 24일에 체결된 한·미 잠정운수협정은 미군정 치하에 주한미군이 부여한 운송권을 합법화하기 위한 잠정협정으로, 미항공사의 일방적인 권리를 부여하는 내용이었다. 다시 말해서 한국측의 권리는 언급도 되지 않는 불합리한 협정이다.

1953년 12월, 한국은 잠정협정의 불합리한 조항을 시정해서 호혜적인 관계를 개선하고자 정식 항공협정 체결을 제의하였다. 그 당시 한국은 6·25 동란 이후 재해복구를 미국에 전적으로 의존하고 있던 상황이어서 미국측으로부터 냉담한 반응을 받았으나, 끈질긴 교섭 끝에 4년만인 1957년 4월 정식 항공협정을 체결하게 되었다. 이 협정에서 한국은 "한국내 제지점중간 제지점알래스카와 시애틀"을, 미국은 "미국내 제지점중간 기착점서울 및 이원 제지점"의 노선권을 서로 교환하였다. 그러나 한국은 당시 한·일간 국교가 없는 상태여서 노선구조상 중간 제지점이 되어야 하는 일본에 기착할 수 없을 뿐더러, 미국에서는 서울 경유 동남아 노선 등을 개시할 수 있는 서울 이원권을 허용케 되어 잠정 협정상의 불균형 상태를 면치 못했다.

한국은 1969년 민영 항공사로서 정식출범한 대한항공의 미국취항에 대비 및 기존 협정상 노선구조의 불균형을 시정하기 위해, 1970년 2월 항공회담에서 실리가 적은 북태평양 노선을 중부 태평양 노선으로 변경하고, 미국내 추가지점을 미국측에 요청했다. 그래서 미국내 운항지점으로서 "알래스카 및 시애틀"을 "호놀룰루 및 로스앤젤레스"로 변경하는 데 그쳤으며, 이러한 내용은 1971년 3월, 양국정부의 각서교환으로 발효시켰다. 한국은 1972년 6월과 1973년 12월에 각각 개최된 항공회담에서 미국내 추가 노선권을 요구했으나, 미국측의 반대로 성과를 얻지 못하였다.

1978년 9월에 개최된 항공회담에서 앞서 설명한 미국측의 신항공 정책을 수용하는 대가로, 한국은 기존의 미국내 운항지점인 호놀룰루 및 로스앤젤레스에 뉴욕을 추가하는 "양해각서(memorandum of understanding)"에 합의 서명하였다. 그러나 이 양해각서는 6개월이 지난 1979년 3월에 미항공사의 지상조업을 보장하며, 이를 위한 전문 화물청사를 김포공항 안에 한국정부 또는 미항공사가 2년내 완공할 것을 명시하고, 부속서한(附屬書翰)을 한국정부가 추가로 수정하고서야 발효되었다.

한·미 항공 협정상 불평등을 시정하기 위한 항공회담이 1980년 4월에 개최되었다. 이 회담에서 양국정부 대표는 1978년 부속서한에 명시된 미항공사를 위한 화물청사 건립세부 조건을 정하고, 노선권의 불균형을 시정하기 위해서 한국측에 "시카고, 오클랜드, 앵커리지 및 미국 이원 유럽 1개 지점"의 노선권 부여를 주요내용으로 하는 양해각서에 합의서명하였으나, 그 후에 미국측의 반대로 발효되지 못하고 있는 상태에서 오히려 미국측은 40여 가지의 한국 내에서 미국 항공사들의 영업상 불편사항(doing business issues) 해결을 요구하고 있는 실정이다. 다음엔 한·미 항공협정의 문제점을(불평등 내용)을 좀더 자세하고 구체적으로 살펴보기로 한다.

3.3.3 한·미 항공협정의 문제(불평등 내용)

한·미 항공협정은 운항상 기회의 균등(fair and equal opportunity) 도모를 기본원칙으로 하고 있다(제8조). 이러한 기본원칙이 실현되기 위해서는 양국 항공사가 자유롭게 경쟁할 수 있도록 공평한 운항기회의 보장이 필요하며, 운항 항공사 수, 운항노선에서 실질적인 기회균등이 유지되어야 함에도 불구하고 다음과 같은 제문제가 내재하고 있다.

(1) 지정 항공사제 운영

현 한·미 항공협정은 미국측의 주장을 받아들여 상대방 국가에 운항할 자국 항공사를 지정하는 데에 제한을 두지 않는 복수 항공사제를 채택하고 있으나(제3조), 운항 항공사 수에서 어느 정도 균형을 유지하여 항공협정의 기본원칙인 공정하고 균등한 운항기회를 보장할 수 있도록 해야 할 것이다. 미국측은 1947년 9월 Northwest 항공이 1969년 11월에는 Flying Tiger 항공이 한국에 운항을 개시한 이래, 1971년 4월 대한항공이 미국에 첫 취항할 때까지 20여 년간 한·미 항공시장을 100% 독점지배해 온 이 두 항공사 외에도 1981년 2월에 한국취항을 희망하는 14개 미항공사들에게 한국취항을 허가하였다.

이에 따라 1983년 6월에 한국에 운항하기 시작한 PAN AMERICAN 항공의 태평양 노선을 매입한 United 항공이 1986년 2월, 그리고 1987년 12월부터 Delta 항공이 운항을 개시함으로써 한국 항공사는 4개 미국 항공사들과 경쟁을 해야 하는 입장이다. 또, American Airlines 등을 포함한 미국의 초대형 항공사들의 한국취항이 예상되므로, 악으로는 2 대 5, 2 대 6으로 경쟁해야 하는 실정이다.

(2) 노선구조

양국 항공사들에게 가장 중요한 노선권을 비교해 보면, 미국 항공사는 미국의 모든 도시로부터 중간도시로도 선택경유하여 한국에 운항할 수 있고, 다시 한국을 이원하여 어떤 도시로도 운항이 가능한 반면, 한국 항공사의 미국내 운항도시는 3개 도시로만 묶여 있다. 이러한 불균형으로 당시 한국 항공사는 미국내 호놀룰루, 로스앤젤레스, 뉴욕인 3개 도시만을 운행하고 있었으나 Northwest, Flying Tiger, Delta, United 항공 등 미국 항공사들은 방대한 미국내 노선망을 이용해서 10여 개 한국운항 관문도시(gateway)를 중심으로, 미국내 전지역을 지선(feeder line)으로 연결운항함으로써 한국 항공사와 경쟁에서 절대적으로 유리한 입지를 점하고 있었다(1990년 당시).

즉, Northwest 항공은 시애틀 등 8개 도시를 한국취항 관문으로 하여 68개 도시를 지선으로 연결운항하고 있으며, United 항공은 샌프란시스코 등 수개 관문도시를 중심으로 하여 덴버 등 150개 도시를 연결운항하고 있으며, Flying Tiger 항공은 뉴욕 등 5개 관문도시를 중심으로 하여 캔자스시티 등 34개 도시를 지선으로 연결운항하고 있다. 이에 추가하여 1987년 12월부터 Delta 항공이 포틀랜드 및 애틀랜타를 중심으로 하여 마이애미 등 112개 도시를 지선으로 한국을 연결운항하게 되었다.

(3) 요금 및 운항횟수 설정

노선권상 불균형 때문에 한국 항공사는 항공 협정상 주어진 경쟁기회의 이용에서도 미국 항공사들보다 불리한 입장에 놓여 있다. 첫째, 미국 항공사들은 각사의 한국운항 관문도시를 중심으로 내국으로 많은 도시를 자사노선으로 연결운항할 수 있다. 둘째, 항공 협정상 양국 항공사는 상대국 정부의 규제없이 자율적으로 운임을 설정할 수 있도록 미국측의 요청으로 수정하였다(한·미 항공협정 제8조 및 개정내용). 그런데 미국 항공사들은 미국의 많은 도시들을 자사노선으로 연결운송이 가능해져, 한국과 미국의 대부분 도시간의 운임을 임의로 설정할 수 있는데 반해, 한국 항공사는 미국내 3개 도시까지만 운항할 수 있었고 그 밖의 미국내 지점은 미국 항공사들에 연결시키면서, 미국 항공사들이 임의로 높게 설정한 운임을 그들에게 지불해야 되기 때문에 가격경쟁에서도 미국 항공사들보다 불리한 입장에 있다. 셋째, 항공 협정상 양국 항공사 공히 무제한의 공급(capacity)을 제공할 수 있다. 이에 따라 미국 항공사들은 미국내 여러 도시로부터 제한없이 중간지점을 경유해서 한국을 운항하고, 이원권을 행사할 수 있기 때문에 더 광범위하고 다양성 있는 시장을 커버(cover)할 수 있으므로, 운항횟수의 증가가 무제한으로 용이한 반면 한국 항공사는 미국내 3개 도시만을 운항하기 문에 운항횟수 증가에 한계가 있다.

(4) 미국의 차별대우

한국이 아시아 국가에서는 최초로 미국의 신항공 정책을 수용함으로써 여러 아시아 국가에 미국의 신항공 정책의 전파가 가능했음에도 불구하고, 미국이 아시아 제국에 항공 협정상 부여한 노선권을 비교할 때 한국에 대한 차별대우는 명백하고 극심하다(1990년 기준).

① 일본: 미국내 10개 지점 및 이원 제지점

② 대만: 미국내 7개 지점 및 이원 2개 지점

③ 싱가포르: 미국내 6개 지점 및 이원 제지점

④ 필리핀: 미국내 11개 지점 및 이원 제지점

⑤ 태국: 미국내 6개 지점 및 이원 제지점

⑥ 한국: 미국내 3개 지점

더욱이, 한국이 아시아 국가 중에서 무역 및 관광 교류면에서 일본 다음으로 미국의 제2 파트너라는 점을 고려할 때, 도저히 이해할 수 없는 차별대우이다.

(5) 불평등 내용의 이론적 검토

항공협정 교섭에 있어서 가장 중요한 문제는 쌍방간의 공평한 노선권 교환의 결정이다. 아직까지 통일된 과학적인 방법은 없으며 다음과 같은 네 가지 모델이 가장 많이 활용되고 있으나, 어느 한 가지로도 충분치 못하여 혼용되고 있는 실정이다. 그 첫째가 가시적 상호주의(visual reciprocity) 또는 중복노선 주의(double tracking)로서 양측의 항공사가 같은 노선을 같은 기종으로 같은 횟수로 취항하는 것이다. 즉, 한국측의 KAL이 서울과 뉴욕간을 B747로 주 7회 취항하고, 미국측의 NWA가 뉴욕과 서울간을 B747로 주 7회 취항할 경우, 누가 보아도 공평한 상호주의일 것이다. 공급(기종과 횟수)은 그만두고라도 노선만 같으면 근본적으로 상호주의에 가깝다고 볼 수 있다. 이에서 보다 개념화(conceptualization)된 것이 반사적 상호주의(mirror reciprocity)인데, 한국측의 서울동경뉴욕파리와 미국측의 뉴욕동경서울홍콩과 같이 한·미간 양측이 같은 노선을 교환한데다 비슷한 가치의 이원권(한국측엔 파리, 미국측엔 홍콩)을 교환하는 것이다.

상기이론에 의하면 미측의 노선인 "미국내 제지점중간 제지점한국내 제지점이원 제지점"에 상응하는 한국측 노선은 "한국내 제지점중간 제지점미국내 제지점이원 제지점"이어야 할텐데, 실제로 "미국내 3개 지점"에 이원권이 없으니 불평등에 틀림없다.

둘째는 최혜국 우대원칙(most favored nations approach)이다. 예를 들면, 프랑스는 미국과의 관계가 서독과 미국관계에 못지 않다고 주장하며, Air France의 노선권을 Lufthansa 수준으로 미국측에 요구하는 경우이다. 양국관계(bilateral relations)란 나라마다 다소 차이가 있을 수 있지만, 지나치고 현격한 차이인 차별대우(discrimination)로서는 국제관계에서 용인되고 있지 않는 것이 실례이다.

한국은 아시아 국가 중에서 미국의 신항공 정책을 가장 먼저 수용하고, 이를 타아시아 국가에 전파하는데 협조하였다. 그리고 무역 및 관광면에서도 아시아 국가 중 미국의 제2파트너임에도 불구하고 미국이 가장 불리한 노선권을 허용하는 것은 차별대우일 수밖에 없다.

셋째는 총력 교섭작전(bargaining strength approach 또는 exploitation approach)으로서 한 나라가 공평한 교섭을 이루기 위해서는, 국가의 모든 가능한 방법과 수단(all possible leverage)을 동원하여 소위 총력외교를 하는 것으로서 이러한 노선교섭은 제2차 세계대전 후 보편화되었다. 네덜란드, 싱가포르, 포르투갈, 아이슬란드, 아일랜드 등은 전략 지리적 위치 등 항공외적인 면에서 교섭수단을 동원하여 보다 유리한 항공 노선권을 획득할 수 있었다. 과거에 한국측도 항공기 대량구입 등 미국의 상품구매 조건으로 항공 노선권 확장교섭을 비공식적으로 전개했었으나, 미국은 항공문제는 항공분야에서의 give and take 임을 강조하고 단호히 거부하며 의회 및 언론에서까지 이를 비판하였다.

그런데 미국은 최근 스스로 수출입에서의 역조를 항공분야에 연계시켜, 현재 노선권의 불균형 상태를 견지하거나 한국측의 노선권을 더 축소하겠다고 하는데, 이는 기가 막힌 일이 아닐 수 없다.

넷째는 균등한 잠재시장에서의 접근방법(access to equivalent market value or potentiality)이다. 여기서 무엇이 균등한 잠재시장이냐가 문제이며, 논란의 여지가 있으나 항공사간 경쟁력에 큰 차이가 없다면 그 시장에 진출할 경우 공평하게 배분될 예상수입도 균등해야 바람직하다는 것이다. 한국측의 경우, 서울시카고 및 서울 애틀랜타 시장으로 볼 때 직접진출의 기회마저 봉쇄당하고 있으므로, 균등한 시장가치의 접근방법으로 보아도 불평등한 것이다.

미국은 최근 미국식 통계와 계산방법에 의한 일시적인 운송실적 및 수입이 한국측에 불평등하다고 하며, 한국측의 추가 노선권 요구를 편의상 봉쇄하려고 하나 노선권 교환은 장기적인 노선의 시장 잠재성(또는 가치)의 교환이므로 합당치 않는 주장이다. 과거에 미국측이 일방적으로 우세하다고 항의하자 미국측은 노선의 가치는 잠재성이 문제이며, 한국 항공사의 수송실적이나 수입이 낮은 것은 한국 항공사의 경쟁력과 경영의 문제라고 일축해 왔던 사실을 상기하면, 일관성이 크게 결여된 논리의 모순이며 아이러니가 아닐 수 없다. 이상에서 이론적으로 살펴본 바와 같이 한·미 관계는 항공분야에 관한 한 불평등하고 차별적이다.

3.3.4 한·미 항공 자유화 협정체결과 그 의의

최근 미국정부는 항공사간 국경을 초월하여 무제한 자유와 완전경쟁을 보장하는 「자유화 항공협정」(open sky agreement)을 체결하고자 노력한 결과, 네덜란드, 싱가포르, 말레이시아 등 30여 국가와 항공 자유화 협정을 체결하였다. 또한, 우리나라와도 2~3년 동안의 교섭을 거쳐, 1998년 6월 9일 워싱턴에서 서명하였다. 그 주요내용을 살펴보면 다음과 같다.

첫째는, 노선권의 균형화이다. 지난 반세기 동안의 불평등한 노선구조는 다음과 같이 완전히 균형화되었다.

- 한국측: 한국의 배후 제지점–한국내 제지점–중간 제지점–미국내 제지점–이원 제지점
- 미국측: 미국의 배후 제지점–미국내 제지점–중간 제지점–한국내 제지점–이원 제지점

특이한 것은 본래에 출발지점이 자국내 지점이었으나 상호배후 지점에서부터 출발해도 가능하도록 공식합의한 점이다. 즉, 북경–서울–동경–로스앤젤레스–상파울루 왕복노선도 가능하도록 자유화되었다는 뜻이다.

둘째는 노선상 무제한 기종변경(change of gauge)이 가능해졌다는 점이다. 즉, 상대국 목적지, 중간 및 이원 지점에서 시장규모에 따라 항공기의 기종을 변경하여 여객 또는 화물의 분산운송이 가능해졌다. 셋째는 제3국 항공사와의 영업협력(third country code shares)이 가능해졌다는 점이다. 협정 제8조 제7항(블록 스페이스 코드 셰어링, 리스협정과 같은 항공사 상호 마케팅 협정관련 조항)에 의하여 제3국과의 영업협정을 맺어 사업을 영위하는 것인데, 예를 들면 우리나라 국적 항공사가 중남미 항공사와 제휴하여 서울미국중남미 국가간을 공동운항 또는 코드공유(code-sharing)하여 운항하는 것이다.

넷째는 항공사 승무원을 포함한 임대차(wet-lease)가 가능해졌다. 항공기 검열정비의 교체 및 피크시 교통흐름의 수요에 대치할 수 있도록 하기 위하여, 각국의 지정 항공사간에 제한된 기간 내의 wet-lease가 허용된다. 즉, 임대 항공사가 자사명의로 등록된 항공기와 자사 승무원을 임차 항공사에 임대해 주는 것이다. 이 경우 승객에 대한 운항안전과 책임 및 육상에서 제3국에 대한 제반손해를 확실하게 규정해야 한다(임차 항공사가 운수권을 행사하는 때에 항공기만 임대하는 경우를 dry-lease라고 함).

다섯째는 복합운송의 권리(intermodal rights)의 허용이다. 협정 제8조 제8항(복합운송은 항공, 육상, 해상을 연계한 운송수단에 대한 관련조항)에 의하면, 국적 항공사는 미국 내에서 복합운송(항공운송과 육상·해상 운송의 연계운송) 업무를 본격적으로 수행할 수 있게 한다. 즉, 공항간의 "port to port" 운송에서 "door to door 운송"이 가능해져 고객 서비스를 향상시킬 수 있으며 수익을 증대시킬 수 있다.

여섯째는 인천 국제공항의 업무 재배치이다. 2001년 초 개항예정인 인천 국제공항 업무의 재배치와 관련해서 미국측은 다음과 같은 요구를 하였다.

① 항공사 운항의 재배치가 발생할 경우, 미국 항공사 운항의 재배치 고려.

② 제반 국제운항은 단일공항 내에 위치하여야 함.

③ 재배치 결정은 항공사의 국적을 기준으로 차별이 없어야 함.

이에 대해 한국측은 제반 국제운항은 인천 국제공항에 위치할 것이며, 항공사 운항의 재배치는 비차별적 기준하에 이루어질 것이라고 표명하였다. 또한, 인천 국제공항에서 미국의 지정 항공사는 필요한 절차에 따라 독점적으로 자사의 화물공간을 소유해 사용하거나, 기타 항공사와 화물공간을 공유 재임대할 기회를 갖는다. 그 밖에도 한·미 항공사간 상업적 협조시 독점금지 면제(antitrust immunity), 한국국민의 미국비자 발급면제(requirement) 또는 완화, 승객 집단항의(sit-ins.)에 대한 문제, 항공사 운항 및 사업상의 편의도모(facilitation) 등에 대하여도 협조키로 하였다.

이번 한·미 항공 자유화 협정체결의 의의는 무엇보다 노선구조의 불평등 해소에 반세기의 한을 풀게 된 것이다. 이로 인하여 미국내 12개 지점만으로 운항가능하였던 국적 항공사(KAL, ASIANA)는 항공시장 잠재력이 무한한 미국내 취항이 가능해졌으며, 이원권도 3개 지점에 국한되었으나 이제는 모든 지점에서 캐나다, 중남미, 유럽 등, 어느 곳으로 향하는 승객 및 화물을 운송할 수 있는 권리를 확보하게 된 것이다.

미국의 유력 항공사들과의 포괄적인 영업제휴가 가능해져, 이로 인해 연간 약 4000만 불의 수입증대가 예상되며, 다양한 미국행 노선의 구성이 가능해서 미국행 고객들이 더욱 편리한 스케줄을 제공받을 수 있다. 그래서 마일리지 프로그램 제휴 항공사의 시설이용 등을 통해, 높아진 서비스를 제공받을 수 있게 되었다.

우리나라 국적 항공사들은 내국인 및 교포수요 의존도에서 벗어나 미국인 수요를 추가로 유치할 수 있어, 미국행 노선의 수익성 제고가 가능해질 것으로 예상된다. 더욱이, 현재에 건설 중인 인천 국제공항을 동북아 지역의 중추공항으로 발전시킬 기반조성의 중요한 역할도 수행할 수 있을 것으로 기대된다. 또, 한·미간 무제한의 노선권 교환, 운임 자유화, 부정기 운항 무제한의 기종변경과, 항공기의 포괄적 임대차 허용, 제3국 항공사와의 영업협력 허용 등으로 한·미 양국 항공사들은 모두 보다 적극적인 영업활동을 전개할 수 있을 것으로 보인다. 이 경우 미국의 초대형 항공사(mega carrier)보다 경쟁의 열세에 있는 국적 항공사들은 국제 경쟁력 향상을 위한 구조조정 및 체질개선이 시급한 과제이다. 그리고 미국의 거대 항공사가 제3국의 항공사와 제휴하여 동남아, 중국, 한·일 노선 등 우리나라 수익노선을 잠식할 우려가 있으므로, 국적 항공사는 제휴 항공사 선정에 실익을 신중히 검토해서 능동적으로 대처해야 할 것이다.

제4장 국제항공운송인의 책임

4.1 바르샤바 체제의 성립과 구성

4.1.1 바르샤바 체제의 성립

1919년 10월 13일, 국제민간 항공운송 관계의 최초의 다자조약인 「파리협약」(the Paris Convention)이 체결된 지 꼭 10년 후인 1929년에 이른바 바르샤바 협약(Warsaw Convention)이 성립되었다. 이 협약은 오늘날 국제 항공운송인의 책임에 관한 대헌장(Magna Carta)으로 인정되고 있다. 그러나 기술의 발달과 항공운송 산업의 급속한 발달 속에 본협약에 의해 수립된 책임제도의 법, 제도는 도저히 현실적 요구에 부응할 수 없었으므로, 수차에 걸쳐 이의 개정시도가 이루어져 왔다. 그 대표적인 것이 1955년 헤이그에서 서명된 이른바 헤이그 의정서에 의한 개정이며, 뒤이어 1961년 9월 18일 과달라하라 협약(Guada-lajara Convention)에 의해 보충된 협약 및 1966년 5월 13일, 미국 민간항공국(U. S. Civil Aeronautics Board: U. S. CAB)의 결정에 따른 항공사 간의 협정인 몬트리올 협정에 의해 수정된 협약 등이 체결되었다. 바르샤바 체제라 함은 이들 협약들이 총칭한 것을 말한다. 아울러, 추후체결된 1971년의 과테말라 의정서(Guatemala Protocol), 1975년의 몬트리올 제1, 제2, 제3, 제4 추가 의정서(Montreal Additional Protocols Nos. 1, 2, 3 & 4)가 발효되면 이들도 바르샤바 체제의 개념 속에 포함될 것이라고 보는 것이 통설이다.

4.1.2 바르샤바 체제에 속하는 각 조약개관

(1) 1929년의 바르샤바 협약의 기본내용

1925년 10월 프랑스 정부는 항공운송인의 책임에 관한 조약의 필요성을 절실히 인식하고, 그러한 조약을 마련할 항공법에 관한 국제회의를 「파리」에서 소집하였다.[41] 이 회의에서는 항공운송인의 책임에 관한 문제 외에도 항공기의 등록, 물권 또는 담보물권의 인정 및 이전차압 운송제도, 항공 운송상 공동공손, 항공기 임대차, 제3자에 대한 손해배상 및 책임제도, 보험·승무원의 법적지위 등 제문제가 연구 토의되었다.

동시에 이 회의에서 항공사법에 관한 제조약의 초안작성을 위한 자문기관으로서 국제 항공법 전문가 위원회(ComitInternational Technique Experts Juridique Aeriens: CITEJA)가 설치되었고, 여기서 작성된 조약초안을 중심으로 1929년 10월 12일, Warsaw 회의에서 결정된 것이 「Warsaw 조약」인 것이다.[42]

1) 목적 및 의의

제1차 세계대전 후 급속도로 발달한 항공운송인이 국내뿐 아니라 국제적인 교통수단으로 이용됨에 따라, 항공교통에 대한 국제적으로 적용할 법규가 시급해졌고 여객이나 운송인에게도 최소한의 보장(quarantee)이 요청되는 시대조류에 의해 Warsaw 조약을 체결하였던 것이다. 이 조약의 목적은 조약명 자체가 말해주듯, 국제 항공운송에 관한 각 국가의 다양한 제규칙을 국제적으로 통일하려는 데 있으며, 이 조약은 국제 항공운송인의 권리, 의무에 관한 포괄적인 최초의 조약이라는 데 의의가 있으며, 오늘날까지 이 분야에 있어서 중요한 역할과 효력을 갖고 있다.

2) Warsaw 조약의 구조

Warsaw 조약은 총 41개조 제5장으로 분리되어 있으며, 제1장(제1조~제2조)은 조약의 적용범위 및 Anglo Saxon계 국가의 특이한 용어의 정의이다.

제2장(제3조~제16조)은 운송에 관한 증서(documents of carriage), 즉 승객 항공표, 수하물표, 항공운송장을 취하였고, 제3장(제17조~제30조)에 국제 항공운송인의 책임, 제4장(제31조)에 연결운송(combined carriage), 제5장(제32조~제41조)은 총칙 및 최종규정의 내용으로 되어 있다.

3) 적용범위 및 한계

이 조약은 첫째, 여객이나 화물의 모든 국제항공운송[43]에 적용된다. 둘째, 유상(for reward) 운송이건 항공기업에 의한 무상운송(gratuitous, 運送)이건간에 다 적용된다(조약 제1조). 셋째, 운송이 제1조에 규정된 조건에 합치하는 한, 국가나 기타 공법인(les autres personnes juridigues de droit public)이 행하는 운송에 적용된다. 그러나 체약국은 War-saw 조약 체결시 추가의정서에 서명함으로서 국가 또는 그의 식민지, 보호령 위임통치 지역, 기타 주권, 종주권이나 권력하에 있는 지역이 직접 행하는 국제항공운송에 대해, 본조약이 적용되지 않게 비준이나 가입에 있어서 선언할 권리를 유보하였다.

넷째, 우편에 관한 국제조약에 따라 행하는 운송에는 적용되지 않는다. 다섯째 항공기업에 의하여 행해지

---

41) Nicolas Mateesco Matte, Op. Cit, p. 376.

42) 이태원, 「항공법의 발달사」, p. 74.

43) Warsaw 조약 제1조 제2항.

지 않는 무상운송에는 적용되지 않는다.[44] 여섯째, 항공기업이 정기 항공노선의 신설을 위하여 최초로 시험을 행하는 국제항공운송[45] 및 국제항공의 적용업무의 범위 외에 있어, 예외적인 사정하에서 행하여지는 운송에는 적용되지 않는다.

4) Warsaw 조약의 기본체제

Warsaw 조약은 결과적으로 국제 항공운송인의 책임과 국제항공운송의 증표에 관한 법규제정의 두 가지 목적을 위한 체제라고 볼 수 있다.[46] 항공운송인의 책임에 관하여 War-saw 조약은 과실책임 주의를 채택하고 있으며, 운송인에게 거중책임을 전환시킴으로써 무과실 또는 불가항력의 거중을 운송인에게 부담시켜 운송인의 과실을 추정하는 체제를 취하고 있다(제20조). 그리고 운송인의 책임을 경감할 의도로 운송인에게 유한책임(제22조)을 인정하고, 여객 또는 하송인의 이익을 위하여 면책약관을 금지하고 있다(제23조). 따라서, 한 마디로 Warsaw 조약은 과실책임 주의–과실추정–면책약관 금지라는 Warsaw 조약특징의 책임체제를 형성하고 있다.[47]

5) 비준

Warsaw 조약은 각 체결국에 의하여 비준되어야 하며, 비준서는 폴란드 외무부의 기록에 기탁하고 폴란드 외무부는 그 기탁을 각 체약국의 정부에 통고하도록 되어 있다(제37조 제1항). 5개의 체약국이 비준할 때에는 다섯 번째의 비준서를 기탁한 날로부터 90일째에 이들 체약국간에 효력이 발생하며, 그 후에는 본조약이 비준하였던 체약국과 새로 비준서를 기탁하는 체약국간에 그 기탁이 있었던 날로부터 90일째에 효력을 발생한다. 폴란드 정부는 각 체결국의 정부에 본조약의 효력 발생일 및 각 비준서의 기탁일을 통고할 의무를 가진다(제37조 제3항).

6) 가입 및 탈퇴

Warsaw 조약은 모든 국가의 가입을 위하여 개방된다(제38조 제1항). 가입은 폴란드 공화국 정부에 대한 통고에 의해 행하여지고, 동정부는 그 가입을 각 체약국의 정부에 통고하게 되어 있다(제38조 제2항). 이러한 가입의 효용은 폴란드 정부에 통고가 있었던 날로부터 90일째 효력을 발생한다(제38조 제3항).

Warsaw 조약에서 탈퇴를 하고자 하는 체결국은 폴란드 정부에 그 탈퇴를 통고함으로써 가능하며, 통고 후 6개월 후에 탈퇴한 국가에 한해서만 효력을 발생한다. 물론, 이 사실을 폴란드 정부는 모든 체결국에 통고하여야

---

44) Warsaw 조약 제2조 제2항.

45) 항공사가 신노선을 개설할 경우에는 통상 정기취항 전에 시험비행을 한다.

46) Nicolas Mateesco Matte, Op. Cit, p. 378.

47) 이태원, 「항공법의 발달사」, p. 68.

한다(제38조). Warsaw 조약에는 1998년 말 현재 144개국이 가입하였다.

7) 유보(조약적용 영토의 제한)

Warsaw 조약은 각 체약국이 서명, 비준서 기탁 또는 가입시 자국에 의한 본조약의 수락이 자국의 식민지 보호령, 위임통치 지역, 기타주권이나 권력하에 있는 기타지역에 미치는 것이 아니라고 선언할 수 있게(제40조 제1항)하여, 체약국 스스로 조약적용 영토를 제한할 수 있게 하였다. 그리고 체약국은 제41조 제1항의 선언에 의하여 제외된 자국의 식민지, 보호령, 위임통치 지역, 기타주권이나 권력하에 있는 지역의 전부나 일부, 또는 자국의 종주권하에 있는 기타지역의 이름으로 각기 가입시킬 수도 폐기할 수도 있도록 하였다(제40조 제 2·3항). 이러한 조약적용 지역의 제한에 대한 유보는 아직 민간항공이 크게 발전치 못하였던 그 당시 세계적으로 제국주의 및 식민지 시대라는 국제정치 질서하에서는 불가결하고 당연한 귀결이었을 것이다.

8) 개정

조약의 개선 및 개정을 위하여 Warsaw 조약은 각 체약국에게 체약발효 후 2년 후에 새로운 국제회의 개최를 요청할 수 있는 권리를 부여하였고, 프랑스 정부에 신청하여 프랑스가 회의개최를 위한 필요한 조치를 취하도록 하였다. Warsaw 조약은 후술하는 바와 같이 1955년 헤이그 조약에 의해 개정되었고 1961년 과달라하라(Gudalajara) 조약에 의하여 보충되었다.

(2) 1955년의 헤이그 의정서

제2차 세계대전을 계기로 항공운송이 혁신적으로 발달한 가운데에, 바르샤바 조약이 현실에 맞지 않는다는 주장이 제기되기 시작했다. 특히, 1950년대에 들어서자 화폐가치의 계속적인 하락으로 본협약에 규정된 항공운송인의 책임 한도액이 현실에 맞지 않는다는 주장이 설득을 얻게 되었다. 뿐만 아니라, 기술의 발달로 항공사고의 빈도가 현저히 감소되어, 원협약의 목적 중 하나였던 항공산업을 보호하여야 할 필요성도 크게 줄어들었다고 인식되기 시작되었다.

이러한 주장에 따라, 결국 ICAO의 법률 위원회는 1948년 영국의 K. M. Beaumont가 제출한 바르샤바 협약개정 초안을 근거로 해서, 본협약에 대한 전면적인 개정작업에 착수하였다. 그러나 1953년에 열린 리오데자네이로(Rio de Janeiro) 회의에서는 원협약의 전면적 개정이 바람직하지 못하며, 일부 조항만을 개정하는 것이 법적 안정성의 확보를 위해 바람직하다는 결론이 내려졌다. 이에 따라 협약의 일부조항만을 개정하기 위한 리오데자네이로 초안(Rio de Janeiro draft)이 작성되었으며, 이 초안을 근거로 1955년 9월 헤이그에서 열린 국제 항공사법 회의(international conference on private air law)는 「1929년 10월 12일 바르샤바에서 서명된 국제항공운송에 있어서의 일부규칙의 통일에 관한 협약을 개정하기 위한 의정서」(Protocol to

Amend the Convention for the Unification of Certain Rules Relating to International Carriage by Air Signed at Warsaw on 12 October 1929)[48]를 채택하였다. 또, 이 의정서는 단지 원협약의 개정된 조항만을 포함하고 있고, 개정되지 않는 조항은 원협약을 그대로 사용하도록 하고 있기 때문에, 의정서 제19조는「본 의정서의 당사국간에 있어서는 협약과 의정서는 합쳐서 하나의 단일문서로 읽혀지고 해석되며, 1955년 헤이그에서 개정된 바르샤바 협약으로 알려진다」고 규정하였다. 이 의정서는 1955년 9월 28일 헤이그에서 서명되었고, 1963년 8월 1일자로 시행되었다.[49]

헤이그 의정서는 바르샤바 협약을 최소한도의 범위 내에서 개정하고 있는 것으로 이해된다. 즉, 시대의 추이에 맞지 않는 운송증권에 관한 조항을 일부 수정하고 있고, 적용에 있어서 해석상의 문제점이 제기되어 온 일부 조항문을 명확히 하기 위해 수정하고 있다. 그러나, 무엇보다도 큰 특징은 승객의 사망 또는 상해의 경우, 운송인의 책임 한도액을 원협약의 그것보다 100% 인상해서 승객 1인당 25만 푸앵카레 프랑으로 조정한 점이다. 이 밖의 주요개정 사항으로서는 원협약 제25조의『wilful misconduct』(고의)의 개념을 구체화한 점, 그리고 운송인의 이행 보조자(servants and agents)도 그들이 고용계약의 범위 내에서 행동한 이상, 협약이 정한 책임한도를 스스로 원용할 수 있다는 뜻을 정하고 있는 점이다. 운송 증권상의 기재내용을 단순화한 점, 양도 가능성 항공화물 운송장의 발행 가능성을 규정한 점, 물건에 대한 이의진술 기간을 완화해서 훼손의 경우 위탁수하물에 관해 수령일로부터 7일 내에, 화물에 관하여는 수령일로부터 14일 내에, 또 연착의 경우에는 위탁수화물, 화물의 구별없이 처분 가능일로부터 21일 내에 이의를 제기하도록 한 점이고, 마지막으로 화물, 수화물 운송에 있어 항공과실 면책조항(원협약 제20조 제2항)을 삭제한 점 등이다.

원협약, 즉 바르샤바 협약의 당사국이 이 의정서를 비준, 가입하면 바로 개정협약에의 가입의 효력이 발생하며, 원협약의 당사국이 아닌 국가일지라도 동의정서를 비준·가입하면 개정협약에의 가입의 효력이 발생한다(의정서 제21조 제2항, 제23조 제2항). 이러한 규정에 따라 한국은 1967년 1월 28일, 본의정서 가입에 대한 국회의 동의를 얻어 1967년 10월 11일 조약 제259호로 공포, 동일자로부터 우리나라에 대하여 개정협약의 효력이 발생하였다.

(3) 1961년의 과달라하라(Gadalajara) 협약

항공운송의 발달과 더불어, 항공운송 계약을 체결한 자와 실제로 운송을 하는 자가 다른 경우, 예컨대 항공기 및 승무원 등의 임대에 의한 항공운송이 행해지게 되었다. 이때, 일반적으로 여객·하주와 운송계약을

48) 외무부 방교국, 전게 조약집 566면.

49) Minutes and Documents of the Conference in ICAO Doc. 7686, Vols. Ⅰ & Ⅱ. : Rene H. Mankiewicz, The Liability Regime of the International Air Carrier(Deventer/Netherlands : Kluwer Law and Taxation, Publishers, 1981), p. 6.

체결한 운송인을 계약운송인(the contracting carrier)이라고 하고, 그 계약운송인을 위하여 또는 계약운송인을 대신하여 실제로 운송의 일부 또는 전부를 담당하는 운송인을 실제운송인(the actual carrier)이라고 한다. 실제운송인이 운송을 담당한 경우에 계약운송인과 실제운송인 중 누구에게 협약이 적용되는가에 관해 대륙법계 학자들은 양자 모두에게 적용된다고 해석하는 경향이 지배적이었다. 하지만, 영·미법계의 학자들은 이 협약이 오직 실제운송인에게만 적용된다고 주장하여 왔다.

1954년 4월, 유럽민간항공회의는 이러한 현상을 인식하고, 이에 대한 법률적 해결방안이 마련되어야 한다는 권고안을 ICAO에 제출하였다. 1960년대 당시 항공기의 임대기(hire), 용기(charter) 및 상호용기(interchange) 등의 꾸준한 증가와 관련하여, ICAO의 법률 위원회는 이 문제가 새로운 협약으로 해결되어야 한다는 방침 하에 1960년 9월, 몬트리올에서 열린 제13차 회의에서는 이에 관한 보고서를 작성하였다. 이 보고서를 토대로 하여 멕시코의 과달라하라에서 개최된 외교회의(diplomatic conference)는 「계약 당사자가 아닌 운송인이 이행한 국제항공운송과 관련된 일부규칙의 통일을 위한 바르샤바 협약을 보충하는 협약」(Convention Supplementary to the Warsaw Convention for the Unification of Certain Rules Relating to International Carriage by Air Performed by a Person Other than the Contracting Carrier)을 채택하였다. 이 협약 역시 바르샤바 협약 및 헤이그 의정서와 합하여 하나의 단일문서로 구성하였다. 과달라하라 협약은 1964년 5월 1일부터 시행되었으나, 한국은 가입하지 않고 있다.

4.1.3 1966년 미국민간항공국(U.S. CAB)의 결정과 몬트리올 협정

미국은 원협약을 개정하기 위한 헤이그 회의에 대표를 파견해서 헤이그 의정서를 서명하기도 하였으나, 1959년 미국상원은 동의정서의 비준을 거부하였다. 오히려, 미국은 원협약이 규정하는 운송인의 책임 한도액이 지나치게 낮다는 것을 이유로, 1965년 11월 15일 폴란드정부에 원협약에서의 탈퇴를 정식통보하였다. 이에 ICAO는 미국의 탈퇴선언을 철회하도록 종용하기 위하여 외교적 성격이 짙은 가운데에 총회를 소집, 미국의 입장번복을 유도하였으나 실패하였다.

이에 그때까지 방관자적(傍觀者的) 태도를 취하였던 IATA가 이 문제에 개입하게 되었으며, IATA는 우선 항공사들의 의견을 일치시키는 데에 성공하였다. 즉, 동기구는 미국을 출발해서 도착, 경유하는 세계주요 항공사들의 회의를 몬트리올(Montreal)에 소집하여 후술하는 바와 같은 내용에 관한 기업간의 협정을 체결하고, 이를 조건으로 미국정부로부터 바르샤바 협약폐기 통보를 철회한다는 약속을 받아냈다. 이것이 몬트리올 협정이며, 이것은 1966년 5월 13일 U.S. CAB 의 승인을 얻어[50] 5월 16일자로 발효되었다.[51] 이때 협정 내용의 실시가

50) Agreement CAB 18,900 approved by order E 2368, 13 May 1966, Docket 17,325.

51) Montreal Agreement 의 최근동향에 관하여는 David Cohen, "Happy birthday : Agreement CAB 18,900," 1982 Air. L. 74 et seq. 참조.

항공사의 운영허가의 조건으로 규정되게 한 것이다. 몬트리올 협정은 항공기의 출발지, 도착지 또는 예정 기착지가 미국 내에 있는 운송에 한하여 적용되는 것이며, 미국 국적기이든, 타국의 국적기이든 이를 불문한다.

동협약은 이른바 절대책임(absolute liability) 주의를 취하고 있으며, 오직 여객운송에 관한 규정만을 두고 있다. 구체적인 내용은 다음과 같다.

첫째, 여객의 사망 또는 상해의 경우, 항공사의 책임한도는 소송비 및 제경비를 포함하는 경우에 미화 75,000달러로, 소송비 및 제경비에 관한 별도의 규정을 두고 있는 국가에서는 58,000달러로 인상한다는 것(운송인측에 고의가 있는 경우 및 항공권의 결함, 미교부의 경우에는 운송인이 무한책임을 진다는 점은 변동이 없다)이다.

둘째, 여객에서 사망 또는 상해의 경우, 항공운송인은 원협정 제20조 제1항의 운송인의 책임배제에 관한 규정을 원용할 수 없다는 것[따라서, 피해자에게 기여과실(contributory negligence)이 있는 경우를[52] 제외하고, 운송인은 협약 제17조 소정의 사고에 대하여 절대책임을 진다]이다.

셋째, 항공운송인은 항공권을 여객에게 인도할 때에 항공권에 직접, 또는 항공권을 넣은 봉투 속에 삽입한 별지에, 그리고 항공권에 붙인 보충지나 항공권 봉투에 바르샤바 체제가 적용된다는 뜻의 고지(notice)를 하여야 하며, 그러한 고지를 함에 있어서는 10 point 이상 크기의 modern type 활자로 대목과 대비되는 색깔의 잉크(contrasting ink)로 인쇄하여야 한다는 것(따라서, 운송증권에 관한 요건은 훨씬 강화되었다) 등이다.

4.1.4 1971년의 과테말라 의정서

미국의 바르샤바 조약탈퇴의 움직임은 1965년 7월의 ICAO 총회에서 협약상의 책임한도액 개정에 대한 검토논의를 더욱 활발하게 진행시키는 계기가 되기도 하였다. 결국, ICAO 법률 위원회는 이 문제에 대한 전면적인 검토를 위임받았으며, 동위원회는 1967년 이 문제를 연구하기 위한 법률 소위원회를 설치하였고, 이 소위원회는 개정협약 초안을 마련, 1970년 2월 9일부터 3월 11일까지 몬트리올에서 열린 법률 위원회 제7차 회의에 제출하였다. 법률 위원회는 이 초안을 최종적 개정초안으로 확정하여 1970년 3월 ICAO 이사회의 승인결의를 거친 후, 1971년 2월 9일부터 3월 8일까지 과테말라시(Guatemala 市)에서 개최된 외교회의에 상정하였다. 그 결과 원안의 대부분이 채택되었으며, 이것이 바로 과테말라 의정서(Guatemala Protocol)이다.

본 의정서는 1955년 헤이그에서 개정된 바르샤바 협약을 개정하는 의정서로서 아직 발효되지 않고 있다. 이 의정서의 개정점은 주로 여객 및 수화물 운송관계 규정의 개혁에 있었다. 그 주요내용은 여객의 사상에 대한 운송인의 절대책임, 책임 한도액의 절대성, 그 한도액의 정기적 자동수정, 화해촉진 조항신설, 국내적 보조

52) 주 23)의 Williams vs. Fidelity & Casualty Co., 14 Avi 18,465.

조치의 허용 및 재판관할 원인의 확대 등, 현행 바르샤바 체제를 근본적으로 개정하고 있다.[53]

4.1.5 1975년의 몬트리올 제1, 제2, 제3, 제4의 추가 의정서

앞에서 살펴본 바와 같이 과테말라 의정서는 협약의 여객·수화물 운송관계 규정만의 개정에 초점을 두고 있으므로, 여객·수화물의 운송에 대한 책임제도와 화물 및 우편물 운송에 관한 책임제도가 상이하게 되고, 이는 국제항공운송의 발전에 저해가 될 수 있다는 지적이 제기되었다. 그리하여 1972년 9월에 소집된 ICAO 법률 위원회는 화물·우편물 운송에 관한 협약의 규정을 개정하기 위한 소의원회를 설치하였고, 이 소위원회는 1974년 10월 법률 위원회에 「1955년 헤이그에서 개정된 협약을 개정하기 위한 보고서」를 제출하였으며, 이것은 조약의 개정을 위한 최종적 사안으로 간주되었다. 법률 위원회는 이것을 과테말라 의정서와는 별개의 의정서로 채택할 것을 권고하였다. 이 개정 조약안은 이사회의 승인을 얻어 1975년 9월 3일부터 몬트리올에서 열린 외교회의에 제출되었다. 동 외교회의에서는 원협약 및 원협약을 개정하는 일련의 의정서에 정하여진 운송인의 책임 한도액을 표시하는 통화단위를 푸앵카레 프랑에서 IMF의 SDR로 변경하여야 한다는 제안이 있었고, 이를 받아들여 화물·우편물 운송에 관한 신 의정서뿐만 아니라 원협약 및 개정 의정서의 통화단위를 변경하는 다른 3개의 의정서에도 동시에 채택되게 하였다. 이리하여 채택된 의정서로서 몬트리올 제1추가 의정서(Montreal additional protocol No. 1)는 원협약의 화폐단위인 푸앵카레 프랑을, 제2추가 의정서(Montreal additional protocol No. 2)는 헤이그 의정서의 그것을, 제3추가 의정서(Montreal additional protocol No. 3)는 과테말라 의정서의 그것을 각각 SDR 로 변경하였다. 본래, 이 회의에서 여객 및 수화물에 관한 과테말라 의정서와 보조를 맞추어 화물 및 우편물 운송에 관한 규정을 개정하는 의정서는 제4추가 의정서(Montreal additional protocol No. 4)가 되었다.

53) 1977년 1월, 미국정부가 상원에 본 의정서의 비준동의를 상정하였으나 보상금액의 적용여부, 가해자의 고의·과실을 묻지 아니하고 일정금액을 한도로 배상한다는 본 의정서의 주요내용이 전통적인 common law의 법리에 미치는 영향 등을 고려, 상원은 이를 부결시켰다. 그리고 당분간 이 의정서가 미의회에서 통과될 전망은 없다고 했다. Carroll E. Dubuc, "Significant Legislature Development in the Field of Aviation Law," 1979 JALC 38~39.

4.2 국제항공운송인의 책임

4.2.1 과실추정 주의

바르샤바 조약은 과실책임 주의를 바탕으로 운송인측의 과실추정과 유한책임을 책임원칙으로삼고 있다. 여객의 사상 또는 운송물의 손해가 발생하는 등의 사고에 대하여 가급적 많은 배상을 받으려는 피해자측의 요구와, 그와 반대로 그에 대한 책임을 면하고 경감하려는 운송인과의 대립되는 이해관계의 형평을 찾는 방법은, 운송인에 대한 과실추정과 동시에 운송인의 책임을 제한하는 방식을 바르샤바 체제가 택하고 있다. 단, 조약상 규정되어 있는 사유가 있는 경우에는 운송인은 유한책임 제도의 혜택을 받을 수가 없다.

과실추정 원칙이란, 손해가 발생하였을 경우 그 손해의 발생사유가 운송인측의 과실에 있다고 파악해서 운송인측에게 손해배상을 피해자가 요구할 수 있으며, 이때 피해자는 운송인측의 과실여부를 입증할 필요는 없고 운송인측이 자신에게 과실이 없음을 입증하여야 하는데, 이는 자신의 책임이 면해짐을 의미한다. 입증의 부담이 피해자가 아닌 운송인측에 있으므로, 일단 피해자에게 손해배상을 받을 수 있는 가능성을 더 높이려는 의도하에 수립된 원칙인 것이다. 이때 운송인측은 자신의 과실이 없다는 증명의 부담을 안는바, 조약 제20조는 운송인이 무엇을 입증하여야 하는가를 규정하고 있다. 즉, 조약 제20조에 의하면 "운송인은 운송인과 그 사용인이 손해를 방지하기 위하여 필요한 모든 조치(all necessary measures to avoid the damage)를 취하였다는 것, 또는 그 조치를 취할 수 없었음을 증명할 때에는 책임을 지지 아니한다"고 규정되어 있다.

여기서 원칙의 적용상의 문제가 되는 것은 "필요한 조치"라는 것의 개념규정이다. 이에 대해서는 크게 두 가지의 견해가 제기되어 왔다. 하나는 운송인이 선량한 관리자로서의 주의를 기울임을 의미한다는 견해이다. 여기서 선량한 관리자로서의 주의는 평균적인 운송인으로서의 주의, 말하자면, 타인의 수요에 응하여 운송을 할 의무를 부담하는 운송인이 다른 운송인이 기울이는 정도와 동일한 정도의 주의를 기울이는 것을 의미한다. 따라서, 특정한 경우마다에 특수성을 고려하기 보다는 대부분의 운송인이 자신이 책임을 맡은 운송의 이행을 위하여 기울이는 통상적인 주의의무가 이에 해당한다. 다른 견해는, 그러한 통상적인 주의가 아니라, 운송인이 고도의 주의를 기울여야만 필요한 조치를 다한 것으로 인정한다는 견해이다. 이 견해에 의하면, 필요한 조치의 개념은 그러한 조치를 취하였던들 사고가 절대로 생기지 않았었을텐데, 운송인이 그러한 조치를 취하지 않았을 경우를 의미한다. 이것은 항공운송인은 다른 육상운송이나 해상운송인과는 달리 특별한 주의를 더 기울여야함을 의미하는 것이다.

일반적으로 이러한 조약상의 문구의 추상성 때문에 본조항의 적용에 대한 학설은 매우 다양한데, 이는 "필요한 조치"의 의미는 각각의 구체적이고 실제적인 상황에 따라 정하지 않을 수 없다는 견해가 지배적인 것으로 보인다. 그러므로 곧, 본조항의 적용에 있어 구체적인 사안을 심사하는 각각의 법원의 판단이 가장 의미 있다는 논리로도 이어지게 된다.

4.2.2 운송인의 책임제한 원칙

(1) 원칙의 성립

바르샤바 조약은 운송인의 책임에 관하여 피해자에게 유리한 운송인측의 과실추정을 인정하는 한편, 운송인측의 이익을 고려하여 책임제한을 규정하고 있다. 바르샤바 조약의 체결당시인 1920년대에는 항공기 및 항공운송 산업의 발달이 아직 부진한 상태로서, 그 발달을 위해서는 항공운송인의 책임부담이 제한되어야 한다는 의견이 지배적이었기에 이러한 책임제한 원칙이 채택된 것이다.

따라서, 이러한 책임제한 원칙은 항공운송 산업의 발달을 위한 상황적인 이유를 고려한 것으로 절대적인 원칙은 아닌 것이며 상황의 변동에 따라, 예컨대 항공운송 산업의 발달에 의해 수정될 수 있다는 것이 논리적으로 타당한 것이다.

(2) 운송인의 책임제한 배제사유

바르샤바 조약 제25조 제1항은 "운송인은 손해가 고의(wilful misconduct) 또는 소가 계속(係屬)하는 법원의 법률에 의해, 고의의 상당한 것으로 인정되는 과실로 생긴 때에는, 운송인의 책임을 배제 또는 제한하는 이 조약의 규정을 원용하지 못한다"고 규정하고 있다. 이 "wilful misconduct" 및 "wilful misconduct"에 상당하다고 인정되는 "default"의 개념은, 후술하는 바와 같이 이것이 과연 무엇을 의미하느냐에 관하여 상당한 학설상의 논쟁을 불러 일으켰고, 또한 각국의 법원은 각국의 법리에 따라 제각기 다른 해석을 행하였다.

wilful misconduct는 프랑스어 원문의 "dol"을 번역한 것으로서, 대륙법 계통의 국가에서는 중과실을 가리키는 것으로 보는 견해도 있다. 고의라고 하면 단지 특정한 손해를 일으키려고 하는 의도를 갖고 있을 뿐만이 아니라, 자신의 행위 내지는 부작위가 그러한 손해를 일으킬 것이라는 것을 알고서 한 행위 또는 부작위를 의미한다. 그렇다면, 중과실은 그러한 손해를 일으키려고 하는 의도, 말하자면 주관적인 요소는 고의의 경우보다는 약하지만, 자신의 그러한 행위 또는 부작위가 손해를 발생시킬 수 있다는 것을 인식한 것으로서 거의 고의에 준하는 경우라는 견해인 것이다. 또는 wilful misconduct는 프랑스법상의 악의(惡意, dol)와 같은 의사적 성질(caractere intentional)을 가지지만, 동시에 타인의 안전을 무시하고 그 결과에 대하여 고려가 없는 부주의를 포함한다고 해석되므로,[54] 이는 분명히 중과실(重過失)보다는 엄격한 개념이다.[55]

---

54) Marcel le goff, Manuel de Droit Aerien Driot Priv, 1961, n. 282.

55) Denis Nguyen Thanh Bourgeais, contribution a l'étude de la faut contractuelle : La faute dolosive et sa place actuelle dans la gamme des fautes, Rev. trim. dr. civ. 1973. n. 21.

1955년 헤이그에서 개정된 바르샤바 협약(이를 헤이그 의정서: Hague protocol이라 한다)[56]은 이러한 문제를 의식하고 그 수정을 시도하였으나, 단지 좀더 구체적이고 분명하게 풀어서 쓰는 표현을 채택하는 데에 그쳤다. 즉, "운송인, 그의 고용인 또는 대리인(이하 이를 운송인측이라 한다)의 가해할 의사로서, 또는 손해가 아마 발생할 것이라고 인식하면서도 무모(無謀)하게(부주의하게, recklessly) 행하여진 작위(作爲)나 부작위(不作爲, act or omission… done with intent to cause damage or recklessly and with knowledge that damage would probably result…)"라고 규정한 것이다. 여기서 "wilful misconduct"는 "with intent to cause damage"로 바뀌었고, "wilful misconduct에 상당하다고 인정되는 default"는 "recklessly and knowledge that damage would probably result"로 바뀌었다.

한편으로는 wilful misconduct의 프랑스어 원본에서의 용어인 "dol"은 우리 사법상 사기보다는 약하고, 고의(故意)보다는 강한 개념으로서 이를 "악의(惡意)"라고 이해하는 학설도 있다.

미국의 항공운송법 판례에 나타난 wilful misconduct의 성립요건을 정리해 보면, 행위자가 자신의 작위·부작위가 위법행위임을 자각하고 있으면서도 결과가 어떻게 되든 불문하고, 또는 어떠한 결과가 발생할 수 있다는 점에 관하여 개의치 아니하고 무모하게 그 작위·부작위를 계속하는 것을 말한다.

최근 판례 중에 wilful misconduct를 인정한 것을 몇 가지 예시하면 다음과 같다.

Charles King vs. Eastern Airline, Inc. 사건에서는 12번이나 기름의 누출을 방지하는 이른바 "O-rings"을 장치하지 아니하여, 엔진이 고장을 일으킨 사례가 있음에도 불구하고 이를 시정하지 않아 다시 엔진고장을 일으켰는데, 이는 항공기의 급강하로 인해 여객에게 정신적 불안을 일으킨 것은 그 성격에 있어 무법(outrageous)하고 그 정도에 있어 극심(extreme)하므로 wilful misconduct에 해당한다. 따라서, 이때 운송인은 협약(協約) 제25조의 책임제한을 원용할 수 없다고 한다. 또, Korean Air Line Company, Ltd., et al vs. State of Alaska, et al. 사건에서는, 시계가 나쁜 상태에서 나침반(compass)으로 상호체크(cross check)를 확인하지 아니하고, FAA 시계요건(FAA visibility requirement)을 위반하여 항공기를 이륙시킨 것은 wilful misconduct에 해당하며, 이것이 사고의 법적원인으로 되었다.[57]

1983년 구소련 사할린 상공에서의 대한 항공기 피격사건인 In Re Korean Air Line Disaster of September 1, 1983 사건에서는, 원고가 제출한 모든 증거에 비추어 볼 때 운송인에게 wilful misconduct를 인정할 만한 모든 요건이 성립하는 것으로, 이를 추단할 가능성이 있다고 하였다. Carolyn Butler, et al. vs. Aeromexico 사건에는 착륙예정 공항에 안개가 끼어 있어 고도 818 feet에 이르러서도 시계가 불투명하였고, 레이더마저 사용하지 아니한 채 의도적으로 착륙을 감행한 것은, 그와 같은 상황하에서 여객의 사상이 발생할 것을 알면서 한 무모한 행위로서 운송인측의 wilful misconduct가 있다고 하였다. 또 Merck and Co., Inc. vs. Swiss Air Transport

56) 우리나라는 1967년 1월 28일 헤이그 의정서에 대한 국회의 동의를 얻어 1967년 10월 11일에 조약 제259호로 공포, 동일짜로부터 효력이 발생되었다.

57) Alaska Supreme Court, 1 September 1989 : 22 Avi 17, 388.

Co., Ltd. 사건에서는, 운송인이 실험용 왁친(vaccines)을 그 가치 및 취급주의를 해야 할 필요성을 알면서도, 냉장실이 아닌 냉동실에 적치하여 못쓰게 만든 것에는 운송인의 wilful misconduct가 있다고 본다.

(3) Wilful misconduct 의 존재를 부인한 판례

반면에 B.R.I Coverage Corp. vs. Air Canada 사건에서는, 화물운송에 있어 항공기 대신 트럭으로 운송한 경우 운송약관에서 이를 허용하고 있으므로, 운송인에게 wilful misconduct가 없다고 한다. 또한, Baker vs. Landsdell Protective Agency 사건에서 항공사의 직원이 여객의 핸드백 속에 있던 보석을 훔친 것은, 운송인측의 wilful misconduct라는 주장에 대한 그 직원의 행위는 고용계약 범위 외의 행위이므로, 운송인에게 책임을 돌릴 수 없다고 하였다.[58]

위에서 살펴본 바와 같이 wilful misconduct는 1929년 바르샤바의 협약에서 처음 사용되었고, 헤이그 의정서에서 인식·무모의 개념으로 발전한 이래 현재는 많은 해사관계 조약에서 사용되고 있다. 또한, 국제적으로 널리 인정되고 있는 개념이 되고 있다. 그러므로 이제는 이 인식·무모라는 개념의 사용여부가 문제가 아니라, 이 개념의 내용을 조속히 확립하여 각국의 법원에서 그 의미를 통일시키는 것이 중요하다고 본다.

4.2.3 관할법원

손해배상 청구자는 다음 네 지점을 관할하는 법원 중 어느 한 곳에서 제소하여야 하고, 그 밖에 재판지에서의 소는 기각된다(제28조).

① 운송인의 주소지를 관할하는 법원
② 운송인의 주된 영업소 소재지를 관할하는 법원
③ 운송인이 계약을 체결한 영업소 소재지를 관할하는 법원
④ 도착지를 관할하는 법원

58) 590 F. Supp. 165(S.D.N.T. 1984) : Michael J. Sehr, supra note(35), 1987 JALC 121.

4.3 로마조약

4.3.1 개관

항공기는 공중을 비행하기 때문에 비행 중에 항공기 또는 항공기로부터 떨어진 낙하물이나 사람에 의해서 지상의 제3자가 손해를 입은 경우, 이에 대한 보상문제가 생긴다. 이러한 제3자에 대한 보상문제는 항공수송의 초기부터 중요한 문제의 하나로 취급되어 왔다.

항공기의 지상 제3자에 대한 손해의 규제에 대해서는 각국의 국내법에 의하여 오래 전부터 취급되어 왔다. 1933년에는 항공기에 의한 지상 제3자에 대한 손해배상에 관한 규칙을 통일하기 위한 조약, 즉 "1933년의 로마조약"이 서명되어 1942년에 발효하였다. 그 후 1952년에는 1933년의 로마조약에 대신하여 새로운 조약, 즉 외국 항공기가 지상 제3자에 준 손해에 관한 조약이 채택되어 1958년에 발효하였다. 이 조약을 "1952년의 로마조약"이라고 부르며, 현재 33국이 가입하고 있다.

그러나 1952년의 로마조약은 조약체결 이후 항공수송의 비약적인 발전으로 다시 조약의 근대화를 위한 개정이 필요하게 되고, 수차에 걸친 국제민간항공기구 법률 위원회의 심의 후에 몬트리올에서 개최된 1978년의 외교회의에서 그 개정을 위한 의정서가 채택되었다. 이 의정서에 의하여 개정된 1952년의 로마조약을 "1978년의 로마조약"이라고 부른다.[59]

4.3.2 1978년의 로마조약

1978년의 로마조약이 채택하고 있는 지상 제3자에 대한 책임원칙 중 중요한 것은, 다음과 같은 다섯 가지로 요약할 수 있다.

(1) 절대책임 주의

1978년의 로마조약은 항공기의 운항자에게 절대책임(Absolute liability)을 부과하고 있다. 즉, 비행 중의 항공기 또는 그 낙하물에 의해 지상손해가 발생했다는 것이 입증되면 운항자의 책임이 즉시 발효되며, 지상의 피해자는 배상청구를 할 수 있다(조약 제1조 1단서). 그러나 이 원칙에는 몇 가지의 예외가 인정된다. 첫째, 손해배상의 발생이 직접적인 결과가 아닌 경우나 항공기가 현행의 항공규칙을 준수한 단순한 통과비행에 지나지 않은 경우에는, 지상의 제3자에게 손해가 발생하더라도 운항자는 책임을 지지 않는다는 것이다. 이 예외가

59) 송효경, 「항공법 정리」, 동명사, pp. 141~142, 이태원, 「현대항공수송론」 제11장.

소음손해에 적용되느냐 아니냐에 대하여 의견이 분분하지만, 1947년의 ICAO 법률 위원회는 소음 및 충격파(sonic boom)로 인하여 발생한 손해에 대해 별도의 조약을 제정했다는 점에서 이 조약은 소음손해에 적용되지 않는다는 것이 거의 정설로 되어 있다.

둘째로 무력분쟁 또는 내란이 직접적인 원인이 되었거나 정부당국의 행위로 인한 항공기의 사용이 저지되면, 발생한 손해에 대해서는 운항자가 절대로 책임을 지지 않는다. 셋째로는 피해자측의 과실로 손해가 발생한 경우이다. 이 경우에 운항자는 사정에 따라 책임의 일부 또는 전부를 면책받는다. 넷째로 운항자와 관계없는 자가 항공기를 부정하게 사용한 결과 발생한 손해에 대해서는, 운항자가 상당한 주의를 한 것이 입증되면 면책이 된다. 다만 운항자가 이를 입증하지 못할 경우에는 부정 사용자와 연대책임을 진다. 하이잭의 경우 그 행위의 성격상 운항자에게 절대책임을 지우는 것은 지나치게 가혹하다는 주장도 있으나, 이러한 주장은 로마조약의 개정시에 채택되지 않았다.

다섯째로는 운항자와 피해자간에 지상손해에 관한 계약을 체결한 경우이다. 고용계약에 보상조항이 있는 경우가 이에 해당한다. 지상의 제3자에 대한 책임은 불법행위의 책임이 되지만, 그 예외로서 양자간에 보상에 관한 계약이 있는 경우에는 계약책임이 불법행위 책임에 우선하여 적용된다.

(2) 한정책임 주의

두 번째 원칙은 한정책임의 채용에 있다. 운항자나 그 밖의 이 조약에서 책임을 지지 않으면 안 되는 자는, 비행 중인 항공기 또는 그 낙하물이 준 손해라 하더라도 이 조약에 명문으로 정한 것 외에는 책임을 지지 않도록 규정하고 있다(조약 제9조). 이에 대하여는 여러 가지 설이 있으나 조약에 명문규정이 없기 때문에 모든 책임을 운항자가 지지 않는다는 설이 가장 유력하다. 그러나 이 경우에도 조약의 적용에 대하여 국내법에 별도의 구제조치가 있더라도 조약의 적용은 배제되며, 또한 고의로 인한 손해에 대하여는 한정책임의 원칙이 적용되지 않는다.

(3) 유한책임 주의

세 번째 책임원칙은 운항자의 책임에 대한 한도액의 설정이다. 우선, 항공기의 최대 이륙중량을 기준으로 책임에 대한 한도액을 1인당 12만 5000 SDR를 한도로 할 때 우선적으로 지불하고, 잔액으로 재산손해에 대한 보상에 충당하도록 하고 있다. 이러한 책임 한도액은 고의로 손해를 입힌 운항자나 불법 탈취자에게는 원용할 수 없으며, 이들을 보호해 줄 만한 가치가 전혀 없기 때문에 무한책임을 지도록 하고 있는 것이다.

1978년의 로마조약에 각국이 가입을 하지 않고 있는 최대의 이유는 이러한 책임 한도액의 문제 때문이다. 즉, 이 조약에서 설정된 한도액은 B-747의 기체가격이 1억불 이상인데 비하여 항공기의 지상의 제3자에 대한 책임 한도액은 선진국의 국내법에서 인정하고 있는 책임액보다 작다는 데 그 원인이 있는 것이다. 현재 항공보험의 경우 항공회사는 정기 항공운송 대상인 여객과 일반의 제3자에 대한 책임보험으로 총 4억불의 범위에서 부담하고 있다. 또한, 사망자 및 신체 장애자에 대하여 12만 5000 SDR라는 책임 한도액에도 문제가 있다. 이것은 과테말라 의정서의 여객에 대한 책임 한도액에도 문제가 있기 때문이다. 그러므로 이것은 과테말라 의정서의 여객에 대한 책임 한도액이 10만 SDR라는 점을 고려할 때 지상 제3자에 대한 책임 한도액을 그보다 많은 12만 5000 SDR로 한다는 것은 상대적으로 너무 많다는 것이다.

그러나 여객의 경우에는 일종의 위험을 부담하고 있는 데 비하여 지상의 피해자에게는 그러한 위험이 없으며, 또한 여객은 사고의 위험이 있고 이에 대한 배상에 한도액이 있다는 것을 전제로 해서 스스로 상해보험에 가입할 수 있으나 지상의 피해자의 경우, 대부분은 위험이 있다고 생각하지 않기 때문에 이러한 보험에 가입할 수 없는 차이점이 있다. 이러한 제반사항을 고려할 경우, 배상수준이 높은 국가에서는 아주 불리한 내용으로 간주하지 않을 수 없다.

로마조약이 이러한 책임 한도액을 설정한 것은 운항자에게 절대책임으로 지게 한다는 점과, 후술하는 책임을 보장하기 위하여 담보의무를 운항자에게 부과했다는 점의 두 가지 부담을 서로 균형을 이루게 했다는 데 그 이유를 찾고 있다. 그러나 각국은 조약에 가입하기 위하여 국회비준 등의 국내에서의 필요한 절차를 고려한다면, 이와 같이 낮은 한도액을 갖고 가입함에 있어서는 하나의 장애요인이 되지 않을 수 없는 입장에 처해 있는 것이다.

(4) 담보설정 의무

네 번째 책임원칙은 운항자에게 자기의 책임을 부담하는 데 충분한 담보를 갖추어야 할 의무를 부과하고 있다. 담보의 종류로서는 책임보험이 일반적이지만 조약은 이에 한하지 않고 운항자의 책임을 보완할 수 있는 신뢰성이 있는 것이면 된다. 예컨대, 정부의 보증이 이에 해당한다. 각 체약국은 자국의 영공을 비행하는 항공기의 운항자에게 이와 같은 담보를 요구할 수 있으며, 운항자는 요구가 있으면 담보가 있다는 증거를 제출하지 않으면 안 된다(조약 제15조 1).

(5) 손해 발생지국의 재판 관할권

다섯 번째 책임원칙은 재판관할을 명백하게 하고 있다. 즉, 이 조약에 의해 이루어지는 소송에 대하여는 손해가 발생한 체약국의 재판소에 대해서만 제소할 수 있도록 했다. 다만, 원고와 피고간에 합의가 이루어졌을 경우에 한하여 타체약국의 재판소에 대하여도 소송을 제기할 수 있는 예외를 인정하고 있다.

제소기간은 손해의 원인이 된 사고일로부터 2년간이 유효기간이지만, 재판지법에 의해 정지 또는 중단할 수 있도록 인정하고 있다. 그러나 이러한 경우에도 이 기간은 3년을 넘을 수 없으며, 따라서 이 3년은 제척기간이라 생각할 수 있다. 한편, 피해자는 손해 발생일로부터 6개월 이내에 운항자에 대한 손해배상 소송을 제기하지 않거나, 또한 배상청구의 통고를 하지 않았을 경우에는 그 기간 동안에 소송을 제기한 다른 모든 청구자가 변제를 받은 후에 책임한도액에 여유가 있으면 변제받을 수 있다. 이것은 운항자의 책임에 전체적 한도액을 부과하고 있기 때문에, 청구의 제출을 신속화하고 다른 청구자에 대한 변제의 지연을 방지하기 위한 것이다. 이 조약은 공해상의 선박 및 항공기는 이 등록국의 영역의 일부로 보기 때문에(조약 제22조), 항공기 등에 의해서 이들에게 주어진 손해도 조약상의 지상의 제3자에 대한 손해와 동일한 원칙하에서 취급된다.

4.4 최근의 동향

4.4.1 서론

기존의 바르샤바 체제는 금세기 초 항공산업 초창기의 열악한 기업환경으로 인한 제반투자 위험을 감소시키기 위해, 사고 발생시 항공운송인의 손해배상 책임을 제한함으로써 군사적인 중요성뿐 아니라 민간부문의 발전 가능성이 예견되던 항공산업을 집중육성하고자 하는 시대적 배경하에서 출발한 것이다. 이후에 항공기 수의 급속한 발전에 따른 운항상의 위험감소 및 항공보험 시장의 완비 등 제반여건의 변화로 인해, 특히 인명 사고시 책임 한도액 설정에 대한 정당성을 중심으로 지속적인 도전에 직면해 왔었다. 1992년, 소위 책임 한도액의 인상 내지 폐지를 전제로, 승객배상 책임제도의 개정을 본격적으로 논의하게 하는 시발점이 되었던 바, 본고에서는 그 동안 국가별(혹은 지역별)로 논의되어 온 개정안 및 현재 IATA[60]에서 전세계적 공통적용을 목표로 성안 중인 "워싱턴 협정(Washington agreement)"의 주요내용 소개와 아울러, 향후 전망에 관하여도 언급하고자 한다.

4.4.2 주요 국가별(지역별) 책임 변경안 검토

(1) 미국(US DOT Order 95-2-44 및 IATA 잠정 권고안)

1993년 9월 24일, IATA는 몬트리올 제3, 제4 추가 의정서(Montreal Additional Protocol Nos. 3 & 4, 1975)에 대한 비준이 지연되어짐에 따라, 승객 사상시 책임 한도액의 현실화 방안 등을 논의하기 위한 항공사간 회

60) 정식명칭은 International Air Transport Association.

의소집에 대한 승인을 US DOT(미국 운수성)에 요청하였으며, 1995년 2월 22일 이를 승인하는 US DOT Order(95-2-44)가 내려졌다. 이에 따라, 지난 5월 3일 애틀랜타(Atlanta)에서 개최된 IATA Legal Advisory Group[61] 예비회의를 거쳐, 6월 19일부터 24일간 워싱턴(Washington D. C.)에서 IATA(Airline Liability Conference)가 개최되었다.

1) US DOT Order(95-2-44) 주요내용

US DOT Order는 IATA 회의소집을 승인함과 아울러 회의를 통해 도출될 항공사간 협정상(intercarrier agreement 上)에, 첫째 책임 한도액의 폐지,[62] 둘째 절대책임 원칙의 채택(바르샤바 협약 제20조 제1항 원용포기), 셋째 항공사 차원의 Supplementary Compensation Plan[63] 도입, 넷째 미국 시민권자 및 영주권자에 대한 우선보호[64]를 규정하도록 요구함과 동시에, 이에 따른 보험료 증액분(premium) 반영을 위한 항공운송 인상안 검토를 허용한다는 것이었다. 한편, 동 order는 기본적으로 미국을 출발해서 도착, 중간 경유지로 하는 국제항공운송을 전제로 하고 있다.

2) IATA Airline Liability Conference 경과

US DOT Order에 따라 IATA 회의가 소집되었으나, 회의개막 직후부터 책임제도 변경에 따른 보험료 대폭 인상을 우려한 남미, 아프리카, 러시아 등의 군소 항공사들의 강한 반대에 직면해서 책임 한도액 인상 내지 폐지여부에 대한 합의도출에 실패했으며, 미국 시민권자 및 영주권자에 대한 특혜부여 요구에 관해서도 불가하다는 공감대가 형성되었다.

결국, 회의 진행상의 어려움으로 인해, IATA 회의는 책임제도 변경에 관한 잠정 권고안을 채택함과 아울러, IATA 최종 권고안 작성을 실무 위원회의 구성에 합의하고 폐막되었다.

---

61) Air Canada, Japan Airlines, American Airlines, Swiss Air, Delta Airlines, KLM, Royal Dutch Airlines, British Airways 등 12개 항공사를 정회원으로 하며, 현재 Air Canada 에서 의장직을 수행하고 있다.

62) 미국정부는 책임 한도액 폐지안이 채택되지 않을 경우, SDR 30~40만으로의 책인 한도액 인상안도 고려했었던 것으로 알려지고 있다.

63) Supplementary Compensation Plan(국내적 추가배상 제도)은 몬트리올 제3추가 의정서(혹은 과테말라 의정서 Guatemala Protocol, 1971)에 의한 개정 Warsaw Convention 제35조 A에서 규정된 것으로, 국가별로 동한도액을 초과한 부분에 대한 추가배상을 위해 실시할 수 있다. 다만, plan이 실시되는 경우에도 첫째, 항공 운송인에게 책임 한도액을 초과한 추가배상을 요구할 수 없으며, 둘째, 항공 운송인은 필요시 plan 실시에 따른 surcharge(contribution)를 징수하여 plan측에 송금하는 행위이외에 여하한 재정적, 실무적 부담을 지지 않으며, 셋째, 승객이 어느 항공사를 이용하든지간에 차등없이 plan의 혜택을 받을 수 있어야 하며, 넷째, 승객이 surcharge를 부담하였다면 승객의 사상으로 인하여 손해를 입은 자는 누구든지 plan의 수혜자가 될 수 있도록 요구하고 있다(동 제35조 A단서). 그러나, 미국정부는, 동의정서가 발효되지 않은 상태에서, 또한 전술한 조약상의 제반조건들을 무시하면서, 변형된 형태의 SCP를 요구한 것으로, 대다수 항공사의 강한 비판을 받고 있다.

64) 제3국인에 대한 책임제도 변경 여부와는 관계없이, 항공운송인으로 하여금 미국 시민권자 및 영주권자에 대하여, 모든 국제운송에 있어 무한책임 부담 및 무과실 항변권 원용포기를 요구한 것이다.

3) IATA 잠정 권고안

IATA 잠정 권고안은 현 바르샤바 체제의 유지를 전제로, 첫째 책임 한도액의 인상(최소 SDR[65] 250,000), 둘째 책임 한도액의 자동정기 인상, 셋째 피해자에 대한 일정금액의 사전지급(up-front payment) 의무를 포함하고 있다. 또한 필요시, 항공운송인의 바르샤바 협약 제20조 제1항(무과실 항변권)의 원용포기 및 SDR 25만 초과분에 대한 추가배상 방안도입을 규정한 바 있다.

(2) 구주(ECAC 및 EU 권고안)

1) ECAC Proposal

ECAC[66] 권고안(ECAC/16-1, 1994. 6. 24)의 주요내용으로는, 첫째 책임 한도액 인상(최소 SDR 25만), 둘째 항공사간 협정성립 이후 매 3년 단위 책임 한도액 조종, 셋째 과실책임 원칙유지(바르샤바 협약 제20조 제1항), 넷째 승객 및 권리 승계인측에 claim 제기 후 최소한 3개월 이내에는, claim 내용 중 양당사자간 다툼이 없는 부분(uncontested part)에 대한 우선 수령권 부여, 마지막으로 손해 발생일로부터 10일 이내에 일정금액(책임 한도액 기준/상해시 5%, 사망시 10% 한도)에 대한 우선 수령권을 승객 및 권리 승계인에 부여함을 명문화하고 있다.

2) EU Draft Legislation(1995)

ECAC 안과 기본적으로 유사하며, 책임 한도액의 최소단위를 ECU[67] 60만(SDR 50만)으로 정하고 있다.

(3) 일본(Japanese initiative)

일본의 경우, 1985년 일본항공(JAL) 점보기 사고당시, 유아를 포함한 전반적 합의수준이 SDR 10만을 초과하였는데, 이는 선진국가의 보상수준, 몬트리올 제3 추가 의정서 발효의 불확실성, 고정책임 한도액 체제가

65) Special Drawing Rights(IMF/국제통화기금 특별인출권): 몬트리올 추가 의정서가 논의되던 1970년대 초 이전에는, SDR가 금본위제하의 고정가치를 가지고 있어 바르샤바 협약상의 화폐단위인 French gold franc(Poincare franc)과의 직접환산이 가능하였으며, 폐화상태에 있던 FGF의 가치를 현실화할 수 있었다. 즉, 당시 1SDR는 0.888671그램의 pure gold로서, 1FGF(순도 90% 165.5밀리그램의 gold)와의 환산비는 약 1SDR=15FGF였다(0.888671/0.05895=15.07499). 이에 따라, 과테말라 의정서상 FGF 150만의 책임 한도액이 몬트리올 제3추가 의정서에서는 SDR 10만이어서 화폐단위만 변경되게 한 것이다. 이후, SDR의 가치는 1974년 및 1981년에 각각 16개국 통화와 결부된 표준 바스켓 방식 및 미국, 영국, 서독(당시), 프랑스, 미국의 5개국 통화와 연동방식으로 개정되어, 현재는 더 이상 FGF와의 직접환산이 불가하다. 참고로, 몬트리올 추가 의정서에서는 IMF 미가입국을 위하여, monetary unit 개념도 도입하였는바, 이의 가치는 FGF와 동일하다.

66) EC 국가를 포함, 총 32개국으로 구성된 유럽민간항공 당국간의 협의체로서, 정식명칭은 European Civil Aviation Commission이다.

67) European Currency Unit.

물가 상승률 및 환율변동의 영향으로 인해 정기적인 인상이 불가피하게 되었다. 이러한 사실 등을 고려, 1992년에 책임 한도액을 자율적으로 폐지하게 되었다. 또한, SDR 10만을 기준으로 해서 동금액 이하부분에 대하여는, 바르샤바 협약 제20조 제1항(무과실 항변권)의 원용을 포기하였으며, 그 결과 절대책임을 부담하고 있다. 동금액 초과부분에 대하여는 무과실 항변이 가능하나, 대부분의 항공사고에 있어서 항공운송인의 무과실 입증이 사실상 불가능한 점으로 비추어 볼 때, Japanese initiative[68]는 바르샤바 체제하의 완전 배상주의로 정의될 수 있다.

(4) 오스트레일리아(Transport legislation Amendment Bill, 1995)

오스트레일리아 정부는 자국취항에 필수적인 항공사들의 항공보험 증권 및 약정상에 책임 한도액의 최소수준과 부수조건을 반드시 반영하도록 강제하는 법안을 실시하려 하고 있다. 주요내용으로는, 첫째 A$ 50만(SDR 25만 상당)을 최소책임 한도액으로 하여, 이를 개별항공 보험증권 및 약정상에 반영토록 강제하며, 둘째 승객배상 책임 보험상에 일체의 책임배제 조항삽입을 금지하였다. 셋째는 사고 발생시, 보험 증권상의 combined single limit[69] 부분 중 승객배상 책임보험에 의한 배상금은, 법안실시에 있어 일정 유예기간을 허용할 예정이며, 유럽지역과의 보조를 유지할 것으로 알려지고 있다.

4.4.3 워싱턴 협정(Washington agreement)의 성립배경 및 내용검토

IATA Airline Liability Conference(1995년 6월)의 결의에 따라 승객배상 책임제도의 변경 및 이에 따른 보험료 추가부담 문제를 검토하기 위해 구성된 제1, 2의 실무 위원회는, 런던회의(7월 25일부터 26일)에서의 1차 토의를 거쳐 워싱턴 회의(8.7~8)에서 몬트리올 협정을 대치할 새로운 항공사간 협정도출 및 이에 따른 항공운송 약정 등의 개정을 통해, 전세계적인 단일책임 체제(uniform world-wide liability system)를 발전시키는 방안을 심도있게 논의하였다. 그 결과 워싱턴 협정(Washington agreement) 초안이 성안되었는데, 주요내용은 다음과 같다.

---

68) 일본 항공사들의 경우, 1982년도에 국내항공운송 중의 사고에 대하여 책임 한도액을 폐지한 바 있고, 보험료의 인상요인을 상당부분 완화할 수 있었던 것으로 알려지고 있다.

69) 단일 항공보험 증권상의 최대보상 약정금액. 통상, 항공보험 증권은 기체보험, 예비품 보험, 승객배상 책임보험, 화물배상 책임보험, 제3자 배상책임 보험 등으로 구성된다.

(1) 무한책임 원칙[unlimited(unspecified) liability basis] 채택[70)]

항공사고(Accident) 발생시 항공운송인은 무한책임을 부담하며, 이로 인한 배상금액 계정은 승객의 주소지법(the law of domicile)[71)]에 의한다.

(2) 과실책임 원칙유지

기본적으로 바르샤바 협약상의 과실책임 원칙을 유지하면서, 각국 정부의 요구 내지 자율적인 차원에서 일정금액까지 절대책임을 부담할 수 있도록 규정하였는데, 이는 Japanese initiative 방식을 고려한 것으로 보여진다.

(3) 전세계적 단일책임 체제(uniform world-wide liability basis) 지향

그 동안 국가별 혹은 지역별로 논의되어 왔던 승객배상 책임제도의 차별성을 방지하고, 민사책임 관계의 국제적 통일성 유지를 기하고자 하였다. 특히, 미주노선에만 차별적으로 적용되어 왔던 몬트리올 협정을 폐기하려는 것은, 더 이상 특정국가에 대한 특혜적 요소를 허용하지 않겠다는 취지로 채택되고 있다.

(4) 적용시기

워싱턴 협정에 가입한 항공사는 1996년 11월 1일부[72)] 혹은 정부당국의 승인을 획득하는 즉시, 동협정의 내용을 실행하여야 한다.

70) IATA의 잠정 권고안과는 달리 책임 한도액 자체를 폐지하기로 한 것은, IATA의 실무 위원회 검토과정에서 첫째 고정책임 한도액 체제는 일정기간 경과시 책임 한도액 인상문제 재론 및 매인상시의 보험료 증액이 불가피하므로, 장기적으로는 항공사의 부담을 가중시킬 것이며, 둘째 책임 한도액이 폐지되는 경우, 보험료률은 가상적 위험이 아닌 개별 항공사의 사고율 및 이에 따른 실배상 금액에 의해 차등적용된다. 그러므로 보험료의 일괄적인 대폭인상 가능성이 당초예상보다 경미할 것으로 분석되었기 때문이다.

71) 영·미법상 승객의 영구적 주소의사가 인정된 단수의 주소개념. 예컨대, 대한민국 국적의 미국 영주권자는 미국 내에만 domicile이 인정되며, 미국에 3년 예정으로 체류 중인 상사 주재원의 경우 대한민국 내에만 domicile이 인정된다.

72) 이는 항공사들의 개별항공 보험증권 갱신시, 배상담보 범위변경을 위한 유예기간 부여차원에서 정해진 것이다.

4.4.4 ICAO의 최근 활동과 조치

(1) ICAO 사무국 그룹의 바르샤바 신통합 조약안 초안

바르샤바 시스템의 현대화를 하나의 법체제로 발전시키기 위해, 1995년 11월에는 ICAO 사무국 연구그룹(Secretarial Study Group: SSG)이 설치되어 ICAO 법무국을 돕는 임무를 부여받았다. 1996년 2월 12일부터 13일까지 몬트리올에서 개최된 ICAO 사무국 연구그룹의 제1차 회의에서, ICAO의 운송국이 IATA의 협력을 얻어 사전에 조사된 「IATA의 여객책임에 관한 항공운송인간의 국제협정(International Agreement on passenger Liability: ILA) 및 IATA의 시행조치 협정(Agreement On Measure to Implement the IATA Intercarrier Agreement: MIA)」 등을 검토, 현행 바르샤바 시스템 중 특히 여객운송에 관한 책임제도에 대해 중대한 결함을 시정하였다. 그리하여 전면적인 개정을 목표로 ICAO의 긴급한 관여의 필요성을 확인하였다.

ICAO 사무국 그룹은 8명의 위원으로 구성되어 오랜 심의 끝에 하나의 새로운 바르샤바 조약 통합 조약안을 작성하게 되었다. 또, ICAO 사무국 그룹은 항공기 사고로 인한 항공여객의 사망, 또는 상해의 경우에는 현행의 바르샤바 시스템이 정하고 있는 1원적 책임제도 보다 2원적 책임제도가 보다 타당하다는 안을 제시하였다. 제1단계에서 10만 SDR(특별 인출권)까지는 항공운송인의 엄격책임을 규정하였고, 제2단계에서는 책임한도가 없는 과실에 무한 및 과실책임 원칙을 따르도록 규정하였다. 즉, 10만 SDR 까지의 손해배상 청구자는 운송인의 과실의 유무를 불문하고, 단순히 현실의 손해가 발생하였다는 것만을 입증함으로써 손해를 배상받을 수가 있었다.

(2) 1997년에 ICAO 법률 위원회가 승인한 바르샤바 신통합 조약안

1997년 4월 28일부터 5월 9일까지 캐나다 몬트리올에서 개최된 제30차 ICAO 법률 위원회는, 하나의 독립된 조약의 형식에 의한 바르샤바 현대화와 통합을 목적으로 하는 새로운 국제 조약안을 검토 개정하였고, 최종적으로 하나의 바르샤바 통합 조약안인 「국제 항공운송에 관한 어떤 규칙의 통일에 관한 조약안(Draft Convention of Certain Rules for International Carriage by Air)」을 승인하였다.

ICAO 법률 위원회가 승인한 바르샤바 신통합 조약안의 전문은 이 조약의 기본이념과 특징을 나타내고 있다. 즉, 전문에서는 항공여객 책임을 규율하는 다음과 같은 세 가지 기본원칙을 규정하고 있다. 제1원칙은 「소비자의 제이익의 보호(protection of the interests of consumer)」이며, 제2원칙은 「원상회복의 원칙에 기초한 형평한 배상(equitable compensation on the principle of restitution)」이고, 제3원칙은 「제이익의 형평한 균형(an equitable balance of interests)」이다. 원래 바르샤바 조약의 기본원칙인 「운송인의 제이익 보호원칙」, 「유한책임의 원칙」, 「제이익의 형평한 균형의 원칙」과 비교한다면 큰 차이가 있다.

ICAO 법률 위원회는 항공여객의 사망 또는 상해의 경우, 본조약의 초안에 규정하고 있었던 2원적 책임제도를 지지하였다. 즉, 10만 SDR까지의 항공여객의 손해배상 청구권에 대해, 운송인의 책임제도는 엄격책임을 채택하였다. 이 금액을 초과하는 운송인의 책임제도는 무한책임의 원칙을 인정하였고, 책임제도는 과실책임으로 할 것으로 합의하였다. 특히, 이 10만 SDR을 초과하는 운송인의 책임제도에 관하여 입증책임을 운송인측이 부담할 것인가, 여객에게 부담할 것인가에 대한 것이고, 또 제2단계의 책임제도를 추정과실 책임으로 할 것인가, 단순한 과실책임으로 할 것인가에 관해서 합의를 보지 못하였다.

(3) 1998년의 ICAO 특별그룹의 바르샤바 신통합 조약안 초안

ICAO는 ICAO 이사회의 요청에 따라 1997년 4월 28일부터 5월 9일까지 개최된 제30차 법률 위원회에서, 심의승인된 「국제항공운송에 있어 어떤 규칙의 통일에 관한 조약안」을 1997년 6월 27일 ICAO 가맹국들에게 이 조약안에 대한 의견을 구하고 각국 정부에 발송하였던바, 각국 정부들은 동조약안에 대한 문제점들이 많기 때문에 ICAO 사무국 연구그룹이 더 회합을 가져 신중히 검토해야 된다는 회신이 많았다.

따라서, ICAO는 「바르샤바 시스템의 현대화 및 통합화에 관한 특별그룹(Special Group on the Modernization and Consolidation of the Warsaw System: SGMW)」을 1997년 11월 26일 이사회의 결정에 따라 발족시켰다. 당초 1998년 상반기에 개최예정이었던 외교회의는 1999년 5월로 연기되었다. 1998년의 ICAO SGMW의 조약안은 창조적인 성과물이라고 볼 수는 없지만, 바르샤바 시스템 중 특히 1975년의 몬트리올 제3추가 의정서 및 제4추가 의정서, 1961년의 과달라하 조약, 1992년의 「일본의 선도적 조치」, 1995년 IATA의 여객책임에 관한 항공운송인간의 협정(ILA, MIA 등), 항공운송인의 책임에 관하여 10만 SDR까지는 엄격책임(또는 절대책임)이지만, 그 이상액은 책임한도를 포기하는 EU의 조치, 규정 내지 협정들의 중요한 내용들을 많이 반영시켰고, 소비자 보호면에 비중을 두어 작성하였다. 작년 5월에 작성된 ICAO SGMW의 조약안이 1999년 5월에 개최된 외교회의에서 정부간 이견이 조정돼서 통과되고, 각국이 비준하여 발효된다고 하면 명실공히 다가오는 21세기 초에는 세계는 「통일된 하나의 국제 항공운송인의 책임제도」가 확립하게 될 것이다. 그러므로 항공기 사고로 인한 소송사건에 있어 재판의 간편성, 책임한계의 명확성 및 신속성을 기대할 수 있다. 그러나 운송인의 과중한 부담을 우려하는 많은 후진국의 입장차이때문에, 외교회의 성과는 그리 순탄하지 않을 수도 있을 것으로 우려되었었다.

4.4.5 신 바르샤바 협약(몬트리올 협약, 1999. 5. 28.)의 주요내용과 의의

바르샤뱌협약(1929), 헤이그의정서(1955), 과테말라 의정서(1971), 몬트리올 추가의정서(1975) 등 일련의 항공기 사고관련 배상책임제도에 관한 국제협약의 "통합" 및 "현대화"에 대한 논의를 목적으로 개최된 본 회의는

1999년 5월 10-5월 28일까지 약 20일동안 ICAO본부가 있는 캐나다의 몬트리올에서 진행되었다. 여기에는 ICAO 가맹국 185개국중 118개국이 참가한 외교회의로서 107개국이 파이널액트(Final Act)에 서명하고 미국을 포함한 53개국이 조약에 서명함으로써 성립하였다. 한국의 경우 제5관할권에 대한 문제로 인해 비준 서명을 고려중이다.

이 회의에는 국제항공운송 관련 기구들이 참가하여 신 바르샤뱌협약에 대한 변경내용등을 논의하였다. 아래의 사항은 본 회의에서 논의된 주요사항들을 기술한 것이다.

〈신몬트리올조약의 주요내용〉[73]

첫째, 여객의 사상에 관한 손해에 대하여 IATA운송인간의 협정(IIA)과 동일하게 10만 SDR까지의 무과실책임과 10만 SDR초과 책임 부분에 대해서는 항공운송인이 무과실에 대해 입증하면 면책되는 과실추정책임의 소위 2층제 책임제도를 채택함(17조, 21조).

10만 SDR까지의 무과실 책임에 대해서는 거의 각국의 일치를 보았으나 초과부분에 대해서는 배상수준이 낮은 개발도상국으로부터 과실책임주의의 채용이 주장되어 외교회의에서도 10만 SDR부터 50만 SDR까지를 과실추정책임, 50만 SDR이상은 과실 책임의 2층제(TWO TIRE SYSTEM)를 주장하는 나라가 많았으나 여객측으로부터의 과실입증이 곤란하기 때문에 과실책임을 허용하지 않았다. 무한책임으로 된 관계로 징벌적 책임배상을 인정하지 않는다는 것이 명기되었다(29조).

둘째, 인신사고에 한해서 제5의 재판관할권이 인정되었다(33조).

① 운송인의 소재지

② 운송인의 주된 영업소의 소재지

③ 운송계약이 체결된 영업소의 소재지

④ 도달지

- 신몬트리올조약은 여객의 주소지를 관할하는 법원에도 제소할 수 있도록 새로이 규정함. 이를 위해서는 다음과 같은 3가지 요건을 충족해야함.
  1. 여객은 사고 당시 기소할 체약국의 영역에 있어서 주요하고 항구적인 주소지를 갖고 있을 것.
  2. 운송인의 기소할 체약국의 영역을 향하거나 그 영역으로 자기가 소유하는 항공기 또는 합의에 따른 다른 운송인의 항공기에서 여객운송 업무를 제공하고 있을 것. 합의라 함은 운송인 사이에서 체결된 대리점 계약을 제외한다(인터라인 협정, 코드세어링협정, 블록스페이스협정, 기타 유사한 계약을 말함).

73] Katsutoshi Fujita, 항공우주법학회지 vol 13. 2001, pp.331-335.

3. 운송인은 기소체약국의 영역에서 운송인 자신 또는 합의를 하고 있는 운송인에 의해서 소유하거나 임차하고 있는 영업시설에서 여객영업을 하고 있을 것)

셋째, 여객의 사상의 경우, 요구가 있으면 운송인은 선지불 해야 한다(28조).

넷째, 피해자 보상을 철저히 하기 위해서 책임보험의 보수 강제를 규정하고 있다(50조). 자국의 운송인은 물론 자국에 정기노선을 개설하고 있는 운송인에게도 강제할 수 있다.

- 제5관할권의 인정은 항공사에게는 추가적인 부담이 될 수는 있으나 소비자 보호 측면에서는 당연히 포함되어야 할 사항으로서 일부 국가에서 반대의견이 있었으나 대부분의 국가에서 이를 수용하였음.

〈신 몬트리올조약의 주요 특징〉

첫째, 무한책임의 개념이다.

바르샤바협약은 여객의 사망이나 부상의 경우에 125,000프랑의 한도를 설정하였는데 이는 미화 8,300달러에 해당한다.

몬트리올협약은 ① 항공사의 과실에 관계없이 100,000SDR(미화 135,000달러) 절대책임을 규정하였다. ② 100,000SDR초과시 과실추정에 근거하고 있으며 책임한도는 없음. 여객운송지연에 대한 배상한도는 4,150SDR로 하며 이는 과테말라의정서, 몬트리올 제3 추가의정서의 한도를 채택한 것임. ③ 수하물의 파괴, 분실, 훼손 또는 지연이 발생한 경우에는 1인당 1,000SDR, 같은 화물은 1kg당 17SDR로 정하여 몬트리올 제3,4추가의정서의 책임한도를 채택하였다. ④ 바르사뱌협약과는 달리 몬트리올 협약은 배상책임한도액에 대해 5년마다 물가상승률 등을 고려하여 재조정하기로 하였음.

〈신몬트리올조약의 문제점〉[74]

첫째, 손해배상산정의 준거법으로 여객의 주소지법이 문제가 될 수 있음. 조소지법은 항공사의 책임한도액이 철폐됨으로써 여객의 실손해액을 잘 보상한다는 취지인데 주소지는 영미법상 자연인이 영구적으로 거주할 의사를 지닌 장소를 뜻하는 단수의 주소개념으로 각국의 주소지법에 관한 법적 규율이 상이하므로 해석상 차이가 생길 수 있으며 복수의 주소지가 인정될 경우 손해배상액 산정의 기준이 되는 장소의 확정에 문제가 발생할 수 있다.

둘째, 제5의 재판관할권(Fifth Jurisdiction)문제이다. 여객의 주소지와 운송인의 영업장소를 동시에 관할하는 제5의 관할권이 인정됨으로 미국내에 대부분의 항공사가 영업장소를 두고 있으므로 미국인에게는 여행지 및 항공권 구입장소와 관계없이 미국에서 소송을 제기할 수 있으나 항공사 및 여타국가의 국민에게는 상대적으로 유리한 점이 없다.

---

74) 신동춘,「항공운송정책론」, 선학사, pp.201-203.

셋째, 무한 책임제도를 도입한 항공사와 그렇지 않은 항공사가 순차운송 또는 연계운송으로 연결되어 있는 경우에 사고발생시 적용될 항공사의 약관에 대한 해석 및 각 항공사의 내부적인 구상절차와 관련 문제가 발생될 수 있는 소지가 있다.

4.4.6 신로마협약(몬트리올 협약, 2009. 5. 2.)의 주요 내용과 평가

(1) 서언

항공기에 의한 지상 제3자의 피해 보상에 관한 그 동안의 로마협약들이 낮은 수준의 보상액등을 이유로 미국 등 주요 선진국들을 포함한 대다수 국가에 의해 비준·발효되지 못하던 차, 9.11사태와 같은 대규모 제3자 피해대책 마련도 절실히 필요하여 2009. 4. 20부터 5. 2까지 캐나다 몬트리올에서 개최된 ICAO주최 외교회의에서는

① 항공기에 의한 제3자 피해배상에 관한 협약(Convention on Compensation for Damage Caused by Aircraft to Third Parties: General Risk Convention 일반위험협약)과

② 항공기 사용 불법행위로 인한 제3자 피해배상에 관한 협약(Convention on Compensation for Damage to Third Parties, Resulting from Acts of Unlawful Interference Involving Aircraft: Unlawful Interference Convention 불법간섭협약을 채택하였다.

일반위험협약은 종전의 로마협약(1933, 1952, 1978) 내용들을 현대화하면서 절대책임주의, 유한책임원칙을 유지하며 배상 상한액을 상향시킨 것이며, 불법간섭협약은 9.11사태와 같은 대규모 제3자 피해를 배상하기 위한 국제기금을 창설하고 협약의 발효와 폐기에도 2중장치를 도입하여 이례적인 규제를 둔 혁신적인 내용의 협약이다.

(2) 일반위험협약

1) 적용대상

첫째, 과거 제3자 피해배상협약이 지상의 제3자라는 표현을 써 해상을 포함한 지상에서의 피해에 관한 배상만을 규율하였는데 본 협약에서는 '지상'이라는 표현을 삭제하여 공중에서의 항공기가 제3자로서 피해를 입을 경우에도 배상할 수 있게 하였다(2조 1항).

둘째, 일반위험으로 인한 제3자 피해가 협약 당사국 영토에서 발생했을 경우에 본 협약이 적용되나 당사국 총회가 결정할 경우 당사국 소속 항공기가 비 당사국 영토에서 야기한 제3자 피해도 배상대상이 된다(2조 1항).

셋째, 제3자 피해 시 종전협약은 사망 또는 인적피해(personal injury)와 재산피해(property damage)를 배상하면서 정신적 피해(mental injury)는 도외시 하였지만 본 협약은 신체피해(bodily injury)에 의한 정신적 피해 또는 사망이나 신체적 피해가 임박할 수 있는 상황에서 야기되는 정신적 피해도 배상대상으로 하였다(3조 3항).

넷째, 종전 협약과는 달리 환경피해(environmental damage)도 배상대상이나 이는 사건 발생지국 법률상 배상대상으로 규정되어 있을 때 적용한다(3조 5항).

다섯째, 협약 당사국이 원할 시는 국내운송항공기에 의한 피해도 배상대상으로 한다(2조 2항).

여섯째, 무력충돌, 민간소요, 핵 피해, 국가항공기로 인한 피해는 제외된다(2조 4항, 3조 6~8항).

2) 적용방법

첫째, 1978 몬트리올 의정서는 항공기 중량을 4개로 구분하면서 최고배상한도를 최대중량 30톤 항공기 경우 250만 SDR에 추가하여 1kg마다 65 SDR을 추가하는데, 본 협약은 항공기 중량을 10개로 세분하여 최대배상액을 7억 SDR로 대폭 인상하였다.(4조 1항)

10개 구분 내용은 아래와 같다.

[표 4.1]

구분	중량	최대배상액
1	최대중량 500kg 이하	최대 75만 SDR
2	최대중량 500kg 이상 1톤 미만	최대 150만 SDR
3	최대중량 1톤 이상 2.7톤 미만	최대 300만 SDR
4	최대중량 2.7톤 이상 6톤 미만	최대 700만 SDR
5	최대중량 6톤 이상 12톤 미만	최대 1800만 SDR
6	최대중량 12톤 이상 25톤 미만	최대 8000만 SDR
7	최대중량 25톤 이상 50톤 미만	최대 1억 5000만 SDR
8	최대중량 50톤 이상 200톤 미만	최대 3억 SDR
9	최대중량 200톤 이상 500톤 미만	최대 5억 SDR
10	**최대중량 500톤 이상**	**최대 7억 SDR**

둘째, 위 배상액 상한을 초과한 피해 발생 시 인적피해를 우선적이고 비례적으로 지불하도록 하였다.(5조) 그러나 사망, 신체피해, 정신피해 3개의 인적피해에 대한 비중에 대한 언급이 없어 논쟁의 여지가 있다.

셋째, 피해가 발생한 국가의 법에 따라 운항자는 제3자 피해자의 즉각적인 경제적 필요에 부응하기 위하여 지체 없이 선지불(advance payments)을 하여야 한다. 단, 이러한 선지불이 책임을 인정하는 것은 아니며 추후 운항자가 배상할 금액에서 상쇄될 수 있다.

(3) 불법간섭협약

앞서 설명한 일반위험협약 내용을 대부분 도입하였으나 9.11사태와 같이 대규모 제3자 피해가 발생할 경우 제4조에 따라 최대 7억 SDR까지는 항공기가 가입한 보험에서 지급하지만 그 이상의 피해액을 감당하기 위하여 국제민간항공 배상기금(International Civil Aviation Compensation Fund, 국제기금)을 설치하였다.

① 국제기금은 국제항공 여행을 하는 승객이 하나의 발권단위로 여행시마다, 그리고 항공으로 송부하는 화주가 톤당 의무적으로 지불하는 일정한 금액(추후 결정)으로 충당한다(12조). 협약을 국내운송에도 적용할 것을 선언한 당사국은 동 당사국내 국내 공항간을 여행하고 운송되는 승객과 화물에 대하여서도 국제기금이 부과된다(2조 2항).

② 소형항공기에 부과하는 액수는 당사국 총회 결정에 따르며 모든 경우 항공기 운항자가 징수하여 국제기금에 송금한다(12조 1항).

③ 국제기금은 기금을 관리하는 사무국과 사무국장, 그리고 당사국 총회로 구성된다(8조).

④ 국제기금은 항공사가 보험으로 커버한 배상상한(7억 SDR)을 초과하는 제3자 피해금액을 최대 30억 SDR까지 배상(18조 3항)하는 것에 주안을 두고 당사국 총회가 정하는 금액을 여행승객과 화주가 내도록 하되(13조), 30억 SDR을 4년 이내로 거출하도록 하는 금액이어야 하며(14조 3항), 2년 연속 납부액의 총액이 배상한 30억 SDR의 3배 이상을 초과하여서는 아니된다(14조 3항)라고 규정함으로서 협약 적용기간 중 9.11과 유사한 사태가 발생한다 해도 단시일 내에 과도한 부담을 지우는 것을 피하였다.

⑤ 탈퇴와 폐기에 관한 특별조항어느 당사국의 탈퇴가 국제기금의 운용을 크게 손상시킨다고 판단 될 경우 어느 타 당사국이라도 특별총회를 소집할 수 있으며, 동 특별총회에서 참석국가의 2/3가 동의할 경우 다른 당사국도 같은 날짜에 탈퇴할 수 있다(10조 7항). 이는 미국이 탈퇴할 경우 동 협약의 존재 의미가 없어지는 것을 염두해 둔 것으로 보인다.

또한 협약이 발효되기 위해서는 35개국이 필요하지만 발효 후 일정시점에 협약당사국 숫자가 8개국 미만으로 줄어들었을 때, 또는 협약당사국의 2/3가 폐기를 결정하는 날짜에 협약을 종료할 수 있다(제42조)는 특별조항을 둔 것도 이례적이다.

(4) 문제점과 평가

첫째, 일반위험협약과 불법간섭협약 공히 1999 몬트리올 협약과 달리 정신적피해를 배상대상으로 명기하였으나 막연하여 이를 어떻게 통일적으로 해석하고 적용하느냐가 문제다.

둘째, 비행중 2개의 다른 항공사 소속 항공기 사이에 공중충돌사고가 발생한 경우 일반위험협약이 적용될 경우 1999 몬트리올 협약상의 배상과 더불어 어떻게 처리하느냐의 문제가 발생한다.

셋째, 테러행위로 인한 피해는 국가 안위에 관한 문제로서 모두 국가가 배상책임을 부담하는 사항인데 육상운송(기차, 버스)이나 해상운송과 달리 유독 항공운송에 있어서만 항공기 운항자(항공사)와 항공승객 및 화주에게 배상책임을 부담시키는 것은 법의 기본원칙이나 형평의 관점에서 문제가 있다.

넷째, 소형항공기(general aviation)에 관한 정의가 없고 전 협약당사국들의 항공사가 일사분란하게 국제기금을 수금하고 보관, 송금하는 책임과 의무를 지도록 한 것도 기업에게 방대한 임무를 부과한 것으로서 회계의 투명성과 행정의 원활성에 문제가 있을 수 있다. 개인이나 기업이 소유한 소형항공기의 운항의 경우 어떤 기준으로 국제기금에 돈을 내느냐 하는 문제도 있다.

다섯째, 일반위험협약은 보편성을 띤 내용으로서 시간이 경과하면 많은 국가의 비준과 가입이 정상적으로 이루어 질것으로 예상되나 불법간섭협약은 현실적으로 주로 미국과 영국 등의 일부국가에서 발생 할지 모르는 항공기이용 테러로 인한 제3자 피해배상금을 테러위험을 생각할 필요가 없는 여러 후진국과 중동문제에 있어서 중립성향을 보이고 있는 다수 국가가 금전으로 공동 부담하는 결과가 되기 때문에 많은 국가가 가입을 보류할 것으로 보여 발효가 쉽지 않을 것으로 보인다.

더욱이 일반협약의 발효는 35개국 째의 비준서 기탁 후 60일이 경과하면 되나(23조), 불법간섭협약은 35개국의 비준서 기탁 후 180일이 경과하고 비준한 국가의 공항에서 출발하는 승객수가 전년도에 7억 5천만명 이상이 되어야 한다(42조)라는 이중조건을 충족토록 하여 더욱 어렵게 하였다.

제5장

항공범죄

최근 항공교통의 안전도가 현저하게 향상되었고 통계적으로 볼 때도 타교통 수단에 비해 안전한 편이지만, 한 번 사고가 발생하면 인명과 재산의 피해가 타교통 수단에 비해 매우 큰 것이 또한 사실이다. 항공교통이 그 성격상 지역적 인적사항에 있어 국제성이 강하기 때문에, 항공교통 안전을 위배하는 범죄에 관한 규제 및 처벌도 국제적 협조나 합의를 바탕으로 해야 함은 물론이다. 항공교통 안전에 관한 국제협약은 대부분 ICAO에서 준비되고 채택된 국제협약으로서, 현재까지는 다음과 같은 5개이다.

(1) 항공기 기내에서 범한 범죄와 기타행위에 관한 협약(동경협약)

이는 1963년 9월 14일 동경에서 서명되었으며, 1969년 12월 4일 발효되고 현재 145국이 가입하였다. 한국은 1971년 5월 20일에 당사국이 되었다.

(2) 항공기의 불법납치 억제를 위한 협약(헤이그 협약)

이는 1970년 12월 16일 헤이그에서 서명되고 1971년 10월 14일에 발효되었으며, 현재 147개국이 가입했다. 한국은 1973년 2월 17일에 당사국이 되었다.

(3) 국제항공안전에 대한 불법적 행위의 억제를 위한 협약(몬트리올 협약)

이는 1971년 9월 23일 몬트리올에서 서명되고 1973년 1월 23일에 발효되었다. 한국은 1973년 9월 1일에 당사국이 되었다.

(4) 국제민간항공의 공항에서 불법적 행위억제에 관한 의정서(1971년 몬트리올 협약보완)

이는 1988년 2월 24일 몬트리올에서 서명되었고 현재 39개국이 가입하였다.

(5) 탐색목적의 플라스틱 폭발물의 표지에 관한 협약(Convention on the Marking of Plastic Explosives for the Purpose of Detection)

이는 1991년 3월 1일 몬트리올에서 서명하였으나 1998년에 이르러서야 발효되었다. 위의 5개의 국제협약 외에도 주요 선진국 정상들이 국제항공 안전 및 테러리즘에 관한 Bonn 선언(1978년 7월 17일, 서독 수도 본에서의 제4차 서방 선진국 정상회담에서 채택)과 오타와 선언(1981년 7월 21일, 제7차 서방 선진국 정상회담에서 채택)이 중요한 정치적 영향을 미치고 있으며, IFALPA(국제 항공사조종사 협회연맹)의 제반결의도 중요한 의미를 갖는다.

여기에서 세계 대부분의 국가들이 가입·효력을 발생하고 있는 동경협약(1963), 헤이그 협약(1970), 몬트리올 협약(1971)과 본선언에 대하여 차례로 그 내용과 의미를 자세히 살펴보기로 한다.

5.1 항공기 내에서 범한 범죄 및 기타행위에 관한 협약(동경협약 1963)

5.1.1 역사적 배경

국제 항공법에는 항공기 안에서 발생한 범죄에 대해 어느 나라가 관할권을 가지는가를 결정하는 것이 필요하게 되었다. 이 문제는 1902년부터 국제 항공법 학자들의 주된 관심사였다.

1919년 체결된 파리협약이나 1944년에 체결된 시카고 협약(국제민간항공협약)에서는 영공에 관한 주권원칙이 인정되어 왔다. 그러나 실제로 항공기 등록국 이외의 타국가가 관할권을 행사하고자 할 때에는 복잡한 문제가 발생한다. 더구나, 공해상공을 비행하는 항공기의 경우에는 관할권의 공백이 생기며 경우에 따라서는 범죄가 발생했을 순간, 어느 나라의 영공을 비행하고 있는지 분명치 않은 경우도 있기 때문이다.

국제법학회와 형법학회에서 수차례에 걸쳐 이 문제를 논의한 결과 1959년 및 1962년 ICAO 법률 위원회에서 초안을 만들었고, 1963년에는 동경에서 개최된 ICAO 체약국 전체 대표자 회의에서 채택되었다.

토의과정에서 대두된 다섯 가지 이론과 주장을 소개하면 다음과 같다.

1) 영토이론: 범죄가 발생한 영공 관할권의 법률이 적용되어, 그 법원에서 처리되어야 한다.
2) 국적이론: 항공기가 등록된 국가의 법에 적용되어야 한다.
3) 혼합이론: 항공기가 등록된 국가의 법과 더불어 범죄가 발생한 영공 관할국이, 보안과 공공질서가 위협을 받을 때 그 국가의 법도 적용된다.
4) 항공기 출발국가의 법이 적용되어야 한다는 이론
5) 항공기 착륙국가의 법이 적용되어야 한다는 이론: 이 경우에는 기장의 기착지 변경에 따라 관할권도 변경될 수 있다.

5.1.2 동경협약의 범위와 목적

협약 제1조 제1항에 따르면 본협약의 적용은 다음과 같다.

첫째, 형법에 위반하는 범죄

둘째, 범죄의 구성여부를 불문하고 항공기와 기내의 인명 및 재산의 안전을 위태롭게 할 수 있거나 하는 행위, 또는 기내의 질서 및 규율을 위협하는 행위이다. 그러나 제1조 제4항에 따라 군용, 세관 또는 경찰용 업무에 사용되는 항공기에는 적용되지 않는다.

본 협약의 목적은 첫째, 공해상공에서 범죄가 발생했거나 어느 나라 영공인지 구분이 안 되는 곳에서 발생한 범죄에 대해 적용형법을 결정하고, 둘째, 항공기의 안전을 저해하는 기상에서의 범죄와 행위에 대한 기장의 권리와 의무를 명확히 하고, 셋째, 항공기의 안전을 저해하는 범죄와 행위가 발생한 후, 항공기가 착륙하는 지역당국의 권리와 의무를 명확히 하는 것이다.

5.1.3 관할권

본 협약 제3조 제1항에 따르면, 항공기의 등록국은 동항공기에서 행하여진 범죄나 행위에 대한 재판 관할권을 행사할 권한을 갖는다. 그러나 제3조 제3항에서 본협약은 국내법에 따라 행사하는 어떠한 형사재판 관할권도 배제하지 아니한다고 하여, 본협약상 관할권 행사규정이 보충적 성격임에 관심을 가져야 한다.

아울러, 본 협약의 각 체약국은 자국에 등록된 항공기 내에서 행해진 범죄에 대해, 등록국으로서의 재판관할권을 확보하고 이를 위해 필요한 조치를 취해야 한다(제3조 제2항). 그러나 다음의 경우에는 항공기의 등록국이 아닐 때 관여할 수 있는 예외조항을 두었다.

첫째, 범죄가 그 국 가의 국민이나 영주자에 의해, 또는 이들에 대하여 범죄가 행하여진 경우

둘째, 범죄가 그 국가의 영역에 영향을 미칠 경우

셋째, 범죄가 그 국가의 안전에 반하는 경우

넷째, 그 국가에서 효력을 발생하고 있는 비행 및 항공기 조종에 관한 규칙이나, 법규를 위반한 범죄가 범하여진 경우

다섯째, 그 국가가 다변적인 국제협정에 의거, 부담하고 있는 의무의 이행을 위해 재판 관할권의 행사가 요구되고 있는 경우.

그러나 이상과 같은 규정(제4조)에도 불구하고 항공기와 기내의 인명 및 재산의 안전이 요청되는 경우를 제외하고는, 본 협약의 어떤 규정도 형법에 위반하는 정치적 성격의 범죄나 또는 인종 및 종교적 차별에 기인하는 범죄에 관해서는, 어떠한 조치를 허용하거나 요구하는 것으로 해석되지 않는다고 제2조에서 명시하고 있다.

5.1.4 "비행 중(In flight)"의 정의

본 협약의 제1조 제3항에 의하면, "항공기는 이륙의 목적을 위하여 시동이 된 순간부터 착륙활주가 끝난 순간까지를 비행 중인 것으로 간주한다"라고 규정하고 있다. 그러나 기장의 권한과 관련해서는 "항공기는 승객의 탑승이후 외부의 문이 폐쇄된 순간부터 승객이 내리기 위하여 상기 문들이 개방된 순간까지의 어떠한 시간도

비행 중인 것으로 간주한다"고 별도의 규정을 두고 있다(제5조 제2항).

첫 번째 정의는 지상 제3자의 손해보상에 관한 로마협약(1952년)에서 응용했으나, 두 번째 정의는 실제적인 목적을 위하여 동경협약에 추가되었다.

결국 위의 두 가지 정의로서 항공기가 폐문된 상태에서는, 어떤 순간에도 협약이 적용되도록 보장한 셈이다.

5.1.5 기장의 권한

기장의 권한에 대해서는 동경협약 제3장 제5조에서부터 제11조 사이에 잘 언급되고 있다. 항공기 기장은 항공기 내에서 어떤 자가 제1조 제1항에 규정된 범죄나 행위를 범하였거나 범하려고 한다는 것을 믿을 만한 상당한 이유가 있을 경우에는, 그 자에 대하여 다음 사항을 위해 요구되는 감금을 포함한 조치를 부과할 수 있다(제6조 제1항).

첫째, 항공기와 기내의 인명 및 재산의 안전보호

둘째, 기내의 질서와 규율의 유지

셋째, 제5장의 규정에 따라 상기 자를 관계당국에 인도하거나, 또는 항공기에서 하기조치를 취할 수 있는 기장의 권한확보

항공기 기장은 자기가 감금할 권한이 있는 자를 감금하기 위하여 다른 승무원의 지원을 요구하거나 권한을 부여할 수 있으며, 또한 승객의 지원도 요청할 수 있다. 승무원이나 승객은 누구를 막론하고 항공기와 기내의 인명 및 재산의 안전을 보호하기 위해, 합리적인 예방조치가 필요하다고 믿을 만한 상당한 이유가 있는 경우에는 기장의 권한부여가 없어도 즉각적으로 상기조치를 취할 수 있다(제6조 제2항).

본 협약에서는 범죄가 어떤 것인지 구체화하지 않았으므로 어느 행위가 범죄인지 아닌지를 결정하기 어려우며, 전적으로 기장의 판단에 맡겨질 수밖에 없다.

제1조에서 범죄가 일반적으로 언급된 반면, 제11조에서 항공기의 불법조치에 대해 특별히 언급하였다. 그러나 이 조항도 항공기의 불법납치에 관한 모든 형태를 포함시키지 못했으며, 효율적인 대응조치나 체약국의 의무를 명시하는 데 실패했다.

특정인에 가해진 감금조치는 다음 경우를 제외하고는 항공기가 착륙하는 지점을 넘어서까지 계속되어서는 아니된다(제7조 제1항).

첫째, 착륙지점이 비체약국의 영토 내에 있으며, 동국가의 당국이 상기 특정인의 상륙을 불허하는 경우

둘째, 항공기가 강제기착하여 기장이 상기 특정인을 관계당국에 인도할 수 없는 경우

셋째, 동특정인이 감금상태에서 계속 비행에 동의하는 경우

항공기 기장은 제6조의 규정에 따라 기내에서 특정인을 감금한 채로 착륙하는 경우, 가급적 조속히 그리

고 가능하면 착륙이전에 기내에서 특정인이 감금되어 있다는 사실과, 그 사유를 당해국의 당국에 통보해야 한다(제7조 제2항).

항공기의 기장은 자신의 판단에 따라 항공기 등록국의 형사법에 규정된 중대한 범죄를 기내에서 범하였을 경우, 그럴 만한 상당한 이유가 있는가에 대해 누구를 막론하고 항공기가 착륙하는 영토국인 체약국의 관계당국에 그자를 인도할 수 있다. 인도하려고 하는 자를 탑승시키고 착륙하는 경우 기장은 가급적 조속히, 그리고 가능하면 착륙이전에 특정인을 인도하겠다는 의도와 그 사유를 동체약국의 관계당국에 통보하여야 한다.

5.1.6 체약국의 권한과 의무

체약국의 권한과 의무에 관한 사항은 제12조에서 제15조 사이에 기술되어 있다. 체약국은 어느 국가를 막론하고 항공기의 기장에게 제8조 제1항에 따른 특정인의 하기조치를 인정하여야 한다. 사정이 정당하다고 인정하는 경우에는 체약국은 제11조 제1항에 규정된 행위를 범한 피의자와 동국이 인수한 자의 신병을 확보하기 위해 구금과 기타조치를 취하여야 한다. 동구금과 기타조치는 동국의 법률이 규정한 바에 따라야 하나, 형사적 절차와 범죄인 인도에 따른 절차와 착수를 가능하게 하는데에 합리적으로 필요한 기간 동안만 계속되어야 한다. 구금되고 있는 어떠한 자도 최소 거리에 있는 본국의 적절한 대표와 연락을 취할 수 있도록 도움을 받아야 한다. 특정인물을 인수한 체약국은 사실에 대한 예비조사를 즉시 행하여야 한다.

특정인을 구금한 국가는 항공기의 등록국 및 피구금자의 국적국가에 대해 특정인이 구금되어 있으며, 그의 구금을 정당화하는 사정 등에 관한 사실을 즉시 통보하여야 한다.

예비조사를 행하는 국가는 이들 국가에 대하여 조사결과를 즉시 통고하여야 하며, 그 관할권을 행사할 의도가 있는지의 여부를 명시해야 한다(제13조 제1항 내지 제5항 참조).

5.1.7 인도

인도에 관한 사항은 제15조 및 제16조에서 언급되고 있으며, 특히 제16조에서 중요한 내용을 내포하고 있다. 즉, 제16조 제1항에 의하면 체약국에서 등록된 항공기 내에서 행하여진 범행은, 범죄인 인도목적을 위해 그 범죄가 실제로 발생한 장소에서뿐만 아니라 항공기 등록국의 영토에서 발생한 것과 같이 취급되어야 한다. 그러나 제2항에서, 전항의 규정에도 불구하고 본협약의 어떠한 규정도 범죄인 인도를 허용하는 의무를 창설하는 것으로 간주되지 않는다고 하여 분쟁의 소지를 마련하였다.

5.1.8 국제공동 및 국제운항기구

공동으로 항공운송 사업을 행하거나 국제기구에 의해 운영되는 경우에 대해 제18조에 명시되어 있다. 즉, 여러 체약국들이 이들 중 어느 한 국가에도 등록되지 아니한 항공기를 운항하는 공동 항공운송 운항기구나 국제적인 운영기관을 설치할 경우에는, 이들 체약국은 그때 그때의 상황에 따라 본협약의 적용상 등록국으로 간주될 국가를 그들 중에서 지명하고, 그 사실을 국제민간항공기구에 통고하여야 하며, 동기구는 본협약의 모든 체약국에게 동통고를 전달하여야 한다.

분쟁의 해결에 관한 조항은 제24조로서 본협약의 해석이나 적용에 있어 2개 또는 그 이상의 체약국간 분쟁이 있는 경우, 세 가지의 해결방안을 제시하고 있다.

첫째, 당사국간 협상

둘째, 제3자를 포함한 중재

셋째, 국제사법 재판소에 제소

그러나 본 협약에 대한 서명과 비준, 또는 가입시에 어느 국가는 자국이 전항에 구속하지 아니한다는 것을 선언할 수 있다. 기타 체약국은 이러한 유보(reservation)를 선언한 체약국과의 관계에서 전항에 구속되지 아니한다(제24조 제2항).

동경협약은 1969년 12월 4일에 발효되었다. 동경협약의 몇 가지 불완전성에도 불구하고 항공기상에서 범해진 범죄와 어떤 행위에 관한 국제협약의 발효는, 조회된 법질서의 확립을 위한 중요한 출발단계로 간주될 수 있을 것이다. 그러나 범죄에 대한 구체적 정의가 없다는 점과 인도(extradition)에 대한 제한적 접근 등은, 동협약의 큰 취약점으로서 향후 새로이 보완된 협약의 필요성을 이미 내포하고 있었다고 볼 수 있다.

5.2 항공기 불법납치 억제를 위한 협약(헤이그 협약, 1970년)

5.2.1 협약의 체결배경

1963년 동경협약이 체결된 후에도 하이재킹 행위는 빈번히 발생했으며, 특히 중동지역이나 카리비안(Carribean) 지역에 집중되어 있었다. 미국과 쿠바 사이에는 이러한 문제와 관련, 항공기 및 승객송환에 대한 꾸준한 교섭과 협약이 별도로 이루어졌다. 하이재킹에 대해 효율적으로 대처하기 어려운 점은 항공기가 너무 손상되기 쉽기 때문이다.

그 예로서 첫째로 승무원과 하이재커들과의 싸움은 항공기의 통제를 불가능하게 하며, 둘째, 조종실에서 무기가 사용되면 큰 손상이 발생하며, 셋째, 항공교통 규칙을 따르지 못해 항공기 충돌이 발생하며, 넷째, 연료부족도 발생할 수 있으며, 다섯째, 특정공항에 대하여는 승무원들이 익숙하지 못하여 착륙절차도 모를 수 있기 때문이다.

1960년대 말경 증대되는 하이재킹에 대처하기 위해 국제적인 공동노력이 시작되었으며, 1970년 12월 하이재킹을 국제적으로 처벌해야 하는 범죄(an internationally punishable offence)로 규정한 헤이그 협약을 채결하였다.

헤이그 협약은 그 전문에서 그 취지를 다음과 같이 잘 설명하고 있다.

"본 협약의 당사국들은 비행 중에 있는 항공기의 불법적인 납치 또는 점거행위가 인명 및 재산의 위해를 가하고, 항공업무의 수행에 중대한 영향을 미치며, 또한 민간항공의 안전에 대한 세계인민의 신뢰를 저해하는 것임을 고려하고, 그와 같은 행위를 방지하기 위하여 범인들의 처벌에 관한 적절한 조치를 규정하기 위한 긴박한 필요성이 있음을 고려해서 다음과 같이 합의를 하였다."

범죄(offence)의 개념에 대해 제1조에서는 다음과 같이 정의하고 있다.

"제1조는 비행 중에 있는 항공기에 탑승한 어떤 자도 (1) 폭력 또는 위협에 의하여, 또는 그 밖의 어떤 다른 형태의 협박에 의하여 불법적으로 항공기를 납치 또는 점거하거나, 혹은 그와 같은 행위를 시도하고자 하는 경우, (2) 그와 같은 행위를 하거나 하고자 시도하는 자의 공범자의 경우에도 죄를 범한 것으로 한다.

위 동협약의 1조의 주요내용을 분석·요약하면, 범죄는 첫째, 비행 중인 항공기상에서 행해져야 하며, 둘째, 동행위가 불법이어야 하며, 셋째, 무력의 사용이나 위협이 있어야 하며, 넷째, 동행위는 항공기를 조치 또는 점거하거나 그와 같은 행위를 시도하는 것을 포함하고 있다. 또한, 동협약은 제2조에서 각 체약국이 범죄를 엄중한 형벌로 처벌할 수 있도록 의무를 진다고 해서 동경협약보다 진일보했다고 볼 수 있다.

5.2.2 협약의 적용범위

헤이그 협약은 "비행 중(in flight)"이라는 개념에 대하여 동경협약과는 달리 1개의 정의만 내리고 있다. 헤이그 협약에서는 탑승(embarkation)한 후 모든 외부의 문이 닫힌 순간부터 하기(disembarkation)를 위하여 그와 같은 문이 열려지는 순간까지의 어떠한 시간도 비행 중에 있는 것으로 간주한다(제3조 제1항)고 하였다.

또한, 동협약은 항공기가 국내비행이거나 국제비행이거나 관계없이 적용되며(제3조 제3항), 비행 중인 항공기의 탑승자에게만 적용되나 범죄자가 공범자나 하이재킹 지도자에게도 확대적용된다.

5.2.3 관할권

협약 제4조에 의하면 관할권은 다음의 체약국들에게 부여된다.

첫째, 항공기의 등록된 국가, 즉 범죄가 그 나라에 등록된 항공기의 기상에서 발생했을 경우

둘째, 착륙지 국가, 즉 범죄 협의자가 아직 탑승하고 있는 경우

셋째, 항공기(승무원 없이) 임차인의 주된 영업 사무소 소재국이나 주거지 국가

넷째, 범죄 협의자가 발견된 영토의 국가로서 범죄인을 위 어느 국가에도 인도하지 않은 경우

사정이 정당하다고 인정될 경우, 범인 및 범죄 협의자가 그 영토 내에 있는 체약국은 그를 구금하거나 그의 신병보호를 위한 기타조치를 취하여야 한다. 그 국가의 국내법에 규정된 바에 따라야 하나, 형사 또는 인도절차를 위해 필요한 시간 동안만 계속될 수 있다(제6조 제1항).

이러한 헤이그 협약은 해당 관할국가가 범죄자에 대한 기소나 조사를 의무화하고, 관할권의 일반원칙을 도입하여 범죄자가 세계 어느 곳에 있든지 처벌될 수 있게 하였다. 공동 또는 국제등록에 따라 항공기를 운항하는 공동 항공운송 운영기구 또는 국제운영기관을 설립한 체약국들은, 적절한 방법에 따라 각 항공기에 대해 관할권을 행사하고, 본협약의 목적을 위하여 등록국가의 자격을 가지는 국가를 당해국 중에서 지명하여야 하며, 또한 국제민간 항공기구(ICAO)에 대하여 그에 관한 통고를 하여야 하며, 동기구는 본협약의 전체약국에 이 통고를 전달하여야 한다(제5조).

5.2.4 인도(Extradition)

범죄인의 인도문제와 관련하여 헤이그 협약은 동경협약 제15조 및 제16조의 내용과 다른 내용을 내포하고 있는 인상을 준다. 즉, 동협약 제7조에서, "그 영토 내에서 범죄 협의자가 발견된 체약국은, 만약 동인을 인도하지 않을 경우에 예외없이 또한 그 영토 내에서 범죄가 행하여진 것인지의 여부를 불문하고, 소추를 하기 위하여 권한 있는 당국에 동사건은 회부되어야 한다. 그러한 당국은 그 국가의 법률상 중대한 성질의 일반범죄의 경우에 있어서와 같은 방법으로 그 결정을 내려야 한다"라고 명시하여, 소추의무와 더불어 중벌을 의무화하였다.

그러나 제8조에서 인도를 요구하는 국가가 인도조약의 당사국일 경우, 이 조약내용을 반영한 요청국의 국내법에 따라 인도가 가능토록 허용되었다.

헤이그 조약은 공중납치 행위를 한 범죄인의 인도에 대해, 조약 제8조에서 상세한 규정을 다음과 같이 설정하고 있다.

① 이 조약상의 범죄행위는 체약국간 현행 범죄인의 인도조약에 있어서 인도범죄로 간주하고, 신규로 범죄인의 인도조약을 체결할 때에는 인도범죄에 이 범죄인 행위를 포함시킨다.

② 범죄인 인도를 위해 조약의 존재를 요건으로 하는 체약국은 이 조약을 그 법적근거로 할 수 있으며, 조약의 존재를 요건으로 하지 않는 체약국은 상호 이 범죄행위를 인도범죄라고 인정한다. 그러나 어떠한 경우라도 인도해 줄 것을 청구받은 나라는 그 나라의 법령이 정하는 조건에 따를 것이 필요하다.

③ 범죄인 인도에 대해서 범죄행위는 그것이 행해진 장소뿐만 아니고, 등록국과 착륙국 또는 임차국의 영역 내에 있어서도 행해진 것으로 간주된다. 즉, 등록국과 착륙국 그리고 임차국은 범죄행위의 행위지로서도 취급된다.

정치적 망명을 주장하는 범죄자에 대하여는 헤이그 협약이 언급을 하지 않고 있다. 따라서, 헤이그 협약 체약국이 납치범들에게 정치적 망명을 허용하고자 한다면 이를 방지할 수 있는 방안이 없다. 더 나아가서 체약국들이 범인들을 인도하거나 기소하는 의무를 포기하려 할 때에도 이를 방지할 수 없는 취약점이 헤이그 협약에 내포되어 있다.

5.2.5 기타사항

헤이그 협약도 승객이나 승무원이 그들의 여행을 계속할 수 있는 권리를 보장하고, 화물의 경우 법적으로 자격있는 수취인에게 보내는 권리를 보장하는 동경협약 제11조와 유사한 조항을 채택하였으나, 지체없이(without delay)라는 말을 추가함으로써 그 내용을 더욱 강조하였다(제9조).

체약국들은 범죄 및 제4조에 언급된 기타행위에 관련하여 제기된 형사소송 절차에 관해 상호간 최대의 협조를 제공토록 하였다(제10조 제1항).

체약국들은 또한 하이재킹 관련사항이나 그에 대응한 조치내용을 국제민간항공기구(ICAO) 이사회에 즉시 통보할 의무를 진다(제11조).

마지막으로 헤이그 협약의 해석이나 적용자에 관련한 모든 분쟁은 중재에 회부되어야 하며, 중재를 통하여 해결되지 않는 경우에는 분쟁을 국제사법재판소(International Court of Justice: ICJ)에 제출하도록 한다(제12조). 단 이 조항은 체약국들이 유보(reservation)할 수 있다.

헤이그 협약은 동경협약보다 전반적으로 개선되었음이 사실이다. 그러나 아직도 몇 가지 문제점이 남아 있다.

첫째는 앞에서도 언급했듯이 관할권과 관련하여 해당국가가 실제로 기소하지 않을 경우, 이에 대하여 어떻게 대응할 것인가가 문제이다.

둘째는 하이재킹으로부터 발생한 인적, 물적 손해에 대하여 누가 책임을 지느냐 하는 문제이다. 바르샤바 체제는 이러한 경우에 항상 적절한 해결책을 제공하지는 않는다.

셋째로 헤이그 협약은 기내에 탑승한 보안관(security agents)의 지위와 권한에 대하여 명시하지 않았다. 이 문제는 헤이그 협약체결 국제회의에서 논의되었으나, IFALPA(항공사 조종사 협회 국제연맹)와 IATA 대표들이 무장 보안관의 탑승이 오히려 항공기의 파손가능성을 늘이고 위험하다는 생각에서 반대했기 때문에 제외되었던 것이다.

5.3 민간항공의 안전에 대한 불법적 행위의 억제를 위한 협약(몬트리올 협약, 1971년)

5.3.1 역사적 배경

앞에서 설명한 동경협약(1963년)과 헤이그 협약(1970년)이 전적으로 기내에서 행한 범죄의 억제에 관한 것이므로, 민간항공에 대한 여타 불법행위를 규제할 다른 협정이 필요하게 되었다. 이러한 범죄들은 헤이그 협약이 체결된 다음해인 1971년에 체결된 몬트리올 협약에서 다루어졌다.

제1조 제1항을 보면, 어떠한 자도 불법적이며 고의적으로

첫째, 비행 중인 항공기에 탑승한 자에 대하여 폭력행위를 행하고, 또 동행위가 그 항공기의 안전에 위해를 가할 가능성이 있는 경우,

둘째, 운항 중인 항공기를 파괴하는 경우, 또는 그러한 항공기를 훼손하여 비행을 불가능하게 하거나 비행의 안전에 위해를 줄 가능성이 있는 경우,

셋째, 어떠한 방법에 의해서라도 운항 중인 항공기상에서 항공기를 파괴하거나 비행을 불가능하게 하고, 비행 중의 안전을 위태롭게 할 물건이나 장치를 어떤 방식으로든지 설치하는 행위,

넷째, 항공시설을 파괴 혹은 손상시키거나, 또는 운용을 방해하여 그러한 행위가 비행 중인 항공기의 안전에 위해를 줄 가능성이 있는 경우,

다섯째, 허위정보를 교신해서 그로 인하여 비행 중인 항공기의 안전에 위해를 줄 가능성이 있는 장치나, 물질을 설치 또는 설치되도록 하는 경우,

여섯째, 허위정보를 교신해서 그로 인하여 비행 중인 항공기의 안전에 위해를 주는 경우 등에는 범죄를 범한 것으로 한다. 더 나아가서 이러한 행위를 시도하거나 공범자의 경우도 범죄를 범한 것으로 본다(제1조 제2항).

그러나 불행하게도 제1조 제6항의 의미는 운항의 지연만 발생시키고, 항공기에 손상을 초래하지 않는 허위 폭탄 경보는 해당되지 않는다.

5.3.2 관할권

각 체약국은 다음과 같은 경우에 있어서 범죄에 관한 관할권을 확립하기 위해 필요한 제반조치를 취하도록 되어 있다(제5조 제1항).

첫째, 범죄가 그 국가의 영토 내에서 범해진 경우

둘째, 범죄가 그 국가에 등록된 항공기에 대하여 또는 그 항공기의 기상에서 범해진 경우

셋째, 범죄가 기상에서 범하여진 항공기는 아직 기상에 있는 범죄 협의자와 함께 그 영토 내에서 착륙한 경우

넷째, 범죄가 승무원 없이 임차된 항공기에 대하여, 또는 그 기상에서 범해진 경우 그 임차인의 주된 사업장소(또는, 영구 주소지)의 국가, 혹은 체약국의 다른 의무가 제1조에 기술된 범죄들을 방지하기 위해 국내법과 국제법상 모든 실현가능한 조치들을 취하도록 노력하여야 한다는 것이다(제10조).

5.3.3 적용범위

본 협약은 항공기의 이륙·착륙 지점 등 하나 또는 모두가 항공기 등록국가 외에 위치하였거나 범죄가 항공기 등록국외 영공에서 행해졌다면 국내선 및 국제선 비행에 공히 적용된다(제4조 제2항).

"비행 중(in flight)"의 개념에 대하여 본협약은, 항공기가 탑승 후 모든 외부의 문이 닫힌 순간부터 하기를 위하여 그러한 문이 열려지는 순간까지의 어떠한 시도도 비행 중에 있는 것으로 간주한다고 정의하고 있다. 강제착륙의 경우, 비행은 관계당국이 항공기와 기상의 인원 및 재산에 대한 책임을 인수할 때까지 계속되는 것으로 본다(제2조 제1항).

특히, 본 협약에서는 처음으로 "서비스 중(in service)"이라는 개념을 도입하였는데, 그 이유는 본 협약이 국내 및 국제적으로 공히 확대적용되기 때문이다. "서비스 중"의 개념은 "항공기가 일정 비행을 위하여 지상원 또는 승무원에 의하여 항공기의 비행 전 준비가 시작된 때부터 착륙 후 24시간까지를 서비스 중인 것으로 본다(제2조 제2항).

"서비스 중"의 개념 속에는 제2조 제1항의 "비행 중"의 범위도 당연히 포함된다.

5.3.4 기타

몬트리올 협약 체약국가들은 제1조에 수록된 범죄들의 예측될 만한 사유가 발생할 경우, 모든 관련정보를 다른 국가들에게도 제공하여야 한다(제12조).

몬트리올 협약의 몇 가지 조항들은 헤이그 협약의 내용과 같은데, 그 예를 들면 다음과 같다.

첫째, 군·세관 및 경찰 항공기는 적용대상에서 제외된다(제4조).

둘째, "비행 중(in flight)"의 정의(제2조 제1항)

셋째, 공동 및 국제운항기관에 의한 운항(제9조)

넷째, 분쟁의 해결을 포함한 최종 조항들(제13조~제16조)

항공기와 승객의 지상 및 공중에서의 안전과 관련하여 지금까지 설명한 동경협약, 헤이그 협약, 몬트리올 협약 등 3개 협약에 대한 모든 국가에 의한 가입 및 비준이 필수적이다. 현재까지 140여 국가가 3개 협약에 가입·비준했으나, 보다 완전한 범죄예방과 국제협조를 기대하기 위해서는 여타 40여 국가의 가입비준도 반드시 이루어져야 한다. 아울러, 모든 체약국들은 협약들의 정신과 규정을 철저히 이행하여야 한다.

그 동안 여러 차례 ICAO 회의에서 동 3개 협약에 가입하지 않는 국가는 ICAO에서 추방하도록 시키고 협약을 개정하자는 논의가 있었으나 가결되지 못하였다. 그러나 미국정부는 항공협정 교섭에서 상대국에게 동 3개 협약의 적용을 적극주장하고 있어 관심을 모으고 있으며, 어느 정도 성과를 올리고 있다. 언제 발생할지 모르는 항공교통 안전을 저해하는 범죄행위에 대비하여, 우리나라 항공관련 전관계자는 소 잃고 외양간 고치는 일이 없도록 본 3개 협약의 내용과 조치사항을 충분히 숙지해서 사전방지 및 사후대책에 만전을 기해야 할 것이다.

5.4 항공기 테러 방지 차원의 기관의 노력

항공테러 방지를 위한 국제적인 주요 활동은 국제민간항공기구(ICAO)나 국제항공운송협회(IATA)에 의해 대부분 수행되고 있다.

5.4.1 국제민간항공기구(ICAO)

(1) ICAO의 항공보안 활동 관련 조직

ICAO 조직은 분류해보자면 의결 기구인 총회와 집행 기구인 이사회로 구성되는데, 항공보안활동 관련 업무를 수행하거나 영향을 미치는 조직은 다음과 같다.

첫째로 36개국으로 구성된 이사회 자체를 들 수 있는데, 이사회에서 결정된 사항은 대개 국제적 규율로 효력을 발휘할 수 있기 때문에 항공보안에 관련된 국제적 규정도 이사회를 통과해야만 효력을 발휘할 수 있으므로 이사회 자체가 항공보안 활동을 위한 국제적 노력에 영향을 상당히 미친다고 볼 수 있다. 또한 불법간여담당위원회(Committee On Unlawful Interference)는 17명으로 구성되며, 항공범죄 방지에 관한 최종 권고안을 이사회에 제출하는 일을 한다. 항공보안패널(Aviation Security Panel)은 ICAO 회원국과 국제적 기구에서 선발한 보안 전문가로 구성되었으며 1985년 에어인디아 사건 이후 결성되었으며 비상근으로 활동하고 필요한 경우 회의가 소집되며 Committee On Unlawful Interference에 보고하도록 되어 있다. 민간 항공기에 대한 항공기 납치 및 그 밖에 불법방해행위를 규율하기 위한 노력에 있어서도 ICAO의 역할은 결정적인 것이 되어왔고, 또 그와 같은 경우에 체약국 상호간의 국제법적 행동기준을 발전시킴에 있어서도 ICAO의 역할은 매우 유익한 것이 되어 왔다.

(2) Annex 17

ICAO는 본문 96개 조항으로 된 국제민간항공협약서와 제1~18까지의 부속서(Annex)를 내놓고 있다. 분야별 부속서에서 명기한 안전성, 정확성, 효율성을 위한 국제표준을 수록한 각종 규격이나 기준, 지침을 내놓고 있는데 각 회원국에 대해 결코 강요하지 않고 항상 권고(Recommendation)라는 표현을 사용하고 있다. 그러나 말이 권고이지 이것은 어디까지나 엄격한 지침이자 거의 강제적이다. ICAO의 모든 보고서 및 서류 등은 en(영어), fr(불어), es(스페인어), ru(러시아어), ar(아랍어), zh(중국어) 등 6개국 언어로 수록되어 있다.

항공보안에 관한 내용은 총회결의와 이사회, 항공운송위원회, 항행위원회 및 불법방해위원회의 연구결과로 1974년 3월 22일 새 표준이 채택되어 부속서 17로 지정되었다. ICAO Annex 17은 세 개의 국제회의(동경, 헤이그, 몬트리올)에서 협정된 내용을 각 국가가 수행할 때 적용하는 실천표준(Standard Practice; Mandatory) 및 실천권고(Recommended practice; Optional)의 내용을 포함하고 있다. ICAO Annex들은 일반적으로 국제항공운송이 질서 있고 효율적으로 발전하고, 안전과 보안을 유지하기에 필요한 기술적, 절차적 표준과 권고 사항을 포함하고 있는데, 국가에 따라서는 이에 이의를 제기하고 ICAO 표준의 준수를 거부하기도 한다. 이 경우 ICAO는 이의 제기 국가와 이의 제기 내용에 대해 공표하는 것을 일반적 원칙으로 한다. 그러나 Annex 17에 대해서는 이의 제기 내용을 공표하지 않는다. 이는 테러리스트들이 이의 제기를 하고 보안에 대한 ICAO 표준을 준수하지 않는 공항을 테러에 이용할 수 있기 때문이다.

이 부속서는 민간항공에의 위협에 관한 양태의 변화와 새 실무경험을 반영하기 위해 몇 차례 개정되었는데 특히 9.11 이후인 2001년 12월 7일에 채택된 개정안은 부속서가 국제항공뿐만 아니라 국내항공까지 적용되게 하여 다른 부속서와 차별되는 특징을 가지게 되었다. 이 부속서는 현재까지 개정 9판까지 작성되었다. 이 부속서를 보완하는 문서로 ICAO는 Annex 17에서 규정한 표준과 권고를 준수할 수 있는 공항보안프로그램의 가이드라인을 제공하기 위해 별도의 '불법방해행위로부터 민간항공을 보호하기위한 보안매뉴얼' 다큐멘트(DOC 8973/4)를 'Model Airport Program'으로 발행하였는데 이를 통해 공항운영자가 보안프로그램을 계획할 때 고려해야 할 사항들을 전반적으로 활용할 수 있도록 하였다.

부속서 17은 각 체약국이 국가보안프로그램을 문서화하여 적절한 기관이 프로그램의 개발, 집행, 유지를 담당하도록 하고 있다. 공항 역시 마찬가지로 보안프로그램을 서면으로 작성하여 운영하여야 한다. 보안프로그램에 관여하는 모든 인력은 신뢰성 및 일관성 담보를 위해 마련된 항공보안 요구조건을 모두 만족하여 자격인증을 받아야 한다.

헤이그협약 및 몬트리올협약 등이 형사처벌로서 불법행위를 억제하는 데 중점을 두었다면 부속서 17은 예방적 수단에 초점을 맞추고 있다. 부속서는 불법방해 행위에 이용될지도 모르는 무기, 폭발물 또는 모든 종류의 위험한 장치, 소지품, 물질 등을 어떠한 수단으로든 민간항공기 내에 들이지 못하도록 하는 체약국의 의무를 설정하였다. 그 내용을 살펴보면 다음과 같다.

필수적인 예방적 조치 중 하나는 에어사이드 지역으로의 비인가 접근을 미연에 방지하는 것이다. 공항은 보안제한구역과 신원확인시스템을 마련하여 사람과 차량의 비인가 출입을 방지해야 한다. 공항관계자와 동행하지 않고 보안제한구역에 출입하는 사람에 대해서는 사전에 그리고 지정된 검색대에서 반드시 신원조사가 이루어져야 한다.

항공기와 관련해서는 미리 준비된 보안검사나 수색이 이루어져야 하며, 일반 여객기의 경우 승객을 하기시키고 난 뒤 남겨진 물건이 없도록 조치해야 한다. 체약국은 상업항공을 이용하는 승객이 출발할 때 보안제한구역으로부터 떨어져 있는 항공기에 탑승하기 전에 그 승객과 기내수하물을 검색하도록 조치할 의무가 있다. 승객과 기내수하물 검색은 세계적으로 보편화 되어 있는 관행이며 특히 9.11 이후 더 강화, 전문되었다. 위탁수하물은 상업항공운송에 이용되는 항공기에 적재되기 전 반드시 검색되어야 한다. 또한 체약국은 항공기에 탑승하지 않는 승객의 짐을 상업운송인이 운반하는 일이 없도록 않도록 해야 한다.[75]

민간항공에서는 승객뿐만 아니라 화물과 우편에 대해서도 항공기 적재 전에 반드시 보안검색이 이루어져야 한다.[76] 화물 전용 비행편에 대해서는 이런 검색을 의무화한 규정이 아직 없지만 대부분 국가에서는 검색을 시행하고 있다. 기내식, 상품, 물자 등도 마찬가지다.[77]

체약국은 사법 또는 행정소송에 회부되어 송환 중인 승객의 수송에 있어서 잠재적인 기내난동을 방지할 대비책을 수립해야 한다. 특히 본인의 의지에 반하여 강제추방되는 승객일 경우 더욱 대비가 필요하다. 또 이러한 승객의 탑승사실이 운항인과 기장에게 반드시 통보되어 유사시 적절한 절차가 적용될 수 있도록 해야 한다.[78]

기내 무기 휴대는 통상 허용되지 않지만 관계국의 특별허가를 통해 경찰관에 허용될 수 있다. 하지만 이 경찰관도 해당 비행에 관련된 모든 국가의 허가를 득해야 탑승이 가능하다.[79] 기내 무장경관을 배치하는 곳도 끊임없이 논의되었으나 대다수 국가에서 이를 허용하고 있지 않다.

항공기처럼 제한된 공간에서의 무기 사용은 무고한 승객을 다치게 하거나 민감한 항공장비에 해를 입힐 수 있다.

항공경찰의 배치 여부에 관한 국제사회의 합의가 없음에도 불구하고, 일부 국가는 자국 영토 내 특정 공항으로 취항하는 모든 항공기에 무장 경관을 두어야한다고 고집하고 있다. 항공경찰은 특별훈련을 받은 정예요원으로서 반드시 '국가 공무원'이어야 하며 이들의 탑승은 철저히 기밀에 부쳐져야 한다.

탑승한 무장 경관의 수와 좌석번호는 반드시 기장에게 통보되어야 한다.[80] 하지만 기장이 항공경찰에 명령

---

75) Standard 4.5.3.

76) Standard 4.6.1.

77) Standard 4.6.5.

78) Standard 4.7.3.

79) Standard 4.7.4.

한다거나 그들의 결정에 우선하는 결정을 할 수 있는지의 여부는 아직 더 논의해봐야 할 문제이다.

2.3 각 체약국은 보안통제 및 절차의 효과성을 우선한다는 전제로, 민간항공과 그 활동의 지체 또는 방해를 최소한으로 하는 보안통제 및 절차를 가능한한 항상 마련해 놓는다.

이 권고사항의 신중한 표현 방식은 항공보안이 다른 어떤 이익에도 우선한다는 점을 분명히 드러내는 것이다. 절차 간소화를 다루고 있는 부속서 9.3.2(표준)에도 보안에 대한 이러한 태도가 잘 반영되어 있다.

3.2 승객과 승무원에 대해 신속한 공항검색을 제공할 절차를 마련함에 있어, 각 체약국은 필요에 따라 항공보안, 국경통제, 마약류 검사, 출입국 관리 조치를 고려해야 한다.

부속서 17 권고관행 2. 4. 6에는 각 국이 ICAO가 개발한 모델 조항을 참고하여, 보안관련 규정을 항공운송에 관한 양자 협정에 삽입하도록 하고 있다. 지금은 이 권고관행이 널리 수용되어서 운수권 상호 교환의 필수 조항으로 자리매김하였다.[81]

5.4.2 국제항공운송협회(IATA)

IATA는 정기운송 항공사의 모임으로 항공운송의 안전하고 질서있고 경제적인 발전을 도모하는 것을 목표로 한다. IATA는 항공테러에 대비하고자 보안권고위원회(Security Advisory Committee)를 설치하여 항공 테러에 대처하기 시작했다. IATA는 공중에서 불법 행위가 진행 중일 때 문제 해결을 도울 뿐만 아니라 사후의 조사에도 참여한다. 사후 조사를 통하여 IATA는 보안활동의 문제점을 발견하고 개선점을 찾는데 주력한다.

또한, IATA는 공항에서 준수해야 할 최소한의 보안 기준을 제정하고 공항 보안이 항공 범죄 방지에 적절한 역할을 수행할 수 있는지 테스트하기 위한 조사 활동도 수행한다. 조사 대상 공항은 이용율이 높은 관광지의 공항이나 주요 비즈니스 여객 이용 공항으로서 보안 수준이 의심되는 공항이었다. 어떤 경우에는 공항 당국에서 스스로 조사를 요청하기도 했었다. 조사팀은 IATA의 근본 목적(항공운송의 안전하고 질서 있고 경제적인 발전 도모의 목적)을 실현하는 역할 중의 하나로 생각하고 조사에 임하며, 조사팀의 구성은 공항에서 근무하는 항공사 직원이나 해당 지역에 관심 있는 국제적인 보안 전문가 3~4인으로 하는 것이 일반적이지만 조사활동의 지휘는 IATA 보안 담당 비서실(Security Secretariat)에서 담당한다.

IATA는 정기운송 항공사의 국제단체로 항공운송의 안전하고 질서있는 경제적인 발전을 도모하는 것을 목적으로 하고 있다. IATA는 1960년대 항공테러가 자주 발생하자 보안자문위원회(Security Advisory Committee)를 설치하여 항공테러에 대처하기 시작하면서 항공테러 방지 및 대처활동을 시작하였다. IATA는 공중에서 불법행위가 진행 중일 때 문제해결을 도울 뿐만 아니라 사후조사에도 참여한다. 사후조사를 통하여 IATA는

80) Standard 4.7.8.

81) Michael Milde, International Air Law and ICAO, 2011, p.257.

보안활동의 문제점을 발견하고 개선점을 찾는 데 주력한다. 또한 IATA는 공항에서 준수해야 할 최소한의 보안기준을 제정하고 공항보안이 항공범죄방지에 적절한 역할을 수행하고 있는지에 대한 모니터링 역할도 수행하고 있다. 이 모니터링 활동은 1980년대에 이용률이 높은 관광지의 공항이나 보안수준이 의심되는 공항, 조사를 요청한 공항 등을 대상으로 활발히 진행되었다. 이를 담당하는 IATA 모니터링팀은 공항에서 근무하는 항공사 직원이나 해당지역에 관심 있는 국제적인 보안전문가 3~4명으로 구성되는 것이 일반적이며 지휘는 IATA 보안담당 사무국(Security Secretariat)에서 담당한다. 이들은 주요 모니터링 결과를 토대로 보안 취약점을 발견하고 이에 대한 대책이나 수정을 건의한다. 이와 같은 IATA의 조사활동은 항공보안 수준향상에 크게 기여했던 것으로 평가되어 1989년 ICAO 이사회에서는 IATA의 활동을 거울삼아 실질적인 효과를 발휘할 수 있는 항공보안활동을 각 회원국에 촉구하게 하는 자극제 역할도 하였으며 그 결과로 ICAO는 Strategic Action Plan을 시도하게 되었다.

무해지역(Sterile Area)개념도 IATA에서 시작되었으며 항공테러방지에 지대한 공헌을 한 것으로 평가되고 있다. 또한 IATA는 보안훈련프로그램을 개발하여 각 항공사들의 보안담당자 육성을 지원하고 있으며 당초 대상이었던 개발도상국의 항공사뿐만 아니라 선진국의 항공사들도 이 프로그램을 활용하여 보안전문가를 양성하고 있다. 최근 IATA는 향후 각종 항공테러범들이 그들의 국적이나 사고지역의 해당국가와 상관없이 새로운 국제재판소(A new International Court)에서 재판을 받도록 하기 위하여 노력하고 있다.

5.4.3 본(Bonn) 선언

1978년 7월 17일 Bonn 정상회의에 참석한 각국 정부수뇌(캐나다, 프랑스, 서독, 이탈리아, 일본, 영국, 미국)들은, 항공기 불법납치에 관하여 Bonn 선언에 합의하였다. 이 선언의 주요골자는 다음과 같다.

각국 정부수뇌들은 민간항공에 대한 테러와 여객을 인질로 잡는 행위에 중대한 관심을 가지고, 각국 정부가 국제테러를 근절시키기 위해 공동노력을 강화할 것을 선언하고 있다. 뿐만 아니라 이러한 목적을 위해 항공기를 불법납치한 사람들을 소추 또는 범인인도를 거절하거나, 납치한 항공기를 돌려 주지 않을 경우, 각국 정부수뇌들은 자국을 향하여 당해 항공기가 비행해 오는 것을 중단시키기 위한 즉각적인 조치를 취해야 한다.

(1) 선언의 의미와 범위

이 선언은 항공기 불법납치 행위를 언급하고 있다. 이러한 행위는 1970년 12월 16일자 헤이그 조약 제1조에서 규정된 행위를 의미하는 것으로 생각할 수 있다. 그리고 이 선언을 수행함에 있어 여객이나 승무원의 생명이 우선적으로 취급되어야 한다는 것은, 인도적인 이유로 볼 때 더 말할 필요도 없는 일이다. 본선언은 또한 어떤 국가가 납치범을 소추하거나 범인인도를 거절하거나 납치 항공기를 돌려 주기를 거절하는 경우에 적용된다. 본 선언에서 사용하고 있는 소추와 범죄인 인도라는 용어는 1970년의 헤이그 조약과 1971년 몬트리올 조약에서 사용된 것과 같은 의미를 가지고 있다.

(2) 법적 제문제

본 선언은 무엇보다 정치적 성격을 가지기는 하지만, 여기에 못지않게 법적 중요성을 가지는 것은 물론이다. 선언이라는 이 용어는 엄밀한 국제법의 의미에서 볼 때 조약으로써의 법적지위를 배제하는 것이 아니지만, 과연 그러한 조약문서를 체결할 각국 정부의 의도가 있었는지는 의심스러운 것처럼 보일 것이다. 그러나 명백한 것은 대표들이 이 선언에 참여한 국가들을 구속할 계약이 행해졌다는 점이다.

본 선언에 의한 조치가 이른바 항공의 자유를 인정하는 국제조약과는 상용될 수 없기 때문에, 문제가 될 수 있다는 점에 있어서는 의견이 일치된다. 그러나 두 가지의 상이한 입장은 숙고되어야 한다.

첫째는 그와 같은 제반조치가 의무불이행 국가의 항공기에 국한되고 있다는 점이다. 이 경우에 회원들은 이들의 국제적 의무위반 행위에 대처하고 있다. 둘째의 상황은 제3 제국의 항공기에 관계되고 있다. 이들 국가들은 이러한 위반에 대해서 책임을 질 수가 없다. 이런 국가들은 또한 기존 국제조약에 의하여 회원국에 관한 항공운송에 종사할 권리가 부여된다. 이 선언은 의무불이행 국가들에 의한 국제적 의무위반을 명시적으로 언급하고 있지 않다. 그러나 본선언은 이와 같은 의무위반을 묵시적으로 인정하고 있다. 따라서, 첫째 그러한 위반이 의무 불이행 국가의 책임에 돌릴 사유에 의한 것이냐 하는 문제와, 둘째 회원국에 의한 이러한 조치가 그런 위반에 대해 정당화될 수 있는가의 여부를 고려해야 한다. 만약, 이 선언에 의한 의무 불이행 국가가 헤이그 조약과 몬트리올 조약의 당사국이라면, 항공기 불법 납치자들에 대한 소추나 범인인도를 거절하는 것은 그러한 의무를 명백히 위반하는 것이다.[82]

5.5 우리나라의 국내법

5.5.1 국내 항공법

우리나라 항공법은 항공기의 안전운항을 확보하기 위해 법 제61조에서 폭발물 등의 수송 또는 휴대의 금지를 규정하고 있다. 법 제61조가 규정하는 항공기 내에 반입을 금지하는 물건은, 기내범죄에 사용될 우려가 있는 물건으로서 그 반입을 원칙적으로 금지한 것이며, 이것은 조약과는 직접 관계가 없지만 기내범죄의 방지

82) 최완식, 「실무항공법론」 pp. 337~338.

라는 점에서는 같은 목적을 갖는다.

5.5.2 항공기 운항안전법

이 법은 제1조에서 운항 중인 항공기를 납치해서 항공기와 그 탑승자의 안전을 위협하고, 항공기 내의 재산 기물을 위태롭게 하거나 할 염려가 있는 행위, 기타 기내의 질서 및 규율을 해하는 행동을 방지함을 목적으로 한다고 규정하고 있다.

이 법에서 항공기 납치라 함은, 「폭력 또는 협박 등 기타의 방법으로 운항 중인 항공기를 강탈하거나, 그 운항을 강제하는 것을 말한다」고 정의하고 있다. 그리고 운항 중이라 함은 「승객이 탑승한 후 항공기의 모든 문이 닫힌 때부터 내리기 위해 문을 열 때까지를 말한다」라고 정의하고 있다.

이 법 제3조는 적용범위를 다음과 같이 규정하고 있다.

이 법은 항공기 안에서 범한 범죄 및 기타 행위에 관한 협약, 제1조의 규정에 의한 모든범죄행위에 적용한다. 그리고 제4조가 규정하는 금지사항은 「항공기에는 무기, 도검류, 폭발물, 독극물, 연소성이 높은 물건 등을 휴대해서 탑승하거나 탑재할 수 없다」고 하였다.

(1) 기장의 권한

이 법은 기장의 권한을 다음과 같이 규정하고 있다(제5조).

① 기장은 운항 중인 항공기의 안정을 해치고 인명재산에 위해를 주며, 기내의 질서를 문란시키거나 기내의 규율을 위반하는 행위를 하려고 하는 자에 대하여, 그 행위를 저지시키기 위한 필요한 조치를 할 수 있다.

② 항공기 내에 있는 자는 제1항의 조치에 대하여 기장의 요청이 있을 때에는 협조를 해야 한다.

③ 기장은 제1항의 행위를 한 자를 구속한 경우, 항공기가 착륙한 때에는 구속된 자가 구속된 상태로 계속 탑승을 동의하거나 하기시킬 수 없는 사유가 있는 경우 외에는 구속한 상태로 이륙해서는 안 된다.

(2) 범인의 인도·인수

범인의 인도·인수에 대해서는 다음과 같이 규정하고 있다(제6조).

① 항공기 운항 중에 죄를 범한 범인을 기장이 인도할 때에는, 직접 또는 해당 관계 공무원을 통하여 경찰관에게 인도해야 한다.

② 범인을 인수한 기장이 그 항공기 내에서 구속을 계속할 수 없을 경우, 해당 관계 공무원에게 지체없이

인도하여야 한다.

(3) 항공기 납치죄

항공기 납치죄에 대하여 다음과 같이 규정하고 있다(제8조).

① 폭력 또는 협박 등 기타의 방법으로 운항 중인 항공기를 납치한 자는, 무기 또는 7년 이상의 징역에 처한다.

② 제1항의 미수범은 처벌한다.

또한, 제8조의 죄를 범하여 사람을 치사상해로 입힌 자는 사형 또는 무기징역에 처한다(제9조). 이 밖에도 제8조의 죄를 범할 목적으로 예비 또는 음모를 한 자는 5년 이하의 징역에 처한다. 다만 그 목적한 죄의 실행에 이르기 전에 자수를 한 자는 그 형을 감형 또는 면제한다(제10조).

(4) 항공기 운항 저해죄

이 법 제11조는 항공기 운항의 저해죄를 다음과 같이 규정하고 있다. 「위계 또는 위력을 사용하여 운항 중인 항공기의 항로를 변경하게 하고, 정상운항을 저해한 자는 1년 이상 10년 이하의 징역에 처한다」고 규정하고, 법 제4조의 규정에 의해 「항공기의 항로를 변경하게 하여 정상운항을 저해한 자는 1년 이상 10년 이하의 징역에 처한다」라고 규정하고 있다. 그리고 법 제4조의 규정에 의해 「항공기에 탑재금지된 물건을 탑재하거나 타인에게 소지하게 한 자는 2년 이상 5년 이하의 징역에 처한다」고 규정하였다.

이상의 국내 항공법 관련 규정들은 2017년 3월 30일부로 분법시행된 항공안전법과 항공보안법에 이전 규정되었으니 참고바랍니다.

제6장

국제항공기구

6.1 국제기구의 본질

6.1.1 국제기구의 기반

국제기구의 기반인 국제사회란, 국가를 기본적인 구성단위로 해서 그 상호간의 영속적 교섭을 기초로 하여 성립하고 있는 평범한 인류 전체 사회를 일컫는다. 이를 기반으로 하는 국제기구는 국가의 주권개념에 기초를 두고 있다. 그러나 현대의 사회, 경제생활은 국경을 넘어서 상호의존 관계에 놓여 있으며, 전세계 인류의 상호 접촉과 상호 의존도가 점차 증대되고 있고, 한편으로는 독립국가의 수도 늘어나 180여 국가에 달한다. 이로써 광범위한 국제협력의 필요성이 증대하는 반면에 국가관할은 축소되는 것이다. 특히, 교통·통신수단의 발달은 과거 수십년 이래로 세계인류의 상호교류를 크게 증대시켰고, 경제적 상호 의존도에 크게 영향을 주었다. 오늘날의 국제관계는 단지 주권국가 상호간의 관계에 그치는 것이 아니고, 일정한 목적과 원칙하에 다수의 국가간에 맺어진 조약에 의해 국제적 조직으로서 국제기구를 설치해 놓고 있는 것이다. 이러한 국제기구는 스스로 기관을 갖고 있으며, 그 기관을 통하여 독자적인 목적과 임무를 수행하고 있다. 그래서 오늘날의 국제사회는 이러한 국제기구의 활동과 그 조직을 통해 국가간 조직적으로 협력을 하고 있다.

6.1.2 국제기구의 개념

국제기구란 복수의 국가가 국경을 초월, 합의에 의해 성립시킨 국제조직으로서, 구성국가들의 공통사항, 즉 안보, 경제, 사회 및 기타영역의 상호협력을 촉진하기 위해, 조약에 기초해서 결성한 기능적 조직이다. 이러한 국제기구는 정기적·상설적으로 활동하는 기관을 구비하고 있으며, 이 경우 구성국가의 주권적 존재로 인정되지만 그 국가의 의사와 행동은 조약내용에 따라 규율과 제한을 받게 된다.

최근에는 국제적인 규모나 기능을 갖는 민간단체도 비정부간 국제기구(International Non-governmental Organization: NGO)라 해서 국가의 범주를 벗어나 해외의 제단체나 개인과 교류하며, 국제관계에 지대한 영향을 미치고 있으므로 이를 넓은 의미의 국제기구에 포함시키는 것이 일반적인 경향이다.

국제기구가 갖고 있는 공통적인 기본특징은 다음과 같다.

① 회원자격은 통상 주권국가로 제한되어 있고, 여기에는 정치적 및 도덕적인 조건없이 유자격 국가에게는 문호가 개방되어 있다.

② 국제기구는 다변적인 조약에 의하여 성립되고, 이 조약은 회원국에 대한 특별한 의무와 구조, 기구의 목적 및 그것을 달성하기 위한 수단 등을 명기하고 있다.

③ 기본적인 정책수립 기관으로 총회 또는 전체 회의가 있고, 이 회의는 전 회원국에 의해 성립된다.

④ 정책결정의 경우, 전회원국은 평등의 원칙에 의해 동등한 투표권을 갖는다.

⑤ 총회에 의하여 성립되고 주요업무가 위임된 집행적 성격의 이사회(council) 또는 집행 위원회가 있으며, 그 구성원은 제한되어 있다.

⑥ 사무국은 총회 및 이사회 등의 정책을 집행하기 위하여 설치되어 일상적인 업무를 수행하고, 사무국은 국제적 수준의 직업 공무원에 의해 운영된다.

⑦ 어떤 기구는 사법적 또는 준사법적 권한을 행사하는 경우가 있는가 하면, 그들의 재산에 대하여 법적인 격을 부여하는 경우도 있다.

⑧ 기구의 재정문제는 회원국 정부의 기부금에 의하고 있으나, 그 기부금의 지불능력과 관련하여 분담금 할당방식을 취하고 있다.[83]

6.2 국제민간항공기구(ICAO)

6.2.1 ICAO의 설립과 구성원

ICAO(International Civil Aviation Organization)는 1944년 12월에 시카고 회의에서 체결된 국제민간항공조약을 근거로 설립된 국제기구이며, 현재는 국제연합의 산하기관의 하나이다.[84] 시카고 조약의 제2부에 ICAO의 설립 및 운영에 관하여 규정하고 있으며, ICAO의 가입 및 탈퇴는 모두 시카고 조약의 가입·탈퇴를 전제로 이루어지는 등, 시카고 조약과는 불가분의 관계에 있다.

1947년 4월 4일, 국제민간항공조약이 발효될 때까지 ICAO도 잠정적 기구로 탄생해서 준비되어 오다가, 정식으로 발족된 국제민간항공기구에 흡수되었다.

국제민간항공기구는 시카고 조약 체약국으로 구성되며, 다음의 3종류 국가로 구분된다.

---

83) 김순규 저, 「신국제기구론」 박영사 1992년, 제1장 참조.

84) 국제기관 중에서 유엔의 전문기관인 세계보건기구(WHO)와 국제민간항공기구(ICAO)의 두 기관만이 권고기능만이 아니고, 입법 및 행정기능을 갖고 있음.

(1) 시카고 조약 서명국으로서 비준서의 기탁을 한 국가: 제2차 세계대전 당시 미국과 영국을 위시한 연합국의 대부분이며, 이들 국가는 비준서를 미국정부에 기탁함으로써 시카고 조약의 당사국이 되며, 또한 국제민간항공기구의 구성원이 된다(조약 제91조).

(2) 시카고 조약 서명국 이외의 연합국 및 중립국으로서 시카고 조약에 가입수속을 한 국가: 시카고 조약은 연합국 및 중립국에 대해서는 그 가입이 무조건 개방되어 있어, 미국정부에 가입통고만으로 시카고 조약 체약국이 되며 ICAO의 구성원이 된다(조약 제92조).

(3) 위 (1), (2) 이외의 국가들이며, 일본·독일·한국과 같은 제2차 세계대전의 패전국, 또는 대전 후 독립을 한 나라들이다. 제2차 세계대전 후 독립한 신흥국가들이 시카고 조약에 가입하기 위해서는, UN의 승인을 받고 ICAO 총회로부터 5분 4 투표로 총회가 정하는 조건에 따라야 한다.

시카고 회의에서 ICAO의 성격에 대하여 국제항공을 관리, 감독하는 강력한 관리기관으로 해야 한다는 영국의 주장과, 하늘의 자유를 기본으로 국제항공의 질서유지 및 발전을 목적으로 정보의 교환, 기술적 협력의 촉진을 위한 기관으로 해야 한다는 미국의 주장이 대립되었으나, 결국 미국의 주장이 대폭적으로 반영되었다. 그 결과 ICAO는 국제항공의 안전 및 건전한 발전을 목적으로 한 각국 정부의 국제협력 기관으로서 설립되었으며, 2021년 현재 193개국이 가입하였다. 우리나라는 1953년 12월 13일에 가입되었다.

현재 ICAO의 본부는 캐나다 정부와의 협약에 의해 몬트리올에 두고 있으며, 조약 제45조의 개정에 의해 총회에서 체약국의 5분의 3 이상의 결의로 본부를 타장소로 이전할 수 있게 되었다.

6.2.2 ICAO의 목적

ICAO의 설립목적은 시카고 조약의 기본원칙인 기회균등을 기반으로 하여 국제항공운송의 건전한 발전을 도모하는데 있으며, i) 국제민간항공의 발달 및 안전의 확립도모, ii) 능률적·경제적 항공운송의 실현, iii) 항공기술의 증진, iv) 체약국의 권리존중, v) 국제항공기업의 기회균등 보장 등에 그 목적을 두고 있다. ICAO의 국제항공에 있어서 수행임무를 보면 다음과 같다(시카고 조약 제44조).

① 국제민간항공의 안전 및 건전한 발전의 확보

② 평화적 목적을 위한 항공기의 설계 및 운항기술의 장려

③ 국제민간항공을 위한 항공로, 공항 및 항행안전 시설의 발달의 장려

④ 안전, 정확, 능률, 경제적인 항공수송에 대한 제국가간의 요구에 대응

⑤ 불합리한 경쟁으로 인한 경제적 낭비의 방지

⑥ 체약국 권리의 반영 및 국제항공에 대한 공정한 기회부여와 보장

⑦ 체약국의 차별대우의 지양

⑧ 국제항공의 비행안전의 증진도모

⑨ 국제민간 항공의 모든 부문에서의 발달의 촉진

6.2.3 ICAO의 조직

ICAO는 총회, 상설집행 기관인 이사회, 이사회의 보조기관인 상설항공 위원회, 항공운송 위원회, 법률 위원회, 공동유지 위원회, 재정 위원회, 지역항공 회의, 본부 사무국 및 지역 사무소의 각 기관으로 구성되어 있으며, 본부를 몬트리올에 두고 있다. ICAO의 주요기구는 **그림 6.1**과 같다.

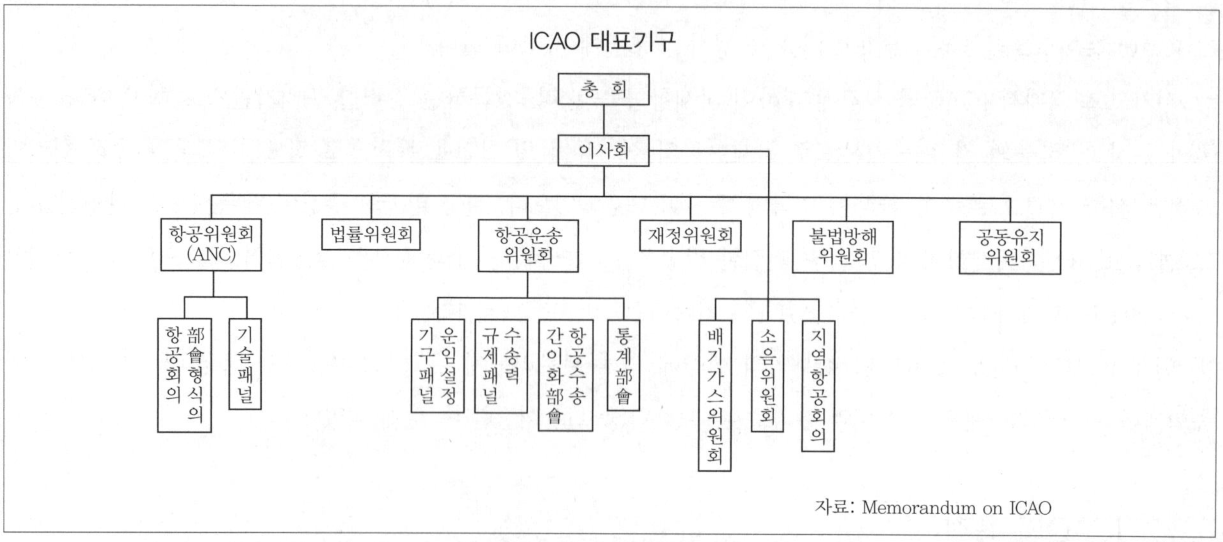

그림 6.1 ICAO 대표기구

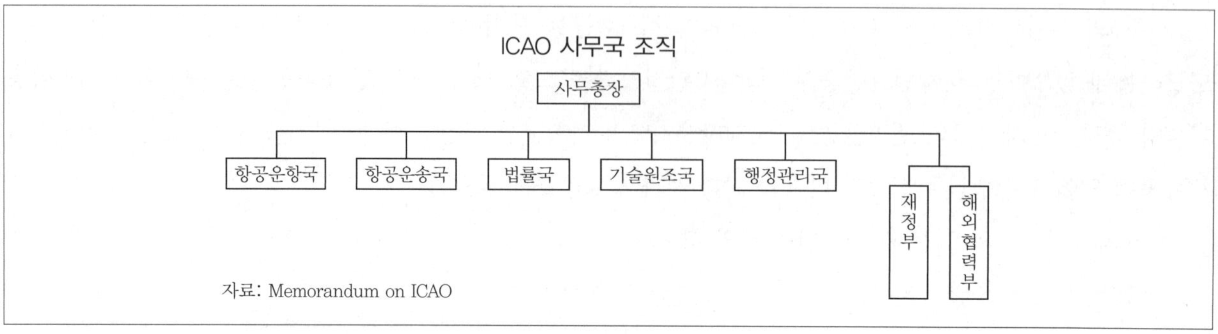

그림 6.2 ICAO 사무국 조직

(1) 총회(Assembly)

총회는 ICAO의 최고의결 기관이며, 주임무는 총회의 의장 및 기타 임원의 선출, 이사국의 선출, 이사회의 보고서 심사, 연차예산의 표결, 이사회에의 권한위임, 시카고 조약의 개정의 심의 및 체약국에의 권고 등의 업무를 수행한다. 총회는 모든 체약국의 대표자로 구성하며, 매 3년마다 개최되고 필요시 특별총회를 개최한다.

특별총회는 이사회가 소집, 또는 체약국의 총수의 5분의 1 이상으로부터 사무총장에 대해 소집요청이 있을 때 언제든지 개최할 수 있다. 총회회합의 정족수를 구성하기 위해서는 체약국의 과반수를 필요로 한다.

총회의 결정은 이 조약에 특별한 규정이 없는 한 투표의 과반수에 의해 행해진다. 총회에서 각 체약국은 1국 1표의 투표권을 갖는다.[85]

(2) 이사회(Council)

이사회는 총회에 대해 책임을 지는 상설기관으로서 ICAO의 임무 수행상 가장 중요한 조직이다. 이사회는 3년마다 총회가 선출한 36개국으로 구성된다. 이사회의 구성원의 선거에 있어 총회는 다음의 배분에 의해 선출되어야 한다.

① 항공운송에 있어 가장 중요한 나라(PARTⅠ, 11개국)

② ① 또는 ③에 포함되지 않은 나라로서 국제민간항공을 위한 시설의 설치에 최대의 공헌을 한 나라(PARTⅡ, 12개국)

③ ① 또는 ②에 포함되지 않은 나라로서 이사회 구성을 지역적으로 구성하기 위해 특정지역을 대표하는 나라(PART Ⅲ, 13개국)

이사국에 공석이 생긴 경우 총회는 가능한 한 신속하게 보충하여야 하며, 보충하기 위해 이사국으로서 선출된 체약국은 전임 이사국의 잔임기간에만 재임한다.

[표 6.1] ICAO 36개 이사국 현황

구분	ICAO 이사국
PART Ⅰ(11개국)	이탈리아, 독일, 브라질, 중국, 일본, 러시아, 미국, 호주, 프랑스, 캐나다, 영국
PART Ⅱ(12개국)	싱가폴, 이집트, 아르헨티나, 멕시코, 사우디아라비아, 남아공, 스페인, 인도, 핀란드, 나이지리아, 콜롬비아, 네덜란드
PART Ⅲ(13개국)	대한민국, 그리스, 페루, 도미니카공화국, 튀니지, UAE, 파라과이, 코티트부와르, 잠비아, 코스타리카, 말레이시아, 적도, 기니, 수단

자료: 국토교통부 보도자료, 2019.

우리나라는 '91년 최초로 이사국에 진출한 이후 지금까지 전세계 개발도상국을 대상으로 항공분야 무상교육훈련 실시, 안전기금 지원, 우리나라 전문가의 ICAO사무국 파견, 안전관리 소프트웨어 개발 보급 등

85) 시카고 조약 제48조 및 제49조

이사국으로서 활발한 활동을 전개하고 있다. 2019년 한국의 ICAO이사국 7연임은 세계항공의 주역으로서 활약하고 있음을 재확인한 것이며 향후 항공안전 및 보안 강화를 위한 기술개발, 지속가능한 성장, 기후변화에 대응하기 위한 국제항공 탄소 상쇄 및 저감계획(CORSIA)[86] 이행 등 초국가적 대응노력에 적극 동참하고 국제항공사회 발전을 위한 기여와 항공분야 국가경쟁력 강화를 동시 달성하려는 노력을 기울이고 있다.

이사회 의장은 이사회가 3개년의 임기를 갖고 선출하며, 반드시 이사회를 구성하는 이사국의 대표로부터 선출해야 할 필요는 없다. 그러나 이사회를 구성하는 이사국의 대표자가 의장으로 선출되었을 때에는, 이로 인하여 생기는 공석을 그 대표자가 속하는 이사국이 별도로 보충하여야 한다.

이사회의 의장은 중립성이 요구되며, 의장으로 선출된 후로는 자국을 대표하지 못한다. 또, 이사회 의장은 그 책임수행에 있어 국제민간항공기구 이외에 어떠한 국가로부터도 지시를 구하거나 받을 수도 없으며, 각 체약국은 자국민이 이사회 의장으로서 그 책임을 수행함에 있어 어떠한 압력도 가해서는 아니된다.

한편, 이사회 의장은 투표권을 갖고 있지 않으며, 이사회의 대표자로서 이사회가 정하는 임무는 그 이사회를 대신하여 수행한다. 그리고 이사회 의장에 재당선할 수 있다.

이사회의 결정은 이사국의 과반수 승인을 필요로 하며, 이사회는 특정사항에 관한 권한을 그 구성원으로 된 위원회에 위임할 수 있다.

당해 위원회의 결정에 대해서는 이해관계가 있는 체약국은 이사회에 의견을 제출할 수 있으며, 이사국은 자국이 당사국인 분쟁에 관해서는 이사회가 행하는 결정에 대해 투표권을 행사하지 못한다. 그리고 이사국이 아닌 체약국은 자국의 이해관계에 특히 영향이 있는 문제에 관해, 이사회 및 위원회가 행하는 심의에 투표권이 없이 참가할 수 있다.

이사회의 임무는 의무적 임무와 임의적 임무로 나누어진다. 의무적 임무는 연차보고의 총회제출, 총회 및 조약으로 부과된 임무 및 의무의 이행, 조약위반의 보고, 국제표준 및 권고방식의 채택, 부속서의 개정 및 심의, 체약국이 의뢰한 제문제의 심의 등이며, 임의적 임무는 지역적 항공운송 위원회의 창설, 항공운송 및 항공기술에 관한 조사 등이다.[87]

국제민간항공기구의 이사회가 일반적으로 중요시되는 것은 이사회의 기능이 광범위하여 탄력적이며, 국제민간항공기구의 실력 있는 기구로서의 국제항공의 질서 있는 발전과 안정성의 향상을 위해 중요한 역할을 하고 있기 때문이다.

86) CORSIA(Carbon Offsetting and Reduction Scheme for International Aviation) 항공교통량 증가로 기술적 수단만으로는 감축(Reduction)목표 달성이 불가능하기 때문에 시장기반조치(MBM)를 통해 상쇄(Offset)시킨다는 개념.

87) 시카고 조약 제54조 및 제55조 참조.

(3) 항공위원회(air navigation commission)

항공위원회는 항공 기술면의 이론 및 실제에 대한 적당한 자격 및 경험이 있는 자로서, 이사회가 임명한 19인의 위원으로 구성된다. 위원회의 임무는 조약 부속서의 수정을 심의하고 그 채택을 이사회에 권고하는 것과, 국제항공의 발달에 필요한 정보의 수집 및 체약국에 통지할 내용을 이사회에 조언하는 것이다. 위원장은 이사회가 임명한다.

(4) 항공운송 위원회(air transport committee)

이사국의 대표자 중에서 이사회가 선출한 위원으로 구성되며, 주로 항공수송의 경제면, 통계 및 간이화(facilitation)를 담당한다. 현재는 12명의 위원으로 구성되어 있다.

(5) 공동유지 위원회

제1회 총회의 결의에 따라 설치된 위원회이며, 항행안전 시설의 유지를 위한 기술적·재정적 원조에 관련해서 이사회를 보좌하는 것을 그 목적으로 한다. 위원은 이사회가 매년 선출하는 9명의 위원으로 구성되며, 의제에 따라 이해관계가 있는 체약국은 이사회 의장의 초청으로 투표권의 행사없이 이 위원회에 참가할 수 있다.

특히, 일국에 전속되어 있지 않는 항행안전 시설에 관해 그 시설과 관계가 있는 각국간의 연락 및 조정을 담당한다.

(6) 법률위원회(legal committee)

국제항공수송의 법률면을 담당하는 위원회로서, 각 체약국의 법률전문가로 구성된다. 조약초안의 심의, 법률문제에 대한 이사회에의 조언, 항공에 대한 국제법상의 문제에 대한 국제기관과의 협력이 주된 임무이다.[88] 주요 국제항공 다자간 조약의 체결 및 가입현황은 **표 6.2**와 같다.

---

88) ICAO가 설립된 이후 40여 년간에 법률위원회가 성안한 항공관계 법안은 총 15개에 이르고 있음. 그 주요한 것을 보면 i) 항공기에 대한 권리의 국제적 승인에 관한 조약(1948), ii) 지상 제3자에 미치는 외국 항공기에 의한 손해에 관한 조약(1952), iii) 1929년의 국제항공운송에 관한 바르샤바 조약 개정 의정서(1946), iv) 과달하라(Guadaljara) 조약(1961), v) 과테말라 의정서(1971), vi) 몬트리올 의정서(1975), vii) 동경조약 : 기내범죄 방지조약(1963), viii) 헤이그 조약(1970), ix) 몬트리올 조약(1971) 등임.

[표 6.2] 주요 국제항공 다자간 조약(협약) 체결 및 가입국 현황

번호	협약명	지역	연도	가입국 수	비고
1	국제민간항공조약	시카고	1944	191	
2	국제항공업무 통과협정	시카고	1944	121	
3	로마조약(지상 제3자 손해배상)	로마	1952	47	
4	몬트리올 협약(지상 제3자 손해배상)	몬트리올	1978	9	미발효
5	바르샤바 협약(국제항공 운송인의 책임)	바르샤바	1929	151	
6	헤이그 의정서(국제항공 운송인의 책임)	헤이그	1955	135	
7	과달하라 협약(국제항공 운송인의 책임)	과달하라	1961	82	
8	과테말라 의정서(국제항공 운송인의 책임)	과테말라	1971	7	미비준
9	몬트리올 제1추가 의정서(일부규칙의 통일에 관한 협약)	몬트리올	1975	48	
10	몬트리올 제2추가 의정서(일부규칙의 통일에 관한 협약)	몬트리올	1975	49	
11	몬트리올 제3추가 의정서(일부규칙의 통일에 관한 협약)	몬트리올	1975	21	미비준
12	몬트리올 제4추가 의정서(일부규칙의 통일에 관한 협약)	몬트리올	1975	53	
13	동경협약(국제항공 범죄규제)	동경	1963	178	
14	헤이그 협약(항공기 불법납치 방지)	헤이그	1970	177	
15	몬트리올 협약(국제항공 안전에 대한 불법적 행위억제를 위한 협약)	몬트리올	1971	180	
16	몬트리올 협약보완(국제민간항공의 공항에서 불법행위 억제에 관한 의정서)	몬트리올	1988	147	
17	탐색목적의 플라스틱 폭발물의 표지에 관한 협약	몬트리올	1991	107	
18	몬트리올 협약(국제항공운송에 관한 규칙)	몬트리올	1999	54	
19	케이프타운 협약(이동장비에 대한 국제적 관심)	케이프타운	2001	4	미비준
20	케이프타운 항공기 의정서(항공기에 장비에 관한 특정문제에 관한 의정서)	케이프타운	2001	4	미비준

자료원: 2019년 ICAO 제40차 총회 회의자료

(7) 재정 위원회(finance committee)

이사회가 선출하는 7명의 위원으로 구성되는 위원회이다. 이 위원회는 재정적 사항에 관해 이사회를 보좌할 것을 그 임무로 하고 있다.

(8) 사무국

사무국은 이사회가 임명하는 사무총장 및 기타의 직원으로 구성되며, 각종의 위원회 등에 의해 조직되고

있다. 사무총장은 이사회에 의해 임명되는 수석 행정관이며 사무국을 통일하는 책임을 갖는다. 사무총장, 기타 국제민간항공기구의 직원의 임명, 훈련 및 봉급, 제반수당, 그리고 근무조건은 이사회가 총회에서 정하는 규칙 및 시카고 조약의 규정에 따라 결정하며, 또한 이사회는 사무총장 기타의 직원을 체약국의 국민으로부터 고용하며, 그 역무를 이용할 수 있다.

직원은 그 책임의 수행에 관해 국제민간항공기구 이외의 여하한 당국으로부터라도 지시를 구하거나, 또는 지시를 받아서는 아니 된다.

각 체약국은 직원의 책임에 관해 국제적 성격을 충분히 존중하고, 자국민이 국제민간항공기구의 직원으로서 그 책임을 수행하는 데 있어 어떠한 압력을 가하는 일이 없도록 하여야 한다. 이것은 사무국 직원의 중립성을 정한 것이며, 사무국의 직원이 그 책임을 수행함에 있어 자국의 이익을 편드는 것을 방지하기 위한 것이다.

사무총장 및 기타의 직원에 대해서는 다른 공적 국제기구에 상당하는 직원에 부여되어 있는 면제 및 특권이 부여되어 있다.

6.2.4 ICAO의 법인성

ICAO는 법인격(法人格)을 갖는다. 시카고 조약 제47조에서 「국제민간항공기구는, 각 체약국 내에서 임무수행에 필요한 법률과 양립하는 완전한 법인격을 부여받고 있다」고 규정하고 있다. 법률상의 행위능력이라 하는 것은, 계약을 체결하고 동산이나 부동산을 취득하거나 처분하여 소송을 행하는 능력으로서, ICAO는 그러한 능력을 가진 당해국가의 헌법이나 국내법에 저촉되지 않는 한, 관계국가에서 법인격을 갖는다.

또한, ICAO는 UN의 전문기관이기 때문에 전문기관으로서의 특권을 향유한다. UN의 전문기관으로서는 「전문기관의 특권 및 면제에 관한 조약」의 적용이 되며, 이 조약의 당사국에서는 ICAO는 준외교 기관으로서의 특권과 면제, 법인격을 갖게 된다.

6.3 국제항공운송협회(IATA)

6.3.1 IATA의 설립 및 목적

IATA(International Air Transport Association)는 세계 각국의 항공기업(31개국의 57개 항공회사가 참여)이 1945년 4월, 쿠바의 아바나에서 세계 항공회사 회의를 개최해서 제2차 대전 후의 항공수송의 비약적인 발전에 의해 예상되는 여러 가지 문제에 대처하고, 국제항공 수송사업에 종사하는 항공 회사간의 협조강화를 목적으로 설립된 순수민간의 국제협력 단체인데, 항공운임의 결정, 운송규칙의 제정 등이 주된 임무이며 준공공적

기관으로써의 격을 갖고 있다. 기능적으로는 1919년 헤이그에서 설립된 구 IATA[89]를 계승한 것으로 볼 수 있다.

국제운송협회 제1회 총회는 1945년 10월 캐나다 몬트리올에서 개최되고, 초대 사무총장에는 당시 영국의 항공국장 윌리엄 히드레드(Wiliam Hidred)가 임명되었다. 동협회는 정관에서 그 변경을 하지 않는 한 본부는 국제민간항공기구의 소재지에 둘 것을 결정하였다(정관 제2조). 따라서 캐나다의 연방의회는 1945년 12월 국제항공운송협회에 관한 특별법을 제정하고, 동협회를 캐나다 법인으로 법인격을 부여하였다.

IATA의 목적은, 첫째 세계의 제국민의 복지를 위하여 안전, 확실 및 경제적인 항공수송의 발달을 촉진함과 동시에, 이와 관련되는 제문제의 해결, 둘째 국제민간항공 운송에 종사하고 있는 민간항공기업의 협력기관으로서 협력을 위한 제수단의 제공, 세째 ICAO, 기타 국제기관과의 협력의 도모 등 세 가지로 대별될 수 있다. 이 중에서도 가장 중요한 것이 항공기업간의 협력이다. 이러한 목적에 따라 항공기업간에 통일적으로 사용해야 할 각종의 표준방식을 설정하는 공적을 남겼다. 이 중에는 표준운송약관, 항공권, 화물운송장, 복수 항공기업간의 연대운송협정, 판매대리점과의 표준계약, 표준 지상업무 위탁계약 등이 포함된다.

6.3.2 IATA의 회원 및 조직

IATA의 회원은 정회원(active member)과 준회원(associate member)으로 구분된다. 회원은 ICAO 가맹국의 국적을 가진 항공기업만이 IATA의 회원이 될 수 있다. 국제항공 운송에 종사하고 있는 항공회사는 정회원, 국내항공운송에 종사하고 있는 항공회사는 준회원이 될 수 있다. 회원자격에 변경이 있는 경우에는 새로운 자격을 취득한 후 6개월 이내에, 이사회에 새로운 회원이 되기 위한 신청을 하지 않는 한 자동적으로 회원의 자격을 잃는다.

IATA는 원래 정기 항공기업의 단체로 발족했지만, 1975년에 개최된 캐나다 회의에서 특별법 및 정관을 개정함으로서 최근에 급속하게 발달하고 있는 부정기 항공기업도 IATA의 회원이 될 수 있게 하였다. 2018년 현재 140개국 290개의 항공회사가 IATA 회원으로 가맹하고 있다. 국적별로는 북남미 21개국, 유럽 23개국, 아프리카 34개국, 중동 16개국, 아시아 9개국, 대양주 2개국이다.

IATA의 조직은 최고기관인 연차총회(annual general meeting), IATA의 실질적인 운영을 맡고 있는 이사회(executive committee), 각 분야에서 활동하고 있는 4개의 상설 위원회(기술, 재무, 법무, 운송), IATA의 가장 중요한 기능인 항공운송에 관한 제조건(여객운임, 화물운임 등)을 가맹 항공회사가 협의하여 결정하는 운송회의(traffic conference), 그리고 항공기업간의 금전적 대차관계의 정산을 하는 청산소(clearing house) 및 사무국으로 구성된다.

총회는 각 항공회사의 회장이나 사장급이 매년 1회 모여서 각 위원회의 활동결과를 보고받으며, 예산의 승

89) IATA(1919년): International Air Traffic Association, 국제항공운송협회.

인, 위원의 임명 등을 관장한다. 이사회는 21 개사의 대표가 연 3회 회합을 갖고 중요사항을 심의결정한다. 이사회의 주임무는 협회의 운영, 자금 및 재산의 관리, 협회의 대표 및 신회원의 승인, 총회에서 위탁된 권한범위 내에서의 방침결정, 사무총장 및 상설 위원회의 임명, 운송회의 규칙 및 청산소의 규칙결정, 총회 의제의 결정, 예산원안의 작성 등이다.

각 상설 위원회의 주임무를 보면 법률위원회(legal committee)는 공법 및 사법조약, 다국간 조약, 국제항공에 영향을 주는 현행 및 입법과정에 있는 국내법, 배상문제, 기타 항공수송의 발달에 수반하여 야기될 수 있는 제반 법률문제를 관장한다. 기술위원회(technical committee)는 항공기 운항, 의료, 기재의 통일화, 통신, 기상, 감항성 및 정비와, 공항, 항공로, 항행원조, 안전, 소음, 공해, 기타 제반 기술사항을 관장하며, 문제별·지역별로 소위원회를 운영한다. 또한, 항공기 및 각종 설비의 제조업자, 공항당국, 정부 등을 포함한 회의를 개최한다. 사무국은 몬트리올에 있지만 지역 사무소가 리오데자네이로, 런던, 제네바, 나이로비, 방콕에 있다.

재무위원회(financial committee)는 회원 항공기업의 회계규칙의 통일, 통화, 조세, 보험, 감사, 통계, 환율, 수입금 결제 등과 항공수송의 발달로 생기는 잠재적인 재무 및 경제문제를 관장한다. 사무국은 몬트리올에 있다. 문제별로 소위원회를 설정하지만 특히 주목할 것은 수입회계 절차의 표준화와 제네바에 있는 청산소이다. 각 항공회사는 연대운송 협정(interline traffic agreement)[90]을 체결하여 상호 항공권과 화물 운송장의 대리판매를 하지만, 운송회사로부터 발매회사에 대한 수입금의 청구는 표준절차에 따라 제네바의 청산소[91]에서 매월 1회 정산한다. 따라서, 각 회원 항공회사는 청산소에서 매월 1회의 송금만으로 100개 사가 넘는 타항공 회사와의 정산이 이루어진다.

운송위원회(traffic committee)는 항공운송업계의 장기적 및 단기적 상업활동에 관한 사항, 운송회의 권한에 관한 사항, 상업적 절차의 통일, 기타 이사회가 위촉하는 영업 및 운송에 관한 사항을 관장한다. 사무국은 제네바에 있다. 각 위원회는 25명으로 구성되며 그 임기는 2년이다.

6.3.3 운송회의

운송회의는 IATA 항공회사의 영업제도에 관한 협의를 하는 장소이다. 이 회의에서 결정한 것은 자치권을

---

90) 연대운송협정(interline traffic agreement)에는 multilateral interline traffic agreements(다국항공사간 연대운송협정)와 bilateral interline traffic agreement(개별항공사간 연대운송협정)의 두 가지 형태가 있다. 전자는 IATA(국제민간항공 운송협회)를 통한 연대운송협정으로서 IATA 가맹 항공사이거나 비가맹 항공사이든 관계없이 동협정에 가입할 수 있으며, 후자는 IATA를 통하지 않고 양항공사간에 개별적으로 체결하는 경우이다. 대한항공은 1965년에 IATA의 Multil-ateral Interline Traffic Agreements에 가입하여 1990년 현재 171개 항공사와 연대운송협정을 체결하고 있다.

91) IATA Clearing House는 연대항공 운송협정을 체결한 항공사간에는, 연대운송한 판매대금을 각 운송 항공사별로 일정한 기준에 의해 각사의 몫(proration)으로 배분한다. 그리고, 청산하여야 할 방대한 규모의 임차관계(항공대금의 청산관계로서 interline 청산이라고 함)와 송금업무가 발생하게 되는데 이를 대행해 주기 위해 설립된 IATA 기구이다. 대한항공은 1989년 3월 1일에 가입하였다.

갖기 때문에 IATA의 다른 기관이 간섭할 수 없는데, 그 운송회의의 결정을 결의(resolution)라고 부르며,[92] 이는 정회원이 투표하여 결정한다. 그리하여 회원 항공회사에 대하여 강제 구속력을 갖는다. 협정내용은 i) 운임 및 서비스의 조건, ii) 운송절차의 규칙, iii) 대리점 규칙으로 대별된다. 이들 협정은 각국 정부의 인가를 얻어서 발효되고, 사무국은 제네바에 있다. 그리고 지역 사무소는 몬트리올, 뉴욕, 싱가포르에 있다.

6.3.4 운임결정 기능

IATA의 가장 중요한 기능은 여객운임, 화물요율, 기내 서비스의 내용 등, 항공수송에 관한 제조건을 결정하는 데 있다. 이들 운송조건은 IATA 조직의 하나인 운송회의에서 가맹 항공회사가 서로 협의하여 결정한다.[93] 운송회의는 세계를 3개 지구로 분할하며, 각 지구는 i) 북미, 중미, 남미를 관할하는 제1지구, ii) 유럽, 중동, 아프리카를 관할하는 제2지구 및 iii) 동남아, 극동, 오스트레일리아 및 남태평양 지역을 관할하는 제3지구의 3개의 지구별 운송회의로 나뉘어 운영한다.

운송회의에서 협의하여 결정한 사항은 관계국 정부의 인가를 얻어 정식으로 발효된다. 특히, 2국간 항공협정은 관계국 정부의 인가를 국제항공 운임의 발효조건으로 규정하고 있으며, 대부분의 국가가 IATA의 운임결정 기능을 정식으로 인정하고 있다.

6.3.5 운송절차 규칙

운송절차 규칙은 예약, 여객 항공권과 화물운송장의 발행 등 오늘날 세계의 어디서나 예약을 하고, 항공권을 구입해서 통일된 기준으로 설정된 항공운임을 지불하게 국제적인 항공수송의 절차를 규정한 것이다. 현재 미국을 위시한 각국은 BSP(은행집중 결제방식)[94]를 도입하고 있는데, 이는 은행이 표준 항공권을 항공회사를 대신해서 여행 대리점에 배부하고, 대리점이 발행한 항공권의 대금을 은행이 수금해서 은행은 입금확인 후 당해 항공회사에 송금하는 제도이다. 이러한 제도의 도입으로 항공회사는 자사의 항공권을 대리점에 개별적으로 배부하고, 수금하는 복잡한 절차를 밟을 필요가 없어졌으며, 미사용 항공권의 관리나 도난의 위험이 경감되는 효과를 가져왔다.

---

92) IATA 운송회의에서 합의되어 결의된 형태로, 최종적으로 채택된 수가 1000개 이상에 이르고 있다. 이들 결의는 기본적 운임수준의 규정, 운임의 계산방식, 통관관계의 제규칙, charter의 규칙, 기내 서비스 관계규칙, 수하물 관계규칙, 항공권·운송장 등의 서식 기입방법 관계규칙, 대리점 관계규칙 등 전항공 분야에 이르고 있다.

93) N. K. Taneja, Airline Industry, 1976, p. 59 참조.

94) bank settlement plan으로서 IATA 항공사는 물론 Non-IATA 항공사도 가입할 수 있다. 한국은 1990년부터 실시하고 있음.

6.3.6 대리점 규칙

IATA 항공회사는 IATA가 임명한 여객 및 화물 대리점만을 이용할 수 있다. IATA 대리점의 자격요건, 임명절차, 권리의무, 벌칙 등은 모두 IATA 운송회의의 결의형태로 규정화되어 있다. 이들 규정을 운용하기 위하여 IATA는 지역별 대리점 위원회를 개최하고 있으며, 이 위원회가 승인한 대리점은 IATA 사무총장과 대리점 계약을 체결함으로서 각 항공회사로부터 발매 항공권이나 운송장에 대해 소정의 대리점 수수료를 받는다.

6.3.7 수송원가

운송회의의 하부조직으로 원가위원회가 있다. 운항경비는 각 항공회사의 경영방식에 따라 다르지만, 원가위원회에서는 각사의 원가자료를 기초로 하여 이것을 IATA 기준으로 산정한 후, 가중평균해서 항공운송업계의 평균수송 원가를 설정하여 운임결정의 기초자료로 제출하는 역할을 한다. 일반적으로 좌석당 또는 톤당 운항경비는 운항량의 증가와 함께 저하되지만, 노선망의 적절한 조합으로 이것이 저하되지 않도록 조정한다.

6.3.8 사무국

국제항공운송협회에는 협회의 사무를 원활히 행하기 위해 사무총장을 책임자로 하는 사무국이 있으며, 각종의 위원회 등에 따라 조직화되어 있다. 사무국원은 모두가 유급의 직원이며, 회원으로부터 중립성이 요구된다. 사무국은 몬트리올에 있는 협회의 본부에 있으며, 1967년의 통상총회의 결정에 의해 그 분실이 제네바에 설치되어, 사무국은 사실상 몬트리올과 제네바로 구분되어 있다. 그 밖에는 협회의 사무소가 뉴욕·워싱턴·리오데자네이로·부에노스아이레스·런던·나이로비·싱가포르·방콕 등에 설치되어 있다.

6.3.9 IATA의 장래 전망

IATA가 국제항공수송의 발달에 기여한 공적은 대단히 크다. 항공권 및 항공권 이면약관의 통일, 기타 항공운송 증권 및 항공운송약관의 표준화, 항공기업간의 연대 운송체제 확립, 고객에 대한 항공의 편의제공 등 많은 분야에 기여했다. 무엇보다도 IATA의 가장 중요한 역할은 국제항공 운임을 결정하는 데 있으나, 또한 이 기능은 IATA가 비판받게 되는 주원인이 되고 있다. IATA의 운임결정 기능은 협회의 설립당초부터 관계국 모두가 인정한 것이 아니며, 일부 국가의 반대가 있었다. 특히, 기업의 자유주의 전통을 중시하는 미국은 이 기능을 문제시하여 1945년의 협회설립 이래 현재까지 그 비판을 그치지 않고 있다. 1946년 버뮤다에서 개최된 영·미 항공회의에서 미국의 강력한 반대가 있었으나, 영국은 1년 기한을 조건부로 미국으로 하여금 IATA의 운임결정 기능을 인정하게 하는 데 성공하였다. 그 후에 기한부 조건은 사문화되어 이 기능은 거의 항구적으로 승인된 것과 같게 되었다.

그러나 1978년 6월 9일에 미국항공위원회는 IATA의 국제항공 운임결정 기능을 계속 인정할 것인지의 여부와, 미국의 독점 금지법의 적용을 면제할 것의 인가를 결정하기 위해 조사에 착수했다.[95] 그 결과 1981년 5월, 동위원회는 운임결정에 관한 제협정이 반경쟁적이라고 단정하고, 본건에 관하여는 재조사할 필요가 있다는 이유로 결정일부터 2년간에 한해 우선 승인 및 면제를 한다는 최종적인 결정을 했다. 그러나 동결의는 i) 미국의 항공기업이 북대서양의 운임조정 회의에 참가하지 말 것, ii) 국제민간항공기구 등의 대표자와 함께 미국항공위원회의 대표자를 참관인으로 참가시킬 것, iii) 혁신적인 운임 및 요율(innovative fare and rate)의 도입을 방해하지 않는다는 제한조건으로 승인하였다.[96]

국제항공 수요의 계속적인 증가와 대형 제트기의 도입으로 항공수송 원가가 저렴해지고, 안전성이 향상되면서 발전 도상국까지 자국 항공회사의 설립을 서두르게 되었고, 많은 새로운 항공회사가 국제항공에 진출하는 결과를 가져왔다. 한편, 선진 항공회사도 철저한 합리화를 통한 운임의 인하가 가능하였으나, 반면에 부정기 항공의 활발한 시장침투로 항공 회사간의 경쟁이 더욱 격심하게 되었다. 이것은 종래의 IATA의 운임결정이나 결정된 운임을 준수하는데 중대한 영향을 주었으며, 기업간의 의견대립은 IATA의 운임결정 기능을 마비시킬 정도로까지 운임체계의 혼란을 야기시켰다.

이러한 현상에 대해서 IATA는 국제항공 시장에서의 질서의 회복과 유지를 위해, 여러 가지 대응책을 강구하여 실시해 왔다. 미국도 IATA의 기능을 인정한 것은, IATA가 국제항공의 질서회복과 건전한 발전을 위해 공헌해 왔으며, 앞으로도 IATA의 활약이 기대되기 때문이라 볼 수 있다.[97]

6.4 정부간의 지역협력기관

ICAO 외에 지역의 항공문제를 해결하고 국제항공의 건전한 발전을 도모하기 위해서는, 각 지역에 정부조직으로써의 국제협력 기관이 발족해 활발히 운영되고 있다.

---

95) 미국정부는 IATA의 운임결정 기능을 부정하는 show cause order를 발행. IATA 운임협정이 독점 금지법의 적용에서 제외될 이유를 제시하지 않는 한 이를 승인하지 않겠다는 내용이다.

96) 이것이 원인이 되어 1978년에 IATA의 조직을 대폭적으로 변경. 동개혁에 따르면, IATA의 활동은 첫째 협의활동(trade association: 기술, 연대운송, 항공 회사간의 운임정산 등 활동), 둘째 운임조정 활동(tariff coordination: 운임수준, 규칙, 대리점 수수료 등의 심의 결정활동)의 2개 부문으로 구분되었다. 개혁 후 IATA 항공사는 전자의 참가를 의무사항, 후자의 참가를 임의사항으로 하였다. 대한항공, 「주간 항공정보」, No. 425(1990. 8. 17).

97) IATA의 기능에서는 지금까지의 엄격한 규제를 완화하고, "제약기관"에서 "조정기관"으로 기능이 변화하고 있다.

6.4.1 유럽 민간항공회의(ECAC)

ECAC(European Civil Aviation Conference)는 1953년에 개최된 유럽외상회의의 초청에 의해, 1954년 4월 유럽항공 운송협력 회의(Conference on Coordination of Air Transport in Europe)의 결의로 설립되었다. 또, ECAC는 유럽내 국가로서, 1954년의 유럽항공 운송회의의 구성국이 전원일치로 가입을 승인한 경우 가입할 수 있다. 회의의 주임무는 유럽지역의 항공수송의 발전을 목적으로 해서 1956년에 "유럽 내의 부정기 항공업무의 상업적 권리에 관한 다수국간 협정"의 채택, 1960년에 "수입 항공기의 감항증명에 관한 다수국간 협정"의 채택, 1975년에 "북대서양 charter 항공에 관한 항공 당사국간 협정"의 채택 및 1982년 8월 1일에 발효한 "미국과 유럽 12개국과의 북대서양 운임에 관한 각서" 등 많은 성과를 거두었다. 현재 본부는 파리에 있다.

6.4.2 라틴 아메리카 민간항공위원회(LACAC)[98]

LACAC(Latin American Civil Aviation Commission)는 1973년에 설립되었으며, 라틴 아메리카 지역에서의 민간항공에 대한 협력촉진을 목적으로 하고 있다. 이 회의는 라틴 아메리카의 제국을 구성원으로 한다. 정기총회는 2년에 1회 개최되고, 하부기관으로서 이사회가 있으며 본부는 리마에 있다.

6.4.3 아프리카 민간항공위원회(AFCAC)

AFCAC(African Civil Aviation Commission)는 1969년에 구성국간의 국제항공의 질서 있는 발전과 상호협력을 목적으로 설립되었다. 이 위원회는 아프리카 통일기구의 전문기관으로써의 지위를 갖고 있다. 정기 전체회(ordinary plenary session)는 2년에 1회 개최되며, 이사회는 매년 1회 개최된다.

동위원회는 1975년에 "부정기 항공의 규칙을 위한 공동정책"을 채택했으며, 이 밖에도 구성국의 항공회사를 위한 항공요원의 훈련을 목적으로 한 훈련계획을 채택하였다. 본부는 다카르(Dakar)에 있다.

6.4.4 아랍 민간항공이사회(ACAC)

ACAC(Arab Civil Aviation Council)는 1965년 아랍연맹(Arab Union) 이사회의 결정에 의해 아랍지역에서의 항공운송의 발전을 목적으로 설립되었다. 이 위원회는 아랍연맹 및 국제민간 항공기구와의 협력하에 아랍지역의 항공에 관한 제절차의 통일화를 추진하고 있다. 이것은 아랍연맹의 전문기관으로서의 지위를 갖고

98) LACAC의 역할에 대한 상세한 것은 최완식 前揭書, 1984, pp. 97~112 참조.

있으며 본부는 라바트(Rabat)에 있다.

6.4.5 유럽 항공안전기구(EUROCONTROL)

EUROCONTROL(European Organization for the Safety of Air Navigation)은 1963년에 설립된 기구로서 현재는 벨기에, 프랑스, 서독, 아일랜드, 룩셈부르크, 네덜란드, 영국의 7개국으로 구성된다. 이 기구는 참가국의 각 지역에서 항공기의 안전운항에 대한 협력을 목적으로 하며, 구성국가의 일정한 고도이상의 영공의 항공관제를 공동으로 실시하고 있다. 상설기관으로서는 안전운항 상설위원회와 항공관제 서비스 기관이 있으며, 본부는 브뤼셀에 있다.

6.5 항공 회사간의 지역협력기관

6.5.1 정기 항공회사간의 지역협력기관

각 지역의 항공수송이 비약적으로 발전하고 항공회사의 수가 증가하면서, 각 지역의 항공사들은 지역별 항공협력 기관을 신설하고 그 활동을 강화하여 왔다. 이들 협력기관의 주된 임무는 지역내 항공에 관한 공통문제의 조사와 검토를 목적으로 하고 있다.

(1) 아시아·태평양 항공기업협회(AAPA, 전 OAA)[99]

OAA(Orient Airlines Association)는 1966년에 아시아 지역에 있는 항공기업 6사의 사장이 마닐라에 모여서, 지역내 항공의 발전을 위해 제문제를 조사하고, 협력·조정할 목적으로 OARB(Orient Airlines Research Bureau: 동양 항공기업 조사회)를 설립하였다. 그리고 1970년에 OAA로 명칭을 변경하였다. 이 협회는 지역내의 광범위한 협력을 이루고 있는데, 회원은 일본, 한국, 대만 홍콩, 필리핀, 태국, 말레이시아, 싱가포르, 인도네시아, 오스트레일리아의 국제정기 항공회사 12개사로 구성되어 있다. 본부는 마닐라에 있으며 사장회(Assembly of Presidents)와 이사회(Executive Committee)가 있고 그 하부에 기술, 보안, 영업, 통계의 4개 위원회가 있다.

기술위원회는 운항의 안전, 기재의 공동구입, 또는 공동사용 등의 문제를 담당하며, 보안 위원회는 공항보

99] OAA의 조직과 역할에 대한 상세한 것은 三橋英夫, "アツアの航空企業と將來", 日航, 前揭 李刊, No. 43(1984), pp. 40~49.

안 시설, 하이재킹의 방지, 항공권류의 위조방지 등을 담당하고, 영업위원회는 시장의 개발, 수입의 개선, 특수화물의 취급 등을 담당하고 있다. 그 밖에 조사 소위원회와 원가 소위원회 등이 있다. 최근에는 지역을 확대하여 아시아·태평양 항공사 협회(Association of Asia Pacific Airlines: AAPA)로 명칭을 변경하였다.

(2) 유럽 항공기업협회(AEA)

AEA(Association of European Airlines)는 1952년에 네덜란드 항공, 스위스 항공, 벨기에 항공, 영국항공 및 스칸디나비아 항공에 의하여, 통계 또는 항공의 경제면의 연구를 목적으로 설립된 항공조사 기관으로서의 EARB(European Airlines Research Bureau: 유럽 항공기업 조사회) 설치로부터 비롯하였다. 그 후 1974년에 그 활동범위를 회원 항공 기업간의 상업, 기술 및 정책면에 있어서의 상호협조로까지 확장하면서 명칭도 현재의 AEA로 변경하였으며, 유럽의 유력한 항공회사를 회원으로 계속 영입하고 있다. 본부는 브뤼셀에 있으며 회원은 유럽의 19개 국제정기 항공회사로 구성되어 있다. 사장회의(Assembly of Chairmen)와 3명으로 구성된 이사회(committee of three chairmen)의 하부에 정책, 경제, 기술의 3개 위원회가 있다. 회원에게는 월별 유럽항공 수송통계 및 연도별 항공수송을 분석한 경제자료가 제공된다. 1979년 미국에서의 DC-10 형기의 감항증명 효력정지 사건에 대하여는 회원 항공회사가 공동보조를 맞추어 대처하는 등 활발한 활동을 하고 있다.

(3) 아랍 항공기업기구(AACO)

AACO(Arab Air Carrier's Organization)는 1968년에 아랍항공 기업간의 협력과 조정을 목적으로 설립되었으며, 본부는 베이루트에 있다. 회원은 아랍연맹 구성국의 12개 정기 항공회사로 구성되어 있다. 이 단체는 연차총회(annual general meeting)와 그 밖에 기술, 운송, 교육, 기내식 서비스 등 6개의 상설위원회가 있다.

(4) 아프리카 항공기업협회(AAFRA)

AAFRA(Association of African Airlines)는 1968년에 아프리카의 15개 항공기업이 주축이 되어 항공기업 상호간의 협력, 아프리카 지역의 관광촉진 및 국제회의에서의 공동보조를 목적으로 설립되었으며, 본부는 나이로비에 있다. 회원은 아프리카 통일기구(organization of african unity)의 회원국에 속하는 국제 정기항공 회사로 구성되어 있다. 총회(general assembly), 이사회 외에 기술, 운송, 재무, 법무 등의 4개 상설위원회가 있다.

(5) 미국 항공운송협회(ATA)

ATA(Air Transport Association of America)는 1936년에 설치되었으며, 사무국은 워싱턴에 있다. 회원은 미국 및 캐나다의 정기 항공회사인 26개사이다. 이 협회는 미국의 국내단체로써의 성격이 강하며, 캐나다의 항공회사는 2개사만이 참가하고 있다.

6.5.2 부정기 항공회사간의 협력기관

(1) 국제 항공기업 협회(IACA)

IACA(International Air Carrier Association)는 1972년에 설립된 charter 전문 항공회사의 단체이다. 동협회는 1973년에 정관을 개정하여 정기 항공회사도 charter 항공을 운영하면 회원이 될 수 있도록 하였다. 이 협회의 목적은 charter 항공의 필요성을 넓게 홍보하고 또한 charter 항공의 질적개선을 촉진함에 있다. 회원은 정회원(active member)과 준회원(associate member)으로 대별되며, 정회원은 국제 charter 항공을 전문으로 하는 항공회사로서 국제민간 항공기구의 가맹국에 속한 국가의 항공회사로 한정하고 있다. 기관으로서는 총회, 상설위원회 이외에 연수회를 두고 있으며, 본부는 제네바에 있다.

(2) 미국 항공기업협회(NACA)

NACA(National Air Carrier Association)는 사무국을 워싱턴에 두고 있는 미국의 부정기 항공 회사간의 협회로서 16개사로 구성되어 있다.

제7장 항공기 운항과 사고조사의 국제적 표준화와 협력

계속적인 항공기술의 발달은 항공의 국제성을 더 한층 강화시키고 있다. 특히, 항공안전을 도모하기 위해서는 항공기의 운항에 있어 국제적으로 통일되고 표준화된 규제를 도입하는 것이 필수적이다. 시카고 조약은 이러한 취지로 볼 때 항공기의 운항에 있어 통일되고 표준화된 규정을 많이 두었으며, 사고조사에 있어서는 사고 발생지 국가, 항공기 등록국가, 항공기 제작사, ICAO 등과의 협력조항을 두었다. 본 장에서는 적용 항공기의 등록 및 휴대서류, 체약국의 권리, 의무, 부속서 내용, 사고조사 및 그 방법 등에 대해, 시카고 조약과 그 부속서의 해당조항을 중심으로 우리나라 항공법의 내용을 비교해서 살펴보기로 한다.

항공기 운항관련 우리나라 항공법의 조항들은 분법되어 2017년 3월 30일부로 시행되는 항공안전법에 이전 수록되었음을 참고 바랍니다.

7.1 적용 항공기

7.1.1 항공기의 정의와 법의 적용

국제민간항공조약의 부속서는 항공기를 다음과 같이 정의하고 있다. 항공기란 공기의 반동에 의해 공중에 부양하는 기기의 총칭이며, 그 광범한 개념 중에는 비행기, 비행선, 기구, 활공기, 연 등이 포함된다. 항공기의 정의를 필요로 하는 것은 공중을 부양하는 어떤 물체가 법의 적용을 받느냐를 명백히 하기 위한 것이다. 민간항공에 있어 법률의 적용대상이 되는 항공기는 상기한 물체 중에서 대단히 한정적이다.

예를 들면, 우리나라 항공법 제2조 제1항은, "항공기라 함은 민간항공에 사용되는 비행기, 비행선, 활공기, 회전익 항공기, 기타 대통령령이 정하는 것으로서 항공에 사용할 수 있는 기기를 말한다"고 규정하고, 원칙적으로 민간항공에 사용할 수 있는 것에 한정하고 있다. 기타는 대통령령이 정한다고 규정하고 있다.

7.1.2 민간항공기의 기본적 요건

민간항공에 사용하는 항공기는 감항성을 갖는 것이라야 하며, 국제민간항공조약 제31조는 국제항공에 종사하는 항공기가 그 등록국이 발급하는 감항증명서를 비치하는 것이 필요하다고 규정하고 있다. "감항증명서"란 그 항공기가 감항성을 갖고 있다는 증명서이다.

근래에 있어서 항공기의 소음이 각국의 국민, 특히 공항주변의 주민에게 주는 영향이 큰 문제로 되고 있는데, 그 음원인 항공기를 규제하기 위해 국제민간항공기구는 항공기 소음에 관한 제16부속서를 채택하고 "소음기준 적합증명 제도"에 관해 규정하였다. 따라서, 유효한 소음기준 적합증명이 없는 항공기는 항공에 사용할 수 없다(항공법 제16조).

7.1.3 비적용 항공기

국제민간항공조약은 국가 항공기에 적용되지 않는다(조약 제3조). 군, 세관, 경찰의 업무에 사용되는 항공기는 국가 항공기로 본다(조약 제3조).

국가 항공기의 구분은 그 항공기의 업무목적에 의해 판단되므로, 민간항공기는 민간항공과 양립하지 않는 목적을 위해 사용될 수 없다. 예를 들면, 정기 항공운송에 사용하고 있는 민간항공기를 이용하여 군의 목적에 사용하는 것은 금지되고 있다. 이 경우에는 민간항공의 남용이 되며, 조약상의 금지행위가 된다(조약 제4조).

7.2 항공기의 등록

7.2.1 조약상의 규정

국제민간항공조약 제17조에서, 「항공기는 등록을 받은 나라의 국적을갖는다」고 규정하고 있다. 항공기의 국적경쟁에 있어서는 등록주의를 채택하고, 조약 제19조에서 「체약국의 항공기의 등록 또는 등록변경은 그 나라의 법령에 의한다」고 규정해서 항공기 등록의 근거법을 설정하였다. 조약 제18조는 항공기의 등록에 있어 2개국 이상의 나라에서 유효한 등록을 받을 수 없다고 규정하고, 항공기를 2중으로 등록하는 것을 금지하고 있다.

7.2.2 우리나라의 항공기 등록(항공법 제6조)

우리나라의 항공법에서, 다음의 자가 소유하는 항공기는 우리나라에 등록을 할 수 없다고 규정하고, 소유자에 의한 부적격 항공기의 규정을 채택하고 있다.

① 대한민국의 국민이 아닌 자

② 외국정부 또는 외국의 공공단체

③ 외국의 법인 또는 단체

④ 제1호 내지 제3호의 1에 해당하는 자가 주식이나 지분의 2분의 1 이상을 소유한 법인

⑤ 외국인이 대표자이거나 외국인이 임원수의 2 분의 1 이상인 법인

그리고 외국의 국적을 가진 항공기는 우리나라에 등록할 수 없다. 이것은 국제민간 항공조약 제18조에 따라 항공기의 2중 등록을 금지한 것이다. 따라서, 외국에 등록한 항공기는 외국의 등록이 말소되지 않은 한 우리나라에는 등록할 수 없다.

국제민간 항공조약의 체약국은 다른 체약국 또는 국제민간항공기구의 요구에 대해, 자국에서 등록된 특정 항공기의 등록 및 소유권에 관한 정보를 제공하여야 한다. 또한, 체약국은 자국에서 등록된 통상적인 국제항공에 종사하는 항공기의 소유 및 관리에 관한 보고서를 국제민간 항공기구에 제공할 의무가 있다(조약 제21조).

7.3 항공기의 휴대서류

국제민간항공조약은 제29조에서 국제항공에 종사하는 체약국의 모든 항공기가 다음의 서류를 휴대하여야 한다고 규정하였다.

조약상의 요건은 다음과 같다.

① 등록증명서

② 감항증명서

③ 각 승무원의 유효한 면장

④ 항공일지

⑤ 무선기를 장비할 때에는 항공기국의 면허장

⑥ 여객을 운송할 때에는 그 성명, 탑승지 및 목적지의 기록표

⑦ 화물을 운송할 때에는 화물의 목록 및 세목 신고서

7.3.1 등록증명서

등록증명서는 나라가 발행하는 항공기 등록의 증명서이다. 이것에는 등록인의 주소 및 성명 외에 국적, 등록기호, 항공기의 형식 및 제조자와 제조번호 등이 기재되어 있다.

국제민간항공조약 제7부속서에는 등록증명서의 양식 등을 정하고 있다. 또한, 제7부속서에서는 항공기의 국적 및 등록기호에 관해 그 구성, 표시하는 위치 및 문자의 형식 등에 관해 규정하고 있다. 이것은 조약 제20조가 "국제항공에 종사하는 모든 항공기에 그 적정한 국적 및 등록기호를 게시하여야 한다"고 규정하고 있다.

7.3.2 감항증명서

감항증명서는 개별적으로 항공기의 등록국이 정하는 기술상의 기준에 적합함을 인정할 경우, 당해국이 발행하는 그 내용의 증명서이다. 항공기의 기술상의 기준에 관해서는 국제민간항공조약 제8부속서에서 정하고 있다. 항공기 등록국이 증명서를 발급하고, 또는 그것이 유효하다고 인정한 요건이 부속서에서 정하는 최저의 표준과 동등하거나, 혹은 그 이상의 것인 한 다른 체약국은 그 증명서를 유효하다고 인정하여야 한다(조약 제33조).

7.3.3 승무원의 면장

승무원의 유효한 면장이란, 국제민간항공조약 제32조가 규정하는 운항 승무원의 기능증명서 및 면장을 말한다. 기능증명서 및 면장에 관해 조약 제32조는 "국제항공에 종사하는 모든 항공기의 조종자 기타의 운항 승무원은 그 항공기의 등록국이 발급하고, 유효하다고 인정되는 것을 소지하여야 한다. 다만, 체약국은 자국의 영역상공의 비행에 관해서는 자국민에 대해 다른 체약국이 발급한 기능증명서 및 면장을 인정하는 것을 거부하는 권리가 있다"고 규정하였다.

상기사항에 관해서 제1부속서가 국제표준과 권고를 정하고 있으나, 이와 동등 이상의 발행요건을 조건으로 하여 체약국간의 상호인정은 조약 제 32 조에서 규정하고 있다.

7.3.4 항공일지

"항공일지"란 항공기의 사용, 정비 및 개조 등에 관한 기록부를 말하며, 등록국이 소정의 양식에 따라 비치할 것을 규정하고 있다. 국제민간항공조약 제34조는 "국제항공에 종사하는 모든 항공기는 이 조약에 따라, 수시로 정해진 형식의 항공기 그 승무원 및 각 비행의 세목을 기입한 항공일지를 비치하여야 한다"고 규정하고 있다.

항공기의 운항에 관한 제6부속서는 항공일지의 기재내용을 규정하고 있다.

7.3.5 항공기 무선국 면허장

항공기 무선국이란 항공기에 장비된 무선국을 말하며, 무선국의 운용은 항공기 등록국의 면허를 필요로 한다.

국제민간항공조약 제30조는 "각 체약국의 항공기는 등록국의 당국으로부터 무선 송신기를 장비하고, 또한 운용을 하기 위한 면허장의 발급을 받았을 때 한하여, 다른 체약국의 영역 안에서 혹은 그 영역의 상공에서 그 송신기를 휴행할 수 있다"고 규정하고, 또한 "무선 송신기는 항공기 등록국의 당국이 발급한 특별면장을 소지한 항공기 승무원에 한해 사용할 수 있다"고 하였다. "무선 송신기"는 항공기가 항행 중 위치 및 진로를 측정하기 위해 필요하며, 기타 긴급시에는 연락에 불가결한 장비이다.

7.3.6 여객명부

국제민간항공조약이 규정한 여객의 성명, 탑승자 및 목적지의 기록표를 "여객명부"라고 말한다. 항공기가 체약국 출입시 필요로 하는 서류에 관해서는 제9부속서가 출입국의 간이화에 관해 규정하고 있다.

출입국 수속의 간이화에 관해서는 조약 제22조가 규정하고 있으며, 체약국은 항공기 항행을 용이하게 하기 위해 실행이 가능한 조치를 취할 것을 약정하고 있다.

한편, 조약 제23조에서는 국제표준 또는 권고방식에 따라, 국제항공에 관한 세관 및 출입국 수속을 정할 것을 규정하고 있다.

7.3.7 적하목록

화물운송의 경우 적하목록은 항공기에 탑재한 적하의 세목에 관한 서류를 말한다. 적하목록의 작성은 제9부속서에서 항공기가 입국하는 체약국의 임의적 재량에 맡기고 있으나, 체약국이 적하목록을 요구할 경우에도 항공 운송장(air way bill)의 번호, 항공 운송장마다 화물과 수화물의 성질 이상의 것을 기입하도록 요구하여서는 아니 된다. 그러나 1981년 6월 27일, 위험물의 안전수송에 관한 제18부속서를 채택하고 1984년 1월 1일부터 시행하고 있다. 이 부속서에 의하면 위험물에 관한 내용을 명백히 적하목록에 기입하도록 규정하고 있다.

7.4 운항에 관한 국제적 협력

7.4.1 체약국의 권리에 속하는 사항

국제민간항공조약은 자국의 영역 내에 있어 비행하는 다른 체약국의 항공기에 대해, 각체약국(피비행국)은 다음과 같은 권리를 갖는다.

(1) 항공로의 지정(제5조)

각 체약국은 비행의 안전을 확보하기 위해 접근이 곤란한 지역의 상공이나 적당한 항공시설이 없는 지역의 상공을 비행할 것을 희망하는 외국 항공기에 대해서는, 소정의 항공로를 비행할 것과 또는 특별한 허가를 받을 것을 요구하는 권리를 갖는다.

(2) 국내영업의 금지(조약 제7조)

각 체약국은 다른 체약국의 항공기에 대해 유상 또는 전세로 자국영역 내의 지점간에 운송되는 여객, 화물 및 우편물을 적재하는 것을 금지하는 권리를 갖는다.

(3) 비행금지 구역의 설정(조약 제9조)

각 체약국은 군사상의 필요 또는 공공의 안전을 위해, 타국의 항공기가 자국영역 내의 일정한 지역상공을 비행할 것을 제한하거나 또는 금지할 수 있다. 비행의 금지 또는 제한에 있어 자국의 항공기와 다른 체약국의 항공기간에 차별을 하면 아니 된다. 그리고 비행금지 구역을 설정하였을 경우, 그 금지구역의 명세 및 변경사항을 통고하여야 한다.

각 체약국은 상기한 구역에 진입하는 항공기에 대해서는 가능한 한 신속하게 그 영역 내의 지정공항에 착륙할 것을 명할 수 있다.

(4) 세관공항의 지정(조약 제10조)

국제민간항공조약의 조항 또는 특별허가의 조건에 의해 체약국의 영역을 무착륙 횡단의 허가를 받은 항공기를 제외하고, 체약국의 영역을 출입하는 모든 항공기에 대해서는 당해 체약국의 규제에 의해 세관검사 기타의 검사를 하기 위해, 그 체약국은 세관공항을 지정하는 권리를 갖는다.

(5) 항공기의 검사(조약 제16조)

각 체약국은 자국의 영역 안에서 다른 체약국의 항공기에 대해 부당한 지장을 주지 않는 범위에서 항공기의 검사, 또는 국제민간항공조약이 정하는 증명서, 기타의 서류를 검열하는 권리를 갖는다.

국제민간 항공조약 제29조는 국제항공업무에 종사하는 모든 항공기는 다음의 서류를 휴대하도록 규정하고 있다.

① 등록 증명서
② 감항 증명서
③ 각 승무원의 유효한 면장
④ 항공일지
⑤ 무선기를 장비할 때에는 항공기국의 면허장
⑥ 여객을 운송할 때에는 여객의 명단, 탑승지 및 목적지의 기록표
⑦ 화물을 운송할 때에는 적재목록 및 화물의 세목 신고서

(6) 화물의 제한(조약 제35조)

각 체약국은 공공의 질서 및 안전을 위해 군수품·군용기재 등의 화물을 자국의 영역내 또는 영역상공에서 운송하는 것을 제한, 또는 금지하는 권리를 갖는다. 이 조항은 국제항공에 종사하는 모든 항공기에 일률적으로 적용되며, 차별적 취급을 금하고 있다.

(7) 사진기(조약 제36조)

각 체약국은 그 영역의 상공에 있는 항공기에 대해 사진기를 사용할 것을 금지하고, 또한 제한할 수 있다.

7.4.2 체약국의 의무에 속하는 사항

국제민간항공조약은 자국의 영역 내에서 비행하는 다른 체약국의 항공기에 대해, 각 체약국은 다음과 같은 의무를 갖는다.

(1) 등록의 보고(조약 제21조)

각 체약국은 요구가 있을 때에 다른 체약국 또는 국제민간항공기구에 대하여 자국에 등록된 특정한 항공기의 등록 및 소유권에 관한 정보를 제공할 것을 약속한다. 또한, 각 체약국은 국제민간항공기구에 대해, 동기구가 정하는 규칙에 의해서 자국에 등록되고, 또한 일반 국제항공에 종사하는 항공기의 소유 및 관리에 관한 입수가능의 관계자료를 게시한 보고서를 제공할 의무가 있다.

(2) 수속의 간이화(조약 제22조)

각 체약국은 자국의 영역에 있어 항공기의 항행을 용이하고 신속히 하기 위해, 특히 입국·검역·세관 및 출국에 관한 법령시행에 있어, 항공기 승무원, 여객 및 화물에 대해 불필요한 지연을 방지하기 위해, 특별한 규제의 설정, 기타의 방법에 의한 실행에 대하여 가능한 모든 조치를 취할 의무가 있다.

(3) 세관 및 출입국의 수속(조약 제23조)

각 체약국은 실행이 가능하다고 인정되는 한 국제민간항공기구(ICAO)가 수시로 채택설정하여, 각 체약국에 권고하는 방식에 따라 자국에 있어 국제항공에 관한 세관 및 출입국의 수속을 규정하여야 할 의무를 갖는다.

(4) 항공기 등의 관세 면세(조약 제24조)

국제항공에 종사하는 항공기가 다른 체약국의 영역을 비행하거나 또는 영역을 횡단비행하는 경우, 당해 체약국의 관세규칙을 준수할 것을 조건으로 해서 잠정적으로 관세의 면세를 인정하여야 한다. 그리고 체약국의 항공기가 다른 체약국의 영역에 착륙한 때에는, 그 항공기에 적재한 연료·윤활유·예비부품·장비품·항공기 저장품 등에 대해서는 관세, 검사 수수료, 기타의 과징금을 면제하며, 또한 당해 체약국 영역으로부터 출발할 때에 적재하는 것도 관세에 면세를 하여야 한다. 그러나 이 면제의 규정은 당해 항공기로부터 내려놓은 양이나 물품에 대해서 적용하지 않는다.

다만, 면제의 적용을 받을 경우 세관의 감시 및 관리하에 둘 것을 규정하는, 관계국의 규제에 따를 것을 조건으로 해서 관세의 면제를 인정한다. 그리고 국제항공에 종사하는 다른 체약국의 항공기에 장착사용할 목적으로, 체약국 영역에 수입한 예비품 및 장비품에 대해 관계국의 세관 감시하에 보관할 것을 규정하고, 관계국의 규칙에 따를 것을 조건으로 해서 면세를 하도록 규정하고 있다.

(5) 조난 항공기(조약 第25조)

각 체약국은 그 영역 내에서 조난한 항공기에 대해 실행이 가능하다고 인정되는 제조치를 할 것을 약속하고, 또한 체약국은 자국의 감독에 따를 것을 조건으로 해서 그 항공기의 소유자, 또는 등록국의 관계관이 상황에 따라 필요한 구원조치를 취하도록 하였다. 그리고 각 체약국은 행방불명의 항공기를 수색할 경우, 국제민간항공조약이 권고하는 공동조치에 협력하도록 규정하고 있다.

(6) 사고조사(조약 第26조)

체약국의 항공기가 다른 체약국 영역 내에서 사고를 일으켰을 경우 그 사고가 사망 혹은 중상을 수반하였을 때, 또는 항공기 혹은 항공시설의 중대한 기술적 결합을 표시하는 때에는, 그 사고가 발생한 나라는 자국의 법률이 허용하는 한도에서 국제민간항공기구가 권고하는 수속에 따라 사고의 사정을 조사하여야 할 의무를 갖는다.

그리고 사고 항공기의 등록국에는 조사에 참석할 입회인을 파견할 기회를 주도록 하여야 하며, 또한 사고조사를 하는 국가는 항공기 등록국에 조사한 사항을 보고하여야 한다.

(7) 항공시설 및 표준양식(조약 第28조)

각 체약국은 실행이 가능하다고 인정되는 한 다음의 사항을 실행할 의무를 갖는다.

① 이 조약에 의하여 수시권고되는, 또는 설정되는 표준 및 방식에 따라 국제항공을 용이하게 하기 위해, 그 영역 내에 공항, 무선시설, 지상시설, 기타의 항공시설을 설정할 것

② 이 조약에 의해 수시권고되는 또는 설정되는 통신수속, 부호, 기호, 신호 및 조명의 적당한 표준양식, 그리고 기타의 운항상의 방식 및 규칙을 채택하고 또한 실시할 것

③ 이 조약에 의해 수시권고되는, 또는 설정된 표준에 따른 항공지도 및 항공도의 간행을 확보하기 위해서는 국제적 조치에 협력할 것

(8) 증명서 및 면장의 승인(조약 第33조)

각 체약국은 항공기 등록국이 발급하는 감항 증명서, 기능증명서 및 면장에 대해 유효하다고 인정할 경우, 다른 체약국이 발급하는 증명서 및 면장에 대해서도 그 유효성을 인정하여야 한다. 그러나 각 체약국이 그 유효성을 인정하는 요건으로서는, 그 발급한 증명서 및 면장이 국제민간항공조약에 의해 수시로 설정한 최저의

표준과 동등하거나, 또는 그 이상의 것이라야 한다.

7.4.3 국제민간항공조약의 부속서

국제민간항공조약 제37조에 규정되어 있는 국제표준 및 권고방식은 부속서에 포함 정리되어 있다.

(1) 제1부속서: 항공 종사자의 면허

이 부속서는 조종자(pilot)의 면허 및 등급, 조종자 이외의 항공기 승무원, 예를 들면 항공사·항공 기관사 등의 면허, 항공기 승무원 이외의 종사자, 예를 들면 항공기 정비사·항공교통 관제사 등에 대한 면허 및 등급, 의학적 요건, 예를 들면 조종자의 신체 및 정신적 요건 등에 관해 규정하고 있다.

(2) 제2부속서: 항공규칙

이 부속서는 항공규칙의 적용범위, 충돌의 회피, 비행정보 불법방해 등에 관한 일반규칙과, 시계비행 규칙, 계기비행 규칙, 신호·항공기의 표시등화, 순항고도, 민간 항공기의 요격(interception) 등에 관해 규정하고 있다.

(3) 제3부속서: 국제항공을 위한 기상업무

이 부속서는 기상대·기상관측·기상보고·공항 등의 항공기상 정보, 항공 기상도·통신에 관한 요건과 이용 등에 관해 규정하고 있다.

(4) 제4부속서: 항공지도

이 부속서는 항공지도에 관한 일반세칙, 진입도, 착륙도 및 비행장도 등에 관해 규정하고 있다.

(5) 제5부속서: 공지통신에 사용되는 측정단위

이 부속서는 측정단위의 국제화 촉진, 고도·거리·위도·경도·시계풍속·기압·속도·조명도·음량 기타의 표준과 기호를 규정하고 있다.

(6) 제6부속서: 항공기 운항

이 부속서는 기장의 직무, 비행기 성능의 운항한계, 비행기의 계기 및 장비품과, 비행기록·비행기의 정비, 항공기 승무원, 운항 관리자, 운항 안내서와 기록류, 객실 승무원, 보안에 관해 규정하고 있다.

(7) 제7부속서: 항공기의 국적 및 등록기호

이 부속서는 항공기의 국적, 등록, 등록의 공동기호, 기호의 명시장소 및 등록 증명서에 관해 규정하고 있다.

(8) 제8부속서: 항공기의 감항성

이 부속서는 항공기의 감항증명과 그 표준형식, 항공기 및 부품의 감항성 기준에 관해 규정하고 있다.

(9) 제9부속서: 출입국의 간이화

이 부속서는 항공기, 여객, 승무원, 화물의 출입국 및 통과수속의 간이화에 관해 규정하고 있다.

(10) 제10부속서: 항공통신

이 부속서는 무선항법 원조시설, 통신장치 및 무선 주파수 등에 관해 규정하고 있다.

(11) 제11부속서: 항공교통 업무

이 부속서는 항공교통 관제업무, 비행정보 업무 및 구난의 경우 긴급업무에 관해 규정하고 있다.

(12) 제12부속서: 수색구난

이 부속서는 항공기의 수색 및 구난에 관한 조직 및 수속 등에 관해 규정하고 있다.

(13) 제13부속서: 항공기 사고조사

이 부속서는 항공기 사고에 관해 통보, 조사관할, 조사수속, 조사 보고서 등에 의하여 규정하고 있다.

(14) 제14부속서: 비행장

이 부속서는 표점, 표고 및 온도 등의 비행장 자료와 활주로-숄더 및 착륙대 등의 물리적 특성, 장해물의 제한과 제거, 시각원조 시설, 비행장 설비, 등화 등에 관해 규정하고 있다.

(15) 제15부속서: 항공정보 업무

이 부속서는 항공로를 기록한 책, 항행에 관한 시설, 상황·서비스·수속 및 장애 등의 정보(NOTAM)와 항공정보 통보(circular), 전기통신 요건 등에 관해 규정하고 있다.

(16) 제16부속서: 항공기 소음

이 부속서는 비행기의 소음제한, 그 기준이 되는 평가단위 소음 측정점 및 시험수속 등에 관해 규정하고 있다.

(17) 제17부속서: 보안

이 부속서는 공중납치 등 항공기에 대한 불법행위에 대처하기 위한 조직과 협력, 비행장 및 운항자에 관한 정보와 보고 등에 관해 규정하고 있다.

(18) 제18부속서: 위험물의 안전수송

이 부속서는 위험물의 정의, 구분, 포장, 표시, 수송의 제한 등에 관해 규정하고 있다.

(19) 제19부속서: 항공안전관리

이 부속서는 모든 체약국의 항공안전관리체계의 강화를 위하여 최근에 도입되었다.

7.5 항공사고 조사

7.5.1 항공사고의 정의

항공사고 조사에 관해 규정하고 있는 국제민간항공조약의 제13부속서에 의하면, 항공사고란 비행을 할 생각으로 항공기에 사람이 탑승하였을 때부터 탑승자 전원이 항공기로부터 내리기까지의 사이에 발생한 항공기의 운항에 관련된 다음 사실을 수반하는 사고를 말한다.

첫째, 사람이 항공기 내에 있어 항공기의 부품과 직접 접촉함으로서, 또는 제트분사를 직접 받음으로써 사망하거나 또는 중상을 받았을 때

둘째, 항공기의 구조상의 강도·성능, 또는 비행특성에 악영향을 미치게 한 피해부분의 대수리, 혹은 교환을 필요로 하는 손해, 구조파괴를 항공기가 받았을 때

셋째, 항공기가 행방불명이 되고, 또는 사람이 전적으로 접근을 할 수 없게 되었을 때

그러나 항공사고로 취급될 정도는 아니지만, 항공기 운항의 안전에 영향이 있거나 또는 영향을 줄 우려가 있는 운항상의 사실이 생겼을 경우, 준사고로서 항공사고에서 제외된다. 우리나라 항공법 제50조 제5항은 항공기의 기장이 건설교통부장관에게 보고하여야 할 사항을 규정하고 있으며, 이것은 국제민간항공조약 부속서 제13에서 정하는 항공사고보다 광범위한 내용으로 되어 있는데, 그 내용은 다음과 같다.

① 항공기의 추락·충돌·화재

② 항공기로 인한 사람의 사상 또는 물건의 손괴

③ 항공기 안에 있는 사람의 사망 또는 행방불명

④ 기타 건설교통부령이 정하는 항공기에 관한 사고

④의 건설교통부령이 정하는 항공기에 관한 사고를 다음과 같이 정하고 있다.

1) 전복·도립·익단접지·동체착륙

2) 폭발과 항행 중에 있어 발동기·강착장치·프로펠러의 탈락

3) 발동기의 고장, 연료의 결핍·동결, 기류의 악화 및 기타의 이유로 항공기가 긴급사태에 있는 것(항공교통 관제상의 우선권을 필요로 하는 뜻을 통보한 것에 한한다)

4) 전 각호의 사고에 준하는 항공기에 관한 사고

7.5.2 일반사항

항공기 사고 및 준사고 조사의 목적은 사고 및 이에 준하는 사고의 방지에 있으며, 잘못된 사항은 처벌하거나 책임을 추구하는 것이 아니다. 항공기 사고의 발생지국은 사고조사에 필요한 기간 동안, 항공기와 그 내용물의 보관과 증거보존을 위한 모든 조치를 취하여야 하며, 증거보존은 사진, 기타의 방법으로 보존되어야 하며 외부인에 의한 손상을 방지해야 한다.

항공기 등록국 또는 운용국의 요청이 있을 경우 발생지국은 등록국의 요청에 동의하여야 하며, 사고조사

에 필요한 모든 조치를 취하고 증거보존을 위한 가능한 조치를 취해야 한다. 또한, 항공기 제작국의 요청이 있을 경우 사고조사에 지장이 없는 한 그 요청에 동의하고, 협조를 하도록 국제민간항공조약 부속서가 권고하고 있다. 그리고 사고의 발생지국은 사고조사에 지장이 없다면 등록국 대표에게 항공기 보관을 위임시키거나 되돌려 보낼 수 있다.

7.5.3 사고발생 지국의 책임

발생지국은 항공기 등록국가·운용국가 및 항공기 제작국가에 대해 사고발생의 통보를 신속하게 하여야 한다. 또한, 통보내용은 가능한 한 다음 사항을 포함시킨다.

① 사고의 종별

② 항공기의 형식국적 및 등록기호

③ 소유자의 성명, 운용자 및 고용자 등

④ 기장의 성명

⑤ 사고발생의 일시

⑥ 위치(경도 및 위도) 또는 식별이 용이한 지점

⑦ 승무원 및 승객수 사상자 및 부상자 수 등

⑧ 사고의 상태와 알려진 파손상태

⑨ 사고조사의 예정사항 및 발생지국의 조사관 파견예정 등

⑩ 사고지역의 물리적 상황

⑪ 관련된 추가정보 사항을 입수하였을 때에는 즉시 통보를 해주어야 한다.

7.5.4 항공기 등록국 및 운용국의 책임

항공기 사고발생 지국으로부터 받은 1차 통보를 접수한 등록국 및 운용국가는, 사고에 관련된 항공기와 승무원에 관한 정보를 제공하며, 사고 조사관의 파견여부 및 도착일시 등을 통보하여야 한다.

국제민간항공조약 제26조는 「사고발생 지국은 …… 사고의 사정을 조사한다」고 규정하고, 「항공기 등록국은 사고조사에 입회할 자를 임명하는 기회를 부여받도록 하며」, 또한 「조사를 행하는 나라는 그 등록국에 대해 사고의 조사사항을 통보하고 소견도 통지하여야 한다」고 규정하고 있다. 즉, 사고조사는 항공사고의 발생국이 행하며, 항공기의 등록국에는 조사에 입회를 할 권리가 부여되고 있는 동시에, 사고 발생국으로부터 그 사고조사에 관한 보고와 소견에 관해 통보를 받을 권리를 갖는다고 말할 수 있다. 사고조사에 참가할 수 있는 나라로서는 항공기의 등록국 이외에 항공기의 운용국을 추가시키고 있다. 이것은 항공기 등록국의 소유자로부터

다른 나라의 항공기업에 비교적 장기간 임차되었을 경우, 항공기의 임차를 받은 항공기업의 나라를 운용국이라 하고, 그 운용국에도 항공사고 조사에 참가할 수 있게 하였다.

7.5.5 항공기 제작국의 책임

항공기의 제작국은 사고의 발생국으로부터 사고조사에 참여를 요청받았을 경우, 그 조사에 참가시키기 위해 정식으로 대표자를 임명하는 권리를 갖는다. 또한, 특정이상 크기의 항공기(최대중량이 10만 kg을 초과하는 항공기) 사고조사를 실시하고 있는 나라로부터 항공기의 감항성의 문제가 포함되어 있을 때, 등록국은 항공기 감항성의 관련분야를 명시하고, 필요시 사고 조사관 파견을 요청할 경우, 이 조사에 참여시키기 위해 정식대표를 파견하여야 한다.

국제민간항공조약 부속서 제13에서는 항공사고의 발생국은 그 사고의 조사를 개시하도록 하고, 또한 사고조사를 실시할 책임을 부과하는 한편, 그 조사의 전부 또는 일부를 사고기의 등록국과 운용국(항공기의 임차국)에 위임을 할 수 있다고 하였다. 등록국 및 운용국은 사고조사가 다른 나라에서 행해지고 있는 경우, 그 사고조사에 참여시키기 위한 정식 대표자를 임명하는 권리를 갖는다. 또한, 특정이상 크기의 항공기(최대중량이 2,250kg을 초과하는 항공기)의 사고조사를 실시하고 있는 나라로부터 요청이 있을 때에는, 등록국 및 운용국은 사고조사에 참여시키기 위해 정식 대표자를 파견하여야 한다. 이러한 규정은 모두 국제적 협력을 수행함으로써 항공사고의 원인을 규명하고, 항공사고의 재발을 방지하는데 그 목적이 있다.

7.6 사고조사의 방법

국제민간항공조약 부속서 제13에서는 사고조사의 방법에 관해 상세하고 구체적인 규정이 설정되어 있지 않다. 그것은 각국의 국내법에 위임하여야 한다는 고려에서 이루어졌기 때문이다.

일본의 경우(우리나라는 아직 사고조사위원회 설치법이 설정되지 않았음) 사고조사위원회 설치법 및 항공사고 조사위원회 운영규칙은 사고조사의 방법에 관해 다음과 같이 규정하고 있다.

(1) 위원회는 사고조사를 위해 필요하다고 인정할 때에는, 다음과 같은 처분권한을 갖는다(설치법 제15조 제2항).

① 항공기의 사용자, 항공기 승무원, 사고시 인명 또는 항공기의 구조에 종사한 자, 기타의 항공사고 관계자로부터 보고를 받을 것

② 항공사고의 현장 기타 필요하다고 인정하는 장소에 들어가, 항공기 기타의 항공사고와 관계가 있는 물건을 검사하며, 또는 관계자에게 질문할 것

③ 관계자에 출두를 요구하고 질문할 것

④ 항공기 기타의 항공사고와 관계 있는 물건의 소유자 및 소지자, 혹은 보관자에 대해 그 물건의 제출을 요구하여 제출물건을 보관할 것

⑤ 항공기 기타의 항공사고에 관계 있는 물건의 소유자 및 소지자, 혹은 보관자에 대해 그 물건의 보전을 명하고, 또한 그 이동을 금지할 것

⑥ 항공사고의 현장에 공무로 인해 출입하는 자 이외의 자가 출입하는 것을 금지할 것

이러한 항공사고 조사위원회의 처분권한은 그 목적에 한해 행사되며, 이것은 범죄수사를 위해 인정되는 것으로 해석을 하여서는 아니 된다(설치법 제15조 제5항). 그러나 실제의 사고조사에 있어서는 이러한 처분권한이 경찰 또는 검찰당국의 형사 소송법상의 처분권한과 경합을 하게 되므로, 극히 미묘한 문제가 개재된다.

7.6.1 조사 보고서

국제민간항공조약 부속서 제13은 잠정 보고서(preliminary report)와 최종 보고서(final report)의 작성을 사고조사의 실시국이 의무화하고 있다. 다만, 잠정 보고서의 작성은 일정이상 크기의 항공기(최대중량이 5700kg을 초과하는 항공기) 사고에 한해서 적용되며, 사고조사의 실시국은 항공사고의 조사가 끝났을 때에 다음의 나라에 잠정 보고서를 발송한다.

① 사고 항공기 등록국 및 사고발생 지국

② 사고 항공기의 운용국(항공기 임차국)

③ 사고 항공기의 제작국

④ 기타 사고의 관련국

⑤ 국제민간항공기구(ICAO)

국제민간항공조약 부속서 제13은 그 부록에서 사고조사 보고서의 형식과 내용을 상세하게 규정하고 있다. 이것에 의하면 본문은 사실에 관한 정보, 해석, 결론 안전권고 및 기타 등으로 형성된다.

사실에 관한 정보는 사고와 관계가 있다고 인정한 사실을 기재한다. 구체적으로는 비행기 경과사항, 사람의 사망, 행방불명 및 부상, 항공기의 손괴 및 항공기 이외의 물건의 손괴이고, 또한 항공기의 승무원, 기상, 항행안전 시설, 통신, 비행장, 지상시설, 비행기록(FDR) 및 조종실 음성기록 장치(CVR), 의학화재·수색·구난 및 피난에 관한 정보이다. 그리고 사실을 인정하기 위해 행한 시험 및 연구 등에 관한 것이다.

해석이란 결론 및 원인과 연관되는 사실에 관한 정보를 이론적으로 세분한 것을 말하며, 결론이란 조사에 의해 확정된 결론과 사고원인을 기술한 것으로 한다. 안전권고란, 사고의 방지 및 그 방지를 위한 필요한 예방조치에 관해 행하며, 기타는 조사보고를 이해하기 위해 필요로 하는 자료를 추가적으로 게재하도록 하였다.

부속서 제13이 이와 같은 사고조사의 보고서 형식과 내용에 관해 상세한 규정을 설치한 것은, 국제적으로 실시된 사고조사의 결과가 무질서하게 보고된다면, 이것을 이용한 관계자 사이에 있어 이해하는데 곤란을 수반하게 될 가능성이 있다. 그러므로, 항공사고의 재발방지라는 점에서 부속서 제13에 규정된 사고조사의 목적에 적용하여 행하도록 되어야 하며, 관계자에 대한 비난이나 책임의 분담을 위해 행해져서는 아니 된다.

7.6.2 사고방지 조치

국제민간항공조약 부속서 제13은, 사고조사 당국은 항공기의 사고조사에 있어 독립성을 확보하고, 또한 무제한의 권한을 보유하여야 한다고 규정하고 있다. 이것은 항공기 사고 및 준사고 조사의 목적이 사고 및 이에 준하는 사고의 방지에 치중하고 있으며, 잘못된 사항을 꾸짖거나 책임을 추궁하는 것이 아니기 때문이다. 그러나 항공사고의 조사는 사고의 재발방지를 목적으로 행해지는 사고조사 당국의 조사만으로 한정되는 것은 아니다. 항공사고는 보통 인명 혹은 시체 또는 항공기를 포함하는 기물의 손상을 수반하게 되므로, 사람 및 물건에 형법상의 범죄의 존부에 관한 조사를 경찰 및 검찰당국에 의해 동시에 행하게 될 가능성이 크다고 본다.

범죄의 수사는 형사 소송법에 의해 국가권력을 갖고 행해지므로, 그 방법여하에 따라 사고방지를 위한 항공사고 조사에 중대한 영향을 주는 경우가 있다. 항공기 사고조사에 있어서 사고조사당국(항공사고 조사위원회)의 독립성과 무제한의 권한을 부속서 제13이 규정하고 있는 것은, 항공사고의 재발방지를 목적으로 하고 있기 때문에 사고조사 당국과 경찰 및 검찰 양자가 행하는 처분이 저촉할 경우를 고려해서, 사전에 다음의 내용을 포함한 협력의 각서를 체결할 수도 있다. 즉, 현장보존은 원칙으로 경찰이 행하며, 현장물건의 검사는 양자가 사전에 협의를 하여 행하고, 사망자의 검시는 경찰이 행한다. 또한, 조사당국의 요망이 있을 경우에는 경찰에서 담당한다. 그리고 경찰이 신병을 구속하고 있는 사고 관련자에 대해서는 경찰이 사고조사 당국에 접견의 편의를 제공하여야 한다.

이러한 사항들은 대체로 경찰 주도형의 내용이라고 할 수 있으나, 범죄수사라는 국가의 직무와 항공사고의 재발방지라는 국가직책의 여하에 따라 조정하는 것은 극히 어려운 문제라고 본다.

항공기가 대형화, 복잡화된 현상에서 항공기 사고의 재발방지는 다른 교통기관의 경우와 비교해 볼 때, 오늘의 항공기술이 높은 수준의 전문적 지식과 경험을 필요로 한다는 점을 생각하면, 항공사고 조사당국(항공사고 조사위원회)의 강대한 조사능력과 그 독립성이 더욱 절실히 요망되고 있는 것이다.[100]

항공사고 조사에 관한 국내 항공법인 항공·철도사고 조사에 관한 법률(2005. 11. 8.) 및 그 이후 수차례 개정내용과 시행령, 시행규칙에 자세히 규정되어 있으니 참고하기 바랍니다.

---

100) 항공안전 향상을 위한 국제적 협력의 필요성과, 사고조사 및 예방을 위한 독립된 항공사고 조사 위원회의 설립과 기능강화는 작고하신 송효경 학장님의 평소지론이며, 21세기 한국 민간항공의 선진화를 위하여 필히 반영되어야 할 것으로 사료되어 자세히 정리하였다.

제2부 | 국내 항공법

제1장 총칙

전문개정 1991. 12. 14 법률 제4435호
일부개정 1993. 12. 27 법률 제4647호
일부개정 1997. 12. 13 법률 제5453호[1]
일부개정 1999. 2. 5 법률 제5794호
일부개정 1999. 4. 15 법률 제5963호
일부개정 1999. 12. 31 법률 제6095호
일부개정 2000. 2. 3 법률 제6263호
일부개정 2001. 4. 7 법률 제6467호
일부개정 2001. 9. 12 법률 제6513호
일부개정 2002. 2. 4 법률 제6513호
일부개정 2002. 8. 26 법률 제6734호
일부개정 2002. 12. 30 법률 제6841호
일부개정 2003. 7. 25 법률 제6944호
일부개정 2003. 12. 30 법률 제7024호
일부개정 2005. 3. 31 법률 제7428호
일부개정 2005. 8. 4 법률 제7678호
일부개정 2005. 11. 8 법률 제7691호
일부개정 2005. 12. 7 법률 제7715호
일부개정 2005. 12. 29 법률 제7773호
일부개정 2005. 12. 29 법률 제7796호
일부개정 2006. 9. 27 법률 제8014호
일부개정 2006. 12. 28 법률 제8128호
일부개정 2007. 4. 6 법률 제8338호
일부개정 2007. 4. 11 법률 제8352호
일부개정 2007. 4. 11 법률 제8370호
일부개정 2007. 12. 21 법률 제8733호
일부개정 2007. 12. 21 법률 제8787호
일부개정 2007. 12. 27 법률 제8891호
일부개정 2007. 12. 27 법률 제8820호
일부개정 2008. 2. 29 법률 제8852호[2]
일부개정 2008. 3. 21 법률 제8974호
일부개정 2008. 3. 21 법률 제8976호
일부개정 2008. 3. 28 법률 제9071호
일부개정 2008. 12. 31 법률 제9313호
일부개정 2009. 6. 9 법률 제9780호
분법제정 2016. 3. 29 법률 제14116호
(시행 2017. 3. 30)

1.1 총설

우리나라의 항공법 제1장에서는 항공법의 목적과 항공용어의 정의를 규정하고 있다. 항공법 제1조는 이 법의 목적을 「국제민간항공조약의 규정과 동조약의 부속서로 채택된 표준과 방식에 따라 항공기 항행의 안전을 도모하기 위한 방법을 정하고, 항공시설 설치, 관리의 효율화를 기하며, 항공운송사업의 질서를 확립함으로써 항공의 발전과 공공복리의 증진에 이바지함을 목적으로 한다」고 규정하였다.

항공법의 목적을 요약하면 다음과 같다. 첫째, 민간항공의 안전과 정연한 발달을 촉진하기 위해 국제민간

---

1) 정부기관의 명칭변경에 의하여 개정됨(예: 국토해양부장관→국토교통부장관으로 변경됨)

2) 정부기관의 명칭변경에 의하여 개정됨(예: 건설교통부장관→국토해양부장관으로 변경됨)

항공조약의 회원국들은, 자국의 항공법을 국제민간항공조약의 규정과 이 조약의 부속서로 채택한 국제표준과 권고방식 및 수속에 준거하여 제정할 것을 약속하고, 각국은 자국의 항공법을 국제적으로 통일할 것을 목적으로 하고 있다. 둘째, 항공기 항행의 안전을 확보하기 위해 항공기, 항공종사자, 항공시설의 설치·관리, 항공기의 운항 등에 관한 규정 및 방법 등을 규정하고 있다. 셋째, 항공운송사업의 질서를 확립함으로써 항공의 발전과 공공복리의 증진에 기여할 것을 목적으로 한다고 규정하고 있다.

최근 국제민간항공기구(ICAO)의 안전점검에 대응하기 위하여 2009년 6월 9일 법률 제9780호로 개정되었다.

1961년 제정되어 60여 차례 수정 보완된 항공법은 너무 복잡하여 이해하고 적용하기 힘들뿐더러 급변하는 국내외 항공환경에 적응하기 위하여 효율적인 개정 보완이 쉽지 않았다. 따라서 국토교통부는 2017년 3월 30일부로 기존 항공법은 1) 항공안전법, 2) 항공사업법(기존의 항공운송사업진흥법 흡수), 3) 공항시설법(기존의 수도권 신공항 건설촉진법 흡수)으로 분법하고 해당 시행령 및 시행 규칙도 개정 공포하였다. 그 외에 항공보안법, 항공철도사고조사에 관한법률, 공항소음방지 및 소음대책지역 지원에 관한 법률, 인천 국제공항공사법, 한국공항공사법, 상법(6편 항공운송) 등이 있으나 이 책에선 중요한 항공안전법, 공항시설법, 항공사업법, 항공보안법과 그 시행령 및 시행규칙 등만 다루었다.

1.1.1 제안 사유

(1) 항공안전법[시행 2022. 7. 19.] [법률 제18789호, 2022. 1. 18., 일부개정]

【제정·개정이유】

[일부개정]

◇ 개정이유

현행법은 항공신체검사증명의 기준에 일부 미달한 경우에도 항공신체검사를 받은 사람의 경험 및 능력을 고려하여 해당 항공업무의 범위를 한정하여 항공신체검사증명서를 발급받을 수 있도록 하고 있는데, 항공신체검사증명이 항공업무의 범위 한정 외에 유효기간 단축을 조건으로도 발급되고 있음에도 불구하고 이러한 사항이 법에 명시되지 않아 명확히 할 필요가 있음. 또한, 이처럼 범위 또는 유효기간 한정을 조건으로 한 항공신체검사증명을 소지한 자에 대하여 그 범위 등을 준수할 의무가 규정되어 있지 않으므로 이를 명확히 규정하는 한편, 범위 등의 한정을 위반하여 항공업무를 수행하는 행위를 제재할 필요가 있음.

한편, 국제민간항공기구(ICAO)에서 국제기준으로 정하고 있는 조종사 등 항공신체검사증명을 받아야 하는 사람에 대하여 항공운송사업자 등이 소속 조종사 등을 대상으로 건강증진활동계획을 수립·시행하도록 하고 이를 미이행할 경우 제재하는 등의 제도를 마련하여 현행 제도의 운영상 나타난 일부 미비점을 개선·보완할 필요가 있음.

현행법은 항공의학에 관한 전문교육을 받은 항공전문의사로 하여금 항공신체검사증명의 업무를 하도록 하고, 항공종사자 자격증명의 종류별 항공신체검사증명의 기준에 적합하지 아니한 운항승무원 및 항공교통관제사는 종전 항공신체검사증명의 유효기간이 남아 있는 경우에도 항공업무에 종사해서는 아니 된다고 규정하고 있음.

그런데 운항승무원 및 항공교통관제사가 유효기간 내에 항공신체검사증명의 기준에 적합하지 아니하게 된 경우에 이를 확인할 수 있는 근거가 미흡하며, 부정한 방법으로 신체검사 증명을 받은 경우에 대한 제재조항의 실효성이 부족한 등의 제도적 허점이 있음.

아울러 항공전문의사는 항공종사자의 항공신체검사증명업무를 수행하면서 개인의 신체 및 건강에 관한 민감한 정보를 처리하고 있는데, 이들에 대한 서류 제출 의무 및 비밀유지 의무 등에 대한 규정이 없는 등 그 업무에 관한 제재조항이 미흡한 실정임.

이에 항공전문의사의 서류제출 및 보고 의무, 비밀유지 의무 등에 관한 조항을 신설하고, 항공신체검사증명서를 받은 사람으로 하여금 신체적·정신적 상태의 저하가 발생한 경우 이를 국토교통부장관에게 신고하도록 의무화하여 그간 미비했던 제도를 보완하려는 것임.

◇ 주요내용

가. 항공신체검사증명이 항공업무의 범위 또는 유효기간을 한정하여 발급될 수 있다는 사실을 명시하고, 항공업무의 범위 또는 유효기간을 한정한 항공신체검사증명서를 발급받은 사람이 그 범위 또는 유효기간을 준수하도록 의무화하며, 이를 위반한 경우 항공종사자의 항공신체검사증명을 취소하거나 효력정지를 명할 수 있도록 함(제40조제4항, 같은 조 제5항 및 제43조제3항제4호 신설).

나. 국토교통부장관, 항공교통업무증명을 받은 자, 항공운송사업자, 항공기사용사업자 또는 국외운항항공기 소유자등에게 건강증진활동계획 수립·시행을 할 것을 의무화하고, 이를 위반할 경우에 대한 과태료 부과 근거를 마련함(제41조의2 및 제166조제1항제1호 신설).

다. 항공신체검사증명을 받은 운항승무원 및 항공교통관제사는 신체적·정신적 상태의 저하가 있는 경우 이를 항공전문의사의 소견서를 첨부하여 국토교통부장관에게 신고하도록 하고 항공업무에의 종사를 일정기간 정지하며, 국토교통부장관은 지체 없이 해당 상태가 항공신체검사증명의 기준에 적합한지 여부를 확인하여 그 결과를 당사자에게 통지하도록 하고, 이를 위반한 경우 자격증명등의 취소나 효력정지 처분을 내릴 수 있도록 하며, 해당 신체적·정신적 상태의 저하 등에 대한 신고 접수 업무 등의 위탁근거를 마련함(제42조제2항부터 제5항까지, 제43조제1항제8호의2·제8호의3 및 제135조제6항제1호의2 신설).

라. 항공기 조종연습허가서, 항공교통관제연습허가서 또는 항공신체검사증명서를 소지하지 않고 조종

연습 또는 항공교통관제연습을 수행한 경우 연습허가 등의 취소 또는 효력정지를 할 수 있도록 함(제43조제1항제7호, 제46조제4항, 제47조제4항, 제47조의2 및 제134조제11호의2 신설).

마. 자격증명·항공신체검사증명의 효력정지를 명할 때 상위 자격에 대한 효력정지를 할 경우 하위 자격을 포함하여 효력정지를 하도록 그 대상을 명확히 규정함(제43조제2항 신설).

바. 자격증명등의 시험에 응시하거나 심사를 받는 사람 또는 항공신체검사를 받는 사람이 부정행위를 한 경우 해당 시험이나 심사 또는 검사를 정지시키거나 무효로 하고 해당 처분을 받은 사람은 그 처분을 받은 날부터 2년간 시험 응시 등을 할 수 없도록 함(제43조제4항).

사. 항공전문의사 지정 취소 처분을 받은 사람은 항공전문의사 지정 신청을 2년간 할 수 없도록 제한하고, 항공안전 활동을 위한 보고 또는 서류제출의 대상에 항공전문의사를 추가하며, 항공전문의사 지정의 효력정지 처분에 대한 청문 대상에서 항공전문의사 본인이 지정 취소를 요청한 경우를 제외함(제50조제2항 신설, 제132조제1항제6호의2 및 제134조제13호).

아. 항공종사자 자격증명 및 항공신체검사증명 업무 종사자에 대하여 비밀유지 의무를 신설하고, 이를 위반한 경우 3년 이하의 징역 또는 3천만원 이하의 벌금에 처하도록 함(제136조의2 및 제163조의2 신설).〈법제처 제공〉

(2) 항공안전법[시행 2022. 12. 8.] [법률 제18566호, 2021. 12. 7., 일부개정]

【제정·개정이유】

[일부개정]

◇ 개정이유

현행법에 따르면 항공종사자 등이 음주측정을 1회 거부할 경우에 대한 처분은 자격증명 효력정지 60일, 2회 거부한 경우에 대한 처분은 자격증명 효력정지 120일임. 한편, 항공종사자 등이 음주한 경우에 혈중 알콜농도가 0.02퍼센트 이상 0.06퍼센트 미만인 경우는 자격증명 효력정지 60일, 혈중 알콜농도 0.06퍼센트 이상에 대한 처분은 자격증명 효력정지 120일, 자격취소 등으로 보다 중하게 규정되어 있음.

이러한 현행법 체제 하에서는 항공종사자 등이 자신의 혈중 알콜농도가 높을 것으로 판단할 경우 고의적으로 음주측정을 거부하는 방법으로 실제 혈중 알콜농도에 대응하는 처분보다 가벼운 처분을 유도할 여지가 있음. 그런데 항공사업은 다른 운송수단에 비해 대형사고나 다중인명피해가 발생할 우려가 크므로 음주거부를 보다 엄중히 제재하여 안전성을 확보할 필요가 있음.

이에 항공종사자 등이 음주측정 요구에 따르지 아니할 경우 자격증명을 당연취소하도록 함으로써 항공안전을 강화하여 이용자들의 생명권을 보장하려는 것임.

또한, 현행법은 외국인이 주식이나 지분의 2분의 1 이상을 소유하거나 그 사업을 사실상 지배하는 법인이 소유하거나 임차한 항공기는 등록할 수 없도록 규정하고 있음. 그런데 자본시장 개방으로 외국인 투자가 증가하면서, 외국인 등이 법인의 주식이나 지분의 50퍼센트 이상을 일시적으로 소유하는 경우가 많아짐에 따라 해당 법인이 소유한 비사업용 항공기가 등록 제한요건에 해당하게 되는 사례가 발생하고 있음.

이에 항공사업 외의 목적으로 항공기를 등록하려는 경우에는 등록 제한요건에서 제외하여 외국인의 주식·지분율이 변동하더라도 기업의 업무용 항공기의 등록을 허용하려는 것임.

한편, 초경량비행장치사용사업의 등록업체 수는 2020년 말 기준 총 3,645개로 2015년 697개 대비 5배 이상 확대되는 등 국내 드론 활용수요가 지속적으로 증가하고 있음. 이에 사고예방을 위하여 체계적으로 안전을 관리할 필요성이 대두되고 있음.

그런데 현재 지방항공청에서 수행하는 초경량비행장치사용사업체 안전관리 업무에 대한 전담인력이 부족한 관계로, 초경량비행장치사용사업자에 대한 정기 안전점검 및 사고예방 시스템 마련에 어려움이 발생하고 있어 이를 개선할 필요가 있음.

또한, 현행법은 국토교통부장관의 승인을 받지 아니하고 초경량비행장치 비행제한공역을 비행한 사람은 200만원 이하의 벌금에 처하고, 국토교통부령으로 정하는 준수사항을 따르지 아니하고 초경량비행장치를 이용하여 비행한 사람 등에 대하여는 200만원 이하의 과태료를 부과하는 제재조항을 두고 있음. 그런데 초경량비행장치 불법비행에 대한 벌칙 및 과태료의 수준이 미약하여 제도의 실효성이 떨어진다는 의견이 있음.

이에 초경량비행장치사용사업자에 대한 안전개선명령 업무를 한국교통안전공단에 위탁하는 근거를 마련하고, 벌칙 및 과태료 규정을 조정하여 초경량비행장치에 대한 안전관리체계의 실효성을 높이려는 것임.

◇ 주요내용

가. 외국인, 외국의 법인 등이 법인의 주식이나 지분의 2분의 1 이상을 소유하거나 그 사업을 사실상 지배하는 법인일 경우에도 「항공사업법」 제2조제1호에 따른 항공사업의 목적으로 항공기를 등록하려는 경우에만 항공기 등록을 제한하도록 함(제10조제1항제4호).

나. 항공종사자 등이 음주측정을 거부하는 경우 해당 자격증명등을 당연취소하도록 함(제43조제1항 등).

다. 국토교통부장관의 승인을 받지 아니하고 초경량비행장치 비행제한공역을 비행하거나 관제권에서 비행하여 비행장 운영에 지장을 초래한 사람을 500만원 이하의 벌금에 처하도록 함(제127조제3항제2호, 제161조제4항제1호부터 제3호까지 신설).

라. 초경량비행장치사용사업에 대한 안전개선명령 업무 및 항공안전 활동에 관한 업무를 한국교통안전공단 등에 위탁할 수 있도록 함(제135조제5항제13호의2 및 제13호의3 신설).

마. 초경량비행장치 조종자 증명을 받지 아니하고 초경량비행장치를 사용하여 비행한 사람은 400만원 이하의 과태료를 부과하고, 국토교통부장관의 승인을 받지 아니하고 초경량비행장치를 사용하여 비행한

사람 등에 대하여는 300만원 이하의 과태료를 부과하도록 함(제166조제2항 신설 등).〈법제처 제공〉

⑶ 항공안전법[시행 2021. 11. 19.] [법률 제18187호, 2021. 5. 18., 일부개정]

【제정·개정이유】

[일부개정]

◇ 개정이유

현행법은 항공종사자, 경량항공기 조종사 및 초경량비행장치 조종자가 자격증명을 받도록 의무화하여 전문자격 제도를 규정하고 있음. 그러나 현행법에서 해당 자격증명서 등을 대여·알선하는 행위를 제재하거나 처벌하는 규정을 두지 않고 있어, 자격제도의 근간을 침해하는 자격증의 대여·알선 행위를 행정제재 및 형사처벌을 통하여 엄격히 관리할 필요가 있다는 지적이 있음. 이에 항공종사자 자격증명서, 경량항공기 조종사 자격증명서 및 초경량비행장치 조종자 증명을 대여·알선하는 행위에 대한 행정제재와 처벌을 법률에 명확히 규정함으로써 미비점을 보완하려는 것임.

한편, 외국인국제항공운송사업자가 사용하는 항공기의 조종사에 대한 주류등 섭취·사용 제한 등에 대해서는 명확히 규정하지 않고 있어 국내 공항에서 해당 항공기의 조종사에 대하여 음주 등 여부를 측정하고 이를 제재할 수 있는 법적 근거가 미흡한 실정임. 이에 외국인국제항공운송사업자가 사용하는 항공기의 조종사의 주류등 섭취·사용 제한에 관한 사항은 현행법의 해당 규정을 준용하도록 명시하고, 조종사가 주류등의 영향으로 업무를 정상적으로 수행할 수 없는 상태에서 업무에 종사하게 한 외국인국제항공운송사업자의 경우 항공기의 운항정지를 명할 수 있도록 함으로써 외국의 국제운송 항공기를 이용하는 국민을 보호하고 항공안전을 강화하려는 것임.

또한, 모의비행장치의 용어를 모의비행훈련장치로 수정하고 해당 장치의 종류를 국토교통부령으로 정할 수 있도록 위임하여 다양한 종류의 모의비행훈련장치를 규율할 수 있도록 하며, 모의비행훈련장치로 지정을 받기 위한 신청, 지정 검사 및 지정서의 발급 등 구체적인 사항을 법률에 정하여 모의비행훈련장치 지정제도의 원활한 운영을 도모하려는 것임.

◇ 주요내용

가. '모의비행장치'를 '모의비행훈련장치'로 용어를 변경하고, 그 종류를 국토교통부령으로 정하도록 함(제2조제15호).

나. 모의비행훈련장치의 지정 신청, 지정기준 및 검사, 지정서 발급 및 지정의 유효기간 등에 관한 사항을 법률에 명시함(제39조의2 신설).

다. 항공종사자 자격증명서, 경량항공기 조종사 자격증명서, 초경량비행장치 조종자 증명의 대여·알선의 금지를 규정하고, 이를 위반한 경우 행정제재 또는 처벌할 수 있도록 함(제39조의3, 제43조, 제112조의2, 제114조, 제125조, 제148조제2호의2, 제160조 및 제166조).

라. 외국인국제항공운송사업자가 사용하는 항공기의 조종사의 주류등 섭취·사용 제한에 관한 사항은 항공종사자 등에 대한 주류등의 섭취·사용 제한에 관한 규정인 제57조를 준용하도록 하고, 이를 위반한 경우에 대한 벌칙을 규정함(제106조 및 제146조).〈법제처 제공〉

(4) 항공안전법[시행 2021. 6. 9.] [법률 제17613호, 2020. 12. 8., 일부개정]

【제정·개정이유】

[일부개정]

◇ 개정이유

항공종사자 중 운항관리사는 비행계획을 작성하고 운항을 통제·감시하는 등 항공운송사업에 사용되는 항공기 또는 국외운항항공기의 운항에 관한 모든 사항을 총괄하여 관리하는 역할을 수행하고 있고, 3교대 근무와 야간근무의 일상화, 승객의 안전에 대한 정신적 압박 등에 의한 직무상 스트레스와 피로도가 매우 높은 직업임.

그러나 현행법은 피로관리의 대상을 조종사, 기관사 등 운항승무원과 객실승무원으로 한정하고 있어 운항관리사의 피로관리를 위한 대책 마련이 필요하다는 지적이 있음.

또한, 현행법은 항공기 내의 보안을 위해 운항 중인 항공기 내에서 승객의 흡연을 금지하고, 이를 위반하여 기내흡연행위를 할 경우 1천만원 이하의 벌금에 처하고 있음.

그러나 최근 기장 등 항공종사자의 흡연 실태에 대한 지적이 나오고 있음에도 불구하고 현행법상 항공종사자나 승무원의 흡연에 대한 규정이 미비하여 기내에서 흡연한 항공종사자 등에 대한 법적 제재가 불가능함.

항공종사자나 승무원의 기내 흡연은 승객의 건강 문제 및 항공기 안전과 직결되므로 반드시 금지되어야 하는바, 항공종사자 등의 흡연 행위에 대한 제재 근거를 마련할 필요가 있음.

이에 피로관리의 적용 대상에 운항관리사를 추가하고 관련 규정을 정비하여 운항관리사의 근무 부담을 줄이는 한편, 항공종사자 및 객실승무원의 기내 흡연을 금지하여 항공기 운항안전을 확보하려는 것임.

◇ 주요내용

가. 국토교통부장관은 항공종사자가 항공기 내에서 흡연한 경우 자격증명 등을 취소하거나 1년 이내의 기간을 정하여 자격증명 등의 효력정지를 명할 수 있도록 함(제43조제1항제15호의2 신설).

나. 항공운송사업자, 항공기사용사업자 또는 국외운항항공기 소유자 등은 운항관리사의 피로를 관리

하도록 하고, 운항관리사의 근무시간에 대한 기록을 15개월 이상 보관하도록 함(제56조제1항 및 제3항).

다. 항공종사자 및 객실승무원의 항공기 내 흡연을 금지하고, 이를 위반한 경우 벌금에 처하도록 함(제57조의2 및 제153조의2 신설).

라. 국토교통부장관은 항공운송사업자가 운항관리사의 피로를 관리하지 아니한 경우 운항증명을 취소하거나 6개월 이내의 기간을 정하여 항공기 운항의 정지를 명할 수 있도록 함(제91조제1항제17호).

마. 국외운항항공기 소유자 등이 운항관리사의 피로를 관리하지 아니한 경우 500만원 이하의 과태료를 부과하도록 함(제166조제1항제1호).〈법제처 제공〉

⑸ 항공안전법[시행 2020. 6. 9.] [법률 제17463호, 2020. 6. 9., 일부개정]

【제정·개정이유】

[일부개정]

◇ 개정이유

항공기의 안전한 운항을 위하여 국내항공운송사업자 등이 항공기를 등록하려는 경우 정비 인력을 갖추도록 하고, 국민생활 및 기업활동과 밀접하게 관련되어 있는 신고 민원의 처리절차를 명확하게 규정하는 한편, 초경량비행장치 조종자 증명, 전문교육기관 지정 및 점검 등의 안전관리 업무를 수행하고 있는 한국교통안전공단에 초경량비행장치 신고업무를 위탁하여 기체정보, 비행경력 등에 대한 체계적 관리를 일원화하는 등 현행 제도의 운영상 나타난 일부 미비점을 개선·보완하려는 것임.

◇ 주요내용

가. 운항증명을 받은 국내항공운송사업자 또는 국제항공운송사업자가 항공기를 등록하려는 경우 해당 항공기의 안전한 운항을 위해 필요한 정비 인력을 갖추도록 함(제7조제2항 신설).

나. 운항규정 및 정비규정의 신고, 초경량비행장치의 신고·변경신고에 대해 신고를 받은 날부터 일정 기간 내에 신고수리 여부를 신고인에게 통지하도록 하고, 신고수리 여부나 처리기간 연장을 통지하지 아니한 경우 그 기간이 끝난 날의 다음 날에 신고를 수리한 것으로 보도록 함(제93조제5항·제6항, 제122조제2항·제3항 및 제123조제2항·제3항 신설).

다. 국토교통부장관이 항공안전의 확보를 위하여 업무에 관한 보고를 하게 하거나 서류를 제출하게 할 수 있는 대상에 경량항공기 조종사, 경량항공기소유자 등, 초경량비행장치소유자 등을 포함함(제132조).

라. 국토교통부장관이 항공정보 제공을 한국항공협회에 위탁할 수 있는 근거를 삭제하고, 초경량비행장치 신고의 수리 및 신고번호의 발급에 관한 업무, 초경량비행장치의 변경신고, 말소신고, 말소신

고의 최고와 직권말소 및 직권말소의 통보에 관한 업무를 한국교통안전공단에 위탁할 수 있는 근거를 신설함(제135조).〈법제처 제공〉

(6) 항공안전법[시행 2020. 6. 9.] [법률 제17453호, 2020. 6. 9., 타법개정]

【제정·개정이유】

⊙ 법률 제17453호(2020.6.9)

법률용어 정비를 위한 국토교통위원회 소관 78개 법률 일부개정을 위한 법률

[일괄개정]

◇ 제정이유 및 주요내용

헌법상 기본원리인 법치주의 실현을 위해서는 법률이 알기 쉽고 분명한 용어로 표현되어 일반 국민이라면 누구나 그 내용을 쉽게 이해하고 법을 잘 지킬 수 있어야 함.

그러나 현행 법률에서는 어려운 한자어나 일본식 표현을 사용하는 경우가 많아 국민의 일상 언어생활과 거리가 있다는 지적을 받고 있음.

이에 어려운 한자어, 축약된 한자어, 부자연스러운 일본식 용어 등을 한글화하거나 보다 쉬운 표현으로 개정함으로써 법률에 대한 국민의 이해 정도와 접근가능성을 높이는 데에 기여하려는 것임.〈법제처 제공〉

(7) 항공안전법[시행 2020. 5. 27.] [법률 제16643호, 2019. 11. 26., 일부개정]

【제정·개정이유】

[일부개정]

◇ 개정이유 및 주요내용

초경량비행장치는 소방, 경찰, 농업, 측량 등 다양한 임무에 활용되고 있으나 현장에서 요구하는 능력을 보유한 조종인력을 양성하는 체계가 미흡한 실정인바, 국토교통부장관은 초경량비행장치 조종자의 효율적 활용과 운용능력 향상을 위하여 필요한 조종자 육성 사업을 실시할 수 있도록 하고, 국민의 불편을 경감하기 위하여 초경량비행장치 중 무인비행장치 조종자로서 야간에 비행 등을 위하여 승인을 신청하는 경우 초경량비행장치 비행제한공역 비행에 대한 승인 신청 등을 함께 할 수 있도록 하는 한편, 항공교통사업자로 하여금 항공 안전과 직·간접적으로 관련이 있다고 인정되는 지출 또는 투자 세부내역을 매년 공시하도록 하고, 공시를 하지 않거나 거짓으로 공시한 경우 500만원 이하의 과태료를 부과하도록 하는 등 현행 제도의 운영상 나타난 일부 미비점을 개선·보완하려는 것임.〈법제처 제공〉

⑻ 항공안전법[시행 2020. 2. 28.] [법률 제16566호, 2019. 8. 27., 일부개정]

【제정·개정이유】

[일부개정]

◇ 개정이유

경량항공기도 항공기와 같이 종류별로 구분하여 정비한 사항을 확인하도록 함으로써 경량항공기에 대한 안전관리를 강화하고, 항공안전 보고제도를 활성화하기 위한 제도적 환경을 조성하기 위하여 항공안전 의무보고 사항을 보고한 항공종사자 등에 대한 보호조치 등을 국제기준에 부합하게 도입하며, 국가기관 등이 소유하거나 임차한 무인비행장치를 공공목적으로 긴급히 비행하는 경우에 대한 국토교통부장관의 비행승인 절차를 합리화하는 한편, 항공안전관리시스템 구축 의무 관련 규제를 완화하는 등 현행 제도의 운영상 나타난 일부 미비점을 개선·보완하려는 것임.

◇ 주요내용

가. 국제민간항공기구 부속서의 개정사항을 반영하여 항공안전위해요인, 위험도, 항공안전데이터 및 항공안전정보에 관한 정의를 신설함(제2조제10호의2부터 제10호의5까지 신설).

나. 항공정비사 자격의 경우 경량항공기의 종류에 따라 자격증명에 대한 한정을 할 수 있도록 하고, 한정된 종류의 경량항공기 외의 항공업무에 종사한 경우 자격증명 취소 등을 할 수 있는 근거를 마련함(제37조 및 제43조제1항제6호).

다. 항공안전프로그램에 따라 항공안전관리시스템을 마련해야 하는 대상을 모든 항공운송사업자에서 운항증명을 받은 항공운송사업자로 축소하는 등 항공안전관리시스템 구축 의무 관련 규제를 완화함(제58조제1항 및 제2항).

라. 항공운송사업자 또는 레이더를 이용하여 항공교통관제업무를 수행하는 자는 수집한 자료와 그 분석결과를 항공기사고 등을 예방하고 항공안전을 확보할 목적으로만 사용하도록 함(제58조제6항).

마. 국토교통부장관은 항공안전 의무보고를 통해 접수한 내용을 제3자에게 제공하거나 일반에게 공개하지 못하도록 하고, 누구든지 항공안전 의무보고를 한 사람에 대하여 해고·전보·징계 등 불이익한 조치를 취하지 못하도록 함(제59조).

바. 국토교통부장관은 항공안전의 증진을 위하여 항공안전데이터와 항공안전정보의 수집·저장·통합·분석 등의 업무를 전자적으로 처리하기 위한 통합항공안전데이터수집분석시스템을 구축·운영할 수 있도록 함(제61조의2 신설).

사. 국가기관 등이 소유하거나 임차한 무인비행장치를 재해·재난 등으로 인한 수색·구조, 화재의 진화, 응급환자 후송 등의 공공목적으로 긴급히 비행하는 경우 해당 국가기관 등의 장이 사전에 그 사실을

국토교통부장관에게 알리면 비행승인을 받은 것으로 보도록 함(제127조제4항 신설).〈법제처 제공〉

(9) **항공안전법**[시행 2018. 6. 27.] [**법률 제15326호**, 2017. 12. 26., **일부개정**]

【제정·개정이유】

[일부개정]

◇ 개정이유 및 주요내용

산불진화·인명구조 등 특정 업무용 항공기의 경우 임무 수행에 필요한 안전기준을 선택하여 증명을 받을 수 있도록 제한형식증명 제도를 신설하고, 수입 소형항공기에 장착된 엔진과 프로펠러에 대한 개별 인증을 항공기 인증으로 통합·간소화하여 국내 항공사의 시간단축과 비용부담을 완화하는 한편, 한·미 항공안전협정 확대체결('14.10)의 효과를 항공업계가 체감할 수 있도록 미국 연방항공청(FAA)으로부터 형식증명을 받은 소형항공기의 형식증명승인을 면제하고, 항공기등에 대한 제작증명을 받은 자가 항공기, 장비품 또는 부품의 감항성에 영향을 미칠 수 있는 설비의 이전이나 증설 등을 하는 경우 이를 국토교통부장관에게 보고토록 관련 규정을 개정하려는 것임.〈법제처 제공〉

(10) **항공안전법**[시행 2018. 4. 25.] [**법률 제14955호**, 2017. 10. 24., **일부개정**]

【제정·개정이유】

[일부개정]

◇ 개정이유 및 주요내용

비행훈련 중 사고의 예방을 위하여 비행교관의 전문성을 강화하고, 항공기사용사업자 및 직업전문학교 등 조종사를 양성하기 위하여 설립·운영되고 있는 기관의 조종사 교육훈련의 안전관리체계를 강화하며, 불법성에 상응하는 처벌이 되도록 법정형의 편차를 조정하기 위하여 항공상의 위험을 발생시킨 사람의 법정형을 10년 이하의 징역으로 하고, 폭력 등을 행사하여 탑승자의 권리행사를 방해한 기장 등의 법정형을 3년 이상 15년 이하의 징역으로 규정하려는 것임.〈법제처 제공〉

(11) **항공안전법**[시행 2018. 1. 1.] [**법률 제14939호**, 2017. 10. 24., **타법개정**]

【제정·개정이유】

⊙법률 제14939호(2017. 10. 24)

교통안전공단법 일부개정법률[일부개정]

◇ 개정이유 및 주요내용

교통안전공단의 명칭을 '한국교통안전공단'으로 변경하고, 공단의 사업에 교통 및 자동차 정보시스템 운영과 정보 제공에 관한 사업 등을 포함시키는 한편, 공단이 관리하는 시설을 이용하는 자에게 사용료를 징수할 수 있도록 함으로써 공단의 법적 지위를 명확히 하고 공단 운영의 효율성을 제고하려는 것임.〈법제처 제공〉

(12) **항공안전법**[시행 2017. 11. 10.] [**법률 제14872호, 2017. 8. 9., 일부개정**]

【제정·개정이유】

[일부개정]

◇ 개정이유 및 주요내용

별도의 수리행위가 필요하지 아니한 항공교통업무체계 변경신고, 초경량비행장치 말소신고의 경우에는 신고서의 기재사항 및 첨부서류에 흠이 없고 법령 등에 규정된 형식상의 요건을 충족하면 신고서가 접수기관에 도달된 때에 신고 의무가 이행된 것으로 보도록 명확하게 규정하고, 안전기준을 충족하는 자에 한하여 야간 및 가시권 밖 비행을 허용하도록 하여 유망 활용분야에서 무인비행장치의 상용화를 촉진하며, 「국제민간항공조약」에 따라 군·경찰·세관의 업무에 사용하는 항공기 및 관련 종사자는 「항공안전법」의 적용특례를 받도록 하고 있는 바, 최근 활용수요가 높아지고 있는 무인비행장치에 대하여도 적용특례를 확대하고, 긴급한 상황에서의 효과적인 무인비행장치 활용을 위하여 국가기관(군·경찰·세관은 제외한다) 등이 무인비행장치를 재해·재난 등으로 인한 수색·구조, 화재진화 등 공공목적의 긴급한 비행에 사용하는 경우 항공안전법령에서 규정하는 조종자 준수사항의 일부 규정을 예외적으로 적용을 배제하는 한편, 초경량비행장치 자격 실기시험장과 교육장 등 안전 인프라 지정·구축·운영과 전문교육기관에 대한 검사의 법적근거를 명확히 하고, 항공영어구술능력증명시험의 실시에 관한 업무를 교통안전공단에도 위탁하여 실시할 수 있도록 함으로써 공정성과 신뢰성을 제고하려는 것임.〈법제처 제공〉

(13) **항공안전법**[시행 2017. 3. 30.] [**법률 제14551호, 2017. 1. 17., 일부개정**]

【제정·개정이유】

[일부개정]

◇ 개정이유

현행법은 항공기에 항공기 안전운항을 위하여 필요한 장비를 설치하도록 규정하고 있으나, 최대이륙중량이 5천700킬로그램 이하의 항공기의 경우 사고조사에 필요한 장비를 갖추고 있지 않아 사고원인조사에 어려움을 겪고 있는바, 최대이륙중량이 600킬로그램 초과 5천700킬로그램 이하인 비행기에는 사고예방 및 안전운항에 필요한 장비를 추가로 설치할 수 있도록 하여 업계의 자발적 장비 장착을 유도함으로써 사고 시 사고원인을 정확히 규명하고 항공기 탑승자 등의 안전을 확보할 수 있도록 하고, 현행법은 국토교통부장관이 위험물의 용기 및 포장에 관한 검사업무를 전문적으로 수행하는 기관을 지정하여 위험물의 운송에 사용되는 포장 및 용기를 제조·수입하여 판매하려는 자에 대한 그 포장 및 용기의 안전성검사를 할 수 있도록 규정하고 있으나, 국토교통부장관이 고시한 기준 등을 위반하여 검사한 경우에 대한 제재규정은 없어 개정이 필요한 실정인바, 포장·용기검사기관의 지정 취소 또는 정지 사유로 포장·용기검사기관이 국토교통부장관이 고시한 포장 및 용기의 검사방법·합격기준 등을 위반하여 안전성검사를 한 경우를 포함하여 포장·용기검사기관에 대한 관리·감독을 강화하려는 것임.

또한, 항공기사용사업자가 법률을 위반할 경우 6개월 이하의 기간을 정하여 항공기 운항의 정지를 명할 수 있도록 규정하고 있으나, 운항정지 처분의 세분기준 및 절차가 하위법령에 위임되지 않아 처분의 세부기준 및 절차를 국토교통부령에서 정할 수 있도록 위임근거를 마련하는 한편, 「항공안전기술원법」에 따른 항공안전기술원에 국제민간항공협약 등에서 채택된 표준과 권고되는 방식에 따라 항공기기술기준 등을 정하기 위한 연구 업무 등에 관한 국토교통부장관의 권한을 위탁할 수 있도록 근거를 마련하여 항공안전기술원의 활발한 연구·분석 활동을 통해 항공안전을 확보할 수 있도록 하는 등 현행 제도의 운영상 나타난 일부 미비점을 개선·보완하려는 것임.

◇ 주요내용

가. 최대이륙중량 6백킬로그램 초과 5천7백킬로그램 이하인 비행기에는 사고예방 및 안전운항에 필요한 장비를 추가로 설치할 수 있도록 함(제52조제1항 후단 신설).

나. 포장·용기검사기관의 지정 취소 또는 정지 사유로 포장·용기검사기관이 국토교통부장관이 고시한 포장 및 용기의 검사방법·합격기준 등을 위반하여 안전성검사를 한 경우를 추가함(제71조제5항제2호 신설).

다. 항공기사용사업자가 법률을 위반할 경우 6개월 이하의 기간을 정하여 명하는 항공기 운항의 정지 처분의 세분기준 및 절차를 국토교통부령에서 정할 수 있도록 위임근거를 신설함(제95조제3항 신설).

라. 항공안전 연구·분석 업무에 대한 국토교통부장관의 권한을 항공안전기술원 등에 위탁할 수 있는 근거를 마련함(제135조제8항 신설).

마. 벌금액을 국민권익위원회의 권고안 및 국회사무처 법제예규의 기준인 징역 1년당 1천만원의 비율로 개정함(제148조, 제149조제1항, 제150조 및 제151조).〈법제처 제공〉

(14) 항공안전법[시행 2017. 3. 30.] [법률 제14116호, 2016. 3. 29., 제정]

【제정·개정이유】

[제정]

◇ 제정이유 및 주요내용

1961년 제정된 「항공법」은 항공사업, 항공안전, 공항시설 등 항공 관련 분야를 망라하고 있어 국제기준 변화에 신속히 대응하는데 미흡한 측면이 있고, 여러 차례의 개정으로 법체계가 복잡하여 국민이 이해하기 어려우므로, 항공 관련 법규의 체계와 내용을 알기 쉽도록 하기 위하여 「항공법」을 「항공사업법」, 「항공안전법」 및 「공항시설법」으로 분법하여 국제기준 변화에 탄력적으로 대응하고, 국민이 이해하기 쉽도록 하는 한편, 「항공안전법」에서는 항공기의 등록·안전성인증, 항공기운항규칙 등 항공안전에 관한 사항을 규정하고, 국제민간항공기구(ICAO)의 국제기준 개정에 따른 안전기준을 반영하며, 항공안전관리시스템의 도입 대상을 확대하는 등 현행 제도의 운영상 나타난 일부 미비점을 개선·보완하려는 것임.

제2장

항공안전법

[시행 2022.12.8.] [제18566호, 2021.12.7., 일부개정]

항공안전법	항공안전법 시행령	항공안전법 시행규칙
제1장 총칙		
제1조(목적) 이 법은 「국제민간항공협약」 및 같은 협약의 부속서에서 채택된 표준과 권고되는 방식에 따라 항공기, 경량항공기 또는 초경량비행장치의 안전하고 효율적인 항행을 위한 방법과 국가, 항공사 업자 및 항공종사자 등의 의무 등에 관한 사항을 규정함을 목적으로 한다.〈개정 2019. 8. 27.〉		**제2조(항공기의 기준)** 「항공안전법」(이하 "법"이라 한다) 제2조제1호 각 목 외의 부분에서 "최대이륙중량, 좌석 수 등 국토교통부령으로 정하는 기준"이란 다음 각 호의 기준을 말한다. 1. 비행기 또는 헬리콥터 가. 사람이 탑승하는 경우: 다음의 기준을 모두 충족할 것 1) 최대이륙중량이 600킬로그램(수상비행에 사용하는 경우에는 650킬로그램)을 초과할 것 2) 조종사 좌석을 포함한 탑승좌석 수가 1개 이상일 것 3) 동력을 일으키는 기계장치(이하 "발동기"라 한다)가 1개 이상일 것 나. 사람이 탑승하지 아니하고 원격조종 등의 방법으로 비행하는 경우: 다음의 기준을 모두 충족할 것 1) 연료의 중량을 제외한 자체중량이 150킬로그램을 초과할 것 2) 발동기가 1개 이상일 것 2. 비행선 가. 사람이 탑승하는 경우 다음의 기준을 모두 충족할 것 1) 발동기가 1개 이상일 것 2) 조종사 좌석을 포함한 탑승좌석 수가 1개 이상일 것 나. 사람이 탑승하지 아니하고 원격조종 등의 방법으로 비행하는 경우 다음의 기준을 모두 충족할 것 1) 발동기가 1개 이상일 것 2) 연료의 중량을 제외한 자체중량이 180킬로그램을 초과하거나 비행선의 길이가 20미터를 초과 할 것 3. 활공기: 자체중량이 70킬로그램을 초과할 것
제2조(정의) 이 법에서 사용하는 용어의 뜻은 다음과 같다.〈개정 2019. 8. 27.〉 1. "항공기"란 공기의 반작용(지표면 또는 수면에 대한 공기의 반작용은 제외한다. 이하 같다)으로 뜰 수 있는 기기로서 최대 이륙중량, 좌석 수 등 국토교통부령으로 정하는 기준에 해당하는 다음 각 목의 기기와 그 밖에 대통령령으로 정하는 기기를 말한다. 가. 비행기 나. 헬리콥터 다. 비행선 라. 활공기(滑空機) 2. "경량항공기"란 항공기 외에 공기의 반작용으로 뜰 수 있는 기기로서 최대이륙 중량, 좌석 수 등 국토교통부령으로 정하는 기준에 해당하는 비행기, 헬리콥터, 자이로 플레인(gyroplane) 및 동력패러슈트 (powered parachute) 등을 말한다. 3. "초경량비행장치"란 항공기와 경량항 공기 외에 공기의 반작용으로 뜰 수 있는 장치로서 자체중량, 좌석 수 등 국토교통부령으로 정하는 기준에 해당하는 동력비행장치, 행글라이더, 패러글라이더, 기구류 및 무인비행장치 등을 말한다. 4. "국가기관등항공기"란 국가, 지방자치단체, 그 밖에 「공공기관의 운영에 관한 법률」에 따른 공공기관으로서 대통령령으로 정하는 공공기관(이하 "국가기관등"이라 한다)이 소유하거나 임차(賃借)한 항공기로서 다음 각 목의 어느 하나에 해당하는 업무를 수행하기 위하여 사용되는 항공기를 말한다. 다만, 군용·경찰용·세관용 항공기는 제외한다.	**제2조(항공기의 범위)** 「항공안전법」(이하 "법"이라 한다) 제2조제1호 각 목 외의 부분에서 "대통령령으로 정하는 기기"란 다음 각 호의 어느 하나에 해당하는 기기를 말한다. 1. 최대이륙중량, 좌석 수, 속도 또는 자체중량 등이 국토교통부령으로 정하는 기준을 초과하는 기기 2. 지구 대기권 내외를 비행할 수 있는 항공우주선	

항공안전법	항공안전법 시행령	항공안전법 시행규칙
제1장 총칙		
가. 재난·재해 등으로 인한 수색(搜索)·구조 나. 산불의 진화 및 예방 다. 응급환자의 후송 등 구조·구급활동 라. 그 밖에 공공의 안녕과 질서유지를 위하여 필요한 업무 5. "항공업무"란 다음 각 목의 어느 하나에 해당하는 업무를 말한다. 가. 항공기의 운항(무선설비의 조작을 포함한다) 업무(제46조에 따른 항공기 조종 연습은 제외한다) 나. 항공교통관제(무선설비의 조작을 포함한다) 업무(제47조에 따른 항공교통관제 연습은 제외한다) 다. 항공기의 운항관리 업무 라. 정비·수리·개조(이하 "정비등"이라 한다)된 항공기·발동기·프로펠러(이하 "항공기 등"이라 한다), 장비품 또는 부품에 대하여 안전하게 운용할 수 있는 성능(이하 "감항성"이라 한다)이 있는지를 확인하는 업무 및 경량항공기 또는 그 장비품·부품의 정비사항을 확인하는 업무 6. "항공기사고"란 사람이 비행을 목적으로 항공기에 탑승하였을 때부터 탑승한 모든 사람이 항공기에서 내릴 때까지[사람이 탑승하지 아니하고 원격조종 등의 방법으로 비행하는 항공기(이하 "무인항공기"라 한다)의 경우에는 비행을 목적으로 움직이는 순간부터 비행이 종료되어 발동기가 정지되는 순간까지를 말한다] 항공기의 운항과 관련하여 발생한 다음 각 목의 어느 하나에 해당하는 것으로서 국토교통부령으로 정하 는 것을 말한다. 가. 사람의 사망, 중상 또는 행방불명 나. 항공기의 파손 또는 구조적 손상 다. 항공기의 위치를 확인할 수 없거나 항공기에 접근이 불가능한 경우 7. "경량항공기사고"란 비행을 목적으로 경량항공기의 발동기가 시동되는 순간부터 비행이 종료되어 발동기가 정지되는 순간까지 발생한 다음 각 목의 어느 하나에 해당 하는 것으로서 국토교통부령으로 정하는 것을 말한다. 가. 경량항공기에 의한 사람의 사망, 중상 또는 행방불명 나. 경량항공기의 추락, 충돌 또는 화재 발생 다. 경량항공기의 위치를 확인할 수 없거나 경량항공기에 접근이 불가능한 경우 8. "초경량비행장치사고"란 초경량비행장치를 사용하여 비행을 목적으로 이륙[이수(離水)를 포함한다. 이하 같다]하는 순간부터 착륙[착수(着水)를 포함한다. 이하 같다]하는 순간까지 발생한 다음 각 목의 어 느 하나에 해당하는 것으로서 국토교통부령으로 정하는 것을 말한다.	**제3조(국가기관등항공기 관련 공공기관의 범위)** 법 제2조제4호 각 목 외의 부분 본문에서 "대통령령으로 정하는 공공기관"이란 「국립공원공단법」에 따른 국립공 원공단을 말한다.〈개정 2017. 5. 29., 2019. 1. 15.〉	**제3조(항공기인 기기의 범위)** 영 제2조제1호에서 "최대이륙중량, 좌석 수, 속도 또는 자체중량 등이 국토교통부령으로 정하는 기준을 초과하는 기기"란 다음 각 호의 어느 하나에 해당하는 것을 말한다. 〈개정 2018. 3. 23.〉 1. 제4조제1호부터 제3호까지의 기준 중 어느 하나 이상의 기준을 초과하거나 같은 조 제4호부터 제7호까지의 제한요건 중 어느 하나 이상의 제한요건을 벗어나는 비행기, 헬리콥터, 자이로플레인 및 동력패러슈트 2. 제5조제5호 각 목의 기준을 초과하는 무인비행장치

항공안전법	항공안전법 시행령	항공안전법 시행규칙
제1장 총칙		
가. 초경량비행장치에 의한 사람의 사망, 중상 또는 행방불명 나. 초경량비행장치의 추락, 충돌 또는 화재 발생 다. 초경량비행장치의 위치를 확인할 수없거나 초경량비행장치에 접근이 불가능한 경우 9. "항공기준사고"(航空機準事故)란 항공 안전에 중대한 위해를 끼쳐 항공기사고로 이어질 수 있었던 것으로서 국토교통부령으 로 정하는 것을 말한다. 10 "항공안전장애"란 항공기사고 및 항 공기준사고 외에 항공기의 운항 등과 관련하여 항공안전에 영향을 미치거나 미칠 우려가 있는 것을 말한다. 10의2. "항공안전위해요인"이란 항공기사고, 항공기준사고 또는 항공안전장애를 발생시킬 수 있거나 발생 가능성의 확대에 기 여할 수 있는 상황, 상태 또는 물적·인적 요인 등을 말한다. 10의3. "위험도"(Safety risk)란 항공안 전위해요인이 항공안전을 저해하는 사례로 발전할 가능성과 그 심각도를 말한다. 10의4. "항공안전데이터"란 항공안전의 유지 또는 증진 등을 위하여 사용되는 다음 각 목의 자료를 말한다. 가. 제33조에 따른 항공기 등에 발생한 고장, 결함 또는 기능장애에 관한 보고 나. 제58조제4항에 따른 비행자료 및 분석결과 다. 제58조제5항에 따른 레이더 자료 및 분석결과 라. 제59조 및 제61조에 따라 보고된 자료 마. 제60조 및 「항공·철도 사고조사에 관한 법률」 제19조에 따른 조사결과 바. 제132조에 따른 항공안전 활동 과정에서 수집된 자료 및 결과보고 사. 「기상법」 제12조에 따른 기상업무에 관한 정보 아. 「항공사업법」 제2조제34호에 따른 공항운영자가 항공안전관리를 위해 수집·관리하는 자료 등 자. 「항공사업법」 제6조제1항 각 호에 따라 구축된 시스템에서 관리되는 정보 차. 「항공사업법」 제68조제4항에 따른 업무수행 중 수집한 정보·통계 등 카. 항공안전을 위해 국제기구 또는 외국 정부 등이 우리나라와 공유한 자료 타. 그 밖에 국토교통부령으로 정하는 자료 10의5. "항공안전정보"란 항공안전데이터를 안전관리 목적으로 사용하기 위하여 가공(加工)·정리·분석한 것을 말한다. 11. "비행정보구역"이란 항공기, 경량항공기 또는 초경량비행장치의 안전하고 효율적인 비행과 수색 또는 구조에 필요한 정보를 제공하기 위한 공역(空域)으로서 「국제민간항공협약」 및 같은 협약 부속서에 따라 국토교통부장관이 그 명칭, 수직 및 수평 범위를 지정·공고한 공역을 말한다.		**제4조(경량항공기의 기준)** 법 제2조제2호에서 "최대이륙중량, 좌석 수 등 국토교통부령으로 정하는 기준에 해당하는 비행기, 헬리콥터, 자이로플레인(gyroplane) 및 동력패러슈트(powered parachute) 등"이란 법 제2조제3호에 따른 초경량비행장치에 해당하지 않는 것으로서 다음 각 호의 기준을 모두 충족하는 비행기, 헬리콥터, 자이로플레인 및 동력패러슈트를 말한다. 1. 최대이륙중량이 600킬로그램(수상비행에 사용하는 경우에는 650킬로그램) 이하일 것 2. 최대 실속속도[실속(失速: 비행기를 띄우는 양력이 급격히 떨어지는 현상을 말한다. 이하 같다)이 발생할 수 있는 속도를 말한다] 또는 최소 정상비행속도가 45노트 이하일 것 3. 조종사 좌석을 포함한 탑승 좌석이 2개 이하일 것 4. 단발(單發) 왕복발동기를 장착할 것 5. 조종석은 여압(기내 공기 압력을 지상과 가깝게 조절·유지하는 것을 말한다)이 되지 아니할 것 6. 비행 중에 프로펠러의 각도를 조정할 수 없을 것 7. 고정된 착륙장치가 있을 것. 다만, 수상비행에 사용하는 경우에는 고정된 착륙장치 외에 접을 수 있는 착륙장치를 장착할 수 있다.

항공안전법	항공안전법 시행령	항공안전법 시행규칙
제1장 총칙		
12. "영공"(領空)이란 대한민국의 영토와 「영해 및 접속수역법」에 따른 내수 및 영 해의 상공을 말한다. 13. "항공로"(航空路)란 국토교통부장관 이 항공기, 경량항공기 또는 초경량비행장치의 항행에 적합하다고 지정한 지구의 표 면상에 표시한 공간의 길을 말한다. 14. "항공종사자"란 제34조제1항에 따른 항공종사자 자격증명을 받은 사람을 말한다. 15. "모의비행장치"란 항공기의 조종실을 모방한 장치로서 기계·전기·전자장치 등에 대한 통제기능과 비행의 성능 및 특성 등이 실제의 항공기와 동일하게 재현될 수 있게 고안된 장치를 말한다. 16. "운항승무원"이란 제35조제1호부터 제6호까지의 어느 하나에 해당하는 자격증 명을 받은 사람으로서 항공기에 탑승하여 항공업무에 종사하는 사람을 말한다. 17. "객실승무원"이란 항공기에 탑승하여 비상시 승객을 탈출시키는 등 승객의 안전을 위한 업무를 수행하는 사람을 말한다. 18. "계기비행"(計器飛行)이란 항공기의 자세·고도·위치 및 비행방향의 측정을 항공기에 장착된 계기에만 의존하여 비행하는 것을 말한다. 19. "계기비행방식"이란 계기비행을 하는 사람이 제84조제1항에 따라 국토교통부장관 또는 제85조제1항에 따른 항공교통업무 증명(이하 "항공교통업무증명"이라 한다)을 받은 자가 지시하는 이동·이륙·착륙의 순서 및 시기와 비행의 방법에 따라 비행하는 방식을 말한다. 20. "피로위험관리시스템"이란 운항승무원과 객실승무원이 충분한 주의력이 있는 상태에서 해당 업무를 할 수 있도록 피로와 관련한 위험요소를 경험과 과학적 원리 및 지식에 기초하여 지속적으로 감독하고 관리 하는 시스템을 말한다. 21. "비행장"이란 「공항시설법」 제2조 제2호에 따른 비행장을 말한다. 22. "공항"이란 「공항시설법」 제2조제3호에 따른 공항을 말한다. 23. "공항시설"이란 「공항시설법」 제2조제7호에 따른 공항시설을 말한다. 24. "항행안전시설"이란 「공항시설법」제2조제15호에 따른 항행안전시설을 말한다. 25. "관제권"(管制圈)이란 비행장 또는 공항과 그 주변의 공역으로서 항공교통의 안전을 위하여 국토교통부장관이 지정·공고한 공역을 말한다. 26. "관제구"(管制區)란 지표면 또는 수면으로부터 200미터 이상 높이의 공역으로서 항공교통의 안전을 위하여 국토교통부장관이 지정·공고한 공역을 말한다.		**제5조(초경량비행장치의 기준)** 법 제2조제3호에서 "자체중량, 좌석 수 등 국토교통부령으로 정하는 기준에 해당하는 동력비행장치, 행글라이더, 패러글라이더, 기구류 및 무인비행장치 등"이란 다음 각 호의 기준을 충족하는 동력비행장치, 행글라이더, 패러글라이더, 기구류, 무인비행장치, 회전익비행장치, 동력패러글라이더 및 낙하산류 등을 말한다. 1. 동력비행장치: 동력을 이용하는 것으로서 다음 각 목의 기준을 모두 충족하는 고정익비행장치 가. 탑승자, 연료 및 비상용 장비의 중량을 제외한 자체중량이 115킬로그램 이하일 것 나. 연료의 탑재량이 19리터 이하일 것 다. 좌석이 1개일 것 2. 행글라이더: 탑승자 및 비상용 장비의 중량을 제외한 자체중량이 70킬로그램 이하로서 체중이동, 타면조종 등의 방법으로 조종하는 비행장치 3. 패러글라이더: 탑승자 및 비상용 장비의 중량을 제외한 자체중량이 70킬로그램 이하로서 날개에 부착된 줄을 이용하여 조종하는 비행장치 4. 기구류: 기체의 성질·온도차 등을 이용하는 다음 각 목의 비행장치 가. 유인자유기구 나. 무인자유기구(기구 외부에 2킬로그램 이상의 물건을 매달고 비행하는 것만 해당한다. 이하 같다) 다. 계류식(繫留式)기구 5. 무인비행장치: 사람이 탑승하지 아니하는 것으로서 다음 각 목의 비행장치 가. 무인동력비행장치: 연료의 중량을 제외한 자체중량이 150킬로그램 이하인 무인비행기, 무인헬리콥터 또는 무인멀티콥터 나. 무인비행선: 연료의 중량을 제외한 자체중량이 180킬로그램 이하이고 길이가 20미터 이하인 무인비행선 6. 회전익비행장치: 제1호 각 목의 동력비행장치의 요건을 갖춘 헬리콥터 또는 자이로플레인 7. 동력패러글라이더: 패러글라이더에 추진력을 얻는 장치를 부착한 다음 각 목의 어느 하나에 해당하는 비행장치 가. 착륙장치가 없는 비행장치 나. 착륙장치가 있는 것으로서 제1호 각 목의 동력비행장치의 요건을 갖춘 비행장치 8. 낙하산류: 항력(抗力)을 발생시켜 대기(大氣) 중을 낙하하는 사람 또는 물체의 속도를 느리게 하는 비행장치 9. 그 밖에 국토교통부장관이 종류, 크기, 중량, 용도 등을 고려하여 정하여 고시하는 비행장치

항공안전법	항공안전법 시행령	항공안전법 시행규칙
제1장 총칙		
27. "항공운송사업"이란 「항공사업법」제2조제7호에 따른 항공운송사업을 말한다. 28. "항공운송사업자"란 「항공사업법」제2조제8호에 따른 항공운송사업자를 말한다. 29. "항공기사용사업"이란 「항공사업법」 제2조제15호에 따른 항공기사용사업을 말한다. 30. "항공기사용사업자"란 「항공사업법」 제2조제16호에 따른 항공기사용사업 자를 말한다. 31. "항공기정비업자"란 「항공사업법」제2조제18호에 따른 항공기정비업자를 말한다. 32. "초경량비행장치사용사업"이란 「항공사업법」 제2조제23호에 따른 초경량비 행장치사용사업을 말한다. 33. "초경량비행장치사용사업자"란 「항공사업법」 제2조제24호에 따른 초경량비 행장치사용사업자를 말한다. 34. "이착륙장"이란 「공항시설법」 제2조제19호에 따른 이착륙장을 말한다.		**제6조(사망·중상 등의 적용기준)** ① 법 제2조제6호가목에 따른 사람의 사망 또는 중 상에 대한 적용기준은 다음 각 호와 같다. 1. 항공기에 탑승한 사람이 사망하거나 중상을 입은 경우. 다만, 자연적인 원인 또는 자기 자신이나 타인에 의하여 발생된 경우와 승객 및 승무원이 정상적으로 접근할 수 없는 장소에 숨어있는 밀항자 등에게 발생한 경우는 제외한다. 2. 항공기로부터 이탈된 부품이나 그 항공기와의 직접적인 접촉 등으로 인하여 사망하거나 중상을 입은 경우 3. 항공기 발동기의 흡입 또는 후류(後流)로 인하여 사망하거나 중상을 입은 경우 ② 법 제2조제6호가목, 같은 조 제7호가목 및 같은 조 제8호가목에 따른 행방불명은 항공기, 경량항공기 또는 초경량비행장치 안에 있던 사람이 항공기사고, 경량항공기사고 또는 초경량비행장치사고로 1년간 생사가 분명하지 아니한 경우에 적용한다. ③ 법 제2조제7호가목 및 같은 조 제8호가목에 따른 사람의 사망 또는 중상에 대한 적용기준은 다음 각 호와 같다. 1. 경량항공기 및 초경량비행장치에 탑승한 사람이 사망하거나 중상을 입은 경우. 다 만, 자연적인 원인 또는 자기 자신이나 타인에 의하여 발생된 경우는 제외한다. 2. 비행 중이거나 비행을 준비 중인 경량항공기 또는 초경량비행장치로부터 이탈된 부품이나 그 경량항공기 또는 초경량비행장치와의 직접적인 접촉 등으로 인하여 사망하거나 중상을 입은 경우
		제7조(사망·중상의 범위) ① 법 제2조제6호가목, 같은 조 제7호가목 및 같은 조 제8 호가목에 따른 사람의 사망은 항공기사고, 경량항공기사고 또는 초경량비행장치사고가 발생한 날부터 30일 이내에 그 사고로 사망한 경우를 포함한다. ② 법 제2조제6호가목, 같은 조 제7호가목 및 같은 조 제8호가목에 따른 중상의 범 위는 다음 각 호와 같다. 1. 항공기사고, 경량항공기사고 또는 초경량비행장치사고로 부상을 입은 날부터 7일 이내에 48시간을 초과하는 입원치료가 필요한 부상 2. 골절(코뼈, 손가락, 발가락 등의 간단한 골절은 제외한다) 3. 열상(찢어진 상처)으로 인한 심한 출혈, 신경·근육 또는 힘줄의 손상 4. 2도나 3도의 화상 또는 신체표면의 5퍼센트를 초과하는 화상(화상을 입은 날부터 7일 이내에 48시간을 초과하는 입원치료가 필요한 경우만 해당한다) 5. 내장의 손상 6. 전염물질이나 유해방사선에 노출된 사실이 확인된 경우

항공안전법	항공안전법 시행령	항공안전법 시행규칙
제1장 총칙		
제3조(군용항공기 등의 적용 특례) ① 군용 항공기와 이에 관련된 항공업무에 종사하는 사람에 대해서는 이 법을 적용하지 아니한다. ② 세관업무 또는 경찰업무에 사용하는 항공기와 이에 관련된 항공업무에 종사하는 사람에 대하여는 이 법을 적용하지 아니한다. 다만, 공중 충돌 등 항공기사고의 예방을 위하여 제51조, 제67조, 제68조제5호, 제79조 및 제84조제1항을 적용한다. ③ 「대한민국과 아메리카합중국 간의 상호방위조약」 제4조에 따라 아메리카합중국 이 사용하는 항공기와 이에 관련된 항공업무에 종사하는 사람에 대하여는 제2항을 준용한다.		**제8조(항공기의 파손 또는 구조적 손상의 범위)** 법 제2조제6호나목에서 "항공기의 파손 또는 구조적 손상"이란 별표 1의 항공기의 손상·파손 또는 구조상의 결함으로 항공 기 구조물의 강도, 항공기의 성능 또는 비행특성에 악영향을 미쳐 대수리 또는 해당 구성품(component)의 교체가 요구되는 것을 말한다.
제4조(국가기관등항공기의 적용 특례) ① 국가기관등항공기와 이에 관련된 항공업무에 종사하는 사람에 대해서는 이 법(제66조, 제69조부터 제73조까지 및 제132조는 제외한다)을 적용한다. ② 제1항에도 불구하고 국가기관등항공기를 재해·재난 등으로 인한 수색·구조, 화재의 진화, 응급환자 후송, 그 밖에 국토교통부령으로 정하는 공공목적으로 긴급히 운항(훈련을 포함한다)하는 경우에는 제53조, 제67조, 제68조제1호부터 제3호까지, 제77조제1항제7호, 제79조 및 제84조제1항을 적용하지 아니한다. ③ 제59조, 제61조, 제62조제5항 및 제6항을 국가기관등항공기에 적용할 때에는 "국토교통부장관"은 "소관 행정기관의장"으로 본다. 이 경우 소관 행정기관의 장은 제59조, 제61조, 제62조제5항 및 제6항에 따라 보고받은 사실을 국토교통부장관에게 알려야 한다.		**제9조(항공기준사고의 범위)** 법 제2조제9호에서 "국토교통부령으로 정하는 것"이란 별표 2와 같다.
제5조(임대차 항공기의 운영에 대한 권한 및 의무 이양의 적용 특례) 외국에 등록된 항공기를 임차하여 운영하거나 대한민 국에 등록된 항공기를 외국에 임대하여 운영하게 하는 경우 그 임대차(賃貸借) 항공기의 운영에 관련된 권한 및 의무의 이양(移讓)에 관한 사항은 「국제민간항공협약」에 따라 국토교통부장관이 정하여 고시한다.		**제10조(항공 안전데이터의 종류)** 법 제2조제10호의4타목에서 "국토교통부령으로 정하는 자료"란 다음 각 호의 자료를 말한다. 1. 제209조제1항에 따른 위험물의 포장·적재(積載)·저장·운송 또는 처리 과정에 서 발생한 사건으로서 항공상 위험을 야기할 우려가 있는 사건에 관한 자료 2. 항공기와 조류의 충돌에 관련된 자료 3. 그 밖에 국토교통부장관이 항공안전의 관리에 필요하다고 인정하여 고시하는 자료 [전문개정 2020. 2. 28.]

<table>
<tr><th>항공안전법</th><th>항공안전법 시행령</th><th>항공안전법 시행규칙</th></tr>
<tr><td colspan="3">제1장 총칙</td></tr>
<tr><td rowspan="2">제6조(항공안전정책기본계획의 수립 등)
① 국토교통부장관은 국가항공안전정책에 관한 기본계획(이하 "항공안전정책기본계획"이라 한다)을 5년마다 수립하여야 한다.
② 항공안전정책기본계획에는 다음 각 호의 사항이 포함되어야 한다.
1. 항공안전정책의 목표 및 전략
2. 항공기사고·경량항공기사고·초경량 비행장치 사고 예방 및 운항 안전에 관한 사항
3. 항공기·경량항공기·초경량비행장치의 제작·정비 및 안전성 인증체계에 관한 사항
4. 비행정보구역·항공로 관리 및 항공교통체계 개선에 관한 사항
5. 항공종사자의 양성 및 자격관리에 관한 사항
6. 그 밖에 항공안전의 향상을 위하여 필요한 사항
③ 국토교통부장관은 항공안전정책기본계획을 수립 또는 변경하려는 경우 관계 행정 기관의 장에게 필요한 협조를 요청할 수 있다.
④ 국토교통부장관은 항공안전정책기본계획을 수립하거나 변경하였을 때에는 그 내용을 관보에 고시하고, 제3항에 따라 협조를 요청한 관계 행정기관의 장에게 알려야 한다.
⑤ 국토교통부장관은 항공안전정책기본계획을 시행하기 위하여 연도별 시행계획을 수립할 수 있다.</td><td rowspan="2"></td><td>제10조의2(모의비행훈련장치의 종류)
법 제2조제15호에서 "국토교통부령으로 정하는 장치"란 다음 각 호의 장치를 말한다.
1. 모의비행장치(Full Flight Simulator): 특정 형식의 항공기의 조종석을 기계·전기·전자 장치 등에 대한 통제 기능과 비행의 성능 및 특성 등이 실제 항공기와 같게 재현될 수 있도록 고안한 장치
2. 비행훈련장치(Flight Training Device): 특정 등급의 항공기의 조종석을 기계·전기·전자 장치 등에 대한 조작 기능과 비행의 성능 및 특성 등이 실제 항공기와 유사하게 재현될 수 있도록 고안한 장치
3. 기본비행훈련장치(Aviation Training Device): 모의비행장치와 비행훈련장치를 제외한 훈련 장치로서 조종사가 훈련하는 실제 항공기와 유사한 환경이 재현될 수 있도록 고안한 장치
[본조신설 2021. 11. 19.]</td></tr>
<tr><td>제11조(긴급운항의 범위)
법 제4조제2항에서 "국토교통부령으로 정하는 공공목적으로 긴급히 운항(훈련을 포함한다)하는 경우"란 소방·산림 또는 자연공원 업무 등에 사 용되는 항공기를 이용하여 재해·재난의 예방, 응급환자를 위한 장기(臟器) 이송, 산 림 방제(防除)·순찰, 산림보호사업을 위한 화물 수송, 그 밖에 이와 유사한 목적으로 긴급히 운항(훈련을 포함한다)하는 경우를 말한다.</td></tr>
</table>

항공안전법	항공안전법 시행령·항공기등록령	항공안전법 시행규칙·항공기등록규칙
제2장 항공기 등록		
제7조(항공기 등록) ① 항공기를 소유하거나 임차하여 항공기를 사용할 수 있는 권리가 있는 자(이하 "소유자등"이라 한다)는 항공기를 대통령령으로 정하는 바에 따라 국토교통부장관에게 등록을 하여야 한다. 다만, 대통령령으로 정하는 항공기는 그러하지 아니하다.〈개정 2020. 6. 9.〉 ② 제90조제1항에 따른 운항증명을 받은 국내항공운송사업자 또는 국제항공운송사업자가 제1항에 따라 항공기를 등록하려는 경우에는 해당 항공기의 안전한 운항을 위하여 국토교통부령으로 정하는 바에 따라 필요한 정비 인력을 갖추어야 한다.〈신설 2020. 6. 9.〉	「항공안전법 시행령」 **제4조(등록을 필요로 하지 않는 항공기의 범위)** 법 제7조제1항 단서에서 "대통령령으로 정하는 항공기"란 다음 각 호의 항공기를 말한다. 1. 군 또는 세관에서 사용하거나 경찰업무에 사용하는 항공기 2. 외국에 임대할 목적으로 도입한 항공기로서 외국 국적을 취득할 항공기 3. 국내에서 제작한 항공기로서 제작자 외의 소유자가 결정되지 아니한 항공기 4. 외국에 등록된 항공기를 임차하여 법 제5조에 따라 운영하는 경우 그 항공기 5. 항공기 제작자나 항공기 관련 연구기관이 연구·개발 중인 항공기 [제목개정 2021. 11. 16.]	「항공안전법 시행규칙」 **제11조의2(항공기 등록에 필요한 정비인력 기준)** ① 법 제7조제2항에 따른 항공기 등록에 필요한 정비 인력은 다음 각 호의 업무 수행에 필요한 인력(휴직·병가·휴가 등을 하는 정비인력의 업무를 대행하는 인력을 포함한다. 이하 이 조에서 같다)으로 한다. 다만, 국내항공운송사업자의 경우에는 제1호에 따른 업무 수행에 필요한 인력으로 한다. 1. 항공기·발동기·프로펠러(이하 "항공기등"이라 한다)의 점검 및 정비 2. 위탁받은 항공기등의 정비(다른 항공운송사업자로부터 항공기등의 정비를 위탁받은 항공운송사업자만 해당한다) 3. 법 제93조제1항 및 제2항에 따라 인가받은 정비 훈련프로그램의 운용 4. 제1호부터 제3호까지의 규정에 따른 업무에 준하는 업무 ② 제1항 각 호에 따른 업무별 가중치 및 그 산출의 세부기준은 국토교통부장관이 정하여 고시한다. [본조신설 2020. 12. 10.]
	「항공기등록령」 **제18조(신규등록)** 법 제7조제1항 본문에 따라 항공기에 대한 소유권 또는 임차권의 등록을 하려는 자는 신청서에 다음 각 호의 서류를 첨부하여야 한다. 1. 소유자·임차인 또는 임대인이 법 제10조제1항에 따른 등록의 제한 대상에 해당하지 아니함을 증명하는 서류 2. 해당 항공기의 소유권 또는 임차권이 있음을 증명하는 서류 3. 해당 항공기의 안전한 운항을 위해 필요한 정비 인력을 갖추고 있음을 증명하는 서류(법 제90조제1항에 따른 운항증명을 받은 국내항공운송사업자 또는 국제항공운송사업자가 항공기를 등록하려는 경우에만 해당한다)	
제8조(항공기 국적의 취득) 제7조에 따라 등록된 항공기는 대한민국의 국적을 취득하고, 이에 따른 권리와 의무를 갖는다.		
제9조(항공기 소유권 등) ① 항공기에 대한 소유권의 취득·상실·변경은 등록하여야 그 효력이 생긴다. ② 항공기에 대한 임차권(賃借權)은 등록하여야 제3자에 대하여 그 효력이 생긴다.		
제10조(항공기 등록의 제한) ① 다음 각 호의 어느 하나에 해당하는 자가 소유하거 나 임차한 항공기는 등록할 수 없다. 다만, 대한민국의 국민 또는 법인이 임차하여 사용할 수 있는 권리가 있는 항공기는 그러하지 아니하다. 1. 대한민국 국민이 아닌 사람 2. 외국정부 또는 외국의 공공단체 3. 외국의 법인 또는 단체		

항공안전법	항공안전법 시행령·항공기등록령	항공안전법 시행규칙·항공기등록규칙
제2장 항공기 등록		
4. 제1호부터 제3호까지의 어느 하나에 해당하는 자가 주식이나 지분의 2분의 1 이상을 소유하거나 그 사업을 사실상 지배 하는 법인 5. 외국인이 법인 등기사항증명서상의 대표자이거나 외국인이 법인 등기사항증명서 상의 임원 수의 2분의 1 이상을 차지하는 법인 ② 제1항 단서에도 불구하고 외국 국적을 가진 항공기는 등록할 수 없다.		
제11조(항공기 등록사항) ① 국토교통부장 관은 제7조에 따라 항공기를 등록한 경우에는 항공기 등록원부(登錄原簿)에 다음 각 호의 사항을 기록하여야 한다. 1. 항공기의 형식 2. 항공기의 제작자 3. 항공기의 제작번호 4. 항공기의 정치장(定置場) 5. 소유자 또는 임차인·임대인의 성명 또는 명칭과 주소 및 국적 6. 등록 연월일 7. 등록기호 ② 제1항에서 규정한 사항 외에 항공기의 등록에 필요한 사항은 대통령령으로 정한다.	「항공기등록령」 **제9조(신청주의)** ① 등록은 법령에 다른 규정이 있는 경우를 제외하고는 당사자의 신청 또는 관공서의 촉탁(囑託)에 따라 한다. ② 촉탁에 따른 등록절차는 법령에 다른 규정이 있는 경우를 제외하고는 신청에 따른 등록에 관한 규정을 준용한다.	
	「항공기등록령」 **제10조(신청인)** ① 등록은 법령에 다른 규정이 있는 경우를 제외하고는 등록권리자와 등록의무자가 공동으로 신청한다. ② 제1항에도 불구하고 다음 각 호의 어느 하나에 해당하는 등록의 경우에는 해당 호에 따른 자가 단독으로 신청할 수 있다. 1. 신규등록 및 말소등록: 등록명의인으로 될 자 또는 등록명의인 2. 정치장(定置場) 변경 또는 항공기 표시의 경정등록: 등록명의인 3. 등록명의인 표시의 변경이나 경정등록: 해당 권리의 등록명의인 4. 판결에 의한 등록: 승소한 등록권리자 또는 등록의무자 5. 상속, 그 밖의 포괄승계에 의한 등록: 등록권리자 ③ 제1항 및 제2항의 신청은 그 대리인(代理人)으로 하여금 하게 할 수 있다.	
	「항공기등록령」 **제11조(신청방법)** 등록의 신청은 신청인 또는 그 대리인이 국토교통부에 출석하여 신청서 및 첨부서류를 제출하는 방법으로 한다. 다만, 변경등록, 말소등록 또는 경정등록의 경우에는 인편, 등기우편 또는 그 밖에 발송사실을 증명할 수 있는 방법으로 제출할 수 있다.	

<table>
<tr><th>항공안전법</th><th>항공안전법 시행령·항공기등록령</th><th>항공안전법 시행규칙·항공기등록규칙</th></tr>
<tr><td colspan="3">제2장 항공기 등록</td></tr>
<tr><td rowspan="3"></td><td rowspan="2">「항공기등록령」
제12조(신청서 및 첨부서류)
① 제11조에 따른 신청서에는 다음 각 호의 사항을 기재하여 신청인 또는 그 대리인이 기명·날인하여야 한다.
1. 항공기의 종류 및 형식
2. 항공기의 제작자
3. 항공기의 제작번호 및 제작연월일
4. 항공기의 등록기호(등록기호가 있는 경우만 해당한다)
5. 항공기의 정치장
6. 신청인의 성명 및 주소(법인인 경우에는 법인의 명칭, 주소 및 대표자의 성명을 말한다. 이하 같다)
7. 대리인의 성명 및 주소(대리인이 신청하는 경우만 해당한다)
8. 등록원인 및 원인행위의 연월일
9. 등록의 목적
10. 신청 연월일
11. 그 밖에 국토교통부령으로 정하는 사항
② 다음 각 호에 해당하는 경우에는 신청서에 해당 호에서 정하는 서류를 첨부하여야 한다.
1. 대리인이 신청하는 경우: 그 권한을 증명하는 서류
2. 다음 각 목의 어느 하나에 해당하는 경우: 가족관계등록에 관한 정보 또는 법인 등기사항에 관한 정보 등 그 사실을 증명할 수 있는 서류
가. 등록원인이 상속 또는 그 밖의 포괄승계인 경우
나. 신청인이 등록권리자 또는 등록의무자의 상속인 또는 그 밖의 포괄승계인인 경우
다. 등록명의인 표시의 변경등록을 신청하는 경우
③ 제1항 및 제2항에서 규정한 사항 외에 신청서의 서식·기재방법 및 첨부서류는 국토교통부령으로 정한다.</td><td>「항공기등록규칙」
제16조(외국인 등의 첨부서류 제출)
① 등록령 또는 이 규칙에 따라 등록령 제12조제2항제2호에 따른 서류 또는 인감증명서를 제출하여야 하는 자가 외국인 또는 외국법인인 경우에는 이에 준하는 증명서 또는 확인서를 제출하여야 한다.
② 국내에 거주하지 아니하는 외국인 또는 국내에 영업소나 사무소가 설치되지 아니한 외국법인은 제1항에 따른 증명서 또는 확인서를 사본으로 제출할 수 있다.
③ 제2항에 따라 등록신청에 필요한 서류를 사본으로 제출한 경우에는 신청서를 제출한 날부터 7일 이내에 그 원본을 제출하여야 한다.</td></tr>
<tr><td>「항공기등록규칙」
제14조(신청서의 기재사항)
등록령 제12조제1항제11호에서 “국토교통부으로 정하는 사항”이란 다음 각 호의 사항을 말한다.
1. 등록신청과 관련하여 납부하여야 하는 취득세 및 등록면허세의 세액 및 과세표준액
2. 항공기의 최대이륙중량(신규등록 또는 이전등록의 경우만 해당한다)
3. 다른 법령에 따라 부과된 의무가 있는 경우에는 해당 의무사항</td></tr>
<tr><td></td><td>「항공기등록규칙」
제12조(신청서)
등록령 제11조에 따른 신청서의 서식은 등록의 종류에 따라 다음 각 호와 같이 구분한다.
1. 등록령 제17조에 따른 등록의 경정 신청서: 별지 제4호서식
2. 등록령 제18조에 따른 신규등록 신청서: 별지 제5호서식
3. 등록령 제19조에 따른 변경등록 신청서: 별지 제6호서식
4. 등록령 제20조에 따른 이전등록 신청서: 별지 제7호서식
5. 등록령 제21조에 따른 말소등록 신청서: 별지 제8호서식
6. 임차권 설정·말소 등록 신청서: 별지 제9호서식</td></tr>
</table>

항공안전법	항공안전법 시행령·항공기등록령	항공안전법 시행규칙·항공기등록규칙
제2장 항공기 등록		
	「항공기등록령」 **제13조(채권자의 대위)** ① 채권자는 「민법」 제404조에 따라 채무자를 대위(代位)하여 등록을 신청할 수 있다. ② 채권자는 제1항에 따라 등록을 신청하려는 경우에는 신청서에 채권자와 채무자의 성명 및 주소와 대위원인을 기재하고, 대위의 원인을 증명하는 서류를 첨부하여야 한다. ③ 국토교통부장관은 제1항에 따른 대위신청에 의하여 등록을 할 때에는 대위자의 성명 및 주소와 대위원인을 등록원부에 기록하여야 한다.	
	「항공기등록령」 **제14조(신청의 각하)** ① 국토교통부장관은 등록의 신청이 다음 각 호의 어느 하나에 해당하는 경우에는 신청을 각하하여야 한다. 다만, 신청의 흠결이 보정(補正)될 수 있는 경우로서 국토교통부장관이 보정을 명한 날까지 그 흠결을 보정하였을 때에 는 그러하지 아니하다. 1. 신청내용이 등록할 사항이 아닌 경우 2. 제11조 본문에 따라 등록을 신청할 때에 당사자나 대리인이 출석하지 아니한 경우 3. 신청서가 그 서식에 맞지 아니한 경우 4. 신청서에 기재한 제12조제1항제1호부터 제5호까지의 사항이 등록원부의 기재내용과 일치하지 아니하는 경우 5. 신청서에 기재한 등록의 목적인 권리의 표시가 등록원부의 기재내용과 일치하지 아니하는 경우 6. 신청서에 기재한 등록의무자 또는 등록명의인의 표시가 등록원부의 기재내용과 일치하지 아니하는 경우. 다만, 제12조제2항제2호나목의 경우는 제외한다. 7. 신청서에 첨부하여야 할 서류를 첨부하지 아니한 경우 8. 신청서에 기재한 사항이 등록원인을 증명하는 서류와 일치하지 아니하는 경우 9. 등록신청과 관련하여 취득세 및 등록면허세를 납부하지 아니한 경우 10. 등록신청과 관련하여 다른 법령에 따라 부과된 의무를 이행하지 아니한 경우 11. 소유자 또는 임차인이 해당 항공기의 소유권 또는 임차권이 있다고 인정되지 아니하는 경우 또는 법 제10조에 따라 항공기의 등록을 할 수 없는 경우 12. 법 제136조에 따른 수수료(저당권에 관한 등록의 경우에는 「자동차 등 특정동산 저당법」 제11조에 따른 수수료를 말한다)를 납부하지 아니한 경우 ② 국토교통부장관은 등록의 신청을 각하하는 경우에는 그 이유를 붙인 서면으로 하여야 한다.	

항공안전법	항공안전법 시행령·항공기등록령	항공안전법 시행규칙·항공기등록규칙
제2장 항공기 등록		
	「항공기등록령」 **제15조(등록증명서)** 법 제12조에 따른 등 록증명서에는 다음 각 호의 사항이 포함 되어야 한다. 1. 등록증명서번호 2. 국적 및 등록기호 3. 항공기 제작자 및 항공기 형식 4. 항공기 제작일련번호 5. 항공기 소유자 또는 임차인의 성명 및 주소	
	「항공기등록령」 **제16조(행정구역의 변경)** 행정구역 또는 그 명칭이 변경되었을 때에는 등록원부에 기록된 행정구역 또는 그 명칭이 변경된 것으로 본다.	
	「항공기등록령」 **제17조(등록의 경정)** ① 국토교통부장관은 등록을 완료한 후 그 등록에 착오나 빠진 부분이 있는 것을 발견한 경우에는 지체 없이 그 사실을 등록권리자 및 등록의무 자에게 통지하여야 하며, 등록권리자와 등록의무자가 없는 경우에는 등록명의인에게 통지하여야 한다. ② 국토교통부장관은 등록의 착오나 빠진 부분이 국토교통부장관의 잘못으로 인한 것임을 발견한 경우에는 지체 없이 그 등록을 직권으로 경정하고, 제1항을 준용하여 등록권리자, 등록의무자 또는 등록명의인에게 통지하여야 한다. ③ 채권자대위권에 의하여 등록이 완료된 때에는 제1항 및 제2항의 통지를 그 채권자에게도 하여야 한다. ④ 국토교통부장관은 등록에 착오나 빠진 부분이 있어 그 등록에 관한 경정의 신청을 받은 경우 다음 각 호의 어느 하나에 해당하면 그 등록을 경정한다. 1. 등록상 이해관계가 있는 제3자가 없는 경우 2. 신청서에 등록상 이해관계가 있는 제3자의 승낙서 또는 그에 대항할 수 있는 판결의 정본 또는 등본을 첨부한 경우 ⑤ 제2항 및 제4항에 따른 등록의 경정은 부기로 한다.	

항공안전법	항공안전법 시행령·항공기등록령	항공안전법 시행규칙·항공기등록규칙
제2장 항공기 등록		
제12조(항공기 등록증명서의 발급) 국토교통부장관은 제7조에 따라 항공기를 등록하였을 때에는 등록한 자에게 대통령령으로 정하는 바에 따라 항공기 등록증명서를 발급하여야 한다.	**「항공기등록령」** **제15조(등록증명서)** 법 제12조에 따른 등록증명서에는 다음 각 호의 사항이 포함되어야 한다. 1. 등록증명서번호 2. 국적 및 등록기호 3. 항공기 제작자 및 항공기 형식 4. 항공기 제작일련번호 5. 항공기 소유자 또는 임차인의 성명 및 주소	
제13조(항공기 변경등록) 소유자등은 제11조제1항제4호 또는 제5호의 등록사항이 변경되었을 때에는 그 변경된 날부터 15일 이내에 대통령령으로 정하는 바에 따라 국토교통부장관에게 변경등록을 신청하여야 한다.	**「항공기등록령」** **제19조(변경등록)** ① 법 제13조에 따라 항공기 정치장의 변경등록을 신청하려는 자는 신청서에 새로운 정치장을 기재하여야 한다. ② 법 제13조에 따라 소유자·임차인 또는 임대인의 성명 또는 명칭과 주소 및 국적의 변경등록을 신청하려는 자는 신청서에 변경내용 및 사유를 기재하고, 등록원인을 증명하는 서류를 첨부하여야 한다. ③ 제1항 및 제2항에 따른 변경등록은 부기로 한다.	
제14조(항공기 이전등록) 등록된 항공기의 소유권 또는 임차권을 양도·양수하려는 자는 그 사유가 있는 날부터 15일 이내 에 대통령령으로 정하는 바에 따라 국토교통부장관에게 이전등록을 신청하여야 한다.	**「항공기등록령」** **제20조(이전등록)** ① 법 제14조에 따라 이전등록을 신청하려는 자는 신청서에 소유권 또는 임차권의 양도·양수자의 성명 및 주소를 기재하고, 제18조제1호 및 제2호의 서류를 첨부하여야 한다. ② 항공기를 공매처분한 관공서는 등록권리자의 청구에 의하여 지체 없이 촉탁서에 등록원인을 증명하는 서류를 첨부하여 국토교통부장관에게 이전등록을 촉탁하여야 한다.	
제15조(항공기 말소등록) ① 소유자등은 등록된 항공기가 다음 각 호의 어느 하나에 해당하는 경우에는 그 사유가 있는 날부터 15일 이내에 대통령령으로 정하는 바에 따라 국토교통부장관에게 말소등록을 신청하여야 한다. 1. 항공기가 멸실(滅失)되었거나 항공기를 해체(정비등, 수송 또는 보관하기 위한 해체는 제외한다)한 경우 2. 항공기의 존재 여부를 1개월(항공기사고인 경우에는 2개월) 이상 확인할 수 없는 경우 3. 제10조제1항 각 호의 어느 하나에 해 당하는 자에게 항공기를 양도하거나 임대(외국 국적을 취득하는 경우만 해당한다)한 경우 4. 임차기간의 만료 등으로 항공기를 사용할 수 있는 권리가 상실된 경우 ② 제1항에 따라 소유자등이 말소등록을 신청하지 아니하면 국토교통부장관은 7일 이상의 기간을 정하여 말소등록을 신청할 것을 최고(催告)하여야 한다.	**「항공기등록령」** **제21조(말소등록)** 법 제15조제1항에 따라 말소등록을 신청하려는 자는 신청서에 다음 각 호의 서류를 첨부하여야 한다. 1. 항공기의 소유권 또는 임차권의 소멸을 증명하는 서류(법 제15조제1항제1호 또는 제2호에 따른 말소등록의 경우는 제외한다) 2. 등록상 이해관계 있는 제3자가 있는 경우: 제3자의 승낙서 또는 그에 대항할 수 있는 판결의 정본 또는 등본	

항공안전법	항공안전법 시행령·항공기등록령	항공안전법 시행규칙·항공기등록규칙
제2장 항공기 등록		
③ 제2항에 따른 최고를 한 후에도 소유자등이 말소등록을 신청하지 아니하면 국토 교통부장관은 직권으로 등록을 말소하고, 그 사실을 소유자등 및 그 밖의 이해관계인에게 알려야 한다. **제16조(항공기 등록원부의 발급·열람)** ① 누구든지 국토교통부장관에게 항공기 등록원부의 등본 또는 초본의 발급이나 열람을 청구할 수 있다. ② 제1항에 따라 청구를 받은 국토교통부장관은 특별한 사유가 없으면 해당 자료를 발급하거나 열람하도록 하여야 한다.		**「항공안전법 시행규칙」** **제12조(등록기호표의 부착)** ① 항공기를 소유하거나 임차하여 사용할 수 있는 권리가 있는 자(이하 "소유자등"이라 한다)가 항공기를 등록한 경우에는 법 제17조제1항에 따라 강철 등 내화금속(耐火金屬)으로 된 등록기호표(가로 7센티미터 세로 5센티미터의 직사각형)를 다음 각 호의 구분에 따라 보기 쉬운 곳에 붙여야 한다. 1. 항공기에 출입구가 있는 경우: 항공기 주(主)출입구 윗부분의 안쪽 2. 항공기에 출입구가 없는 경우: 항공기 동체의 외부 표면 ② 제1항의 등록기호표에는 국적기호 및 등록기호(이하 "등록부호"라 한다)와 소유자등의 명칭을 적어야 한다.
제17조(항공기 등록기호표의 부착) ① 소유자등은 항공기를 등록한 경우에는 그 항공기 등록기호표를 국토교통부령으로 정하는 형식·위치 및 방법 등에 따라 항공 기에 붙여야 한다. ② 누구든지 제1항에 따라 항공기에 붙인 등록기호표를 훼손해서는 아니 된다.		**「항공안전법 시행규칙」** **제13조(국적 등의 표시)** ① 법 제18조제1항 단서에서 "신규로 제작한 항공기 등 국토 교통부령으로 정하는 항공기"란 다음 각 호의 어느 하나에 해당하는 항공기를 말한다. 1. 제36조제2호 또는 제3호에 해당하는 항공기 2. 제37조제1호가목에 해당하는 항공기 ② 법 제18조제2항에 따른 국적 등의 표시는 국적기호, 등록기호 순으로 표시하고, 장식체를 사용해서는 아니 되며, 국적기호는 로마자의 대문자 "HL"로 표시하여야 한다. ③ 등록기호의 첫 글자가 문자인 경우 국적기호와 등록기호 사이에 붙임표(-)를 삽입하여야 한다. ④ 항공기에 표시하는 등록부호는 지워지지 아니하고 배경과 선명하게 대조되는 색으로 표시하여야 한다. ⑤ 등록기호의 구성 등에 필요한 세부사항은 국토교통부장관이 정하여 고시한다.
제18조(항공기 국적 등의 표시) ① 누구든지 국적, 등록기호 및 소유자등의 성명 또는 명칭을 표시하지 아니한 항공기를 운항해서는 아니 된다. 다만, 신규로 제작한 항공기 등 국토교통부령으로 정하는 항공기의 경우에는 그러하지 아니하다. ② 제1항에 따른 국적 등의 표시에 관한 사항과 등록기호의 구성 등에 필요한 사항은 국토교통부령으로 정한다.		**「항공안전법 시행규칙」** **제14조(등록부호의 표시위치 등)** 등록부호의 표시위치 및 방법은 다음 각 호의구분에 따른다. 1. 비행기와 활공기의 경우에는 주 날개와 꼬리 날개 또는 주 날개와 동체에 다음 각 목의 구분에 따라 표시하여야 한다. 가. 주 날개에 표시하는 경우: 오른쪽 날개 윗면과 왼쪽 날개 아랫면에 주 날개의 앞 끝과 뒤 끝에서 같은 거리에 위치하도록 하고, 등록부호의 윗 부분이 주 날개의 앞 끝을 향하게 표시할 것. 다만, 각 기호는 보조 날개와 플랩에 걸쳐서는 아니 된다.

항공안전법	항공안전법 시행령·항공기등록령	항공안전법 시행규칙·항공기등록규칙
제2장 항공기 등록		
		나. 꼬리 날개에 표시하는 경우: 수직 꼬리 날개의 양쪽 면에, 꼬리 날개의 앞 끝과 뒤 끝에서 5센티미터 이상 떨어지도록 수평 또는 수직으로 표시할 것 다. 동체에 표시하는 경우: 주 날개와 꼬리 날개 사이에 있는 동체의 양쪽 면의 수평안정판 바로 앞에 수평 또는 수직으로 표시할 것 2. 헬리콥터의 경우에는 동체 아랫면과 동체 옆면에 다음 각 목의 구분에 따라 표시하여야 한다. 가. 동체 아랫면에 표시하는 경우: 동체의 최대 횡단면 부근에 등록부호의 윗부분이 동체좌측을 향하게 표시할 것 나. 동체 옆면에 표시하는 경우: 주 회전익 축과 보조 회전익 축 사이의 동체 또는 동력장치가 있는 부근의 양 측면에 수평 또는 수직으로 표시할 것 3. 비행선의 경우에는 선체 또는 수평안정판과 수직안정판에 다음 각 목의 구분에 따라 표시해야 한다. 가. 선체에 표시하는 경우: 대칭축과 직각으로 교차하는 최대 횡단면 부근의 윗면과 양 옆면에 표시할 것 나. 수평안정판에 표시하는 경우: 오른쪽 윗면과 왼쪽 아랫면에 등록부호의 윗부분이 수평안정판의 앞 끝을 향하게 표시할 것 다. 수직안정판에 표시하는 경우: 수직안정판의 양 쪽면 아랫부분에 수평으로 표시할 것
		「항공안전법 시행규칙」 **제15조(등록부호의 높이)** 등록부호에 사용하는 각 문자와 숫자의 높이는 같아야 하고, 항공기의 종류와 위치에 따른 높이는 다음 각 호의 구분에 따른다. 1. 비행기와 활공기에 표시하는 경우 가. 주 날개에 표시하는 경우에는 50센티미터 이상 나. 수직 꼬리 날개 또는 동체에 표시하는 경우에는 30센티미터 이상 2. 헬리콥터에 표시하는 경우 가. 동체 아랫면에 표시하는 경우에는 50센티미터 이상 나. 동체 옆면에 표시하는 경우에는 30센티미터 이상 3. 비행선에 표시하는 경우 가. 선체에 표시하는 경우에는 50센티미터 이상 나. 수평안정판과 수직안정판에 표시하는 경우에는 15센티미터 이상

항공안전법	항공안전법 시행령·항공기등록령	항공안전법 시행규칙·항공기등록규칙
제2장 항공기 등록		
		「항공안전법 시행규칙」 **제16조(등록부호의 폭·선 등)** 등록부호에 사용하는 각 문자와 숫자의 폭, 선의 굵기 및 간격은 다음 각 호와 같다. 1. 폭과 붙임표(-)의 길이: 문자 및 숫자의 높이의 3분의 2. 다만 영문자 I와 아라비아 숫자 1은 제외한다. 2. 선의 굵기: 문자 및 숫자의 높이의 6분의 1 3. 간격: 문자 및 숫자의 폭의 4분의 1 이상 2분의 1 이하
		「항공안전법 시행규칙」 **제17조(등록부호 표시의 예외)** ① 국토교통부장관은 제14조부터 제16조까지의 규정에도 불구하고 부득이한 사유가 있다고 인정하는 경우에는 등록부호의 표시위치, 높이, 폭 등을 따로 정할 수 있다. ② 법 제2조제4호에 따른 국가기관등항공기에 대해서는 제14조부터 제16조까지의 규정에도 불구하고 관계 중앙행정기관의 장이 국토교통부장관과 협의하여 등록부호의 표시위치, 높이, 폭 등을 따로 정할 수 있다.

항공안전법	항공안전법 시행령	항공안전법 시행규칙
제3장 항공기기술기준 및 형식증명 등		
제19조(항공기기술기준) 국토교통부장관은 항공기등, 장비품 또는 부품의 안전을 확보하기 위하여 다음 각 호의 사항을 포함한 기술상의 기준(이하 "항공기기술기준"이라 한다)을 정하여 고시하여야 한다. 1. 항공기등의 감항기준 2. 항공기등의 환경기준(배출가스 배출기 준 및 소음기준을 포함한다) 3. 항공기등이 감항성을 유지하기 위한 기준 4. 항공기등, 장비품 또는 부품의 식별 표시 방법 5. 항공기등, 장비품 또는 부품의 인증절차		**제18조(형식증명 등의 신청)** ① 법 제20조제1항 전단에 따라 형식증명(이하 "형식증명"이라 한다) 또는 제한형식증명(이하 "제한형식증명"이라 한다)을 받으려는 자는 별지 제1호서식의 형식(제한형식)증명 신청서를 국토교통부장관에게 제출하여야 한다.〈개정 2018. 6. 27.〉 ② 제1항에 따른 신청서에는 다음 각 호의 서류를 첨부하여야 한다. 1. 인증계획서(Certification Plan) 2. 항공기 3면도 3. 발동기의 설계·운용 특성 및 운용한계에 관한 자료(발동기에 대하여 형식증명을 신청하는 경우에만 해당한다) 4. 그 밖에 국토교통부장관이 정하여 고시하는 서류 [제목개정 2018. 6. 27.]
제20조(형식증명 등) ① 항공기등의 설계에 관하여 국토교통부장관의 증명을 받으려는 자는 국토교통부령으로 정하는 바에 따라 국토교통부장관에게 제2항 각 호의 어느 하나에 따른 증명을 신청하여야 한다. 증명받은 사항을 변경할 때에도 또한 같다.〈개정 2017. 12. 26.〉 ② 국토교통부장관은 제1항에 따른 신청을 받은 경우 해당 항공기등이 항공기기술 기준 등에 적합한지를 검사한 후 다음 각 호의 구분에 따른 증명을 하여야 한다.〈신설 2017. 12. 26.〉 1. 해당 항공기등의 설계가 항공기기술기준에 적합한 경우: 형식증명 2. 신청인이 다음 각 목의 어느 하나에 해당하는 항공기의 설계가 해당 항공기의 업무와 관련된 항공기기술기준에 적합하고 신청인이 제시한 운용범위에서 안전하게 운항할 수 있음을 입증한 경우: 제한형식증명 가. 산불진화, 수색구조 등 국토교통부령으로 정하는 특정한 업무에 사용되는 항공기(나목의 항공기를 제외한다) 나. 「군용항공기 비행안전성 인증에 관한 법률」 제4조제5항 제1호에 따른 형식인증을 받아 제작된 항공기로서 산불진화, 수색구조 등 국토교통부령으로 정하는 특정한 업무를 수행하도록 개조된 항공기 ③ 국토교통부장관은 제2항제1호의 형식 증명(이하 "형식증명"이라 한다) 또는 같은 항 제2호의 제한형식증명(이하 "제한형식증명"이라 한다)을 하는 경우 국토교통부령으로 정하는 바에 따라 형식증명서 또는 제한 형식증명서를 발급하여야 한다.〈개정 2017. 12. 26.〉 ④ 형식증명서 또는 제한형식증명서를 양도·양수하려는 자는 국토교통부령으로 정하는 바에 따라 국토교통부장관에게 양도사실을 보고하고 해당 증명서의 재발급을 신청하여야 한다.〈개정 2017. 12. 26.〉 ⑤ 형식증명, 제한형식증명 또는 제21조에 따른 형식증명승인을 받은 항공기등의 설계를 변경하기 위하여 부가적인 증명(이하 "부가형식증명"이라 한다)을 받으려는 자는 국토교통부령으로 정하는 바에 따라 국토교통부장관에게 부가형식증명을 신청하여야 한다.〈개정 2017. 12. 26.〉 ⑥ 국토교통부장관은 부가형식증명을 하는 경우 국토교통부령으로 정하는 바에 따라 부가형식증명서를 발급하여야 한다.〈신설 2017. 12. 26.〉		**제19조(형식증명 등을 받은 항공기등의 형식설계 변경)** 법 제20조제1항 전단에 따라 항공기등에 대한 형식증명 또는 제한형식증명을 받은 자가 같은 항 후단에 따라 형식설계를 변경하려면 별지 제2호서식의 형식설계 변경신청서에 다음 각 호의 서류를 첨부하여 국토교통부장관에게 제출하여야 한다. 1. 별지 제3호서식에 따른 형식(제한형식)증명서 2. 제18조제2항 각 호의 서류 [전문개정 2018. 6. 27.] **제20조(형식증명 등을 위한 검사범위 등)** ① 국토교통부장관은 법 제20조제2항에 따라 형식증명 또는 제한형식증명을 위한 검사를 하는 경우에는 다음 각 호에 해당하는 사항을 검사하여야 한다. 다만, 형식설계를 변경하는 경우에는 변경하는 사항에 대한 검사만 해당한다.〈개정 2018. 6. 27., 2022. 6. 8.〉 1. 해당 형식의 설계에 대한 검사 2. 해당 형식의 설계에 따라 제작되는 항공기등의 제작과정에 대한 검사 3. 항공기등의 완성 후의 상태 및 비행성능 등에 대한 검사 ② 법 제20조제2항제2호 가목 및 나목에서 "산불진화, 수색구조 등 국토교통부령으로 정하는 특정한 업무"란 각각 다음 각 호의 업무를 말한다.〈신설 2022. 6. 8.〉 1. 산불 진화 및 예방 업무 2. 재난·재해 등으로 인한 수색·구조 업무 3. 응급환자의 수송 등 구조·구급 업무 4. 씨앗 파종, 농약 살포 또는 어군(魚群)의 탐지 등 농·수산업 업무 5. 기상관측, 기상조절 실험 등 기상 업무 6. 건설자재 등을 외부에 매달고 운반하는 업무(헬리콥터만 해당한다) 7. 해양오염 관측 및 해양 방제 업무 8. 산림, 관로(管路), 전선(電線) 등의 순찰 또는 관측 업무 [제목개정 2022. 6. 8.]

항공안전법	항공안전법 시행령	항공안전법 시행규칙
제3장 항공기기술기준 및 형식증명 등		
⑦ 국토교통부장관은 다음 각 호의 어느 하나에 해당하는 경우 해당 항공기등에 대한 형식증명, 제한형식증명 또는 부가형식 증명을 취소하거나 6개월 이내의 기간을 정 하여 그 효력의 정지를 명할 수 있다. 다만, 제1호에 해당하는 경우에는 형식증명, 제한형식증명 또는 부가형식증명을 취소하여야 한다.〈개정 2017. 12. 26.〉 1. 거짓이나 그 밖의 부정한 방법으로 형식증명, 제한형식증명 또는 부가형식증명을 받은 경우 2. 항공기등이 형식증명, 제한형식증명 또는 부가형식증명 당시의 항공기기술기준 등 에 적합하지 아니하게 된 경우 [제목개정 2017. 12. 26.]		**제21조(형식증명서 등의 발급 등)** ① 국토교통부장관은 법 제20조제2항에 따른 형식증명 또는 제한형식증명을 위한 검사 결과 해당 항공기등이 같은 항 각 호의 기준에 적 합한 경우 별지 제3호서식의 형식(제한형식)증명서를 발급하여야 한다.〈개정 2018. 6. 27.〉 ② 국토교통부장관은 제1항에 따라 형식증명서 또는 제한형식증명서를 발급할 때에는 항공기등의 성능과 주요 장비품 목록 등을 기술한 형식증명자료집 또는 제한형식증명자 료집을 함께 발급하여야 한다.〈개정 2018. 6. 27.〉
제21조(형식증명승인) ① 항공기등의 설계에 관하여 외국정부로부터 형식증명을 받은 자가 해당 항공기등에 대하여 항공기기술기준에 적합함을 승인(이하 "형식증명승인"이라 한다)받으려는 경우 국토교통부령으로 정하는 바에 따라 항공기등의 형식별로 국토교통부장관에게 형식증명승인을 신청하여야 한다. 다만, 다음 각 호의 어느 하나에 해당하는 항공기의 경우에는 장착된 발동기와 프로펠러를 포함하여 신청할 수 있다.〈개정 2017. 12. 26.〉 1. 최대이륙중량 5천700킬로그램 이하의 비행기 2. 최대이륙중량 3천175킬로그램 이하의 헬리콥터 ② 제1항에도 불구하고 대한민국과 항공기등의 감항성에 관한 항공안전협정을 체결한 국가로부터 형식증명을 받은 제1항 각 호의 항공기 및 그 항공기에 장착된 발동기와 프로펠러의 경우에는 제1항에 따른 형식증명승인을 받은 것으로 본다.〈신설 2017. 12. 26.〉 ③ 국토교통부장관은 형식증명승인을 할 때에는 해당 항공기등(제2항에 따라 형식증명승인을 받은 것으로 보는 항공기 및 그 항공기에 장착된 발동기와 프로펠러는 제외한다)이 항공기기술기준에 적합한지를 검사하여야 한다. 다만, 대한민국과 항공기등의 감항성에 관한 항공안전협정을 체결한 국가로부터 형식증명을 받은 항공기등에 대해서는 해당 협정에서 정하는 바에 따라 검사의 일부를 생략할 수 있다.〈개정 2017. 12. 26.〉 ④ 국토교통부장관은 제3항에 따른 검사 결과 해당 항공기등이 항공기기술기준에 적합하다고 인정하는 경우에는 국토교통부령으로 정하는 바에 따라 형식증명승인서를 발급하여야 한다.〈개정 2017. 12. 26.〉 ⑤ 국토교통부장관은 형식증명 또는 형식증명승인을 받은 항공기등으로서 외국정부로부터 그 설계에 관한 부가형식증명을 받은 사항이 있는 경우에는 국토교통부령으로 정하는 바에 따라 부가적인 형식증명승인(이하 "부가형식증명승인"이라 한다)을 할 수 있다.〈개정 2017. 12. 26.〉 ⑥ 국토교통부장관은 부가형식증명승인을 할 때에는 해당 항공기등이 항공기기술기준에 적합한지를 검사한 후 적합하다고 인정하는 경우에는 국토교통부령으로 정하는 바에 따라 부가형식증명승인서를 발급하여야 한다.		**제22조(형식증명서 등의 양도·양수)** ① 법 제20조제4항에 따라 형식증명서 또는 제한형식증명서를 양도·양수하려는 자는 형식증명서 또는 제한형식증명서 번호, 양수하려는 자의 성명 또는 명칭, 주소와 양수·양도일자를 적은 별지 제4호서식의 형식(제 한형식)증명서 재발급 신청서에 다음 각 호의 서류를 첨부하여 국토교통부장관에게 제출하여야 한다.〈개정 2018. 6. 27.〉 1. 양도 및 양수에 관한 계획서 2. 항공기등의 설계자료 및 감항성유지 사항의 양도·양수에 관한 서류 3. 그 밖에 국토교통부장관이 정하여 고시하는 서류 ② 국토교통부장관은 제1항에 따른 신청서 기재사항과 첨부 서류를 확인하고 별지 제3호서식의 형식(제한형식)증명서를 발급하여야 한다.〈개정 2018. 6. 27.〉 [제목개정 2018. 6. 27.] **제23조(부가형식증명의 신청)** ① 법 제20조제5항에 따라 부가형식증명을 받으려는 자는 별지 제5호서식의 부가형식증명 신청서를 국토교통부장관에게 제출하여야 한다.〈개정 2018. 6. 27.〉 ② 제1항에따른 신청서에는 다음 각 호의 서류를 첨부하여야 한다.〈개정 2018. 6. 27.〉 1. 법 제19조에 따른 항공기기술기준(이하 "항공기기술기준"이라 한다)에 대한 적합성 입증계획서 2. 설계도면 및 설계도면 목록 3. 부품표 및 사양서 4. 그 밖에 참고사항을 적은 서류

항공안전법	항공안전법 시행령	항공안전법 시행규칙
제3장 항공기기술기준 및 형식증명 등		
다만, 대한민국과 항공기등의 감항성에 관한 항공안전협정을 체결한 국가로부터 부가형식증명을 받은 사항에 대해서는 해당 협정에서 정하는 바에 따라 검사의 일부를 생략할 수 있다.〈개정 2017. 12. 26.〉 ⑦ 국토교통부장관은 다음 각 호의 어느 하나에 해당하는 경우에는 해당 항공기등에 대한 형식증명승인 또는 부가형식증명승인을 취소하거나 6개월 이내의 기간을 정하여 그 효력의 정지를 명할 수 있다. 다만, 제1호에 해당하는 경우에는 형식증명승인 또는 부가형식증명승인을 취소하여야 한다.〈개정 2017. 12. 26.〉 1. 거짓이나 그 밖의 부정한 방법으로 형식증명승인 또는 부가형식증명승인을 받은 경우 2. 항공기등이 형식증명승인 또는 부가형식증명승인 당시의 항공기기술기준에 적합하지 아니하게 된 경우		**제24조(부가형식증명의 검사범위)** 국토교통부장관은 법 제20조제5항에 따라 부가형식증명을 위한 검사를 하는 경우에는 다음 각 호에 해당하는 사항을 검사하여야 한다. 1. 변경되는 설계에 대한 검사 2. 변경되는 설계에 따라 제작되는 항공기등의 제작과정에 대한 검사 3. 완성 후의 상태 및 비행성능에 관한 검사
		제25조(부가형식증명서의 발급) 국토교통부장관은 제24조에 따른 검사 결과 변경되는 설계가 항공기기술기준에 적합하다고 인정하는 경우에는 별지 제6호서식의 부가형식증명서를 발급하여야 한다.
		제26조(형식증명승인의 신청) ① 법 제21조제1항에 따라 형식증명승인을 받으려는 자는 별지 제7호서식의 형식증명승인 신청서를 국토교통부장관에게 제출하여야 한다. ② 제1항에 따른 신청서에는 다음 각 호의 서류를 첨부하여야 한다. 1. 외국정부의 형식증명서 2. 형식증명자료집 3. 설계 개요서 4. 항공기기술기준에 적합함을 입증하는 자료 5. 비행교범 또는 운용방식을 적은 서류 6. 정비방식을 적은 서류 7. 그 밖에 참고사항을 적은 서류 ③ 삭제 〈2018. 6. 27.〉
		제27조(형식증명승인을 위한 검사 범위) ① 국토교통부장관은 법 제21조제3항 본문에 따라 형식증명승인을 위한 검사를 하는 경우에는 다음 각 호에 해당하는 사항을 검사하여야 한다.〈개정 2018. 6. 27.〉 1. 해당 형식의 설계에 대한 검사 2. 해당 형식의 설계에 따라 제작되는 항공기등의 제작과정에 대한 검사 ② 제1항에도 불구하고 국토교통부장관은 법 제21조제3항 단서에 따라 형식증명승인을 위한 검사의 일부를 생략하는 경우에는 다음 각 호의 서류를 확인하는 것으로 제1항에 따른 검사를 대체할 수 있다. 다만, 해당 국가로부터 형식증명을 받을 당시에 특수기술기준(Special Condition)이 적용된 경우로서 형식증명을 받은 기간이 5년이 지나지 아니한 경우에는 그러하지 아니하다.〈개정 2018. 6. 27.〉 1. 외국 정부의 형식증명서 2. 형식증명자료집

항공안전법	항공안전법 시행령	항공안전법 시행규칙
제3장 항공기기술기준 및 형식증명 등		
		제28조(형식증명승인서의 발급) 국토교통부장관은 법 제21조제3항에 따른 검사 결과 해당 항공기등이 항공기기술기준에 적합하다고 인정하는 경우(같은 조 제2항에 따라 형식증명승인을 받은 것으로 보는 경우를 포함한다)에는 별지 제8호서식의 형식증명승인서에 형식증명자료집을 첨부하여 발급하여야 한다. 〈개정 2018. 6. 27.〉
		제29조(부가형식증명승인의 신청 등) ① 법 제21조제5항에 따라 부가형식증명승인을 받으려는 자는 별지 제9호서식의 부가형식증명승인 신청서에 다음 각 호의 서류를 첨부하여 국토교통부장관에게 제출하여야 한다. 〈개정 2018. 6. 27.〉 1. 외국정부의 부가형식증명서 2. 변경되는 설계 개요서 3. 변경되는 설계가 항공기기술기준에 적합함을 입증하는 자료 4. 변경되는 설계에 따라 개정된 비행교범(운용방식을 포함한다) 5. 변경되는 설계에 따라 개정된 정비교범(정비방식을 포함한다) 6. 그 밖에 참고사항을 적은 서류 ② 제1항에도 불구하고 법 제21조제6항 단서에 따라 부가형식증명승인 검사의 일부를 생략 받으려는 경우에는 제1항에 따른 신청서에 다음 각 호의 서류를 첨부하여야 한다. 〈개정 2018. 6. 27.〉 1. 외국정부의 부가형식증명서 2. 변경되는 설계에 따라 개정된 비행교범(운용방식을 포함한다) 3. 변경되는 설계에 따라 개정된 정비교범(정비방식을 포함한다) 4. 부가형식증명을 발급한 해당 외국정부의 신청서 서신
		제30조(부가형식증명승인을 위한 검사 범위) 국토교통부장관은 법 제21조제6항 본문에 따라 부가형식증명승인을 위한 검사를 하는 경우에는 다음 각 호에 해당하는 사항을 검사하여야 한다. 1. 변경되는 설계에 대한 검사 2. 변경되는 설계에 따라 제작되는 항공기등의 제작과정에 대한 검사
		제31조(부가형식증명승인서의 발급) 국토교통부장관은 법 제21조제5항에 따른 부가형식증명승인을 위한 검사 결과 해당 항공기등이 항공기기술기준에 적합하다고 인정하 는 경우에는 별지 제10호서식의 부가형식증명승인서를 발급하여야 한다.

항공안전법	항공안전법 시행령	항공안전법 시행규칙
제3장 항공기기술기준 및 형식증명 등		
제22조(제작증명) ① 형식증명 또는 제한형식증명에 따라 인가된 설계에 일치하게 항공기등을 제작할 수 있는 기술, 설비, 인력 및 품질관리체계 등을 갖추고 있음을 증명(이하 "제작증명"이라 한다)받으려는 자는 국토교통부령으로 정하는 바에 따라 국토교통부장관에게 제작증명을 신청하여야 한다.〈개정 2017. 12. 26.〉 ② 국토교통부장관은 제1항에 따른 신청을 받은 경우 항공기등을 제작하려는 자가 형식증명 또는 제한형식증명에 따라 인가된 설계에 일치하게 항공기등을 제작할 수 있는 기술, 설비, 인력 및 품질관리체계 등을 갖추고 있는지를 검사하여야 한다.〈개정 2017. 12. 26.〉 ③ 국토교통부장관은 제1항에 따라 제작증명을 하는 경우 국토교통부령으로 정하는 바에 따라 제작증명서를 발급하여야 한다. 이 경우 제작증명서는 타인에게 양도·양수할 수 없다.〈신설 2017. 12. 26.〉 ④ 제작증명을 받은 자는 항공기등, 장비품 또는 부품의 감항성에 영향을 미칠 수 있는 설비의 이전이나 증설 또는 품질관리체계의 변경 등 국토교통부령으로 정하는 사유가 발생하는 경우 이를 국토교통부장관에게 보고하여야 한다.〈신설 2017. 12. 26.〉 ⑤ 국토교통부장관은 다음 각 호의 어느 하나에 해당하는 경우에는 제작증명을 취소하거나 6개월 이내의 기간을 정하여 그 효력의 정지를 명할 수 있다. 다만, 제1호에 해당하는 경우에는 제작증명을 취소하여야 한다.〈개정 2017. 12. 26.〉 1. 거짓이나 그 밖의 부정한 방법으로 제작증명을 받은 경우 2. 항공기등이 제작증명 당시의 항공기기술기준에 적합하지 아니하게 된 경우		**제32조(제작증명의 신청)** ① 법 제22조제1항에 따라 제작증명을 받으려는 자는 별지 제11호서식의 제작증명 신청서를 국토교통부장관에게 제출하여야 한다. ② 제1항에 따른 신청서에는 다음 각 호의 서류를 첨부하여야 한다. 1. 품질관리규정 2. 제작하려는 항공기등의 제작 방법 및 기술 등을 설명하는 자료 3. 제작 설비 및 인력 현황 4. 품질관리 및 품질검사의 체계(이하 "품질관리체계"라 한다)를 설명하는 자료 5. 제작하려는 항공기등의 감항성 유지 및 관리체계(이하 "제작관리체계"라 한다)를 설명하는 자료 ③ 제2항제1호에 따른 품질관리규정에 담아야 할 세부내용, 같은 항 제4호 및 제5호에 따른 품질관리체계 및 제작관리체계에 대한 세부적인 기준은 국토교통부장관이 정하여 고시한다.
		제33조(제작증명을 위한 검사 범위) 국토교통부장관은 법 제22조제2항에 따라 제작증명을 위한 검사를 하는 경우에는 해당 항공기등에 대한 제작기술, 설비, 인력, 품질관리체계, 제작관리체계 및 제작과정을 검사하여야 한다.
		제34조(제작증명서의 발급 등) ① 국토교통부장관은 제33조에 따라 제작증명을 위한 검사 결과 제작증명을 받으려는 자가 항공기기술기준에 적합하게 항공기등을 제작할 수 있는 기술, 설비, 인력 및 품질관리체계 등을 갖추고 있다고 인정하는 경우에는 별지 제12호서식의 제작증명서를 발급하여야 한다. ② 국토교통부장관은 제1항에 따른 제작증명서를 발급할 때에는 제작할 수 있는 항공기등의 형식증명 목록을 적은 생산승인 지정서를 함께 발급하여야 한다.

항공안전법	항공안전법 시행령	항공안전법 시행규칙
제3장 항공기기술기준 및 형식증명 등		
		제34조의2(제작증명을 받은 자의 설비 이전 등의 보고) 법 제22조제4항에서 "설비의 이전이나 증설 또는 품질관리체계의 변경 등 국토교통부령으로 정하는 사유가 발생하 는 경우"란 다음 각 호의 어느 하나에 해당하는 경우를 말한다. 1. 제작증명을 받은 설비의 일부를 이전하거나 기존 설비를 증설하는 경우 2. 품질관리체계를 설명하는 자료 또는 관련 공정·절차를 변경하는 경우 3. 그 밖에 항공기등, 장비품 또는 부품의 감항성에 영향을 미칠 수 있는 경우로서 국토교통부장관이 정하여 고시하는 경우 [본조신설 2018. 6. 27.]
제23조(감항증명 및 감항성 유지) ① 항공기가 감항성이 있다는 증명(이하 "감항증명"이라 한다)을 받으려는 자는 국토교통부령으로 정하는 바에 따라 국토교통부장관에게 감항증명을 신청하여야 한다. ② 감항증명은 대한민국 국적을 가진 항공기가 아니면 받을 수 없다. 다만, 국토교통부령으로 정하는 항공기의 경우에는 그러하지 아니하다. ③ 누구든지 다음 각 호의 어느 하나에 해당하는 감항증명을 받지 아니한 항공기를 운항하여서는 아니 된다.〈개정 2017. 12. 26.〉 1. 표준감항증명: 해당 항공기가 형식증명 또는 형식증명승인에 따라 인가된 설계에 일치하게 제작되고 안전하게 운항할 수 있다고 판단되는 경우에 발급하는 증명 2. 특별감항증명: 해당 항공기가 제한형식증명을 받았거나 항공기의 연구, 개발 등 국토교통부령으로 정하는 경우로서 항공기 제작자 또는 소유자등이 제시한 운용범위를 검토하여 안전하게 운항할 수 있다고 판단되는 경우에 발급하는 증명 ④ 국토교통부장관은 제3항 각 호의 어느 하나에 해당하는 감항증명을 하는 경우 국토교통부령으로 정하는 바에 따라 해당 항공기의 설계, 제작과정, 완성 후의 상태와 비행성능에 대하여 검사하고 해당 항공기의 운용한계(運用限界)를 지정하여야 한다. 다만, 다음 각 호의 어느 하나에 해당하는 항공기의 경우에는 국토교통부령으로 정하는 바에 따라 검사의 일부를 생략할 수 있다.〈신설 2017. 12. 26.〉 1. 형식증명, 제한형식증명 또는 형식증명승인을 받은 항공기 2. 제작증명을 받은 자가 제작한 항공기 3. 항공기를 수출하는 외국정부로부터 감항성이 있다는 승인을 받아 수입하는 항공기 ⑤ 감항증명의 유효기간은 1년으로 한다. 다만, 항공기의 형식 및 소유자등(제32조제2항에 따른 위탁을 받은 자를 포함한다)의 감항성 유지능력 등을 고려하여 국토교통부령으로 정하는 바에 따라 유효기간을 연장할 수 있다.〈개정 2017. 12. 26.〉 ⑥ 국토교통부장관은 제4항에 따른 검사 결과 항공기가 감항성이 있다고 판단되는 경우 국토교통부령으로 정하는 바에 따라 감항증명서를 발급하여야 한다.〈신설 2017. 12. 26.〉		**제35조(감항증명의 신청)** ① 법 제23조제1항에 따라 감항증명을 받으려는 자는 별지 제13호서식의 항공기 표준감항증명 신청서 또는 별지 제14호서식의 항공기 특별감항증명 신청서에 다음 각 호의 서류를 첨부하여 국토교통부장관 또는 지방항공청장에게 제출하여야 한다. 1. 비행교범 2. 정비교범 3. 그 밖에 감항증명과 관련하여 국토교통부장관이 필요하다고 인정하여 고시하는 서류 ② 제1항제1호에 따른 비행교범에는 다음 각 호의 사항이 포함되어야 한다. 1. 항공기의 종류·등급·형식 및 제원(諸元)에 관한 사항 2. 항공기 성능 및 운용한계에 관한 사항 3. 항공기 조작방법 등 그 밖에 국토교통부장관이 정하여 고시하는 사항 ③ 제1항제2호에 따른 정비교범에는 다음 각 호의 사항이 포함되어야 한다. 다만, 장비품·부품 등의 사용한계 등에 관한 사항은 정비교범 외에 별도로 발행할 수 있다. 1. 감항성 한계범위, 주기적 검사 방법 또는 요건, 장비품·부품 등의 사용한계 등에 관한 사항 2. 항공기 계통별 설명, 분해, 세척, 검사, 수리 및 조립절차, 성능점검 등에 관한 사항 3. 지상에서의 항공기 취급, 연료·오일 등의 보충, 세척 및 윤활 등에 관한 사항

항공안전법	항공안전법 시행령	항공안전법 시행규칙
제3장 항공기기술기준 및 형식증명 등		
⑦ 국토교통부장관은 다음 각 호의 어느 하나에 해당하는 경우에는 해당 항공기에 대한 감항증명을 취소하거나 6개월 이내의 기간을 정하여 그 효력의 정지를 명할 수 있다. 다만, 제1호에 해당하는 경우에는 감항증명을 취소하여야 한다.〈개정 2017. 12. 26.〉 1. 거짓이나 그 밖의 부정한 방법으로 감항증명을 받은 경우 2. 항공기가 감항증명 당시의 항공기기술기준에 적합하지 아니하게 된 경우 ⑧ 항공기를 운항하려는 소유자등은 국토교통부령으로 정하는 바에 따라 그 항공기의 감항성을 유지하여야 한다.〈개정 2017. 12. 26.〉 ⑨ 국토교통부장관은 제8항에 따라 소유자등이 해당 항공기의 감항성을 유지하는지를 수시로 검사하여야 하며, 항공기의 감항성 유지를 위하여 소유자등에게 항공기등, 장비품 또는 부품에 대한 정비등에 관한 감항성개선 또는 그 밖의 검사·정비등을 명할 수 있다.〈개정 2017. 12. 26.〉		**제36조(예외적으로 감항증명을 받을 수 있는 항공기)** 법 제23조제2항 단서에서 "국토 교통부령으로 정하는 항공기"란 다음 각 호의 어느 하나에 해당하는 항공기를 말한다. 1. 법 제101조 단서에 따라 허가를 받은 항공기 2. 국내에서 수리·개조 또는 제작한 후 수출할 항공기 3. 국내에서 제작되거나 외국으로부터 수입하는 항공기로서 대한민국의 국적을 취득하기 전에 감항증명을 신청한 항공기
		제37조(특별감항증명의 대상) 법 제23조제3항제2호에서 "항공기의 연구, 개발 등 국토 교통부령으로 정하는 경우"란 다음 각 호의 어느 하나에 해당하는 경우를 말한다.〈개정 2018. 3. 23.〉 1. 항공기 및 관련 기기의 개발과 관련된 다음 각 목의 어느 하나에 해당하는 경우 가. 항공기 제작자, 연구기관 등에서 연구 및 개발 중인 경우 나. 판매 등을 위한 전시 또는 시장조사에 활용하는 경우 다. 조종사 양성을 위하여 조종연습에 사용하는 경우 2. 항공기의 제작·정비·수리·개조 및 수입·수출 등과 관련한 다음 각 목의 어느 하나에 해당하는 경우 가. 제작·정비·수리 또는 개조 후 시험비행을 하는 경우 나. 정비·수리 또는 개조(이하 "정비등"이라 한다)를 위한 장소까지 승객·화물을 싣지 아니하고 비행하는 경우 다. 수입하거나 수출하기 위하여 승객·화물을 싣지 아니하고 비행하는 경우 라. 설계에 관한 형식증명을 변경하기 위하여 운용한계를 초과하는 시험비행을 하는 경우 마. 삭제 〈2018. 3. 23.〉 3. 무인항공기를 운항하는 경우 4. 특정한 업무를 수행하기 위하여 사용되는 다음 각 목의 어느 하나에 해당하는 경우 가. 재난·재해 등으로 인한 수색·구조에 사용되는 경우 나. 산불의 진화 및 예방에 사용되는 경우 다. 응급환자의 수송 등 구조·구급활동에 사용되는 경우 라. 씨앗 파종, 농약 살포 또는 어군(魚群)의 탐지 등 농·수산업에 사용되는 경우 마. 기상관측, 기상조절 실험 등에 사용되는 경우 5. 제1호부터 제4호까지 외에 공공의 안녕과 질서유지를 위한 업무를 수행하는 경우로서 국토교통부장관이 인정하는 경우

항공안전법	항공안전법 시행령	항공안전법 시행규칙
제3장 항공기기술기준 및 형식증명 등		
		제38조(감항증명을 위한 검사범위) 국토교통부장관 또는 지방항공청장이 법 제23조제4항 각 호 외의 부분 본문에 따라 감항증명을 위한 검사를 하는 경우에는 해당 항공기의 설계·제작과정 및 완성 후의 상태와 비행성능이 항공기기술기준에 적합하고 안전하게 운항할 수 있는지 여부를 검사하여야 한다.
		제39조(항공기의 운용한계 지정) ① 국토교통부장관 또는 지방항공청장은 법 제23조제4항 각 호 외의 부분 본문에 따라 감항증명을 하는 경우에는 항공기기술기준에서 정한 항공기의 감항분류에 따라 다음 각 호의 사항에 대하여 항공기의 운용한계를 지정하여야 한다. 〈개정 2018. 6. 27.〉 1. 속도에 관한 사항 2. 발동기 운용성능에 관한 사항 3. 중량 및 무게중심에 관한 사항 4. 고도에 관한 사항 5. 그 밖에 성능한계에 관한 사항 ② 국토교통부장관 또는 지방항공청장은 제1항에 따라 운용한계를 지정하였을 때에는 별지 제18호 서식의 운용한계 지정서를 항공기의 소유자등에게 발급하여야 한다. [제41조에서 이동, 종전 제39조는 제38조로 이동 〈2018. 6. 27.〉]
		제40조(감항증명을 위한 검사의 일부 생략) 법 제23조제4항 단서에 따라 감항증명을 할 때 생략할 수 있는 검사는 다음 각 호의 구분에 따른다. 〈개정 2018. 6. 27.〉 1. 법 제20조제2항에 따른 형식증명 또는 제한형식증명을 받은 항공기: 설계에 대한 검사 2. 법 제21조제1항에 따른 형식증명승인을 받은 항공기: 설계에 대한 검사와 제작과 정에 대한 검사 3. 법 제22조제1항에 따른 제작증명을 받은 자가 제작한 항공기: 제작과정에 대한 검사 4. 법 제23조제4항제3호에 따른 수입 항공기(신규로 생산되어 수입하는 완제기(完製機)만 해당한다): 비행성능에 대한 검사 [제42조에서 이동, 종전 제40조는 제42조로 이동 〈2018. 6. 27.〉]
		제41조(감항증명의 유효기간을 연장할 수 있는 항공기) 법 제23조제5항 단서에 따라 감항증명의 유효기간을 연장할 수 있는 항공기는 항공기의 감항성을 지속적으로 유지하기 위하여 국토교통부장관이 정하여 고시하는 정비방법에 따라 정비등이 이루어지 는 항공기를 말한다. 〈개정 2018. 6. 27.〉 [제38조에서 이동, 종전 제41조는 제39조로 이동 〈2018. 6. 27.〉]

항공안전법	항공안전법 시행령	항공안전법 시행규칙
제3장 항공기기술기준 및 형식증명 등		
		제42조(감항증명서의 발급 등) ① 국토교통부장관 또는 지방항공청장은 법 제23조제4항 각 호 외의 부분 본문에 따른 검사 결과 해당 항공기가 항공기기술기준에 적합한 경우에는 별지 제15호서식의 표준감항증명서 또는 별지 제16호서식의 특별감항증명 서를 신청인에게 발급하여야 한다.〈개정 2018. 6. 27.〉 ② 항공기의 소유자등은 제1항에 따른 감항증명서를 잃어버렸거나 감항증명서가 못 쓰게 되어 재발급 받으려는 경우에는 별지 제17호서식의 표준·특별감항증명서 재발급 신청서를 국토교통부장관 또는 지방항공청장에게 제출하여야 한다. ③ 국토교통부장관 또는 지방항공청장은 제2항에 따른 재발급 신청서를 접수한 경우 해당 항공기에 대한 감항증명서의 발급기록을 확인한 후 재발급하여야 한다. [제40조에서 이동, 종전 제42조는 제40조로 이동〈2018. 6. 27.〉]
		제43조(감항증명서의 반납) 국토교통부장관 또는 지방항공청장은 법 제23조제7항에 따라 항공기에 대한 감항증명을 취소하거나 그 효력을 정지시킨 경우에는 지체 없이 항공기의 소유자등에게 해당 항공기의 감항증명서의 반납을 명하여야 한다.
		제44조(항공기의 감항성 유지) 법 제23조제8항에 따라 항공기를 운항하려는 소유자등은 다음 각 호의 방법에 따라 해당 항공기의 감항성을 유지하여야 한다.〈개정 2018. 6. 27.〉 1. 해당 항공기의 운용한계 범위에서 운항할 것 2. 제작사에서 제공하는 정비교범, 기술문서 또는 국토교통부장관이 정하여 고시하는 정비방법에 따라 정비등을 수행할 것 3. 법 제23조제9항에 따른 감항성개선 또는 그 밖의 검사·정비등의 명령에 따른 정비등을 수행할 것
제24조(감항승인) ① 우리나라에서 제작, 운항 또는 정비등을 한 항공기등, 장비품 또는 부품을 타인에게 제공하려는 자는 국토교통부령으로 정하는 바에 따라 국토교통부장관의 감항승인을 받을 수 있다. ② 국토교통부장관은 제1항에 따른 감항승인을 할 때에는 해당 항공기등, 장비품 또는 부품이 항공기기술기준 또는 제27조제1항에 따른 기술표준품의 형식승인기준에 적합하고, 안전하게 운용할 수 있다고 판단하는 경우에는 감항승인을 하여야 한다. ③ 국토교통부장관은 다음 각 호의 어느 하나에 해당하는 경우에는 제2항에 따른 감항승인을 취소하거나 6개월 이내의 기간을 정하여 그 효력의 정지를 명할 수 있다. 다만, 제1호에 해당하는 경우에는 그 감항승인을 취소하여야 한다. 1. 거짓이나 그 밖의 부정한 방법으로 감항승인을 받은 경우 2. 항공기등, 장비품 또는 부품이 감항승인 당시의 항공기기술기준 또는 제27조제1항에 따른 기술표준품의 형식승인기준에 적합하지 아니하게 된 경우		**제46조(감항승인의 신청)** ① 법 제24조제1항에 따라 감항승인을 받으려는 자는 다음 각 호의 구분에 따른 신청서를 국토교통부장관 또는 지방항공청장에게 제출하여야 한다. 1. 항공기를 외국으로 수출하려는 경우: 별지 제19호서식의 항공기 감항승인 신청서 2. 발동기·프로펠러, 장비품 또는 부품을 타인에게 제공하려는 경우: 별지 제20호서 식의 부품 등의 감항승인 신청서 ② 제1항에 따른 신청서에는 다음 각 호의 서류를 첨부하여야 한다.〈개정 2018. 6. 27.〉 1. 항공기기술기준 또는 법 제27조제1항에 따른 기술표준품형식승인기준(이하 "기술표준품형식승인기준"이라 한다)에 적합함을 입증하는 자료 2. 정비교범(제작사가 발행한 것만 해당한다) 3. 그 밖에 법 제23조제9항에 따른 감항성개선 명령의 이행 결과 등 국토교통부장관이 정하여 고시하는 서류

항공안전법	항공안전법 시행령	항공안전법 시행규칙
제3장 항공기기술기준 및 형식증명 등		
		제47조(감항승인을 위한 검사범위) 법 제24조제2항에 따라 국토교통부장관 또는 지방항공청장이 감항승인을 할 때에는 해당 항공기등·장비품 또는 부품의 상태 및 성능 이 항공기기술기준 또는 기술표준품형식승인기준에 적합한지를 검사하여야 한다.
		제48조(감항승인서의 발급) 국토교통부장관 또는 지방항공청장은 법 제24조제2항에 따른 감항승인을 위한 검사 결과 해당 항공기가 항공기기술기준에 적합하다고 인정하는 경우에는 별지 제21호서식의 항공기 감항승인서를, 해당 발동기·프로펠러, 장비품 또는 부품이 항공기기술기준 또는 기술표준품형식승인기준에 적합하다고 인정하는 경우에는 별지 제22호서식의 부품 등 감항승인서를 신청인에게 발급하여야 한다.
제25조(소음기준적합증명) ① 국토교통부령으로 정하는 항공기의 소유자등은 감항증명을 받는 경우와 수리·개조 등으로 항공기의 소음치(騷音値)가 변동된 경우에는 국토교통부령으로 정하는 바에 따라 그 항공기가 제19조제2호의 소음기준에 적합한지에 대하여 국토교통부장관의 증명(이하 "소음기준적합증명"이라 한다)을 받아야 한다. ② 소음기준적합증명을 받지 아니하거나 항공기기술기준에 적합하지 아니한 항공기를 운항해서는 아니 된다. 다만, 국토교통부령으로 정하는 바에 따라 국토교통부장관의 운항허가를 받은 경우에는 그러하지 아니하다. ③ 국토교통부장관은 다음 각 호의 어느 하나에 해당하는 경우에는 소음기준적합증명을 취소하거나 6개월 이내의 기간을 정하여 그 효력의 정지를 명할 수 있다. 다만, 제1호에 해당하는 경우에는 소음기준적합증명을 취소하여야 한다. 1. 거짓이나 그 밖의 부정한 방법으로 소음기준적합증명을 받은 경우 2. 항공기가 소음기준적합증명 당시의 항공기기술기준에 적합하지 아니하게 된 경우		**제49조(소음기준적합증명 대상 항공기)** 법 제25조제1항에서 "국토교통부령으로 정하는 항공기"란 다음 각 호의 어느 하나에 해당하는 항공기로서 국토교통부장관이 정하여 고시하는 항공기를 말한다. 1. 터빈(높은 압력의 액체·기체를 날개바퀴의 날개에 부딪히게 함으로써 회전하는 힘을 얻는 기계를 말한다)발동기를 장착한 항공기 2. 국제선을 운항하는 항공기
제26조(항공기기술기준 변경에 따른 요구) 장관은 항공기기술기준이 변경되어 형식증명을 받은 항공기가 변경된 항공기기술기준에 적합하지 아니하게 된 경우에는 형식증명을 받거나 양수한 자 또는 소유자등에게 변경된 항공기기술기준을 따르도록 요구할 수 있다. 이 경우 형식증명을 받거나 양수한 자 또는 소유자등은 이에 따라야 한다.		**제50조(소음기준적합증명 신청)** ① 법 제25조제1항에 따라 소음기준적합증명을 받으려는 자는 별지 제23호서식의 소음기준적합증명 신청서를 국토교통부장관 또는 지방항공청장에게 제출하여야 한다. ② 제1항에 따른 신청서에는 다음 각 호의 서류를 첨부하여야 한다. 1. 해당 항공기가 법 제19조제2호에 따른 소음기준(이하 "소음기준"이라 한다)에 적합함을 입증하는 비행교범 2. 해당 항공기가 소음기준에 적합하다는 사실을 입증할 수 있는 서류(해당 항공기를 제작 또는 등록하였던 국가나 항공기 제작기술을 제공한 국가가 소음기준에 적합하다고 증명한 항공기만 해당한다) 3. 수리·개조 등에 관한 기술사항을 적은 서류(수리·개조 등으로 항공기의 소음치(騷音値)가 변경된 경우에만 해당한다)

항공안전법	항공안전법 시행령	항공안전법 시행규칙
제3장 항공기기술기준 및 형식증명 등		
		제51조(소음기준적합증명의 검사기준 등) 법 제25조제1항에 따른 소음기준적합증명의 검사기준과 소음의 측정방법 등에 관한 세부적인 사항은 국토교통부장관이 정하여 고시한다.
		제52조(소음기준적합증명서의 발급 및 재발급) ① 국토교통부장관 또는 지방항공청장은 해당 항공기가 소음기준에 적합한 경우에는 별지 제24호서식의 소음기준적합증명서를 항공기의 소유자등에게 발급하여야 한다. ② 항공기의 소유자등은 제1항에 따라 발급받은 소음기준적합증명서를 잃어버렸거나 소음적합증명서를 못쓰게 되어 재발급받으려면 별지 제23호의2서식의 소음기준적합증명 재발급 신청서를 국토교통부장관 또는 지방항공청장에게 제출해야 한다.〈개정 2022. 6. 8.〉 ③ 국토교통부장관 또는 지방항공청장은 제2항에 따른 재발급 신청서를 접수한 경우 그 신청사유가 적합하다고 인정되면 소음기준적합증명서를 재발급해야 한다.〈신설 2022. 6. 8.〉 [제목개정 2022. 6. 8.]
		제53조(소음기준적합증명의 기준에 적합하지 아니한 항공기의 운항허가) ① 법 제25조 제2항 단서에 따라 운항허가를 받을 수 있는 경우는 다음 각 호와 같다. 이 경우 국토교통부장관은 제한사항을 정하여 항공기의 운항을 허가할 수 있다. 1. 항공기의 생산업체, 연구기관 또는 제작자등이 항공기 또는 그 장비품 등의 시험·조사·연구·개발을 위하여 시험비행을 하는 경우 2. 항공기의 제작 또는 정비등을 한 후 시험비행을 하는 경우 3. 항공기의 정비등을 위한 장소까지 승객·화물을 싣지 아니하고 비행하는 경우 4. 항공기의 설계에 관한 형식증명을 변경하기 위하여 운용한계를 초과하는 시험비행을 하는 경우 ② 법 제25조제2항 단서에 따른 운항허가를 받으려는 자는 별지 제25호서식의 시험비행 등의 허가신청서를 국토교통부장관에게 제출하여야 한다.
		제54조(소음기준적합증명서의 반납) 법 제25조제3항에 따라 항공기의 소음기준적합증명을 취소하거나 그 효력을 정지시킨 경우에는 지체 없이 항공기의 소유자등에게 해당 항공기의 소음기준적합증명서의 반납을 명하여야 한다.
		제55조(기술표준품형식승인의 신청) ① 법 제27조제1항에 따라 기술표준품형식승인을 받으려는 자는 별지 제26호서식의 기술표준품형식승인 신청서를 국토교통부장관에게 제출하여야 한다. ② 제1항에 따른 신청서에는 다음 각 호의 서류를 첨부하여야 한다.

항공안전법	항공안전법 시행령	항공안전법 시행규칙
제3장 항공기기술기준 및 형식증명 등		
		1. 법 제27조제1항에 따른 기술표준품형식승인기준(이하 "기술표준품형식승인기준"이라 한다)에 대한 적합성 입증 계획서 또는 확인서 2. 기술표준품의 설계도면, 설계도면 목록 및 부품 목록 3. 기술표준품의 제조규격서 및 제품사양서 4. 기술표준품의 품질관리규정 5. 해당 기술표준품의 감항성 유지 및 관리체계(이하 "기술표준품관리체계"라 한다)를 설명하는 자료 6. 그 밖에 참고사항을 적은 서류
		제56조(형식승인이 면제되는 기술표준품) 법 제27조제1항 단서에서 "국토교통부령으로 정하는 기술표준품"이란 다음 각 호의 기술표준품을 말한다. 〈개정 2018. 6. 27.〉 1. 법 제20조에 따라 형식증명 또는 제한형식증명을 받은 항공기에 포함되어 있는 기술표준품 2. 법 제21조에 따라 형식증명승인을 받은 항공기에 포함되어 있는 기술표준품 3. 법 제23조제1항에 따라 감항증명을 받은 항공기에 포함되어 있는 기술표준품
제27조(기술표준품 형식승인) ① 항공기등의 감항성을 확보하기 위하여 국토교통부장관이 정하여 고시하는 장비품(시험 또는 연구·개발 목적으로 설계·제작하는 경우는 제외한다. 이하 "기술표준품"이라 한다)을 설계·제작하려는 자는 국토교통부장관이 정하여 고시하는 기술표준품의 형식승인기준(이하 "기술표준품형식승인기준"이라 한다)에 따라 해당 기술표준품의 설계·제작에 대하여 국토교통부장관의 승인(이하 "기술표준품형식승인"이라 한다)을 받아야 한다. 다만, 대한민국과 기술표준품의 형식승인에 관한 항공안전협정을 체결한 국가로부터 형식승인을 받은 기술표준품으로서 국토교통부령으로 정하는 기술표준품은 기술표준품형식승인을 받은 것으로 본다. ② 국토교통부장관은 기술표준품형식승인을 할 때에는 기술표준품의 설계·제작에 대하여 기술표준품형식승인기준에 적합한지를 검사한 후 적합하다고 인정하는 경우에는 국토교통부령으로 정하는 바에 따라 기술표준품형식승인서를 발급하여야 한다. ③ 누구든지 기술표준품형식승인을 받지 아니한 기술표준품을 제작·판매하거나 항공기등에 사용해서는 아니 된다. ④ 국토교통부장관은 다음 각 호의 어느 하나에 해당하는 경우에는 해당 기술표준품형식승인을 취소하거나 6개월 이내의 기간을 정하여 그 효력의 정지를 명할 수 있다. 다만, 제1호에 해당하는 경우에는 기술표준품형식승인을 취소하여야 한다. 1. 거짓이나 그 밖의 부정한 방법으로 기술표준품형식승인을 받은 경우 2. 기술표준품이 기술표준품형식승인 당시의 기술표준품형식승인기준에 적합하지 아니하게 된 경우		**제57조(기술표준품형식승인의 검사범위 등)** ① 국토교통부장관은 법 제27조제2항에 따라 기술표준품형식승인을 위한 검사를 하는 경우에는 다음 각 호의 사항을 검사하여야 한다. 1. 기술표준품이 기술표준품형식승인기준에 적합하게 설계되었는지 여부 2. 기술표준품의 설계·제작과정에 적용되는 품질관리체계 3. 기술표준품관리체계 ② 국토교통부장관은 제1항제1호에 따른 사항을 검사하는 경우에는 기술표준품의 최소성능표준에 대한 적합성과 도면, 규격서, 제작공정 등에 관한 내용을 포함하여 검사하여야 한다. ③ 국토교통부장관은 제1항제2호에 따른 사항을 검사하는 경우에는 해당 기술표준품을 제작할 수 있는 기술·설비 및 인력 등에 관한 내용을 포함하여 검사하여야 한다. ④ 국토교통부장관은 제1항제3호에 따른 사항을 검사하는 경우에는 기술표준품의 식별방법 및 기록유지 등에 관한 내용을 포함하여 검사하여야 한다.

항공안전법	항공안전법 시행령	항공안전법 시행규칙
제3장 항공기기술기준 및 형식증명 등		
		제58조(기술표준품형식승인서의 발급 등) ① 국토교통부장관은 법 제27조제2항에 따른 검사 결과 해당 기술표준품의 설계·제작이 기술표준품형식승인기준에 적합하다고 인정하는 경우에는 별지 제27호서식의 기술표준품형식승인서를 발급하여야 한다. ② 법 제27조에 따른 기술표준품형식승인을 받은 자는 해당 기술표준품에 기술표준품형식승인을 받았음을 나타내는 표시를 할 수 있다.
		제59조(항공기기술기준 등의 제·개정 신청 등) ① 항공기기술기준 또는 기술표준품형식승인기준의 제정 또는 개정을 신청하려는 자는 별지 제28호서식의 항공기기술기준 또는 기술표준품형식승인기준 제·개정 신청서에 항공기기술기준 또는 기술표준품형식승인기준 신·구조문대비표를 첨부하여 국토교통부장관에게 제출하여야 한다. ② 국토교통부장관은 제1항에 따른 신청이 있는 경우 30일 이내에 이를 검토하여 항공기기술기준 또는 기술표준품형식승인기준으로의 반영 여부를 제60조에 따른 항공기기술기준위원회의 심의를 거쳐 신청인에게 통보하여야 한다.
		제60조(항공기기술기준위원회의 구성 및 운영) ① 항공기기술기준 및 기술표준품형식승인기준의 적합성에 관하여 국토교통부장관의 자문에 조언하게 하기 위하여 국토교통부장관 소속으로 항공기기술기준위원회를 둔다. ② 항공기기술기준위원회는 다음 각 호의 사항을 심의·의결한다. 1. 항공기기술기준의 제·개정안 2. 기술표준품형식승인기준의 제·개정안 ③ 항공기기술기준위원회의 구성, 위원의 선임기준 및 임기 등 항공기기술기준위원회의 운영에 필요한 세부사항은 국토교통부장관이 정하여 고시한다.
제28조(부품등제작자증명) ① 항공기등에 사용할 장비품 또는 부품을 제작하려는 자는 국토교통부령으로 정하는 바에 따라 항공기기술기준에 적합하게 장비품 또는 부품을 제작할 수 있는 인력, 설비, 기술 및 검사체계 등을 갖추고 있는지에 대하여 국토교통부장관의 증명(이하 "부품등제작자증명"이라 한다)을 받아야 한다. 다만, 다음 각 호의 어느 하나에 해당하는 장비품 또는 부품을 제작하려는 경우에는 그러하지 아니하다. 1. 형식증명 또는 부가형식증명 당시 또는 형식증명승인 또는 부가형식증명승인 당시 장착되었던 장비품 또는 부품의 제작자가 제작하는 같은 종류의 장비품 또는 부품 2. 기술표준품형식승인을 받아 제작하는 기술표준품 3. 그 밖에 국토교통부령으로 정하는 장비품 또는 부품 ② 국토교통부장관은 부품등제작자증명을 할 때에는 항공기기술기준에 적합하게 장비품 또는 부품을 제작할 수 있는지를 검사한 후 적합하다고 인정하는 경우에는 국토교통부령으로 정하는 바에 따라 부품등제작자증명서를 발급하여야 한다.		**제61조(부품등제작자증명의 신청)** ① 법 제28조제1항에 따른 부품등제작자증명을 받으려는 자는 별지 제29호서식의 부품등제작자증명 신청서를 국토교통부장관에게 제출하여야 한다. ② 제1항에 따른 신청서에는 다음 각 호의 서류를 첨부하여야 한다. 1. 장비품 또는 부품(이하 "부품등"이라 한다)의 식별서 2. 항공기기술기준에 대한 적합성 입증 계획서 또는 확인서 3. 부품등의 설계도면·설계도면 목록 및 부품등의 목록 4. 부품등의 제조규격서 및 제품사양서 5. 부품등의 품질관리규정 6. 해당 부품등의 감항성 유지 및 관리체계(이하 "부품등관리체계"라 한다)를 설명하는 자료 7. 그 밖에 참고사항을 적은 서류

항공안전법	항공안전법 시행령	항공안전법 시행규칙
제3장 항공기기술기준 및 형식증명 등		
③ 누구든지 부품등제작자증명을 받지 아니한 장비품 또는 부품을 제작·판매하거나 항공기등 또는 장비품에 사용해서는 아니 된다. ④ 대한민국과 항공안전협정을 체결한 국가로부터 부품등제작자증명을 받은 경우에는 부품등제작자증명을 받은 것으로 본다. ⑤ 국토교통부장관은 다음 각 호의 어느 하나에 해당하는 경우에는 부품등제작자증명을 취소하거나 6개월 이내의 기간을 정하여 그 효력의 정지를 명할 수 있다. 다만, 제1호에 해당하는 경우에는 부품등제작자증명을 취소하여야 한다. 1. 거짓이나 그 밖의 부정한 방법으로 부품등제작자증명을 받은 경우 2. 장비품 또는 부품이 부품등제작자증명 당시의 항공기기술기준에 적합하지 아니하게 된 경우		**제62조(부품등제작자증명의 검사범위 등)** ① 국토교통부장관은 법 제28조제2항에 따라 부품등제작자증명을 위한 검사를 하는 경우에는 해당 부품등이 항공기기술기준에 적합하게 설계되었는지의 여부, 품질관리체계, 제작과정 및 부품등관리체계에 대한 검사를 하여야 한다. ② 제1항에 따른 검사의 세부적인 검사기준·방법 및 절차 등은 국토교통부장관이 정하여 고시한다.
		제63조(부품등제작자증명을 받지 아니하여도 되는 부품등) 법 제28조제1항제3호에서 "국토교통부령으로 정하는 장비품 또는 부품"이란 다음 각 호의 어느 하나에 해당하는 것을 말한다. 1. 「산업표준화법」 제15조제1항에 따라 인증받은 항공 분야 부품등 2. 전시·연구 또는 교육목적으로 제작되는 부품등 3. 국제적으로 공인된 규격에 합치하는 부품등 중 국토교통부장관이 정하여 고시하는 부품등
		제64조(부품등제작자증명서의 발급) ① 국토교통부장관은 법 제28조제2항에 따른 검사 결과 부품등제작자증명을 받으려는 자가 항공기기술기준에 적합하게 부품등을 제작할 수 있다고 인정하는 경우에는 별지 제30호서식의 부품등제작자증명서를 발급하여야 한다. ② 국토교통부장관은 제1항에 따른 부품등제작자증명서를 발급할 때에는 해당 부품등이 장착될 항공기등의 형식을 지정하여야 한다. ③ 법 제28조에 따른 부품등제작자증명을 받은 자는 해당 부품등에 대하여 부품등제작자증명을 받았음을 나타내는 표시를 할 수 있다.
제29조(과징금의 부과) ① 국토교통부장관은 제20조제7항, 제22조제5항, 제27조제4항 또는 제28조제5항에 따라 형식증명, 제한형식증명, 부가형식증명, 제작증명, 기술표준품형식승인 또는 부품등제작자증명의 효력정지를 명하는 경우로서 그 증명이나 승인의 효력정지가 항공기 이용자 등에게 심한 불편을 주거나 공익을 해칠 우려가 있는 경우에는 그 증명이나 승인의 효력정지처분을 갈음하여 1억원 이하의 과징금을 부과할 수 있다.〈개정 2017. 12. 26.〉 ② 제1항에 따른 과징금 부과의 구체적인 기준, 절차 및 그 밖에 필요한 사항은 대통령령으로 정한다. ③ 국토교통부장관은 제1항에 따라 과징금을 내야 할 자가 납부기한까지 과징금을 내지 아니하면 국세 체납처분의 예에 따라 징수한다.	**제5조(항공기등을 제작하려는 자 등에 대한 위반행위의 종류별 과징금의 금액)** 법 제 29조제1항에 따라 과징금을 부과하는 위반행위의 종류와 위반 정도 등에 따른 과징금의 금액은 별표 1과 같다.	

항공안전법	항공안전법 시행령	항공안전법 시행규칙
제3장 항공기기술기준 및 형식증명 등		
	제6조(과징금의 부과 및 납부) ① 국토교통부장관은 법 제29조제1항에 따라 과징금을 부과하려는 경우에는 그 위반행위의 종류와 해당 과징금의 금액을 명시하여 이를 납부할 것을 서면으로 통지하여야 한다. ② 제1항에 따라 통지를 받은 자는 통지를 받은 날부터 20일 이내에 국토교통부장관이 정하는 수납기관에 과징금을 내야 한다. 다만, 천재지변이나 그 밖의 부득이한 사유로 그 기간에 과징금을 낼 수 없는 경우에는 그 사유가 없어진 날부터 7일 이내에 내야 한다. ③ 국토교통부장관은 법 제29조제1항에 따라 과징금을 부과받은 자가 납부해야 하는 과징금이 5억원 이상 또는 전년도 매출액에 100분의 20을 곱한 금액을 초과한 경우로서 다음 각 호의 어느 하나에 해당하는 사유로 과징금의 전액을 한꺼번에 내기 어렵다고 인정하는 경우에는 그 납부기한을 연기하거나 분할납부하게 할 수 있다.〈신설 2020. 11. 3.〉 1. 재해 또는 재난 등으로 재산에 현저한 손실을 입은 경우 2. 사업 여건의 악화로 사업이 중대한 위기에 처해 있는 경우 3. 그 밖에 제1호 또는 제2호에 준하는 사유가 있는 경우로서 과징금을 한꺼번에 내기 어려운 사유가 있다고 인정되는 경우 ④ 제3항에 따라 과징금 납부기한의 연기 또는 분할납부를 신청하려는 자는 그 납부기한의 10일 전까지 납부기한의 연기 또는 분할납부의 사유를 증명하는 서류를 첨부하여 국토교통부장관에게 신청해야 한다.〈신설 2020. 11. 3.〉	

항공안전법	항공안전법 시행령	항공안전법 시행규칙
제3장 항공기기술기준 및 형식증명 등		
	⑤ 제3항에 따른 납부기한의 연기는 그 납부기한의 다음 날부터 1년 이내로 하고, 분할하여 납부하는 경우 분할된 납부기한 간의 간격은 4개월 이내로 하며, 분할 횟수는 3회 이내로 한다.〈신설 2020. 11. 3.〉 ⑥ 국토교통부장관은 다음 각 호의 어느 하나에 해당하는 경우에는 납부기한의 연기 또는 분할납부 결정을 취소하고 과징금을 한꺼번에 징수할 수 있다.〈신설 2020. 11. 3.〉 1. 분할납부하기로 결정된 과징금을 납부기한까지 내지 않은 경우 2. 강제집행, 경매의 개시, 파산선고, 법인의 해산, 국세 또는 지방세의 체납처분을 받은 경우 등 과징금의 전부 또는 잔여분을 징수할 수 없다고 인정되는 경우 3. 제3항 각 호에 따른 사유가 해소되어 납부의무자가 과징금을 한꺼번에 납부할 수 있다고 인정되는 경우 ⑦ 제2항에 따라 과징금을 받은 수납기관은 그 납부자에게 영수증을 발급하여야 한다.〈개정 2020. 11. 3.〉 ⑧ 과징금의 수납기관은 제2항에 따른 과징금을 받으면 지체 없이 그 사실을 국토교통부장관에게 통보하여야 한다.〈개정 2020. 11. 3.〉	
	제7조(과징금의 독촉 및 징수) ① 국토교통부장관은 제6조제1항에 따라 과징금의 납부통지를 받은 자가 납부기한까지 과징금을 내지 아니하면 납부기한이 지난 날부터 7일 이내에 독촉장을 발급하여야 한다. 이 경우 납부기한은 독촉장의발급일부터 10일 이내로 하여야 한다. ② 국토교통부장관은 제1항에 따라 독촉을 받은 자가 납부기한까지 과징금을 내지 아니한 경우에는 소속 공무원으로 하여금 국세 체납처분의 예에 따라 과징금을 강제징수하게 할 수 있다.	

항공안전법	항공안전법 시행령	항공안전법 시행규칙
제3장 항공기기술기준 및 형식증명 등		
제30조(수리 개조승인) ① 감항증명을 받은 항공기의 소유자등은 해당 항공기등, 장비품 또는 부품을 국토교통부령으로 정하는 범위에서 수리하거나 개조하려면 국토교통부령으로 정하는 바에 따라 그 수리·개조가 항공기기술기준에 적합한지에 대하여 국토교통부장관의 승인(이하 "수리·개조승인"이라 한다)을 받아야 한다. ② 소유자등은 수리·개조승인을 받지 아니한 항공기등, 장비품 또는 부품을 운항 또는 항공기등에 사용해서는 아니 된다. ③ 제1항에도 불구하고 다음 각 호의 어느하나에 해당하는 경우로서 항공기기술기준에 적합한 경우에는 수리·개조승인을 받은 것으로 본다. 1. 기술표준품형식승인을 받은 자가 제작한 기술표준품을 그가 수리·개조하는 경우 2. 부품등제작자증명을 받은 자가 제작한 장비품 또는 부품을 그가 수리·개조하는 경우 3. 제97조제1항에 따른 정비조직인증을 받은 자가 항공기등, 장비품 또는 부품을 수리·개조하는 경우		**제65조(항공기등 또는 부품등의 수리·개조승인의 범위)** 법 제30조제1항에 따라 승인을 받아야 하는 항공기등 또는 부품등의 수리·개조의 범위는 항공기의 소유자등이 법 제97조에 따라 정비조직인증을 받아 항공기등 또는 부품등을 수리·개조하거나 정비조직인증을 받은 자에게 위탁하는 경우로서 그 정비조직인증을 받은 업무 범위를 초과하여 항공기등 또는 부품등을 수리·개조하는 경우를 말한다.
제31조(항공기등의 검사 등) ① 국토교통부장관은 제20조부터 제25조까지, 제27조, 제28조, 제30조 및 제97조에 따른 증명·승인 또는 정비조직인증을 할 때에는 국토교통부장관이 정하는 바에 따라 미리 해당 항공기등 및 장비품을 검사하거나 이를 제작 또는 정비하려는 조직, 시설 및 인력 등을 검사하여야 한다. ② 국토교통부장관은 제1항에 따른 검사를 하기 위하여 다음 각 호의 어느 하나에 해당하는 사람 중에서 항공기등 및 장비품을 검사할 사람(이하 "검사관"이라 한다)을 임명 또는 위촉한다. 1. 제35조제8호의 항공정비사 자격증명을 받은 사람 2. 「국가기술자격법」에 따른 항공분야의 기사 이상의 자격을 취득한 사람 3. 항공기술 관련 분야에서 학사 이상의 학위를 취득한 후 3년 이상 항공기의 설계, 제작, 정비 또는 품질보증 업무에 종사한 경력이 있는 사람 4. 국가기관등항공기의 설계, 제작, 정비 또는 품질보증 업무에 5년 이상 종사한 경력이 있는 사람 ③ 국토교통부장관은 국토교통부 소속 공무원이 아닌 검사관이 제1항에 따른 검사를 한 경우에는 예산의 범위에서 수당을 지급할 수 있다.		**제66조(수리·개조승인의 신청)** 법 제30조제1항에 따라 항공기등 또는 부품등의 수리·개조승인을 받으려는 자는 별지 제31호서식의 수리·개조승인 신청서에 다음 각 호의 내용을 포함한 수리계획서 또는 개조계획서를 첨부하여 작업을 시작하기 10일 전까지 지방항공청장에게 제출하여야 한다. 다만, 항공기사고 등으로 인하여 긴급한 수리·개조를 하여야하는 경우에는 작업을 시작하기 전까지 신청서를 제출할 수 있다. 1. 수리·개조 신청사유 및 작업 일정 2. 작업을 수행하려는 인증된 정비조직의 업무범위 3. 수리·개조에 필요한 인력, 장비, 시설 및 자재 목록 4. 해당 항공기등 또는 부품등의 도면과 도면 목록 5. 수리·개조 작업지시서 **제67조(항공기등 또는 부품등의 수리·개조승인)** ① 지방항공청장은 제66조에 따른 수리·개조승인의 신청을 받은 경우에는 수리계획서 또는 개조계획서를 통하여 수리·개조가 항공기기술기준에 적합한지 여부를 확인한 후 승인하여야 한다. 다만, 신청인이 제출한 수리계획서 또는 개조계획서만으로 확인이 곤란한 경우에는 수리·개조가 시행되는 현장에서 확인한 후 승인할 수 있다. ② 지방항공청장은 제1항에 따라 수리·개조승인을 하는 때에는 별지 제32호서식의 수리·개조 결과서에 작업지시서 수행본 1부를 첨부하여 제출하는 것을 조건으로 신청자에게 승인하여야 한다.

항공안전법	항공안전법 시행령	항공안전법 시행규칙
제3장 항공기기술기준 및 형식증명 등		
제32조(항공기등의 정비등의 확인) ① 소유자등은 항공기등, 장비품 또는 부품에 대하여 정비등(국토교통부령으로 정하는 경미한 정비 및 제30조제1항에 따른 수리·개조는 제외한다. 이하 이 조에서 같다)을 한 경우에는 제35조제8호의 항공정비사 자격증명을 받은 사람으로서 국토교통부령으로 정하는 자격요건을 갖춘 사람으로부터 그 항공기등, 장비품 또는 부품에 대하여 국토교통부령으로 정하는 방법에 따라 감항성을 확인받지 아니하면 이를 운항 또는 항공기등에 사용해서는 아니 된다. 다만, 감항성을 확인받기 곤란한 대한민국 외의 지역에서 항공기등, 장비품 또는 부품에 대하여 정비등을 하는 경우로서 국토교통부령으로 정하는 자격요건을 갖춘 자로부터 그 항공기등, 장비품 또는 부품에 대하여 감항성을 확인받은 경우에는 이를 운항 또는 항공기등에 사용할 수 있다. ② 소유자등은 항공기등, 장비품 또는 부품에 대한 정비등을 위탁하려는 경우에는 제97조제1항에 따른 정비조직인증을 받은 자 또는 그 항공기등, 장비품 또는 부품을 제작한 자에게 위탁하여야 한다.	**제8조(항공기에 발생한 고장, 결함 또는 기능장애 보고 의무자)** 법 제33조제2항에서 "항공운송사업자, 항공기사용사업자 등 대통령령으로 정하는 소유자등"이란 다음 각 호의 어느 하나에 해당하는 자를 말한다. 〈개정 2019. 8. 27.〉 1. 「항공사업법」 제2조제10호에 따른 국내항공운송사업자 2. 「항공사업법」 제2조제12호에 따른 국제항공운송사업자(이하 "국제항공운송사 업자"라 한다) 3. 「항공사업법」 제2조제14호에 따른 소형항공운송사업자 4. 항공기사용사업자 5. 최대이륙중량이 5,700킬로그램을 초과하는 비행기를 소유하거나 임차하여 해당 비행기를 사용할 수 있는 권리가 있는 자 6. 최대이륙중량이 3,175킬로그램을 초과하는 헬리콥터를 소유하거나 임차하여 해당헬리콥터를 사용할 수 있는 권리가 있는 자	**제68조(경미한 정비의 범위)** 법 제32조제1항 본문에서 "국토교통부령으로 정하는 경미한 정비"란 다음 각 호의 어느 하나에 해당하는 작업을 말한다. 1. 간단한 보수를 하는 예방작업으로서 리깅(Rigging) 또는 간극의 조정작업 등 복잡 한 결합작용을 필요로 하지 아니하는 규격장비품 또는 부품의 교환작업 2. 감항성에 미치는 영향이 경미한 범위의 수리작업으로서 그 작업의 완료 상태를 확 인하는 데에 동력장치의 작동 점검과 같은 복잡한 점검을 필요로 하지 아니하는 작업 3. 그 밖에 윤활유 보충 등 비행전후에 실시하는 단순하고 간단한 점검 작업
제33조(항공기 등에 발생한 고장, 결함 또는 기능장애 보고 의무) ① 형식증명, 부가형식증명, 제작증명, 기술표준품형식승인 또는 부품등제작자증명을 받은 자는 그가 제작하거나 인증을 받은 항공기등, 장비품 또는 부품이 설계 또는 제작의 결함으로 인하여 국토교통부령으로 정하는 고장, 결함 또는 기능장애가 발생한 것을 알게 된 경우에는 국토교통부령으로 정하는 바에 따라 국토교통부장관에게 그 사실을 보고하여야 한다. ② 항공운송사업자, 항공기사용사업자 등 대통령령으로 정하는 소유자등 또는 제97조제1항에 따른 정비조직인증을 받은 자는 항공기를 운영하거나 정비하는 중에 국토교통부령으로 정하는 고장, 결함 또는 기능장애가 발생한 것을 알게 된 경우에는 국토교통부령으로 정하는 바에 따라 국토교통부장관에게 그 사실을 보고하여야 한다.		**제69조(항공기등의 정비등을 확인하는 사람)** 법 제32조제1항 본문에서 "국토교통부령으로 정하는 자격요건을 갖춘 사람"이란 다음 각 호의 어느 하나에 해당하는 사람을 말한다. 1. 항공운송사업자 또는 항공기사용사업자에 소속된 사람: 국토교통부장관 또는 지방항공청장이 법 제93조(법 제96조제2항에서 준용하는 경우를 포함한다)에 따라 인가한 정비규정에서 정한 자격을 갖춘 사람으로서 제81조제2항에 따른 동일한 항공기 종류 또는 제81조제6항에 따른 동일한 정비분야에 대해 최근 24개월 이내에 6개월 이상의 정비경험이 있는 사람 2. 법 제97조제1항에 따라 정비조직인증을 받은 항공기정비업자에 소속된 사람: 제 271조제1항에 따른 정비조직절차교범에서 정한 자격을 갖춘 사람으로서 제81조제2항에 따른 동일한 항공기 종류 또는 제81조제6항에 따른 동일한 정비분야에 대해 최근 24개월 이내에 6개월 이상의 정비경험이 있는 사람 3. 자가용항공기를 정비하는 사람: 해당 항공기 형식에 대하여 제작사가 정한 교육기 준 및 방법에 따라 교육을 이수하고 제81조제2항에 따른 동일한 항공기 종류 또는 제 81조제6항에 따른 동일한 정비분야에 대해 최근 24개월 이내에 6개월 이상의 정비경 험이 있는 사람 4. 제작사가 정한 교육기준 및 방법에 따라 교육을 이수한 사람 또는 이와 동등한 교육을 이수하여 국토교통부장관 또는 지방항공청장으로부터 승인을 받은 사람

항공안전법	항공안전법 시행령	항공안전법 시행규칙
제3장 항공기기술기준 및 형식증명 등		
		제70조(항공기등의 정비등을 확인하는 방법) 법 제32조제1항 본문에서 "국토교통부령으로 정하는 방법"이란 다음 각 호의 어느 하나에 해당하는 방법을 말한다. 1. 법 제93조제1항(법 제96조제2항에서 준용하는 경우를 포함한다)에 따라 인가받은 정비규정에 포함된 정비프로그램 또는 검사프로그램에 따른 방법 2. 국토교통부장관의 인가를 받은 기술자료 또는 절차에 따른 방법 3. 항공기등 또는 부품등의 제작사에서 제공한 정비매뉴얼 또는 기술자료에 따른 방법 4. 항공기등 또는 부품등의 제작국가 정부가 승인한 기술자료에 따른 방법 5. 그 밖에 국토교통부장관 또는 지방항공청장이 인정하는 기술자료에 따른 방법
		제71조(국외 정비확인자의 자격인정) 법 제32조제1항 단서에서 "국토교통부령으로 정하는 자격요건을 갖춘 자"란 다음 각 호의 어느 하나에 해당하는 사람으로서 국토교통부장관의 인정을 받은 사람(이하 "국외 정비확인자"라 한다)을 말한다. 1. 외국정부가 발급한 항공정비사 자격증명을 받은 사람 2. 외국정부가 인정한 항공기정비사업자에 소속된 사람으로서 항공정비사 자격증명을 받은 사람과 동등하거나 그 이상의 능력이 있는 사람
		제72조(국외 정비확인자의 인정신청) 제71조에 따른 인정을 받으려는 사람은 다음 각 호의 사항을 적은 신청서에 외국정부가 발급한 항공정비사 자격증명 또는 외국정부가 인정한 항공기정비사업자임을 증명하는 서류 및 그 사업자에 소속된 사람임을 증명하는 서류와 사진 2장을 첨부하여 국토교통부장관에게 제출하여야 한다. 1. 성명, 국적, 연령 및 주소 2. 경력 3. 정비확인을 하려는 장소 4. 자격인정을 받으려는 사유
		제73조(국외 정비확인자 인정서의 발급) ① 국토교통부장관은 제71조에 따른 인정을 하는 경우에는 별지 제33호서식의 국외 정비확인자 인정서를 발급하여야 한다. ② 국토교통부장관은 제1항에 따라 국외 정비확인자 인정서를 발급하는 경우에는 국외 정비확인자가 감항성을 확인할 수 있는 항공기등 또는 부품등의 종류·등급 또는 형식을 정하여야 한다. ③ 제1항에 따른 인정의 유효기간은 1년으로 한다.

항공안전법	항공안전법 시행령	항공안전법 시행규칙
제3장 항공기기술기준 및 형식증명 등		
		제74조(항공기 등에 발생한 고장, 결함 또는 기능장애 보고) ① 법 제33조제1항 및 제2항에서 "국토교통부령으로 정하는 고장, 결함 또는 기능장애"란 별표 20의2 제5호에 따른 의무보고 대상 항공안전장애(이하 "고장등"이라 한다)를 말한다.〈개정 2020. 2. 28.〉 ② 법 제33조제1항 및 제2항에 따라 고장등이 발생한 사실을 보고할 때에는 별지 제34호 서식의 고장·결함·기능장애 보고서 또는 국토교통부장관이 정하는 전자적인 보고방법에 따라야 한다. ③ 제2항에 따른 보고는 고장등이 발생한 것을 알게 된 때(별표 20의2 제5호마목 및 바목의 의무보고 대상 항공안전장애인 경우에는 보고 대상으로 확인된 때를 말한다)부터 96시간 이내(해당 기간에 포함된 토요일 및 법정공휴일에 해당하는 시간은 제외한다)에 해야 한다.〈개정 2019. 9. 23., 2020. 2. 28.〉

항공안전법	항공안전법 시행령	항공안전법 시행규칙
제4장 항공종사자 등		
제34조(항공종사자 자격증명 등) ① 항공업무에 종사하려는 사람은 국토교통부령으로 정하는 바에 따라 국토교통부장관으로부터 항공종사자 자격증명(이하 "자격증명"이라 한다)을 받아야 한다. 다만, 항공 업무 중 무인항공기의 운항 업무인 경우에는 그러하지 아니하다. ② 다음 각 호의 어느 하나에 해당하는 사람은 자격증명을 받을 수 없다. 1. 다음 각 목의 구분에 따른 나이 미만인 사람 가. 자가용 조종사 자격: 17세(제37조에 따라 자가용 조종사의 자격증명을 활공기에 한정하는 경우에는 16세) 나. 사업용 조종사, 부조종사, 항공사, 항공기관사, 항공교통관제사 및 항공정비사 자격: 18세 다. 운송용 조종사 및 운항관리사 자격: 21세 2. 제43조제1항에 따른 자격증명 취소처분을 받고 그 취소일부터 2년이 지나지 아니한 사람(취소된 자격증명을 다시 받는 경우에 한정한다) ③ 제1항 및 제2항에도 불구하고 「군사 기지 및 군사시설 보호법」을 적용받는 항공작전기지에서 항공기를 관제하는 군인은 국방부장관으로부터 자격인정을 받아 항공교통관제 업무를 수행할 수 있다.		**제75조(응시자격)** 법 제34조제1항에 따른 항공종사자 자격증명(이하 "자격증명"이라 한다) 또는 법 제37조제1항에 따른 자격증명의 한정을 받으려는 사람은 법 제34조제 2항 각 호의 어느 하나에 해당되지 아니하는 사람으로서 별표 4에 따른 경력을 가진사람이어야 한다. **제76조(응시원서의 제출)** 법 제38조제1항에 따른 자격증명의 시험(이하 "자격증명시험"이라 한다) 또는 법 제38조제2항에 따른 자격증명의 한정심사(이하 "한정심사"라 한다)에 응시하려는 자는 별지 제35호서식의 항공종사자 자격증명시험(한정심사) 응시 원서에 다음 각 호의 서류를 첨부하여 「한국교통안전공단법」에 따라 설립된 한국교 통안전공단(이하 "한국교통안전공단"이라 한다)의 이사장에게 제출하여야 한다. 다만, 제1호의 서류는 실기시험 응시원서 접수 시까지 제출할 수 있다.〈개정2018. 3. 23.〉 1. 자격증명시험 또는 한정심사에 응시할 수 있는 별표 4에 따른 경력이 있음을 증명 하는 서류 2. 제88조 또는 제89조에 따라 자격증명시험 또는 한정심사의 일부 또는 전부를 면제받으려는 사람은 면제받을 수 있는 자격 또는 경력 등이 있음을 증명하는 서류
제35조(자격증명의 종류) 자격증명의 종류는 다음과 같이 구분한다. 1. 운송용 조종사 2. 사업용 조종사 3. 자가용 조종사 4. 부조종사 5. 항공사 6. 항공기관사 7. 항공교통관제사 8. 항공정비사 9. 운항관리사		**제77조(비행경력의 증명)** ① 제76조제1호에 따른 경력 중 비행경력은 다음 각 호의 구분에 따라 증명된 것이어야 한다.〈개정 2022. 6. 8.〉 1. 법 제46조제1항의 조종연습에 따른 비행경력: 조종연습 비행이 끝날 때마다 법 제46조제1항 각 호의 구분에 따른 감독자가 증명한 것 2. 자격증명을 받은 조종사의 비행경력으로서 제1호의 비행경력 외의 비행경력: 비행이 끝날 때마다 해당 기장이 증명한 것 3. 삭제〈2022. 6. 8.〉 ② 제1항제2호에도 불구하고 비행경력을 증명받으려는 조종사가 기장인 경우에는 다음 각 목의 어느 하나에 해당하는 사람이 증명한 것으로 한다. 다만, 비행경력을 증명받으려는 조종사가 기장이면서 사용자인 경우에는 나목 또는 다목의 사람이 증명한 것으로 한다.〈신설 2022. 6. 8.〉 ③ 제1항에 따른 비행경력의 증명은 별지 제36호서식의 비행경력증명서에 따른다.〈개정 2022. 6. 8.〉 **제78조(비행시간의 산정)** 제77조에 따른 비행경력을 증명할 때 그 비행시간은 다음 각 호의 구분에 따라 산정(算定)한다. 1. 조종사 자격증명이 없는 사람이 조종사 자격증명시험에 응시하는 경우: 법 제46조제2항의 허가를 받은 사람이 단독 또는 교관과 동승하여 비행한 시간

항공안전법	항공안전법 시행령	항공안전법 시행규칙
제4장 항공종사자 등		
제36조(업무범위) ① 자격증명의 종류에 따른 업무범위는 별표와 같다. ② 자격증명을 받은 사람은 그가 받은 자격증명의 종류에 따른 업무범위 외의 업무에 종사해서는 아니 된다. ③ 다음 각 호의 어느 하나에 해당하는 경우에는 제1항 및 제2항을 적용하지 아니한다. 1. 국토교통부령으로 정하는 항공기에 탑승하여 조종(항공기에 탑승하여 그 기체 및 발동기를 다루는 것을 포함한다. 이하 같다)하는 경우 2. 새로운 종류, 등급 또는 형식의 항공기에 탑승하여 시험비행 등을 하는 경우로서 국토교통부령으로 정하는 바에 따라 국토교통부장관의 허가를 받은 경우		2. 자가용 조종사 자격증명을 받은 사람이 사업용 조종사 자격증명시험에 응시하는 경우(사업용 조종사 또는 부조종사 자격증명을 받은 사람이 운송용 조종사 자격증명시험에 응시하는 경우를 포함한다): 다음 각 목의 시간을 합산한 시간 가. 단독 또는 교관과 동승하여 비행하거나 기장으로서 비행한 시간 나. 비행교범에 따라 항공기 운항을 위하여 2명 이상의 조종사가 필요한 항공기의 기장 외의 조종사로서 비행한 시간 다. 기장 외의 조종사로서 기장의 지휘·감독 하에 기장의 임무를 수행한 경우 그 비행시간. 다만, 한 사람이 조종할 수 있는 항공기에 기장 외의 조종사가 탑승하여 비행하는 경우 그 기장 외의 조종사에 대해서는 그 비행시간의 2분의 1 3. 항공사 또는 항공기관사 자격증명시험에 응시하는 경우: 별표 4에서 정한 실제 항공기에 탑승하여 해당 항공사 또는 항공기관사에 준하는 업무를 수행한 경우 그 비행시간 **제79조(항공기의 지정)** 법 제36조제3항제1호에서 "국토교통부령으로 정하는 항공기"란 중급 활공기 또는 초급 활공기를 말한다. **제80조(시험비행 등의 허가)** 법 제36조제3항제2호에 따라 시험비행 등을 하려는 사람은 별지 제25호서식의 시험비행 등의 허가신청서를 지방항공청장에게 제출하여야 한다.
제37조(자격증명의 한정) ① 국토교통부장관은 다음 각 호의 구분에 따라 자격증명에 대한 한정을 할 수 있다.〈개정 2019. 8. 27.〉 1. 운송용 조종사, 사업용 조종사, 자가용 조종사, 부조종사 또는 항공기관사 자격의 경우: 항공기의 종류, 등급 또는 형식 2. 항공정비사 자격의 경우: 항공기·경량항공기의 종류 및 정비분야 ② 제1항에 따라 자격증명의 한정을 받은 항공종사자는 그 한정된 종류, 등급 또는 형식 외의 항공기·경량항공기나 한정된 정비분야 외의 항공업무에 종사해서는 아니 된다.〈개정 2019. 8. 27.〉 ③ 제1항에 따른 자격증명의 한정에 필요한 세부사항은 국토교통부령으로 정한다.		**제81조(자격증명의 한정)** ① 국토교통부장관은 법 제37조제1항제1호에 따라 항공기의 종류·등급 또는 형식을 한정하는 경우에는 자격증명을 받으려는 사람이 실기시험에 사용하는 항공기의 종류·등급 또는 형식으로 한정하여야 한다. ② 제1항에 따라 한정하는 항공기의 종류는 비행기, 헬리콥터, 비행선, 활공기 및 항공우주선으로 구분한다. ③ 제1항에 따라 한정하는 항공기의 등급은 다음 각 호와 같이 구분한다. 다만, 활공기의 경우에는 상급(활공기가 특수 또는 상급 활공기인 경우) 및 중급(활공기가 중급 또는 초급 활공기인 경우)으로 구분한다. 1. 육상 항공기의 경우: 육상단발 및 육상다발 2. 수상 항공기의 경우: 수상단발 및 수상다발 ④ 제1항에 따라 한정하는 항공기의 형식은 다음 각 호와 같이 구분한다. 1. 조종사 자격증명의 경우에는 다음 각 목의 어느 하나에 해당하는 형식의 항공기 가. 비행교범에 2명 이상의 조종사가 필요한 것으로 되어 있는 항공기 나. 가목 외에 국토교통부장관이 지정하는 형식의 항공기

항공안전법	항공안전법 시행령	항공안전법 시행규칙
제4장 항공종사자 등		
제38조(시험의 실시 및 면제) ① 자격증명을 받으려는 사람은 국토교통부령으로 정하는 바에 따라 항공업무에 종사하는데 필요한 지식 및 능력에 관하여 국토교통부장관이 실시하는 학과시험 및 실기시험에 합격하여야 한다. ② 국토교통부장관은 제37조에 따라 자격증명을 항공기·경량항공기의 종류, 등급 또는 형식별로 한정(제44조에 따른 계기비행증명 및 조종교육증명을 포함한다)하는 경우에는 항공기·경량항공기 탑승경력 및 정비경력 등을 심사하여야 한다. 이 경우 항공기·경량항공기의 종류 및 등급에 대한 최초의 자격증명의 한정은 실기시험으로 심사할 수 있다.〈개정 2019. 8. 27.〉 ③ 국토교통부장관은 다음 각 호의 어느 하나에 해당하는 사람에게는 국토교통부령으로 정하는 바에 따라 제1항 및 제2항에 따른 시험 및 심사의 전부 또는 일부를 면제할 수 있다.〈개정 2019. 8. 27.〉 1. 외국정부로부터 자격증명을 받은 사람 2. 제48조에 따른 전문교육기관의 교육과정을 이수한 사람 3. 항공기·경량항공기 탑승경력 및 정비경력 등 실무경험이 있는 사람 4. 「국가기술자격법」에 따른 항공기술분야의 자격을 가진 사람 ④ 국토교통부장관은 제1항에 따라 학과시험 및 실기시험에 합격한 사람에 대해서는 자격증명서를 발급하여야 한다.		2. 항공기관사 자격증명의 경우에는 모든 형식의 항공기 ⑤ 국토교통부장관이 법 제37조제1항제2호에 따라 한정하는 항공정비사 자격증명의 항공기·경량항공기의 종류는 다음 각 호와 같다.〈개정 2020. 2. 28.〉 1. 항공기의 종류 가. 비행기 분야. 다만, 비행기에 대한 정비업무경력이 4년(국토교통부장관이 지정한 전문교육기관에서 비행기 정비에 필요한 과정을 이수한 사람은 2년) 미만인 사람은 최대이륙중량 5,700킬로그램 이하의 비행기로 제한한다. 나. 헬리콥터 분야. 다만, 헬리콥터 정비업무경력이 4년(국토교통부장관이 지정한 전문교육기관에서 헬리콥터 정비에 필요한 과정을 이수한 사람은 2년) 미만인 사람은 최대이륙중량 3,175킬로그램 이하의 헬리콥터로 제한한다. 2. 경량항공기의 종류 가. 경량비행기 분야: 타면조종형비행기, 체중이동형비행기 또는 동력패러슈트 나. 경량헬리콥터 분야: 경량헬리콥터 또는 자이로플레인 ⑥ 국토교통부장관이 법 제37조제1항제2호에 따라 항공정비사의 자격증명을 한정하 는 정비분야 범위는 다음 각 호와 같다. 1. 기체(機體) 관련 분야 2. 왕복발동기 관련 분야 3. 터빈발동기 관련 분야 4. 프로펠러 관련 분야 5. 전자·전기·계기 관련 분야 [시행일: 2021. 3. 1.] 제81조제5항제1호가목 단서, 제81조제5항제1호나목 단서
		제82조(시험과목 및 시험방법) ① 자격증명시험 또는 한정심사의 학과시험 및 실기시험의 과목과 범위는 별표 5와 같다. ② 제1항에 따른 실기시험의 항목 중 항공기 또는 모의비행장치로 실기시험을 실시할 필요가 없다고 국토교통부장관이 인정하는 항목에 대해서는 구술로 실기시험을 실시하 게 할 수 있다. ③ 운송용 조종사의 실기시험에 사용하는 비행기의 발동기는 2개 이상이어야 한다.
		제83조(시험 및 심사 결과의 통보 등) ① 한국교통안전공단의 이사장은 자격증명시험 또는 한정심사의 학과시험 및 실기시험을 실시한 경우에는 각각 합격 여부 등 그 결과를 해당 시험에 응시한 사람에게 통보하여야 한다.〈개정 2018. 3. 23.〉 ② 한국교통안전공단의 이사장은 자격증명시험 또는 한정심사를 실시한 경우에는 항공종사자 자격증명별로 학과시험 및 실기시험 합격자 현황을 국토교통부장관에게 보고하여야 한다.〈개정 2018. 3. 23.〉

항공안전법	항공안전법 시행령	항공안전법 시행규칙
제4장 항공종사자 등		
		제84조(시험 및 심사의 실시에 관한 세부 사항) ① 한국교통안전공단의 이사장은 자격증명시험 및 한정심사를 실시하려는 경우에는 매년 말까지 자격증명시험 및 한정심사의 학과시험 및 실기시험의 일정(전용 전산망과 연결된 컴퓨터를 이용하여 수시로 시행하는 자격증명시험 및 한정심사의 학과시험의 일정은 제외한다), 응시자격 및 응시과목 등을 포함한 다음 연도의 계획을 공고하여야 한다.〈개정 2018. 3. 23.〉 ② 한국교통안전공단의 이사장은 제1항에도 불구하고 천재·지변 또는 「감염병의 예방 및 관리에 관한 법률」에 따른 감염병 발생 등 부득이한 사유로 제1항에 따른 자격증명시험 또는 한정심사를 실시할 수 없는 경우에는 그 사유 및 자격증명시험 또는 한정심사를 실시하지 않는 기간을 공고해야 한다.〈신설 2021. 6. 9.〉 ③ 이 규칙에서 정한 사항 외에 자격증명시험 및 한정심사에 관하여 필요한 사항은 국토교통부장관이 정하여 고시한다.〈개정 2021. 6. 9.〉
		제85조(과목합격의 유효) 자격증명시험 또는 한정심사의 학과시험의 일부 과목 또는 전 과목에 합격한 사람이 같은 종류의 항공기에 대하여 자격증명시험 또는 한정심사에 응시하는 경우에는 제83조제1항에 따른 통보가 있는 날(전 과목을 합격한 경우에는 최종 과목의 합격 통보가 있는 날)부터 2년 이내에 실시(자격증명시험 또는 한정심사 접수 마감일을 기준으로 한다)하는 자격증명시험 또는 한정심사에서 그 합격을 유효한 것으로 한다. 이 경우 과목 합격의 유효기간을 산정할 때 제84조제2항의 공고에 따라 자격증명시험 또는 한정심사가 실시되지 않는 기간은 제외한다.
		제86조(자격증명을 받은 사람의 학과시험 면제) 자격증명을 받은 사람이 다른 자격증명을 받기 위하여 자격증명시험에 응시하는 경우에는 별표 6에 따라 응시하려는 학과시험의 일부를 면제한다.
		제87조(항공종사자 자격증명서의 발급 및 재발급 등) ① 한국교통안전공단의 이사장은 자격증명시험 또는 한정심사의 학과시험 및 실시시험의 전 과목을 합격한 사람이 별지 제37호서식의 자격증명서 (재)발급신청서(전자문서로 된 신청서를 포함한다)를 제출한 경우 별지 제38호서식의 항공종사자 자격증명서를 발급하여야 한다. 다만, 법 제35조제1호부터 제7호까지의 자격증명의 경우에는 법 제40조에 따른 항공신체검사증명서를 제출받아 이를 확인한 후 자격증명서를 발급하여야 한다.〈개정 2018. 3. 23.〉 ② 항공종사자 자격증명서를 발급받은 사람은 항공종사자 자격증명서를 잃어버리거나 자격증명서가 헐어 못 쓰게 된 경우 또는 그 기재사항을 변경하려는 경우에는 별지 제37호서식의 자격증명서 (재)발급신청서(전자문서로 된 신청서를 포함한다)를 한국교통안전공단의 이사장에게 제출하여야 한다.〈개정 2018. 3. 23.〉

항공안전법	항공안전법 시행령	항공안전법 시행규칙
제4장 항공종사자 등		
		③ 제2항에 따라 재발급 신청을 받은 한국교통안전공단의 이사장은 그 신청 사유가 적합하다고 인정되면 별지 제38호서식의 항공종사자 자격증명서를 재발급하여야 한다.〈개정 2018. 3. 23.〉 ④ 한국교통안전공단의 이사장은 제1항 및 제3항에 따라 항공종사자 자격증명서를 발급하거나 재발급할 때 신청인의 신청이 있으면 전자문서로 된 자격증명서를 추가로 발급할 수 있다.〈신설 2020. 11. 2.〉 ⑤ 한국교통안전공단의 이사장은 제1항 및 제3항에 따라 항공종사자 자격증명서를 발급 또는 재발급한 경우에는 별지 제39호서식의 항공종사자 자격증명서 발급대장을 작성하여 갖춰 두거나, 컴퓨터 등 전산정보처리장치에 별지 제39호서식의 항공종사자 자격증명서 발급대장의 내용을 작성·보관하고 이를 관리하여야 한다.〈개정 2018. 3. 23., 2020. 11. 2.〉 ⑥ 한국교통안전공단의 이사장은 제88조제1항제1호 각 목의 어느 하나에 해당하는 사람에 대해서는 외국정부로부터 받은 자격증명(제75조 또는 「국제민간항공협약」 부속서 1에서 정한 해당 자격증명별 응시경력에 적합하여야 한다. 이하 같다)을 자격증명으로 인정한다. 이 경우 그 유효기간은 1년의 범위에서 해당 외국정부로부터 받은 자격증명 유효기간의 남은 기간으로 하되, 1년의 범위에서 한 번만 유효기간을 연장할 수 있다.〈개정 2018. 3. 23., 2020. 11. 2.〉 ⑦ 한국교통안전공단의 이사장은 제1항 또는 제3항에 따라 자격증명서를 발급받은 사람으로부터 별지 제40호서식의 자격증명서 유효성확인 신청서(전자문서로 된 신청서를 포함한다)를 접수받은 경우 그 해당 자격증명서의 유효성을 확인한 후 별지 제41호서식의 자격증명서 유효성확인 증명서를 발급하여야 한다.〈개정 2018. 3. 23., 2020. 11. 2.〉
		제88조(자격증명시험의 면제) ① 법 제38조제3항제1호에 따라 외국정부로부터 자격증명(임시 자격증명을 포함한다)을 받은 사람에게는 다음 각 호의 구분에 따라 자격증명시험의 일부 또는 전부를 면제한다. 1. 다음 각 목의 어느 하나에 해당하는 항공업무를 일시적으로 수행하려는 사람으로서 해당 자격증명시험에 응시하는 경우: 학과시험 및 실기시험의 면제 가. 새로운 형식의 항공기 또는 장비를 도입하여 시험비행 또는 훈련을 실시할 경우의 교관요원 또는 운용요원 나. 대한민국에 등록된 항공기 또는 장비를 이용하여 교육훈련을 받으려는 사람 다. 대한민국에 등록된 항공기를 수출하거나 수입하는 경우 국외 또는 국내로 승객·화물을 싣지 아니하고 비행하려는 조종사 2. 일시적인 조종사의 부족을 충원하기 위하여 채용된 외국인 조종사로서 해당 자격 증명시험에 응시하는 경우: 학과시험(항공법규는 제외한다)의 면제

항공안전법	항공안전법 시행령	항공안전법 시행규칙
제4장 항공종사자 등		
		3. 모의비행장치 교관요원으로 종사하려는 사람으로서 해당 자격증명시험에 응시하는 경우: 학과시험(항공법규는 제외한다)의 면제 4. 제1호부터 제3호까지의 규정 외의 경우로서 해당 자격증명시험에 응시하는 경우: 학과시험(항공법규는 제외한다)의 면제 ② 법 제38조제3항제2호 또는 제3호에 해당하는 사람이 해당 자격증명시험에 응시하는 경우에는 별표 7 제1호에 따라 실기시험의 일부를 면제한다. ③ 제75조에 따른 응시자격을 갖춘 사람으로서 법 제38조제3항제4호에 따라 「국가기술자격법」에 따른 항공기술사·항공정비기능장·항공기사 또는 항공산업기사의 자격 을 가진 사람에 대해서는 다음 각 호의 구분에 따라 시험을 면제한다. 1. 항공기술사 자격을 가진 사람이 항공정비사 종류별 자격증명시험에 응시하는 경우: 학과시험(항공법규는 제외한다)의 면제 2. 항공정비기능장 또는 항공기사자격을 가진 사람(해당 자격 취득 후 항공기 정비업 무에 1년 이상 종사한 경력이 있는 사람만 해당한다)이 항공정비사 종류별 자격증명시 험에 응시하는 경우: 학과시험(항공법규는 제외한다)의 면제 3. 항공산업기사 자격을 가진 사람(해당 자격 취득 후 항공기 정비업무에 2년 이상 종사한 경력이 있는 사람만 해당한다)이 항공정비사 종류별 자격증명 시험에 응시하는 경우: 학과시험(항공법규는 제외한다)의 면제
		제89조(한정심사의 면제) ① 법 제38조제3항제1호에 따라 외국정부로부터 자격증명의 한정(임시 자격증명의 한정을 포함한다)을 받은 사람이 해당 한정심사에 응시하는 경우에는 학과시험과 실기시험을 면제한다. ② 법 제38조제3항제2호에 따라 국토교통부장관이 지정한 전문교육기관에서 항공기 에 관한 전문교육을 이수한 조종사 또는 항공기관사가 교육 이수 후 180일 이내에 교육받은 것과 같은 형식의 항공기에 관한 한정심사에 응시하는 경우에는 국토교통부장관이 정하는 바에 따라 실기시험을 면제한다. 다만, 항공기의 소유자등이 새로운 형식의 항공기를 도입하는 경우 그 항공기의 조종사 또는 항공기관사에 관한 한정심사에서는 그 응시자가 외국정부가 인정한 외국의 전문교육기관(항공기 제작사 소속 훈련기관을 포함한다)에서 항공기에 관한 전문교육을 이수한 경우에는 국토교통부장관이 정하는 바에 따라 학과시험과 실기시험을 면제한다. ③ 법 제38조제3항제3호에 따른 실무경험이 있는 사람이 한정심사에 응시하는 경우에는 별표 7 제2호에 따라 실기시험의 일부를 면제한다.

항공안전법	항공안전법 시행령	항공안전법 시행규칙
제4장 항공종사자 등		
		제90조(조종사 등이 받은 자격증명의 효력) ① 자가용 조종사 자격증명을 받은 사람이 같은 종류의 항공기에 대하여 부조종사 또는 사업용 조종사의 자격증명을 받은 경우에는 종전의 자가용 조종사 자격증명에 관한 항공기 형식의 한정 또는 계기비행증명에 관한 한정은 새로 받은 자격증명에도 유효하다. ② 부조종사 또는 사업용 조종사의 자격증명을 받은 사람이 같은 종류의 항공기에 대하여 운송용 조종사 자격증명을 받은 경우에는 종전의 자격증명에 관한 항공기 형식의 한정 또는 계기비행증명·조종교육증명에 관한 한정은 새로 받은 자격증명에도 유효하다. ③ 항공정비사 자격증명을 받은 사람이 비행기 한정을 받은 경우에는 활공기에 대한 한정을 함께 받은 것으로 본다. ④ 제81조제5항제1호가목에 따라 항공정비사 자격증명을 비행기 분야로 한정을 받은 사람은 제81조제5항제2호가목의 경량비행기 분야로 한정을 함께 받은 것으로 보고, 제81조제5항제1호나목에 따라 항공정비사 자격증명을 헬리콥터 분야로 한정을 받은 사람은 제81조제5항제2호나목의 경량헬리콥터 분야로 한정을 함께 받은 것으로 본다.〈신설 2020. 2. 28.〉
제39조(모의비행장치를 이용한 자격증명 실기시험의 실시 등) ① 국토교통부장관은 항공기 대신 제39조의2제3항에 따라 국토교통부장관이 지정하는 모의비행훈련장치를 이용하여 제38조제1항에 따른 실기시험을 실시할 수 있다.〈개정 2021. 5. 18.〉 ② 제39조의2제3항에 따라 국토교통부장관이 지정하는 모의비행훈련장치를 이용한 탑승경력은 제38조제2항 전단에 따른 항공기 탑승경력으로 본다.〈개정 2021. 5. 18.〉 ③ 제2항에 따른 모의비행훈련장치의 탑승경력의 인정 등에 필요한 사항은 국토교통부령으로 정한다.〈개정 2021. 5. 18.〉 [제목개정 2021. 5. 18.]		**제91조(모의비행장치의 지정기준 등)** ① 법 제39조제1항에 따라 항공기 대신 이용할 수 있는 모의비행장치의 지정을 받으려는 자는 별지 제42호서식의 모의비행장치 지 정신청서에 다음 각 호의 서류를 첨부하여 지방항공청장에게 제출하여야 한다. 1. 모의비행장치의 설치과정 및 개요 2. 모의비행장치의 운영규정 3. 항공기와 같은 형식의 모의비행장치 시험비행기록 비교 자료 4. 모의비행장치의 성능 및 점검요령 5. 모의비행장치의 관리 및 정비방법 6. 모의비행장치에 의한 훈련계획 7. 모의비행장치의 최소 운용장비 목록과 그 적용방법(항공운송사업 또는 항공기사용 사업에 사용되는 항공기만 해당한다) ② 지방항공청장은 제1항에 따른 신청을 받으면 국토교통부장관이 고시하는 모의비행 장치 지정기준 및 검사요령에 따라 해당 모의비행장치를 검사하여 지정기준에 적합한 경우에는 별지 제43호서식의 모의비행장치 지정서를 발급하여야 한다. ③ 모의비행장치 탑승경력의 인정은 별표 4에 따른다.

항공안전법	항공안전법 시행령	항공안전법 시행규칙
제4장 항공종사자 등		
제39조의2(모의비행훈련장치의 지정 등) ① 항공운송사업자 등 국토교통부령으로 정하는 자가 모의비행훈련장치 지정을 받으려는 경우에는 국토교통부장관에게 지정을 신청하여야 한다. 지정받은 사항을 변경하거나 제4항에 따른 지정의 유효기간을 연장할 때에도 또한 같다. ② 국토교통부장관은 제1항에 따른 신청을 받은 경우 해당 모의비행훈련장치의 성능기준 등이 국토교통부장관이 정하여 고시하는 모의비행훈련장치 지정기준(이하 이 조에서 "모의비행훈련장치 지정기준"이라 한다)에 적합한지를 검사하여야 한다. 다만, 지정의 유효기간을 연장하려는 모의비행훈련장치에 대해서는 그 검사의 일부를 생략할 수 있다. ③ 국토교통부장관은 제2항에 따른 검사 결과 해당 모의비행훈련장치가 모의비행훈련장치 지정기준에 적합하다고 인정하는 경우에는 해당 모의비행훈련장치의 등급 및 운용범위 등을 정하여 지정서를 발급하여야 한다. ④ 모의비행훈련장치 지정의 유효기간은 1년으로 한다. 다만, 해당 모의비행훈련장치에 대해 국토교통부령으로 정하는 바에 따라 품질관리시스템을 구축·운영하는 경우에는 그 유효기간을 2년 연장할 수 있다. ⑤ 국토교통부장관은 다음 각 호의 어느 하나에 해당하는 경우에는 해당 모의비행훈련장치에 대한 지정을 취소하거나 6개월 이내의 기간을 정하여 그 효력의 정지를 명할 수 있다. 다만, 제1호에 해당하는 경우에는 지정을 취소하여야 한다. 1. 거짓이나 그 밖의 부정한 방법으로 지정을 받은 경우 2. 모의비행훈련장치가 지정 당시의 모의비행훈련장치 지정기준에 적합하지 아니하게 된 경우 ⑥ 제1항에 따른 지정 신청, 제2항 단서에 따른 검사의 일부 생략, 제3항에 따른 지정서의 발급, 제5항에 따른 처분의 기준 및 절차와 그 밖에 필요한 사항은 국토교통부령으로 정한다. [본조신설 2021. 5. 18.]		
제39조의3(항공종사자 자격증명서의 대여 등 금지) ① 자격증명을 받은 사람은 다른 사람에게 자기의 성명을 사용하여 항공업무를 수행하게 하거나 제38조제4항에 따라 발급받은 자격증명서(이하 "항공종사자 자격증명서"라 한다)를 빌려 주어서는 아니 된다. ② 누구든지 다른 사람의 성명을 사용하여 항공업무를 수행하거나 다른 사람의 항공종사자 자격증명서를 빌려서는 아니 된다. ③ 누구든지 제1항이나 제2항에서 금지된 행위를 알선하여서는 아니 된다. [본조신설 2021. 5. 18.]		

항공안전법	항공안전법 시행령	항공안전법 시행규칙
제4장 항공종사자 등		
제40조(항공신체검사증명) ① 다음 각 호의 어느 하나에 해당하는 사람은 자격증명의 종류별로 국토교통부장관의 항공신체검사증명을 받아야 한다. 1. 운항승무원 2. 제35조제7호의 자격증명을 받고 항공교통관제 업무를 하는 사람 ② 제1항에 따른 자격증명의 종류별 항공신체검사증명의 기준, 방법, 유효기간 등에 필요한 사항은 국토교통부령으로 정한다. ③ 국토교통부장관은 제1항에 따른 자격증명의 종류별 항공신체검사증명을 받으려는 사람이 제2항에 따른 자격증명의 종류별 항공신체검사증명의 기준에 적합한 경우에는 항공신체검사증명서를 발급하여야 한다. ④ 국토교통부장관은 제1항에 따른 자격증명의 종류별 항공신체검사증명을 받으려는 사람이 제2항에 따른 자격증명의 종류별 항공신체검사증명의 기준에 일부 미달한 경우에도 국토교통부령으로 정하는 바에 따라 항공신체검사를 받은 사람의 경험 및 능력을 고려하여 필요하다고 인정하는 경우에는 해당 항공업무의 범위를 한정하여 항공신체검사증명서를 발급할 수 있다. ⑤ 제1항에 따른 자격증명의 종류별 항공신체검사증명 결과에 불복하는 사람은 국토교통부령으로 정하는 바에 따라 국토교통부장관에게 이의신청을 할 수 있다. ⑥ 국토교통부장관은 제5항에 따른 이의신청에 대한 결정을 한 경우에는 지체 없이 신청인에게 그 결정 내용을 알려야 한다.		**제92조(항공신체검사증명의 기준 및 유효기간 등)** ① 법 제40조제1항에 따른 자격증명의 종류별 항공신체검사증명의 종류와 그 유효기간은 별표 8과 같다. ② 항공신체검사증명의 종류별 항공신체검사기준은 별표 9와 같다. ③ 법 제49조제1항에 따라 지정된 항공전문의사(이하 "항공전문의사"라 한다)는 법 제40조제4항에 따라 항공신체검사증명을 받으려는 사람이 자격증명별 항공신체검사기 준에 일부 미달한 경우에도 별표 8에 따른 유효기간을 단축하여 항공신체검사증명서를 발급할 수 있다. 다만, 단축되는 유효기간은 별표 8에 따른 유효기간의 2분의 1을 초과할 수 없다. ④ 제88조제1항에 따라 자격증명시험을 면제받은 사람이 외국정부 또는 외국정부가 지정한 민간의료기관이 발급한 항공신체검사증명을 받은 경우에는 그 항공신체검사증명의 남은 유효기간까지는 법 제40조제1항에 따른 항공신체검사증명을 받은 것으로 본다. ⑤ 별표 8에 따른 제1종의 항공신체검사증명을 받은 사람은 같은 별표에 따른 제2종 및 제3종의 항공신체검사증명을 함께 받은 것으로 본다. 이 경우 그 제2종 및 제3종의 항공신체검사증명의 유효기간은 별표 8에도 불구하고 제1종의 항공신체검사증명의 유효기간으로 한다.〈개정 2020. 2. 28.〉 ⑥ 자가용 조종사 자격증명을 받은 사람이 법 제44조에 따른 계기비행증명을 받으려는 경우에는 별표 9에 따른 제1종 신체검사기준을 충족하여야 한다. ⑦ 이 규칙에서 정한 사항 외에 항공신체검사증명의 기준에 관한 세부적인 사항은 국토교통부장관이 정하여 고시한다.
		제93조(항공신체검사증명 신청 등) ① 법 제40조제1항에 따라 항공신체검사증명을 받으려는 사람은 별지 제44호 서식의 항공신체검사증명신청서에 자기의 병력(病歷), 최근 복용 약품 및 과거에 부적합 판정을 받은 경우 그 사유와 날짜 등을 적어 항공전문의사에게 제출하여야 한다. ② 제1항에 따라 신청서를 제출받은 항공전문의사는 신청서의 허위 기재 등 법 제43조제3항에 따른 부정한 행위가 있었다고 인정하는 경우에는 판정을 보류하고 그 사실을 국토교통부장관에게 통보해야 하며, 운항승무원 또는 항공교통관제사에 대한 항공신체검사의 결과가 별표 9의 기준에 적합하다고 인정하는 경우에는 별지 제45호 서식의 항공신체검사증명서를 발급하여야 한다.〈개정 2020. 5. 27., 2020. 12. 10.〉 ③ 항공전문의사는 제2항에 따라 항공신체검사증명서를 발급한 경우 별지 제46호 서식의 항공신체검사 증명서 발급대장을 작성·관리하되, 전자적 처리가 불가능한 특별한 사유가 없으면 전자적 처리가 가능한 방법으로 작성·관리하여야 한다.

항공안전법	항공안전법 시행령	항공안전법 시행규칙
제4장 항공종사자 등		
		④ 항공전문의사는 매월 항공신체검사증명서 발급한 결과를 다음 달 5일까지 영 제26조제7항제1호에 따라 항공신체검사증명에 관한 업무를 위탁받은 사단법인 한국항공우주의학협회(이하 "한국항공우주의학협회"라 한다)에 통지하여야 한다. ⑤ 항공전문의사는 법 제40조제4항 및 이 규칙 제92조제3항에 따라 유효기간을 단축하거나 항공업무 범위를 한정하여 항공신체검사증명을 발급하거나 별표 9에 따른 항공신체검사기준에 미달하여 항공신체검사증명서를 발급할 수 없다고 판단되는 경우에는 한국항공우주의학협회에 자문하여야 한다.〈개정 2020. 12. 10.〉
		제94조(항공신체검사증명의 유효기간 연장) ① 법 제40조제1항제1호에 따른 항공신체 검사증명을 받은 운항승무원이 외국에 연속하여 6개월 이상 체류하면서 외국정부 또는 외국정부가 지정한 민간의료기관의 항공신체검사증명을 받은 경우에는 다음 각 호의 구분에 따른 기간을 넘지 아니하는 범위에서 외국에서 받은 해당 항공신체검사증 명의 유효기간까지 그 유효기간을 연장 받을 수 있다. 1. 항공운송사업·항공기사용사업에 사용되는 항공기 및 비사업용으로 사용되는 항공기의 운항승무원은 6개월 2. 자가용 조종사는 24개월 ② 제1항에 따라 항공신체검사증명의 유효기간을 연장 받으려는 사람은 별지 제47호 서식의 항공신체검사증명 유효기간 연장신청서에 다음 각 호의 서류를 첨부하여 항공전 문의사에게 제출하여야 한다. 1. 항공신체검사증명서 2. 외국정부 또는 외국정부가 지정한 민간의료기관이 발급한 항공신체검사증명서 ③ 제2항에 따라 항공신체검사증명의 유효기간 연장신청을 받은 항공전문의사는 신청 서에 첨부된 외국정부 또는 외국정부가 지정한 민간의료기관이 발급한 항공신체검사증명서를 확인한 후 그 사실이 인정되는 경우에는 유효기간을 연장하여 별지 제45호 서식의 항공신체검사증명서를 발급하여야 한다.
		제95조(항공신체검사증명에 대한 재심사) ① 한국항공우주의학협회는 제93조제4항에 따라 항공전문의사로부터 항공신체검사증명서의 발급 결과를 통지받은 경우에는 그 항공전문의사가 실시한 항공신체검사증명의 적합성 여부를 재심사할 수 있다. ② 한국항공우주의학협회는 제1항에 따른 재심사 결과 항공신체검사증명서가 부적합 하게 발급되었다고 인정되는 경우에는 지체 없이 이를 국토교통부장관 또는 지방항공청장에게 통지하여야 한다.

항공안전법	항공안전법 시행령	항공안전법 시행규칙
제4장 항공종사자 등		
		제96조(이의신청 등) ① 법 제40조제5항에 따라 항공신체검사증명의 결과에 대하여 이의가 있는 사람은 그 결과를 통보받은 날부터 30일 이내에 별지 제48호서식의 항공신체검사증명 이의신청서(전자문서로 된 신청서를 포함한다)를 국토교통부장관에 제출하여야 한다. ② 국토교통부장관은 제1항에 따른 이의신청을 심사하기 위하여 다음 각 호의 사람에게 자문할 수 있다. 1. 이의신청 내용과 관련된 해당 질환 전문의 2. 항공운송 분야 비행경력이 있는 전문가 ③ 국토교통부장관은 제1항에 따른 이의신청을 받으면 신청을 받은 날부터 30일 이내에 이를 심사하고 그 결과를 신청인에게 통지하여야 한다. 다만, 제2항에 따른 자문이 지연되어 이의신청에 대한 심사를 기한까지 마칠 수 없는 경우에는 그 심사기간을 30일 연장할 수 있다.〈개정 2019. 9. 23.〉 ④ 제3항 단서에 따라 심사기간을 연장하는 경우에는 심사기간이 끝나기 7일 전까지 신청인에게 그 내용을 통지하여야 한다. ⑤ 그 밖에 이의신청에 관한 구체적인 사항은 국토교통부장관이 정하여 고시한다.
제41조(항공신체검사명령) 국토교통부장관은 특히 필요하다고 인정하는 경우에는 항공신체검사증명의 유효기간이 지나지 아니한 운항승무원 및 항공교통관제사에게 제40조에 따른 항공신체검사를 받을 것을 명할 수 있다.		
제42조(항공업무 등에 종사 제한) 제40조제2항에 따른 자격증명의 종류별 항공신체검사증명의 기준에 적합하지 아니한 운항승무원 및 항공교통관제사는 종전 항공신체검사증명의 유효기간이 남아 있는 경우에도 항공업무(제46조에 따른 항공기 조종연습 및 제47조에 따른 항공교통관제연습을 포함한다)에 종사해서는 아니 된다.		
제43조(자격증명·항공신체검사증명의 취소 등) ① 국토교통부장관은 항공종사자가 다음 각 호의 어느 하나에 해당하는 경우에는 그 자격증명이나 자격증명의 한정(이하 이 조에서 "자격증명등"이라 한다)을 취소하거나 1년 이내의 기간을 정하여 자격증명등의 효력정지를 명할 수 있다. 다만, 제1호, 제6호의2, 제6호의3 또는 제31호에 해당하는 경우에는 해당 자격증명등을 취소하여야 한다.〈개정 2019. 8. 27., 2020. 6. 9., 2020. 12. 8., 2021. 5. 18.〉 1. 거짓이나 그 밖의 부정한 방법으로 자격증명등을 받은 경우 2. 이 법을 위반하여 벌금 이상의 형을 선고 받은 경우 3. 항공종사자로서 항공업무를 수행할 때 고의 또는 중대한 과실로 항공기사고를 일으켜 인명피해나 재산피해를 발생시킨 경우		

항공안전법	항공안전법 시행령	항공안전법 시행규칙
제4장 항공종사자 등		
4. 제32조제1항 본문에 따라 정비등을 확인하는 항공종사자가 국토교통부령으로 정하는 방법에 따라 감항성을 확인하지 아니한 경우 5. 제36조제2항을 위반하여 자격증명의 종류에 따른 업무범위 외의 업무에 종사한 경우 6. 제37조제2항을 위반하여 자격증명의 한정을 받은 항공종사자가 한정된 종류, 등급 또는 형식 외의 항공기·경량항공기나 한정된 정비분야 외의 항공업무에 종사한 경우 6의2. 제39조의3제1항을 위반하여 다른 사람에게 자기의 성명을 사용하여 항공 업무를 수행하게 하거나 항공종사자 자격증명서를 빌려 준 경우 6의3. 제39조의3제3항을 위반하여 다음 각 목의 어느 하나에 해당하는 행위를 알선한 경우 가. 다른 사람에게 자기의 성명을 사용하여 항공업무를 수행하게 하거나 항공종사자 자격증명서를 빌려 주는 행위 나. 다른 사람의 성명을 사용하여 항공업무를 수행하거나 다른 사람의 항공종사자 자격증명서를 빌리는 행위 7. 제40조제1항(제46조제4항 및 제47조제4항에서 준용하는 경우를 포함한다)을 위반하여 항공신체검사증명을 받지 아니하고 항공업무(제46조에 따른 항공기 조종연습 및 제47조에 따른 항공교통관제연습을 포함한다. 이하 이 항 제8호, 제13호, 제14호 및 제16호에서 같다)에 종사한 경우 8. 제42조를 위반하여 제40조제2항에 따른 자격증명의 종류별 항공신체검사증명의 기준에 적합하지 아니한 운항승무원 및 항공교통관제사가 항공업무에 종사한 경우 9. 제44조제1항을 위반하여 계기비행증명을 받지 아니하고 계기비행 또는 계기비행방식에 따른 비행을 한 경우 10. 제44조제2항을 위반하여 조종교육증명을 받지 아니하고 조종교육을 한 경우 11. 제45조제1항을 위반하여 항공영어구술능력증명을 받지 아니하고 같은 항 각 호의 어느 하나에 해당하는 업무에 종사한 경우 12. 제55조를 위반하여 국토교통부령으로 정하는 비행경험이 없이 같은 조 각 호의 어느 하나에 해당하는 항공기를 운항하거나 계기비행·야간비행 또는 제44조제2항에 따른 조종교육의 업무에 종사한 경우 13. 제57조제1항을 위반하여 주류등의 영향으로 항공업무를 정상적으로 수행할 수 없는 상태에서 항공업무에 종사한 경우 14. 제57조제2항을 위반하여 항공업무에 종사하는 동안에 같은 조 제1항에 따른 주류등을 섭취하거나 사용한 경우 15. 제57조제3항을 위반하여 같은 조 제1항에 따른 주류등의 섭취 및 사용 여부의 측정 요구에 따르지 아니한 경우 15의2. 제57조의2를 위반하여 항공기 내에서 흡연을 한 경우		

항공안전법	항공안전법 시행령	항공안전법 시행규칙
제4장 항공종사자 등		
16. 항공업무를 수행할 때 고의 또는 중대한 과실로 항공기준사고, 항공안전장애 또는 제61조제1항에 따른 항공안전위해요인을 발생시킨 경우 17. 제62조제2항 또는 제4항부터 제6항까지에 따른 기장의 의무를 이행하지 아니한 경우 18. 제63조를 위반하여 조종사가 운항자격의 인정 또는 심사를 받지 아니하고 운항한 경우 19. 제65조제2항을 위반하여 기장이 운항관리사의 승인을 받지 아니하고 항공기를 출발시키거나 비행계획을 변경한 경우 20. 제66조를 위반하여 이륙·착륙 장소가 아닌 곳에서 이륙하거나 착륙한 경우 21. 제67조제1항을 위반하여 비행규칙을 따르지 아니하고 비행한 경우 22. 제68조를 위반하여 같은 조 각 호의 어느 하나에 해당하는 비행 또는 행위를 한 경우 23. 제70조제1항을 위반하여 허가를 받지 아니하고 항공기로 위험물을 운송한 경우 24. 제76조제2항을 위반하여 항공업무를 수행한 경우 25. 제77조제2항을 위반하여 같은 조 제1항에 따른 운항기술기준을 준수하지 아니하고 비행을 하거나 업무를 수행한 경우 26. 제79조제1항을 위반하여 국토교통부장관이 정하여 공고하는 비행의 방식 및 절차에 따르지 아니하고 비관제공역(非管制空域) 또는 주의공역(注意空域)에서 비행한 경우 27. 제79조제2항을 위반하여 허가를 받지 아니하거나 국토교통부장관이 정하는 비행의 방식 및 절차에 따르지 아니하고 통제공역에서 비행한 경우 28. 제84조제1항을 위반하여 국토교통부장관 또는 항공교통업무증명을 받은 자가 지시하는 이동·이륙·착륙의 순서 및 시기와 비행의 방법에 따르지 아니한 경우 29. 제90조제4항(제96조제1항에서 준용하는 경우를 포함한다)을 위반하여 운영기준을 준수하지 아니하고 비행을 하거나 업무를 수행한 경우 30. 제93조제7항 후단(제96조제2항에서 준용하는 경우를 포함한다)을 위반하여 운항규정 또는 정비규정을 준수하지 아니하고 업무를 수행한 경우 30의2. 제108조제4항 본문에 따라 경량항공기 또는 그 장비품·부품의 정비사항을 확인하는 항공종사자가 국토교통부령으로 정하는 방법에 따라 확인하지 아니한 경우 31. 이 조에 따른 자격증명등의 정지명령을 위반하여 정지기간에 항공업무에 종사한 경우 ② 국토교통부장관은 항공종사자가 다음 각 호의 어느 하나에 해당하는 경우에는 그 항공신체검사증명을 취소하거나 1년 이내의 기간을 정하여 항공신체검사증명의 효력정지를 명할 수 있다. 다만, 제1호에 해당하는 경우에는 항공신체검사증명을 취소하여야 한다.		**제97조(자격증명·항공신체검사증명의 취소 등)** ① 법 제43조(법 제44조제4항, 제46조제4항 및 제47조제4항에서 준용하는 경우를 포함한다)에 따른 행정처분기준은 별표 10과 같다. ② 국토교통부장관 또는 지방항공청장은 제1항에 따른 처분을 한 경우에는 별지 제49호서식의 항공종사자 행정처분대장을 작성·관리하되, 전자적 처리가 불가능한 특별한 사유가 없으면 전자적 처리가 가능한 방법으로 작성·관리하고, 자격증명에 대한 처분 내용은 한국교통안전공단의 이사장에게 통지하고 항공신체검사증명에 대한 처분 내용은 한국교통안전공단 이사장 및 한국항공우주의학협회의 장에게 통지하여야 한다.〈개정 2018. 3. 23.〉

항공안전법	항공안전법 시행령	항공안전법 시행규칙
제4장 항공종사자 등		
1. 거짓이나 그 밖의 부정한 방법으로 항공신체검사증명을 받은 경우 2. 제1항제13호부터 제15호까지의 어느 하나에 해당하는 경우 3. 제40조제2항에 따른 자격증명의 종류별 항공신체검사증명의 기준에 맞지 아니하게 되어 항공업무를 수행하기에 부적합하다고 인정되는 경우 4. 제41조에 따른 항공신체검사명령에 따르지 아니한 경우 5. 제42조를 위반하여 항공업무에 종사한 경우 6. 제76조제2항을 위반하여 항공신체검사증명서를 소지하지 아니하고 항공업무에 종사한 경우 ③ 자격증명등의 시험에 응시하거나 심사를 받는 사람 또는 항공신체검사를 받는 사람이 그 시험이나 심사 또는 검사에서 부정한 행위를 한 경우에는 그 부정한 행위를 한 날부터 각각 2년간 이 법에 따른 자격증명등의 시험에 응시하거나 심사를 받을 수 없으며, 이 법에 따른 항공신체검사를 받을 수 없다. ④ 제1항 및 제2항에 따른 처분의 기준 및 절차와 그 밖에 필요한 사항은 국토교통부령으로 정한다.		
제44조(계기비행증명 및 조종교육증명) ① 운송용 조종사(헬리콥터를 조종하는 경우만 해당한다), 사업용 조종사, 자가용 조종사 또는 부조종사의 자격증명을 받은 사람은 그가 사용할 수 있는 항공기의 종류로 다음 각 호의 비행을 하려면 국토교통부령으로 정하는 바에 따라 국토교통부장관의 계기비행증명을 받아야 한다. 1. 계기비행 2. 계기비행방식에 따른 비행 ② 다음 각 호의 조종연습을 하는 사람에 대하여 조종교육을 하려는 사람은 비행시간을 고려하여 그 항공기의 종류별·등급별로 국토교통부령으로 정하는 바에 따라 국토교통부장관의 조종교육증명을 받아야 한다.〈개정 2017. 10. 24.〉 1. 제35조제1호부터 제4호까지의 자격증명을 받지 아니한 사람이 항공기(제36조제3항에 따라 국토교통부령으로 정하는 항공기는 제외한다)에 탑승하여 하는 조종연습 2. 제35조제1호부터 제4호까지의 자격증명을 받은 사람이 그 자격증명에 대하여 제37조에 따라 한정을 받은 종류 외의 항공기에 탑승하여 하는 조종연습 ③ 제2항에 따른 조종교육증명에 필요한 사항은 국토교통부령으로 정한다. ④ 제1항에 따른 계기비행증명 및 제2항에 따른 조종교육증명의 시험 및 취소 등에 관하여는 제38조 및 제43조제1항·제3항을 준용한다.		**제98조(계기비행증명 및 조종교육증명 절차 등)** ① 법 제44조에 따른 계기비행증명 및 조종교육증명을 위한 학과 및 실기시험, 시험장소 등 세부적인 내용과 절차는 국토교통부장관이 정하여 고시한다. ② 법 제44조제2항에 따라 조종교육증명을 받아야 하는 조종교육은 항공기(초급활공기는 제외한다)에 대한 이륙조작·착륙조작 또는 공중조작의 실기교육[법 제46조제1항 각 호에 따른 조종연습을 하는 사람(이하 "조종연습생"이라 한다) 단독으로 비행하게 하는 경우를 포함한다]으로 한다. ③ 법 제44조제2항에 따른 조종교육증명은 항공기의 종류별·등급별로 다음 각 호와 같이 발급받아야 한다.〈개정 2018. 4. 25.〉 1. 초급 조종교육증명 2. 선임 조종교육증명 ④ 제3항 각 호에 따른 조종교육증명을 받은 사람이 할 수 있는 조종교육의 세부내용은 다음 각 호와 같다. 다만, 초급 교육증명을 받은 사람으로서 조종교육 비행시간이 100시간 미만이거나 조종교육을 한 기간이 6개월 미만인 사람은 선임 조종교육증명을 받은 사람의 관리 하에서 업무를 수행하여야 한다. 1. 초급 조종교육증명을 받은 사람 가. 지상교육 나. 해당 항공기 종류별 자가용·사업용 조종사 자격증명, 계기비행증명 또는 조종교 육증명 취득을 위한 비행교육 다. 조종연습생의 단독비행에 대한 허가. 다만, 해당 조종연습생의 최초의 단독비행 허가는 제외한다. 2. 선임 조종교육증명을 받은 사람 가. 제1호에 따라 초급 조종교육증명을 받은 사람이 하는 업무 나. 조종연습생의 최초 단독비행에 대한 허가 다. 초급 조종교육증명을 받은 사람에 대한 관리

항공안전법	항공안전법 시행령	항공안전법 시행규칙
제4장 항공종사자 등		
제45조(항공영어구술능력증명) ① 다음 각 호의 어느 하나에 해당하는 업무에 종사하려는 사람은 국토교통부장관의 항공영어구술능력증명을 받아야 한다. 1. 두 나라 이상을 운항하는 항공기의 조종 2. 두 나라 이상을 운항하는 항공기에 대한 관제 3. 「공항시설법」 제53조에 따른 항공통신업무 중 두 나라 이상을 운항하는 항공기에 대한 무선통신 ② 제1항에 따른 항공영어구술능력증명(이하 "항공영어구술능력증명"이라 한다)을 위한 시험의 실시, 항공영어구술능력증명의 등급, 등급별 합격기준, 등급별 유효기간 등에 필요한 사항은 국토교통부령으로 정한다. ③ 국토교통부장관은 항공영어구술능력증명을 받으려는 사람이 제2항에 따른 등급별 합격기준에 적합한 경우에는 국토교통부령으로 정하는 바에 따라 항공영어구술능력증명서를 발급하여야 한다. ④ 제3항에도 불구하고 제34조제3항에 따라 국방부장관으로부터 자격인정을 받아 항공교통관제 업무를 수행하는 사람으로서 항공영어구술능력증명을 받으려는 사람이 제2항에 따른 등급별 합격기준에 적합한 경우에는 국방부장관이 항공영어구술능력증명서를 발급할 수 있다. ⑤ 외국정부로부터 항공영어구술능력증명을 받은 사람은 해당 등급별 유효기간의 범위에서 제2항에 따른 항공영어구술능력증명을 위한 시험이 면제된다. ⑥ 항공영어구술능력증명의 취소 등에 관하여는 제43조제1항제1호 및 같은 조 제3항을 준용한다. 이 경우 "자격증명등"은 "항공영어구술능력증명"으로 본다.		**제99조(항공영어구술능력증명시험의 실시 등)** ① 법 제45조제2항에 따른 항공영어구술 능력증명시험의 등급은 6등급으로 구분하되, 6등급 항공영어구술능력증명시험에 응시 하려는 사람은 응시원서 접수 당시 제3항에 따른 유효기간 내에 있는 5등급 항공영 어구술능력증명을 보유해야 한다.〈개정 2019. 9. 23.〉 ② 법 제45조제2항에 따른 항공영어구술능력증명시험의 평가 항목 및 등급별 합격기 준은 별표 11과 같다. 〈개정 2019. 9. 23.〉 ③ 법 제45조제2항에 따른 항공영어구술능력증명의 등급별 유효기간은 다음 각 호의 구분에 따른 기준일부터 계산하여 4등급은 3년, 5등급은 6년, 6등급은 영구로 한다. 1. 최초 응시자(항공영어구술능력증명의 유효기간이 지난 사람을 포함한다): 합격 통 지일 2. 4등급 또는 5등급의 항공영어구술능력증명을 받은 사람이 유효기간이 끝나기 전 6개월 이내에 항공영어구술능력증명시험에 합격한 경우: 기존 증명의 유효기간이 끝난 다음 날 ④ 제1항에 따른 항공영어구술능력증명시험의 구체적인 실시방법 등에 관하여 필요한 사항은 국토교통부장관이 정하여 고시한다. **제100조(항공영어구술능력증명시험 결과의 통지 등)** ① 제319조에 따른 항공영어구술 능력평가 전문기관은 제99조제1항 및 제2항에 따라 별지 제50호서식의 항공영어구 술능력증명시험 응시원서를 접수받아 항공영어구술능력증명시험을 실시한 경우에는 등급, 합격일 등이 포함된 시험 결과를 해당 응시자 및 한국교통안전공단의 이사장에 게 통보하여야 한다. 〈개정 2018. 3. 23.〉 ② 제1항에 따른 통보를 받은 경우 한국교통안전공단의 이사장은 항공영어구술능력증 명시험에 합격한 사람에게 합격 여부를 정보통신망 또는 우편 등의 방법으로 통지해야 한다.〈개정 2020. 2. 28.〉 ③ 항공영어구술능력증명시험에 합격한 사람은 항공영어구술능력증명서를 발급받으려 면 별지 제50호의2서식의 항공영어구술능력증명서 신청서를 한국교통안전공단에 제출해야 한다.〈신설 2020. 2. 28.〉 ④ 한국교통안전공단 이사장은 제3항에 따른 신청서를 제출받은 경우 별지 제51호서 식의 항공영어구술능력증명서(법 제45조제1항제1호 또는 제2호에 해당하는 업무에 종 사하려는 사람의 경우에는 항공영어구술능력의 등급과 그 유효기간을 적은 별지 제38 호서식의 항공종사자 자격증명서)를 발급하고 그 결과를 별지 제39호서식의 항공종사 자 자격증명서 발급대장에 기록·보관하되, 전자적 처리가 불가능한 특별한 사유가 없 으면 전자적 처리가 가능한 방법으로 작성·관리해야 한다. 〈신설 2020. 2. 28.〉

항공안전법	항공안전법 시행령	항공안전법 시행규칙
제4장 항공종사자 등		
제46조(항공기의 조종연습) ① 다음 각 호의 조종연습을 위한 조종에 관하여는 제36조제1항·제2항 및 제37조제2항을 적용하지 아니한다. 1. 제35조제1호부터 제4호까지에 따른 자격증명 및 제40조에 따른 항공신체검사증명을 받은 사람이 한정받은 등급 또는 형식 외의 항공기(한정받은 종류의 항공기만 해당한다)에 탑승하여 하는 조종연습으로서 그 항공기를 조종할 수 있는 자격증명 및 항공신체검사증명을 받은 사람(그 항공기를 조종할 수 있는 지식 및 능력이 있다고 인정하여 국토교통부장관이 지정한 사람을 포함한다)의 감독으로 이루어지는 조종연습 2. 제44조제2항제1호에 따른 조종연습으로서 그 조종연습에 관하여 국토교통부장관의 허가를 받고 조종교육증명을 받은 사람의 감독으로 이루어지는 조종연습 3. 제44조제2항제2호에 따른 조종연습으로서 조종교육증명을 받은 사람의 감독으로 이루어지는 조종연습 ② 국토교통부장관은 제1항제2호에 따른 조종연습의 허가 신청을 받은 경우 신청인이 항공기의 조종연습을 하기에 필요한 능력이 있다고 인정되는 경우에는 국토교통부령으로 정하는 바에 따라 그 조종연습을 허가하여야 한다. ③ 제1항제2호에 따른 허가는 신청인에게 항공기 조종연습허가서를 발급함으로써 한다. ④ 제1항제2호에 따른 허가를 받은 사람의 항공신체검사증명, 그 허가의 취소 등에 관하여는 제40조부터 제43조까지의 규정을 준용한다. ⑤ 제3항에 따른 항공기 조종연습허가서를 받은 사람이 조종연습을 할 때에는 항공기 조종연습허가서와 항공신체검사증명서를 지녀야 한다.		**제101조(조종연습의 허가 신청)** ① 법 제46조제1항제2호에 따른 조종연습의 허가를 받으려는 사람은 별지 제52호서식의 항공기 조종연습 허가신청서를 지방항공청장에 게 제출해야 한다. 〈개정 2020. 2. 28.〉 ② 제1항에 따라 조종연습의 허가 신청을 받은 지방항공청장은 신청인의 항공신체검사증명서를 확인해야 하며 신청인이 항공기의 조종연습을 하기에 필요한 능력이 있다고 인정되는 경우에는 별지 제53호서식의 항공기 조종연습허가서를 발급해야 한다. 이 경우 항공조종연습의 유효기간은 신청인의 항공신체검사증명서 유효기간 내에서 정해야 한다. 〈개정 2020. 2. 28.〉
제47조(항공교통관제연습) ① 제35조제7호의 항공교통관제사 자격증명을 받지 아니한 사람이 항공교통관제 업무를 연습(이하 "항공교통관제연습"이라 한다)하려는 경우에는 국토교통부장관의 항공교통관제연습허가를 받고 국토교통부령으로 정하는 자격요건을 갖춘 사람의 감독하에 항공교통관제연습을 하여야 한다. ② 국토교통부장관은 제1항에 따른 항공교통관제연습 허가 신청을 받은 경우에는 신청인이 항공교통관제 연습을 하기에 필요한 능력이 있다고 인정되면 국토교통부령으로 정하는 정하는 바에 따라 그 항공교통관제연습을 허가하여야 한다. ③ 제1항에 따른 항공교통관제연습의 허가는 신청인에게 항공교통관제연습허가서를 발급함으로써 한다. ④ 제1항에 따른 항공교통관제연습 허가를 받은 사람의 항공신체검사증명, 그 허가의 취소 등에 관하여는 제40조부터 제43조까지의 규정을 준용한다. ⑤ 제3항에 따른 항공교통관제연습허가서를 받은 사람이 항공교통관제연습을 할 때에는 항공교통관제연습허가서와 항공신체검사증명서를 지녀야 한다.		**제102조(항공교통관제연습허가의 신청 등)** ① 법 제47조제1항에서 "국토교통부령으로 정하는 자격요건을 갖춘 사람"이란 다음 각 호의 요건을 모두 갖춘 사람을 말한다.〈개정 2017. 7. 18.〉 1. 법 제35조제7호에 따른 항공교통관제사 자격증명을 받은 사람 2. 법 제40조제3항에 따른 항공신체검사증명을 받은 사람 3. 제229조제2호에 따른 항공교통관제기관(이하 "항공교통관제기관"이라 한다)으로부터 발급받은 항공교통관제업무의 한정을 받은 사람 ② 법 제47조제2항에 따라 항공교통관제연습허가를 받으려는 사람은 별지 제54호서식의 항공교통관제연습 허가신청서에 별표 4 제1호의 항공교통관제사경력 중 전문교육 기관의 교육과정을 이수하였거나 교육과정을 이수하고 있음을 증명하는 서류(전문교육 기관의 교육과정을 이수하였거나 이수하고 있는 사람에 한정한다)를 첨부하여 지방항공청장 또는 항공교통본부장에게 제출해야 한다.〈개정 2020. 2. 28.〉

항공안전법	항공안전법 시행령	항공안전법 시행규칙
제4장 항공종사자 등		
		③ 제2항에 따라 신청서를 제출받은 지방항공청장 또는 항공교통본부장은 신청서와 첨부서류 및 신청인의 항공신체검사증명서를 확인한 후 항공교통관제연습을 하기에 필요한 능력이 있다고 인정될 경우 별지 제55호서식의 항공교통관제연습 허가서를 신청자에게 발급하되, 그 유효기간은 신청인의 항공신체검사증명서의 유효기간 내에서 정해야 한다. 다만, 신청자의 관제연습 행위가 비행안전에 영향을 줄 수 있다고 판단하는 경우에는 항공교통관제연습을 허가하지 않을 수 있다.〈개정 2020. 2. 28.〉
		제103조(항공신체검사증명서 등의 재발급) ① 운항승무원, 조종연습생, 항공교통관제사 또는 법 제47조제1항의 허가를 받은 사람(이하 "관제연습생"이라 한다)은 항공신체검사증명서 또는 항공기 조종연습허가서 또는 항공교통관제연습허가서(이하 "증명서등"이라 한다)를 잃어버리거나 증명서등이 못 쓰게 된 경우 또는 그 기재사항을 변경하려는 경우에는 별지 제56호서식의 재발급신청서를 다음 각 호의 자에게 제출하여야 한다. 1. 항공신체검사증명서: 한국항공우주의학협회의 장 2. 항공기 조종연습허가서: 지방항공청장 3. 항공교통관제연습허가서: 지방항공청장 또는 항공교통본부장 ② 지방항공청장, 항공교통본부장 또는 한국항공우주의학협회의 장은 제1항의 신청이 적합하다고 인정하는 경우에는 해당 증명서등을 재발급하여야 한다.
제48조(전문교육기관의 지정 등) ① 항공종사자를 양성하려는 자는 국토교통부령으로 정하는 바에 따라 국토교통부장관으로부터 항공종사자 전문교육기관(이하 "전문교육기관"이라 한다)으로 지정을 받을 수 있다. 다만, 제35조제1호부터 제4호까지의 항공종사자를 양성하려는 자는 전문교육기관으로 지정을 받아야 한다. ② 제1항에 따라 전문교육기관으로 지정을 받으려는 자는 국토교통부령으로 정하는 기준(이하 "전문교육기관 지정기준"이라 한다)에 따라 교육과목, 교육방법, 인력, 시설 및 장비 등 교육훈련체계를 갖추어야 한다. ③ 국토교통부장관은 전문교육기관을 지정하는 경우에는 교육과정, 교관의 인원·자격 및 교육평가방법 등 국토교통부령으로 정하는 사항이 명시된 훈련운영기준을 전문교육기관지정서와 함께 해당 전문교육기관으로 지정받은 자에게 발급하여야 한다. ④ 국토교통부장관은 교육훈련 과정에서의 안전을 확보하기 위하여 필요하다고 판단되면 직권으로 또는 전문교육기관의 신청을 받아 제3항에 따른 훈련운영기준을 변경할 수 있다.		**제104조(전문교육기관의 지정 등)** ① 법 제48조제1항에 따른 전문교육기관으로 지정을 받으려는 자는 별지 제57호서식의 항공종사자 전문교육기관 지정신청서에 다음 각 호의 사항이 포함된 교육계획서를 첨부하여 국토교통부장관에게 제출하여야 한다. 1. 교육과목 및 교육방법 2. 교관 현황(교관의 자격·경력 및 정원) 3. 시설 및 장비의 개요 4. 교육평가방법 5. 연간 교육계획 6. 교육규정 ② 법 제48조제2항에 따른 전문교육기관의 지정기준은 별표 12와 같으며, 지정을 위한 심사 등에 관한 세부절차는 국토교통부장관이 정한다.〈개정 2018. 4. 25., 2020. 2. 28.〉 ③ 법 제48조제3항에서 "국토교통부령으로 정하는 사항"이란 다음 각 호의 사항을 말한다.〈신설 2018. 4. 25.〉 1. 교육과정, 교관의 인원·자격 및 교육평가방법 2. 훈련용 항공기의 지정 및 정비방법에 관한 사항

항공안전법	항공안전법 시행령	항공안전법 시행규칙
제4장 항공종사자 등		
⑤ 전문교육기관으로 지정을 받은 자는 제3항에 따른 훈련운영기준 또는 제4항에 따라 변경된 훈련운영기준을 준수하여야 한다. ⑥ 전문교육기관으로 지정을 받은 자는 훈련운영기준에 따라 교육훈련체계를 계속적으로 유지하여야 하며, 새로운 교육과정의 개설 등으로 교육훈련체계가 변경된 경우에는 국토교통부장관이 실시하는 검사를 받아야 한다. ⑦ 국토교통부장관은 전문교육기관으로 지정받은 자가 교육훈련체계를 유지하고 있는지 여부를 정기 또는 수시로 검사하여야 한다. ⑧ 국토교통부장관은 전문교육기관이 항공운송사업에 필요한 항공종사자를 양성하는 경우에는 예산의 범위에서 필요한 경비의 전부 또는 일부를 지원할 수 있다. ⑨ 국토교통부장관은 항공교육훈련 정보를 국민에게 제공하고 전문교육기관 등 항공교육훈련기관을 체계적으로 관리하기 위하여 시스템(이하 "항공교육훈련통합관리시스템"이라 한다)을 구축·운영하여야 한다. ⑩ 국토교통부장관은 항공교육훈련통합관리시스템을 구축·운영하기 위하여 「항공사업법」 제2조제35호에 따른 항공교통사업자 또는 항공교육훈련기관 등에게 필요한 자료 또는 정보의 제공을 요청할 수 있다. 이 경우 자료나 정보의 제공을 요청받은 자는 정당한 사유가 없으면 이에 따라야 한다. [전문개정 2017. 10. 24.]		3. 전문교육기관의 책임관리자 4. 교육훈련 기록관리에 관한 사항 5. 교육훈련의 품질보증체계에 관한 사항 6. 그 밖에 교육훈련에 필요한 사항으로서 국토교통부장관이 정하여 고시하는 사항 ④ 국토교통부장관은 제1항에 따른 신청서를 심사하여 그 내용이 제2항에서 정한 지정기준에 적합한 경우에는 법 제35조, 제37조 및 제44조에 따른 자격별로 별지 제58호서식의 항공종사자 전문교육기관 지정서 및 별지 제58호의2서식의 훈련운영기준(Training Specifications)을 발급하여야 한다.〈개정 2018. 4. 25.〉 ⑤ 국토교통부장관은 제4항에 따라 지정한 전문교육기관(이하 "지정전문교육기관"이라 한다)을 공고하여야 한다.〈개정 2018. 4. 25., 2019. 2. 26.〉 ⑥ 지방항공청장은 법 제48조제4항에 따라 직권으로 훈련운영기준을 변경하는 때에는 지체 없이 변경내용과 그 사유를 전문교육기관의 장에게 알리고 새로운 훈련운영기준을 발급해야 한다.〈신설 2019. 2. 26., 2020. 5. 27.〉 ⑦ 법 제48조제4항에 따라 전문교육기관의 장이 훈련운영기준 변경신청을 하려는 경우에는 변경하는 훈련운영기준을 적용하려는 날의 15일전까지 별지 제58호의3서식의 훈련운영기준 변경신청서에 변경하려는 내용과 그 사유를 적어 지방항공청장에게 제출해야 한다.〈신설 2019. 2. 26., 2020. 5. 27.〉 ⑧ 지방항공청장은 제7항에 따른 훈련운영기준 변경신청을 받으면 그 내용을 검토하여 교육훈련 과정에서의 안전확보에 문제가 있는 경우를 제외하고는 변경된 훈련운영기준을 신청인에게 발급해야 한다.〈신설 2019. 2. 26., 2020. 5. 27.〉 ⑨ 지방항공청장은 법 제48조제7항에 따라 지정전문교육기관이 교육훈련체계를 유지하고 있는지 여부를 다음 각 호의 기준에 따라 검사하여야 한다.〈개정 2018. 4. 25., 2019. 2. 26., 2020. 5. 27.〉 1. 정기검사: 매년 1회 2. 수시검사: 교육훈련체계가 변경되는 경우 등 지방항공청장이 필요하다고 판단하는 때 ⑩ 지정전문교육기관은 다음 각 호의 사항을 법 제48조제9항에 따른 항공교육훈련통합관리시스템에 입력하여야 한다.〈개정 2018. 4. 25., 2019. 2. 26.〉 1. 법 제48조제2항에 따른 교육훈련체계의 변경사항 2. 해당 교육훈련과정의 이수자 명단

항공안전법	항공안전법 시행령	항공안전법 시행규칙
제4장 항공종사자 등		
제48조의2(전문교육기관 지정의 취소 등) ① 국토교통부장관은 전문교육기관으로 지정받은 자가 다음 각 호의 어느 하나에 해당하는 경우에는 그 지정을 취소하거나 6개월 이내의 기간을 정하여 그 업무의 정지를 명할 수 있다. 다만, 제1호 또는 제8호에 해당하는 경우에는 그 지정을 취소하여야 한다. 1. 거짓이나 그 밖의 부정한 방법으로 전문교육기관으로 지정받은 경우 2. 정당한 사유 없이 전문교육기관 지정기준을 위반한 경우 3. 제48조제5항을 위반하여 정당한 사유 없이 훈련운영기준을 준수하지 아니한 경우 4. 정당한 사유 없이 제48조제10항에 따른 국토교통부장관의 자료 또는 정보제공의 요청을 따르지 아니한 경우 5. 전문교육기관으로 지정받은 이후 2년을 초과하는 기간 동안 교육과정을 개설하지 아니한 경우 6. 고의 또는 중대한 과실로 항공기사고를 발생시키거나 소속 항공종사자에 대하여 관리·감독하는 상당한 주의의무를 게을리하여 항공기사고가 발생한 경우 7. 제58조제2항을 위반하여 다음 각 목의 어느 하나에 해당하는 경우 가. 업무를 시작하기 전까지 항공안전관리시스템을 마련하지 아니한 경우 나. 승인을 받지 아니하고 항공안전관리시스템을 운용한 경우 다. 항공안전관리시스템을 승인받은 내용과 다르게 운용한 경우 라. 승인을 받지 아니하고 국토교통부령으로 정하는 중요사항을 변경한 경우 8. 이 항 본문에 따른 업무정지 기간에 업무를 한 경우 ② 제1항에 따른 처분의 세부기준 및 절차와 그 밖에 필요한 사항은 국토교통부령으로 정한다. [본조신설 2017. 10. 24.]		**제104조의2(지정전문교육기관의 지정 취소 등의 기준)** ① 법 제48조의2에 따른 지정 전문교육기관의 지정 취소 등 행정처분의 기준은 별표 12의2와 같다. ② 법 제48조의2제1항제7호라목에서 "국토교통부령으로 정하는 중요사항"이란 다음 각 호의 사항을 말한다. 1. 안전목표에 관한 사항 2. 안전조직에 관한 사항 3. 안전장애 등에 대한 보고체계에 관한 사항 4. 안전평가에 관한 사항 [본조신설 2018. 4. 25.]
제48조의3(전문교육기관 지정을 받은 자에 대한 과징금의 부과) ① 국토교통부장관은 전문교육기관 지정을 받은 자가 제48조의2제2호부터 제7호까지의 어느 하나에 해당하여 그 업무의 정지를 명하여야 하는 경우로서 그 업무를 정지하는 경우 전문교육기관 이용자 등에게 심한 불편을 주거나 공익을 해칠 우려가 있는 경우에는 업무정지 처분을 갈음하여 10억원 이하의 과징금을 부과할 수 있다. ② 제1항에 따른 과징금 부과의 구체적인 기준, 절차 및 그 밖에 필요한 사항은 대통령령으로 정한다. ③ 국토교통부장관은 제1항에 따라 과징금을 내야 할 자가 납부기한까지 과징금을 내지 아니하면 국세 체납처분의 예에 따라 징수한다. [본조신설 2017. 10. 24.]	**제8조의2(전문교육기관지정을 받은 자에 대한 위반행위의 종류별 과징금의금액)** ① 법 제48조의3제1항에 따라 과징금을 부과할 수 있는 위반행위의 종류와 위반 정도 등에 따른 과징금의 금액은 별표 1의 2와 같다. ② 과징금의 부과·납부 및 독촉에 관하여는 제6조 및 제7조를 준용한다. [본조신설 2018. 4. 24.]	

항공안전법	항공안전법 시행령	항공안전법 시행규칙

제4장 항공종사자 등

항공안전법

제49조(항공전문의사의 지정 등)

① 국토교통부장관은 제40조에 따른 자격증명의 종류별 항공신체검사증명을 효율적이고 전문적으로 하기 위하여 국토교통부령으로 정하는 바에 따라 항공의학에 관한 전문교육을 받은 전문의사(이하 "항공전문의사"라 한다)를 지정하여 제40조에 따른 항공신체검사증명에 관한 업무를 대행하게 할 수 있다.

② 교육이수실적, 경력 등 항공전문의사의 지정기준은 국토교통부령으로 정한다.

③ 항공전문의사는 국토교통부령으로 정하는 바에 따라 국토교통부장관이 정기적으로 실시하는 전문교육을 받아야 한다.

항공안전법 시행규칙

제105조(항공전문의사의 지정 등)

① 법 제49조제1항에 따라 항공전문의사로 지정을 받으려는 사람은 별지 제59호서식의 항공전문의사 지정신청서에 제2항에 따른 항공 전문의사의 지정기준에 적합함을 증명하는 서류(제2항제2호에 따른 전문의임을 증명하는 서류는 제외한다)를 첨부하여 국토교통부장관에게 제출해야 한다.〈개정 2020. 2. 28.〉

② 법 제49조제2항에 따른 항공전문의사의 지정기준은 다음 각 호와 같다.〈개정 2020. 2. 28.〉

1. 항공전문의사 지정을 신청한 날을 기준으로 직전 1년 이내에 제5항에 따른 항공의학에 관한 교육과정을 이수할 것
2. 「의료법」 제5조에 따른 의사로서 항공의학 분야에서 5년 이상의 경력이 있거나 같은 법 제77조에 따른 전문의(치과의사와 한의사는 제외한다)일 것
3. 별표 13에서 정한 항공신체검사 의료기관의 시설 및 장비 기준에 적합한 의료기관에 소속(동일 지역 내에 있는 다른 의료기관의 시설 및 장비를 사용할 수 있는 경우를 포함한다)되어 있을 것

③ 국토교통부장관은 신청인이 제2항에 따른 지정기준에 적합한 경우에는 별지 제60호서식의 항공전문의사 지정서를 신청인에게 발급하여야 한다.

④ 국토교통부장관은 제3항에 따라 항공전문의사를 지정한 경우에는 이를 공고하여야 한다.

⑤ 법 제49조에 따라 항공전문의사로 지정받으려는 사람과 항공전문의사로 지정받은 사람이 이수하여야 할 교육과목 및 교육시간은 다음 표와 같다.〈개정 2020. 2. 28.〉

교육과목	교육시간	
	항공전문의사로 지정 받으려는 사람	항공전문의사로 지정 받은 사람
항공의학이론	10시간	6시간
항공의학실기	10시간	7시간
항공관련법령	4시간	3시간
정신계질환 판정 및 상담기법	4시간	3시간
계	28시간	19시간(매 3년)

⑥ 제5항에 따른 교육의 세부적인 운영방법 등에 관하여 필요한 사항은 국토교통부장관이 정하여 고시한다.

항공안전법	항공안전법 시행령	항공안전법 시행규칙
제4장 항공종사자 등		
제50조(항공전문의사 지정의 취소 등) ① 국토교통부장관은 항공전문의사가 다음 각 호의 어느 하나에 해당하는 경우에는 그 지정을 취소하거나 1년 이내의 기간을 정하여 그 지정의 효력정지를 명할 수 있다. 다만 제1호, 제3호, 제4호 또는 제6호부터 제8호까지의 어느 하나에 해당하는 경우에는 그 지정을 취소하여야 한다. 1. 거짓이나 그 밖의 부정한 방법으로 항공전문의사로 지정받은 경우 2. 항공전문의사가 제40조에 따른 항공신체검사증명서의 발급 등 국토교통부령으로 정하는 업무를 게을리 수행한 경우 3. 이 조에 따른 항공전문의사 지정의 효력정지 기간에 제40조에 따른 항공신체검사증명에 관한 업무를 수행한 경우 4. 항공전문의사가 제49조제2항에 따른 지정기준에 적합하지 아니하게 된 경우 5. 항공전문의사가 제49조제3항에 따른 전문교육을 받지 아니한 경우 6. 항공전문의사가 고의 또는 중대한 과실로 항공신체검사증명서를 잘못 발급한 경우 7. 항공전문의사가 「의료법」 제65조 또는 제66조에 따라 자격이 취소 또는 정지된 경우 8. 본인이 지정 취소를 요청한 경우 ② 제1항에 따른 처분기준 및 처분절차 등은 국토교통부령으로 정한다.		**제106조(항공전문의사 지정의 취소 등)** ① 법 제50조제1항제2호에서 "항공신체검사증 명서의 발급 등 국토교통부령으로 정한 업무"란 다음 각 호의 업무를 말한다. 1. 제93조제2항에 따른 항공신체검사증명서의 발급 2. 제93조제3항에 따른 항공신체검사증명서 발급대장의 작성·관리 3. 제93조제4항에 따른 항공신체검사증명서발급결과의 통지 4. 그 밖에 항공신체검사에 관한 업무로서 국토교통부장관이 정하여 고시하는 업무 ② 법 제50조제1항에 따른 행정처분의 기준은 별표 14와 같다. ③ 항공전문의사는 법 제50조제1항제8호에 따른 항공전문의사 지정 취소를 요청하려 는 경우에는 별지 제60호의2서식의 항공전문의사 지정 취소 신청서를 작성하여 국토교 통부장관에게 제출해야 한다.〈신설 2020. 2. 28.〉 ④ 국토교통부장관은 법 제50조제2항에 따라 항공전문의사의 지정을 취소하거나 지정의 효력정지를 명할 때에는 한국항공우주의학협회의 장에게 그 사실을 통지하여야 한다.〈개정 2020. 2. 28.〉 ⑤ 국토교통부장관은 제3항에 따라 항공전문의사의 지정을 취소하거나 지정의 효력정지를 명할 때에는 이를 공고하여야 한다.〈개정 2020. 2. 28.〉

항공안전법	항공안전법 시행령	항공안전법 시행규칙
제5장 항공기의 운항		
제51조(무선설비의 설치·운용 의무) 항공기를 운항하려는 자 또는 소유자등은 해당 항공기에 비상위치 무선표지설비, 2차감시레이더용 트랜스폰더 등 국토교통부령으로 정하는 무선설비를 설치·운용하여야 한다.		**제107조(무선설비)** ① 법 제51조에 따라 항공기에 설치·운용해야 하는 무선설비는 다음 각 호와 같다. 다만, 항공운송사업에 사용되는 항공기 외의 항공기가 계기비행방식 외의 방식(이하 "시계비행방식"이라 한다)에 의한 비행을 하는 경우에는 제3호부터 제6호까지의 무선설비를 설치·운용하지 않을 수 있다.〈개정 2019. 2. 26., 2021. 8. 27.〉 1. 비행 중 항공교통관제기관과 교신할 수 있는 초단파(VHF) 또는 극초단파(UHF)무선전화 송수신기 각 2대. 이 경우 비행기[국토교통부장관이 정하여 고시하는 기압고도계의 수정을 위한 고도(이하 "전이고도"라 한다) 미만의 고도에서 교신하려는 경우만 해당한다]와 헬리콥터의 운항승무원은 붐(Boom) 마이크로폰 또는 스롯(Throat) 마이크로폰을 사용하여 교신하여야 한다. 2. 기압고도에 관한 정보를 제공하는 2차감시 항공교통관제 레이더용 트랜스폰더(Mode 3/A 및 Mode C SSR transponder. 다만, 국외를 운항하는 항공운송사업용 항공기의 경우에는 Mode S transponder) 1대 3. 자동방향탐지기(ADF) 1대[무지향표지시설(NDB) 신호로만 계기접근절차가 구성되어 있는 공항에 운항하는 경우만 해당한다] 4. 계기착륙시설(ILS) 수신기 1대(최대이륙중량 5천 700킬로그램 미만의 항공기와 헬리콥터 및 무인항공기는 제외한다) 5. 전방향표지시설(VOR) 수신기 1대(무인항공기는 제외한다) 6. 거리측정시설(DME) 수신기 1대(무인항공기는 제외한다) 7. 다음 각 목의 구분에 따라 비행 중 뇌우(雷雨) 또는 잠재적인 위험 기상조건을 탐지할 수 있는 기상레이더 또는 악기상 탐지장비 가. 국제선 항공운송사업에 사용되는 비행기로서 여압장치가 장착된 비행기의 경우: 기상레이더 1대 나. 국제선 항공운송사업에 사용되는 헬리콥터의 경우: 기상레이더 또는 악기상 탐지장비 1대 다. 가목 외에 국외를 운항하는 비행기로서 여압장치가 장착된 비행기의 경우: 기상레이더 또는 악기상 탐지장비 1대 8. 다음 각 목의 구분에 따라 비상위치지시용 무선표지설비(ELT). 이 경우 비상위치지시용 무선표지설비의 신호는 121.5메가헤르츠(MHz) 및 406메가헤르츠(MHz)로 송신되어야 한다. 가. 2대를 설치하여야 하는 경우: 다음의 어느 하나에 해당하는 항공기. 이 경우 비상위치지시용 무선표지설비 2대 중 1대는 자동으로 작동되는 구조여야 하며, 2)의 경우 1대는 구명보트에 설치해야 한다.

항공안전법	항공안전법 시행령	항공안전법 시행규칙
제5장 항공기의 운항		
		1) 승객의 좌석 수가 19석을 초과하는 비행기(항공운송사업에 사용되는 비행기만 해당한다) 2) 비상착륙에 적합한 육지(착륙이 가능한 섬을 포함한다)로부터 순항속도로 10분의 비행거리 이상의 해상을 비행하는 제1종 및 제2종 헬리콥터, 회전날개에 의한 자동회전(autorotation)에 의하여 착륙할 수 있는 거리 또는 안전한 비상착륙(safe forced landing)을 할 수 있는 거리를 벗어난 해상을 비행하는 제3종 헬리콥터 나. 1대를 설치하여야 하는 경우: 가목에 해당하지 아니하는 항공기. 이 경우 비상위치지시용 무선표지설비는 자동으로 작동되는 구조여야 한다. ② 제1항제1호에 따른 무선설비는 다음 각 호의 성능이 있어야 한다. 1. 비행장 또는 헬기장에서 관제를 목적으로 한 양방향통신이 가능할 것 2. 비행 중 계속하여 기상정보를 수신할 수 있을 것 3. 운항 중 「전파법 시행령」 제29조제1항제7호 및 제11호에 따른 항공기국과 항공국 간 또는 항공국과 항공기국 간 양방향통신이 가능할 것 4. 항공비상주파수(121.5MHz 또는 243.0MHz)를 사용하여 항공교통관제기관과 통신이 가능할 것 5. 제1항제1호에 따른 무선전화 송수신기 각 2대 중 각 1대가 고장이 나더라도 나머지 각 1대는 고장이 나지 아니하도록 각각 독립적으로 설치할 것 ③ 제1항제2호에 따라 항공운송사업용 비행기에 장착해야 하는 기압고도에 관한 정보를 제공하는 트랜스폰더는 다음 각 호의 성능이 있어야 한다. 1. 고도 7.62미터(25피트) 이하의 간격으로 기압고도정보(pressure altitude information)를 관할 항공교통관제기관에 제공할 수 있을 것 2. 해당 비행기의 위치(공중 또는 지상)에 대한 정보를 제공할 수 있을 것[해당 비행기에 비행기의 위치(공중 또는 지상 : airborne/on-the-ground status)를 자동으로 감지하는 장치(automatic means of detecting)가 장착된 경우만 해당한다] ④ 제1항에 따른 무선설비의 운용요령 등에 관하여 필요한 사항은 국토교통부장관이 정하여 고시한다.
제52조(항공계기 등의 설치·탑재 및 운용 등) ① 항공기를 운항하려는 자 또는 소유자등은 해당 항공기에 항공기 안전운항을 위하여 필요한 항공계기(航空計器), 장비, 서류, 구급용구 등(이하 "항공계기등"이라 한다)을 설치하거나 탑재하여 운용하여야 한다. 이 경우 최대이륙중량이 600킬로그램 초과 5천700킬로그램 이하인 비행기에는 사고예방 및 안전운항에 필요한 장비를 추가로 설치할 수 있다.〈개정 2017. 1. 17.〉 ② 제1항에 따라 항공계기등을 설치하거나 탑재하여야 할 항공기, 항공계기등의 종류, 설치·탑재기준 및 그 운용방법 등에 필요한 사항은 국토교통부령으로 정한다.		**제108조(항공일지)** ① 법 제52조제2항에 따라 항공기를 운항하려는 자 또는 소유자등은 탑재용 항공일지, 지상 비치용 발동기 항공일지 및 지상 비치용 프로펠러 항공일지를 갖추어 두어야 한다. 다만, 활공기의 소유자등은 활공기용 항공일지를, 법 제102조 각 호의 어느 하나에 해당하는 항공기의 소유자등은 탑재용 항공일지를 갖춰 두어야 한다. ② 항공기의 소유자등은 항공기를 항공에 사용하거나 개조 또는 정비한 경우에는 지체 없이 다음 각 호의 구분에 따라 항공일지에 적어야 한다. 1. 탑재용 항공일지(법 제102조 각 호의 어느 하나에 해당하는 항공기는 제외한다)

항공안전법	항공안전법 시행령	항공안전법 시행규칙
제5장 항공기의 운항		
		가. 항공기의 등록부호 및 등록 연월일 나. 항공기의 종류·형식 및 형식증명번호 다. 감항분류 및 감항증명번호 라. 항공기의 제작자·제작번호 및 제작 연월일 마. 발동기 및 프로펠러의 형식 바. 비행에 관한 다음의 기록 1) 비행연월일 2) 승무원의 성명 및 업무 3) 비행목적 또는 편명 4) 출발지 및 출발시각 5) 도착지 및 도착시각 6) 비행시간 7) 항공기의 비행안전에 영향을 미치는 사항 8) 기장의 서명 사. 제작 후의 총 비행시간과 오버홀을 한 항공기의 경우 최근의 오버홀 후의 총 비행시간 아. 발동기 및 프로펠러의 장비교환에 관한 다음의 기록 1) 장비교환의 연월일 및 장소 2) 발동기 및 프로펠러의 부품번호 및 제작일련번호 3) 장비가 교환된 위치 및 이유 자. 수리·개조 또는 정비의 실시에 관한 다음의 기록 1) 실시 연월일 및 장소 2) 실시 이유, 수리·개조 또는 정비의 위치 및 교환 부품명 3) 확인 연월일 및 확인자의 서명 또는 날인 2. 탑재용 항공일지(법 제102조 각 호의 어느 하나에 해당하는 항공기만 해당한다) 가. 항공기의 등록부호·등록증번호 및 등록 연월일 나. 비행에 관한 다음의 기록 1) 비행연월일 2) 승무원의 성명 및 업무 3) 비행목적 또는 항공기 편명 4) 출발지 및 출발시각 5) 도착지 및 도착시각 6) 비행시간 7) 항공기의 비행안전에 영향을 미치는 사항 8) 기장의 서명 3. 지상 비치용 발동기 항공일지 및 지상 비치용 프로펠러 항공일지 가. 발동기 또는 프로펠러의 형식 나. 발동기 또는 프로펠러의 제작자·제작번호 및 제작 연월일 다. 발동기 또는 프로펠러의 장비교환에 관한 다음의 기록 1) 장비교환의 연월일 및 장소 2) 장비가 교환된 항공기의 형식·등록부호 및 등록증번호 3) 장비교환 이유 라. 발동기 또는 프로펠러의 수리·개조 또는 정비의 실시에 관한 다음의 기록

항공안전법	항공안전법 시행령	항공안전법 시행규칙
제5장 항공기의 운항		
		1) 실시 연월일 및 장소 2) 실시 이유, 수리·개조 또는 정비의 위치 및 교환 부품명 3) 확인 연월일 및 확인자의 서명 또는 날인 마. 발동기 또는 프로펠러의 사용에 관한 다음의 기록 1) 사용 연월일 및 시간 2) 제작 후의 총 사용시간 및 최근의 오버홀 후의 총 사용시간 4. 활공기용 항공일지 가. 활공기의 등록부호·등록증번호 및 등록 연월일 나. 활공기의 형식 및 형식증명번호 다. 감항분류 및 감항증명번호 라. 활공기의 제작자·제작번호 및 제작 연월일 마. 비행에 관한 다음의 기록 1) 비행 연월일 2) 승무원의 성명 3) 비행목적 4) 비행 구간 또는 장소 5) 비행시간 또는 이·착륙횟수 6) 활공기의 비행안전에 영향을 미치는 사항 7) 기장의 서명 바. 수리·개조 또는 정비의 실시에 관한 다음의 기록 1) 실시 연월일 및 장소 2) 실시 이유, 수리·개조 또는 정비의 위치 및 교환부품명 3) 확인 연월일 및 확인자의 서명 또는 날인
		제109조(사고예방장치 등) ① 법 제52조제2항에 따라 사고예방 및 사고조사를 위하여 항공기에 갖추어야 할 장치는 다음 각 호와 같다. 다만, 국제항공노선을 운항하지 아니하는 헬리콥터의 경우에는 제2호 및 제3호의 장치를 갖추지 아니할 수 있다. 1. 다음 각 목의 어느 하나에 해당하는 비행기에는 「국제민간항공협약」 부속서 10에서 정한 바에 따라 운용되는 공중충돌경고장치(Airborne Collision Avoidance System, ACAS II) 1기 이상 가. 항공운송사업에 사용되는 모든 비행기. 다만, 소형항공운송사업에 사용되는 최대 이륙중량이 5천 700킬로그램 이하인 비행기로서 그 비행기에 적합한 공중충돌경고장치가 개발되지 아니하거나 공중충돌경고장치를 장착하기 위하여 필요한 비행기 개조 등의 기술이 그 비행기의 제작자 등에 의하여 개발되지 아니한 경우에는 공중충돌경고장치를 갖추지 아니 할 수 있다. 나. 2007년 1월 1일 이후에 최초로 감항증명을 받는 비행기로서 최대이륙중량이 1만 5천킬로그램을 초과하거나 승객 30명을 초과하여 수송할 수 있는 터빈발동기를 장착한 항공운송사업 외의 용도로 사용되는 모든 비행기

항공안전법	항공안전법 시행령	항공안전법 시행규칙
제5장 항공기의 운항		
		다. 2008년 1월 1일 이후에 최초로 감항증명을 받는 비행기로서 최대이륙중량이 5,700킬로그램을 초과하거나 승객 19명을 초과하여 수송할 수 있는 터빈발동기를 장착한 항공운송사업 외의 용도로 사용되는 모든 비행기 2. 다음 각 목의 어느 하나에 해당하는 비행기 및 헬리콥터에는 그 비행기 및 헬리콥터가 지표면에 근접하여 잠재적인 위험상태에 있을 경우 적시에 명확한 경고를 운항승무원에게 자동으로 제공하고 전방의 지형지물을 회피할 수 있는 기능을 가진 지상접근 경고장치(Ground Proximity Warning System) 1기 이상 가. 최대이륙중량이 5,700킬로그램을 초과하거나 승객 9명을 초과하여 수송할 수 있는 터빈발동기를 장착한 비행기 나. 최대이륙중량이 5,700킬로그램 이하이고 승객 5명 초과 9명 이하를 수송할 수 있는 터빈발동기를 장착한 비행기 다. 최대이륙중량이 5,700킬로그램을 초과하거나 승객 9명을 초과하여 수송할 수 있는 왕복발동기를 장착한 모든 비행기 라. 최대이륙중량이 3,175킬로그램을 초과하거나 승객 9명을 초과하여 수송할 수 있는 헬리콥터로서 계기비행방식에 따라 운항하는 헬리콥터 3. 다음 각 목의 어느 하나에 해당하는 항공기에는 비행자료 및 조종실 내 음성을 디지털 방식으로 기록할 수 있는 비행기록장치 각 1기 이상 가. 항공운송사업에 사용되는 터빈발동기를 장착한 비행기. 이 경우 비행기록장치에는 25시간 이상 비행자료를 기록하고, 2시간 이상 조종실 내 음성을 기록할 수 있는 성능이 있어야 한다. 나. 승객 5명을 초과하여 수송할 수 있고 최대이륙중량이 5,700킬로그램을 초과하는 비행기 중에서 항공운송사업 외의 용도로 사용되는 터빈발동기를 장착한 비행기. 이 경우 비행기록장치에는 25시간 이상 비행자료를 기록하고, 2시간 이상 조종실 내 음성을 기록할 수 있는 성능이 있어야 한다. 다. 1989년 1월 1일 이후에 제작된 헬리콥터로서 최대이륙중량이 3천 180킬로그램을 초과하는 헬리콥터. 이 경우 비행기록장치에는 10시간 이상 비행자료를 기록하고, 2시간 이상 조종실 내 음성을 기록할 수 있는 성능이 있어야 한다. 라. 그 밖에 항공기의 최대이륙중량 및 제작 시기 등을 고려하여 국토교통부장관이 필요하다고 인정하여 고시하는 항공기 4. 최대이륙중량이 5,700킬로그램을 초과하거나 승객 9명을 초과하여 수송할 수 있는 터빈발동기(터보프롭발동기는 제외한다)를 장착한 항공운송사업에 사용되는 비행기에는 전방돌풍경고장치 1기 이상. 이 경우 돌풍경고장치는 조종사에게 비행기 전방의 돌풍을 시각 및 청각적으로 경고하고, 필요한 경우에는 실패접근(missed approach), 복행(go-around) 및 회피기동(escape manoeuvre: 장애물 등으로부터 벗어나기 위해

항공안전법	항공안전법 시행령	항공안전법 시행규칙
제5장 항공기의 운항		
		속력·경로를 바꾸며 움직이는 것을 말한다)을 할 수 있는 정보를 제공하는 것이어야 하며, 항공기가 착륙하기 위하여 자동착륙장치를 사용하여 활주로에 접근할 때 전방의 돌풍으로 인하여 자동착륙장치가 그 운용한계에 도달하고 있는 경우에는 조종사에게 이를 알릴 수 있는 기능을 가진 것이어야 한다. 5. 최대이륙중량 2만 7천킬로그램을 초과하고 승객 19명을 초과하여 수송할 수 있는 항공운송사업에 사용되는 비행기로서 15분 이상 해당 항공교통관제기관의 감시가 곤란한 지역을 비행하는 하는 경우 위치추적 장치 1기 이상 ② 제1항제2호에 따른 지상접근경고장치는 다음 각 호의 구분에 따라 경고를 제공할 수 있는 성능이 있어야 한다. 1. 제1항제2호가목에 해당하는 비행기의 경우에는 다음 각 목의 경우에 대한 경고를 제공할 수 있을 것 가. 과도한 강하율이 발생하는 경우 나. 지형지물에 대한 과도한 접근율이 발생하는 경우 다. 이륙 또는 복행 후 과도한 고도의 손실이 있는 경우 라. 비행기가 다음의 착륙형태를 갖추지 아니한 상태에서 지형지물과의 안전거리를 유지하지 못하는 경우 1) 착륙바퀴가 착륙위치로 고정 2) 플랩의 착륙위치 마. 계기활공로 아래로의 과도한 강하가 이루어진 경우 2. 제1항제2호나목 및 다목에 해당하는 비행기와 제1항제2호라목에 해당하는 헬리콥터의 경우에는 다음 각 목의 경우에 대한 경고를 제공할 수 있을 것 가. 과도한 강하율이 발생되는 경우 나. 이륙 또는 복행 후에 과도한 고도의 손실이 있는 경우 다. 지형지물과의 안전거리를 유지하지 못하는 경우 ③ 제1항제2호에 따른 지상접근경고장치를 이용하는 항공기를 운영하려는 자 또는 소유자등은 지상접근경고장치의 지형지물 정보 현행성 유지를 위한 데이터베이스 관리절차를 수립·시행해야 한다.〈신설 2020. 12. 10.〉 ④ 제1항제3호에 따른 비행기록장치의 종류, 성능, 기록하여야 하는 자료, 운영방법, 그 밖에 필요한 사항은 법 제77조에 따라 고시하는 운항기술기준에서 정한다.〈개정 2020. 12. 10.〉 ⑤ 제1항제3호에도 불구하고 다음 각 호의 어느 하나에 해당하는 경우에는 비행기록장치를 장착하지 아니할 수 있다.〈개정 2020. 12. 10.〉 1. 제3항에 따른 운항기술기준에 적합한 비행기록장치가 개발되지 아니하거나 생산되지 아니하는 경우 2. 해당 항공기에 비행기록장치를 장착하기 위하여 필요한 항공기 개조 등의 기술이 그 항공기의 제작사 등에 의하여 개발되지 아니한 경우

항공안전법	항공안전법 시행령	항공안전법 시행규칙
제5장 항공기의 운항		
		제110조(구급용구 등) 법 제52조제2항에 따라 항공기의 소유자등이 항공기(무인항공기는 제외한다)에 갖추어야 할 구명동의, 음성신호발생기, 구명보트, 불꽃조난신호장비, 휴대용 소화기, 도끼, 메가폰, 구급의료용품 등은 별표 15와 같다.
		제111조(승객 및 승무원의 좌석 등) ① 법 제52조제2항에 따라 항공기(무인항공기는 제외한다)에는 2세 이상의 승객과 모든 승무원을 위한 안전띠가 달린 좌석(침대좌석을 포함한다)을 장착해야 한다. 〈개정 2019. 2. 26.〉 ② 항공운송사업에 사용되는 항공기의 모든 승무원의 좌석에는 안전띠 외에 어깨끈을 장착해야 한다. 이 경우 운항승무원의 좌석에 장착하는 어깨끈은 급감속시 상체를 자동적으로 제어하는 것이어야 한다. 〈개정 2019. 2. 26.〉
		제112조(낙하산의 장비) 법 제52조제2항에 따라 다음 각 호의 어느 하나에 해당하는 항공기에는 항공기에 타고 있는 모든 사람이 사용할 수 있는 수의 낙하산을 갖춰 두어야 한다. 1. 법 제23조제3항제2호에 따른 특별감항증명을 받은 항공기(제작 후 최초로 시험비 행을 하는 항공기 또는 국토교통부장관이 지정하는 항공기만 해당한다) 2. 법 제68조 각 호 외의 부분 단서에 따라 같은 조 제4호에 따른 곡예비행을 하는 항공기(헬리콥터는 제외한다)
		제113조(항공기에 탑재하는 서류) 법 제52조제2항에 따라 항공기(활공기 및 법 제23조제3항제2호에 따른 특별감항증명을 받은 항공기는 제외한다)에는 다음 각 호의 서류를 탑재하여야 한다. 1. 항공기등록증명서 2. 감항증명서 3. 탑재용 항공일지 4. 운용한계 지정서 및 비행교범 5. 운항규정(별표 32에 따른 교범 중 훈련교범·위험물 교범·사고절차교범·보안업무교범·항공기 탑재 및 처리 교범은 제외한다) 6. 항공운송사업의 운항증명서 사본(항공당국의 확인을 받은 것을 말한다) 및 운영기준 사본(국제운송사업에 사용되는 항공기의 경우에는 영문으로 된 것을 포함한다) 7. 소음기준적합증명서 8. 각 운항승무원의 유효한 자격증명서(법 제34조에 따라 자격증명을 받은 사람이 국내에서 항공업무를 수행하는 경우에는 전자문서로 된 자격증명서를 포함한다. 이하 제219조 각 호에서 같다) 및 조종사의 비행기록에 관한 자료 9. 무선국 허가증명서(radio station license) 10. 탑승한 여객의 성명, 탑승지 및 목적지가 표시된 명부(passenger manifest)(항공운송사업용 항공기만 해당한다)

항공안전법	항공안전법 시행령	항공안전법 시행규칙
제5장 항공기의 운항		
		11. 해당 항공운송사업자가 발행하는 수송화물의 화물목록(cargo manifest)과 화물 운송장에 명시되어 있는 세부 화물신고서류(detailed declarations of the cargo)(항공운송사업용 항공기만 해당한다) 12. 해당 국가의 항공당국 간에 체결한 항공기 등의 감독의무에 관한 이전협정서요약서 사본(법 제5조에 따른 임대차 항공기의 경우만 해당한다) 13. 비행 전 및 각 비행단계에서 운항승무원이 사용해야 할 점검표 14. 그 밖에 국토교통부장관이 정하여 고시하는 서류
		제114조(산소 저장 및 분배장치 등) ① 법 제52조제2항에 따라 고고도(高高度) 비행을 하는 항공기(무인항공기는 제외한다. 이하 이 조에서 같다)는 다음 각 호의 구분에 따른 호흡용 산소의 양을 저장하고 분배할 수 있는 장치를 장착하여야 한다. 1. 여압장치가 없는 항공기가 기내의 대기압이 700헥토파스칼(hPa) 미만인 비행고도에서 비행하려는 경우에는 다음 각 목에서 정하는 양 가. 기내의 대기압이 700헥토파스칼(hPa) 미만 620헥토파스칼(hPa) 이상인 비행고도에서 30분을 초과하여 비행하는 경우에는 승객의 10퍼센트와 승무원 전원이 그 초과 되는 비행시간 동안 필요로 하는 양 나. 기내의 대기압이 620헥토파스칼(hPa) 미만인 비행고도에서 비행하는 경우에는 승객 전원과 승무원 전원이 해당 비행시간 동안 필요로 하는 양 2. 기내의 대기압을 700헥토파스칼(hPa) 이상으로 유지시켜 줄 수 있는 여압장치가 있는 모든 비행기와 항공운송사업에 사용되는 헬리콥터의 경우에는 다음 각 목에서 정 하는 양 가. 기내의 대기압이 700헥토파스칼(hPa) 미만인 동안 승객 전원과 승무원 전원이 비행고도 등 비행환경에 따라 적합하게 필요로 하는 양 나. 기내의 대기압이 376헥토파스칼(hPa) 미만인 비행고도에서 비행하거나 376헥토 파스칼(hPa) 이상인 비행고도에서 620헥토파스칼(hPa)인 비행고도까지 4분 이내에 강 하할 수 없는 경우에는 승객 전원과 승무원 전원이 최소한 10분 이상 사용할 수 있는 양 ② 여압장치가 있는 비행기로서 기내의 대기압이 376헥토파스칼(hPa) 미만인 비행고 도로 비행하려는 비행기에는 기내의 압력이 떨어질 경우 운항승무원에게 이를 경고할 수 있는 기압저하경보장치 1기를 장착하여야 한다. ③ 항공운송사업에 사용되는 항공기로서 기내의 대기압이 376헥토파스칼(hPa) 미만인 비행고도로 비행하거나 376헥토파스칼(hPa) 이상인 비행고도에서 620헥토파스칼(hPa)의 비행고도까지 4분 이내에 안전하게 강하할 수 없는 경우에는 승객 및 객실승무원 좌석 수를 더한 수보다 최소한 10퍼센트를 초과하는 수의 자동으로 작동되는 산소분배장치를 장착하여야 한다.

항공안전법	항공안전법 시행령	항공안전법 시행규칙
제5장 항공기의 운항		
		④ 여압장치가 있는 비행기로서 기내의 대기압이 376헥토파스칼(hPa) 미만인 비행고도에서 비행하려는 비행기의 경우 운항승무원의 산소마스크는 운항승무원이 산소의 사용이 필요할 때에 비행임무를 수행하는 좌석에서 즉시 사용할 수 있는 형태여야 한다. ⑤ 비행 중인 비행기의 안전운항을 위하여 조종업무를 수행하고 있는 모든 운항승무원은 제1항에 따른 산소 공급이 요구되는 상황에서는 언제든지 산소를 계속 사용할 수 있어야 한다. ⑥ 제1항에 따라 항공기에 장착하여야 할 호흡용산소의 저장·분배장치에 대한 비행 고도별 세부 장착요건 및 산소의 양, 그밖에 필요한 사항은 국토교통부장관이 정하여 고시한다.
		제115조(헬리콥터 기체진동 감시 시스템 장착) 최대이륙중량이 3천 175킬로그램을 초과하거나 승객 9명을 초과하여 수송할 수 있는 국제항공노선을 운항하는 항공운송사업에 사용되는 헬리콥터는 법 제52조제1항에 따라 기체에서 발생하는 진동을 감시할 수 있는 시스템(vibration health monitoring system)을 장착해야 한다.
		제116조(방사선투사량계기) ① 법 제52조제2항에 따라 항공운송사업용 항공기 또는 국외를 운항하는 비행기가 평균해면으로부터 1만 5천미터(4만9천피트)를 초과하는 고도로 운항하려는 경우에는 방사선투사량계기(Radiation Indicator) 1기를 갖추어야 한다. ② 제1항에 따른 방사선투사량계기는 투사된 총 우주 방사선의 비율과 비행 시마다 누적된 양을 계속적으로 측정하고 이를 나타낼 수 있어야 하며, 운항승무원이 측정된 수치를 쉽게 볼 수 있어야 한다.
		제117조(항공계기장치 등) ① 법 제52조제2항에 따라 시계비행방식 또는 계기비행방식(계기비행 및 항공교통관제 지시 하에 시계비행방식으로 비행을 하는 경우를 포함한다)에 의한 비행을 하는 항공기에 갖추어야 할 항공계기 등의 기준은 별표 16과 같다. ② 야간에 비행을 하려는 항공기에는 별표 16에 따라 계기비행방식으로 비행할 때 갖추어야 하는 항공계기 등 외에 추가로 다음 각 호의 조명설비를 갖추어야 한다. 다만, 제1호 및 제2호의 조명설비는 주간에 비행을 하려는 항공기에도 갖추어야 한다. 1. 항공운송사업에 사용되는 항공기에는 2기 이상, 그 밖의 항공기에는 1기 이상의 착륙등. 다만, 헬리콥터의 경우 최소한 1기의 착륙등은 수직면으로 방향전환이 가능한 것이어야 한다. 2. 충돌방지등 1기 3. 항공기의 위치를 나타내는 우현등, 좌현등 및 미등 4. 운항승무원이 항공기의 안전운항을 위하여 사용하는 필수적인 항공계기 및 장치를 쉽게 식별할 수 있도록 해주는 조명설비

항공안전법	항공안전법 시행령	항공안전법 시행규칙
제5장 항공기의 운항		
		5. 객실조명설비 6. 운항승무원 및 객실승무원이 각 근무위치에서 사용할 수 있는 손전등(flashlight) ③ 마하 수(Mach number) 단위로 속도제한을 나타내는 항공기에는 마하 수 지시계(Mach number Indicator)를 장착하여야 한다. 다만, 마하 수 환산이 가능한 속도계를 장착한 항공기의 경우에는 그러하지 아니하다. ④ 제2항제1호에도 불구하고 소형항공운송사업에 사용되는 항공기로서 해당 항공기에 착륙등을 추가로 장착하기 위한 기술이 그 항공기 제작자 등에 의해 개발되지 아니한 경우에는 1기의 착륙등을 갖추고 비행할 수 있다.
		제118조(제빙 · 방빙장치) 법 제52조제2항에 따라 결빙이 있거나 결빙이 예상되는 지역으로 운항하려는 항공기에는 결빙을 제거할 수 있는 제빙(De-icing)장치 또는 결빙 을 방지할 수 있는 방빙(Anti-icing)장치를 갖추어야 한다.
제53조(항공기의 연료) 항공기를 운항하려는 자 또는 소유자등은 항공기에 국토교통부령으로 정하는 양의 연료를 싣지 아니하고 항공기를 운항해서는 아니 된다.		**제119조(항공기의 연료와 오일)** 법 제53조에 따라 항공기에 실어야 하는 연료와 오일 의 양은 별표 17과 같다.
제54조(항공기의 등불) 항공기를 운항하거나 야간(해가 진 뒤부터 해가 뜨기 전까지를 말한다. 이하 같다)에 비행장에 주기(駐機) 또는 정박(碇泊)시키는 사람은 국토교통부령으로 정하는 바에 따라 등불로 항공기의 위치를 나타내야 한다.		**제120조(항공기의 등불)** ① 법 제54조에 따라 항공기가 야간에 공중·지상 또는 수상을 항행하는 경우와 비행장의 이동지역 안에서 이동하거나 엔진이 작동 중인 경우에 는 우현등, 좌현등 및 미등(이하 "항행등"이라 한다)과 충돌방지등에 의하여 그 항공 기의 위치를 나타내야 한다. ② 법 제54조에 따라 항공기를 야간에 사용되는 비행장에 주기(駐機) 또는 정박시키는 경우에는 해당 항공기의 항행등을 이용하여 항공기의 위치를 나타내야 한다. 다만, 비행장에 항공기를 조명하는 시설이 있는 경우에는 그러하지 아니하다. ③ 항공기는 제1항 및 제2항에 따라 위치를 나타내는 항행등으로 잘못 인식될 수 있는 다른 등불을 켜서는 아니 된다. ④ 조종사는 섬광등이 업무를 수행하는 데 장애를 주거나 외부에 있는 사람에게 눈부심을 주어 위험을 유발할 수 있는 경우에는 섬광등을 끄거나 빛의 강도를 줄여야 한다.
제55조(운항승무원의 비행경험) 다음 각 호의 어느 하나에 해당하는 항공기를 운항하려고 하거나 계기비행·야간비행 또는 제44조제2항에 따른 조종교육 업무에 종사하려는 운항승무원은 국토교통부령으로 정하는 비행경험(모의비행훈련장치를 이용하여 얻은 비행경험을 포함한다)이 있어야 한다. 1. 항공운송사업 또는 항공기사용사업에 사용되는 항공기 2. 항공기 중량, 승객 좌석 수 등 국토교통부령으로 정하는 기준에 해당하는 항공기로서 국외 운항에 사용되는 항공기(이하 "국외운항항공기"라 한다)		**제121조(조종사의 최근의 비행경험)** ① 법 제55조에 따라 다음 각 호의 어느 하나에 해당하는 조종사는 해당 항공기를 조종하고자 하는 날부터 기산하여 그 이전 90일까지의 사이에 조종하려는 항공기와 같은 형식의 항공기에 탑승하여 이륙 및 착륙을 각각 3회 이상 행한 비행경험이 있어야 한다. 1. 항공운송사업 또는 항공기사용사업에 사용되는 항공기를 조종하려는 조종사 2. 제126조 각 호의 어느 하나에 해당하는 항공기를 소유하거나 운용하는 법인 또는 단체에 고용된 조종사. 다만, 기장 외의 조종사는 이륙 또는 착륙 중 항공기를 조종하고자 하는 경우에만 해당한다.

항공안전법	항공안전법 시행령	항공안전법 시행규칙
제5장 항공기의 운항		
		② 제1항에 따른 조종사가 야간에 운항업무에 종사하고자 하는 경우에는 제1항의 비행경험 중 적어도 야간에 1회의 이륙 및 착륙을 행한 비행경험이 있어야 한다. 다만, 교육훈련, 기종운영의 특성 등으로 국토교통부장관의 인가를 받은 조종사에 대해서는 그러하지 아니하다. ③ 제1항 또는 제2항의 비행경험을 산정하는 경우 제91조의2제3항에 따라 지방항공청장이 지정한(제91조의3제5항에 따라 변경지정을 받거나 유효기간을 연장한 경우를 포함한다. 이하 같다) 모의비행훈련장치를 조작한 경험은 제1항 또는 제2항의 비행경험으로 본다.〈개정 2021. 11. 19.〉
		제122조(항공기관사의 최근의 비행경험) ① 법 제55조에 따라 항공운송사업 또는 항공기사용사업에 사용되는 항공기의 운항업무에 종사하려는 항공기관사는 종사하려는 날부터 기산하여 그 이전 6개월까지의 사이에 항공운송사업 또는 항공기사용사업에 사용되는 해당 항공기와 같은 형식의 항공기에 승무하여 50시간 이상 비행한 경험이 있어야 한다. ② 제1항의 비행경험을 산정하는 경우 제91조제2항에 따라 지방항공청장의 지정을 받은 모의비행장치를 조작한 경험은 25시간을 초과하지 아니하는 범위에서 제1항의 비행경험으로 본다. ③ 제1항에도 불구하고 국토교통부장관이 제1항의 비행경험과 같은 수준 이상의 경험이 있다고 인정하는 항공기관사는 항공기의 운항업무에 종사할 수 있다.
		제123조(항공사의 비행경험) ① 법 제55조에 따라 항공운송사업 또는 항공기사용사업에 사용되는 항공기의 운항업무에 종사하려는 항공사는 종사하려는 날부터 계산하여 그 이전 1년까지의 사이에 50시간(국내항공운송사업 또는 항공기사용사업에 사용되는 항공기 운항에 종사하려는 경우에는 25시간) 이상 항공기 운항업무에 종사한 비행경험이 있어야 한다. ② 제1항의 비행경험을 산정하는 경우 제91조제2항에 따라 지방항공청장의 지정을 받은 모의비행장치를 조작한 경험은 제1항의 비행경험으로 본다. ③ 제1항에도 불구하고 국토교통부장관이 제1항의 비행경험과 같은 수준 이상의 경험이 있다고 인정하는 항공사는 항공기의 운항업무에 종사할 수 있다.
		제124조(계기비행의 경험) ① 법 제55조에 따라 계기비행을 하려는 조종사는 계기비행을 하려는 날부터 계산하여 그 이전 6개월까지의 사이에 6회 이상의 계기접근과 6시간 이상의 계기비행(모의계기비행을 포함한다)을 한 경험이 있어야 한다. ② 제1항의 비행경험을 산정하는 경우 제91조제2항에 따라 지방항공청장의 지정을 받은 모의비행장치를 조작한 경험은 제1항의 비행경험으로 본다. ③ 제1항에도 불구하고 국토교통부장관이 제1항의 비행경험과 같은 수준 이상의 비행경험이 있다고 인정하는 조종사는 계기비행업무에 종사할 수 있다.

항공안전법	항공안전법 시행령	항공안전법 시행규칙
제5장 항공기의 운항		
		제125조(조종교육 비행경험) ① 법 제55조에 따라 법 제44조제2항의 조종교육업무에 종사하려는 조종사는 조종교육을 하려는 날부터 계산하여 그 이전 1년까지의 사이에 10시간 이상의 조종교육을 한 경험이 있어야 한다. 다만, 조종교육증명을 최초로 취득한 조종사에 대해서는 그 조종교육증명을 취득한 날부터 1년까지는 그러하지 아니하다. ② 조종교육업무에 종사하려는 조종사가 조종교육업무에 사용할 항공기에 제1항 본문에 따른 경험을 갖춘 자와 동승하여 야간에 1회 이상의 이륙 및 착륙을 포함한 10시간 이상의 비행을 한 경우에는 제1항 본문에 따른 조종교육을 한 경험으로 본다.
		제126조(국외운항항공기의 기준) 법 제55조제2호에서 "항공기 중량, 승객 좌석 수 등 국토교통부령으로 정하는 기준에 해당하는 항공기"란 다음 각 호의 어느 하나에 해당 하는 항공기를 말한다. 1. 최대이륙중량이 5천700킬로그램을 초과하는 비행기 2. 1개 이상의 터빈발동기(터보제트발동기 또는 터보팬발동기를 말한다)를 장착한 비행기 3. 승객 좌석 수가 9석을 초과하는 비행기 4. 3대 이상의 항공기를 운용하는 법인 또는 단체의 항공기
제56조(승무원 등의 피로관리) ① 항공운송사업자, 항공기사용사업자 또는 국외운항항공기 소유자등은 다음 각 호의 어느 하나 이상의 방법으로 소속 운항승무원 및 객실승무원(이하 "승무원"이라 한다)과 운항관리사의 피로를 관리하여야 한다. 〈개정 2020. 12. 8.〉 1. 국토교통부령으로 정하는 승무원의 승무시간, 비행근무시간, 근무시간 등(이하 이 조에서 "승무시간등"이라 한다) 또는 운항관리사의 근무시간의 제한기준을 따르는 방법 2. 피로위험관리시스템을 마련하여 운용하는 방법 ② 항공운송사업자, 항공기사용사업자 또는 국외운항항공기 소유자등이 피로위험관리시스템을 마련하여 운용하려는 경우에는 국토교통부령으로 정하는 바에 따라 국토교통부장관의 승인을 받아 운용하여야 한다. 승인 받은 사항 중 국토교통부령으로 정하는 중요사항을 변경하는 경우에도 또한 같다. ③ 항공운송사업자, 항공기사용사업자 또는 국외운항항공기 소유자등은 제1항제1호에 따라 승무원 또는 운항관리사의 피로를 관리하는 경우에는 승무원의 승무시간등 또는 운항관리사의 근무시간에 대한 기록을 15개월 이상 보관하여야 한다. 〈개정 2020. 12. 8.〉 [제목개정 2020. 12. 8.]		**제127조(운항승무원의 승무시간 등의 기준 등)** ① 법 제56조제1항제1호에 따른 운항 승무원의 승무시간, 비행근무시간, 근무시간 등(이하 "승무시간등"이라 한다)의 기준은 별표 18과 같다. 다만, 천재지변, 기상악화, 항공기 고장 등 항공기 소유자등이 사전에 예측할 수 없는 상황이 발생한 경우 승무시간 등의 기준은 국토교통부장관이 정 하여 고시할 수 있다. ② 항공운송사업자 및 항공기사용사업자는 제1항에 따른 기준의 범위에서 운항승무원 이 피로로 인하여 항공기의 안전운항을 저해하지 아니하도록 세부적인 기준을 운항규정에 정하여야 한다.

항공안전법	항공안전법 시행령	항공안전법 시행규칙
제5장 항공기의 운항		
		제128조(객실승무원의 승무시간 기준 등) ① 항공운송사업자는 법 제56조제1항제1호에 따라 객실승무원이 비행피로로 인하여 항공기 안전운항에 지장을 초래하지 아니하도록 월간, 3개월간 및 연간 단위의 승무시간 기준을 운항규정에 정하여야 한다. 이 경우 연간 승무시간은 1천 200시간을 초과해서는 아니 된다. ② 제1항에 따른 승무를 위하여 해당 형식의 항공기에 탑승하여 임무를 수행하는 객실승무원의 수에 따른 연속되는 24시간 동안의 비행근무시간 기준과 비행근무 후의 지상에서의 최소 휴식시간 기준은 별표 19와 같다. 다만, 천재지변, 기상악화, 항공기 고장 등 항공기 소유자등이 사전에 예측할 수 없는 상황이 발생한 경우 비행근무시간 등의 기준은 국토교통부장관이 정하여 고시할 수 있다.
		제128조의2(운항관리사의 근무시간 기준 등) ① 법 제56조제1항제1호에 따른 운항관리사의 근무시간의 기준은 다음 각 호와 같다. 1. 연속되는 24시간 동안의 최대 근무시간은 10시간 이하일 것 2. 연속되는 7일마다 최소 연속 24시간의 휴식을 부여할 것 3. 계획된 근무시간 직전까지 최소 8시간의 휴식을 부여할 것 ② 제1항에 따른 근무시간은 운항관리사가 항공운송사업자, 항공기사용사업자 또는 국외운항항공기 소유자등의 요구에 따라 근무보고를 하거나 근무를 시작한 때부터 근무가 끝날 때까지로 한다. ③ 제1항제1호에도 불구하고 다음의 어느 하나에 해당하는 경우에는 연속되는 24시간 동안 10시간 이상 근무하게 할 수 있다. 1. 천재지변 또는 그 밖의 부득이한 사유로 운항관리사를 교대할 수 없는 경우 2. 국외운항항공기 소유자등의 소속 운항관리사인 경우 ④ 제3항제1호에 따라 연속되는 24시간 동안 10시간 이상 근무하게 한 경우에는 해당 근무 종료 후 다음의 계획된 근무시간 직전까지 제1항제3호에 따른 휴식을 부여해야 한다. ⑤ 제3항제2호에 따라 연속되는 24시간 동안 10시간 이상 근무하게 한 경우에는 제1항제3호에도 불구하고 근무시간 사이의 시간에 부여한 휴식시간의 총합이 최소 8시간이 되도록 해야 한다. [본조신설 2021. 6. 9.] [종전 제128조의2는 제128조의3으로 이동 〈2021. 6. 9.〉]
		제128조의3(승무원 피로위험관리시스템의 승인 등) ① 법 제56조제2항에 따라 피로위험관리시스템을 승인받으려는 자는 별지 제60호의3서식의 피로위험관리시스템 승인신청서에 다음 각 호의 서류를 첨부하여 국토교통부장관에게 제출해야 한다. 1. 피로위험관리시스템 매뉴얼 2. 피로위험관리시스템 이행계획서

항공안전법	항공안전법 시행령	항공안전법 시행규칙
제5장 항공기의 운항		
		② 제1항에 따라 신청서를 받은 국토교통부장관은 해당 피로위험관리시스템이 다음 각 호의 기준을 모두 갖추고 있는 경우에는 별지 제60호의4서식의 피로위험관리시스템 승인서를 발급해야 한다. 1. 피로위험관리시스템에 다음 각 목의 사항이 모두 포함되어 있을 것 가. 피로위험관리 정책에 관한 사항 나. 피로위험관리 조직에 관한 사항 다. 피로위험관리시스템 운용절차에 관한 다음의 사항 1) 피로위험관리시스템에 적용하는 승무시간 등의 제한기준에 관한 사항 2) 피로위험도 관리에 관한 사항 3) 안전성과 관리에 관한 사항 4) 피로관련 보고제도에 관한 사항 5) 피로관련 승무원의 교육훈련에 관한 사항 6) 피로관련 기록유지에 관한 사항 라. 그 밖에 피로위험관리시스템 운용에 필요하다고 인정하여 국토부장관이 고시하는 사항 2. 법 제58조제2항에 따른 항공안전관리시스템과 연계되어 있을 것 3. 제127조제1항 및 제128조제1항에 따른 승무시간 등의 기준의 준수에 따른 피로관리 이상으로 피로가 관리될 수 있을 것 ③ 법 제56조제2항 후단에서 "국토교통부령으로 정하는 중요한 사항"이란 다음 각 호의 사항을 말한다. 1. 피로위험관리시스템에서 적용되는 승무시간 등의 제한기준에 관한 사항 2. 피로관련 위험도 관리에 관한 사항 3. 안전성과 관리에 관한 사항 ④ 법 제56조제2항 후단에 따른 변경승인을 받으려는 자는 별지 제60호의5서식의 피로위험관리시스템 변경승인신청서에 다음 각 호의 서류를 첨부하여 국토교통부장관에게 제출해야 한다. 1. 변경된 피로위험관리시스템 매뉴얼 2. 피로위험관리시스템 신·구 대비표 ⑤ 제4항에 따른 신청서를 받은 국토교통부장관은 제4항에 따른 변경신청이 제2항에 따른 기준에 적합하면 변경승인을 해야 한다. [본조신설 2020. 12. 10.] [제128조의2에서 이동 〈2021. 6. 9.〉]
제57조(주류등의 섭취·사용 제한) ① 항공종사자(제46조에 따른 항공기 조종연습 및 제47조에 따른 항공교통관제연습을 하는 사람을 포함한다. 이하 이 조에서 같다) 및 객실승무원은 「주세법」 제3조제1호에 따른 주류, 「마약류 관리에 관한 법률」 제2조제1호에 따른 마약류 또는 「화학물질관리법」 제22조제1항에 따른 환각물질 등(이하 "주류등"이라 한다)의 영향으로 항공업무(제46조에 따른 항공기 조종연습 및 제47조에 따른 항공교통관제연습을 포함한다. 이하 이 조에서 같다) 또는 객실승무원의 업무를 정상적으로 수행할 수 없는 상태에서는 항공업무 또는 객실승무원의 업무에 종사해서는 아니 된다.		**제129조(주류등의 종류 및 측정 등)** ① 법 제57조제3항 및 제4항에 따라 국토교통부장관 또는 지방항공청장은 소속 공무원으로 하여금 항공종사자 및 객실승무원의 주류등의 섭취 또는 사용 여부를 측정하게 할 수 있다. ② 제1항에 따라 주류등의 섭취 또는 사용 여부를 적발한 소속 공무원은 별지 제61호서식의 주류등 섭취 또는 사용 적발보고서를 작성하여 국토교통부장관 또는 지방항공청장에게 보고하여야 한다. ③ 제1항에 따른 주류등의 섭취 또는 사용 여부의 측정에 필요한 사항은 국토교통부장관이 정한다.〈신설 2020. 12. 10.〉

항공안전법	항공안전법 시행령	항공안전법 시행규칙
제5장 항공기의 운항		
② 항공종사자 및 객실승무원은 항공업무 또는 객실승무원의 업무에 종사하는 동안에는 주류등을 섭취하거나 사용해서는 아니 된다. ③ 국토교통부장관은 항공안전과 위험 방지를 위하여 필요하다고 인정하거나 항공종사자 및 객실승무원이 제1항 또는 제2항을 위반하여 항공업무 또는 객실승무원의 업무를 하였다고 인정할 만한 상당한 이유가 있을 때에는 주류등의 섭취 및 사용 여부를 호흡측정기 검사 등의 방법으로 측정할 수 있으며, 항공종사자 및 객실승무원은 이러한 측정에 따라야 한다.〈개정 2020. 6. 9.〉 ④ 국토교통부장관은 항공종사자 또는 객실승무원이 제3항에 따른 측정 결과에 불복하면 그 항공종사자 또는 객실승무원의 동의를 받아 혈액 채취 또는 소변 검사 등의 방법으로 주류등의 섭취 및 사용 여부를 다시 측정할 수 있다. ⑤ 주류등의 영향으로 항공업무 또는 객실승무원의 업무를 정상적으로 수행할 수 없는 상태의 기준은 다음 각 호와 같다. 1. 주정성분이 있는 음료의 섭취로 혈중알코올 농도가 0.02퍼센트 이상인 경우 2. 「마약류 관리에 관한 법률」 제2조제1호에 따른 마약류를 사용한 경우 3. 「화학물질관리법」 제22조제1항에 따른 환각물질을 사용한 경우 ⑥ 제1항부터 제5항까지의 규정에 따라 주류등의 종류 및 그 측정에 필요한 세부 절차 및 측정기록의 관리 등에 필요한 사항은 국토교통부령으로 정한다.		
제57조의2(항공기 내 흡연 금지) 항공종사자(제46조에 따른 항공기 조종연습을 하는 사람을 포함한다) 및 객실승무원은 항공업무 또는 객실승무원의 업무에 종사하는 동안에는 항공기 내에서 흡연을 하여서는 아니 된다.		
제58조(국가 항공안전프로그램 등) ① 국토교통부장관은 다음 각 호의 사항이 포함된 항공안전프로그램을 마련하여 고시하여야 한다. 〈개정 2019. 8. 27.〉 1. 항공안전에 관한 정책, 달성목표 및 조직체계 2. 항공안전 위험도의 관리 3. 항공안전보증 4. 항공안전증진 5. 삭제〈2019. 8. 27.〉 6. 삭제〈2019. 8. 27.〉		**제130조(항공안전관리시스템의 승인 등)** ① 법 제58조제2항에 따라 항공안전관리시스템을 승인 받으려는 자는 별지 제62호서식의 항공안전관리시스템 승인신청서에 다음 각 호의 서류를 첨부하여 제작·교육·운항 또는 사업 등을 시작하기 30일 전까지 국토교통부장관 또는 지방항공청장에게 제출해야 한다.〈개정 2020. 2. 28.〉 1. 항공안전관리시스템 매뉴얼 2. 항공안전관리시스템 이행계획서 및 이행확약서 3. 제2항에서 정하는 항공안전관리시스템 승인기준에 미달하는 사항이 있는 경우 이를 보완할 수 있는 대체운영절차

항공안전법	항공안전법 시행령	항공안전법 시행규칙
제5장 항공기의 운항		
② 다음 각 호의 어느 하나에 해당하는 자는 제작, 교육, 운항 또는 사업 등을 시작하기 전까지 제1항에 따른 항공안전프로그램에 따라 항공기사고 등의 예방 및 비행안전의 확보를 위한 항공안전관리시스템을 마련하고, 국토교통부장관의 승인을 받아 운용하여야 한다. 승인받은 사항 중 국토교통부령으로 정하는 중요사항을 변경할 때에도 또한 같다.〈개정 2017. 10. 24., 2019. 8. 27.〉 1. 형식증명, 부가형식증명, 제작증명, 기술표준품형식승인 또는 부품등제작자증명을 받은 자 2. 제35조제1호부터 제4호까지의 항공종사자 양성을 위하여 제48조제1항 단서에 따라 지정된 전문교육기관 3. 항공교통업무증명을 받은 자 4. 제90조(제96조제1항에서 준용하는 경우를 포함한다)에 따른 운항증명을 받은 항공운송사업자 및 항공기사용사업자 5. 항공기정비업자로서 제97조제1항에 따른 정비조직인증을 받은 자 6. 「공항시설법」 제38조제1항에 따라 공항운영증명을 받은 자 7. 「공항시설법」 제43조제2항에 따라 항행안전시설을 설치한 자 8. 제55조제2호에 따른 국외운항항공기를 소유 또는 임차하여 사용할 수 있는 권리가 있는 자 ③ 국토교통부장관은 제83조제1항부터 제3항까지에 따라 국토교통부장관이 하는 업무를 체계적으로 수행하기 위하여 제1항에 따른 항공안전프로그램에 따라 그 업무에 관한 항공안전관리시스템을 구축·운용하여야 한다. ④ 제2항제4호에 따른 항공운송사업자 중 국토교통부령으로 정하는 항공운송사업자는 항공안전관리시스템을 구축할 때 다음 각 호의 사항을 포함한 비행자료분석프로그램(Flight data analysis program)을 마련하여야 한다.〈신설 2019. 8. 27.〉 1. 비행자료를 수집할 수 있는 장치의 장착 및 운영절차 2. 비행자료와 분석결과의 보호 및 활용에 관한 사항 3. 그 밖에 비행자료의 보존 및 품질관리 요건 등 국토교통부장관이 고시하는 사항 ⑤ 국토교통부장관 또는 제2항제3호에 따라 항공안전관리시스템을 마련해야 하는 자가 제83조제1항에 따른 항공교통관제 업무 중 레이더를 이용하여 항공교통관제 업무를 수행하려는 경우에는 항공안전관리시스템에 다음 각 호의 사항을 포함하여야 한다.〈신설 2019. 8. 27.〉 1. 레이더 자료를 수집할 수 있는 장치의 설치 및 운영절차		② 제1항에 따라 항공안전관리시스템 승인신청서를 받은 국토교통부장관 또는 지방항공청장은 해당 항공안전관리시스템이 별표 20에서 정한 항공안전관리시스템 구축·운용 및 승인기준을 충족하고 국토교통부장관이 고시한 운용조직의 규모 및 업무특성별 운용요건에 적합하다고 인정되는 경우에는 별지 제63호서식의 항공안전관리시스템 승인서를 발급하여야 한다.〈개정 2020. 2. 28.〉 ③ 법 제58조제2항 후단에서 "국토교통부령으로 정하는 중요사항"이란 다음 각 호의 사항을 말한다.〈개정 2020. 2. 28.〉 1. 안전목표에 관한 사항 2. 안전조직에 관한 사항 3. 항공안전장애 등 항공안전데이터 및 항공안전 정보에 대한 보고체계에 관한 사항 4. 항공안전위해요인 식별 및 위험도 관리 5. 안전성과지표의 운영(지표의 선정, 경향성 모니터링, 확인된 위험에 대한 경감 조치 등)에 관한 사항 6. 변화관리에 관한 사항 7. 자체 안전감사 등 안전보증에 관한 사항 ④ 제3항에서 정한 중요사항을 변경하려는 자는 별지 제64호서식의 항공안전관리시스템 변경승인 신청서에 다음 각 호의 서류를 첨부하여 국토교통부장관 또는 지방항공청장에게 제출하여야 한다. 1. 변경된 항공안전관리시스템 매뉴얼 2. 항공안전관리시스템 매뉴얼 신·구대조표 ⑤ 국토교통부장관 또는 지방항공청장은 제4항에 따라 제출된 변경사항이 별표 20에서 정한 항공안전관리시스템 승인기준에 적합하다고 인정되는 경우 이를 승인하여야 한다.

항공안전법	항공안전법 시행령	항공안전법 시행규칙
제5장 항공기의 운항		
2. 레이더 자료와 분석결과의 보호 및 활용에 관한 사항 ⑥ 제4항에 따른 항공운송사업자 또는 제5항에 따라 레이더를 이용하여 항공교통관제 업무를 수행하는 자는 제4항 또는 제5항에 따라 수집한 자료와 그 분석결과를 항공기사고 등을 예방하고 항공안전을 확보할 목적으로만 사용하여야 하며, 분석결과를 이유로 관련된 사람에게 해고·전보·징계·부당한 대우 또는 그 밖에 신분이나 처우와 관련하여 불이익한 조치를 취해서는 아니 된다.〈신설 2019. 8. 27.〉		**제130조의2(비행자료분석프로그램을 마련해야 하는 항공운송사업자)** 법 제58조제4항에 따라 비행자료분석프로그램 (Flight Data Analysis Program)을 마련해야 하는 항공운송사업자는 다음 각 호와 같다. 1. 최대이륙중량이 2만킬로그램을 초과하는 비행기를 사용하는 항공운송사업자 2. 최대이륙중량이 7천킬로그램을 초과하거나 승객 9명을 초과하여 수송할 수 있는 헬리콥터를 사용하여 국제항공노선을 취항하는 항공운송사업자 [본조신설 2020. 2. 28.]
⑦ 제1항부터 제3항까지에서 규정한 사항 외에 다음 각 호의 사항은 국토교통부령으로 정한다.〈개정 2019. 8. 27.〉 1. 제1항에 따른 항공안전프로그램의 마련에 필요한 사항 2. 제2항에 따른 항공안전관리시스템에 포함되어야 할 사항, 항공안전관리시스템의 승인기준 및 구축·운용에 필요한 사항 3. 제3항에 따른 업무에 관한 항공안전관리시스 템의 구축·운용에 필요한 사항 [제목개정 2019. 8. 27.]		**제131조(항공안전프로그램의 마련에 필요한 사항)** 법 제58조제7항제1호에 따라 항공안전프로그램을 마련할 때에는 다음 각 호의 사항을 반영해야 한다. 1. 항공안전에 관한 정책, 달성목표 및 조직체계 가. 항공안전분야의 기본법령에 관한 사항 나. 기본법령에 따른 세부기준에 관한 사항 다. 항공안전 관련 조직의 구성, 기능 및 임무에 관한 사항 라. 항공안전 관련 법령 등의 이행을 위한 전문인력 확보에 관한 사항 마. 기본법령을 이행하기 위한 세부지침 및 주요 안전정보의 제공에 관한 사항 2. 항공안전 위험도 관리 가. 항공안전 확보를 위해 국토교통부장관이 수행하는 증명, 인증, 승인, 지정 등에 관한 사항 나. 항공안전관리시스템 이행의무에 관한 사항 다. 항공기사고 및 항공기준사고 조사에 관한 사항 라. 항공안전위해요인의 식별 및 항공안전 위험도 평가에 관한 사항 마. 항공안전문제의 해소 등 항공안전 위험도의 경감에 관한 사항 3. 항공안전보증 가. 안전감독 등 감시활동에 관한 사항 나. 국가의 항공안전성과에 관한 사항 4. 항공안전증진 가. 정부 내 항공안전에 관한 업무를 수행하는 부처 간의 안전정보 공유 및 안전문화 조성에 관한 사항 나. 정부 내 항공안전에 관한 업무를 수행하는 부처와 항공안전관리시스템을 운영하는 자, 국제민간항공기구 및 외국의 항공당국 등 간의 안전정보 공유 및 안전문화 조성에 관한 사항 5. 국제기준관리시스템의 구축·운영 6. 그 밖에 국토교통부장관이 항공안전목표 달성에 필요하다고 정하는 사항

항공안전법	항공안전법 시행령	항공안전법 시행규칙
제5장 항공기의 운항		
		제132조(항공안전관리시스템에 포함되어야 할 사항 등) ① 법 제58조제7항제2호에 따른 항공안전관리시스템에 포함되어야 할 사항은 다음 각 호와 같다.〈개정 2020. 2. 28., 2021. 6. 9.〉 1. 항공안전에 관한 정책 및 달성목표 가. 최고경영관리자의 권한 및 책임에 관한 사항 나. 안전관리 관련 업무분장에 관한 사항 다. 총괄 안전관리자의 지정에 관한 사항 라. 위기대응계획 관련 관계기관 협의에 관한 사항 마. 매뉴얼 등 항공안전관리시스템 관련 기록·관리에 관한 사항 2. 항공안전 위험도의 관리 가. 항공안전위해요인의 식별절차에 관한 사항 나. 위험도 평가 및 경감조치에 관한 사항 다. 자체 안전보고의 운영에 관한 사항 3. 항공안전보증 가. 안전성과의 모니터링 및 측정에 관한 사항 나. 변화관리에 관한 사항 다. 항공안전관리시스템 운영절차 개선에 관한 사항 4. 항공안전증진 가. 안전교육 및 훈련에 관한 사항 나. 안전관리 관련 정보 등의 공유에 관한 사항 5. 그 밖에 국토교통부장관이 항공안전관리시스템 운영에 필요하다고 정하는 사항 ② 법 제58조제7항제2호에 따른 항공안전관리시스템의 구축·운용 및 그 승인기준은 별표 20과 같다.〈개정 2020. 2. 28., 2021. 6. 9.〉 ③ 삭제〈2020. 2. 28.〉 ④ 삭제〈2020. 2. 28.〉
		제133조(항공교통업무 안전관리시스템의 구축·운용에 관한 사항) 법 제58조제3항 및 제7항제3호에 따른 항공교통업무에 관한 항공안전관리시스템의 구축·운용에 관하여 는 별표 20을 준용한다. [전문개정 2020. 2. 28.]
제59조(항공안전 의무보고) ① 항공기사고, 항공기준사고 또는 항공안전장애 중 국토교통부령으로 정하는 사항(이하 "의무보고 대상 항공안전장애"라 한다)을 발생시켰거나 항공기사고, 항공기준사고 또는 의무보고 대상 항공안전장애가 발생한 것을 알게 된 항공종사자 등 관계인은 국토교통부장관에게 그 사실을 보고하여야 한다. 다만, 제33조에 따라 고장, 결함 또는 기능장애가 발생한 사실을 국토교통부장관에게 보고한 경우에는 이 조에 따른 보고를 한 것으로 본다.〈개정 2019. 8. 27.〉 ② 국토교동부장관은 제1항에 따른 보고(이하 "항공안전 의무보고"라 한다)를 통하여 접수한 내용을 이 법에 따른 경우를 제외하고는 제3자에게 제공하거나 일반에게 공개해서는 아니 된다.〈신설 2019. 8. 27.〉		**제134조(항공안전 의무보고의 절차 등)** ① 법 제59조제1항 본문에서 "항공안전장애 중 국토교통부령으로 정하는 사항"이란 별표 20의2에 따른 사항을 말한다.〈신설 2020. 2. 28.〉 ② 법 제59조제1항 및 법 제62조제5항에 따라 다음 각 호의 어느 하나에 해당하는 사람은 별지 제65호서식에 따른 항공안전 의무보고서(항공기가 조류 또는 동물과 충돌한 경우에는 별지 제65호의2서식에 따른 조류 및 동물 충돌 보고서) 또는 국토교통부장관이 정하여 고시하는 전자적인 보고방법에 따라 국토교통부장관 또는 지방항공청장에게 보고해야 한다.〈개정 2020. 2. 28., 2020. 12. 10.〉 1. 항공기사고를 발생시켰거나 항공기사고가 발생한 것을 알게 된 항공종사자 등 관계인 2. 항공기준사고를 발생시켰거나 항공기준사고가 발생한 것을 알게 된 항공종사자 등 관계인

항공안전법	항공안전법 시행령	항공안전법 시행규칙
제5장 항공기의 운항		
③ 누구든지 항공안전 의무보고를 한 사람에 대하여 이를 이유로 해고·전보·징계·부당한 대우 또는 그 밖에 신분이나 처우와 관련하여 불이익한 조치를 취해서는 아니 된다.〈신설 2019. 8. 27.〉 ④ 제1항에 따른 항공종사자 등 관계인의 범위, 보고에 포함되어야 할 사항, 시기, 보고 방법 및 절차 등은 국토교통부령으로 정한다.〈개정 2019. 8. 27.〉		3. 법 제59조제1항 본문에 따른 의무보고 대상 항공안전장애(이하 "의무보고 대상 항공안전장애"라 한다)를 발생시켰거나 의무보고 대상 항공안전장애가 발생한 것을 알게 된 항공종사자 등 관계인(법 제33조에 따른 보고 의무자는 제외한다) ③ 법 제59조제1항에 따른 항공종사자 등 관계인의 범위는 다음 각 호와 같다.〈개정 2020. 2. 28.〉 1. 항공기 기장(항공기 기장이 보고할 수 없는 경우에는 그 항공기의 소유자등을 말한다) 2. 항공정비사(항공정비사가 보고할 수 없는 경우에는 그 항공정비사가 소속된 기관·법인 등의 대표자를 말한다) 3. 항공교통관제사(항공교통관제사가 보고할 수 없는 경우 그 관제사가 소속된 항공교통관제기관의 장을 말한다) 4. 「공항시설법」에 따라 공항시설을 관리·유지하는 자 5. 「공항시설법」에 따라 항행안전시설을 설치·관리하는 자 6. 법 제70조제3항에 따른 위험물취급자 7. 「항공사업법」 제2조제20호에 따른 항공기취급업자 중 다음 각 호의 업무를 수행하는 자 가. 항공기 중량 및 균형관리를 위한 화물 등의 탑재관리, 지상에서 항공기에 대한 동력지원 나. 지상에서 항공기의 안전한 이동을 위한 항공기 유도 ④ 제2항에 따른 보고서의 제출 시기는 다음 각 호와 같다.〈개정 2020. 2. 28.〉 1. 항공기사고 및 항공기준사고: 즉시 2. 항공안전장애: 가. 별표 20의2 제1호부터 제4호까지, 제6호 및 제7호에 해당하는 의무보고 대상 항공안전장애의 경우 다음의 구분에 따른 때부터 72시간 이내(해당 기간에 포함된 토요일 및 법정공휴일에 해당하는 시간은 제외한다). 다만, 제6호가목, 나목 및 마목에 해당하는 사항은 즉시 보고해야 한다. 1) 의무보고 대상 항공안전장애를 발생시킨 자: 해당 의무보고 대상 항공안전장애가 발생한 때 2) 의무보고 대상 항공안전장애가 발생한 것을 알게 된 자: 해당 의무보고 대상 항공안전장애가 발생한 사실을 안 때 나. 별표 20의2 제5호에 해당하는 의무보고 대 상 항공안전장애의 경우 다음의 구분에 따른 때부터 96시간 이내. 다만, 해당 기간에 포함된 토요일 및 법정공휴일에 해당하는 시간은 제외한다. 1) 의무보고 대상 항공안전장애를 발생시킨 자: 해당 의무보고 대상 항공안전장애가 발생한 때 2) 의무보고 대상 항공안전장애가 발생한 것을 알게 된 자: 해당 의무보고 대상 항공안전장애가 발생한 사실을 안 때 다. 가목 및 나목에도 불구하고, 의무보고 대상 항공안전장애를 발생시켰거나 의무보고 대상 항공안전장애가 발생한 것을 알게 된 자가 부상, 통신 불능, 그 밖의 부득이한 사유로 기한 내 보고를 할 수 없는 경우에는 그 사유가 해소된 시점부터 72시간 이내

항공안전법	항공안전법 시행령	항공안전법 시행규칙
제5장 항공기의 운항		
제60조(사실조사) ① 국토교통부장관은 제59조제1항, 제120조제2항, 제129조제3항에 따른 보고를 받은 경우 또는 제59조제1항, 제120조제2항, 제129조제3항에 따른 보고를 받지 않았으나 항공기사고, 항공기준사고 또는 의무보고 대상 항공안전장애가 발생한 것을 인지하게 된 경우 이에 대한 사실 여부와 이 법의 위반사항 등을 파악하기 위한 조사를 할 수 있다.〈개정 2019. 8. 27., 2020. 6. 9.〉 ② 국토교통부장관은 제33조 및 제59조제1항에 따라 의무보고 대상 항공안전장애에 대한 보고가 이루어진 경우 이 법 및 「공항시설법」에 따른 행정처분을 아니할 수 있다. 다만, 제1항에 따른 조사결과 고의 또는 중대한 과실로 의무보고 대상 항공안전장애를 발생시킨 경우에는 그러하지 아니하다.〈신설 2019. 8. 27.〉 ③ 제1항에 따른 사실조사의 절차 및 방법 등에 관하여는 제132조제2항 및 제4항부터 제9항까지의 규정을 준용한다.〈개정 2019. 8. 27.〉 ④ 제1항부터 제3항까지에서 규정한 사항 외에 사실조사 수행에 필요한 사항은 국토교통부장관이 정한다.〈신설 2019. 8. 27.〉		
제61조(항공안전 자율보고) ① 누구든지 제59조제1항에 따른 의무보고 대상 항공안전장애 외의 항공안전장애(이하 "자율보고대상 항공안전장애"라 한다)를 발생시켰거나 발생한 것을 알게 된 경우 또는 항공안전위해요인이 발생한 것을 알게 되거나 발생이 의심되는 경우에는 국토교통부령으로 정하는 바에 따라 그 사실을 국토교통부장관에게 보고할 수 있다.〈개정 2019. 8. 27.〉 ② 국토교통부장관은 제1항에 따른 보고(이하 "항공안전 자율보고"라 한다)를 통하여 접수한 내용을 이 법에 따른 경우를 제외하고는 제3자에게 제공하거나 일반에게 공개해서는 아니 된다.〈개정 2019. 8. 27.〉 ③ 누구든지 항공안전 자율보고를 한 사람에 대하여 이를 이유로 해고·전보·징계·부당한 대우 또는 그 밖에 신분이나 처우와 관련하여 불이익한 조치를 해서는 아니 된다. ④ 국토교통부장관은 자율보고대상 항공안전장애 또는 항공안전위해요인을 발생시킨 사람이 그 발생일부터 10일 이내에 항공안전 자율보고를 한 경우에는 고의 또는 중대한 과실로 발생시킨 경우에 해당하지 아니하면 이 법 및 「공항시설법」에 따른 처분을 하여서는 아니 된다.〈개정 2019. 8. 27., 2020. 6. 9.〉 ⑤ 제1항부터 제4항까지에서 규정한 사항 외에 항공안전 자율보고에 포함되어야 할 사항, 보고 방법 및 절차 등은 국토교통부령으로 정한다.		**제135조(항공안전 자율보고의 절차 등)** ① 법 제61조제1항에 따라 항공안전 자율보고를 하려는 사람은 별지 제66호서식의 항공안전 자율보고서 또는 국토교통부장관이 정하여 고시하는 전자적인 보고방법에 따라 한국교통안전공단의 이사장에게 보고할 수 있다.〈개정 2018. 3. 23.〉 ② 제1항에 따른 항공안전 자율보고의 접수·분석 및 전파 등에 관하여 필요한 사항은 국토교통부장관이 정하여 고시한다.

항공안전법	항공안전법 시행령	항공안전법 시행규칙
제5장 항공기의 운항		
제61조의2(항공안전데이터 등의 수집 및 처리시스템) ① 국토교통부장관은 항공안전의 증진을 위하여 항공안전데이터와 항공안전정보(이하 "항공안전데이터등"이라 한다)의 수집·저장·통합·분석 등의 업무를 전자적으로 처리하기 위한 시스템(이하 "통합항공안전데이터 수집분석시스템"이라 한다)을 구축·운영할 수 있다. ② 국토교통부장관은 필요하다고 인정하는 경우 통합항공안전데이터 수집분석시스템의 운영을 대통령령으로 정하는 바에 따라 관계 전문기관에 위탁할 수 있다. ③ 국토교통부장관은 통합항공안전데이터 수집분석시스템의 운영을 위하여 다음 각 호의 사항이 포함된 통합항공안전데이터수집분석시스템의 운영기준을 정하여 고시할 수 있다. 1. 항공안전데이터등의 수집·저장·분석 절차 2. 항공안전데이터등의 제공기관과 분석결과 공유방법 및 절차 3. 그 밖에 통합항공안전데이터수집분석시스템 운영에 필요한 사항으로서 국토교통부령으로 정하는 사항 [본조신설 2019. 8. 27.]	**제8조의3(항공안전데이터 등의 수집 및 처리시스템 운영의 위탁)** 국토교통부장관은 법 제61조의2 제2항에 따라 통합항공안전데이터 수집분석시스템의 운영을「항공안전기술원법」에 따른 항공안전기술원에 위탁한다.	
제61조의3(항공안전데이터등의 개인정보 보호) 제61조의2제 2항에 따라 통합항공안전데이터수집 분석 시스템의 운영을 위탁받은 전문기관은 같은 조 제1항에 따라 수집·저장·분석된 항공안전데이터 등을 항공안전 유지 및 증진의 목적으로만 활용하여야 하며, 이 경우에도 「개인정보 보호법」 제2조제1호에 따른 개인정보가 보호될 수 있도록 시책을 마련하여 시행하여야 한다. [본조신설 2019. 8. 27.]		
제62조(기장의 권한 등) ① 항공기의 운항 안전에 대하여 책임을 지는 사람(이하 "기장"이라 한다)은 그 항공기의 승무원을 지휘·감독한다. ② 기장은 국토교통부령으로 정하는 바에 따라 항공기의 운항에 필요한 준비가 끝난 것을 확인한 후가 아니면 항공기를 출발시켜서는 아니 된다. ③ 기장은 항공기나 여객에 위난(危難)이 발생하였거나 발생할 우려가 있다고 인정될 때에는 항공기에 있는 여객에게 피난방법과 그 밖에 안전에 관하여 필요한 사항을 명할 수 있다. ④ 기장은 운항 중 그 항공기에 위난이 발생하였을 때에는 여객을 구조하고, 지상 또는 수상(水上)에 있는 사람이나 물건에 대한 위난 방지에 필요한 수단을 마련하여야 하며, 여객과 그 밖에 항공기에 있는 사람을 그 항공기에서 나가게 한 후가 아니면 항공기를 떠나서는 아니 된다. ⑤ 기장은 항공기사고, 항공기준사고 또는 의무보고 대상 항공안전장애가 발생하였을 때에는 국토교통부령으로 정하는 바에 따라 국토교통부장관에게 그 사실을 보고하여야 한다. 다만, 기장이 보고할 수 없는 경우에는 그 항공기의 소유자등이 보고를 하여야 한다.〈개정 2019. 8. 27.〉		

항공안전법	항공안전법 시행령	항공안전법 시행규칙
제5장 항공기의 운항		
⑥ 기장은 다른 항공기에서 항공기사고, 항공기준사고 또는 의무보고 대상 항공안전장애가 발생한 것을 알았을 때에는 국토교통부령으로 정하는 바에 따라 국토교통부장관에게 그 사실을 보고하여야 한다. 다만, 무선설비를 통하여 그 사실을 안 경우에는 그러하지 아니하다. 〈개정 2019. 8. 27.〉 ⑦ 항공종사자 등 이해관계인이 제59조제1항에 따라 보고한 경우에는 제5항 본문 및 제6항 본문은 적용하지 아니한다.		**제136조(출발 전의 확인)** ① 법 제62조제2항에 따라 기장이 확인하여야 할 사항은 다음 각 호와 같다. 1. 해당 항공기의 감항성 및 등록 여부와 감항증명서 및 등록증명서의 탑재 2. 해당 항공기의 운항을 고려한 이륙중량, 착륙중량, 중심위치 및 중량분포 3. 예상되는 비행조건을 고려한 의무무선설비 및 항공계기 등의 장착 4. 해당 항공기의 운항에 필요한 기상정보 및 항공정보 5. 연료 및 오일의 탑재량과 그 품질 6. 위험물을 포함한 적재물의 적절한 분배 여부 및 안정성 7. 해당 항공기와 그 장비품의 정비 및 정비 결과 8. 그 밖에 항공기의 안전 운항을 위하여 국토교통부장관이 필요하다고 인정하여 고시하는 사항 ② 기장은 제1항제7호의 사항을 확인하는 경우에는 다음 각 호의 점검을 하여야 한다. 1. 항공일지 및 정비에 관한 기록의 점검 2. 항공기의 외부 점검 3. 발동기의 지상 시운전 점검 4. 그 밖에 항공기의 작동사항 점검
제63조(기장 등의 운항자격) ① 다음 각 호 의 어느 하나에 해당하는 항공기의 기장은 지식 및 기량에 관하여, 기장 외의 조종사는 기량에 관하여 국토교통부장관의 자격인정을 받아야 한다. 1. 항공운송사업에 사용되는 항공기 2. 항공기사용사업에 사용되는 항공기 중 국토교통부령으로 정하는 업무에 사용되는 항공기 3. 국외운항항공기 ② 국토교통부장관은 제1항에 따른 자격 인정을 받은 사람에 대하여 그 지식 또는 기량의 유무를 정기적으로 심사하여야 하며, 특히 필요하다고 인정하는 경우에는 수시로 지식 또는 기량의 유무를 심사할 수 있다. ③ 국토교통부장관은 제1항에 따른 자격인정을 받은 사람이 제2항에 따른 심사를 받지 아니하거나 그 심사에 합격하지 못한 경우에는 그 자격인정을 취소하여야 한다. ④ 국토교통부장관은 필요하다고 인정할 때에는 국토교통부령으로 정하는 바에 따라 지정한 항공운송사업자 또는 항공기사용사업자에게 소속 기장 또는 기장 외의 조종사에 대하여 제1항에 따른 자격인정 또는 제2항에 따른 심사를 하게 할 수 있다. ⑤ 제4항에 따라 자격인정을 받거나 그 심사에 합격한 기장 또는 기장 외의 조종사는 제1항에 따른 자격인정 및 제2항에 따른 심사를 받은 것으로 본다. 이 경우 제3항을 준용한다.		**제137조(기장 등의 운항자격인정 대상 항공기 등)** 법 제63조제1항제2호에서 "국토교통부령으로 정하는 업무"란 「항공사업법 시행규칙」 제4조제1호, 제2호, 제5호부터 제7호까지 및 제9호에 따른 업무를 말한다.

항공안전법	항공안전법 시행령	항공안전법 시행규칙
제5장 항공기의 운항		
⑥ 국토교통부장관은 제4항에도 불구하고 필요하다고 인정할 때에는 국토교통부령으로 정하는 기장 또는 기장 외의 조종사에 대하여 제2항에 따른 심사를 할 수 있다. ⑦ 항공운송사업에 종사하는 항공기의 기장은 운항하려는 지역, 노선 및 공항(국토교통부령으로 정하는 지역, 노선 및 공항에 관한 것만 해당한다)에 대한 경험요건을 갖추어야 한다. ⑧ 제1항부터 제7항까지의 규정에 따른 자격인정·심사 또는 경험요건 등에 필요한 사항은 국토교통부령으로 정한다.		**제138조(기장의 운항자격인정을 위한 지식 요건)** 법 제63조제1항에 따라 같은 항 각 호의 어느 하나에 해당하는 항공기의 기장은 다음 각 호의 구분에 따른 지식이 있어야 한다. 1. 법 제63조제1항제1호·제2호에 해당하는 항공기의 기장: 운항하려는 지역, 노선 및 공항에 대한 다음 각 목의 지식 가. 지형 및 최저안전고도 나. 계절별 기상 특성 다. 기상, 통신 및 항공교통시설 업무와 그 절차 라. 수색 및 구조 절차 마. 운항하려는 지역 또는 노선과 관련된 장거리 항법절차가 포함된 항행안전시설 및 그 이용절차 바. 인구밀집지역 상공 및 항공교통량이 많은 지역 상공의 비행경로에서 적용되는 비 행절차 사. 장애물, 등화시설, 접근을 위한 항행안전시설, 목적지 공항 혼잡지역 및 그 도면 아. 항공로절차, 목적지 상공 도착절차, 출발절차, 체공절차 및 공항이 포함된 인가된 계기접근 절차 자. 공항 운영 최저기상치(공항에서 항공기가 이·착륙할 수 있는 최저 시정과 구름 높이를 정한 값을 말한다) 차. 항공고시보 카. 운항규정 2. 법 제63조제1항제3호에 해당하는 항공기의 기장: 해당 형식의 항공기에 대한 정상 상태에서의 조종기술과 비정상 상태에서의 조종기술 및 비상절차에 관한 지식 [전문개정 2019. 2. 26.]
		제139조(기장 등의 운항자격인정을 위한 기량 요건) 법 제63조제1항에 따라 같은 항 각 호의 어느 하나에 해당하는 항공기의 기장 또는 기장 외의 조종사는 다음 각 호의 구분에 따른 기량이 있어야 한다. 1. 법 제63조제1항제1호·제2호에 해당하는 항공기의 기장 또는 기장 외의 조종사: 운항하려는 지역, 노선 및 공항에 대해 해당 형식의 항공기에 대한 정상 상태에서의 조 종기술과 비정상 상태에서의 조종기술 및 비상절차 수행능력 2. 법 제63조제1항제3호에 해당하는 항공기 기장 또는 기장 외의 조종사: 해당 형식 의 항공기에 대한 정상 상태에서의 조종기술과 비정상 상태에서의 조종기술 및 비상절 차 수행능력 [전문개정 2019. 2. 26.]
		제140조(기장 등의 운항자격 인정 및 심사 신청) 법 제63조제1항에 따라 기장 또는 기장 외의 조종사의 운항자격 인정을 받으려는 사람은 별지 제67호서식의 조종사 운항 자격 인정(심사) 신청서에 별지 제36호서식의 비행경력증명서를 첨부하여 국토교통부장관에게 제출하여야 한다.

항공안전법	항공안전법 시행령	항공안전법 시행규칙
제5장 항공기의 운항		
		제141조(기장 등의 운항자격인정을 위한 심사) ① 법 제63조제1항에 따른 지식 또는 기량에 관한 자격인정은 구술·필기 및 실기평가 과정을 통하여 심사한다. ② 국토교통부장관은 법 제63조제1항에 따른 자격인정에 필요한 심사(이하 "운항자 격인정심사"라 한다) 업무를 담당하는 사람으로 소속 공무원을 지명하거나 해당 분야의 전문지식과 경험을 가진 사람을 위촉하여야 한다. ③ 제1항에 따른 실기심사는 제2항에 따라 국토교통부장관이 지명한 소속 공무원(이하 "운항자격심사관"이라 한다) 또는 국토교통부장관의 위촉을 받은 사람(이하 "위촉심 사관"이라 한다)과 운항자격인정심사를 받으려는 사람이 해당 형식의 항공기에 탑승하여 해당 노선을 왕복비행(순환노선에서의 연속되는 2구간 이상의 편도비행을 포함한다)하여 심사하여야 한다. 다만, 제139조에 따른 정상 및 비정상 상태에서의 조종기술 및 비상절차 수행능력에 대한 실기심사는 지방항공청장이 지정한 동일한 형식의 항공기의 모의비행장치로 심사할 수 있다. ④ 운항자격인정심사의 세부항목 및 판정기준 등에 관하여 필요한 사항은 국토교통부장관이 정하여 고시한다.
		제142조(기장 등의 운항자격인정) 법 제63조제1항 각 호의 어느 하나에 해당하는 항공기의 기장 또는 기장 외의 조종사에 대한 같은 항에 따른 운항자격인정은 다음 각 호 의 구분에 따른 범위로 한정한다. 1. 법 제63조제1항제1호 또는 같은 항 제2호에 해당하는 항공기의 기장 또는 기장 외의 조종사: 항공기 형식과 운항하려는 지역, 노선 및 공항(제155조제1항에 따른 지역, 노선 및 공항만 해당한다)에 대한 것 2. 법 제63조제1항제3호에 해당하는 항공기의 기장 또는 기장 외의 조종사: 항공기 형식에 대한 것 [전문개정 2019. 2. 26.]
		제143조(기장 등의 운항자격의 정기심사) ① 국토교통부장관은 법 제63조제2항에 따라 같은 조 제1항에 따른 자격인정을 받은 기장 또는 기장 외의 조종사에 대해 다음 각 호의 구분에 따라 정기심사를 실시한다.〈개정 2019. 2. 26.〉 1. 법 제63조제1항제1호 또는 같은 항 제2호에 해당하는 항공기의 기장 또는 기장 외의 조종사: 운항하려는 지역, 노선 및 공항에 따라 기장의 경우에는 제138조제1호 및 제139조제1호에 따른 지식 및 기량의 유지에 관하여, 기장 외의 조종사의 경우에는 제 139조제1호에 따른 기량의 유지에 관하여 다음 각 목의 구분에 따른 심사 실시

항공안전법	항공안전법 시행령	항공안전법 시행규칙
제5장 항공기의 운항		
		가. 정상 상태에서의 조종기술: 매년 1회 이상 국토교통부장관이 정하는 방법에 따른 심사 나. 비정상 상태에서의 조종기술 및 비상절차 수행능력: 매년 2회 이상 국토교통부장 관이 정하는 방법에 따른 심사 2. 법 제63조제1항제3호에 따른 항공기 기장 또는 기장 외의 조종사: 운항하려는 항공기 형식에 따라 기장의 경우에는 제138조제2호 및 제139조제2호에 따른 지식 및 기량의 유지에 관하여, 기장 외의 조종사의 경우에는 제139조제2호에 따른 기량의 유지 에 관하여 2년마다 1회 이상 국토교통부장관이 정하는 방법에 따른 심사 실시 ② 제1항의 정기심사는 운항자격심사관 또는 위촉심사관이 실시한다. ③ 제1항의 정기심사에 관하여는 제141조제1항·제3항 및 제4항을 준용한다. ④ 제1항제1호나목에도 불구하고 다음 각 호의 어느 하나에 해당하는 조종사에 대한 심사는 기장의 경우에는 지식 및 기량의 유지에 관하여, 기장 외의 조종사의 경우에는 기량의 유지에 관하여 각각 매년 1회 이상 국토교통부장관이 정하는 방법에 따라 실시 한다. 다만, 2개 이상의 기종을 조종하는 조종사인 경우에는 기종별 격년으로 심사한다.〈개정 2019. 2. 26.〉 1. 「항공사업법」 제10조에 따른 소형항공운송사업에 사용되는 항공기를 조종하는 조종사 2. 제137조에 따른 업무를 하는 항공기사용사업에 사용되는 항공기를 조종하는 조종사 3. 삭제 〈2019. 2. 26.〉
		제144조(기장 등의 운항자격의 수시심사) 법 제63조제2항에 따라 국토교통부장관은 다음 각 호의 어느 하나에 해당하는 기장 또는 기장 외의 조종사에 대해서는 수시로 지식 또는 기량의 유무를 심사할 수 있다. 1. 항공기사고 또는 비정상운항을 발생시킨 기장 또는 기장 외의 조종사 2. 제138조 각 호의 사항에 중요한 변경이 있는 지역, 노선 및 공항을 운항하는 기장 또는 기장 외의 조종사 3. 항공기의 성능·장비 또는 항법에 중요한 변경이 있는 경우 해당 항공기를 운항하는 기장 또는 기장 외의 조종사 4. 6개월 이상 운항업무에 종사하지 아니한 기장 또는 기장 외의 조종사 5. 항공 관련 법규 위반으로 처분을 받은 기장 또는 기장 외의 조종사 6. 항공기의 이륙·착륙에 특별한 주의가 필요한 공항으로서 국토교통부장관이 지정한 공항에 운항하는 기장 또는 기장 외의 조종사 7. 해당 운항자격 경력이 1년 미만인 기장 또는 기장 외의 조종사 8. 새로운 공항을 운항한지 6개월이 지나지 아니한 기장 또는 기장 외의 조종사 9. 취항 중인 공항에 항공기 형식을 변경하여 운항한 지 6개월이 지나지 아니한 기장 또는 기장 외의 조종사

항공안전법	항공안전법 시행령	항공안전법 시행규칙
제5장 항공기의 운항		
		제145조(기장 등의 운항자격인정의 취소) ① 국토교통부장관은 법 제63조제3항에 따라 기장 또는 기장 외의 조종사가 제143조에 따라 심사를 받아야 하는 달의 다음 달 말까지 심사를 받지 아니하거나 제143조 또는 제144조에 따른 심사에 합격하지 못한 경우에는 그 운항자격인정을 취소해야 한다.〈개정 2019. 2. 26.〉 ② 국토교통부장관은 제1항에 따라 운항자격인정을 취소하는 경우에는 취소사실을 그 기장 또는 기장 외의 조종사에게 사유와 함께 서면으로 통보하여야 한다.
		제146조(지정항공운송사업자등의 지정 신청 등) ① 항공운송사업자 또는 제137조에 따른 업무를 하는 항공기사용사업자가 법 제63조제4항에 따라 지정을 받으려는 경우에는 다음 각 호의 사항을 적은 별지 제68호서식의 지정항공운송사업자등의 지정신청서를 국토교통부장관에게 제출하여야 한다. 1. 명칭 및 주소 2. 해당 항공운송사업 또는 항공기사용사업의 면허번호·면허취득일 또는 등록번호·등록일 3. 해당 항공운송사업 노선 4. 기종별 항공기 대수 및 법 제63조에 따라 자격인정을 받은 사람의 수 ② 제1항의 신청서에는 다음 각 호의 사항이 적힌 훈련 및 심사에 관한 규정을 첨부하여야 한다. 1. 법 제63조제1항 또는 제2항에 따라 운항자격인정을 받으려는 사람 또는 정기·수시심사를 받아야 하는 사람(이하 "운항자격심사 대상자"이라 한다)에 대한 선정기준, 자격인정 및 심사방법과 그 조직체계 2. 운항자격심사 대상자에 대한 자격인정 또는 심사업무 담당자가 되려는 사람(이하 "지정심사관 후보자"라 한다)의 선정기준 및 그 조직체계 3. 운항자격심사 대상자와 지정심사관 후보자의 훈련체계 및 훈련방법 4. 운항자격인정 및 심사, 선정에 관한 기록의 작성 및 보존 방법 ③ 국토교통부장관은 제1항에 따른 신청이 제147조의 기준에 적합하다고 인정하는 경우에는 소속 기장 또는 기장 외의 조종사에 대한 운항자격인정 또는 심사를 할 수 있는 자(이하 "지정항공운송사업자등"이라 한다)로 지정하여야 한다. ④ 제3항의 경우에 국토교통부장관은 해당 지정항공운송사업자등이 운항자격인정 또는 심사를 할 수 있는 항공기 형식을 정하여 지정할 수 있다. 이 경우 신규 도입 항공기에 대해서는 해당 형식 항공기를 보유한 후 1년이 지나야 지정을 할 수 있다. ⑤ 지정항공운송사업자등이 제2항에 따른 훈련 및 심사에 관한 규정을 변경하려는 경우에는 미리 국토교통부장관의 승인을 받아야 한다.

항공안전법	항공안전법 시행령	항공안전법 시행규칙
제5장 항공기의 운항		
		제147조(지정항공운송사업자등의 지정기준) 법 제63조제4항에 따른 지정항공운송사업 자등의 지정기준은 다음 각 호와 같다. 1. 운항자격심사 대상자와 지정심사관 후보자의 선정을 위한 조직이 있고, 그 선정기준이 항공기의 형식, 보유대수, 노선 등에 비추어 적합할 것 2. 운항자격심사 대상자와 지정심사관 후보자의 훈련을 위한 조직이 있고 조종훈련교 관 및 훈련시설을 충분히 확보할 것 3. 운항자격심사 대상자와 지정심사관 후보자의 훈련과목·훈련시간, 그 밖에 훈련방법이 항공기의 형식, 보유 대수, 노선 등에 비추어 적합할 것 4. 법 제63조제1항 및 제2항에 따른 운항자격인정 및 심사를 하기 위하여 필요한 인원의 지정심사관 후보자가 있을 것 5. 제149조제3항에 따라 지정된 지정심사관의 권한행사에 독립성이 보장될 것 6. 운항자격인정 및 심사의 내용, 평가기준 및 운항자격인정 취소기준은 국토교통부장관이 법 제63조제1항부터 제3항까지에 따라 하는 자격인정 및 심사의 내용, 평가기준 및 자격인정 취소기준에 준하는 것일 것 7. 관계 기록의 작성 및 보존방법이 적절할 것
		제148조(지정항공운송사업자등의 지정 취소) 국토교통부장관은 지정항공운송사업자등 이 다음 각 호의 어느 하나에 해당하는 경우에는 지정항공운송사업자등의 지정을 취소할 수 있다. 1. 거짓이나 그 밖의 부정한 방법으로 지정을 받은 경우 2. 제149조제3항에 따른 지정심사관이 부정한 방법으로 법 제63조제4항에 따른 운항자격인정 또는 심사를 한 경우 3. 제146조제2항에 따른 훈련 및 심사에 관한 규정을 위반한 경우 4. 제147조에 따른 지정기준에 적합하지 아니하게 된 경우 5. 법 또는 법에 따른 명령이나 처분을 위반한 경우
		제149조(지정심사관의 지정 신청 등) ① 지정항공운송사업자등은 소속 기장 또는 기장 외의 조종사에 대한 운항자격인정 또는 심사를 하려는 경우에는 지정심사관 후보자를 선정하여 별지 제69호서식의 지정심사관 지정(심사) 신청서를 국토교통부장관에게 제출하여야 한다. ② 제1항의 신청서에는 지정심사관 후보자가 제151조제1항 각 호의 요건에 적합함을 증명하는 서류를 첨부하여야 한다. ③ 제1항에 따른 신청을 받은 국토교통부장관은 지정심사관 후보자가 제151조의 요건에 적합한 경우에는 지정심사관으로 지정하여야 한다. ④ 제3항에 따라 지정을 받은 지정심사관(이하 "지정심사관"이라 한다)은 제141조제3항에 따른 위촉심사관의 자격이 있는 것으로 본다.

항공안전법	항공안전법 시행령	항공안전법 시행규칙
제5장 항공기의 운항		
		제150조(위촉심사관등에 대한 항공기 형식 한정 등) ① 국토교통부장관은 위촉심사관 또는 지정심사관(이하 "위촉심사관등"이라 한다)을 위촉 또는 지정하는 경우 항공기 형식을 한정하여 위촉 또는 지정하여야 한다. ② 국토교통부장관이 위촉심사관등의 위촉 또는 지정을 위하여 실시하는 심사에 관하여는 제141조제1항, 제3항 및 제4항을 준용한다. ③ 제2항에 따른 심사는 운항자격심사관이 한다.
		제151조(위촉심사관등의 위촉 또는 지정 요건) ① 위촉심사관등의 위촉 또는 지정 요건은 다음 각 호와 같다. 1. 다음 각 목의 어느 하나에 해당하는 사람일 것 가. 항공운송사업에 사용되는 항공기의 기장으로서의 비행시간이 2천시간 이상이거나 해당 형식의 항공기 기장으로서의 비행시간이 1천시간 이상이고, 위촉심사관등이 되기 위한 훈련을 받은 사람일 것 나. 제137조에 따른 업무를 하는 항공기사용사업에 사용되는 항공기의 조종사로서의 비행시간이 1,500시간 이상이거나 해당 형식의 항공기 기장으로서의 비행시간이 1천시간 이상이고, 위촉심사관등이 되기 위한 훈련을 받은 사람일 것 2. 운항자격인정을 받은 기장일 것 3. 기장 또는 기장 외의 조종사에 대한 운항자격인정 및 심사를 하는 데 필요한 지식 과 기량이 있을 것 4. 법 제43조에 따라 자격증명, 자격증명의 한정 또는 항공신체검사증명의 효력정지 명령을 받고 그 정지기간이 끝나거나 그 정지가 면제된 날부터 2년이 지난 사람일 것 ② 제1항에도 불구하고 제1항 각 호의 요건을 갖춘 사람이 없거나 국토교통부장관이 필요하다고 인정하는 경우에는 지식 및 기량이 우수한 기장 중에서 항공운송사업자 또는 제137조에 따른 업무를 하는 항공기사용사업자의 신청을 받아 위촉심사관등으로 위촉하거나 지정할 수 있다.
		제152조(위촉심사관등에 대한 정기·수시심사) ① 국토교통부장관은 위촉심사관등이 제151조의 요건을 갖추고 있는지의 여부를 확인하기 위하여 위촉심사관등의 지식에 관하여는 1년마다, 기량에 관하여는 2년마다 심사하되, 특히 필요하다고 인정하는 경 우에는 수시로 심사할 수 있다. ② 제1항에 따른 심사는 국토교통부장관이 정하는 위촉심사관등에 대한 심사표에 따른다. ③ 제1항의 심사는 운항자격심사관이 하되, 새로운 형식의 항공기 도입 또는 운항자 격심사관의 사고 등의 사유가 있는 경우에는 국토교통부장관이 위촉심사관을 지명하여 할 수 있다. ④ 제1항의 심사에 관하여는 제141조제1항, 제3항 및 제4항을 준용한다.

항공안전법	항공안전법 시행령	항공안전법 시행규칙
제5장 항공기의 운항		
		제153조(위촉 또는 지정의 실효 및 취소) ① 위촉심사관등이 다음 각 호의 어느 하나에 해당하는 경우에는 위촉 또는 지정의 효력은 즉시 상실된다. 1. 제152조제1항에 따른 심사를 받지 아니하거나 그 심사에 합격하지 못한 경우 2. 위촉 또는 지정 당시 소속된 항공운송사업자 또는 항공기사용사업자 소속을 이탈 한 경우 3. 위촉 또는 지정 당시 소속된 지정항공운송사업자등이 그 자격을 상실한 경우 4. 위촉 또는 지정 당시 한정받은 항공기 형식과 다른 형식의 항공기에 탑승하여 항 공업무를 하게 된 경우 ② 국토교통부장관은 위촉심사관등이 다음 각 호의 어느 하나에 해당하는 경우에는 위촉 또는 지정을 취소할 수 있다. 1. 거짓이나 그 밖의 부정한 방법으로 위촉 또는 지정을 받은 경우 2. 부정한 방법으로 법 제63조제1항, 제2항 및 제4항에 따른 자격인정 또는 심사를 한 경우 3. 과실로 항공기사고를 발생시킨 경우 4. 법 또는 법에 따른 명령이나 처분을 위반한 경우 ③ 국토교통부장관은 운항자격심사관으로 하여금 위촉심사관등이 운항자격인정심사 또는 정기·수시심사를 수행한 기록물 등을 포함한 조종사의 운항자격에 관한 업무 전 반에 대하여 정기 또는 수시로 확인하게 하여야 한다.
		제154조(특별심사 대상 조종사) 법 제63조제6항에서 "국토교통부령으로 정하는 기장 또는 기장 외의 조종사"란 항공운송사업 또는 제137조에 따른 업무를 하는 항공기사용사업에 사용되는 항공기의 기장 또는 기장 외의 조종사를 말한다.
		제155조(기장의 지역, 노선 및 공항에 대한 경험요건) ① 법 제63조제7항에서 "국토교통부령으로 정하는 지역, 노선 및 공항"이란 주변의 지형, 장애물 및 진입·출발방식 등을 고려하여 법 제77조에 따라 국토교통부장관이 고시하는 운항기술기준에서 정한 지역, 노선 및 공항을 말한다. ② 법 제63조제7항에 따라 항공운송사업에 사용되는 항공기의 기장은 법 제77조에 따라 국토교통부장관이 고시하는 운항기술기준에서 정한 경험이 있어야 한다.
		제156조(기장의 경험요건의 면제) 국토교통부장관은 신규로 개설되는 노선을 운항하려는 기장이 다음 각 호의 어느 하나에 해당하는 경우에는 제155조제2항에 따른 경험 요건을 면제할 수 있다. 1. 운항하려는 지역, 노선 및 공항에 대한 시각장비 또는 비행장 도면이 포함된 운항 절차에 대한 교육을 받고 위촉심사관등으로부터 확인을 받은 경우 2. 위촉심사관 또는 운항하려는 해당 형식 항공기의 기장으로서 비행한 시간이 1천시간 이상인 경우

항공안전법	항공안전법 시행령	항공안전법 시행규칙
제5장 항공기의 운항		
		제157조(지정항공운송사업자등에 대한 준용규정 등) ① 지정항공운송사업자등의 자격인정 또는 심사에 관하여는 제137조부터 제140조까지, 제141조제1항·제3항, 제142조, 제143조제1항·제4항, 제144조 및 제145조를 준용한다. ② 지정항공운송사업자등은 매월 법 제63조제4항에 따른 운항자격인정 또는 심사결과를 다음 달 20일까지 국토교통부장관에게 보고하여야 한다.
제64조(모의비행장치를 이용한 운항자격 심 사 등) 국토교통부장관은 비상시의 조치 등 항공기로 제63조에 따른 자격인정 또는 심사를 하기 곤란한 사항에 대해서는 제39조제3항에 따라 국토교통부장관이 지정한 모의비행장치를 이용하여 제63조에 따른 자격인정 또는 심사를 할 수 있다.		
제65조(운항관리사) ① 항공운송사업자와 국외운항항공기 소유자등은 국토교통부령으로 정하는 바에 따라 운항관리사를 두어야 한다. ② 제1항에 따라 운항관리사를 두어야 하는 자가 운항하는 항공기의 기장은 그 항공기를 출발시키거나 비행계획을 변경하려는 경우에는 운항관리사의 승인을 받아야 한다. ③ 제1항에 따라 운항관리사를 두어야 하는 자는 국토교통부령으로 정하는 바에 따라 운항관리사가 해당 업무를 원활하게 수행하는 데 필요한 지식 및 경험을 갖출 수 있도록 필요한 교육훈련을 하여야 한다.		**제158조(운항관리사)** ① 법 제65조제1항에 따라 운항관리사를 두어야 하는 자는 운항 관리사가 연속하여 12개월 이상의 기간 동안 운항관리사의 업무에 종사하지 아니한 경우에는 그 운항관리사가 제159조에 따른 지식과 경험을 갖추고 있는지의 여부를 확인한 후가 아니면 그 운항관리사를 운항관리사의 업무에 종사하게 해서는 아니 된다. ② 법 제65조제1항에 따라 운항관리사를 두어야 하는 자는 운항관리사가 해당 업무와 관련된 항공기의 운항사항을 항상 알고 있도록 하여야 한다.
		제159조(운항관리사에 대한 교육훈련 등) 법 제65조제1항에 따라 운항관리사를 두어야 하는 자는 법 제65조제3항에 따라 운항관리사가 다음 각 호의 지식 및 경험 등을 갖출 수 있도록 교육훈련계획을 수립하고 매년 1회 이상 교육훈련을 실시하여야 한다. 1. 운항하려는 지역에 대한 다음 각 목의 지식 가. 계절별 기상조건 나. 기상정보의 출처 다. 기상조건이 운항 예정인 항공기에서 무선통신을 수신하는 데 미치는 영향 라. 화물 탑재 절차 등 2. 해당 항공기 및 그 장비품에 대한 다음 각 목의 지식 가. 운항규정의 내용 나. 무선통신장비 및 항행장비의 특성과 제한사항 3. 운항 감독을 하도록 지정된 지역에 대해 최근 12개월 이내에 항공기 조종실에 탑승하여 1회 이상의 편도비행(해당 지역에 있는 비행장 및 헬기장에서의 착륙을 포함한다)을 한 경험(항공운송사업자에 소속된 운항관리사만 해당한다)

항공안전법	항공안전법 시행령	항공안전법 시행규칙
제5장 항공기의 운항		
		4. 업무 수행에 필요한 다음 각 목의 능력 가. 인적요소(Human Factor)와 관련된 지식 및 기술 나. 기장에 대한 비행준비의 지원 다. 기장에 대한 비행 관련 정보의 제공 라. 기장에 대한 운항비행계획서(Operational Flight Plan) 및 비행계획서의 작성 지원 마. 비행 중인 기장에게 필요한 안전 관련 정보의 제공 바. 비상시 운항규정에서 정한 절차에 따른 조치
제66조(항공기 이륙·착륙의 장소) ① 누구든지 항공기(활공기와 비행선은 제외한다)를 비행장이 아닌 곳(해당 항공기에 요구되는 비행장 기준에 맞지 아니하는 비행장을 포함한다)에서 이륙하거나 착륙하여서는 아니 된다. 다만, 각 호의 경우에는 그러하지 아니하다. 1. 안전과 관련한 비상상황 등 불가피한 사유가 있는 경우로서 국토교통부장관의 허가를 받은 경우 2. 제90조제2항에 따라 국토교통부장관이 발급한 운영기준에 따르는 경우 ② 제1항제1호에 따른 허가에 필요한 세부 기준 및 절차와 그 밖에 필요한 사항은 대통령령으로 정한다.	**제9조(항공기 이륙·착륙 장소 외에서의 이륙·착륙 허가 등)** ① 법 제66조제1항제1호에 따른 안전과 관련한 비상상황 등 불가피한 사유가 있는 경우는 다음 각 호의 어느 하나에 해당하는 경우로 한다. 1. 항공기의 비행 중 계기 고장, 연료 부족 등의 비상상황이 발생하여 신속하게 착륙하여야 하는 경우 2. 응급환자 또는 수색인력·구조 인력 등의 수송, 비행훈련, 화재의 진화, 화재 예방을 위한 감시, 항공촬영, 항공방제, 연료보급, 건설자재 운반 또는 헬리콥터를 이용한 사람의 수송 등의 목적으로 항공기를 비행장이 아닌 장소에서 이륙 또는 착륙하여야 하는 경우 ② 제1항제1호에 해당하여 법 제66조제1항제1호에 따라 착륙의 허가를 받으려는 자는 무선통신 등을 사용하여 국토교통부장관에게 착륙 허가를 신청하여야 한다. 이 경우 국토교통부장관은 특별한 사유가 없으면 허가하여야 한다. ③ 제1항제2호에 해당하여 법 제66조제1항제1호에 따라 이륙 또는 착륙의 허가를 받으려는 자는 국토교통부령으로 정하는 허가신청서를 국토교통부장관에게 제출하여야 한다. 이 경우 국토교통부장관은 그 내용을 검토하여 안전에 지장이 없다고 인정되는 경우에는 6개월 이내의 기간을 정하여 허가하여야 한다.	**제160조(이륙·착륙 장소 외에서의 이륙·착륙 허가신청)** 영 제9조제3항에 따라 국토 교통부장관 또는 지방항공청장의 허가를 받으려는 자는 별지 제70호서식의 이륙·착륙 장소 외에서의 이륙·착륙 허가 신청서에 다음 각 호의 사항을 적은 서류를 첨부하여 국토교통부장관 또는 지방항공청장에게 제출하여야 한다. 1. 이륙·착륙하려는 장소(해당 장소의 약도를 포함한다) 2. 이륙·착륙의 절차 및 방향의 선정 3. 이륙·착륙 장소의 지형 적합성 및 우천·강설 등에 따른 지반 약화 가능성 4. 이륙·착륙 장소에 적합한 용량의 소화기 비치계획 및 풍향을 지시할 수 있는 장 치의 설치 여부 5. 이륙·착륙 장소의 주변 장애물(급격한 경사, 전선 및 건물 등을 말한다) 6. 이륙·착륙 장소에 사람의 접근통제 및 안전요원 배치 계획 7. 항공기사고를 방지하기 위한 조치 8. 항공기의 급유 시 안전대책 9. 국유지 및 사유지에 이륙·착륙 시 관계기관 또는 관계인과의 토지사용에 대한 사 전협의 사항 10. 항공기의 소음 등으로 인한 민원발생 예방대책 11. 그 밖에 항공기의 안전한 이륙·착륙을 위하여 국토교통부장관이 정하여 고시하는 사항

항공안전법	항공안전법 시행령	항공안전법 시행규칙
제5장 항공기의 운항		
제67조(항공기의 비행규칙) ① 항공기를 운항하려는 사람은 「국제민간항공협약」 및 같은 협약 부속서에 따라 국토교통부령으로 정하는 비행에 관한 기준·절차·방식 등(이하 "비행규칙"이라 한다)에 따라 비행하여야 한다. ② 비행규칙은 다음 각 호와 같이 구분한다. 1. 재산 및 인명을 보호하기 위한 비행절차 등 일반적인 사항에 관한 규칙 2. 시계비행에 관한 규칙 3. 계기비행에 관한 규칙 4. 비행계획의 작성·제출·접수 및 통보 등에 관한 규칙 5. 그 밖에 비행안전을 위하여 필요한 사항에 관한 규칙		**제161조(비행규칙의 준수 등)** ① 기장은 법 제67조에 따른 비행규칙에 따라 비행하여야 한다. 다만, 안전을 위하여 불가피한 경우에는 그러하지 아니하다. ② 기장은 비행을 하기 전에 현재의 기상관측보고, 기상예보, 소요 연료량, 대체 비행 경로 및 그 밖에 비행에 필요한 정보를 숙지하여야 한다. ③ 기장은 인명이나 재산에 피해가 발생하지 아니하도록 주의하여 비행하여야 한다. ④ 기장은 다른 항공기 또는 그 밖의 물체와 충돌하지 아니하도록 비행하여야 하며, 공중충돌경고장치의 회피지시가 발생한 경우에는 그 지시에 따라 회피기동을 하는 등 충돌을 예방하기 위한 조치를 하여야 한다.
		제162조(항공기의 지상이동) 법 제67조에 따라 비행장 안의 이동지역에서 이동하는 항공기는 충돌예방을 위하여 다음 각 호의 기준에 따라야 한다. 1. 정면 또는 이와 유사하게 접근하는 항공기 상호간에는 모두 정지하거나 가능한 경우에는 충분한 간격이 유지되도록 각각 오른쪽으로 진로를 바꿀 것 2. 교차하거나 이와 유사하게 접근하는 항공기 상호간에는 다른 항공기를 우측으로 보는 항공기가 진로를 양보할 것 3. 앞지르기하는 항공기는 다른 항공기의 통행에 지장을 주지 않도록 충분한 분리 간격을 유지할 것 4. 기동지역에서 지상이동하는 항공기는 관제탑의 지시가 없는 경우에는 활주로진입전대기지점(Runway Holding Position)에서 정지·대기할 것 5. 기동지역에서 지상이동하는 항공기는 정지선등(Stop Bar Lights)이 켜져 있는 경우에는 정지·대기하고, 정지선등이 꺼질 때에 이동할 것
		제163조(비행장 또는 그 주변에서의 비행) ① 법 제67조에 따라 비행장 또는 그 주변을 비행하는 항공기의 조종사는 다음 각 호의 기준에 따라야 한다.〈개정 2021. 8. 27.〉 1. 이륙하려는 항공기는 안전고도 미만의 고도 또는 안전속도 미만의 속도에서 선회하지 말 것 2. 해당 비행장의 이륙기상최저치 미만의 기상상태에서는 이륙하지 말 것 3. 해당 비행장의 시계비행 착륙기상최저치 미만의 기상상태에서는 시계비행방식으로 착륙을 시도하지 말 것 4. 터빈발동기를 장착한 이륙항공기는 지표 또는 수면으로부터 450미터(1,500피트)의 고도까지 가능한 한 신속히 상승할 것. 다만, 소음 감소를 위하여 국토교통부장관이 달리 비행방법을 정한 경우에는 그러하지 아니하다. 5. 해당 비행장을 관할하는 항공교통관제기관과 무선통신을 유지할 것 6. 비행로, 교통장주(Traffic Pattern: 비행장 상공을 도는 경로를 말한다), 그 밖에 해당 비행장에 대하여 정해진 비행 방식 및 절차에 따를 것

항공안전법	항공안전법 시행령	항공안전법 시행규칙
제5장 항공기의 운항		
		7. 다른 항공기 다음에 이륙하려는 항공기는 그 다른 항공기가 이륙하여 활주로의 종단을 통과하기 전에는 이륙을 위한 활주를 시작하지 말 것 8. 다른 항공기 다음에 착륙하려는 항공기는 그 다른 항공기가 착륙하여 활주로 밖으로 나가기 전에는 착륙하기 위하여 그 활주로 시단을 통과하지 말 것 9. 이륙하는 다른 항공기 다음에 착륙하려는 항공기는 그 다른 항공기가 이륙하여 활주로의 종단을 통과하기 전에는 착륙하기 위하여 해당 활주로의 시단을 통과하지 말 것 10. 착륙하는 다른 항공기 다음에 이륙하려는 항공기는 그 다른 항공기가 착륙하여 활주로 밖으로 나가기 전에 이륙하기 위한 활주를 시작하지 말 것 11. 기동지역 및 비행장 주변에서 비행하는 항공기를 관찰할 것 12. 다른 항공기가 사용하고 있는 교통장주를 회피하거나 지시에 따라 비행할 것 13. 비행장에 착륙하기 위하여 접근하거나 이륙 중 선회가 필요할 경우에는 달리 지시를 받은 경우를 제외하고는 좌선회할 것 14. 비행안전, 활주로의 배치 및 항공교통상황 등을 고려하여 필요한 경우를 제외하고는 바람이 불어오는 방향으로 이륙 및 착륙할 것 ② 제1항제6호부터 제14호까지의 규정에도 불구하고 항공교통관제기관으로부터 다른 지시를 받은 경우에는 그 지시에 따라야 한다.
		제164조(순항고도) ① 법 제67조에 따라 비행을 하는 항공기의 순항고도는 다음 각 호 와 같다. 1. 항공기가 관제구 또는 관제권을 비행하는 경우에는 항공교통관제기관이 법 제84조 제1항에 따라 지시하는 고도 2. 제1호 외의 경우에는 별표 21 제1호에서 정한 순항고도 3. 제2호에도 불구하고 국토교통부장관이 수직분리축소공역(RVSM)으로 정하여 고시 한 공역의 경우에는 별표 21 제2호에서 정한 순항고도 ② 제1항에 따른 항공기의 순항고도는 다음 각 호의 구분에 따라 표현되어야 한다. 1. 순항고도가 전이고도를 초과하는 경우: 비행고도(Flight Level) 2. 순항고도가 전이고도 이하인 경우: 고도(Altitude)
		제165조(기압고도계의 수정) 법 제67조에 따라 비행을 하는 항공기의 기압고도계 는 다 음 각 호의 기준에 따라 수정하여야 한다. 1. 전이고도 이하의 고도로 비행하는 경우에는 비행로를 따라 185킬로미터(100해리) 이내에 있는 항공교통관제기관으로부터 통보받은 QNH[185킬로미터(100해리) 이내에 항공교통관제기관이 없는 경우에는 제227조제1호에 따른 비행정보기관 등으로부터 받 은 최신 QNH를 말한다]로 수정할 것 2. 전이고도를 초과한 고도로 비행하는 경우에는 표준기압치(1,013.2 헥토파스칼)로 수정할 것

항공안전법	항공안전법 시행령	항공안전법 시행규칙
제5장 항공기의 운항		
		제166조(통행의 우선순위) ① 법 제67조에 따라 교차하거나 그와 유사하게 접근하는 고도의 항공기 상호간에는 다음 각 호에 따라 진로를 양보해야 한다.〈개정 2021. 8. 27.〉 1. 비행기·헬리콥터는 비행선, 활공기 및 기구류에 진로를 양보할 것 2. 비행기·헬리콥터·비행선은 항공기 또는 그 밖의 물건을 예항(끌고 비행하는 것을 말한다)하는 다른 항공기에 진로를 양보할 것 3. 비행선은 활공기 및 기구류에 진로를 양보할 것 4. 활공기는 기구류에 진로를 양보할 것 5. 제1호부터 제4호까지의 경우를 제외하고는 다른 항공기를 우측으로 보는 항공기가 진로를 양보할 것 ② 비행 중이거나 지상 또는 수상에서 운항 중인 항공기는 착륙 중이거나 착륙하기 위하여 최종접근 중인 항공기에 진로를 양보하여야 한다. ③ 착륙을 위하여 비행장에 접근하는 항공기 상호간에는 높은 고도에 있는 항공기가 낮은 고도에 있는 항공기에 진로를 양보해야 한다. 이 경우 낮은 고도에 있는 항공기는 최종 접근단계에 있는 다른 항공기의 전방에 끼어들거나 그 항공기를 앞지르기해서는 안 된다.〈개정 2021. 8. 27.〉 ④ 제3항에도 불구하고 비행기, 헬리콥터 또는 비행선은 활공기에 진로를 양보하여야 한다. ⑤ 비상착륙하는 항공기를 인지한 항공기는 그 항공기에 진로를 양보하여야 한다. ⑥ 비행장 안의 기동지역에서 운항하는 항공기는 이륙 중이거나 이륙하려는 항공기에 진로를 양보하여야 한다.
		제167조(진로와 속도 등) ① 법 제67조에 따라 통행의우선순위를 가진 항공기는 그 진로와 속도를 유지하여야 한다. ② 다른 항공기에 진로를 양보하는 항공기는 그 다른 항공기의 상하 또는 전방을 통 과해서는 아니 된다. 다만, 충분한 거리 및 항적난기류(航跡亂氣流)의 영향을 고려하여 통과하는 경우에는 그러하지 아니하다. ③ 두 항공기가 충돌할 위험이 있을 정도로 정면 또는 이와 유사하게 접근하는 경우 에는 서로 기수(機首)를 오른쪽으로 돌려야 한다. ④ 다른 항공기의 후방 좌·우 70도 미만의 각도에서 그 항공기를 추월(상승 또는 강하에 의한 추월을 포함한다)하려는 항공기는 추월당하는 항공기의 오른쪽을 통과하여야 한다. 이 경우 추월하는 항공기는 추월당하는 항공기와 간격을 유지하며, 추월당하는 항공기의 진로를 방해해서는 아니 된다.
		제168조(수상에서의 충돌예방) 법 제67조에 따라 수상에서 항공기를 운항하려는 자는 「해사안전법」에서 달리 정한 것이 없으면 다음 각 호의 기준에 따라 운항하거나 이동해야 한다. 1. 항공기와 다른 항공기 또는 선박이 근접하는 경우에는 주변 상황과 그 다른 항공기 또는 선박의 이동상황을 고려하여 운항할 것

항공안전법	항공안전법 시행령	항공안전법 시행규칙
제5장 항공기의 운항		
		2. 항공기와 다른 항공기 또는 선박이 교차하거나 이와 유사하게 접근하는 경우에는 그 다른 항공기 또는 선박을 오른쪽으로 보는 항공기가 진로를 양보하고 충분한 간격을 유지할 것 3. 항공기와 다른 항공기 또는 선박이 정면 또는 이와 유사하게 접근하는 경우에는 서로 기수를 오른쪽으로 돌리고 충분한 간격을 유지할 것 4. 앞지르기하려는 항공기는 충돌을 피할 수 있도록 진로를 변경하여 앞지르기할 것 5. 수상에서 이륙하거나 착륙하는 항공기는 수상의 모든 항공기 또는 선박으로부터 충분한 간격을 유지하여 선박의 항해를 방해하지 말 것 6. 수상에서 야간에 이동, 견인 및 정박하는 항공기는 별표 22에서 정하는 등불을 작동시킬 것. 다만, 부득이한 경우에는 별표 22에서 정하는 위치와 형태 등과 유사하게 등불을 작동시켜야 한다.
		제169조(비행속도의 유지 등) ① 법 제67조에 따라 항공기는 지표면으로부터 750미터(2,500피트)를 초과하고, 평균해면으로부터 3,050미터(1만피트) 미만인 고도에서는 지시대기속도 250노트 이하로 비행하여야 한다. 다만, 관할 항공교통관제기관의 승인을 받은 경우에는 그러하지 아니하다. ② 항공기는 별표 23 제1호에 따른 C 또는 D등급 공역에서는 공항으로부터 반지름 7.4킬로미터(4해리) 내의 지표면으로부터 750미터(2,500피트)의 고도 이하에서는 지시대기속도 200노트 이하로 비행하여야 한다. 다만, 관할 항공교통관제기관의 승인을 받은 경우에는 그러하지 아니하다. ③ 항공기는 별표 23 제1호에 따른 B등급 공역 중 공항별로 국토교통부장관이 고시하는 범위와 고도의 구역 또는 B등급 공역을 통과하는 시계비행로에서는 지시대기속도 200노트 이하로 비행하여야 한다. ④ 최저안전속도가 제1항부터 제3항까지의 규정에 따른 최대속도보다 빠른 항공기는 그 항공기의 최저안전속도로 비행하여야 한다.
		제170조(편대비행) ① 법 제67조에 따라 2대 이상의 항공기로 편대비행(編隊飛行)을 하려는 기장은 미리 다음 각 호의 사항에 관하여 다른 기장과 협의하여야 한다. 1. 편대비행의 실시계획 2. 편대의 형(形) 3. 선회 및 그 밖의 행동 요령 4. 신호 및 그 의미 5. 그 밖에 필요한 사항 ② 제1항에 따라 법 제78조제1항제1호에 따른 관제공역 내에서 편대비행을 하려는 항공기의 기장은 다음 각 호의 사항을 준수하여야 한다. 1. 편대 책임기장은 편대비행 항공기들을 단일 항공기로 취급하여 관할 항공교통관제기관에 비행 위치를 보고할 것

항공안전법	항공안전법 시행령	항공안전법 시행규칙
제5장 항공기의 운항		
		2. 편대 책임기장은 편대 내의 항공기들을 집결 또는 분산 시 적절하게 분리할 것 3. 편대를 책임지는 항공기로부터 편대 내의 항공기들을 종적 및 횡적으로는 1킬로미터, 수직으로는 30미터 이내의 분리를 할 것
		제171조(활공기 등의 예항) ① 법 제67조에 따라 항공기가 활공기를 예항하는 경우에 는 다음 각 호의 기준에 따라야 한다. 1. 항공기에 연락원을 탑승시킬 것(조종자를 포함하여 2명 이상이 탈 수 있는 항공기의 경우만 해당하며, 그 항공기와 활공기 간에 무선통신으로 연락이 가능한 경우는 제 외한다) 2. 예항하기 전에 항공기와 활공기의 탑승자 사이에 다음 각 목에 관하여 상의할 것 가. 출발 및 예항의 방법 나. 예항줄 이탈의 시기·장소 및 방법 다. 연락신호 및 그 의미 라. 그 밖에 안전을 위하여 필요한 사항 3. 예항줄의 길이는 40미터 이상 80미터 이하로 할 것 4. 지상연락원을 배치할 것 5. 예항줄 길이의 80퍼센트에 상당하는 고도 이상의 고도에서 예항줄을 이탈시킬 것 6. 구름 속에서나 야간에는 예항을 하지 말 것(지방항공청장의 허가를 받은 경우는 제외한다) ② 항공기가 활공기 외의 물건을 예항하는 경우에는 다음 각 호의 기준에 따라야 한다. 1. 예항줄에는 20미터 간격으로 붉은색과 흰색의 표지를 번갈아 붙일 것 2. 지상연락원을 배치할 것
		제172조(시계비행의 금지) ① 법 제67조에 따라 시계비행방식으로 비행하는 항공기는 해당 비행장의 운고(구름 밑부분 고도를 말한다)가 450미터(1,500피트) 미만 또는 지상시정이 5킬로미터 미만인 경우에는 관제권 안의 비행장에서 이륙 또는 착륙을 하거나 관제권 안으로 진입할 수 없다. 다만, 관할 항공교통관제기관의 허가를 받은 경우에는 그렇지 않다.〈개정 2021. 8. 27.〉 ② 야간에 시계비행방식으로 비행하는 항공기는 지방항공청장 또는 해당 비행장의 운영자가 정하는 바에 따라야 한다. ③ 항공기는 다음 각 호의 어느 하나에 해당되는 경우에는 기상상태에 관계없이 계기비행방식에 따라 비행해야 한다. 다만, 관할 항공교통관제기관의 허가를 받은 경우에는 그렇지 않다.〈개정 2021. 8. 27.〉 1. 평균해면으로부터 6,100미터(2만피트)를 초과하는 고도로 비행하는 경우 2. 천음속(遷音速: 물체 주위의 흐름 속에 음속 이하 부분과 음속 이상 부분이 공존할 때의 물체 속도를 말한다) 또는 초음속(超音速)으로 비행하는 경우

항공안전법	항공안전법 시행령	항공안전법 시행규칙
제5장 항공기의 운항		
		④ 항공기를 운항하려는 사람은 300미터(1천피트) 수직분리최저치(최소 수직분리 간격)가 적용되는 8,850미터(2만9천피트) 이상 1만2,500미터(4만1천 피트) 이하의 수직분리축소공역에서는 시계비행방식 으로 운항해서는 안 된다.〈개정 2021. 8. 27.〉 ⑤ 시계비행방식으로 비행하는 항공기는 제199조제1호 각 목에 따른 최저비행고도 미만의 고도로 비행하여서는 아니 된다. 다만, 다음 각 호의 어느 하나에 해당하는 경우에는 그러하지 아니하다. 1. 이륙하거나 착륙하는 경우 2. 항공교통업무기관의 허가를 받은 경우 3. 비상상황의 경우로서 지상의 사람이나 재산에 위해를 주지 아니하고 착륙할 수 있는 고도인 경우
		제173조(시계비행방식에 의한 비행) ① 법 제67조에 따라 시계비행방식으로 비행하는 항공기는 지표면 또는 수면상공 900미터(3천피트) 이상을 비행할 경우에는 별표 21에 따른 순항고도에 따라 비행하여야 한다. 다만, 관할 항공교통업무기관의 허가를 받은 경우에는 그러하지 아니하다. ② 시계비행방식으로 비행하는 항공기는 다음 각 호의 어느 하나에 해당하는 경우에는 항공교통관제기관의 지시에 따라 비행하여야 한다. 1. 별표 23 제1호에 따른 B, C 또는 D등급의 공역 내에서 비행하는 경우 2. 관제비행장의 부근 또는 기동지역에서 운항하는 경우 3. 특별시계비행방식에 따라 비행하는 경우 ③ 관제권 안에서 시계비행방식으로 비행하는 항공기는 비행정보를 제공하는 관할 항공교통업무기관과 공중대 지상 통신을 유지·경청하고, 필요한 경우에는 위치보고를 해야 한다.〈개정 2021. 8. 27.〉 ④ 시계비행방식으로 비행 중인 항공기가 계기비행방식으로 변경하여 비행하려는 경우에는 그 비행계획의 변경 사항을 관할 항공교통관제기관에 통보하여야 한다.
		제174조(특별시계비행) ① 법 제67조에 따라 예측할 수 없는 급격한 기상의 악화 등 부득이한 사유로 관할 항공교통관제기관으로부터 특별시계비행허가를 받은 항공기의 조종사는 제163조제1항제3호에도 불구하고 다음 각 호의 기준에 따라 비행하여야 한다. 1. 허가받은 관제권 안을 비행할 것 2. 구름을 피하여 비행할 것 3. 비행시정을 1,500미터 이상 유지하며 비행할 것 4. 지표 또는 수면을 계속하여 볼 수 있는 상태로 비행할 것 5. 조종사가 계기비행을 할 수 있는 자격이 없거나 제117조제1항에 따른 항공계기를 갖추지 아니한 항공기로 비행하는 경우에는 주간에만 비행할 것. 다만, 헬리콥터는 야간에도 비행할 수 있다.

항공안전법	항공안전법 시행령	항공안전법 시행규칙
제5장 항공기의 운항		
		② 특별시계비행을 하는 경우에는 다음 각 호의 조건에서만 제1항에 따른 기준에 따라 이륙하거나 착륙할 수 있다. 1. 지상시정이 1,500미터 이상일 것 2. 지상시정이 보고되지 아니한 경우에는 비행시정이 1,500미터 이상일 것
		제175조(비행시정 및 구름으로부터의 거리) 법 제67조에 따라 시계비행방식으로 비행 하는 항공기는 별표 24에 따른 비행시정 및 구름으로부터의 거리 미만인 기상상태에 서 비행하여서는 아니 된다. 다만, 특별시계비행방식에 따라 비행하는 항공기는 그러하지 아니하다.
		제176조(모의계기비행의 기준) 법 제67조에 따라 모의계기비행을 하려는 자는 다음 각 호의 기준에 따라야 한다. 1. 완전하게 작동하는 이중비행조종장치(Dual Control)를 장착하고 있을 것 2. 안전감독 조종사(Safety Pilot)가 조종석에 타고 있을 것 3. 안전감독 조종사가 항공기의 전방 및 양 측면에 대하여 적절한 시야를 확보하고 있거나 항공기 내에 관숙승무원(Observer)이 있어 안전감독 조종사의 시야를 보완할 수 있을 것
		제177조(계기 접근 및 출발 절차 등) ① 법 제67조에 따라 계기비행의 절차는 다음 각 호와 같이 구분한다.〈개정 2020. 2. 28.〉 1. 비정밀접근절차: 전방향표지시설(VOR), 전술항행표지시설(TACAN) 등 전자적인 활공각(滑空角) 정보를 이용하지 아니하고 활주로방위각 정보를 이용하는 계기접근절차 2. 정밀접근절차: 계기착륙시설(Instrument Landing System/ILS, Microwave Landing System/MLS, GPS Landing System/GLS) 또는 위성항법시설(Satellite Based Augmentation System/SBAS Cat I)을 기반으로 하여 활주로방위각 및 활공각 정보를 이용하는 계기접근절차 3. 수직유도정보에 의한 계기접근절차: 활공각 및 활주로 방위각 정보를 제공하며, 최저강하고도 또는 결심고도가 75미터(250피트) 이상으로 설계된 성능기반항행(Performance Based Navigation/PBN) 계기접근절차 4. 표준계기도착절차: 항공로에서 제1호부터 제3호까지의 규정에 따른 계기접근절차로 연결하는 계기도착절차 5. 표준계기출발절차: 비행장을 출발하여 항공로를 비행할 수 있도록 연결하는 계기출발절차 ② 제1항제1호부터 제3호까지의 규정에 따른 계기접근절차는 결심고도와 시정 또는 활주로가시범위(Visibility or Runway Visual Range/RVR)에 따라 다음과 같이 구분한다.〈개정 2020. 12. 10.〉

항공안전법	항공안전법 시행령	항공안전법 시행규칙

제5장 항공기의 운항

교육과목	교육시간	
	항공전문의사로 지정 받으려는 사람	항공전문의사로 지정 받은 사람
항공의학이론	10시간	6시간
항공의학실기	10시간	7시간
항공관련법령	4시간	3시간
정신계질환 판정 및 상담기법	4시간	3시간
계	28시간	19시간(매 3년)

③ 제2항의 표 중 종류별 구분은 「국제민간항공협약」 부속서 14에서 정하는 바에 따른다.

제178조(계기비행규칙 등)
① 법 제67조에 따라 계기비행방식으로 비행하는 항공기는 제199조제2호 각 목에 따른 고도 미만으로 비행해서는 아니 된다. 다만, 이륙 또는 착륙하는 경우와 관할 항공교통업무기관의 허가를 받은 경우에는 그러하지 아니하다.
② 계기비행방식으로 비행하는 항공기가 시계비행방식으로 변경하려는 경우에는 계기비행의 취소 및 비행계획의 변경사항을 관할 항공교통업무기관에 통보하여야 한다.
③ 제2항에도 불구하고 계기비행방식으로 비행 중인 항공기는 시계비행기상상태가 상당한 시간 동안 유지되지 아니할 것으로 예상되는 경우에는 계기비행방식에 의한 비행을 취소해서는 아니 된다.

제179조(관제공역 내에서의 계기비행규칙)
① 법 제67조에 따라 비행하는 항공기는 관제공역 내에서 비행할 경우에는 제185조 및 제190조부터 제193조까지를 준수하여야 한다.
② 관제공역 내에서 계기비행방식으로 비행하려는 항공기는 별표 21에 따른 순항고도로 비행하여야 한다. 다만, 관할 항공교통관제기관에서 별도로 지시하는 경우에는 그러하지 아니하다.

제180조(항공교통관제업무가 제공되지 아니하는 공역에서의 계기비행규칙)
① 항공교 통관제업무가 제공되지 아니하는 공역에서 계기비행방식으로 비행하려는 항공기는 별표 21에 따른 순항고도로 비행하여야 한다. 다만, 관할 항공교통업무기관으로부터 해 발고도 900미터(3천피트) 이하의 고도로 비행하도록 지시를 받은 경우에는 그러하지 아니하다.
② 항공교통관제업무가 제공되지 아니하는 공역에서 계기비행방식으로 비행하는 항공기는 비행정보를 제공하는 항공교통업무기관과 공대지통신을 유지·경청하고, 제191조에 따라 위치보고를 하여야 한다.

항공안전법	항공안전법 시행령	항공안전법 시행규칙
제5장 항공기의 운항		
		제181조(계기비행방식 등에 의한 비행·접근·착륙 및 이륙) ① 계기비행방식으로 착 륙하기 위하여 접근하는 항공기의 조종사는 다음 각 호의 기준에 따라 비행하여야 한 다. 1. 해당 비행장에 설정된 계기접근절차를 따를 것 2. 기상상태가 해당 계기접근절차의 착륙기상최저치 미만인 경우에는 결심고도(DH) 또는 최저강하고도(MDA)보다 낮은 고도로 착륙을 위한 접근을 시도하지 아니할 것. 다만, 다음 각 목의 요건에 모두 적합한 경우에는 그러하지 아니하다. 가. 정상적인 강하율에 따라 정상적인 방법으로 그 활주로에 착륙하기 위한 강하를 할 수 있는 위치에 있을 것 나. 비행시정이 해당 계기접근절차에 규정된 시정 이상일 것 다. 조종사가 다음 중 어느 하나 이상의 해당 활주로 관련 시각참조물을 확실히 보고 식별할 수 있을 것(정밀접근방식이 제177조제2항에 따른 제2종 또는 제3종에 해당하 는 경우는 제외한다) 1) 진입등시스템(ALS): 조종사가 진입등의 구성품 중 붉은색 측면등(red side row bars) 또는 붉은색 최종진입등(red terminating bars)을 명확하게 보고 식별할 수 없는 경우에는 활주로의 접지구역표면으로부터 30미터(100피트) 높이의 고도 미만으로 강하할 수 없다. 2) 활주로시단(threshold) 3) 활주로시단표지(threshold marking) 4) 활주로시단등(threshold light) 5) 활주로시단식별등 6) 진입각지시등(VASI 또는 PAPI) 7) 접지구역(touchdown zone) 또는 접지구역표지(touchdown zone marking) 8) 접지구역등(touchdown zone light) 9) 활주로 또는 활주로표지 10) 활주로등 3. 다음 각 목의 어느 하나에 해당할 때 제2호다목의 요건에 적합하지 아니한 경우 또는 최저강하고도 이상의 고도에서 선회 중 비행장이 육안으로 식별되지 아니하는 경우에는 즉시 실패접근(계기접근을 시도하였으나 착륙하지 못한 항공기를 위하여 설정된 비행절차를 말한다. 이하 같다)을 하여야 한다. 가. 최저강하고도보다 낮은 고도에서 비행 중인 때 나. 실패접근의 지점(결심고도가 정해져 있는 경우에는 그 결심고도를 포함한다. 이하 같다)에 도달할 때 다. 실패접근의 지점에서 활주로에 접지할 때 ② 조종사는 비행시정이 착륙하려는 비행장의 계기접근절차에 규정된 시정 미만인 경 우에는 착륙하여서는 아니 된다. 다만, 법 제3조제1항에 따른 군용항공기와 같은 조 제 3항에 따른 아메리카합중국이 사용하는 항공기는 그러하지 아니하다.

항공안전법	항공안전법 시행령	항공안전법 시행규칙
제5장 항공기의 운항		
		③ 조종사는 해당 민간비행장에서 정한 최저이륙기상치 이상인 경우에만 이륙하여야 한다. 다만, 국토교통부장관의 허가를 받은 경우에는 그러하지 아니하다. ④ 조종사는 최종접근진로, 위치통지점(FIX) 또는 체공지점에서의 시간차접근(Timed Approach) 또는 비절차선회(No Procedure Turn/PT)접근까지 제5항제2호에 따른 레이더 유도(Vectors)를 받는 경우에는 관할 항공교통관제기관으로부터 절차선회하라는 지시를 받지 아니하고는 절차선회를 해서는 아니 된다. ⑤ 제1항제1호에 따른 계기접근절차 외의 항공로 운항 및 레이더 사용절차는 다음 각 호에 따른다. 1. 항공교통관제용 레이더는 감시접근용 또는 정밀접근용으로 사용하거나 다른 항행 안전무선시설을 이용하는 계기접근절차와 병행하여 사용할 수 있다. 2. 레이더 유도는 최종접근진로 또는 최종접근지점까지 항공기가 접근하도록 진로안내를 하는데 사용할 수 있다. 3. 조종사는 설정되지 아니한 비행로를 비행하거나 레이더 유도에 따라 접근허가를 받은 경우에는 공고된 항공로 또는 계기접근절차 비행구간으로 비행하기 전까지 제199 조에 따른 최저비행고도를 준수하여야 한다. 다만, 항공교통관제기관으로부터 최종적으 로 지시받은 고도가 있는 경우에는 우선적으로 그 고도에 따라야 한다. 4. 제3호에 따라 관할 항공교통관제기관으로부터 최종적으로 고도를 지시받은 조종사 는 공고된 항공로 또는 계기접근절차 비행로에 진입한 이후에는 그 비행로에 대하여 인 가된 고도로 강하하여야 한다. 조종사가 최종접근진로나 최종접근지점에 도착한 경우에는 그 시설에 대하여 인가된 절차에 따라 계기접근을 수행하거나 착륙 시까지 감시레이더접근 또는 정밀레이더접 근을 계속할 수 있다. ⑥ 계기착륙시설(Instrument Landing System/ILS)은 다음 각 호와 같이 구성되어야 한다. 1. 계기착륙시설은 방위각제공시설(LLZ), 활공각제공시설(GP), 외측마커(Outer Marker), 중간마커(Middle Marker) 및 내측마커(Inner Marker)로 구성되어야 한다. 2. 제1종 정밀접근(CAT-I) 계기착륙시설의 경우에는 내측마커를 설치하지 아니할 수 있다. 3. 외측마커 및 중간마커는 거리측정시설(DME)로 대체할 수 있다. 4. 제2종 및 제3종 정밀접근(CAT-II 및 III) 계기착륙시설로서 내측마커를 설치하지 아니하려는 경우에는 항행안전시설 설치허가 신청서에 필요한 사유를 적어야 한다. ⑦ 조종사는 군비행장에서 이륙 또는 착륙하거나 군기관이 관할하는 공역을 비행하 는 경우에는 해당 군비행장 또는 군 기관이 정한 계기비행절차 또는 관제지시를 준수하 여야 한다. 다만, 해당 군비행장 또는 군 기관의 장과 협의하여 국토교통부장관이 따로 정한 경우에는 그러하지 아니하다.

항공안전법	항공안전법 시행령	항공안전법 시행규칙
제5장 항공기의 운항		
		⑧ 제2종 및 제3종 정밀접근 계기착륙시설의 정밀계기 접근절차를 따라 비행하는 경우에는 다음 각 호의 어느 하나를 적용한다. 다만, 「항공사업법」 제7조, 제10조 및 제54조에 따른 항공운송사업자의 항공기에 대해서는 제2호 및 제3호를 적용하지 아니한다. 1. 조종사는 결심고도가 있는 제2종 및 제3종 정밀접근 계기착륙시설의 정밀계기접근 절차를 따라 비행할 경우 인가된 결심고도보다 낮은 고도로 착륙을 위한 접근을 시도하여서는 아니 된다. 다만, 국토교통부장관의 인가를 받은 경우 또는 다음 각 목의 어느 하나에 해당하는 경우에는 그러하지 아니하다. 가. 조종사가 정상적인 강하율에 따라 정상적인 방법으로 활주로 접지구역에 착륙하기 위한 강하를 할 수 있는 위치에 있는 경우 나. 조종사가 다음의 어느 하나의 활주로 시각참조물을 육안으로 식별할 수 있는 경우 1) 진입등시스템. 다만, 조종사가 진입등시스템의 구성품 중 진입등만 식별할 수 있고 붉은색 측면등 또는 붉은색 최종진입등은 식별할 수 없는 경우에는 활주로의 표면으로부터 30미터(100피트) 미만의 고도로 강하해서는 아니 된다. 2) 활주로시단 3) 활주로시단표지 4) 활주로시단등 5) 접지구역 또는 접지구역표지 6) 접지구역등 2. 조종사는 결심고도가 없는 제3종 정밀접근 계기착륙시설의 정밀계기접근절차를 따라 비행하려는 경우에는 미리 국토교통부장관의 인가를 받아야 한다. 3. 제2종 및 제3종 정밀접근 계기착륙시설의 정밀계기접근절차 운용의 일반기준은 다음 각 목과 같다. 가. 제2종 및 제3종 계기착륙시설의 정밀계기접근절차를 이용하는 조종사는 다음의 기준에 적합하여야 한다. 1) 제2종 정밀접근 계기착륙시설의 정밀계기접근절차를 이용하는 기장과 기장 외의 조종사는 제2종 계기착륙시설의 정밀계기접근절차의 운용에 관하여 지방항공청장의 인 가를 받을 것 2) 제3종 정밀접근 계기착륙시설의 정밀계기접근절차를 이용하는 기장과 기장 외의 조종사는 제3종 정밀접근 계기착륙시설의 정밀계기접근절차의 운용에 관하여 지방항공 청장의 인가를 받을 것 3) 조종사는 자신이 이용하는 계기착륙시설의 정밀계기접근절차 및 항공기에 대하여 잘 알고 있을 것 나. 조종사의 전면에 있는 항공기 조종계기판에는 해당 계기착륙시설의 정밀계기접근 절차를 수행하는 데 필요한 장비가 갖추어져 있어야 한다. 다. 비행장 및 항공기에는 별표 25에 따른 해당 계기착륙시설의 정밀계기접근용 지상 장비와 해당 항공기에 필요한 장비가 각각 갖추어져 있어야 한다.

항공안전법	항공안전법 시행령	항공안전법 시행규칙
제5장 항공기의 운항		
		4. 「항공사업법」 제7조·제10조 및 제54조에 따른 항공운송사업자의 항공기가 제2종 또는 제3종 정밀접근계기착륙시설의 정밀계기접근절차에 따라 비행하는 경우에는 별표 25에서 정한 기준을 준수하여야 한다. ⑨ 조종사는 제8항제1호가목 및 나목의 기준에 적합하지 아니한 경우에는 활주로에 접지하기 전에 즉시 실패접근을 하여야 한다. 다만, 국토교통부장관의 허가를 받은 경우에는 그러하지 아니하다.
		제182조(비행계획의 제출 등) ① 법 제67조에 따라 비행정보구역 안에서 비행을 하려는 자는 비행을 시작하기 전에 비행계획을 수립하여 관할 항공교통업무기관에 제출하여야 한다. 다만, 긴급출동 등 비행 시작 전에 비행계획을 제출하지 못한 경우에는 비행 중에 제출할 수 있다. ② 제1항에 따른 비행계획은 구술·전화·서류·전자통신문·팩스 또는 정보통신망을 이용하여 제출할 수 있다. 이 경우 서류·팩스 또는 정보통신망을 이용하여 비행계획을 제출할 때에는 별지 제71호서식의 비행계획서에 따른다. 〈개정 2021. 8. 27.〉 ③ 제2항에 불구하고 항공운송사업에 사용되는 항공기의 비행계획을 제출하는 경우에는 별지 제72호서식의 반복비행계획서를 항공교통본부장에게 제출할 수 있다. ④ 제1항 본문에 따라 비행계획을 제출하여야 하는 자 중 국내에서 유상으로 여객이나 화물을 운송하는 자 또는 두 나라 이상을 운항하는 자는 다음 각 호의 구분에 따른 시기까지 별지 제73호서식의 항공기 입출항 신고서(GENERAL DECLARATION)를 지방항공청장에게 제출(정보통신망을 이용할 경우에는 해당 정보통신망에서 사용하는 양식에 따른다)하여야 한다. 1. 국내에서 유상으로 여객이나 화물을 운송하는 자: 출항 준비가 끝나는 즉시 2. 두 나라 이상을 운항하는 자 가. 입항의 경우: 국내 목적공항 도착 예정 시간 2시간 전까지. 다만, 출발국에서 출항 후 국내 목적공항까지의 비행시간이 2시간 미만인 경우에는 출발국에서 출항 후 20분 이내까지 할 수 있다. 나. 출항의 경우: 출항 준비가 끝나는 즉시 ⑤ 제2항 후단에 따른 비행계획서는 국토교통부장관이 정하여 고시하는 작성방법에 따라 작성되어야 한다. ⑥ 제4항에 따른 항공기 입출항 신고서를 제출받은 지방항공청장은 신고서 및 첨부서류에 흠이 없고 형식적 요건을 충족하는 경우에는 지체 없이 접수하여야 한다. ⑦ 제1항 본문에 따라 비행을 하려는 자는 비행을 시작하기 전에 제109조제1항에서 정하고 있는 사고예방장치가 작동되지 않는 경우 별지 제71호서식의 비행계획서의 기타정보란에 이 사항을 기록하고, 항공교통관제기관에 통보해야 한다. 〈신설 2020. 2. 28.〉

항공안전법	항공안전법 시행령	항공안전법 시행규칙
제5장 항공기의 운항		
		제183조(비행계획에 포함되어야 할 사항) 법 제67조에 따라 비행계획에는 다음 각 호의 사항이 포함되어야 한다. 다만, 제9호부터 제14호까지의 사항은 지방항공청장 또는 항공교통본부장이 요청하거나 비행계획을 제출하는 자가 필요하다고 판단하는 경우에만 해당한다. 1. 항공기의 식별부호 2. 비행의 방식 및 종류 3. 항공기의 대수·형식 및 최대이륙중량 등급 4. 탑재장비 5. 출발비행장 및 출발 예정시간 6. 순항속도, 순항고도 및 예정항공로 7. 최초 착륙예정 비행장 및 총 예상 소요 비행시간 8. 교체비행장(시계비행방식에 따라 비행하려는 경우 또는 제186조제3항 각 호에 해당되는 경우는 제외한다) 9. 시간으로 표시한 연료탑재량 10. 출발 전에 연료탑재량으로 인하여 비행 중 비행계획의 변경이 예상되는 경우에는 변경될 목적비행장 및 비행경로에 관한 사항 11. 탑승 총 인원(탑승수속 상 불가피한 경우에는 해당 항공기가 이륙한 직후에 제출 할 수 있다) 12. 비상무선주파수 및 구조장비 13. 기장의 성명(편대비행의 경우에는 편대 책임기장의 성명) 14. 낙하산 강하의 경우에는 그에 관한 사항 15. 그 밖에 항공교통관제와 수색 및 구조에 참고가 될 수 있는 사항
		제184조(비행계획의 준수) ① 법 제67조에 따라 항공기는 비행 시 제출된 비행계획을 지켜야 한다. 다만, 비행계획의 변경에 대하여 항공교통관제기관의 허가를 받은 경우 또는 긴급한 조치가 필요한 비상상황이 발생한 경우에는 그러하지 아니하다. 이 경우 비상상황의 발생으로 비행계획을 지키지 못하였을 때에는 긴급 조치를 한 즉시 이를 관할 항공교통관제기관에 통보하여야 한다. ② 항공기는 항공로의 중심선을 따라 비행하여야 하며, 항공로가 설정되지 아니한 지역에서는 항행안전시설과 그 비행로의 정해진 지점 간을 직선으로 비행하여야 한다. 다만, 국토교통부장관이 별도로 정한 바에 따르거나 관할 항공교통관제기관으로부터 달리 지시를 받은 경우에는 그러하지 아니하다. ③ 항공기는 제2항을 지킬 수 없는 경우 관할 항공교통업무기관에 통보하여야 한다. ④ 전방향표지시설(VOR)에 따라 설정된 항공로를 비행하는 항공기는 주파수 변경지점이 설정되어 있는 경우에는 그 변경지점 또는 가능한 한 가까운 지점에서 항공기 후방의 항행안전시설로부터 전방의 항행안전시설로 주파수를 변경하여야 한다. ⑤ 관제비행을 하는 항공기가 부주의로 비행계획을 이탈하여 비행하는 경우에는 다음 각 호의 조치를 취해야 한다.

항공안전법	항공안전법 시행령	항공안전법 시행규칙
제5장 항공기의 운항		
		1. 항공로를 이탈한 경우에는 항공기의 기수를 조정하여 즉시 항공로로 복귀할 것 2. 항공기의 진대기속도(眞對氣速度)가 순항고도에서 보고지점 간의 평균진대기속도와 차이가 있거나 비행계획상 마하 속도(Mach) 0.02 또는 진대기속도의 19Km/h(10kt) 하락 또는 초과할 것이 예상되는 경우에는 관할 항공교통업무기관에 통보할 것 3. 자동종속감시시설 협약(ADS-C)이 없는 곳에서는 다음 위치통지점, 비행정보구역 경계지점 또는 목적비행장 중 가장 가까운 지역의 도착 예정시간에 2분 이상의 오차가 발생되는 경우에는 그 변경되는 도착 예정시간을 관할 항공교통업무기관에 통보할 것 4. 자동종속감시시설(ADS-C) 협약이 있는 곳에서는 해당 협약에 따른 지정된 값을 넘어서는 변화가 발생할 때 마다 데이터 링크를 통해 항공교통업무기관에 자동적으로 정보를 제공할것 ⑥ 시계비행방식에 따른 관제비행을 하는 항공기는 시계비행기상상태 미만으로 기상이 악화되어 시계비행방식에 따른 운항을 할 수 없다고 판단되는 경우에는 다음 각 호의 조치를 하여야 한다. 1. 목적비행장 또는 교체비행장으로 시계비행 기상상태를 유지하면서 비행할 수 있도록 관제허가의 변경을 요청하거나, 관제공역을 이탈하여 비행할 수 있도록 관제허가의 변경을 요청할 것 2. 제1호에 따른 관제허가를 받지 못할 경우에는 시계비행 기상상태를 유지하여 운항하면서 관제공역을 이탈하거나 가까운 비행장에 착륙하기 위한 조치를 할 예정임을 관할 항공교통관제기관에 통보할 것 3. 관할 항공교통관제기관에 특별시계비행방식에 따른 운항허가를 요구할 것(관제권 안에서 비행하고 있는 경우만 해당한다) 4. 관할 항공교통관제기관에 계기비행방식에 따른 운항허가를 요구할 것
		제185조(고도·항공로 등의 변경) 법 제67조에 따라 비행계획에 포함된 순항고도, 순항속도 및 항공로에 관한 사항을 변경하려는 항공기는 다음 각 호의 구분에 따른 정보를 관할 항공교통관제기관에 통보하여야 한다. 1. 순항고도의 변경: 항공기의 식별부호, 변경하려는 순항고도 및 순항속도(마하 수 또는 진대기속도를 말한다. 이하 이 조에서 같다.), 다음 보고지점 또는 비행정보구역 경계 도착 예정시간 2. 순항속도의 변경: 항공기의 식별부호, 변경하려는 속도 3. 항공로의 변경 가. 목적비행장 변경이 없을 경우: 항공기의 식별부호, 비행의 방식, 변경 항공로, 변경 예정시간, 그 밖에 항공로의 변경에 필요한 정보 나. 목적비행장 변경이 있을 경우: 항공기의 식별부호, 비행의 방식, 목적비행장까지의 변경 항공로, 변경 예정시간, 교체비행장, 그 밖에 비행장·항공로의 변경에 필요한 정보

항공안전법	항공안전법 시행령	항공안전법 시행규칙
제5장 항공기의 운항		
		제186조(교체비행장 등) ① 항공운송사업에 사용되거나 항공운송사업을 제외한 국외비 행에 사용되는 비행기를 운항하려는 경우에는 다음 각 호의 구분에 따라 제183조제8 호에 따른 교체비행장을 지정하여야 한다. 1. 출발비행장의 기상상태가 비행장 착륙 최저치(aerodrome landing minima) 이하 이거나 그 밖의 다른 이유로 출발비행장으로 되돌아올 수 없는 경우: 이륙교체비행장 (take-off alternate aerodrome) 2. 제215조제1항에 따른 비행기로서 제215조제2항에 따른 시간을 초과하는 지점이 있는 노선을 운항하려는 경우: 항공로 교체비행장(en-route alternate aerodrome). 이 경우 항공로교체비행장은 제215조제3항에 따른 승인을 받은 최대회항시간 이내에 도착 가능한 지역에 있어야 한다. 3. 계기비행방식에 따라 비행하려는 경우: 1개 이상의 목적지 교체비행장(destination alternate aerodrome). 다만, 다음 각 목의 어느 하나에 해당하는 경우에는 그러하지 아니하다. 가. 최초 착륙예정 비행장(aerodrome of intended landing)의 기상상태가 비행하는 동안 또는 도착 예정시간에 양호해질 것이 확실시 되고, 도착 예정시간 전·후의 일정 시간 동안 시계비행 기상상태에서 접근하여 착륙할 것이 확실히 예상되는 경우 나. 최초 착륙예정 비행장이 외딴 지역에 위치하고 적합한 목적지 교체비행장이 없는 경우 ② 제1항제1호에 따른 이륙교체비행장은 다음 각 호의 요건을 갖추어야 한다. 1. 2개의 발동기를 가진 비행기의 경우에는 1개의 발동기가 작동하지 아니할 때의 순 항속도로 출발비행장으로부터 1시간의 비행거리 이내인 지역에 있을 것 2. 3개 이상의 발동기를 가진 비행기의 경우에는 모든 발동기가 작동할 때의 순항속 도로 출발비행장으로부터 2시간의 비행거리 이내인 지역에 있을 것 3. 예상되는 이용시간 동안의 기상조건이 해당 운항에 대한 비행장 운영 최저치(aerodrome operating minima) 이상일 것 ③ 항공운송사업에 사용되는 비행기 외의 비행기를 계기비행방식에 따라 비행하려면 1개 이상의 목적지 교체비행장을 지정하여야 한다. 다만, 다음 각 호의 어느 하나에 해 당하는 경우에는 그러하지 아니하다. 1. 최초 착륙예정 비행장의 기상상태가 비행하는 동안 또는 도착 예정시간에 양호해질 것이 확실시되고, 도착 예정시간 전·후의 일정 시간 동안 시계비행 기상상태에서 접근하여 착륙할 것이 확실히 예상되는 경우 2. 최초 착륙예정 비행장이 외딴 지역에 위치하고 적합한 목적지 교체비행장이 없는 경우 ④ 제3항 각 호 외의 부분 단서 및 각 호에 따라 목적지 교체비행장의 지정이 요구되 지 아니하는 경우로서 다음 각 호의 기준에 적합하지 아니한 경우에는 비행을 시작하여 서는 아니 된다.

항공안전법	항공안전법 시행령	항공안전법 시행규칙
제5장 항공기의 운항		
		1. 최초 착륙예정 비행장에 표준계기접근절차가 수립되어 있을 것 2. 도착 예정시간 2시간 전부터 2시간 후까지의 기상상태가 다음 각 목과 같이 예보 되어 있을 것 가. 운고(雲高)가 계기접근절차의 최저치보다 300미터(1천피트) 이상일 것 나. 시정이 5,500미터 이상이거나 표준계기접근 절차의 최저치보다 4천미터 이상일 것 ⑤ 항공운송사업에 사용되는 헬리콥터를 운항하려면 다음 각 호의 구분에 따라 교체 헬기장(alternate heliport)을 지정하여야 한다. 1. 출발헬기장의 기상상태가 헬기장 운영 최저치(heliport operating minima) 이하인 경우: 1개 이상의 이륙 교체헬기장(take-off alternate heliport) 2. 계기비행방식에 따라 비행하려는 경우: 1개 이상의 목적지 교체헬기장(destination alternate heliport). 다만, 다음 각 목의 어느 하나에 해당하는 경우에는 그러하지 아니하다. 가. 최초 착륙예정 헬기장(heliport of intended landing)의 기상상태가 비행하는 동 안 또는 도착 예정시간에 양호해질 것이 확실시되고, 도착 예정시간 전·후의 일정 시 간 동안 시계비행 기상상태에서 접근하여 착륙할 것이 확실히 예상되는 경우 나. 최초 착륙예정 헬기장이 외딴 지역에 위치하고 적합한 교체헬기장이 없는 경우. 이 경우 비행계획에는 회항할 수 없는 지점(point of no return)을 표시하여야 한다. 3. 기상예보 상태가 헬기장 운영 최저기상치(heliport operating minima)이하인 목적 지 헬기장으로 비행하려는 경우: 최소한 2개의 목적지 교체헬기장(destination alternate heliport). 이 경우 첫 번째 목적지 교체헬기장의 운영 최저기상치는 목적지 헬기장의 운영 최저기상치 이상이어야 하고, 두 번째 목적지 교체헬기장의 운영 최저기 상치는 첫 번째 목적지 교체헬기장의 운영 최저기상치 이상이어야 한다. ⑥ 제5항에 따른 교체헬기장(alternate heliport)은 교체헬기장으로 사용할 수 있는 헬기장 사용 가능시간과 헬기장 운영 최저기상치(heliport operating minima) 등의 정보를 확인하고 지정하여야 한다. ⑦ 항공운송사업에 사용되는 헬리콥터 외의 헬리콥터를 계기비행방식에 따라 비행하 려면 1개 이상의 적합한 교체헬기장을 지정하여야 한다. 다만, 다음 각 호의 어느 하나에 해당하는 경우에는 그러하지 아니하다. 1. 도착 예정시간 2시간 전부터 2시간 후까지 또는 실제 출발시간부터 도착 예정시간2시간 후까지의 시간 중 짧은 시간에 대하여 최초 착륙예정 헬기장의 기상상태가 다음 각 목과 같이 예보되어 있는 경우 가. 운고가 계기접근절차의 최저치보다 120미터(400피트) 이상 나. 시정이 계기접근절차의 최저치보다 1,500미터 이상

항공안전법	항공안전법 시행령	항공안전법 시행규칙
제5장 항공기의 운항		
		2. 다음 각 목의 어느 하나에 해당하는 경우 가. 최초 착륙예정 헬기장이 외딴 지역에 위치하고 적합한 교체헬기장이 없는 경우 나. 최초 착륙예정 헬기장에 계기접근절차가 수립되어 있는 경우 다. 목적지 헬기장이 해상에 있어 회항할 수 있는 교체헬기장을 지정할 수 없는 경우 ⑧ 제5항부터 제7항까지의 규정에 따른 교체헬기장이 해상교체헬기장(off-shore alternate heliport)인 경우에는 다음 각 호의 요건을 모두 갖추어야 한다. 다만, 해안 교체헬기장(on-shore alternate heliport)까지 비행할 수 있는 충분한 연료의 탑재가 가능하면 해상교체헬기장을 지정하지 아니할 수 있다. 1. 해상 교체헬기장은 회항할 수 없는 지점 외에서만 지정하고, 회항할 수 없는 지점 내에서는 해안 교체헬기장을 지정할 것 2. 적합한 교체헬기장을 결정하는 경우에는 주요 조종계통 및 부품을 신뢰할 수 있을 것 3. 교체헬기장에 도착하기 전에 1개의 발동기가 고장나더라도 교체헬기장까지 운항할 수 있는 성능이 확보될 수 있을 것 4. 갑판의 이용이 보장되어 있을 것 5. 기상정보는 정확하고 신뢰할 수 있을 것 ⑨ 제5항제2호 단서에 따라 교체헬기장의 지정이 요구되지 아니하는 경우로서 제7항 제1호의 기준에 적합하지 아니한 경우에는 비행을 시작하여서는 아니 된다.
		제187조(최초 착륙예정 비행장 등의 기상상태) ① 제186조제1항제1호에 따른 이륙 교체비행장의 기상상태는 해당 비행기의 도착 예정시간에 비행장 운영 최저치 이상이어 야 한다. ② 제186조제1항제3호에 따른 최초 착륙예정 비행장의 기상정보를 이용할 수 있거나 목적지 교체비행장의 지정이 요구되는 경우에는 최소 1개의 목적지 교체비행장의 기상 상태가 도착 예정시간에 해당 비행장 운영 최저치 이상일 경우에 비행을 시작하여야 한다. ③ 제186조제3항에 따른 목적지 교체비행장의 지정이 요구되는 경우에는 최초 착륙 예정 비행장과 최소 1개의 목적지 교체비행장의 기상상태가 도착 예정시간에 해당 비행장 운영 최저치 이상일 경우에 비행을 시작하여야 한다. ④ 제186조제5항에 따른 최초 착륙예정 헬기장의 기상정보를 이용할 수 있거나 교체헬기장의 지정이 요구되는 경우에는 최소 1개의 교체헬기장의 기상상태가 도착 예정시간에 해당 헬기장 운영 최저치 이상일 경우에 비행을 시작하여야 한다. ⑤ 제186조제6항에 따라 교체헬기장의 지정이 요구되는 경우에는 최초 착륙예정 헬기장과 1개 이상의 교체헬기장의 기상상태가 도착 예정시간에 해당 헬기장 운영 최저치 이상일 경우에 비행을 시작하여야 한다.

항공안전법	항공안전법 시행령	항공안전법 시행규칙
제5장 항공기의 운항		
		제188조(비행계획의 종료) ① 항공기는 도착비행장에 착륙하는 즉시 관할 항공교통업무기관(관할 항공교통업무기관이 없는 경우에는 가장 가까운 항공교통업무기관)에 다음 각 호의 사항을 포함하는 도착보고를 하여야 한다. 다만, 지방항공청장 또는 항공 교통본부장이 달리 정한 경우에는 그러하지 아니하다. 1. 항공기의 식별부호 2. 출발비행장 3. 도착비행장 4. 목적비행장(목적비행장이 따로 있는 경우만 해당한다) 5. 착륙시간 ② 제1항에도 불구하고 도착비행장에 착륙한 후 도착보고를 할 수 있는 적절한 통신 시설 등이 제공되지 아니하는 경우에는 착륙 직전에 관할 항공교통업무기관에 도착보고를 하여야 한다.
		제189조(정밀접근 운용계획 승인신청) ① 제177조제2항에 따른 제2종 또는 제3종의 정밀접근방식으로 해당 종류의 정밀접근시설을 갖춘 활주로에 착륙하려는 자는 다음 각 호의 사항을 적은 운용계획 승인신청서를 지방항공청장에게 제출하여야 한다. 1. 성명 및 주소 2. 항공기의 형식 및 등록부호 3. 정밀접근의 종류 4. 해당 항공기의 장비 명세와 정비방식 5. 해당 사용비행장에 설치된 정밀접근시설의 내용 6. 정밀접근 조종사의 성명과 자격 7. 항공기 조종사의 교육훈련 내용 8. 운용시험 실시내용 9. 그 밖에 참고가 될 사항 ② 외국항공기를 운용하는 외국인 중 그 외국으로부터 제2종 또는 제3종의 정밀접근 운용계획 승인을 받은 사람이 대한민국에 있는 제2종 또는 제3종의 정밀접근시설을 갖 춘 비행장의 활주로에 해당 종류의 정밀접근방식으로 착륙하려는 경우에는 제1항에도 불구하고 다음 각 호의 사항을 적은 정밀접근 운용계획 승인신청서에 신청인이 외국으로부터 발급받은 정밀접근 운용계획 승인서의 사본과 한글 또는 영문으로 정밀접근 운용절차를 적은 서류를 첨부하여 지방항공청장에게 제출하여야 한다. 1. 성명 및 주소 2. 항공기의 형식 및 등록부호 3. 그 밖에 참고가 될 사항 ③ 제1항에 따른 제2종 및 제3종 정밀접근 운용계획 승인에 관한 절차는 국토교통부 장관이 정한다.

항공안전법	항공안전법 시행령	항공안전법 시행규칙
제5장 항공기의 운항		
		제190조(통신) ① 관제비행을 하는 항공기는 관할 항공교통관제기관과 공대지 양방향 무선통신을 유지하고 그 항공교통관제기관의 음성통신을 경청하여야 한다. ② 제1항에 따른 무선통신을 유지할 수 없는 항공기(이하 "통신두절항공기"라 한다)는 국토교통부장관이 고시하는 교신절차에 따라야 하며, 관제비행장의 기동지역 또는 주변을 운항하는 항공기는 관제탑의 시각 신호에 따른 지시를 계속 주시하여야 한다. ③ 통신두절항공기는 시계비행 기상상태인 경우에는 시계비행방식으로 비행을 계속하여 가장 가까운 착륙 가능한 비행장에 착륙한 후 도착 사실을 지체 없이 관할 항공교통 관제기관에 통보하여야 한다. ④ 통신두절항공기는 계기비행 기상상태이거나 제3항에 따른 비행이 불가능한 경우 다음 각 호의 기준에 따라 비행하여야 한다. 1. 항공교통업무용 레이더가 운용되지 아니하는 공역의 필수 위치통지점에서 위치보고를 할 수 없는 항공기는 해당 비행로의 최저비행고도와 관할 항공교통관제기관으로부터 최종적으로 지시받은 고도 중 높은 고도로 비행하여야 하며, 관할 항공교통관제기관 으로부터 최종적으로 지시받은 속도를 20분간 유지한 후 비행계획에 명시된 고도와 속도로 변경하여 비행할 것 2. 항공교통업무용 레이더가 운용되는 공역의 필수 위치통지점에서 위치보고를 할 수 없는 항공기는 다음 각 목의 시간 중 가장 늦은 시간부터 해당 비행로의 최저비행고도와 관할 항공교통관제기관으로부터 최종적으로 지시받은 고도 중 높은 고도를 유지하고 관할 항공교통관제기관으로부터 최종적으로 지시받은 속도를 7분간 유지한 후, 비행계획에 명시된 고도와 속도로 변경하여 비행할 것 가. 최종지정고도 또는 최저비행고도에 도달한 시간 나. 트랜스폰더 코드를 7,600으로 조정한 시간 다. 필수 위치통지점에서 위치보고에 실패한 시간 3. 레이더에 의하여 유도되고 있거나 허가한계점(Clearance Limit)을 지정받지 아니한 항공기가 지역항법(RNAV)으로 항공로를 이탈하여 비행 중인 경우에는 최저비행고도를 고려하여 다음 위치통지점에 도달하기 전에 비행계획에 명시된 비행로에 합류할 것 4. 무선통신이 두절되기 전에 관할 항공교통관제기관으로부터 최종적으로 지정받거나 지정 예정을 통보받은 비행로(지정받거나 지정 예정을 통보받지 아니한 경우에는 비행계획에 명시된 비행로)를 따라 목적비행장의 항행안전시설까지 비행한 후 체공할 것 5. 무선통신이 두절되기 전에 관할 항공교통관제기관으로부터 최종적으로 지정받은 접근 예정시간(접근 예정시간을 지정받지 아니한 경우에는 비행계획에 명시된 도착 예정시간)에 목적비행장의 항행안전시설로부터 강하를 시작하거나, 착륙할 비행장의 계기접근절차에 따라 접근을 시작할 것 6. 가능한 한 제5호에 따른 접근 예정시간과 도착 예정시간 중 더 늦은 시간부터 30분 이내에 착륙할 것

항공안전법	항공안전법 시행령	항공안전법 시행규칙
제5장 항공기의 운항		
		제191조(위치보고) ① 법 제67조에 따라 관제비행을 하는 항공기는 국토교통부장관이 정하여 고시하는 위치통지점에서 가능한 한 신속히 다음 각 호의 사항을 관할 항공교통업무기관에 보고(이하 "위치보고"라 한다)하여야 한다. 다만, 레이더에 의하여 관제를 받는 경우로서 관할 항공교통관제기관이 별도로 위치보고를 요구하지 아니하는 경우에는 그러하지 아니하다. 1. 항공기의 식별부호 2. 해당 위치통지점의 통과시각과 고도 3. 그 밖에 항공기의 안전항행에 영향을 미칠 수 있는 사항 ② 관제비행을 하는 항공기는 비행 중에 관할 항공교통업무기관으로부터 위치보고를 요청받은 경우에는 즉시 위치보고를 하여야 한다. ③ 제1항에 따른 위치통지점이 설정되지 아니한 경우에는 관할 항공교통업무기관이 지정한 시간 또는 거리 간격으로 위치보고를 하여야 한다. ④ 관제비행을 하는 항공기로서 데이터링크통신을 이용하여 위치보고를 하는 항공기는 관할 항공교통관제기관이 요구하는 경우에는 음성통신을 이용하여 위치보고를 하여야 한다.
		제192조(항공교통관제허가) ① 법 제67조에 따라 관제비행을 하려는 자는 관할 항공교통관제기관으로부터 항공교통관제허가(이하 "관제허가"라 한다)를 받고 운항을 시작하여야 한다. ② 관제허가의 우선권을 받으려는 자는 그 이유를 관할 항공교통관제기관에 통보하여야 한다. ③ 법 제67조에 따라 관제비행장에서 비행하는 항공기는 관제지시를 준수하여야 하며, 관제허가를 받지 아니하고 기동지역을 이동하여서는 아니 된다. ④ 항공교통관제기관의 관제지시와 항공기에 장착된 공중충돌경고장치의 지시가 서로 다를 경우에는 공중충돌경고장치의 지시에 따라야 한다.
		제193조(관제의 종결) 법 제67조에 따라 관제비행을 하는 항공기는 항공교통관제업무를 제공받아야 할 상황이 끝나는 즉시 그 사실을 관할 항공교통관제기관에 통보하여야 한다. 다만, 관제비행장에 착륙하는 경우에는 그러하지 아니하다.
		제194조(신호) ① 법 제67조에 따라 비행하는 항공기는 별표 26에서 정하는 신호를 인지하거나 수신할 경우에는 그 신호에 따라 요구되는 조치를 하여야 한다. ② 누구든지 제1항에 따른 신호로 오인될 수 있는 신호를 사용하여서는 아니 된다. ③ 항공기 유도원(誘導員)은 별표 26 제6호에 따른 유도신호를 명확하게 하여야 한다.

항공안전법	항공안전법 시행령	항공안전법 시행규칙
제5장 항공기의 운항		
		제195조(시간) ① 법 제67조에 따라 항공기의 운항과 관련된 시간을 전파하거나 보고하려는 자는 국제표준시(UTC: Coordinated Universal Time)를 사용하여야 하며, 시각은 자정을 기준으로 하루 24시간을 시·분으로 표시하되, 필요하면 초 단위까지 표시하여야 한다. ② 관제비행을 하려는 자는 관제비행의 시작 전과 비행 중에 필요하면 시간을 점검하여야 한다. ③ 데이터링크통신에 따라 시간을 이용하려는 경우에는 국제표준시를 기준으로 1초 이내의 정확도를 유지·관리하여야 한다.
		제196조(요격) ① 법 제67조에 따라 민간항공기를 요격(邀擊)하는 항공기의 기장은 별표 26 제3호에 따른 시각신호 및 요격절차와 요격방식에 따라야 한다. ② 피요격(被邀擊)항공기의 기장은 별표 26 제3호에 따른 시각신호를 이해하고 응답하여야 하며, 요격절차와 요격방식 등을 준수하여 요격에 응하여야 한다. 다만, 대한민국이 아닌 외국정부가 관할하는 지역을 비행하는 경우에는 해당 국가가 정한 절차와 방식으로 그 국가의 요격에 응하여야 한다.
		제197조(곡예비행 등을 할 수 있는 비행시정) 법 제67조에 따른 곡예비행을 할 수 있는 비행시정은 다음 각 호의 구분과 같다. 1. 비행고도 3,050미터(1만피트) 미만인 구역: 5천미터 이상 2. 비행고도 3,050미터(1만피트) 이상인 구역: 8천미터 이상
		제198조(불법간섭 행위 시의 조치) ① 법 제67조에 따라 비행 중 항공기의 피랍·테러 등의 불법적인 행위에 의하여 항공기 또는 탑승객의 안전이 위협받는 상황(이하 "불법간섭"이라 한다)에 처한 항공기는 항공교통업무기관에서 다른 항공기와의 충돌 방지 및 우선권 부여 등 필요한 조치를 취할 수 있도록 가능한 범위에서 한 다음 각 호의 사항을 관할 항공교통업무기관에 통보하여야 한다. 1. 불법간섭을 받고 있다는 사실 2. 불법간섭 행위와 관련한 중요한 상황정보 3. 그 밖에 상황에 따른 비행계획의 이탈사항에 관한 사항 ② 불법간섭을 받고 있는 항공기의 기장은 가능한 한 해당 항공기가 안전하게 착륙할 수 있는 가장 가까운 공항 또는 관할 항공교통업무기관이 지정한 공항으로 착륙을 시도하여야 한다. ③ 불법간섭을 받고 있는 항공기가 제1항에 따른 사항을 관할 항공교통업무기관에 통보할 수 없는 경우에는 다음 각 호의 조치를 하여야 한다.

항공안전법	항공안전법 시행령	항공안전법 시행규칙
제5장 항공기의 운항		
		1. 기장은 제2항에 따른 공항으로 비행할 수 없는 경우에는 관할 항공교통업무기관에 통보할 수 있을 때까지 또는 레이더나 자동종속감시시설의 포착범위 내에 들어갈 때까지 배정된 항공로 및 순항고도를 유지하며 비행할 것 2. 기장은 관할 항공교통업무기관과 무선통신이 불가능한 상황에서 배정된 항공로 및 순항고도를 이탈할 것을 강요받은 경우에는 가능한 한 다음 각 목의 조치를 할 것 가. 항공기 안의 상황이 허용되는 한도 내에서 현재 사용 중인 초단파(VHF) 주파수, 초단파 비상주파수(121.5Mhz) 또는 사용 가능한 다른 주파수로 경고방송을 시도할 것 나. 2차 감시 항공교통관제 레이더용 트랜스폰더(Mode3/A 및 Mode C SSR transponder) 또는 데이터링크 탑재장비를 사용하여 불법간섭을 받고 있다는 사실을 알릴 것 다. 고도 600미터의 수직분리가 적용되는 지역에서는 계기비행 순항고도와 300미터 분리된 고도로, 고도 300미터의 수직분리가 적용되는 지역에서는 계기비행 순항고도와 150미터 분리된 고도로 각각 변경하여 비행할 것
제68조(항공기의 비행 중 금지행위 등) 항공기를 운항하려는 사람은 생명과 재산을 보호하기 위하여 다음 각 호의 어느 하나에 해당하는 비행 또는 행위를 해서는 아니 된다. 다만, 국토교통부령으로 정하는 바에 따라 국토교통부장관의 허가를 받은 경우에는 그러하지 아니하다. 1. 국토교통부령으로 정하는 최저비행고도(最低飛行高度) 아래에서의 비행 2. 물건의 투하(投下) 또는 살포 3. 낙하산 강하(降下) 4. 국토교통부령으로 정하는 구역에서 뒤집어서 비행하거나 옆으로 세워서 비행하는 등의 곡예비행 5. 무인항공기의 비행 6. 그 밖에 생명과 재산에 위해를 끼치거나 위해를 끼칠 우려가 있는 비행 또는 행위로서 국토교통부령으로 정하는 비행 또는 행위		**제199조(최저비행고도)** 법 제68조제1호에서 "국토교통부령으로 정하는 최저비행고도"란 다음 각 호와 같다. 1. 시계비행방식으로 비행하는 항공기 가. 사람 또는 건축물이 밀집된 지역의 상공에서는 해당 항공기를 중심으로 수평거리 600미터 범위 안의 지역에 있는 가장 높은 장애물의 상단에서 300미터(1천피트)의 고도 나. 가목 외의 지역에서는 지표면·수면 또는 물건의 상단에서 150미터(500피트)의 고도 2. 계기비행방식으로 비행하는 항공기 가. 산악지역에서는 항공기를 중심으로 반지름 8킬로미터 이내에 위치한 가장 높은 장애물로부터 600미터의 고도 나. 가목 외의 지역에서는 항공기를 중심으로 반지름 8킬로미터 이내에 위치한 가장 높은 장애물로부터 300미터의 고도
		제200조(최저비행고도 아래에서의 비행허가) 법 제68조 각 호 외의 부분 단서에 따라 최저비행고도 아래에서 비행하려는 자는 별지 제74호서식의 최저비행고도 아래에서의 비행허가 신청서를 지방항공청장에게 제출하여야 한다.

항공안전법	항공안전법 시행령	항공안전법 시행규칙
제5장 항공기의 운항		
		제201조(물건의 투하 또는 살포의 허가 신청) 법 제68조 각 호 외의 부분 단서에 따라 비행 중인 항공기에서 물건을 투하하거나 살포하려는 자는 다음 각 호의 사항을 적은 물건 투하 또는 살포 허가신청서를 운항 예정일 25일 전까지 지방항공청장에게 제출하여야 한다. 〈개정 2018. 3. 23.〉 1. 성명 및 주소 2. 항공기의 형식 및 등록부호 3. 비행의 목적·일시·경로 및 고도 4. 물건을 투하하는 목적 5. 투하하려는 물건의 개요와 투하하려는 장소 6. 조종자의 성명과 자격 7. 그 밖에 참고가 될 사항
		제202조(낙하산 강하허가 신청) 법 제68조 각 호 외의 부분 단서에 따라 낙하산 강하를 목적으로 항공기를 운항하려는 사람은 다음 각 호의 사항을 적은 낙하산 강하허가 신청서를 지방항공청장에게 제출해야 한다. 〈개정 2019. 2. 26.〉 1. 성명·주소 및 연락처(실시간 연락 가능한 통신수단) 2. 항공기의 형식 및 등록부호 3. 비행계획의 개요(비행의 목적·일시·경로 및 고도를 적을 것) 4. 낙하산으로 강하하는 목적·일시 및 장소 5. 조종사의 성명과 자격 6. 낙하산의 형식과 그 밖에 해당 낙하산에 관하여 필요한 사항 7. 낙하산으로 강하하는 사람 및 물건에 대한 개요 그 밖에 참고가 될 사항
		제203조(곡예비행) 법 제68조제4호에 따른 곡예비행은 다음 각 호와 같다. 1. 항공기를 뒤집어서 하는 비행 2. 항공기를 옆으로 세우거나 회전시키며 하는 비행 3. 항공기를 급강하시키거나 급상승시키는 비행 4. 항공기를 나선형으로 강하시키거나 실속시켜 하는 비행 5. 그 밖에 항공기의 비행자세, 고도 또는 속도를 비정상적으로 변화시켜 하는 비행
		제204조(곡예비행 금지구역) 법 제68조제4호에서 "국토교통부령으로 정하는 구역"이란 다음 각 호의 어느 하나에 해당하는 구역을 말한다. 1. 사람 또는 건축물이 밀집한 지역의 상공 2. 관제구 및 관제권 3. 지표로부터 450미터(1,500피트) 미만의 고도 4. 해당 항공기(활공기는 제외한다)를 중심으로 반지름 500미터 범위 안의 지역에 있는 가장 높은 장애물의 상단으로부터 500미터 이하의 고도 5. 해당 활공기를 중심으로 반지름 300미터 범위 안의 지역에 있는 가장 높은 장애물의 상단으로부터 300미터 이하의 고도

항공안전법	항공안전법 시행령	항공안전법 시행규칙
제5장 항공기의 운항		
		제205조(곡예비행의 허가 신청) 법 제68조 각 호 외의 부분 단서에 따라 곡예비행을 하려는 자는 다음 각 호의 사항을 적은 곡예비행 허가신청서를 비행 예정일 25일 전까지 지방항공청장에게 제출하여야 한다.〈개정 2018. 3. 23.〉 1. 성명 및 주소 2. 항공기의 형식 및 등록부호 3. 비행계획의 개요(비행의 목적·일시 및 경로를 적을 것) 4. 곡예비행의 내용·이유·일시 및 장소 5. 조종자의 성명과 자격 6. 동승자의 성명 및 동승의 목적 7. 그 밖에 참고가 될 사항
		제206조(무인항공기의 비행허가 신청 등) ① 법 제68조 각 호 외의 부분 단서에 따라 무인항공기를 비행시키려는 자는 별지 제75호서식의 무인항공기 비행허가 신청서에 다음 각 호의 사항을 적은 서류를 첨부하여 지방항공청장 또는 항공교통본부장에게 비행예정일 7일 전까지 제출하여야 한다. 1. 성명·주소 및 연락처 2. 무인항공기의 형식, 최대이륙중량, 발동기 수 및 날개 길이 3. 무인항공기의 등록증명서 사본 및 식별부호 4. 무인항공기의 표준감항증명서 또는 특별감항증명서 사본 5. 무인항공기 조종사의 자격증명서 사본 6. 무인항공기의 무선국 허가증 사본(「전파법」 제19조에 따라 무선국 허가를 받은 경우에 한정한다) 7. 비행의 목적·일시 및 비행규칙의 개요, 육안식별 운항계획(육안식별운항을 하는 경우에 한정한다), 비행경로, 이륙·착륙 장소, 순항고도·속도 및 비행주파수 8. 무인항공기의 이륙·착륙 요건 9. 무인항공기에 대한 다음 각 목의 성능 가. 운항속도 나. 일반 및 최대 상승률 다. 일반 및 최대 강하율 라. 일반 및 최대 선회율 마. 최대 항속시간 바. 그 밖에 무인항공기 비행과 관련된 성능에 관한 자료 10. 다음 각 목의 통신을 위한 주파수와 장비 가. 대체통신수단을 포함한 항공교통관제기관과의 통신 나. 지정된 운용범위를 포함한 무인항공기와 무인항공기 통제소 간의 통신 다. 무인항공기 조종사와 무인항공기 감시자 간의 통신(무인항공기 감시자가 있는 경우에 한정한다) 11. 무인항공기의 항행장비 및 감시장비(SSR transponder, ADS-B 등)

항공안전법	항공안전법 시행령	항공안전법 시행규칙
제5장 항공기의 운항		
		12. 무인항공기의 감지·회피성능 13. 다음 각 목의 경우에 대비한 비상절차 가. 항공교통관제기관과의 통신이 두절된 경우 나. 무인항공기와 무인항공기 통제소 간의 통신이 두절된 경우 다. 무인항공기 조종사와 무인항공기 감시자 간의 통신이 두절된 경우(무인항공기 감시자가 있는 경우에 한정한다) 14. 하나 이상의 무인항공기 통제소가 있는 경우 그 수와 장소 및 무인항공기 통제소 간의 무인항공기 통제에 관한 이양절차 15. 소음기준적합증명서 사본(법 제25조제1항에 따라 소음기준적합증명을 받은 경우에 한정한다) 16. 해당 무인항공기 운항과 관련된 항공보안 수단을 포함한 국가항공보안계획 이행 확인서 17. 무인항공기의 적재 장비 및 하중 등에 관한 정보 18. 무인항공기의 보험 또는 책임범위 증명에 관한 서류 ② 지방항공청장 또는 항공교통본부장은 제1항에 따른 신청을 받은 경우에는 그 내용을 심사한 후 항공교통의 안전에 지장이 없다고 인정되는 경우에는 비행을 허가하여야 한다. ③ 무인항공기를 비행시키려는 자는 다음 각 호의 사항을 따라야 한다.〈개정 2019. 9. 23.〉 1. 인명이나 재산에 위험을 초래할 우려가 있는 비행을 시키지 말 것 2. 주거지역, 상업지역 등 인구가 밀집된 지역과 그 밖에 사람이 많이 모인 장소의 상공을 비행시키지 말 것 3. 법 제78조제1항에 따른 관제공역·통제공역·주의공역에서 항공교통관제기관의 승인을 받지 아니하고 비행시키지 말 것 4. 안개 등으로 인하여 지상목표물을 육안으로 식별할 수 없는 상태에서 비행시키지 말 것 5. 별표 24에 따른 비행시정 및 구름으로부터의 거리기준을 위반하여 비행시키지 말 것 6. 야간에 비행시키지 말 것 7. 그 밖에 국토교통부장관이 정하여 고시하는 사항을 지킬 것
제69조(긴급항공기의 지정 등) ① 응급환자의 수송 등 국토교통부령으로 정하는 긴급한 업무에 항공기를 사용하려는 소유자등은 그 항공기에 대하여 국토교통부장관의 지정을 받아야 한다. ② 제1항에 따라 국토교통부장관의 지정을 받은 항공기(이하 "긴급항공기"라 한다)를 제1항에 따른 긴급한 업무의 수행을 위하여 운항하는 경우에는 제66조 및 제68조제1호·제2호를 적용하지 아니한다. ③ 긴급항공기의 지정 및 운항절차 등에 필요한 사항은 국토교통부령으로 정한다. ④ 국토교통부장관은 긴급항공기의 소유자등이 다음 각 호의 어느 하나에 해당하는 경우에는 그 긴급항공기의 지정을 취소할 수 있다. 다만, 제1호에 해당하는 경우에는 그 긴급항공기의 지정을 취소하여야 한다.		제207조(긴급항공기의 지정) ① 법 제69조제1항에서 "응급환자의 수송 등 국토교통부령으로 정하는 긴급한 업무"란 다음 각 호의 어느 하나에 해당하는 업무를 말한다. 1. 재난·재해 등으로 인한 수색·구조 2. 응급환자의 수송 등 구조·구급활동 3. 화재의 진화 4. 화재의 예방을 위한 감시활동 5. 응급환자를 위한 장기(臟器) 이송 6. 그 밖에 자연재해 발생 시의 긴급복구 ② 법 제69조제1항에 따라 제1항 각 호에 따른 업무에 항공기를 사용하려는 소유자등은 해당 항공기에 대하여 지방항공청장으로부터 긴급항공기의 지정을 받아야 한다. ③ 제2항에 따른 지정을 받으려는 자는 다음 각 호의 사항을 적은 긴급항공기 지정신청서를 지방항공청장에게 제출하여야 한다.

항공안전법	항공안전법 시행령	항공안전법 시행규칙
제5장 항공기의 운항		
1. 거짓이나 그 밖의 부정한 방법으로 긴급항공기로 지정받은 경우 2. 제3항에 따른 운항절차를 준수하지 아니하는 경우 ⑤ 제4항에 따라 긴급항공기의 지정 취소처분을 받은 자는 취소처분을 받은 날부터 2년 이내에는 긴급항공기의 지정을 받을 수 없다.		1. 성명 및 주소 2. 항공기의 형식 및 등록부호 3. 긴급한 업무의 종류 4. 긴급한 업무 수행에 관한 업무규정 및 항공기 장착장비 5. 조종사 및 긴급한 업무를 수행하는 사람에 대한 교육훈련 내용 6. 그 밖에 참고가 될 사항 ④ 지방항공청장은 제3항에 따른 서류를 확인한 후 제1항 각 호의 긴급한 업무에 해당하는 경우에는 해당 항공기를 긴급항공기로 지정하였음을 신청자에게 통지하여야 한다.
		제208조(긴급항공기의 운항절차) ① 제207조제2항에 따라 긴급항공기의 지정을 받은 자가 긴급항공기를 운항하려는 경우에는 그 운항을 시작하기 전에 다음 각 호의 사항을 지방항공청장에게 구술 또는 서면 등으로 통지하여야 한다. 1. 항공기의 형식·등록부호 및 식별부호 2. 긴급한 업무의 종류 3. 긴급항공기의 운항을 의뢰한 자의 성명 또는 명칭 및 주소 4. 비행일시, 출발비행장, 비행구간 및 착륙장소 5. 시간으로 표시한 연료탑재량 6. 그 밖에 긴급항공기 운항에 필요한 사항 ② 제1항에 따라 긴급항공기를 운항한 자는 운항이 끝난 후 24시간 이내에 다음 각 호의 사항을 적은 긴급항공기 운항결과 보고서를 지방항공청장에게 제출하여야 한다. 1. 성명 및 주소 2. 항공기의 형식 및 등록부호 3. 운항 개요(이륙·착륙 일시 및 장소, 비행목적, 비행경로 등) 4. 조종사의 성명과 자격 5. 조종사 외의 탑승자의 인적사항 6. 응급환자를 수송한 사실을 증명하는 서류(응급환자를 수송한 경우만 해당한다) 7. 그 밖에 참고가 될 사항
제70조(위험물 운송 등) ① 항공기를 이용하여 폭발성이나 연소성이 높은 물건 등 국토교통부령으로 정하는 위험물(이하 "위험물"이라 한다)을 운송하려는 자는 국토교통부령으로 정하는 바에 따라 국토교통부장관의 허가를 받아야 한다. ② 제90조제1항에 따른 운항증명을 받은 자가 위험물 탑재 정보의 전달방법 등 국토교통부령으로 정하는 기준을 충족하는 경우에는 제1항에 따른 허가를 받은 것으로 본다. ③ 항공기를 이용하여 운송되는 위험물을 포장·적재(積載)·저장·운송 또는 처리(이하 "위험물취급"이라 한다)하는 자(이하 "위험물취급자"라 한다)는 항공상의 위험 방지 및 인명의 안전을 위하여 국토교통부장관이 정하여 고시하는 위험물취급의 절차 및 방법에 따라야 한다.		제209조(위험물 운송허가 등) ① 법 제70조제1항에서 "폭발성이나 연소성이 높은 물건 등 국토교통부령으로 정하는 위험물"이란 다음 각 호의 어느 하나에 해당하는 것을 말한다. 1. 폭발성 물질 2. 가스류 3. 인화성 액체 4. 가연성 물질류 5. 산화성 물질류 6. 독물류 7. 방사성 물질류 8. 부식성 물질류 9. 그 밖에 국토교통부장관이 정하여 고시하는 물질류 ② 항공기를 이용하여 제1항에 따른 위험물을 운송하려는 자는 별지 제76호서식의 위험물 항공운송허가 신청서에 다음 각 호의 서류를 첨부하여 국토교통부장관에게 제출 하여야 한다.

항공안전법	항공안전법 시행령	항공안전법 시행규칙
제5장 항공기의 운항		
		1. 위험물의 포장방법 2. 위험물의 종류 및 등급 3. UN매뉴얼에 따른 포장물 및 내용물의 시험성적서(해당하는 경우에만 적용한다) 4. 그 밖에 국토교통부장관이 정하여 고시하는 서류 ③ 국토교통부장관은 제2항에 따른 신청이 있는 경우 위험물운송기술기준에 따라 검사한 후 위험물운송기술기준에 적합하다고 판단되는 경우에는 별지 제77호서식의 위험물 항공운송허가서를 발급하여야 한다. ④ 제2항 및 제3항에도 불구하고 법 제90조에 따른 운항증명을 받은 항공운송사업자가 법 제93조에 따른 운항규정에 다음 각 호의 사항을 정하고 제1항 각 호에 따른 위 험물을 운송하는 경우에는 제3항에 따른 허가를 받은 것으로 본다. 다만, 국토교통부 장 관이 별도의 허가요건을 정하여 고시한 경우에는 제3항에 따른 허가를 받아야 한다. 1. 위험물과 관련된 비정상사태가 발생할 경우의 조치내용 2. 위험물 탑재정보의 전달방법 3. 승무원 및 위험물취급자에 대한 교육훈련 ⑤ 제3항에도 불구하고 국가기관등항공기가 업무수행을 위하여 제1항에 따른 위험 물을 운송하는 경우에는 위험물 운송허가를 받은 것으로 본다. ⑥ 제1항 각 호의 구분에 따른 위험물의 세부적인 종류와 종류별 구체적 내용에 관하여는 국토교통부장관이 정하여 고시한다.
제71조(위험물 포장 및 용기의 검사 등) ① 위험물의 운송에 사용되는 포장 및 용기를 제조·수입하여 판매하려는 자는 그 포장 및 용기의 안전성에 대하여 국토교통부장관이 실시하는 검사를 받아야 한다. ② 제1항에 따른 포장 및 용기의 검사방법·합격기준 등에 필요한 사항은 국토교통부장관이 정하여 고시한다. ③ 국토교통부장관은 위험물의 용기 및 포장에 관한 검사업무를 전문적으로 수행하 는 기관(이하 "포장·용기검사기관"이라 한다)을 지정하여 제1항에 따른 검사를 하게 할 수 있다. ④ 검사인력, 검사장비 등 포장·용기검사기관의 지정기준 및 운영 등에 필요한 사항은 국토교통부령으로 정한다. ⑤ 국토교통부장관은 포장·용기검사기관이 다음 각 호의 어느 하나에 해당하는 경우에는 그 지정을 취소하거나 6개월 이내의 기간을 정하여 그 업무의 전부 또는 일부의 정지를 명할 수 있다. 다만, 제1호에 해당하 는 경우에는 그 지정을 취소하여야 한다.〈개정 2017. 1. 17.〉 1. 거짓이나 그 밖의 부정한 방법으로 포장·용기검사기관으로 지정받은 경우		**제210조(위험물 포장·용기검사기관의 지정 등)** ① 법 제71조제3항에 따라 위험물의 포장·용기검사기관으로 지정받으려는 자는 별지 제78호서식의 위험물 포장·용기검사기관 지정신청서에 다음 각 호의 서류를 첨부하여 국토교통부장관에게 제출하여야 한다. 1. 위험물 포장·용기의 검사를 위한 시설의 확보를 증명하는 서류(설비 및 기기 일람표와 그 배치도를 포함한다) 2. 사업계획서 3. 시설·기술인력의 관리 및 검사 시행절차 등 검사수행에 필요한 사항이 포함된 검사업무규정 ② 법 제71조제4항에 따른 위험물의 포장·용기검사기관의 검사장비 및 검사인력 등의 지정기준은 별표 27과 같다. ③ 법 제71조제4항에 따른 위험물 포장·용기검사기관의 운영에 대해서는 「산업표준화법」 제12조에 따른 한국산업표준 KS Q 17020(검사 기관 운영에 대한 일반기준)을 적용한다. ④ 국토교통부장관은 제1항에 따른 신청을 받은 경우에는 이를 심사하여 그 내용이 제2항 및 제3항에 따른 지정기준 및 운영기준에 적합하다고 인정되는 경우에는 별지 제79호서식의 위험물 포장·용기검사기관 지정서를 신청인에게 발급하고 그 사실을 공고하여야 한다.

항공안전법	항공안전법 시행령	항공안전법 시행규칙
	제5장 항공기의 운항	
2. 포장·용기검사기관이 제2항에 따른 포장 및 용기의 검사방법·합격기준 등을 위반하여 제1항에 따른 검사를 한 경우 3. 제4항에 따른 지정기준에 맞지 아니하게 된 경우 ⑥ 제5항에 따른 처분의 세부기준 등 그 밖에 필요한 사항은 국토교통부령으로 정한다.		⑤ 제4항에 따라 위험물 포장·용기 검사기관으로 지정받은 검사기관의 장은 제1항 각호의 사항이 변경된 경우에는 그 변경내용을 국토교통부장관에게 보고하여야 한다. ⑥ 국토교통부장관은 위험물 포장·용기 검사기관으로 지정받은 검사기관이 제2항 및 제3항의 기준에 적합한지의 여부를 매년 심사하여야 한다.
제72조(위험물취급에 관한 교육 등) ① 위험물취급자는 위험물취급에 관하여 국토 교통부장관이 실시하는 교육을 받아야 한다. 다만, 국제민간항공기구(International Civil Aviation Organization) 등 국제기구 및 국제항공 운송협회(International Air Transport Association)가 인정한 교육기관에서 위험물취급에 관한 교육을 이수한 경우에는 그러하지 아니하다. ② 제1항에 따라 교육을 받아야 하는 위험물취급자의 구체적인 범위와 교육 내용 등에 필요한 사항은 국토교통부장관이 정하여 고시한다. ③ 국토교통부장관은 제1항에 따른 교육을 효율적으로 하기 위하여 위험물취급에 관한 교육을 전문적으로 하는 전문교육기관(이하 "위험물전문교육기관"이라 한다)을 지정하여 위험물취급자에 대한 교육을 하게 할 수 있다. ④ 교육인력, 시설, 장비 등 위험물전문교육기관의 지정기준 및 운영 등에 필요한 사항은 국토교통부령으로 정한다. ⑤ 국토교통부장관은 위험물전문교육기관 이 다음 각 호의 어느 하나에 해당하는 경우에는 그 지정을 취소하거나 6개월 이내의 기간을 정하여 그 업무의 전부 또는 일부의 정지를 명할 수 있다. 다만, 제1호에 해당하 는 경우에는 그 지정을 취소하여야 한다. 1. 거짓이나 그 밖의 부정한 방법으로 위험물전문교육기관으로 지정받은 경우 2. 제4항에 따른 지정기준에 맞지 아니하게 된 경우 ⑥ 제5항에 따른 처분의 세부기준 등 그 밖에 필요한 사항은 국토교통부령으로 정한다.		**제211조(위험물 포장·용기 검사기관 지정의 취소 등)** ① 법 제71조제6항에 따른 위험물 포장·용기 검사기관의 지정 취소 또는 업무정지처분의 기준은 별표 28과 같다. ② 국토교통부장관은 위반행위의 정도·횟수 등을 고려하여 별표 28에서 정한 업무 정지기간을 2분의1의 범위에서 늘리거나 줄일 수 있다. 다만, 늘리는 경우에도 그 기간은 6개월을 초과할 수 없다.
		제212조(위험물전문교육기관의 지정 등) ① 법 제72조제3항에 따라 위험물전문교육기관으로 지정받으려는 자는 별지 제80호서식의 위험물전문교육기관 지정신청서에 다음 각 호의 사항이 포함된 교육계획서를 첨부하여 국토교통부장관에게 제출하여야 한다. 1. 교육과정과 교육방법 2. 교관의 자격·경력 및 정원 등의 현황 3. 교육시설 및 교육장비의 개요 4. 교육평가의 방법 5. 연간 교육계획

항공안전법	항공안전법 시행령	항공안전법 시행규칙
제5장 항공기의 운항		
		6. 제4항제2호에 따른 교육규정 ② 법 제72조제4항에 따른 위험물전문교육기관의 지정기준은 별표 29와 같다. ③ 국토교통부장관은 제1항에 따라 신청을 받은 경우에는 이를 심사하여 그 내용이 제2항의 기준에 적합하다고 인정되는 경우에는 별지 제81호서식의 위험물전문교육기관 지정서를 발급하고 그 사실을 공고하여야 한다. ④ 제3항에 따라 지정을 받은 위험물전문교육기관은 다음 각 호에서 정하는 바에 따라 교육과 평가 등을 실시하여야 한다. 1. 교육은 초기교육과 정기교육으로 구분하여 실시한다. 2. 위험물전문교육기관의 장은 법 제72조제2항에 따라 국토교통부장관이 고시하는 교육내용 등을 반영하여 교육규정을 제정·운영하고, 교육규정을 변경하려는 경우에는 국토교통부장관의 승인을 받아야 한다. 3. 교육평가는 다음 각 목의 방법으로 한다. 가. 교육평가를 위한 시험과목, 시험 실시 요령, 판정기준, 시험문제 출제, 시험방법·관리, 시험지 보관, 시험장, 시험감독 및 채점 등은 자체 실정에 맞게 위험물전문교육기관의 장이 정한다. 나. 교육생은 총교육시간의 100분의 90 이상을 출석하여야 하고, 성적은 100점 만점의 경우 80점 이상을 받아야만 수료할 수 있다. 4. 위험물전문교육기관의 장은 컴퓨터 등 전자기기를 이용한 전자교육과정(교육 또는 평가)을 운영할 경우에는 사전에 국토교통부장관의 승인을 받아야 한다. 5. 위험물전문교육기관의 장은 전년도 12월15일까지 다음 연도 교육계획을 수립하여 국토교통부장관에게 보고하여야 한다. ⑤ 위험물전문교육기관의 장은 교육을 마쳤을 때에는 교육 및 평가 결과를 국토교통부장관이 정하여 고시하는 방법에 따라 보관하여야 하며, 국토교통부장관이 요청하면 이를 제출하여야한다. ⑥ 위험물전문교육기관의 장은 제1항 각 호(제6호는 제외한다)의 사항이 변경된 경우에는 그 변경내용을 지체 없이 국토교통부장관에게 보고하여야 한다. ⑦ 국토교통부장관은 위험물전문교육기관이 제2항의 기준에 적합한 지의 여부를 매년 심사하여야한다.
		제213조(위험물전문교육기관의 지정의 취소 등) ① 법 제72조제6항에 따른 위험물전문 교육기관의 지정취소 또는 업무정지처분의 기준은 별표 30과 같다. ② 국토교통부장관은 위반행위의 정도·횟수 등을 고려하여 별표 30에서 정한 업무정지 기간을 2분의 1의 범위에서 늘리거나 줄일 수 있다. 다만, 늘리는 경우에도 그 기간은 6개월을 초과할 수 없다.

항공안전법	항공안전법 시행령	항공안전법 시행규칙
제5장 항공기의 운항		
제73조(전자기기의 사용제한) 국토교통부장관은 운항 중인 항공기의 항행 및 통신장 비에 대한 전자파 간섭 등의 영향을 방지하기 위하여 국토교통부령으로 정하는 바에 따라 여객이 지닌 전자기기의 사용을 제한할 수 있다.		**제214조(전자기기의 사용제한)** 법 제73조에 따라 운항 중에 전자기기의 사용을 제한할 수 있는 항공기와 사용이 제한되는 전자기기의 품목은 다음 각 호와 같다. 1. 다음 각 목의 어느 하나에 해당하는 항공기 가. 항공운송사업용으로 비행 중인 항공기 나. 계기비행방식으로 비행 중인 항공기 2. 다음 각 목 외의 전자기기 가. 휴대용 음성녹음기 나. 보청기 다. 심장박동기 라. 전기면도기 마. 그 밖에 항공운송사업자 또는 기장이 항공기 제작회사의 권고 등에 따라 해당항공기에 전자파 영향을 주지 아니한다고 인정한 휴대용 전자기기
제74조(회항시간 연장운항의 승인) ① 항공 운송사업자가 2개 이상의 발동기를 가진 비행기로서 국토교통부령으로 정하는 비행기를 다음 각 호의 구분에 따른 순항속도(巡航速度)로 가장 가까운 공항까지 비행하여 착륙할 수 있는 시간이 국토교통부령으로 정하는 시간을 초과하는 지점이 있는 노선을 운항하려면 국토교통부령으로 정하는 바에 따라 국토교통부장관의 승인을 받아야 한다. 1. 2개의 발동기를 가진 비행기: 1개의 발동기가 작동하지 아니할 때의 순항속도 2. 3개 이상의 발동기를 가진 비행기: 모든 발동기가작동할 때의 순항속도 ② 국토교통부장관은 제1항에 따른 승인을 하려는 경우에는 제77조제1항에 따라 고시하는 운항기술기준에 적합한지를 확인하여야 한다.		**제215조(회항시간 연장운항의 승인)** ① 법 제74조제1항 각 호 외의 부분에서 "국토교통부령으로 정하는 비행기"란 터빈발동기를 장착한 항공운송사업용 비행기(화물만을 운송하는 3개 이상의 터빈발동기를 가진 비행기는 제외한다)를 말한다. ② 법 제74조제1항 각 호 외의 부분에서 "국토교통부령으로 정하는 시간"이란 다음 각 호의 구분에 따른 시간을 말한다. 1. 2개의 발동기를 가진 비행기: 1시간. 다만, 최대인가승객 좌석 수가 20석 미만이며 최대이륙중량이 4만 5천 360킬로그램 미만인 비행기로서 「항공사업법 시행규칙」 제3조제3호에 따른 전세운송에 사용되는 비행기의 경우에는 3시간으로 한다. 2. 3개 이상의 발동기를 가진 비행기: 3시간 ③ 제1항에 따른 비행기로 제2항 각 호의 구분에 따른 시간을 초과하는 지점이 있는 노선을 운항하려는 항공운송사업자는 비행기 형식(등록부호)별, 운항하려는 노선별 및 최대 회항시간(2개의 발동기를 가진 비행기의 경우에는 1개의 발동기가 작동하지 아니할 때의 순항속도로, 3개 이상의 발동기를 가진 비행기의 경우에는 모든 발동기가 작동할 때의 순항속도로 가장 가까운 공항까지 비행하여 착륙할 수 있는 시간을 말한다. 이하 같다)별로 국토교통부장관 또는 지방항공청장의 승인을 받아야 한다. ④ 제3항에 따른 승인을 받으려는 항공운송사업자는 별지 제82호서식의 회항시간 연장운항승인 신청서에 법 제77조에 따라 고시하는 운항기술기준에 적합함을 증명하는 서류를 첨부하여 운항 개시 예정일 20일 전까지 국토교통부장관 또는 지방항공청장에게 제출하여야 한다.

항공안전법	항공안전법 시행령	항공안전법 시행규칙

제5장 항공기의 운항

제75조(수직분리축소공역 등에서의 항공기 운항 승인)
① 다음 각 호의 어느 하나에 해당하는 공역에서 항공기를 운항하려는 소유자등은 국토교통부령으로 정하는 바에 따라 국토교통부장관의 승인을 받아야 한다. 다만, 수색·구조를 위하여 제1호의 공역에서 운항하려는 경우 등 국토교통부령으로 정하는 경우에는 그러하지 아니하다.
1. 수직분리고도를 축소하여 운영하는 공역(이하 "수직분리축소공역"이라 한다)
2. 특정한 항행성능을 갖춘 항공기만 운항이 허용되는 공역(이하 "성능기반항행요구공역"이라 한다)
3. 그 밖에 공역을 효율적으로 운영하기 위하여 국토교통부령으로 정하는 공역
② 국토교통부장관은 제1항에 따른 승인을 하려는 경우에는 제77조제1항에 따라 고시하는 운항기술기준에 적합한지를 확인하여야 한다.

제216조(수직분리축소공역 등에서의 항공기 운항)
① 법 제75조제1항에 따라 국토교통부장관 또는 지방항공청장으로부터 승인을 받으려는 자는 별지 제83호서식의 항공기 운항승인 신청서에 법 제77조에 따라 고시하는 운항기술기준에 적합함을 증명하는 서류를 첨부하여 운항개시예정일 15일 전까지 국토교통부장관 또는 지방항공청장에게 제출하여야 한다.
② 법 제75조제1항 각 호 외의 부분 단서에서 "국토교통부령으로 정하는 경우"란 다음 각 호의 어느 하나에 해당하는 경우를 말한다.
1. 항공기의 사고·재난이나 그 밖의 사고로 인하여 사람 등의 수색·구조 등을 위하여 긴급하게 항공기를 운항하는 경우
2. 우리나라에 신규로 도입하는 항공기를 운항하는 경우
3. 수직분리축소공역에서의 운항승인을 받은 항공기에 고장 등이 발생하여 그 항공기를 정비 등을 위한 장소까지 운항하는 경우

제217조(효율적 운영이 요구되는 공역)
법 제75조제1항제3호에서 "국토교통부령으로 정하는 공역"이란 다음 각 호의 어느 하나에 해당하는 공역을 말한다.
1. 특정한 통신성능을 갖춘 항공기만 운항이 허용되는 공역(이하 "특정통신성능요구(RCP)공역"이라 한다)
2. 특정한 감시성능을 갖춘 항공기만 운항이 허용되는 공역[이하 "특정감시성능요구(RSP)공역"이라 한다]
3. 그 밖에 국토교통부장관이 정하여 고시하는 공역

제76조(승무원 등의 탑승 등)
① 항공기를 운항하려는 자는 그 항공기에 국토교통부령으로 정하는 바에 따라 운항의 안전에 필요한 승무원을 태워야 한다.
② 운항승무원 또는 항공교통관제사가 항공업무를 수행하는 경우에는 국토교통부령으로 정하는 바에 따라 항공종사자 자격증명서 및 항공신체검사증명서를 소지하여야 하며, 운항승무원 또는 항공교통관제사가 아닌 항공종사자가 항공업무를 수행하는 경우에는 국토교통부령으로 정하는 바에 따라 항공종사자 자격증명서를 소지하여야 한다.〈개정 2021. 5. 18.〉
③ 항공운송사업자 및 항공기사용사업자는 국토교통부령으로 정하는 바에 따라 항공기에 태우는 승무원에게 해당 업무 수행에 필요한 교육훈련을 하여야 한다.

제218조(승무원 등의 탑승 등)
① 법 제76조제1항에 따라 항공기에 태워야 할 승무원은 다음 각 호의 구분에 따른다.〈개정 2019. 2. 26.〉
1. 항공기의 구분에 따라 다음 표에서 정하는 운항승무원

교육과목	교육시간	
	항공전문의사로 지정 받으려는 사람	항공전문의사로 지정 받은 사람
항공의학이론	10시간	6시간
항공의학실기	10시간	7시간
항공관련법령	4시간	3시간
정신계질환 판정 및 상담기법	4시간	3시간
계	28시간	19시간(매 3년)

2. 여객운송에 사용되는 항공기로 승객을 운송하는 경우에는 항공기에 장착된 승객의 좌석 수에 따라 그 항공기의 객실에 다음 표에서 정하는 수 이상의 객실승무원

항공안전법	항공안전법 시행령	항공안전법 시행규칙

제5장 항공기의 운항

종류		결심고도 (Decision Height/DH)	시정 또는 활주로 가시범위 (Visibility or Runway Visual Range/RVR)
A형(Type A)		75미터(250피트)이상 *결심고도가 없는 경우 최저강하 고도를 적용	해당 사항 없음
B형 (Type B)	1종 (Category Ⅰ)	60미터(200피트)이상 75미터(250피트)미만	시정 800미터 (1/2마일) 또는 RVR 500미터 이상
	2종 (Category Ⅱ)	30미터(100피트)이상 60미터(200피트)미만	RVR 300미터 이상 550미터 미만
	3종 (Category Ⅲ-A)	30미터(100피트)미만 또는 적용하지 아니함 (No DH)	RVR 175미터 이상 300미터 미만
	3종 (Category Ⅲ-B)	15미터(50피트)미만 또는 적용하지 아니함 (No DH)	RVR 50미터 이상 175미터 미만
	3종 (Category Ⅲ-C)	적용하지 아니함 (No DH)	적용하지 아니함 (No RVR)

② 제1항제1호에 따른 운항승무원의 업무를 다른 운항승무원이 하여도 그 업무에 지장이 없다고 국토교통부장관이 인정하는 경우에는 해당 운항승무원을 태우지 아니할 수 있다.

③ 제1항제1호에도 불구하고 다음 각 호의 어느 하나에 해당하는 항공기로서 해당 항공기의 비행교범에서 항공기 운항을 위하여 2명의 조종사를 필요로 하지 아니하는 항공기의 경우에는 조종사 1명으로 운항할 수 있다.

1. 소형항공운송사업에 사용되는 다음 각 목의 어느 하나에 해당하는 항공기
   가. 관광비행에 사용되는 헬리콥터
   나. 가목 외에 최대이륙중량 5,700킬로그램 이하의 항공기
2. 항공기사용사업에 사용되는 헬리콥터

④ 항공운송사업자, 항공기사용사업자 또는 국외비행에 사용되는 비행기를 운영하는 자는 제1항제1호에 따라 항공기에 승무하는 운항승무원에 대하여 다음 각 호의 사항에 관한 교육훈련계획을 수립하여 매년 1회 이상 교육훈련을 실시하여야 한다.

1. 해당 항공기 형식에 관한 이론교육 및 비행훈련. 다만, 최초교육 및 연간 보수교육을 위한 비행훈련은 지방항공청장이 지정한 동일 형식의 항공기의 모의비행장치를 이용하여 할 수 있으며, 사업용이 아닌 국외비행에 사용되는 비행기의 기장과 기장 외의 조종사로서 2개 형식 이상의 한정자격을 보유한 사람에 대해서는 해당 형식별로 이론교육 및 비행훈련을 격년으로 실시할 수 있다.
2. 해당 항공기 형식의 발동기·기체·시스템의 오작동, 화재 또는 그 밖의 비정상적인 상황으로 일어날 수 있는 모든 경우의 비상대응절차 및 승무원 간의 협 조에 관한 사항

항공안전법	항공안전법 시행령	항공안전법 시행규칙
제5장 항공기의 운항		
		3. 인적요소(Human Factor)에 관련된 지식 및 기술에 관한 사항 4. 법 제70조제3항에 따라 국토교통부장관이 정하여 고시하는 위험물취급의 절차 및 방법에 관한 사항 5. 해당 형식의 항공기의 고장 등 비정상적인 상황이나 화재 등 비상상황이 발생한 경우 운항승무원 각자의 임무와 다른 운항승무원의 임무와의 관계를 숙지할 수 있도록 하는 절차 등에 관한 훈련 ⑤ 제1항제2호에 따른 객실승무원은 항공기 비상시의 경우 또는 비상탈출이 요구되는 경우 항공기에 갖춰진 비상장비 또는 구급용구 등을 이용하여 필요한 조치를 할 수 있는 지식과 능력이 있어야 한다. ⑥ 항공운송사업자 또는 국외비행에 사용되는 비행기를 운영하는 자는 제1항제2호에 따라 항공기에 태우는 객실승무원에 대하여 다음 각 호의 사항에 관한 교육훈련계획을 수립하여 최초 교육 및 최초 교육을 받은 날부터 12개월마다 한번 이상 교육훈련을 실시하여야 한다. 다만, 제4호의 사항에 대해서는 최초 교육을 받은 날부터 24개월마다 한번 이상 교육훈련을 실시할 수 있다. 1. 항공기 비상시의 경우 또는 비상탈출이 요구되는 경우의 조치사항 2. 해당 항공기에 구비되는 별표 15에서 정한 구급용구 등 및 탈출대(Escape Slide)·비상구·산소장비·자동심장충격기(Automatic External Defibrillator)의 사용에 관한 사항 3. 평균해면으로부터 3천미터 이상의 고도로 운항하는 비행기에서 근무하는 경우 항공기 내 산소결핍이 미치는 영향과 여압장치가 장착된 비행기에서의 객실의 압력손실로 인한 생리적 현상에 관한 사항 4. 법 제70조제3항에 따라 국토교통부장관이 정하여 고시하는 위험물취급의 절차 및 방법에 관한 사항 5. 항공기 비상시 승무원 각자의 임무 및 다른 승무원의 임무에 관한 사항 6. 운항승무원과 객실승무원 간의 협조사항을 포함한 객실의 안전을 위한 인적요소(Human Factor)에 관한 사항
		제219조(자격증명서와 항공신체검사증명서의 소지 등) 법 제76조제2항에 따른 자격증명서와 항공신체검사증명서의 소지 등의 대상자 및 그 준수사항은 다음 각 호와 같다. 1. 운항승무원: 해당 자격증명서 및 항공신체검사증명서를 지니거나 항공기 내의 접근하기 쉬운 곳에 보관하여야 한다. 2. 항공교통관제사: 자격증명서 및 항공신체검사증명서를 지니거나 항공업무를 수행하는 장소의 접근하기 쉬운 곳에 보관하여야 한다. 3. 운항승무원 및 항공교통관제사가 아닌 항공정비사 및 운항관리사: 해당 자격증명서를 지니거나 항공업무를 수행하는 장소의 접근하기 쉬운 곳에 보관하여야 한다.

항공안전법	항공안전법 시행령	항공안전법 시행규칙
제5장 항공기의 운항		
제77조(항공기의 안전운항을 위한 운항기술 기준) ① 국토교통부장관은 항공기 안전 운항을 확보하기 위하여 이 법과 「국제민간항공협약」 및 같은 협약 부속서에서 정한 범위에서 다음 각 호의 사항이 포함 된 운항기술기준을 정하여 고시할 수 있다. 1. 자격증명 2. 항공훈련기관 3. 항공기 등록 및 등록부호 표시 4. 항공기 감항성 5. 정비조직인증기준 6. 항공기 계기 및 장비 7. 항공기 운항 8. 항공운송사업의 운항증명 및 관리 9. 그 밖에 안전운항을 위하여 필요한 사항으로서 국토교통부령으로 정하는 사항 ② 소유자등 및 항공종사자는 제1항에 따른 운항기술기준을 준수하여야 한다.		**제220조(안전운항을 위한 운항기술기준 등)** 법 제77조제1항제9호에서 "국토교통부령으로 정하는 사항"이란 항공기(외국 국적을 가진 항공기를 포함한다)의 임대차 승인에 관한 사항을 말한다.

항공안전법	항공안전법 시행령	항공안전법 시행규칙
제6장 공역 및 항공교통업무 등		
제78조(공역 등의 지정) ① 국토교통부장관은 공역을 체계적이고 효율적으로 관리하기 위하여 필요하다고 인정할 때에는 비행정보구역을 다음 각 호의 공역으로 구분하여 지정·공고할 수 있다. 1. 관제공역: 항공교통의 안전을 위하여 항공기의 비행 순서·시기 및 방법 등에 관하여 제84조제1항에 따라 국토교통부장관 또는 항공교통업무증명을 받은 자의 지시를 받아야 할 필요가 있는 공역으로서 관제권 및 관제구를 포함하는 공역 2. 비관제공역: 관제공역 외의 공역으로서 항공기의 조종사에게 비행에 관한 조언·비행정보 등을 제공할 필요가 있는 공역 3. 통제공역: 항공교통의 안전을 위하여 항공기의 비행을 금지하거나 제한할 필요가 있는 공역 4. 주의공역: 항공기의 조종사가 비행 시 특별한 주의·경계·식별 등이 필요한 공역 ② 국토교통부장관은 필요하다고 인정할 때에는 국토교통부령으로 정하는 바에 따라 제1항에 따른 공역을 세분하여 지정·공고 할 수 있다. ③ 제1항 및 제2항에 따른 공역의 설정 기준 및 지정절차 등 그 밖에 필요한 사항은 국토교통부령으로 정한다.		**제221조(공역의 구분·관리 등)** ① 법 제78조제2항에 따라 국토교통부장관이 세분하여 지정·공고하는 공역의 구분은 별표 23과 같다. ② 법 제78조제3항에 따른 공역의 설정기준은 다음 각 호와 같다. 1. 국가안전보장과 항공안전을 고려할 것 2. 항공교통에 관한 서비스의 제공 여부를 고려할 것 3. 이용자의 편의에 적합하게 공역을 구분할 것 4. 공역이 효율적이고 경제적으로 활용될 수 있을 것 ③ 제1항에 따른 공역 지정 내용의 공고는 항공정보간행물 또는 항공고시보에 따른다. ④ 법 제78조제3항에 따라 공역 구분의 세부적인 설정기준과 지정절차, 항공기의 표준출발·도착 및 접근 절차, 항공로 등의 설정에 필요한 세부 사항은 국토교통부장관 이 정하여 고시한다.
제79조(항공기의 비행제한 등) ① 제78조 제1항에 따른 비관제공역 또는 주의공역에서 항공기를 운항하려는 사람은 그 공역에 대하여 국토교통부장관이 정하여 공고하는 비행의 방식 및 절차에 따라야 한다. ② 항공기를 운항하려는 사람은 제78조제1항에 따른 통제공역에서 비행해서는 아		**제222조(통제공역에서의 비행허가)** 법 제79조제2항 단서에 따라 통제공역에서 비행하려는 자는 별지 제84호서식의 통제공역 비행허가 신청서를 지방항공청장에게 제출하여야 한다. 다만, 비행 중인 경우에는 무선통신 등의 방법을 사용하여 지방항공청장에게 제출할 수 있다.
제80조(공역위원회의 설치) ① 제78조에 따른 공역의 설정 및 관리에 필요한 사항을 심의하기 위하여 국토교통부장관 소속으로 공역위원회를 둔다. ② 제1항에서 규정한 사항 외에 공역위원회의 구성·운영 및 기능 등에 필요한 사항은 대통령령으로 정한다.	**제10조(공역위원회의 구성)** ① 법 제80조제1항에 따른 공역위원회(이하 "위원회"라 한다)는 위원장 1명과 부위원장 1명을 포함하여 15명 이내의 위원으로 구성한다. ② 위원회의 위원장은 국토교통부의 항공업무를 담당하는 고위공무원단에 속하는 일반직공무원 중 국토교통부장관이 지명하는 사람이 되고, 부위원장은 제3항제1호의 위원 중에서 위원장이 지명하는 사람이 된다. ③ 위원회의 위원은 다음 각 호의 사람이 된다. 1. 외교부·국방부·산업통상자원부 및 국토교통부의 3급 국가공무원 또는 고위공무원단에 속하는 일반직공무원(외교부의 경우에는 「외무공무원임용령」 제3조제2항 제2호 및 제3호에 따른 직위에 재직 중인 외무공무원)이나 이에 상응하는 계급의 장교 중 해당 기관의 장이 지명하는 사람 각 1명	

항공안전법	항공안전법 시행령	항공안전법 시행규칙
제6장 공역 및 항공교통업무 등		
	2. 「대한민국과 아메리카합중국 간의 상호방위조약」 제4조에 따라 대한민국에 주둔하고 있는 미합중국 군대의 장교 중 제1호에 따른 장교에 상응하는 계급의 장교로서 주한미군사령관이 지명하는 사람 1명 3. 항공에 관한 학식과 경험이 풍부한 사람 중에서 국토교통부장관이 위촉하는 사람 ④ 제3항제3호에 따른 위원의 임기는 2년으로 한다.	
	제11조(위원회의 기능) 위원회는 다음 각 호의 사항을 심의한다. 1. 법 제78조제1항 각 호에 따른 관제공역(空域), 비관제공역, 통제공역 및 주의공역의 설정·조정 및 관리에 관한 사항 2. 항공기의 비행 및 항공교통관제에 관한 중요한 절차와 규정의 제정 및 개정에 관한 사항 3. 공역의 구조 및 관리에 중대한 영향을 미칠 수 있는 공항시설, 항공교통관제시설 및 항행안전시설의 신설·변경 및 폐쇄에 관한 사항 4. 그 밖에 항공기가 공역과 공항시설, 항공교통관제시설 및 항행안전시설을 안전하고 효율적으로 이용하는 방안에 관한 사항	
	제12조(위원의 제척·기피·회피) ① 위원 회의 위원이 다음 각 호의 어느 하나에 해당하는 경우에는 위원회의 심의·의결 에서 제척(除斥)된다. 1. 위원 또는 그 배우자나 배우자였던 사람이 해당 안건의 당사자(당사자가 법인· 단체 등인 경우에는 그 임원을 포함한다. 이하 이 호 및 제2호에서 같다)가 되거나 그 안건의 당사자와 공동권리자 또는 공동 의무자인 경우 2. 위원이 해당 안건의 당사자와 친족이거나 친족이었던 경우 3. 위원이 해당 안건에 대하여 증언, 진술, 자문, 연구, 용역 또는 감정을 한 경우 4. 위원이나 위원이 속한 법인이 해당 안건의 당사자의 대리인이거나 대리인이었던 경우 ② 해당 안건의 당사자는 위원에게 공정한 심의·의결을 기대하기 어려운 사정이 있는 경우에는 위원회에 기피 신청을 할 수 있고, 위원회는 의결로 이를 결정한다. 이 경우 기피 신청의 대상인 위원은 그 의결에 참여하지 못한다. ③ 위원이 제1항 각 호에 따른 제척 사유에 해당하는 경우에는 스스로 해당 안건의 심의·의결에서 회피(回避)하여야 한다.	

항공안전법	항공안전법 시행령	항공안전법 시행규칙
제6장 공역 및 항공교통업무 등		
	제13조(위원의 해임 및 해촉) 국토교통부장관은 위원이 다음 각 호의 어느 하나에 해당하는 경우에는 해당 위원을 해촉(解囑)할 수 있다. 1. 심신장애로 인하여 직무를 수행할 수 없게 된 경우 2. 직무와 관련된 비위사실이 있는 경우 3. 직무태만, 품위손상이나 그 밖의 사유로 인하여 위원으로 적합하지 아니하다고 인정되는 경우 4. 제12조제1항 각 호의 어느 하나에 해당하는 데에도 불구하고 회피하지 아니한 경우 5. 위원 스스로 직무를 수행하는 것이 곤란하다고 의사를 밝히는 경우	
	제14조(위원장의 직무) ① 위원장은 위원회를 대표하며, 위원회의 업무를 총괄한다. ② 위원장이 부득이한 사유로 직무를 수행할 수 없을 때에는 부위원장이 그 직무를 대행하며, 위원장과 부위원장이 모두 부득이한 사유로 그 직무를 수행할 수 없을 때에는 위원장이 미리 지명한 위원이 그 직무를 대행한다.	
	제15조(회의) ① 위원장은 위원회의 회의를 소집하고, 그 의장이 된다. ② 위원회의 회의는 재적위원 과반수의 출석으로 개의(開議)하고, 출석위원 과반수의 찬성으로 의결한다.	
	제16조(간사) ① 위원회에 위원회의 사무를 처리할 간사 1명을 둔다. ② 간사는 국토교통부 소속 공무원 중에서 국토교통부장관이 지명한다.	**제223조(군 기관과의 협조)** ① 영 제18조제1항에 따라 국토교통부장관, 지방항공청장 및 항공교통본부장은 민간항공기의 비행에 영향을 줄 수 있는 군용항공기 등의 행위 에 대하여 책임이 있는 군 기관과 긴밀한 협조를 유지하여야 한다. ② 국토교통부장관, 지방항공청장 및 항공교통본부장은 영 제18조제1항에 따라 민간 항공기의 안전하고 신속한 비행을 위하여 항공기의 비행정보 등의 교환에 관한 합의서 를 군 기관과 체결할 수 있다. ③ 국토교통부장관, 지방항공청장 및 항공교통본부장은 영 제18조제1항에 따라 민간 항공기가 공격당할 위험이 있는 공역으로 접근하거나 진입한 경우 군 기관과 협조하여 항공기를 식별하고 공격을 회피할 수 있도록 유도하는 등 필요한 조치를 할 수 있는 절 차를 수립하여야 한다.
	제17조(운영세칙) 이 영에 규정한 것 외에 위원회의 운영에 필요한 사항은 위원회의 의결을 거쳐 위원장이 정한다.	
제81조(항공교통안전에 관한 관계 행정기관의 장의 협조) ① 국토교통부장관은 항공교통의 안전을 확보하기 위하여 다음 각 호의 사항에 관하여 관계 행정기관의장과 상호 협조하여야 한다. 이 경우 국가안보를 고려하여야 한다. 1. 항공교통관제에 관한 사항 2. 효율적인 공역관리에 관한 사항 3. 그 밖에 항공교통의 안전을 위하여 필요한 사항 ② 제1항에 따른 협조 요청에 필요한 세부 사항은 대통령령으로 정한다.	**제18조(항공교통안전의 협조 요청에 관한 사항)** ① 국토교통부장관은 법 제81조제1항에 따라 항공교통의 안전을 확보하기 위하여 군 기관, 항공기상에 관한 정보를 제공하는 행정기관의 장 등에게 협조를 요청할 수 있다. ② 제1항에 따른 협조 요청의 방법 및 세부 사항은 국토교통부령으로 정한다.	

항공안전법	항공안전법 시행령	항공안전법 시행규칙
제6장 공역 및 항공교통업무 등		
		제224조(항공기상기관과의 협조) ① 영 제18조제1항에 따라 국토교통부장관, 지방항공 청장 및 항공교통본부장은 항공기의 운항에 필요한 최신의 기상정보를 항공기에 제공 하기 위하여 항공기상에 관한 정보를 제공하는 기관(이하 "항공기상기관"이라 한다)과 다음 각 호의 사항을 협조하여야 한다. 1. 기상정보표출장치의 사용 외에 항공교통업무 종사자가 관측한 기상정보 또는 조종 사가 보고한 기상정보의 통보에 관한 사항 2. 항공교통업무 종사자가 관측한 기상정보 또는 조종사가 보고한 기상정보가 비행장의 기상예보에 포함되지 아니하는 내용일 경우에는 그 기상정보의 통보에 관한 사항 3. 화산폭발 전 화산활동 정보, 화산폭발 및 화산재구름의 상황에 관한 정보의 통보에 관한 사항 ② 영 제18조제1항에 따라 국토교통부장관, 지방항공청장 및 항공교통본부장은 화산재에 관한 정보가 있는 경우에는 항공고시보와 항공기상기관의 중요기상정보(SIGMET)가 서로 일치하도록 긴밀하게 협조하여야 한다.
제82조(전시 상황 등에서의 공역관리) 전시(戰時) 및 「통합방위법」에 따른 통합방위사태 선포 시의 공역관리에 관하여는 각각 전시 관계법 및 「통합방위법」에서 정하는 바에 따른다		
제83조(항공교통업무의 제공 등) ① 국토교통부장관 또는 항공교통업무증명을 받은 자는 비행장, 공항, 관제권 또는 관제구에서 항공기 또는 경량항공기 등에 항공교통관제 업무를 제공할 수 있다. ② 국토교통부장관 또는 항공교통업무증명을 받은 자는 비행정보구역에서 항공기 또는 경량항공기의 안전하고 효율적인 운항을 위하여 비행장, 공항 및 항행안전시설의 운용 상태 등 항공기 또는 경량항공기의 운항과 관련된 조언 및 정보를 조종사 또는 관련 기관 등에 제공할 수 있다. ③ 국토교통부장관 또는 항공교통업무증명을 받은 자는 비행정보구역에서 수색·구조가 필요한 항공기 또는 경량항공기에 관한 정보를 조종사 또는 관련 기관 등에 제공할 수 있다.〈개정 2020. 6. 9.〉 ④ 제1항부터 제3항까지의 규정에 따라 국토교통부장관 또는 항공교통업무증명을 받은 자가 하는 업무(이하 "항공교통업무"라 한다)의 제공 영역, 대상, 내용, 절차 등에 필요한 사항은 국토교통부령으로 정한다.		**제225조(항공교통관제업무의 한정 등)** ① 법 제83조제1항에 따라 항공교통관제기관에서 항공교통관제 업무를 수행하려는 사람은 국토교통부장관이 정하는 바에 따라 그 업무에 종사할 수 있는 항공교통관제 업무의 한정을 받아야 한다. 다만, 해당 항공교통관제 업무의 한정을 받은 사람의 직접적인 감독을 받아 항공교통관제 업무를 하는 경우에는 그러하지 아니하다. ② 제1항에 따른 항공교통관제 업무의 한정을 받은 사람이 해당 항공교통관제기관에서 항공교통관제 업무에 종사하지 아니한 날이 180일이 지날 경우에는 그 업무의 한정의 효력이 정지된 것으로 본다. 다만, 해당 항공교통관제업무에 관하여 국토교통부장관이 정하는 훈련을 받은 경우에는 그러하지 아니하다. ③ 제1항에 따른 항공교통관제 업무의 한정에 관한 사항과 제2항 단서에 따른 교육훈련 및 항공기탑승훈련 등의 실시에 관한 세부기준 및 절차 등에 관하여 필요한 사항은 국토교통부장관이 정하여 고시한다.

항공안전법	항공안전법 시행령	항공안전법 시행규칙
제6장 공역 및 항공교통업무 등		
		제226조(항공교통관제업무의 대상 등) 법 제83조제1항에 따른 항공교통관제 업무의 대상이 되는 항공기는 다음 각 호와 같다. 1. 별표 23 제1호에 따른 A, B, C, D 또는 E등급 공역 내를 계기비행방식으로 비행하는 항공기 2. 별표 23 제1호에 따른 B, C 또는 D등급 공역 내를 시계비행방식으로 비행하는 항공기 3. 특별시계비행방식으로 비행하는 항공기 4. 관제비행장의 주변과 이동지역에서 비행하는 항공기
		제227조(항공교통업무 제공 영역 등) ① 법 제83조제4항에 따른 항공교통업무의 제공 영역은 법 제83조제1항에 따른 비행장·공항 및 공역으로 한다. ② 법 제83조제4항에 따라 비행정보구역 내의 공해상(公海上)의 공역에 대한 항공교통업무의 제공은 항공기의 효율적인 운항을 위하여 국제민간항공기구에서 승인한 지역별 다자간협정(이하 "지역항행협정"이라 한다)에 따른다.
		제228조(항공교통업무의 목적 등) ① 법 제83조제4항에 따른 항공교통업무는 다음 각 호의 사항을 주된 목적으로 한다. 1. 항공기 간의 충돌 방지 2. 기동지역 안에서 항공기와 장애물 간의 충돌 방지 3. 항공교통흐름의 질서유지 및 촉진 4. 항공기의 안전하고 효율적인 운항을 위하여 필요한 조언 및 정보의 제공 5. 수색·구조를 필요로 하는 항공기에 대한 관계기관에의 정보 제공 및 협조 ② 제1항에 따른 항공교통업무는 다음 각 호와 같이 구분한다. 1. 항공교통관제업무: 제1항제1호부터 제3호까지의 목적을 수행하기 위한 다음 각 목의 업무 가. 접근관제업무: 관제공역 안에서 이륙이나 착륙으로 연결되는 관제비행을 하는 항공기에 제공하는 항공교통관제업무 나. 비행장관제업무: 비행장 안의 기동지역 및 비행장 주위에서 비행하는 항공기에 제공하는 항공교통관제업무로서 접근관제업무 외의 항공교통관제업무(이동지역 내의 계류장에서 항공기에 대한 지상유도를 담당하는 계류장관제업무를 포함한다) 다. 지역관제업무: 관제공역 안에서 관제비행을 하는 항공기에 제공하는 항공교통관제업무로서 접근관제업무 및 비행장관제업무 외의 항공교통관제업무 2. 비행정보업무: 비행정보구역 안에서 비행하는 항공기에 대하여 제1항제4호의 목적을 수행하기 위하여 제공하는 업무 3. 경보업무: 제1항제5호의 목적을 수행하기 위하여 제공하는 업무

항공안전법	항공안전법 시행령	항공안전법 시행규칙
제6장 공역 및 항공교통업무 등		
		제229조(항공교통업무기관의 구분) 법 제83조제4항에 따른 항공교통업무기관은 다음 각 호와 같이 구분한다. 1. 비행정보기관: 비행정보구역 안에서 비행정보업무 및 경보업무를 제공하는 기관 2. 항공교통관제기관: 관제구·관제권 및 관제비행장에서 항공교통관제업무, 비행정보업무 및 경보업무를 제공하는 기관
		제230조(항공교통관제업무의 수행) ① 항공교통관제기관은 다음 각 호의 항공교통관제 업무를 수행한다. 1. 항공기의 이동예정 정보, 실제 이동사항 및 변경 정보 등의 접수 2. 접수한 정보에 따른 각각의 항공기 위치 확인 3. 관제하고 있는 항공기 간의 충돌 방지와 항공교통흐름의 촉진 및 질서유지를 위한 허가와 정보 제공 4. 관제하고 있는 항공기와 다른 항공교통관제기관이 관제하고 있는 항공기 간에 충돌이 예상되는 경우에 또는 다른 항공교통관제기관으로 항공기의 관제를 이양하기 전에 그 기관의 필요한 관제허가에 대한 협조 ② 항공교통관제 업무를 수행하는 자는 항공기 간의 적절한 분리와 효율적인 항공교통흐름의 유지를 위하여 관제하는 항공기에 대한 지시사항과 그 항공기의 이동에 관한 정보를 기록하여야 한다. ③ 항공교통관제기관은 다음 각 호에 따른 항공기 간의 분리가 유지될 수 있도록 항공교통관제허가를 하여야 한다. 1. 별표 23 제1호에 따른 A 또는 B등급 공역 내에서 비행하는 항공기 2. 별표 23 제1호에 따른 C, D 또는 E등급 공역 내에서 계기비행방식으로 비행하는 항공기 3. 별표 23 제1호에 따른 C등급 공역 내에서 계기비행방식으로 비행하는 항공기와 시계비행방식으로 비행하는 항공기 4. 관제권 안에서 특별시계비행방식으로 비행하는 항공기와 계기비행방식으로 비행하는 항공기 5. 관제권 안에서 특별시계비행방식으로 비행하는 항공기 ④ 항공교통관제기관이 제3항에 따라 항공기 간의 분리를 위한 관제를 하는 경우에는 수직적·종적·횡적 및 혼합분리방법으로 관제한다. 이 경우 혼합분리방법으로 관제업무를 수행하는 경우에는 지역항행협정을 따를 수 있다. ⑤ 제1항부터 제4항까지의 규정에 따른 항공교통관제 업무의 내용, 방법, 절차 및 항공기 간 분리최저치(최소 분리 간격) 등에 관하여 필요한 세부 사항은 국토교통부장관이 정하여 고시한다.〈개정 2021. 8. 27.〉

항공안전법	항공안전법 시행령	항공안전법 시행규칙
제6장 공역 및 항공교통업무 등		
		제231조(항공기에 대한 관제책임 등) ① 법 제83조제4항에 따라 관제를 받는 항공기는 항상 하나의 항공교통관제기관이 관제를 제공하여야 한다. ② 관제공역 내에서 비행하는 모든 항공기에 대한 관제책임은 제1항에 따라 그 관제공역을 관할하는 항공교통관제기관에 있다. 다만, 관련되는 다른 항공교통관제기관과 관제책임에 관하여 다른 합의가 있는 경우에 그에 따른다.
		제232조(항공교통업무기관과 항공기 소유자등 간의 협의 등) ① 항공교통업무기관은 법 제83조제4항에 따라 「국제민간항공협약」 부속서 6에서 정한 항공기 소유자등의 준수사항 등을 고려하여 항공교통업무를 수행하여야 한다. ② 항공교통업무기관은 다른 항공교통업무기관이나 항공기 소유자등으로부터 받은 항공기 안전운항에 관한 정보(위치보고를 포함한다)를 항공기 소유자등이 요구하는 경우 항공기 소유자등과 협의하여 해당 정보를 신속히 제공하여야 한다.
		제233조(잠재적 위험활동에 관한 협의) ① 법 제83조제4항에 따라 항공교통업무기관은 민간항공기에 대한 위험을 회피하고 정상적인 운항의 간섭을 최소화할 수 있도록 민간항공기의 운항에 위험을 줄 수 있는 행위(이하 "잠재적 위험활동"이라 한다)에 대한 계획을 관련된 관할 항공교통업무기관과 협의하여야 한다. ② 제1항에 따라 잠재적 위험활동에 관한 계획에 대하여 협의할 때에는 그 잠재적 위험활동에 관한 정보를 「국제민간항공협약」 부속서 15에 따른 시기에 공고할 수 있도록 사전에 협의하여야 한다. ③ 관할 항공교통업무기관은 제2항에 따라 잠재적 위험활동에 관한 계획에 대하여 협의를 완료한 경우에는 그 잠재적 위험활동에 관한 정보를 항공고시보 또는 항공정보간행물에 공고하여야 한다. ④ 제2항에 따른 잠재적 위험활동에 관한 계획을 수립하는 경우에는 다음 각 호의 기준에 따라야 한다. 1. 잠재적 위험활동의 구역, 횟수 및 기간은 가능한 한 항공로의 폐쇄·변경, 경제고도의 봉쇄 또는 정기적으로 운항하는 항공기의 운항 지연 등이 발생되지 아니하도록 설정할 것 2. 잠재적 위험활동에 사용되는 공역의 규모는 가능한 한 작게 할 것

항공안전법	항공안전법 시행령	항공안전법 시행규칙
제6장 공역 및 항공교통업무 등		
		3. 민간항공기의 비상상황이나 그 밖에 예측할 수 없는 상황으로 인하여 위험활동을 중지시켜야 할 경우에 대비하여 관할 항공교통업무기관과 직통통신망을 설치할 것 ⑤ 항공교통업무기관은 잠재적 위험활동이 지속적으로 발생하여 관계기관 간에 잠재 적 위험활동에 관한 지속적인 협의가 필요하다고 인정되는 경우에는 관계기관과 그에 관한 사항을 협의하기 위한 협의회를 설치·운영할 수 있다.
		제234조(비상항공기에 대한 지원) ① 항공교통업무기관은 법 제83조제4항에 따라 비상 상황(불법간섭 행위를 포함한다)에 처하여 있거나 처하여 있다고 의심되는 항공기에 대해서는 그 상황을 최대한 고려하여 우선권을 부여하여야 한다. ② 제1항에 따라 항공교통업무기관은 불법간섭을 받고 있는 항공기로부터 지원요청을 받은 경우에는 신속하게 이에 응하고, 비행안전과 관련한 정보를 지속적으로 송신하며, 항공기의 착륙단계를 포함한 모든 비행단계에서 필요한 조치를 신속하게 하여야 한다. ③ 제1항에 따라 항공교통업무기관은 항공기가 불법간섭을 받고 있음을 안 경우 그 항공기의 조종사에게 불법간섭 행위에 관한 사항을 무선통신으로 질문해서는 아니 된 다. 다만, 해당 항공기의 조종사가 무선통신을 통한 질문이 불법간섭을 악화시키지 아니 한다고 사전에 통보한 경우에는 그러하지 아니하다. ④ 제1항에 따라 항공교통업무기관은 비상상황에 처하여 있거나 처하여 있다고 의심되는 항공기와 통신하는 경우에는 그 비상상황으로 인하여 긴급하게 업무를 수행하여야 하는 조종사의 업무 환경 및 심리상태 등을 고려하여야 한다.
		제235조(우발상황에 대한 조치) 법 제83조제4항에 따라 항공교통업무기관은 표류항공기(계획된 비행로를 이탈하거나 위치보고를 하지 아니한 항공기를 말한다. 이하 같다) 또는 미식별항공기(해당 공역을 비행 중이라고 보고하였으나 식별되지 아니한 항공기를 말한다. 이하 같다)를 인지한 경우에는 다음 각 호의 구분에 따른 신속한 조치를 하여야 한다. 1. 표류항공기의 경우 가. 표류항공기와 양방향 통신을 시도할 것 나. 모든 가능한 방법을 활용하여 표류항공기의 위치를 파악할 것 다. 표류하고 있을 것으로 추정되는 지역의 관할 항공교통업무기관에 그 사실을 통보할 것

항공안전법	항공안전법 시행령	항공안전법 시행규칙
제6장 공역 및 항공교통업무 등		
		라. 관련되는 군 기관이 있는 경우에는 표류항공기의 비행계획 및 관련 정보를 그 군 기관에 통보할 것 마. 다목 및 라목에 따른 기관과 비행 중인 다른 항공기에 대하여 표류항공기와의 교신 및 표류항공기의 위치결정에 필요한 사항에 관하여 지원요청을 할 것 바. 표류항공기의 위치가 확인되는 경우에는 그 항공기에 대하여 위치를 통보하고, 항공로에 복귀할 것을 지시하며, 필요한 경우 관할 항공교통업무기관 및 군 기관에 해당 정보를 통보할 것 2. 미식별항공기의 경우 가. 미식별항공기의 식별에 필요한 조치를 시도할 것 나. 미식별항공기와 양방향 통신을 시도할 것 다. 다른 항공교통업무기관에 대하여 미식별항공기에 대한 정보를 문의하고 그 항공기와의 교신을 위한 협조를 요청할 것 라. 해당 지역의 다른 항공기로부터 미식별항공기에 대한 정보 입수를 시도할 것 마. 미식별항공기가 식별된 경우로서 필요한 경우에는 관련 군 기관에 해당 정보를 신속히 통보할 것
		제236조(민간항공기의 요격에 대한 조치) ① 항공교통업무기관은 법 제83조제4항에 따라 관할 공역 내의 항공기에 대한 요격을 인지한 경우에는 다음 각 호에 따라 조치하여야 한다. 1. 항공비상주파수(121.5MHz) 또는 그 밖의 가능한 주파수를 사용하여 피요격항공기와의 양방향 통신을 시도할 것 2. 피요격항공기의 조종사에게 요격 사실을 통보할 것 3. 요격항공기와 통신을 유지하고 있는 요격통제기관에 피요격항공기에 관한 정보를 제공할 것 4. 필요하면 피요격항공기와 요격항공기 또는 요격통제기관 간의 의사소통을 중개할 것 5. 요격통제기관과 긴밀히 협조하여 피요격항공기의 안전 확보에 필요한 조치를 할 것 6. 피요격항공기가 인접 비행정보구역으로부터 표류된 것으로 판단되는 경우에는 인접 비행정보구역을 관할하는 항공교통업무기관에 그 상황을 통보할 것 ② 법 제83조제4항에 따라 항공교통업무기관은 관할 공역 밖에서 피요격항공기를 인지한 경우에는 다음 각 호에 따라 조치하여야 한다. 1. 요격이 이루어지고 있는 공역을 관할하는 항공교통업무기관에 그 상황을 통보하고, 항공기의 식별을 위한 모든 정보를 제공할 것

항공안전법	항공안전법 시행령	항공안전법 시행규칙
제6장 공역 및 항공교통업무 등		
		2. 피요격항공기와 관할 항공교통업무기관, 요격항공기 또는 요격통제기관 간의 의사소통을 중개할 것 ③ 국토교통부장관은 민간항공기에 요격행위가 발생되는 것을 예방하기 위하여 비행계획, 양방향 무선통신 및 위치보고가 요구되는 관제구·관제권 및 항공로를 지정·관리하여야 한다.
		제237조(언어능력 등) ① 항공교통관제사는 법 제83조제4항에 따른 항공교통업무를 수행하기 위하여 국토교통부장관이 정한 무선통신에 사용되는 언어를 말하고 이해할 수 있어야 한다. ② 항공교통관제기관 상호간에는 영어를 사용하여야 한다. 다만, 관련 항공교통관제기관 간 언어 사용에 관하여 다른 합의가 있는 경우에는 그에 따른다.
		제238조(우발계획의 수립·시행) ① 국토교통부장관은 법 제83조제4항에 따라 항공교통업무 및 관련 지원업무가 예상할 수 없는 사유로 중단되는 경우를 대비하여 항공교통업무 우발계획의 수립기준을 정하여 고시하여야 한다. ② 항공교통업무기관의장은 제1항에 따른 수립기준에 적합하게 관할 공역 내의 항공교통업무 우발계획을 수립·시행하여야 한다.
		제239조(항공교통흐름의 관리 등) ① 법 제83조제4항에 따라 항공교통업무기관은 항공 교통업무와 관련하여 같은 시간대에 규정된 수용량을 초과하거나 초과가 예상되는 공역에서 지역항행협정이나 관련 기관 간의 협정에 따라 항공교통흐름을 관리하여야 한다. ② 제1항에 따른 항공교통흐름의 관리에 관한 처리기준 및 방법 등에 관한 세부 사항은 국토교통부장관이 정하여 고시한다.
		제240조(비행정보업무의 수행 등) ① 법 제83조제4항에 따라 제228조제2항 제2호에 따른 비행정보업무는 항공교통업무의 대상이 되는 모든 항공기에 대하여 수행한다. ② 같은 항공교통업무기관에서 항공교통관제업무와 비행정보업무를 함께 수행하는 경우에는 항공교통관제업무를 우선 수행하여야 한다.
		제241조(비행정보의 제공) ① 법 제83조제4항에 따라 항공교통업무기관에서 항공기에 제공하는 비행정보는 다음 각 호와 같다. 다만, 제8호의 정보는 시계비행방식으로 비행 중인 항공기가 시계비행방식의 비행을 유지할 수 없을 경우에 제공한다. 1. 중요기상정보(SIGMET) 및 저고도항공기상정보(AIRMET)

항공안전법	항공안전법 시행령	항공안전법 시행규칙
제6장 공역 및 항공교통업무 등		
		2. 화산활동·화산폭발·화산재에 관한 정보 3. 방사능물질이나 독성화학물질의 대기 중 유포에 관한 사항 4. 항행안전시설의 운영 변경에 관한 정보 5. 이동지역 내의 눈·결빙·침수에 관한 정보 6. 「공항시설법」 제2조제8호에 따른 비행장시설의 변경에 관한 정보 7. 무인자유기구에 관한 정보 8. 해당 비행경로 주변의 교통정보 및 기상상태에 관한 정보 9. 출발·목적·교체비행장의 기상상태 또는 그 예보 10. 별표 23에 따른 공역등급 C, D, E, F 및 G 공역 내에서 비행하는 항공기에 대 한 충돌위험 11. 수면을 항해 중인 선박의 호출부호, 위치, 진행방향, 속도 등에 관한 정보(정보 입수가 가능한 경우만 해당한다) 12. 그 밖에 항공안전에 영향을 미치는 사항 ② 항공교통업무기관은 법 제83조제4항에 따라 특별항공기상보고(Special air reports)를 접수한 경우에는 이를 다른 관련 항공기, 기상대 및 다른 항공교통업무기관에 가능한 한 신속하게 전파하여야 한다. ③ 이 규칙에서 정한 것 외에 항공교통업무기관에서 제공하는 비행정보 및 비행정보의 제공 방법, 제공절차 등에 관하여 필요한 사항은 국토교통부장관이 정하여 고시한다.
		제242조(경보업무의 수행) 제228조제2항제3호에 따른 경보업무는 다음 각 호의 항공 기에 대하여 수행한다. 1. 법 제83조제4항에 따른 항공교통업무의 대상이 되는 항공기 2. 항공교통업무기관에 비행계획을 제출한 모든 항공기 3. 테러 등 불법간섭을 받는 것으로 인지된 항공기
		제243조(경보업무의 수행절차 등) ① 항공교통업무기관은 법 제83조제4항에 따라 항공 기가 다음 각 호의 구분에 따른 비상상황에 처한 사실을 알았을 때에는 지체 없이수 색·구조업무를 수행하는 기관에 통보하여야 한다. 1. 불확실상황(Uncertainly phase) 가. 항공기로부터 연락이 있어야 할 시간 또는 그 항공기와의 첫 번째 교신시도에 실패한 시간 중 더 이른 시간부터 30분 이내에 연락이 없을 경우 나. 항공기가 마지막으로 통보한 도착 예정시간 또는 항공교통업무기관이 예상한 도 착 예정시간 중 더 늦은 시간부터 30분 이내에 도착하지 아니할 경우. 다만, 항공기 및 탑승객의 안전이 의심되지 아니하는 경우는 제외한다.

항공안전법	항공안전법 시행령	항공안전법 시행규칙
제6장 공역 및 항공교통업무 등		
		2. 경보상황(Alert phase) 가. 불확실상황에서의 항공기와의 교신시도 또는 관계 부서의 조회로도 해당 항공기의 위치를 확인하기 곤란한 경우 나. 항공기가 착륙허가를 받고도 착륙예정시간부터 5분 이내에 착륙하지 아니한 상태에서 그 항공기와의 무선교신이 되지 아니할 경우 다. 항공기의 비행능력이 상실되었으나 불시착할 가능성이 없음을 나타내는 정보를 입수한 경우. 다만, 항공기 및 탑승자의 안전에 우려가 없다는 명백한 증거가 있는 경우 는 제외한다. 라. 항공기가 테러 등 불법간섭을 받는 것으로 인지된 경우 3. 조난상황(Distress phase) 가. 경보상황에서 항공기와의 교신시도를 실패하고, 여러 관계 부서와의 조회 결과 항공기가 조난당하였을 가능성이 있는 경우 나. 항공기 탑재연료가 고갈되어 항공기의 안전을 유지하기가 곤란한 경우 다. 항공기의 비행능력이 상실되어 불시착하였을 가능성이 있음을 나타내는 정보가 입수되는 경우 라. 항공기가 불시착 중이거나 불시착하였다는 정보사항이 정확한 정보로 판단되는 경우. 다만, 항공기 및 탑승자가 중대하고 긴박한 위험에 처하여 있지 아니하며, 긴급한 도움이 필요하지 아니하다는 명백한 증거가 있는 경우는 제외한다. ② 항공교통업무기관은 제1항에 따른 경보업무를 수행할 때에는 가능한 한 다음 각 호의 사항을 수색·구조업무를 수행하는 기관에 통보하여야 한다. 1. 불확실상황(INCERFA/Uncertainly phase), 경보상황(ALERFA/Alert phase) 또는 조난상황(DETRESFA/Distress phase)의 비상상황별 용어 2. 통보하는 기관의 명칭 및 통보자의 성명 3. 비상상황의 내용 4. 비행계획의 중요 사항 5. 최종 교신 관제기관, 시간 및 사용주파수 6. 최종 위치보고 지점 7. 항공기의 색상 및 특징 8. 위험물의 탑재사항 9. 통보기관의 조치사항 10. 그 밖에 수색·구조 활동에 참고가 될 사항 ③ 항공교통업무기관은 제2항에 따라 비상상황을 통보한 후에도 비상상황과 관련된 조사를 계속하여야 하며, 비상상황이 악화되면 그에 관한 정보를, 비상상황이 종료되면 그 종료 사실을 수색 및 구조업무를 수행하는 기관에 지체 없이 통보하여야 한다.

항공안전법	항공안전법 시행령	항공안전법 시행규칙
제6장 공역 및 항공교통업무 등		
		④ 항공교통업무기관은 필요한 경우 비상상황에 처한 항공기와 무선교신을 시도하는 등 이용할 수 있는 모든 통신시설을 이용하여 해당 항공기에 대한 정보를 획득하기 위하여 노력하여야 한다.
		제244조(항공기의 소유자등에 대한 통보) 법 제83조제4항에 따라 항공교통업무기관은 항공기가 제243조제1항에 따른 불확실상황 또는 경보상황에 처하였다고 판단되는 경 우에는 해당 항공기의 소유자등에게 그 사실을 통보하여야 한다. 이 경우 통보사항에는 가능한 한 제243조제2항 각 호의 사항을 포함하여야 한다.
		제245조(비상항공기의 주변에서 운항하는 항공기에 대한 통보) 법 제83조제4항에 따라 항공교통업무기관은 항공기가 제243조제1항에 따른 비상상황에 처하였다고 판단되는 경우에는 그 항공기의 주변에서 비행하고 있는 다른 항공기에 대하여 가능한 한 신속하게 비상상황이 있다는 사실을 알려 주어야 한다.
		제246조(항공교통업무에 필요한 정보 등) ① 항공교통업무기관은 법 제83조제4항에 따라 항공기에 대하여 최신의 기상상태 및 기상예보에 관한 정보를 제공할 수 있어야 한다. ② 항공교통업무기관은 법 제83조제4항에 따라 비행장 주변에 관한 정보, 항공기의 이륙상승 및 강하지역에 관한 정보, 접근관제지역 내의 돌풍 등 항공기 운항에 지장을 주는 기상현상의 종류, 위치, 수직 범위, 이동방향, 속도 등에 관한 상세한 정보를 항공기에 제공할 수 있도록 관계 기상관측기관·항공운송사업자 등과 긴밀한 협조체제를 유지하여야 한다. ③ 항공교통업무기관은 법 제83조제4항에 따라 항공교통의 안전 확보를 위하여 비행장설치자, 항행안전시설관리자, 무인자유기구의 운영자, 방사능·독성 물질의 제조자·사용자와 협의하여 다음 각 호의 소관사항을 지체 없이 통보받을 수 있도록 조치하여야 한다. 1. 비행장 내 기동지역에서의 항공기 이륙·착륙에 지장을 주는 시설물 또는 장애물의 설치·운영 상태에 관한 사항 2. 항공기의 지상이동, 이륙, 접근 및 착륙에 필요한 항공등화 등 항행안전시설의 운영 상태에 관한 사항 3. 무인자유기구의 비행에 관한 사항 4. 관할 구역 내의 비행로에 영향을 줄 수 있는 폭발 전 화산활동, 화산폭발 및 화산재에 관한 사항

항공안전법	항공안전법 시행령	항공안전법 시행규칙
제6장 공역 및 항공교통업무 등		
		5. 관할 공역에 영향을 미치는 방사선물질 또는 독성화학물질의 대기 방출에 관한 사항 6. 그 밖에 항공교통의 안전에 지장을 주는 사항
		제247조(항공안전 관련 정보의 복창) ① 항공기의 조종사는 법 제84조제1항에 따라 관할 항공교통관제기관에서 음성으로 전달된 항공안전 관련 항공교통관제의 허가 또는 지시사항을 복창하여야 한다. 이 경우 다음 각 호의 사항은 반드시 복창하여야 한다. 1. 항공로의 허가사항 2. 활주로의 진입, 착륙, 이륙, 대기, 횡단 및 역방향 주행에 대한 허가 또는 지시사항 3. 사용 활주로, 고도계 수정치, 2차 감시 항공교통관제 레이더용 트랜스폰더(Mode 3/A 및 Mode C SSR transponder)의 배정부호, 고도지시, 기수지시, 속도지시 및 전이고도 ② 항공기의 조종사는 제1항에 따른 관할 항공교통관제기관의 허가 또는 지시사항을 이해하고 있고 그에 따르겠다는 것을 명확한 방법으로 복창하거나 응답하여야 한다. ③ 관할 항공교통관제기관의 항공교통관제사는 제1항에 따른 항공교통관제의 허가 또는 지시사항에 대하여 항공기의 조종사가 정확하게 인지했는지 확인하기 위하여 복창을 경청해야 하며, 그 복창에 틀린 사항이 있을 때에는 즉시 시정조치를 해야 한다.〈개정 2021. 11. 19.〉 ④ 제1항을 적용할 때에 관할 항공교통관제기관에서 달리 정하고 있지 아니하면 항공교통관제사와 조종사간 데이터통신(CPDLC)에 의하여 항공교통관제의 허가 또는 지시사항이 전달되는 경우에는 음성으로 복창을 하지 아니할 수 있다.
		제248조(비행장 내에서의 사람 및 차량에 대한 통제 등) ① 법 제84조제2항에 따라 관할 항공교통관제기관은 지상이동 중이거나 이륙·착륙 중인 항공기에 대한 안전을 확보하기 위하여 비행장의 기동지역 내를 이동하는 사람 또는 차량을 통제해야 한다.〈개정 2021. 11. 19.〉 ② 법 제84조제2항에 따라 관할 항공교통관제기관은 저시정(식별 가능 최대 거리가 짧은 것을 말한다) 기상상태에서 제2종(Category Ⅱ) 또는 제3종(Category Ⅲ)의 정밀계기운항이 진행 중일 때에는 계기착륙시설(ILS)의 방위각제공시설(Localizer) 및 활공각제공시설(Glide Slope)의 전파를 보호하기 위하여 기동지역을 이동하는 사람 및 차량에 대하여 제한을 해야 한다.〈개정 2021. 8. 27., 2021. 11. 19.〉

항공안전법	항공안전법 시행령	항공안전법 시행규칙
제6장 공역 및 항공교통업무 등		
		③ 법 제84조제2항에 따라 관할 항공교통관제기관은 조난항공기의 구조를 위하여 이동하는 비상차량에 우선권을 부여해야 한다. 이 경우 차량과 지상이동 하는 항공기 간의 분리최저치는 지방항공청장이 정하는 바에 따른다.〈개정 2021. 11. 19.〉 ④ 제2항에 따라 비행장의 기동지역 내를 이동하는 차량의 운전자는 다음 각 호의 사항을 준수해야 한다. 다만, 관할 항공교통관제기관의 다른 지시가 있는 경우에는 그 지시를 우선적으로 준수해야 한다.〈개정 2021. 11. 19.〉 1. 지상이동·이륙·착륙 중인 항공기에 진로를 양보할 것 2. 차량의 운전자는 항공기를 견인하는 차량에 진로를 양보할 것 3. 차량의 운전자는 관제지시에 따라 이동 중인 다른 차량에 진로를 양보할 것 ⑤ 비행장의 기동지역 내를 이동하는 사람이나 차량의 운전자는 제1항 및 제2항에 따라 관할 항공교통관제기관에서 음성으로 전달되는 항공안전 관련 지시사항을 이해하고 있고 그에 따르겠다는 것을 명확한 방법으로 복창하거나 응답해야 한다.〈신설 2021. 11. 19.〉 ⑥ 관할 항공교통관제기관의 항공교통관제사는 제5항에 따른 항공안전 관련 지시사항에 대하여 비행장의 기동지역 내를 이동하는 사람이나 차량의 운전자가 정확하게 인지했는지를 확인하기 위하여 복창을 경청해야 하며, 그 복창에 틀린 사항이 있을 때는 즉시 시정조치를 해야 한다.〈신설 2021. 11. 19.〉 ⑦ 법 제84조제2항에 따라 비행장 내의 이동지역에 출입하는 사람 또는 차량(건설기계 및 장비를 포함한다)의 관리·통제 및 안전관리 등에 대한 세부 사항은 국토교통부장관이 정하여 고시한다.〈개정 2021. 11. 19.〉
제84조(항공교통관제 업무 지시의 준수) ① 비행장, 공항, 관제권 또는 관제구에서 항공기를 이동·이륙·착륙시키거나 비행하려는 자는 국토교통부장관 또는 항공교통업무증명을 받은 자가 지시하는 이동·이륙·착륙의 순서 및 시기와 비행의 방법에 따라야 한다. ② 비행장 또는 공항의 이동지역에서 차량의 운행, 비행장 또는 공항의 유지·보수, 그 밖의 업무를 수행하는 자는 항공교통의 안전을 위하여 국토교통부장관 또는 항공교통업무증명을 받은 자의 지시에 따라야 한다.		**제249조(항공교통업무증명의 신청)** ① 법 제85조제1항에 따라 항공교통업무증명을 받으려는 자는 별지 제85호서식의 항공교통업무증명 신청서에 항공교통업무 규정을 첨부하여 국토교통부장관에게 제출하여야 한다. ② 제1항에 따른 항공교통업무규정에는 다음 각 호의 사항을 적어야 한다. 1. 수행하려는 항공교통업무의 범위 2. 운영인력 및 시설·장비 현황 3. 항공교통업무 수행을 위하여 필요한 규정 및 절차 4. 그 밖에 국토교통부장관이 정하여 고시하는 사항

항공안전법	항공안전법 시행령	항공안전법 시행규칙
제6장 공역 및 항공교통업무 등		
제85조(항공교통업무증명 등) ① 국토교통부장관 외의 자가 항공교통업무를 제공하려는 경우에는 국토교통부령으로 정하는 바에 따라 항공교통업무를 제공할 수 있는 체계(이하 "항공교통업무제공체계"라 한다)를 갖추어 국토교통부장관의 항공교통업무증명을 받아야 한다. ② 국토교통부장관은 항공교통업무증명에 필요한 인력·시설·장비, 항공교통업무규정에 관한 요건 및 항공교통업무증명절차 등(이하 "항공교통업무증명기준"이라 한다)을 정하여 고시하여야 한다. ③ 국토교통부장관은 항공교통업무증명을 할 때에는 항공교통업무증명기준에 적합한지를 검사하여 적합하다고 인정되는 경우에는 국토교통부령으로 정하는 바에 따라 항공교통업무증명서를 발급하여야 한다. ④ 항공교통업무증명을 받은 자는 항공교통업무증명을 받았을 때의 항공교통업무제공체계를 유지하여야 하며, 항공교통업무증명기준을 준수하여야 한다. ⑤ 항공교통업무증명을 받은 자는 항공교통업무제공체계를 변경하려는 경우 국토교통부령으로 정하는 바에 따라 국토교통부장관에게 신고하여야 한다. 다만, 제2항에 따른 항공교통업무규정 등 국토교통부령으로 정하는 중요사항을 변경하려는 경우에는 국토교통부장관의 승인을 받아야 한다. ⑥ 제5항 본문에 따른 변경신고가 신고서의 기재사항 및 첨부서류에 흠이 없고, 법령 등에 규정된 형식상의 요건을 충족하는 경우에는 신고서가 접수기관에 도달된 때에 신고 의무가 이행된 것으로 본다.〈신설 2017. 8. 9.〉 ⑦ 국토교통부장관은 항공교통업무증명기준이 변경되어 항공교통업무증명을 받은 자의 항공교통업무제공체계가 변경된 항공교통업무증명기준에 적합하지 아니하게 된 경우 변경된 항공교통업무증명기준을 따르도록 명할 수 있다.〈개정 2017. 8. 9.〉 ⑧ 국토교통부장관은 항공교통업무증명을 받은 자가 항공교통업무제공체계를 계속적으로 유지하고 있는지를 정기 또는 수시로 검사할 수 있다.〈개정 2017. 8. 9.〉 ⑨ 국토교통부장관은 제8항에 따른 검사 결과 항공교통안전에 위험을 초래할 수 있는 사항이 발견되었을 때에는 국토교통부령으로 정하는 바에 따라 시정조치를 명할 수 있다.〈개정 2017. 8. 9.〉		제250조(항공교통업무증명의 발급) ① 국토교통부장관은 제249조제1항에 따른 항공교통업무증명 신청서를 접수받은 경우에는 법 제85조제1항에 따라 항공교통업무를 제공할 수 있는 체계(이하 "항공교통업무제공체계"라 한다)가 법 제85조 제2항에 따른 항공교통업무증명기준(이하 "항공교통업무증명기준"이라 한다)에 적합한지의 여부를 검사하여 적합하다고 인정하면 항공교통업무증명 신청자에게 별지 제86호서식의 항공교통업무증명서를 발급하여야 한다. ② 국토교통부장관은 소속 공무원 또는 법 제35조제7호에 따른 항공교통관제사 자격증명을 받은 사람으로서 해당 분야 10년 이상의 실무경력을 갖춘 사람으로 하여금 제1항에 따른 검사를 하게 하거나 자문에 응하게 할 수 있다.

항공안전법	항공안전법 시행령	항공안전법 시행규칙
제6장 공역 및 항공교통업무 등		
		제251조(항공교통업무증명의 변경신고) ① 제250조제1항에 따른 항공교통업무증명을 받은 자가 항공교통업무제공체계를 변경하려는 경우에는 법 제85조제5항 본문에 따라 별지 제87호서식의 항공교통업무증명 변경신고서에 다음 각 호의 서류를 첨부하여 국토교통부장관에게 신고하여야 한다. 1. 변경 내용 및 그 내용을 증명하는 서류 2. 신·구 내용 대비표 ② 제1항에 따른 변경신고를 받은 국토교통부장관은 신고서 및 첨부서류에 흠이 없고 형식적 요건을 충족하는 경우에는 지체 없이 접수하여야 한다.
		제252조(항공교통업무증명의 변경승인 등) ① 법 제85조제5항 단서에서 "항공교통업무규정 등 국토교통부령으로 정하는 중요사항"이란 다음 각 호의 어느 하나에 해당하는 사항을 말한다. 1. 항공교통업무규정 중 다음 각 목의 사항 가. 업무범위 나. 비행절차 다. 구성조직 라. 종사자 교육훈련프로그램 마. 우발계획 2. 운영하는 시설·장비 3. 대표자 ② 제1항에 따라 항공교통업무증명을 받은 자가 제1항 각 호의 어느 하나에 해당하 는 사항을 변경하려면 그 변경 예정일 10일 전까지 별지 제88호서식의 항공교통업무증 명 변경승인신청서에 그 변경사실을 증명할 수 있는 서류를 첨부하여 국토교통부장관에 게 제출하여야 한다. ③ 국토교통부장관은 제2항에 따른 항공교통업무증명의 변경신청서를 접수받은 경우 그 변경사유가 타당하다고 인정되면 제250조제1항에 따라 항공교통업무증명을 발급하여야 한다.
		제253조(항공교통업무제공체계 검사 등) ① 국토교통부장관이 법 제85조제7항에 따라 실시하는 정기검사는 연 1회를 실시한다. ② 국토교통부장관은 법 제85조제8항에 따라 항공교통업무증명을 받은 자에게 시정 조치를 명하는 경우에는 업무의 조치기간 등 시정에 필요한 적정한 기간을 주어야 한 다. ③ 제2항에 따른 시정조치명령을 받은 항공교통업무증명을 받은 자는 그 명령을 이행하였을 때에는 지체 없이 그 시정내용을 국토교통부장관에게 통보하여야 한다.

<table>
<tr><th>항공안전법</th><th>항공안전법 시행령</th><th>항공안전법 시행규칙</th></tr>
<tr><td colspan="3">제6장 공역 및 항공교통업무 등</td></tr>
<tr><td>제86조(항공교통업무증명의 취소 등)
① 국토교통부장관은 항공교통업무증명을 받은 자가 다음 각 호의 어느 하나에 해당하는 경우에는 항공교통업무증명을 취소하거나 6개월 이내의 기간을 정하여 항공교통업무 제공의 정지를 명할 수 있다. 다만, 제1호 또는 제8호에 해당하는 경우에는 항공교통업무증명을 취소하여야 한다.〈개정 2017. 8. 9.〉
1. 거짓이나 그 밖의 부정한 방법으로 항공교통업무증명을 받은 경우
2. 제58조제2항을 위반하여 다음 각 목의 어느 하나에 해당하는 경우
가. 항공교통업무 제공을 시작하기 전까지 항공안전관리시스템을 마련하지 아니한 경우
나. 승인을 받지 아니하고 항공안전관리시스템을 운용한 경우
다. 항공안전관리시스템을 승인받은 내용과 다르게 운용한 경우
라. 승인을 받지 아니하고 국토교통부령으로 정하는 중요사항을 변경한 경우
3. 제85조제4항을 위반하여 항공교통업무제공체계를 계속적으로 유지하지 아니하거나 항공교통업무증명기준을 준수하지 아니하고 항공교통업무를 제공한 경우
4. 제85조제5항을 위반하여 신고를 하지 아니하거나 승인을 받지 아니하고 항공교통업무 제공체계를 변경한 경우
5. 제85조제7항을 위반하여 변경된 항공교통업무증명기준에 따르도록 한 명령에 따르지 아니한 경우
6. 제85조제9항에 따른 시정조치 명령을 이행하지 아니한 경우
7. 고의 또는 중대한 과실로 항공기사고를 발생시키거나 소속 항공종사자에 대하여 관리·감독하는 상당한 주의의무를 게을리하여 항공기사고가 발생한 경우
8. 이 조에 따른 항공교통업무 제공의 정지기간에 항공교통업무를 제공한 경우
② 제1항에 따른 처분의 세부기준 등 그 밖에 필요한 사항은 국토교통부령으로 정한다.</td><td></td><td rowspan="2">제254조(항공교통업무증명의 취소 등)
① 법 제86조제2항에 따른 항공교통업무증명의 취소 또는 항공교통업무 제공의 정지처분의 기준은 별표 31과 같다.
② 국토교통부장관은 위반행위의 정도·횟수 등을 고려하여 별표 31에서 정한 항공 교통업무 제공의 정지기간을 2분의 1의 범위에서 이를 늘리거나 줄일 수 있다. 다만, 늘리는 경우에도 그 기간은 6개월을 초과할 수 없다.</td></tr>
<tr><td>제87조(항공교통업무증명을 받은 자에 대한 과징금의 부과)
① 국토교통부장관은 항공교통업무증명을 받은 자가 제86조제1항제2호부터 제7호까지의 어느 하나에 해당하여 항공교통업무 제공의 정지를 명하여야 하는 경우로서 그 항공교통업무 제공을 정지하면 비행장 이용자 등에게 심한 불편을 주거나 공익을 해칠 우려가 있는 경우에는 항공교통업무 제공의 정지처분을 갈음하여 1억원 이하의 과징금을 부과할 수 있다.</td><td>제19조(항공교통업무증명을 받은 자에 대한 위반행위의 종류별 과징금의 금액 등)
① 법 제87조제1항에 따라 과징금을 부과하는 위반행위의 종류와 위반 정도 등에 따른 과징금의 금액은 별표 2와 같다.
② 과징금의 부과·납부 및 독촉·징수에 관하여는 제6조 및 제7조를 준용한다.</td></tr>
</table>

항공안전법	항공안전법 시행령	항공안전법 시행규칙
제6장 공역 및 항공교통업무 등		
② 제1항에 따른 과징금 부과의 구체적인 기준, 절차 및 그 밖에 필요한 사항은 대통령령으로 정한다. ③ 국토교통부장관은 제1항에 따른 과징금을 내야 할 자가 납부기한까지 과징금을 내지 아니하면 국세 체납처분의 예에 따라 징수한다.		
제88조(수색·구조 지원계획의 수립·시행) 국토교통부장관은 항공기가 조난되는 경우 항공기 수색이나 인명구조를 위하여 대통령령으로 정하는 바에 따라 관계 행정기관의 역할 등을 정한 항공기 수색·구조 지원에 관한 계획을 수립·시행하여야 한다.	**제20조(항공기 수색·구조 지원계획의 내용 등)** ① 법 제88조에 따른 항공기 수색·구조 지원에 관한 계획에는 다음 각 호의 사항이 포함되어야 한다. 1. 수색·구조 지원체계의 구성 및 운영 에 관한 사항 2. 국방부장관, 국토교통부장관 및 주한미군사령관의 관할 공역에서의 역할 3. 그 밖에 항공기 수색 또는 인명구조를 위하여 필요한 사항 ② 제1항에 따른 항공기 수색·구조 지원에 관한 계획의 수립 및 시행에 필요한 세부사항은 국토교통부장관이 관계 행정기관의 장과 협의하여 정한다.	**제255조(항공정보)** ① 법 제89조제1항에 따른 항공정보의 내용은 다음 각 호와 같다. 1. 비행장과 항행안전시설의 공용의 개시, 휴지, 재개(再開) 및 폐지에 관한 사항 2. 비행장과 항행안전시설의 중요한 변경 및 운용에 관한 사항 3. 비행장을 이용할 때에 있어 항공기의 운항에 장애가 되는 사항 4. 비행의 방법, 결심고도, 최저강하고도, 비행장 이륙·착륙 기상 최저치 등의 설정 과 변경에 관한 사항 5. 항공교통업무에 관한 사항 6. 다음 각 목의 공역에서 하는 로켓·불꽃·레이저광선 또는 그 밖의 물건의 발사, 무인기구(기상관측용 및 완구용은 제외한다)의 계류·부양 및 낙하산 강하에 관한 사항 가. 진입표면·수평표면·원추표면 또는 전이표면을 초과하는 높이의 공역 나. 항공로 안의 높이 150미터 이상인 공역 다. 그 밖에 높이 250미터 이상인 공역 7. 그 밖에 항공기의 운항에 도움이 될 수 있는 사항 ② 제1항에 따른 항공정보는 다음 각 호의 어느 하나의 방법으로 제공한다. 1. 항공정보간행물(AIP) 2. 항공고시보(NOTAM) 3. 항공정보회람(AIC) 4. 비행 전·후 정보(Pre-Flight and Post-Flight Information)를 적은 자료 ③ 법 제89조제2항에 따라 발간하는 항공지도에 제공하는 사항은 다음 각 호와 같다. 1. 비행장장애물도(Aerodrome Obstacle Chart) 2. 정밀접근지형도(Precision Approach Terrain) 3. 항공로도(Enroute Chart) 4. 지역도(Area Chart) 5. 표준계기출발도(Standard Departure Chart-Instrument) 6. 표준계기도착도(Standard Arrival Chart-Instrument) 7. 계기접근도(Instrument Approach Chart) 8. 시계접근도(Visual Approach Chart) 9. 비행장 또는 헬기장도(Aerodrome/Heliport Chart)
제89조(항공정보의 제공 등) ① 국토교통부 장관은 항공기 운항의 안전성·정규성 및 효율성을 확보하기 위하여 필요한 정보 (이하 "항공정보"라 한다)를 비행정보구역에서 비행하는 사람 등에게 제공하여야 한다. ② 국토교통부장관은 항공로, 항행안전시설, 비행장, 공항, 관제권 등 항공기 운항에 필요한 정보가 표시된 지도(이하 "항공지도"라 한다)를 발간(發刊)하여야 한다. ③ 제1항 및 제2항에서 규정한 사항 외에 항공정보 또는 항공지도의 내용, 제공방법, 측정단위 등에 필요한 사항은 국토교통부령으로 정한다.		

항공안전법	항공안전법 시행령	항공안전법 시행규칙
제6장 공역 및 항공교통업무 등		
		10. 비행장지상이동도(Aerodrome Ground Movement Chart) 11. 항공기주기도 또는 접현도(Aircraft Parking/Docking Chart) 12. 세계항공도(World Aeronautical Chart) 13. 항공도(Aeronautical Chart) 14. 항법도(Aeronautical Navigation Chart) 15. 항공교통관제감시 최저고도도(ATC Surveillance Minimum Altitude Chart) 16. 그 밖에 국토교통부장관이 고시하는 사항 ④ 법 제89조제3항에 따라 항공정보에 사용되는 측정단위는 다음 각 호의 어느 하나의 방법에 따라 사용한다. 1. 고도(Altitude): 미터(m) 또는 피트(ft) 2. 시정(Visibility): 킬로미터(㎞) 또는 마일(SM). 이 경우 5킬로미터 미만의 시정은 미터(m) 단위를 사용한다. 3. 주파수(Frequency): 헤르쯔(㎐) 4. 속도(Velocity Speed): 초당 미터(m/s) 5. 온도(Temperature): 섭씨도(℃) ⑤ 제1항부터 제4항까지에서 규정한 사항 외에 항공정보의 제공 및 항공지도의 발간 등에 관한 세부사항은 국토교통부장관이 정하여 고시한다.
		제256조(통지사항) 제255조제1항제6호의 행위를 하려는 자는 그 행위 예정일 10일 전까지 다음 각 호의 사항을 지방항공청장에게 통지하여야 한다. 다만, 지방항공청장의 승인을 받은 경우에는 그러하지 아니하다. 1. 성명·주소 및 연락장소 2. 해당 행위를 하려는 일시와 장소 3. 해당 행위의 내용 4. 그 밖에 참고가 될 사항

항공안전법	항공안전법 시행령	항공안전법 시행규칙
제7장 항공운송사업자 등에 대한 안전관리		
제1절 항공운송사업자에 대한 안전관리		
제90조(항공운송사업자의 운항증명) ① 항공운송사업자는 운항을 시작하기 전까지 국토교통부령으로 정하는 기준에 따라 인력, 장비, 시설, 운항관리지원 및 정비관리지원 등 안전운항체계에 대하여 국토교통부장관의 검사를 받은 후 운항증명을 받아야 한다. ② 국토교통부장관은 제1항에 따른 운항증명(이하 "운항증명"이라 한다)을 하는 경우에는 운항하려는 항공로, 공항 및 항공기 정비방법 등에 관하여 국토교통부령으로 정하는 운항조건과 제한 사항이 명시된 운영기준을 운항증명서와 함께 해당 항공운송사업자에게 발급하여야 한다. ③ 국토교통부장관은 항공기의 안전운항을 확보하기 위하여 필요하다고 판단되면 직권으로 또는 항공운송사업자의 신청을 받아 제2항에 따른 운영기준을 변경할 수 있다. ④ 항공운송사업자 또는 항공운송사업자에 속한 항공종사자는 제2항에 따른 운영기준을 준수하여야 한다. ⑤ 운항증명을 받은 항공운송사업자는 최초로 운항증명을 받았을 때의 안전운항체계를 유지하여야 하며, 노선의 개설 등으로 안전운항체계가 변경된 경우에는 국토교통부장관이 실시하는 검사를 받아야 한다. ⑥ 국토교통부장관은 항공기 안전운항을 확보하기 위하여 운항증명을 받은 항공운송사업자가 안전운항체계를 유지하고 있는지를 정기 또는 수시로 검사하여야 한다. ⑦ 국토교통부장관은 제6항에 따른 정기검사 또는 수시검사를 하는 중에 다음 각 호의 어느 하나에 해당하여 긴급한 조치가 필요하게 되었을 때에는 국토교통부령으로 정하는 바에 따라 항공기 또는 노선의 운항을 정지하게 하거나 항공종사자의 업무를 정지하게 할 수 있다. 1. 항공기의 감항성에 영향을 미칠 수 있는 사항이 발견된 경우 2. 항공기의 운항과 관련된 항공종사자가 교육훈련 또는 운항자격 등 이 법에 따라 해당 업무에 종사하는 데 필요한 요건을 충족하지 못하고 있음이 발견된 경우 3. 승무시간 기준, 비행규칙 등 항공기의 안전운항을 위하여 이 법에서 정한 기준을 따르지 아니하고 있는 경우 4. 운항하려는 공항 또는 활주로의 상태 등이 항공기의 안전운항에 위험을 줄 수 있는 상태인 경우 5. 그 밖에 안전운항체계에 영향을 미칠 수 있는 상황으로 판단되는 경우 ⑧ 국토교통부장관은 제7항에 따른 정지처분의 사유가 없어진 경우에는 지체 없이 그 처분을 취소하여야 한다.		**제257조(운항증명의 신청 등)** ① 법 제90조제1항에 따라 운항증명을 받으려는 자는 별지 제89호서식의 운항증명 신청서에 별표 32의 서류를 첨부하여 운항 개시 예정일 90일 전까지 국토교통부장관 또는 지방항공청장에게 제출하여야 한다. ② 국토교통부장관 또는 지방항공청장은 제1항에 따른 운항증명의 신청을 받으면 10일 이내에 운항증명검사계획을 수립하여 신청인에게 통보하여야 한다. **제258조(운항증명을 위한 검사기준)** 법 제90조제1항에 따라 항공운송사업자의 운항증명을 하기 위한 검사는 서류검사와 현장검사로 구분하여 실시하며, 그 검사기준은 별표 33과 같다. **제259조(운항증명 등의 발급)** ① 국토교통부장관 또는 지방항공청장은 제258조에 따른 운항증명검사 결과 검사기준에 적합하다고 인정하는 경우에는 별지 제90호서식의 운 항증명서 및 별지 제91호서식의 운영기준을 발급하여야 한다. ② 법 제90조제2항에서 "국토교통부령으로 정하는 운항조건과 제한사항"이란 다음 각 호의 사항을 말한다. 1. 항공운송사업자의 주 사업소의 위치와 운영기준에 관하여 연락을 취할 수 있는 자 의 성명 및 주소 2. 항공운송사업에 사용할 정규 공항과 항공기 기종 및 등록기호 3. 인가된 운항의 종류 4. 운항하려는 항공로와 지역의 인가 및 제한 사항 5. 공항의 제한 사항 6. 기체·발동기·프로펠러·회전익·기구와 비상장비의 검사·점검 및 분해정밀검사에 관한 제한시간 또는 제한시간을 결정하기 위한 기준 7. 항공운송사업자 간의 항공기 부품교환 요건 8. 항공기 중량 배분을 위한 방법 9. 항공기등의 임차에 관한 사항 10. 그 밖에 안전운항을 위하여 국토교통부장관이 정하여 고시하는 사항

항공안전법	항공안전법 시행령	항공안전법 시행규칙
제7장 항공운송사업자 등에 대한 안전관리		
제1절 항공운송사업자에 대한 안전관리		
제91조(항공운송사업자의 운항증명 취소 등) ① 국토교통부장관은 운항증명을 받은 항공운송사업자가 다음 각 호의 어느 하나에 해당하는 경우에는 운항증명을 취소하거나 6개월 이내의 기간을 정하여 항공기 운항의 정지를 명할 수 있다. 다만, 제1호, 제39호 또는 제49호의 어느 하나에 해당하는 경우에는 운항증명을 취소하여야 한다.〈개정 2017. 12. 26., 2019. 8. 27., 2020. 6. 9., 2020. 12. 8.〉 1. 거짓이나 그 밖의 부정한 방법으로 운항증명을 받은 경우 2. 제18조제1항을 위반하여 국적·등록기호 및 소유자등의 성명 또는 명칭을 표시하지 아니한 항공기를 운항한 경우 3. 제23조제3항을 위반하여 감항증명을 받지 아니한 항공기를 운항한 경우 4. 제23조제9항에 따른 항공기의 감항성 유지를 위한 항공기등, 장비품 또는 부품에 대한 정비등에 관한 감항성개선 또는 그 밖에 검사·정비등의 명령을 이행하지 아니하고 이를 운항 또는 항공기등에 사용한 경우 5. 제25조제2항을 위반하여 소음기준적합증명을 받지 아니하거나 항공기기술기준에 적합하지 아니한 항공기를 운항한 경우 6. 제26조를 위반하여 변경된 항공기기술기준을 따르도록 한 요구에 따르지 아니한 경우 7. 제27조제3항을 위반하여 기술표준품형식승인을 받지 아니한 기술표준품을 항공기등에 사용한 경우 8. 제28조제3항을 위반하여 부품등제작자증명을 받지 아니한 장비품 또는 부품을 항공기등 또는 장비품에 사용한 경우 9. 제30조제2항을 위반하여 수리·개조승인을 받지 아니한 항공기등을 운항하거나 장비품·부품을 항공기등에 사용한 경우 10. 제32조제1항을 위반하여 정비등을 한 항공기등, 장비품 또는 부품에 대하여 감항성을 확인받지 아니하고 운항 또는 항공기등에 사용한 경우 11. 제42조를 위반하여 제40조제2항에 따른 자격증명의 종류별 항공신체검사증명의 기준에 적합하지 아니한 운항승무원을 항공업무에 종사하게 한 경우 12. 제51조를 위반하여 국토교통부령으로 정한 무선설비를 설치하지 아니한 항공기 또는 설치한 무선설비가 운용되지 아니하는 항공기를 운항한 경우 13. 제52조를 위반하여 항공기에 항공계기등을 설치하거나 탑재하지 아니하고 운항하거나, 그 운용방법 등을 따르지 아니한 경우 14. 제53조를 위반하여 항공기에 국토교통부령으로 정하는 양의 연료를 싣지 아니하고 운항한 경우		**제260조(운항증명의 변경 등)** ① 제259조에 따라 운항증명을 받은 항공운송사업자가 그 명칭 등 국토교통부장관이 정하여 고시하는 사항을 변경하려면 그 변경 예정일 30일 전까지 별지 제92호서식의 운항증명 변경신청서에 그 변경 사실을 증명할 수 있는 서류를 첨부하여 국토교통부장관 또는 지방항공청장에게 제출하여야 한다. ② 국토교통부장관 또는 지방항공청장은 제1항에 따른 운항증명 변경신청서를 접수한 경우 그 변경 사유가 타당하다고 인정되면 제259조에 따라 운항증명을 발급하여야 한다. **제261조(운영기준의 변경 등)** ① 법 제90조제3항에 따라 국토교통부장관 또는 지방항공청장이 항공기 안전운항을 확보하기 위하여 운영기준을 변경하려는 경우에는 변경의 내용과 사유를 포함한 변경된 운영기준을 운항증명 소지자에게 발급하여야 한다. ② 제1항에 따른 변경된 운영기준은 안전운항을 위하여 긴급히 요구되거나 운항증명 소지자가 이의를 제기하는 경우가 아니면 발급받은 날부터 30일 이후에 적용된다. ③ 법 제90조제3항에 따라 운항증명소지자가 운영기준 변경신청을 하려는 경우에는 변경할 운영기준을 적용하려는 날의 15일전까지 별지 제93호서식의 운영기준 변경신청서에 변경하려는 내용과 사유를 적어 국토교통부장관 또는 지방항공청장에게 제출하여야 한다. ④ 국토교통부장관 또는 지방항공청장은 제3항에 따른 운영기준변경신청을 받으면 그 내용을 검토하여 항공기 안전운항을 확보하는데 문제가 없다고 판단되는 경우에는 별지 제94호서식에 따른 변경된 운영기준을 신청인에게 발급하여야 한다. **제262조(안전운항체계 변경검사 등)** ① 법 제90조제5항에서 "노선의 개설 등으로 안전운항체계가 변경된 경우"란 다음 각 호의 어느 하나에 해당하는 경우를 말한다. 1. 법 제90조제2항에 따라 발급된 운영기준에 등재되지 아니한 새로운 형식의 항공기를 도입한 경우 2. 새로운 노선을 개설한 경우 3. 「항공사업법」 제21조에 따라 사업을 양도·양수한 경우 4. 「항공사업법」 제22조에 따라 사업을 합병한 경우

항공안전법	항공안전법 시행령	항공안전법 시행규칙
제7장 항공운송사업자 등에 대한 안전관리		
제1절 항공운송사업자에 대한 안전관리		
15. 제54조를 위반하여 항공기를 운항하거나 야간에 비행장에 주기 또는 정박시키는 경우에 국토교통부령으로 정하는 바에 따라 등불로 항공기의 위치를 나타내지 아니한 경우 16. 제55조를 위반하여 국토교통부령으로 정하는 비행경험이 없는 운항승무원에게 항공기를 운항하게 하거나 계기비행·야간비행 또는 조종교육의 업무에 종사하게 한 경우 17. 제56조제1항을 위반하여 소속 승무원 또는 운항관리사의 피로를 관리하지 아니한 경우 18. 제56조제2항을 위반하여 국토교통부장관의 승인을 받지 아니하고 피로위험관리시스템을 운용하거나 중요사항을 변경한 경우 19. 제57조제1항을 위반하여 항공종사자 또는 객실승무원이 주류등의 영향으로 항공업무 또는 객실승무원의 업무를 정상적으로 수행할 수 없는 상태에서 항공업무 또는 객실승무원의 업무에 종사하게 한 경우 20. 제58조제2항을 위반하여 다음 각 목의 어느 하나에 해당하는 경우 가. 사업을 시작하기 전까지 항공안전관리시스템을 마련하지 아니한 경우 나. 승인을 받지 아니하고 항공안전관리시스템을 운용한 경우 다. 항공안전관리시스템을 승인받은 내용과 다르게 운용한 경우 라. 승인을 받지 아니하고 국토교통부령으로 정하는 중요 사항을 변경한 경우 21. 제62조제5항 단서를 위반하여 항공기사고, 항공기준사고 또는 의무보고 대상 항공안전장애가 발생한 경우에 국토교통부령으로 정하는 바에 따라 발생 사실을 보고하지 아니한 경우 22. 제63조제4항에 따라 자격인정 또는 심사를 할 때 소속 기장 또는 기장 외의 조종사에 대하여 부당한 방법으로 자격인정 또는 심사를 한 경우 23. 제63조제7항을 위반하여 운항하려는 지역, 노선 및 공항에 대한 경험요건을 갖추지 아니한 기장에게 운항을 하게 한 경우 24. 제65조제1항을 위반하여 운항관리사를 두지 아니한 경우 25. 제65조제3항을 위반하여 국토교통부령으로 정하는 바에 따라 운항관리사가 해당 업무를 수행하는 데 필요한 교육훈련을 하지 아니하고 해당 업무에 종사하게 한 경우 26. 제66조를 위반하여 이륙·착륙 장소가 아닌 곳에서 항공기를 이륙하거나 착륙하게 한 경우 27. 제68조를 위반하여 같은 조 각 호의 어느 하나에 해당하는 비행 또는 행위를 하게 한 경우 28. 제70조제1항을 위반하여 허가를 받지 아니하고 항공기를 이용하여 위험물을 운송한 경우		② 운항증명을 발급 받은 자는 법 제90조제5항에 따라 안전운항체계가 변경된 경우에는 별지 제95호서식의 안전운항체계 변경검사 신청서에 다음 각 호의 사항이 포함된 안전운항체계 변경에 대한 입증자료(이하 이 조에서 "안전적합성입증자료"라 한다)와 별지 제93호서식의 운영기준 변경신청서(운영기준의 변경이 있는 경우만 해당한다)를 첨부하여 운항개시예정일 5일 전까지 국토교통부장관 또는 지방항공청장에게 제출하여야 한다. 1. 사용 예정 항공기 2. 항공기 및 그 부품의 정비시설 3. 항공기 급유시설 및 연료저장시설 4. 예비품 및 그 보관시설 5. 운항관리시설 및 그 관리방식 6. 지상조업시설 및 장비 7. 운항에 필요한 항공종사자의 확보상태 및 능력 8. 취항 예정 비행장의 제원 및 특성 9. 여객 및 화물의 운송서비스 관련 시설 10. 면허조건 또는 사업 개시 관련 행정명령 이행실태 11. 그 밖에 안전운항과 노선운영에 관하여 국토교통부장관 또는 지방항공청장이 정하여 고시하는 사항 ③ 국토교통부장관 또는 지방항공청장은 제2항에 따라 제출받은 입증자료를 바탕으로 변경된 안전운항체계에 대하여 검사한 경우에는 그 결과를 신청자에게 통보하여야 한다. ④ 국토교통부장관 또는 지방항공청장은 제3항에 따른 검사 결과 적합하다고 인정되는 경우로서 제259조제1항에 따라 발급한 운영기준의 변경이 수반되는 경우에는 변경된 운영기준을 함께 발급하여야 한다. ⑤ 국토교통부장관 또는 지방항공청장은 제3항에도 불구하고 운항증명을 받은 자가 사업계획의 변경 등으로 다른 기종의 항공기를 운항하려는 경우 등 항공기의 안전운항을 확보하는데 문제가 없다고 판단되는 경우에는 법 제77조에 따라 고시하는 운항기술기준에서 정하는 바에 따라 안전운항체계의 변경에 따른 검사의 일부 또는 전부를 면제할 수 있다.

항공안전법	항공안전법 시행령	항공안전법 시행규칙
제7장 항공운송사업자 등에 대한 안전관리		
제1절 항공운송사업자에 대한 안전관리		
29. 제70조제3항을 위반하여 국토교통부장관이 고시하는 위험물취급의 절차 및 방법에 따르지 아니하고 위험물을 취급한 경우 30. 제72조제1항을 위반하여 위험물취급에 관한 교육을 받지 아니한 사람에게 위험물취급을 하게 한 경우 31. 제74조제1항을 위반하여 승인을 받지 아니하고 비행기를 운항한 경우 32. 제75조제1항을 위반하여 승인을 받지 아니하고 같은 항 각 호의 어느 하나에 해당하는 공역에서 항공기를 운항한 경우 33. 제76조제1항을 위반하여 국토교통부령으로 정하는 바에 따라 운항의 안전에 필요한 승무원을 태우지 아니하고 항공기를 운항한 경우 34. 제76조제3항을 위반하여 항공기에 태우는 승무원에 대하여 해당 업무를 수행하는 데 필요한 교육훈련을 하지 아니한 경우 35. 제77조제2항을 위반하여 같은 조 제1항에 따른 운항기술기준을 준수하지 아니하고 운항하거나 업무를 한 경우 36. 제90조제1항을 위반하여 운항증명을 받지 아니하고 운항을 시작한 경우 37. 제90조제4항을 위반하여 운영기준을 준수하지 아니한 경우 38. 제90조제5항을 위반하여 안전운항체계를 유지하지 아니하거나 변경된 안전운항체계를 검사받지 아니하고 항공기를 운항한 경우 39. 제90조제7항을 위반하여 항공기 또는 노선 운항의 정지처분에 따르지 아니하고 항공기를 운항한 경우 40. 제93조제1항 본문 또는 같은 조 제2항 단서를 위반하여 국토교통부장관의 인가를 받지 아니하고 운항규정 또는 정비규정을 마련하였거나 국토교통부령으로 정하는 중요사항을 변경한 경우 41. 제93조제2항 본문을 위반하여 국토교통부장관에게 신고하지 아니하고 운항규정 또는 정비규정을 변경한 경우 42. 제93조제7항 전단을 위반하여 같은 조 제1항 본문 또는 제2항 단서에 따라 인가를 받거나 같은 조 제2항 본문에 따라 신고한 운항규정 또는 정비규정을 해당 종사자에게 제공하지 아니한 경우 43. 제93조제7항 후단을 위반하여 같은 조 제1항 본문 또는 제2항 단서에 따라 인가를 받거나 같은 조 제2항 본문에 따라 신고한 운항규정 또는 정비규정을 준수하지 아니하고 항공기를 운항하거나 정비한 경우 44. 제94조 각 호에 따른 항공운송의 안전을 위한 명령을 따르지 아니한 경우 45. 제132조제1항에 따라 업무(항공안전 활동을 수행하기 위한 것만 해당한다)에 관한 보고를 하지 아니하거나 서류를 제출하지 아니하는 경우 또는 거짓으로 보고하거나 서류를 제출한 경우		**제263조(항공기 또는 노선의 운항정지 및 항공종사자의 업무정지 등)** 국토교통부장관 또는 지방항공청장은 법 제90조제7항에 따라 항공기 또는 노선의 운항을 정지하게 하거나 항공종사자의 업무를 정지하게 하려면 다음 각 호에 따라 조치하여야 한다. 1. 운항증명 소지자 또는 항공종사자에게 항공기 또는 노선의 운항을 정지하게 하거나 항공종사자의 업무를 정지하게 하는 사유 및 조치하여야 할 내용을 구두로 지체 없이 통보하고, 사후에 서면으로 통보하여야 한다. 2. 제1호에 따른 통보를 받은 자가 그 조치하여야 할 사항을 조치하였을 때에는 지체 없이 그 내용을 국토교통부장관 또는 지방항공청장에게 통보하여야 한다. **제264조(항공운송사업자의 운항증명 취소 등)** 법 제91조에 따른 항공운송사업자의 운항증명 취소 또는 항공기 운항의 정지처분의 기준은 별표 34와 같다.

항공안전법	항공안전법 시행령	항공안전법 시행규칙
제7장 항공운송사업자 등에 대한 안전관리		
제1절 항공운송사업자에 대한 안전관리		
46. 제132조제2항에 따른 항공기 등에의 출입이나 장부·서류 등의 검사(항공안전 활동을 수행하기 위한 것만 해당한다)를 거부·방해 또는 기피한 경우 47. 제132조제2항에 따른 관계인에 대한 질문(항공안전 활동을 수행하기 위한 것만 해당한다)에 답변하지 아니하거나 거짓으로 답변한 경우 48. 고의 또는 중대한 과실에 의하여 또는 항공종사자의 선임·감독에 관하여 상당한 주의의무를 게을리하여 항공기사고 또는 항공기준사고를 발생시킨 경우 49. 이 조에 따른 항공기 운항의 정지기간에 운항한 경우 ② 제1항에 따른 처분의 세부기준 및 절차 등 그 밖에 필요한 사항은 국토교통부령으로 정한다.		
제92조(항공운송사업자에 대한 과징금의 부과) ① 국토교통부장관은 운항증명을 받은 항공운송사업자가 제91조제1항제2호부터 제38호까지 또는 제40호부터 제48호까지의 어느 하나에 해당하여 항공기 운항의 정지를 명하여야 하는 경우로서 그 운항을 정지하면 항공기 이용자 등에게 심한 불편을 주거나 공익을 해칠 우려가 있는 경우에는 항공기의 운항정지처분을 갈음하여 100억원 이하의 과징금을 부과할 수 있다. ② 제1항에 따른 과징금 부과의 구체적인 기준, 절차 및 그 밖에 필요한 사항은 대통령령으로 정한다. ③ 국토교통부장관은 제1항에 따른 과징금을 내야 할 자가 납부기한까지 과징금을 내지 아니하면 국세 체납처분의 예에 따라 징수한다.	**제21조(항공운송사업자 등에 대한 위반행위의 종류별 과징금의 금액 등)** ① 법 제92조제1항 및 제95조제4항에 따라 과징금을 부과하는 위반행위의 종류와 위반 정도 등에 따른 과징금의 금액은 별표 3과 같다. ② 과징금의 부과·납부 및 독촉·징수에 관하여는 제6조 및 제7조를 준용한다.	**제265조(위반행위의 세부유형)** 영 별표 3 제2호허목2)·3), 같은 호 보목2)·3), 같은 호 오목2)·3), 같은 호 호목2)·3) 및 이 규칙 별표 34 제2호고목 2)·3), 같은 호 소목 2)·3), 같은 호 조목 2)·3) 및 같은 호 누목 2)·3) 따른 위반행위의 세부유형은 별표 35와 같다.
제93조(항공운송사업자의 운항규정 및 정비규정) ① 항공운송사업자는 운항을 시작하기 전까지 국토교통부령으로 정하는 바에 따라 항공기의 운항에 관한 운항규정 및 정비에 관한 정비규정을 마련하여 국토교통부장관의 인가를 받아야 한다. 다만, 운항규정 및 정비규정을 운항증명에 포함하여 운항증명을 받은 경우에는 그러하지 아니하다. ② 항공운송사업자는 제1항 본문에 따라 인가를 받은 운항규정 또는 정비규정을 변경하려는 경우에는 국토교통부령으로 정하는 바에 따라 국토교통부장관에게 신고하여야 한다. 다만, 최소장비목록, 승무원 훈련프로그램 등 국토교통부령으로 정하는 중요사항을 변경하려는 경우에는 국토교통부장관의 인가를 받아야 한다. ③ 국토교통부장관은 제1항 본문 또는 제2항 단서에 따라 인가하려는 경우에는 제77조제1항에 따른 운항기술기준에 적합한지를 확인하여야 한다.		**제266조(운항규정과 정비규정의 인가 등)** ① 항공운송사업자는 법 제93조제1항 본문에 따라 운항규정 또는 정비규정을 마련하거나 법 제93조제2항 단서에 따라 인가받은 운항규정 또는 정비규정 중 제3항에 따른 중요사항을 변경하려는 경우에는 별지 제96호서식의 운항규정 또는 정비규정(변경)인가 신청서에 운항규정 또는 정비규정(변경의 경우에는 변경할 운항규정과 정비규정의 신·구내용 대비표)을 첨부하여 국 토교통부장관 또는 지방항공청장에게 제출하여야 한다. ② 법 제93조제1항에 따른 운항규정 및 정비규정에 포함되어야 할 사항은 다음 각 호와 같다. 1. 운항규정에 포함되어야 할 사항: 별표 36에 규정된 사항 2. 정비규정에 포함되어야 할 사항: 별표 37에 규정된 사항

항공안전법	항공안전법 시행령	항공안전법 시행규칙
제7장 항공운송사업자 등에 대한 안전관리		
제1절 항공운송사업자에 대한 안전관리		
④ 국토교통부장관은 제1항 본문 또는 제2항 단서에 따라 인가하는 경우 조건 또는 기한을 붙이거나 조건 또는 기한을 변경할 수 있다. 다만, 그 조건 또는 기한은 공공의 이익 증진이나 인가의 시행에 필요한 최소한도의 것이어야 하며, 해당 항공운송사업자에게 부당한 의무를 부과하는 것이어서는 아니 된다. ⑤ 국토교통부장관은 제2항 본문에 따른 신고를 받은 날부터 10일 이내에 신고수리 여부를 신고인에게 통지하여야 한다.〈신설 2020. 6. 9.〉 ⑥ 국토교통부장관이 제5항에서 정한 기간 내에 신고수리 여부 또는 민원 처리 관련 법령에 따른 처리기간의 연장을 신고인에게 통지하지 아니하면 그 기간(민원 처리 관련 법령에 따라 처리기간이 연장 또는 재연장된 경우에는 해당 처리기간을 말한다)이 끝난 날의 다음 날에 신고를 수리한 것으로 본다.〈신설 2020. 6. 9.〉 ⑦ 항공운송사업자는 제1항 본문 또는 제2항 단서에 따라 국토교통부장관의 인가를 받거나 제2항 본문에 따라 국토교통부장관에게 신고한 운항규정 또는 정비규정을 항공기의 운항 또는 정비에 관한 업무를 수행하는 종사자에게 제공하여야 한다. 이 경우 항공운송사업자와 항공기의 운항 또는 정비에 관한 업무를 수행하는 종사자는 운항규정 또는 정비규정을 준수하여야 한다.〈개정 2020. 6. 9.〉		③ 법 제93조제2항 단서에서 "최소장비목록, 승무원 훈련프로그램 등 국토교통부령으 로 정하는 중요사항"이란 다음 각 호의 사항을 말한다. 1. 운항규정의 경우: 별표 36 제1호가목 6)·7)·38), 같은 호 나목9), 같은 호 다목3)·4) 및 같은 호 라목에 관한 사항과 별표 36 제2호가목5)·6), 같은 호 나목7), 같은 호 다목3)·4) 및 같은 호 라목에 관한 사항 2. 정비규정의 경우: 별표 37에서 변경인가대상으로 정한 사항 ④ 국토교통부장관 또는 지방항공청장은 제1항에 따른 운항규정 또는 정비규정(변경)인가신청서를 접수받은 경우 법 제77조제1항에 따른 운항기술기준에 적합한지의 여부를 확인한 후 적합하다고 인정되면 그 규정을 인가하여야 한다.
제94조(항공운송사업자에 대한 안전개선명령) 국토교통부장관은 항공운송의 안전을 위하여 필요하다고 인정되는 경우에는 항공운송사업자에게 다음 각 호의 사항을 명할 수 있다. 1. 항공기 및 그 밖의 시설의 개선 2. 항공에 관한 국제조약을 이행하기 위하여 필요한 사항 3. 그 밖에 항공기의 안전운항에 대한 방해 요소를 제거하기 위하여 필요한 사항		**제267조(운항규정과 정비규정의 신고)** ① 법 제93조제2항 본문에 따라 인가 받은 운항규정 또는 정비규정 중 제3항에 따른 중요사항 외의 사항을 변경하려는 경우에는 별지 제97호서식의 운항규정 또는 정비규정 변경신고서에 변경된 운항규정 또는 정비규정과 신·구 내용 대비표를 첨부하여 국토교통부장관 또는 지방항공청장에게 신고하여야 한다. ② 삭제〈2020. 12. 10.〉

항공안전법	항공안전법 시행령	항공안전법 시행규칙
제7장 항공운송사업자 등에 대한 안전관리		
제2절 항공기사용사업자에 대한 안전관리		
제95조(항공기사용사업자의 운항증명 취소 등) ① 국토교통부장관은 제96조제1항에서 준용하는 제90조에 따라 운항증명을 받은 항공기사용사업자가 제91조제1항 각 호의 어느 하나에 해당하는 경우에는 운항증명을 취소하거나 6개월 이내의 기간을 정하여 항공기 운항의 정지를 명할 수 있다. 다만, 제91조제1항제1호, 제39호 또는 제49호의 어느 하나에 해당하는 경우에는 운항증명을 취소하여야 한다. ② 국토교통부장관은 항공기사용사업자(제96조제1항에서 준용하는 제90조에 따라 운항증명을 받은 항공기사용사업자는 제외한다)가 제91조제1항 제2호부터 제22호까지, 제26호부터 제30호까지 및 제32호부터 제48호까지의 어느 하나에 해당하는 경우에는 6개월 이내의 기간을 정하여 항공기 운항의 정지를 명할 수 있다. ③ 제1항 및 제2항에 따른 처분의 세분기준 및 절차와 그 밖에 필요한 사항은 국토교통부령으로 정한다.〈신설 2017. 1. 17.〉 ④ 국토교통부장관은 제1항 또는 제2항에 따라 항공기 운항의 정지를 명하여야 하는 경우로서 그 운항을 정지하면 항공기 이용자 등에게 심한 불편을 주거나 공익을 해칠 우려가 있는 경우에는 항공기의 운항정지처분을 갈음하여 3억원 이하의 과징금을 부과할 수 있다.〈개정 2017. 1. 17.〉 ⑤ 제4항에 따른 과징금 부과의 구체적인 기준, 절차 및 그 밖에 필요한 사항은 대통령령으로 정한다.〈개정 2017. 1. 17.〉 ⑥ 국토교통부장관은 제4항에 따른 과징금을 내야 할 자가 납부기한까지 과징금을 내지 아니하면 국세 체납처분의 예에 따라 징수한다.〈개정 2017. 1. 17.〉	**제21조(항공운송사업자 등에 대한 위반행위의 종류별 과징금의 금액 등)** ① 법 제92조제1항 및 제95조제4항에 따라 과징금을 부과하는 위반행위의 종류와 위반 정도 등에 따른 과징금의 금액은 별표 3과 같다. ② 과징금의 부과·납부 및 독촉·징수에 관하여는 제6조 및 제7조를 준용한다.	**제268조(운항규정 및 정비규정의 배포 등)** 항공운송사업자는 제266조 및 제267조에 따라 인가받거나 신고한 운항규정 또는 정비규정에 최신의 정보가 수록될 수 있도록 하여야 하며, 항공기의 운항 또는 정비에 관한 업무를 수행하는 해당 종사자에게 최신의 운항규정 및 정비규정을 배포하여야 한다.
제96조(항공기사용사업자에 대한 준용규정) ① 항공기사용사업자 중 국토교통부령으로 정하는 업무를 하는 항공기사용사업자에 대해서는 제90조를 준용한다. ② 항공기사용사업자의 운항규정 또는 정비규정의 인가 등에 관하여는 제93조 및 제94조를 준용한다		**제269조(운항증명을 받아야 하는 항공기사용사업의 범위)** ① 법 제96조제1항에서 "국토교통부령으로 정하는 업무를 하는 항공기사용사업자"란 「항공사업법 시행규칙」 제4조제1호 및 제5호부터 제7호까지의 업무를 하는 항공기사용사업자를 말한다. 다만, 「항공사업법 시행규칙」 제4조제1호 및 제5호의 업무를 하는 항공기사용사업의 경우에는 헬리콥터를 사용하여 업무를 하는 항공기사용사업만 해당한다. ② 항공기사용사업자에 대한 운항증명의 신청, 검사, 발급 등에 관하여는 제257조부터 제268조까지의 규정을 준용한다.

항공안전법	항공안전법 시행령	항공안전법 시행규칙
제7장 항공운송사업자 등에 대한 안전관리		
제3절 항공기정비업자에 대한 안전관리		
제97조(정비조직인증 등) ① 제8조에 따라 대한민국 국적을 취득한 항공기와 이에 사용되는 발동기, 프로펠러, 장비품 또는 부품의 정비등의 업무 등 국토교통부령으로 정하는 업무를 하려는 항공기정비업자 또는 외국의 항공기정비업자는 그 업무를 시작하기 전까지 국토교통부장관이 정하여 고시하는 인력, 설비 및 검사체계 등에 관한 기준(이하 "정비조직인증기준"이라 한다)에 적합한 인력, 설비 등을 갖추어 국토교통부장관의 인증(이하 "정비조직인증"이라 한다)을 받아야 한다. 다만, 대한민국과 정비조직인증에 관한 항공안전협정을 체결한 국가로부터 정비조직인증을 받은 자는 국토교통부장관의 정비조직인증을 받은 것으로 본다. ② 국토교통부장관은 정비조직인증을 하는 경우에는 정비등의 범위·방법 및 품질관리절차 등을 정한 세부 운영기준을 정비조직인증서와 함께 해당 항공기정비업자에게 발급하여야 한다. ③ 항공기등, 장비품 또는 부품에 대한 정비등을 하는 경우에는 그 항공기등, 장비품 또는 부품을 제작한 자가 정하거나 국토교통부장관이 인정한 정비등에 관한 방법 및 절차 등을 준수하여야 한다.		제270조(정비조직인증을 받아야 하는 대상 업무) 법 제97조제1항 본문에서 "국토교통부령으로 정하는 업무"란 다음 각 호의 어느 하나에 해당하는 업무를 말한다. 1. 항공기등 또는 부품등의 정비등의 업무 2. 제1호의 업무에 대한 기술관리 및 품질관리 등을 지원하는 업무
제98조(정비조직인증의 취소 등) ① 국토교통부장관은 정비조직인증을 받은 자가 다음 각 호의 어느 하나에 해당하는 경우에는 정비조직인증을 취소하거나 6개월 이내의 기간을 정하여 그 효력의 정지를 명할 수 있다. 다만, 제1호 또는 제5호에 해당하는 경우에는 그 정비조직인증을 취소하여야 한다. 1. 거짓이나 그 밖의 부정한 방법으로 정비조직인증을 받은 경우 2. 제58조제2항을 위반하여 다음 각 목의 어느 하나에 해당하는 경우 가. 업무를 시작하기 전까지 항공안전관리시스템을 마련하지 아니한 경우 나. 승인을 받지 아니하고 항공안전관리시스템을 운용한 경우 다. 항공안전관리시스템을 승인받은 내용과 다르게 운용한 경우 라. 승인을 받지 아니하고 국토교통부령으로 정하는 중요 사항을 변경한 경우 3. 정당한 사유 없이 정비조직인증기준을 위반한 경우 4. 고의 또는 중대한 과실에 의하거나 항공종사자에 대한 관리·감독에 관하여 상당한 주의의무를 게을리함으로써 항공기사고가 발생한 경우 5. 이 조에 따른 효력정지기간에 업무를 한 경우 ② 제1항에 따른 처분의 기준은 국토교통부령으로 정한다.		제271조(정비조직인증의 신청) ① 법 제97조에 따른 정비조직인증을 받으려는 자는 별지 제98호서식의 정비조직인증 신청서에 정비조직절차교범을 첨부하여 지방항공청장에게 제출하여야 한다. ② 제1항의 정비조직절차교범에는 다음 각 호의 사항을 적어야 한다. 1. 수행하려는 업무의 범위 2. 항공기등·부품등에 대한 정비방법 및 그 절차 3. 항공기등·부품등의 정비에 관한 기술관리 및 품질관리의 방법과 절차 4. 그 밖에 시설·장비 등 국토교통부장관이 정하여 고시하는 사항 제272조(정비조직인증서의 발급) 지방항공청장은 법 제97조제1항에 따라 정비조직인증기준에 적합한지 여부를 검사한 결과 그 기준에 적합하다고 인정되는 경우에는 법 제97조제2항에 따른 세부 운영기준과 함께 별지 제99호서식의 정비조직인증서를 신청자에게 발급하여야 한다.

항공안전법	항공안전법 시행령	항공안전법 시행규칙
제7장 항공운송사업자 등에 대한 안전관리		
제3절 항공기정비업자에 대한 안전관리		
제99조(정비조직인증을 받은 자에 대한 과징금의 부과) ① 국토교통부장관은 정비조직인증을 받은 자가 제98조제1항제2호부터 제4호까지의 어느 하나에 해당하여 그 효력의 정지를 명하여야 하는 경우로서 그 효력을 정지하는 경우 그 업무의 이용자 등에게 심한 불편을 주거나 공익을 해칠 우려가 있는 경우에는 효력정지처분을 갈음하여 5억원 이하의 과징금을 부과할 수 있다. ② 제1항에 따른 과징금 부과의 구체적인 기준, 절차 및 그 밖에 필요한 사항은 대통령령으로 정한다. ③ 국토교통부장관은 제1항에 따라 과징금을 내야 할 자가 납부기한까지 과징금을 내지 아니하면 국세 체납처분의 예에 따라 징수한다.	**제22조(정비조직인증을 받은 자에 대한 위반행위의 종류별 과징금의 금액 등)** ① 법 제99조제1항에 따라 과징금을 부과하는 위반행위의 종류와 위반 정도 등에 따른 과징금의 금액은 별표 4와 같다. ② 과징금의 부과·납부 및 독촉·징수에 관하여는 제6조 및 제7조를 준용한다.	**제273조(정비조직인증의 취소 등의 기준)** ① 법 제98조제1항제2호라목에서 "국토교통부령으로 정하는 중요 사항"이란 제130조제3항 각 호의 사항을 말한다. ② 법 제98조제2항에 따른 정비조직인증 취소 등의 행정처분기준은 별표 38과 같다.

항공안전법	항공안전법 시행령	항공안전법 시행규칙
제8장 외국항공기		
제100조(외국항공기의 항행) ① 외국 국적을 가진 항공기의 사용자(외국, 외국의 공공단체 또는 이에 준하는 자를 포함한다)는 다음 각 호의 어느 하나에 해당하는 항행을 하려면 국토교통부장관의 허가를 받아야 한다. 다만, 「항공사업법」 제 54조 및 제55조에 따른 허가를 받은 자는 그러하지 아니하다. 1. 영공 밖에서 이륙하여 대한민국에 착륙하는 항행 2. 대한민국에서 이륙하여 영공 밖에 착륙하는 항행 3. 영공 밖에서 이륙하여 대한민국에 착륙하지 아니하고 영공을 통과하여 영공 밖에 착륙하는 항행 ② 외국의 군, 세관 또는 경찰의 업무에 사용되는 항공기는 제1항을 적용할 때에는 해당 국가가 사용하는 항공기로 본다. ③ 제1항 각 호의 어느 하나에 해당하는 항행을 하는 자는 국토교통부장관이 요구하는 경우 지체 없이 국토교통부장관이 지정한 비행장에 착륙하여야 한다.		**제274조(외국항공기의 항행허가 신청)** 법 제100조제1항제1호 및 제2호에 따른 항행을 하려는 자는 그 운항 예정일 2일 전까지 별지 제100호서식의 외국항공기 항행허가 신청서를 지방항공청장에게 제출하여야 하고, 법 제100조제1항제3호에 따른 통과항행을 하려는 자는 별지 제101호서식의 영공통과 허가신청서를 항공교통본부장에게 제출하여야 한다.
제101조(외국항공기의 국내 사용) 외국 국적을 가진 항공기(「항공사업법」 제54조 및 제55조에 따른 허가를 받은 자가 해당 운송에 사용하는 항공기는 제외한다)는 대한민국 각 지역 간을 운항해서는 아니 된다. 다만, 국토교통부령으로 정하는 바에 따라 국토교통부장관의 허가를 받은 경우에는 그러하지 아니하다.		**제275조(외국항공기의 항행허가 변경신청)** 제274조에 따라 외국항공기 항행허가 또는 영공통과 허가를 받은 자가 허가받은 사항을 변경하려는 경우에는 그 운항 예정일 2일 전까지 별지 제102호서식의 외국항공기 항행허가 변경신청서 또는 제103호서식의 영공통과허가 변경신청서를 지방항공청장 또는 항공교통본부장에게 제출하여야 한다.
제102조(증명서 등의 인정) 다음 각 호의 어느 하나에 해당하는 항공기의 감항성 및 그 승무원의 자격에 관하여 해당 항공기의 국적인 외국정부가 한 증명 및 그 밖의 행위는 이 법에 따라 한 것으로 본다.		**제276조(외국항공기의 국내사용허가 신청)** 법 제101조 단서에 따라 외국 국적을 가진 항공기를 운항하려는 자는 그 운항 개시 예정일 2일 전까지 별지 제104호서식의 외국항공기 국내사용허가 신청서를 지방항공청장에게 제출하여야 한다.
제103조(외국인국제항공운송사업자에 대한 운항증명승인 등) ① 「항공사업법」 제54조에 따라 외국인 국제항공운송사업 허가를 받으려는 자는 국토교통부령으로 정하는 기준에 따라 그가 속한 국가에서 발급받은 운항증명과 운항조건·제한사항을 정한 운영기준에 대하여 국토교통부장관의 운항증명승인을 받아야 한다. ② 국토교통부장관은 제1항에 따른 운항증명승인을 하는 경우에는 운항하려는 항공로, 공항 등에 관하여 운항조건·제한사항을 정한 서류를 운항증명승인서와 함께 발급할 수 있다. ③ 「항공사업법」 제54조에 따라 외국인 국제항공운송사업 허가를 받은 자(이하 "외국인국제항공운송사업자"라 한다)와 그에 속한 항공종사자는 제2항에 따라 발급된 운항조건·제한사항을 준수하여야 한다.		**제279조(외국인국제항공운송사업자에 대한 운항증명승인 등)** ① 「항공사업법」 제54조에 따라 외국인 국제항공운송사업 허가를 받으려는 자는 법 제103조제1항에 따라 그 운항 개시 예정일 60일 전까지 별지 제106호서식의 운항증명승인 신청서에 다음 각 호의 서류를 첨부하여 국토교통부장관에게 제출하여야 한다. 다만, 「항공사업법 시행규칙」 제53조에 따라 이미 제출한 경우에는 다음 각 호의 서류를 제출하지 아니할 수 있다. 1. 「국제민간항공협약」 부속서 6에 따라 해당 정부가 발행한 운항증명(Air Operator Certificate) 및 운영기준(Operations Specifications) 2. 「국제민간항공협약」 부속서 6(항공기 운항)에 따라 해당 정부로부터 인가받은 운항규정(Operations Manual) 및 정비규정(Maintenance Control Manual)

항공안전법	항공안전법 시행령	항공안전법 시행규칙
제8장 외국항공기		
④ 국토교통부장관은 외국인국제항공운송사업자가 사용하는 항공기의 안전운항을 위하여 국토교통부령으로 정하는 바에 따라 제2항에 따른 운항조건·제한사항을 변경할 수 있다. ⑤ 외국인국제항공운송사업자는 대한민국에 노선의 개설 등에 따른 운항증명승인 또는 운항조건·제한사항이 변경된 경우에는 국토교통부장관의 변경승인을 받아야 한다. ⑥ 국토교통부장관은 항공기의 안전운항을 위하여 외국인국제항공운송사업자가 사용하는 항공기에 대하여 검사를 할 수 있다. ⑦ 국토교통부장관은 제6항에 따른 검사 중 긴급히 조치하지 아니할 경우 항공기의 안전운항에 중대한 위험을 초래할 수 있는 사항이 발견되었을 때에는 국토교통부령으로 정하는 바에 따라 해당 항공기의 운항을 정지하거나 항공종사자의 업무를 정지할 수 있다. ⑧ 국토교통부장관은 제7항에 따라 한 정지처분의 사유가 없어진 경우에는 지체 없이 그 처분을 취소하거나 변경하여야 한다.		3. 항공기 운영국가의 항공당국이 인정한 항공기 임대차 계약서(해당 사실이 있는 경우만 해당한다) 4. 별지 제107호서식의 외국항공기의 소유자등 안전성 검토를 위한 질의서(Questionnaire of Foreign Operators' Safety) ② 국토교통부장관은 제1항에 따라 운항증명승인 신청을 받은 경우에는 그 서류와 다음 각 호의 사항을 검사하여 적합하다고 인정되면 해당 국가에서 외국인국제항공운송사업자에게 발급한 운항증명이 유효함을 확인하는 별지 제108호서식의 운항증명 승인서 및 별지 제109호서식의 운항조건 및 제한사항을 정한 서류를 함께 발급하여야 한다.〈개정 2020. 12. 10.〉 1. 운항증명을 발행한 국가에 대한 국제민간항공기구의 국제항공안전평가(ICAO USOAP 등) 결과 2. 운항증명을 발행한 국가 또는 외국인국제항공운송사업자에 대하여 외국정부가 공표한 항공안전에 관한 평가 결과 ③ 국토교통부장관은 제2항제1호부터 제2호까지 사항이 변경되었음을 알게 된 경우 또는 제4항에 따라 변경 내용 및 사유를 제출받은 경우에는 제2항에 따라 발급한 별지 제108호서식의 운항증명승인서 또는 별지 제109호서식의 운항조건 및 제한사항을 개정할 필요가 있다고 판단되면 해당 내용을 변경하여 발급할 수 있다.〈개정 2020. 12. 10.〉 ④ 외국인국제항공운송사업자는 제2항에 따라 국토교통부장관이 발급한 별지 제108호서식의 운항증명 승인서 또는 별지 제109호서식의 운항조건 및 제한사항에 변경사항이 발생하면 그 사유가 발생한 날로부터 30일 이내에 별지 제109호의2서식의 운항증명 변경승인 신청서에 변경내용을 증명할 수 있는 서류를 첨부하여 국토교통부장관에게 제출해야 한다.〈개정 2020. 12. 10.〉
제104조(안전운항을 위한 외국인국제항공운송사업자의 준수사항 등) ① 외국인 국제항공운송사업자는 다음 각 호의 서류를 국토교통부령으로 정하는 바에 따라 항공기에 싣고 운항하여야 한다. 1. 제103조제2항에 따라 국토교통부장관 이 발급한 운항증명승인서와 운항조건·제한사항을 정한 서류 2. 외국인국제항공운송사업자가 속한 국가가 발급한 운항증명 사본 및 운영기준 사본 3. 그 밖에 「국제민간항공협약」 및 같은 협약의 부속서에 따라 항공기에 싣고 운항하여야 할 서류 등 ② 외국인국제항공운송사업자와 그에 속한 항공종사자는 제1항제2호의 운영기준을 준수하여야 한다. ③ 국토교통부장관은 항공기의 안전운항을 위하여 외국인국제항공운송사업자와 그에 속한 항공종사자가 제1항제2호의 운영기준을 준수하는지 등에 대하여 정기 또는 수시로 검사할 수 있다.		**제280조(외국인국제항공운송사업자의 항공기의 운항정지 등)** 국토교통부장관은 법 제103조제7항에 따라 외국인국제항공운송사업자의 항공기의 운항을 정지하게 하거나 그에 속한 항공종사자의 업무를 정지하게 하려는 경우에는 다음 각 호의 순서에 따라 조치하여야 한다. 1. 국토교통부장관은 외국인국제항공운송사업자 또는 항공종사자에게 항공기의 운항 또는 항공종사자의 업무를 정지하는 사유와 조치하여야 할 내용을 구두로 지체 없이 통보하고, 사후에 서면으로 통보하여야 한다. 2. 제1호에 따라 통보를 받은 자는 조치하여야 할 사항을 조치하였을 때에는 지체 없이 그 내용을 국토교통부장관에게 통보하여야 한다. 3. 국토교통부장관은 제2호에 따른 통보를 받은 경우 그 내용을 확인하고 항공기의 안전운항에 지장이 없다고 판단되면 지체 없이 그 사실을 해당 외국인국제항공운송사업자 또는 항공종사자에게 통보하여 항공기의 운항 또는 항공종사자의 업무를 계속 수행할 수 있게 하여야 한다.

항공안전법	항공안전법 시행령	항공안전법 시행규칙
제8장 외국항공기		
④ 국토교통부장관은 제3항에 따른 정기검사 또는 수시검사에서 긴급히 조치하지 아니할 경우 항공기의 안전운항에 중대한 위험을 초래할 수 있는 사항이 발견되었을 때에는 국토교통부령으로 정하는 바에 따라 해당 항공기의 운항을 정지하거나 항공종사자의 업무를 정지할 수 있다. ⑤ 국토교통부장관은 제4항에 따른 정지처분의 사유가 없어지면 지체 없이 그 처분을 취소하여야 한다.		
제105조(외국인국제항공운송사업자의 항공 기 운항의 정지 등) ① 국토교통부장관은 외국인국제항공운송사업자가 다음 각 호의 어느 하나에 해당하는 경우에는 6개월 이내의 기간을 정하여 항공기 운항의 정지를 명할 수 있다. 다만, 제1호 또는 제6호에 해당하는 경우에는 운항증명승인을 취소하여야 한다. 1. 거짓이나 그 밖의 부정한 방법으로 운항증명승인을 받은 경우 2. 제103조제1항을 위반하여 운항증명승인을 받지 아니하고 운항한 경우 3. 제103조제3항을 위반하여 같은 조 제2항에 따른 운항조건·제한사항을 준수하지 아니한 경우 4. 제103조제5항을 위반하여 변경승인을 받지 아니하고 운항한 경우 5. 제106조에서 준용하는 제94조 각 호에 따른 항공운송의 안전을 위한 명령에 따르지 아니한 경우 6. 이 조에 따른 항공기 운항의 정지기간에 항공기를 운항한 경우 ② 제1항에 따른 처분의 세부기준 등 그 밖에 필요한 사항은 국토교통부령으로 정한다.		**제281조(외국인국제항공운송사업자의 항공기에 탑재하는 서류)** 법 제104조제1항에 따라 외국인국제항공운송사업자는 운항하려는 항공기에 다음 각 호의 서류를 탑재하여야 한다. 1. 항공기 등록증명서 2. 감항증명서 3. 탑재용 항공일지 4. 운용한계 지정서 및 비행교범 5. 운항규정(항공기 등록국가가 발행한 경우만 해당한다) 6. 소음기준적합증명서 7. 각 승무원의 유효한 자격증명(조종사 비행기록부를 포함한다) 8. 무선국 허가증명서(radio station license) 9. 탑승한 여객의 성명, 탑승지 및 목적지가 표시된 명부(passenger manifest) 10. 해당 항공운송사업자가 발행하는 수송화물의 목록(cargo manifest)과 화물 운송 장에 명시되어 있는 세부 화물신고서류(detailed declarations of the cargo) 11. 해당 국가의 항공당국 간에 체결한 항공기 등의 감독 의무에 관한 이전협정서 사 본(법 제5조에 따른 임대차 항공기의 경우만 해당한다)
제106조(외국인국제항공운송사업자에 대한 준용규정) ① 외국인국제항공운송사업자가 사용하는 항공기 조종사의 주류등 섭취·사용 제한에 관한 사항은 제57조를 준용한다. ② 외국인국제항공운송사업자의 항공안전 의무보고 및 자율보고 등에 관하여는 제59조, 제61조, 제92조 및 제94조를 준용한다. [전문개정 2021. 5. 18.]		**제282조(외국인국제항공운송사업자의 항공기 운항의 정지 등)** 법 제105조제2항에 따른 처분의 세부기준은 별표 39와 같다.
제107조(외국항공기의 유상운송에 대한 운항안전성 검사) 「항공사업법」 제55조에 따라 외국항공기의 유상운송 허가를 받으려는 자는 국토교통부령으로 정하는 기준에 따라 그가 속한 국가에서 발급받은 운항증명과 운항조건·제한사항을 정한 운영기준에 대하여 국토교통부장관이 실시하는 운항안전성 검사를 받아야 한다.		**제283조(외국항공기의 유상운송에 대한 운항안전성 검사)** 법 제107조에 따라 국토교통부장관이 실시하는 외국항공기의 유상운송에 대한 운항안전성 검사는 제279조제1항에 따른 서류 및 같은 조 제2항에 따른 사항을 확인하는 것을 말한다.

항공안전법	항공안전법 시행령	항공안전법 시행규칙
제9장 경량항공기		
제108조(경량항공기 안전성인증 등) ① 시험비행 등 국토교통부령으로 정하는 경우로서 국토교통부장관의 허가를 받은 경우를 제외하고는 경량항공기를 소유하거나 사용할 수 있는 권리가 있는 자(이하 "경량항공기소유자등"이라 한다)는 국토교통부령으로 정하는 기관 또는 단체의 장으로부터 그가 정한 안전성인증의 유효기간 및 절차·방법 등에 따라 그 경량항공기가 국토교통부장관이 정하여 고시하는 비행안전을 위한 기술상의 기준에 적합하다는 안전성인증을 받지 아니하고 비행하여서는 아니 된다. 이 경우 안전성인증의 유효기간 및 절차·방법 등에 대해서는 국토교통부장관의 승인을 받아야 하며, 변경할 때에도 또한 같다. ② 제1항에 따라 국토교통부령으로 정하는 기관 또는 단체의 장이 안전성인증을 할 때에는 국토교통부령으로 정하는 바에 따라 안전성인증 등급을 부여하고, 그 등급에 따른 운용범위를 지정하여야 한다. ③ 경량항공기소유자등 또는 경량항공기를 사용하여 비행하려는 사람은 제2항에 따라 부여된 안전성인증 등급에 따른 운용범위를 준수하여 비행하여야 한다. ④ 경량항공기소유자등 또는 경량항공기를 사용하여 비행하려는 사람은 경량항공기 또는 그 장비품·부품을 정비한 경우에는 제35조제8호의 항공정비사 자격증명을 가진 사람으로부터 국토교통부령으로 정하는 방법에 따라 안전하게 운용할 수 있다는 확인을 받지 아니하고 비행하여서는 아니 된다. 다만, 국토교통부령으로 정하는 경미한 정비는 그러하지 아니하다.		**제284조(경량항공기의 안전성인증 등)** ① 법 제108조제1항 전단에서 "시험비행 등 국토교통부령으로 정하는 경우"란 다음 각 호의 어느 하나에 해당하는 경우를 말한다. 1. 연구·개발 중에 있는 경량항공기의 안전성 여부를 평가하기 위하여 시험비행을 하는 경우 2. 법 제108조제1항 전단에 따른 안전성인증을 받은 경량항공기의 성능 향상을 위하여 운용한계를 초과하여 시험비행을 하는 경우 3. 그 밖에 국토교통부장관이 필요하다고 인정하는 경우 ② 법 제108조제1항 전단에 따른 시험비행 등을 위하여 국토교통부장관의 허가를 받으려는 자는 별지 제110호서식의 경량항공기 시험비행허가 신청서에 해당 경량항공기가 같은 항 전단에 따라 국토교통부장관이 정하여 고시하는 비행안전을 위한 기술상의 기준(이하 "경량항공기 기술기준"이라 한다)에 적합함을 입증할 수 있는 다음 각 호의 서류를 첨부하여 국토교통부장관에게 제출하여야 한다. 1. 해당 경량항공기에 대한 소개서 2. 경량항공기의 설계가 경량항공기 기술기준에 충족함을 입증하는 서류 3. 설계도면과 일치되게 제작되었음을 입증하는 서류 4. 완성 후 상태, 지상 기능점검 및 성능시험 결과를 확인할 수 있는 서류 5. 경량항공기 조종절차 및 안전성 유지를 위한 정비방법을 명시한 서류 6. 경량항공기 사진(전체 및 측면사진을 말하며, 전자파일로 된 것을 포함한다) 각 1매 7. 시험비행계획서 ③ 국토교통부장관은 제2항에 따른 신청서를 접수받은 경우 경량항공기 기술기준에 적합한지의 여부를 확인한 후 적합하다고 인정하면 신청인에게 시험비행을 허가하여야 한다. ④ 법 제108조제1항 전단 및 같은 조 제2항에서 "국토교통부령으로 정하는 기관 또는 단체"란 「항공안전기술원법」에 따른 항공안전기술원(이하 "기술원"이라 한다)을 말한다.〈개정 2018. 3. 23.〉 ⑤ 법 제108조제2항에 따른 안전성인증 등급은 다음 각 호와 같이 구분하고, 각 등급에 따른 운용범위는 별표 40과 같다.〈개정 2021. 8. 27.〉 1. 제1종: 경량항공기 기술기준에 적합하게 완제기 형태로 제작된 경량항공기 2. 제2종: 경량항공기 기술기준에 적합하게 조립(組立)형태로 제작된 경량항공기 3. 제3종: 경량항공기가 완제기 형태로 제작되었으나 경량항공기 제작자로부터 경량항공기 기술기준에 적합함을 입증하는 서류를 발급받지 못한 경량항공기

항공안전법	항공안전법 시행령	항공안전법 시행규칙
제9장 경량항공기		
		4. 제4종: 다음 각 목의 어느 하나에 해당하는 경량항공기 가. 경량항공기 제작자가 제공한 수리·개조지침을 따르지 아니하고 수리 또는 개조하여 원형이 변경된 경량항공기로서 제한된 범위에서 비행이 가능한 경량항공기 나. 제1호부터 제3호까지에 해당하지 아니하는 경량항공기로서 제한된 범위에서 비행이 가능한 경량항공기 ⑥ 제5항에 따른 안전성인증 등급의 구분 및 운용범위에 관하여 필요한 세부사항은 국토교통부장관이 정하여 고시한다.
		제285조(경량항공기의 정비 확인) ① 법 제108조제4항 본문에 따라 경량항공기소유자등 또는 경량항공기를 사용하여 비행하려는 사람이 경량항공기 또는 그 부품등을 정비한 후 경량항공기 등을 안전하게 운용할 수 있다는 확인을 받기 위해서는 법 제35조제8호에 따른 항공정비사 자격증명을 가진 사람으로부터 해당 정비가 다음 각 호의 어느 하나에 충족되게 수행되었음을 확인받은 후 해당 정비 기록문서에 서명을 받아야 한다. 1. 해당 경량항공기 제작자가 제공하는 최신의 정비교범 및 기술문서 2. 해당 경량항공기 제작자가 정비교범 및 기술문서를 제공하지 아니하여 경량항공기소유자등이 안전성인증 검사를 받을 때 제출한 검사프로그램 3. 그 밖에 국토교통부장관이 정하여 고시하는 기준에 부합하는 기술자료 ② 법 제108조제4항 단서에서 "국토교통부령으로 정하는 경미한 정비"란 별표 41에 따른 정비를 말한다.
제109조(경량항공기 조종사 자격증명) ① 경량항공기를 사용하여 비행하려는 사람은 국토교통부령으로 정하는 바에 따라 국토교통부장관의 자격증명(이하 "경량항공기 조종사 자격증명"이라 한다)을 받아야 한다. ② 다음 각 호의 어느 하나에 해당하는 사람은 경량항공기 조종사 자격증명을 받을 수 없다. 1. 17세 미만인 사람 2. 제114조제1항에 따른 경량항공기 조종사 자격증명 취소처분을 받고 그 취소일부터 2년이 지나지 아니한 사람		**제286조(경량항공기 조종사 응시자격)** 법 제109조제1항에 따라 경량항공기 조종사 자격증명을 받으려는 사람은 법 제109조제2항 각 호에 해당하지 아니하는 사람으로서 별표 4에 따른 경력을 가진 사람이어야 한다. **제287조(경량항공기 조종사 자격증명 응시원서의 제출 등)** 법 제112조제1항부터 제3항까지의 규정에 따라 경량항공기 조종사 자격증명 시험 또는 경량항공기 조종사 자격증명의 한정심사에 응시하려는 사람에 관하여는 제75조부터 제77조까지 및 제81조부터 제89조까지를 준용한다. 이 경우 "항공기"는 "경량항공기"로, "항공종사자"는 "경량항공기 조종사"로, 제87조제1항에 대해서는 "별지 제38호서식"은 "별지 제38호의2서식"으로 보되, 제88조제2항에 대해서는 "실기시험"을 "학과시험"으로 본다.

항공안전법	항공안전법 시행령	항공안전법 시행규칙
제9장 경량항공기		
제110조(경량항공기 조종사 업무범위) 경량항공기 조종사 자격증명을 받은 사람은 경량항공기에 탑승하여 경량항공기를 조종하는 업무(이하 "경량항공기 조종업무"라 한다) 외의 업무를 해서는 아니 된다. 다만, 새로운 종류의 경량항공기에 탑승하여 시험비행 등을 하는 경우로서 국토교통부령으로 정하는 바에 따라 국토교통부장관의 허가를 받은 경우에는 그러하지 아니하다.		**제288조(경량항공기의 조종사의 자격증명 업무범위 외의 비행 시 허가대상)** 법 제110조 단서에 따라 다음 각 호의 어느 하나에 해당하는 경우에는 국토교통부장관의 허가를 받아야 한다. 1. 새로운 종류의 경량항공기에 탑승하여 시험비행을 하는 경우 2. 국내에 최초로 도입되는 경량항공기에서 교관으로서 훈련을 실시하는 경우 3. 그 밖에 국토교통부장관이 필요하다고 인정하는 경우 **제289조(경량항공기 시험비행 등의 허가)** 법 제110조 단서에 따라 경량항공기의 시험비행 등을 하려는 사람은 별지 제25호서식의 시험비행 등의 허가신청서를 지방항공청장에게 제출하여야 한다.
제111조(경량항공기 조종사 자격증명의 한정) ① 국토교통부장관은 경량항공기 조종사 자격증명을 하는 경우에는 경량항공기의 종류를 한정할 수 있다. ② 제1항에 따라 경량항공기 조종사 자격증명의 한정을 받은 사람은 그 한정된 경량항공기 종류 외의 경량항공기를 조종해서는 아니 된다. ③ 제1항에 따른 경량항공기 조종사 자격증명의 한정에 필요한 세부 사항은 국토교통부령으로 정한다.		**제290조(경량항공기 조종사 자격증명의 한정)** 국토교통부장관은 법 제111조제3항에 따라 경량항공기의 종류를 한정하는 경우에는 자격증명을 받으려는 사람이 실기심사에 사용하는 다음 각 호의 어느 하나에 해당하는 경량항공기의 종류로 한정해야 한다. 1. 조종형비행기 2. 체중이동형비행기 3. 경량헬리콥터 4. 자이로플레인 5. 동력패러슈트
제112조(경량항공기 조종사 자격증명 시험의 실시 및 면제) ① 경량항공기 조종사 자격증명을 받으려는 사람은 국토교통부령으로 정하는 바에 따라 경량항공기 조종업무에 종사하는 데 필요한 지식 및 능력에 관하여 국토교통부장관이 실시하는 학과시험 및 실기시험에 합격하여야 한다. ② 국토교통부장관은 제111조에 따라 경량항공기 조종사 자격증명(제115조에 따른 경량항공기 조종교육증명을 포함한다)을 경량항공기의 종류별로 한정하는 경우에는 경량항공기 탑승경력 등을 심사하여야 한다. 이 경우 종류에 대한 최초의 경량항공기 조종사 자격증명의 한정은 실기시험을 실시하여 심사할 수 있다. ③ 국토교통부장관은 다음 각 호의 어느 하나에 해당하는 사람에게는 국토교통부령으로 정하는 바에 따라 제1항 및 제2항에 따른 시험 및 심사의 전부 또는 일부를 면제할 수 있다. 1. 제35조제1호부터 제4호까지의 자격증명 또는 외국정부로부터 경량항공기 조종사 자격증명을 받은 사람 2. 제117조에 따른 경량항공기 전문교육기관의 교육과정을 이수한 사람		

항공안전법	항공안전법 시행령	항공안전법 시행규칙
제9장 경량항공기		
3. 해당 분야에 관한 실무경험이 있는 사람 ④ 국토교통부장관은 제1항에 따라 학과시험 및 실기시험에 합격한 사람에 대해서는 경량항공기 조종사 자격증명서를 발급하여야 한다.		
제113조(경량항공기 조종사의 항공신체검사증명) ① 경량항공기 조종사 자격증명을 받고 경량항공기 조종업무를 하려는 사람(제116조에 따라 경량항공기 조종연습을 하는 사람을 포함한다)은 국토교통부장관의 항공신체검사증명을 받아야 한다. ② 제1항에 따른 항공신체검사증명에 관하여는 제40조제2항부터 제6항까지의 규정을 준용한다.		**제291조(경량항공기 조종사의 항공신체검사증명의 기준 등)** 법 제113조제1항에 따른 경량항공기 조종사의 항공신체검사증명의 기준, 유효기간 및 신청 등에 관하여는 제92조부터 제96조까지의 규정을 준용한다. 이 경우 "항공기"는 "경량항공기"로, "항공종사자"는 "경량항공기 조종사"로 본다.
제114조(경량항공기 조종사 자격증명등·항공신체검사증명의 취소 등) ① 국토교통부장관은 경량항공기 조종사 자격증명을 받은 사람이 다음 각 호의 어느 하나에 해당하는 경우에는 그 경량항공기 조종사 자격증명이나 자격증명의 한정(이하 이 조에서 "자격증명등"이라 한다)을 취소하거나 1년 이내의 기간을 정하여 자격증명등의 효력정지를 명할 수 있다. 다만, 제1호, 제5호의2, 제5호의3 또는 제17호의 어느 하나에 해당하는 경우에는 자격증명등을 취소하여야 한다.〈개정 2021. 5. 18.〉 1. 거짓이나 그 밖의 부정한 방법으로 자격증명등을 받은 경우 2. 이 법을 위반하여 벌금 이상의 형을 선고받은 경우 3. 경량항공기 조종업무를 수행할 때 고의 또는 중대한 과실로 경량항공기사고를 일으켜 인명피해나 재산피해를 발생시킨 경우 4. 제110조 본문을 위반하여 경량항공기 조종업무 외의 업무에 종사한 경우 5. 제111조제2항을 위반하여 경량항공기 조종사 자격증명의 한정을 받은 사람이 한정된 경량항공기 종류 외의 경량항공기를 조종한 경우 5의2. 제112조의2제1항을 위반하여 다른 사람에게 자기의 성명을 사용하여 경량항공기 조종업무를 수행하게 하거나 경량항공기 조종사 자격증명서를 빌려 준 경우 5의3. 제112조의2제3항을 위반하여 다음 각 목의 어느 하나에 해당하는 행위를 알선한 경우 가. 다른 사람에게 자기의 성명을 사용하여 경량항공기 조종업무를 수행하게 하거나 경량항공기 조종사 자격증명서를 빌려 주는 행위 나. 다른 사람의 성명을 사용하여 경량항공기 조종업무를 수행하거나 다른 사람의 경량항공기 조종사 자격증명서를 빌리는 행위 6. 제113조(제116조제5항에서 준용하는 경우를 포함한다)를 위반하여 항공신체검사증명을 받지 아니하고 경량항공기 조종업무를 하거나 경량항공기 조종연습을 한 경우		**제292조(경량항공기 조종사 자격증명·항공신체검사증명의 취소 등)** ① 법 제114조제1항(법 제115조제3항에서 준용하는 경우를 포함한다) 및 제2항에 따른 행정처분기준은 별표 42와 같다. ② 국토교통부장관 또는 지방항공청장은 제1항에 따른 처분을 한 경우에는 별지 제111호서식의 경량항공기 조종사등 행정처분 대장을 작성·관리하되, 전자적 처리가 불가능한 특별한 사유가 없으면 전자적 처리가 가능한 방법으로 작성·관리하고, 그 처분 내용에 따라 한국교통안전공단의 이사장 또는 한국항공우주의학협회에 통지하여야 한다.〈개정 2018. 3. 23.〉

항공안전법	항공안전법 시행령	항공안전법 시행규칙
제9장 경량항공기		
7. 제115조제1항을 위반하여 조종교육증명을 받지 아니하고 조종교육을 한 경우 8. 제115조제2항을 위반하여 국토교통부장관이 정하는 교육을 받지 아니한 경우 9. 제118조를 위반하여 이륙·착륙 장소가 아닌 곳 또는 「공항시설법」 제25조제6항에 따라 사용이 중지된 이착륙장에서 경량항공기를 이륙하거나 착륙하게 한 경우 10. 제121조제2항에서 준용하는 제57조제1항을 위반하여 주류등의 영향으로 경량항공기 조종업무(제116조에 따른 경량항공기 조종연습을 포함한다)를 정상적으로 수행할 수 없는 상태에서 경량항공기를 사용하여 비행한 경우 11. 제121조제2항에서 준용하는 제57조제2항을 위반하여 경량항공기 조종업무(제116조에 따른 경량항공기 조종연습을 포함한다)에 종사하는 동안에 같은 조 제1항에 따른 주류등을 섭취하거나 사용한 경우 12. 제121조제2항에서 준용하는 제57조제3항을 위반하여 같은 조 제1항에 따른 주류등의 섭취 및 사용 여부의 측정 요구에 따르지 아니한 경우 13. 제121조제3항에서 준용하는 제67조제1항을 위반하여 비행규칙을 따르지 아니하고 비행한 경우 14. 제121조제4항에서 준용하는 제79조제1항을 위반하여 국토교통부장관이 정하여 공고하는 비행의 방식 및 절차에 따르지 아니하고 비관제공역 또는 주의공역에서 비행한 경우 15. 제121조제4항에서 준용하는 제79조제2항을 위반하여 허가를 받지 아니하거나 국토교통부장관이 정하는 비행의 방식 및 절차에 따르지 아니하고 통제공역에서 비행한 경우 16. 제121조제5항에서 준용하는 제84조제1항을 위반하여 국토교통부장관 또는 항공교통업무증명을 받은 자가 지시하는 이동·이륙·착륙의 순서 및 시기와 비행의 방법에 따르지 아니한 경우 17. 이 조에 따른 자격증명등의 효력정지기간에 경량항공기 조종업무에 종사한 경우 ② 국토교통부장관은 경량항공기 조종업무를 하는 사람이 다음 각 호의 어느 하나에 해당하는 경우에는 그 항공신체검사증명을 취소하거나 1년 이내의 기간을 정하여 항공신체검사증명의 효력정지를 명할 수 있다. 다만, 제1호에 해당하는 경우에는 항공신체검사증명을 취소하여야 한다. 1. 거짓이나 그 밖의 부정한 방법으로 항공신체검사증명을 받은 경우 2. 제113조제2항에서 준용하는 제40조제2항에 따른 자격증명의 종류별 항공신체검사증명의 기준에 맞지 아니하게 되어 경량항공기 조종업무를 수행하기에 부적합하다고 인정되는 경우		

항공안전법	항공안전법 시행령	항공안전법 시행규칙
제9장 경량항공기		
3. 제1항제10호부터 제12호까지의 어느 하나에 해당하는 경우 ③ 자격증명등의 시험에 응시하거나 심사를 받는 사람이 그 시험 또는 심사에서 부정행위를 하거나 항공신체검사를 받는 사람이 그 검사에서 부정한 행위를 한 경우에는 그 부정행위를 한 날부터 각각 2년 동안 이 법에 따른 자격증명등의 시험에 응시하거나 심사를 받을 수 없으며, 이 법에 따른 항공신체검사를 받을 수 없다. ④ 제1항 및 제2항에 따른 처분의 기준 및 절차와 그 밖에 필요한 사항은 국토교통부령으로 정한다.		
제115조(경량항공기 조종교육증명) ① 다음 각 호의 조종연습을 하는 사람에 대하여 경량항공기 조종교육을 하려는 사람은 그 경량항공기의 종류별로 국토교통부령으로 정하는 바에 따라 국토교통부장관의 조종교육증명을 받아야 한다. 1. 경량항공기 조종사 자격증명을 받지 아니한 사람이 경량항공기에 탑승하여 하는 조종연습 2. 경량항공기 조종사 자격증명을 받은 사람이 그 경량항공기 조종사 자격증명에 대하여 제111조에 따른 한정을 받은 종류 외의 경량항공기에 탑승하여 하는 조종연습 ② 제1항에 따른 조종교육증명(이하 "경량항공기 조종교육증명"이라 한다)은 경량항공기 조종교육증명서를 발급함으로써 하며, 경량항공기 조종교육증명을 받은 자는 국토교통부장관이 정하는 바에 따라 교육을 받아야 한다. ③ 경량항공기 조종교육증명의 시험 및 취소 등에 관하여는 제112조 및 제114조제1항·제3항을 준용한다.		**제293조(경량항공기 조종교육증명 절차 등)** ① 법 제115조제1항에 따른 경량항공기 조종사 조종교육증명을 위한 학과시험 및 실기시험, 시험장소 등에 관한 세부적인 내용과 절차는 국토교통부장관이 정하여 고시한다. ② 법 제115조제1항에 따라 조종교육증명을 받아야 하는 조종교육은 경량항공기에 대한 이륙조작·착륙조작 또는 공중조작의 실기교육(경량항공기 조종연습생 단독으로 비행하게 하는 경우를 포함한다)으로 한다. ③ 법 제115조제2항에 따라 조종교육증명을 받는 자는 한국교통안전공단의 이사장이 실시하는 다음 각 호의 내용이 포함된 안전교육을 정기적(조종교육증명 또는 안전교육을 받은 해의 말일부터 2년 내)으로 받아야 한다.〈개정 2018. 3. 23.〉 1. 항공법령의 개정사항 2. 기상정보 획득 및 이해 3. 경량항공기 사고사례
제116조(경량항공기 조종연습) ① 제115조제1항제1호의 조종연습을 하려는 사람은 그 조종연습에 관하여 국토교통부령으로 정하는 바에 따라 국토교통부장관의 허가를 받고 경량항공기 조종교육증명을 받은 사람의 감독 하에 조종연습을 하여야 한다. ② 제115조제1항제2호의 조종연습을 하려는 사람은 경량항공기 조종교육증명을 받은 사람의 감독 하에 조종연습을 하여야 한다. ③ 제1항에 따른 조종연습에 대해서는 제109조제1항을 적용하지 아니하고, 제2항에 따른 조종연습에 대해서는 제111조제2항을 적용하지 아니한다. ④ 국토교통부장관은 제1항에 따라 조종연습의 허가 신청을 받은 경우 신청인이 경량항공기 조종연습을 하기에 필요한 능력이 있다고 인정될 때에는 국토교통부령으로 정하는 바에 따라 그 조종연습을 허가하고, 신청인에게 경량항공기 조종연습허가서를 발급한다.		**제294조(경량항공기 조종연습의 허가 신청)** ① 법 제116조제1항에 따라 경량항공기 조종연습 허가를 받으려는 사람은 별지 제112호서식의 경량항공기 조종연습 허가신청서에 자동차운전면허증 사본(제2종 항공신체검사증명서 대신 자동차운전면허증을 제출하는 사람에 한정한다)을 첨부하여 지방항공청장에게 제출해야 한다.〈개정 2020. 2. 28.〉 ② 제1항에 따른 신청을 받은 지방항공청장은 법 제116조제4항에 따라 신청인이 경량항공기 조종연습을 하기에 필요한 능력이 있다고 인정될 때에는 그 조종연습을 허가하고, 별지 제113호서식의 경량항공기 조종연습허가서를 발급하여야 한다.

항공안전법	항공안전법 시행령	항공안전법 시행규칙
제9장 경량항공기		
⑤ 제4항에 따른 허가를 받은 사람의 항공신체검사증명 등에 관하여는 제113조 및 제114조를 준용한다. ⑥ 제4항에 따른 허가를 받은 사람이 경량항공기 조종연습을 할 때에는 경량항공기 조종연습허가서와 항공신체검사증명서를 지녀야 한다.		
제117조(경량항공기 전문교육기관의 지정 등) ① 국토교통부장관은 경량항공기 조종사를 양성하기 위하여 국토교통부령으로 정하는 바에 따라 경량항공기 전문교육기관을 지정할 수 있다. ② 국토교통부장관은 제1항에 따라 지정된 경량항공기 전문교육기관이 경량항공기 조종사를 양성하는 경우에는 예산의 범위에서 필요한 경비의 전부 또는 일부를 지원할 수 있다. ③ 경량항공기 전문교육기관의 교육과목, 교육방법, 인력, 시설 및 장비 등의 지정기준은 국토교통부령으로 정한다. ④ 국토교통부장관은 경량항공기 전문교육기관으로 지정받은 자가 다음 각 호의 어느 하나에 해당하는 경우에는 그 지정을 취소할 수 있다. 다만, 제1호에 해당하는 경우에는 그 지정을 취소하여야 한다. 1. 거짓이나 그 밖의 부정한 방법으로 경량항공기 전문교육기관으로 지정받은 경우 2. 제3항에 따른 경량항공기 전문교육기관의 지정기준 중 국토교통부령으로 정하는 사항을 위반한 경우		**제295조(경량항공기 전문교육기관의 지정 등)** ① 법 제117조제1항에 따라 경량항공기 조종사를 양성하는 전문교육기관(이하 "경량항공기 전문교육기관"이라 한다)으로 지정을 받으려는 자는 별지 제114호서식의 경량항공기 전문교육기관 지정신청서에 다음 각 호의 사항이 포함된 교육규정을 첨부하여 국토교통부장관에게 제출하여야 한다.〈개정 2020. 5. 27.〉 1. 교육과목 및 교육방법 2. 교관 현황(교관의 자격·경력 및 정원) 3. 시설 및 장비의 개요 4. 교육평가방법 5. 연간 교육계획 6. 삭제〈2020. 5. 27.〉 ② 법 제117조제3항에 따른 경량항공기 전문교육기관의 지정기준은 별표 12와 같으며, 지정을 위한 심사 등에 관한 세부 절차는 국토교통부장관이 정하여 고시한다. ③ 국토교통부장관은 제1항에 따른 신청서를 심사하여 그 내용이 제2항에서 정한 지정기준에 적합한 경우에는 별지 제115호서식에 따른 경량항공기 전문교육기관 지정서를 발급하여야 한다. ④ 국토교통부장관은 제3항에 따라 경량항공기 전문교육기관을 지정할 때에는 그 내용을 공고하여야 한다. ⑤ 경량항공기 지정전문교육기관은 교육 종료 후 교육이수자의 명단 및 평가 결과를 지체 없이 국토교통부장관 및 한국교통안전공단의 이사장에게 보고하고, 이를 항공교육훈련통합관리시스템에 입력해야 한다.〈개정 2018. 3. 23., 2020. 5. 27.〉 ⑥ 경량항공기 지정전문교육기관은 제1항 각 호의 사항에 변경이 있는 경우에는 그 변경내용을 지체 없이 국토교통부장관에게 보고하고, 이를 항공교육훈련통합관리시스템에 입력해야 한다.〈개정 2020. 5. 27.〉 ⑦ 국토교통부장관은 1년마다 경량항공기 지정전문교육기관이 제2항의 지정기준에 적합한지 여부를 심사하여야 한다. ⑧ 법 제117조제4항제2호에서 "국도교통부령으로 정하는 사항을 위반한 경우"란 다음 각 호의 어느 하나에 해당하는 경우를 말한다. 1. 학과교육 및 실기교육의 과목, 교육시간을 이행하지 아니한 경우

항공안전법	항공안전법 시행령	항공안전법 시행규칙
제9장 경량항공기		
		2. 교관 확보기준을 위반한 경우 3. 시설 및 장비 확보기준을 위반한 경우 4. 교육규정 중 교육과정명, 교육생 정원, 학사운영 보고 및 기록유지에 관한 기준을 위반한 경우
제118조(경량항공기 이륙·착륙의 장소) ① 누구든지 경량항공기를 비행장(군 비행장은 제외한다) 또는 이착륙장이 아닌 곳에서 이륙하거나 착륙하여서는 아니 된다. 다만, 안전과 관련한 비상상황 등 불가피한 사유가 있는 경우로서 국토교통부장관의 허가를 받은 경우에는 그러하지 아니한다. ② 제1항 단서에 따른 허가에 필요한 세부기준 및 절차와 그 밖에 필요한 사항은 대통령령으로 정한다.	**제23조(경량항공기의 이륙·착륙 장소 외에서의 이륙·착륙 허가 등)** ① 법 제118조제1항 단서에 따라 안전과 관련한 비상상황 등 불가피한 사유가 있는 경우는 다음 각 호의 어느 하나에 해당하는 경우로 한다.〈개정 2019. 8. 27.〉 1. 경량항공기의 비행 중 계기 고장, 연료 부족 등의 비상상황이 발생하여 신속하게 착륙하여야 하는 경우 2. 항공기의 운항 등으로 비행장 및 이착륙장을 사용할 수 없는 경우 3. 경량항공기가 이륙·착륙하려는 장소 주변 30킬로미터 이내에 비행장 또는 이착륙장이 없는 경우 ② 제1항제1호에 해당하여 법 제118조제1항 단서에 따라 착륙의 허가를 받으려는 자는 무선통신 등을 사용하여 국토교통부장관에게 착륙 허가를 신청하여야 한다. 이 경우 국토교통부장관은 특별한 사유가 없으면 허가하여야 한다. ③ 제1항제2호 또는 제3호에 해당하여 법 제118조제1항 단서에 따라 이륙 또는 착륙의 허가를 받으려는 자는 국토교통부령으로 정하는 허가신청서를 국토교통부장관에게 제출하여야 한다. 이 경우 국토교통부장관은 그 내용을 검토하여 안전에 지장이 없다고 인정되는 경우에는 6개월 이내의 기간을 정하여 허가하여야 한다.	**제296조(경량항공기의 이륙·착륙 장소 외에서의 이륙·착륙 허가 신청)** 영 제23조제3항에 따른 경량항공기의 이륙 또는 착륙의 허가에 관하여는 제160조를 준용한다. 이 경우 "항공기"는 "경량항공기"로 본다.
제119조(경량항공기 무선설비 등의 설치·운용 의무) 국토교통부령으로 정하는 경량항공기를 항공에 사용하려는 사람 또는 소유자등은 해당 경량항공기에 무선교신용 장비, 항공기 식별용 트랜스폰더 등 국토교통부령으로 정하는 무선설비를 설치·운용하여야 한다.		**제297조(경량항공기의 의무무선설비)** ① 법 제119조에서 "국토교통부령으로 정하는 경량항공기"란 제284조제5항제1호부터 제3호까지의 등급에 해당하는 경량항공기를 말한다. ② 법 제119조에 따라 경량항공기에 설치·운용하여야 하는 무선설비는 다음 각 호와 같다. 1. 비행 중 항공교통관제기관과 교신할 수 있는 초단파(VHF) 또는 극초단파(UHF) 무선전화 송수신기 1대 2. 기압고도에 관한 정보를 제공하는 2차 감시 항공교통관제 레이더용 트랜스폰더(Mode 3/A 및 Mode C SSR transponder) 1대 ③ 제2항제1호에 따른 무선전화 송수신기는 제107조제2항제3호 및 제4호의 성능을 가져야 한다.〈개정 2019. 2. 26.〉

항공안전법	항공안전법 시행령	항공안전법 시행규칙
제9장 경량항공기		
제120조(경량항공기 조종사의 준수사항) ① 경량항공기 조종사는 경량항공기로 인하여 인명이나 재산에 피해가 발생하지 아니하도록 국토교통부령으로 정하는 준수사항을 지켜야 한다. ② 경량항공기 조종사는 경량항공기사고가 발생하였을 때에는 지체 없이 국토교통부령으로 정하는 바에 따라 국토교통부장관에게 그 사실을 보고하여야 한다. 다만, 경량항공기 조종사가 보고할 수 없을 때에는 그 경량항공기소유자등이 경량항공기사고를 보고하여야 한다.		**제298조(경량항공기 조종사의 준수사항)** ① 법 제120조제1항에 따라 경량항공기 조종사는 다음 각 호의 어느 하나에 해당하는 행위를 하여서는 아니 된다.〈개정 2019. 9. 23.〉 1. 인명이나 재산에 위험을 초래할 우려가 있는 낙하물을 투하하는 행위 2. 주거지역, 상업지역 등 인구가 밀집된 지역이나 그 밖에 사람이 많이 모인 장소의 상공에서 인명 또는 재산에 위험을 초래할 우려가 있는 방법으로 비행하는 행위 3. 안개 등으로 지상목표물을 육안으로 식별할 수 없는 상태에서 비행하는 행위 4. 별표 24에 따른 비행시정 및 구름으로부터의 거리 기준을 위반하여 비행하는 행위 5. 일몰 후부터 일출 전까지의 야간에 비행하는 행위 6. 평균해면으로부터 1,500미터(5천피트) 이상으로 비행하는 행위. 다만, 항공교통업무기관으로부터 승인을 받은 경우는 제외한다. 7. 동승한 사람의 낙하산 강하(降下) 8. 그 밖에 곡예비행 등 비정상적인 방법으로 비행하는 행위 ② 경량항공기 조종사는 항공기를 육안으로 식별하여 미리 피할 수 있도록 주의하여 비행하여야 한다. ③ 경량항공기 조종사는 동력을 이용하지 아니하는 초경량비행장치에 대하여 진로를 양보하여야 한다. ④ 경량항공기의 조종사는 탑재용 항공일지를 경량항공기 안에 갖춰 두어야 하며, 경량항공기를 항공에 사용하거나 개조 또는 정비한 경우에는 지체 없이 항공일지에 다음 각 호의 사항을 적어야 한다.〈개정 2021. 6. 9.〉 1. 경량항공기의 등록부호 및 등록 연월일 2. 경량항공기의 종류 및 형식 3. 안전성인증서번호 4. 경량항공기의 제작자·제작번호 및 제작 연월일 5. 발동기 및 프로펠러의 형식 6. 비행에 관한 다음의 기록 가. 비행 연월일 나. 승무원의 성명 다. 비행목적 라. 비행 구간 또는 장소 마. 비행시간 바. 경량항공기의 비행안전에 영향을 미치는 사항 사. 기장의 서명 7. 제작 후의 총비행시간과 최근의 오버홀 후의 총비행시간 8. 정비등의 실시에 관한 다음의 사항 가. 실시 연월일 및 장소 나. 실시 이유, 정비등의 위치와 교환 부품명

항공안전법	항공안전법 시행령	항공안전법 시행규칙
제9장 경량항공기		
		다. 확인 연월일 및 확인자의 서명 또는 날인 ⑤ 항공레저스포츠사업에 종사하는 경량항공기 조종사는 다음 각 호의 사항을 준수하여야 한다. 1. 비행 전에 해당 경량항공기의 이상 유무를 점검하고, 항공기의 안전 운항에 지장을 주는 이상이 있을 경우에는 비행을 중단할 것 2. 비행 전에 비행안전을 위한 주의사항에 대하여 동승자에게 충분히 설명할 것 3. 이륙 시 해당 경량항공기의 제작자가 정한 최대이륙중량을 초과하지 아니하게 할 것 4. 이륙 또는 착륙 시 해당 경량항공기의 제작자가 정한 거리 기준을 충족하는 활주로를 이용할 것 5. 동승자에 관한 인적사항(성명, 생년월일 및 주소)을 기록하고 유지할 것
		제299조(경량항공기사고의 보고 등) 법 제120조제2항에 따라 경량항공기사고를 일으킨 조종사 또는 그 경량항공기의 소유자등은 다음 각 호의 사항을 지방항공청장에게 보고하여야 한다. 1. 조종사 및 그 경량항공기의 소유자등의 성명 또는 명칭 2. 사고가 발생한 일시 및 장소 3. 경량항공기의 종류 및 등록부호 4. 사고의 경위 5. 사람의 사상 또는 물건의 파손 개요 6. 사상자의 성명 등 사상자의 인적사항 파악을 위하여 참고가 될 사항
제121조(경량항공기에 대한 준용규정) ① 경량항공기의 등록 등에 관하여는 제7조부터 제18조까지의 규정을 준용한다. ② 경량항공기에 대한 주류등의 섭취·사용 제한에 관하여는 제57조를 준용한다. ③ 경량항공기의 비행규칙에 관하여는 제67조를 준용한다. ④ 경량항공기의 비행제한에 관하여는 제79조를 준용한다. ⑤ 경량항공기에 대한 항공교통관제 업무 지시의 준수에 관하여는 제84조를 준용한다.		**제300조(항공기에 관한 규정의 준용)** 경량항공기에 관하여는 제12조부터 제17조까지, 제129조, 제161조부터 제170조까지, 제172조부터 제175조까지, 제182조부터 제188조까지, 제190조부터 제196조까지, 제198조, 제222조, 제247조 및 제248조를 준용한다.

항공안전법	항공안전법 시행령	항공안전법 시행규칙
제10장 초경량비행장치		
제122조(초경량비행장치 신고) ① 초경량 비행장치를 소유하거나 사용할 수 있는 권리가 있는 자(이하 "초경량비행장치소유자등"이라 한다)는 초경량비행장치의 종류, 용도, 소유자의 성명, 제129조제4 항에 따른 개인정보 및 개인위치정보의 수집 가능 여부 등을 국토교통부령으로 정하는 바에 따라 국토교통부장관에게 신고하여야 한다. 다만, 대통령령으로 정하는 초경량비행장치는 그러하지 아니하다. ② 국토교통부장관은 제1항 본문에 따른 신고를 받은 날부터 7일 이내에 신고수리 여부를 신고인에게 통지하여야 한다.〈신설 2020. 6. 9.〉 ③ 국토교통부장관이 제2항에서 정한 기간 내에 신고수리 여부 또는 민원 처리 관련 법령에 따른 처리기간의 연장을 신고인에게 통지하지 아니하면 그 기간(민원 처리 관련 법령에 따라 처리기간이 연장 또는 재 연장된 경우에는 해당 처리기간을 말한다) 이 끝난 날의 다음 날에 신고를 수리한 것으로 본다.〈신설 2020. 6. 9.〉 ④ 국토교통부장관은 제1항에 따라 초경량비행장치의 신고를 받은 경우 그 초경량비행장치소유자등에게 신고번호를 발급하여야 한다.〈개정 2020. 6. 9.〉 ⑤ 제4항에 따라 신고번호를 발급받은 초경량비행장치소유자등은 그 신고번호를 해 당 초경량비행장치에 표시하여야 한다.〈개정 2020. 6. 9.〉	**제24조(신고를 필요로 하지 않는 초경량비행장치의 범위)** 법 제122조제1항 단서에서 "대통령령으로 정하는 초경량비행장치"란 다음 각 호의 어느 하나에 해당하는 것으로서 「항공사업법」에 따른 항공기대여업·항공레저스포츠사업 또는 초경량비행장치사용사업에 사용되지 아니하는 것을 말한다. 1. 행글라이더, 패러글라이더 등 동력을 이용하지 아니하는 비행장치 2. 기구류(사람이 탑승하는 것은 제외한다) 3. 계류식(繫留式) 무인비행장치 4. 낙하산류 5. 무인동력비행장치 중에서 최대이륙중량이 2킬로그램 이하인 것 6. 무인비행선 중에서 연료의 무게를 제외한 자체무게가 12킬로그램 이하이고, 길이가 7미터 이하인 것 7. 연구기관 등이 시험·조사·연구 또는 개발을 위하여 제작한 초경량비행장치 8. 제작자 등이 판매를 목적으로 제작하였으나 판매되지 아니한 것으로서 비행에 사용되지 아니하는 초경량비행장치 9. 군사목적으로 사용되는 초경량비행장치 [제목개정 2020. 12. 10.]	**제301조(초경량비행장치 신고)** ① 법 제122조제1항 본문에 따라 초경량비행장치소유자등은 법 제124조에 따른 안전성 인증을 받기 전(법 제124조에 따른 안전성인증 대상이 아닌 초경량비행장치인 경우에는 초경량비행장치를 소유하거나 사용할 수 있는 권리가 있는 날부터 30일 이내를 말한다)까지 별지 제116호서식의 초경량비행장치 신고서(전자문서로 된 신고서를 포함한다)에 다음 각 호의 서류(전자문서를 포함한다)를 첨부하여 한국교통안전공단 이사장에게 제출하여야 한다. 이 경우 신고서 및 첨부서류는 팩스 또는 정보통신을 이용하여 제출할 수 있다.〈개정 2020. 12. 10., 2021. 11. 19.〉 1. 초경량비행장치를 소유하거나 사용할 수 있는 권리가 있음을 증명하는 서류 2. 초경량비행장치의 제원 및 성능표 3. 가로 15 센티미터, 세로 10센티미터의 초경량비행장치 측면사진(무인비행장치의 경우에는 기체 제작번호 전체를 촬영한 사진을 포함한다) ② 한국교통안전공단 이사장은 초경량비행장치의 신고를 받으면 별지 제117호서식의 초경량비행장치 신고증명서를 초경량비행장치소유자등에게 발급하여야 하며, 초경량비행장치소유자등은 비행 시 이를 휴대하여야 한다.〈개정 2020. 12. 10.〉 ③ 한국교통안전공단 이사장은 제2항에 따라 초경량비행장치 신고증명서를 발급하였을 때에는 별지 제118호서식의 초경량비행장치 신고대장을 작성하여 갖추어 두어야 한다. 이 경우 초경량비행장치 신고대장은 전자적 처리가 불가능한 특별한 사유가 없으면 전자적 처리가 가능한 방법으로 작성·관리하여야 한다.〈개정 2020. 12. 10.〉 ④ 초경량비행장치소유자등은 초경량비행장치 신고증명서의 신고번호를 해당 장치에 표시하여야 하며, 표시방법, 표시장소 및 크기 등 필요한 사항은 국토교통부장관의 승인을 받아 한국교통안전공단 이사장이 정한다.〈개정 2020. 12. 10.〉 ⑤ 지방항공청장은 제1항에 따른 신고를 받은 날부터 7일 이내에 수리 여부 또는 수리 지연 사유를 통지하여야 한다. 이 경우 7일 이내에 수리 여부 또는 수리 지연 사유를 통지하지 아니하면 7일이 끝난 날의 다음 날에 신고가 수리된 것으로 본다.
제123조(초경량비행장치 변경신고 등) ① 초경량비행장치소유자등은 제122조제1항에 따라 신고한 초경량비행장의 용도, 소유자의 성명 등 국토교통부령으로 정하는 사항을 변경하려는 경우에는 국토교통부령으로 정하는 바에 따라 국토교통부장관에게 변경신고를 하여야 한다. ② 국토교통부장관은 제1항에 따른 변경신고를 받은 날부터 7일 이내에 신고수리 여부를 신고인에게 통지하여야 한다.〈신설 2020. 6. 9.〉		**제302조(초경량비행장치 변경신고)** ① 법 제123조제1항에서 "초경량비행장치의 용도, 소유자의 성명 등 국토교통부령으로 정하는 사항"이란 다음 각 호의 어느 하나를 말한다. 1. 초경량비행장치의 용도 2. 초경량비행장치 소유자등의 성명, 명칭 또는 주소 3. 초경량비행장치의 보관 장소

항공안전법	항공안전법 시행령	항공안전법 시행규칙
제10장 초경량비행장치		
③ 국토교통부장관이 제2항에서 정한 기간 내에 신고수리 여부 또는 민원 처리 관련 법령에 따른 처리기간의 연장을 신고인에게 통지하지 아니하면 그 기간(민원 처리 관련 법령에 따라 처리기간이 연장 또는 재연장된 경우에는 해당 처리기간을 말한다)이 끝난 날의 다음 날에 신고를 수리한 것으로 본다.〈신설 2020. 6. 9.〉 ④ 초경량비행장치소유자등은 제122조제1항에 따라 신고한 초경량비행장치가 멸실되었거나 그 초경량비행장치를 해체(정비등, 수송 또는 보관하기 위한 해체는 제외한다)한 경우에는 그 사유가 발생한 날부터 15일 이내에 국토교통부장관에게 말소신고를 하여야 한다.〈개정 2020. 6. 9.〉 ⑤ 제4항에 따른 신고가 신고서의 기재사항 및 첨부서류에 흠이 없고, 법령 등에 규정된 형식상의 요건을 충족하는 경우에는 신고서가 접수기관에 도달된 때에 신고된 것으로 본다.〈신설 2020. 6. 9.〉 ⑥ 초경량비행장치소유자등이 제4항에 따른 말소신고를 하지 아니하면 국토교통부장관은 30일 이상의 기간을 정하여 말소신고를 할 것을 해당 초경량비행장치소유자등에게 최고하여야 한다.〈개정 2020. 6. 9.〉 ⑦ 제6항에 따른 최고를 한 후에도 해당 초경량비행장치소유자등이 말소신고를 하지 아니하면 국토교통부장관은 직권으로 그 신고번호를 말소할 수 있으며, 신고번호가 말소된 때에는 그 사실을 해당 초경량비행장치소유자등 및 그 밖의 이해관계인에게 알려야 한다.〈개정 2020. 6. 9.〉		② 초경량비행장치소유자등은 제1항 각 호의 사항을 변경하려는 경우에는 그 사유가 있는 날부터 30일 이내에 별지 제116호서식의 초경량비행장치 변경·이전신고서를 한국교통안전공단 이사장에게 제출하여야 한다.〈개정 2020. 12. 10.〉 ③ 삭제〈2020. 12. 10.〉 **제303조(초경량비행장치 말소신고)** ① 법 제123조제4항에 따른 말소신고를 하려는 초경량비행장치 소유자등은 그 사유가 발생한 날부터 15일 이내에 별지 제116호서식의 초경량비행장치 말소신고서를 한국교통안전공단 이사장에게 제출하여야 한다.〈개정 2020. 12. 10.〉 ② 한국교통안전공단 이사장은 제1항에 따른 신고가 신고서 및 첨부서류에 흠이 없고 형식상 요건을 충족하는 경우 지체 없이 접수하여야 한다.〈개정 2020. 12. 10.〉 ③ 한국교통안전공단 이사장은 법 제123조제6항에 따른 최고(催告)를 하는 경우 해당 초경량비행장치의 소유자등의 주소 또는 거소를 알 수 없는 경우에는 말소신고를 할 것을 관보에 고시하고, 한국교통안전공단 홈페이지에 공고하여야 한다.〈개정 2020. 12. 10.〉
제124조(초경량비행장치 안전성인증) 시험비행 등 국토교통부령으로 정하는 경우로서 국토교통부장관의 허가를 받은 경우를 제외하고는 동력비행장치 등 국토교통부령으로 정하는 초경량비행장치를 사용하여 비행하려는 사람은 국토교통부령으로 정하는 기관 또는 단체의 장으로부터 그가 정한 안정성인증의 유효기간 및 절차·방법 등에 따라 그 초경량비행장치가 국토교통부장관이 정하여 고시하는 비행안전을 위한 기술상의 기준에 적합하다는 안전성인증을 받지 아니하고 비행하여서는 아니 된다. 이 경우 안전성인증의 유효기간 및 절차·방법 등에 대해서는 국토교통부장관의 승인을 받아야 하며, 변경할 때에도 또한 같다.		**제304조(초경량비행장치의 시험비행허가)** ① 법 제124조 전단에서 "시험비행 등 국토교통부령으로 정하는 경우"란 제305조제1항에 따른 초경량비행장치 안전성인증 대상으로 다음 각 호의 어느 하나에 해당하는 경우를 말한다.〈개정 2020. 12. 10.〉 1. 연구·개발 중에 있는 초경량비행장치의 안전성 여부를 평가하기 위하여 시험비행을 하는 경우 2. 안전성인증을 받은 초경량비행장치의 성능개량을 수행하고 안전성여부를 평가하기 위하여 시험비행을 하는 경우 3. 그 밖에 국토교통부장관이 필요하다고 인정하는 경우 ② 법 제124조 전단에 따른 시험비행 등을 위한 허가를 받으려는 자는 별지 제119호서식의 초경량비행장치 시험비행허가 신청서에 해당 초경량비행장치가 같은 조 전단에 따라 국토교통부장관이 정하여 고시하는 초경량비행장치의 비행안전을 위한 기술상의 기준(이하 "초경량비행장치 기술기준"이라 한다)에 적합함을 입증할 수 있는 다음 각 호의 서류를 첨부하여 국토교통부장관에게 제출하여야 한다.

항공안전법	항공안전법 시행령	항공안전법 시행규칙
제10장 초경량비행장치		
		1. 해당 초경량비행장치에 대한 소개서 2. 초경량비행장치의 설계가 초경량비행장치 기술기준에 충족함을 입증하는 서류 3. 설계도면과 일치되게 제작되었음을 입증하는 서류 4. 완성 후 상태, 지상 기능점검 및 성능시험 결과를 확인할 수 있는 서류 5. 초경량비행장치 조종절차 및 안전성 유지를 위한 정비방법을 명시한 서류 6. 초경량비행장치 사진(전체 및 측면사진을 말하며, 전자파일로 된 것을 포함한다) 각 1매 7. 시험비행계획서 ③ 국토교통부장관은 제2항에 따른 신청서를 접수받은 경우 초경량비행장치 기술기준에 적합한지의 여부를 확인한 후 적합하다고 인정하면 신청인에게 시험비행을 허가하여야 한다.
제125조(초경량비행장치 조종자 증명 등) ① 동력비행장치 등 국토교통부령으로 정하는 초경량비행장치를 사용하여 비행하려는 사람은 국토교통부령으로 정하는 기관 또는 단체의 장으로부터 그가 정한 해당 초경량비행장치별 자격기준 및 시험의 절차·방법에 따라 해당 초경량비행장치의 조종을 위하여 발급하는 증명(이하 "초경량비행장치 조종자 증명"이라 한다)을 받아야 한다. 이 경우 해당 초경량비행장치별 자격기준 및 시험의 절차·방법 등에 관하여는 국토교통부령으로 정하는 바에 따라 국토교통부장관의 승인을 받아야 하며, 변경할 때에도 또한 같다. ② 초경량비행장치 조종자 증명을 받은 사람은 다른 사람에게 자기의 성명을 사용하여 초경량비행장치 조종을 수행하게 하거나 초경량비행장치 조종자 증명을 빌려 주어서는 아니 된다.〈신설 2021. 5. 18.〉 ③ 누구든지 다른 사람의 성명을 사용하여 초경량비행장치 조종을 수행하거나 다른 사람의 초경량비행장치 조종자 증명을 빌려서는 아니 된다.〈신설 2021. 5. 18.〉 ④ 누구든지 제2항이나 제3항에서 금지된 행위를 알선하여서는 아니 된다.〈신설 2021. 5. 18.〉 ⑤ 국토교통부장관은 초경량비행장치 조종자 증명을 받은 사람이 다음 각 호의 어느 하나에 해당하는 경우에는 초경량비행장치 조종자 증명을 취소하거나 1년 이내의 기간을 정하여 그 효력의 정지를 명할 수 있다. 다만, 제1호, 제3호의2, 제3호의3 또는 제8호의 어느 하나에 해당하는 경우에는 초경량비행장치 조종자 증명을 취소하여야 한다.〈개정 2021. 5. 18.〉 1. 거짓이나 그 밖의 부정한 방법으로 초경량비행장치 조종자 증명을 받은 경우		**제305조(초경량비행장치 안전성인증 대상 등)** ① 법 제124조 전단에서 "동력비행장치 등 국토교통부령으로 정하는 초경량비행장치"란 다음 각 호의 어느 하나에 해당하는 초경량비행장치를 말한다. 1. 동력비행장치 2. 행글라이더, 패러글라이더 및 낙하산류(항공레저스포츠사업에 사용되는 것만 해당한다) 3. 기구류(사람이 탑승하는 것만 해당한다) 4. 다음 각 목의 어느 하나에 해당하는 무인비행장치 가. 제5조제5호가목에 따른 무인비행기, 무인헬리콥터 또는 무인멀티콥터 중에서 최대이륙중량이 25킬로그램을 초과하는 것 나. 제5조제5호나목에 따른 무인비행선 중에서 연료의 중량을 제외한 자체중량이 12킬로그램을 초과하거나 길이가 7미터를 초과하는 것 5. 회전익비행장치 6. 동력패러글라이더 ② 법 제124조 전단에서 "국토교통부령으로 정하는 기관 또는 단체"란 기술원 또는 별표 43에 따른 시설기준을 충족하는 기관 또는 단체 중에서 국토교통부장관이 정하여 고시하는 기관 또는 단체(이하 "초경량비행장치 안전성 인증기관"이라 한다)를 말한다.〈개정 2018. 3. 23.〉

항공안전법	항공안전법 시행령	항공안전법 시행규칙
제10장 초경량비행장치		
2. 이 법을 위반하여 벌금 이상의 형을 선고받은 경우 3. 초경량비행장치의 조종자로서 업무를 수행할 때 고의 또는 중대한 과실로 초경량비행장치사고를 일으켜 인명피해나 재산피해를 발생시킨 경우 3의2. 제2항을 위반하여 다른 사람에게 자기의 성명을 사용하여 초경량비행장치 조종을 수행하게 하거나 초경량비행장치 조종자 증명을 빌려 준 경우 3의3. 제4항을 위반하여 다음 각 목의 어느 하나에 해당하는 행위를 알선한 경우 가. 다른 사람에게 자기의 성명을 사용하여 초경량비행장치 조종을 수행하게 하거나 초경량비행장치 조종자 증명을 빌려 주는 행위 나. 다른 사람의 성명을 사용하여 초경량비행장치 조종을 수행하거나 다른 사람의 초경량비행장치 조종자 증명을 빌리는 행위 4. 제129조제1항에 따른 초경량비행장치 조종자의 준수사항을 위반한 경우 5. 제131조에서 준용하는 제57조제1항을 위반하여 주류등의 영향으로 초경량비행장치를 사용하여 비행을 정상적으로 수행할 수 없는 상태에서 초경량비행장치를 사용하여 비행한 경우 6. 제131조에서 준용하는 제57조제2항을 위반하여 초경량비행장치를 사용하여 비행하는 동안에 같은 조 제1항에 따른 주류등을 섭취하거나 사용한 경우 7. 제131조에서 준용하는 제57조제3항을 위반하여 같은 조 제1항에 따른 주류등의 섭취 및 사용 여부의 측정 요구에 따르지 아니한 경우 8. 이 조에 따른 초경량비행장치 조종자 증명의 효력정지기간에 초경량비행장치를 사용하여 비행한 경우 ⑥ 국토교통부장관은 초경량비행장치 조종자 증명을 위한 초경량비행장치 실기시험장, 교육장 등의 시설을 지정·구축·운영할 수 있다. 〈신설 2017. 8. 9., 2021. 5. 18.〉 ⑦ 제5항에 따른 처분의 기준 및 절차와 그 밖에 필요한 사항은 국토교통부령으로 정한다. 〈신설 2021. 5. 18.〉		**제306조(초경량비행장치의 조종자 증명 등)** ① 법 제125조제1항 전단에서 "동력비행장치 등 국토교통부령으로 정하는 초경량비행장치"란 다음 각 호의 어느 하나에 해당하는 초경량비행장치를 말한다. 〈개정 2020. 5. 27.〉 1. 동력비행장치 2. 행글라이더, 패러글라이더 및 낙하산류(항공레저스포츠사업에 사용되는 것만 해당한다) 3. 유인자유기구 4. 무인비행장치. 다만 다음 각 목의 어느 하나에 해당하는 것은 제외한다. 가. 제5조제5호가목에 따른 무인비행기, 무인헬리콥터 또는 무인멀티콥터 중에서 연료의 중량을 포함한 최대이륙중량이 250그램 이하인 것 나. 제5조제5호나목에 따른 무인비행선 중에서 연료의 중량을 제외한 자체중량이 12킬로그램 이하이고, 길이가 7미터 이하인 것 5. 회전익비행장치 6. 동력패러글라이더 ② 법 제125조제1항 전단에서 "국토교통부령으로 정하는 기관 또는 단체"란 한국교통안전공단 및 별표 44의 기준을 충족하는 기관 또는 단체 중에서 국토교통부장관이 정하여 고시하는 기관 또는 단체(이하 "초경량비행장치조종자증명기관"이라 한다)를 말한다. 〈개정 2018. 3. 23.〉 ③ 초경량비행장치조종자증명기관은 법 제125조제1항 후단에 따른 승인을 신청하는 경우에는 다음 각 호의 사항이 포함된 초경량비행장치 조종자 증명 규정에 제·개정 이유서 및 신·구 내용 대비표(변경승인을 신청하는 경우에 한정한다)를 첨부하여 국토교통부장관에게 제출하여야 한다. 〈개정 2020. 5. 27.〉 1. 초경량비행장치 조종자 증명 시험의 응시자격 2. 초경량비행장치 조종자 증명 시험의 과목 및 범위 3. 초경량비행장치 조종자 증명 시험의 실시 방법과 절차 4. 초경량비행장치 조종자 증명 발급에 관한 사항 5. 그 밖에 초경량비행장치 조종자 증명을 위하여 국토교통부장관이 필요하다고 인정하는 사항 ④ 제3항에 따른 초경량비행장치 조종자 증명 규정 중 제1항제4호가목에 따른 무인동력비행장치에 대한 자격기준, 시험실시 방법 및 절차 등은 다음 각 호의 구분에 따른 무인동력비행장치별로 구분하여 달리 정해야 한다. 〈신설 2020. 5. 27.〉 1. 1종 무인동력비행장치: 최대이륙중량이 25킬로그램을 초과하고 연료의 중량을 제외한 자체중량이 150킬로그램 이하인 무인동력비행장치

항공안전법	항공안전법 시행령	항공안전법 시행규칙
제10장 초경량비행장치		
		2. 2종 무인동력비행장치: 최대이륙중량이 7킬로그램을 초과하고 25킬로그램 이하인 무인동력비행장치 3. 3종 무인동력비행장치: 최대이륙중량이 2킬로그램을 초과하고 7킬로그램 이하인 무인동력비행장치 4. 4종 무인동력비행장치: 최대이륙중량이 250그램을 초과하고 2킬로그램 이하인무인동력비행장치 ⑤ 법 제125조제7항에 따른 행정처분기준은 별표 44의2와 같다.〈신설 2020. 2. 28., 2020. 5. 27., 2021. 11. 19.〉 ⑥ 지방항공청장은 법 제125조제5항에 따른 처분을 한 경우에는 그 내용을 별지 제119호의2서식의 초경량비행장치 조종자등 행정처분 대장에 작성·관리하고, 그 처분 내용을 한국교통안전공단의 이사장에 통지해야 한다.〈신설 2020. 2. 28., 2020. 5. 27., 2021. 11. 19.〉 ⑦ 제6항에 따른 행정처분 대장은 「전자문서 및 전자거래 기본법」 제2조제1호에 따른 전자문서로 작성·관리할 수 있다.〈신설 2020. 2. 28., 2020. 5. 27., 2021. 11. 19.〉
제126조(초경량비행장치 전문교육기관의 지정 등) ① 국토교통부장관은 초경량비행장치 조종자를 양성하기 위하여 국토교통부령으로 정하는 바에 따라 초경량비행장치 전문교육기관(이하 "초경량비행장치 전문교육기관"이라 한다)을 지정할 수 있다. ② 국토교통부장관은 초경량비행장치 전문교육기관이 초경량비행장치 조종자를 양성하는 경우에는 예산의 범위에서 필요한 경비의 전부 또는 일부를 지원할 수 있다. ③ 초경량비행장치 전문교육기관의 교육과목, 교육방법, 인력, 시설 및 장비 등의 지정기준은 국토교통부령으로 정한다. ④ 국토교통부장관은 초경량비행장치 전문교육기관으로 지정받은 자가 다음 각 호의 어느 하나에 해당하는 경우에는 그 지정을 취소할 수 있다. 다만, 제1호에 해당하는 경우에는 그 지정을 취소하여야 한다. 1. 거짓이나 그 밖의 부정한 방법으로 초경량비행장치 전문교육기관으로 지정받은 경우 2. 제3항에 따른 초경량비행장치 전문교육기관의 지정기준 중 국토교통부령으로 정하는 기준에 미달하는 경우 ⑤ 국토교통부장관은 초경량비행장치 전문교육기관으로 지정받은 자가 제3항의 지정기준을 충족·유지하고 있는지에 대하여 관련 사항을 보고하게 하거나 자료를 제출하게 할 수 있다.〈신설 2017. 8. 9.〉		**제307조(초경량비행장치 조종자 전문교육기관의 지정 등)** ① 법 제126조제1항에 따른 초경량비행장치 조종자 전문교육기관으로 지정받으려는 자는 별지 제120호서식의 초경량비행장치 조종자 전문교육기관 지정신청서에 다음 각 호의 사항을 적은 서류를 첨부하여 한국교통안전공단에 제출하여야 한다.〈개정 2017. 11. 10., 2018. 3. 23.〉 1. 전문교관의 현황 2. 교육시설 및 장비의 현황 3. 교육훈련계획 및 교육훈련규정 ② 법 제126조제3항에 따른 초경량비행장치 조종자 전문교육기관의 지정기준은 다음 각 호와 같다.〈개정 2021. 11. 19.〉 1. 다음 각 목의 전문교관이 있을 것 가. 비행시간이 200시간(무인비행장치의 경우 조종경력이 100시간)이상이고, 국토교통부장관이 인정한 조종교육교관과정을 이수한 지도조종자 1명 이상 나. 비행시간이 300시간(무인비행장치의 경우 조종경력이 150시간)이상이고 국토교통부장관이 인정하는 실기평가과정을 이수한 실기평가 조종자 1명 이상 2. 다음 각 목의 시설 및 장비(시설 및 장비에 대한 사용권을 포함한다)를 갖출 것 가. 강의실 및 사무실 각 1개 이상 나. 이륙·착륙 시설 다. 훈련용 비행장치 1대 이상 라. 출결 사항을 전자적으로 처리·관리하기 위한 단말기 1대 이상

항공안전법	항공안전법 시행령	항공안전법 시행규칙
제10장 초경량비행장치		
⑥ 국토교통부장관은 초경량비행장치 전문교육기관으로 지정받은 자가 제3항의 지정기준을 충족·유지하고 있는지에 대하여 관계 공무원으로 하여금 사무소 등을 출입하여 관계 서류나 시설·장비 등을 검사하게 할 수 있다. 이 경우 검사를 하는 공무원은 그 권한을 나타내는 증표를 지니고 이를 관계인에게 내보여야 한다.〈신설 2017. 8. 9.〉 ⑦ 국토교통부장관은 초경량비행장치 조종자의 효율적 활용과 운용능력 향상을 위하여 필요한 경우 교육·훈련 등 조종자의 육성에 관한 사업을 실시할 수 있다.〈신설 2019. 11. 26.〉		3. 교육과목, 교육시간, 평가방법 및 교육훈련규정 등 교육훈련에 필요한 사항으로서 국토교통부장관이 정하여 고시하는 기준을 갖출 것 ③ 한국교통안전공단은 제1항에 따라 초경량비행장치 조종자 전문교육기관 지정신청서를 제출한 자가 제2항에 따른 기준에 적합하다고 인정하는 경우에는 별지 제121호서식의 초경량비행장치 조종자 전문교육기관 지정서를 발급하여야 한다.〈개정 2017. 11. 10., 2018. 3. 23.〉
제127조(초경량비행장치 비행승인) ① 국토교통부장관은 초경량비행장치의 비행안전을 위하여 필요하다고 인정하는 경우에는 초경량비행장치의 비행을 제한하는 공역(이하 "초경량비행장치 비행제한공역"이라 한다)을 지정하여 고시할 수 있다. ② 동력비행장치 등 국토교통부령으로 정하는 초경량비행장치를 사용하여 국토교통부장관이 고시하는 초경량비행장치 비행제한공역에서 비행하려는 사람은 국토교통부령으로 정하는 바에 따라 미리 국토교통부장관으로부터 비행승인을 받아야 한다. 다만, 비행장 및 이착륙장의 주변 등 대통령령으로 정하는 제한된 범위에서 비행하려는 경우는 제외한다. ③ 제2항 본문에 따른 비행승인 대상이 아닌 경우라 하더라도 다음 각 호의 어느 하나에 해당하는 경우에는 제2항의 절차에 따라 국토교통부장관의 비행승인을 받아야 한다.〈신설 2017. 8. 9.〉 1. 제68조제1호에 따른 국토교통부령으로 정하는 고도 이상에서 비행하는 경우 2. 제78조제1항에 따른 관제공역·통제공역·주의공역 중 국토교통부령으로 정하는 구역에서 비행하는 경우 ④ 제2항 및 제3항제2호에 따른 국토교통부장관의 비행승인이 필요한 때에 제131조의2제2항에 따라 무인비행장치를 비행하려는 경우 해당 국가기관등의 장이 국토교통부령으로 정하는 바에 따라 사전에 그 사실을 국토교통부장관에게 알리면 비행승인을 받은 것으로 본다.〈신설 2019. 8. 27.〉	**제25조(초경량비행장치 비행승인 제외 범위)** 법 제127조제2항 단서에서 "비행장 및 이착륙장의 주변 등 대통령령으로 정하는 제한된 범위"란 다음 각 호의 어느 하나에 해당하는 범위를 말한다. 1. 비행장(군 비행장은 제외한다)의 중심으로부터 반지름 3킬로미터 이내의 지역의 고도 500피트 이내의 범위(해당 비행장에서 법 제83조에 따른 항공교통업무를 수행하는 자와 사전에 협의가 된 경우에 한정한다) 2. 이착륙장의 중심으로부터 반지름 3킬로미터 이내의 지역의 고도 500피트 이내의 범위(해당 이착륙장을 관리하는 자와 사전에 협의가 된 경우에 한정한다)	**제308조(초경량비행장치의 비행승인)** ① 법 제127조제2항 본문에서 "동력비행장치 등 국토교통부령으로 정하는 초경량비행장치"란 제5조에 따른 초경량비행장치를 말한다. 다만, 다음 각 호의 어느 하나에 해당하는 초경량비행장치는 제외한다.〈개정 2017. 7. 18.〉 1. 영 제24조제1호부터 제4호까지의 규정에 해당하는 초경량비행장치(항공기대여업, 항공레저스포츠사업 또는 초경량비행장치사용사업에 사용되지 아니하는 것으로 한정한다) 2. 제199조제1호나목에 따른 최저비행고도(150미터) 미만의 고도에서 운영하는 계류식 기구 3. 「항공사업법 시행규칙」 제6조제2항제1호에 사용하는 무인비행장치로서 다음 각 목의 어느 하나에 해당하는 무인비행장치 가. 제221조제1항 및 별표 23에 따른 관제권, 비행금지구역 및 비행제한구역 외의 공역에서 비행하는 무인비행장치 나. 「가축전염병 예방법」 제2조제2호에 따른 가축전염병의 예방 또는 확산 방지를 위하여 소독·방역업무 등에 긴급하게 사용하는 무인비행장치 4. 다음 각 목의 어느 하나에 해당하는 무인비행장치 가. 최대이륙중량이 25킬로그램 이하인 무인동력비행장치 나. 연료의 중량을 제외한 자체중량이 12킬로그램 이하이고 길이가 7미터 이하인 무인비행선 5. 그 밖에 국토교통부장관이 정하여 고시하는 초경량비행장치 ② 제1항에 따른 초경량비행장치를 사용하여 비행제한공역을 비행하려는 사람은 법 제127조제2항 본문에 따라 별지 제122호서식의 초경량비행장치 비행승인신청서를 지방항공청장에게 제출하여야 한다. 이 경우 비행승인신청서는 서류, 팩스 또는 정보통신망을 이용하여 제출할 수 있다.〈개정 2017. 7. 18.〉

항공안전법	항공안전법 시행령	항공안전법 시행규칙
제10장 초경량비행장치		
		③ 지방항공청장은 제2항에 따라 제출된 신청서를 검토한 결과 비행안전에 지장을 주지 아니한다고 판단되는 경우에는 이를 승인하여야 한다. 이 경우 동일지역에서 반복적으로 이루어지는 비행에 대해서는 6개월의 범위에서 비행기간을 명시하여 승인할 수 있다. ④ 지방항공청장은 제3항에 따른 승인을 하는 경우에는 다음 각 호의 조건을 붙일 수 있다.〈신설 2019. 9. 23.〉 1. 탑승자에 대한 안전점검 등 안전관리에 관한 사항 2. 비행장치 운용한계치에 따른 기상요건에 관한 사항(항공레저스포츠사업에 사용되는 기구류 중 계류식으로 운영되지 않는 기구류만 해당한다) 3. 비행경로에 관한 사항 ⑤ 법 제127조제3항제1호에서 "국토교통부령으로 정하는 고도"란 다음 각 호에 따른 고도를 말한다.〈신설 2017. 11. 10., 2018. 11. 22., 2019. 9. 23., 2020. 2. 28.〉 1. 사람 또는 건축물이 밀집된 지역: 해당 초경량비행장치를 중심으로 수평거리 150미터(500피트) 범위 안에 있는 가장 높은 장애물의 상단에서 150미터 2. 제1호 외의 지역: 지표면·수면 또는 물건의 상단에서 150미터 ⑥ 법 제127조제3항제2호에서 "국토교통부령으로 정하는 구역"이란 별표 23 제2호에 따른 관제공역 중 관제권과 통제공역 중 비행금지구역을 말한다.〈신설 2017. 11. 10., 2018. 11. 22., 2019. 9. 23., 2020. 2. 28.〉 ⑦ 법 제127조제3항제2호에 따른 승인 신청이 다음 각 호의 요건을 모두 충족하는 경우에는 6개월의 범위에서 비행기간을 명시하여 승인할 수 있다.〈신설 2020. 5. 27.〉 1. 교육목적을 위한 비행일 것 2. 무인비행장치는 최대이륙중량이 7킬로그램 이하일 것 3. 비행구역은 「초·중등교육법」 제2조 각 호에 따른 학교의 운동장일 것 4. 비행시간은 정규 및 방과 후 활동 중일 것 5. 비행고도는 지표면으로부터 고도 20미터 이내일 것 6. 비행방법 등이 안전·국방 등 비행금지구역의 지정 목적을 저해하지 않을 것 ⑧ 법 제127조제4항에 따라 국가기관등의 장이 무인비행장치를 비행하려는 경우 사전에 유·무선 방법으로 지방항공청장에게 통보해야 한다. 다만, 제221조제1항 및 별표 23에 따른 관제권에서 비행하려는 경우에는 해당 관제권의 항공교통업무를 수행하는 자와, 비행금지구역에서 비행하려는 경우에는 해당 구역을 관할하는 자와 사전에 협의가 된 경우에 한정한다.〈신설 2018. 11. 22., 2019. 9. 23., 2020. 2. 28., 2020. 5. 27.〉

항공안전법	항공안전법 시행령	항공안전법 시행규칙
제10장 초경량비행장치		
		⑨ 제8항에 따라 무인비행장치를 비행한 국가기관등의 장은 비행 종료 후 지체없이 별지 제122호서식에 따른 초경량비행장치 비행승인신청서를 지방항공청장에게 제출해야 한다.〈신설 2018. 11. 22., 2019. 9. 23., 2020. 2. 28., 2020. 5. 27., 2021. 6. 9.〉
제128조(초경량비행장치 구조 지원 장비 장착 의무) 초경량비행장치를 사용하여 초경량비행장치 비행제한공역에서 비행하려는 사람은 안전한 비행과 초경량비행장치사고 시 신속한 구조 활동을 위하여 국토교통부령으로 정하는 장비를 장착하거나 휴대하여야 한다. 다만, 무인비행장치 등 국토교통부령으로 정하는 초경량비행장치는 그러하지 아니하다.		**제309조(초경량비행장치의 구조지원 장비 등)** ① 법 제128조 본문에서 "국토교통부령으로 정하는 장비"란 다음 각 호의 어느 하나에 해당하는 것(제3호부터 제6호까지는 항공레저스포츠사업에 사용되는 기구류 중 계류식으로 운영되지 않는 기구류에만 해당한다)을 말한다.〈개정 2019. 9. 23.〉 1. 위치추적이 가능한 표시기 또는 단말기 2. 조난구조용 장비(제1호의 장비를 갖출 수 없는 경우만 해당한다) 3. 구급의료용품 4. 기상정보를 확인할 수 있는 장비 5. 휴대용 소화기 6. 항공교통관제기관과 무선통신을 할 수 있는 장비 ② 법 제128조 단서에서 "무인비행장치 등 국토교통부령으로 정하는 초경량비행장치"란 다음 각 호의 어느 하나에 해당하는 초경량비행장치를 말한다. 1. 동력을 이용하지 아니하는 비행장치 2. 계류식 기구 3. 동력패러글라이더 4. 무인비행장치
제129조(초경량비행장치 조종자 등의 준수사항) ① 초경량비행장치의 조종자는 초경량비행장치로 인하여 인명이나 재산에 피해가 발생하지 아니하도록 국토교통부령으로 정하는 준수사항을 지켜야 한다. ② 초경량비행장치 조종자는 무인자유기구를 비행시켜서는 아니 된다. 다만, 국토교통부령으로 정하는 바에 따라 국토교통부장관의 허가를 받은 경우에는 그러하지 아니하다. ③ 초경량비행장치 조종자는 초경량비행장치 사고가 발생하였을 때에는 국토교통부령으로 정하는 바에 따라 지체 없이 국토교통부장관에게 그 사실을 보고하여야 한다. 다만, 초경량비행장치 조종자가 보고할 수 없을 때에는 그 초경량비행장치소유자등이 초경량비행장치사고를 보고하여야 한다. ④ 무인비행장치 조종자는 무인비행장치를 사용하여 「개인정보 보호법」 제2조제1호에 따른 개인정보(이하 "개인정보"라 한다) 또는 「위치정보의 보호 및 이용 등에 관한 법률」 제2조제2호에 따른 개인위치정보(이하 "개인위치정보"라 한다) 등 개인의 공적·사적 생활과 관련된 정보를 수집하거나 이를 전송하는 경우 타인의 자유와 권리를 침해하지 아니하도록 하여야 하며 형식, 절차 등 세부적인 사항에 관하여는 각각 해당 법률에서 정하는 바에 따른다.〈개정 2017. 8. 9.〉		**제310조(초경량비행장치 조종자의 준수사항)** ① 초경량비행장치 조종자는 법 제129조제1항에 따라 다음 각 호의 어느 하나에 해당하는 행위를 하여서는 아니 된다. 다만, 무인비행장치의 조종자에 대해서는 제4호 및 제5호를 적용하지 아니한다.〈개정 2017. 11. 10., 2018. 11. 22., 2019. 9. 23., 2021. 3. 16.〉 1. 인명이나 재산에 위험을 초래할 우려가 있는 낙하물을 투하(投下)하는 행위 2. 주거지역, 상업지역 등 인구가 밀집된 지역이나 그 밖에 사람이 많이 모인 장소의 상공에서 인명 또는 재산에 위험을 초래할 우려가 있는 방법으로 비행하는 행위 2의2. 사람 또는 건축물이 밀집된 지역의 상공에서 건축물과 충돌할 우려가 있는 방법으로 근접하여 비행하는 행위 3. 법 제78조제1항에 따른 관제공역·통제공역·주의공역에서 비행하는 행위. 다만, 법 제127조에 따라 비행승인을 받은 경우와 다음 각 목의 행위는 제외한다. 가. 군사목적으로 사용되는 초경량비행장치를 비행하는 행위 나. 다음의 어느 하나에 해당하는 비행장치를 별표 23 제2호에 따른 관제권 또는 비행금지구역이 아닌 곳에서 제199조제1호나목에 따른 최저비행고도(150미터) 미만의 고도에서 비행하는 행위

항공안전법	항공안전법 시행령	항공안전법 시행규칙
	제10장 초경량비행장치	
⑤ 제1항에도 불구하고 초경량비행장치 중 무인비행장치 조종자로서 야간에 비행 등을 위하여 국토교통부령으로 정하는 바에 따라 국토교통부장관의 승인을 받은 자는 그 승인 범위 내에서 비행할 수 있다. 이 경우 국토교통부장관은 국토교통부장관이 고시하는 무인비행장치 특별비행을 위한 안전기준에 적합한지 여부를 검사하여야 한다.〈신설 2017. 8. 9.〉 ⑥ 제5항에 따른 승인을 신청하고자 하는 자는 제127조제2항 및 제3항에 따른 비행승인 신청을 함께 할 수 있다.〈신설 2019. 11. 26.〉		1) 무인비행기, 무인헬리콥터 또는 무인멀티콥터 중 최대이륙중량이 25킬로그램 이하인 것 2) 무인비행선 중 연료의 무게를 제외한 자체 무게가 12킬로그램 이하이고, 길이가 7미터 이하인 것 4. 안개 등으로 인하여 지상목표물을 육안으로 식별할 수 없는 상태에서 비행하는 행위 5. 별표 24에 따른 비행시정 및 구름으로부터의 거리기준을 위반하여 비행하는 행위 6. 일몰 후부터 일출 전까지의 야간에 비행하는 행위. 다만, 제199조제1호나목에 따른 최저비행고도(150미터) 미만의 고도에서 운영하는 계류식 기구 또는 법 제124조 전단에 따른 허가를 받아 비행하는 초경량비행장치는 제외한다. 7. 「주세법」 제2조제1호에 따른 주류, 「마약류 관리에 관한 법률」 제2조제1호에 따른 마약류 또는 「화학물질관리법」 제22조제1항에 따른 환각물질 등(이하 "주류등"이라 한다)의 영향으로 조종업무를 정상적으로 수행할 수 없는 상태에서 조종하는 행위 또는 비행 중 주류등을 섭취하거나 사용하는 행위 8. 제308조제4항에 따른 조건을 위반하여 비행하는 행위 9. 그 밖에 비정상적인 방법으로 비행하는 행위 ② 초경량비행장치 조종자는 항공기 또는 경량항공기를 육안으로 식별하여 미리 피할 수 있도록 주의하여 비행하여야 한다. ③ 동력을 이용하는 초경량비행장치 조종자는 모든 항공기, 경량항공기 및 동력을 이용하지 아니하는 초경량비행장치에 대하여 진로를 양보하여야 한다. ④ 무인비행장치 조종자는 해당 무인비행장치를 육안으로 확인할 수 있는 범위에서 조종하여야 한다. 다만, 법 제124조 전단에 따른 허가를 받아 비행하는 경우는 제외한다. ⑤ 「항공사업법」 제50조에 따른 항공레저스포츠사업에 종사하는 초경량비행장치 조종자는 다음 각 호의 사항을 준수하여야 한다.〈개정 2019. 9. 23.〉 1. 비행 전에 해당 초경량비행장치의 이상 유무를 점검하고, 이상이 있을 경우에는 비행을 중단할 것 2. 비행 전에 비행안전을 위한 주의사항에 대하여 동승자에게 충분히 설명할 것 3. 해당 초경량비행장치의 제작자가 정한 최대이륙중량 및 풍속 기준을 초과하지 아니하도록 비행할 것 4. 다음 각 목의 사항(다목부터 마목까지의 사항은 기구류 중 계류식으로 운영되지 않는 기구류의 조종자에게만 해당한다)을 기록하고 유지할 것 가. 탑승자의 인적사항(성명, 생년월일 및 주소) 나. 사고 발생 시 비상연락·보고체계 등에 관한 사항

항공안전법	항공안전법 시행령	항공안전법 시행규칙
제10장 초경량비행장치		
		다. 해당 초경량비행장치의 제작사 매뉴얼에 따른 비행 전·후 점검결과 및 조치에 관한 사항 라. 기상정보에 관한 사항 마. 비행 시작·종료시간, 이륙·착륙장소, 비행경로 등 비행에 관한 사항 5. 기구류 중 계류식으로 운영되지 않는 기구류의 조종자는 다음 각 목의 구분에 따른 사항을 관할 항공교통업무기관에 통보할 것 가. 비행 전: 비행 시작시간 및 종료예정시간 나. 비행 후: 비행 종료시간 ⑥ 무인자유기구 조종자는 별표 44의3에서 정하는 바에 따라 무인자유기구를 비행해야 한다. 다만, 무인자유기구가 다른 국가의 영토를 비행하는 경우로서 해당 국가가 이와 다른 사항을 정하고 있는 경우에는 이에 따라 비행해야 한다.〈신설 2020. 12. 10.〉
		제311조(무인자유기구의 비행허가 신청 등) ① 법 제129조제2항에 따라 무인자유기구를 비행시키려는 자는 별지 제123호서식의 무인자유기구 비행허가 신청서에 다음 각 호의 사항을 적은 서류를 첨부하여 지방항공청장에게 신청하여야 한다. 1. 성명·주소 및 연락처 2. 기구의 등급·수량·용도 및 식별표지 3. 비행장소 및 회수장소 4. 예정비행시간 및 회수(완료)시간 5. 비행방향, 상승속도 및 최대고도 6. 고도 1만 8천미터(6만피트) 통과 또는 도달 예정시간 및 그 위치 7. 그 밖에 무인자유기구의 비행에 참고가 될 사항 ② 지방항공청장은 제1항에 따른 신청을 받은 경우에는 그 내용을 심사한 후 항공교통의 안전에 지장이 없다고 인정하는 경우에는 비행을 허가하여야 한다. ③ 제2항에 따라 지방항공청장으로부터 무인자유기구의 비행허가를 받은 자는 국토교통부장관이 정하여 고시하는 무인자유기구 운영절차에 따라 무인자유기구를 비행시켜야 한다.
		제312조(초경량비행장치사고의 보고 등) 법 제129조제3항에 따라 초경량비행장치사고를 일으킨 조종자 또는 그 초경량비행장치소유자등은 다음 각 호의 사항을 지방항공청장에게 보고하여야 한다. 1. 조종자 및 그 초경량비행장치소유자등의 성명 또는 명칭 2. 사고가 발생한 일시 및 장소 3. 초경량비행장치의 종류 및 신고번호 4. 사고의 경위 5. 사람의 사상(死傷) 또는 물건의 파손 개요 6. 사상자의 성명 등 사상자의 인적사항 파악을 위하여 참고가 될 사항

항공안전법	항공안전법 시행령	항공안전법 시행규칙
제10장 초경량비행장치		
		제312조의2(무인비행장치의 특별비행승인) ① 법 제129조제5항 전단에 따라 야간에 비행하거나 육안으로 확인할 수 없는 범위에서 비행하려는 자는 별지 제123호의2서식의 무인비행장치 특별비행승인 신청서에 다음 각 호의 서류를 첨부하여 지방항공청장에게 제출하여야 한다.〈개정 2020. 5. 27., 2020. 12. 10.〉 1. 무인비행장치의 종류·형식 및 제원에 관한 서류 2. 무인비행장치의 성능 및 운용한계에 관한 서류 3. 무인비행장치의 조작방법에 관한 서류 4. 무인비행장치의 비행절차, 비행지역, 운영인력 등이 포함된 비행계획서 5. 안전성인증서(제305조제1항에 따른 초경량비행장치 안전성인증 대상에 해당하는 무인비행장치에 한정한다) 6. 무인비행장치의 안전한 비행을 위한 무인비행장치 조종자의 조종 능력 및 경력 등을 증명하는 서류 7. 해당 무인비행장치 사고에 따른 제3자 손해 발생 시 손해배상 책임을 담보하기 위한 보험 또는 공제 등의 가입을 증명하는 서류(「항공사업법」 제70조제4항에 따라 보험 또는 공제에 가입하여야 하는 자로 한정한다) 8. 별지 제122호서식의 초경량비행장치 비행승인신청서(법 제129조제6항에 따라 법 제127조제2항 및 제3항의 비행승인 신청을 함께 하려는 경우에 한정한다) 9. 그 밖에 국토교통부장관이 정하여 고시하는 서류 ② 지방항공청장은 제1항에 따른 신청서를 제출받은 날부터 30일(새로운 기술에 관한 검토 등 특별한 사정이 있는 경우에는 90일) 이내에 법 제129조제5항에 따른 무인비행장치 특별비행을 위한 안전기준에 적합한지 여부를 검사한 후 적합하다고 인정하는 경우에는 별지 제123호의3서식의 무인비행장치 특별비행승인서를 발급하여야 한다. 이 경우 지방항공청장은 항공안전의 확보 또는 인구밀집도, 사생활 침해 및 소음 발생 여부 등 주변 환경을 고려하여 필요하다고 인정되는 경우 비행일시, 장소, 방법 등을 정하여 승인할 수 있다.〈개정 2018. 11. 22., 2020. 5. 27.〉 ③ 제1항 및 제2항에 규정한 사항 외에 무인비행장치 특별비행승인을 위하여 필요한 사항은 국토교통부장관이 정하여 고시한다. [본조신설 2017. 11. 10.]

항공안전법	항공안전법 시행령	항공안전법 시행규칙
제10장 초경량비행장치		
제130조(초경량비행장치사용사업자에 대한 안전개선명령) 국토교통부장관은 초경량비행장치사용사업의 안전을 위하여 필요하다고 인정되는 경우에는 초경량비행장치사용사업자에게 다음 각 호의 사항을 명할 수 있다. 1. 초경량비행장치 및 그 밖의 시설의 개선 2. 그 밖에 초경량비행장치의 비행안전에 대한 방해 요소를 제거하기 위하여 필요한 사항으로서 국토교통부령으로 정하는 사항		**제313조(초경량비행장치사용사업자에 대한 안전개선명령)** 법 제130조제2호에서 "국토교통부령으로 정하는 사항"이란 다음 각 호의 어느 하나에 해당하는 사항을 말한다. 1. 초경량비행장치사용사업자가 운용중인 초경량비행장치에 장착된 안전성이 검증되지 아니한 장비의 제거 2. 초경량비행장치 제작자가 정한 정비절차의 이행 3. 그 밖에 안전을 위하여 지방항공청장이 필요하다고 인정하는 사항
제131조(초경량비행장치에 대한 준용규정) 초경량비행장치소유자등 또는 초경량비행장치를 사용하여 비행하려는 사람에 대한 주류등의 섭취·사용 제한에 관하여는 제57조를 준용한다.		
제131조의2(무인비행장치의 적용 특례) ① 군용·경찰용 또는 세관용 무인비행장치와 이에 관련된 업무에 종사하는 사람에 대하여는 이 법을 적용하지 아니한다. ② 국가, 지방자치단체, 「공공기관의 운영에 관한 법률」에 따른 공공기관으로서 대통령령으로 정하는 공공기관이 소유하거나 임차한 무인비행장치를 재해·재난 등으로 인한 수색·구조, 화재의 진화, 응급환자 후송, 그 밖에 국토교통부령으로 정하는 공공목적으로 긴급히 비행(훈련을 포함한다)하는 경우(국토교통부령으로 정하는 바에 따라 안전관리 방안을 마련한 경우에 한정한다)에는 제129조제1항, 제2항, 제4항 및 제5항을 적용하지 아니한다.〈개정 2019. 11. 26.〉 ③ 제129조제3항을 이 조 제2항에 적용할 때에는 "국토교통부장관"은 "소관 행정기관의 장"으로 본다. 이 경우 소관 행정기관의 장은 제129조제3항에 따라 보고받은 사실을 국토교통부장관에게 알려야 한다. [본조신설 2017. 8. 9.]	**제25조의2(무인비행장치의 적용특례)** 법 제131조의2제2항에서 "대통령령으로 정하는 공공기관"이란 다음 각 호의 공공기관을 말한다. 1. 「국가공간정보 기본법」 제12조에 따른 한국국토정보공사 2. 「국립공원공단법」에 따른 국립공원공단 3. 「도로교통법」 제120조에 따른 도로교통공단 4. 「산림복지 진흥에 관한 법률」 제49조에 따른 한국산림복지진흥원 5. 「국토안전관리원법」에 따른 국토안전관리원 6. 「임업 및 산촌 진흥촉진에 관한 법률」 제29조의2에 따른 한국임업진흥원 7. 「전기안전관리법」 제30조에 따른 한국전기안전공사 8. 「한국가스공사법」에 따른 한국가스공사 9. 「한국부동산원법」에 따른 한국부동산원 10. 「한국교통안전공단법」에 따른 한국교통안전공단 11. 「한국도로공사법」에 따른 한국도로공사 12. 「한국산업안전보건공단법」에 따른 한국산업안전보건공단 13. 「한국수자원공사법」에 따른 한국수자원공사 14. 「한국원자력안전기술원법」에 따른 한국원자력안전기술원 15. 「한국전력공사법」에 따른 한국전력공사 및 한국전력공사가 출자하여 설립한 발전자회사 16. 「한국철도공사법」에 따른 한국철도공사 17. 「국가철도공단법」에 따른 국가철도공단 18. 「한국토지주택공사법」에 따른 한국토지주택공사 19. 「한국환경공단법」에 따른 한국환경공단	

항공안전법	항공안전법 시행령	항공안전법 시행규칙
제10장 초경량비행장치		
	20. 「한국해양과학기술원법」에 따른 한국해양과학기술원 21. 「항만공사법」에 따른 항만공사 22. 「해양환경관리법」 제96조에 따른 해양환경공단 23. 「공공기관의 운영에 관한 법률」에 따른 공공기관 중 무인비행장치를 공공목적으로 긴급히 비행할 필요가 있다고 국토교통부장관이 인정하여 고시하는 공공기관 [본조신설 2020. 5. 26.]	**제313조의2(국가기관등 무인비행장치의 긴급비행)** ① 법 제131조의2제2항에 따른 무인비행장치의 적용특례가 적용되는 긴급 비행의 목적은 다음 각 호의 어느 하나에 해당하는 공공목적으로 한다.〈개정 2020. 11. 2.〉 1. 재해·재난으로 인한 수색·구조 2. 시설물 붕괴·전도 등으로 인한 재해·재난이 발생한 경우 또는 발생할 우려가 있는 경우의 안전진단 3. 산불, 건물·선박화재 등 화재의 진화·예방 4. 응급환자 후송 5. 응급환자를 위한 장기(臟器) 이송 및 구조·구급활동 6. 산림 방제(防除)·순찰 7. 산림보호사업을 위한 화물 수송 8. 대형사고 등으로 인한 교통장애 모니터링 9. 풍수해 및 수질오염 등이 발생하는 경우 긴급점검 10. 테러 예방 및 대응 11. 그 밖에 제1호부터 제10호까지에서 규정한 공공목적과 유사한 공공목적 ② 법 제131조의2제2항에 따른 안전관리방안에는 다음 각 호의 사항이 포함되어야 한다. 1. 무인비행장치의 관리 및 점검계획 2. 비행안전수칙 및 교육계획 3. 사고 발생 시 비상연락·보고체계 등에 관한 사항 4. 무인비행장치 사고로 인하여 지급할 손해배상 책임을 담보하기 위한 보험 또는 공제의 가입 등 피해자 보호대책 5. 긴급비행 기록관리 등에 관한 사항 [본조신설 2017. 11. 10.]

항공안전법	항공안전법 시행령	항공안전법 시행규칙
제11장 보칙		
제132조(항공안전 활동) ① 국토교통부장관은 항공안전의 확보를 위하여 다음 각 호의 어느 하나에 해당하는 자에게 그 업무에 관한 보고를 하게 하거나 서류를 제출하게 할 수 있다.〈개정 2020. 6. 9.〉 1. 항공기등, 장비품 또는 부품의 제작 또는 정비 등을 하는 자 2. 비행장, 이착륙장, 공항, 공항시설 또는 항행안전시설의 설치자 및 관리자 3. 항공종사자, 경량항공기 조종사 및 초경량비행장치 조종자 4. 항공교통업무증명을 받은 자 5. 항공운송사업자(외국인국제항공운송사업자 및 외국항공기로 유상운송을 하는 자를 포함한다. 이하 이 조에서 같다), 항공기사용사업자, 항공기정비업자, 초경량비행장치사용사업자, 「항공사업법」 제2조제22호에 따른 항공기대여업자, 「항공사업법」 제2조제27호에 따른 항공레저스포츠사업자, 경량항공기 소유자등 및 초경량비행장치 소유자등 6. 제48조에 따른 전문교육기관, 제72조에 따른 위험물전문교육기관, 제117조에 따른 경량항공기 전문교육기관, 제126조에 따른 초경량비행장치 전문교육기관의 설치자 및 관리자 7. 그 밖에 항공기, 경량항공기 또는 초경량비행장치를 계속하여 사용하는 자 ② 국토교통부장관은 이 법을 시행하기 위하여 특히 필요한 경우에는 소속 공무원으로 하여금 제1항 각 호의 어느 하나에 해당하는 자의 다음 각 호의 어느 하나의 장소에 출입하여 항공기, 경량항공기 또는 초경량비행장치, 항행안전시설, 장부, 서류, 그 밖의 물건을 검사하거나 관계인에게 질문하게 할 수 있다. 이 경우 국토교통부장관은 검사 등의 업무를 효율적으로 수행하기 위하여 특히 필요하다고 인정하면 국토교통부령으로 정하는 자격을 갖춘 항공안전에 관한 전문가를 위촉하여 검사 등의 업무에 관한 자문에 응하게 할 수 있다. 1. 사무소, 공장이나 그 밖의 사업장 2. 비행장, 이착륙장, 공항, 공항시설, 항행안전시설 또는 그 시설의 공사장 3. 항공기 또는 경량항공기의 정치장 4. 항공기, 경량항공기 또는 초경량비행장치 ③ 국토교통부장관은 항공운송사업자가 취항하는 공항에 대하여 국토교통부령으로 정하는 바에 따라 정기적인 안전성검사를 하여야 한다.		**제314조(항공안전전문가)** 법 제132조제2항에 따른 항공안전에 관한 전문가로 위촉받을 수 있는 사람은 다음 각 호의 어느 하나에 해당하는 사람으로 한다. 1. 항공종사자 자격증명을 가진 사람으로서 해당 분야에서 10년 이상의 실무경력을 갖춘 사람 2. 항공종사자 양성 전문교육기관의 해당 분야에서 5년 이상 교육훈련업무에 종사한 사람 3. 5급 이상의 공무원이었던 사람으로서 항공분야에서 5년(6급의 경우 10년) 이상의 실무경력을 갖춘 사람 4. 대학 또는 전문대학에서 해당 분야의 전임강사 이상으로 5년 이상 재직한 경력이 있는 사람 **제315조(정기안전성검사)** ① 국토교통부장관 또는 지방항공청장은 법 제132조제3항에 따라 다음 각 호의 사항에 관하여 항공운송사업자가 취항하는 공항에 대하여 정기적인 안전성검사를 하여야 한다. 1. 항공기 운항·정비 및 지원에 관련된 업무·조직 및 교육훈련 2. 항공기 부품과 예비품의 보관 및 급유시설 3. 비상계획 및 항공보안사항 4. 항공기 운항허가 및 비상지원절차 5. 지상조업과 위험물의 취급 및 처리 6. 공항시설 7. 그 밖에 국토교통부장관이 항공기 안전운항에 필요하다고 인정하는 사항 ② 법 제132조제6항에 따른 공무원의 증표는 별지 제124호서식의 항공안전감독관증에 따른다.

항공안전법	항공안전법 시행령	항공안전법 시행규칙
제11장 보칙		
④ 제2항 및 제3항에 따른 검사 또는 질문을 하려면 검사 또는 질문을 하기 7일 전까지 검사 또는 질문의 일시, 사유 및 내용 등의 계획을 피검사자 또는 피질문자에게 알려야 한다. 다만, 긴급한 경우이거나 사전에 알리면 증거인멸 등으로 검사 또는 질문의 목적을 달성할 수 없다고 인정하는 경우에는 그러하지 아니하다. ⑤ 제2항 및 제3항에 따른 검사 또는 질문을 하는 공무원은 그 권한을 표시하는 증표를 지니고, 이를 관계인에게 보여주어야 한다. ⑥ 제5항에 따른 증표에 관하여 필요한 사항은 국토교통부령으로 정한다. ⑦ 제2항 및 제3항에 따른 검사 또는 질문을 한 경우에는 그 결과를 피검사자 또는 피질문자에게 서면으로 알려야 한다. ⑧ 국토교통부장관은 제2항 또는 제3항에 따른 검사를 하는 중에 긴급히 조치하지 아니할 경우 항공기, 경량항공기 또는 초경량비행장치의 안전운항에 중대한 위험을 초래할 수 있는 사항이 발견되었을 때에는 국토교통부령으로 정하는 바에 따라 항공기, 경량항공기 또는 초경량비행장치의 운항 또는 항행안전시설의 운용을 일시 정지하게 하거나 항공종사자, 초경량비행장치 조종자 또는 항행안전시설을 관리하는 자의 업무를 일시 정지하게 할 수 있다. ⑨ 국토교통부장관은 제2항 또는 제3항에 따른 검사 결과 항공기, 경량항공기 또는 초경량비행장치의 안전운항에 위험을 초래할 수 있는 사항을 발견한 경우에는 그 검사를 받은 자에게 시정조치 등을 명할 수 있다.		**제316조(항공기의 운항정지 및 항공종사자의 업무정지 등)** 국토교통부장관 또는 지방항공청장은 법 제132조제8항에 따라 항공기, 경량항공기 또는 초경량비행장치의 운항 또는 항행안전시설의 운용을 일시 정지하게 하거나 항공종사자, 초경량비행장치 조종자 또는 항행안전시설을 관리하는 자의 업무를 일시 정지하게 하는 경우에는 다음 각 호에 따라 조치하여야 한다. 1. 항공기, 경량항공기 또는 초경량비행장치의 운항 또는 항행안전시설의 운용을 일시 정지하게 하거나 항공종사자, 초경량비행장치 조종자 또는 항행안전시설을 관리하는 자의 업무를 일시 정지하게 하는 사유 및 조치하여야 할 내용의 통보(구두로 통보한 경우에는 사후에 서면으로 통지하여야 한다) 2. 제1호에 따른 통보를 받은 자가 통보받은 내용을 이행하고 그 결과를 제출한 경우 그 이행 결과에 대한 확인 3. 제2호에 따른 확인 결과 일시 운항정지 또는 업무정지 등의 사유가 해소되었다고 판단하는 경우에는 항공기, 경량항공기 또는 초경량비행장치의 재운항 또는 항행안전시설의 재운용이 가능함을 통보하거나, 항공종사자, 초경량비행장치 조종자 또는 항행안전시설을 관리하는 자가 업무를 계속 수행할 수 있음을 통보(구두로 통보하는 것을 포함한다)
제133조(항공운송사업자에 관한 안전도 정보의 공개) 국토교통부장관은 국민이 항공기를 안전하게 이용할 수 있도록 국토교통부령으로 정하는 바에 따라 다음 각 호의 사항이 포함된 항공운송사업자(외국인국제항공운송사업자를 포함한다. 이하 이 조에서 같다)에 관한 안전도 정보를 공개하여야 한다. 1. 국토교통부령으로 정하는 항공기사고에 관한 정보 2. 항공운송사업자가 속한 국가에 대한 국제민간항공기구(ICAO)의 안전평가결과[국제민간항공기구(ICAO)에서 안전기준에 미달하여 항공기사고의 위험도가 높은 것으로 공개한 국가만 해당한다] 3. 그 밖에 항공운송사업자의 안전과 관련하여 국토교통부령으로 정하는 사항		**제317조(항공운송사업자에 관한 안전도 정보의 공개)** ① 법 제133조제1호에서 "국토교통부령으로 정하는 항공사고"란 최근 5년 이내에 발생한 항공기사고로서 국제민간항공기구에서 공개한 사고를 말한다. ② 법 제133조제3호에서 "국토교통부령으로 정하는 사항"이란 다음 각 호의 어느 하나에 해당하는 사항을 말한다.〈개정 2019. 9. 23.〉 1. 외국정부에서 실시·공개한 항공운송사업자의 항공안전평가결과에 관한 사항 2. 항공운송사업자별 기령(機齡) 20년 초과 항공기(이하 "경년항공기"라 한다)의 보유 및 운영에 관한 사항(외국인국제항공운송사업자는 제외한다) ③ 국토교통부장관은 법 제133조에 따라 항공운송사업자에 관한 안전도 정보를 공개하는 경우에는 국토교통부 홈페이지에 게재하여야 한다. 이 경우 필요하다고 인정하는 경우에는 항공 관련 기관이나 단체의 홈페이지에 함께 게재할 수 있다.

항공안전법	항공안전법 시행령	항공안전법 시행규칙
제11장 보칙		
제134조(청문) 국토교통부장관은 다음 각 호의 어느 하나에 해당하는 처분을 하려면 청문을 하여야 한다. 1. 제20조제7항에 따른 형식증명 또는 부가형식증명의 취소 2. 제21조제7항에 따른 형식증명승인 또는 부가형식증명승인의 취소 3. 제22조제5항에 따른 제작증명의 취소 4. 제23조제7항에 따른 감항증명의 취소 5. 제24조제3항에 따른 감항승인의 취소 6. 제25조제3항에 따른 소음기준적합증명의 취소 7. 제27조제4항에 따른 기술표준품형식승인의 취소 8. 제28조제5항에 따른 부품등제작자증명의 취소 8의2. 제39조의2제5항에 따른 모의비행훈련장치에 대한 지정의 취소 또는 효력정지 9. 제43조제1항 또는 제2항에 따른 자격증명등 또는 항공신체검사증명의 취소 또는 효력정지 10. 제44조제4항에서 준용하는 제43조제1항에 따른 계기비행증명 또는 조종교육증명의 취소 11. 제45조제6항에서 준용하는 제43조제1항에 따른 항공영어구술능력증명의 취소 12. 제48조의2에 따른 전문교육기관 지정의 취소 13. 제50조제1항에 따른 항공전문의사 지정의 취소 또는 효력정지 14. 제63조제3항에 따른 자격인정의 취소 15. 제71조제5항에 따른 포장·용기검사기관 지정의 취소 16. 제72조제5항에 따른 위험물전문교육기관 지정의 취소 17. 제86조제1항에 따른 항공교통업무증명의 취소 18. 제91조제1항 또는 제95조제1항에 따른 운항증명의 취소 19. 제98조제1항에 따른 정비조직인증의 취소 20. 제105조제1항 단서에 따른 운항증명승인의 취소 21. 제114조제1항 또는 제2항에 따른 자격증명등 또는 항공신체검사증명의 취소 22. 제115조제3항에서 준용하는 제114조제1항에 따른 조종교육증명의 취소 23. 제117조제4항에 따른 경량항공기 전문교육기관 지정의 취소 24. 제125조제5항에 따른 초경량비행장치 조종자 증명의 취소 25. 제126조제4항에 따른 초경량비행장치 전문교육기관 지정의 취소		

항공안전법	항공안전법 시행령	항공안전법 시행규칙
제11장 보칙		
제135조(권한의 위임·위탁) ① 이 법에 따른 국토교통부장관의 권한은 그 일부를 대통령령으로 정하는 바에 따라 특별시장·광역시장·특별자치시장·도지사·특별자치도지사 또는 국토교통부장관 소속 기관의 장에게 위임할 수 있다. ② 국토교통부장관은 제20조부터 제25조까지, 제27조, 제28조 및 제30조에 따른 증명, 승인 또는 검사에 관한 업무를 대통령령으로 정하는 바에 따라 전문검사기관을 지정하여 위탁할 수 있다. ③ 국토교통부장관은 제30조에 따른 수리·개조승인에 관한 권한 중 국가기관등항공기의 수리·개조승인에 관한 권한을 대통령령으로 정하는 바에 따라 관계 중앙행정기관의 장에게 위탁할 수 있다. ④ 삭제〈2020. 6. 9.〉 ⑤ 국토교통부장관은 다음 각 호의 업무를 대통령령으로 정하는 바에 따라 「한국교통안전공단법」에 따른 한국교통안전공단(이하 "한국교통안전공단"이라 한다) 또는 항공 관련 기관·단체에 위탁할 수 있다.〈개정 2017. 8. 9., 2017. 10. 24., 2019. 11. 26., 2020. 6. 9., 2021. 5. 18.〉 1. 제38조에 따른 자격증명 시험업무 및 자격증명 한정심사업무와 항공종사자 자격증명서의 발급에 관한 업무 2. 제44조에 따른 계기비행증명업무 및 조종교육증명업무와 증명서의 발급에 관한 업무 3. 제45조제3항에 따른 항공영어구술능력증명서의 발급에 관한 업무 4. 제48조제9항 및 제10항에 따른 항공교육훈련 통합관리시스템에 관한 업무 5. 제61조에 따른 항공안전 자율보고의 접수·분석 및 전파에 관한 업무 6. 제112조에 따른 경량항공기 조종사 자격증명 시험업무 및 자격증명 한정심사업무와 경량항공기 조종사 자격증명서의 발급에 관한 업무 7. 제115조제1항 및 제2항에 따른 경량항공기 조종교육증명업무와 증명서의 발급 및 경량항공기 조종교육증명을 받은 자에 대한 교육에 관한 업무 8. 제122조에 따른 초경량비행장치 신고의 수리 및 신고번호의 발급에 관한 업무 9. 제123조에 따른 초경량비행장치의 변경신고, 말소신고, 말소신고의 최고와 직권말소 및 직권말소의 통보에 관한 업무 10. 제125조제1항에 따른 초경량비행장치 조종자 증명에 관한 업무 11. 제125조제6항에 따른 실기시험장, 교육장 등 시설의 지정·구축·운영에 관한 업무	**제26조(권한 및 업무의 위임·위탁)** ① 국토교통부장관은 법 제135조제1항에 따라 다음 각 호의 권한을 지방항공청장에게 위임한다.〈개정 2018. 6. 19., 2019. 8. 27., 2020. 2. 25., 2020. 5. 26., 2020. 12. 10., 2021. 6. 8., 2021. 11. 16.〉 1. 법 제23조제3항제1호에 따른 표준감항증명. 다만, 다음 각 목의 표준감항증명은 제외한다. 가. 법 제20조제2항제1호에 따른 형식증명을 받은 항공기에 대한 최초의 표준감항증명 나. 법 제22조에 따른 제작증명을 받아 제작한 항공기에 대한 최초의 표준감항증명 2. 다음 각 목에 해당하는 항공기에 대한 법 제23조제3항제2호에 따른 특별감항증명. 다만, 법 제20조제2항제2호에 따른 제한형식증명을 받은 항공기에 대한 최초의 특별감항증명은 제외한다. 가. 항공기를 정비·수리 또는 개조(이하 "정비등"이라 한다) 후 시험비행을 하는 항공기 나. 항공기의 정비등을 위한 장소까지 승객·화물을 싣지 아니하고 비행하는 항공기 다. 항공기를 수입하거나 수출하기 위하여 승객·화물을 싣지 아니하고 비행하는 항공기 라. 재난·재해 등으로 인한 수색·구조에 사용하는 항공기 마. 산불 진화 및 예방에 사용하는 항공기 바. 응급환자의 수송 등 구조·구급활동에 사용하는 항공기 사. 씨앗 파종, 농약 살포 또는 어군(魚群) 탐지 등 농수산업에 사용하는 항공기 아. 기상관측 또는 기상조절 실험 등에 사용되는 항공기 자. 건설자재 등을 외부에 매달고 운반하는 데 사용하는 헬리콥터 차. 해양오염 관측 및 해양 방제에 사용하는 항공기 카. 산림, 관로(管路), 전선(電線) 등의 순찰 또는 관측에 사용하는 항공기 3. 법 제23조제4항에 따른 항공기의 설계, 제작과정, 완성 후의 상태와 비행성능의 검사 및 운용한계(運用限界)의 지정(제1호 및 제2호에 따라 지방항공청장에게 권한이 위임된 표준감항증명 또는 특별감항증명의 대상이 되는 항공기만 해당한다) 4. 법 제23조제5항 단서에 따른 감항증명의 유효기간 연장 4의2. 법 제23조제6항에 따른 감항증명서의 발급(제1호 및 제2호에 따라 지방항공청장에게 권한이 위임된 표준감항증명 또는 특별감항증명의 대상이 되는 항공기만 해당한다)	**제318조(전문검사기관의 지정 기준)** 영 제26조제3항에서 "국토교통부령으로 정하는 기술인력, 시설 및 장비"란 별표 45에 따른 기술인력, 시설 및 장비를 말한다.

<table>
<tr><th>항공안전법</th><th>항공안전법 시행령</th><th>항공안전법 시행규칙</th></tr>
<tr><td colspan="3">제11장 보칙</td></tr>
<tr><td>12. 제126조제1항 및 제5항에 따른 초경량비행장치 전문교육기관의 지정 및 지정조건의 충족·유지 여부 확인에 관한 업무
13. 제126조제7항에 따른 교육·훈련 등 조종자의 육성에 관한 업무
⑥ 국토교통부장관은 다음 각 호의 업무를 대통령령으로 정하는 바에 따라 항공의학 관련 전문기관 또는 단체에 위탁할 수 있다.
1. 제40조에 따른 항공신체검사증명에 관한 업무
2. 제49조제3항에 따른 항공전문의사의 교육에 관한 업무
⑦ 국토교통부장관은 제45조제2항에 따른 항공영어구술능력증명시험의 실시에 관한 업무를 대통령령으로 정하는 바에 따라 한국교통안전공단 또는 영어평가 관련 전문기관·단체에 위탁할 수 있다.〈개정 2017. 8. 9., 2017. 10. 24.〉
⑧ 국토교통부장관은 다음 각 호의 업무를 대통령령으로 정하는 바에 따라 「항공안전기술원법」에 따른 항공안전기술원 또는 항공 관련 기관·단체에 위탁할 수 있다.〈신설 2017. 1. 17., 2017. 8. 9., 2019. 8. 27.〉
1. 「국제민간항공협약」 및 같은 협약 부속서에서 채택된 표준과 권고되는 방식에 따라 제19조, 제67조, 제70조 및 제77조에 따른 항공기기술기준, 비행규칙, 위험물취급의 절차·방법 및 운항기술기준을 정하기 위한 연구 업무
2. 제59조에 따른 항공안전 의무보고의 분석 및 전파에 관한 업무
3. 제129조제5항 후단에 따른 검사에 관한 업무
4. 그 밖에 항공기의 안전한 항행을 위한 연구·분석 업무로서 대통령령으로 정하는 업무</td><td>5. 법 제23조제7항에 따른 감항증명의 취소 및 효력정지명령(지방항공청장에게 권한이 위임된 감항증명에 관한 감항증명의 취소 및 효력정지만 해당한다)
6. 법 제23조제9항에 따른 항공기의 감항성 유지 여부에 대한 수시검사
7. 법 제24조에 따른 항공기등(항공기, 발동기 및 프로펠러를 말한다. 이하 같다), 장비품 또는 부품의 감항승인, 감항승인의 취소 및 효력정지명령. 다만, 다음 각 목의 감항승인과 그 감항승인의 취소 및 효력정지명령은 제외한다.
가. 법 제20조에 따른 형식증명 또는 제한형식증명을 받은 항공기등에 대한 최초의 감항승인
나. 법 제22조에 따른 제작증명을 받아 제작한 항공기등에 대한 최초의 감항승인
다. 법 제27조에 따른 기술표준품형식승인을 받은 기술표준품에 대한 최초의 감항승인
라. 법 제28조에 따른 부품등제작자증명을 받아 제작한 장비품 또는 부품에 대한 최초의 감항승인
8. 법 제25조에 따른 소음기준적합증명, 소음기준적합증명의 취소 및 효력정지명령. 다만, 다음 각 목의 소음기준적합증명과 그 소음기준적합증명의 취소 및 효력정지명령은 제외한다.
가. 법 제20조에 따른 형식증명 또는 제한형식증명을 받은 항공기에 대한 최초의 소음기준적합증명
나. 법 제22조에 따른 제작증명을 받아 제작한 항공기에 대한 최초의 소음기준적합증명
9. 법 제30조에 따른 수리·개조승인
9의2. 법 제33조제2항에 따른 고장 등 보고(국제항공운송사업자의 보고는 제외한다)의 접수
10. 법 제36조제3항제2호에 따른 시험비행등에 대한 허가
11. 법 제39조의2와 관련된 다음 각 목의 권한
가. 법 제39조의2제1항 및 제2항에 따른 모의비행훈련장치의 지정·변경지정·유효기간 연장 신청서의 접수 및 검사
나. 법 제39조의2제3항에 따른 모의비행훈련장치 지정서의 발급
다. 법 제39조의2제4항 단서에 따른 모의비행훈련장치의 유효기간 연장
라. 법 제39조의2제5항에 따른 모의비행훈련장치의 지정 취소 및 효력 정지 명령
12. 법 제41조에 따른 운항승무원(국제항공운송사업자에 소속된 운항승무원은 제외한다) 및 항공교통관제사(지방항공청에 소속된 항공교통관제사로 한정한다)에 대한 항공신체검사명령</td><td></td></tr>
</table>

항공안전법	항공안전법 시행령	항공안전법 시행규칙
제11장 보칙		
	13. 법 제43조제1항에 따른 자격증명등의 취소 또는 효력정지명령 및 같은 조 제2항에 따른 항공신체검사증명의 취소 또는 효력정지명령(국제항공운송사업자에 소속된 항공종사자와 지방항공청에 소속된 항공교통관제사에 대한 자격증명등 및 항공신체검사증명의 취소 또는 효력정지명령은 제외한다) 14. 법 제46조제1항제2호에 따른 항공기 조종연습을 위한 허가 15. 법 제47조에 따른 항공교통관제연습 허가(지방항공청장의 관할구역에서만 해당한다) 15의2. 법 제48조제4항에 따른 훈련운영기준의 변경, 같은 조 제6항에 따른 교육훈련체계 변경에 관한 검사 및 같은 조 제7항에 따른 전문교육기관 지정을 받은 자에 대한 정기 또는 수시 검사 15의3. 법 제48조의2제1항에 따른 전문교육기관 지정을 받은 자에 대한 업무의 정지 및 지정취소 15의4. 법 제48조의3에 따른 전문교육기관 지정을 받은 자에 대한 과징금의 부과 및 징수 16. 법 제56조제2항에 따른 피로위험관리시스템 승인 및 변경승인(국제항공운송사업자에 대한 피로위험관리시스템 승인 및 변경승인은 제외한다) 17. 법 제57조제3항 및 제4항에 따른 주류등의 섭취 및 사용 여부의 측정(지방항공청에 소속된 항공교통관제사에 대한 측정은 제외한다) 18. 법 제58조제2항제2호·제4호(국제항공운송사업자는 제외한다) 및 제5호에 해당하는 자에 대한 항공안전관리시스템의 승인 및 변경승인 18의2. 법 제58조제3항에 따른 항공안전관리시스템의 구축·운용(지방항공청장의 관할구역에서만 해당한다) 19. 법 제59조제1항 본문에 따른 의무보고 대상 항공안전장애(이하 이 호에서 "의무보고 대상 항공안전장애"라 한다)의 접수 및 법 제60조제1항에 따른 사실조사. 다만, 다음 각 목의 의무보고 대상 항공안전장애는 제외한다. 가. 법 제83조에 따라 항공교통업무를 제공하는 자와 관련된 의무보고 대상 항공안전장애 나. 국제항공운송사업자와 관련된 의무보고 대상 항공안전장애(지상운항 중 발생하는 의무보고 대상 항공안전장애 중 국토교통부령으로 정하는 의무보고 대상 항공안전장애는 제외한다) 20. 법 제62조제5항 및 제6항에 따른 기장 또는 항공기의 소유자등의 보고(국제항공운송사업자와 그에 소속된 기장의 보고는 제외한다)의 접수 21. 법 제66조제1항제1호에 따른 항공기(「항공사업법」 제2조제11호에 따른 국제항공운송사업에 사용되는 항공기는 제외한다)의 이륙·착륙 허가	

항공안전법	항공안전법 시행령	항공안전법 시행규칙
	제11장 보칙	
	22. 법 제68조 각 호 외의 부분 단서에 따른 비행 또는 행위에 대한 허가[법 제68조제5호에 따른 무인항공기(두 나라 이상을 비행하는 무인항공기로서 대한민국 밖에서 이륙하여 대한민국에 착륙하지 아니하고 대한민국 내를 운항하여 대한민국 밖에 착륙하는 무인항공기만 해당한다)의 비행에 대한 허가는 제외한다] 23. 법 제69조에 따른 긴급항공기의 지정 및 지정취소 24. 법 제74조에 따른 비행기(「항공사업법」 제2조제11호에 따른 국제항공운송사업에 사용되는 비행기는 제외한다)의 회항시간 연장운항의 승인 25. 법 제75조제1항 각 호에 따른 공역에서의 항공기(「항공사업법」 제2조제11호에 따른 국제항공운송사업에 사용되는 항공기는 제외한다)의 운항승인 26. 법 제79조제2항 단서에 따른 통제공역에서의 비행허가 27. 법 제81조에 따른 항공교통의 안전을 확보하기 위한 관계 행정기관의 장과의 협조(지방항공청장에게 권한이 위임된 사항에 관한 관계 행정기관의 장과의 협조만 해당한다) 28. 법 제83조제1항에 따른 항공교통관제 업무의 제공, 같은 조 제2항에 따른 항공기 또는 경량항공기의 운항과 관련된 조언 및 정보의 제공 및 같은 조 제3항에 따른 수색·구조를 필요로 하는 항공기 또는 경량항공기에 관한 정보의 제공(지방항공청장의 관할구역에서만 해당한다) 29. 법 제84조제1항에 따른 항공기의 이동·이륙·착륙의 순서 및 시기와 비행의 방법에 대한 지시 및 같은 조 제2항에 따른 비행장 또는 공항 이동지역에서의 지시(지방항공청장의 관할구역에서만 해당한다) 30. 법 제89조제1항에 따른 항공정보의 제공(지방항공청장의 관할구역에서만 해당하며, 간행물 형태로 제공하는 것은 제외한다) 31. 법 제90조제1항부터 제3항까지 및 제5항(법 제96조제1항에서 준용하는 경우를 포함한다)에 따른 운항증명, 운영기준·운항증명서의 발급, 운영기준의 변경 및 안전운항체계 변경검사(국제항공운송사업자에 대한 운항증명, 운영기준·운항증명서의 발급, 운영기준의 변경 및 안전운항체계 변경검사는 제외한다) 32. 법 제90조제6항(법 제96조제1항에서 준용하는 경우를 포함한다)에 따른 안전운항체계 유지에 대한 정기검사 또는 수시검사(국제항공운송사업자에 대한 정기검사 또는 수시검사는 제외한다) 33. 법 제90조제7항 및 제8항(법 제96조제1항에서 준용하는 경우를 포함한다)에 따른 항공기 또는 노선의 운항정지명령, 항공종사자의 업무정지명령 및 그 처분의 취소(국제항공운송사업자에 대한 운항정지명령, 업무정지명령 및 그 처분의 취소는 제외한다)	

항공안전법	항공안전법 시행령	항공안전법 시행규칙
제11장 보칙		
	34. 법 제91조제1항에 따른 항공운송사업자(국제항공운송사업자는 제외한다)에 대한 운항증명의 취소 및 항공기의 운항정지명령 35. 법 제92조에 따른 항공운송사업자(국제항공운송사업자는 제외한다)에 대한 과징금의 부과 및 징수 36. 법 제93조(법 제96조제2항에서 준용하는 경우를 포함한다)에 따른 운항규정 및 정비규정의 인가, 변경신고의 수리 및 변경인가(국제항공운송사업자의 운항규정 및 정비규정의 인가, 변경신고의 수리 및 변경인가는 제외한다) 37. 법 제94조(법 제96조제2항에서 준용하는 경우를 포함한다)에 따른 안전개선명령(지방항공청장에게 권한이 위임된 사항에 관한 안전개선명령만 해당한다) 38. 법 제95조제1항 및 제2항에 따른 항공기사용사업자에 대한 운항증명의 취소 및 항공기의 운항정지명령 39. 법 제95조제4항에 따른 항공기사용사업자에 대한 과징금의 부과 및 징수 40. 법 제97조에 따른 정비조직인증 및 세부운영기준·정비조직인증서의 발급 41. 법 제98조에 따른 정비조직인증의 취소 또는 효력정지명령 42. 법 제99조에 따른 정비조직인증을 받은 자에 대한 과징금의 부과 및 징수 43. 법 제100조제1항제1호 및 제2호에 따른 외국항공기(미수교 국가 국적의 항공기는 제외한다)의 항행허가 44. 법 제101조 단서에 따른 외국항공기의 국내사용 허가 45. 법 제114조제1항에 따른 경량항공기 조종사 자격증명등의 취소 또는 효력정지명령 및 같은 조 제2항(법 제116조제5항에서 준용하는 경우를 포함한다)에 따른 항공신체검사증명의 취소 또는 효력정지명령 46. 법 제116조제1항 및 제4항에 따른 경량항공기 조종연습을 위한 허가 및 조종연습허가서의 발급 47. 법 제118조제1항 단서에 따른 경량항공기의 이륙·착륙의 허가 48. 법 제120조제2항에 따른 경량항공기 조종사 또는 경량항공기소유자등의 경량항공기사고 보고의 접수 49. 경량항공기에 대하여 준용되는 다음 각 목의 권한 가. 법 제121조제2항에 따라 준용되는 법 제57조제3항 및 제4항에 따른 주류등의 섭취 및 사용 여부의 측정 나. 법 제121조제4항에 따라 준용되는 법 제79조제2항 단서에 따른 통제공역에서의 비행허가	

항공안전법	항공안전법 시행령	항공안전법 시행규칙
제11장 보칙		
	다. 법 제121조제5항에 따라 준용되는 법 제84조제1항에 따른 경량항공기의 이동·이륙·착륙의 순서 및 시기와 비행의 방법에 대한 지시 및 같은 조 제2항에 따른 비행장 또는 공항 이동지역에서의 지시(지방항공청장의 관할구역에서만 해당한다) 50. 삭제〈2020. 12. 10.〉 51. 삭제〈2020. 12. 10.〉 52. 법 제125조제5항에 따른 초경량비행장치 조종자 증명의 취소 또는 효력정지명령 53. 법 제127조제2항에 따른 초경량비행장치 비행제한공역에서의 비행승인 53의2. 법 제127조제3항에 따른 비행승인 54. 법 제129조제2항 단서에 따른 무인자유기구 비행허가 55. 법 제129조제3항에 따른 초경량비행장치 조종자 또는 초경량비행장치소유자등의 초경량비행장치사고 보고의 접수 55의2. 법 제129조제5항 전단에 따른 승인, 같은 항 후단에 따른 검사 및 같은 조 제6항에 따른 비행승인 신청의 접수 56. 법 제130조에 따른 초경량비행장치사용사업자에 대한 안전개선명령 57. 법 제131조에 따라 준용되는 법 제57조제3항 및 제4항에 따른 주류등의 섭취 및 사용 여부의 측정 58. 법 제132조와 관련된 다음 각 목에 해당하는 권한(지방항공청장에게 권한이 위임된 사항에 관한 권한만 해당한다) 가. 법 제132조제1항에 따른 업무에 관한 보고 또는 서류제출 명령 나. 법 제132조제2항에 따른 검사·질문, 전문가의 위촉 및 자문의 요청 다. 법 제132조제3항에 따른 안전성검사 라. 법 제132조제8항에 따른 항공기·경량항공기·초경량비행장치의 운항 또는 항행안전시설의 운용의 일시 정지 명령 마. 법 제132조제8항에 따른 항공종사자, 초경량비행장치 조종자 또는 항행안전시설을 관리하는 자의 업무의 일시 정지 명령 바. 법 제132조제9항에 따른 시정조치 등의 명령 59. 법 제134조에 따른 청문의 실시(지방항공청장에게 권한이 위임된 사항에 관한 청문의 실시만 해당한다) 60. 법 제166조에 따른 과태료의 부과·징수(지방항공청장에게 권한이 위임된 사항에 관한 과태료의 부과·징수만 해당한다) ② 국토교통부장관은 법 제135조제1항에 따라 다음 각 호의 권한을 항공교통본부장에게 위임한다.〈개정 2019. 8. 27., 2020. 12. 10.〉	

항공안전법	항공안전법 시행령	항공안전법 시행규칙
제11장 보칙		
	1. 법 제41조에 따른 항공교통본부장에 소속된 항공교통관제사에 대한 항공신체검사명령 2. 법 제47조에 따른 항공교통관제연습 허가(항공교통본부장의 관할구역에서만 해당한다) 2의2. 법 제58조제3항에 따른 항공안전관리시스템의 구축·운용(항공교통본부장의 관할구역에서만 해당한다) 3. 법 제68조 각 호 외의 부분 단서에 따른 비행 또는 행위에 대한 허가[법 제68조제5호에 따른 무인항공기(두 나라 이상을 비행하는 무인항공기로서 대한민국 밖에서 이륙하여 대한민국에 착륙하지 아니하고 대한민국 내를 운항하여 대한민국 밖에 착륙하는 무인항공기만 해당한다)의 비행에 대한 허가에 한정한다] 4. 법 제81조에 따른 항공교통의 안전을 확보하기 위한 관계 행정기관의 장과의 협조(항공교통본부장에게 권한이 위임된 사항에 관한 관계 행정기관의 장과의 협조만 해당한다) 5. 법 제83조제1항에 따른 항공교통관제 업무의 제공, 같은 조 제2항에 따른 항공기 또는 경량항공기의 운항과 관련된 조언 및 정보의 제공 및 같은 조 제3항에 따른 수색·구조를 필요로 하는 항공기 또는 경량항공기에 관한 정보의 제공(항공교통본부장의 관할구역에서만 해당한다) 6. 법 제84조제1항에 따른 항공기의 이동·이륙·착륙의 순서 및 시기와 비행의 방법에 대한 지시 및 같은 조 제2항에 따른 비행장 또는 공항 이동지역에서의 지시(항공교통본부장의 관할구역에서만 해당한다) 6의2. 법 제88조에 따른 수색·구조 지원계획의 수립·시행 7. 법 제89조제1항에 따른 항공정보의 제공(항공교통본부장의 관할구역에서만 해당한다) 8. 법 제89조제2항에 따른 항공지도의 발간 9. 법 제100조제1항제3호에 따른 외국항공기의 항행허가 10. 법 제121조제5항에 따라 준용되는 법 제84조제1항에 따른 경량항공기의 이동·이륙·착륙의 순서 및 시기와 비행의 방법에 대한 지시 및 같은 조 제2항에 따른 비행장 또는 공항이동지역에서의 지시(항공교통본부장의 관할구역에서만 해당한다) 11. 법 제132조와 관련된 다음 각 목에 해당하는 권한(항공교통본부장에게 권한이 위임된 사항에 관한 권한만 해당한다) 가. 법 제132조제1항에 따른 업무에 관한 보고 또는 서류제출 명령 나. 법 제132조제2항에 따른 검사·질문, 전문가의 위촉 및 자문의 요청 다. 법 제132조제8항에 따른 항공기·경량항공기·초경량비행장치의 운항 또는 항행안전시설의 운용의 일시 정지 명령	

항공안전법	항공안전법 시행령	항공안전법 시행규칙
제11장 보칙		
	라. 법 제132조제8항에 따른 항공종사자, 초경량비행장치 조종자 또는 항행안전시설을 관리하는 자의 업무의 일시 정지 명령 마. 법 제132조제9항에 따른 시정조치 등의 명령 12. 법 제166조에 따른 과태료의 부과·징수(항공교통본부장에게 권한이 위임된 사항에 관한 과태료의 부과·징수만 해당한다) ③ 국토교통부장관은 법 제135조제2항에 따라 다음 각 호에 따른 증명 또는 승인을 위한 검사에 관한 업무를 국토교통부령으로 정하는 기술인력, 시설 및 장비 등을 확보한 비영리법인 중에서 국토교통부장관이 지정하여 고시하는 전문검사기관에 위탁한다.〈개정 2018. 6. 19., 2020. 12. 10.〉 1. 법 제20조에 따른 형식증명 또는 제한형식증명을 위한 검사업무 및 부가형식증명을 위한 검사업무 2. 법 제21조에 따른 형식증명승인을 위한 검사업무 및 부가형식증명승인을 위한 검사업무 3. 법 제22조에 따른 제작증명을 위한 검사업무 4. 다음 각 목에 해당하는 항공기에 대한 법 제23조제3항 각 호에 따른 감항증명(최초의 감항증명만 해당한다)을 위한 검사업무 가. 법 제20조에 따른 형식증명 또는 제한형식증명을 받은 항공기 나. 법 제22조에 따른 제작증명을 받아 제작한 항공기 다. 항공기 제작자 및 항공기 관련 연구기관 등이 연구·개발 중인 항공기 라. 판매·홍보·전시·시장조사 등에 활용하는 항공기 마. 조종사 양성을 위하여 조종연습에 사용하는 항공기 5. 다음 각 목에 해당하는 항공기등, 장비품 또는 부품에 대한 법 제24조에 따른 최초의 감항승인을 위한 검사업무 가. 법 제20조에 따른 형식증명 또는 제한형식증명을 받은 항공기등 나. 법 제22조에 따른 제작증명을 받아 제작한 항공기등 다. 법 제27조에 따른 기술표준품형식승인을 받은 기술표준품 라. 법 제28조에 따른 부품등제작자증명을 받아 제작한 장비품 또는 부품 6. 법 제27조에 따른 기술표준품형식승인을 위한 검사업무 7. 법 제28조에 따른 부품등제작자증명을 위한 검사업무 ④ 국토교통부장관은 법 제135조제3항에 따라 법 제30조에 따른 수리·개조승인에 관한 권한 중 중앙행정기관이 소유하거나 임차한 국가기관등항공기의 수리·개조승인에 관한 권한을 해당 중앙행정기관의 장에게 위탁한다.	

항공안전법	항공안전법 시행령	항공안전법 시행규칙
제11장 보칙		
	⑤ 삭제〈2020. 12. 10.〉 ⑥ 국토교통부장관은 법 제135조제5항에 따라 다음 각 호의 업무를 「한국교통안전공단법」에 따른 한국교통안전공단(이하 "한국교통안전공단"이라 한다)에 위탁한다.〈개정 2017. 11. 7., 2018. 4. 24., 2019. 2. 8., 2020. 5. 26., 2020. 12. 10., 2021. 11. 16.〉 1. 법 제38조에 따른 자격증명 시험업무 및 자격증명 한정심사업무와 항공종사자 자격증명서의 발급에 관한 업무 2. 법 제44조에 따른 계기비행증명업무 및 조종교육증명업무와 증명서의 발급에 관한 업무 3. 법 제45조제3항에 따른 항공영어구술능력증명서의 발급에 관한 업무 4. 법 제48조제9항 및 제10항에 따른 항공교육훈련통합관리시스템에 관한 업무 5. 법 제61조에 따른 항공안전 자율보고의 접수·분석 및 전파에 관한 업무 6. 법 제112조에 따른 경량항공기 조종사 자격증명 시험업무 및 자격증명 한정심사업무와 경량항공기 조종사 자격증명서의 발급에 관한 업무 7. 법 제115조제1항 및 제2항에 따른 경량항공기 조종교육증명업무와 증명서의 발급 및 경량항공기 조종교육증명을 받은 자에 대한 교육에 관한 업무 7의2. 법 제122조에 따른 초경량비행장치 신고의 수리 및 신고번호의 발급에 관한 업무 7의3. 법 제123조에 따른 초경량비행장치의 변경신고의 수리, 말소신고의 접수, 말소신고의 최고와 직권말소 및 직권말소의 통보에 관한 업무 8. 법 제125조제1항에 따른 초경량비행장치 조종자 증명에 관한 업무 9. 법 제125조제6항에 따른 실기시험장, 교육장 등 시설의 지정·구축 및 운영에 관한 업무 10. 법 제126조제1항 및 제5항에 따른 초경량비행장치 전문교육기관의 지정 및 지정조건의 충족 및 유지 여부 확인에 관한 업무 11. 법 제126조제7항에 따른 교육·훈련 등 조종자의 육성에 관한 업무 ⑦ 국토교통부장관은 법 제135조제6항에 따라 다음 각 호의 업무를 「민법」 제32조에 따라 국토교통부장관의 허가를 받아 설립된 사단법인 한국항공우주의학협회에 위탁한다. 1. 법 제40조에 따른 항공신체검사증명에 관한 업무 중 다음 각 목의 업무 가. 항공신체검사증명의 적합성 심사에 관한 업무 나. 항공신체검사증명서의 재발급에 관한 업무 2. 법 제49조제3항에 따른 항공전문의사의 교육에 관한 업무	

항공안전법	항공안전법 시행령	항공안전법 시행규칙
	제11장 보칙	
	⑧ 국토교통부장관은 법 제135조제7항에 따라 항공영어구술능력증명시험의 실시에 관한 업무를 한국교통안전공단 또는 국토교통부령으로 정하는 인력·시설 등을 갖춘 영어평가 관련 전문기관·단체 중에서 국토교통부장관이 지정하여 고시하는 전문기관·단체에 위탁한다.〈개정 2017. 11. 7., 2019. 2. 8., 2019. 8. 27.〉 ⑨ 국토교통부장관은 제8항에 따라 업무를 위탁한 경우에는 위탁받은 기관 및 위탁업무의 내용 등을 관보에 게재하여야 한다.〈신설 2017. 11. 7.〉 ⑩ 국토교통부장관은 법 제135조제5항 및 제8항에 따라 다음 각 호의 업무를 「항공안전기술원법」에 따른 항공안전기술원에 위탁한다.〈신설 2017. 7. 17., 2017. 11. 7., 2020. 2. 25., 2020. 5. 26., 2020. 12. 10., 2021. 11. 16.〉 1. 「국제민간항공협약」 및 같은 협약 부속서에서 채택된 표준과 권고되는 방식에 따라 법 제19조·제67조·제70조 및 제77조에 따른 항공기기술기준, 비행규칙, 위험물취급의 절차·방법 및 운항기술기준을 정하기 위한 연구 업무 1의2. 법 제23조제9항에 따른 항공기등, 장비품 또는 부품의 정비등에 관한 감항성개선이나 그 밖의 검사·정비등을 명하기 위한 기술검토, 연구·분석 및 관리에 관한 업무 2. 삭제〈2020. 2. 25.〉 3. 법 제33조에 따라 국토교통부장관에게 보고된 항공기등, 장비품 또는 부품에 발생한 고장, 결함 또는 기능장애에 관한 자료의 연구·분석 업무	**제319조(항공영어구술능력평가 전문기관의 지정)** ① 영 제26조제8항에 따라 항공영어구술능력증명시험의 실시를 위한 평가전문기관 또는 단체(이하 "평가기관"이라 한다)로 지정받으려는 자는 별지 제125호서식의 항공영어구술능력평가 전문기관 지정신청서에 다음 각 호의 서류를 첨부하여 국토교통부장관에게 제출하여야 한다.〈개정 2019. 9. 23.〉 1. 평가기관의 조직도 2. 평가전문인력의 정원, 자격 및 경력을 적은 서류 3. 평가전문인력에 대한 교육훈련 프로그램 4. 다음 각 목의 사항이 포함된 항공영어구술능력평가업무 수행계획서 가. 시험문제의 검토·선정 나. 시험의 실시·평가 다. 시험결과의 통보 5. 평가의 객관성, 공정성 확보방안 및 부정행위 방지대책 ② 국토교통부장관은 제1항에 따라 신청을 받은 경우에는 그 내용을 심사하여 별표 46에 따른 기준에 적합하다고 인정하면 별지 제126호서식의 항공영어구술능력평가 전문기관 지정서를 발급하고 이를 관보에 고시해야 한다.〈개정 2019. 9. 23.〉 ③ 제2항에 따라 지정을 받은 평가기관은 제1항 각 호의 사항이 변경된 경우에는 그 변경 내용을 지체 없이 국토교통부장관에게 보고하여야 한다.
	4. 법 제58조제1항에 따른 항공안전프로그램의 마련을 위한 항공기사고, 항공기준사고 또는 법 제59조제1항 본문에 따른 의무보고 대상 항공안전장애에 대한 조사결과의 연구·분석 및 관련 자료의 수집·관리에 관한 업무 4의2. 법 제59조제1항에 따른 항공안전 의무보고의 분석 및 전파에 관한 업무 4의3. 국제민간항공기구(International Civil Aviation Organization) 및 그 밖의 국제기구에서 다음 각 목의 어느 하나에 해당되는 업무와 관련하여 요구하는 자료 등의 연구·분석 및 관리 등에 관한 업무 가. 법 제78조에 따른 공역 등의 지정 업무 나. 법 제83조에 따른 항공교통업무 다. 법 제84조에 따른 항공교통관제 업무 라. 법 제89조에 따른 항공정보의 제공 및 항공지도 발간 업무 5. 법 제129조제5항 후단에 따른 검사에 관한 업무 [제목개정 2021. 6. 8.]	**제320조(평가기관의 인력·시설기준 등)** ① 영 제26조제8항에서 "국토교통부령으로 정하는 인력·시설 등"이란 별표 46에 따른 인력·시설 등을 말한다.〈개정 2019. 9. 23.〉 ② 국토교통부장관은 평가기관이 제1항의 기준에 적합한지 여부를 매년 심사하여야 한다. [제목개정 2019. 9. 23.]

항공안전법	항공안전법 시행령	항공안전법 시행규칙
제11장 보칙		
제136조(수수료 등) ① 다음 각 호의 어느 하나에 해당하는 자는 국토교통부령으로 정하는 수수료를 국토교통부장관에게 내야 한다. 다만, 제135조제2항 및 제5항부터 제8항까지의 규정에 따라 권한이 위탁된 경우에는 그 수탁기관에 내야 한다.〈개정 2019. 11. 26., 2020. 6. 9.〉 1. 이 법에 따른 증명·승인·인증·등록 또는 검사(이하 "검사등"이라 한다)를 받으려는 자 2. 이 법에 따른 증명서 또는 허가서의 발급 또는 재발급을 신청하는 자 ② 검사등을 위하여 현지출장이 필요한 경우에는 그 출장에 드는 여비를 신청인이 내야 한다. 이 경우 여비의 기준은 국토교통부령으로 정한다.		**제321조(수수료)** ① 법 제136조에 따라 수수료를 내야 하는 자와 그 금액은 별표 47과 같다. ② 국가 또는 지방자치단체에 대해서는 국토교통부장관 또는 지방항공청장이 직접 수행하는 업무에 한정하여 제1항에 따른 수수료 및 법 제136조제2항에 따른 여비를 면제한다. ③ 제1항에 따른 수수료는 정보통신망을 이용하여 전자화폐·전자결제 등의 방법으로 내도록 할 수 있다. ④ 법 제136조제2항에 따른 현지출장 등의 여비 지급기준은 「공무원여비규정」에 따른다. 다만, 법 제135조제2항에 따른 전문검사기관의 경우에는 그 기관의 여비규정에 따른다. ⑤ 제1항에 따른 수수료를 과오납한 경우에는 해당 과오납 금액을 반환하고, 별표 47 제15호, 제18호, 제19호, 제30호, 제31호, 제32호 및 제34호에 따른 시험 또는 교육을 신청한 사람이 다음 각 호의 어느 하나에 해당하는 사유로 시험에 응시하지 못하거나 교육을 받지 못한 경우에는 해당 수수료의 전부를 납부한 사람에게 반환하여야 한다.〈개정 2018. 3. 23., 2021. 6. 9.〉 1. 한국교통안전공단의 귀책사유로 시험에 응시하지 못한 경우 2. 학과시험 시행 1일 전까지 및 실기시험 시행 5일 전까지 접수를 취소하는 경우 3. 5등급 이하의 항공영어구술능력증명시험 시행 1일 전까지 및 6등급의 항공영어구술능력증명시험 시행 5일 전까지 접수를 취소하는 경우 4. 다음 각 목의 어느 하나에 해당하는 사유로 시험에 응시하지 못하거나 교육을 받지 못하는 경우 가. 시험에 응시하거나 교육을 받으려는 사람의 사망, 사고 또는 질병의 발생 나. 시험에 응시하거나 교육을 받으려는 사람의 직계가족의 사망 다. 그 밖에 시험에 응시하거나 교육을 받을 수 없는 불가피한 사유가 있다고 한국교통안전공단의 이사장이 인정하는 경우
제137조(벌칙 적용에서 공무원 의제) 다음 각 호의 어느 하나에 해당하는 사람은 「형법」 제129조부터 제132조까지의 규정을 적용할 때 공무원으로 본다. 1. 제31조제2항에 따른 검사관 중 공무원이 아닌 사람 2. 제135조제2항 및 제5항부터 제8항까지의 규정에 따라 국토교통부장관이 위탁한 업무에 종사하는 전문검사기관, 전문기관 또는 단체 등의 임직원		

항공안전법	항공안전법 시행령	항공안전법 시행규칙
제12장 벌칙		
제138조(항행 중 항공기 위험 발생의 죄) ① 사람이 현존하는 항공기, 경량항공기 또는 초경량비행장치를 항행 중에 추락 또는 전복(顚覆)시키거나 파괴한 사람은 사형, 무기징역 또는 5년 이상의 징역에 처한다. ② 제140조의 죄를 지어 사람이 현존하는 항공기, 경량항공기 또는 초경량비행장 치를 항행 중에 추락 또는 전복시키거나 파괴한 사람은 사형, 무기징역 또는 5년 이상의 징역에 처한다.		
제139조(항행 중 항공기 위험 발생으로 인한 치사·치상의 죄) 제138조의 죄를 지어 사람을 사상(死傷)에 이르게 한 사람은 사형, 무기징역 또는 7년 이상의 징역에 처한다.		
제140조(항공상 위험 발생 등의 죄) 비행장, 이착륙장, 공항시설 또는 항행안전시설을 파손하거나 그 밖의 방법으로 항공 상의 위험을 발생시킨 사람은 10년 이하의 징역에 처한다. 〈개정 2017. 10. 24.〉		
제141조(미수범) 제138조제1항 및 제140조의 미수범은 처벌한다.		
제142조(기장 등의 탑승자 권리행사 방해의 죄) ① 직권을 남용하여 항공기에 있는 사람에게 그의 의무가 아닌 일을 시키거나 그의 권리행사를 방해한 기장 또는 조종사는 1년 이상 10년 이하의 징역에 처한다. ② 폭력을 행사하여 제1항의 죄를 지은 기장 또는 조종사는 3년 이상 15년 이하의 징역에 처한다. 〈개정 2017. 10. 24.〉		
제143조(기장의 항공기 이탈의 죄) 제62조 제4항을 위반하여 항공기를 떠난 기장(기장의 임무를 수행할 사람을 포함한다)은 5년 이하의 징역에 처한다.		
제144조(감항증명을 받지 아니한 항공기 사용 등의 죄) 다음 각 호의 어느 하나에 해당하는 자는 3년 이하의 징역 또는 5천만원 이하의 벌금에 처한다. 1. 제23조 또는 제25조를 위반하여 감항증명 또는 소음기준적합증명을 받지 아니하거나 감항증명 또는 소음기준적합증명이 취소 또는 정지된 항공기를 운항한 자 2. 제27조제3항을 위반하여 기술표준품형식승인을 받지 아니한 기술표준품을 제작·판매하거나 항공기등에 사용한 자 3. 제28조제3항을 위반하여 부품등제작자증명을 받지 아니한 장비품 또는 부품을 제작·판매하거나 항공기등 또는 장비품에 사용한 자 4. 제30조를 위반하여 수리·개조승인을 받지 아니한 항공기등, 장비품 또는 부품을 운항 또는 항공기등에 사용한 자		

항공안전법	항공안전법 시행령	항공안전법 시행규칙
제12장 벌칙		
5. 제32조제1항을 위반하여 정비등을 한 항공기등, 장비품 또는 부품에 대하여 감항성을 확인받지 아니하고 운항 또는 항공기등에 사용한 자		
제144조의2(전문교육기관의 지정 위반에 관한 죄) 제48조제1항 단서를 위반하여 전문교육기관의 지정을 받지 아니하고 제35조제1호부터 제4호까지의 항공종사자를 양성하기 위하여 항공기등을 사용한 자는 3년 이하의 징역 또는 3천만원 이하의 벌금에 처한다.		
제145조(운항증명 등의 위반에 관한 죄) 다음 각 호의 어느 하나에 해당하는 자는 3년 이하의 징역 또는 3천만원 이하의 벌금에 처한다. 1. 제90조제1항(제96조제1항에서 준용하는 경우를 포함한다)에 따른 운항증명을 받지 아니하고 운항을 시작한 항공운송사업자 또는 항공기사용사업자 2. 제97조를 위반하여 정비조직인증을 받지 아니하고 항공기등, 장비품 또는 부품에 대한 정비등을 한 항공기정비업자 또는 외국의 항공기정비업자		
제146조(주류등의 섭취·사용 등의 죄) 다음 각 호의 어느 하나에 해당하는 사람은 3년 이하의 징역 또는 3천만원 이하의 벌금에 처한다. 1. 제57조제1항(제106조제1항에 따라 준용되는 경우를 포함한다)을 위반하여 주류등의 영향으로 항공업무(제46조에 따른 항공기 조종연습 및 제47조에 따른 항공교통관제연습을 포함한다) 또는 객실승무원의 업무를 정상적으로 수행할 수 없는 상태에서 그 업무에 종사한 항공종사자(제46조에 따른 항공기 조종연습 및 제47조에 따른 항공교통관제연습을 하는 사람을 포함한다. 이하 이 조에서 같다) 또는 객실승무원 2. 제57조제2항(제106조제1항에 따라 준용되는 경우를 포함한다)을 위반하여 주류등을 섭취하거나 사용한 항공종사자 또는 객실승무원 3. 제57조제3항(제106조제1항에 따라 준용되는 경우를 포함한다)을 위반하여 국토교통부장관의 측정에 따르지 아니한 항공종사자 또는 객실승무원		
제147조(항공교통업무증명 위반에 관한 죄) ① 제85조제1항을 위반하여 항공교통업무증명을 받지 아니하고 항공교통업무를 제공한 자는 3년 이하의 징역 또는 3천만원 이하의 벌금에 처한다. ② 다음 각 호의 어느 하나에 해당하는 자는 1천만원 이하의 벌금에 처한다. 1. 제85조제4항을 위반하여 항공교통업무제공체계를 유지하지 아니하거나 항공교통업무증명기준을 준수하지 아니한 자 2. 제85조제5항을 위반하여 신고를 하지 아니하거나 승인을 받지 아니하고 항공교통업무제공체계를 변경한 자		

항공안전법	항공안전법 시행령	항공안전법 시행규칙
제12장 벌칙		
제148조(무자격자의 항공업무 종사 등의 죄) 다음 각 호의 어느 하나에 해당하는 사람은 2년 이하의 징역 또는 2천만원 이하의 벌금에 처한다. 1. 제34조를 위반하여 자격증명을 받지 아니하고 항공업무에 종사한 사람 2. 제36조제2항을 위반하여 그가 받은 자격증명의 종류에 따른 업무범위 외의 업무에 종사한 사람 2의2. 제39조의3을 위반한 사람으로서 다음 각 목의 어느 하나에 해당하는 사람 가. 다른 사람에게 자기의 성명을 사용하여 항공업무를 수행하게 하거나 항공종사자 자격증명서를 빌려 준 사람 나. 다른 사람의 성명을 사용하여 항공업무를 수행하거나 다른 사람의 항공종사자 자격증명서를 빌린 사람 다. 가목 및 나목의 행위를 알선한 사람 3. 제43조(제46조제4항 및 제47조제4항에서 준용하는 경우를 포함한다)에 따른 효력정지명령을 위반한 사람 4. 제45조를 위반하여 항공영어구술능력증명을 받지 아니하고 같은 조 제1항 각 호의 어느 하나에 해당하는 업무에 종사한 사람		
제148조의2(항공안전 의무보고에 관한 죄) 제59조제3항을 위반하여 항공안전 의무보고를 한 사람에 대하여 불이익조치를 한 자는 2년 이하의 징역 또는 2천만원 이하의 벌금에 처한다.		
제149조(과실에 따른 항공상 위험 발생 등의 죄) ① 과실로 항공기·경량항공기·초경량비행장치·비행장·이착륙장·공항시설 또는 항행안전시설을 파손하거나, 그 밖의 방법으로 항공상의 위험을 발생시키거나 항행 중인 항공기를 추락 또는 전복시키거나 파괴한 사람은 1년 이하의 징역 또는 1천만원 이하의 벌금에 처한다.〈개정 2017. 1. 17.〉 ② 업무상 과실 또는 중대한 과실로 제1항의 죄를 지은 경우에는 3년 이하의 징역 또는 5천만원 이하의 벌금에 처한다.		
제150조(무표시 등의 죄) 제18조에 따른 표시를 하지 아니하거나 거짓 표시를 한 항공기를 운항한 소유자등은 1년 이하의 징역 또는 1천만원 이하의 벌금에 처한다		
제151조(승무원을 승무시키지 아니한 죄) 항공종사자의 자격증명이 없는 사람을 항공기에 승무(乘務)시키거나 이 법에 따라 항공기에 승무시켜야 할 승무원을 승무시키지 아니한 소유자등은 1년 이하의 징역 또는 1천만원 이하의 벌금에 처한다.		
제152조(무자격 계기비행 등의 죄) 제44조제1항·제2항 또는 제55조를 위반한 자는 2천만원 이하의 벌금에 처한다.		

항공안전법	항공안전법 시행령	항공안전법 시행규칙
제12장 벌칙		
제153조(무선설비 등의 미설치·운용의 죄) 제51조부터 제54조까지의 규정을 위반한 자는 2천만원 이하의 벌금에 처한다.		
제153조의2(항공기 내 흡연의 죄) ① 운항 중인 항공기 내에서 제57조의2를 위반한 자는 1천만원 이하의 벌금에 처한다. ② 주기 중인 항공기 내에서 제57조의2를 위반한 자는 500만원 이하의 벌금에 처한다. [본조신설 2020. 12. 8.]		
제154조(무허가 위험물 운송의 죄) 제70조제1항을 위반한 자는 2천만원이하의 벌금에 처한다.		
제155조(수직분리축소공역 등에서 승인 없이 운항한 죄) 제75조를 위반하여 국토교통부장관의 승인을 받지 아니하고 같은 조 제1항 각 호의 어느 하나에 해당하는 공역에서 항공기를 운항한 소유자등은 1천만원 이하의 벌금에 처한다.		
제156조(항공운송사업자 등의 업무 등에 관한 죄) 항공운송사업자 또는 항공기사용사업자가 다음 각 호의 어느 하나에 해당하는 경우에는 1천만원 이하의 벌금에 처한다. 1. 제74조를 위반하여 승인을 받지 아니하고 비행기를 운항한 경우 2. 제93조제7항 후단(제96조제2항에서 준용하는 경우를 포함한다)을 위반하여 운항규정 또는 정비규정을 준수하지 아니하고 항공기를 운항하거나 정비한 경우 3. 제94조(제96조제2항에서 준용하는 경우를 포함한다)에 따른 항공운송의 안전을 위한 명령을 이행하지 아니한 경우		
제157조(외국인국제항공운송사업자의 업무 등에 관한 죄) 외국인국제항공운송사업자가 다음 각 호의 어느 하나에 해당하는 경우에는 1천만원 이하의 벌금에 처한다. 1. 제104조제1항을 위반하여 같은 항 각 호의 서류를 항공기에 싣지 아니하고 운항한 경우 2. 제105조에 따른 항공기 운항의 정지명령을 위반한 경우 3. 제106조제2항에 따라 준용되는 제94조에 따른 항공운송의 안전을 위한 명령을 이행하지 아니한 경우		
제158조(기장 등의 보고의무 등의 위반에 관한 죄) 다음 각 호의 어느 하나에 해당하는 자는 500만원 이하의 벌금에 처한다. 1. 제62조제5항 또는 제6항을 위반하여 항공기사고·항공기준사고 또는 의무보고 대상 항공안전장애에 관한 보고를 하지 아니하거나 거짓으로 한 자 2. 제65조제2항에 따른 승인을 받지 아니하고 항공기를 출발시키거나 비행계획을 변경한 자		

항공안전법	항공안전법 시행령	항공안전법 시행규칙
제12장 벌칙		
제159조(운항승무원 등의 직무에 관한 죄) ① 운항승무원 등으로서 다음 각 호의 어느 하나에 해당하는 자는 500만원 이하의 벌금에 처한다. 1. 제66조부터 제68조까지, 제79조 또는 제100조제1항을 위반한 자 2. 제84조제1항에 따른 지시에 따르지 아니한 자 3. 제100조제3항에 따른 착륙 요구에 따르지 아니한 자 ② 기장 외의 운항승무원이 제1항에 따른 죄를 지은 경우에는 그 행위자를 벌하는 외에 기장도 500만원 이하의 벌금에 처한다.		
제160조(경량항공기 불법 사용 등의 죄) ① 다음 각 호의 어느 하나에 해당하는 자는 3년 이하의 징역 또는 3천만원 이하의 벌금에 처한다. 1. 제121조제2항에서 준용하는 제57조제1항을 위반하여 주류등의 영향으로 경량항공기를 사용하여 비행을 정상적으로 수행할 수 없는 상태에서 경량항공기를 사용하여 비행을 한 사람 2. 제121조제2항에서 준용하는 제57조제2항을 위반하여 경량항공기를 사용하여 비행하는 동안에 주류등을 섭취하거나 사용한 사람 3. 제121조제2항에서 준용하는 제57조제3항을 위반하여 국토교통부장관의 측정 요구에 따르지 아니한 사람 ② 제110조 본문을 위반하여 경량항공기 조종업무 외의 업무를 한 사람은 2년 이하의 징역 또는 2천만원 이하의 벌금에 처한다. ③ 제108조제1항에 따른 안전성인증을 받지 아니한 경량항공기를 사용하여 비행을 한 자 또는 비행을 하게 한 자는 1년 이하의 징역 또는 1천만원 이하의 벌금에 처한다. ④ 다음 각 호의 어느 하나에 해당하는 자는 6개월 이하의 징역 또는 500만원 이하의 벌금에 처한다.〈개정 2020. 6. 9., 2021. 5. 18.〉 1. 제109조제1항을 위반하여 경량항공기 조종사 자격증명을 받지 아니하고 경량항공기를 사용하여 비행을 한 사람 2. 제112조의2를 위반한 사람으로서 다음 각 목의 어느 하나에 해당하는 사람 가. 다른 사람에게 자기의 성명을 사용하여 경량항공기 조종업무를 수행하게 하거나 경량항공기 조종사 자격증명서를 빌려 준 사람 나. 다른 사람의 성명을 사용하여 경량항공기 조종업무를 수행하거나 다른 사람의 경량항공기 조종사 자격증명서를 빌린 사람 다. 가목 및 나목의 행위를 알선한 사람 3. 제121조제1항에서 준용하는 제7조제1항을 위반하여 등록을 하지 아니한 경량항공기를 사용하여 비행을 한 자 4. 제121조제1항에서 준용하는 제18조제1항을 위반하여 국적 및 등록기호를 표시하지 아니하거나 거짓으로 표시한 경량항공기를 사용하여 비행을 한 사람		

항공안전법	항공안전법 시행령	항공안전법 시행규칙
제12장 벌칙		
⑤ 제115조제1항을 위반하여 경량항공기 조종교육증명을 받지 아니하고 조종교육을 한 사람은 2천만원 이하의 벌금에 처한다. ⑥ 제119조를 위반하여 무선설비를 설치·운용하지 아니한 자는 500만원 이하의 벌금에 처한다. ⑦ 다음 각 호의 어느 하나에 해당하는 사람은 300만원 이하의 벌금에 처한다. 1. 제118조를 위반하여 경량항공기를 사용하여 이륙·착륙 장소가 아닌 곳 또는 「공항시설법」 제25조제6항에 따라 사용이 중지된 이착륙장에서 이륙하거나 착륙한 사람 2. 제121조제4항에서 준용하는 제79조제2항을 위반하여 통제공역에서 비행한 사람		
제161조(초경량비행장치 불법 사용 등의 죄) ① 다음 각 호의 어느 하나에 해당하는 자는 3년 이하의 징역 또는 3천만원 이하의 벌금에 처한다. 1. 제131조에서 준용하는 제57조제1항을 위반하여 주류등의 영향으로 초경량비행장치를 사용하여 비행을 정상적으로 수행할 수 없는 상태에서 초경량비행장치를 사용하여 비행을 한 사람 2. 제131조에서 준용하는 제57조제2항을 위반하여 초경량비행장치를 사용하여 비행하는 동안에 주류등을 섭취하거나 사용한 사람 3. 제131조에서 준용하는 제57조제3항을 위반하여 국토교통부장관의 측정 요구에 따르지 아니한 사람 ② 제124조에 따른 비행안전을 위한 기술상의 기준에 적합하다는 안전성인증을 받지 아니한 초경량비행장치를 사용하여 제125조제1항에 따른 초경량비행장치 조종자 증명을 받지 아니하고 비행을 한 사람은 1년 이하의 징역 또는 1천만원 이하의 벌금에 처한다. ③ 제122조 또는 제123조를 위반하여 초경량비행장치의 신고 또는 변경신고를 하지 아니하고 비행을 한 자는 6개월 이하의 징역 또는 500만원 이하의 벌금에 처한다. ④ 제129조제2항을 위반하여 국토교통부장관의 허가를 받지 아니하고 무인자유기구를 비행시킨 사람은 500만원 이하의 벌금에 처한다. ⑤ 제127조제2항을 위반하여 국토교통부장관의 승인을 받지 아니하고 초경량비행장치 비행제한공역을 비행한 사람은 200만원 이하의 벌금에 처한다.		
제162조(명령 위반의 죄) 제130조에 따른 초경량비행장치사용사업의 안전을 위한 명령을 이행하지 아니한 초경량비행장치 사용사업자는 1천만원 이하의 벌금에 처한다.		
제163조(검사 거부 등의 죄) 제132조제2항 및 제3항에 따른 검사 또는 출입을 거부·방해하거나 기피한 자는 500만원 이하의 벌금에 처한다.		

항공안전법	항공안전법 시행령	항공안전법 시행규칙
제12장 벌칙		
제164조(양벌규정) 법인의 대표자나 법인 또는 개인의 대리인, 사용인, 그 밖의 종업원이 그 법인 또는 개인의 업무에 관하여 제144조, 제145조, 제148조, 제150조부터 제154조까지, 제156조, 제157조 및 제159조부터 제163조까지의 어느 하나에 해당하는 위반행위를 하면 그 행위자를 벌하는 외에 그 법인 또는 개인에게도 해당 조문의 벌금형을 과(科)한다. 다만, 법인 또는 개인이 그 위반행위를 방지하기 위하여 해당 업무에 관하여 상당한 주의와 감독을 게을리하지 아니한 경우에는 그러하지 아니하다.		
제165조(벌칙 적용의 특례) 제144조, 제 156조 및 제163조의 벌칙에 관한 규정을 적용할 때 제92조(제106조에서 준용 하는 경우를 포함한다) 또는 제95조제4 항에 따라 과징금을 부과할 수 있는 행위 에 대해서는 국토교통부장관의 고발이 있어야 공소를 제기할 수 있으며, 과징금을 부과한 행위에 대해서는 과태료를 부과할 수 없다. 〈개정 2017. 1. 17.〉		
제166조(과태료) ① 다음 각 호의 어느 하나에 해당하는 자에게는 500만원 이하의 과태료를 부과한다.〈개정 2020. 12. 8.〉 1. 제56조제1항을 위반하여 같은 항 각 호의 어느 하나 이상의 방법으로 소속 승무원 또는 운항관리사의 피로를 관리하지 아니한 자(항공운송사업자 및 항공기사용사업자는 제외한다) 2. 제56조제2항을 위반하여 국토교통부장관의 승인을 받지 아니하고 피로위험관리시스템을 운용하거나 중요사항을 변경한 자(항공운송사업자 및 항공기사용사업자는 제외한다) 3. 제58조제2항을 위반하여 다음 각 목의 어느 하나에 해당하는 자(제58조제2항제1호 및 제4호에 해당하는 자 중 항공운송사업자 및 항공기사용사업자 외의 자만 해당한다) 가. 제작 또는 운항 등을 시작하기 전까지 항공안전관리시스템을 마련하지 아니한 자 나. 국토교통부장관의 승인을 받지 아니하고 항공안전관리시스템을 운용한 자 다. 항공안전관리시스템을 승인받은 내용과 다르게 운용한 자 라. 국토교통부장관의 승인을 받지 아니하고 국토교통부령으로 정하는 중요사항을 변경한 자 4. 제65조제1항을 위반하여 운항관리사를 두지 아니하고 항공기를 운항한 항공운송사업자 외의 자 5. 제65조제3항을 위반하여 운항관리사가 해당 업무를 수행하는 데 필요한 교육훈련을 하지 아니하고 업무에 종사하게 한 항공운송사업자 외의 자 6. 제70조제3항에 따른 위험물취급의 절차와 방법에 따르지 아니하고 위험물취급을 한 자 7. 제71조제1항에 따른 검사를 받지 아니한 포장 및 용기를 판매한 자		**제130조(항공안전관리시스템의 승인 등)** ① 법 제58조제2항에 따라 항공안전관리시스템을 승인받으려는 자는 별지 제62호서식의 항공안전관리시스템 승인신청서에 다음각 호의 서류를 첨부하여 제작·교육·운항 또는 사업 등을 시작하기 30일 전까지 국토교통부장관 또는 지방항공청장에게 제출해야 한다.〈개정 2020. 2. 28.〉 1. 항공안전관리시스템 매뉴얼 2. 항공안전관리시스템 이행계획서 및 이행확약서 3. 제2항에서 정하는 항공안전관리시스템 승인기준에 미달하는 사항이 있는 경우 이를 보완할 수 있는 대체운영절차 ② 제1항에 따라 항공안전관리시스템 승인신청서를 받은 국토교통부장관 또는 지방항공청장은 해당 항공안전관리시스템이 별표 20에서 정한 항공안전관리시스템 구축·운용 및 승인기준을 충족하고 국토교통부장관이 고시한 운용조직의 규모 및 업무특성별 운용요건에 적합하다고 인정되는 경우에는 별지 제63호서식의 항공안전관리시스템 승인서를 발급하여야 한다.〈개정 2020. 2. 28.〉 ③ 법 제58조제2항 후단에서 "국토교통부령으로 정하는 중요사항"이란 다음 각 호의 사항을 말한다.〈개정 2020. 2. 28.〉 1. 안전목표에 관한 사항 2. 안전조직에 관한 사항 3. 항공안전장애 등 항공안전데이터 및 항공안전정보에 대한 보고체계에 관한 사항 4. 항공안전위해요인 식별 및 위험도 관리 5. 안전성과지표의 운영(지표의 선정, 경향성 모니터링, 확인된 위험에 대한 경감 조치 등)에 관한 사항

항공안전법	항공안전법 시행령	항공안전법 시행규칙
제12장 벌칙		
8. 제72조제1항을 위반하여 위험물취급에 필요한 교육을 받지 아니하고 위험물취급을 한 자 9. 제115조제2항을 위반하여 국토교통부장관이 정하는 바에 따라 교육을 받지 아니하고 경량항공기 조종교육을 한 자 10. 제124조를 위반하여 초경량비행장치의 비행안전을 위한 기술상의 기준에 적합하다는 안전성인증을 받지 아니하고 비행한 사람(제161조제2항이 적용되는 경우는 제외한다) 11. 제132조제1항에 따른 보고 등을 하지 아니하거나 거짓 보고 등을 한 사람 12. 제132조제2항에 따른 질문에 대하여 거짓 진술을 한 사람 13. 제132조제8항에 따른 운항정지, 운용정지 또는 업무정지를 따르지 아니한 자 14. 제132조제9항에 따른 시정조치 등의 명령에 따르지 아니한 자 ② 다음 각 호의 어느 하나에 해당하는 자에게는 300만원 이하의 과태료를 부과한다.〈개정 2021. 5. 18.〉 1. 제108조제4항을 위반하여 국토교통부령으로 정하는 방법에 따라 안전하게 운용할 수 있다는 확인을 받지 아니하고 경량항공기를 사용하여 비행한 사람 2. 제120조제1항을 위반하여 국토교통부령으로 정하는 준수사항을 따르지 아니하고 경량항공기를 사용하여 비행한 사람 3. 제125조제1항을 위반하여 초경량비행장치 조종자 증명을 받지 아니하고 초경량비행장치를 사용하여 비행을 한 사람(제161조제2항이 적용되는 경우는 제외한다) 4. 제125조제2항부터 제4항까지를 위반한 사람으로서 다음 각 목의 어느 하나에 해당하는 사람 가. 다른 사람에게 자기의 성명을 사용하여 초경량비행장치 조종을 수행하게 하거나 초경량비행장치 조종자 증명을 빌려 준 사람 나. 다른 사람의 성명을 사용하여 초경량비행장치 조종을 수행하거나 다른 사람의 초경량비행장치 조종자 증명을 빌린 사람 다. 가목 및 나목의 행위를 알선한 사람 ③ 다음 각 호의 어느 하나에 해당하는 자에게는 200만원 이하의 과태료를 부과한다.〈개정 2017. 8. 9., 2020. 6. 9.〉 1. 제13조 또는 제15조제1항을 위반하여 변경등록 또는 말소등록의 신청을 하지 아니한 자 2. 제17조제1항을 위반하여 항공기 등록기호표를 붙이지 아니하고 항공기를 사용한 자 3. 제26조를 위반하여 변경된 항공기기술기준을 따르도록 한 요구에 따르지 아니한 자 4. 항공종사자가 아닌 사람으로서 고의 또는 중대한 과실로 제61조제1항의 항공안전위해요인을 발생시킨 사람		6. 변화관리에 관한 사항 7. 자체 안전감사 등 안전보증에 관한 사항 ④ 제3항에서 정한 중요사항을 변경하려는 자는 별지 제64호서식의 항공안전관리시스템 변경승인 신청서에 다음 각 호의 서류를 첨부하여 국토교통부장관 또는 지방항공청장에게 제출하여야 한다. 1. 변경된 항공안전관리시스템 매뉴얼 2. 항공안전관리시스템 매뉴얼 신·구대조표 ⑤ 국토교통부장관 또는 지방항공청장은 제4항에 따라 제출된 변경사항이 별표 20에서 정한 항공안전관리시스템 승인기준에 적합하다고 인정되는 경우 이를 승인하여야 한다. **제285조(경량항공기의 정비 확인)** ① 법 제108조제4항 본문에 따라 경량항공기 소유자등 또는 경량항공기를 사용하여 비행하려는 사람이 경량항공기 또는 그 부품등을 정비한 후 경량항공기 등을 안전하게 운용할 수 있다는 확인을 받기 위해서는 법 제35조제8호에 따른 항공정비사 자격증명을 가진 사람으로부터 해당 정비가 다음 각 호의 어느 하나에 충족되게 수행되었음을 확인받은 후 해당 정비 기록문서에 서명을 받아야 한다. 1. 해당 경량항공기 제작자가 제공하는 최신의 정비교범 및 기술문서 2. 해당 경량항공기 제작자가 정비교범 및 기술문서를 제공하지 아니하여 경량항공기소유자등이 안전성인증 검사를 받을 때 제출한 검사프로그램 3. 그 밖에 국토교통부장관이 정하여 고시하는 기준에 부합하는 기술자료 ② 법 제108조제4항 단서에서 "국토교통부령으로 정하는 경미한 정비"란 별표 41에 따른 정비를 말한다.

항공안전법	항공안전법 시행령	항공안전법 시행규칙
제12장 벌칙		
5. 제84조제2항(제121조제5항에서 준용하는 경우를 포함한다)을 위반하여 항공교통의 안전을 위한 국토교통부장관 또는 항공교통업무증명을 받은 자의 지시에 따르지 아니한 자 6. 제93조제7항 후단(제96조제2항에서 준용하는 경우를 포함한다)을 위반하여 운항규정 또는 정비규정을 준수하지 아니하고 항공기의 운항 또는 정비에 관한 업무를 수행한 종사자 7. 제108조제3항을 위반하여 부여된 안전성인증 등급에 따른 운용범위를 준수하지 아니하고 경량항공기를 사용하여 비행한 사람 8. 제129조제1항을 위반하여 국토교통부령으로 정하는 준수사항을 따르지 아니하고 초경량비행장치를 이용하여 비행한 사람 9. 제127조제3항을 위반하여 국토교통부장관의 승인을 받지 아니하고 초경량비행장치를 이용하여 비행한 사람 10. 제129조제5항을 위반하여 국토교통부장관이 승인한 범위 외에서 비행한 사람 ④ 다음 각 호의 어느 하나에 해당하는 자에게는 100만원 이하의 과태료를 부과한다.〈개정 2019. 8. 27., 2020. 6. 9., 2021. 5. 18.〉 1. 제33조에 따른 보고를 하지 아니하거나 거짓으로 보고한 자 2. 제59조제1항(제106조제2항에 따라 준용되는 경우를 포함한다)을 위반하여 항공기사고, 항공기준사고 또는 의무보고 대상 항공안전장애를 보고하지 아니하거나 거짓으로 보고한 자 3. 제121조제1항에서 준용하는 제17조제1항을 위반하여 경량항공기 등록기호표를 붙이지 아니한 경량항공기소유자등 4. 제122조제5항을 위반하여 신고번호를 해당 초경량비행장치에 표시하지 아니하거나 거짓으로 표시한 초경량비행장치소유자등 5. 제128조를 위반하여 국토교통부령으로 정하는 장비를 장착하거나 휴대하지 아니하고 초경량비행장치를 사용하여 비행을 한 자 ⑤ 다음 각 호의 어느 하나에 해당하는 자에게는 50만원 이하의 과태료를 부과한다. 1. 제120조제2항을 위반하여 경량항공기사고에 관한 보고를 하지 아니하거나 거짓으로 보고한 경량항공기 조종사 또는 그 경량항공기소유자등 2. 제121조제1항에서 준용하는 제13조 또는 제15조를 위반하여 경량항공기의 변경등록 또는 말소등록을 신청하지 아니한 경량항공기소유자등 ⑥ 다음 각 호의 어느 하나에 해당하는 자에게는 30만원 이하의 과태료를 부과한다.〈개정 2020. 6. 9.〉 1. 제123조제4항을 위반하여 초경량비행장치의 말소신고를 하지 아니한 초경량비행장치소유자등 2. 제129조제3항을 위반하여 초경량비행장치사고에 관한 보고를 하지 아니하거나 거짓으로 보고한 초경량비행장치 조종자 또는 그 초경량비행장치소유자등	**제27조(전문검사기관의 검사규정)** ① 제26조제3항에 따라 지정·고시된 전문검사기관(이하 "전문검사기관"이라 한다)은 항공기등, 장비품 또는 부품의 증명 또는 승인을 위한 검사에 필요한 업무규정(이하 "검사규정"이라 한다)을 정하여 국토교통부장관의 인가를 받아야 한다. 인가받은 사항을 변경하려는 경우에도 또한 같다. ② 제1항에 따른 검사규정에는 다음 각 호의 사항이 포함되어야 한다. 1. 증명 또는 승인을 위한 검사업무를 수행하는 기구의 조직 및 인력 2. 증명 또는 승인을 위한 검사업무를 사람의 업무 범위 및 책임 3. 증명 또는 승인을 위한 검사업무의 체계 및 절차 4. 각종 증명의 발급 및 대장의 관리 5. 증명 또는 승인을 위한 검사업무를 수행하는 사람에 대한 교육훈련 6. 기술도서 및 자료의 관리·유지 7. 시설 및 장비의 운용·관리 8. 증명 또는 승인을 위한 검사 결과의 보고에 관한 사	**제298조(경량항공기 조종사의 준수사항)** ① 법 제120조제1항에 따라 경량항공기 조종사는 다음 각 호의 어느 하나에 해당하는 행위를 하여서는 아니 된다.〈개정 2019. 9. 23.〉 1. 인명이나 재산에 위험을 초래할 우려가 있는 낙하물을 투하하는 행위 2. 주거지역, 상업지역 등 인구가 밀집된 지역이나 그 밖에 사람이 많이 모인 장소의 상공에서 인명 또는 재산에 위험을 초래할 우려가 있는 방법으로 비행하는 행위 3. 안개 등으로 지상목표물을 육안으로 식별할 수 없는 상태에서 비행하는 행위 4. 별표 24에 따른 비행시정 및 구름으로부터의 거리 기준을 위반하여 비행하는 행위 5. 일몰 후부터 일출 전까지의 야간에 비행하는 행위 6. 평균해면으로부터 1,500미터(5천피트) 이상으로 비행하는 행위. 다만, 항공교통업무기관으로부터 승인을 받은 경우는 제외한다. 7. 동승한 사람의 낙하산 강하(降下) 8. 그 밖에 곡예비행 등 비정상적인 방법으로 비행하는 행위 ② 경량항공기 조종사는 항공기를 육안으로 식별하여 미리 피할 수 있도록 주의하여 비행하여야 한다. ③ 경량항공기 조종사는 동력을 이용하지 아니하는 초경량비행장치에 대하여 진로를 양보하여야 한다. ④ 경량항공기의 조종사는 탑재용 항공일지를 경량항공기 안에 갖춰 두어야 하며, 경량항공기를 항공에 사용하거나 개조 또는 정비한 경우에는 지체 없이 항공일지에 다음 각 호의 사항을 적어야 한다.〈개정 2021. 6. 9.〉 1. 경량항공기의 등록부호 및 등록 연월일 2. 경량항공기의 종류 및 형식 3. 안전성인증서번호 4. 경량항공기의 제작자·제작번호 및 제작 연월일 5. 발동기 및 프로펠러의 형식 6. 비행에 관한 다음의 기록 가. 비행 연월일 나. 승무원의 성명 다. 비행목적 라. 비행 구간 또는 장소 마. 비행시간 바. 경량항공기의 비행안전에 영향을 미치는 사항 사. 기장의 서명 7. 제작 후의 총비행시간과 최근의 오버홀 후의 총비행시간 8. 정비등의 실시에 관한 다음의 사항 가. 실시 연월일 및 장소 나. 실시 이유, 정비등의 위치와 교환 부품명 다. 확인 연월일 및 확인자의 서명 또는 날인 ⑤ 항공레저스포츠사업에 종사하는 경량항공기 조종사는 다음 각 호의 사항을 준수하여야 한다.

항공안전법	항공안전법 시행령	항공안전법 시행규칙
	제12장 벌칙	
	제28조(검사업무를 수행하는 사람의 자격 등) ① 전문검사기관에서 증명 또는 승인을 위한 검사 업무를 수행하는 사람은 법 제31조제2항 각 호의 어느 하나에 해당하는 사람이어야 한다. ② 전문검사기관에서 증명 또는 승인을 위한 검사업무를 수행하는 사람의 선임·직무 및 감독에 관한 사항은 국토교통부장관이 정한다.	1. 비행 전에 해당 경량항공기의 이상 유무를 점검하고, 항공기의 안전 운항에 지장을 주는 이상이 있을 경우에는 비행을 중단할 것 2. 비행 전에 비행안전을 위한 주의사항에 대하여 동승자에게 충분히 설명할 것 3. 이륙 시 해당 경량항공기의 제작자가 정한 최대 이륙중량을 초과하지 아니하게 할 것 4. 이륙 또는 착륙 시 해당 경량항공기의 제작자가 정한 거리 기준을 충족하는 활주로를 이용할 것 5. 동승자에 관한 인적사항(성명, 생년월일 및 주소)을 기록하고 유지할 것
	제29조(고유식별정보의 처리) 국토교통부장관(제26조에 따라 국토교통부장관의 권한을 위임·위탁받은 자를 포함한다)은 다음 각 호의 사무를 수행하기 위하여 불가피한 경우 「개인정보 보호법 시행령」 제19조에 따른 주민등록번호, 여권번호 또는 외국인등록번호가 포함된 자료를 처리할 수 있다. 1. 법 제34조, 제37조 및 제38조에 따른 자격증명, 자격증명의 한정, 시험의 실시·면제 및 자격증명서의 발급에 관한 사무 1의2. 법 제40조에 따른 항공신체검사증명에 관한 사무 2. 법 제44조에 따른 계기비행증명 및 조종교육증명에 관한 사무 2의2. 법 제45조에 따른 항공영어구술능력증명에 관한 사무 2의3. 법 제46조에 따른 조종연습 및 법 제47조에 따른 항공교통관제연습에 필요한 항공신체검사증명서의 확인에 관한 사무 2의4. 법 제49조제1항에 따른 항공전문의사 지정에 관한 사무 3. 법 제63조에 따른 기장 등의 운항자격에 관한 사무 4. 법 제109조, 제111조 및 제112조에 따른 경량항공기 조종사 자격증명, 자격증명의 한정, 시험의 실시·면제 및 경량항공기 조종사 자격증명서의 발급에 관한 사무 5. 법 제115조에 따른 경량항공기 조종교육증명 및 경량항공기 조종교육증명을 받은 자에 대한 교육에 관한 사무 6. 법 제125조에 따른 초경량비행장치 조종자 증명 등에 관한 사무	**제309조(초경량비행장치의 구조지원 장비 등)** ① 법 제128조 본문에서 "국토교통부령으로 정하는 장비"란 다음 각 호의 어느 하나에 해당하는 것(제3호부터 제6호까지는 항공레저스포츠사업에 사용되는 기구류 중 계류식으로 운영되지 않는 기구류에만 해당한다)을 말한다.〈개정 2019. 9. 23.〉 1. 위치추적이 가능한 표시기 또는 단말기 2. 조난구조용 장비(제1호의 장비를 갖출 수 없는 경우만 해당한다) 3. 구급의료용품 4. 기상정보를 확인할 수 있는 장비 5. 휴대용 소화기 6. 항공교통관제기관과 무선통신을 할 수 있는 장비 ② 법 제128조 단서에서 "무인비행장치 등 국토교통부령으로 정하는 초경량비행장치"란 다음 각 호의 어느 하나에 해당하는 초경량비행장치를 말한다. 1. 동력을 이용하지 아니하는 비행장치 2. 계류식 기구 3. 동력패러글라이더 4. 무인비행장치

항공안전법	항공안전법 시행령	항공안전법 시행규칙
제12장 벌칙		
제167조(과태료의 부과·징수절차) 제166조에 따른 과태료는 대통령령으로 정하는 바에 따라 국토교통부장관이 부과·징수한다.	**제30조(과태료의 부과기준)** 법 제167조에 따른 과태료 부과기준은 별표 5와 같다.	**제310조(초경량비행장치 조종자의 준수사항)** ① 초경량비행장치 조종자는 법 제129조제1항에 따라 다음 각 호의 어느 하나에 해당하는 행위를 하여서는 아니 된다. 다만, 무인비행장치의 조종자에 대해서는 제4호 및 제5호를 적용하지 아니한다.〈개정 2017. 11. 10., 2018. 11. 22., 2019. 9. 23., 2021. 3. 16.〉 1. 인명이나 재산에 위험을 초래할 우려가 있는 낙하물을 투하(投下)하는 행위 2. 주거지역, 상업지역 등 인구가 밀집된 지역이나 그 밖에 사람이 많이 모인 장소의 상공에서 인명 또는 재산에 위험을 초래할 우려가 있는 방법으로 비행하는 행위 2의2. 사람 또는 건축물이 밀집된 지역의 상공에서 건축물과 충돌할 우려가 있는 방법으로 근접하여 비행하는 행위 3. 법 제78조제1항에 따른 관제공역·통제공역·주의공역에서 비행하는 행위. 다만, 법 제127조에 따라 비행승인을 받은 경우와 다음 각 목의 행위는 제외한다. 가. 군사목적으로 사용되는 초경량비행장치를 비행하는 행위 나. 다음의 어느 하나에 해당하는 비행장치를 별표 23 제2호에 따른 관제권 또는 비행금지구역이 아닌 곳에서 제199조제1호나목에 따른 최저비행고도(150미터) 미만의 고도에서 비행하는 행위 1) 무인비행기, 무인헬리콥터 또는 무인멀티콥터 중 최대이륙중량이 25킬로그램 이하인 것 2) 무인비행선 중 연료의 무게를 제외한 자체 무게가 12킬로그램 이하이고, 길이가 7미터 이하인 것 4. 안개 등으로 인하여 지상목표물을 육안으로 식별할 수 없는 상태에서 비행하는 행위 5. 별표 24에 따른 비행시정 및 구름으로부터의 거리기준을 위반하여 비행하는 행위 6. 일몰 후부터 일출 전까지의 야간에 비행하는 행위. 다만, 제199조제1호나목에 따른 최저비행고도(150미터) 미만의 고도에서 운영하는 계류식 기구 또는 법 제124조 전단에 따른 허가를 받아 비행하는 초경량비행장치는 제외한다. 7. 「주세법」 제2조제1호에 따른 주류, 「마약류 관리에 관한 법률」 제2조제1호에 따른 마약류 또는 「화학물질관리법」 제22조제1항에 따른 환각물질 등(이하 "주류등"이라 한다)의 영향으로 조종업무를 정상적으로 수행할 수 없는 상태에서 조종하는 행위 또는 비행 중 주류등을 섭취하거나 사용하는 행위 8. 제308조제4항에 따른 조건을 위반하여 비행하는 행위 9. 그 밖에 비정상적인 방법으로 비행하는 행위 ② 초경량비행장치 조종자는 항공기 또는 경량항공기를 육안으로 식별하여 미리 피할 수 있도록 주의하여 비행하여야 한다.

항공안전법	항공안전법 시행령	항공안전법 시행규칙
제12장 벌칙		
		③ 동력을 이용하는 초경량비행장치 조종자는 모든 항공기, 경량항공기 및 동력을 이용하지 아니하는 초경량비행장치에 대하여 진로를 양보하여야 한다. ④ 무인비행장치 조종자는 해당 무인비행장치를 육안으로 확인할 수 있는 범위에서 조종하여야 한다. 다만, 법 제124조 전단에 따른 허가를 받아 비행하는 경우는 제외한다. ⑤「항공사업법」 제50조에 따른 항공레저스포츠사업에 종사하는 초경량비행장치 조종자는 다음 각 호의 사항을 준수하여야 한다.〈개정 2019. 9. 23.〉 1. 비행 전에 해당 초경량비행장치의 이상 유무를 점검하고, 이상이 있을 경우에는 비행을 중단할 것 2. 비행 전에 비행안전을 위한 주의사항에 대하여 동승자에게 충분히 설명할 것 3. 해당 초경량비행장치의 제작자가 정한 최대이륙중량 및 풍속 기준을 초과하지 아니하도록 비행할 것 4. 다음 각 목의 사항(다목부터 마목까지의 사항은 기구류 중 계류식으로 운영되지 않는 기구류의 조종자에게만 해당한다)을 기록하고 유지할 것 가. 탑승자의 인적사항(성명, 생년월일 및 주소) 나. 사고 발생 시 비상연락·보고체계 등에 관한 사항 다. 해당 초경량비행장치의 제작사 매뉴얼에 따른 비행 전·후 점검결과 및 조치에 관한 사항 라. 기상정보에 관한 사항 마. 비행 시작·종료시간, 이륙·착륙장소, 비행경로 등 비행에 관한 사항 5. 기구류 중 계류식으로 운영되지 않는 기구류의 조종자는 다음 각 목의 구분에 따른 사항을 관할 항공교통업무기관에 통보할 것 가. 비행 전: 비행 시작시간 및 종료예정시간 나. 비행 후: 비행 종료시간 ⑥ 무인자유기구 조종자는 별표 44의3에서 정하는 바에 따라 무인자유기구를 비행해야 한다. 다만, 무인자유기구가 다른 국가의 영토를 비행하는 경우로서 해당 국가가 이와 다른 사항을 정하고 있는 경우에는 이에 따라 비행해야 한다.〈신설 2020. 12. 10.〉

항공안전법 시행령 [별표 1] 〈개정 2018. 6. 19.〉

항공기등을 제작하려는 자 등에 대한 위반행위의 종류별 과징금의 금액(제5조 관련)

1. 일반기준

가. 국토교통부장관은 다음의 어느 하나에 해당하는 경우에는 제2호에 따른 과징금 금액의 2분의 1 범위에서 그 금액을 줄일 수 있다. 다만, 과징금을 체납하고 있는 위반행위자의 경우에는 그렇지 않다.

1) 위반행위가 사소한 부주의나 오류로 인한 것으로 인정되는 경우

2) 위반행위자가 법 위반상태를 시정하거나 해소하기 위하여 노력한 사실이 인정되는 경우

3) 그 밖에 위반행위의 정도, 위반행위의 동기와 그 결과 및 위반 횟수 등을 고려하여 과징금 금액을 줄일 필요가 있다고 인정되는 경우

나. 국토교통부장관은 다음의 어느 하나에 해당하는 경우에는 제2호에 따른 과징금 금액의 2분의 1 범위에서 그 금액을 늘릴 수 있다. 다만, 법 제29조제1항에 따른 과징금 금액의 상한을 넘을 수 없다.

1) 위반의 내용·정도가 중대하여 공중에 미치는 영향이 크다고 인정되는 경우

2) 법 위반상태의 기간이 6개월 이상인 경우

3) 그 밖에 위반행위의 정도, 위반행위의 동기와 그 결과 및 위반 횟수 등을 고려하여 과징금 금액을 늘릴 필요가 있다고 인정되는 경우

2. 개별기준

(단위: 백만원)

위반행위	근거 법조문	과징금의 금액
가. 항공기등이 형식증명 또는 부가형식증명 당시의 항공기기술기준에 적합하지 않게 된 경우	법 제20조제7항제2호	20
나. 항공기등이 제작증명 당시의 항공기기술기준에 적합하지 않게 된 경우	법 제22조제5항제2호	20
다. 기술표준품이 기술표준품형식승인 당시의 기술표준품형식승인기준에 적합하지 않게 된 경우	법 제27조제4항제2호	20
라. 장비품 또는 부품이 부품등제작자증명 당시의 항공기기술기준에 적합하지 않게 된 경우	법 제28조제5항제2호	10

항공안전법 시행령 [별표 의2] 〈신설 2018. 4. 24.〉

항공기등을 제작하려는 자 등에 대한 위반행위의 종류별 과징금의 금액(제5조 관련)

1. 일반기준

가. 국토교통부장관은 다음의 어느 하나에 해당하는 경우에는 제2호에 따른 과징금 금액의 2분의 1 범위에서 그 금액을 줄일 수 있다. 다만, 과징금을 체납하고 있는 위반행위자의 경우에는 그렇지 않다.

1) 위반행위가 사소한 부주의나 오류로 인한 것으로 인정되는 경우

2) 위반행위자가 법 위반상태를 시정하거나 해소하기 위하여 노력한 사실이 인정되는 경우

3) 그 밖에 위반행위의 정도, 동기와 그 결과 및 위반 횟수 등을 고려하여 과징금 금액을 줄일 필요가 있다고 인정되는 경우

나. 국토교통부장관은 다음의 어느 하나에 해당하는 경우에는 제2호에 따른 과징금 금액의 2분의 1 범위에서 그 금액을 늘릴 수 있다. 이 경우 법 제48조의3제1항에 따른 과징금 금액의 상한을 넘을 수 없다.

1) 위반의 내용·정도가 중대하여 공중에 미치는 영향이 크다고 인정되는 경우

2) 법 위반상태의 기간이 6개월 이상인 경우

3) 그 밖에 위반행위의 정도, 동기와 그 결과 및 위반 횟수 등을 고려하여 과징금 금액을 늘릴 필요가 있다고 인정되는 경우

2. 개별기준

(단위: 백만원)

위반행위	근거 법조문	과징금의 금액
가. 정당한 사유 없이 전문교육기관 지정기준을 위반한 경우	법 제48조의2제1항제2호	
1) 교육과목, 교육방법 또는 교육평가 방법을 위반한 경우		18
2) 교관 확보 및 교관의 자격기준을 위반한 경우		18
3) 시설 및 장비 확보기준을 위반한 경우		
(가) 훈련용 항공기의 감항성을 확보할 수 있도록 유지·관리하지 않은 경우		36
(나) 이착륙 시설(훈련비행장)이 훈련용 항공기의 이착륙에 적합하지 않은 경우		18
4) 교육규정 중 교육과정명, 교육생정원, 학사운영 보고 및 기록유지에 관한 기준을 위반한 경우		10
나. 법 제48조제5항을 위반하여 정당한 사유 없이 훈련운영기준을 준수하지 않은 경우	법 제48조의2제1항제3호	
1) 훈련운영기준에서 정한 교육과정 외의 교육과정을 운영한 경우		18
2) 훈련운영기준에서 정한 훈련용 항공기 외의 항공기를 이용하여 훈련한 경우		18
3) 훈련운영기준에서 정한 훈련용 항공기에 대한 정비방법을 준수하지 않은 경우		18
4) 훈련운영기준에서 정한 교육훈련의 품질보증체계를 준수하지 않은 경우		10

위반행위	근거 법조문	과징금의 금액
다. 정당한 사유 없이 법 제48조제10항에 따른 국토교통부장관의 자료 또는 정보제공의 요청을 따르지 않은 경우	법 제48조의2제1항제4호	10
라. 전문교육기관으로 지정받은 이후 2년을 초과하는 기간 동안 교육과정을 개설하지 않은 경우	법 제48조의2제1항제5호	36
마. 고의 또는 중대한 과실로 항공기사고를 발생시키거나 소속 항공종사자에 대하여 관리·감독하는 상당한 주의의무를 게을리하여 항공기사고가 발생한 경우	법 제48조의2제1항제6호	
1) 해당 항공기 사고로 인한 사망자가 200명 이상인 경우		650
2) 해당 항공기 사고로 인한 사망자가 150명 이상 200명 미만인 경우		540
3) 해당 항공기 사고로 인한 사망자가 100명 이상 150명 미만인 경우		432
4) 해당 항공기 사고로 인한 사망자가 50명 이상 100명 미만인 경우		324
5) 해당 항공기 사고로 인한 사망자가 10명 이상 50명 미만인 경우		216
6) 해당 항공기 사고로 인한 사망자가 10명 미만인 경우		108
7) 해당 항공기 사고로 인한 중상자가 10명 이상인 경우		108
8) 해당 항공기 사고로 인한 중상자가 5명 이상 10명 미만인 경우		72
9) 해당 항공기 사고로 인한 중상자가 5명 미만인 경우		54
10) 해당 항공기 사고로 인한 항공기 또는 제3자의 재산 피해가 100억원 이상인 경우		108
11) 해당 항공기 사고로 인한 항공기 또는 제3자의 재산 피해가 50억원 이상 100억원 미만인 경우		90
12) 해당 항공기 사고로 인한 항공기 또는 제3자의 재산피해가 10억원 이상 50억원 미만인 경우		72
13) 해당 항공기 사고로 인한 항공기 또는 제3자의 재산피해가 1억원 이상 10억원 미만인 경우		54
14) 해당 항공기 사고로 인한 항공기 또는 제3자의 재산피해가 1억원 미만인 경우		36
바. 법 제58조제2항을 위반하여 다음의 어느 하나에 해당하는 경우	법 제48조의2제1항제7호	
1) 업무를 시작하기 전까지 항공안전관리시스템을 마련하지 않은 경우		36
2) 승인을 받지 않고 항공안전관리시스템을 운용한 경우		36
3) 항공안전관리시스템을 승인받은 내용과 다르게 운용한 경우		36
4) 승인을 받지 않고 국토교통부령으로 정하는 중요사항을 변경한 경우		36

비고: 위 표의 마목에 따른 과징금을 부과하는 경우 인명피해와 함께 항공기 또는 제3자의 재산피해가 발생한 경우에는 해당 위반행위에 따른 과징금의 금액을 합산하여 과징금을 부과하되, 합산하는 경우에도 과징금의 총액은 법 제48조의3제1항에 따른 과징금 금액의 상한을 넘을 수 없다.

항공안전법 시행령 [별표 2] <개정 2017. 11. 7.>

항공기등을 제작하려는 자 등에 대한 위반행위의 종류별 과징금의 금액(제5조 관련)

1. 일반기준

가. 국토교통부장관은 다음의 어느 하나에 해당하는 경우에는 제2호에 따른 과징금 금액의 2분의 1 범위에서 그 금액을 줄일 수 있다. 다만, 과징금을 체납하고 있는 위반행위자의 경우에는 그렇지 않다.

1) 위반행위가 사소한 부주의나 오류로 인한 것으로 인정되는 경우

2) 위반행위자가 법 위반상태를 시정하거나 해소하기 위하여 노력한 사실이 인정되는 경우

3) 그 밖에 비행장, 공항, 관제권 또는 관제구의 특성, 위반행위의 정도, 위반행위의 동기와 그 결과 및 위반 횟수 등을 고려하여 과징금 금액을 줄일 필요가 있다고 인정되는 경우

나. 국토교통부장관은 다음의 어느 하나에 해당하는 경우에는 제2호에 따른 과징금 금액의 2분의 1 범위에서 그 금액을 늘릴 수 있다. 다만, 법 제87조제1항에 따른 과징금 금액의 상한을 넘을 수 없다.

1) 위반의 내용ㆍ정도가 중대하여 공중에 미치는 영향이 크다고 인정되는 경우

2) 법 위반상태의 기간이 6개월 이상인 경우

3) 그 밖에 비행장, 공항, 관제권 또는 관제구의 특성, 위반행위의 정도, 위반행위의 동기와 그 결과 및 위반 횟수 등을 고려하여 과징금 금액을 늘릴 필요가 있다고 인정되는 경우

2. 개별기준

(단위: 백만원)

위반행위	근거 법조문	과징금의 금액
가. 법 제58조제2항을 위반하여 다음의 어느 하나에 해당하는 경우 1) 항공교통업무 제공을 시작하기 전까지 항공안전관리시스템을 마련하지 않은 경우 2) 승인을 받지 않고 항공안전관리시스템을 운용한 경우 3) 항공안전관리시스템을 승인받은 내용과 다르게 운용한 경우 4) 승인을 받지 않고 국토교통부령으로 정하는 중요사항을 변경한 경우	법 제86조제1항제2호	 1,400 3,000 1,400 1,400
나. 법 제85조제4항을 위반하여 항공교통업무제공체계를 계속적으로 유지하지 않거나 항공교통업무증명기준을 준수하지 않고 항공교통업무를 제공한 경우	법 제86조제1항제3호	4,000
다. 법 제85조제5항을 위반하여 신고를 하지 않거나 승인을 받지 않고 항공교통업무제공체계를 변경한 경우	법 제86조제1항제4호	1,400
라. 법 제85조제7항을 위반하여 변경된 항공교통업무증명기준에 따르도록 한 명령에 따르지 않은 경우	법 제86조제1항제5호	2,100
마. 법 제85조제9항에 따른 시정조치 명령을 이행하지 않은 경우	법 제86조제1항제6호	1,400

위반행위	근거 법조문	과징금의 금액
바. 고의 또는 중대한 과실로 항공기사고를 발생시키거나 소속 항공종사자에 대하여 관리·감독하는 상당한 주의의무를 게을리하여 항공기사고가 발생한 경우	법 제86조제1항제7호	
1) 해당 항공기사고로 인한 사망자가 200명 이상인 경우		25,000
2) 해당 항공기사고로 인한 사망자가 150명 이상 200명 미만인 경우		21,000 이상 25,000 미만
3) 해당 항공기사고로 인한 사망자가 100명 이상 150명 미만인 경우		17,000 이상 21,000 미만
4) 해당 항공기사고로 인한 사망자가 50명 이상 100명 미만인 경우		13,000 이상 17,000 미만
5) 해당 항공기사고로 인한 사망자가 10명 이상 50명 미만인 경우		8,000 이상 13,000 미만
6) 해당 항공기사고로 인한 사망자가 10명 미만인 경우		4,000 이상 8,000 미만
7) 해당 항공기사고로 인한 항공기 또는 제3자의 재산 피해가 100억원 이상인 경우		4,000
8) 해당 항공기사고로 인한 항공기 또는 제3자의 재산 피해가 50억원 이상 100억원 미만인 경우		3,000
9) 해당 항공기사고로 인한 항공기 또는 제3자의 재산 피해가 50억원 미만인 경우		2,100
10) 해당 항공기사고로 인한 항공기 또는 제3자의 재산 피해가 1억원 이상 10억원 미만인 경우		1,400
11) 해당 항공기사고로 인한 항공기 또는 제3자의 재산 피해가 1억원 미만인 경우		700

비고: 1. 위 표의 바목에 따른 과징금을 부과하는 경우 인명피해와 항공기 또는 제3자의 재산 피해가 같이 발생한 경우에는 해당 과징금의 금액을 합산하여 과징금을 부과하되, 합산하는 경우에도 과징금의 총액은 법 제87조제1항에 따른 금액을 초과할 수 없다.

2. 위 표의 바목1)부터 6)까지의 규정을 적용하는 경우 중상자 2명을 사망자 1명으로 보되, 소수점 이하는 버린다.

항공안전법 시행령 [별표 3] 〈개정 2021. 6. 8.〉

항공운송사업자 등에 대한 위반행위의 종류별 과징금의 금액(제21조제1항 관련)

1. 일반기준

가. 과징금의 산정

1) 둘 이상의 위반행위가 발생한 경우에는 100억원(항공기사용사업자의 경우에는 3억원)의 범위에서 제2호에 따른 각 위반행위별 과징금을 합산하여 산정한다. 다만, 다음의 어느 하나에 해당하는 경우에는 다음의 기준에 따라 과징금을 산정한다.

가) 하나의 행위로 둘 이상의 위반행위가 발생한 경우 그 중 무거운 처분의 기준에 따르되, 그 기준의 2분의 1의 범위에서 가중하여 산정한다.

나) 하나의 비행 편에서 둘 이상의 위반행위가 발생한 경우 그 중 무거운 처분의 기준에 따르되, 그 기준의 3분의 2의 범위에서 가중하여 산정한다.

다) 같은 위반행위가 연속하여 2회 이상 반복하여 발생한 경우 1회의 위반행위로 보아 해당 위반행위의 처분기준에 따라 산정하되, 위반횟수 등을 고려하여 그 기준의 100분의 100의 범위에서 가중하여 산정한다. 다만, 위반사실을 소속 종사자 등이 인지하고도 같은 위반행위를 반복한 경우에는 위반횟수별로 합산하여 산정한다.

2) 1)다)에서 "같은 위반행위"란 제2호의 같은 목(세부유형이 분류되어 있는 경우에는 그 세부유형)의 위반행위를 말하며, 제2호허목 2)·3), 같은 호 보목2)·3), 같은 호 오목2)·3) 및 같은 호 호목2)·3)의 경우에는 국토교통부령으로 정하는 세부유형이 같은 경우를 말한다.

3) 제2호무목1)부터 17)까지의 규정에 따른 과징금을 산정할 때 인명피해와 재산피해가 동시에 발생한 경우 그 중 무거운 처분기준에 따라 과징금을 산정한다.

4) 제2호무목1)부터 7)까지의 규정에 따른 과징금을 산정할 때(국제항공운송사업자와 국내항공운송사업자만 해당한다) 중상자 2명을 사망자 1명으로 보되, 소수점 이하는 버린다.

5) 국제항공운송사업과 국내항공운송사업을 겸업하는 경우에는 국제항공운송사업의 과징금 부과기준에 따라 과징금을 산정한다.

6) 제2호에 따른 과징금의 금액이 해당 항공운송사업자의 전년도(위반행위가 발생한 날이 속하는 해의 직전 연도를 말한다) 매출액의 100분의 4를 초과하는 경우 과징금은 전년도 매출액의 100분의 4에 해당하는 금액으로 한다.

나. 과징금의 조정

1) 다음의 어느 하나에 해당하는 경우에는 가목 및 제2호에 따라 산정된 과징금을 3분의 2의 범위에서 줄일 수 있다. 다만, 과징금을 체납하고 있는 위반행위자의 경우에는 그렇지 않다.

가) 항공안전에 대한 위험을 피하기 위한 부득이한 사유가 있는 경우

나) 「공항시설법」 제2조제7호·제8호 및 같은 법 시행령 제3조에 따른 공항시설 및 비행장시설의 미비·장애, 항공기에 사용한 부품의 결함 및 항공기 정비 등을 위해 사용한 장비 등의 오작동 등 외부적인 상황으로 위반행위가 발생한 경우

다) 위반행위 후 적절한 후속조치를 하여 항공안전에 대한 위험을 감소시키거나 제도개선 등 재발방지를 위한 적절한 조치를 한 경우

라) 「항공사업법」 제63조에 따른 항공교통서비스의 안전성 평가에서 매우우수를 받거나, 법 제58조제3항에 따른 항공안전관리시스템의 충실한 구축·운영, 소속 종사자 등에 대한 교육훈련 등 사고예방 활동을 충실히 수행했다고 인정되는 경우

마) 항공수요의 변화, 천재지변 등으로 항공사업자의 재정상황 등이 심각하게 악화된 경우

바) 그 밖에 위반행위의 정도, 위반행위의 동기와 그 결과 등을 고려하여 과징금 금액을 줄일 필요가 있다고 인정되는 경우

2) 다음의 어느 하나에 해당하는 경우에는 가목 및 제2호에 따라 산정된 과징금 금액을 3분의 2의 범위에서 늘릴 수 있다. 다만, 늘리는 경우에도 법 제92조제1항 또는 제95조제4항에 따른 과징금 금액의 상한을 넘을 수 없다.

가) 위반행위로 인명 또는 재산피해가 발생한 경우(제2호무목의 위반행위로 과징금이 산정되는 경우는 제외한다)

나) 다른 항공기의 운항안전 또는 공중(公衆)에 상당한 영향을 미친 경우

다) 현장 책임자 또는 관리자가 소속 종사자 등의 위반을 방조 또는 강요하거나 교육 소홀, 안전정보 미제공 등 관리·감독상의 책임이 큰 경우

라) 항공기의 운항정지처분이나 과징금을 부과받은 날부터 2년 이내에 같은 위반행위를 한 경우

마) 가목1)다)에 따른 같은 위반행위가 연속하여 2회 이상 발생한 경우로서 해당 위반행위가 7일 이상 이어진 경우

바) 법 제60조에 따른 사실조사 및 법 제132조에 따른 항공안전 활동을 방해하거나 위반사실을 은폐·축소·조작·변조하거나 하려고 한 경우

사) 그 밖에 위반행위의 정도, 위반행위의 동기와 그 결과 등을 고려하여 과징금 금액을 늘릴 필요가 있다고 인정되는 경우

2. 개별기준

(단위: 백만원)

위반행위	근거 법조문	사업의 종류별 과징금의 금액			
		국제항공 운송사업	국내항공 운송사업	소형항공 운송사업	항공기 사용사업
가. 법 제18조제1항을 위반하여 국적·등록기호 및 소유자등의 성명 또는 명칭을 표시하지 않은 항공기를 운항한 경우	법 제91조제1항제2호 및 제95조제1항·제2항	300	60	30	9
나. 법 제23조제3항을 위반하여 감항증명을 받지 않은 항공기를 운항한 경우	법 제91조제1항제3호 및 제95조제1항·제2항	1,200	240	120	33
다. 법 제23조제9항에 따른 항공기의 감항성 유지를 위한 항공기등, 장비품 또는 부품에 대한 정비등에 관한 감항성개선 또는 그 밖에 검사·정비등의 명령을 이행하지 않고 이를 운항 또는 항공기등에 사용한 경우	법 제91조제1항제4호 및 제95조제1항·제2항	900	180	90	25
라. 법 제25조제2항을 위반하여 소음기준적합증명을 받지 않거나 항공기기술기준에 적합하지 않은 항공기를 운항한 경우	법 제91조제1항제5호 및 제95조제1항·제2항	900	180	90	25
마. 법 제26조를 위반하여 변경된 항공기기술기준을 따르도록 한 요구에 따르지 않은 경우	법 제91조제1항제6호 및 제95조제1항·제2항	900	180	90	25
바. 법 제27조제3항을 위반하여 기술표준품형식승인을 받지 않은 기술표준품을 항공기등에 사용한 경우	법 제91조제1항제7호 및 제95조제1항·제2항	900	180	90	25
사. 법 제28조제3항을 위반하여 부품등제작자증명을 받지 않은 장비품 또는 부품을 항공기등 또는 장비품에 사용한 경우	법 제91조제1항제8호 및 제95조제1항·제2항	900	180	90	25
아. 법 제30조제2항을 위반하여 수리·개조승인을 받지 않은 항공기등을 운항하거나 장비품·부품을 항공기등에 사용한 경우	법 제91조제1항제9호 및 제95조제1항·제2항	400	80	40	11
자. 법 제32조제1항을 위반하여 정비등을 한 항공기등, 장비품 또는 부품에 대하여 감항성을 확인받지 않고 운항 또는 항공기등에 사용한 경우	법 제91조제1항제10호 및 제95조제1항·제2항	900	180	90	25
차. 법 제42조를 위반하여 법 제40조제2항에 따른 자격증명의 종류별 항공신체검사증명의 기준에 적합하지 않은 운항승무원을 항공업무에 종사하게 한 경우	법 제91조제1항제11호 및 제95조제1항·제2항	400	80	40	11
카. 법 제51조를 위반하여 국토교통부령으로 정한 무선설비를 설치하지 않은 항공기 또는 설치한 무선설비가 운용되지 않는 항공기를 운항한 경우	법 제91조제1항제12호 및 제95조제1항·제2항	400	80	40	11
타. 법 제52조를 위반하여 항공기에 항공계기등을 설치하거나 탑재하지 않고 운항하거나, 그 운용방법 등을 따르지 않은 경우	법 제91조제1항제13호 및 제95조제1항·제2항	300	60	30	8
파. 법 제53조를 위반하여 항공기에 국토교통부령으로 정하는 양의 연료를 싣지 않고 운항한 경우	법 제91조제1항제14호 및 제95조제1항·제2항	400	80	40	11
하. 법 제54조를 위반하여 항공기를 운항하거나 야간에 비행장에 주기(駐機) 또는 정박(碇泊)시키는 경우에 국토교통부령으로 정하는 바에 따라 등불로 항공기의 위치를 나타내지 않은 경우	법 제91조제1항제15호 및 제95조제1항·제2항	180	36	18	5
거. 법 제55조를 위반하여 국토교통부령으로 정하는 비행경험이 없는 운항승무원에게 항공기를 운항하게 하거나 계기비행·야간비행 또는 조종교육의 업무에 종사하게 한 경우	법 제91조제1항제16호 및 제95조제1항·제2항	300	60	30	8
너. 법 제56조제1항을 위반하여 소속 승무원 및 운항관리사의 피로를 관리하지 않은 경우	법 제91조제1항제17호 및 제95조제1항·제2항	300	60	30	8

위반행위	근거 법조문	사업의 종류별 과징금의 금액			
		국제항공 운송사업	국내항공 운송사업	소형항공 운송사업	항공기 사용사업
더. 법 제56조제2항을 위반하여 국토교통부장관의 승인을 받지 않고 피로위험관리시스템을 운용하거나 중요사항을 변경한 경우	법 제91조제1항제18호 및 제95조제1항·제2항	300	60	30	8
러. 법 제57조제1항을 위반하여 항공종사자 또는 객실승무원이 주류등의 영향으로 항공업무 또는 객실승무원의 업무를 정상적으로 수행할 수 없는 상태에서 항공업무 또는 객실승무원의 업무에 종사하게 한 경우	법 제91조제1항제19호 및 제95조제1항·제2항	400	80	40	11
머. 법 제58조제2항을 위반하여 다음의 어느 하나에 해당하는 경우	법 제91조제1항제20호 및 제95조제1항·제2항				
1) 사업을 시작하기 전까지 항공안전관리시스템을 마련하지 않은 경우		400	80	40	11
2) 승인을 받지 않고 항공안전관리시스템을 운용한 경우		400	80	40	11
3) 항공안전관리시스템을 승인받은 내용과 다르게 운용한 경우		400	80	40	11
4) 승인을 받지 않고 국토교통부령으로 정하는 중요 사항을 변경한 경우		400	80	40	11
버. 법 제62조제5항 단서를 위반하여 항공기사고, 항공기준사고 또는 의무보고 대상 항공안전장애가 발생한 경우에 국토교통부령으로 정하는 바에 따라 발생 사실을 보고하지 않은 경우	법 제91조제1항제21호 및 제95조제1항·제2항				
1) 항공기사고 발생 사실을 국토교통부령으로 정하는 바에 따라 보고하지 않은 경우		400	80	40	11
2) 항공기준사고 발생 사실을 국토교통부령으로 정하는 바에 따라 보고하지 않은 경우		300	60	30	8
3) 의무보고 대상 항공안전장애 발생 사실을 국토교통부령으로 정하는 바에 따라 보고하지 않은 경우		60	12	6	2
서. 법 제63조제4항에 따라 자격인정 또는 심사를 할 때 소속 기장 또는 기장 외의 조종사에 대하여 부당한 방법으로 자격인정 또는 심사를 한 경우	법 제91조제1항제22호 및 제95조제1항·제2항	300	60	30	8
어. 법 제63조제7항을 위반하여 운항하려는 지역, 노선 및 공항에 대한 경험요건을 갖추지 않은 기장에게 운항을 하게 한 경우	법 제91조제1항제23호	300	60	30	
저. 법 제65조제1항을 위반하여 운항관리사를 두지 않은 경우	법 제91조제1항제24호	300	60	30	
처. 법 제65조제3항을 위반하여 국토교통부령으로 정하는 바에 따라 운항관리사가 해당 업무를 수행하는 데 필요한 교육훈련을 하지 않고 해당 업무에 종사하게 한 경우	법 제91조제1항제25호	180	36	18	
커. 법 제66조를 위반하여 이륙·착륙 장소가 아닌 곳에서 항공기를 이륙하거나 착륙하게 한 경우	법 제91조제1항제26호 및 제95조제1항·제2항	400	80	40	11
터. 법 제68조를 위반하여 같은 조 각 호의 어느 하나에 해당하는 비행 또는 행위를 하게 한 경우	법 제91조제1항제27호 및 제95조제1항·제2항	400	80	40	11
퍼. 법 제70조제1항을 위반하여 허가를 받지 않고 항공기를 이용하여 위험물을 운송한 경우	법 제91조제1항제28호 및 제95조제1항·제2항	600	120	60	17

위반행위	근거 법조문	사업의 종류별 과징금의 금액			
		국제항공 운송사업	국내항공 운송사업	소형항공 운송사업	항공기 사용사업
허. 법 제70조제3항을 위반하여 국토교통부장관이 고시하는 위험물취급의 절차 및 방법에 따르지 않고 위험물을 취급한 경우	법 제91조제1항제29호 및 제95조제1항·제2항				
1) 다음의 어느 하나에 해당하는 경우 가) 항공운송이 절대 금지된 위험물을 접수하여 취급한 경우 나) 위험물취급기준의 적용 면제절차를 따르지 않은 경우 다) 위험물이 포함된 화물컨테이너나 단위 적재용기를 접수하여 취급한 경우 라) 격리 대상 위험물을 격리하지 않고 적재하여 운송한 경우 마) 폭발성 물질을 격리 구분에 따르지 않고 보관 또는 적재하거나 운송한 경우 바) 화물기로만 운송해야 할 위험물을 여객기로 운송한 경우 사) 위험물의 적재 및 결박 규정을 준수하지 않고 위험물을 적재하여 운송한 경우 아) 위험물이 누출되거나 포장 및 용기가 손상된 상태로 위험물을 항공기로 운송한 경우 자) 운항승무원에게 위험물 적재정보를 제공하지 않은 경우 차) 방사성 물질의 취급 및 운송규정을 준수하지 않은 경우		1,200	240	120	33
2) 국토교통부령으로 정하는 중요한 사항을 준수하지 않은 경우		400	80	40	11
3) 국토교통부령으로 정하는 경미한 사항을 준수하지 않은 경우		10	6	4	1
고. 법 제72조제1항을 위반하여 위험물취급에 관한 교육을 받지 않은 사람에게 위험물취급을 하게 한 경우	법 제91조제1항제30호 및 제95조제1항·제2항	400	80	40	11
노. 법 제74조제1항을 위반하여 승인을 받지 않고 비행기를 운항한 경우	법 제91조제1항제31호	1,200	240	120	
도. 법 제75조제1항을 위반하여 승인을 받지 않고 같은 항 각 호의 어느 하나에 해당하는 공역에서 항공기를 운항한 경우	법 제91조제1항제32호 및 제95조제1항·제2항	300	60	30	8
로. 법 제76조제1항을 위반하여 국토교통부령으로 정하는 바에 따라 운항의 안전에 필요한 승무원을 태우지 않고 항공기를 운항한 경우	법 제91조제1항제33호 및 제95조제1항·제2항	400	80	40	11
모. 법 제76조제3항을 위반하여 항공기에 태우는 승무원에 대하여 해당 업무를 수행하는 데 필요한 교육훈련을 하지 않은 경우	법 제91조제1항제34호 및 제95조제1항·제2항	400	80	40	11
보. 법 제77조제2항을 위반하여 같은 조 제1항에 따른 운항기술기준을 준수하지 않고 운항하거나 업무를 한 경우	법 제91조제1항제35호 및 제95조제1항·제2항				
1) 다음의 어느 하나에 해당하는 경우 가) 감항성에 적합하지 않은 항공기를 운항한 경우 나) 회항시간 연장운항을 위한 비행요건을 충족하지 않고 비행기를 운항한 경우		1,200	240	120	33
2) 비행규칙 등 국토교통부령으로 정하는 중요한 사항을 준수하지 않은 경우		400	80	40	11
3) 기록물의 보관 등 국토교통부령으로 정하는 경미한 사항을 준수하지 않은 경우		10	6	4	1
소. 법 제90조제1항(법 제96조제1항에서 준용하는 경우를 포함한다)을 위반하여 운항증명을 받지 않고 운항을 시작한 경우	법 제91조제1항제36호 및 제95조제1항	1,200	240	120	33

위반행위	근거 법조문	사업의 종류별 과징금의 금액			
		국제항공운송사업	국내항공운송사업	소형항공운송사업	항공기사용사업
오. 법 제90조제4항(법 제96조제1항에서 준용하는 경우를 포함한다)을 위반하여 운영기준을 준수하지 않은 경우(항공기사용사업자의 경우에는 법 제96조제1항에서 준용하는 법 제90조에 따라 운항증명을 받은 항공기사용사업자만 해당한다)	법 제91조제1항제37호 및 제95조제1항				
1) 다음의 어느 하나에 해당하는 경우 가) 인가받은 운항의 종류를 위반하여 운항한 경우 나) 항공로·공항의 운항조건 및 제한사항을 위반한 경우 다) 장비품 등의 사용한계시간을 초과하여 장비품 등을 사용한 경우 라) 부식방지프로그램에 따라 항공기의 부식관리 및 정비를 하지 않고 항공기를 운항한 경우		1,200	240	120	33
2) 항공기 중량배분을 위한 방법 등 국토교통부령으로 정하는 중요한 사항을 준수하지 않은 경우		400	80	40	11
3) 지상 제빙(除氷)·방빙(防氷) 또는 신뢰성관리프로그램 등 국토교통부령으로 정하는 경미한 사항을 준수하지 않은 경우		180	36	18	5
조. 법 제90조제5항(법 제96조제1항에서 준용하는 경우를 포함한다)을 위반하여 안전운항체계를 유지하지 않거나 변경된 안전운항체계를 검사받지 않고 항공기를 운항한 경우(항공기사용사업자의 경우에는 법 제96조제1항에서 준용하는 법 제90조에 따라 운항증명을 받은 항공기사용사업자만 해당한다)	법 제91조제1항제38호 및 제95조제1항	400	80	40	11
초. 법 제93조제1항 본문(법 제96조제2항에서 준용하는 경우를 포함한다)을 위반하여 국토교통부장관의 인가를 받지 않고 운항규정 또는 정비규정을 마련한 경우	법 제91조제1항제40호 및 제95조제1항·제2항	1,200	240	120	33
코. 법 제93조제2항 단서(법 제96조제2항에서 준용하는 경우를 포함한다)를 위반하여 국토교통부령으로 정하는 중요사항을 변경한 경우	법 제91조제1항제40호 및 제95조제1항·제2항	400	80	40	11
토. 법 제93조제2항 본문(법 제96조제2항에서 준용하는 경우를 포함한다)을 위반하여 국토교통부장관에게 신고하지 않고 운항규정 또는 정비규정을 변경한 경우	법 제91조제1항제41호 및 제95조제1항·제2항	400	80	40	11
포. 법 제93조제7항 전단(법 제96조제2항에서 준용하는 경우를 포함한다)을 위반하여 같은 조 제1항 본문 또는 제2항 단서에 따라 인가를 받거나 같은 조 제2항 본문에 따라 신고한 운항규정 또는 정비규정을 해당 종사자에게 제공하지 않은 경우	법 제91조제1항제42호 및 제95조제1항·제2항	10	6	4	1
호. 법 제93조제7항 후단(법 제96조제2항에서 준용하는 경우를 포함한다)을 위반하여 같은 조 제1항 본문 또는 제2항 단서에 따라 인가를 받거나 같은 조 제2항 본문에 따라 신고한 운항규정 또는 정비규정을 준수하지 않고 항공기를 운항하거나 정비한 경우	법 제91조제1항제43호 및 제95조제1항·제2항				
1) 다음의 어느 하나에 해당하는 경우 가) 성능기반항행요구공역(PBN)의 운항을 위한 요건 등을 위반하여 운항한 경우 나) 인가받은 항공종사자 훈련프로그램을 위반한 경우 다) 정기점검을 수행하지 않고 항공기를 운항한 경우 라) 정밀계기접근비행의 요건을 갖추지 않고 정밀접근계기비행을 한 경우 마) 최소장비목록(MEL)을 위반하여 작동하지 않는 계기 및 장비를 갖춘 항공기를 운항한 경우		1,200	240	120	33

위반행위	근거 법조문	사업의 종류별 과징금의 금액			
		국제항공 운송사업	국내항공 운송사업	소형항공 운송사업	항공기 사용사업
2) 정비작업 미수행 등 국토교통부령으로 정하는 중요한 사항을 위반한 경우		400	80	40	11
3) 보고의 누락 등 국토교통부령으로 정하는 경미한 사항을 위반한 경우		10	6	4	1
구. 법 제94조 각 호(법 제96조제2항에서 준용하는 경우를 포함한다)에 따른 항공운송의 안전을 위한 명령을 따르지 않은 경우	법 제91조제1항제44호 및 제95조제1항·제2항	600	120	60	17
누. 법 제132조제1항에 따라 업무(항공안전 활동을 수행하기 위한 것만 해당한다)에 관한 보고를 하지 않거나 서류를 제출하지 않은 경우 또는 거짓으로 보고하거나 서류를 제출한 경우	법 제91조제1항제45호 및 제95조제1항·제2항	300	60	30	8
두. 법 제132조제2항에 따른 항공기 등에의 출입이나 장부·서류 등의 검사(항공안전 활동을 수행하기 위한 것만 해당한다)를 거부·방해 또는 기피한 경우	법 제91조제1항제46호 및 제95조제1항·제2항	300	60	30	8
루. 법 제132조제2항에 따른 관계인에 대한 질문(항공안전 활동을 수행하기 위한 것만 해당한다)에 답변하지 않거나 거짓으로 답변한 경우	법 제91조제1항제47호 및 제95조제1항·제2항	300	60	30	8
무. 고의 또는 중대한 과실로 또는 항공종사자의 선임·감독에 상당한 주의의무를 게을리하여 항공기사고를 발생시킨 경우	법 제91조제1항제48호 및 제95조제1항·제2항				
1) 해당 항공기사고로 인한 사망자가 200명 이상인 경우		10,000	2,000		
2) 해당 항공기사고로 인한 사망자가 150명 이상 200명 미만인 경우		9,000 이상 10,000 미만	1,800 이상 2,000 미만		
3) 해당 항공기사고로 인한 사망자가 100명 이상 150명 미만인 경우		7,200 이상 9,000 미만	1,440 이상 1,800 미만		
4) 해당 항공기사고로 인한 사망자가 50명 이상 100명 미만인 경우		5,400 이상 7,200 미만	1,080 이상 1,440 미만		
5) 해당 항공기사고로 인한 사망자가 50명 이상인 경우				540	
6) 해당 항공기사고로 인한 사망자가 10명 이상 50명 미만인 경우		3,600 이상 5,400 미만	720 이상 1,080 미만	360 이상 540 미만	
7) 해당 항공기사고로 인한 사망자가 10명 미만인 경우		1,800 이상 3,600 미만	360 이상 720 미만		
8) 해당 항공기사고로 인한 사망자가 10명 이상인 경우					300
9) 해당 항공기사고로 인한 사망자가 5명 이상 10명 미만인 경우				180 이상 360 미만	150 이상 300 미만
10) 해당 항공기사고로 인한 사망자가 5명 미만인 경우				90 이상 180 미만	75 이상 150 미만
11) 해당 항공기사고로 인한 중상자가 30명 이상인 경우				90	50
12) 해당 항공기사고로 인한 중상자가 20명 이상 30명 미만인 경우				60 이상 90 미만	20 이상 50 미만
13) 해당 항공기사고로 인한 중상자가 10명 이상 20명 미만인 경우				30 이상 60 미만	10 이상 20 미만
14) 해당 항공기사고로 인한 중상자가 10명 미만인 경우				15 이상 30 미만	7 이상 10 미만

위반행위	근거 법조문	사업의 종류별 과징금의 금액			
		국제항공 운송사업	국내항공 운송사업	소형항공 운송사업	항공기 사용사업
15) 해당 항공기사고로 인한 항공기 또는 제3자의 재산피해가 100억원 이상인 경우		1,800	360	180	50
16) 해당 항공기사고로 인한 항공기 또는 제3자의 재산피해가 50억원 이상 100억원 미만인 경우		1,200 이상 1,800 미만	240 이상 360 미만	120 이상 180 미만	33 이상 50 미만
17) 해당 항공기사고로 인한 항공기 또는 제3자의 재산피해가 10억원 이상 50억원 미만인 경우		900 이상 1,200 미만	180 이상 240 미만	90 이상 120 미만	25 이상 33 미만
18) 경미한 항공기사고[1)부터 17)까지에서 규정한 것 외의 항공기사고를 말한다. 이하 19) 및 20)에서 같다]가 비행횟수 3만회 이내에 5회 이상인 경우		1,800			
19) 경미한 항공기사고가 비행횟수 3만회 이내에 4회인 경우		1,200			
20) 경미한 항공기사고가 비행횟수 3만회 이내에 3회인 경우		900			

항공안전법 시행령 [별표 4]

정비조직인증을 받은 자에 대한 위반행위의 종류별 과징금의 금액(제22조제1항 관련)

1. 일반기준

가. 국토교통부장관은 다음의 어느 하나에 해당하는 경우에는 제2호에 따른 과징금 금액의 2분의 1 범위에서 그 금액을 줄일 수 있다. 다만, 과징금을 체납하고 있는 위반행위자의 경우에는 그렇지 않다.

1) 위반행위가 사소한 부주의나 오류로 인한 것으로 인정되는 경우
2) 위반행위자가 법 위반상태를 시정하거나 해소하기 위하여 노력한 사실이 인정되는 경우
3) 그 밖에 사업 규모, 위반행위의 정도, 위반행위의 동기와 그 결과 및 위반 횟수 등을 고려하여 과징금 금액을 줄일 필요가 있다고 인정되는 경우

나. 국토교통부장관은 다음의 어느 하나에 해당하는 경우에는 제2호에 따른 과징금 금액의 2분의 1 범위에서 그 금액을 늘릴 수 있다. 다만, 법 제99조제1항에 따른 과징금 금액의 상한을 넘을 수 없다.

1) 위반의 내용·정도가 중대하여 공중에 미치는 영향이 크다고 인정되는 경우
2) 법 위반상태의 기간이 6개월 이상인 경우
3) 그 밖에 사업 규모, 위반행위의 정도, 위반행위의 동기와 그 결과 및 위반 횟수 등을 고려하여 과징금 금액을 늘릴 필요가 있다고 인정되는 경우

2. 개별기준

(단위: 백만원)

위반행위	근거 법조문	과징금의 금액
가. 법 제58조제2항을 위반하여 다음의 어느 하나에 해당하는 경우	법 제98조제1항제2호	
1) 업무를 시작하기 전까지 항공안전관리시스템을 마련하지 않은 경우		14
2) 승인을 받지 않고 항공안전관리시스템을 운용한 경우		30
3) 항공안전관리시스템을 승인받은 내용과 다르게 운용한 경우		14
4) 승인을 받지 않고 국토교통부령으로 정하는 중요 사항을 변경한 경우		14
나. 정당한 사유 없이 정비조직인증기준을 위반한 경우	법 제98조제1항제3호	
1) 인증받은 범위 외에 다음의 정비등을 한 경우		
가) 인증받은 정비능력을 초과하여 정비등을 한 경우		30
나) 인증받은 형식 외의 항공기등에 대한 정비등을 한 경우		50
다) 인증받은 장비품·부품 외의 장비품·부품에 대한 정비등을 한 경우		30
2) 인증받은 정비시설 또는 정비건물 등의 위치를 무단으로 변경하여 정비등을 한 경우		20
3) 인증받은 장소가 아닌 곳에서 정비등을 한 경우		30

위반행위	근거 법조문	과징금의 금액
4) 인증받은 범위에서 정비등을 수행한 후 법 제35조제8호의 항공정비사 자격증명을 가진 사람으로부터 확인을 받지 않은 경우		50
5) 정비등을 하지 않고 거짓으로 정비기록을 작성한 경우		20
6) 세부 운영기준에서 정한 정비방법·품질관리절차 및 수행목록 등을 위반하여 정비등을 한 경우 [1)부터 5)까지의 규정에 해당되지 않는 사항을 말한다]		10
7) 1)부터 6)까지의 규정 외에 정비조직인증기준을 위반한 경우		5
다. 고의 또는 중대한 과실에 의하거나 항공종사자에 대한 관리·감독에 관하여 상당한 주의의무를 게을리함으로써 항공기사고가 발생한 경우	법 제98조제1항제4호	
1) 해당 항공기사고로 인한 사망자가 200명 이상인 경우		500
2) 해당 항공기사고로 인한 사망자가 150명 이상 200명 미만인 경우		400
3) 해당 항공기사고로 인한 사망자가 100명 이상 150명 미만인 경우		250
4) 해당 항공기사고로 인한 사망자가 50명 이상 100명 미만인 경우		150
5) 해당 항공기사고로 인한 사망자가 10명 이상 50명 미만인 경우		75
6) 해당 항공기사고로 인한 사망자가 10명 미만인 경우		50
7) 해당 항공기사고로 인한 중상자가 10명 이상인 경우		50
8) 해당 항공기사고로 인한 중상자가 5명 이상 10명 미만인 경우		30
9) 해당 항공기사고로 인한 중상자가 5명 미만인 경우		20
10) 해당 항공기사고로 인한 항공기 또는 제3자의 재산 피해가 100억원 이상인 경우		100
11) 해당 항공기사고로 인한 항공기 또는 제3자의 재산 피해가 50억원 이상 100억원 미만인 경우		80
12) 해당 항공기사고로 인한 항공기 또는 제3자의 재산피해가 10억원 이상 50억원 미만인 경우		50
13) 해당 항공기사고로 인한 항공기 또는 제3자의 재산피해가 1억원 이상 10억원 미만인 경우		30
14) 해당 항공기사고로 인한 항공기 또는 제3자의 재산피해가 1억원 미만인 경우		10

비고: 위 표의 다목에 따른 과징금을 부과하는 경우 인명피해와 항공기 또는 제3자의 재산피해가 같이 발생한 경우에는 해당 과징금의 금액을 합산하여 과징금을 부과하되, 합산하는 경우에도 과징금의 총액은 법 제99조제1항에 따른 금액을 초과할 수 없다.

항공안전법 시행령 [별표 5] 〈개정 2021. 11. 16.〉

정비조직인증을 받은 자에 대한 위반행위의 종류별 과징금의 금액(제22조제1항 관련)

1. 일반기준

가. 위반행위의 횟수에 따른 과태료의 가중된 부과기준은 최근 5년간 같은 위반행위로 과태료 부과처분을 받은 경우에 적용한다. 이 경우 기간의 계산은 위반행위에 대하여 과태료 부과처분을 받은 날과 그 처분 후 다시 같은 위반행위를 하여 적발된 날을 기준으로 한다.

나. 가목에 따라 가중된 부과처분을 하는 경우 가중처분의 적용 차수는 그 위반행위 전 부과처분 차수(가목에 따른 기간 내에 과태료 부과처분이 둘 이상 있었던 경우에는 높은 차수를 말한다)의 다음 차수로 한다.

다. 부과권자는 다음의 어느 하나에 해당하는 경우에는 제2호에 따른 과태료 금액의 2분의 1 범위에서 그 금액을 줄일 수 있다. 다만, 과태료를 체납하고 있는 위반행위자의 경우에는 그렇지 않다.

1) 위반행위가 사소한 부주의나 오류로 인한 것으로 인정되는 경우

2) 위반행위자가 법 위반상태를 시정하거나 해소하기 위하여 노력한 사실이 인정되는 경우

3) 그 밖에 위반행위의 정도, 위반행위의 동기와 그 결과 등을 고려하여 감경할 필요가 있다고 인정되는 경우

라. 부과권자는 다음의 어느 하나에 해당하는 경우에는 제2호에 따른 과태료 금액의 2분의 1 범위에서 그 금액을 늘릴 수 있다. 다만, 법 제166조에 따른 과태료 금액의 상한을 넘을 수 없다.

1) 위반의 내용·정도가 중대하여 공중에 미치는 영향이 크다고 인정되는 경우

2) 법 위반상태의 기간이 6개월 이상인 경우

3) 그 밖에 위반행위의 정도, 위반행위의 동기와 그 결과 등을 고려하여 가중할 필요가 있다고 인정되는 경우

2. 개별기준

(단위: 만원)

위반행위	근거 법조문	과징금의 금액		
		1차 위반	2차 위반	3차 위반
가. 법 제13조 또는 제15조제1항을 위반하여 변경등록 또는 말소등록의 신청을 하지 않은 경우	법 제166조제3항제1호	100	150	200
나. 법 제17조제1항을 위반하여 항공기 등록기호표를 부착하지 않고 항공기를 사용한 경우	법 제166조제3항제2호	100	150	200
다. 법 제26조를 위반하여 변경된 항공기기술기준을 따르도록 한 요구에 따르지 않은 경우	법 제166조제3항제3호	100	150	200
라. 법 제33조에 따른 보고를 하지 않거나 거짓으로 보고한 경우	법 제166조제4항제1호	50	75	100
마. 법 제56조제1항을 위반하여 같은 항 각 호의 어느 하나 이상의 방법으로 소속 승무원 및 운항관리사의 피로를 관리하지 않은 경우(항공운송사업자 및 항공기사용사업자는 제외한다)	법 제166조제1항제1호	250	375	500
바. 법 제56조제2항을 위반하여 국토교통부장관의 승인을 받지 않고 피로위험관리시스템을 운용하거나 중요사항을 변경한 경우(항공운송사업자 및 항공기사용사업자는 제외한다)	법 제166조제1항제2호	250	375	500
사. 법 제58조제2항을 위반하여 다음의 어느 하나에 해당하는 경우(법 제58조제2항제1호 및 제4호에 해당하는 자 중 항공운송사업자 및 항공기사용사업자 외의 자만 해당한다)	법 제166조제1항제3호			
1) 제작 또는 운항 등을 시작하기 전까지 항공안전관리시스템을 마련하지 않은 경우		250	375	500
2) 국토교통부장관의 승인을 받지 않고 항공안전관리시스템을 운용한 경우		250	375	500
3) 항공안전관리시스템을 승인받은 내용과 다르게 운용한 경우		250	375	500
4) 국토교통부장관의 승인을 받지 않고 국토교통부령으로 정하는 중요사항을 변경한 경우		250	375	500
아. 법 제59조제1항(법 제106조제2항에서 준용하는 경우를 포함한다)을 위반하여 항공기사고, 항공기준사고 또는 의무보고 대상 항공안전장애를 보고하지 않거나 거짓으로 보고한 경우	법 제166조제4항제2호	50	75	100
자. 항공종사자가 아닌 사람으로서 고의 또는 중대한 과실로 법 제61조제1항의 항공안전위해요인을 발생시킨 경우	법 제166조제3항제4호	100	150	200
차. 항공운송사업자 외의 자가 법 제65조제1항을 위반하여 운항관리사를 두지 않고 항공기를 운항한 경우	법 제166조제1항제4호	250	375	500
카. 항공운송사업자 외의 자가 법 제65조제3항을 위반하여 운항관리사가 해당 업무를 수행하는 데 필요한 교육훈련을 하지 않고 업무에 종사하게 한 경우	법 제166조제1항제5호	250	375	500
타. 법 제70조제3항에 따른 위험물취급의 절차와 방법에 따르지 않고 위험물취급을 한 경우	법 제166조제1항제6호			
1) 위험물을 일반화물로 신고하는 경우		250	375	500
2) 운송서류에 표기한 위험물과 다른 위험물을 운송하려는 경우		250	375	500
3) 유엔기준을 충족하지 않은 포장용기를 사용하였거나 위험물 포장지침을 따르지 않았을 경우		250	375	500
4) 휴대 가능한 위험물의 종류 또는 수량기준을 위반한 경우		250	375	500
5) 위험물 운송서류상의 표기가 오기되었거나 서명이 누락된 경우		250	375	500
6) 위험물 라벨을 부착하지 않았거나 위험물 분류와 다른 라벨을 부착한 경우		250	375	500
파. 법 제71조제1항에 따른 검사를 받지 않은 포장 및 용기를 판매한 경우	법 제166조제1항제7호	250	375	500

위반행위	근거 법조문	과징금의 금액		
		1차 위반	2차 위반	3차 위반
하. 법 제72조제1항을 위반하여 위험물취급에 필요한 교육을 받지 않고 위험물취급을 한 경우	법 제166조제1항제8호	250	375	500
거. 법 제84조제2항(법 제121조제5항에서 준용하는 경우를 포함한다)을 위반하여 항공교통의 안전을 위한 국토교통부장관 또는 항공교통업무증명을 받은 자의 지시에 따르지 않은 경우	법 제166조제3항제5호	100	150	200
너. 법 제93조제7항 후단(법 제96조제2항에서 준용하는 경우를 포함한다)을 위반하여 운항규정 또는 정비규정을 준수하지 않고 항공기의 운항 또는 정비에 관한 업무를 수행한 경우	법 제166조제3항제6호	100	150	200
더. 법 제108조제3항을 위반하여 부여된 안전성인증 등급에 따른 운용범위를 준수하지 않고 경량항공기를 사용하여 비행한 경우	법 제166조제3항제7호	100	150	200
러. 법 제108조제4항을 위반하여 국토교통부령으로 정하는 방법에 따라 안전하게 운용할 수 있다는 확인을 받지 않고 경량항공기를 사용하여 비행한 경우	법 제166조제2항제1호	150	225	300
머. 법 제115조제2항을 위반하여 국토교통부장관이 정하는 바에 따라 교육을 받지 않고 경량항공기 조종교육을 한 경우	법 제166조제1항제9호	250	375	500
버. 법 제120조제1항을 위반하여 국토교통부령으로 정하는 준수사항을 따르지 않고 경량항공기를 사용하여 비행한 경우	법 제166조제2항제2호	150	225	300
서. 경량항공기 조종사 또는 그 경량항공기소유자등이 법 제120조제2항을 위반하여 경량항공기사고에 관한 보고를 하지 않거나 거짓으로 보고한 경우	법 제166조제5항제1호	25	37.5	50
어. 경량항공기소유자등이 법 제121조제1항에서 준용하는 법 제13조 또는 제15조를 위반하여 경량항공기의 변경등록 또는 말소등록을 신청하지 않은 경우	법 제166조제5항제2호	25	37.5	50
저. 경량항공기소유자등이 법 제121조제1항에서 준용하는 법 제17조제1항을 위반하여 경량항공기 등록기호표를 부착하지 않은 경우	법 제166조제4항제3호	50	75	100
처. 초경량비행장치소유자등이 법 제122조제5항을 위반하여 신고번호를 해당 초경량비행장치에 표시하지 않거나 거짓으로 표시한 경우	법 제166조제4항제4호	50	75	100
커. 초경량비행장치소유자등이 법 제123조제4항을 위반하여 초경량비행장치의 말소신고를 하지 않은 경우	법 제166조제6항제1호	15	22.5	30
터. 법 제124조를 위반하여 초경량비행장치의 비행안전을 위한 기술상의 기준에 적합하다는 안전성인증을 받지 않고 비행한 경우(법 제161조제2항이 적용되는 경우는 제외한다)	법 제166조제1항제10호	250	375	500
퍼. 법 제125조제1항을 위반하여 초경량비행장치 조종자 증명을 받지 않고 초경량비행장치를 사용하여 비행을 한 경우(법 제161조제2항이 적용되는 경우는 제외한다)	법 제166조제2항제3호	150	225	300
허. 법 제125조제2항부터 제4항까지의 규정을 위반한 사람으로서 다음의 어느 하나에 해당되는 경우 1) 다른 사람에게 자기의 성명을 사용하여 초경량비행장치 조종을 수행하게 하거나 초경량비행장치 조종자 증명을 빌려 준 경우 2) 다른 사람의 성명을 사용하여 초경량비행장치 조종을 수행하거나 다른 사람의 초경량비행장치 조종자 증명을 빌린 경우 3) 1) 및 2)의 행위를 알선한 경우	법 제166조제2항제4호	150	225	300
고. 법 제127조제3항을 위반하여 국토교통부장관의 승인을 받지 않고 초경량비행장치를 이용하여 비행한 경우	법 제166조제3항제9호	100	150	200
노. 법 제128조를 위반하여 국토교통부령으로 정하는 장비를 장착하거나 휴대하지 않고 초경량비행장치를 사용하여 비행을 한 경우	법 제166조제4항제5호	50	75	100

위반행위	근거 법조문	과징금의 금액		
		1차 위반	2차 위반	3차 위반
도. 법 제129조제1항을 위반하여 국토교통부령으로 정하는 준수사항을 따르지 않고 초경량비행장치를 이용하여 비행한 경우	법 제166조제3항제8호	100	150	200
로. 초경량비행장치 조종자 또는 그 초경량비행장치소유자등이 법 제129조제3항을 위반하여 초경량비행장치사고에 관한 보고를 하지 않거나 거짓으로 보고한 경우	법 제166조제6항제2호	15	22.5	30
모. 법 제129조제5항을 위반하여 국토교통부장관이 승인한 범위 외에서 비행한 경우	법 제166조제3항제10호	100	150	200
보. 법 제132조제1항에 따른 보고 등을 하지 않거나 거짓 보고 등을 한 경우	법 제166조제1항제11호	250	375	500
소. 법 제132조제2항에 따른 질문에 대하여 거짓 진술을 한 경우	법 제166조제1항제12호	250	375	500
오. 법 제132조제8항에 따른 운항정지, 운용정지 또는 업무정지를 따르지 않은 경우	법 제166조제1항제13호	250	375	500
조. 법 제132조제9항에 따른 시정조치 등의 명령에 따르지 않은 경우	법 제166조제1항제14호	250	375	500

항공안전법 시행규칙 [별표 1] 〈개정 2021. 8. 27〉

항공기의 손상·파손 또는 구조상의 결함(제8조 관련)

1. 다음 각 목의 어느 하나에 해당되는 경우에는 항공기의 중대한 손상·파손 및 구조상의 결함으로 본다.

가. 항공기에서 발동기가 떨어져 나간 경우

나. 발동기의 덮개 또는 역추진장치 구성품이 떨어져 나가면서 항공기를 손상시킨 경우

다. 압축기, 터빈 블레이드(날개) 및 그 밖에 다른 발동기 구성품이 발동기 덮개를 관통한 경우. 다만, 발동기의 배기구를 통해 유출된 경우는 제외한다.

라. 레이더 안테나 덮개가 파손되거나 떨어져 나가면서 항공기의 동체 구조 또는 시스템에 중대한 손상을 준 경우

마. 플랩(flap), 슬랫(slat: 양력 증대를 위해 비행기 주날개 앞부분에 설치되는 작은 날개) 등 고양력장치(高揚力裝置) 및 윙렛(winglet: 비행기 주날개 끝에 수직 또는 거의 수직으로 부착하는 작은 날개)이 손실된 경우. 다만, 외형변경목록(Configuration Deviation List)을 적용하여 항공기를 비행에 투입할 수 있는 경우는 제외한다.

바. 바퀴다리(landing gear leg)가 완전히 펴지지 않았거나 바퀴(wheel)가 나오지 않은 상태에서 착륙하여 항공기의 표피가 손상된 경우. 다만, 간단한 수리를 하여 항공기가 비행할 수 있는 경우는 제외한다.

사. 항공기 내부의 감압 또는 여압을 조절하지 못하게 되는 구조적 손상이 발생한 경우

아. 항공기준사고 또는 항공안전장애 등의 발생에 따라 항공기를 점검한 결과 심각한 손상이 발견된 경우

자. 비상탈출로 중상자가 발생했거나 항공기가 심각한 손상을 입은 경우

차. 그 밖에 가목부터 자목까지의 경우와 유사한 항공기의 손상·파손 또는 구조상의 결함이 발생한 경우

2. 제1호에 해당하는 경우에도 다음 각 목의 어느 하나에 해당하는 경우에는 항공기의 중대한 손상·파손 및 구조상의 결함으로 보지 아니한다.

가. 덮개와 부품(accessory)을 포함하여 한 개의 발동기의 고장 또는 손상

나. 프로펠러, 날개 끝(wing tip), 안테나, 프로브(probe), 베인(vane: 공기의 흐름을 위한 작은 날개) 타이어, 브레이크, 바퀴, 페어링(fairing: 노출부의 보호 및 공기 저항력 감소를 위한 유선형 덮개), 패널(panel), 착륙장치 덮개, 방풍창 및 항공기 표피의 손상

다. 주회전익, 꼬리회전익 및 착륙장치의 경미한 손상

라. 우박 또는 조류와 충돌 등에 따른 경미한 손상(레이더 안테나 덮개의 구멍을 포함한다)

항공기준사고의 범위(제9조 관련)

1. 항공기의 위치, 속도 및 거리가 다른 항공기와 충돌위험이 있었던 것으로 판단되는 근접비행이 발생한 경우(다른 항공기와의 거리가 500피트 미만으로 근접하였던 경우를 말한다) 또는 경미한 충돌이 있었으나 안전하게 착륙한 경우

2. 항공기가 정상적인 비행 중 지표, 수면 또는 그 밖의 장애물과의 충돌(Controlled Flight into Terrain)을 가까스로 회피한 경우

3. 항공기, 차량, 사람 등이 허가 없이 또는 잘못된 허가로 항공기 이륙·착륙을 위해 지정된 보호구역에 진입하여 다른 항공기와의 충돌을 가까스로 회피한 경우

4. 항공기가 다음 각 목의 장소에서 이륙하거나 이륙을 포기한 경우 또는 착륙하거나 착륙을 시도한 경우

가. 폐쇄된 활주로 또는 다른 항공기가 사용 중인 활주로

나. 허가 받지 않은 활주로

다. 유도로(헬리콥터가 허가를 받고 이륙하거나 이륙을 포기한 경우 또는 착륙하거나 착륙을 시도한 경우는 제외한다)

라. 도로 등 착륙을 의도하지 않은 장소

5. 항공기가 이륙·착륙 중 활주로 시단(始端)에 못 미치거나(Undershooting) 또는 종단(終端)을 초과한 경우(Overrunning) 또는 활주로 옆으로 이탈한 경우(다만, 항공안전장애에 해당하는 사항은 제외한다)

6. 항공기가 이륙 또는 초기 상승 중 규정된 성능에 도달하지 못한 경우

7. 비행 중 운항승무원이 신체, 심리, 정신 등의 영향으로 조종업무를 정상적으로 수행할 수 없는 경우(Pilot Incapacitation)

8. 조종사가 연료량 또는 연료배분 이상으로 비상선언을 한 경우(연료의 불충분, 소진, 누유 등으로 인한 결핍 또는 사용가능한 연료를 사용할 수 없는 경우를 말한다)

9. 항공기 시스템의 고장, 항공기 동력 또는 추진력의 손실, 기상 이상, 항공기 운용한계의 초과 등으로 조종상의 어려움(Difficulties in Controlling)이 발생했거나 발생할 수 있었던 경우

10. 다음 각 목에 따라 항공기에 중대한 손상이 발견된 경우(항공기사고로 분류된 경우는 제외한다)

가. 항공기가 지상에서 운항 중 다른 항공기나 장애물, 차량, 장비 또는 동물과 접촉·충돌

나. 비행 중 조류(鳥類), 우박, 그 밖의 물체와 충돌 또는 기상 이상 등

다. 항공기 이륙·착륙 중 날개, 발동기 또는 동체와 지면의 접촉·충돌 또는 끌림(dragging). 다만, 꼬리 스키드

(tail skid: 항공기 꼬리 아래 장착되는, 지면 접촉 시 기체 손상 방지장치)의 경미한 접촉 등 항공기 이륙·착륙에 지장이 없는 경우는 제외한다.

라. 착륙바퀴가 완전히 펴지지 않거나 올려진 상태로 착륙한 경우

11. 비행 중 운항승무원이 비상용 산소 또는 산소마스크를 사용해야 하는 상황이 발생한 경우

12. 운항 중 항공기 구조상의 결함(Aircraft Structural Failure)이 발생한 경우 또는 터빈발동기의 내부 부품이 외부로 떨어져 나간 경우를 포함하여 터빈발동기의 내부 부품이 분해된 경우(항공기사고로 분류된 경우는 제외한다)

13. 운항 중 발동기에서 화재가 발생하거나 조종실, 객실이나 화물칸에서 화재·연기가 발생한 경우(소화기를 사용하여 진화한 경우를 포함한다)

14. 비행 중 비행 유도(Flight Guidance) 및 항행(Navigation)에 필요한 다중(多衆)시스템(Redundancy System) 중 2개 이상의 고장으로 항행에 지장을 준 경우

15. 비행 중 2개 이상의 항공기 시스템 고장이 동시에 발생하여 비행에 심각한 영향을 미치는 경우

16. 운항 중 비의도적으로 항공기 외부의 인양물이나 탑재물이 항공기로부터 분리된 경우 또는 비상조치를 위해 의도적으로 항공기 외부의 인양물이나 탑재물이 항공기로부터 분리한 경우

※비고: 항공기준사고 조사결과에 따라 항공기사고 또는 항공안전장애로 재분류 할 수 있다.

항공안전법 시행규칙 [별표 3] 〈개정 2021. 11. 19.〉

의무보고 대상 항공안전장애의 범위(제134조 관련)

구분	항공안전장애 내용
1. 비행 중	가. 항공기간 분리최저치가 확보되지 않았거나 다음의 어느 하나에 해당하는 경우와 같이 분리최저치가 확보 되지 않을 우려가 있었던 경우. 1) 항공기에 장착된 공중충돌경고장치 회피기동(ACAS RA)이 발생한 경우 2) 항공교통관제기관의 항공기 감시 장비에 근접충돌경고(short-term conflict alert)가 표시된 경우. 다만, 항공교통관제사가 항공법규 등 관련 규정에 따라 항공기 상호 간 분리최저치 이상을 유지토록 하는 관제지시를 하였고 조종사가 이에 따라 항행을 한 것이 확인된 경우는 제외한다.
	나. 지형·수면·장애물 등과 최저 장애물회피고도(MOC, Minimum Obstacle Clearance)가 확보되지 않았던 경우(항공기준사고에 해당하는 경우는 제외한다)
	다. 비행금지구역 또는 비행제한구역에 허가 없이 진입한 경우를 포함하여 비행경로 또는 비행고도 이탈 등 항공교통관제기관의 사전 허가를 받지 아니한 항행을 한 경우. 다만, 허용된 오차범위 내의 운항 등 일시적인 경미한 고도·경로 이탈은 제외한다.
2. 이륙·착륙	가. 다음의 어느 하나에 해당하는 형태의 이륙 또는 착륙을 한 경우 1) 활주로 또는 착륙표면에 항공기 동체 꼬리, 날개 끝, 엔진덮개, 착륙장치 등의 비정상적 접촉 2) 비행교범 등에서 정한 강하속도(vertical speed), "G"값(착륙표면 접촉충격량) 등을 초과한 착륙(hard landing) 또는 최대착륙중량을 초과한 착륙(heavy landing) 3) 활주로·헬리패드(헬리콥터 이착륙장을 말한다) 등에 착륙접지했으나, 다음의 어느 하나에 해당하는 착륙을 한 경우 가) 정해진 접지구역(touch-down zone)에 못 미치는 착륙(short landing) 나) 정해진 접지구역(touch-down zone)을 초과한 착륙(long landing)
	나. 항공기가 다음의 어느 하나에 해당하는 사유로 이륙활주를 중단한 경우 또는 이륙을 강행한 경우 1) 부적절한 기재·외장 설정 2) 항공기 시스템 기능장애 등 정비요인 3) 항공교통관제지시, 기상 등 그 밖의 사유
	다. 항공기가 이륙활주 또는 착륙활주 중 착륙장치가 활주로표면 측면 외측의 포장된 완충구역(Runway Shoulder 이내로 한정한다)으로 이탈하였으나 활주로로 다시 복귀하여 이륙활주 또는 착륙활주를 안전하게 마무리 한 경우
3. 지상운항	가. 항공기가 지상운항 중 다른 항공기나 장애물, 차량, 장비 등과 접촉·충돌하였거나, 공항 내 설치된 항행안전시설 등을 포함한 각종 시설과 접촉·추돌한 경우
	나. 항공기가 주기(駐機) 중 또는 가목의 지상운항 이외의 목적으로 이동 중 다른 항공기나 장애물, 차량, 장비 등과 접촉·충돌한 경우. 다만, 항공기의 손상이 없거나 운항허용범위 이내의 손상인 경우는 제외한다.
	다. 항공기가 유도로를 이탈한 경우
	라. 항공기, 차량, 사람 등이 허가 없이 유도로에 진입한 경우
	마. 항공기, 차량, 사람 등이 허가 없이 또는 잘못된 허가로 항공기의 이륙·착륙을 위해 지정된 보호구역 또는 활주로에 진입하였으나 다른 항공기의 안전 운항에 지장을 주지 않은 경우
4. 운항 준비	가. 지상조업 중 비정상 상황(급유 중 인위적으로 제거해야 하는 다량의 기름유출 등)이 발생한 경우
	나. 위험물 처리과정에서 부적절한 라벨링, 포장, 취급 등이 발생한 경우

구분	항공안전장애 내용
5. 항공기 화재 및 고장	가. 운항 중 다음의 어느 하나에 해당하는 경미한 화재 또는 연기가 발생한 경우 1) 운항 중 항공기 구성품 또는 부품의 고장으로 인하여 조종실 또는 객실에 연기·증기 또는 중독성 유해가스가 축적되거나 퍼지는 현상이 발생한 경우 2) 객실 조리기구·설비 또는 휴대전화기 등 탑승자의 물품에서 경미한 화재·연기가 발생한 경우. 다만, 단순 이물질에 의한 것으로 확인된 경우는 제외한다. 3) 화재경보시스템이 작동한 경우. 다만, 탑승자의 일시적 흡연, 스프레이 분사, 수증기 등의 요인으로 화재경보시스템이 작동된 것으로 확인된 경우는 제외한다.
	나. 운항 중 항공기의 연료공급시스템(fuel system)과 연료덤핑시스템(fuel dumping system: 비행 중 항공기 중량 감소를 위해 연료를 공중에 배출하는 장치)에 영향을 주는 고장이나 위험을 발생시킬 수 있는 연료 누출이 발생한 경우
	다. 지상운항 중 또는 이륙·착륙을 위한 지상 활주 중 제동력 상실을 일으키는 제동시스템 구성품의 고장이 발생한 경우
	라. 운항 중 의도하지 아니한 착륙장치의 내림이나 올림 또는 착륙장치의 문 열림과 닫힘이 발생한 경우
	마. 제작사가 제공하는 기술자료에 따른 최대허용범위(제작사가 기술자료를 제공하지 않는 경우에는 법 제19조에 따라 고시한 항공기기술기준에 따른 최대 허용범위를 말한다)를 초과한 항공기 구조의 균열, 영구적인 변형이나 부식이 발생한 경우
	바. 대수리가 요구되는 항공기 구조 손상이 발생한 경우
	사. 항공기의 고장, 결함 또는 기능장애로 결항, 항공기 교체, 회항 등이 발생한 경우
	아. 운항 중 엔진 덮개가 풀리거나 이탈한 경우
	자. 운항 중 다음의 어느 하나에 해당하는 사유로 발동기가 정지된 경우 1) 발동기의 연소 정지 2) 발동기 또는 항공기 구조의 외부 손상 3) 외부 물체의 발동기 내 유입 또는 발동기 흡입구에 형성된 얼음의 유입
	차. 운항 중 발동기 배기시스템 고장으로 발동기, 인접한 구조물 또는 구성품이 파손된 경우
	카. 고장, 결함 또는 기능장애로 항공기에서 발동기를 조기(非계획적)에 떼어 낸 경우
	타. 운항 중 프로펠러 페더링시스템(프로펠러 날개깃 각도를 조절하는 장치) 또는 항공기의 과속을 제어하기 위한 시스템에 고장이 발생한 경우(운항 중 프로펠러 페더링이 발생한 경우를 포함한다)
	파. 운항 중 비상조치를 하게 하는 항공기 구성품 또는 시스템의 고장이 발생한 경우. 다만, 발동기 연소를 인위적으로 중단시킨 경우는 제외한다.
	하. 비상탈출을 위한 시스템, 구성품 또는 탈출용 장비가 고장, 결함, 기능장애 또는 비정상적으로 전개한 경우(훈련, 시험, 정비 또는 시현 시 발생한 경우를 포함한다)
	거. 운항 중 화재경보시스템이 오작동 한 경우
6. 공항 및 항행서비스	가. 「공항시설법」제2조제16호에 따른 항공등화시설에 다음의 어느 하나에 해당하는 상황이 발생한 경우 1) 「공항시설법」 제47조에 따라 국토교통부장관이 정하여 고시한 규정 중 항공등화 운영 및 유지관리 수준에 미달한 경우 2) 항공등화시설의 운영이 중단되어 항공기 운항에 지장을 주는 경우
	나. 활주로, 유도로 및 계류장이 항공기 운항에 지장을 줄 정도로 중대한 손상을 입었거나 화재가 발생한 경우
	다. 안전 운항에 지장을 줄 수 있는 물체 또는 위험물이 활주로, 유도로 등 공항 이동지역에 방치된 경우
	라. 다음의 어느 하나에 해당하는 항공교통통신 장애가 발생한 경우 1) 항공기와 항공교통관제기관 간 양방향 무선통신이 두절되어 안전운항을 위해 필요로 하는 관제교신을 하지 못한 상황 2) 항공기에 대한 항공교통관제업무가 중단된 상황
	마. 다음의 어느 하나에 해당하는 상황이 발생한 경우 1) 「공항시설법」 제2조제15호에 따른 항행안전무선시설, 항공고정통신시설·항공이동통신시설·항공정보방송시설 등 항공정보통신시설의 운영이 중단된 상황(예비장비가 작동한 경우도 포함한다) 2) 「공항시설법」 제2조제15호에 따른 항행안전무선시설, 항공고정통신시설·항공이동통신시설·항공정보방송시설 등 항공정보통신시설과 항공기 간 신호의 송·수신 장애가 발생한 상황 3) 1) 및 2) 외의 예비장비(전원시설을 포함한다) 장애가 24시간 이상 발생한 상황

구분	항공안전장애 내용
6. 공항 및 항행서비스	바. 활주로 또는 유도로 등 공항 이동지역 내에서 차량과 차량, 장비 또는 사람이 충돌하거나 장비와 사람이 충돌하여 항공기 운항에 지장을 초래한 경우
7. 기타	가. 운항 중 항공기가 다음의 어느 하나에 해당되는 충돌·접촉, 또는 충돌우려 등이 발생한 경우 1) 우박, 그 밖의 물체. 다만, 항공기 손상이 없거나 운항허용범위 이내의 손상인 경우는 제외한다. 2) 드론, 무인비행장치 등
	나. 운항 중 여압조절 실패, 비상장비의 탑재 누락, 비정상적 문·창문 열림 등 객실의 안전이 우려된 상황이 발생한 경우(항공기 준사고에 해당하는 사항은 제외한다)
	다. 제127조제1항 단서에 따라 국토교통부장관이 정하여 고시한 승무시간 등의 기준 내에서 해당 운항승무원의 최대승무시간이 연장된 경우
	라. 비행 중 정상적인 조종을 할 수 없는 정도의 레이저 광선에 노출된 경우
	마. 항공기의 급격한 고도 또는 자세 변경 등(난기류 등 기상요인으로 인한 것을 포함한다)으로 인해 객실승무원이 부상을 당하여 업무수행이 곤란한 경우
	바. 항공기 운항 관련 직무를 수행하는 객실승무원의 신체·정신건강 또는 심리상태 등의 사유로 해당 객실승무원의 교체 또는 하기(下機)를 위하여 출발지 공항으로 회항하거나 목적지 공항이 아닌 공항에 착륙하는 경우
	사. 항공기가 조류 또는 동물과 충돌 한 경우(조종사 등이 충돌을 명확히 인지하였거나, 충돌흔적이 발견된 경우로 한정한다)

항공안전법 시행규칙 [별표 4] 〈개정 2021. 11. 19.〉

항공종사자·경량항공기조종사 자격증명 응시경력(제75조, 제91조 및 제286조 관련)

1. 항공종사자

가. 자격증명시험

자격 증명의 종류	비행경력 또는 그 밖의 경력
운송용 조종사	1) 비행기에 대하여 자격증명을 신청하는 경우 다음의 경력을 모두 충족하는 비행기 조종사 중 1,500시간 이상의 비행경력이 있는 사람으로서 계기비행증명을 받은 사업용 조종사 또는 부조종사 자격증명(외국정부가 발급한 운송용 조종사 자격증명 또는 계기비행증명이 포함된 사업용 조종사 또는 부조종사 자격증명을 포함한다)을 받은 사람. 이 경우 비행시간을 산정할 때 지방항공청장이 지정한 모의비행훈련장치를 이용한 비행훈련시간은 100시간의 범위에서 인정하되, 모의비행장치는 100시간, 비행훈련장치는 25시간, 기본비행훈련장치는 5시간의 범위에서 인정(비행훈련장치와 기본비행훈련장치를 합산한 비행훈련시간은 25시간을 초과할 수 없다)하고, 다른 종류의 항공기 비행경력은 해당 비행시간의 3분의 1 또는 200시간 중 적은 시간의 범위 내에서 인정한다. 가) 기장 외의 조종사로서 기장의 감독 하에 기장의 임무를 500시간 이상 수행한 경력이나 기장으로서 250시간 이상을 비행한 경력 또는 기장으로서 최소 70시간 이상 비행하였을 경우 해당 비행시간의 2배와 500시간과의 차이만큼 기장 외의 조종사로서 기장의 감독 하에 기장의 임무를 수행한 비행경력 나) 200시간 이상의 야외 비행경력. 이 경우 200시간의 야외 비행경력 중 기장으로서 100시간 이상의 비행경력 또는 기장 외의 조종사로서 기장의 감독 하에 기장의 임무를 수행 한 100시간 이상의 비행경력을 포함해야 한다. 다) 75시간 이상의 기장 또는 기장 외의 조종사로서의 계기비행경력(30시간의 범위 내에서 지방항공청장이 지정한 모의비행훈련장치를 이용한 계기비행경력을 인정한다) 라) 100시간 이상의 기장 또는 기장 외의 조종사로서의 야간 비행경력 2) 헬리콥터에 대하여 자격증명을 신청하는 경우 다음의 경력을 모두 충족하는 헬리콥터 조종사로서 1,000시간 이상의 비행경력이 있는 사업용 조종사 자격증명(외국정부가 발급한 운송용 조종사 또는 사업용 조종사 자격증명을 포함한다)을 받은 사람. 이 경우 비행시간을 산정할 때에는 지방항공청장이 지정한 모의비행훈련장치를 이용한 비행훈련시간은 최대 100시간의 범위에서 인정하되, 모의비행장치는 100시간, 비행훈련장치는 25시간, 기본비행훈련장치는 5시간의 범위에서 인정(비행훈련장치와 기본비행훈련장치를 합산한 비행훈련시간은 25시간을 초과할 수 없다)하고, 다른 종류의 항공기 비행경력은 해당 비행시간의 3분의 1 또는 200시간 중 적은 시간의 범위 내에서 인정한다. 가) 기장으로서 250시간 이상의 비행경력 또는 기장으로서 70시간 이상의 비행시간과 기장 외의 조종사로서 기장의 감독 하에 기장의 임무를 수행한 비행시간의 합계가 250시간 이상의 비행경력 나) 200시간 이상의 야외 비행경력. 이 경우 200시간의 야외 비행경력 중 기장으로서 100시간 이상의 비행경력 또는 기장 외의 조종사로서 기장의 감독 하에 기장의 임무를 수행한 100시간 이상의 비행경력을 포함해야 한다. 다) 30시간 이상의 기장 또는 기장 외의 조종사로서의 계기비행경력(10시간의 범위 내에서 지방항공청장이 지정한 모의비행훈련장치를 이용한 계기비행경력을 인정한다) 라) 50시간 이상의 기장 또는 기장 외의 조종사로서의 야간 비행경력
사업용 조종사	1) 비행기에 대하여 자격증명을 신청하는 경우 다음의 경력을 모두 충족하는 200시간(국토교통부장관이 지정한 전문교육기관의 교육과정을 이수한 사람은 150시간) 이상의 비행경력이 있는 사람으로서 자가용 조종사 자격증명(외국정부가 발급한 운송용 조종사 또는 사업용 조종사 자격증명을 포함한다)을 받은 사람. 이 경우 비행시간을 산정할 때 지방항공청장이 지정한 모의비행훈련장치를 이용한 비행훈련시간은 최대 20시간의 범위에서 인정하되, 모의비행장치 또는 비행훈련장치는 20시간, 기본비행훈련장치는 5시간의 범위에서 인정하고, 다른 종류의 항공기 비행경력은 해당 비행시간의 3분의 1 또는 50시간 중 적은 시간의 범위 내에서 인정한다.

자격 증명의 종류	비행경력 또는 그 밖의 경력
사업용 조종사	가) 기장으로서 100시간(국토교통부장관이 지정한 전문교육기관의 교육과정을 이수한 사람은 70시간) 이상의 비행경력 나) 기장으로서 20시간 이상의 야외비행경력. 이 경우 총 540킬로미터 이상의 구간에서 2개 이상의 다른 비행장에서의 완전착륙을 포함해야 한다. 다) 10시간 이상의 기장 또는 기장 외의 조종사로서 계기비행경력(5시간의 범위 내에서 지방항공청장이 지정한 모의비행훈련장치를 이용한 계기비행경력을 포함한다) 라) 이륙과 착륙이 각각 5회 이상 포함된 5시간 이상의 기장으로서의 야간 비행경력 2) 헬리콥터에 대하여 자격증명을 신청하는 경우 다음의 경력을 모두 충족하는 헬리콥터 조종사로서 150시간(국토교통부장관이 지정한 전문교육기관의 교육과정을 이수한 사람은 100시간) 이상의 비행경력이 있는 사람으로서 헬리콥터의 자가용 조종사 자격증명(외국정부가 발급한 운송용 조종사 또는 사업용 조종사 자격증명을 포함한다)을 받은 사람. 이 경우 비행시간을 산정할 때 지방항공청장이 지정한 모의비행훈련장치를 이용한 비행훈련시간은 최대 20시간의 범위에서 모의비행장치 또는 비행훈련장치는 20시간, 기본비행훈련장치는 5시간의 범위에서 인정하고, 다른 종류의 항공기 비행경력은 해당 비행시간의 3분의 1 또는 50시간 중 적은 시간의 범위 내에서 인정한다. 가) 기장으로서 35시간 이상의 비행경력 나) 기장으로서 10시간 이상의 야외 비행경력. 이 경우 총 300킬로미터 이상의 구간에서 2개의 다른 지점에서의 착륙비행과정을 포함해야 한다. 다) 기장 또는 기장 외의 조종사로서 10시간 이상의 계기비행경력(5시간의 범위 내에서 지방항공청장이 지정한 모의비행훈련장치를 이용한 계기비행경력을 포함한다) 라) 기장으로서 이륙과 착륙이 각각 5회 이상 포함된 5시간 이상의 야간 비행경력 3) 특수활공기에 대하여 자격증명을 신청하는 경우 다음의 활공경력을 모두 충족하는 사람으로서 특수활공기의 자가용 조종사 자격증명을 받은 사람. 다만, 비행기의 조종사 자격증명을 받은 경우에는 단독 조종으로 10시간 이상의 활공 및 10회 이상의 활공 착륙경력이 있는 사람 가) 단독 조종으로 15시간 이상의 활공 및 20회 이상의 활공착륙 또는 단독 조종으로 25시간 이상의 동력비행(비행기에 의한 것을 포함한다) 및 20회 이상의 발동기 작동 중의 착륙(비행기에 의한 것을 포함한다) 나) 출발지점으로부터 240킬로미터 이상의 야외 비행경력(비행기에 의한 것을 포함한다). 이 경우 출발지점과 도착지점의 중간에 2개 이상의 다른 지점에 착륙한 경력을 포함해야 한다. 다) 5회 이상의 실속회복(비행기에 의한 것을 포함한다) 4) 상급활공기에 대하여 자격증명을 신청하는 경우 다음 각 목의 경력을 포함한 15시간 이상의 활공경력이 있는 사람으로서 상급활공기의 자가용 조종사 자격증명을 받은 사람. 다만, 비행기 조종사 자격증명을 받은 경우에는 비행기, 윈치 또는 자동차를 이용하여 30회 이상의 활공경력이 있는 사람 가) 비행기, 윈치 또는 자동차를 이용하여 15회 이상의 활공을 포함한 75회 이상의 활공경력 나) 5회 이상의 실속회복 5) 비행선에 대하여 자격증명을 신청하는 경우 다음 각 목의 비행조종경력을 포함한 200시간 이상의 비행경력이 있는 사람으로서 비행선의 자가용 조종사 자격증명을 소지한 사람 가) 비행선 조종사로서 50시간 이상의 비행경력 나) 10시간 이상의 야외 비행경력 및 10시간 이상의 야간 비행경력을 포함한 30시간 이상의 기장으로서의 비행경력 또는 기장 외의 조종사로서 기장의 감독 하에 기장의 임무를 수행한 비행경력 다) 20시간 이상의 비행시간 및 10시간 이상의 비행선 비행시간을 포함한 40시간 이상의 계기비행시간 라) 20시간 이상의 비행선 비행교육훈련
자가용 조종사	1) 비행기 또는 헬리콥터에 대하여 자격증명을 신청하는 경우 다음의 경력을 모두 충족하는 40시간(국토교통부장관이 지정한 전문교육기관 이수자는 35시간) 이상의 비행경력이 있는 사람(해당 항공기에 대하여 외국정부가 발급한 조종사 자격증명을 소지한 사람을 포함한다). 이 경우 비행시간을 산정할 때 지방항공청장이 지정한 모의비행훈련장치를 이용한 비행훈련시간은 최대 5시간의 범위 내에서 인정하고, 다른 종류의 항공기 또는 경량항공기(경량항공기 중 조종형비행기는 비행기에만 해당하고, 경량헬리콥터는 헬리콥터에만 해당한다) 중 비행경력은 해당 비행시간의 3분의 1 또는 10시간 중 적은 시간의 범위 내에서 인정한다. 가) 비행기에 대하여 자격증명을 신청하는 경우 5시간 이상의 단독 야외 비행경력(solo cross-country flight time)을 포함한 10시간 이상의 단독 비행경력. 이 경우 270킬로미터 이상의 구간 비행 중 2개의 다른 비행장에서의 이륙·완전착륙 경력을 포함해야 한다. 나) 헬리콥터에 대하여 자격증명을 신청하는 경우 5시간 이상의 단독 야외 비행경력을 포함한 10시간 이상의 단독 비행경력. 이 경우 출발지점으로부터 180킬로미터 이상의 구간 비행 중 2개의 다른 지점에서의 착륙비행과정 경력을 포함해야 한다. 2) 특수활공기에 대하여 자격증명을 신청하는 경우 다음 각 목의 활공경력이 있는 사람. 다만, 비행기에 대한 조종사 자격증명을 받은 경우에는 2시간 이상의 활공 및 5회 이상의 활공착륙 경력이 있는 사람

자격 증명의 종류	비행경력 또는 그 밖의 경력
자가용 조종사	가) 단독 조종으로 3시간 이상의 활공(교관과 동승한 활공경력은 1시간의 범위 내에서 인정한다) 및 10회 이상의 활공착륙 또는 단독 조종으로 15시간 이상의 동력비행(비행기에 의한 것을 포함하며, 교관과 동승한 활공경력은 5시간의 범위 내에서 인정한다) 및 10회 이상의 발동기 작동 중의 착륙(비행기에 의한 것을 포함한다) 나) 출발지점으로부터 120킬로미터 이상의 야외 비행. 이 경우 출발지점과 도착지점의 중간에 1개 이상의 다른 지점에 착륙한 경력을 포함해야 한다. 다) 5회 이상의 실속비행(비행기에 의한 것을 포함한다) 3) 상급활공기에 대하여 자격증명을 신청하는 경우 다음의 비행경력을 포함한 6시간 이상의 활공경력이 있는 사람 가) 2시간 이상의 단독 비행경력 나) 20회 이상의 이륙·착륙 비행경력 4) 비행선에 대하여 자격증명을 신청하는 경우 다음의 비행조종경력을 모두 충족하는 25시간 이상의 비행경력이 있는 사람 가) 3시간 이상의 야외 비행경력. 이 경우 45킬로미터 이상의 구간에서 1개 이상의 다른 지점에 이륙·착륙한 비행경력을 포함해야 한다. 나) 비행장에서 5회 이상의 이륙·착륙(완전 정지 포함) 다) 3시간 이상의 계기비행경력 라) 5시간 이상의 기장 임무 비행경력
부조종사	다음의 요건을 모두 충족하는 사람 가) 국토교통부장관이 지정한 전문교육기관의 교육과정을 이수한 사람 나) 지방항공청장이 지정한 모의비행훈련장치를 이용한 비행훈련시간과 실제 비행기에 의한 비행시간의 합계가 240시간 이상인 비행경력이 있는 사람. 이 경우 실제 비행기에 의한 비행시간은 다음의 비행경력을 포함하여 40시간 이상이어야 한다. (1) 5시간 이상의 단독 야외 비행경력을 포함한 10시간 이상의 단독 비행경력 (2) 270킬로미터 이상의 구간 비행 중 2개의 다른 비행장에 이륙·착륙한 비행경력 다) 야간비행경력이 있는 사람 라) 계기비행 경험이 있는 사람
항공사	다음의 어느 하나에 해당하는 사람 가) 야간에 행한 30시간 이상의 야외 비행경력을 포함한 200시간(항공운송사업에 사용되는 항공기 조종사로서의 비행경력이 있는 경우에는 그 비행시간을 100시간의 범위 내에서 인정한다) 이상의 비행경력이 있는 사람 나) 야간비행 중 25회 이상 천체관측에 의하여 위치결정을 하고, 주간비행 중 25회 이상 무선위치선, 천측위치선 그 밖의 항법제원을 이용하여 위치결정을 하여, 그것을 항법에 응용하는 실기연습을 한 사람 다) 국토교통부장관이 지정한 전문교육기관에서 항공사에 필요한 교육과정을 이수한 사람
항공기관사	다음의 어느 하나에 해당하는 사람 가) 200시간 이상의 운송용 항공기(2개 이상의 발동기를 장착한 군용항공기를 포함한다)를 조종한 비행경력이 있는 사람으로서 항공기관사를 필요로 하는 항공기에 탑승하여 항공기관사 업무의 실기연습을 100시간(50시간의 범위 내에서 지방항공청장이 지정한 모의비행훈련장치를 이용한 비행경력을 인정한다) 이상 한 사람 나) 국토교통부장관이 지정한 전문교육기관에서 항공기관사에게 필요한 교육과정을 이수한 사람 다) 사업용 조종사 자격증명 및 계기비행증명을 받고 항공기관사업무의 실기연습을 5시간 이상 한 사람
항공교통관제사	다음의 어느 하나에 해당하는 사람 가) 국토교통부장관이 지정한 전문교육기관에서 항공교통관제에 필요한 교육과정을 이수한 사람(외국의 전문교육기관으로서 해당 외국정부가 인정한 전문교육기관에서 교육과정을 이수한 사람을 포함한다)으로서 관제실무감독관의 요건을 갖춘 사람의 지휘·감독 하에 3개월(이 경우 비행장은 90시간, 접근관제절차·접근관제감시·지역관제절차·지역관제감시는 180시간을 의미한다) 또는 90시간(비행장에 해당되며, 접근관제절차·접근관제감시·지역관제절차·지역관제감시의 경우에는 180시간) 이상의 관제실무를 수행한 경력(전문교육기관의 교육과정을 이수하기 전에 관제실무를 수행한 경력을 포함한다)이 있는 사람 나) 항공교통관제사 자격증명이 있는 사람의 지휘·감독 하에 9개월(이 경우 비행장은 270시간, 접근관제절차·접근관제감시·지역관제절차·지역관제감시는 540시간을 의미한다) 이상의 관제실무를 행한 경력이 있거나 민간항공에 사용되는 군의 관제시설에서 9개월(이 경우 비행장은 270시간, 접근관제절차·접근관제감시·지역관제절차·지역관제감시는 540시간을 의미한다) 또는 270시간(비행장관제에 해당되며, 접근관제절차·접근관제감시·지역관제절차·지역관제감시의 경우에는 540시간)이상의 관제실무를 수행한 경력이 있는 사람 다) 삭제 〈2019. 9. 23.〉 라) 외국정부가 발급한 항공교통관제사의 자격증명을 받은 사람

<table>
<tr><th>자격
증명의 종류</th><th>비행경력 또는 그 밖의 경력</th></tr>
<tr><td>항공정비사</td><td>1) 항공기 종류 한정이 필요한 항공정비사 자격증명을 신청하는 경우에는 다음의 어느 하나에 해당하는 사람
가) 자격증명을 받으려는 해당 항공기 종류에 대한 6개월 이상의 정비업무경력을 포함하여 4년 이상의 항공기 정비업무경력(자격증명을 받으려는 항공기가 활공기인 경우에는 활공기의 정비와 개조에 대한 경력을 말한다)이 있는 사람
나) 「고등교육법」에 따른 대학·전문대학(다른 법령에서 이와 동등한 수준 이상의 학력이 있다고 인정되는 교육기관을 포함한다) 또는 「학점인정 등에 관한 법률」에 따라 학습하는 곳에서 별표 5 제1호에 따른 항공정비사 학과시험의 범위를 포함하는 각 과목을 모두 이수하고, 자격증명을 받으려는 항공기와 동등한 수준 이상의 것에 대하여 교육과정 이수 후의 정비실무경력이 6개월 이상이거나 교육과정 이수 전의 정비실무경력이 1년 이상인 사람
다) 국토교통부장관이 지정한 전문교육기관에서 해당 항공기 종류에 필요한 과정을 이수한 사람(외국의 전문교육기관으로서 그 외국정부가 인정한 전문교육기관에서 해당 항공기 종류에 필요한 과정을 이수한 사람을 포함한다). 이 경우 항공기의 종류인 비행기 또는 헬리콥터 분야의 정비에 필요한 과정을 이수한 사람은 경량항공기의 종류인 경량비행기 또는 경량헬리콥터 분야의 정비에 필요한 과정을 각각 이수한 것으로 본다.
라) 외국정부가 발급한 해당 항공기 종류 한정 자격증명을 받은 사람
2) 정비분야 한정이 필요한 항공정비사 자격증명을 신청하는 경우에는 다음의 어느 하나에 해당하는 사람
가) 항공기 전자·전기·계기 관련 분야에서 4년 이상의 정비실무경력이 있는 사람
나) 국토교통부장관이 지정한 전문교육기관에서 항공기 전자·전기·계기의 정비에 필요한 과정을 이수한 사람으로서 항공기 전자·전기·계기 관련 분야에서 정비실무경력이 2년 이상인 사람</td></tr>
<tr><td>운항관리사</td><td>다음의 어느 하나에 해당하는 사람
가) 항공운송사업 또는 항공기사용사업에 사용되는 항공기의 운항에 관하여 다음의 어느 하나에 해당하는 경력을 2년 이상 가진 사람 또는 다음의 어느 하나에 해당하는 경력 둘 이상을 합산하여 2년 이상의 경력이 있는 사람. 다만, 항공운송사업 또는 항공기사용사업에 사용되는 항공기의 운항에 관한 업무를 주된 업무로 하는 기관의 경력만 해당한다.
(1) 조종을 행한 경력
(2) 항공교통관제사 자격증명을 받은 후 관제실무경력
(3) 기상업무를 행한 경력
(4) 삭제 〈2021. 11. 19.〉
나) 삭제 〈2021. 11. 19.〉
다) 「고등교육법」에 따른 전문대학 이상의 교육기관에서 별표 5 제1호에 따른 운항관리사 학과시험의 범위를 포함하는 각 과목을 이수한 사람으로서 3개월 이상의 운항관리경력(실습경력 포함)이 있는 사람
라) 국토교통부장관이 지정한 전문교육기관에서 운항관리사에 필요한 교육과정을 이수한 사람(외국의 전문교육기관으로서 그 외국정부가 인정한 전문교육기관에서 운항관리에 필요한 교육과정을 이수한 사람을 포함한다)
마) 항공운송사업체에서 운항관리에 필요한 교육과정을 이수하고 응시일 현재 최근 6개월 이내에 90일(근무일 기준) 이상 항공운송사업체에서 운항관리사의 지휘·감독 하에 운항관리실무를 보조하여 행한 경력이 있는 사람
바) 외국정부가 발급한 운항관리사의 자격증명을 받은 사람
사) 항공교통관제사 또는 자가용 조종사 이상의 자격증명을 받은 후 2년 이상의 항공정보업무 경력이 있는 사람</td></tr>
</table>

나. 한정심사

심사분야	자격별	응시경력
자격증명 한정	조종사 및 항공기관사	다음의 어느 하나에 해당하는 사람 가) 항공기 종류의 한정의 경우는 자격증명시험의 비행경력을 갖춘 사람 나) 항공기 형식의 한정의 경우는 다음의 어느 하나에 해당하는 사람 (1) 제89조제2항에 따른 전문교육기관 또는 외국정부가 인정한 교육기관(항공기제작사의 교육기관을 포함한다)에서 해당 기종에 대한 전문교육훈련을 이수한 사람 (2) 제266조에 따른 운항규정에 명시된 항공운송사업자, 항공기사용사업자 또는 항공기제작사가 실시하는 지상교육(항공기제작사에서 정한 교육훈련과 동등 이상의 지상교육을 포함한다)을 이수한 사람 또는 자가용으로 운항되는 항공기의 조종사로 자체 지상교육을 이수한 사람으로서 다음의 어느 하나에 해당하는 사람 (가) 비행기의 경우 20시간(왕복발동기를 장착한 비행기의 경우 16시간) 이상의 모의비행훈련과 2시간 이상의 비행훈련을 받은 사람. 다만, 모의비행훈련을 받지 아니한 경우에는 실제비행훈련 1시간을 모의비행훈련 4시간으로 인정할 수 있다. (나) 헬리콥터의 경우 20시간 이상의 비행훈련을 받은 사람. 다만, 다른 헬리콥터에 대한 한정자격이 있는 사람이 다른 기종의 한정을 받으려는 경우에는 10시간 이상의 비행훈련을 받은 사람 (3) 군·경찰·세관에서 해당 기종에 대한 기장비행시간(항공기관사의 경우 항공기관사 비행시간)이 200시간 이상인 사람 (4) 법 제2조제4호에 따른 국가기관등항공기를 소유한 국가·지방자치단체 및 국립공원관리공단에서 국토교통부장관으로부터 승인을 받은 교육과정[지상교육 및 비행훈련과정(실무교육을 포함한다)]을 이수한 사람 다) 항공기 등급한정의 경우 해당 항공기의 종류 및 등급에 대한 비행시간이 10시간 이상인 사람 라) 제89조제1항에 따라 외국정부로부터 한정자격증명을 소지한 사람
	항공정비사	1) 항공기 종류 한정의 경우 항공정비사 자격증명 취득일부터 해당 항공기 종류에 대한 6개월 이상의 정비실무경력이 있는 사람 2) 전기·전자·계기 관련 분야 한정의 경우 항공정비사 자격증명 취득일부터 항공기 전기·전자·계기 관련 분야에 대한 2년 이상의 정비실무경력이 있는 사람
조종교육증명	초급(비행기, 비행선, 헬리콥터)	다음의 요건을 모두 충족하는 사람 가) 해당 항공기(활공기를 제외한다) 종류에 대한 200시간 이상의 비행경력 나) 운송용 조종사 또는 사업용 조종사 자격증명을 받은 이후 다음의 어느 하나의 교육훈련을 이수 (1) 제89조제2항에 따른 전문교육기관 또는 외국정부가 인정한 교육기관(항공기제작사의 교육기관을 포함한다)에서 해당 항공기 종류·등급에 대한 조종교관과정의 교육훈련 (2) 조종교육증명을 소지한 사람으로부터 해당 항공기 종류·등급에 대한 다음 각 목의 교육훈련 (가) 지상교육: (1)에 따른 전문교육기관의 학과교육과 동등하다고 국토교통부장관 또는 지방항공청장이 인정한 교육 (나) 비행훈련: 신청하는 사람이 해당 항공기 종류·등급의 기장으로서 조종교육증명을 갖춘 사람과 25시간 이상의 동승 비행훈련 다) 계기비행증명 소지(다만, 비행기 또는 헬리콥터에 대
	초급(활공기)	다음의 어느 하나에 해당하는 사람 가) 활공기에 대한 기장으로서 15시간 이상의 비행경력 나) 사업용 조종사 자격증명을 받은 이후 다음의 어느 하나의 교육훈련을 이수 (1) 제89조제2항에 따른 전문교육기관 또는 외국정부가 인정한 교육기관(항공기제작사의 교육기관을 포함한다)에서 활공기에 대한 조종교관과정의 교육훈련 이수 (2) 조종교육증명을 소지한 사람으로부터 활공기에 대한 다음의 교육훈련 이수 (가) 지상교육: (1)에 따른 전문교육기관의 학과교육과 동등하다고 국토교통부장관 또는 지방항공청장이 인정한 소정의 교육 (나) 비행훈련: 활공기 조종교육증명을 소지한 사람과 20회 이상의 활공경력을 포함한 2시간 이상의 동승 훈련비행
	선임(비행기, 비행선, 헬리콥터)	해당 항공기(활공기를 제외한다) 종류·등급에 대한 초급 조종교육증명을 받은 후 조종교육업무를 수행한 275시간의 비행경력을 포함한 총 500시간 이상의 비행경력을 보유한 사람
	선임(활공기)	활공기에 대한 초급 조종교육증명을 받은 후 조종교육업무를 수행한 10시간의 비행경력을 포함한 총 25시간 이상의 비행경력을 보유한 사람

심사 분야	자격별	응시경력
계기 비행 증명	조종사	다음의 요건을 모두 충족하는 사람 가) 해당 비행기 또는 헬리콥터에 대한 운송용 조종사, 사업용 조종사 또는 자가용 조종사 자격증명이 있을 것 나) 비행기 또는 헬리콥터의 기장으로서 해당 항공기 종류에 대한 총 50시간(이 경우 실시하고자 하는 비행기 또는 헬리콥터 기장으로서 10시간 이상의 야외비행경력을 포함) 이상의 야외비행경력을 보유할 것 다) 제89조제2항에 따른 전문교육기관 또는 외국정부가 인정한 교육기관(항공기제작사의 교육기관을 포함한다)에서 해당 항공기 종류에 대한 계기비행과정의 교육훈련을 이수하거나 다음의 계기비행과정의 교육훈련을 이수할 것 (1) 지상교육: 가)에 따른 전문교육기관의 학과교육과 동등하다고 국토교통부장관 또는 지방항공청장이 인정한 소정의 교육 (2) 비행훈련: 40시간 이상의 계기비행훈련. 이 경우 최대 20시간의 범위에서 모의비행장치 또는 비행훈련장치는 20시간, 기본비행훈련장치는 5시간의 범위에서 조종교육증명을 받은 사람으로부터 지방항공청장이 지정한 모의비행훈련장치로 실시한 계기비행훈련시간을 포함할 수 있다.

2. 경량항공기 조종사

가. 자격증명

자격 증명의 종류	비행경력 또는 그 밖의 경력
경량항공기 조종사	다음의 어느 하나에 해당하는 사람 가) 국토교통부장관이 지정한 전문교육기관 이수자는 다음 나)의 경력을 모두 충족하는 20시간 나) 경량항공기에 대하여 다음의 경력을 포함한 20시간 이상의 경량항공기 비행경력이 있는 사람 (1) 5시간 이상의 단독 비행경력 (2) 조종형비행기, 경량헬리콥터 및 자이로플레인에 대해서는 5시간 이상의 야외비행경력. 이 경우 120킬로미터 이상의 구간에서 1개 이상의 다른 지점에 이륙·착륙한 비행경력이 있어야 한다. 다) 자가용 조종사, 사업용 조종사, 운송용 조종사 또는 부조종사가 다음의 구분에 따른 경량항공기에 대하여 2시간 이상의 단독 비행경력을 포함한 5시간 이상의 비행경력이 있는 사람 (1) 자가용 조종사, 사업용 조종사, 운송용 조종사 또는 부조종사가 비행기에 대하여 자격증명이 한정된 경우: 경량항공기 조종형 비행기 (2) 자가용 조종사, 사업용 조종사, 운송용 조종사 또는 부조종사가 헬리콥터에 대하여 자격증명이 한정된 경우: 경량항공기 경량 헬리콥터 및 자이로플레인

나. 한정심사

심사분야	자격별	응시경력
조종교육증명	경량항공기조종사	1) 항공기에 대한 조종교육증명을 받은 사람으로서 다음의 구분에 따른 경량항공기의 비행경력이 5시간 이상인 사람 가) 사업용 또는 운송용 조종사가 비행기에 대하여 자격증명이 한정된 경우: 경량항공기 조종형비행기 나) 사업용 또는 운송용 조종사가 헬리콥터에 대하여 자격증명이 한정된 경우: 경량항공기 경량헬리콥터 및 자이로플레인 2) 경량항공기 조종사 자격증명을 받은 사람으로서 다음의 어느 하나에 해당하는 사람 가) 제89조제1항에 따라 외국정부로부터 경량항공기 종류에 대한 조종교육증명을 받은 사람 나) 제89조제2항에 따른 전문교육기관 또는 외국정부가 인정한 교육기관(항공기제작사의 교육기관을 포함한다)에서 경량항공기 종류에 대한 조종교관과정의 전문교육훈련을 이수한 사람 다) 경량항공기의 종류별 비행경력(조종형 경량비행기의 경우에는 비행기 비행경력을, 경량헬리곱터의 경우에는 헬리곱터 비행경력을 각각 포함한다)이 200시간 이상이고 다음의 교육 및 훈련을 이수한 사람 (1) 조종교육에 관하여 국토교통부장관이 인정하는 소정의 지상교육 (2) 경량항공기 조종교육증명을 받은 사람으로부터 15시간 이상의 비행훈련

비고: 1. "정비업무"란 정비실무(수리, 개조, 검사를 포함한다), 정비기술, 정비계획 및 정비품질관리를 말한다.

2. 이 표에서 정한 전문교육·훈련을 이수하지 아니한 사람 또는 제266조에 따른 운항규정 또는 정비규정에 명시된 교육훈련 시행을 위하여 항공운송사업자 또는 항공기사용사업자가 실시하는 교육훈련을 이수하지 아니한 사람에 대한 한정심사는 전문교육훈련과정(항공기제작사에서 정한 교육훈련과정을 포함한다)과 동등한 수준 이상의 교육훈련을 해당 기종의 교관 또는 위촉심사관으로부터 이수하고 그 교관 또는 위촉심사관이 서명한 교육증명서와 상기 한정심사 신청자격의 각 호에 해당하는 경력사항을 증명하는 서류를 첨부하는 사람에 한하여 시행할 수 있다(경량항공기 조종사의 경우에는 적용하지 아니한다).

3. 다음 각 목의 어느 하나에 해당하는 사람이 지방항공청장이 지정한 모의비행훈련장치로 비행훈련을 받은 경우에는 실제 항공기로 비행훈련을 받은 것으로 본다(경량항공기 조종사의 경우에는 적용하지 아니한다).

가. 자격증명의 한정을 받으려는 비행기와 같은 등급의 비행기의 형식에 대한 한정자격증명을 받은 사람

나. 자격증명의 한정을 받으려는 비행기와 같은 등급의 군용 비행기의 기장으로서 500시간 이상의 비행경력이 있는 사람

다. 총 1천 500시간 이상의 비행경력이 있는 사람. 이 경우 자격증명의 한정을 받으려는 비행기와 같은 등급의 비행기 조종사로 1천시간 이상의 비행경력을 포함해야 한다.

라. 형식의 한정이 요구되는 두 기종 이상의 비행기 조종사로서 1천시간 이상의 비행경력이 있는 사람

4. 항공교통관제사 자격증명 취득을 위한 비행경력 또는 그 밖의 경력에서 "관제실무감독관"이란 다음 각 목의 어느 하나에 해당하는 사람을 말한다.

가. 항공교통관제사 자격증명을 보유한 사람으로서 3년 이상의 실무경력이 있는 사람

나. 항공교통관제사 자격증명 취득 이후 항공교통관제 감독관 또는 교관과정을 이수한 사람

항공안전법 시행규칙 [별표 5] 〈개정 2021. 8. 27.〉

자격증명시험 및 한정심사의 과목 및 범위(제82조제1항 관련)

1. 항공종사자

가. 학과시험의 과목 및 범위

1) 자격증명시험

자격 증명의 종류	자격증명의 한정을 하려는 항공기의 종류· 등급 또는 업무의 종류	과목	범위
운송용 조종사	비행기·헬리콥터 (헬리콥터 자격증명의 학과시험의 경우 계기비행에 관한 범위는 제외한다)	항공법규	가. 국내항공법규 나. 국제항공법규
		비행이론	가. 비행 원리, 항공역학 등 비행에 관한 이론 및 지식 나. 항공기의 구조와 시스템에 관한 지식 다. 항공기 성능에 관한 지식 라. 항공기의 무게중심과 균형에 관한 지식 마. 항공기 계기와 그 밖의 장비품에 관한 일반지식
		공중항법	가. 항법의 기초 및 종류 나. 항행안전시설의 종류·기능과 이용방법 다. 탑재항행장비의 원리·종류·기능과 사용방법 라. 비행준비·지상운용·이륙·상승·순항·강하·착륙 등 단계별 비행절차 및 비상상황 대응절차 마. 운송용 조종사와 관련된 인적수행능력에 관한 지식(위협 및 오류 관리에 관한 원리를 포함한다) 및 적용
		항공기상	가. 지구 대기의 구조, 열과 온도 등 기상일반에 관한 사항 나. 다음의 기상 등에 관한 지식 1) 대기압과 고도측정 2) 일기도 및 바람·구름 3) 기단 및 전선 4) 난기류, 착빙(着氷) 및 뇌우 5) 열대기상, 북극기상 및 우주기상 등 다. 항공기상 관측 및 분석에 관한 지식 라. 항공기상 예보에 관한 지식 마. 기상레이더 등 기상관측장비에 관한 지식 바. 그 밖에 항공기 운항에 영향을 주는 기상에 관한 지식
		항공교통· 통신·정보업무	가. 항공교통관제업무의 일반지식 나. 조난·비상·긴급통신방법 및 절차 다. 항공통신에 관한 일반지식 라. 항공정보간행물, 항공고시보 등 항공정보업무에 관한 지식

자격 증명의 종류	자격증명의 한정을 하려는 항공기의 종류·등급 또는 업무의 종류	과목	범위
사업용 조종사	비행기·헬리콥터·비행선	항공법규	가. 국내항공법규 나. 국제항공법규
		비행이론	가. 비행 원리, 항공역학 등 비행에 관한 이론 및 지식 나. 항공기의 구조와 시스템에 관한 지식 다. 항공기 성능에 관한 지식 라. 항공기의 무게중심과 균형에 관한 지식 마. 항공기 계기와 그 밖의 장비품에 관한 일반지식
		공중항법	가. 항법의 기초 및 종류 나. 항행안전시설의 종류·기능과 이용방법 다. 탑재항행장비의 원리·종류·기능과 사용방법 라. 비행준비·지상운용·이륙·상승·순항·강하·착륙 등 단계별 비행절차 및 비상상황 대응절차 마. 사업용 조종사와 관련된 인적수행능력에 관한 지식(위협 및 오류 관리에 관한 원리를 포함한다) 및 적용
		항공기상	가. 지구 대기의 구조, 열과 온도 등 기상일반에 관한 사항 나. 다음의 기상 등에 관한 지식 1) 대기압과 고도측정 2) 일기도 및 바람·구름 3) 기단 및 전선 4) 난기류, 착빙 및 뇌우 5) 열대기상, 북극기상 및 우주기상 등 다. 항공기상 관측 및 분석에 관한 지식 라. 항공기상 예보에 관한 지식 마. 기상레이더 등 기상관측장비에 관한 지식 바. 그 밖에 항공기 운항에 영향을 주는 기상에 관한 지식
		항공교통·통신·정보업무	가. 항공교통관제업무의 일반지식 나. 조난·비상·긴급통신방법 및 절차 다. 항공통신에 관한 일반지식 라. 항공정보간행물, 항공고시보 등 항공정보업무에 관한 지식
	활공기	항공법규	가. 국내항공법규 나. 국제항공법규
		비행이론	가. 비행이론에 관한 일반지식 나. 활공기의 취급법과 운항제한에 관한 지식 다. 활공기에 사용되는 계측기의 지식 라. 항공지도의 이용방법 마. 활공비행에 관련된 기상에 관한 지식
자가용 조종사	비행기·헬리콥터·비행선	항공법규	가. 국내항공법규 나. 국제항공법규
		비행이론	가. 비행 원리, 항공역학 등 비행에 관한 이론 및 지식 나. 항공기의 구조와 시스템에 관한 지식 다. 항공기 성능에 관한 지식 라. 항공기의 무게중심과 균형에 관한 지식 마. 항공기 계기와 그 밖의 장비품에 관한 일반지식
		공중항법	가. 항법의 기초 및 종류 나. 항행안전시설의 종류·기능과 이용방법 다. 탑재항행장비의 원리·종류·기능과 사용방법 라. 비행준비·지상운용·이륙·상승·순항·강하·착륙 등 단계별 비행절차 및 비상상황 대응절차 마. 자가용 조종사와 관련된 인적수행능력에 관한 지식(위협 및 오류 관리에 관한 원리를 포함한다) 및 적용

<table>
<tr><th>자격
증명의
종류</th><th>자격증명의 한정을
하려는 항공기의 종류·
등급 또는 업무의 종류</th><th>과목</th><th>범위</th></tr>
<tr><td rowspan="4">자가용
조종사</td><td rowspan="2">비행기·헬리콥터·비행선</td><td>항공기상</td><td>가. 지구 대기의 구조, 열과 온도 등 기상일반에 관한 사항
나. 다음의 기상 등에 관한 지식
1) 대기압과 고도측정
2) 일기도 및 바람·구름
3) 기단 및 전선
4) 난기류, 착빙 및 뇌우
5) 열대기상, 북극기상 및 우주기상 등
다. 항공기상 관측 및 분석에 관한 지식
라. 항공기상 예보에 관한 지식
마. 기상레이더 등 기상관측장비에 관한 지식
바. 그 밖에 항공기 운항에 영향을 주는 기상에 관한 지식</td></tr>
<tr><td>항공교통·
통신·정보업무</td><td>가. 항공교통관제업무의 일반지식
나. 조난·비상·긴급통신방법 및 절차
다. 항공통신에 관한 일반지식
라. 항공정보간행물, 항공고시보 등 항공정보업무에 관한 지식</td></tr>
<tr><td rowspan="2">활공기</td><td>항공법규</td><td>가. 국내항공법규
나. 국제항공법규</td></tr>
<tr><td>공중항법</td><td>가. 비행이론에 관한 일반지식(상급활공기와 특수활공기만 해당한다)
나. 활공기의 취급법과 운항제한에 관한 지식
다. 활공비행에 관한 기상의 개요(상급활공기와 특수활공기만 해당한다)</td></tr>
<tr><td>부조종사</td><td>비행기</td><td>항공법규</td><td>가. 국내 항공법규
나. 국제 항공법규</td></tr>
<tr><td rowspan="4">항공사</td><td rowspan="4"></td><td>항공법규</td><td>해당 업무에 필요한 항공법규</td></tr>
<tr><td>공중항법</td><td>가. 지문항법·추측항법·무선항법
나. 천측항법에 관한 일반지식
다. 항법용 계측기의 원리와 사용방법
라. 항행안전시설의 제원
마. 항공도 해독 및 이용방법
바. 항공사와 관련된 인적요소에 관한 일반지식</td></tr>
<tr><td>항공기상</td><td>가. 항공기상통보와 천기도 해독
나. 기상통보 방식
다. 항공기상 관측에 관한 지식
라. 구름과 전선에 관한 지식
마. 그 밖에 비행에 영향을 주는 기상에 관한 지식</td></tr>
<tr><td>항공교통·
통신·정보업무</td><td>가. 항공교통 관제업무의 일반지식
나. 항공교통에 관한 일반지식
다. 조난·비상·긴급통신방법 및 절차
라. 항공정보업무</td></tr>
<tr><td rowspan="4">항 공
기관사</td><td rowspan="4"></td><td>항공법규</td><td>해당 업무에 필요한 항공법규</td></tr>
<tr><td>항공역학</td><td>가. 항공역학의 이론과 항공기의 중심위치의 계산에 필요한 지식
나. 항공기관사와 관련한 인적요소에 관한 일반지식</td></tr>
<tr><td>항공기체</td><td>항공기의 기체의 강도·구조·성능과 정비에 관한 지식</td></tr>
<tr><td>항공발동기</td><td>항공기용 발동기와 계통 및 구조·성능·정비에 관한 지식과 항공기 연료·윤활유에 관한 지식</td></tr>
</table>

<table>
<tr><th>자격 증명의 종류</th><th>자격증명의 한정을 하려는 항공기의 종류·등급 또는 업무의 종류</th><th>과목</th><th>범위</th></tr>
<tr><td rowspan="2">항 공 기관사</td><td rowspan="2"></td><td>항공장비</td><td>항공기 장비품의 구조·성능과 정비에 관한 지식</td></tr>
<tr><td>항공기제어</td><td>비행 중에 필요한 동력장치와 장비품의 제어에 관한 지식</td></tr>
<tr><td rowspan="5">항공교통 관제사</td><td rowspan="5"></td><td>항공법규</td><td>가. 국내항공법규
나. 국제항공법규</td></tr>
<tr><td>관제일반</td><td>가. 비행계획, 항공교통관제허가 및 항공교통업무와 관련된 항공기 기체·발동기·시스템의 성능 등에 관한 일반지식
나. 항공로관제절차
다. 접근관제절차
라. 비행장관제절차
마. 레이더관제절차
바. 항공교통관제사와 관련된 인적수행능력에 관한 지식(위협 및 오류 관리에 관한 원리를 포함한다) 및 적용</td></tr>
<tr><td>항행안전시설</td><td>가. 항행안전시설의 종류·성능 및 이용방법
나. 항공지도의 해독
다. 공중항법에 관한 일반지식
라. 항법용 계측기의 원리와 사용방법</td></tr>
<tr><td>항공기상</td><td>가. 지구 대기의 구조, 열과 온도 등 기상일반에 관한 사항
나. 다음의 기상 등에 관한 지식
1) 대기압과 고도측정
2) 일기도 및 바람·구름
3) 기단 및 전선
4) 난기류, 착빙 및 뇌우
5) 열대기상, 북극기상 및 우주기상 등
다. 항공기상 관측 및 분석에 관한 지식
라. 항공기상 예보에 관한 지식
마. 기상레이더 등 기상관측장비에 관한 지식
바. 그 밖에 항공교통관제에 필요한 기상에 관한 지식</td></tr>
<tr><td>항공교통·통신·정보업무</td><td>가. 항공교통관제업무의 일반지식
나. 조난·비상·긴급통신방법 및 절차
다. 항공통신에 관한 일반지식
라. 항공정보간행물, 항공고시보 등 항공정보업무에 관한 지식</td></tr>
<tr><td rowspan="9">항공 정비사</td><td rowspan="5">비행기·헬리콥터·비행선</td><td>항공법규</td><td>해당 업무에 필요한 항공법규</td></tr>
<tr><td>정비일반</td><td>가. 정비일반의 이론과 항공기의 중심위치의 계산 등에 관한 지식
나. 항공정비 분야와 관련된 인적수행능력에 관한 지식(위협 및 오류 관리에 관한 원리를 포함한다)</td></tr>
<tr><td>항공기체</td><td>항공기체의 강도·구조·성능과 정비에 관한 지식</td></tr>
<tr><td>항공발동기</td><td>항공기용 동력장치의 구조·성능·정비에 관한 지식과 항공기 연료·윤활유에 관한 지식</td></tr>
<tr><td>전자·전기·계기(기본)</td><td>항공기 장비품의 구조·성능·정비 및 전자·전기·계기에 관한 지식</td></tr>
<tr><td rowspan="4">경량비행기·경량헬리콥터(자이로플레인을 포함한다)</td><td>항공법규</td><td>비행기·헬리콥터·비행선의 항공법규에서 정한 범위와 같음</td></tr>
<tr><td>정비일반</td><td>비행기·헬리콥터·비행선의 정비일반에서 정한 범위와 같음</td></tr>
<tr><td>항공기체</td><td>비행기·헬리콥터·비행선의 항공기체에서 정한 범위와 같음</td></tr>
<tr><td>항공발동기</td><td>비행기·헬리콥터·비행선의 항공발동기에서 정한 범위와 같음</td></tr>
</table>

자격증명의 종류	자격증명의 한정을 하려는 항공기의 종류·등급 또는 업무의 종류	과목	범위
항공정비사	경량비행기·경량헬리콥터(자이로플레인을 포함한다)	전자·전기·계기(기본)	비행기·헬리콥터·비행선의 전자·전기·계기(기본)에서 정한 범위와 같음
	활공기	항공법규	해당 업무에 필요한 항공법규
		정비일반	가. 정비일반의 이론과 항공기의 중심위치의 계산 등에 관한 지식 나. 항공정비 분야와 관련된 인적수행능력에 관한 지식(위협 및 오류 관리에 관한 원리를 포함한다)
		활공기체	활공기의 기체와 장비품(예항장치의 착탈장치를 포함한다)의 강도·성능·정비와 개조에 관한 지식
	전자·전기·계기 분야	항공법규	해당 업무에 필요한 항공법규
		정비일반	가. 정비일반의 이론과 항공기의 중심위치의 계산 등에 관한 지식 나. 항공정비 분야와 관련된 인적수행능력에 관한 지식(위협 및 오류 관리에 관한 원리를 포함한다)
		전자·전기·계기(기본)	항공기 장비품의 구조·성능·정비 및 전자·전기·계기에 관한 지식
		전자·전기·계기(심화)	항공기용 전자·전기·계기의 구조·성능시험·정비와 개조에 관한 심화지식
운항관리사		항공법규	항공법규(운항관리사의 업무 수행에 적용되는 항공법규만 해당한다)
		항공기	가. 항공운송사업에 사용되는 항공기의 구조 및 이착륙·순항 성능에 관한 지식 나. 항공운송사업에 사용되는 항공기 연료 소비에 관한 지식 다. 중량분포의 기술원칙 라. 중량배분이 항공기 운항에 미치는 영향 마. 최소장비목록(Minimum Equipment List)과 외형변경목록(Configuration deviation list)
		항행안전시설	가. 항행안전시설의 종류·성능 및 이용방법 나. 항공지도의 해독 다. 공중항법에 관한 일반지식 라. 항법용 계측기의 원리와 사용방법 마. 항공기의 운항관리와 관련된 인적수행능력에 관한 지식(위협 및 오류 관리에 관한 원리를 포함한다) 및 적용 바. 표준운항절차의 적용
		항공기상	가. 지구 대기의 구조, 열과 온도 등 기상일반에 관한 사항 나. 다음의 기상 등에 관한 지식 1) 대기압과 고도측정 2) 일기도 및 바람·구름 3) 기단 및 전선 4) 난기류, 착빙 및 뇌우 5) 열대기상, 북극기상 및 우주기상 등 다. 항공기상 관측 및 분석에 관한 지식 라. 항공기상 예보에 관한 지식 마. 기상레이더 등 기상관측장비에 관한 지식 바. 그 밖에 항공기의 운항관리에 필요한 기상에 관한 지식
		항공통신	가. 항공통신시설의 개요, 통신조작과 시설의 운용방법 및 절차 나. 항공교통관제업무의 일반지식 다. 항공통신 및 항공정보에 관한 지식 라. 조난·비상·긴급통신방법 및 절차

2) 한정심사

자격별	한정을 받으려는 내용	과목	범위
조종사	항공기 종류·등급의 한정	없음	없음
	항공기 형식의 한정	해당 형식의 항공기 비행교범	해당 형식의 항공기 조종업무 또는 항공기관사 업무에 필요한 지식
	계기비행증명 (비행기·헬리콥터)	계기비행	가. 계기비행 등에 관한 항공법규 나. 추측항법과 무선항법 다. 항공기용 계측기(개요) 라. 항공기상(개요) 마. 항공기상통보 바. 계기비행 등의 비행계획 사. 항공통신에 관한 일반지식 아. 계기비행 등에 관련된 인적요소에 관한 일반지식
	계기비행증명 (종류 변경 시)	없음	없음
	초급 조종교육증명 (비행기·헬리콥터·활공기·비행선)	조종교육	가. 조종교육에 관한 항공법규 나. 조종교육의 실시요령 다. 위험·사고의 방지요령 라. 구급법 마. 조종교육에 관련된 인적요소에 관한 일반지식 바. 비행에 관한 전문지식
	선임 조종교육증명 (비행기·헬리콥터·활공기·비행선)	없음	없음
	조종교육증명(종류 또는 등급 변경 시)	없음	없음
항공기관사	항공기 종류·등급의 한정	없음	없음
	항공기 형식의 한정	해당 형식의 항공기 비행교범	해당 형식의 항공기 조종업무 또는 항공기관사 업무에 필요한 지식
항공정비사	항공기(경량항공기를 포함한다) 종류의 한정	1. 다른 항공기(경량항공기를 포함한다) 종류 한정을 받은 경우에는 없음 2. 전자·전기·계기 분야의 한정을 받은 경우에는 항공기체, 항공발동기의 내용을 포함한 과목	없음 가. 항공기체: 항공기체(헬리콥터의 경우 회전익을 포함한다)의 강도·구조·성능과 정비에 관한 지식 나. 항공발동기: 항공기용 동력장치의 구조·성능·정비에 관한 지식과 항공기 연료·윤활유에 관한 지식
	정비분야의 한정	항공기 종류 한정을 받은 경우에는 전자·전기·계기 분야(심화)의 내용을 포함한 과목	항공기용 전자·전기·계기의 구조·성능시험·정비와 개조에 관한 심화지식

나. 실기시험의 범위

1) 자격증명시험

자격증명의 종류	자격증명의 한정을 하려는 항공기의 종류·등급 또는 업무의 종류	실시범위
운송용 조종사 사업용 조종사 부조종사 자가용 조종사	비행기·헬리콥터(헬리콥터 자격증명 실기시험의 경우 계기비행에 관한 범위는 제외한다)·비행선	가. 조종기술 나. 계기비행절차(경량항공기 조종사, 자가용 조종사 및 사업용 조종사의 경우는 제외한다) 다. 무선기기 취급법 라. 공중 대 지상 통신 연락 마. 항법기술 바. 해당 자격의 수행에 필요한 기술
사업용 조종사	활공기	가. 조종기술 나. 해당 자격의 수행에 필요한 기술
자가용 조종사	상급활공기 중급활공기	가. 조종기술 나. 해당 자격의 수행에 필요한 기술
항공사		가. 추측항법 나. 무선항법 다. 천측항법 라. 해당 자격의 수행에 필요한 기술
항공 기관사		가. 기체동력장치나 그 밖의 장비품의 취급과 검사의 방법 나. 항공기 탑재중량의 배분과 중심위치의 계산 다. 기상조건 또는 운항계획에 의한 발동기의 출력의 제어와 연료소비량의 계산 라. 항공기의 고장 또는 1개 이상의 발동기의 부분적 고장의 경우에 하여야 할 처리 마. 해당 자격의 수행에 필요한 기술
항공교통 관제사		가. 항공교통관제 분야와 관련된 인적수행능력(위협 및 오류관리능력을 포함한다) 및 항공교통관제에 필요한 기술 나. 항공교통관제에 필요한 일반영어 및 표준관제영어
항공 정비사	비행기(경량비행기를 포함한다)·헬리콥터(경량헬리콥터 및 자이로플레인을 포함한다)·비행선	가. 기체동력장치나 그 밖에 장비품의 취급·정비와 검사방법 나. 항공기(경량항공기를 포함한다) 탑재중량의 배분과 중심위치의 계산 다. 해당 자격의 수행에 필요한 기술
	활공기	가. 기체장비품(예항줄과 착탈장치를 포함한다)의 취급·정비·개조 및 검사방법 나. 활공기 탑재중량의 배분과 중심위치의 계산 다. 해당 자격의 수행에 필요한 기술
	전자·전기·계기 관련 분야(기본)	가. 전자·전기·계기의 취급·정비·개조와 검사방법 나. 해당 자격의 수행에 필요한 기술
운항 관리사		가. 실기시험(실습 및 구술시험 병행): 일기도의 해독, 항공정보의 수집·분석, 비행계획의 작성, 운항 전 브리핑 등의 작업을 하게 하여 운항관리 업무에 필요한 실무적인 능력 확인 나. 구술시험: 운항관리 업무에 필요한 전반적인 지식 확인 1) 항공전반의 일반지식 2) 항공기 성능·운용한계 등 3) 운항에 필요한 정보 등의 수집·분석, 비행안전에 영향을 미치는 요인의 규명 및 향후 영향 예측 4) 악천후의 기상상태, 비정상상태 또는 긴급상태에서의 적절한 조치 결정 5) 운항감시(Flight Monitoring) 및 비행의 개시, 지속, 전환, 종료를 위한 표준 절차 6) 운항관리 분야와 관련된 인적수행능력(위협 및 오류 관리능력을 포함한다) 7) 기상 상황, 항공기 상태 및 운항 절차에 따른 최소한의 운용 제한 적용

2) 한정심사

자격증명의 종류	자격증명의 한정을 받으려는 내용	범위
항공기관사	항공기 종류·등급의 한정	해당 항공기의 종류·등급에 맞는 조종업무 또는 항공기관사에게 필요한 기술
	항공기 형식의 한정	해당 항공기 형식에 맞는 조종업무 또는 항공기관사에게 필요한 기술
조종사	항공기 종류·등급의 한정	해당 항공기의 종류·등급에 맞는 조종업무 또는 항공기관사에게 필요한 기술
	항공기 형식의 한정	해당 항공기 형식에 맞는 조종업무 또는 항공기관사에게 필요한 기술
	계기비행증명 (비행기·헬리콥터)	가. 운항에 필요한 지식 나. 비행 전 작업 다. 기본적인 계기비행 라. 공중조작 및 형식 특성에 맞는 비행 마. 다음의 계기비행 1) 이륙 시의 계기비행 2) 표준계기출발방식 및 계기착륙 3) 체공방식 4) 계기접근방식 5) 복행방식 6) 계기접근·착륙 바. 계기비행방식의 야외 비행 사. 비상시 및 긴급 시의 조작 아. 항공교통관제기관과의 연락 자. 종합능력
	초급 조종교육증명(비행기·헬리콥터·활공기·비행선)	가. 조종기술 나. 비행 전후 지상에서의 조종기술과 관련된 교육요령 다. 항공기에 탑승한 조종연습생에 대한 지상에서의 조종감독요령 라. 항공기 탑승 시의 조종교육요령
	선임 조종교육증명(비행기·헬리콥터·활공기·비행선)	가. 조종기술 나. 비행 전후 지상에서의 조종기술과 관련된 교육요령 다. 항공기에 탑승한 조종연습생에 대한 지상에서의 조종감독요령 라. 항공기 탑승 시의 조종교육요령 마. 초급 조종교육증명을 받은 사람에 대한 지도요령
항공정비사	항공기 종류(경량항공기를 포함한다)의 한정	해당 종류에 맞는 항공기 정비업무에 필요한 기술
	정비분야의 한정	전자·전기·계기 분야(기본 및 심화)의 정비업무에 필요한 기술

2. 경량항공기 조종사 자격증명시험

가. 학과시험의 과목 및 범위

1) 자격증명시험

자격증명의 종류	자격증명의 한정을 하려는 경량항공기 종류	과목	범위
경량 항공기 조종사	조종형비행기·체중이동형비행기·경량헬리콥터·자이로플레인·동력패러슈트	항공법규	해당 업무에 필요한 항공법규
		항공기상	가. 항공기상의 기초지식 나. 항공기상 통보와 기상도의 해독
		비행이론	가. 비행의 기초 원리 나. 경량항공기 구조와 기능에 관한 기초지식
		항공교통 및 항법	가. 공중 대 지상 통신의 기초지식 나. 조난·비상·긴급통신방법 및 절차 다. 항공정보업무 라. 지문항법·추측항법·무선항법

2) 한정심사

자격증명의 종류	한정을 받으려는 내용	과목	범위
경량 항공기 조종사	조종교육증명(조종형비행기·체중이동형비행기·경량헬리콥터·자이로플레인·동력패러슈트)	조종교육	가. 조종교육에 관한 항공법규 나. 조종교육의 실시요령 다. 위험·사고의 방지요령 라. 구급법 마. 조종교육에 관련된 인적요소에 관한 사항 바. 비행에 관한 전문지식
	조종교육증명 (종류 변경 시)	없음	없음

나. 실기시험의 범위

1) 자격증명시험

자격증명의 종류	자격증명의 한정을 하려는 경량항공기 종류	범위
경량항공기 조종사	조종형비행기·체중이동형비행기·경량헬리콥터·자이로플레인·동력패러슈트	가. 조종기술 나. 무선기기 취급법 다. 공중 대 지상 통신 연락 라. 항법기술 마. 해당 자격의 수행에 필요한 기술

2) 한정심사

자격증명의 종류	자격증명의 한정을 받으려는 내용	범위
경량항공기 조종사	조종교육증명(조종형비행기·체중이동형비행기·경량헬리콥터·자이로플레인·동력패러슈트)	가. 조종기술 나. 비행 전·후 지상에서의 조종기술과 관련된 교육요령 다. 경량항공기에 탑승한 조종연습생에 대한 지상에서의 조종감독요령 라. 경량항공기 탑승 시의 조종교육요령

항공안전법 시행규칙 [별표 6] 〈개정 2018. 3. 23.〉

자격증명을 가진 사람의 학과시험 면제기준(제86조제2항 관련)

응시자격	소지하고 있는 자격증명	학과시험 면제과목
사업용 조종사	항공기관사	비행이론
	항공교통관제사	항공기상
	운항관리사	항공기상
자가용 조종사	항공기관사	비행이론
	운항관리사	공중항법, 항공기상
	항공교통관제사	항공기상
항공기관사	운송용 조종사	항공역학
	사업용 조종사	항공역학
	항공정비사 (종류 한정만 해당한다)	항공역학(2018년 12월 31일 이전에 응시하여 항공정비사 자격증명을 취득한 사람에 한정한다), 항공장비, 항공발동기, 항공기체
항공교통 관제사	운송용 조종사	항공기상
	사업용 조종사	항공기상
	자가용 조종사	항공기상
	운항관리사	항행안전시설, 항공기상
항공정비사 (종류 한정만 해당한다)	항공기관사	정비일반, 항공기체, 항공발동기, 전자·전기·계기
운항관리사	운송용 조종사	항행안전시설, 항공기, 항공통신
	사업용 조종사	항행안전시설, 항공기, 항공통신
경량항공기 조종사	운송용 조종사	항공기상, 항공교통 및 항법, 항공법규, 비행이론
	사업용 조종사	
	자가용 조종사	
	항공교통관제사	항공기상, 항공교통 및 항법
	운항관리사	항공기상, 항공교통 및 항법

항공안전법 시행규칙 [별표 7] 〈개정 2020. 2. 28.〉

자격증명시험 및 한정심사의 일부 면제(제88조제2항 및 제89조제3항 관련)

1. 자격증명시험

자격증명의 종류	면제 대상	일부면제 범위
가. 운송용 조종사	1) 사업용 조종사로서 계기비행증명 및 형식에 대한 한정자격증명을 받은 사람 2) 부조종사 자격증명을 받은 사람	실기시험 중 구술시험만 실시
나. 사업용 조종사	1) 비행경력이 1,500시간 이상인 사람 2) 국토교통부장관이 지정한 전문교육기관에서 사업용 조종사에게 필요한 과정을 이수한 사람	
다. 자가용 조종사	1) 비행경력이 300시간 이상인 사람 2) 국토교통부장관이 지정한 전문교육기관에서 자가용 조종사에게 필요한 과정을 이수한 사람	
라. 항공기관사	1) 항공기관사를 필요로 하는 항공기의 탑승실무경력이 300시간 이상인 사람 2) 국토교통부장관이 지정한 전문교육기관에서 항공기관사에게 필요한 과정을 이수한 사람	
마. 항공교통관제사	1) 5년 이상 항공교통관제에 관한 실무경력이 있는 사람 2) 국토교통부장관이 지정한 전문교육기관에서 항공교통관제사에게 필요한 과정을 이수한 사람	
바. 항공정비사	1) 해당 종류 또는 정비분야와 관련하여 5년 이상의 정비실무경력이 있는 사람 2) 국토교통부장관이 지정한 전문교육기관에서 항공기 종류 또는 정비분야의 교육과정을 이수한 사람	
사. 운항관리사	1) 5년 이상 운항관리에 관한 실무경력이 있는 사람 2) 국토교통부장관이 지정한 전문교육기관에서 운항관리사에게 필요한 과정을 이수한 사람	
아. 경량항공기조종사	1) 국토교통부장관이 지정한 전문교육기관에서 경량항공기조종사에게 필요한 과정을 이수한 사람	학과시험 중 항공법규만 실시

2. 한정심사

자격증명의 종류		면제 대상	일부면제 범위
조종사	종류추가	해당 종류의 비행경력이 1,500시간 이상인 사람	실기시험 중 구술시험만 실시
	등급추가	해당 등급의 비행경력이 1,500시간 이상인 사람	
	형식추가	해당 형식의 비행시간이 200시간 이상인 사람(훈련비행시간 제외)	
항공 정비사	종류 추가	해당 항공기 종류의 정비실무경력이 5년 이상인 사람	실기시험 중 구술시험만 실시
	정비분야 추가	해당 정비분야의 정비실무경력이 5년 이상인 사람	

항공안전법 시행규칙 [별표 8]

항공신체검사증명의 종류와 그 유효기간(제92조제1항 관련)

자격증명의 종류	항공신체검사 증명의 종류	유효기간		
		40세 미만	40세 이상 50세 미만	50세 이상
운송용 조종사 사업용 조종사 (활공기 조종사는 제외한다) 부조종사	제1종	12개월. 다만, 항공운송사업에 종사하는 60세 이상인 사람과 1명의 조종사로 승객을 수송하는 항공운송사업에 종사하는 40세 이상인 사람은 6개월		
항공기관사, 항공사	제2종	12개월		
자가용 조종사 사업용 활공기 조종사 조종연습생 경량항공기 조종사	제2종(경량항공기조종사의 경우에는 제2종 또는 자동차운전면허증)	60개월	24개월	12개월
항공교통관제사 항공교통관제연습생	제3종	48개월	24개월	12개월

비고: 1. 위 표에 따른 유효기간의 시작일은 항공신체검사를 받는 날로 하며, 종료일이 매달 말일이 아닌 경우에는 그 종료일이 속하는 달의 말일에 항공신체검사증명의 유효기간이 종료하는 것으로 본다.
2. 경량항공기 조종사의 항공신체검사 유효기간은 제2종 항공신체검사증명을 보유하고 있는 경우에는 그 증명의 연령대별 유효기간으로 하며, 자동차운전면허증을 적용할 경우에는 그 자동차운전면허증의 유효기간으로 한다.

항공안전법 시행규칙 [별표 9] 〈개정 2021. 8. 27.〉

항공신체검사기준(제92조제2항 관련)

<table>
<tr><th>검사항목</th><th>제1종</th><th>제2종</th><th>제3종</th></tr>
<tr><td>1. 일반</td><td colspan="3">가. 머리·얼굴·목·몸통 또는 팔다리에 항공업무에 지장을 주는 변형·기형 또는 기능장애가 없을 것
나. 악성종양 또는 그 염려가 없을 것
다. AIDS가 없을 것. HIV 양성자의 경우 모든 검사에서 질병이 없을 것
라. 중대한 전염성 질환 또는 그 염려가 없을 것
마. 현저한 전신의 쇠약이 없을 것
바. 항공업무에 지장을 주는 과도한 비만이 없을 것
사. 중대한 내분비장애나 대사·영양장애가 없을 것
아. 중대한 알레르기성 질환이 없을 것
자. 인슐린이나 혈당강하제로 조절이 필요한 당뇨병이 없을 것</td></tr>
<tr><td>2. 호흡기 계통</td><td>가. 호흡기계통의 활동성 질환이 없을 것
나. 가슴막(흉막) 또는 세로칸(종격)에 중대한 이상이 없을 것
다. 병터(아픈 곳)의 안정을 확인할 수 없는 폐결핵 후유증이 없을 것
라. 폐기능 저하를 초래하는 호흡기계통의 중대한 질환이 없을 것
마. 기흉(공기가슴증)이나 그 과거병력 또는 기흉이 발생하는 원인이 되는 질환이 없을 것
바. 항공업무 수행에 지장을 줄 염려가 있는 흉부의 수술에 의한 후유증이 없을 것</td><td>가. 호흡기계통의 활동성 질환이 없을 것
나. 가슴막 또는 세로칸에 중대한 이상이 없을 것
다. 병터의 안정을 확인할 수 없는 폐결핵 후유증이 없을 것
라. 폐기능 저하를 초래하는 호흡기계통의 중대한 질환이 없을 것
마. 기흉이나 그 과거병력 또는 기흉이 발생하는 원인이 되는 질환이 없을 것
바. 항공업무 수행에 지장을 줄 염려가 있는 흉부의 수술에 의한 후유증이 없을 것</td><td>가. 호흡기계통의 활동성 질환이 없을 것
나. 가슴막 또는 세로칸에 중대한 이상이 없을 것
다. 병터의 안정을 확인할 수 없는 폐결핵 후유증이 없을 것
라. 특발성 기흉 또는 그의 반복되는 과거병력이 없을 것
마. 항공업무 수행에 지장을 줄 염려가 있는 흉부의 수술에 의한 후유증이 없을 것</td></tr>
<tr><td>3. 순환기 계통</td><td colspan="3">가. 조절되지 않는 고혈압이 없을 것
나. 순환기계통의 중대한 기능 및 구조적 이상이 없을 것
다. 심근장애, 관상동맥장애 또는 이들의 증후가 없을 것
라. 중대한 선천성 또는 후천성 심질환이 없을 것
마. 중대한 자극생성 또는 흥분전도의 이상이 없을 것
바. 심부전 또는 그 과거병력이 없을 것
사. 동맥류, 중대한 정맥류 또는 임파육종이 인지되지 않을 것
아. 중대한 심장막의 질환이 없을 것
자. 심장판막의 교체, 영구적인 심장 박동기 이식 또는 심장 이식의 과거병력이 없을 것</td></tr>
<tr><td>4. 소화기 계통</td><td>가. 소화기계통 또는 복막에 중대한 기능장애 또는 질환이 없을 것
나. 항공업무에 지장을 줄 염려가 있는 소화기계 질환이나 수술 후유증, 특히 협착이나 압박에 의한 폐쇄증상이 없을 것
다. 항공업무에 지장을 줄 염려가 있는 탈장이 없을 것</td><td>가. 소화기계통 또는 복막에 중대한 기능장애 또는 질환이 없을 것
나. 항공업무에 지장을 줄 염려가 있는 소화기계 질환이나 수술 후유증, 특히 협착이나 압박에 의한 폐쇄증상이 없을 것
다. 항공업무에 지장을 줄 염려가 있는 탈장이 없을 것</td><td>가. 소화기계통 또는 복막에 중대한 기능장애 또는 질환이 없을 것
나. 항공업무에 지장을 줄 염려가 있는 소화기계 질환이나 수술 후유증, 특히 협착이나 압박에 의한 폐쇄증상이 없을 것</td></tr>
<tr><td>5. 혈액 및 조혈장기</td><td colspan="3">가. 고도의 빈혈이 없을 것
나. 중대한 국소적 또는 전신적 림프절 비대와 혈액질환이 없을 것
다. 출혈성 경향을 갖는 질환이 없을 것
라. 중대한 비종이 없을 것</td></tr>
</table>

<table>
<tr><th>검사항목</th><th>제1종</th><th>제2종</th><th>제3종</th></tr>
<tr><td>6. 정신계</td><td colspan="3">가. 기질적 정신장애가 없을 것
나. 향정신성 물질로 인한 정신 또는 행동 장애가 없을 것
다. 약물의존 또는 알코올중독이 없을 것
라. 정신분열증이나 정신분열성 또는 망상장애가 없을 것
마. 정동장애가 없을 것
바. 신경증, 스트레스 관련성 또는 신체성 장애가 없을 것
사. 생리적 장애 또는 육체적 요인이 동반된 행동증후군이 없을 것
아. 인격장애 또는 행동장애가 없을 것
자. 지적장애가 없을 것
차. 정신발달장애가 없을 것
카. 유년기 또는 청소년기에 발병한 행동장애 또는 정서장애가 없을 것
타. 그 밖에 다른 정신장애가 없을 것</td></tr>
<tr><td>7. 신경계</td><td colspan="3">가. 뇌전증이나 원인불명의 의식장애, 경련·발작 또는 이들의 과거병력이 없을 것
나. 중대한 머리외상의 과거병력 또는 머리외상 후유증이 없을 것
다. 중추신경계통의 중대한 장애 또는 이들의 과거병력이 없을 것
라. 중대한 말초신경계통 또는 자율신경계통의 장애가 없을 것</td></tr>
<tr><td>8. 운동기계통</td><td>가. 뼈 또는 관절의 심한 기형, 변형이나 결손 또는 기능장애가 없을 것
나. 뼈·근육·건·신경 또는 관절에 중대한 질환이나 외상 또는 이들의 후유증에 의한 중대한 운동기능장애가 없을 것
다. 척추에 중대한 질환·변형이나 고통을 갖는 질환 또는 변형이 없을 것
라. 척추장애 또는 척추의 질환이나 변형에 의한 사지의 운동기능장애가 없을 것
마. 습관성 관절 탈구가 없을 것
바. 팔다리에 항공업무에 지장을 줄 염려가 있는 운동기능장애가 없을 것</td><td>가. 뼈·근육·건·신경 또는 관절에 중대한 질환이나 외상 또는 이들의 후유증에 의한 중대한 운동기능장애가 없을 것
나. 척추에 중대한 질환·변형이나 고통을 갖는 질환 또는 변형이 없을 것
다. 척추장애 또는 척추의 질환이나 변형에 의한 사지의 운동기능장애가 없을 것
라. 습관성 관절 탈구가 없을 것
마. 팔다리에 항공업무에 지장을 줄 염려가 있는 운동기능장애가 없을 것</td><td>가. 뼈·근육·건·신경 또는 관절에 중대한 질환이나 외상 또는 이들의 후유증에 의한 중대한 운동기능장애가 없을 것
나. 습관성 관절 탈구가 없을 것
다. 팔다리에 항공업무에 지장을 줄 염려가 있는 운동기능 장애가 없을 것</td></tr>
<tr><td>9. 신장·비뇨·생식기계통</td><td>가. 신장 및 비뇨생식기계 질환이나 수술의 후유증, 특히 협착이나 압박에 의한 폐쇄 증상이 없을 것
나. 신장절제의 과거병력이 없을 것
다. 항공업무에 지장을 줄 염려가 있는 부인과 질환이 없을 것
라. 항공업무에 지장을 줄 염려가 있는 월경장애가 없을 것
마. 임신 중이 아닐 것. 다만, 정상 임신인 경우 임신 12주 말부터 26주까지 항공업무에 지장을 줄 염려가 없는 경우는 제외한다.</td><td>가. 신장 및 비뇨생식기계 질환이나 수술의 후유증, 특히 협착이나 압박에 의한 폐쇄 증상이 없을 것
나. 신장절제의 과거병력이 없을 것
다. 항공업무에 지장을 줄 염려가 있는 부인과질환이 없을 것
라. 항공업무에 지장을 줄 염려가 있는 월경장애가 없을 것
마. 임신 중이 아닐 것. 다만, 정상 임신인 경우 임신 12주 말부터 26주까지 항공업무에 지장을 줄 염려가 없는 경우는 제외한다.</td><td>가. 신장 및 비뇨생식기계 질환이나 수술의 후유증, 특히 협착이나 압박에 의한 폐쇄 증상이 없을 것
나. 신장절제의 과거병력이 없을 것
다. 항공업무에 지장을 줄 염려가 있는 부인과질환이 없을 것
라. 항공업무에 지장을 줄 염려가 있는 월경장애가 없을 것
마. 임신 중이 아닐 것. 다만, 정상 임신인 경우 임신 초기부터 34주까지 항공업무에 지장을 줄 염려가 없는 경우는 제외한다.</td></tr>
<tr><td>10. 눈</td><td colspan="3">가. 안구 또는 안구 부속기에 항공업무에 지장을 줄 질환과 수술 및 상해로 인한 후유증이 없을 것
나. 녹내장이 없을 것
다. 중간 투광체·안저(눈바닥) 또는 시각경로에 항공업무에 지장을 줄 질환이 없을 것
라. 눈 굴절상태에 영향을 주는 수술을 받지 않았을 것. 다만, 피검자의 면허나 한정업무 수행 시 지장을 줄 수 있는 후유증이 없는 경우는 제외한다.</td></tr>
<tr><td>11. 이비인후과, 구강 및 치아</td><td>가. 귀 또는 관련 구조에 항공업무에 지장을 줄 이상이나 질환이 없을 것
나. 전정기관의 장애가 없을 것
다. 치유되지 않는 고막천공(고막에 구멍이 뚫리는 일)이 없을 것
라. 중대한 귀관기능(이관기능) 장애가 없을 것</td><td>가. 귀 또는 관련 구조에 항공업무에 지장을 줄 이상이나 질환이 없을 것
나. 전정기관의 장애가 없을 것
다. 치유되지 않는 고막천공이 없을 것
라. 중대한 귀관기능 장애가 없을 것</td><td>가. 귀 또는 관련 구조에 항공업무에 지장을 줄 이상이나 질환이 없을 것
나. 콧구멍·부비공 또는 인후두에 중대한 질환이 없을 것
다. 심한 말더듬이·발성장애 또는 언어장애가 없을 것</td></tr>
</table>

검사항목	제1종	제2종	제3종
11. 이비인후과, 구강 및 치아	마. 콧구멍·부비동(코곁굴) 또는 인후두에 중대한 질환이 없을 것 바. 콧구멍에 공기가 통하는 것을 방해할 정도로 비중격(두비공을 분리시키는 막을 말한다)이 굽지 않을 것 사. 심한 말더듬이·발성장애 또는 언어장애가 없을 것 아. 구강 또는 치아에 중대한 질환 또는 기능장애가 없을 것	마. 콧구멍·부비동(코곁굴) 또는 인후두에 중대한 질환이 없을 것 바. 심한 말더듬이·발성장애 또는 언어장애가 없을 것 사. 구강 또는 치아에 중대한 질환 또는 기능장애가 없을 것	
12. 시기능	가. 다음의 어느 하나에 해당할 것. 다만, 2)의 기준은 항공업무를 수행할 때 한 쌍 이하의 상용안경(항공업무를 수행할 때 상용하는 교정안경 등을 말한다)을 사용하는 동시에 예비 안경을 휴대할 것을 항공신체검사증명에 조건으로 부여받은 사람만 해당한다. 1) 각 눈이 교정하지 않고 1.0 이상의 원거리 시력이 있을 것 2) 각 눈이 교정하여 1.0 이상의 원거리 시력이 있을 것 3) 각 눈의 원거리 시력이 교정하지 않고 0.1 미만인 경우에는 최초검사와 이후 5년마다 안과 정밀검사를 제출해야 한다. 나. 교정하지 않거나 자기의 교정안경에 의하여 각 눈이 30센티미터에서 50센티미터까지의 임의의 시거리에서 근거리 시력표(30센티미터 시력용)의 0.5 이상의 시표(시력검사용 표지)를 판독할 수 있고, 다음의 요건을 갖출 것. 다만, 50세 이상은 100센티미터에서 N14 도표나 그에 상응하는 것의 0.5 이상의 시표를 판독할 수 있어야 한다. 1) 근거리 교정만 필요한 경우, 즉시 사용할 수 있는 근거리 교정안경 및 예비안경을 소지해야 한다. 2) 근거리·원거리 교정이 필요한 경우, 계기와 손에 있는 차트 또는 매뉴얼을 보기 위하여 2중 또는 다초점 렌즈를 사용하여 안경을 벗을 필요 없이 근거리·원거리를 볼 수 있어야 한다. 다. 정상적인 양눈 시기능을 가질 것 라. 정상적인 시야를 가질 것 마. 야간시력이 정상일 것 바. 안구운동이 정상이고 안구의 떨림이 없을 것 사. 색각이 정상일 것. 다만, 색각 검사 불합격자에 대해서는 다음의 어느 하나에 해당하는 방법으로 항공신체검사증명서를 발급	가. 다음의 어느 하나에 해당할 것. 다만, 2)의 기준은 항공업무를 수행할 때 한 쌍 이하의 상용안경(항공업무를 수행할 때 상용하는 교정안경 등을 말한다)을 사용하는 동시에 예비 안경을 휴대할 것을 항공신체검사증명에 조건으로 부여받은 사람만 해당한다. 1) 각 눈이 교정하지 않고 0.5 이상의 원거리 시력이 있을 것 2) 각 눈이 교정하여 0.5 이상의 원거리 시력이 있을 것 3) 각 눈의 원거리 시력이 교정하지 않고 0.1 미만인 경우에는 최초검사와 이후 5년마다 안과 정밀검사를 제출해야 한다. 나. 교정하지 않거나 자기의 교정안경에 의하여 각 눈이 30센티미터에서 50센티미터까지의 임의의 시거리에서 근거리 시력표(30센티미터 시력용)의 0.5 이상의 시표를 판독할 수 있고, 다음의 요건을 갖출 것. 1) 근거리 교정만 필요한 경우, 즉시 사용할 수 있는 근거리 교정안경 및 예비안경을 소지해야 한다. 2) 근거리·원거리 교정이 필요한 경우, 계기와 손에 있는 차트 또는 매뉴얼을 보기 위하여 2중 또는 다초점 렌즈를 사용하여 안경을 벗을 필요 없이 근거리·원거리를 볼 수 있어야 한다. 다. 정상적인 양눈 시기능을 가질 것 라. 정상적인 시야를 가질 것 마. 야간시력이 정상일 것 바. 안구운동이 정상이고 안구의 떨림이 없을 것 사. 색각이 정상일 것. 다만, 색각 검사 불합격자에 대해서는 다음의 어느 하나에 해당하는 방법으로 항공신체검사증명서를 발급	가. 다음의 어느 하나에 해당할 것. 다만, 2)의 기준은 항공업무를 수행할 때 한 쌍 이하의 상용안경(항공업무를 수행할 때 상용하는 교정안경 등을 말한다)을 사용하는 동시에 예비 안경을 휴대할 것을 항공신체검사증명에 조건으로 부여받은 사람만 해당한다. 1) 각 눈이 교정하지 않고 0.7 이상의 원거리 시력이 있을 것 2) 각 눈이 교정하여 0.7 이상의 원거리 시력이 있을 것 3) 각 눈의 원거리 시력이 교정하지 않고 0.1 미만인 경우에는 최초검사와 이후 5년마다 안과 정밀검사를 제출해야 한다. 나. 교정하지 않거나 자기의 교정안경에 의하여 각 눈이 30센티미터에서 50센티미터까지의 임의의 시거리에서 근거리 시력표(30센티미터 시력용)의 0.5 이상의 시표를 판독할 수 있고, 다음의 요건을 갖출 것. 다만, 50세 이상은 100센티미터에서 N14 도표나 그에 상응하는 것의 0.5 이상의 시표를 판독할 수 있어야 한다. 1) 근거리 교정만 필요한 경우, 즉시 사용할 수 있는 근거리 교정안경 및 예비안경을 소지해야 한다. 2) 근거리·원거리 교정이 필요한 경우, 계기와 손에 있는 차트 또는 매뉴얼을 보기 위하여 2중 또는 다초점 렌즈를 사용하여 안경을 벗을 필요 없이 근거리·원거리를 볼 수 있어야 한다. 다. 정상적인 양눈 시기능을 가질 것 라. 정상적인 시야를 가질 것 마. 야간시력이 정상일 것 바. 안구운동이 정상일 것 사. 색각이 정상일 것. 다만, 색각 검사 불합격자에 대해서는 다음의 어느 하나에 해당하는 방법으로 항공신체검사증명서를 발급

검사항목	제1종	제2종	제3종
12. 시기능	1) 색각 제한사항을 부과하여 항공신체검사증명서를 발급 2) 항공전문의사 또는 지정전문교육기관 등 국내외 공인된 기관에서 인정받은 비행교관으로부터 색각실기시험(operational color vision test)과 의학적 관찰비행(color vision medical flight test)을 통과하는 경우에는 색각 제한사항을 부과하지 않고 항공신체검사증명서를 발급	1) 색각 제한사항을 부과하여 항공신체검사증명서를 발급 2) 항공전문의사 또는 지정전문교육기관 등 국내외 공인된 기관에서 인정받은 비행교관으로부터 색각실기시험(operational color vision test)과 의학적 관찰비행(color vision medical flight test)을 통과하는 경우에는 색각 제한사항을 부과하지 않고 항공신체검사증명서를 발급	1) 색각 제한사항을 부과하여 항공신체검사증명서를 발급 2) 항공전문의사 또는 지정전문교육기관 등 국내외 공인된 기관에서 인정받은 관제실기교관으로부터 색각실기시험(operational color vision test)을 통과하는 경우에는 색각 제한사항을 부과하지 않고 항공신체검사증명서를 발급
13. 청력	가. 소음이 35데시벨 미만인 방에서 각 귀가 매초 500, 1,000 및 2,000헤르츠의 각 주파수에서 35데시벨 이하의 음을, 3,000헤르츠의 주파수에서 50데시벨 이하의 음을 들을 수 있을 것 나. 가목의 기준을 충족하지 못하는 경우에는 다음의 어느 하나에 해당할 것 1) 소음이 50데시벨 미만인 방에서 후방 2미터 거리에서 발성되는 통상 강도의 대화음을 두 귀로 올바르게 들을 수 있을 것 2) 한쪽 귀의 말소리 명료도가 70퍼센트 이상일 것		
14. 종합	항공업무에 지장을 줄 염려가 있는 심신의 결함이 없을 것		

항공종사자에 대한 행정처분기준(제97조제1항 관련)

1. 일반기준

가. 처분의 내용

1) 이 별표에서 "자격등증명 취소"란 항공종사자 자격증명, 자격증명의 한정, 계기비행증명, 조종교육증명 및 항공영어구술능력증명을 취소하는 것을 말한다.

2) 이 별표에서 "효력정지"란 일정기간 항공업무에 종사할 수 있는 자격을 정지하는 것을 말한다.

나. 처분기간의 산정

1) 하나의 행위로 둘 이상의 위반행위가 발생한 경우 그 중 무거운 처분의 기준에 따르되 2분의 1의 범위에서 가중하여 처분한다.

2) 하나의 비행 편에서 둘 이상의 위반행위가 발생한 경우 그 중 무거운 처분의 기준에 따르되 2분의 1의 범위에서 가중하여 처분한다.

3) 같은 위반행위가 연속하여 2회 이상 발생한 경우 1회의 위반행위로 보아 처분하되, 2분의 1의 범위에서 가중하여 처분한다. 다만, 위반사실을 인지하고도 같은 위반행위를 반복한 경우에는 위반횟수별로 합산하여 산정한다.

4) 위반행위가 기장을 보조하는 운항승무원의 잘못으로 발생한 경우에는 기장에 대한 처분 외에 그 운항승무원에 대해서도 처분할 수 있다. 이 경우 그 운항승무원에 대한 처분은 처분기준의 2분의 1의 범위에서 줄여 처분할 수 있다.

5) 위반행위의 차수에 따른 행정처분의 기준은 위반행위를 한 날로부터 최근 2년 이내 같은 위반행위로 행정처분을 받은 경우에 적용한다. 이 경우 기간의 계산은 위반행위에 대하여 행정처분을 받은 날과 그 처분 후 다시 같은 위반행위를 하여 적발된 날을 기준으로 한다.

6) 5)에 따라 가중된 행정처분을 하는 경우 가중처분의 적용 차수는 그 위반행위 전 행정처분 차수[5)에 따른 기간 내에 행정처분이 둘 이상 있었던 경우에는 높은 차수를 말한다]의 다음 차수로 한다.

7) 위반행위가 적발되었으나, 법 제60조제2항 및 제61조제4항에 따라 처분을 면제받은 경우에는 위반행위를 한 것으로 본다.

8) 3)에서 "같은 위반행위"란 제2호의 같은 목(세부유형이 분류되어 있는 경우에는 그 세부유형)의 위반행위를 말하며, 제2호가목 27)·29)·33)·34)의 위반행위는 별표 35의 세부유형이 같은 위반행위를 말한다.

다. 처분의 조정

1) 국토교통부장관은 다음의 어느 하나에 해당하는 경우에는 나목 및 제2호에 따른 처분기준의 2분의 1의 범위에서 줄여 처분할 수 있다.

가) 항공안전에 대한 위험을 피하기 위한 부득이한 사유가 있는 경우

나) 행위자가 항공안전 향상에 기여한 공로로 정부로부터 표창을 받은 경우(경미한 위반행위에 한하며, 1회에 한하여 적용한다)

다) 위반행위를 한 항공종사자가 과거 법을 위반한 이력이 없는 경우(경미한 위반행위에 한한다)

라) 「공항시설법」 제2조제7호·제8호 및 같은 법 시행령 제3조에 따른 공항시설 및 비행장시설의 미비·장애, 항공기에 사용한 부품의 결함 및 항공기 정비 등을 위해 사용한 장비 등의 오작동 등 외부적인 상황으로 위반행위가 발생한 경우

마) 그 밖에 위반행위의 정도, 위반행위의 동기와 그 결과 등을 고려하여 처분을 줄일 필요가 있다고 인정되는 경우

2) 국토교통부장관은 다음의 어느 하나에 해당하는 경우에는 나목 및 제2호에 따른 처분기준의 2분의 1의 범위에서 늘려 처분할 수 있다.

가) 고의 또는 중과실에 의해 위반행위가 발생한 경우

나) 다른 항공기의 운항안전 또는 공중(公衆)에 상당한 영향을 미친 경우

다) 위반직후 적절한 후속조치를 취하지 아니하여 위험을 증대시킨 경우

라) 그 밖에 위반행위의 정도, 위반행위의 동기와 그 결과 등을 고려하여 처분을 늘릴 필요가 있다고 인정되는 경우

2. 개별 기준

가. 자격증명 등

위반행위	근거 법조문	처분내용
1) 거짓이나 그 밖의 부정한 방법으로 자격증명등을 받은 경우	법 제43조제1항제1호	자격등증명 취소
2) 이 법을 위반하여 벌금 이상의 형을 선고 받은 경우	법 제43조제1항제2호	
가) 벌금 200만원 이상		자격등증명 취소
나) 벌금 100만원 이상 200만원 미만		효력정지 50일
다) 벌금 100만원 미만		효력정지 30일
3) 고의 또는 중대한 과실로 항공기사고를 일으켜 다음 각 목의 인명피해를 발생한 경우	법 제43조제1항제3호	
가) 사망자가 발생한 경우		자격등증명 취소
나) 중상자가 발생한 경우		효력 정지 90일 이상
다) 중상자 외의 부상자가 발생한 경우		효력 정지 30일 이상

위반행위	근거 법조문	처분내용
4) 고의 또는 중대한 과실로 항공기사고를 일으켜 다음 각 목의 재산피해를 발생하게 한 경우 가) 항공기 또는 제3자의 재산피해가 100억원 이상인 경우 나) 항공기 또는 제3자의 재산피해가 10억원 이상 100억원 미만인 경우 다) 항공기 또는 제3자의 재산피해가 10억원 미만인 경우	법 제43조제1항제3호	 자격등증명 취소 효력 정지 90일 이상 효력 정지 30일 이상
5) 법 제32조제1항 본문에 따라 정비등을 확인하는 항공종사자가 제70조에 따른 방법으로 감항성을 확인하지 않은 경우	법 제43조제1항제4호	1차 위반: 효력 정지 30일 2차 위반: 효력 정지 120일 3차 이상 위반: 효력 정지 1년
6) 법 제36조제2항을 위반하여 자격증명의 종류에 따른 업무범위 외의 업무에 종사한 경우	법 제43조제1항제5호	1차 위반: 효력 정지 150일 2차 위반: 효력 정지 1년
7) 법 제37조제2항을 위반하여 자격증명의 한정을 받은 항공종사자가 한정된 항공기의 종류·등급 또는 형식 외의 항공기나 한정된 정비업무 외의 항공업무에 종사한 경우	법 제43조제1항제6호	1차 위반: 효력 정지 30일 2차 위반: 효력 정지 60일 3차 이상 위반: 효력 정지 180일
8) 법 제39조의3제1항을 위반하여 다른 사람에게 자기의 성명을 사용하여 항공업무를 수행하게 하거나 항공종사자 자격증명서를 빌려 준 경우	법 제43조제1항 제6호의2	자격등증명 취소
9) 법 제39조의3제3항을 위반하여 다음 각 목의 행위를 알선한 경우 가) 다른 사람에게 자기의 성명을 사용하여 항공업무를 수행하게 하거나 항공종사자 자격증명서를 빌려 주는 행위 나) 다른 사람의 성명을 사용하여 항공업무를 수행하거나 다른 사람의 항공종사자 자격증명서를 빌리는 행위	법 제43조제1항 제6호의3	자격등증명 취소
10) 법 제40조제1항을 위반하여 항공신체검사증명을 받지 않고 항공업무(법 제46조제1항제1호 및 제3호에 따른 항공기 조종연습을 포함한다. 이하 16), 17) 및 20)에서 같다)에 종사한 경우	법 제43조제1항제7호	1차 위반: 효력 정지 30일 2차 위반: 효력 정지 60일 3차 이상 위반: 효력 정지 150일
11) 법 제42조제1항을 위반하여 법 제40조제2항에 따른 자격증명의 종류별 항공신체검사증명의 기준에 적합하지 않은 운항승무원 및 항공교통관제사가 항공업무에 종사한 경우	법 제43조제1항제8호	1차 위반: 효력 정지 30일 2차 위반: 효력 정지 60일 3차 이상 위반: 효력 정지 150일
12) 법 제44조제1항을 위반하여 계기비행증명을 받지 않고 계기비행 또는 계기비행방식에 따른 비행을 한 경우	법 제43조제1항제9호	1차 위반: 효력 정지 30일 2차 위반: 효력 정지 60일 3차 이상 위반: 효력 정지 180일
13) 법 제44조제2항을 위반하여 조종교육증명을 받지 않고 조종교육을 한 경우	법 제43조제1항 제10호	1차 위반: 효력 정지 30일 2차 위반: 효력 정지 60일 3차 이상 위반: 효력 정지 180일
14) 법 제45조제1항을 위반하여 항공영어구술능력증명을 받지 않고 같은 항 각 호의 어느 하나에 해당하는 업무에 종사한 경우	법 제43조제1항제11호	1차 위반: 효력 정지 30일 2차 위반: 효력 정지 60일 3차 이상 위반: 효력 정지 180일
15) 법 제55조를 위반하여 국토교통부령으로 정하는 비행경험이 없이 같은 조 각 호의 어느 하나에 해당하는 항공기를 운항하거나 계기비행·야간비행 또는 법 제44조제2항에 따른 조종교육의 업무에 종사한 경우	법 제43조제1항 제12호	1차 위반: 효력 정지 30일 2차 위반: 효력 정지 60일 3차 이상 위반: 효력 정지 150일
16) 법 제57조제1항을 위반하여 주류등의 영향으로 항공업무를 정상적으로 수행할 수 없는 상태에서 항공업무에 종사한 경우	법 제43조제1항 제13호	가. 주류의 경우 1) 혈중알코올농도 0.02% 이상 0.06% 미만: 효력 정지 60일 2) 혈중알코올농도 0.06% 이상 0.09% 미만: 효력 정지 120일 3) 혈중알코올농도 0.09% 이상: 자격증명 취소 나. 마약류 또는 환각물질의 경우 1) 1차 위반: 효력 정지 60일 2) 2차 위반: 효력 정지 120일 3) 3차 이상 위반: 자격증명 취소

위반행위	근거 법조문	처분내용
17) 법 제57조제2항을 위반하여 항공업무에 종사하는 동안에 주류등을 섭취하거나 사용한 경우	법 제43조제1항 제14호	가. 주류의 경우 1) 혈중알코올농도 0.02% 이상 0.06% 미만: 효력 정지 60일 2) 혈중알코올농도 0.06% 이상 0.09% 미만: 효력 정지 120일 3) 혈중알코올농도 0.09% 이상: 자격증명 취소 나. 마약류 또는 환각물질의 경우 1) 1차 위반: 효력 정지 60일 2) 2차 위반: 효력 정지 120일 3) 3차 이상 위반: 자격증명 취소
18) 법 제57조제3항을 위반하여 같은 조 제1항에 따른 주류등의 섭취 및 사용 여부의 측정 요구에 따르지 않은 경우	법 제43조제1항 제15호	자격등증명 취소
19) 법 제57조의2를 위반하여항공기 내에서 흡연을 한 경우	법 제43조제1항 제15호의2	
가) 운항 중인 항공기 내에서 흡연한 경우		1차 위반: 효력 정지 60일 2차 위반: 효력 정지 120일 3차 이상 위반: 효력 정지 180일
나) 주기 중인 항공기 내에서 흡연한 경우		1차 위반: 효력 정지 30일 2차 위반: 효력 정지 60일 3차 이상 위반: 효력 정지 90일
20) 항공업무를 수행할 때 고의 또는 중대한 과실로 항공기준사고, 의무보고대상 항공안전장애 또는 법 제61조제1항에 따른 항공안전위해요인을 발생시킨 경우	법 제43조제1항 제16호	
가) 법 제61조제1항에 따른 항공안전위해요인을 발생시킨 경우		1차 위반: 효력 정지 15일 2차 위반: 효력 정지 30일 3차 이상 위반: 효력 정지 75일
나) 항공기준사고 또는 의무보고대상 항공안전장애를 발생시킨 경우		1차 위반: 효력 정지 30일 2차 위반: 효력 정지 60일 3차 이상 위반: 효력 정지 150일
21) 법 제62조제2항 또는 제4항부터 제6항까지의 규정을 위반하여 기장이 다음 각 목의 의무를 이행하지 않은 경우	법 제43조제1항제17호	
가) 항공기의 운항에 필요한 준비완료 확인의 의무		1차 위반: 효력 정지 30일 2차 위반: 효력 정지 60일 3차 이상 위반: 효력 정지 90일
나) 여객구조 등의 의무		1차 위반: 효력 정지 30일 2차 위반: 자격등증명 취소
다) 항공기 사고, 항공기준사고 또는 의무보고 대상 항공안전장애 발생사실의 보고 의무		1차 위반: 효력 정지 30일 2차 위반: 효력 정지 60일 3차 이상 위반: 효력 정지 150일
22) 조종사가 법 제63조에 따른 운항자격의 인정 또는 심사를 받지 않고 운항한 경우	법 제43조제1항 제18호	1차 위반: 효력 정지 30일 2차 위반: 효력 정지 60일 3차 이상 위반: 효력 정지 150일
23) 법 제65조제2항을 위반하여 기장이 운항관리사의 승인을 받지 않고 항공기를 출발시키거나 비행계획을 변경한 경우	법 제43조제1항 제19호	1차 위반: 효력 정지 30일 2차 위반: 효력 정지 60일 3차 위반: 자격등증명 취소
24) 법 제66조를 위반하여 이륙·착륙 장소가 아닌 곳에서 이륙하거나 착륙한 경우	법 제43조제1항 제20호	1차 위반: 효력 정지 30일 2차 위반: 효력 정지 150일 3차 위반:자격증명 취소
25) 법 제67조제1항을 위반하여 비행규칙을 따르지 않고 비행한 경우	법 제43조제1항 제21호	1차 위반: 효력 정지 30일 2차 위반: 효력 정지 60일 3차 이상 위반: 효력 정지 180일

위반행위	근거 법조문	처분내용
26) 법 제68조를 위반하여 같은 조 각 호의 어느 하나에 해당하는 비행 또는 행위를 한 경우	법 제43조제1항 제22호	1차 위반: 효력 정지 30일 2차 위반: 효력 정지 60일 3차 위반: 효력 정지 1년
27) 법 제70조제1항을 위반하여 허가를 받지 않고 항공기로 위험물을 운송한 경우	법 제43조제1항 제23호	1차 위반: 효력 정지 30일 2차 위반: 효력 정지 90일 3차 위반: 자격증명 취소
28) 법 제76조제2항을 위반하여 항공업무를 수행한 경우	법 제43조제1항 제24호	1차 위반: 효력 정지 10일 2차 위반: 효력 정지 30일 3차 이상 위반: 효력 정지 90일
29) 법 제77조제2항을 위반하여 같은 조 제1항에 따른 운항기술기준을 준수하지 않고 비행하거나 업무를 수행한 경우	법 제43조제1항 제25호	1차 위반: 효력 정지 30일 2차 위반: 효력 정지 60일 3차 이상 위반: 효력 정지 90일
30) 법 제79조제1항을 위반하여 국토교통부장관이 정하여 공고하는 비행의 방식 및 절차에 따르지 않고 비관제공역(非管制空域) 또는 주의공역(注意空域)에서 비행한 경우	법 제43조제1항 제26호	1차 위반: 효력정지 30일 2차 위반: 효력정지 60일 3차 이상 위반: 효력정지 150일
31) 법 제79조제2항을 위반하여 허가를 받지 않거나 국토교통부장관이 정하는 비행의 방식 및 절차에 따르지 않고 통제공역에서 비행한 경우	법 제43조제1항 제27호	1차 위반: 효력정지 30일 2차 위반: 효력정지 90일 3차 위반: 자격등증명 취소
32) 법 제84조제1항을 위반하여 국토교통부장관 또는 항공교통업무증명을 받은 자가 지시하는 이동·이륙·착륙의 순서 및 시기와 비행의 방법에 따르지 않은 경우	법 제43조제1항 제28호	1차 위반: 효력정지 30일 2차 위반: 효력정지 90일 3차 위반: 자격등증명 취소
33) 법 제90조제4항(법 제96조제1항에서 준용하는 경우를 포함한다)을 위반하여 운영기준을 준수하지 않고 비행을 하거나 업무를 수행한 경우	법 제43조제1항 제29호	1차 위반: 효력 정지 30일 2차 위반: 효력 정지 180일 3차 위반: 효력 정지 1년
34) 법 제93조제7항 후단(법 제96조제2항에서 준용하는 경우를 포함한다)을 위반하여 운항규정 또는 정비규정을 준수하지 않고 업무를 수행한 경우	법 제43조제1항 제30호	1차 위반: 효력 정지 30일 2차 위반: 효력 정지 60일 3차 이상 위반: 효력 정지 90일
35) 법 제108조제4항 본문에 따라 경량항공기 또는 그 장비품·부품의 정비사항을 확인하는 항공종사자가 국토교통부령으로 정하는 방법에 따라 확인하지 않은 경우	법 제43조제1항 제30호의2	1차 위반: 효력 정지 30일 2차 위반: 효력 정지 60일 3차 위반: 효력 정지 90일
36) 자격증명등의 정지명령을 위반하여 정지 기간에 항공업무에 종사한 경우	법 제43조제1항 제31호	자격등증명 취소

나. 항공신체검사증명

위반행위	근거 법 조문	처분내용
1) 거짓이나 그 밖의 부정한 방법으로 항공신체검사증명을 받은 경우	법 제43조제3항제1호	항공신체검사증명 취소
2) 법 제40조제2항에 따른 자격증명의 종류별 항공신체검사증명의 기준에 맞지 않게 되어 항공업무를 수행하기에 부적합하다고 인정되는 경우	법 제43조제3항제3호	효력정지 30일 이상
3) 법 제40조제5항을 위반하여 한정된 항공업무(법 제46조제1항제1호 및 제3호에 따른 항공기 조종연습을 포함한다. 이하 5), 6) 및 7)에서 같다)의 범위를 준수하지 않고 항공업무를 한 경우	법 제43조제3항제4호	1차 위반: 효력 정지 30일 2차 위반: 효력 정지 60일 3차 이상 위반: 효력 정지 150일
4) 법 제41조에 따른 항공신체검사명령에 따르지 않은 경우	법 제43조제3항제5호	1차 위반: 효력 정지 30일 2차 위반: 효력 정지 60일 3차 이상 위반: 효력 정지 150일
5) 법 제42조제1항을 위반하여 항공업무에 종사한 경우	법 제43조제3항제6호	1차 위반: 효력 정지 30일 2차 위반: 효력 정지 60일 3차 이상 위반: 효력 정지 150일
6) 법 제57조제1항을 위반하여 주류등의 영향으로 항공업무를 정상적으로 수행할 수 없는 상태에서 항공업무에 종사한 경우	법 제43조제1항제13호 및 같은 조 제3항제2호	가. 주류의 경우 1) 혈중알코올농도 0.02% 이상 0.06% 미만: 효력 정지 60일 2) 혈중알코올농도 0.06% 이상 0.09% 미만: 효력 정지 120일 3) 혈중알코올농도 0.09% 이상: 항공신체검사증명 취소 나. 마약류 또는 환각물질의 경우 1) 1차 위반: 효력 정지 60일 2) 2차 위반: 효력 정지 120일 3) 3차 이상 위반: 항공신체검사증명 취소
7) 법 제57조제2항을 위반하여 항공업무에 종사하는 동안에 같은 조 제1항에 따른 주류등을 섭취하거나 사용한 경우	법 제43조제1항제14호 및 같은 조 제3항제2호	가. 주류의 경우 1) 혈중알코올농도 0.02% 이상 0.06% 미만: 효력 정지 60일 2) 혈중알코올농도 0.06% 이상 0.09% 미만: 효력 정지 120일 3) 혈중알코올농도 0.09% 이상: 항공신체검사증명 취소 나. 마약류 또는 환각물질의 경우 1) 1차 위반: 효력 정지 60일 2) 2차 위반: 효력 정지 120일 3) 3차 이상 위반:항공신체검사증명 취소
8) 법 제57조제3항을 위반하여 같은 조 제1항에 따른 주류등의 섭취 및 사용 여부의 측정 요구에 따르지 않은 경우	법 제43조제1항제15호 및 같은 조 제3항제2호	1차 위반: 효력 정지 60일 2차 위반: 효력 정지 120일 3차 이상 위반: 항공신체검사증명 취소
9) 법 제76조제2항을 위반하여 항공신체검사증명서를 소지하지 않고 항공업무에 종사한 경우	법 제43조제3항제7호	1차 위반: 효력 정지 10일 2차 위반: 효력 정지 30일 3차 이상 위반: 효력 정지 90일

항공안전법 시행규칙 [별표 11]

항공영어구술능력 등급기준(제99조제1항 관련)

1. 6등급

발음	발음·강세·리듬 및 억양이 모국어 또는 지역특성에 따라 영향을 받지만 이해하는데 거의 지장이 없다.
문법	간단하거나 복잡한 문법구조를 사용하여 문장패턴이 지속적으로 잘 조절된다.
어휘력	어휘 범위와 정확성이 다양한 주제에 대하여 효과적으로 대화하는데 충분하며, 관용적 표현과 뉘앙스가 있는 감각적인 어휘를 사용한다.
유창성	자연스럽게 힘들이지 않고 긴 문장을 말할 수 있으며, 강조하기 위하여 말의 흐름에 변화를 준다. 자연스럽게 적절한 신호단어를 사용한다.
이해력	이해력이 거의 모든 문맥에서 언어적·문화적인 미묘한 점을 포함하여 전체적으로 정확하다.
응대능력	거의 모든 상황에서 쉽게 응대하고, 관련된 언어 또는 비언어적 암시에 민감하며 적절히 그것에 반응한다.

2. 5등급

발음	발음·강세·리듬 및 억양이 모국어 또는 지역특성에 따라 영향을 받지만 이해하는데 지장을 줄 정도는 아니다.
문법	기본적인 문법구조와 문장패턴이 일괄되게 잘 조절된다. 복잡한 문법구조를 사용하려고 하나, 가끔 의미 전달에 오류가 있다.
어휘력	공통되거나 명확한 업무 관련 주제에 대한 대화에 충분한 어휘력과 정확성이 있으며, 대체로 성공적으로 고쳐 말하기를 한다. 어휘는 때때로 관념적이다.
유창성	익숙한 주제에 대하여 상대적으로 쉽고 길게 말할 수 있으나, 문어체와 같이 말의 흐름에 변화가 없다. 적절한 신호단어를 사용한다.
이해력	업무와 관련된 주제에 대한 대화는 구체적이고 정확하며, 언어상 상황이 복잡하거나 예상하지 못한 상황에 대하여 화자가 거의 정확한 언어를 구사한다. 다양한 화두의 범위(방언/억양)를 이해할 수 있다
응대능력	즉시, 적절히 응대하고 정보를 전달한다. 듣는 사람과 말하는 사람의 관계를 효과적으로 관리한다.

3. 4등급

발음	발음·강세·리듬 및 억양이 모국어 또는 지역 특성에 따라 영향을 받고 간혹 이해하는데 방해를 받는다.
문법	기본적인 문법구조와 문장패턴이 독창적으로 사용되고, 일반적으로 잘 조절되나 일상적이지 않거나 예상하지 못한 상황에서는 오류가 있을 수 있으며, 드물게 의미 전달에 방해가 된다.
어휘력	공통되고 명확한 업무 관련 주제에 대한 대화는 충분한 어휘와 정확성이 있으나, 일상적이지 않거나 예상되지 않는 상황에서는 어휘력이 부족하여 자주 고쳐 말하기를 한다.
유창성	적절한 속도로 장황하게 말하여, 다시 말하는 과정이나 무의식적인 대응에 대한 공식적인 연설 시에는 유창함이 떨어지지만 효과적인 대화를 하는 데 방해를 받지는 않는다. 신호단어를 한정하여 사용한다. 삽입어가 혼란을 주지는 않는다.
이해력	사용된 강세나 변화가 국제 사용자들이 충분히 알아들을 수 있는 수준이며, 공통되고 명확한 업무 관련 주제에 대한 이해력은 대체로 정확하다. 화자가 언어적 또는 상황적으로 복잡한 상태이거나 예상하지 못한 대답 상황에서는 이해력이 느려지거나 확실하게 하기 위한 방법이 요구된다.
응대능력	대체로 즉시 응대하고 정보를 전달한다. 기대하지 않은 대화에서도 대화를 시작하거나 유지할 수 있다. 확인을 통하여 잘못 이해한 부분을 명확히 할 수 있다.

항공안전법 시행규칙 [별표 12] 〈개정 2022. 7. 19.〉

전문교육기관 지정기준(제104조제2항 관련)

1. 자가용 조종사과정 지정기준

가. 교육과목 및 교육방법

1) 학과교육: 과목별 교육내용 및 시간은 다음을 표준으로 하되, 총교육시간은 180시간 이상이어야 한다. 다만, 과목별 교육시간은 100분의 35의 범위에서 조정할 수 있고, 교육내용별 교육시간은 조정하여 실시할 수 있다.

과목	교육 내용	교육시간	계
항공법규	국제·국내항공법규	7.5	15
	조종 관련 항공법규	7.5	
공중항법	항법이론	15	45
	비행단계별 비행절차	15	
	인적수행능력(위기 및 오류관리 포함)	15	
항공기상	기상일반	15	30
	항공기상, 분석 및 실무	15	
비행이론	비행이론 일반	10	45
	항공기의 구조와 시스템	15	
	기초비행원리	10	
	항공기 성능	10	
항공교통·통신·정보업무	교통관제업무 일반	15	40
	조난·비상·긴급통신 방법 및 절차	10	
	항공통신·항공정보	15	
시험(중간시험을 한 번 이상 실시해야 한다)		5	5
계			180

2) 실기교육: 과목별 시간은 다음을 표준으로 하며, 과목별 교육시간은 100분의 35 범위 내에서 조정이 가능하되, 단독 비행시간 10시간을 포함한 총교육시간은 35시간 이상이어야 한다. 다만, 지방항공청장이 지정한 모의비행훈련장치를 이용한 비행훈련시간은 별표 4에 따른다.

구분	과목	동승 비행시간	단독 비행시간	계
비행기	1. 장주 이착륙	7	3	10
	2. 공중 조작	7	2	9
	3. 기본계기비행	1	–	1
	4. 야외 비행	5	5	10
	5. 야간 비행	2	–	2
	6. 비정상 및 비상절차	1	–	1
	7. 시험(중간시험을 한 번 이상 실시해야 한다)	2	–	2
계		25	10	35
헬리콥터	1. 장주 이착륙	8	2	10
	2. 공중 조작	3	2	5
	3. 지표 부근에서의 조작	4	1	5
	4. 야외 비행	5	5	10
	5. 비정상 및 비상절차	3	–	3
	6. 시험(중간시험을 한 번 이상 실시해야 한다)	2	–	2
계		25	10	35

나. 교관 확보기준

1) 학과교관

가) 자격요건

(1) 21세 이상일 것

(2) 해당 과목에 대한 지식과 능력을 갖추고 있을 것

(3) 항공기 종류 및 등급에 해당하는 자가용 조종사, 사업용 조종사, 부조종사 또는 운송용 조종사 자격증명(항공법규, 인적수행능력, 항공기상, 비행이론, 항공교통·통신·정보업무 과목의 학과교관의 경우에는 제외한다)을 가질 것

(4) 다음 표에 해당하는 교과목별 학과교관이 가져야 할 자격증명은 다음과 같다.

과목	자격증명 등
1. 항공법규	항공종사자 자격증명 소지자 또는 해당 분야의 실무경력(교육경력을 포함한다)이 3년 이상인 사람
2. 항공기상	항공종사자 자격증명(항공정비사를 제외한다) 소지자 또는 해당 분야의 실무경력(교육경력을 포함한다)이 3년 이상인 사람
3. 비행이론	항공종사자 자격증명 소지자 또는 해당 분야의 실무경력(교육경력을 포함한다)이 3년 이상인 사람
4. 항공교통·통신·정보업무	항공종사자 자격증명(항공정비사를 제외한다) 소지자 또는 해당 분야의 실무경력(교육경력을 포함한다)이 3년 이상인 사람
5. 인적수행능력(위기 및 오류관리 포함)	항공종사자 자격증명 소지자 또는 항공의학, 심리학, 철학을 전공하고 인적수행능력 과정을 이수한 사람(항공우주의료 관련 해당분야 실무경력 또는 교육경력이 3년 이상인 사람을 포함한다)

나) 운영기준

⑴ 학과교관의 강의는 1주당 30시간을 초과하지 않을 것(비행실기교관으로 근무한 시간을 포함하며 학과시험 감독으로 근무한 시간은 제외한다)

⑵ 학과교관의 강의준비 시간은 강의 1시간당 1시간이상 주어질 것.

2) 비행실기교관

가) 자격요건

⑴ 21세 이상일 것

⑵ 해당 과정의 실기교육(모의비행훈련장치 비행훈련 포함)에 필요한 아래의 항공종사자 자격증명 중 어느 하나를 가질 것. 다만, 사업용 조종사 자격증명을 가진 비행실기교관 중 25% 이상은 계기비행증명을 가질 것

㈎ 사업용 조종사 자격증명 및 조종교육증명

㈏ 부조종사 자격증명 및 조종교육증명

㈐ 운송용 조종사 자격증명 및 조종교육증명

㈑ 군의 비행실기교관 자격

나) 운영기준

⑴ 비행실기교관의 조종교육시간은 연간 1,200시간(학과교관으로 근무한 시간을 포함하며, 학과시험감독으로 근무한 시간은 제외한다)을 초과하지 아니할 것

⑵ 비행실기교관 1명이 담당하는 교육생은 8명 이하로 할 것

3) 주임교관

가) 24세 이상일 것

나) 해당 교육과정 운영에 필요한 지식, 경력, 능력 및 지휘통솔력을 갖춘 학과 및 비행실기 교관 중 각각 1명을 학과주임교관 및 실기주임교관으로 임명할 것

4) 실기시험관

가) 자격요건

⑴ 23세 이상일 것

⑵ 해당 과정의 실기시험(모의비행훈련장치 실기시험 포함)에 필요한 아래의 항공종사자 자격증명 중 어느 하나를 가진 사람으로서 400시간 이상의 조종교육경력과 1,000시간 이상의 총 비행경력이 있을 것

㈎ 사업용 조종사 자격증명 및 선임 조종교육증명

㈏ 운송용 조종사 자격증명 및 선임 조종교육증명

㈐ 군의 비행평가교관 자격

⑶ 최근 2년 이내에 「항공사업법」, 「항공안전법」 또는 「공항시설법」을 위반하여 행정처분을 받은 사실이

없을 것

나) 운영기준

(1) 필요 시 실기시험관은 학과교관 및 비행실기교관을 겸임할 수 있도록 할 것

(2) 실기시험관은 자신이 비행실기 과목을 교육한 학생에 대하여는 그 과목에 대한 평가업무를 수행할 수 없도록 할 것

다. 시설 및 장비 확보기준

1) 강의실, 자료열람실, 비행계획실, 브리핑실, 교관실 및 행정사무실 등 학과교육 및 비행실기교육에 필요한 교육훈련시설은 학생 수를 고려하여 충분히 확보해야 하며, 건축 관계 법규, 「소음·진동관리법」 및 「소방법」 등 관련 법규의 기준에 적합할 것

2) 실기비행훈련에 사용되는 훈련용 항공기는 「항공안전법」에 따른 감항성을 확보할 수 있도록 유지·관리할 것

3) 모의비행훈련장치는 모의비행훈련장치 지정기준 및 검사요령에 따라 지정되고 유지·관리할 것

4) 이착륙 시설(훈련비행장)은 실기비행훈련에 사용되는 항공기의 비행훈련에 적합한 활주로·계류장 및 항공교통관제 처리용량을 갖추어야 하며, 교신이 가능한 무선송수신 통신장비를 갖출 것

5) 비행실기교육을 외부에 위탁하는 경우 수탁자는 법 제48조에 따라 전문교육기관 지정을 받은 자일 것. 다만, 비행실기교육을 외국에 있는 교육기관에 위탁하는 경우에는 외국 정부로부터 전문교육기관 지정을 받은 자이어야 한다.

라. 교육평가방법

1) 학과시험은 3회 이상 실시할 것

2) 실기시험은 2회 이상 실시할 것

3) 교육생은 총 학과교육시간의 100분의 85 이상을 이수하도록 할 것

4) 학과시험 범위는 제1호 가목 1) 학과시험 과목에 따라 실시할 것

5) 실기시험 범위는 제1호 가목 2) 실기시험 과목에 따라 실시할 것

6) 과목별 합격기준은 100분의 70 이상으로 할 것

7) 과목별 불합격자는 해당 과목 교육시간의 100분의 20 이내에서 추가교육을 한 후 2회의 재시험을 실시할 수 있도록 할 것

마. 교육계획: 교관, 시설 및 장비 등을 고려한 연간 최대 교육인원을 포함한 교육계획을 수립할 것

바. 교육규정에 포함하여야 할 사항

1) 교육기관의 명칭

2) 교육기관의 소재지

3) 항공종사자 자격별 교육과정명

4) 교육목표 및 목적

5) 교육기관 운영과 관련된 조직 및 인원과 관련된 임무

6) 교육생 응시기준 및 선발방법 등

7) 교육생 정원(연간 최대 교육인원)

8) 편입기준

9) 결석자에 대한 보충교육 방법

10) 시험시행 횟수, 시기 및 방법

11) 학사운영(입학 및 수료 등) 보고에 관한 사항

12) 수료증명서 발급에 관한 사항

13) 교육과정 운영과 관련된 기록·유지 등에 관한 사항

14) 그 밖에 전문교육기관 운영에 필요한 사항 등

사. 항공안전관리시스템(SMS)을 마련할 것

아. 역량기반의 교육 및 평가(CBTA: Competency-based training and assessment)를 할 것

2. 사업용 조종사과정 지정기준

가. 교육과목 및 교육방법

1) 학과교육: 과목별 교육내용 및 시간은 다음을 표준으로 하되, 총교육시간은 510시간(자가용 조종사과정 교육시간을 포함한다) 이상이어야 한다. 다만, 과목별 교육시간은 100분의 35의 범위에서 조정할 수 있고, 교육내용별 교육시간은 조정하여 실시할 수 있다.

과목	교육 내용	교육시간	계
항공법규	국제·국내항공법규	45	90
	조종 관련 항공법규	45	
공중항법	항법이론	30	105
	비행단계별 비행절차	30	
	인적수행능력(위기 및 오류관리 포함)	45	
항공기상	기상일반	15	90
	항공기상	30	
	항공기상분석 및 실무	45	

과목	교육 내용	교육시간	계
비행이론	비행이론 일반	10	115
	항공기의 구조와 시스템	45	
	기초비행원리	30	
	항공기 성능	30	
항공교통·통신·정보업무	교통관제업무 일반	30	90
	조난·비상·긴급통신 방법 및 절차	15	
	항공통신	30	
	항공정보	15	
시험(중간시험을 네 번 이상 실시해야 한다)		20	20
계			510

비고 : 총 교육시간의 50% 범위 내에서 국토교통부장관이 인정하는 CBT(Computer Based Training)를 이용하여 교육을 실시할 수 있다.

2) 실기교육: 과목별 시간배분은 다음을 표준으로 하며, 과목별 교육시간은 100 분의 35 범위 내에서 조정이 가능하되, 기장으로서의 비행시간 70시간을 포함한 총교육시간은 150시간 이상(자가용 조종사과정 교육시간을 포함한다)이어야 한다. 다만, 지방항공청장이 지정한 모의비행훈련장치를 이용한 비행훈련시간 인정은 별표 4에 따른다.

구분	과목	동승 비행시간	단독 비행시간(또는 기장시간)	계
비행기	1. 장주 이착륙	15	20	35
	2. 공중 조작	10	15	25
	3. 기본계기비행	10	10	20
	4. 야외 비행	34	20	54
	5. 야간 비행	5	5	10
	6. 비정상 및 비상절차	1	–	1
	7. 시험(중간시험을 세 번 이상 실시해야 한다)	5	–	5
계		80	70	150
헬리콥터	1. 장주 이착륙	15	5	20
	2. 공중 조작	3	3	6
	3. 지표 부근에서의 조작	5	2	7
	4. 기본계기비행	5	5	10
	5. 야외 비행	15	10	25
	6. 야간 비행	2	5	7
	7. 비정상 및 비상절차	15	5	20
	8. 시험(중간시험을 두 번 이상 실시해야 한다)	5	–	5
계		65	35	100

나. 교관 확보기준

1) 학과교관

가) 자격요건

(1) 21세 이상일 것

(2) 해당 과목에 대한 지식과 능력을 갖추 고 있을 것

(3) 항공기 종류 및 등급에 해당하는 자가용 조종사, 사업용 조종사, 부조종사 또는 운송용 조종사 자격증명(항공법규, 인적수행능력, 항공기상, 비행이론, 항공교통·통신·정보업무 과목의 학과교관의 경우에는 제외한다)을 가질 것

(4) 다음 표에 해당하는 교과목별 학과교관이 가져야 할 자격증명은 다음과 같다.

과목	자격증명 등
1. 항공법규	항공종사자 자격증명 소지자 또는 해당 분야의 실무경력(교육경력을 포함한다)이 3년 이상인 사람
2. 항공기상	항공종사자 자격증명(항공정비사를 제외한다) 소지자 또는 해당 분야의 실무경력(교육경력을 포함한다)이 3년 이상인 사람
3. 비행이론	항공종사자 자격증명 소지자 또는 해당 분야의 실무경력(교육경력을 포함한다)이 3년 이상인 사람
4. 항공교통·통신·정보업무	항공종사자 자격증명(항공정비사를 제외한다) 소지자 또는 해당 분야의 실무경력(교육경력을 포함한다)이 3년 이상인 사람
5. 인적수행능력(위기 및 오류관리 포함)	항공종사자 자격증명 소지자 또는 항공의학, 심리학, 철학을 전공하고 인적수행능력 과정을 이수한 사람(항공우주의료 관련 해당분야 실무경력 또는 교육경력이 3년 이상인 사람을 포함한다)

나) 운영기준

(1) 학과교관의 강의는 1주당 30시간을 초과하지 않을 것(비행실기교관으로 근무한 시간을 포함하며, 학과시험 감독으로 근무한 시간은 제외한다)

(2) 학과교관의 강의준비 시간은 강의 1시간당 1시간 이상 주어질 것

2) 비행실기교관

가) 자격요건

(1) 21세 이상일 것

(2) 해당 과정의 실기교육(모의비행훈련장치 비행훈련을 포함한다)에 필요한 아래의 항공종사자 자격증명 중 어느 하나를 가질 것. 다만, 사업용 조종사 자격증명 또는 군의 비행실기교관 자격을 가진 비행실기교관 중 100분의 75 이상은 계기비행증명 또는 군의 계기비행증명을 가질 것

(가) 사업용 조종사 자격증명 및 조종교육증명

(나) 운송용 조종사 자격증명 및 조종교육증명

(다) 군의 비행실기교관 자격

나) 운영기준

(1) 비행실기교관의 조종교육시간은 연간 1,200시간(학과교관으로 근무한 시간을 포함하며, 학과시험 감독으로 근무한 시간은 제외한다)을 초과하지 아니할 것

(2) 비행실기교관 한명이 담당하는 교육생은 6명 이하로 할 것.

3) 주임교관

가) 24세 이상일 것

나) 해당 교육과정 운영에 필요한 지식, 경력, 능력 및 지휘통솔력을 갖춘 학과 및 비행실기 교관 중 각각 1명을 학과주임교관 및 실기주임교관으로 임명할 것

4) 실기시험관

가) 자격요건

(1) 23세 이상일 것

(2) 해당 과정의 실기시험(모의비행훈련장치 실기시험을 포함한다)에 필요한 아래의 항공종사자 자격증명 중 어느 하나를 가진 사람으로서 500시간 이상의 조종교육경력과 1,500시간 이상의 총 비행경력이 있을 것

(가) 사업용 조종사(계기비행증명을 보유할 것) 자격증명 및 선임 조종교육증명

(나) 운송용 조종사 자격증명 및 조종교육증명

(다) 군의 비행평가교관 자격(군의 계기비행증명을 보유할 것)

(3) 최근 2년 이내에 「항공사업법」, 「항공안전법」 또는 「공항시설법」을 위반하여 행정처분을 받은 사실이 없을 것

나) 운영기준

(1) 필요 시 실기시험관을 학과교관 및 비행실기교관을 겸임할 수 있도록 할 것

(2) 전문교육기관 설치자 및 관리자는 실기시험관을 겸직하지 않도록 할 것

(3) 실기시험관은 자신이 비행실기 과목을 교육한 학생에 대하여는 그 과목에 대한 평가업무를 수행할 수 없도록 할 것

다. 시설 및 장비 확보기준

1) 강의실, 자료열람실, 비행계획실, 브리핑실, 교관실 및 행정사무실 등 학과교육 및 비행실기교육에 필요한 교육훈련시설은 학생 수를 고려하여 충분히 확보해야 하며, 건축 관계 법규, 「소음·진동관리법」 및 「소방법」 등 관련 법규의 기준에 적합할 것

2) 실기비행훈련에 사용되는 훈련용 항공기는 「항공안전법」에 따른 감항성을 확보할 수 있도록 유지·관리할 것.

3) 모의비행훈련장치는 모의비행훈련장치 지정기준 및 검사요령에 따라 지정되고 유지·관리할 것

4) 이착륙 시설(훈련비행장)은 실기비행훈련에 사용되는 항공기의 비행훈련에 적합한 활주로·계류장 및 항공교통관제 처리용량을 갖추어야 하며, 교신이 가능한 무선송수신 통신장비를 갖출 것

5) 비행실기교육을 외부에 위탁하는 경우 수탁자는 법 제48조에 따라 전문교육기관 지정을 받은 자일 것. 다만, 비행실기교육을 외국에 있는 교육기관에 위탁하는 경우에는 외국 정부로부터 전문교육기관 지정을 받은 자이어야 한다.

라. 교육평가방법

1) 학과시험은 5회 이상 실시할 것

2) 실기시험은 4회 이상 실시할 것

3) 교육생은 총 학과교육시간의 100분의 85 이상을 이수하도록 할 것

4) 학과시험 범위는 제2호 가목 1) 학과시험 과목에 따라 실시할 것

5) 실기시험 범위는 제2호 가목 2) 실기시험 과목에 따라 실시할 것

6) 과목별 합격기준은 100분의 70 이상으로 할 것

7) 과목별 불합격자는 해당 과목 교육시간의 100분의 20 이내에서 추가교육을 한 후 2회의 재시험을 실시할 수 있도록 할 것

마. 교육계획: 교관, 시설 및 장비 등을 고려한 연간 최대 교육인원을 포함한 교육계획을 수립할 것

바. 교육규정에 포함하여야 할 사항

1) 교육기관의 명칭

2) 교육기관의 소재지

3) 항공종사자 자격별 교육과정명

4) 교육목표 및 목적

5) 교육기관 운영과 관련된 조직 및 인원과 관련된 임무

6) 교육생 응시기준 및 선발방법 등

7) 교육생 정원(연간 최대 교육인원)

8) 편입기준

9) 결석자에 대한 보충교육 방법

10) 시험시행 횟수, 시기 및 방법

11) 학사운영(입학 및 수료 등) 보고에 관한 사항

12) 수료증명서 발급에 관한 사항

13) 교육과정 운영과 관련된 기록·유지 등에 관한 사항

14) 그 밖에 전문교육기관 운영에 필요한 사항 등

사. 항공안전관리시스템(SMS)을 마련할 것

아. 역량기반의 교육 및 평가(CBTA: Competency-based training and assessment)를 할 것

3. 부조종사(MPL: Multi-crew Pilot Licence) 과정 지정기준

가. 교육과목 및 교육방법

1) 학과교육: 과목별 시간배분은 다음을 표준으로 하며, 과목별 교육시간은 100분의 35 범위 내에서 조정이 가능하되, 총교육시간은 650시간 이상이어야 한다. 다만, 총 교육시간의 50% 범위 내에서 국토교통부장관이 인정하는 CBT(Computer Based Training)를 이용한 교육시간은 이를 포함할 수 있다.

과목	교육시간
1. 항공법규	18
2. 항공교통관제 및 항공정보(수색 및 구조 포함)	40
3. 전파법규 및 전기통신술	10
4. 무선공학(항공보안무선시설 및 무선기기)	27
5. 항공기상	77
6. 공중항법	68
7. 항공계기	20
8. 운항관리(비행계획 포함)	10
9. 항공역학(비행이론, 감항검사 포함)	40
10. 항공기구조	20
11. 항공장비	30
12. 동력장치	30
13. 정비방식, 중량배분, 중심위치, 항공기 성능	30
14. 항공기 조종법	30
15. 항공기 취급법	10
16. 인적 성능 및 한계(위기 및 오류 관리 포함)	20
17. 특정 형식의 항공기 비행교범(구조, 동력장치, 장비, 성능, 운용제한 및 중량배분 등 포함)	116
18. 특정 형식의 항공기 조종실 절차훈련(CPT: Cockpit Procedure Training)	20
19. 항공사 운영(항공역사, 운송항공회사, 항공경제, ICAO와IATA의 역할 포함)	10
20. 시험(중간시험을 여덟 번 이상 실시하여야 한다)	24
계	650

2) 실기교육: 과목별 시간배분은 다음을 표준으로 하며, 과목별 교육시간은 100 분의 35 범위 내에서 조정이 가능하되, 지방항공청장이 지정한 특정 형식의 항공기 모의비행훈련장치를 이용한 비행훈련 시간과 최소한 40시간 이상의 실제 비행기에 의한 비행경력을 포함하여 총 240시간 이상이어야 한다.

과목	동승 비행시간	단독 비행시간(또는 기장시간)	계
1. 항공기 비행 전 지상작동	10	3	13
2. 항공기 이륙	30	12	42
3. 항공기 상승비행	25	10	35
4. 항공기 순항비행	15	10	25
5. 항공기 강하비행	15	10	25
6. 항공기 접근비행	25	10	35
7. 항공기 착륙	30	12	42
8. 항공기 비행 후 지상작동	10	3	13
9. 시험(중간시험을 여덟 번 이상 실시하여야 한다)	10	–	10
계	170	70	240

나. 교관 확보기준

1) 학과교관 자격요건

가) 자격요건

(1) 21세 이상일 것

(2) 해당 과목에 대한 지식과 능력을 갖추고 있을 것

(3) 항공기 종류 및 등급에 해당하는 자가용 조종사, 사업용 조종사, 부조종사 또는 운송용 조종사 자격증명을 가질 것

(4) 다음 표에 해당하는 교과목별 학과교관이 소지해야 할 자격증명은 다음과 같다.

과목	자격증명 등
1. 항공법규	항공종사자 자격증명 소지자 또는 해당 분야의 실무경력(교육경력을 포함한다)이 3년 이상인 사람
2. 항공기상	항공종사자 자격증명(항공정비사를 제외한다) 소지자 또는 해당 분야의 실무경력(교육경력을 포함한다)이 3년 이상인 사람
3. 비행이론	항공종사자 자격증명 소지자 또는 해당 분야의 실무경력(교육경력을 포함한다)이 3년 이상인 사람
4. 항공교통·통신·정보업무	항공종사자 자격증명(항공정비사를 제외한다) 소지자 또는 해당 분야의 실무경력(교육경력을 포함한다)이 3년 이상인 사람
5. 인적수행능력 (위기 및 오류관리 포함)	항공종사자 자격증명 소지자 또는 항공의학, 심리학, 철학을 전공하고 인적수행능력 과정을 이수한 사람(항공우주의료 관련 해당분야 실무경력 또는 교육경력이 3년 이상인 사람을 포함한다)

나) 운영기준

(1) 학과교관의 강의는 1주당 20시간을 초과하지 않을 것(비행실기교관으로 근무한 시간을 포함하며 학과시험 감독으로 근무한 시간은 제외한다)

(2) 학과교관의 강의준비 시간은 강의 1시간당 1이상 주어질 것

2) 비행실기교관

가) 자격요건

(1) 21세 이상일 것

(2) 해당 과정의 실기교육(모의비행훈련장치 비행훈련을 포함한다)에 필요한 아래의 항공종사자 자격증명 중 어느 하나를 가질 것. 다만, 사업용 조종사 자격증명 또는 군의 비행실기교관 자격을 가진 비행실기교관 중 100분의 75 이상은 계기비행증명 또는 군의 계기비행증명을 가질 것

(가) 사업용 조종사 자격증명 및 조종교육증명

(나) 운송용 조종사 자격증명 및 조종교육증명

(다) 군의 비행실기교관 자격

나) 운영기준

(1) 비행실기교관의 조종교육 시간은 연간 1,200시간(학과교관으로 근무한 시간을 포함하며, 학과시험 감독으로 근무한 시간은 제외한다)을 초과하지 아니할 것

(2) 비행실기교관 한명이 담당하는 교육생은 6명 이하로 할 것

3) 주임교관

가) 24세 이상일 것

나) 해당 교육과정 운영에 필요한 지식, 경력, 능력 및 지휘통솔력을 갖춘 학과 및 비행실기 교관 중 각각 1명을 학과주임교관 및 실기주임교관으로 임명할 것

4) 실기시험관

가) 자격요건

(1) 23세 이상일 것

(2) 실기시험관은 해당 과정의 실기시험(모의비행훈련장치 실기시험을 포함한다)에 필요한 아래의 항공종사자 자격증명 중 어느 하나를 가지고 500시간 이상의 조종교육경력과 1,500시간 이상의 총비행경력이 있을 것

(가) 사업용 조종사(계기비행증명을 보유할 것) 자격증명 및 선임 조종교육증명

(나) 운송용 조종사 자격증명 및 선임 조종교육증명

(다) 군의 비행평가교관 자격(군의 계기비행증명을 보유할 것)

(3) 최근 2년 이내에 「항공사업법」, 「항공안전법」 또는 「공항시설법」을 위반하여 행정처분을 받은 사실이

없을 것

나) 운영기준

(1) 필요 시 실기시험관은 학과교관 및 비행실기교관을 겸임할 수 있도록 할 것

(2) 전문교육기관 설치자 및 관리자는 실기시험관을 겸직하지 않도록 할 것

(3) 실기시험관은 자신이 비행실기 과목을 교육한 학생에 대해서는 그 과목에 대한 평가업무를 수행할 수 없도록 할 것

다. 시설 및 장비 확보기준

1) 강의실, 자료열람실, 비행계획실, 브리핑실, 교관실 및 행정사무실 등 학과교육 및 비행실기교육에 필요한 교육훈련시설은 학생 수를 고려하여 충분히 확보해야 하며, 건축 관계 법규, 「소음·진동관리법」 및 「소방법」 등 관련법규의 기준에 적합할 것

2) 실기비행훈련에 사용되는 훈련용 항공기는 「항공안전법」에 따른 감항성을 확보할 수 있도록 유지·관리할 것

3) 모의비행훈련장치는 모의비행훈련장치 지정기준 및 검사요령에 따라 지정되고 유지·관리할 것

4) 이착륙 시설(훈련비행장)은 실기비행훈련에 사용되는 항공기의 비행훈련에 적합한 활주로·계류장 및 항공교통관제 처리용량을 갖추어야 하며, 교신이 가능한 무선송수신 통신장비를 갖출 것

5) 비행실기교육을 외부에 위탁하는 경우 수탁자는 법 제48조에 따라 전문교육기관 지정을 받은 자일 것. 다만, 비행실기교육을 외국에 있는 교육기관에 위탁하는 경우에는 외국 정부로부터 전문교육기관 지정을 받은 자이어야 한다.

라. 교육평가방법

1) 교육과정 중 학과시험 및 실기시험은 각각 9회 이상 실시할 것

2) 교육생은 총 학과교육시간의 100분의 85 이상을 이수토록 할 것

3) 학과시험 범위는 제3호 가목 1) 학과시험 과목에 따라 실시할 것

4) 실기시험 범위는 제3호 가목 2) 실기시험 과목에 따라 실시할 것

5) 과목별 합격기준은 100분의 70 이상으로 할 것

6) 과목별 불합격자는 해당 과목 교육시간의 100분의 20 이내에서 추가교육을 한 후 2회의 재시험을 실시할 수 있도록 할 것

마. 교육계획: 교관, 시설 및 장비 등을 고려한 연간 최대 교육인원을 포함한 교육계획을 수립할 것

바. 교육규정에 포함하여야 할 사항

1) 교육기관의 명칭

2) 교육기관의 소재지

3) 항공종사자 자격별 교육과정명

4) 교육목표 및 목적

5) 교육기관 운영과 관련된 조직 및 인원과 관련된 임무

6) 교육생 응시기준 및 선발방법 등

7) 교육생 정원(연간 최대 교육인원)

8) 편입기준

9) 결석자에 대한 보충교육 방법

10) 시험시행 횟수, 시기 및 방법

11) 학사운영(입학 및 수료 등) 보고에 관한 사항

12) 수료증명서 발급에 관한 사항

13) 교육과정 운영과 관련된 기록·유지 등에 관한 사항

14) 그 밖에 전문교육기관 운영에 필요한 사항 등

사. 항공안전관리시스템(SMS)을 마련할 것

아. 역량기반의 교육 및 평가(CBTA: Competency-based training and assessment)를 할 것

4. 조종사 등급 한정 추가과정 지정기준

가. 교육과목 및 교육방법

1) 학과교육: 과목별 시간배분은 다음을 표준으로 하며, 과목별 교육시간은 100분의 35 범위 내에서 조정이 가능하되, 총교육시간은 20시간 이상이어야 한다.

과목	교육시간
1. 항공기 일반(다발항공기의 구조, 동력장치, 장비, 성능, 운용제한 및 중량 배분 등 포함)	10
2. 항공기 조종법	9
3. 시험	1
계	20

2) 실기교육: 과목별 시간배분은 다음을 표준으로 한다.

과목	교육시간
1. 장주 이착륙	2
2. 공중 조작	3
3. 기본계기비행	2
4. 비정상 및 비상절차	2
5. 시험	1
계	10

나. 교관 확보기준

1) 학과교관

가) 자격요건

(1) 21세 이상일 것

(2) 해당 과목에 대한 지식과 능력을 갖추고 있을 것

(3) 항공기 종류 및 등급에 해당하는 사업용 조종사, 부조종사 또는 운송용 조종사 자격증명을 가질 것. 단 항공기 일반 과목의 학과교관은 해당 종류의 항공정비사 자격증명을 가진 사람도 가능

나) 운영기준

(1) 학과교관의 강의는 1주당 20시간을 초과하지 않을 것(비행실기교관으로 근무한 시간을 포함하며, 학과시험감독으로 근무한 시간은 제외한다)

(2) 학과교관의 강의준비 시간은 강의 1시간당 1시간 이상 주어질 것

2) 비행실기교관

가) 자격요건

(1) 21세 이상일 것

(2) 해당 과정의 실기교육에 필요한 아래의 항공종사자 자격증명 중 어느 하나를 가질 것

(가) 사업용 조종사 자격증명(계기비행증명을 보유할 것) 및 조종교육증명

(나) 운송용 조종사 자격증명 및 조종교육증명

(다) 군의 비행실기교관 자격(군의 계기비행증명을 보유할 것)

나) 운영기준

(1) 비행실기교관의 조종교육시간은 연간 1,200시간(학과교관으로 근무한 시간을 포함하며, 학과시험 감독으로 근무한 시간은 제외한다)을 초과하지 아니할 것

(2) 비행실기교관 한명이 담당하는 교육생은 6명 이하로 할 것

3) 주임교관

가) 24세 이상일 것

나) 해당 교육과정 운영에 필요한 지식, 경력, 능력 및 지휘통솔력을 갖춘 학과 및 비행실기 교관 중 각각 1명을 학과주임교관 및 실기주임교관으로 임명할 것

4) 실기시험관

가) 자격요건

(1) 23세 이상일 것

(2) 해당 과정의 실기시험에 필요한 아래의 항공종사자 자격증명 중 어느 하나를 가지고 400시간 이상의 조종교육경력과 1,000시간 이상의 총비행경력이 있을 것

(가) 사업용 조종사(계기비행증명을 보유할 것) 자격증명 및 선임 조종교육증명

(나) 운송용 조종사 자격증명 및 선임 조종교육증명

(다) 군의 비행평가교관 자격(군의 계기비행증명을 보유할 것)

(3) 최근 2년 이내에 「항공사업법」, 「항공안전법」 또는 「공항시설법」을 위반하여 행정처분을 받은 사실이 없을 것

나) 운영기준

(1) 필요 시 실기시험관을 학과교관 및 비행실기교관을 겸임할 수 있도록 할 것

(2) 전문교육기관 설치자 및 관리자는 실기시험관을 겸직하지 않도록 할 것

(3) 실기시험관은 자신이 비행실기 과목을 교육한 학생에 대해서는 그 과목에 대한 평가업무를 수행할 수 없도록 할 것

다. 시설 및 장비 확보기준

1) 강의실, 자료열람실, 비행계획실, 브리핑실, 교관실 및 행정사무실 등 학과교육 및 비행실기교육에 필요한 교육훈련시설은 학생 수를 고려하여 충분히 확보해야 하며, 건축 관계 법규, 「소음·진동관리법」 및 「소방법」등 관련 법규의 기준에 적합할 것

2) 실기비행훈련에 사용되는 훈련용 항공기는 「항공안전법」에 따른 감항성을 확보할 수 있도록 유지·관리할 것

3) 이착륙 시설(훈련비행장)은 실기비행훈련에 사용되는 항공기의 비행훈련에 적합한 활주로·계류장 및 항공교통관제 처리용량을 갖추어야 하며, 교신이 가능한 무선송수신 통신장비를 갖출 것

4) 비행실기교육을 외부에 위탁하는 경우 수탁자는 법 제48조에 따라 전문교육기관 지정을 받은 자일 것. 다만, 비행실기교육을 외국에 있는 교육기관에 위탁하는 경우에는 외국 정부로부터 전문교육기관 지정을 받은 자이어야 한다.

라. 교육평가방법

1) 교육과정 중 학과시험 및 실기시험은 각각 한 번 이상 실시할 것

2) 교육생은 총학과교육시간의 100분의 85 이상을 이수토록 할 것

3) 학과시험 범위는 제4호 가목 1) 학과시험 과목에 따라 실시할 것

4) 실기시험 범위는 제4호 가목 2) 실기시험 과목에 따라 실시할 것

5) 과목별 합격기준은 100분의 70 이상으로 할 것

6) 과목별 불합격자는 해당 과목 교육시간의 100분의 20 이내에서 추가교육을 한 후 2회의 재시험을 실시할 수 있도록 할 것

마. 교육계획: 교관, 시설 및 장비 등을 고려한 최대 교육인원을 포함한 교육계획을 수립할 것

바. 교육규정에 포함하여야 할 사항

1) 교육기관의 명칭

2) 교육기관의 소재지

3) 항공종사자 자격별 교육과정명

4) 교육목표 및 목적

5) 교육기관 운영과 관련된 조직 및 인원과 관련된 임무

6) 교육생 응시기준 및 선발방법 등

7) 교육생 정원(연간 최대 교육인원)

8) 편입기준

9) 결석자에 대한 보충교육 방법

10) 시험시행 횟수, 시기 및 방법

11) 학사운영(입학 및 수료 등) 보고에 관한 사항

12) 수료증명서 발급에 관한 사항

13) 교육과정 운영과 관련된 기록·유지 등에 관한 사항

14) 그 밖에 전문교육기관 운영에 필요한 사항 등

사. 역량기반의 교육 및 평가(CBTA : Competency-based training and assessment)를 할 것

5. 조종사 형식 한정 추가과정 지정기준

가. 교육과목 및 교육방법

1) 학과교육: 과목별 시간배분은 다음을 표준으로 하며, 과목별 교육시간은 100분의 35 범위 내에서 조정이 가능하되, 총교육시간은 140시간 이상이거나 항공기 제작회사가 정한 형식한정 변경에 필요한 학과교육 시간 이상이어야 한다. 다만, 총 교육시간의 50% 범위 내에서 국토교통부장관이 인정하는 CBT(Computer Based Training)를 이용한 교육시간은 이를 포함할 수 있다.

과목	교육시간
1. 해당 항공기 비행교범(구조, 동력장치, 장비, 성능, 운용제한 및 중량배분 등 포함)	116
2. 해당 항공기 조종실 절차훈련(CPT, Cockpit Procedure Training)	20
3. 시험(중간시험을 두 번 이상 실시하여야 한다)	4
계	140

(2) 실기교육: 과목별 배분시간은 다음을 표준으로 한다.

구분	과목	동승비행시간	
		제트발동기	왕복발동기
비행기	1. 모의비행훈련	20	16
	2. 항공기 실제비행훈련	2	2
	3. 시험(중간시험을 한 번 이상 실시하여야 한다)	2	2
계		24	20
헬리콥터	1. 항공기 실제비행훈련	20	
	2. 시험(중간시험을 한 번 이상 실시하여야 한다)	2	
계		22	

비고: 1. 항공기 제작회사가 정한 형식 한정 변경에 필요한 실기교육시간 또는 국토교통부장관이 인가한 훈련규정에서 정한 실기교육시간 이상으로 운영 가능
2. 헬리콥터의 경우 다른 헬리콥터에 대한 형식 한정 자격이 있는 사람의 경우 항공기 실제비행훈련 동승비행시간은 10시간 이상

나. 교관 확보기준

1) 학과교관

가) 자격요건

(1) 21세 이상일 것

(2) 해당 과목에 대한 지식과 능력을 갖추고 있을 것

(3) 해당 과정에 맞는 형식의 사업용 조종사, 부조종사 또는 운송용 조종사 자격증명을 가질 것. 단 항공기 비행교범 과목의 학과교관은 해당 형식의 항공기에 대한 정비경력이 있는 항공정비사 자격증명을 가진 사람도 가능

나) 운영기준

(1) 학과교관의 강의는 1주당 20시간을 초과하지 않을 것(비행실기교관으로 근무한 시간을 포함하며, 학과시험 감독으로 근무한 시간은 제외한다)

(2) 학과교관의 강의준비 시간은 강의 1시간당 1시간 이상 주어질 것

2) 비행실기교관

가) 자격요건

(1) 21세 이상일 것

(2) 해당 과정에 맞는 항공기의 형식 한정 자격을 가진 사람으로서 아래의 항공종사자 자격증명 중 어느 하나를 가져야 한다.

(가) 사업용 조종사 자격증명(비행기에 대해서만 계기비행증명을 보유할 것) 및 조종교육증명

(나) 운송용 조종사 자격증명 및 조종교육증명

(다) 군의 비행실기교관 자격(비행기에 대해서만 군의 계기비행증명을 보유할 것)

나) 운영기준

(1) 비행실기교관의 조종교육시간은 연간 1,200시간(학과교관으로 근무한 시간을 포함하며, 학과시험 감독으로 근무한 시간은 제외한다)을 초과하지 아니할 것

(2) 비행실기교관 한명이 담당하는 교육생은 6명 이하로 할 것

3) 주임교관

가) 24세 이상일 것

나) 해당 교육과정 운영에 필요한 지식, 경력, 능력 및 지휘통솔력을 갖춘 학과 및 비행실기 교관 중 각각 1명을 학과주임교관 및 실기주임교관으로 임명할 것

4) 실기시험관

가) 자격요건

(1) 23세 이상일 것

(2) 해당 과정의 실기시험에 필요한 아래의 항공종사자 자격증명 중 어느 하나를 가지고 500시간 이상의 조종교육경력과 해당 형식의 항공기 비행시간 100시간을 포함하여 1,500시간 이상의 총비행경력이 있을 것

(가) 사업용 조종사(계기비행증명을 보유할 것) 자격증명 및 조종교육증명

(나) 운송용 조종사 자격증명 및 선임 조종교육증명

(다) 군의 비행평가교관 자격(군의 계기비행증명을 보유할 것)

(3) 최근 2년 이내에 「항공사업법」, 「항공안전법」 또는 「공항시설법」을 위반하여 행정처분을 받은 사실이 없을 것

나) 운영기준

(1) 필요 시 실기시험관을 학과교관 및 비행실기교관을 겸임할 수 있도록 할 것

(2) 전문교육기관 설치자 및 관리자는 실기시험관을 겸직하지 않도록 할 것

(3) 실기시험관은 자신이 비행실기 과목을 교육한 학생에 대해서는 그 과목에 대한 평가업무를 수행할 수 없도록 할 것

다. 시설 및 장비 확보기준

1) 강의실, 자료열람실, 비행계획실, 브리핑실, 교관실 및 행정사무실 등 학과교육 및 비행실기교육에 필요한 교육훈련시설은 학생 수를 고려하여 충분히 확보해야 하며, 건축 관계 법규, 「소음·진동관리법」 및 「소방법」등 관련 법규의 기준에 적합할 것

2) 실기비행훈련에 사용되는 훈련용 항공기는 「항공안전법」에 따른 감항성을 확보할 수 있도록 유지·관리할 것

3) 이착륙 시설(훈련비행장)은 실기비행훈련에 사용되는 항공기의 비행훈련에 적합한 활주로·계류장 및 항

공교통관제 처리용량을 갖추어야 하며, 교신이 가능한 무선송수신 통신장비를 갖출 것

4) 비행실기교육을 외부에 위탁하는 경우 수탁자는 법 제48조에 따라 전문교육기관 지정을 받은 자일 것. 다만, 비행실기교육을 외국에 있는 교육기관에 위탁하는 경우에는 외국 정부로부터 전문교육기관 지정을 받은 자이어야 한다.

라. 교육평가방법

1) 학과시험은 3회 이상 실시할 것

2) 실기시험은 2회 이상 실시할 것

3) 교육생은 총 학과교육시간의 100분의 85 이상을 이수토록 할 것

4) 학과시험 범위는 제5호 가목 1)학과시험 과목에 따라 실시할 것

5) 실기시험 범위는 제5호 가목 2)실기시험 과목에 따라 실시할 것

6) 과목별 합격기준은 100분의 70 이상으로 할 것

7) 과목별 불합격자는 해당 과목 교육시간의 100분의 20 이내에서 추가교육을 한 후 2회의 재시험을 실시할 수 있도록 할 것

마. 교육계획: 교관, 시설 및 장비 등을 고려한 최대 교육인원을 포함한 교육계획을 수립할 것

바. 교육규정에 포함하여야 할 사항

1) 교육기관의 명칭

2) 교육기관의 소재지

3) 항공종사자 자격별 교육과정명

4) 교육목표 및 목적

5) 교육기관 운영과 관련된 조직 및 인원과 관련된 임무

6) 교육생 응시기준 및 선발방법 등

7) 교육생 정원(연간 최대 교육인원)

8) 편입기준

9) 결석자에 대한 보충교육 방법

10) 시험시행 횟수, 시기 및 방법

11) 학사운영(입학 및 수료 등) 보고에 관한 사항

12) 수료증명서 발급에 관한 사항

13) 교육과정 운영과 관련된 기록·유지 등에 관한 사항

14) 그 밖에 전문교육기관 운영에 필요한 사항 등

사. 역량기반의 교육 및 평가(CBTA : Competency–based training and assessment)를 할 것

6. 계기비행증명과정 지정기준

가. 교육과목 및 교육방법

1) 학과교육: 과목별 교육내용 및 시간은 다음을 표준으로 하되, 총교육시간은 70시간 이상이어야 한다. 다만, 과목별 교육시간은 100분의 35의 범위에서 조정할 수 있고, 교육내용별 교육시간은 조정하여 실시할 수 있다.

과목	교육 내용	교육시간	계
계기비행	항공법규(계기비행 등에 관한 사항)	8	68
	운항일반	15	
	계기비행 및 비상절차	30	
	항공교통관제 시스템	15	
시험(중간시험을 한 번 이상 실시해야 한다)		2	2
계			70

비고 : 총 교육시간의 50% 범위 내에서 국토교통부장관이 인정하는 CBT(Computer Based Training)를 이용하여 교육을 실시할 수 있다.

2) 실기교육: 과목별 배분시간은 다음을 표준으로 하며, 과목별 비행시간은 100분의 35 범위에서 조정이 가능하되, 총교육시간은 40시간 이상이어야 한다. 다만, 지방항공청장이 지정한 모의비행훈련장치를 이용한 비행훈련시간 인정은 별표 4에 따른다.

과목	동승 비행시간
1. 기본계기비행(정상, 비정상 및 비상상태 회복절차 등 포함)	10
2. 계기비행(계기이륙, 표준계기 출발 및 도착, 항공로 비행, 체공, 접근 및 착륙 등 포함)	18
3. 야외 계기비행	10
4. 시험(중간시험을 한 번 이상 실시해야 한다)	2
계	40

나. 교관 확보기준

1) 학과교관

가) 자격요건

(1) 20세 이상일 것

(2) 해당 과목에 대한 지식과 능력을 갖추고 있을 것

(3) 해당 과정에 맞은 항공기 종류의 사업용 조종사, 부조종사 또는 운송용 조종사 자격증명(항공법규, 운항일반, 항공교통관제시스템 과목의 학과교관은 제외한다)을 가질 것

(4) 다음 표에 해당하는 교과목별 학과교관이 가져야 할 자격증명은 다음과 같다.

과목	자격증명 등
1. 항공법규, 운항일반	항공종사자 자격증명 소지자 또는 해당 분야의 실무경력(교육경력을 포함한다)이 3년 이상인 사람
2. 항공교통관제시스템	자가용·사업용·운송용 조종사, 항공교통관제사, 운항관리사 자격증명 소지자 또는 해당 분야의 실무경력(교육경력을 포함한다)이 3년 이상인 사람

나) 운영기준

(1) 학과교관의 강의는 1주당 20시간을 초과하지 않을 것(비행실기교관으로 근무한 시간을 포함하며, 학과시험 감독으로 근무한 시간은 제외한다)

(2) 학과교관의 강의준비 시간은 강의 1시간당 1시간 이상 주어질 것

2) 비행실기교관

가) 자격요건

(1) 21세 이상일 것

(2) 비행실기교관은 해당 과정에 맞는 다음 항공종사자 자격증명 중 어느 하나를 가질 것

(가) 사업용 조종사 자격증명(계기비행증명을 보유할 것) 및 조종교육증명

(나) 운송용 조종사 자격증명 및 조종교육증명

(다) 군의 비행실기교관 자격(군의 계기비행증명을 보유할 것)

나) 운영기준

(1) 비행실기교관의 조종교육시간은 연간 1,200시간(학과교관으로 근무한 시간을 포함하며, 학과시험감독으로 근무한 시간은 제외한다)을 초과하지 아니할 것

(2) 비행실기교관 한명이 담당하는 교육생은 6명 이하로 할 것

3) 주임교관

가) 24세 이상일 것

나) 해당 교육과정 운영에 필요한 지식, 경력, 능력 및 지휘통솔력을 갖춘 학과 및 비행실기 교관 중 각각 1명을 학과주임교관 및 실기주임교관으로 임명할 것

4) 실기시험관

가) 자격요건

(1) 23세 이상일 것

(2) 해당 과정의 실기시험에 필요한 아래의 항공종사자 자격증명 중 어느 하나를 가지고 500시간 이상의 조종교육경력과 해당 종류의 항공기 계기비행시간 100시간을 포함하여 1,500시간 이상의 총비행경력이 있을 것

(가) 사업용 조종사(계기비행증명을 보유할 것) 자격증명 및 선임 조종교육증명

(나) 운송용 조종사 자격증명 및 선임 조종교육증명

(다) 군의 비행평가교관 자격(군의 계기비행증명을 보유할 것)

(3) 최근 2년 이내에 「항공사업법」, 「항공안전법」 또는 「공항시설법」을 위반하여 행정처분을 받은 사실이 없을 것

나) 운영기준

(1) 필요 시 실기시험관을 학과교관 및 비행실기교관을 겸임할 수 있도록 할 것

(2) 전문교육기관 설치자 및 관리자는 실기시험관을 겸직하지 않도록 할 것

(3) 실기시험관은 자신이 비행실기 과목을 교육한 학생에 대해서는 그 과목에 대한 평가업무를 수행할 수 없도록 할 것

다. 시설 및 장비 확보기준

1) 강의실, 자료열람실, 비행계획실, 브리핑실, 교관실 및 행정사무실 등 학과교육 및 비행실기교육에 필요한 교육훈련시설은 학생 수를 고려하여 충분히 확보해야 하며, 건축 관계 법규, 「소음·진동관리법」 및 「소방법」 등 관련법규의 기준에 적합할 것

2) 실기비행훈련에 사용되는 훈련용 항공기는 「항공안전법」에 따른 감항성을 확보할 수 있도록 유지·관리할 것

3) 이착륙 시설(훈련비행장)은 실기비행훈련에 사용되는 항공기의 비행훈련에 적합한 활주로·계류장 및 항공교통관제 처리용량을 갖추어야 하며, 교신이 가능한 무선송수신 통신장비를 갖출 것

라. 교육평가방법

1) 교육과정 중 학과시험 및 실기시험은 각각 2회 이상 실시할 것

2) 교육생은 총 학과교육시간의 100분의 85 이상을 이수토록 할 것

3) 학과시험 범위는 제6호가목1) 학과시험 과목에 따라 실시할 것

4) 실기시험 범위는 제6호가목2) 실기시험 과목에 따라 실시할 것

5) 과목별 합격기준은 100분의 70 이상으로 할 것

6) 과목별 불합격자는 해당 과목 교육시간의 100분의 20 이내에서 추가교육을 한 후 2회의 재시험을 실시할 수 있도록 할 것

마. 교육계획: 교관, 시설 및 장비 등을 고려한 연간 최대 교육인원을 포함한 교육계획을 수립할 것

바. 교육규정에 포함하여야 할 사항

1) 교육기관의 명칭

2) 교육기관의 소재지

3) 항공종사자 자격별 교육과정명

4) 교육목표 및 목적

5) 교육기관 운영과 관련된 조직 및 인원과 관련된 임무

6) 교육생 응시기준 및 선발방법 등

7) 교육생 정원(연간 최대 교육인원)

8) 편입기준

9) 결석자에 대한 보충교육 방법

10) 시험시행 횟수, 시기 및 방법

11) 학사운영(입학 및 수료 등) 보고에 관한 사항

12) 수료증명서 발급에 관한 사항

13) 교육과정 운영과 관련된 기록·유지 등에 관한 사항

14) 그 밖에 전문교육기관 운영에 필요한 사항 등

사. 역량기반의 교육 및 평가(CBTA: Competency-based training and assessment)를 할 것

7. 조종교육증명과정 지정기준

가. 교육과목 및 교육방법

1) 학과교육: 과목별 시간배분은 다음을 표준으로 하며, 과목별 교육시간은 100분의 35 범위 내에서 조정이 가능하되, 총교육시간은 135시간 이상이어야 한다. 다만, 총 교육시간의 50% 범위 내에서 국토교통부장관이 인정하는 CBT(Computer Based Training)를 이용한 교육시간은 이를 포함할 수 있다.

과목	동승 비행시간
1. 항공법규(항공교통관제 및 항공정보 포함)	10
2. 사업용 조종사에 필요한 학과교육의 복습	40
3. 교육심리학(학습진도, 인간의 행동, 효과적인 의사소통, 교수과정, 교육방법, 비평, 평가, 교육보조자료의 이용 등을 포함)	50
4. 교육방법(비행교육기술, 교육계획 등을 포함)	20
5. 비행안전이론	5
6. 인적수행능력(위기 및 오류관리 포함)	5
7. 시험(중간시험을 한 번 이상 포함하여야 한다)	5
계	135

2) 실기교육: 실기교육시간은 15시간 이상이어야 한다.

과목	동승 비행시간
1. 비행 전후 점검	1
2. 공중조작(해당 항공기에 대한 자가용 및 사업용 조종사 실기교육에 필요한 과목)	2
3. 지상참조 비행	2
4. 장주비행	2
5. 야간비행	2
6. 야외 비행(계기비행 포함)	2
7. 비정상 및 비상절차	2
8. 시험(중간시험을 한 번 이상 포함하여야 한다)	2
계	15

비고: 조종교육증명 과정 수료 시 교육생의 총비행시간은 230시간 이상이어야 한다.

나. 교관 확보기준

1) 학과교관

가) 자격요건

(1) 21세 이상일 것

(2) 해당 과목에 대한 지식과 능력을 갖추고 있을 것

(3) 해당 과정에 맞는 항공기 종류의 사업용 조종사, 부조종사 또는 운송용 조종사 자격증명(항공법규, 교육심리학, 인적수행능력 과목의 학과교관은 제외한다)을 가질 것

(4) 다음 표에 해당하는 교과목별 학과교관이 가져야 할 자격증명은 다음과 같다.

과목	자격증명 등
1. 항공법규	항공종사자 자격증명 소지자 또는 해당 분야의 실무경력(교육경력을 포함한다)이 3년 이상인 사람
2. 교육심리학	항공종사자 자격증명 소지자, 심리학을 전공한 사람 또는 해당 분야의 실무경력(교육경력을 포함한다)이 3년 이상인 사람
3. 인적수행능력 (위기 및 오류관리 포함)	항공종사자 자격증명 소지자 또는 항공의학, 심리학, 철학을 전공하고 인적수행능력 과정을 이수한 사람(항공우주의료 관련 해당분야 실무경력 또는 교육경력이 3년 이상인 사람을 포함한다)

나) 운영기준

(1) 학과교관의 강의는 1주당 20시간을 초과하지 않을 것(비행실기교관으로 근무한 시간을 포함하며, 학과시험감독으로 근무한 시간은 제외한다)

(2) 학과교관의 강의준비 시간은 강의 1시간당 1시간 이상 주어질 것

2) 비행실기교관

가) 자격요건

(1) 21세 이상일 것

(2) 해당 과정에 맞는 다음의 항공종사자 자격증명 중 어느 하나를 가지고 있을 것

(가) 사업용 조종사(계기비행증명을 보유할 것) 자격증명 및 조종교육증명

(나) 운송용 조종사 자격증명 및 조종교육증명

(다) 군의 비행평가교관 자격(군의 계기비행증명을 보유할 것)

나) 운영기준

(1) 비행실기교관의 조종교육시간은 연간 1,200시간(학과교관으로 근무한 시간을 포함하며, 학과시험 감독으로 근무한 시간은 제외한다)을 초과하지 아니할 것

(2) 비행실기교관 한명이 담당하는 교육생은 6명 이하로 할 것

3) 주임교관

가) 24세 이상일 것

나) 해당 교육과정 운영에 필요한 지식, 경력, 능력 및 지휘통솔력을 갖춘 학과 및 비행실기 교관 중 각각 1명을 학과주임교관 및 실기주임교관으로 임명할 것

4) 실기시험관

가) 자격요건

(1) 23세 이상일 것

(2) 해당 과정의 실기시험에 필요한 아래의 항공종사자 자격증명 중 어느 하나를 가지고 500시간 이상의 조종교육경력과 해당 종류의 항공기 계기비행시간 100시간을 포함하여 1,500시간 이상의 총비행경력이 있을 것

(가) 사업용 조종사(계기비행증명을 보유할 것) 자격증명 및 선임 조종교육증명

(나) 운송용 조종사 자격증명 및 선임 조종교육증명

(다) 군의 비행평가교관 자격(군의 계기비행증명을 보유할 것)

(3) 최근 2년 이내에 「항공사업법」, 「항공안전법」 또는 「공항시설법」을 위반하여 행정처분을 받은 사실이 없을 것

나) 운영기준

(1) 필요 시 실기시험관을 학과교관 및 비행실기교관을 겸임할 수 있도록 할 것

(2) 전문교육기관 설치자 및 관리자는 실기시험관을 겸직하지 않도록 할 것

(3) 실기시험관은 자신이 비행실기 과목을 교육한 학생에 대해서는 그 과목에 대한 평가업무를 수행할 수 없도록 할 것

다. 시설 및 장비 확보기준

1) 강의실, 자료열람실, 비행계획실, 브리핑실, 교관실 및 행정사무실 등 학과교육 및 비행실기교육에 필요한 교육훈련시설은 학생 수를 고려하여 충분히 확보해야 하며, 건축 관계 법규, 「소음·진동관리법」 및 「소방법」 등 관련 법규의 기준에 적합할 것

2) 실기비행훈련에 사용되는 훈련용 항공기는 「항공안전법」에 따른 감항성을 확보할 수 있도록 유지·관리할 것.

3) 이착륙 시설(훈련비행장)은 실기비행훈련에 사용되는 항공기의 비행훈련에 적합한 활주로·계류장 및 항공교통관제 처리용량을 갖추어야 하며, 교신이 가능한 무선송수신 통신장비를 갖출 것

라. 교육평가방법

1) 학과시험은 3회 이상 실시할 것

2) 실기시험은 2회 이상 실시할 것

3) 교육생은 총학과교육시간의 100분의 85 이상을 이수토록 할 것

4) 학과시험 범위는 제7호 가목 1) 학과시험 과목에 따라 실시할 것

5) 실기시험 범위는 제7호 가목 2) 실기시험 과목에 따라 실시할 것

6) 과목별 합격기준은 100분의 70 이상으로 할 것

7) 과목별 불합격자는 해당 과목 교육시간의 100분의 20 이내에서 추가교육을 한 후 2회의 재시험을 실시할 것

마. 교육계획: 교관, 시설 및 장비 등을 고려한 연간 최대 교육인원을 포함한 교육계획을 수립할 것

바. 교육규정에 포함하여야 할 사항

1) 교육기관의 명칭

2) 교육기관의 소재지

3) 항공종사자 자격별 교육과정명

4) 교육목표 및 목적

5) 교육기관 운영과 관련된 조직 및 인원과 관련된 임무

6) 교육생 응시기준 및 선발방법 등

7) 교육생 정원(연간 최대 교육인원)

8) 편입기준

9) 결석자에 대한 보충교육 방법

10) 시험시행 횟수, 시기 및 방법

11) 학사운영(입학 및 수료 등) 보고에 관한 사항

12) 수료증명서 발급에 관한 사항

13) 교육과정 운영과 관련된 기록·유지 등에 관한 사항

14) 그 밖에 전문교육기관 운영에 필요한 사항 등

사. 역량기반의 교육 및 평가(CBTA : Competency-based training and assessment)를 할 것

8. 항공교통관제사과정 지정기준

가. 교육과목 및 교육방법

1) 학과교육: 과목별 교육내용 및 시간은 다음을 표준으로 하되, 총교육시간은 345시간 이상이어야 한다. 다만, 과목별 교육시간은 100분의 35의 범위에서 조정할 수 있고, 교육내용별 교육시간은 조정하여 실시할 수 있다.

과목	교육 내용	교육시간	계
항공법규	국제·국내항공법	22.5	45
	항공교통관제 관련 항공법규	22.5	
관제일반	관제일반	15	75
	항공로관제절차	15	
	접근관제절차	15	
	공항교통관제	15	
	인적수행능력(위기 및 오류 관리 포함)	15	

과목	교육 내용	교육시간	계
항행안전시설	항행안전시설	15	45
	항공지도	15	
	공중항법	15	
항공기상	기상일반	15	45
	항공기상	15	
	항공기상분석 및 실무	15	
항공교통·통신·정보업무	교통관제업무 일반	15	60
	조난·비상·긴급통신 방법 및 절차	15	
	항공통신	15	
	항공정보	15	
항공관제영어	항공관제영어(발음법 포함)	68	68
시험	시험(중간시험을 세 번 이상 실시하여야 한다)	7	7
계			345

2) 실기교육: 실기교육시간은 180시간 이상이어야 한다.

과목	교육시간
1. 항공교통관제 실기교육(국토교통부장관이 인정한 모의관제장비에 의한 교육도 포함한다)	176
2. 시험(중간시험은 두 번 이상 실시하여야 한다)	4
계	180

비고: 1. 항공교통관제 실기교육은 비행장관제 실기교육을 100시간 이상 하고, 나머지 시간은 지역관제, IFR 비행장관제 또는 접근관제 실기교육을 해야 한다.
2. 실기교육은 지역관제소 또는 표준계기출발절차 및 계기접근절차가 수립되어 있는 비행장의 관제탑 또는 접근관제소에서 할 수 있다.

나. 교관 확보기준

1) 학과교관

가) 자격요건

(1) 21세 이상일 것

(2) 해당 과목에 대한 지식과 능력을 갖추고 있을 것

(3) 해당 과정에 맞는 항공교통관제사 자격증명(항공법규, 항행안전시설, 인적수행능력, 항공기상, 항공교통·통신·정보업무, 항공관제영어 과목의 학과교관은 제외한다)

(4) 다음 표에 해당하는 교과목별 학과교관이 가져야 할 자격증명은 다음과 같다.

과목	자격증명 등
1. 항공법규	항공종사자 자격증명 소지자 또는 해당 분야의 실무경력(교육경력을 포함한다)이 3년 이상인 사람
2. 항행안전시설	자가용·사업용·운송용 조종사, 항공교통관제사, 운항관리사, 군의 항공교통관제 교관자격 소지자 또는 해당 분야의 실무경력(교육경력을 포함한다)이 3년 이상인 사람 중 1개
3. 항공기상	자가용·사업용·운송용 조종사, 항공교통관제사, 군의 항공교통관제 교관자격, 운항관리사 소지자 또는 해당 분야의 실무경력(교육경력을 포함한다) 3년 이상인 사람
4. 항공교통·통신·정보업무	자가용·사업용·운송용 조종사, 항공교통관제사, 군의 항공교통관제 교관자격, 운항관리사 소지자 또는 해당 분야 실무경력(교육경력을 포함한다) 3년 이상인 사람
5. 항공관제영어	자가용·사업용·운송용 조종사, 항공교통관제사, 군의 항공교통관제 교관자격 소지자 또는 해당 과목의 실무경력(교육경력을 포함한다)이 3년 이상인 사람
6. 인적수행능력(위기 및 오류관리 포함)	항공종사자자격증명 소지자 또는 항공의학, 심리학, 철학을 전공하고 인적수행능력 과정을 이수한 사람

나) 운영기준

(1) 학과교관의 강의는 1주당 20시간을 초과하지 않을 것(관제실기교관으로 근무한 시간을 포함하며, 학과시험 감독으로 근무한 시간은 제외한다)

(2) 학과교관의 강의준비 시간은 강의 1시간당 1시간 이상 주어질 것

2) 관제실기교관

가) 자격요건

(1) 21세 이상일 것

(2) 해당 과정에 맞는 항공교통관제사 자격증명 또는 군의 항공교통관제 실기교관자격이 있을 것

(3) (2)의 자격을 갖춘 후 3년 이상의 관제 실무경력(군 교육기관의 경우 군에서의 관제경력을 포함한다)이 있을 것

나) 운영기준

(1) 관제실기교관의 교육시간은 1주당 20시간(학과교관으로 근무한 시간을 포함하며, 학과시험감독으로 근무한 시간은 제외한다)을 초과하지 아니할 것

(2) 관제실기교관 한명이 담당하는 교육생은 6명 이하로 할 것

3) 주임교관

가) 24세 이상일 것

나) 해당 교육과정 운영에 필요한 지식, 경력, 능력 및 지휘통솔력을 갖춘 학과 및 관제실기 교관 중 각각 1명을 학과주임교관 및 실기주임교관으로 임명할 것

4) 실기시험관

가) 자격요건

(1) 23세 이상일 것

(2) 해당 과정의 실기시험에 필요한 항공교통관제사 자격증명 또는 군의 항공교통관제 실기평가교관 자격을 가지고, 3년 이상의 관제실기교육 경력을 포함한 5년 이상의 항공교통관제사로서의 실무경력을 가질 것

(3) 최근 2년 이내에 「항공사업법」, 「항공안전법」 또는 「공항시설법」을 위반하여 행정처분을 받은 사실이 없을 것

나) 운영기준

(1) 필요 시 실기시험관을 학과교관 및 관제실기교관을 겸임할 수 있도록 할 것

(2) 전문교육기관 설치자 및 관리자는 실기시험관을 겸직하지 않도록 할 것

(3) 실기시험관은 자신이 관제실기 과목을 교육한 학생에 대해서는 그 과목에 대한 평가업무를 수행할 수 없도록 할 것

다. 시설 및 장비 확보기준

1) 강의실, 어학실습실, 자료열람실, 교관실 및 행정사무실 등 학과교육 및 관제실기교육에 필요한 교육훈련시설은 학생 수를 고려하여 충분히 확보해야 하며, 건축 관계 법규, 「소음·진동관리법」및 「소방법」등 관련 법규의 기준에 적합할 것

2) 실제 관제장비를 사용할 수 없는 기관은 관제실기교육에 사용되는 국토교통부장관이 인정한 모의관제장비를 다음과 같이 갖출 것. 단, 비행장관제를 실습할 수 있는 수동식 또는 자동식 모의비행장관제장비 중 하나는 반드시 갖추어야 한다.

가) 모의비행장관제장비

(1) 수동식 모의비행장관제장비

(가) 건물과 비행장 모형을 대형 탁자에 설치해 놓고 보조요원들이 그 주위에 둘러서서 모형항공기를 이동시키며, 조종사처럼 무선통신을 할 수 있을 것

(나) 모형관제탑에서는 그 모형비행장과 모형항공기를 보면서 교육을 할 수 있을 것

(다) 관제탑 콘솔에는 전시판, 무선전화기 마이크, 헤드폰, 5회선의 전화, 풍향풍속계 등을 갖출 것

(라) 관제탑에서 사용되는 업무일지·지도·절차도를 갖출 것

(2) 자동식 모의비행장관제장비

(가) 모형관제탑 내 관제사의 전면에 위치한 스크린에 비행장과 비행장 주위의 항공기 이동상황을 컴퓨터로 전시하고, 보조요원이 그 상황을 조절하면서 조종사처럼 무선통신을 할 수 있을 것

(나) 모형관제탑에서는 스크린에 전시되는 모형비행장과 모형항공기를 보면서 교육할 수 있을 것

(다) 모형관제탑 콘솔에는 전시판, 무선전화기 마이크, 헤드폰, 5회선의 전화, 풍향풍속계 등을 갖출 것

(라) 관제탑에서 사용되는 업무일지·지도·절차도를 갖출 것

나) 다음과 같은 모의접근관제장비를 갖출 것

(1) 학생 및 보조요원이 사용할 긴 콘솔이 있고, 그 위에 비행진행판 또는 전시판을 갖추어야 하며, 레이더접근관제·정밀접근관제 교육용으로는 실물 레이더 또는 컴퓨터를 이용한 자동식모의관제장비를 갖출 것

(2) 항공기 역할을 하는 보조요원 2명이 다른 방 또는 동일한 실내의 다른 쪽에 위치해 있고, 지역관제소·관제탑·소방·기상실·항공사 등과의 전화통신을 담당하는 보조요원 1명이 있을 것 이 경우 학생이 보조요원 역할을 담당할 수 있다.

(3) 전화와 무선통신용 장비를 각각 갖출 것

(4) 접근관제소에서 사용되는 업무일지·지도·절차도를 갖출 것

다) 다음과 같은 모의항로관제장비를 갖출 것

(1) 지역관제소의 각 섹터별로 콘솔에 비행진행판 또는 전시판을갖추어야 하며, 레이더항로관제 교육용으로는 실물 레이더 또는 컴퓨터를 이용한 자동식 모의관제장비를 갖출 것

(2) 각 섹터별로 공중 대 지상 통신 및 지점 간 통신(5회선 이상)을 위한 통상적인통신시설을 갖출 것

(3) 항공기 역할을 하는 보조요원 2명이 다른 방 또는 동일한 실내의 다른 쪽에 위치해 있고, 접근관제소·관제탑·기상실·통신실·항공사 등과의 전화통신을 담당하는 보조요원 1명이 있을 것

(4) 지역관제소에서 사용되는 업무일지·지도·절차도를 갖출 것

라. 교육평가방법

1) 학과시험은 4회 이상 실시할 것

2) 실기시험은 3회 이상 실시할 것

3) 교육생은 총학과교육시간의 100분의 85 이상을 이수토록 할 것

4) 학과시험 범위는 제8호 가목 1) 학과시험 과목에 따라 실시할 것

5) 실기시험 범위는 제8호 가목 2) 실기시험 과목에 따라 실시할 것

6) 과목별 합격기준은 100분의 70 이상으로 할 것

7) 과목별 불합격자는 해당 과목 교육시간의 100분의 20 이내에서 추가교육을 한 후 2회의 재시험을 실시할 수 있도록 할 것

마. 교육계획: 교관, 시설 및 장비 등을 고려한 최대 교육인원을 포함한 교육계획을 수립할 것

바. 교육규정에 포함하여야 할 사항

1) 교육기관의 명칭

2) 교육기관의 소재지

3) 항공종사자 자격별 교육과정명

4) 교육목표 및 목적

5) 교육기관 운영과 관련된 조직 및 인원과 관련된 임무

6) 교육생 응시기준 및 선발방법 등

7) 교육생 정원(연간 최대 교육인원)

8) 편입기준

9) 결석자에 대한 보충교육 방법

10) 시험시행 횟수, 시기 및 방법

11) 학사운영(입학 및 수료 등) 보고에 관한 사항

12) 수료증명서 발급에 관한 사항

13) 교육과정 운영과 관련된 기록·유지 등에 관한 사항

14) 그 밖에 전문교육기관 운영에 필요한 사항 등

사. 역량기반의 교육 및 평가(CBTA : Competency-based training and assessment)를 할 것

9. 항공정비사과정 지정기준

가. 교육과목 및 교육방법: 과목별 교육내용 및 시간은 다음을 표준으로 하되, 총교육시간은 2,410시간(항공전자·전기·계기과정은 1,725시간) 이상이어야 한다. 다만, 과목별 교육시간은 100분의 35의 범위에서 조정할 수 있고, 교육내용별 교육시간은 조정하여 실시할 수 있다.

과목	교육 내용	비행기 과정			헬리콥터 과정			항공전자·전기·계기 과정		
		학과 시간	실기 시간	계	학과 시간	실기 시간	계	학과 시간	실기 시간	계
항공법규	국제항공법(ICAO와IATA에 관한 내용 포함)	45	–	45	45	–	45	45	–	45
	국내항공법(사고조사 및 항공보안 포함)									
	항공정비관리(정비관련 규정, 도서, 정비조직, 정비프로그램, 정비방식 및 양식기록에 관한 내용 포함)	45	–	45	45	–	45	45	–	45
	중간시험(2회 이상)	5	–	5	5	–	5	5	–	5
	소계	95	–	95	95	–	95	95	–	95
정비일반	수학·물리	30	–	30	30	–	30	30	–	30
	항공역학	45	–	45	45	–	45	45	–	45
	항공기 도면	20	25	45	20	25	45	20	25	45
	항공기 중량 및 평형관리	10	20	30	10	20	30	10	20	30
	항공기 재료, 공정, 하드웨어	20	25	45	20	25	45	20	25	45
	항공기 세척 및 부식방지	15	15	30	15	15	30	15	15	30

과목	교육 내용	비행기 과정			헬리콥터 과정			항공전자·전기·계기 과정		
		학과 시간	실기 시간	계	학과 시간	실기 시간	계	학과 시간	실기 시간	계
정비일반	유체 라인 및 피팅	10	35	45	10	35	45	10	35	45
	일반공구와 측정공구	10	20	30	10	20	30	10	20	30
	안전 및 지상취급과 서비스작업	20	10	30	20	10	30	20	10	30
	검사원리 및 기법	30	15	45	30	15	45	30	15	45
	인적수행능력(위기 및 오류 관리 포함)	45	–	45	45	–	45	45	–	45
	중간시험(2회 이상)	10	–	10	10	–	10	10	–	10
	소계	265	165	430	265	165	430	265	165	430
항공기체	항공기 구조	30	30	60	30	30	60	–	–	–
	항공기 천, 외피, 목재와 구조물 수리	20	10	30	20	10	30	–	–	–
	항공기 금속구조 수리	30	60	90	30	60	90	–	–	–
	항공기 용접	20	40	60	20	40	60	–	–	–
	첨단 복합 소재	25	50	75	25	50	75	–	–	–
	항공기 도색 및 마무리	10	20	30	10	20	30	–	–	–
	항공기 유압계통	30	30	60	30	30	60	–	–	–
	항공기 착륙장치 계통	30	30	60	30	30	60	–	–	–
	항공기 연료계통	30	30	60	30	30	60	–	–	–
	화재방지, 제빙(De–icing)·방빙(Anti–icing) 및 빗물 제어(Rain Control)	15	15	30	15	15	30	–	–	–
	객실공조 및 공기압력 제어계통	20	25	45	20	25	45	–	–	–
	헬리콥터 구조 및 계통	20	25	45	–	–	–	–	–	–
	헬리콥터 조종 계통	–	–	–	20	25	45	–	–	–
	중간시험(2회 이상)	15	–	15	15	–	15	–	–	–
	소계	295	365	660	295	365	660	–	–	–
항공발동기	왕복엔진일반 및 흡기·배기계통	20	25	45	20	25	45	–	–	–
	왕복엔진 연료 및 연료조절계통	20	25	45	20	25	45	–	–	–
	왕복엔진 점화 및 시동계통	20	25	45	20	25	45	–	–	–
	왕복엔진 윤활 및 냉각계통	20	25	45	20	25	45	–	–	–
	프로펠러	20	25	45	20	25	45	–	–	–
	헬리콥터 엔진	20	25	45	–	–	–	–	–	–
	헬리콥터 동력전달장치	–	–	–	20	25	45	–	–	–
	왕복엔진 장착, 탈착 및 교환	20	25	45	20	25	45	–	–	–
	왕복엔진 정비 및 작동(화재방지계통 포함)	20	25	45	20	25	45	–	–	–
	경량항공기 엔진	10	5	15	10	5	15	–	–	–

과목	교육 내용	비행기 과정			헬리콥터 과정			항공전자·전기·계기 과정		
		학과 시간	실기 시간	계	학과 시간	실기 시간	계	학과 시간	실기 시간	계
항공발동기	가스터빈엔진 일반 및 구조	20	25	45	20	25	45	–	–	–
	가스터빈엔진 연료 및 연료조절계통	20	25	45	20	25	45	–	–	–
	가스터빈엔진 점화 및 시동계통	20	25	45	20	25	45	–	–	–
	가스터빈엔진 윤활 및 냉각계통	20	25	45	20	25	45	–	–	–
	가스터빈엔진 장착, 탈착 및 교환	20	25	45	20	25	45	–	–	–
	가스터빈엔진 정비 및 작동(화재방지계통 포함)	10	20	30	10	20	30	–	–	–
	중간시험(2회 이상)	5	5	10	5	5	10	–	–	–
	소계	285	355	640	285	355	640	–	–	–
전자·전기·계기(기본)	기초전기·전자	120	75	195	120	75	195	120	75	195
	항공기 전기계통	60	30	90	60	30	90	60	30	90
	항공기 계기계통	60	30	90	60	30	90	60	30	90
	항공기 통신 및 항법계통, 자동비행장치	120	60	180	120	60	180	120	60	180
	중간시험(2회 이상)	5	10	15	5	10	15	5	10	15
	소계	365	205	570	365	205	570	365	205	570
전자·전기·계기(심화)	전자·전기·계기	–	–	–	–	–	–	45	45	90
	디지털 전자	–	–	–	–	–	–	45	45	90
	라디오 주파수(RF: radio frequency) 통신	–	–	–	–	–	–	60	60	120
	항공통신계통	–	–	–	–	–	–	60	60	120
	항법계통	–	–	–	–	–	–	90	90	180
	중간시험(2회 이상)	–	–	–	–	–	–	5	10	15
	소계							305	310	615
최종 시험	종합평가 시험	5	10	15	5	10	15	5	10	15
계		1,310	1,100	2,410	1,310	1,100	2,410	1,035	690	1,725

나. 교관 확보기준

1) 학과교관

가) 자격요건

(1) 21세 이상일 것

(2) 해당 과목에 대한 지식과 능력을 갖추고 있을 것

(3) 항공정비사 자격증명 및 해당 과목에 대한 3년 이상의 교육경력(과목명이 동일하지 않더라도 해당 과목의 교육 내용을 교육한 경력은 해당 과목에 대한 교육경력으로 보며, 항공정비사 자격증명 취득 전의 경력을 포함한다)을 가질 것. 다만, 항공법규, 전기·전자·계기, 인적수행능력, 수학·물리·일반

기계 및 항공역학 과목의 경우에는 다음 표에 해당하는 자격증명 등을 가질 것

과목	자격증명 등
1. 항공법규	항공종사자 자격증명 소지자 또는 해당 분야의 실무경력(교육경력을 포함한다)이 3년 이상인 사람₩
2. 전기·전자·계기	항공정비사 또는 해당 과목 교육에 적합한 국가기술자격을 소지하고, 항공전자(전기 또는 계기를 포함한다) 교육과정을 이수(자격 소지 전의 경력을 포함한다)한 사람
3. 인적수행능력 (위기 및 오류관리 포함)	자가용·사업용·운송용 조종사, 항공교통관제사, 군의 항공교통관제 교관자격, 운항관리사 소지자 또는 해당 분야의 실무경력(교육경력을 포함한다) 3년 이상인 사람
4. 항공교통· 통신·정보업무	항공종사자 자격증명 소지자 또는 항공의학, 심리학, 철학을 전공하고, 인적성능 및 한계과정을 이수(자격증명 소지 또는 항공의학 등 전공 전의 경력을 포함한다)한 사람
5. 항공역학	항공정비사 또는 조종사 자격증명을 소지하였거나 해당 분야의 교육경력이 3년 이상인 사람

(4) 삭제 〈2022. 7. 19.〉

나) 운영기준

(1) 학과교관의 강의는 1주당 20시간을 초과하지 않을 것(정비실기교관으로 근무한 시간을 포함하며, 학과시험감독으로 근무한 시간은 제외한다)

(2) 학과교관의 강의준비 시간은 강의 1시간당 1시간 이상 주어질 것

다) 학과교관의 강의준비 시간은 강의 1시간당 1시간을 표준으로 한다.

2) 정비실기교관

가) 자격요건

(1) 21세 이상일 것

(2) 해당 과정에 맞는 항공정비사 자격증명 또는 군 교육기관의 경우 군의 항공정비사 실기교관자격이 있을 것

(3) (2)의 자격을 갖춘 후 3년 이상의 정비 실무경력(군 교육기관의 경우 군에서의 정비 실무경력을 포함한다)이 있을 것

나) 운영기준

(1) 정비실기교관의 교육시간은 1주당 20시간(학과교관으로 근무한 시간을 포함하며, 학과시험 감독으로 근무한 시간은 제외한다)을 초과하지 아니할 것

(2) 정비실기교관 한명이 담당하는 교육생은 12명 이하로 할 것

3) 주임교관

가) 24세 이상일 것

나) 해당 교육과정 운영에 필요한 지식, 경력, 능력 및 지휘통솔력을 갖춘 학과 및 정비실기 교관 중 각각 1명을 학과주임교관 및 실기주임교관으로 임명할 것

4) 실기시험관

가) 자격요건

(1) 23세 이상일 것

(2) 해당 과정의 실기시험에 필요한 항공정비사 자격증명 또는 군의 항공정비사 실기평가교관 자격을 소지하고 3년 이상의 정비 실기교육 경력을 포함한 5년 이상의 항공정비사로서의 실무경력을 가질 것

(3) 최근 2년 이내에 「항공법」 또는 「항공안전법」을 위반하여 행정처분을 받은 사실이 없을 것

나) 운영기준

(1) 필요 시 실기시험관을 학과교관 및 정비실기교관을 겸임할 수 있도록 할 것

(2) 전문교육기관 설치자 및 관리자는 실기시험관을 겸직하지 않도록 할 것

(3) 실기시험관은 자신이 정비실기 과목을 교육한 학생에 대해서는 그 과목에 대한 평가업무를 수행할 수 없도록 할 것

다. 시설 및 장비 확보기준

1) 강의실, 정비실습실, 자료열람실, 교관실 및 행정사무실 등 학과교육 및 정비실기교육에 필요한 교육훈련 시설은 학생 수를 고려하여 충분히 확보해야 하며, 건축 관계 법규, 「소음·진동관리법」 및 「소방법」등 관련 법규의 기준에 적합할 것

2) 정비실기를 위해 갖추어야 할 장비는 다음과 같다.

구분	장비 및 공구	
	비행기과정 또는 헬리콥터 과정	항공전기·전자·계기 과정
1. 기초금속 가공실기	가. 장비 1) 동력 그라인더(Grinder: 연마기) 2) 동력 드릴링머신(Drilling Machine: 구멍 뚫는 기계) 3) 바이스(Vise: 가공물 고정을 위한 소형 기구) 12개 이상 및 작업대 3대 이상 4) 형상 가공장비 5) 금속 절단용 동력 쇠톱 나. 측정 및 금 긋기 개인용 공구 1) 스틸자 2) 삼각자 3) 필러 게이지(Feeler Gauge: 틈새 측정기) 세트 4) 디바이더(Divider: 컴퍼스 모양의 제도 용구) 세트 5) 버니어캘리퍼스(Vernier Calipers: 아들자가 달려 두께나 지름을 재는 기구)(안팎 지름 측정) 6) 마이크로미터(안팎 지름 측정) 다. 조립용 공구 1) 일반공구 세트 2) 사이드 커터 플라이어(Side Cutter Plier: 절단용 공구, 펜치) 3) 핸드 드릴과 소형 다이어미터 드릴(Diameter Drill: 다양한 지름 크기로 구멍을 뚫는 기구) 세트 4) 해머 세트(볼핀(Ball Peen: 둥근 머리), 동, 고무, 가죽, 플라스틱, 크로스형(머리·자루 수직의 한 손 사용형)	

구분	장비 및 공구	
	비행기과정 또는 헬리콥터 과정	항공전기·전자·계기 과정
2. 용접실기	가. 산소-아세틸렌 용접장비 세트 나. 전기 아크 용접기 1대 다. 용접 보호장구(눈 및 얼굴 가리개, 보안경, 가죽 장갑 및 앞치마) 라. 점 용접용 전기저항 용접기 1대	
3. 판금실기	가. 장비 1) 절단기 1대 2) 그라인더 1대 3) 판재 접기 장치(Cornice Brake) 4) 핸드 바이스(Hand Vise) 1개 5) 형상 롤러(Forming Roll) 1대 6) 정밀드릴링머신(Sensitive Drilling Machine) 1대 7) 공기 압축기(Air Compressor) 나. 공구 1) 판금(Plate) 게이지 1개 2) 판금 공구 세트 3) 쇠톱 4) 줄 세트 5) 센터 및 핀 펀치 세트 6) 평면 정과 여러 단면의 정 세트 7) 복합소재 수리 공구	
4. 발동기 실기	가. 장비 1) 왕복발동기 1대 이상 2) 가스-터빈 발동기 5대 이상 3) 시운전이 가능한 발동기 또는 작동모습을 시현할 수 있는 발동기 1대 이상 4) 발동기 분해 시 부품 보관용 스탠드 5) 부품 세척용 장비 6) 이동용 호이스트(Hoist: 물건을 들어 옮기는 기중기) 7) 발동기 슬링(Sling: 물건을 감싸 매다는 기구) 8) 발동기 분해 및 조립용 공구 세트 9) 비파괴검사용 장비[초음파검사, 형광침투검사, 와전류검사(와전류를 이용한 결함 검사), 자분탐상검사(자기를 이용한 결함 검사)] 10) 내시경검사 장비 나. 공구 1) 일반 공구 세트 2) 토크 렌치(Torque Wrench: 볼트와 너트를 규정된 회전력에 맞춰 조이는 데 사용하는 공구) 3) 스트랩 렌치(Strap Wrench: 끈을 이용하여 물체 표면에 손상을 주지 않고 물체를 잡을 수 있는 렌치)	
5. 항공 기체실기	가. 헬리콥터, 비행기를 포함한 항공기 3대(가동 할 수 있거나 정비가 가능할 것) 이상 나. 유압식 리프트잭(Lift Jack: 물건을 들어올리는 기구의 하나), 리프트슬링(Lift Sling: 물건을 감싸 매달아 올리는 기구의 하나) 등 작업대 다. 기술도서(圖書) 비치용 책상 및 진열대 라. 작업용 운반차 마. 소화장비(CO_2소화기 등) 바. 작업대, 바퀴 고정 받침목 등 격납고용 비품 사. 이동용 소형 크레인 아. 타이어 수리용 장비 자. 오일 및 연료 보충용 장비 차. 케이블 스웨이징(Swaging: 압축가공) 장비 카. 이동용 유압식 실험 트롤리(Trolley: 운반선반) 타. 일반 공구 세트	

<table>
<tr><th rowspan="2">구분</th><th colspan="2">장비 및 공구</th></tr>
<tr><th>비행기과정 또는 헬리콥터 과정</th><th>항공전기·전자·계기 과정</th></tr>
<tr><td>5. 항공
기체실기</td><td>파. 로터 트래킹(Rotor Tracking: 헬리콥터 회전날개 궤적) 및 밸런싱 장비(헬리콥터 과정에 한한다)
하. 트랜스미션(변속기) 정비용 작업대 2대(헬리콥터 과정에 한한다)</td><td></td></tr>
<tr><td>6. 항공기
계통실기</td><td>가. 유압계통 부품
나. 착륙장치계통 부품
다. 공압계통 부품
라. 비행조종장치 부품
마. 객실 공기조절장치 부품
바. 산소계통 부품
자. 제빙계통 부품
차. 비상장치, 방빙장치 등의 다양한 부품</td><td>좌동</td></tr>
<tr><td>7. 항공전기·
전자·계기
실기(기본)</td><td>가. 특수공구 및 측정기기
1) 전기 납땜인두 12세트 이상
2) 전선 스트리퍼(Stripper: 전선 피복 제거기) 1개 이상
3) 전기·전자·계기용 공구 1세트 이상
4) 크림핑(Crimping: 단자·전선 접합용 압착펜치) 공구 1세트 이상
5) 멀티미터(multimeter: 휴대용 전류 전압계) 1세트 이상
6) 오실로스코프(Oscilloscope: 전압의 변화를 화면으로 보여주는 장치) 1세트 이상
7) 메가 옴(Mega Ohm) 미터 1세트 이상
8) 배터리 충전장치
9) 직류(5~28 V DC)·교류(AC) 전원공급 장치
10) 전원공급장치
11) 신호발생기(실기 교육용 포함)
12) 교류 전압계
13) 변압기
나. 소요자재
1) 실기교육용 항공기 케이블
2) 항공기 플러그, 리셉터클(Receptacle: 벽이나 천장에 설치하여 전기장치를 끼워 사용할 수 있는 배선 기구의 하나) 등
3) 항공기 램프(직류 및 교류용)
다. 시험 또는 훈련장비
1) 압력계기 시험용 장비
2) 고도계기 시험용 장비
3) 공기누설 점검용 장비(모형장비를 포함한다)
4) 컴퍼스 교정 모의장치
5) 간단한 형태의 자동조종장치
6) 항공전자 작동 모의장치
라. 탑재장비 및 계기
1) 매니폴드 압력 게이지(여러 개의 가지관이 갈라져 있는 기관의 압력을 측정하는 기기)
2) 유압 게이지
3) 발동기 오일 압력 게이지
4) 속도계기
5) 피토(Pitot:기체나 액체의 흐르는 속도를 구하는 장치) 정압 헤드
6) 고도계
7) 상승계
8) 선회지시계(항공기의 선회방향·속도를 나타내는 계기) 및 경사지시계(항공기의 경사를 나타내는 계기)
9) 방향 자이로스코프(Gyroscope: 회전축이 수평 위치로 유지되어 항공기 선회나 자세 변화의 영향을 받지 않고 항상 정확한 방향을 표시하는 장치)
10) 인공수평계
11) 발동기회전계기</td><td>좌동</td></tr>
</table>

구분	장비 및 공구	
	비행기과정 또는 헬리콥터 과정	항공전기·전자·계기 과정
7. 항공전기·전자·계기 실기(기본)	12) 발동기온도계기 13) 발동기 배기가스 온도계기 14) 연료량계기 15) 송신기(Transmitter) 16) 초단파·고주파 송수신기 17) 계기착륙장치[착륙경로수신기, 위치 수신기] 18) 장거리 항법 장비(GPS, IRs) 19) 탑재항법장비 20) 무선고도계기 21) 항공기 마그네토(Magneto: 자석 발전기) 및 점화용 전선 22) 직류 발전기 또는 교류 발전기 23) 전압 조정기 및 전류제한 장치 24) 시동기(Starter Motor) 25) 정지형 인버터(Static Inverter)	
8. 항공전기·전자·계기 실기(심화)		1) 정속구동장치 또는 통합구동발전기 2) 반파정류기(Half-Wave Rectifier), 전파정류기(Full Wave Rectifier) 또는 브리지 정류기(Bridge Rectifier: 4개의 소자를 브리지형으로 접속한 전파 정류기) 3) 전자식 디스플레이 유닛 4) 오디오 컨트롤 패널(Audio Control Panel-ACP) 5) 무선통신 패널 (Radio Comm-unication Panel-RCP) 6) 선형 변위 비례 변환 장치(Linear Variable Differential Transducer-LVDT) 또는 각 변위 비례 변환 장치(Rotary Variable Differential Transformer-RVDT) 7) 도통(導通: 전자 회로 및 전자 부품에 대한 전기적 특성) 점검용 전기선 묶음(Wire Bundle) 8) 전기·전자장비실(Electric and Electronic Equipment Compartment) 모형 9) 정전기방지용 장비 세트

라. 교육평가방법

1) 학과시험은 9회 이상 실시하도록 할 것

2) 실기시험은 8회 이상 실시하도록 할 것

3) 교육생은 총 교육시간의 100분의 85 이상을 이수하도록 할 것

4) 학과시험은 제9호가목에 따른 과목별로 실시한다.

5) 실기시험은 제9호가목에 따른 과목별로 실시한다.

6) 과목별 합격기준은 100분의 70 이상으로 할 것

7) 과목별 불합격자는 해당 과목 교육시간의 100분의 20 이내에서 추가교육을 한 후 2회의 재시험을 실시할 수 있도록 할 것

8) 다른 항공정비사 교육과정을 이수할 때 동일한 교육과목을 이수한 경우에는 해당 교육과정을 이수하는데 필요한 해당 교육과목을 이수한 것으로 볼 것

마. 교육계획: 교관, 시설 및 장비 등을 고려한 연간 최대 교육인원을 포함한 교육계획을 수립하여야 한다.

바. 교육규정에 포함하여야 할 사항은 다음과 같다.

1) 교육기관의 명칭

2) 교육기관의 소재지

3) 항공종사자 자격별 교육과정명

4) 교육목표 및 목적

5) 교육기관 운영과 관련된 조직 및 인원과 관련된 임무

6) 교육생 응시기준 및 선발방법 등

7) 교육생 정원(연간 최대 교육인원)

8) 편입기준

9) 결석자에 대한 보충교육 방법

10) 시험시행 횟수, 시기 및 방법

11) 학사운영(입학 및 수료 등) 보고에 관한 사항

12) 수료증명서 발급에 관한 사항

13) 교육과정 운영과 관련된 기록·유지 등에 관한 사항

14) 그 밖에 전문교육기관 운영에 필요한 사항 등

사. 역량기반의 교육 및 평가(CBTA: Competency-based training and assessment)를 할 것

10. 경량항공기 조종사과정 지정기준

가. 교육과목 및 교육방법

1) 학과교육: 과목별 시간배분은 다음을 표준으로 하며, 총교육시간은 20시간 이상이어야 한다.

과목	교육시간
1. 항공법규	2
2. 항공기상	3
3. 항공역학(비행이론)	10
4. 항공교통통신(정보업무, 공중항법 포함한다)	3
5. 시험(중간시험을 한 번 이상 실시하여야 한다)	2
계	20

2) 실기교육: 과목별 시간배분은 다음을 표준으로 하며, 단독 비행시간 또는 기장시간(자기의 책임 하에 비행한 시간을 말한다. 이하 같다) 5시간을 포함한 총교육시간은 20시간 이상이어야 한다.

구분	과목	동승 비행시간	단독 비행시간 (또는 기장시간)	교육시간
조종형비행기, 체중이동형비행기, 동력패러슈트	1. 장주 이륙·착륙	7	3	10
	2. 공중 조작	4	2	6
	3. 비정상 및 비상절차	2	–	2
	4. 시험(중간시험을 한 번 이상 실시하여야 한다)	2	–	2
	계	15	5	20
회전익경량항공기	1. 장주 이륙·착륙	3	2	5
	2. 공중 조작	3	2	5
	3. 지표 부근에서의 조작	4	1	5
	4. 비정상 및 비상절차	3	–	3
	5. 시험(중간시험을 한 번 이상 실시하여야 한다)	2	–	2
	계	15	5	20

나. 교관 확보기준

1) 학과교관

가) 자격요건

(1) 20세 이상일 것

(2) 해당 과목에 대한 지식과 능력을 갖추고 있을 것

(3) 경량항공기 종류에 해당하는 조종사 자격증명을 가질 것

나) 운영기준

(1) 학과교관의 강의는 1주당 30시간을 초과하지 않을 것(비행실기교관으로 근무한 시간을 포함하며, 학과시험 감독으로 근무한 시간은 제외한다)

(2) 학과교관의 강의준비 시간은 강의 1시간당 1시간 이상 주어질 것

2) 비행실기교관

가) 자격요건

(1) 20세 이상일 것

(2) 경량항공기 조종사 자격증명 및 조종교육증명을 가질 것

나) 운영기준

(1) 비행실기교관의 조종교육시간은 연간 1,200시간(학과교관으로 근무한 시간을 포함하며, 학과시험 감독으로 근무한 시간은 제외한다)을 초과하지 아니할 것

(2) 비행실기교관 한 명이 담당하는 교육생은 8명 이하로 할 것

3) 주임교관

가) 24세 이상일 것

나) 해당 교육과정 운영에 필요한 지식, 경력, 능력 및 지휘통솔력을 갖춘 학과 및 비행실기 교관 중 1명을 주임교관으로 임명할 것

4) 실기시험관

가) 자격요건

(1) 23세 이상일 것

(2) 해당 경량항공기의 조종사 자격증명을 가진 사람으로서 300시간 이상의 비행경력이 있을 것

(3) 최근 2년 이내에 「항공법」 또는 「항공안전법」을 위반하여 행정처분을 받은 사실이 없을 것

나) 운영기준

(1) 필요 시 실기시험관을 학과교관 및 비행실기교관을 겸임할 수 있도록 할 것

(2) 전문교육기관 설치자 및 관리자는 실기시험관을 겸직하지 않도록 할 것

(3) 실기시험관은 자신이 비행실기 과목을 교육한 학생에 대해서는 그 과목에 대한 평가업무를 수행할 수 없도록 할 것

다. 시설 및 장비 확보기준

1) 강의실, 자료열람실, 비행계획실, 브리핑실, 교관실 및 행정사무실 등 학과교육 및 비행실기교육에 필요한 교육훈련시설은 학생 수를 고려하여 충분히 확보해야 하며, 건축 관계 법규, 「소음·진동관리법」 및 「소방법」 등 관련 법규의 기준에 적합할 것

2) 실기비행훈련에 사용되는 훈련용 경량항공기는 「항공안전법」에 따른 안전성인증을 확보할 수 있도록 유

지·관리할 것

3) 이착륙 시설(훈련비행장)은 실기비행훈련에 사용되는 항공기의 비행훈련에 적합한 활주로·계류장 및 항공교통관제 처리용량을 갖추어야 하며, 교신이 가능한 무선송수신 통신장비를 갖출 것

라. 교육평가방법

1) 교육과정 중 학과시험 및 실기시험은 각각 2회 이상 실시할 것
2) 학과시험 범위는 제1호 가목 (1) 학과교육 과목에 따라 실시할 것
3) 실기시험 범위는 제1호 가목 (2) 실기교육 과목에 따라 실시할 것
4) 과목별 합격기준은 100분의 70 이상으로 할 것
5) 과목별 불합격자는 해당 과목 교육시간의 100분의 20 이내에서 추가교육을 한 후 2회의 재시험을 실시할 수 있도록 할 것.

마. 교육계획: 교관, 시설 및 장비 등을 고려한 연간 최대 교육인원을 포함한 교육계획을 수립할 것

바. 교육규정에 포함되어야 할 사항

1) 교육기관의 명칭
2) 교육기관의 소재지
3) 항공종사자 자격별 교육과정명
4) 교육목표 및 목적
5) 교육기관 운영과 관련된 조직 및 인원과 관련된 임무
6) 교육생 응시기준 및 선발방법 등
7) 교육생 정원(연간 최대 교육인원)
8) 편입기준
9) 결석자에 대한 보충교육 방법
10) 시험시행 횟수, 시기 및 방법
11) 학사운영(입학 및 수료 등) 보고에 관한 사항
12) 수료증명서 발급에 관한 사항
13) 교육과정 운영과 관련된 기록·유지 등에 관한 사항
14) 그 밖에 전문교육기관 운영에 필요한 사항 등

11. 삭제 〈2018. 3. 23.〉

12. 운항관리사과정 지정기준

가. 교육과목 및 교육방법

1) 학과교육: 과목별 교육내용 및 시간은 다음을 표준으로 하되, 총 교육시간은 410시간 이상이어야 한다. 다만, 과목별 교육시간은 100분의 35의 범위에서 조정할 수 있고, 교육내용별 교육시간은 조정하여 실시할 수 있다.

과목	교육 내용	교육시간	계
항공법규	항공안전법	45	45
항공기개론	항공기 작동의 원리(엔진, 계기장치 등)	15	45 45 45
	항공기 운영 제약사항	15	
	최소 장비 목록	15	
항공기 성능계산 및 비행계획	항공기 성능 및 비행 특성	15	45 45 45
	성능계산, 연료소모량 계산	15	
	비행계획 작성 및 준비	15	
인적성능	인적성능	45	45
항공기상	기상일반	15	45 45 45
	항공기상	15	
	항공기상분석 및 실무	15	
공중항법 및 항행안전시설	항행안전시설	15	45 45 45
	항공지도	15	
	공중항법	15	
운항절차	운항절차	45	45
비행원리	비행원리	45	45
항공교통·통신·정보업무	항공교통	15	45 45 45
	항공통신	15	
	항공정보	15	
시험(중간시험을 한 번 이상 실시해야 한다)		5	5
계			410

2) 실기교육: 과목별 시간배분은 다음을 표준으로 한다.

과목	교육시간
1. 운항관리 실습교육	39
2. 시험(중간시험은 한 번 이상 실시해야 한다)	6
계	45

나. 교관 확보기준

1) 학과교관

가) 자격요건

(1) 21세 이상일 것

(2) 해당 과목에 대한 지식과 능력을 갖추고 있을 것

(3) 해당 과목에 대한 교육경력이 있을 것

(4) 해당 과정에 맞는 운항관리사 자격증명을 가질 것. 다만, 항공법규, 항공기개론, 인적성능, 항공기상, 비행원리, 항공교통·통신·정보업무 과목의 학과교관은 그렇지 않다.

(5) 다음 표에 해당하는 교과목별 학과교관이 가져야 할 자격증명은 다음과 같다.

과목	자격증명 등
1. 항공법규	항공종사자 자격증명 소지자이거나 해당 분야의 실무경력(교육경력을 포함한다)이 3년 이상인 사람
2. 항공기개론	
3. 항공기 성능계산 및 비행계획	운항관리사 자격증명 소지자이거나 해당 분야의 실무경력(교육경력을 포함한다)이 3년 이상인 사람
4. 인적성능	항공종사자 자격증명 소지자이거나 항공의학, 심리학, 철학을 전공하고 인적성능 과정을 이수한 사람
5. 항공기상	자가용·사업용·운송용 조종사, 항공교통관제사, 군의 항공교통관제 교관자격 소지자 및 운항관리사 소지자이거나 해당 분야의 실무경력(교육경력을 포함한다)이 3년 이상인 사람
6. 공중항법 및 항행안전시설	운항관리사 자격증명 소지자이거나 해당 분야의 실무경력(교육경력을 포함한다)이 3년 이상인 사람
7. 운항절차	
8. 비행원리	항공종사자 자격증명 소지자이거나 해당 분야의 실무경력(교육경력을 포함한다)이 3년 이상인 사람
9. 항공교통·통신·정보업무	자가용·사업용·운송용 조종사, 항공교통관제사, 군의 항공교통관제 교관자격 소지자 및 운항관리사 소지자이거나 해당 분야 실무경력(교육경력을 포함한다)이 3년 이상인 사람

나) 운영기준

(1) 학과교관의 강의는 1주당 20시간을 초과하지 않을 것(운항관리 실습교관으로 근무한 시간을 포함하며, 학과시험 감독으로 근무한 시간은 제외한다)

(2) 학과교관의 강의준비 시간은 강의 1시간당 1시간 이상 주어질 것

2) 운항관리 실습교관

가) 자격요건

(1) 21세 이상일 것

(2) 해당 과정에 맞는 운항관리사 자격증명 보유자로 3년 이상의 실무경력이 있을 것

나) 운영기준

(1) 운항관리 실습교관의 교육시간은 1주당 20시간(학과교관으로 근무한 시간을 포함하며, 학과시험 감독으로 근무한 시간은 제외한다)을 초과하지 않을 것

(2) 운항관리 실습교관 한명이 담당하는 교육생은 20명 이하로 할 것

3) 주임교관

가) 24세 이상일 것

나) 해당 교육과정 운영에 필요한 지식, 경력, 능력 및 지휘통솔력을 갖춘 학과 교관 및 운항관리 실습교관 중 각각 1명을 학과주임교관 및 실습주임교관으로 임명할 것

4) 실습시험관

가) 자격요건

(1) 23세 이상일 것

(2) 해당 과정의 실기시험에 필요한 운항관리사 자격증명 자격을 소지하고, 3년 이상의 운항관리 실습교육 경력을 포함한 5년 이상의 운항관리사로서의 실무경력을 가질 것

(3) 최근 2년 이내에 「항공사업법」, 「항공안전법」 또는 「공항시설법」을 위반하여 행정처분을 받은 사실이 없을 것

나) 운영기준

(1) 필요 시 실습시험관이 학과교관 및 운항관리 실습교관을 겸임할 수 있도록 할 것

(2) 전문교육기관 설치자 및 관리자는 실습시험관을 겸직하지 않도록 할 것

(3) 실습시험관이 직접 운항관리 실습 과목을 교육한 학생에 대해서는 그 과목의 평가업무를 수행할 수 없도록 할 것

다. 시설 및 장비 확보기준

1) 강의실, 자료열람실, 교관실 및 행정사무실 등 학과교육 및 운항관리 실습교육에 필요한 교육훈련시설은 학생 수를 고려하여 충분히 확보해야 하며, 건축 관계 법규, 「소음·진동관리법」및 「소방법」등 관련 법규의 기준에 적합할 것

라. 교육평가방법

1) 학과시험은 2회 이상 실시할 것

2) 실습시험은 2회 이상 실시할 것

3) 교육생은 총 학과교육시간의 100분의 85 이상을 이수토록 할 것

4) 학과시험 범위는 제12호가목1) 학과시험 과목에 따라 실시할 것

5) 실기시험 범위는 제12호가목2) 실습시험 과목에 따라 실시할 것

6) 과목별 합격기준은 100분의 70 이상으로 할 것

7) 과목별 불합격자는 해당 과목 교육시간의 100분의 20 이내에서 추가교육을 한 후 2회의 재시험을 실시할 수 있도록 할 것

마. 교육계획: 교관, 시설 및 장비 등을 고려한 최대 교육인원을 포함한 교육계획을 수립할 것

바. 교육규정에 포함해야 할 사항

1) 교육기관의 명칭

2) 교육기관의 소재지

3) 항공종사자 자격별 교육과정명

4) 교육목표 및 목적

5) 교육기관 운영과 관련된 조직 및 인원과 관련된 임무

6) 교육생 응시기준 및 선발방법 등

7) 교육생 정원(연간 최대 교육인원)

8) 편입기준

9) 결석자에 대한 보충교육 방법

10) 시험시행 횟수, 시기 및 방법

11) 학사운영(입학 및 수료 등) 보고에 관한 사항

12) 수료증명서 발급에 관한 사항

13) 교육과정 운영과 관련된 기록·유지 등에 관한 사항

14) 그 밖에 전문교육기관 운영에 필요한 사항 등

사. 역량기반의 교육 및 평가(CBTA: Competency-based training and assessment)를 할 것

항공안전법 시행규칙 [별표 13] 〈개정 2021. 11. 19.〉

항공신체검사 의료기관 시설 및 장비기준(제105조제2항제3호 관련)

1. 시설기준

시설의 종류	
진료실	임상병리실(혈액·소변 검사에 필요한 장비를 갖출 것)
신체검사실	방사선실
청력검사실	대기실

2. 의료장비기준

장비의 종류	
신장계	심전도기
체중계	※ 운동부하심전도기
청진기	시력표/시력검사기
혈압계	시야검사기
이비경	사위검사기
검안경	안압측정기
흉부X선검사기	색각검사기
소변검사스틱	※ 입체시측정기
혈액검사기	※ 안저검사기
※ 폐기능검사기	청력검사기
※ 뇌파검사기	※ 청력검사부스

비고: 1. 시설 및 장비의 기준량은 1이다.
2. ※는 권고 장비이다.

항공안전법 시행규칙 [별표 14] 〈개정 2021. 11. 19.〉

항공전문의사에 대한 행정처분기준(제106조제2항)

위반행위 또는 사유	해당 법 조문	처분내용
1. 거짓이나 그 밖의 부정한 방법으로 항공전문의사로 지정받은 경우	법 제50조제1항제1호	지정 취소
2. 항공전문의사가 법 제40조에 따른 항공신체검사증명서의 발급 등 국토교통부령으로 정하는 다음 각 목의 업무를 게을리 수행한 경우	법 제50조제1항제2호	
가. 제93조제2항에 따른 항공신체검사증명서 발급 업무를 태만히 수행한 경우	법 제50조제1항제2호	1차 위반: 효력 정지 1개월 2차 위반: 효력 정지 3개월 3차 위반: 효력 정지 6개월
나. 제93조제3항에 따른 항공신체검사증명서 발급대장 작성·비치업무를 태만히 수행한 경우	법 제50조제1항제2호	1차 위반: 효력 정지 1개월 2차 위반: 효력 정지 3개월 3차 위반: 효력 정지 6개월
다. 제93조제4항에 따른 항공신체검사증명서 발급 결과 통지업무를 태만히 수행한 경우	법 제50조제1항제2호	1차 위반: 효력 정지 1개월 2차 위반: 효력 정지 3개월 3차 위반: 효력 정지 6개월
3. 항공전문의사 지정의 효력정지 기간에 법 제40조에 따른 항공신체검사증명에 관한 업무를 수행한 경우	법 제50조제1항제3호	지정 취소
4. 항공전문의사가 법 제49조제2항에 따른 지정기준에 적합하지 아니하게 된 경우	법 제50조제1항제4호	지정 취소
5. 항공전문의사가 법 제49조제3항에 따른 전문교육을 받지 않은 경우	법 제50조제1항제5호	1차 위반: 효력 정지 1개월 2차 위반: 효력 정지 3개월 3차 위반: 효력 정지 6개월
6. 항공전문의사가 고의 또는 중대한 과실로 항공신체검사증명서를 잘못 발급한 경우	법 제50조제1항제6호	지정 취소
7. 항공전문의사가 「의료법」 제65조 또는 제66조에 따라 자격이 취소 또는 정지된 경우	법 제50조제1항제7호	지정 취소
8. 본인이 지정 취소를 요청한 경우	법 제50조제1항제8호	지정 취소

비고: 1. 위반행위의 차수에 따른 행정처분의 기준은 최근 1년간 같은 위반행위로 행정처분을 받은 경우에 적용한다. 이 경우 기간의 계산은 같은 위반행위에 대하여 행정처분을 받은 날과 그 처분 후 다시 같은 위반행위를 하여 적발된 날을 기준으로 한다.
2. 제1호에 따라 가중된 행정처분을 하는 경우 가중처분의 적용 차수는 그 위반행위 전 행정처분 차수(제1호에 따른 기간 내에 행정처분이 둘 이상 있었던 경우에는 높은 차수를 말한다)의 다음 차수로 한다.
3. 위반행위의 정도, 동기 및 그 결과 등을 고려하여 행정처분의 2분의 1의 범위에서 이를 늘리거나 줄일 수 있다.

항공기에 장비하여야 할 구급용구 등(제110조 관련)

1. 구급용구

구분	품목	수량	
		항공운송사업 및 항공기사용사업에 사용하는 경우	그 밖의 경우
가. 수상비행기(수륙 양용 비행기를 포함한다)	· 구명동의 또는 이에 상당하는 개인부양 장비	탑승자 한 명당 1개	탑승자 한 명당 1개
	· 음성신호발생기	1기	1기
	· 해상용 닻	1개	1개(해상이동에 필요한 경우만 해당한다)
	· 일상용 닻	1개	1개
나. 육상비행기(수륙 양용 비행기를 포함한다)			
1) 착륙에 적합한 해안으로부터 93킬로미터(50해리) 이상의 해상을 비행하는 다음의 경우 가) 쌍발비행기가 임계발동기가 작동하지 않아도 최저안전고도 이상으로 비행하여 교체비행장에 착륙할 수 있는 경우 나) 3발 이상의 비행기가 2개의 발동기가 작동하지 않아도 항로상 교체비행장에 착륙할 수 있는 경우	· 구명동의 또는 이에 상당하는 개인부양 장비	탑승자 한 명당 1개	탑승자 한 명당 1개
2) 1) 외의 육상단발비행기가 해안으로부터 활공거리를 벗어난 해상을 비행하는 경우	· 구명동의 또는 이에 상당하는 개인부양 장비	탑승자 한 명당 1개	탑승자 한 명당 1개
3) 이륙경로나 착륙접근경로가 수상에서의 사고 시에 착수가 예상되는 경우	· 구명동의 또는 이에 상당하는 개인부양 장비	탑승자 한 명당 1개	
다. 장거리 해상을 비행하는 비행기			
1) 비상착륙에 적합한 육지로부터 120분 또는 740킬로미터(400해리) 중 짧은 거리 이상의 해상을 비행하는 다음의 경우 가) 쌍발비행기가 임계발동기가 작동하지 않아도 최저안전고도 이상으로 비행하여 교체비행장에 착륙할 수 있는 경우 나) 3발 이상의 비행기가 2개의 발동기가 작동하지 않아도 항로상 교체비행장에 착륙할 수 있는 경우	· 구명동의 또는 이에 상당하는 개인부양 장비 · 구명보트 · 불꽃조난신호장비	탑승자 한 명당 1개 적정 척 수 1기	탑승자 한 명당 1개 적정 척 수 1기
2) 1) 외의 비행기가 30분 또는 185킬로미터(100해리) 중 짧은 거리 이상의 해상을 비행하는 경우	· 육상비행기 또는 수상비행기의 구분에 따라 가 또는 나에서 정한 품목 · 구명보트 · 불꽃조난신호장비	육상비행기 또는 수상비행기의 구분에 따라 가 또는 나에서 정한 수량 적정 척 수 1기	 적정 척 수 1기

구분	품목	수량	
		항공운송사업 및 항공기사용사업에 사용하는 경우	그 밖의 경우
3) 비행기가 비상착륙에 적합한 육지로부터 93킬로미터(50해리) 이상의 해상을 비행하는 경우	·구명동의 또는 이에 상당하는 개인부양 장비		탑승자 한 명당 1개
4) 비상착륙에 적합한 육지로부터 단발기는 185킬로미터(100해리), 다발기는 1개의 발동기가 작동하지 않아도 370킬로미터(200해리) 이상의 해상을 비행하는 경우	·구명보트 ·불꽃조난신호장비		적정 척 수 1기
라. 수색구조가 특별히 어려운 산악지역, 외딴지역 및 국토교통부장관이 정한 해상 등을 횡단 비행하는 비행기(헬리콥터를 포함한다)	·불꽃조난신호장비 ·구명장비	1기 이상	1기 이상
마. 헬리콥터			
1) 제1종 또는 제2종 헬리콥터가 육지(비상착륙에 적합한 섬을 포함한다)로부터 순항속도로 10분거리 이상의 해상을 비행하는 경우	·헬리콥터 부양장치	1조	1조
	·구명동의 또는 이에 상당하는 개인부양 장비	탑승자 한 명당 1개	탑승자 한 명당 1개
	·구명보트 ·불꽃조난신호장비	적정 척 수 1기	적정 척 수 1기
2) 제3종 헬리콥터가 다음의 비행을 하는 경우			
가) 비상착륙에 적합한 육지 또는 섬으로부터 자동회전 또는 안전착륙거리를 벗어난 해상을 비행하는 경우	·헬리콥터 부양장치	1조	1조
나) 비상착륙에 적합한 육지 또는 섬으로부터 자동회전거리를 초과하되, 국토교통부장관이 정한 육지로부터의 거리 내의 해상을 비행하는 경우	·구명동의 또는 이에 상당하는 개인부양 장비	탑승자 한 명당 1개	탑승자 한 명당 1개
다) 가)에서 정한 지역을 초과하는 해상을 비행하는 경우	·구명동의 또는 이에 상당하는 개인부양 장비	탑승자 한 명당 1개	탑승자 한 명당 1개
3) 제2종 및 제3종 헬리콥터가 이륙 경로나 착륙 접근 경로가 수상에 서의 사고시에 착수가 예상되는 경우	·구명보트 ·불꽃조난신호장비	적정 척 수 1기	적정 척 수 1기
	·구명동의 또는 이에 상당하는 개인부양 장비	탑승자 한 명당 1개	탑승자 한 명당 1개
4) 앞바다(offshore)를 비행하거나 국토교통부장관이 정한 수상을 비행할 경우	·헬리콥터 부양장치	1조	1조
5) 산불진화 등에 사용되는 물을 담기 위해 수면 위로 비행하는 경우	·구명동의 또는 이에 상당하는 개인부양 장비	탑승자 한 명당 1개	탑승자 한 명당 1개

비고: 1) 구명동의 또는 이에 상당하는 개인부양 장비는 생존위치표시등이 부착된 것으로서 각 좌석으로부터 꺼내기 쉬운 곳에 두고, 그 위치 및 사용방법을 승객이 명확히 알기 쉽도록 해야 한다.

2) 육지로부터 자동회전 착륙거리를 벗어나 해상 비행을 하거나 산불 진화 등에 사용되는 물을 담기 위해 수면 위로 비행 하는 경우 헬리콥터의 탑승자는 헬리콥터가 수면 위에서 비행하는 동안 위 표 마목에 따른 구명동의를 계속 착용하고 있어야 한다.

3) 헬리콥터가 해상 운항을 할 경우, 해수 온도가 10℃ 이하일 경우에는 탑승자 모두 구명동의를 착용해야 한다.

4) 음성신호발생기는 1972년 「국제해상충돌예방규칙협약」에서 정한 성능을 갖춰야 한다.

5) 구명보트의 수는 탑승자 전원을 수용할 수 있는 수량이어야 한다. 이 경우 구명보트는 비상시 사용하기 쉽도록 적재되어야 하며, 각 구명보트에는 비상신호등·방수휴대등이 각 1개씩 포함된 구명용품 및 불꽃조난신호장비 1기를 갖춰야 한다. 다만, 구명용품 및 불꽃조난신호장비는 구명보트에 보관할 수 있다.

6) 위 표 마목의 제1종·제2종 및 제3종 헬리콥터는 다음과 같다.

가) 제1종 헬리콥터(Operations in performance Class 1 helicopter): 임계발동기에 고장이 발생한 경우, TDP(Take-off Decision Point: 이륙결심지점) 전 또는 LDP(Landing Decision Point: 착륙결심지점)를 통과한 후에는 이륙을 포기하거나 또는 착륙지점에 착륙해야 하며, 그 외에는 적합한 착륙 장소까지 안전하게 계속 비행이 가능한 헬리콥터

나) 제2종 헬리콥터(Operations in performance Class 2 helicopter): 임계발동기에 고장이 발생한 경우, 초기 이륙 조종 단계 또는 최종 착륙 조종 단계에서는 강제착륙이 요구되며, 이 외에는 적합한 착륙 장소까지 안전하게 계속 비행이 가능한 헬리콥터

다) 제3종 헬리콥터(Operations in performance Class 3 helicopter): 비행 중 어느 시점이든 임계발동기에 고장이 발생할 경우 강제착륙이 요구되는 헬리콥터

2. 소화기

가. 항공기에는 적어도 조종실 및 조종실과 분리되어 있는 객실에 각각 한 개이상의 이동이 간편한 소화기를 갖춰 두어야 한다. 다만, 소화기는 소화액을 방사 시 항공기 내의 공기를 해롭게 오염시키거나 항공기의 안전운항에 지장을 주는 것이어서는 안 된다.

나. 항공기의 객실에는 다음 표의 소화기를 갖춰 두어야 한다.

승객 좌석 수	소화기의 수량
1) 6석부터 30석까지	1
2) 31석부터 60석까지	2
3) 61석부터 200석까지	3
4) 201석부터 300석까지	4
5) 301석부터 400석까지	5
6) 401석부터 500석까지	6
7) 501석부터 600석까지	7
8) 601석 이상	8

3. 항공운송사업용 및 항공기사용사업용 항공기에는 사고 시 사용할 도끼 1개를 갖춰 두어야 한다.

4. 항공운송사업용 여객기에는 다음 표의 손확성기를 갖춰 두어야 한다.

승객 좌석 수	손확성기의 수
61석부터 99석까지	1
100석부터 199석까지	2
200석 이상	3

5. 의료지원용구(Medical supply)

구분	품목	수량
가. 구급의료용품 (First-aid Kit)	1) 내용물 설명서 2) 멸균 면봉(10개 이상) 3) 일회용 밴드 4) 거즈 붕대 5) 삼각건, 안전핀 6) 멸균된 거즈 7) 압박(탄력) 붕대 8) 소독포 9) 반창고 10) 상처 봉합용 테이프 11) 손 세정제 또는 물수건 12) 안대 또는 눈을 보호할 수 있는 테이프 13) 가위 14) 수술용 접착테이프 15) 핀셋 16) 일회용 의료장갑(2개 이상) 17) 체온계(비수은 체온계) 18) 인공호흡 마스크 19) 최신 정보를 반영한 응급처치교범 20) 구급의료용품 사용 시 보고를 위한 서식 21) 복용 약품(진통제, 구토억제제, 코 충혈 완화제, 제산제, 항히스타민제), 다만, 자가용 항공기, 항공기사용사업용 항공기 및 여객을 수송하지 않는 항공운송사업용 헬리콥터의 경우에는 항히스타민제를 갖춰두지 않을수 있다.	승객 좌석 수에 따른 다음의 수량 가) 100석 이하: 1조 나) 101석부터 200석까지: 2조 다) 201석부터 300석까지: 3조 라) 301석부터 400석까지: 4조 마) 401석부터 500석까지: 5조 바) 501석 이상: 6조

구분	품목	수량
나. 감염예방 의료용구 (Universal Precaution Kit)	1) 액체응고제(파우더) 2) 살균제 3) 피부 세척을 위한 수건 4) 얼굴/눈 보호대(마스크) 5) 일회용 의료장갑 6) 보호용 앞치마(에이프런) 7) 흡착용 대형 타올 8) 오물 처리를 위한 주걱(긁을 수 있는 도구 포함) 9) 오물을 위생적으로 처리할 수 있는 봉투 10) 사용 설명서	승객 좌석 수에 따른 다음의 수량 가) 250석 이하: 1조 나) 251석부터 500석까지: 2조 다) 501석 이상: 3조
다. 비상의료용구 (Emergency Medical Kit)	1) 장비 가) 내용물 설명서 나) 청진기 다) 혈압계 라) 인공기도 마) 주사기 바) 주사바늘 사) 정맥주사용 도관(카테터) 아) 항균 소독포 자) 일회용 의료 장갑 차) 주사 바늘 폐기함 카) 도뇨관 타) 정맥 혈류기(수액세트) 파) 지혈대 하) 스폰지 거즈 거) 접착 테이프 너) 외과용 마스크 더) 기관 도관(또는 대형 정맥 삽입관) 러) 탯줄 집게(제대 겸자) 머) 체온계(비수은 체온계) 버) 기본인명구조술 지침서 서) 인공호흡용 백 밸브 마스크(Bag-valve mask: 자동 팽창 환기 마스크) 어) 손전등(펜라이트)과 건전지 2) 약품 가) 아드레날린제(희석 농도 1:1,000) 또는 에피네프린(희석 농도 1:1,000) 나) 항히스타민제(주사용) 다) 정맥주사용 포도당(50%, 주사용 50ml) 라) 니트로글리세린 정제(또는 스프레이) 마) 진통제 바) 항경련제(주사용) 사) 진토제(주사용) 아) 기관지 확장제(흡입식) 자) 아트로핀 차) 부신피질스테로이드(주사제) 카) 이뇨제(주사용) 타) 자궁수축제 파) 주사용 생리식염수(농도 0.9%, 용량 250ml 이상) 하) 아스피린(경구용) 거) 경구용 베타수용체 차단제	1조

비고: 1. 모든 항공기에는 가목에서 정하는 수량의 구급의료용품을 탑재해야 한다.
2. 항공운송사업용 항공기에는 나목에서 정하는 수량의 감염예방 의료용구를 탑재하여야 한다. 다만, 「재난 및 안전관리 기본법」 제38조에 따라 발령된 위기경보가 심각 단계인 경우에는 나목에서 정하는 감염예방 의료용구에 1조를 더한 감염예방 의료용구를 탑재해야 한다.
3. 비행시간이 2시간 이상이면서 승객 좌석 수가 101석 이상인 항공운송사업용 항공기에는 다목에서 정하는 수량 이상의 비상의료용구를 탑재해야 한다.
4. 가목에 따른 구급의료용품과 나목에 따른 감염예방 의료용구는 비행 중 승무원이 쉽게 접근하여 사용할 수 있도록 객실 전체에 고르게 분포되도록 갖춰 두어야 한다.

6. 삭제 〈2020. 11. 2.〉

항공안전법 시행규칙 [별표 16] 〈개정 2021. 8. 27.〉

항공계기 등의 기준(제117조제1항 관련)

<table>
<tr><th rowspan="3">비행구분</th><th rowspan="3">계기명</th><th colspan="4">수량</th></tr>
<tr><th colspan="2">비행기</th><th colspan="2">헬리콥터</th></tr>
<tr><th>항공운송 사업용</th><th>항공운송 사업용 외</th><th>항공운송 사업용</th><th>항공운송 사업용 외</th></tr>
<tr><td rowspan="5">시계 비행</td><td>나침반(MAGNETIC COMPASS)</td><td>1</td><td>1</td><td>1</td><td>1</td></tr>
<tr><td>시계(시, 분, 초의 표시)</td><td>1</td><td>1</td><td>1</td><td>1</td></tr>
<tr><td>정밀기압고도계(SENSITIVE PRESSURE ALTIMETER)</td><td>1</td><td>–</td><td>1</td><td>1</td></tr>
<tr><td>기압고도계(PRESSURE ALTIMETER)</td><td>–</td><td>1</td><td>–</td><td>–</td></tr>
<tr><td>속도계(AIRSPEED INDICATOR)</td><td>1</td><td>1</td><td>1</td><td>1</td></tr>
<tr><td rowspan="12">계기 비행 방식</td><td>나침반(MAGNETIC COMPASS)</td><td>1</td><td>1</td><td>1</td><td>1</td></tr>
<tr><td>시계(시, 분, 초의 표시)</td><td>1</td><td>1</td><td>1</td><td>1</td></tr>
<tr><td>정밀기압고도계(SENSITIVE PRESSURE ALTIMETER)</td><td>2</td><td>1</td><td>2</td><td>1</td></tr>
<tr><td>기압고도계(PRESSURE ALTIMETER)</td><td>–</td><td>1</td><td>–</td><td>–</td></tr>
<tr><td>동결방지장치가 되어 있는 속도계(AIRSPEED INDICATOR)</td><td>1</td><td>1</td><td>1</td><td>1</td></tr>
<tr><td>선회 및 경사지시계(TURN AND SLIP INDICATOR)</td><td>1</td><td>1</td><td>–</td><td>–</td></tr>
<tr><td>경사지시계(SLIP INDICATOR)</td><td>–</td><td>–</td><td>1</td><td>1</td></tr>
<tr><td>인공수평자세지시계(ATTITUDE INDICATOR)</td><td>1</td><td>1</td><td colspan="2">조종석당 1개 및 여분의 계기 1개</td></tr>
<tr><td>자이로식 기수방향지시계(HEADING INDICATOR)</td><td>1</td><td>1</td><td>1</td><td>1</td></tr>
<tr><td>외기온도계(OUTSIDE AIR TEMPERATURE INDICATOR)</td><td>1</td><td>1</td><td>1</td><td>1</td></tr>
<tr><td>승강계(RATE OF CLIMB AND DESCENT INDICATOR)</td><td>1</td><td>1</td><td>1</td><td>1</td></tr>
<tr><td>안정성유지시스템(STABILIZATION SYSTEM)</td><td>–</td><td>–</td><td>1</td><td>1</td></tr>
</table>

비고: 1. 자이로식 계기(회전축이 수평 위치로 유지되어 항공기 선회나 자세 변화의 영향을 받지 않고 방향, 위치, 수평 상태 등을 표시하는 기기)에는 전원의 공급상태를 표시하는 수단이 있어야 한다.

2. 비행기의 경우 고도를 지시하는 3개의 바늘로 된 고도계(three pointer altimeter)와 드럼형 지시고도계(drum pointer altimeter)는 정밀기압고도계의 요건을 충족하지 않으며, 헬리콥터의 경우 드럼형 지시고도계는 정밀기압고도계의 요건을 충족하지 않는다.

3. 선회 및 경사지시계(헬리콥터의 경우에는 경사지시계), 인공수평 자세지시계 및 자이로식 기수방향지시계의 요건은 결합 또는 통합된 비행지시계(Flight director)로 충족될 수 있다. 다만, 동시에 고장 나는 것을 방지하기 위하여 각각의 계기에는 안전장치가 내장되어야 한다.

4. 헬리콥터의 설계자 또는 제작자가 안정성유지시스템 없이도 안정성을 유지할 수 있는 능력이 있다고 시험비행을 통하여 증명하거나 이를 증명할 수 있는 서류 등을 제출한 경우에는 안정성유지시스템을 갖추지 않을 수 있다.

5. 계기비행방식에 따라 운항하는 최대이륙중량 5,700킬로그램을 초과하는 비행기와 제1종 및 제2종 헬리콥터는 주 발전장치와는 별도로 30분 이상 인공수평 자세지시계를 작동시키고 조종사가 자세지시계를 식별할 수 있는 조명을 제공할 수 있는 비상전원 공급장치를 갖추어야 한다. 이 경우 비상전원 공급장치는 주발전장치 고장시 자동으로 작동되어야 하고 자세지시계가 비상전원으로 작동 중임이 계기판에 명확하게 표시되어야 한다.

6. 야간에 시계비행방식으로 국외를 운항하려는 항공운송사업용 헬리콥터는 시계비행방식으로 비행할 경우 위 표에 따라 장착해야 할 계기와 조종사 1명당 1개의 인공수평 자세지시계, 1개의 경사지시계, 1개의 자이로식 기수방향지시, 1개의 승강계를 장착해야 한다.
7. 진보된 조종실 자동화 시스템[Advanced cockpit automation system(Glass cockpit)–각종 아날로그 및 디지털 계기를 하나 또는 두 개의 전시화면(Display)으로 통합한 형태]을 갖춘 항공기는 주 시스템과 전시(Display)장치가 고장난 경우 조종사에게 항공기의 자세, 방향, 속도 및 고도를 제공하는 여분의 시스템을 갖추어야 한다. 다만, 주간에 시계비행방식으로 운항하는 헬리콥터는 제외한다.
8. 국외를 운항하는 항공운송사업 외의 비행기가 계기비행방식으로 비행하려는 경우에는 2개의 독자적으로 작동하는 비행기 자세 측정 장치(independent altitude measuring)와 비행기 자세 전시 장치(display system)를 갖추어야 한다.
9. 야간에 시계비행방식으로 운항하려는 항공운송사업 외의 헬리콥터에는 각 조종석마다 자세지시계 1개와 여분의 자세지시계 1개, 경사지시계 1개, 기수방향지시계 1개, 승강계 1개를 추가로 장착해야 한다.

항공기에 실어야 할 연료와 오일의 양(제119조 관련)

<table>
<tr><th colspan="2" rowspan="2">구분</th><th colspan="2">연료 및 오일의 양</th></tr>
<tr><th>왕복발동기 장착 항공기</th><th>터빈발동기 장착 항공기</th></tr>
<tr><td rowspan="2">항공운송 사업용 및 항공기사용 사업용 비행기</td><td>계기비행으로 교체비행장이 요구될 경우</td><td>다음 각 호의 양을 더한 양
1. 이륙 전에 소모가 예상되는 연료(taxi fuel)의 양
2. 이륙부터 최초 착륙예정 비행장에 착륙할 때까지 필요한 연료(trip fuel)의 양
3. 이상사태 발생 시 연료 소모가 증가할 것에 대비하기 위한 것으로서 법 제77조에 따라 고시하는 운항기술기준(이하 이 표에서 "운항기술기준"이라 한다)에서 정한 연료(Contingency fuel)의 양
4. 다음 각 목의 어느 하나에 해당하는 연료(destination alternate fuel)의 양
가. 1개의 교체비행장이 요구되는 경우: 다음의 양을 더한 양
1) 최초 착륙예정 비행장에서 한 번의 실패접근에 필요한 양
2) 교체비행장까지 상승비행, 순항비행, 강하비행, 접근비행 및 착륙에 필요한 양
나. 2개 이상의 교체비행장이 요구되는 경우: 각각의 교체비행장에 대하여 가목에 따라 산정된 양 중 가장 많은 양
5. 교체비행장에 도착 시 예상되는 비행기의 중량 상태에서 순항속도 및 순항고도로 45분간 더 비행할 수 있는 연료(final reserve fuel)의 양
6. 그 밖에 비행기의 비행성능 등을 고려하여 운항기술기준에서 정한 추가 연료의 양</td><td>다음 각 호의 양을 더한 양
1. 이륙 전에 소모가 예상되는 연료의 양
2. 이륙부터 최초 착륙예정 비행장에 착륙할 때까지 필요한 연료의 양
3. 이상사태 발생 시 연료 소모가 증가할 것에 대비하기 위한 것으로서 운항기술기준에서 정한 연료의 양
4. 다음 각 목의 어느 하나에 해당하는 연료의 양
가. 1개의 교체비행장이 요구되는 경우: 다음의 양을 더한 양
1) 최초 착륙예정 비행장에서 한 번의 실패접근에 필요한 양
2) 교체비행장까지 상승비행, 순항비행, 강하비행, 접근비행 및 착륙에 필요한 양
나. 2개 이상의 교체비행장이 요구되는 경우: 각각의 교체비행장에 대하여 가목에 따라 산정된 양 중 가장 많은 양
5. 교체비행장에 도착 시 예상되는 비행기의 중량 상태에서 표준대기 상태에서의 체공속도로 교체비행장의 450미터(1,500피트)의 상공에서 30분간 더 비행할 수 있는 연료의 양
6. 그 밖에 비행기의 비행성능 등을 고려하여 운항기술기준에서 정한 추가 연료의 양</td></tr>
<tr><td>계기비행으로 교체비행장이 요구되지 않을 경우</td><td>다음 각 호의 양을 더한 양
1. 이륙 전에 소모가 예상되는 연료의 양
2. 이륙부터 최초 착륙예정 비행장에 착륙할 때까지 필요한 연료의 양
3. 이상사태 발생 시 연료소모가 증가할 것에 대비하기 위한 것으로서 운항기술기준에서 정한 연료의 양
4. 다음 각 목의 어느 하나에 해당하는 연료의 양
가. 제186조제3항제1호에 해당하는 경우: 표준대기상태에서 최초 착륙예정 비행장의 450미터(1,500피트)의 상공에서 체공속도로 15분간 더 비행할 수 있는 양
나. 제186조제3항제2호에 해당하는 경우: 다음의 어느 하나에 해당하는 양 중 더 적은 양
1) 제5호에 따른 연료의 양을 포함하여 순항속도로 45분간 더 비행할 수 있는 양에 순항고도로 계획된 비행시간의 15퍼센트의 시간을 더 비행할 수 있는 양을 더한 양
2) 순항속도로 2시간을 더 비행할 수 있는 양</td><td>다음 각 호의 양을 더한 양
1. 이륙 전에 소모가 예상되는 연료의 양
2. 이륙부터 최초 착륙예정 비행장에 착륙할 때까지 필요한 연료의 양
3. 이상사태 발생 시 연료소모가 증가할 것에 대비하기 위한 것으로서 운항기술기준에서 정한 연료의 양
4. 다음 각 목의 어느 하나에 해당하는 연료의 양
가. 제186조제3항제1호에 해당하는 경우: 표준대기상태에서 최초 착륙예정 비행장의 450미터(1,500피트)의 상공에서 체공속도로 15분간 더 비행할 수 있는 양
나. 제186조제3항제2호에 해당하는 경우: 제5호에 따른 연료의 양을 포함하여 최초 착륙예정 비행장의 상공에서 정상적인 순항 연료소모율로 2시간을 더 비행할 수 있는 양</td></tr>
</table>

<table>
<tr><th colspan="2" rowspan="2">구분</th><th colspan="2">연료 및 오일의 양</th></tr>
<tr><th>왕복발동기 장착 항공기</th><th>터빈발동기 장착 항공기</th></tr>
<tr><td rowspan="2">항공운송
사업용 및
항공기
사용사업용
비행기</td><td>계기비행으로 교체비행장이 요구되지 않을 경우</td><td>5. 최초 착륙예정 비행장에 도착 시 예상되는 비행기 중량 상태에서 순항속도 및 순항고도로 45분간 더 비행할 수 있는 연료의 양. 다만, 제4호나목1)에 따라 연료를 실은 경우에는 제5호에 따른 연료를 실은 것으로 본다.
6. 그 밖에 비행기의 비행성능 등을 고려하여 운항기술기준에서 정한 추가 연료의 양</td><td>5. 최초 착륙예정 비행장에 도착 시 예상되는 비행기 중량 상태에서 표준대기 상태에서의 체공속도로 최초 착륙예정 비행장의 450미터(1,500피트)의 상공에서 30분간 더 비행할 수 있는 양. 다만, 제4호나목에 따라 연료를 실은 경우에는 제5호에 따른 연료를 실은 것으로 본다.
6. 그 밖에 비행기의 비행성능 등을 고려하여 운항기술기준에서 정한 추가 연료의 양</td></tr>
<tr><td>시계비행을 할 경우</td><td colspan="2">다음 각 호의 양을 더한 양
1. 최초 착륙예정 비행장까지 비행에 필요한 양
2. 순항속도로 45분간 더 비행할 수 있는 양</td></tr>
<tr><td rowspan="4">항공운송
사업용 및
항공기사용
사업용 외의
비행기</td><td>계기비행으로 교체비행장이 요구될 경우</td><td colspan="2">다음 각 호의 양을 더한 양
1. 최초 착륙예정 비행장까지 비행에 필요한 양
2. 그 교체비행장까지 비행을 마친 후 순항고도로 45분간 더 비행할 수 있는 양</td></tr>
<tr><td>계기비행으로 교체비행장이 요구되지 않을 경우</td><td colspan="2">다음 각 호의 양을 더한 양
1. 제186조제3항 단서에 따라 교체비행장이 요구되지 않는 경우 최초 착륙예정 비행장까지 비행에 필요한 양
2. 순항고도로 45분간 더 비행할 수 있는 양</td></tr>
<tr><td>주간에 시계비행을 할 경우</td><td colspan="2">다음 각 호의 양을 더한 양
1. 최초 착륙예정 비행장까지 비행에 필요한 양
2. 순항고도로 30분간 더 비행할 수 있는 양</td></tr>
<tr><td>야간에 시계비행을 할 경우</td><td colspan="2">다음 각 호의 양을 더한 양
1. 최초 착륙예정 비행장까지 비행에 필요한 양
2. 순항고도로 45분간 더 비행할 수 있는 양</td></tr>
<tr><td rowspan="4">항공운송
사업용 및
항공기사용
사업용
헬리콥터</td><td>시계비행을 할 경우</td><td colspan="2">다음 각 호의 양을 더한 양
1. 최초 착륙예정 비행장까지 비행에 필요한 양
2. 최대항속속도로 20분간 더 비행할 수 있는 양
3. 이상사태 발생 시 연료소모가 증가할 것에 대비하기 위한 것으로서 운항기술기준에서 정한 연료의 양</td></tr>
<tr><td>계기비행으로 교체비행장이 요구될 경우</td><td colspan="2">다음 각 호의 양을 더한 양
1. 최초 착륙예정 비행장까지 비행하여 한 번의 접근과 실패접근을 하는 데 필요한 양
2. 교체비행장까지 비행하는 데 필요한 양
3. 표준대기 상태에서 교체비행장의 450미터(1,500피트)의 상공에서 30분간 체공하는 데 필요한 양에 그 비행장에 접근하여 착륙하는 데 필요한 양을 더한 양
4. 이상사태 발생 시 연료소모가 증가할 것에 대비하기 위한 것으로서 운항기술기준에서 정한 연료의 양</td></tr>
<tr><td>계기비행으로 교체비행장이 요구되지 않을 경우</td><td colspan="2">제186조제7항제1호의 경우에는 다음 각 호의 양을 더한 양
1. 최초 착륙예정 비행장까지 비행에 필요한 양
2. 표준대기 상태에서 최초 착륙예정 비행장의 450미터(1,500피트)의 상공에서 30분간 체공하는 데 필요한 양에 그 비행장에 접근하여 착륙하는 데 필요한 양을 더한 양
3. 이상사태 발생 시 연료소모가 증가할 것에 대비하기 위한 것으로서 운항기술기준에서 정한 연료의 양</td></tr>
<tr><td>계기비행으로 적당한 교체비행장이 없을 경우</td><td colspan="2">제186조제7항제2호의 경우에는 다음 각 호의 양을 더한 양
1. 최초 착륙예정 비행장까지 비행에 필요한 양
2. 최초 착륙예정 비행장의 상공에서 체공속도로 2시간 동안 체공하는 데 필요한 양</td></tr>
</table>

<table>
<tr><th colspan="2" rowspan="2">구분</th><th colspan="2">연료 및 오일의 양</th></tr>
<tr><th>왕복발동기 장착 항공기</th><th>터빈발동기 장착 항공기</th></tr>
<tr><td rowspan="4">항공운송 사업용 및 항공기사용 사업용 외의 헬리콥터</td><td>시계비행을 할 경우</td><td colspan="2">다음 각 호의 양을 더한 양
1. 최초 착륙예정 비행장까지 비행에 필요한 양
2. 최대항속속도로 20분간 더 비행할 수 있는 양
3. 이상사태 발생 시 연료 소모가 증가할 것에 대비하여 소유자등이 정한 추가의 양</td></tr>
<tr><td>계기비행으로 교체 비행장이 요구될 경우</td><td colspan="2">다음 각 호의 양을 더한 양
1. 최초 착륙예정 비행장까지 비행하여 한 번의 접근과 실패접근을 하는 데 필요한 양
2. 교체비행장까지 비행하는 데 필요한 양
3. 표준대기 상태에서 교체비행장의 450미터(1,500피트)의 상공에서 30분간 체공하는 데 필요한 양에 그 비행장에 접근하여 착륙하는 데 필요한 양을 더한 양
4. 이상사태 발생 시 연료 소모가 증가할 것에 대비하여 소유자등이 정한 추가의 양</td></tr>
<tr><td>계기비행으로 교체 비행장이 요구되지 않는 경우</td><td colspan="2">다음 각 호의 양을 더한 양
1. 최초 착륙예정 비행장까지 비행에 필요한 양
2. 표준대기 상태에서 최초 착륙예정 비행장의 450미터(1,500피트)의 상공에서 30분간 체공하는 데 필요한 양에 그 비행장에 접근하여 착륙하는 데 필요한 양을 더한 양
3. 이상사태 발생 시 연료 소모가 증가할 것에 대비하여 소유자등이 정한 추가의 양</td></tr>
<tr><td>계기비행으로 적당한 교체비행장이 없을 경우</td><td colspan="2">다음 각 호의 양을 더한 양
1. 최초 착륙예정 비행장까지 비행에 필요한 양
2. 그 비행장의 상공에서 체공속도로 2시간 동안 체공하는 데 필요한 양</td></tr>
</table>

운항승무원의 승무시간등 기준(제127조제1항 관련)

1. 운항승무원의 연속 24시간 동안 최대 승무시간·비행근무시간 기준

(단위: 시간)

운항승무원 편성	최대 승무시간	최대 비행근무시간
기장 1명	8	13
기장 1명, 기장 외의 조종사 1명	8	13
기장 1명, 기장 외의 조종사 1명, 항공기관사 1명	12	15
기장 1명, 기장 외의 조종사 2명	12	16
기장 2명, 기장 외의 조종사 1명	13	16.5
기장 2명, 기장 외의 조종사 2명	16	20
기장 2명, 기장 외의 조종사 2명, 항공기관사 2명	16	20

비고: 1. "승무시간(Flight Time)"이란 비행기의 경우 이륙을 목적으로 비행기가 최초로 움직이기 시작한 때부터 비행이 종료되어 최종적으로 비행기가 정지한 때까지의 총 시간을 말하며, 헬리콥터의 경우 주회전익이 회전하기 시작한 때부터 주회전익이 정지된 때까지의 총 시간을 말한다.

2. "비행근무시간(Flight Duty Period)"이란 운항승무원이 1개 구간 또는 연속되는 2개 구간 이상의 비행이 포함된 근무의 시작을 보고한 때부터 마지막 비행이 종료되어 최종적으로 항공기의 발동기가 정지된 때까지의 총 시간을 말한다.

3. 연속되는 24시간 동안 12시간을 초과하여 승무할 경우 항공기에는 다음 각 목의 어느 하나에 해당하는 휴식시설이 있어야 한다. 이 경우 위 표에 따른 최대 비행근무시간은 다음 각 목의 구분에 따른 휴식시설의 등급에 따라 단축한다.

가. 1등급 휴식시설[객실 외에 있는 침상(bunk)이나 수평으로 수면할 수 있는 시설]: 단축 없음

나. 2등급 휴식시설(객실 내에 있는 80도 이상의 수평에 가까운 자세로 수면할 수 있고 커튼 등으로 승객과 분리된 좌석): 1시간 단축

다. 3등급 휴식시설(객실 또는 조종실 내에 있는 발과 다리 받침대가 있고 40도 이상 기울어지는 좌석): 2시간 단축

4. 시차가 4시간을 초과하는 지역을 운항하는 운항승무원이 해당 지역에서 최소 36시간 이상의 연속되는 휴식을 취하지 못하였거나, 최소 72시간 이상 체류하지 못한 경우에는 위 표 및 비고 제3호에 따른 최대 비행근무시간을 30분 단축한다.

5. 항공기사용사업 중 응급구호 및 환자 이송을 하는 헬리콥터의 운항승무원은 제외한다.

6. 법 제55조제2호에 따른 국외운항항공기의 운항승무원은 제외한다.

2. 운항승무원의 연속되는 28일 및 365일 동안의 최대 승무시간 기준

(단위: 시간)

운항승무원 편성	연속 28일	연속 365일
기장 1명	100	1,000
기장 1명, 기장 외의 조종사 1명	100	1,000
기장 1명, 기장 외의 조종사 1명, 항공기관사 1명	120	1,000
기장 1명, 기장 외의 조종사 2명	120	1,000
기장 2명, 기장 외의 조종사 1명	120	1,000
기장 2명, 기장 외의 조종사 2명	120	1,000
기장 2명, 기장 외의 조종사 2명, 항공기관사 2명	120	1,000

비고: 1. 운항승무원의 편성이 불규칙하게 이루어지는 경우 해당 기간 중 가장 많은 시간편성 항목의 최대 승무시간 기준을 적용한다.
2. 「항공사업법」에 따른 항공기사용사업 중 응급구호 및 환자 이송을 하는 헬리콥터의 운항승무원은 제외한다.

3. 운항승무원의 연속되는 7일 및 28일 동안의 최대 근무시간 기준

구분	연속 7일	연속 28일
근무시간	60시간	190시간

비고: 1. "근무시간"이란 운항승무원이 항공기 운영자의 요구에 따라 근무보고를 하거나 근무를 시작한 때부터 모든 근무가 끝난 때까지의 시간을 말한다.
2. 항공기사용사업 중 응급구호 및 환자 이송을 하는 헬리콥터의 운항승무원은 제외한다.

4. 운항승무원의 비행근무시간에 따른 최소 휴식시간 기준

비행근무시간	휴식시간
8시간 미만	10시간 이상
8시간 이상~9시간 미만	11시간 이상
9시간 이상~10시간 미만	12시간 이상
10시간 이상~11시간 미만	13시간 이상
11시간 이상~12시간 미만	14시간 이상
12시간 이상~13시간 미만	15시간 이상
13시간 이상~14시간 미만	16시간 이상
14시간 이상~15시간 미만	17시간 이상
15시간 이상~16시간 미만	18시간 이상
16시간 이상~17시간 미만	20시간 이상
17시간 이상~18시간 미만	22시간 이상
18시간 이상~19시간 미만	24시간 이상
19시간 이상~20시간 미만	26시간 이상

비고: 1. 항공운송사업자 및 항공기사용사업자는 운항승무원이 승무를 마치고 마지막으로 취한 지상에서의 휴식 이후의 비행근무시간에 따라서 위 표에서 정하는 지상에서의 휴식을 취할 수 있도록 해야 한다.
2. 항공운송사업자 및 항공기사용사업자는 운항승무원이 연속되는 7일마다 연속되는 30시간 이상의 휴식을 취할 수 있도록 해야 한다.

5. 응급구호 및 환자 이송을 하는 헬리콥터 운항승무원의 최대 승무시간 기준

구분	연속 24시간	연속 3개월	연속 6개월	1년
최대 승무시간	8시간	500시간	800시간	1,400시간

6. 법 제55조제2호에 따른 국외운항항공기의 운항승무원의 연속 24시간 동안 최대 승무시간·비행근무시간

운항승무원 편성	최대 승무시간	최대비행근무시간
기장 1명, 기장 외의 조종사 1명	10	14
기장 1명, 기장 외의 조종사 2명	16	18

비고: 1. 기장 2명 편성의 경우 최대승무시간을 2시간까지 연장하여 승무할 수 있다. 단, 1개 구간의 승무시간이 10시간을 초과하는 경우에는 승무를 마치고 지상에서 최소 휴식시간 없이는 새로운 비행근무를 할 수 없으며, 연장된 승무시간은 1주일 동안 총 4시간을 초과할 수 없다.
2. 기장 1명, 기장 외의 조종사 2명 편성의 경우 등판 각도조절이 가능한 휴식용 좌석이 있어야 한다. 단, 180도로 누울 수 있는 휴식용 침상 등이 있는 경우에는 최대승무시간 및 최대근무시간을 각각 2시간 연장할 수 있다.

항공안전법 시행규칙 [별표 19] <개정 2019. 9. 23.>

객실승무원의 비행근무시간 및 휴식시간기준(제128조제2항 관련)

객실승무원 수	비행근무시간	휴식시간
최소 객실승무원 수	14시간	10시간
최소 객실승무원 수에 1명 추가	16시간	14시간
최소 객실승무원 수에 2명 추가	18시간	14시간
최소 객실승무원 수에 3명 추가	20시간	14시간

비고: 항공운송사업자는 객실승무원이 연속되는 7일마다 연속되는 24시간 이상의 휴식을 취할 수 있도록 해야 한다.

항공안전관리시스템의 구축·운용 및 승인기준(제132조제2항 관련)

1. 항공안전에 관한 정책 및 달성목표

가. 최고경영관리자(Chief Executive Officer)의 권한 및 책임에 관한 사항

1) 최고경영관리자는 다음 각 호의 권한 및 책임을 가질 것

가) 항공기 운항 및 제작·교육·사업 등의 서비스 실시여부에 대한 최종 결정 권한

나) 항공기 운항 및 제작·교육·사업 등의 서비스 관련 재정적·인적 자원 활용에 관한 최종 결정 권한

다) 해당 기관·법인 등의 안전성과에 대한 최종 책임

2) 최고경영관리자는 국제민간항공협약 및 관련 법령에 따라 다음의 사항을 모두 포함하는 안전정책(이하 "안전정책"이라 한다)을 수립할 것. 이 경우 수립된 안전정책은 환경 변화에 대응할 수 있도록 지속적으로 관리되어야 한다.

가) 안전문화 활성화 유도 등 안전의 책임에 관한 사항

나) 안전정책 이행을 위한 재정적·인적 자원 등의 제공에 관한 사항

다) 항공기사고·항공기준사고·항공안전장애에 관한 정보 등 항공안전데이터 및 항공안전정보의 수집, 보고절차 등에 관한 사항

라) 안전규정을 준수하지 않거나 준수하지 못한 경우 조직 구성원의 징계 등에 관한 사항

3) 최고경영관리자는 안전정책에 따라 다음의 사항을 모두 포함하는 조직의 안전목표(이하 "안전목표"라 한다)를 수립할 것. 이 경우 수립된 안전목표는 환경 변화에 대응할 수 있도록 지속적으로 관리되어야 한다.

가) 안전성과의 모니터링 및 측정에 관한 사항

나) 항공안전관리시스템의 효과적인 운영의 책임에 관한 사항

4) 최고경영관리자는 조직 구성원과 소통하고 협력하여 안전정책 및 안전목표를 수립해야 한다.

나. 안전관리 관련 업무분장에 관한 사항

1) 최고경영관리자는 항공안전관리시스템의 구축 및 운영을 위해 다음의 기준에 따라 내부규정으로 그 업무 분장에 관한 사항을 정할 것

가) 최고경영관리자에게 항공안전관리시스템의 구축 및 운영에 관한 명확한 권한과 책임의 부여

나) 최고경영관리자 외의 고위관리자에게 안전 업무에 대한 명확한 권한과 책임의 부여

다) 그 밖의 관리자 및 조직 구성원에게 안전 업무에 대한 명확한 권한과 책임의 부여

라) 측정된 항공안전 위험도에 대한 안전개선조치를 결정할 수 있는 관리자의 지정

2) 최고경영관리자가 조직 구성원과 소통하고 협력하여 업무분장을 하는 구조를 갖출 것

다. 총괄 안전관리자(Key Safety Personnel)의 지정

최고경영관리자는 항공안전관리시스템의 효율적 운영을 위해 항공안전관리시스템을 총괄적으로 구축 및 관리하는 총괄 안전관리자를 지정할 것

라. 위기대응계획 관련 관계기관 협의에 관한 사항

1) 최고경영관리자는 항공기 사고 등 비상상황에 대처하기 위한 위기대응계획을 수립할 것

2) 최고경영관리자는 비상상황에 신속하게 대처하기 위하여 관계기관과의 협의를 거쳐 비상상황 시 수행할 각 기관의 역할을 미리 정할 것

마. 매뉴얼 등 항공안전관리시스템 관련 기록·관리에 관한 사항

1) 최고경영관리자는 다음의 사항을 모두 포함하여 항공안전관리시스템 매뉴얼을 마련할 것

가) 안전정책 및 안전목표에 관한 사항

나) 항공안전관리시스템 관련 법령에 관한 사항

다) 항공안전관리시스템 운영절차 및 방법에 관한 사항

라) 안전관리 관련 업무분장에 관한 사항

2) 최고경영관리자는 항공안전관리시스템을 통해 생산되는 자료를 기록하고 보존할 것

2. 항공안전 위험도의 관리

가. 항공안전위해요인의 식별절차에 관한 사항

1) 최고경영관리자는 법 제58조제2항에 따른 제작, 교육, 운항 또는 사업 등에 직접 또는 간접적(보안·보건·재무 등)으로 영향을 주는 항공안전위해요인을 식별하기 위한 절차를 마련하여 운영할 것

2) 항공안전위해요인 식별은 사고가 발생한 이후에 대한 사후조치 방식과 사고예방을 위한 사전관리 방식이 모두 이루어질 것

나. 항공안전 위험도 평가 및 경감조치에 관한 사항

최고경영관리자는 발견된 항공안전위해요인별로 항공기사고에 영향을 주는 정도 및 발생빈도 등을 분석 및 측정하고 그 결과를 종합적으로 관리하는 절차를 마련할 것

다. 자체 안전보고의 운영에 관한 사항

1) 최고경영관리자가 운영하는 제1호가목2)다)에 따른 안전보고절차는 법 제59조·제61조에 따른 항공안전의무보고 및 항공안전 자율보고에 준하는 정도의 안전보고절차일 것

2) 최고경영관리자는 법 제58조제2항에 따른 제작, 교육, 운항 또는 사업 등의업무 일부를 다른 기관·단

체·법인에 도급 또는 위탁하는 경우에는 수급인 또는 수탁자에 대해서도 1)에 따른 안전보고 절차를 운영할 것

3. 항공안전보증

가. 안전성과의 모니터링 및 측정에 관한 사항

1) 최고경영관리자는 측정한 안전성과를 검증하고 항공안전 위험도 관리의 효율성을 확인하는 방안을 마련할 것

2) 안전성과는 안전목표에 따라 설정한 안전성과지표(safety performance indicator) 및 지표 별 목표치(safety performance target) 등과 연계하여 확인할 것

나. 변화관리에 관한 사항

최고경영관리자는 법 제58조제2항에 따른 사업·교육 또는 운항에 영향을 줄 수 있는 업무처리절차 및 업무환경 등의 변화를 인지하고 그 변화로 인해 새롭게 출현하는 항공안전위해요인이나 항공안전위해요인에 대한 위험도를 재측정하고 관리할 것

다. 항공안전관리시스템 운영절차 개선에 관한 사항

고경영관리자는 항공안전관리시스템의 효과적 운영을 위해 운영절차의 적절성을 지속으로 진단하고 보완할 것

4. 항공안전증진

가. 안전교육 및 훈련에 관한 사항

최고경영관리자는 조직 구성원의 업무별로 항공안전관리시스템 운영에 대하여 필요한 교육훈련 프로그램을 수립하고 교육훈련을 실시할 것

나. 안전관리 관련 정보 등의 공유에 관한 사항

최고경영관리자는 조직 구성원과 다음의 안전관리 관련 정보를 항상 공유할 것

1) 항공안전관리시스템의 운영에 관한 정보

2) 주요 항공안전위해요인 등 항공안전데이터 및 항공안전정보

3) 항공안전위해요인 제거 및 항공안전 위험도 경감 등 안전개선조치에 관한 정보

4) 항공안전관리시스템 운영절차 개선 등에 관한 정보

5. 다음 각 목에 해당하는 자는 해당 프로그램이나 시스템을 구비한 항공안전관리시스템 구축·운용할 것

가. 제130조의2에 해당하는 항공운송사업자: 법 제58조제4항에 따른 비행자료분석프로그램

나. 국토교통부장관 또는 항공교통업무증명을 받은 자: 법 제83조제1항에 따른 항공교통관제 업무 중 레이더를 이용하여 항공교통관제 업무를 수행하려는 경우에는 법 제58조제5항 각 호에 따른 사항이 포함된 항공안전관리시스템

순항고도(제164조제1항제2호 및 제3호 관련)

1. 일반적으로 사용되는 순항고도

가. 고도측정 단위를 미터(meter)로 사용하는 지역

비행방향											
000°에서 179°까지						180°에서 359°까지					
계기비행			시계비행			계기비행			시계비행		
비행고도	고도		비행고도	고도		비행고도	고도		비행고도	고도	
	미터	피트		미터	피트		미터	피트		미터	피트
0030	300	1 000	–	–	–	0060	600	2 000	–	–	–
0090	900	3 000	0105	1 050	3 500	0120	1200	3 900	0135	1 350	4 400
0150	1 500	4 900	0165	1 650	5 400	0180	1800	5 900	0195	1 950	6 400
0210	2 100	6 900	0225	2 250	7 400	0240	2400	7 900	0255	2 550	8 400
0270	2 700	8 900	0285	2 850	9 400	0300	3000	9 800	0315	3 150	10 300
0330	3 300	10 800	0345	3 450	11 300	0360	3600	11 800	0375	3 750	12 300
0390	3 900	12 800	0405	4 050	13 300	0420	4200	13 800	0435	4 350	14 300
0450	4 500	14 800	0465	4 650	15 300	0480	4800	15 700	0495	4 950	16 200
0510	5 100	16 700	0525	5 250	17 200	0540	5400	17 700	0555	5 550	18 200
0570	5 700	18 700	0585	5 850	19 200	0600	6000	19 700	0615	6 150	20 200
0630	6 300	20 700	0645	6 450	21 200	0660	6600	21 700	0675	6 750	22 100
0690	6 900	22 600	0705	7 050	23 100	0720	7200	23 600	0735	7 350	24 100
0750	7 500	24 600	0765	7 650	25 100	0780	7800	25 600	0795	7 950	26 100
0810	8 100	26 600	0825	8 250	27 100	0840	8400	27 600	0855	8 550	28 100
0890	8 900	29 100	0920	9 200	30 100	0950	9500	31 100	0980	9 800	32 100
1010	10 100	33 100	1040	10 400	34 100	1070	10700	35 100	1100	11 000	36 100
1130	11 300	37 100	1160	11 600	38 100	1190	11900	39 100	1220	12 200	40 100
1250	12 500	41 100	1280	12 800	42 100	1310	13100	43 000	1370	13 400	44 000
1370	13 700	44 900	1400	14 000	46 100	1430	14300	46 900	1460	14 600	47 900
1490	14 900	48 900	1520	15 200	49 900	1550	15500	50 900	1580	15 800	51 900
·	·	·	·	·	·	·	·	·	·	·	·
·	·	·	·	·	·	·	·	·	·	·	·
·	·	·	·	·	·	·	·	·	·	·	·

나. 고도측정 단위를 피트(feet)로 사용하는 지역

비행방향											
000°에서 179°까지						180°에서 359°까지					
계기비행			시계비행			계기비행			시계비행		
비행고도	고도		비행고도	고도		비행고도	고도		비행고도	고도	
	미터	피트		미터	피트		미터	피트		미터	피트
010	1 000	300	–	–	–	020	2 000	600	–	–	–
030	3 000	900	035	3 500	1 050	040	4 000	1 200	045	4 500	1 350
050	5 000	1 500	055	5 500	1 700	060	6 000	1 850	065	6 500	2 000
070	7 000	2 150	075	7 500	2 300	080	8 000	2 450	085	8 500	2 600
090	9 000	2 750	095	9 500	2 900	100	10 000	3 050	105	10 500	3 200
110	11 000	3350	115	11 500	3 500	120	12 000	3 650	125	12 500	3 800
130	13 000	3 950	135	13 500	4 100	140	14 000	4 250	145	14 500	4 400
150	15 000	4 550	155	15 500	4 700	160	16 000	4 900	165	16 500	5 050
170	17 000	5 200	175	17 500	5 350	180	18 000	5 500	185	18 500	5 650
190	19 000	5 800	195	19 500	5 950	200	20 000	6 100	205	20 500	6 250
210	21 000	6 400	215	21 500	6 550	220	22 000	6 700	225	22 500	6 850
230	23 000	7 000	235	23 500	7 150	240	24 000	7 300	245	24 500	7 450
250	25 000	7 600	255	25 500	7 750	260	26 000	7 900	265	26 500	8 100
270	27 000	8 250	275	27 500	8 400	280	28 000	8 550	285	28 500	8 700
290	29 000	8 850	300	30 000	9 150	310	31 000	9 450	320	32 000	9 750
330	33 000	10 050	340	34 000	10 350	350	35 000	10 650	360	36 000	10 950
370	37 000	11 300	380	38 000	11 600	390	39 000	11 900	400	40 000	12 200
410	41 000	12 500	420	42 000	12 800	430	43 000	13 100	440	44 000	13 400
450	45 000	13 700	460	46 000	14 000	470	47 000	14 350	480	48 000	14 650
490	49 000	14 950	500	50 000	15 250	510	51 000	15 550	520	52 000	15 850
.	.	.	.	.	.	.	.	.	.	.	.
.	.	.	.	.	.	.	.	.	.	.	.
.	.	.	.	.	.	.	.	.	.	.	.

2. 수직분리축소공역(RVSM)에서의 순항고도

가. 고도측정 단위를 미터(meter)로 사용하며 8,900미터 이상 12,500미터 이하의 고도에서 300미터의 수직분리최저치가 적용되는 지역

비행방향											
000°에서 179°까지						180°에서 359°까지					
계기비행			시계비행			계기비행			시계비행		
비행고도	고도		비행고도	고도		비행고도	고도		비행고도	고도	
	미터	피트		미터	피트		미터	피트		미터	피트
0030	300	1 000	–	–	–	0060	600	2 000	–	–	–
0090	900	3 000	0105	1 050	3 500	0120	1 200	3 900	0135	1 350	4 400
0150	1 500	4 900	0165	1 650	5 400	0180	1 800	5 900	0195	1 950	6 400
0210	2 100	6 900	0225	2 250	7 400	0240	2 400	7 900	0255	2 550	8 400
0270	2 700	8 900	0285	2 850	9 400	0300	3 000	9 800	0315	3 150	10 300
0330	3 300	10 800	0345	3 450	11 300	0360	3 600	11 800	0375	3 750	12 300
0390	3 900	12 800	0405	4 050	13 300	0420	4 200	13 800	0435	4 350	14 300
0450	4 500	14 800	0465	4 650	15 300	0480	4 800	15 700	0495	4 950	16 200
0510	5 100	16 700	0525	5 250	17 200	0540	5 400	17 700	0555	5 550	18 200
0570	5 700	18 700	0585	5 850	19 200	0600	6 000	19 700	0615	6 150	20 200
0630	6 300	20 700	0645	6 450	21 200	0660	6 600	21 700	0675	6 750	22 100
0690	6 900	22 600	0705	7 050	23 100	0720	7 200	23 600	0735	7 350	24 100
0750	7 500	24 600	0765	7 650	25 100	0780	7 800	25 600	0795	7 950	26 100
0810	8 100	26 600	0825	8 250	27 100	0840	8 400	27 600	0855	8 550	28 100
0890	8 900	29 100				0920	9 200	30 100			
0950	9 500	31 100				0980	9 800	32 100			
1010	10 100	33 100				1040	10 400	34 100			
1070	10 700	35 100				1100	11 000	36 100			
1130	11 300	37 100				1160	11 600	38 100			
1190	11 900	39 100				1220	12 200	40 100			
1250	12 500	41 100				1310	13 100	43 000			
1370	13 700	44 900				1430	14 300	46 900			
1490	14 900	48 900				1550	15 500	50 900			
.	.	.				.	.	.			
.	.	.				.	.	.			
.	.	.				.	.	.			

나. 고도측정 단위를 피트(feet)로 사용하며 FL290 이상 FL410 이하의 고도에서 1,000피트의 수직분리최저치가 적용되는 지역

비행방향											
000°에서 179°까지						180°에서 359°까지					
계기비행			시계비행			계기비행			시계비행		
비행고도	고도		비행고도	고도		비행고도	고도		비행고도	고도	
	미터	피트		미터	피트		미터	피트		미터	피트
010	1 000	300	–	–	–	020	2 000	600	–	–	–
030	3 000	900	035	3 500	1 050	040	4 000	1 200	045	4 500	1 350
050	5 000	1 500	055	5 500	1 700	060	6 000	1 850	065	6 500	2 000
070	7 000	2 150	075	7 500	2 300	080	8 000	2 450	085	8 500	2 600
090	9 000	2 750	095	9 500	2 900	100	10 000	3 050	105	10 500	3 200
110	11 000	3 350	115	11 500	3 500	120	12 000	3 650	125	12 500	3 800
130	13 000	3 950	135	13 500	4 100	140	14 000	4 250	145	14 500	4 400
150	15 000	4 550	155	15 500	4 700	160	16 000	4 900	165	16 500	5 050
170	17 000	5 200	175	17 500	5 350	180	18 000	5 500	185	18 500	5 650
190	19 000	5 800	195	19 500	5 950	200	20 000	6 100	205	20 500	6 250
210	21 000	6 400	215	21 500	6 550	220	22 000	6 700	225	22 500	6 850
230	23 000	7 000	235	23 500	7 150	240	24 000	7 300	245	24 500	7 450
250	25 000	7 600	255	25 500	7 750	260	26 000	7 900	265	26 500	8 100
270	27 000	8 250	275	27 500	8 400	280	28 000	8 550	285	28 500	8 700
290	29 000	8 850				300	30 000	9 150			
310	31 000	9 450				320	32 000	9 750			
330	33 000	10 050				340	34 000	10 350			
350	35 000	10 650				360	36 000	10 950			
370	37 000	11 300				380	38 000	11 600			
390	39 000	11 900				400	40 000	12 200			
410	41 000	12 500				430	43 000	13 100			
450	45 000	13 700				470	47 000	14 350			
490	49 000	14 950				510	51 000	15 550			
·	·	·				·	·	·			
·	·	·				·	·	·			
·	·	·				·	·	·			

수상에서의 항공기 등불(제168조제6호 관련)

1. 수상이동

다음의 등불이 차폐(遮蔽)되지 않고 지속적으로 점등되어야 한다.

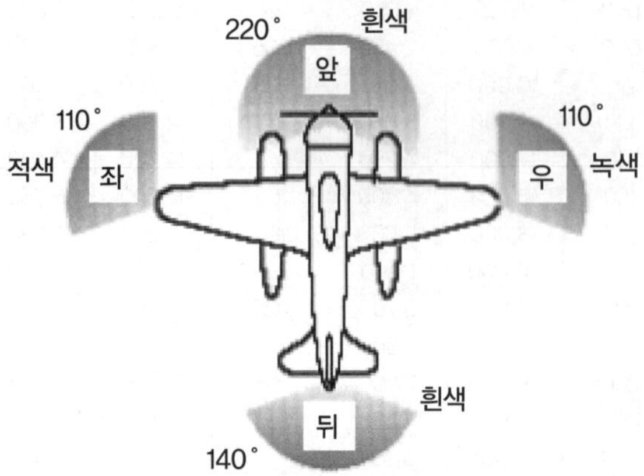

1) 좌측 수평면 상하로 발광하며 발광각도 110°의 적색등
2) 우측 수평면 상하로 발광하며 발광각도 110°의녹색등
3) 후방으로 발광하며 발광각도 140°의 백색등
4) 전방 수평면 상하로 발광하며 발광각도 220°의 백색등

주: 1), 2) 또는 3)에서 명시한 등불은 적어도 3.7km(2NM)의 거리에서 보여야 하며, 4)에서 명시한 등불은 비행기 길이가 20m나 그 이상인 경우에는 적어도 9.3km(5NM)의 거리에서, 비행기의 길이가 20m 미만인 경우에는 적어도 5.6km(3NM)의 거리에서 눈에 보여야 한다.

2. 다른 선박 또는 비행기를 견인하는 항공기

다음의 등불이 차폐되지 않고 지속적으로 점등되어야 한다.

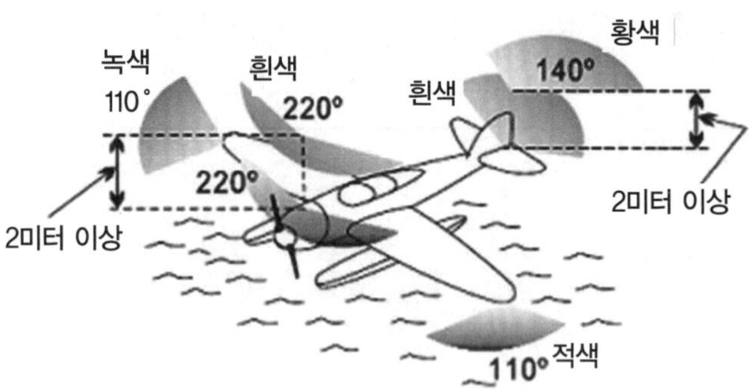

1) 수상이동 시에서 명시한 등불
2) 수상이동 시의 3)에서 명시한 등불과 동일한 특성을 보유한 상태에서, 위로 적어도 2미터 이상 분리된 황색등
3) 수상이동 시의 4)에서 명시한 등불과 동일한 특성을 보유한 상태에서, 위나 아래로 최소 2미터 이상 분리된 제2등불

3. 견인되는 항공기

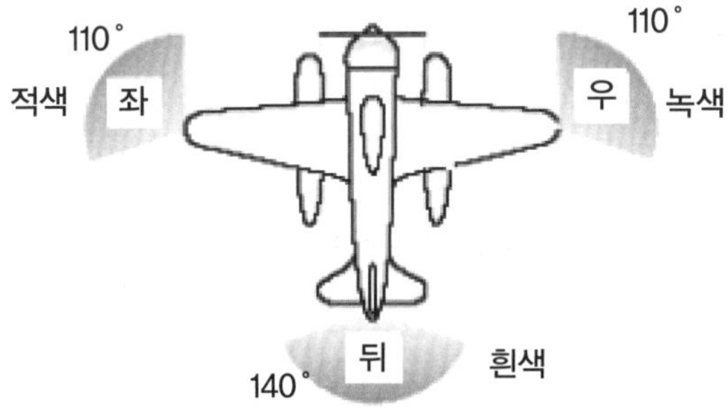

수상이동 시의 1), 2), 3)에서 명시한 등불이 차폐되지 않은 상태에서 지속적으로 점등되어야 한다.

4. 조종불능 상태에 있는 항공기

가. 대수속력(Making way: 항공기의 물에 대한 속력으로서 자기 항공기 또는 다른 항공기·선박의 추진장치의 작용이나 그로 인한 항공기의 관성에 의하여 생기는 것)이 없는 경우

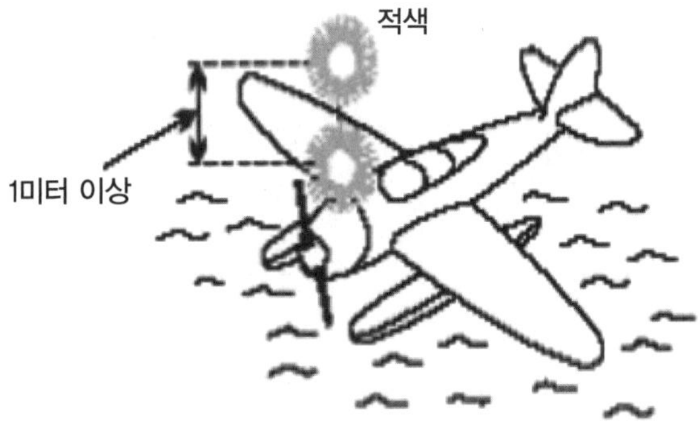

가장 잘 보이는 곳에 지속 점등되는 2개의 적색등(두 등불간의 간격은 1미터 이상)을 적어도 3.7km(2NM)의 거리에서 모든 수평방향에서 눈에 보일 수 있게 점등하여야 한다.

나. 대수속력(Making way)이 있는 경우

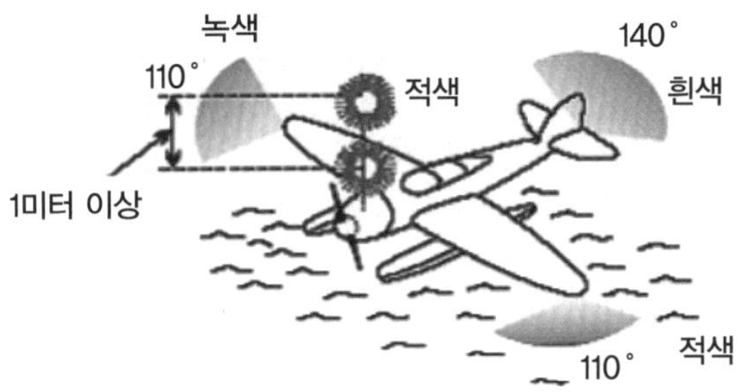

대수속력이 없는 경우의 등불과 수상이동시의 1), 2), 3)에 명시한 등불을 점등하여야 한다.

5. 정박 중인 항공기

가. 비행기의 길이가 50m 미만일 경우

가장 잘 보이는 곳에 지속 점등되는 백색등을 적어도 3.7km(2NM)의 거리에서 모든 수평방향에서 눈에 보일 수 있게 점등하여야 한다.

나. 비행기의 길이가 50m 또는 그 이상일 경우

앞쪽과 뒤쪽에 지속 점등되는 백색등을 적어도 5.6km(3NM)의 거리에서 모든 수평방향에서 눈에 보일 수 있게 점등하여야 한다.

다. 비행기의 폭이 50m 또는 그 이상일 경우

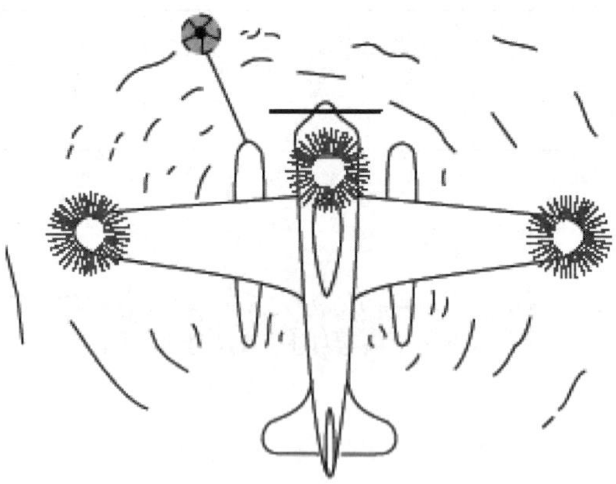

최대 폭을 나타내주기 위하여 날개 양끝에서 지속 점등되는 백색등을 적어도 1.9km(1NM)의 거리에서 모든 수평방향에서 눈에 보일 수 있게 점등하여야 한다.

라. 비행기의 폭 및 길이가 50m 또는 그 이상일 경우

비행기의 최대 폭과 길이를 나타내주기 위하여 날개 양끝과 앞쪽과 뒤쪽에서 지속 점등되는 백색등을 적어도 1.9km(1NM)의 거리에서 모든 수평방향에서 눈에 보일 수 있게 점등하여야 한다.

항공안전법 시행규칙 [별표 23]

공역의 구분(제221조제1항 관련)

1. 제공하는 항공교통업무에 따른 구분

구분		내용
관제 공역	A등급 공역	모든 항공기가 계기비행을 해야 하는 공역
	B등급 공역	계기비행 및 시계비행을 하는 항공기가 비행 가능하고, 모든 항공기에 분리를 포함한 항공교통관제업무가 제공되는 공역
	C등급 공역	모든 항공기에 항공교통관제업무가 제공되나, 시계비행을 하는 항공기 간에는 교통정보만 제공되는 공역
	D등급 공역	모든 항공기에 항공교통관제업무가 제공되나, 계기비행을 하는 항공기와 시계비행을 하는 항공기 및 시계비행을 하는 항공기 간에는 교통정보만 제공되는 공역
	E등급 공역	계기비행을 하는 항공기에 항공교통관제업무가 제공되고, 시계비행을 하는 항공기에 교통정보가 제공되는 공역
비관제공역	F등급 공역	계기비행을 하는 항공기에 비행정보업무와 항공교통조언업무가 제공되고, 시계비행항공기에 비행정보업무가 제공되는 공역
	G등급 공역	모든 항공기에 비행정보업무만 제공되는 공역

2. 공역의 사용목적에 따른 구분

구분		내용
관제공역	관제권	「항공안전법」 제2조제25호에따른 공역으로서 비행정보구역 내의 B, C 또는 D등급 공역 중에서 시계 및 계기비행을 하는 항공기에 대하여 항공교통관제업무를 제공하는 공역
	관제구	「항공안전법」 제2조제26호에따른 공역(항공로 및 접근관제구역을 포함한다)으로서 비행정보구역 내의 A, B, C, D 및 E등급 공역에서 시계 및 계기비행을 하는 항공기에 대하여 항공교통관제업무를 제공하는 공역
	비행장 교통구역	「항공안전법」 제2조제25호에 따른 공역 외의 공역으로서 비행정보구역 내의 D등급에서 시계비행을 하는 항공기 간에 교통정보를 제공하는 공역
비관제공역	조언구역	항공교통조언업무가 제공되도록 지정된 비관제공역
	정보구역	비행정보업무가 제공되도록 지정된 비관제공역
통제공역	비행금지구역	안전, 국방상, 그 밖의 이유로 항공기의 비행을 금지하는 공역
	비행제한구역	항공사격·대공사격 등으로 인한 위험으로부터 항공기의 안전을 보호하거나 그 밖의 이유로 비행허가를 받지 않은 항공기의 비행을 제한하는 공역
	초경량비행장치 비행제한구역	초경량비행장치의 비행안전을 확보하기 위하여 초경량비행장치의 비행활동에 대한 제한이 필요한 공역
주의공역	훈련구역	민간항공기의 훈련공역으로서 계기비행항공기로부터 분리를 유지할 필요가 있는 공역
	군작전구역	군사작전을 위하여 설정된 공역으로서 계기비행항공기로부터 분리를 유지할 필요가 있는 공역
	위험구역	항공기의 비행시 항공기 또는 지상시설물에 대한 위험이 예상되는 공역
	경계구역	대규모 조종사의 훈련이나 비정상 형태의 항공활동이 수행되는 공역

항공안전법 시행규칙 [별표 24] 〈개정 2021. 8. 27.〉

시계상의 양호한 기상상태(제175조 관련)

고도	공역	비행시정	구름으로부터의 거리
1. 해발 3,050미터(10,000피트) 이상	B·C·D·E·F 및 G등급	8천 미터	수평으로 1,500미터, 수직으로 300미터(1,000피트)
2. 해발 3,050미터(10,000피트) 미만에서 해발 900미터(3,000피트) 또는 장애물 상공 300미터(1,000피트) 중 높은 고도 초과	B·C·D·E·F 및 G등급	5천 미터	수평으로 1,500미터, 수직으로 300미터(1,000피트)
3. 해발 900미터(3,000피트) 또는 장애물 상공 300미터(1,000피트) 중 높은 고도 이하	B·C·D 및 E등급	5천 미터	수평으로 1,500미터, 수직으로 300미터(1,000피트)
	F 및 G등급	5천 미터	지표면 육안 식별 및 구름을 피할 수 있는 거리

비고: 다음 각 호의 경우에는 제3호 F 및 G등급 공역의 비행시정을 1,500미터까지 적용할 수 있다.

1. 우세시정(prevailing visibility: 평평한 지역의 절반 이상의 범위에서 형상을 식별할 수 있는 최대거리) 하에서 다른 항공기나 장애물을 보고 피할 수 있을 정도의 속도로 움직이는 경우
2. 그 지역 내의 항공교통량이나 업무량이 적어 다른 항공기와 마주칠 확률이 낮은 경우
3. A등급 공역에서는 시계비행이 허용되지 않는다.

제2종 및 제3종 계기착륙시설(ILS) 정밀계기접근용 장비 및 운항제한 등의 기준(제181조제8항제4호 관련)

1. 제2종 정밀계기접근

가. 항공기탑재장비: 비행계기·항행안전무선장비 와 그 밖에 해당 항공기의 등록국이 인가한 추가장비를 탑재하여 운용해야 한다. 추가장비를 탑재하는 경우 법 제93조 또는 이 규칙 제279조제1항제1호에 따른 운항규정에 그 목록과 운용기준을 구체적으로 밝혀야 한다.

나. 활주로가시범위(Runway Visual Range/RVR) 측정장비

1) 활주로가시범위(RVR) 550미터 이상 적용 시: 활주로접지구역(Touchdown Zone) 활주로가시범위(RVR) 측정시스템이 설치 및 운용되어야 하고, 이 측정치는 모든 항공기 운항에 적용한다.

2) 활주로가시범위(RVR) 300미터 이상 550미터 미만 적용 시: 활주로접지구역(Touchdown Zone) 활주로가시범위(RVR) 및 활주로말단구역(Rollout) 활주로가시범위(RVR) 측정시스템이 설치·운용되어야 하고, 이 중 활주로접지구역(Touchdown Zone)의 활주로가시범위(RVR) 측정치는 모든 항공기 운항에 적용하며, 활주로말단구역(Rollout) 활주로가시범위(RVR) 측정치는 조종사에게 참조용으로 적용한다. 중간(Mid) 활주로가시범위(RVR) 측정치는 참조용으로 적용하고, 활주로말단구역(Rollout) 활주로가시범위(RVR)가 없을 경우에는 활주로말단구역(Rollout) 활주로가시범위(RVR) 측적치를 대체하여 사용한다.

다. 조종자 자격

1) 제2종의 정밀계기접근절차에 따라 비행하려는 기장은 운항증명 소지자에게 인가된 제2종 정밀계기접근 훈련프로그램을 수료하고, 위촉심사관 또는 운항자격심사관으로부터 제2종 정밀계기접근 운항자격을 취득해야 한다.

2) 해당 형식 항공기의 기장 비행시간이 100시간 미만인 기장은 활주로가시범위(RVR) 550미터 이상의 기상 최저치를 적용해야 한다.

라. 운항제한

1) 조종사는 최종적으로 측정된 활주로가시범위(RVR)가 착륙최저치 미만인 경우 항공기를 정밀계기접근절차의 최종접근구간에 진입시켜서는 안 된다.

2) 조종사는 항공기가 최종접근구간에 진입한 후 활주로가시범위(RVR)가 허가된 최저치 미만으로 기상이 악화된다는 측정치를 받은 경우에도 결심고도(DH)까지 계속 비행할 수 있다.

3) 조종사는 활주로접지구역(Touchdown Zone) 활주로가시범위(RVR) 측정치가 550미터 미만인 경우에 다음의 어느 하나의 경우에는 계기접근절차의 최종접근구간에 진입해서는 안 된다.

가) 가목에 따른 항공기 탑재장비가 탑재되어 정상적으로 운용되지 않는 경우

나) 지상에 설치된 다음의 제2종 장비가 정상적으로 작동되지 않는 경우

(1) 외측마커: 계기착륙시설(ILS) 정밀계기접근용으로 정밀 또는 감시레이더 픽스, 무지향표지시설(NDB)·전방향표지시설(VOR)·거리측정시설(DME) 픽스 또는 레디알을 외측마커로 대체하여 사용할 수 있다.

(2) 내측마커: "RANA"(Radar/Radio Altimeter not authorized)로 지정된 제2종 정밀계기접근절차를 제외하고, Radar/Radio 고도수정치(Altimeters)는 내측마커를 대체하여 사용할 수 있다.

(3) 진입등(ALSF−1 또는 ALSF−2) 및 연쇄식 섬멸등(Sequenced Flashing Lights)

(4) 고광도활주로등(High Intensity Runway Lights)

(5) 접지구역등(Touchdown Zone Lights) 및 활주로중심선등(Runway Centerline Lights)

다) 나목 1)에 따른 활주로가시범위(RVR) 측정장비가 정상적으로 작동되지 않는 경우

라) 착륙활주로의 측풍이 15노트를 초과한 경우

마) 착륙활주로의 길이가 해당 항공기의 필요착륙거리(Required Landing Field Length)보다 100분의 15 이상 길지 않는 경우

마. 실패접근: 조종사는 다음의 어느 하나에 해당하는 경우 실패접근을 하여야 한다.

1) 인가된 결심고도(DH)에 도달한 항공기의 조종사가 안전하게 활주로에 접근할 수 있게 맨눈으로 제2종 등화시설 등 지상 시각참조물을 확인할 수 없는 경우

2) 인가된 결심고도(DH)에 통과하여 강하한 항공기의 조종사가 안전하게 활주로에 접근할 수 있게 맨눈으로 제2종 등화시설 등 지상 시각참조물을 확인할 수 없는 경우

3) 조종사가 활주로접지구역 안에 안전하게 착륙할 수 없다고 판단한 경우

4) 결심고도(DH)에 도달하기 전에 제2종 지상장비중 어느 하나가 고장난 경우

5) 제2종 정밀계기접근용 항공기탑재장비가 고장난 경우, 다만, 접지구역 상공 300미터보다 높은 고도에서 자동조종장치가 고장나서 그 연결을 해제하였을 경우, 조종사가 수동 및 자동으로 제2종 정밀접근을 하도록 인가받은 경우 인가된 수동 조종장치를 사용하여 자동접근을 수동으로 계속할 수 있다.

바. 제2종 정밀계기접근 공항 및 활주로

법 제5장에 따라 제2종 정밀계기접근용 공항 및 활주로로 인가를 받은 공항 및 활주로에 적용한다.

2. 제3종 정밀계기접근

가. 항공기탑재장비: 비행계기·항행안전무선장비 와 그 밖에 해당 항공기의 등록국이 인가한 추가장비를 탑재하여 운용해야 한다. 추가장비를 탑재하는 경우 법 제93조 또는 이 규칙 제279조제1항제1호에 따른 운항규정에 그 종류와 작동기준을 명확하게 기록해야 한다.

나. 활주로가시범위(RVR) 측정장비

1) 제3종 활주로가시범위(RVR) 175미터 이상의 착륙최저치 적용 시: 활주로접지구역(Touchdown Zone)·중간(Mid) 및 활주로말단구역(Rollout)의 활주로가시범위(RVR) 측정시스템이 설치 및 운용되어야 하고, 활주로접지구역(Touchdown Zone) 및 중간(Mid) 활주로가시범위(RVR) 측정치는 제3종 정밀계기접근 항공기 운항에 적용한다. 활주로말단구역(Rollout) 활주로가시범위(RVR) 측정치는 조종사에게 참조용으로 제공한다.

2) 최소능력활주(Fail–passive Rollout) 통제시스템을 사용하는 제3종 활주로가시범위(RVR) 175미터) 미만 착륙최저치 적용시: 활주로접지구역(Touchdown Zone)·중간(Mid) 및 활주로말단구역(Rollout)의 활주로가시범위(RVR) 측정시스템이 설치 및 운용되어야 하고, 이 측정치는 모든 제3종 정밀계기접근 항공기 운항에 적용한다.

3) 중복운용능력활주(Fail–operational Rollout) 통제시스템을 사용하는 제3종 활주로가시범위(RVR) 175미터 미만 착륙최저치 적용시: 활주로접지구역(Touchdown Zone)·중간(Mid) 및 활주로말단구역(Rollout)의 활주로가시범위(RVR) 측정시스템이 설치 및 정상 운용되어야 하고, 이 측정치는 모든 제3종 정밀계기접근 항공기 운항에 적용한다. 이 활주로가시범위(RVR) 측정시스템 중 1개가 일시 고장난 경우, 나머지 2개의 활주로가시범위(RVR) 측정시스템으로 정밀계기접근을 할 수 있고, 그 나머지 2개의 활주로가시범위(RVR) 측정치는 제3종 정밀계기접근 항공기 운항에 적용한다.

다. 조종사 자격

1) 제3종의 정밀계기접근절차에 따라 비행하려는 기장은 운항증명 소지자에게 인가된 제3종 정밀계기접근 훈련프로그램을 수료하고, 위촉심사관 또는 운항자격심사관으로부터 제3종 정밀계기접근 운항자격을 취득해야 한다.

2) 해당 형식 항공기의 기장 비행시간이 100시간 미만인 기장은 활주로가시범위(RVR) 550미터 이상의 기상 최저치를 적용해야 한다.

라. 운항제한

1) 조종사는 최근 측정된 활주로가시범위(RVR)가 착륙최저치 미만인 경우 계기접근절차의 최종접근구간에 진입해서는 안 된다.

2) 조종사는 항공기가 최종접근구간에 진입한 후 활주로가시범위(RVR)가 허가된 최저치 미만으로 기상이

악화된다는 보고를 받은 경우에도 경고고도 (Alert Height/AH) 또는 결심고도(DH)까지는 계속 비행할 수 있다.

3) 조종사는 다음의 요건에 해당하는 경우에는 제3종 정밀계기접근절차의 최종접근구간에 진입해서는 안 된다.

가) 가목에 따라 항공기 탑재장비가 탑재되어 정상으로 운용되지 않는 경우

나) 연쇄식 섬멸등(Sequenced Flashing Lights)을 제외한 모든 제3종 지상장비가 정상으로 작동하지 않는 경우. 다만, 정밀 감시레이더 픽스, 무지향표지시설(NDB)·전방향표지시설(VOR)·거리측정시설(DME) 픽스·공고된 지점(Waypoints/WP) 또는 최저 활공각교차고도(Glide PathIntercept Altitude/GSIA) 픽스는 외측마커를 대체하여 사용할 수 있다.

다) 착륙활주로의 측풍이 15노트를 초과한 경우

라) 착륙활주로의 길이가 해당 항공기의 필요착륙거리(Required Landing Field Length)보다 15% 이상 길지 않는 경우

마) 활주로가시범위(RVR)가 175미터(600피트) 미만의 모든 제3종 운항은 사용되는 유도로중심선등(Taxiway Centerline Lights)이 있는 유도로가 직접 연결된 활주로에서 수행되어야 하고, 이 유도로중심선등이 국제민간항공기구(ICAO)가 정한 제3종 규정에 적합하지 않는 경우

마. 실패접근

1) 최소능력(Fail-passive) 착륙시스템을 사용하는 제3종 정밀계기접근: 조종사는 다음의 어느 하나에 해당하는 경우 실패접근을 해야 한다.

가) 결심고도(DH)에 도달한 항공기의 조종사가 활주로접지구역 등의 시각참조물을 확인할 수 없는 경우

나) 결심고도(DH)에 도달하기 전 또는 도달 시 보고된 활주로가시범위(RVR)가 최소능력(Fail-passive) 운항에 승인된 활주로가시범위(RVR) 최저치 미만인 경우

다) 결심고도(DH)를 통과한 후 항공기의 조종사가 활주로접지구역 등 시각참조물을 맨눈으로 확인할 수 없는 경우

라) 항공기가 활주로에 접지하기 전에 최소능력(Fail-passive) 비행 조종장치가 고장난 경우

마) 조종사가 활주로접지구역 내에 안전하게 착륙할 수 없다고 판단한 경우

바) 결심고도(DH)에 도달하기 전에 제3종 지상장비 중 어느 하나가 고장난 경우

사) 활주로접지구역의 측풍이 15노트를 초과한 경우

2) 중복운용능력(Fail-Operational) 착륙시스템 및 활주(Rollout) 통제시스템을 사용하는 제3종 정밀계기접근: 조종사는 다음의 어느 하나에 해당하는 경우에는 경고고도(AH)에 도달 전부터 실패접근을 해야 한다.

가) 경고고도(AH)에 도달하기 전에 필요탑재장비중 어느 하나가 고장난 경우

나) 필수적인 지상장비중 어느 하나가 고장난 경우. 다만, 연쇄식 섬멸등(Sequenced Flashing Light) 및 진입등이 고장났을 경우에는 제3종 정밀계기접근 및 착륙은 계속할 수 있다.

다) 활주로접지대의 측풍이 15노트를 초과한 경우

3) 시스템 고장이 더 높은 접근최저치에 영향을 주지 않는 경우에는 1) 및 2)의 규정에 따른 더 높은 최저치 종류의 접근을 계속할 수 있다.

바. 제3종 정밀계기접근 공항 및 활주로

법 제5장에 따라 제3종 정밀계기접근용 공항 및 활주로로 인가를 받은 공항 및 활주로에 적용한다.

항공안전법 시행규칙 [별표 26] 〈개정 2021. 8. 27.〉

신호(제194조 관련)

1. 조난신호(Distress signals)

가. 조난에 처한 항공기가 다음의 신호를 복합적 또는 각각 사용할 경우에는 중대하고 절박한 위험에 처해 있고 즉각적인 도움이 필요함을 나타낸다.

1) 무선전신 또는 그 밖의 신호방법에 의한 "SOS" 신호(모스부호는 ···−−−···)

2) 짧은 간격으로 한 번에 1발씩 발사되는 붉은색불빛을 내는 로켓 또는 대포

3) 붉은색불빛을 내는 낙하산 부착 불빛

4) "메이데이(MAYDAY)"라는 말로 구성된 무선 전화 조난 신호

5) 데이터링크를 통해 전달된 "메이데이(MAYDAY)" 메시지

나. 조난에 처한 항공기는 가목에도 불구하고 주의를 끌고, 자신의 위치를 알리며, 도움을 얻기 위한 어떠한 방법도 사용할 수 있다.

2. 긴급신호(Urgency signals)

가. 항공기 조종사가 착륙등 스위치의 개폐를 반복하거나 점멸항행등과는 구분되는 방법으로 항행등 스위치의 개폐를 반복하는 신호를 복합적으로 또는 각각 사용할 경우에는 즉각적인 도움은 필요하지 않으나 불가피하게 착륙해야 할 어려움이 있음을 나타낸다.

나. 다음의 신호가 복합적으로 또는 각각 따로 사용될 경우에는 이는 선박, 항공기 또는 다른 차량, 탑승자 또는 목격된 자의 안전에 관하여 매우 긴급한 통보 사항을 가지고 있음을 나타낸다.

1) 무선전신 또는 그 밖의 신호방법에 의한 "XXX" 신호

2) 무선전화로 송신되는 "PAN PAN"

3) 데이터링크를 통해 전송된 "PAN PAN"

3. 요격 시 사용되는 신호

가. 요격항공기의 신호 및 피요격항공기의 응신

1) 피요격항공기는 지체 없이 다음 조치를 해야 한다.

가) 나목에 따른 시각 신호를 이해하고 응답하며, 요격항공기의 지시에 따를 것

나) 가능한 경우에는 관할 항공교통업무기관에 피요격 중임을 통보할 것

다) 항공비상주파수 121.5MHZ나 243.0MHZ로 호출하여 요격항공기 또는 요격 관계기관과 연락하도록 노력하고 해당항공기의 식별부호 및 위치와 비행내용을 통보할 것

라) 트랜스폰더 SSR을 장착하였을 경우에는 항공교통관제기관으로부터 다른 지시가 있는 경우를 제외하고는 Mode A Code 7700으로 맞출 것

마) 자동종속감시시설(ADS-B 또는 ADS-C)을 장착하였을 경우에는 항공교통관제기관으로부터 다른 지시가 있는 경우를 제외하고는 적절한 비상기능을 선택할 것

바) 항공교통관제기관으로부터 무선으로 수신한 지시가 요격항공기의 시각신호와 다를 경우 피요격항공기는 요격항공기의 시각신호에 따라 이행하면서 항공교통관제기관에 조속한 확인을 요구해야 한다.

사) 항공교통관제기관으로부터 무선으로 수신한 지시가 요격항공기의 무선지시와 다를 경우 피요격항공기는 요격항공기의 무선지시에 따라 이행하면서 항공교통관제기관에 조속한 확인을 요구해야 한다.

2) 요격절차는 다음과 같이 하어야 한다.

가) 요격항공기와 통신이 이루어졌으나 통상의 언어로 사용할 수 없을 경우에 필요한 정보와 지시는 다음과 같은 발음과 용어를 2회 연속 사용하여 전달할 수 있도록 시도해야 한다.

PHRASE	PRONUNCIATION	MEANING
CALL SIGN (call sign)	KOL SA-IN (call sign)	My call sign is (call sign)
WILCO	VILL-KO	Understood Will comply
CAN NOT	KANN NOTT	Unable to comply
REPEAT	REE-PEET	Repeat your instruction
AM LOST	AM LOSST	Position unknown
MAYDAY	MAYDAY	I am in distress
HIJACK	HI-JACK	I have been hijacked
LAND (place name)	LAAND (place name)	I request to land at (place name)
DESCEND	DEE-SEND	I require descent

나) 요격항공기가 사용해야 하는 용어는 다음과 같다.

Phrase	Pronunciation	Meaning
CALL SIGN	KOL SA-IN	What is your call sign?
FOLLOW	FOL-LO	Follow me
DESCEND	DEE-SEND	Descend for landing
YOU LAND	YOU LAAND	Land at this aerodrome
PROCEED	PRO-SEED	You may proceed

3) 요격항공기로부터 시각신호로 지시를 받았을 경우 피요격항공기도 즉시 시각신호로 요격항공기의 지시에 따라야 한다.

4) 요격항공기로부터 무선을 통하여 지시를 청취하였을 경우 피요격항공기는 즉시 요격항공기의 무선지시에 따라야 한다.

나. 시각 신호

1) 요격항공기의 신호 및 피요격항공기의 응신

번호	요격항공기의 신호	의미	피요격항공기의 응신	의미
1	피요격항공기의 약간 위쪽 전방 좌측(또는 피요격항공기가 헬리콥터인 경우에는 우측)에서 날개를 흔들고 항행등을 불규칙적으로 점멸시킨 후 응답을 확인하고, 통상 좌측(헬리콥터인 경우 우측)으로 완만하게 선회하여 원하는 방향으로 향한다. 주1) 기상조건 또는 지형에 따라 위에서 제시한 요격항공기의 위치 및 선회방향을 반대로 할 수도 있다. 주2) 피요격항공기가 요격항공기의 속도를 따르지 못할 경우 요격항공기는 race track형으로 비행을 반복하며, 피요격항공기의 옆을 통과할 때마다 날개를 흔들어야 한다.	당신은 요격을 당하고 있으니 나를 따라오라.	날개를 흔들고, 항행등을 불규칙적으로 점멸시킨 후 요격항공기의 뒤를 따라간다.	알았다. 지시를 따르겠다.
2	피요격항공기의 진로를 가로지르지 않고 90° 이상의 상승선회를 하며, 피요격항공기로부터 급속히 이탈한다.	그냥 가도 좋다.	날개를 흔든다.	알았다. 지시를 따르겠다.
3	바퀴다리를 내리고 고정착륙등을 켠 상태로 착륙방향으로 활주로 상공을 통과하며, 피요격항공기가 헬리콥터인 경우에는 헬리콥터착륙구역 상공을 통과한다. 헬리콥터의 경우, 요격헬리콥터는 착륙접근을 하고 착륙장 부근에 공중에서 저고도비행을 한다.	이 비행장에 착륙하라.	바퀴다리를 내리고, 고정착륙등을 켠 상태로 요격항공기를 따라서 활주로나 헬리콥터 착륙구역 상공을 통과한 후 안전하게 착륙할 수 있다고 판단되면 착륙한다	알았다. 지시를 따르겠다.

2) 피요격항공기의 신호 및 요격항공기의 응신

번호	요격항공기의 신호	의미	피요격항공기의 응신	의미
1	비행장 상공 300미터(1,000피트) 이상 600미터(2,000피트) 이하[(헬리콥터의 경우 50미터(170피트) 이상 100미터(330피트) 이하]의 고도로 착륙활주로나 헬리콥터 착륙구역 상공을 통과하면서 바퀴다리를 올리고 섬광착륙등을 점멸하면서 착륙활주로나 헬리콥터착륙구역을 계속 선회한다. 착륙등을 점멸할 수 없는 경우에는 사용가능한 다른 등화를 점멸한다.	지정한 비행장이 적절하지 못하다.	피요격항공기를 교체비행장으로 유도하려는 경우에는 바퀴다리를 올린 후 1) 요격항공기의 신호 및 피요격항공기의 응신 1의 요격항공기 신호방법을 사용한다. 피요격항공기를 방면하려는 경우에는 1) 요격항공기의 신호 및 피요격항공기의 응신 2의 요격항공기 신호방법을 사용한다.	알았다. 나를 따라 오라. 알았다. 그냥 가도 좋다.
2	점멸하는 등화와는 명확히 구분할 수 있는 방법으로 사용가능한 모든 등화의 스위치를 규칙적으로 개폐한다.	지시를 따를 수 없다.	1) 요격항공기의 신호 및 피요격항공기의 응신 2의 요격항공기 신호방법을 사용한다.	알았다.
3	사용가능한 모든 등화를 불규칙적으로 점멸한다.	조난상태에 있다.	1) 요격항공기의 신호 및 피요격항공기의 응신 2의 요격항공기 신호방법을 사용한다.	알았다.

4. 비행제한구역, 비행금지구역 또는 위험구역 침범 경고신호

지상에서 10초 간격으로 발사되어 붉은색 및 녹색의 불빛이나 별모양으로 폭발하는 신호탄은 비인가 항공기가 비행제한구역, 비행금지구역 또는 위험구역을 침범하였거나 침범하려고 한 상태임을 나타내며, 해당 항공기는 이에 필요한 시정조치를 해야 함을 나타낸다.

5. 무선통신 두절 시의 연락방법

가. 빛총신호

신호의 종류	의미		
	비행 중인 항공기	지상에 있는 항공기	차량·장비 및 사람
연속되는 녹색	착륙을 허가함	이륙을 허가함	
연속되는 붉은 색	다른 항공기에 진로를 양보하고 계속 선회할 것	정지할 것	정지할 것
깜박이는 녹색	착륙을 준비할 것(착륙 및 지상유도를 위한 허가가 뒤이어 발부)	지상 이동을 허가함	통과하거나 진행할 것
깜박이는 붉은색	비행장이 불안전하니 착륙하지 말 것	사용 중인 착륙지역으로부터 벗어날 것	활주로 또는 유도로에서 벗어날 것
깜박이는 흰색	착륙하여 계류장으로 갈 것	비행장 안의 출발지점으로 돌아 갈 것	비행장 안의 출발지점으로 돌아갈 것

나. 항공기의 응신

1) 비행 중인 경우

가) 주간: 날개를 흔든다. 다만, 최종 선회구간(base leg) 또는 최종 접근구간(final leg)에 있는 항공기의 경우에는 그러하지 아니하다.

나) 야간: 착륙등이 장착된 경우에는 착륙등을 2회 점멸하고, 착륙등이 장착되지 않은 경우에는 항행등을 2회 점멸한다.

2) 지상에 있는 경우

가) 주간: 항공기의 보조익 또는 방향타를 움직인다.

나) 야간: 착륙등이 장착된 경우에는 착륙등을 2회 점멸하고, 착륙등이 장착되지 않은 경우에는 항행등을 2회 점멸한다.

6. 유도신호(MARSHALLING SIGNALS)

가. 항공기에 대한 유도원의 신호

1) 유도원은 항공기의 조종사가 유도업무 담당자임을 알 수 있는 복장을 해야 한다.

2) 유도원은 주간에는 일광형광색봉, 유도봉 또는 유도장갑을 이용하고, 야간 또는 저시정상태에서는 발광유도봉을 이용하여 신호를 하여야 한다.

3) 유도신호는 조종사가 잘 볼 수 있도록 유도봉을 손에 들고 다음의 위치에서 조종사와 마주 보며 실시한다.

가) 비행기의 경우에는 비행기의 왼쪽에서 조종사가 가장 잘 볼 수 있는 위치

나) 헬리콥터의 경우에는 조종사가 유도원을 가장 잘 볼 수 있는 위치

4) 유도원은 다음의 신호를 사용하기 전에 항공기를 유도하려는 지역 내에 항공기와 충돌할 만한 물체가 있는지를 확인해야 한다.

1. 항공기 안내(Wingwalker)	
	오른손의 유도봉을 위쪽을 향하게 한 채 머리 위로 들어 올리고, 왼손의 유도봉을 아래로 향하게 하면서 몸쪽으로 붙인다.
2. 출입문의 확인	
	양손의 유도봉을 위로 향하게 한 채 양팔을 쭉 펴서 머리 위로 올린다.

3. 다음 유도원에게 이동 또는 항공교통관제기관으로부터 지시 받은 지역으로의 이동	
	양쪽 팔을 위로 올렸다가 내려 팔을 몸의 측면 바깥쪽으로 쭉 편 후 다음 유도원의 방향 또는 이동구역방향으로 유도봉을 가리킨다.
4. 직진	
	팔꿈치를 구부려 유도봉을 가슴 높이에서 머리 높이까지 위 아래로 움직인다.
5. 좌회전(조종사 기준)	
	오른팔과 유도봉을 몸쪽 측면으로 직각으로 세운 뒤 왼손으로 직진신호를 한다. 신호동작의 속도는 항공기의 회전속도를 알려준다.
6. 우회전(조종사 기준)	
	왼팔과 유도봉을 몸쪽 측면으로 직각으로 세운 뒤 오른손으로 직진신호를 한다. 신호동작의 속도는 항공기의 회전속도를 알려준다.
7. 정지	
	유도봉을 쥔 양쪽 팔을 몸 쪽 측면에서 직각으로 뻗은 뒤 천천히 두 유도봉이 교차할 때 까지 머리위로 움직인다.

8. 비상정지

빠르게 양쪽 유도봉을 든 팔을 머리 위로 뻗었다가 유도봉을 교차시킨다.

9. 브레이크 정렬

손바닥을 편 상태로 어깨 높이로 들어 올린다. 운항승무원을 응시한 채 주먹을 쥔다. 승무원으로부터 인지신호(엄지손가락을 올리는 신호)를 받기 전까지는 움직여서는 안 된다.

10. 브레이크 풀기

주먹을 쥐고 어깨 높이로 올린다. 운항승무원을 응시한 채 손을 편다. 승무원으로부터 인지신호(엄지손가락을 올리는 신호)를 받기 전까지는 움직여서는 안 된다.

11. 고임목 삽입

팔과 유도봉을 머리 위로 쭉 뻗는다. 유도봉이 서로 닿을 때 까지 안쪽으로 유도봉을 움직인다. 운항승무원에게 인지표시를 반드시 수신하도록 한다.

12. 고임목 제거

팔과 유도봉을 머리 위로 쭉 뻗는다. 유도봉을 바깥쪽으로 움직인다. 운항승무원에게 인가받기 전까지 바퀴 고정 받침목을 제거해서는 안 된다.

13. 엔진시동걸기

	오른팔을 머리 높이로 들면서 유도봉을 위를 향한다. 유도봉으로 원 모양을 그리기 시작하면서 동시에 왼팔을 머리 높이로 들고 엔진시동 걸 위치를 가리킨다.

14. 엔진 정지

	유도봉을 쥔 팔을 어깨 높이로 들어 올려 왼쪽 어깨 위로 위치시킨 뒤 유도봉을 오른쪽·왼쪽 어깨로 목을 가로질러 움직인다.

15. 서행

	허리부터 무릎 사이에서 위 아래로 유도봉을 움직이면서 뻗은 팔을 가볍게 툭툭 치는 동작으로 아래로 움직인다.

16. 한쪽 엔진의 출력 감소

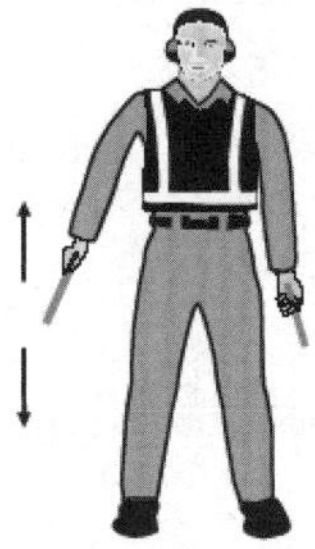	양손의 유도봉이 지면을 향하게 하여 두 팔을 내린 후, 출력을 감소시키려는 쪽의 유도봉을 위아래로 흔든다.

17. 후진

	몸 앞 쪽의 허리높이에서 양팔을 앞쪽으로 빙글빙글 회전시킨다. 후진을 정지시키기 위해서는 신호 7 및 8을 사용한다.

18. 후진하면서 선회(후미 우측)

왼팔은 아래쪽을 가리키며 오른팔은 머리 위로 수직으로 세웠다가 옆으로 수평위치까지 내리는 동작을 반복한다.

19. 후진하면서 선회(후미 좌측)

오른팔은 아래쪽을 가리키며 왼팔은 머리 위로 수직으로 세웠다가 옆으로 수평위치까지 내리는 동작을 반복한다.

20. 긍정(Affirmative)/ 모든 것이 정상임(All Clear)

오른팔을 머리높이로 들면서 유도봉을 위로 향한다. 손 모양은 엄지손가락을 치켜세운다. 왼쪽 팔은 무릎 옆쪽으로 붙인다.

*21. 공중정지(Hover)

유도봉을 든 팔을 90° 측면으로 편다.

*22. 상승

유도봉을 든 팔을 측면 수직으로 쭉 펴고 손바닥을 위로 향하면서 손을 위쪽으로 움직인다. 움직임의 속도는 상승률을 나타낸다.

*23. 하강

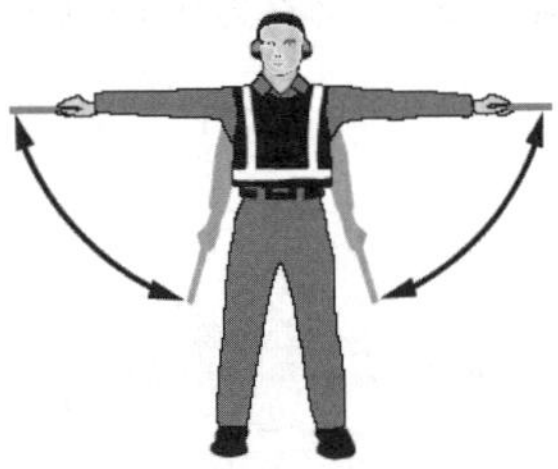

유도봉을 든 팔을 측면 수직으로 쭉 펴고 손바닥을 아래로 향하면서 손을 아래로 움직인다. 움직임의 속도는 강하율을 나타낸다.

*24. 왼쪽으로 수평이동(조종사 기준)

팔을 오른쪽 측면 수직으로 뻗는다. 빗자루를 쓰는 동작으로 같은 방향으로 다른 쪽 팔을 이동시킨다.

*25. 오른쪽으로 수평이동(조종사 기준)

팔을 왼쪽 측면 수직으로 뻗는다. 빗자루를 쓰는 동작으로 같은 방향으로 다른 쪽 팔을 이동시킨다.

*26. 착륙

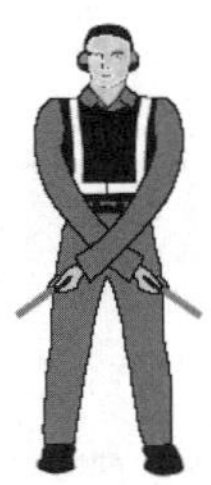

몸의 앞쪽에서 유도봉을 쥔 양팔을 아래쪽으로 교차시킨다.

27. 화재

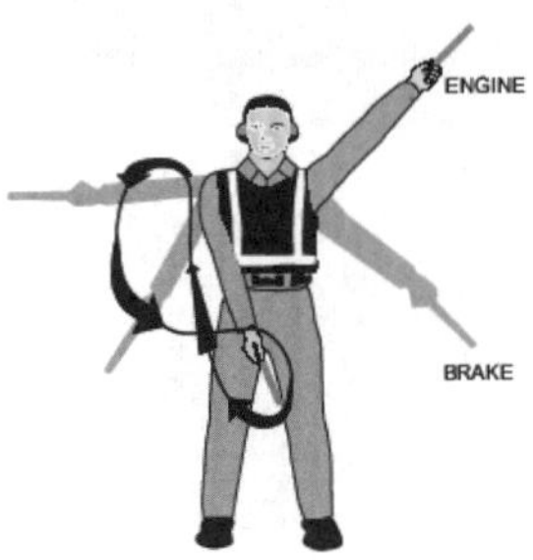

화재지역을 왼손으로 가리키면서 동시에 어깨와 무릎사이의 높이에서 부채질 동작으로 오른손을 이동시킨다.

야간 – 유도봉을 사용하여 동일하게 움직인다.

28. 위치대기(stand-by)

양팔과 유도봉을 측면에서 45°로 아래로 뻗는다. 항공기의 다음 이동이 허가될 때 까지 움직이지 않는다.

29. 항공기 출발

오른손 또는 유도봉으로 경례하는 신호를 한다. 항공기의 지상이동(taxi)이 시작될 때 까지 운항승무원을 응시한다.

30. 조종장치를 손대지 말 것(기술적·업무적 통신신호)

머리 위로 오른팔을 뻗고 주먹을 쥐거나 유도봉을 수평방향으로 쥔다. 왼팔은 무릎 옆에 붙인다.

31. 지상 전원공급 연결(기술적·업무적 통신신호)

머리 위로 팔을 뻗어 왼손을 수평으로 손바닥이 보이도록 하고, 오른손의 손가락 끝이 왼손에 닿게 하여 "T"자 형태를 취한다. 밤에는 광채가 나는 유도봉을 이용하여 "T"자 형태를 취할 수 있다.

32. 지상 전원공급 차단(기술적·업무적 통신신호)

신호 31과 같이 한 후 오른손이 왼손에서 떨어지도록 한다. 운항승무원이 인가할 때까지 전원공급을 차단해서는 안 된다. 밤에는 광채가 나는 유도봉을 이용하여 "T"자 형태를 취할 수 있다.

33. 부정(기술적·업무적 통신신호)	
	오른팔을 어깨에서부터 90°로 곧게 뻗어 고정시키고, 유도봉을 지상 쪽으로 향하게 하거나 엄지손가락을 아래로 향하게 표시한다. 왼손은 무릎 옆에 붙인다.
34. 인터폰을 통한 통신의 구축(기술적·업무적 통신신호)	
	몸에서부터 90°로 양 팔을 뻗은 후, 양손이 두 귀를 컵 모양으로 가리도록 한다.
35. 계단 열기·닫기	
	오른팔을 측면에 붙이고 왼팔을 45° 머리 위로 올린다. 오른팔을 왼쪽 어깨 위쪽으로 쓸어 올리는 동작을 한다.

비고: 1. 항공기 유도원이 배트, 조명유도봉 또는 횃불을 드는 경우에도 관련 신호의 의미는 같다.
2. 항공기의 엔진번호는 항공기를 마주 보고 있는 유도원의 위치를 기준으로 오른쪽에서부터 왼쪽으로 번호를 붙인다.
3. "*"가 표시된 신호는 헬리콥터에 적용한다.
4. 주간에 시정이 양호한 경우에는 조명막대의 대체도구로 밝은 형광색의 유도봉이나 유도장갑을 사용할 수 있다.

나. 유도원에 대한 조종사의 신호

1) 조종실에 있는 조종사는 손이 유도원에게 명확히 보이도록 해야 하며, 필요한 경우에는 쉽게 식별할 수 있도록 조명을 비추어야 한다.

2) 브레이크

가) 주먹을 쥐거나 손가락을 펴는 순간이 각각 브레이크를 걸거나 푸는 순간을 나타낸다.

나) 브레이크를 걸었을 경우: 손가락을 펴고 양팔과 손을 얼굴 앞에 수평으로 올린 후 주먹을 쥔다.

다) 브레이크를 풀었을 경우: 주먹을 쥐고 팔을 얼굴 앞에 수평으로 올린 후 손가락을 편다.

3) 고임목(Chocks)

가) 고임목을 끼울 것: 팔을 뻗고 손바닥을 바깥쪽으로 향하게 하며, 두 손을 안쪽으로 이동시켜 얼굴 앞에서 교차되게 한다.

나) 고임목을 뺄 것: 두 손을 얼굴 앞에서 교차시키고 손바닥을 바깥쪽으로 향하게 하며, 두 팔을 바깥쪽으로 이동시킨다.

4) 엔진시동 준비완료

시동시킬 엔진의 번호만큼 한쪽 손의 손가락을 들어올린다.

다. 기술적·업무적 통신신호

1) 수동신호는 음성통신이 기술적·업무적 통신신호로 가능하지 않을 경우에만 사용해야 한다.

2) 유도원은 운항승무원으로부터 기술적·업무적 통신신호에 대하여 인지하였음을 확인해야 한다.

7. 비상수신호

가. 탈출 권고

한 팔을 앞으로 뻗어 눈높이까지 들어 올린 후 손짓으로 부르는 동작을 한다.

야간 – 막대를 사용하여 동일하게 움직인다.

나. 동작중단 권고 – 진행 중인 탈출 중단 및 항공기 이동 또는 그 밖의 활동 중단

양팔을 머리 앞으로 들어 올려 손목에서 교차시키는 동작을 한다.

야간 – 막대를 사용하여 동일하게 움직인다.

다. 비상 해제

양팔을 손목이 교차할 때 까지 안쪽 방향으로 모은 후 바깥 방향으로 45도 각도로 뻗는 동작을 한다.

야간 – 막대를 사용하여 동일하게 움직인다.

항공안전법 시행규칙 [별표 27] 〈개정 2021. 8. 27.〉

위험물의 포장·용기검사기관의 검사장비 및 검사인력 등의 지정기준 (제210조제2항 관련)

1. 용지 및 건물 면적

가. 시험실(화학분석실 용지는 제외한다): 231제곱미터

나. 사무실: 66제곱미터

2. 시험항목별 시험기기

시험항목	시험기기	수	비고
시험환경 및 사전처리	• 항온항습실(고정) • 항온항습기(work in chamber)	• 1실 • 1대 이상	온도: −30℃~60℃ 습도: 0%~98%
낙하시험	• 정밀낙하시험기 • 중량물낙하시험기	• 1대 이상 • 1대 이상	
적재시험	• 적재시험기 또는 하중 추	• 1대 이상	
수압시험	• 수압시험기	• 1대 이상	
기밀시험	• 수조/기밀시험기	• 1대 이상	
흡수도시험	• 코브법 테스터(Cobb Method Tester: 종이 또는 판지의 물 흡수도 시험기)	• 1대 이상	
기타시험	• 진동시험기 • 자력측정기(Gauss meter) • 강봉(Steel Rod)	• 1대 이상 • 1대 이상 • 1대 이상	

비고: 화학성분 정성 및 정량분석 시험기[제시된 UN No. 및 성능분석(MSDS) 등의 확인 또는 하주 의뢰 시 확인시험]
- ICP(고주파 플라스마 발광분석기)
- GC-MASS(가스크로마토그래피/질량분석기)
- LC-MASS(액체크로마토그래피/질량분석기)
- FT-IR(적외선분광분석기)

3. 시험검사원

가. 시험검사책임자: 시험검사소당 1명

나. 전문시험검사원: 2명

항공안전법 시행규칙 [별표 28] 〈개정 2017. 7. 18.〉

위험물 포장·용기 검사기관의 행정처분기준(제211조제1항 관련)

위반행위	해당 법 조문	처분내용
1. 거짓이나 그 밖의 부정한 방법으로 포장·용기 검사기관의 지정을 받은 경우	법 제71조제5항제1호	지정취소
2. 포장·용기검사기관이 법 제71조제2항에 따른 포장 및 용기의 검사방법·합격기준 등을 위반하여 법 제71조제1항에 따른 검사를 한 경우	법 제71조제5항제2호	
가. 포장 및 용기의 검사방법·합격기준에 따른 시료 개수를 준수하지 않은 경우		업무전부정지(90일)
나. 검사를 하지 않은 포장 및 용기 또는 합격기준을 미달한 포장 및 용기에 대하여 검사합격증을 발행한 경우		지정취소
다. 지정된 시험검사원이 아닌 자가 시험을 한 경우		업무전부정지(30일)
3. 법 제71조제4항에 따른 포장·용기 검사기관의 지정기준에 맞지 않게 된 경우 가. 검사기관의 시험실 및 사무실 기준에 맞지 않게 된 경우 나. 검사에 필요한 시험기기를 갖추지 않은 경우 다. 검사에 필요한 시험검사책임자 및 전문시험검사원을 확보하지 않은 경우	법 제71조제5항제3호	업무전부정지(30일)

위험물전문교육기관의 지정기준(제212조제2항 관련)

1. 교육시설은 교육환경 및 보건위생에 적합한 장소에 설립하되, 그 목적을 실현하는 데에 필요한 다음 각 목의 시설을 갖추어야 한다.

가. 강의실

나. 실습 또는 실기 등이 필요한 경우에는 이에 필요한 시설 및 설비

다. 사무실·화장실·급수시설 등 보건위생상 필요한 시설 및 설비

라. 그 밖에 교육에 필요한 교구 및 자료 열람시설

2. 단위시설의 기준

가. 강의실 면적은 60제곱미터 이상으로 하되, 1제곱미터당 1.2명 이하가 되도록 할 것

나. 화장실은 성별로 구분해야 하고, 급수시설은 상수도를 사용하는 경우를 제외하고는 그 수질이 「먹는 물관리법」 제5조제3항에 따른 수질기준에 적합할 것

다. 채광시설·환기시설 및 냉난방시설은 보건위생에 적합하게 해야 하며, 야간교육을 하는 경우 조명시설은 책상면과 흑판면의 조도가 150럭스 이상일 것

라. 방음시설은 「소음·진동관리법」에 따른 생활소음규제기준에 적합해야 하며, 소방시설은 「소방법」에 따른 소방기구·경보설비·피난시설 등 방화 및 소방에 필요한 시설을 갖출 것

3. 장비

가. 교육용 위험물 등급 표찰 자료(각 등급별로 보유해야 한다)

나. 교육용 위험물 취급 표찰 자료(해당 연도 발행분만 적용한다)

다. 위험물 화주신고서, 항공운송장, 위험물 사고·준사고 보고서 사본

라. 시청각교육 보조장비: TV, VTR, OHP 등

마. 국제민간항공기구, 국제항공운송협회 또는 국토교통부에서 발간하는 위험물 관련 항공위험물운송기술기준 및 기타 지침서

바. 한글로 작성된 교육교재(다만, 한글을 사용할 수 없는 교육생을 대상으로 교육과정을 운영할 경우는 해당 언어로 교육교재를 작성할 수 있다.)

4. 다음 각 목의 어느 하나에 해당하는 상근 인력 2명 이상의 교관을 확보해야 한다.

가. 국제민간항공기구, 국제항공운송협회, 위험물취급전문교육기관 등에서 위험물교관 교육과정을 이수한 사람

나. 국제민간항공기구, 국제항공운송협회, 위험물취급전문교육기관 등에서 해당 교육시험 합격 증명을 받고 항공위험물 교육경력이 5년 이상인 사람으로서 국토교통부장관이 교관으로 적합하다고 인정하는 사람

항공안전법 시행규칙 [별표 30]

위험물전문교육기관의 행정처분기준(제213조제1항 관련)

위반행위	해당 법 조문	처분내용
1. 거짓이나 그 밖의 부정한 방법으로 위험물전문교육기관의 지정을 받은 경우	법 제72조제5항제1호	지정취소
2. 법 제72조제4항에 따른 위험물전문교육기관의 지정기준에 맞지 않게 된 경우 가. 교육기관의 시설기준에 맞지 않게 된 경우 나. 교육에 필요한 장비를 갖추지 않은 경우 다. 교육에 필요한 적정인력의 교관을 확보하지 않은 경우	법 제72조제5항제2호	업무정지(30일)

항공교통업무증명의 취소 또는 항공교통업무 제공의 정지처분의 기준 (제254조제1항 관련)

위반행위	해당 법 조문	처분내용
1. 거짓이나 그 밖의 부정한 방법으로 항공교통업무증명을 받은 경우	법 제86조제1항제1호	증명취소
2. 법 제58조제2항을 위반하여 다음 각 목의 어느 하나에 해당하는 경우	법 제86조제1항제2호	
가. 항공교통업무 제공을 시작하기 전까지 항공안전관리시스템을 마련하지 아니한 경우		업무정지(10일)
나. 승인을 받지 아니하고 항공안전관리시스템을 운용한 경우		업무정지(20일)
다. 항공안전관리시스템을 승인받은 내용과 다르게 운용한 경우		업무정지(10일)
라. 승인을 받지 아니하고 국토교통부령으로 정하는 중요사항을 변경한 경우		업무정지(10일)
3. 법 제85조제4항을 위반하여 항공교통업무제공체계를 계속적으로 유지하지 아니하거나 항공교통업무증명기준을 준수하지 아니하고 항공교통업무를 제공한 경우	법 제86조제1항제3호	업무정지(30일)
4. 법 제85조제5항을 위반하여 신고를 하지 아니하거나 승인을 받지 아니하고 항공교통업무제공체계를 변경한 경우	법 제86조제1항제4호	업무정지(10일)
5. 법 제85조제6항을 위반하여 변경된 항공교통업무증명기준에 따르도록 한 명령에 따르지 아니한 경우	법 제86조제1항제5호	업무정지(15일)
6. 법 제85조제8항에 따른 시정조치 명령을 이행하지 아니한 경우	법 제86조제1항제6호	업무정지(10일)
7. 고의 또는 중대한 과실로 항공기사고를 발생시키거나 소속 항공종사자에 대하여 관리·감독하는 상당한 주의의무를 게을리하여 항공기사고가 발생한 경우	법 제86조제1항제7호	
가. 해당 항공기사고로 인한 사망자가 200명 이상인 경우		증명취소 또는 업무정지(180일)
나. 해당 항공기사고로 인한 사망자가 150명 이상 200명 미만인 경우		업무정지(150일)
다. 해당 항공기사고로 인한 사망자가 100명 이상 150명 미만인 경우		업무정지(120일)
라. 해당 항공기사고로 인한 사망자가 50명 이상 100명 미만인 경우		업무정지(90일)
마. 해당 항공기사고로 인한 사망자가 10명 이상 50명 미만인 경우		업무정지(60일)
바. 해당 항공기사고로 인한 사망자가 10명 미만인 경우		업무정지(30일)
사. 해당 항공기사고로 인한 항공기 또는 제3자의 재산 피해가 100억원 이상인 경우		업무정지(30일)
아. 해당 항공기사고로 인한 항공기 또는 제3자의 재산 피해가 50억원 이상 100억원 미만인 경우		업무정지(20일)
자. 해당 항공기사고로 인한 항공기 또는 제3자의 재산 피해가 50억원 미만인 경우		업무정지(15일)
차. 해당 항공기사고로 인한 항공기 또는 제3자의 재산 피해가 1억원 이상 10억원 미만인 경우		업무정지(10일)
카. 해당 항공기사고로 인한 항공기 또는 제3자의 재산 피해가 1억원 미만인 경우		업무정지(5일)
8. 항공교통업무 제공의 정지기간에 항공교통업무를 제공한 경우	법 제86조제1항제8호	증명취소

비고: 1. 위 표의 제7호에 따른 항공교통업무정지처분을 하는 경우 인명피해와 항공기 또는 제3자의 재산 피해가 같이 발생한 경우에는 해당 항공교통업무정지기간을 합산하여 처분하되, 합산하는 경우에도 항공교통업무정지기간은 180일을 초과할 수 없다.
2. 위 표의 제7호가목부터 바목까지의 규정을 적용할 때 중상자 2명을 사망자 1명으로 보며, 소수점 이하는 버린다.

운항증명 신청 시에 제출할 서류(제257조제1항 관련)

1. 국토교통부장관 또는 지방항공청장으로부터 발급 받은「항공사업법」제7조에 따른 국내 항공운송사업면허증 또는 국제항공운송사업면허증,「항공사업법」제10조제1항에 따른 소형항공운송사업등록증,「항공사업법」제30조에 따른 항공기사용사업등록증 중 해당 면허증 또는 등록증의 사본
2.「항공사업법」제8조제1항제4호 또는 같은 법 제11조제1항제2호에 따라 제출한 사업계획서 내용의 추진일정
3. 조직·인력의 구성, 업무분장 및 책임
4. 주요 임원의 이력서
5. 항공법규 준수의 이행 서류와 이를 증명하는 서류(Final Compliance Statement)
6. 항공기 또는 운항·정비와 관련된 시설·장비 등의 구매·계약 또는 임차 서류
7. 종사자 훈련 교과목 운영계획
8. 별표 36에서 정한 내용이 포함되도록 구성된 다음 각 목의 구분에 따른 교범. 이 경우 단행본으로 운영하거나 각 교범을 통합하여 운영할 수 있다.

가. 운항일반교범(Policy and Administration Manual)
나. 항공기운영교범(Aircraft Operating Manual)
다. 최소장비목록 및 외형변경목록(MEL/CDL)
라. 훈련교범(Training Manual)
마. 항공기성능교범(Aircraft Performance Manual)
바. 노선지침서(Route Guide)
사. 비상탈출절차교범(Emergency Evacuation Procedures Manual)
아. 위험물교범(Dangerous Goods Manual)
자. 사고절차교범(Accident Procedures Manual)
차. 보안업무교범(Security Manual)
카. 항공기 탑재 및 처리교범(Aircraft Loading and Handling Manual)
타. 객실승무원업무교범(Cabin Attendant Manual)
파. 비행교범(Airplane Flight Manual)
하. 지속감항정비프로그램(Continuous Airworthiness Maintenance Program)

9. 승객 브리핑카드(Passenger Briefing Cards)

10. 급유·재급유·배유절차
11. 비상구열 좌석(Exit Row Seating)절차
12. 약물 및 주정음료 통제절차
13. 운영기준에 포함될 자료
14. 비상탈출 시현계획(Emergency Evacuation Demonstration Plan)
15. 운항증명을 위한 현장검사 수검계획(Flight Operations Inspection Plan)
16. 환경영향평가서(Environmental Assessment)
17. 훈련계약에 관한 사항
18. 정비규정
19. 그 밖에 국토교통부장관이 정하는 사항

운항증명의 검사기준(제258조 관련)

1. 서류검사 기준

검사 항목 및 검사 기준	적용대상 사업자			
	항공운송사업			항공기 사용사업
	국제	국내	소형	
가. 「항공사업법」 제8조제1항제4호 또는 제11조제1항제2호에 따라 제출한 사업계획서 내용의 추진일정 국토교통부장관 또는 지방항공청장이 운항증명을 위한 검사를 시작하기 전에 완료되어야 하는 항목, 활동 내용 및 항공기등의 시설물 구매에 관한 내용이 정확한 예정일 순서에 따라 이치에 맞게 수립되어 있을 것	○	○	○	○
나. 조직·인력의 구성, 업무분장 및 책임 신청자가 인가받으려는 운항을 하기에 적합한 조직체계와 충분한 인력을 확보하고 업무분장을 명확하게 유지할 것	○	○	○	○
다. 항공법규 준수의 이행 서류와 이를 증명하는 서류(Regulations Compliance Statement) 항공운송사업자 또는 항공기사용사업자에게 적용되는 항공법규의 준수방법을 논리적으로 진술하거나 또는 증명서류로 확인시킬 수 있을 것	○	○	○	○
라. 항공기 또는 운항·정비와 관련된 시설·장비 등의 구매·계약 또는 임차 서류 신청자가 제시한 운항을 하는 데 필요한 항공기, 시설 및 업무 준비를 마쳤음을 증명할 수 있을 것	○	○	○	○
마. 종사자 훈련 교과목 운영계획 기초훈련, 비상절차훈련, 지상운항절차훈련, 비행훈련, 정기훈련(Recurrent Training), 전환 및 승격훈련(Transition and Upgrade Training), 항공기차이점훈련(Differences Training), 보안훈련, 위험물취급훈련, 검열운항승무원/비행교관훈련, 객실승무원훈련, 운항관리사훈련 및 정비인력훈련을 포함한 종사자에 대한 훈련계획이 적절히 수립되어 있을 것	○	○	○	○
바. 별표 36에서 정한 내용이 포함되도록 구성된 다음의 구분에 따른 교범				
1) 운항일반교범(Policy and Administration Manual)	○	○	○	○
2) 항공기운영교범(Aircraft Operating Manual)	○	○	○	해당될 경우 적용
3) 최소장비목록 및 외형변경목록(MEL/CDL)	○	○	○	해당될 경우 적용
4) 훈련교범(Training Manual)	○	○	○	○
5) 항공기성능교범(Aircraft Performance Manual)	○	○	○	○
6) 노선지침서(Route Guide)	○	○	○	–
7) 비상탈출절차교범(Emergency Evacuation Procedures Manual)	○	○	해당될 경우 적용	–
8) 위험물교범(Dangerous Goods Manual)	○	○	해당될 경우 적용	–
9) 사고절차교범(Accident Procedures Manual)	○	○	○	○

검사 항목 및 검사 기준	적용대상 사업자			
	항공운송사업			항공기 사용사업
	국제	국내	소형	
10) 보안업무교범(Security Manual)	○	○	○	–
11) 항공기 탑재 및 처리교범(Aircraft Loading and Handling Manual)	○	○	○	–
12) 객실승무원업무교범(Cabin Attendant Manual)	○	○	–	–
13) 비행교범(Airplane Flight Manual)	○	○	○	○
14) 지속감항정비프로그램(Continuous Airworthiness Maintenance Program)	○	○	해당될 경우 적용	해당될 경우 적용
15) 지상조업 협정 및 절차	○	○	○	–
사. 승객 브리핑카드(Passenger Briefing Cards) 운항승무원 및 객실승무원이 도울 수 없는 비상상황에서 승객이 필요로 하는 기능과 승객의 재착석절차 등이 적절하게 정해져 있을 것	○	○	○	–
아. 급유·재급유·배유절차 연료 주입과 배유 시 처리절차 및 안전조치가 적절하게 정해져 있을 것	○	○	○	해당될 경우 적용
자. 비상구열 좌석(Exit Row Seating)절차 비상상황 발생 시 객실승무원의 객실안전업무를 보조하도록 하기 위한 비상구열좌석의 배정방법 등의 절차가 적절하게 정해져 있을 것	○	○	해당될 경우 적용	–
차. 약물 및 주류등 통제절차 항공기 안전운항을 해칠 수 있는 승무원의 약물 또는 주류등의 섭취를 방지할 대책이 적절히 마련되어 있을 것	○	○	○	○
카. 운영기준에 포함될 자료 운항하려는 항로·공항 및 항공기 정비방법 등에 관한 기초자료가 적절히 작성되어 있을 것	○	○	○	○
타. 비상탈출 시현계획(Emergency Evacuation Demonstration Plan) 비상상황에서 운항승무원 및 객실승무원이 취해야 할 조치능력을 모의로 시현할 수 있는 시나리오 및 일정 등이 적절히 짜여져 있을 것	○	○	해당될 경우 적용	–
파. 항공기 운항 검사계획(Flight Operations Inspection Plan) 항공법규를 준수하면서 모든 운항업무를 수행할 수 있음을 시범 보일 수 있는 시나리오 및 일정 등 계획이 적절히 짜여져 있을 것	○	○	○	–
하. 환경영향평가서(Environmental Assessment) 자체적으로 또는 외부기관으로부터 환경영향평가에 관한 종합적 분석자료가 준비되어 있을 것	○	○	○	–
거. 훈련계약에 관한 사항 종사자 훈련에 관한 아웃소싱 등 해당 사유가 있는 경우 훈련방식과 조건 등 적절한 훈련여건을 갖추고 있음을 증명할 수 있을 것	○	○	○	○
너. 정비규정 별표 37에서 정한 사항에 대한 모든 절차 등이 적절하게 정해져 있을 것	○	○	○	○
더. 그 밖에 국토교통부장관이 정하는 사항	○	○	○	○

2. 현장검사 기준

검사 항목 및 검사 기준	적용 대상 사업자			
	항공운송사업			항공기 사용사업
	국제	국내	소형	
가. 지상의 고정 및 이동시설·장비 검사 주 운항기지, 주 정비기지, 국내외 취항공항 및 교체공항(국토교통부장관 또는 지방항공청장이 지정하는 곳만 해당한다)의 지상시설·장비, 인력 및 훈련프로그램 등이 신청자가 인가받으려는 운항을 하기에 적합하게 갖추어져 있을 것	○	○	○	○
나. 운항통제조직의 운영 운항통제, 운항 감독방법, 운항관리사의 배치와 임무 배정 등이 안전운항을 위하여 적절하게 이루어지고 있을 것	○	○	○	○
다. 정비검사시스템의 운영 정비방법·기준 및 검사절차 등이 적합하게 갖추어져 있을 것	○	○	○	○
라. 항공종사자 자격증명 검사 조종사·항공기관사·운항관리사 및 정비사의 자격증명 소지 등 자격관리가 적절히 이루어지고 있을 것	○	○	○	○
마. 훈련프로그램 평가 1) 훈련시설, 훈련스케줄 및 교과목 등이 적절히 짜여져 있고 실행되고 있음을 증명할 것 2) 운항승무원에 대한 훈련과정이 기초훈련, 비상절차훈련, 지상훈련, 비행훈련 및 항공기 차이점훈련을 포함하여 효과적으로 짜여져 있고 자격을 갖춘 교관이 훈련시키고 있음을 증명할 것 3) 검열운항승무원 및 비행교관 훈련과정이 적절하게 짜여져 있고 그대로 실행하고 있을 것 4) 객실승무원 훈련과정이 기초훈련, 비상절차훈련 및 지상훈련을 포함하여 적절하게 짜여져 있고 그대로 실행하고 있음을 증명할 것. 다만, 화물기 및 소형항공운송사업의 경우에는 적용하지 않는다. 5) 운힝관리사의 훈련과정이 적절하게 짜여져 있고 그대로 실행되고 있음을 증명할 것 6) 위험물취급훈련 및 보안훈련과정이 적절하게 짜여져 있고 그대로 실행되고 있음을 증명할 것 7) 정비훈련과정이 적절하게 짜여져 있고 그대로 실행되고 있음을 증명할 것	○	○	○	해당될 경우 적용
바. 비상탈출 시현 비상상황에서 비상탈출 및 구명장비의 사용 등 운항승무원 및 객실승무원이 취해야 할 조치를 적절하게 할 수 있음을 시범 보일 것	○	○	해당될 경우 적용	–
사. 비상착수 시현 수면 위로 비행하게 될 항공기의 기종과 모델별로 비상착수 시 비상장비의 사용 등 필요한 조치를 적절하게 할 수 있음을 시범 보일 것	○	○	해당될 경우 적용	–
아. 기록 유지·관리 검사 1) 운항승무원 훈련, 비행시간·휴식시간, 자격관리 등 운항 관련 기록이 적절하게 유지 및 관리되고 있을 것 2) 항공기기록, 직원훈련, 자격관리 및 근무시간 제한 등 정비 관련 기록이 적절하게 관리·유지되고 있을 것 3) 비행기록(Flight Records)이 적절하게 유지되고 있을 것	○	○	○	○
자. 항공기 운항검사(Flight Operations Inspection) 비행 전(Pre-flight), 비행 중(In-flight) 및 비행 후(Post-flight)의 모든 운항절차가 적절하게 이루어지고 있음을 시범 보일 것	○	○	○	–
차. 객실승무원 직무능력 평가 비행 중 객실 내 안전업무를 수행하기에 적절한 능력을 보유하고 있음을 시범 보일 것	○	○	해당될 경우 적용	–

검사 항목 및 검사 기준	적용 대상 사업자			
	항공운송사업			항공기 사용사업
	국제	국내	소형	
카. 항공기 적합성 검사(Aircraft Conformity Inspection) 항공기가 안전하게 비행할 수 있는 성능을 유지하고 있음을 증명할 것	○	○	○	○
타. 주요 간부직원에 대한 직무지식에 관한 인터뷰 검사관이 실시하는 주요 보직자에 대한 무작위 인터뷰 시 해당직무에 대한 이해와 필요한 지식을 보유하고 있음을 증명할 것	○	○	○	○

항공안전법 시행규칙 [별표 34] 〈개정 2021. 6. 9.〉

항공운송사업자 등의 운항증명 취소 등 행정처분기준(제264조제1항 관련)

1. 일반기준

가. 운항정지일수 산정

1) 국토교통부장관은 둘 이상의 위반행위가 발생한 경우에는 각 위반행위별 운항정지일수를 합산하여 산정하되, 가장 무거운 위반행위에 대한 처분기준이 운항증명 취소인 경우 운항증명을 취소한다. 다만, 다음의 어느 하나에 해당하는 경우에는 다음의 기준에 따라 운항정지일수를 산정한다.

가) 하나의 행위로 둘 이상의 위반행위가 발생한 경우 그 중 무거운 처분의 기준에 따르되, 그 기준의 2분의 1의 범위에서 가중하여 산정한다.

나) 하나의 비행 편에서 둘 이상의 위반행위가 발생한 경우 그 중 무거운 처분의 기준에 따르되, 그 기준의 3분의 2의 범위에서 가중하여 산정한다.

다) 같은 위반행위가 연속하여 2회 이상 발생한 경우 1회의 위반행위로 보아 처분하되, 위반횟수 등을 고려하여 100분의 100의 범위에서 가중하여 처분한다. 다만, 위반사실을 인지하고도 같은 행위를 반복한 경우에는 위반횟수 별로 합산하여 처분한다.

2) 1)다)에서 "같은 위반행위"란 제2호의 같은 목(세부유형이 분류되어 있는 경우에는 그 세부유형)의 위반행위를 말한다. 다만, 제2호고목2)·3), 같은 호 소목2)·3), 같은 호 조목2)·3) 및 같은 호 누목2)·3)의 경우에는 별표 35의 세부유형이 같은 위반행위를 말한다.

3) 제2호수목1)부터 17)까지의 규정에 따른 항공기 운항정지처분을 부과하는 경우(국제항공운송사업자와 국내항공운송사업자만 해당한다) 중상자 2명을 사망자 1명으로 보되, 소수점 이하는 버린다.

나. 운항정지일수의 조정

1) 다음의 어느 하나에 해당하는 경우에는 가목 및 제2호에 따라 산정된 운항정지일수를 3분의 2의 범위에서 줄일 수 있다. 다만, 과징금을 체납하고 있는 위반행위자의 경우에는 그렇지 않다.

가) 항공안전에 대한 위험을 피하기 위한 부득이한 사유가 있는 경우

나) 「공항시설법」 제2조제7호·제8호 및 같은 법 시행령 제3조에 따른 공항시설 및 비행장시설의 미비·장애, 항공기에 사용한 부품의 결함 및 항공기 정비 등을 위해 사용한 장비 등의 오작동 등 외부적인 상황으로 위반행위가 발생한 경우

다) 위반행위 후 적절한 후속조치를 하여 항공안전에 대한 위험을 감소시키거나 제도개선 등 재발방지를

위한 적절한 조치를 한 경우

라) 「항공사업법」 제63조에 따른 항공교통서비스의 안전성 평가에서 매우우수를 받거나, 법 제58조제3항에 따른 항공안전관리시스템의 충실한 구축·운영, 소속 종사자 등에 대한 교육훈련 등 사고예방 활동을 충실히 수행했다고 인정되는 경우

마) 항공수요의 변화, 천재지변 등으로 항공사업자의 재정상황 등이 심각하게 악화된 경우

바) 그 밖에 위반행위의 정도, 위반행위의 동기와 그 결과 등을 고려하여 운항정지일수를 줄일 필요가 있다고 인정되는 경우

2) 다음의 어느 하나에 해당하는 경우에는 가목 및 제2호에 따라 산정된 운항정지일수를 3분의 2의 범위에서 늘릴 수 있다. 다만, 늘리는 경우에도 180일을 넘을 수 없다.

가) 위반행위로 인명 또는 재산피해가 발생한 경우(제2호수목의 위반행위로 운항정지일수가 산정되는 경우는 제외한다)

나) 다른 항공기의 운항안전 또는 공중(公衆)에 상당한 영향을 미친 경우

다) 현장 책임자 또는 관리자가 소속 종사자 등의 위반을 방조 또는 강요하거나 교육 소홀, 안전정보 미제공 등 관리·감독상의 책임이 큰 경우

라) 항공기의 운항정지처분이나 과징금을 부과받은 날부터 2년 이내에 같은 위반행위를 한 경우

마) 가목1)다)에 따른 같은 위반행위가 연속하여 2회 이상 발생한 경우로서 해당 위반행위가 7일 이상 이어진 경우

바) 법 제60조에 따른 사실조사 및 법 제132조에 따른 항공안전 활동을 방해하거나 위반사실을 은폐·축소·조작·변조하거나 하려고 한 경우

사) 그 밖에 위반행위의 정도, 위반행위의 동기와 그 결과 등을 고려하여 운항정지일수를 늘릴 필요가 있다고 인정되는 경우

2. 개별기준

위반행위	근거 법조문	사업 종류별 처분 내용		
		국내·국제 항공운송사업	소형항공 운송사업	항공기 사용사업
가. 거짓이나 그 밖의 부정한 방법으로 운항증명을 받은 경우(항공기사용사업자의 경우에는 법 제96조제1항에서 준용하는 법 제90조에 따라 운항증명을 받아야하는 항공기사용사업자만 해당한다)	법 제91조제1항 제1호 및 제95조제1항	운항증명 취소	운항증명 취소	운항증명 취소
나. 법 제18조제1항을 위반하여 국적·등록기호 및 소유자등의 성명 또는 명칭을 표시하지 아니한 항공기를 운항한 경우	법 제91조제1항제2호 및 제95조제1항·제2항	항공기 운항정지 5일	항공기 운항정지 5일	항공기 운항정지 5일
다. 법 제23조제3항을 위반하여 감항증명을 받지 아니한 항공기를 항공에 사용한 경우	법 제91조제1항제3호 및 제95조제1항·제2항	항공기 운항정지 30일	항공기 운항정지 30일	항공기 운항정지 30일
라. 법 제23조제9항에 따른 항공기의 감항성 유지를 위한 항공기등, 장비품 또는 부품에 대한 정비등에 관한 감항성개선지시 또는 그 밖에 검사·정비등의 명령을 이행하지 아니하고 이를 운항 또는 항공기등에 사용한 경우	법 제91조제1항제4호 및 제95조제1항·제2항	항공기 운항정지 20일	항공기 운항정지 20일	항공기 운항정지 20일
마. 법 제25조제2항을 위반하여 소음기준적합증명을 받지 아니하거나 항공기기술기준에 적합하지 아니한 항공기를 운항한 경우	법 제91조제1항제5호 및 제95조제1항·제2항	항공기 운항정지 20일	항공기 운항정지 20일	항공기 운항정지 20일
바. 법 제26조를 위반하여 변경된 항공기기술기준을 따르도록 한 요구에 따르지 아니한 경우	법 제91조제1항제6호 및 제95조제1항·제2항	항공기 운항정지 20일	항공기 운항정지 20일	항공기 운항정지 20일
사. 법 제27조제3항을 위반하여 기술표준품형식승인을 받지 아니한 기술표준품을 항공기등에 사용한 경우	법 제91조제1항제7호 및 제95조제1항·제2항	항공기 운항정지 20일	항공기 운항정지 20일	항공기 운항정지 20일
아. 법 제28조제3항을 위반하여 부품등제작자증명을 받지 아니한 장비품 또는 부품을 항공기등 또는 장비품에 사용한 경우	법 제91조제1항제8호 및 제95조제1항·제2항	항공기 운항정지 20일	항공기 운항정지 20일	항공기 운항정지 20일
자. 법 제30조제2항을 위반하여 수리·개조승인을 받지 아니한 항공기등을 운항하거나 장비품·부품을 항공기등에 사용한 경우	법 제91조제1항제9호 및 제95조제1항·제2항	항공기 운항정지 7일	항공기 운항정지 7일	항공기 운항정지 7일
차. 법 제32조제1항을 위반하여 정비등을 한 항공기등, 장비품 또는 부품에 대하여 감항성을 확인받지 아니하고 운항 또는 항공기등에 사용한 경우	법 제91조제1항제10호 및 제95조제1항·제2항	항공기 운항정지 20일	항공기 운항정지 20일	항공기 운항정지 20일
카. 법 제42조를 위반하여 법 제40조제2항에 따른 자격증명의 종류별 항공신체검사증명의 기준에 적합하지 아니한 운항승무원을 항공업무에 종사하게 한 경우	법 제91조제1항제11호 및 제95조제1항·제2항	항공기 운항정지 7일	항공기 운항정지 7일	항공기 운항정지 7일
타. 법 제51조를 위반하여 국토교통부령으로 정한 무선설비를 설치하지 아니한 항공기 또는 설치한 무선설비가 운용되지 아니하는 항공기를 운항한 경우	법 제91조제1항제12호 및 제95조제1항·제2항	항공기 운항정지 7일	항공기 운항정지 7일	항공기 운항정지 7일
파. 법 제52조를 위반하여 항공기에 항공계기등을 설치하거나 탑재하지 아니하고 운항하거나, 그 운용방법 등을 따르지 아니한 경우	법 제91조제1항제13호 및 제95조제1항·제2항	항공기 운항정지 5일	항공기 운항정지 5일	항공기 운항정지 5일
하. 법 제53조를 위반하여 항공기에 국토교통부령으로 정하는 양의 연료를 싣지 아니하고 운항한 경우	법 제91조제1항제14호 및 제95조제1항·제2항	항공기 운항정지 7일	항공기 운항정지 7일	항공기 운항정지 7일

위반행위	근거 법조문	사업 종류별 처분 내용		
		국내·국제 항공운송사업	소형항공 운송사업	항공기 사용사업
거. 법 제54조를 위반하여 항공기를 운항하거나 야간에 비행장에 주기 또는 정박시키는 경우에 국토교통부령으로 정하는 바에 따라 등불로 항공기의 위치를 나타내지 아니한 경우	법 제91조제1항제15호 및 제95조제1항·제2항	항공기 운항정지 3일	항공기 운항정지 3일	항공기 운항정지 3일
너. 법 제55조를 위반하여 국토교통부령으로 정하는 비행경험이 없는 운항승무원에게 항공기를 운항하게 하거나 계기비행·야간비행 또는 조종교육의 업무에 종사하게 한 경우	법 제91조제1항제16호 및 제95조제1항·제2항	항공기 운항정지 5일	항공기 운항정지 5일	항공기 운항정지 5일
더. 법 제56조제1항을 위반하여 소속 승무원 또는 운항관리사의 피로를 관리하지 아니한 경우	법 제91조제1항제17호 및 제95조제1항·제2항	항공기 운항정지 5일	항공기 운항정지 5일	항공기 운항정지 5일
러. 법 제56조제2항을 위반하여 국토교통부장관의 승인을 받지 아니하고 피로위험관리시스템을 운용하거나 중요사항을 변경한 경우	법 제91조제1항제18호 및 제95조제1항·제2항	항공기 운항정지 5일	항공기 운항정지 5일	항공기 운항정지 5일
머. 법 제57조제1항을 위반하여 항공종사자 또는 객실승무원이 주류등의 영향으로 항공업무 또는 객실승무원의 업무를 정상적으로 수행할 수 없는 상태에서 항공업무 또는 객실승무원의 업무에 종사하게 한 경우	법 제91조제1항제19호 및 제95조 제1항·제2항	항공기 운항정지 7일	항공기 운항정지 7일	항공기 운항정지 7일
버. 법 제58조제2항을 위반하여 다음 각 목의 어느 하나에 해당하는 경우	법 제91조제1항제20호 및 제95조제1항·제2항			
1) 사업을 시작하기 전까지 항공안전관리시스템을 마련하지 아니한 경우		항공기 운항정지 7일	항공기 운항정지 7일	항공기 운항정지 7일
2) 승인을 받지 아니하고 항공안전관리시스템을 운용한 경우		항공기 운항정지 7일	항공기 운항정지 7일	항공기 운항정지 7일
3) 항공안전관리시스템을 승인받은 내용과 다르게 운용한 경우		항공기 운항정지 7일	항공기 운항정지 7일	항공기 운항정지 7일
4) 승인을 받지 아니하고 국토교통부령으로 정하는 중요 사항을 변경한 경우		항공기 운항정지 7일	항공기 운항정지 7일	항공기 운항정지 7일
서. 법 제62조제5항 단서를 위반하여 항공기사고, 항공기준사고 또는 의무보고 대상 항공안전장애가 발생한 경우에 국토교통부령으로 정하는 바에 따라 발생 사실을 보고하지 않은 경우	법 제91조제1항제21호 및 제95조제1항·제2항			
1) 항공기사고 발생 사실을 국토교통부령으로 정하는바에 따라 보고하지 않은 경우		항공기 운항정지 7일	항공기 운항정지 7일	항공기 운항정지 7일
2) 항공기준사고 발생 사실을 국토교통부령으로 정하는바에 따라 보고하지 않은 경우		항공기 운항정지 5일	항공기 운항정지 5일	항공기 운항정지 5일
3) 의무보고 대상 항공안전장애 발생 사실을 국토교통부령으로 정하는바에 따라 보고하지 않은 경우		항공기 운항정지 3일	항공기 운항정지 3일	항공기 운항정지 3일
어. 법 제63조제4항에 따라 자격인정 또는 심사를 할 때 소속 기장 또는 기장 외의 조종사에 대하여 부당한 방법으로 자격인정 또는 심사를 한 경우	법 제91조제1항제22호 및 제95조제1항·제2항	항공기 운항정지 5일	항공기 운항정지 5일	항공기 운항정지 5일
저. 법 제63조제7항을 위반하여 운항하려는 지역, 노선 및 공항에 대한 경험요건을 갖추지 않은 기장에게 운항을 하게 한 경우	법 제91조제1항제23호 및 제95조제1항·제2항	항공기 운항정지 5일	항공기 운항정지 5일	
처. 법 제65조제1항을 위반하여 운항관리사를 두지 않은 경우	법 제91조제1항제24호	항공기 운항정지 5일	항공기 운항정지 5일	
커. 법 제65조제3항을 위반하여 국토교통부령으로 정하는 바에 따라 운항관리사가 해당 업무를 수행하는 데에 필요한 교육훈련을 하지 아니하고 해당 업무에 종사하게 한 경우	법 제91조제1항제25호	항공기 운항정지 3일	항공기 운항정지 3일	

위반행위	근거 법조문	사업 종류별 처분 내용		
		국내·국제 항공운송사업	소형항공 운송사업	항공기 사용사업
터. 법 제66조를 위반하여 이륙·착륙 장소가 아닌 곳에서 항공기를 이륙하거나 착륙하게 한 경우	법 제91조제1항제26호 및 제95조제1항·제2항	항공기 운항정지 7일	항공기 운항정지 7일	항공기 운항정지 7일
퍼. 법 제68조를 위반하여 같은 조 각 호의 어느 하나에 해당하는 비행 또는 행위를 하게 한 경우	법 제91조제1항제27호 및 제95조제1항·제2항	항공기 운항정지 7일	항공기 운항정지 7일	항공기 운항정지 7일
허. 법 제70조제1항을 위반하여 허가를 받지 아니하고 항공기를 이용하여 위험물을 운송한 경우	법 제91조제1항제28호 및 제95조제1항·제2항	항공기 운항정지 10일	항공기 운항정지 10일	항공기 운항정지 10일
고. 법 제70조제3항을 위반하여 국토교통부장관이 고시하는 위험물취급의 절차 및 방법에 따르지 않고 위험물을 취급한 경우	법 제91조제1항제29호 및 제95조제1항·제2항			
1) 다음의 어느 하나에 해당하는 경우 가) 항공운송이 절대 금지된 위험물을 접수하여 취급한 경우 나) 위험물취급기준의 적용 면제절차를 따르지 않은 경우 다) 위험물이 포함된 화물컨테이너나 단위 적재용기를 접수하여 취급한 경우 라) 격리 대상 위험물을 격리하지 않고 적재하여 운송한 경우 마) 폭발성 물질을 격리 구분에 따르지 않고 보관 또는 적재하거나 운송한 경우 바) 화물기로만 운송해야 할 위험물을 여객기로 운송한 경우 사) 위험물의 적재 및 결박 규정을 준수하지 않고 위험물을 적재하여 운송한 경우 아) 위험물이 누출되거나 포장 및 용기가 손상된 상태로 위험물을 항공기로 운송한 경우 자) 운항승무원에게 위험물 적재정보를 제공하지 않은 경우 차) 방사성 물질의 취급 및 운송규정을 준수하지 않은 경우		항공기 운항정지 30일	항공기 운항정지 30일	항공기 운항정지 30일
2) 1) 외의 중요한 사항을 준수하지 않은 경우		항공기 운항정지 7일	항공기 운항정지 7일	항공기 운항정지 7일
3) 1) 및 2) 외의 경미한 사항을 준수하지 않은 경우		항공기 운항정지 3일	항공기 운항정지 3일	항공기 운항정지 3일
노. 법 제72조제1항을 위반하여 위험물취급에 관한 교육을 받지 아니한 사람에게 위험물취급을 하게 한 경우	법 제91조제1항제30호 및 제95조제1항·제2항	항공기 운항정지 7일	항공기 운항정지 7일	항공기 운항정지 7일
도. 법 제74조제1항을 위반하여 승인을 받지 아니하고 비행기를 운항한 경우	법 제91조제1항제31호	항공기 운항정지 30일	항공기 운항정지 30일	
로. 법 제75조제1항을 위반하여 승인을 받지 아니하고 같은 항 각 호의 어느 하나에 해당하는 공역에서 항공기를 운항한 경우	법 제91조제1항제32호 및 제95조제1항·제2항	항공기 운항정지 5일	항공기 운항정지 5일	항공기 운항정지 5일
모. 법 제76조제1항을 위반하여 국토교통부령으로 정하는 바에 따라 운항의 안전에 필요한 승무원을 태우지 아니하고 항공기를 운항한 경우	법 제91조제1항제33호 및 제95조 제1항·제2항	항공기 운항정지 7일	항공기 운항정지 7일	항공기 운항정지 7일
보. 법 제76조제3항을 위반하여 항공기에 태우는 승무원에 대하여 해당 업무를 수행하는 데 필요한 교육훈련을 하지 아니한 경우	법 제91조제1항제34호 및 제95조제1항·제2항	항공기 운항정지 7일	항공기 운항정지 7일	항공기 운항정지 7일
소. 법 제77조제2항을 위반하여 같은 조 제1항에 따른 운항기술기준을 준수하지 아니하고 운항하거나 업무를 한 경우	법 제91조제1항제35호 및 제95조제1항·제2항			
1) 다음의 어느 하나에 해당하는 경우 가) 감항성에 적합하지 않은 항공기를 운항한 경우 나) 회항시간 연장운항을 위한 비행요건을 충족하지 않고 비행기를 운항한 경우		항공기 운항정지 30일	항공기 운항정지 30일	항공기 운항정지 30일

위반행위	근거 법조문	사업 종류별 처분 내용		
		국내·국제 항공운송사업	소형항공 운송사업	항공기 사용사업
2) 1) 외에 비행규칙 등 중요한 사항을 준수하지 않은 경우		항공기 운항정지 7일	항공기 운항정지 7일	항공기 운항정지 7일
3) 1) 및 2) 외에 기록물의 보관 등 경미한 사항을 준수하지 않은 경우		항공기 운항정지 3일	항공기 운항정지 3일	항공기 운항정지 3일
오. 법 제90조제1항(법 제96조제1항에서 준용하는 경우를 포함한다)을 위반하여 운항증명을 받지 아니하고 운항을 시작한 경우(항공기사용사업자의 경우에는 법 제96조제1항에서 준용하는 법 제90조에 따라 운항증명을 받아야하는 항공기사용사업자만 해당한다)	법 제91조제1항제36호 및 제95조제1항	항공기 운항정지 30일	항공기 운항정지 30일	항공기 운항정지 30일
조. 법 제90조제4항(법 제96조제1항에서 준용하는 경우를 포함한다)을 위반하여 운영기준을 준수하지 아니한 경우(항공기사용사업자의 경우에는 법 제96조제1항에서 준용하는 법 제90조에 따라 운항증명을 받아야하는 항공기사용사업자만 해당한다)	법 제91조제1항제37호 및 제95조제1항			
1) 다음의 어느 하나에 해당하는 경우 가) 인가받은 운항의 종류를 위반하여 운항한 경우 나) 항공로·공항의 운항조건 및 제한사항을 위반한 경우 다) 장비품 등의 사용한계시간을 초과하여 장비품 등을 사용한 경우 라) 부식방지프로그램에 따라 항공기의 부식관리 및 정비를 하지 않고 항공기를 운항한 경우		항공기 운항정지 30일	항공기 운항정지 30일	항공기 운항정지 30일
2) 1) 외에 항공기 중량배분을 위한 방법 등 중요한 사항을 준수하지 않은 경우		항공기 운항정지 7일	항공기 운항정지 7일	항공기 운항정지 7일
3) 1) 및 2) 외에 지상 제빙(除氷)·방빙(防氷) 또는 신뢰성관리프로그램 등 경미한 사항을 준수하지 않은 경우		항공기 운항정지 3일	항공기 운항정지 3일	항공기 운항정지 3일
초. 법 제90조제5항(법 제96조제1항에서 준용하는 경우를 포함한다)을 위반하여 안전운항체계를 유지하지 아니하거나 변경된 안전운항체계를 검사받지 아니하고 항공기를 운항한 경우(항공기사용사업자의 경우에는 법 제96조제1항에서 준용하는 법 제90조에 따라 운항증명을 받아야하는 항공기사용사업자만 해당한다)	법 제91조제1항제38호 및 제95조제1항	항공기 운항정지 7일	항공기 운항정지 7일	항공기 운항정지 7일
코. 법 제90조제7항(법 제96조제1항에서 준용하는 경우를 포함한다)을 위반하여 항공기 또는 노선운항의 정지처분에 따르지 아니하고 항공기를 운항한 경우(항공기사용사업자의 경우에는 법 제96조제1항에서 준용하는 법 제90조에 따라 운항증명을 받아야하는 항공기사용사업자만 해당한다)	법 제91조제1항제39호 및 제95조제1항	운항증명 취소	운항증명 취소	운항증명 취소
토. 법 제93조제1항 본문(법 제96조제2항에서 준용하는 경우를 포함한다)을 위반하여 국토교통부장관의 인가를 받지 아니하고 운항규정 또는 정비규정을 마련한 경우	법 제91조제1항제40호 및 제95조제1항·제2항	항공기 운항정지 30일	항공기 운항정지 30일	항공기 운항정지 30일
포. 법 제93조 제2항 단서(법 제96조제2항에서 준용하는 경우를 포함한다)를 위반하여 국토교통부령으로 정하는 중요사항을 변경한 경우	법 제91조제1항제40호 및 제95조제1항·제2항	항공기 운항정지 7일	항공기 운항정지 7일	항공기 운항정지 7일
호. 법 제93조제2항 본문(법 제96조제2항에서 준용하는 경우를 포함한다)을 위반하여 국토교통부장관에게 신고하지 아니하고 운항규정 또는 정비규정을 변경한 경우	법 제91조제1항제41호 및 제95조제1항·제2항	항공기 운항정지 7일	항공기 운항정지 7일	항공기 운항정지 7일
구. 법 제93조제7항 전단(법 제96조제2항에서 준용하는 경우를 포함한다)을 위반하여 같은 조 제1항 본문 또는 제2항 단서에 따라 인가를 받거나 같은 조 제2항 본문에 따라 신고한 운항규정 또는 정비규정을 해당 종사자에게 제공하지 아니한 경우	법 제91조제1항제42호 및 제95조제1항·제2항	항공기 운항정지 3일	항공기 운항정지 3일	항공기 운항정지 3일

위반행위	근거 법조문	사업 종류별 처분 내용		
		국내·국제 항공운송사업	소형항공 운송사업	항공기 사용사업
누. 법 제93조제7항 후단(법 제96조제2항에서 준용하는 경우를 포함한다)을 위반하여 같은 조 제1항 본문 또는 제2항 단서에 따라 인가를 받거나 같은 조 제2항 본문에 따라 신고한 운항규정 또는 정비규정을 준수하지 아니하고 항공기를 운항하거나 정비한 경우	법 제91조제1항제43호 및 제95조제1항·제2항			
1) 다음의 어느 하나에 해당하는 경우 가) 성능기반항행요구공역(PBN)의 운항을 위한 요건 등을 위반하여 운항한 경우 나) 인가받은 항공종사자 훈련프로그램을 위반한 경우 다)정기점검을 수행하지 않고 항공기를 운항한 경우 라) 정밀계기접근비행의 요건을 갖추지 않고 정밀접근계기비행을 한 경우 마) 최소장비목록(MEL)을 위반하여 작동하지 않는 계기 및 장비를 갖춘 항공기를 운항한 경우		항공기 운항정지 30일	항공기 운항정지 30일	항공기 운항정지 30일
2) 1) 외에 정비작업 미수행 등 중요한 사항을 위반한 경우		항공기 운항정지 7일	항공기 운항정지 7일	항공기 운항정지 7일
3) 1) 및 2) 외에 보고의 누락 등 경미한사항을 위반한 경우		항공기 운항정지 3일	항공기 운항정지 3일	항공기 운항정지 3일
두. 법 제94조 각 호(법 제96조제2항에서 준용하는 경우를 포함한다)에 따른 항공운송의 안전을 위한 명령을 따르지 아니한 경우	법 제91조제1항제44호 및 제95조제1항·제2항	항공기 운항정지 10일	항공기 운항정지 10일	항공기 운항정지 10일
루. 법 제132조제1항에 따라 업무(항공안전 활동을 수행하기 위한 것만 해당한다)에 관한 보고를 하지 아니하거나 서류를 제출하지 아니하는 경우 또는 거짓으로 보고하거나 서류를 제출한 경우	법 제91조제1항제45호 및 제95조제1항·제2항	항공기 운항정지 5일	항공기 운항정지 5일	항공기 운항정지 5일
무. 법 제132조제2항에 따른 항공기 등에의 출입이나 장부·서류 등의 검사(항공안전 활동을 수행하기 위한 것만 해당한다)를 거부·방해 또는 기피한 경우	법 제91조제1항제46호 및 제95조제1항·제2항	항공기 운항정지 5일	항공기 운항정지 5일	항공기 운항정지 5일
부. 법 제132조제2항에 따른 관계인에 대한 질문(항공안전 활동을 수행하기 위한 것만 해당한다)에 답변하지 아니하거나 거짓으로 답변한 경우	법 제91조제1항제47호 및 제95조제1항·제2항	항공기 운항정지 5일	항공기 운항정지 5일	항공기 운항정지 5일
수. 고의 또는 중대한 과실에 의하여 또는 항공종사자의 선임·감독에 관하여 상당한 주의의무를 게을리하여 항공기사고를 발생시킨 경우	법 제91조제1항제48호 및 제95조제1항·제2항			
1) 해당 항공기사고로 인한 사망자가 200명 이상인 경우		운항증명취소 또는 항공기 운항정지 180일		
2) 해당 항공기사고로 인한 사망자가 150명 이상 200명 미만인 경우		항공기 운항정지 150일 이상 180일 미만		
3) 해당 항공기사고로 인한 사망자가 100명 이상 150명 미만인 경우		항공기 운항정지 120일 이상 150일 미만		
4) 해당 항공기사고로 인한 사망자가 50명 이상 100명 미만인 경우		항공기 운항정지 90일 이상 120일 미만		

위반행위	근거 법조문	사업 종류별 처분 내용		
		국내·국제 항공운송사업	소형항공 운송사업	항공기 사용사업
5) 해당 항공기사고로 인한 사망자가 50명 이상인 경우			운항증명 취소 또는 항공기 운항정지 180일	
6) 해당 항공기사고로 인한 사망자가 10명 이상 50명 미만인 경우		항공기 운항정지 60일 이상 90일 미만	항공기 운항정지 150일 이상 180일 미만	
7) 해당 항공기사고로 인한 사망자가 10명 미만인 경우		항공기 운항정지 30일 이상 60일 미만		
8) 해당 항공기사고로 인한 사망자가 10명 이상인 경우				운항증명 취소 또는 항공기 운항정지 180일
9) 해당 항공기사고로 인한 사망자가 5명 이상 10명 미만인 경우			항공기 운항정지 120일 이상 150일 미만	항공기 운항정지 150일 이상 180일 미만
10) 해당 항공기사고로 인한 사망자가 5명 미만인 경우			항공기 운항정지 90일 이상 120일 미만	항공기 운항정지 120일 이상 150일 미만
11) 해당 항공기사고로 인한 중상자가 30명 이상인 경우			항공기 운항정지 90일	항공기 운항정지 90일
12) 해당 항공기사고로 인한 중상자가 20명 이상 30명 미만인 경우			항공기 운항정지 60일 이상 90일 미만	항공기 운항정지 60일 이상 90일 미만
13) 해당 항공기사고로 인한 중상자가 10명 이상 20명 미만인 경우			항공기 운항정지 30일 이상 60일 미만	항공기 운항정지 30일 이상 60일 미만
14) 해당 항공기사고로 인한 중상자가 10명 미만인 경우			항공기 운항정지 20일 이상 30일 미만	항공기 운항정지 20일이상 30일 미만
15) 해당 항공기사고로 인한 항공기 또는 제3자의 재산피해가 100억원 이상인 경우		항공기 운항정지 30일	항공기 운항정지 30일	항공기 운항정지 30일
16) 해당 항공기사고로 인한 항공기 또는 제3자의 재산피해가 50억원 이상 100억원 미만인 경우		항공기 운항정지 20일 이상 30일 미만	항공기 운항정지 20일 이상 30일 미만	항공기 운항정지 20일 이상 30일 미만

위반행위	근거 법조문	사업 종류별 처분 내용		
		국내·국제 항공운송사업	소형항공 운송사업	항공기 사용사업
17) 해당 항공기사고로 인한 항공기 또는 제3자의 재산피해가 10억원 이상 50억원 미만인 경우		항공기 운항정지 15일 이상 20일 미만	항공기 운항정지 15일 이상 20일미만	항공기 운항정지 15일 이상 20일미만
18) 경미한 항공기사고[1)부터 17)까지에 해당하지 않는 항공기사고를 말한다. 이하 19) 및 20)에서 같다]가 비행횟수 3만 회 이내에 5회 이상인 경우		항공기 운항정지 30일		
19) 경미한 항공기사고가 비행횟수 3만 회 이내에 4회인 경우		항공기 운항정지 20일		
20) 경미한 항공기사고가 비행횟수 3만 회 이내에 3회인 경우		항공기 운항정지 15일		
우. 법 제91조에 따른 항공기 운항의 정지기간에 운항한 경우	법 제91조제1항제49호 및 제95조제1항	운항증명 취소	운항증명 취소	운항증명 취소

항공안전법 시행규칙 [별표 35] 〈개정 2021. 11. 19.〉

위반행위의 세부유형(제265조 관련)

1. 법 제70조제3항에 따른 위험물취급의 방법 및 절차 위반행위 중 영 별표 3 제2호 허목2)·3) 및 이 규칙 별표 34 고목2)·3)에 따른 중요한 사항과 경미한 사항의 위반행위는 다음과 같이 구분한다.

가. 중요한 사항 위반행위

1) 위험물을 항공우편물로 운송한 경우(항공우편으로 운송 가능한 위험물은 제외한다)
2) 위험물 항공운송에 대한 보안계획을 수립하지 않은 경우
3) 위험물 운송서류를 첨부하지 않은 위험물을 접수하여 취급한 경우
4) 위험물을 여객기의 객실이나 또는 조종실에 탑재하여 운송한 경우(승무원 및 승객의 위험물 탑재규정에 따라 탑재가 허용되는 것은 제외한다)
5) 서로 위험한 반응을 일으킬 수 있는 격리 대상 위험물을 격리 구분하여 보관하지 않은 경우
6) '화물기 외 운송 금지(CAO)'라벨이 부착된 위험물을 여객기에 탑재한 경우
7) 운항 중 위험물에 의한 비상상황 발생 시 기장이 위험물 관련 정보를 제공하지 않은 경우
8) 보고의무가 있는 위험물사고 또는 준사고의 발생 보고를 하지 않은 경우
9) 신고하지 않았거나 잘못 신고한 위험물을 발견하고도 이를 신고하지 않은 경우
10) 위험물접수절차를 준수하지 아니하여 미신고 위험물이 반입되어 운송된 경우
11) 운항승무원에게 위험물운송 관련 비상대응지침/정보를 제공하지 않은 경우
12) 위험물 항공운송에 대한 보안계획을 준수하지 않은 경우

나. 경미한 사항 위반행위

1) 소량위험물의 취급규정을 준수하지 않은 경우
2) 유엔번호 또는 항공위험물운송기술기준에 따라 분류되지 않은 위험물을 취급한 경우
3) 위험물 표기 또는 표찰 규정을 준수하지 않은 위험물 포장물을 취급한 경우
4) 위험물 접수·점검목록상의 확인 내용을 누락하여 위험물을 접수한 경우
5) 완전하게 작성되지 않은 위험물 운송서류가 첨부된 위험물을 취급한 경우
6) 일반화물을 접수·보관하거나 항공기에 탑재할 때 위험물 표기 또는 표찰을 제거하지 않고 취급하는 경우
7) 액체 위험물이 들어 있는 포장물의 취급 및 적재규정을 준수하지 않은 경우
8) 위험물이 손상 또는 누출되었을 경우, 기술기준에 따라 안전조치를 하지 않은 경우
9) 위험물이 들어 있는 단위 적재용기의 위험물 인식 표시규정을 준수하지 않은 경우

10) 독성 또는 감염성 물질의 탑재규정을 준수하지 않은 경우
11) 자성 물질의 탑재규정을 준수하지 않은 경우
12) 드라이아이스의 탑재규정을 준수하지 않은 경우
13) 발포성 폴리메릭 비즈(Polymeric Beads)의 탑재규정을 준수하지 않은 경우
14) 자기 반응성 물질 또는 유기 과산화물의 취급방법을 준수하지 않은 경우
15) 기장통보서(NOTOC)에 위험물의 정보 또는 서명을 누락한 경우
16) 기장통보서(NOTOC)의 보관방법 또는 보관기간(1년)을 준수하지 않은 경우
17) 화물 접수, 보관 위험물 관련 장소에 위험물 운송과 관련한 정보를 담고 있는 게시물을 게시하지 않은 경우
18) 위험물 운송서류 보관기간(1년)을 준수하지 않은 경우
19) 항공사 홈페이지, 탑승권 발권구역, 항공기 탑승구역에 항공위험물의 항공기 반입금지 안내문이 잘 보이도록 게시하지 않은 경우
20) 그 밖에 항공운송사업자의 위험물 운송 책임에 관한 규정을 위반한 경우

2. 법 제77조제2항에 따른 운항기술기준 위반행위 중 영 별표 3 제2호보목2)·3) 및 이 규칙 별표 34 소목2)·3)에 따른 중요한 사항과 경미한 사항의 위반행위는 다음과 같이 구분한다.

가. 중요한 사항 위반행위

1) 착빙지역 또는 착빙이 예상되는 지역으로 운항하는 경우 제빙 또는 방빙과 관련된 규정을 위반하여 운항하거나, 운항승무원에게 적절한 제빙 및 방빙 교육을 이수하도록 하지 않은 경우
2) 해당 공항의 기상최저치 또는 표준이륙 최저치 미만에서 항공기를 운항한 경우
3) 근접비행 및 편대비행과 관련된 규정을 위반하여 항공기를 운항한 경우
4) 항공기로 모의계기비행을 하는 경우 운항기술기준에서 정한 요건을 충족하지 않거나, 항공운송사업을 위한 운항 시 모의계기비행을 하거나 비정상 및 비상상황을 모의하여 비행한 경우
5) 수면 위 또는 인적이 드문 지역의 상공 외의 지역에서 항공기 시험비행을 하거나, 통제구역 및 설정된 특정구역에서 제한조건을 준수하지 않거나, 허가를 받지 않고 항공기를 운항한 경우
6수직분리축소(RVSM)공역 또는 성능기반항행요구(PBN)공역 등으로 지정된 공역에서 운항절차 및 제한사항 등을 따르지 않고 항공기를 운항한 경우
7) 운항증명 소지자가 해당 운항에 필요한 자격증명을 갖추지 않은 항공종사자로 하여금 업무에 종사하게 한 경우
8) 항공기 조종실 출입과 관련된 규정 및 절차를 위반하여 출입시킨 경우
9) 관계 당국의 허가를 받은 경우를 제외하고, 비행계획서를 제출하지 않고 항공기를 이륙하도록 한 경우

10) 운항증명 소지자가 국토교통부장관 또는 지방항공청장으로부터 인가받은 각종 필수 교육과정을 이수하지 못하였거나 기량 또는 경력을 갖추지 못했거나, 자격심사 등을 이수하지 못한 운항승무원·객실승무원 또는 운항관리사에게 임무를 부여한 경우
11) 운항증명 소지자가 해당 항공기 형식에 대하여 자격 요건을 충족하지 못한 비행교관, 검열운항승무원, 객실승무원 교관(심사관, 감독관 포함) 및 운항관리사 교관에게 임무를 부여한 경우
12) 운항증명 소지자가 지정을 받지 못한 모의비행훈련장치를 훈련, 심사 또는 지정한 목적 외의 용도로 사용하거나, 승인 없이 외국의 항공운송사업자 또는 훈련기관에서 자국의 정부로부터 인가받은 훈련프로그램 및 모의비행훈련장치를 훈련 또는 심사에 사용한 경우
13) 운항증명 소지자가 항공업무종사자에 대한 훈련 및 심사에 관한 규정을 제정하여 국토교통부장관 또는 지방항공청장의 인가를 받지 않고 사용한 경우
14) 인가받지 않은 자에게 항공기등의 정비, 예방정비·수리 및 개조, 검사 또는 서비스 상태로 환원시키기 위한 확인행위를 하도록 하거나, 인가받은 업무범위를 초과하여 업무를 수행하게 한 경우
15) 운항증명 소지자가 국토교통부장관 또는 지방항공청장에게 운영기준변경신청서를 제출하지 않고 변경한 경우
16) 운항증명 소지자가 운항 및 정비 주기지를 유지하지 않은 경우
17) 운항증명 소지자가 조종실 음성기록장치와 비행기록장치 및 그 내용을 보관해야 하는 기간 동안 보관하지 않은 경우
18) 항공운송사업자가 국토교통부장관 또는 지방항공청장의 인가를 받지 않고 항공운송사업의 목적으로 항공기를 임차하여 사용한 경우
19) 운항증명 소지자가 국토교통부장관 또는 지방항공청장의 인가를 받지 않고 다른 운항증명 소지자와 항공기를 상호 교환하여 사용한 경우
20) 항공운송사업 중 여객운송을 목적으로 항공기를 운항하려는 자가 비상탈출 시범이 필요한 경우임에도 불구하고 비상탈출 시범을 보이지 않고 운항한 경우
21) 항공운송사업을 목적으로 하거나 특수운항지역을 운항하거나 특수항법시스템을 사용하는 항공기를 사용하려는 자가 사용 예정인 항공기 기종과 해당 운항방식에 적용되는 법규 및 규정에 따라 그 기종에 대한 시범비행을 성공적으로 수행하여 보이지 않고 운항한 경우
22) 운항증명 소지자가 운항 주기지에 운항지역 및 운항유형에 적합한 운항 지원시설 및 정비 지원시설을 두지 않거나 각 공항마다 항공기의 안전한 서비스와 조업에 적합한 지상조업시설을 마련하지 않은 경우
23) 운항증명 소지자가 승객을 수송하거나 지상에 주기하고 있는 항공기에 승객이 탑승하고 있을 때 운항기술기준에서 규정하고 있는 수의 객실승무원을 탑승시키지 않은 경우
24) 항공기 탑재 및 처리교범에 항공기 형식별로 항공기 조업 및 탑재에 대한 절차와 제한사항이 수록되어

있지 않은 경우

25) 운항증명 소지자가 비행 준비, 항공로 선정 및 공항 운항을 위한 결정을 할 때 사용하는 기상 보고자료 및 예보가 기상관서 또는 그 밖의 승인된 기관으로부터 인가를 받은 시스템이 아닌 경우

26) 운항증명 소지자가 항공기의 출발·관리 및 운항 상황 감시 등 운항관리를 하는 데 적합한 시스템을 운영하지 않거나 그 시스템을 국토교통부장관 또는 지방항공청장으로부터 인가를 받아 운영기준에 수록하지 않은 경우 및 운항관리센터에 자격이 있는 운항관리사를 배치하지 않은 경우

27) 운항증명 소지자가 국토교통부장관 또는 지방항공청장으로부터 인가를 받지 않고 별도의 특수항법을 사용하는 일부 노선을 운항한 경우

28) 운항하려는 공항 및 활주로 상태 등이 항공기의 안전운항에 위험을 줄 수 있는 상태임에도 불구하고 항공기를 운항하게 한 경우

29) 운항증명소지자가 항공기 보안 등 보안관리에 관한 절차 및 규정을 위반한 경우

30) 승객이 항공기에 탑승하고 있거나 탑승·하기(下機) 중 항공기에 연료를 보급하는 경우 준수해야 할 절차를 이행하지 않고 연료를 보급한 경우

31) 감항증명서를 위조하여 항공에 사용한 경우

32) 공수비행(空手飛行: 유상승객·화물 등을 싣지 않고 하는 비행) 또는 시험비행 허가를 받지 않고 비행한 경우

33) 항공정비사가 업무범위를 초과하여 항공기등의 정비를 한 경우

34) 국토교통부장관 또는 지방항공청장의 허가를 받지 않고 항공기 객실에 화물을 운송한 경우

35) 인가받지 않은 수리사업자가 수리한 장비품·부품을 항공에 사용한 경우

36) 감항성 개선 지시사항과 다른 방법으로 작업을 수행하고 항공기를 운항한 경우(국토교통부장관의 승인을 받은 경우는 제외한다)

37) 항공기의 지속적인 감항성 유지를 위하여 국토교통부장관 또는 지방항공청장이 인가한 검사프로그램을 이행하지 않고 항공기를 운항한 경우

38) 비승인 부품을 항공기등에 사용한 경우

39) 제작사가 발행한 정비교범 또는 지침서 및 국토교통부장관 또는 지방항공청장이 지정한 방법 등에 따르지 않고 항공기등을 정비(예방정비를 포함한다) 또는 개조한 경우

40) 제작사가 발행한 정비교범 또는 지침서에 따른 검사를 하지 않고 항공기등을 사용한 경우(국토교통부장관 또는 지방항공청장이 별도의 검사프로그램을 승인한 경우는 제외한다)

41) 제작사가 발행한 정비교범 또는 정비프로그램 등에 따라 사용기한이 정해진(시한성) 부품을 교체하지 않거나 관리하지 않은 경우

42) 비상구조용 장비가 지정된 위치에 갖춰져 있지 않은 경우

43) 항공업무를 수행하기에 부적합한 신체적 결함을 가진 사람을 운항승무원으로 항공업무에 종사하게 한 경우
44) 항공기에 탑재된 화물 등이 적절히 배분되고 안전하게 고정되어 있지 않은 상태로 운항한 경우
45) 항공기의 최대이륙중량을 초과하여 운항한 경우
46) 항공교통관제기관의 허가사항을 준수하지 않고 운항한 경우(비행경로·고도·운항순서 변경 등 다른 항공기의 운항에 지장을 초래한 경우만 해당한다)
47) 최근의 비행경험 등 자격을 갖추지 못한 운항승무원으로 하여금 운항을 하게 한 경우
48) 조종실 출입문을 잠그지 않은 상태로 승객을 태우고 운항한 경우(정상적인 조종실 출입절차에 따라 조종실을 출입하는 경우는 제외한다)
49) 관제비행으로 운항하는 동안 항공교통관제기관과의 양방향 통신을 지속적으로 유지하지 않은 경우(비행경로·고도·운항순서 변경 등 다른 항공기의 운항에 지장을 초래한 경우만 해당한다)
50) 운항승무원의 항공영어구술능력 향상을 위한 교육훈련프로그램을 수립하지 않거나 이를 시행하지 않은 경우
51) 국토교통부장관으로부터 인가를 받지 않고 북극 항공로로 운항한 경우
52) 「국제민간항공협약」 83bis에 따라 우리나라와 항공기등의 감독의무에 관한 이전협정이 체결되지 않은 국가에 등록된 항공기를 임차하여 사용하거나 우리나라에 등록된 항공기를 그 국가에 임대한 경우
53) 운항증명 소지자가 자격 요건을 갖추지 못한 사람으로 하여금 객실승무원 교관, 심사관, 감독관의 업무를 수행하게 한 경우
54) 운항증명 소지자가 객실승무원 교육훈련 위탁에 관한 기준을 준수하지 않고 교육훈련을 위탁한 경우
55) 관제비행 시 준수해야 할 사항을 이행하지 않은 경우(비행경로·고도·운항순서 변경 등 다른 항공기의 운항에 지장을 초래한 경우만 해당한다)
56) 항공기와 관제탑이 있는 공항 간의 양방향 통신이 유지되지 않은 상태에서 그 공항의 상공을 운항하거나 통과·출발·착륙한 경우(비행경로·고도·운항순서 변경 등 다른 항공기의 운항에 지장을 초래한 경우만 해당한다)
57) 항공기 안전운항과 관련된 장비의 고장 또는 오작동, 결함을 거짓으로 보고한 경우
58) 국토교통부 또는 지방항공청에 소속된 공무원이 주류 등의 섭취 또는 사용여부를 측정하고자 할 때 이를 거절한 사람을 업무에 종사시킨 경우
59) 계기비행방식으로 비행할 경우 구비하여야 할 계기를 구비하지 않거나 그 요건을 충족하지 않은 상태에서 운항한 경우
60) 정밀계기접근 제2종 및 제3종의 운항규칙 등을 준수하지 않고 정밀계기접근절차를 이행한 경우
61) 항공운송사업에 사용되는 항공기에 대한 성능과 운항제한사항을 준수하지 않고 운항한 경우(국토교통

부장관 또는 지방항공청장으로부터 허가를 받은경우는 제외한다)

62) 국토교통부장관 또는 지방항공청장으로부터 인가받은 필수교육과정을 이수하지 못한 항공종사자 또는 객실승무원에게 항공업무를 수행하게 한 경우

63) 운항규정 또는 정비규정을 신고하기 전에 항공업무에 적용한 경우

64) 항공기 정비업무를 수행하는 사람이 휴식시간 또는 연속근무시간을 준수하지 않고 정비업무를 하게 한 경우

나. 경미한 사항 위반행위

1) 승객 처리 시 음주 또는 약물과 관련된 규정을 위반한 경우

2) 비상구열 좌석과 관련한 규정 및 절차를 준수하지 않은 경우

3) 기장 및 부조종사의 편조와 관련된 규정을 위반하여 편조 및 임무를 수행하게 한 경우

4) 운항증명 소지자가 운항 주기지에 운영기준 모두를 갖춰 두지 않거나 최신의 상태로 유지하지 않은 경우

5) 운항증명 소지자가 품질시스템 및 품질보증프로그램을 구축하지 않거나 품질관리자를 임명하지 않은 경우

6) 운항증명 소지자가 비행 준비 및 수행에 사용된 정보, 보고서 및 업무종사자의 비행, 근무 및 휴식시간, 훈련 및 정비 수행사항 등에 관한 기록을 보관해야 하는 기간 동안 유지 또는 보관하지 않은 경우

7) 운항증명 소지자가 국토교통부장관 또는 지방항공청장에게 운항하려는 각 항공기의 정상, 비정상 및 비상 절차가 수록된 항공기 운영교범을 신고하지 않은 경우

8) 운항증명 소지자가 항공운송사업을 위한 운항을 하는 경우 비행할 때마다1명을 기장(PIC)으로 지명하지 않은 경우

9) 운항증명 소지자가 운항규정에 특별 상황 승객 수송에 대한 절차를 설정하지 않았고 기장 또한 이를 알지 못하였거나 이에 동의하지 않은 상태에서 특별 상황 승객을 수송한 경우

10) 운항증명 소지자가 국토교통부장관 또는 지방항공청장으로부터 인가를 받은 승무원 심사와 표준화에 관한 프로그램을 보유하지 않은 경우

11) 운항증명 소지자가 해당 기종에 적합한 요약된 조종실 점검목록표를 운항승무원에게 배포하지 않거나 각 항공기마다 이를 갖춰 두지 않은 경우

12) 운항증명 소지자가 국토교통부장관 또는 지방항공청장의 인가를 받은 최소장비목록(MEL), 외형변경목록(CDL) 및 항공기성능교범을 운항승무원, 정비사 및 운항통제업무를 부여받은 종사자가 임무를 수행하는 동안 사용할 수 있도록 제공하지 않은 경우

13) 운항증명 소지자가 국토교통부장관 또는 지방항공청장에게 신고한 객실업무교범을 객실승무원에게 배포하지 않거나 여객 운송 담당자들에게 열람하도록 제공하지 않은 경우

14) 운항증명 소지자가 구두 브리핑에 추가하여 여객을 운송하는 각 항공기마다 승객이 사용하기 편리한 위치에 비상구에 대한 도해(圖解)와 작동방법, 비상 장비를 사용하는 데 필요한 그 밖의 안내 및 비상

구열 좌석 착석에 대한 제한과 요건에 관련된 정보 등이 수록된 카드를 갖춰 두지 않은 경우

15) 운항증명 소지자가 사용항로 및 공항에 대한 운항자료를 관리하기 위하여 국토교통부장관 또는 지방항공청장으로부터 인가받은 운항자료관리시스템을 보유하지 않은 경우

16) 등록말소된 항공기의 등록부호를 제거하지 않고 비행한 경우(다만, 국토교통부장관의 승인을 받은 경우는 제외한다)

17) 항공기 등록부호의 크기·규격·부착위치 등을 기준에 맞도록 하지 않고 비행한 경우

18) 항공기를 국외로 매각하고 감항증명서를 반납하지 않은 경우

19) 공수비행 또는 시험비행의 허가기간을 초과하여 비행하거나 비행 제한사항을 위반하여 비행한 경우

20) 삭제 〈2020. 11. 2.〉

21) 작업자가 인정을 받지 않은 장비·공구 등을 사용하여 정비를 한 경우

22) 정비조직인증서 등 사업자에게 발행한 증명서 또는 승인서를 주 사업소의 일반인이 보기 쉬운 곳에 게시하지 않은 경우

23) 삭제 〈2020. 11. 2.〉

24) 최신 내용의 운항기술기준을 종사자들에게 배부하지 않거나 사무실 등에 갖춰 두지 않은 경우(최신의 운항기술기준을 종사자들이 업무에 활용할 수 있도록 사내 전산망 등을 이용하여 배부한 경우는 제외한다)

25) 항공기 감항성에 관한 증명서 또는 승인서를 부정한 목적으로 복제하거나 위조하여 사용한 경우

26) 항공기의 감항증명 유효기간이 단축되거나 운용한계의 지정사항이 변경된 경우 해당 항공기의 감항증명서 및 운용한계지정서를 반납하지 않고 사용한 경우

27) 항공기 감항증명서를 해당 항공기의 임차인 또는 국내 매수인에게 양도하지 않고 경우

28) 지속적인 감항성 유지를 위한 정비 및 항공기 운영 실태의 감시·평가를 하지 않거나 평가정보를 국토교통부장관 및 형식증명 소지자에게 보고 또는 통보하지 않은 경우

29) 형식설계를 책임지고 있는 기관으로부터 획득한 지속적인 감항성 유지에 관한 정보 및 권고 사항을 국토교통부장관이 정한 절차에 따라 이행하지 않은 경우

30) 비승인 부품 또는 비승인 의심부품을 발견한 경우 이를 국토교통부장관 또는 지방항공청장에게 보고하지 않은 경우

31) 항공기등에 대하여 예방정비 등을 한 후 그 정비 내용, 정비 근거자료, 정비 완료일 등을 정비기록부 등에 기록하지 않은 경우

32) 항공기등을 검사한 후 검사일자, 검사 내용 등을 정비기록부 등에 기록하지 않은 경우

33) 해당 운항에 필요한 계기·장비 및 비행서류 등을 항공기에 탑재 또는 장착하지 않거나 그 요건을 충족하지 아니한 상태에서 운항한 경우

34) 정밀계기접근을 위한 계기 및 장비 등을 정비 요건에 따라 정비하지 않은 경우
35) 운항승무원이 이용할 수 있는 주파수 변경 판넬이 장착되어 있지 않은 상태로 계기비행방식의 운항을 한 경우
36) 항공기의 위치를 표시하는 등불 및 계기조명설비를 갖추지 않거나 필요한 수량을 장착하지 않고 운항한 경우
37) 비상장비 또는 구조장비 및 구명장비가 즉시 사용할 수 있는 상태로 탑재되어 있지 않거나 상세한 작동법 및 최근 검사일자 등이 표시되어 있지 않은 경우
38) 비상위치지시용 무선표지설비에 사용되는 건전지를 교체 시기를 초과하여 사용한 경우
39) 비상시 파괴하기에 적합한 항공기의 동체(胴體) 부분이 있음에도 불구하고 그 부분을 표시하지 않거나 그 표시방법 및 색깔 등을 위반하여 표시한 경우
40) 항공기에 탑재하는 비상장비 및 구명장비에 대한 일람표를 작성 및 유지하지 않거나 일람표에 포함되어야 할 사항을 누락한 경우
41) 퓨즈(Fuse)를 사용하는 항공기의 경우 제작사에서 권고한 바에 따라 비행 중에 사용할 수 있는 정격 용량의 예비 교체퓨즈를 탑재하지 않고 운항한 경우
42) 승무원 및 승객 등이 사용할 좌석 또는 침대에 어깨끈 또는 안전벨트를 장착하지 않고 운항한 경우
43) 삭제 〈2020. 11. 2.〉
44) 운항승무원이 사용할 수 있는 헤드셋과 마이크가 장착된 기내 인터폰 장치를 장착하지 않거나 그 장착 요건을 준수하지 않고 운항한 경우
45) 엔진의 성능을 모니터할 수 있는 엔진계기를 장착하지 않고 운항한 경우
46) 사고 예방 등을 위한 경고기능을 제공하는 장치 및 관련 계기 등의 장착 요건을 준수하지 않고 운항한 경우
47) 승객 비상구와 접근방법 및 문 여는 방법이 표시되어 있지 않은 상태로 운항한 경우
48) 비상위치지시용 무선표지설비(ELT)를 구명정에 장착(헬리콥터만 해당한다)하지 않거나 객실승무원이 쉽게 접근할 수 없는 장소에 둔 상태로 운항한 경우
49) 항공기 내 화장실에 자동으로 작동되는 소화기를 장착하지 않거나 소화기가 작동되지 않은 상태로 운항한 경우
50) 최대 승객 좌석 수가 19석을 초과하는 승객 운송용 항공기 내 화장실에 성능 요건을 충족하지 않은 연기 감지기 또는 그와 같은 기능의 장비를 장착하지 않고 운항한 경우
51) 운항승무원 및 객실승무원이 사용할 수 있는 적정 수량의 호흡 보호장비를 탑재하지 않거나 그 성능이 미달한 장비를 탑재한 상태로 운항한 경우
52) 항공기에 탑재되어 원격조종으로 펼칠 수 없고 총 중량이 40킬로그램 이상인 구명보트에 기계적으로

펼칠 수 있는 보조장치가 없는 경우

53) 구조조정기관(Rescue Coordination Center)과의 긴급통신체계를 유지하지 않은 경우

54) 금연표시, 안전벨트 착용표시 등 승객 안내표시 또는 플래카드를 부착하지 않거나 적정 수량을 부착하지 않고 운항한 경우

55) 기내방송시스템의 작동 성능이 충족되지 않은 상태로 운항한 경우

56) 계기, 장비 등이 고장 난 상태로 운항한 경우(최소장비목록 등 국토교통부장관 또는 지방항공청장이 인가한 방식에 따라 운항한 경우는 제외한다)

57) 검사프로그램에 따라 검사를 하는 종사자들에게 최신의 검사프로그램 사본을 제공하지 않은 경우

58) 항공기를 매각 또는 임대하는 경우 매수자 또는 임차인에게 정비기록을 양도하지 않은 경우

59) 운항 중 직무 수행에 필요한 법·규정 및 절차 등을 승무원에게 제공하지 않은 경우

60) 이착륙 및 비행의 중요 단계에서 운항승무원 및 객실승무원이 지정된 근무 위치에 있지 않은 경우

61) 운항증명 소지자가 기장에게 운항하려는 지역에서의 수색 및 구조업무에 관하여 필요한 정보를 제공하지 않은 경우

62) 운항자격심사관 또는 항공안전감독관의 조종실 출입을 허용하지 않은 경우 그 사유를 국토교통부장관 또는 지방항공청장에게 보고하지 않거나 보고기한을 초과하여 보고한 경우

63) 비행 중 발생한 항공기의 결함을 탑재용 항공일지에 기록하지 않은 경우

64) 기내에서 항공기의 성능 및 장비에 악영향을 미칠 수 있는 휴대용 전자기기의 사용을 허용한 경우(국토교통부장관이 특별히 정한 경우는 제외한다)

65) 조종사에게 비행 중 외부로부터 방사된 레이저광선에 노출되는 경우를 대비한 교육을 실시하지 않고 항공업무에 종사하게 한 경우

66) 목적공항에 착륙한 후 항공교통관제기관에 도착보고를 하지 않은 경우(항공교통관제기관에서 자동적으로 비행계획서를 종료시키지 않은 경우에만 해당한다)

67) 지상 또는 수상에 설치된 통신시설 및 항행안전시설 등 항공기의 안전운항 및 비행과 연관된 시설 등의 상태가 적합하다고 판단되지 않은 상태에서 운항한 경우

68) 교체비행장의 요건 및 선정기준 등을 준수하지 않고 교체비행장(해상교체착륙장을 포함한다)을 선정하여 운항한 경우

69) 공항의 이동지역 내에서 항공기의 지상 활주에 필요한 요건을 갖추지 않고 항공기의 지상활주를 하게 한 경우

70) 공항의 기상과 활주로 상태 등 항공기가 안전하게 이착륙할 수 있는지 여부를 확인하지 않고 운항한 경우

71) 운항하는 지역에서 요구되는 고도계 수정치를 기준으로 한 순항고도를 유지하지 않고 운항한 경우

72) 최저안전고도를 준수하지 않고 운항한 경우(국토교통부장관이 정한 바에 따라 운항한 경우는 제외한다)

73) 삭제 〈2020. 11. 2.〉

74) 정밀계기접근 제2종 및 제3종 교범을 운항기지에 갖추지 않은경우(사내 전산망을 이용하여 열람할 수 있는 경우는 제외한다)

75) 통행의 우선순위를 준수하지 않고 운항한 경우

76) 삭제 〈2020. 11. 2.〉

77) 비행교범 등을 최신의 상태로 개정하지 않거나, 항공기 운용을 위해 필요한 플래카드 등을 탑재하지 않고 운항한 경우

78) 성능기반항행요구공역 또는 수직분리축소공역에서 안전비행에 영향을 주는 위급한 상황이 발생한 경우 등에 있어서 항공교통관제기관에 보고해야 할 사항을 보고하지 않은 경우

79) 관제탑을 운영하지 않는 비행장에 착륙하거나 그 인접지역에서 운항하는경우 준수해야 할 사항을 이행하지 않은 경우

80) 항공기의 출발·도착시 교통장주(交通場周, Traffic Pattern) 기준 고도 또는 활공각 기준 고도보다 높은 고도를 준수하지 않고 운항한 경우

81) 항공교통관제기관의 허가사항을 준수하지 않고 운항한 경우(비행경로·고도·운항순서 변경 등 다른 항공기의 운항에 지장을 초래한 경우는 제외한다)

82) 관제비행으로 운항하는 동안 항공교통관제기관과의 양방향 통신을 지속적으로 유지하지 않은 경우(비행경로·고도·운항순서 변경 등 다른 항공기의 운항에 지장을 초래한 경우는 제외한다)

83) 관제비행 시 준수해야 할 사항을 이행하지 않은 경우(비행경로·고도·운항순서 변경 등 다른 항공기의 운항에 지장을 초래한 경우는 제외한다)

84) 항공기와 관제탑이 있는 공항 간의 양방향 통신이 유지되지 않은 상태에서 그 공항의 상공을 운항하거나 통과·출발·착륙한 경우(비행경로·고도·운항순서 변경 등 다른 항공기의 운항에 지장을 초래한 경우는 제외한다)

85) 운항 중 국제항공신호를 수신하거나 목격한 경우 그 신호에 따른 조치를 하지 않고 운항한 경우

86) 항공기등에 관한 정비기록 등 기록물을 보존하지 않은 경우

87) 비행계획서를 작성하지 않거나, 그 계획서에 기장 및 운항관리사가 서명하지 않고 운항한 경우(교체공항 등으로 회항한 경우는 제외한다)

88) 계기비행 시 준수해야 할 최저고도를 준수하지 않고 운항한 경우

89) 관제공역 또는 비관제공역에서 계기비행고도 또는 비행고도를 준수하지 않고 운항한 경우

90) 표준계기접근절차를 준수하지 않고 공항에 계기접근을 시도한 경우(국토교통부장관이 별도로 인가한 경우는 제외한다)

91) 실패접근절차를 준수하지 않고 실패접근을 시도한 경우

92) 항공운송사업자가 운항승무원의 비행 중 육지 또는 수면 충돌사고(CFIT)를 예방하기 위한 훈련프로그램을 수립하지 않거나 이행하지 않은 경우
93) 항공운송사업자가 운항승무원 및 객실승무원에게 승무원 브리핑절차를 제공하지 않거나, 승무원 브리핑을 실시하지 않고 운항한 경우
94) 비상탈출, 구명장비 등의 사용법 등에 관하여 승객 브리핑을 하지 않고 운항한 경우
95) 운항 중 비상상황 발생 시 승객에게 비상조치사항에 대한 안내방송을 하지 않은 경우
96) 알코올 음료의 제공이 제한된 승객에게 알코올음료를 제공한 경우
97) 이착륙단계에서 항공기의 안전운항을 위하여 필요한 임무 외에 다른 업무를 수행하도록 승무원에게 요구한 경우
98) 삭제 〈2020. 11. 2.〉
99) 국토교통부장관 또는 지방항공청장이 승인하지 않은 전자항행자료(Electronic navigation data)를 사용하여 운항한 경우
100) 안정된 착륙접근을 위한 준수사항을 이행하지 않고 착륙한 경우
101) 정밀접근절차를 이행하는 비행기가 안전한 착륙형태 및 자세를 갖추고 안전기준치 이상의 고도로 활주로 끝부분을 통과할 수 있게 하는 운항절차를 수립하지 않거나 같은 절차를 이행하지 않고 운항한 경우
102) 계기접근절차의 최종 접근단계가 시작되는 지점을 통과한 후 접근을 계속하기 위한 요건을 충족하지 않은 상태로 계기접근을 지속한 경우
103) 항공기에 탑승한 승객 및 휴대 수하물 등의 처리에 관한 규정을 준수하지 않고 관련 업무를 수행한 경우
104) 운항승무원의 연령 제한규정을 위반하여 항공업무를 수행하게 한 경우
105) 삭제 〈2020. 11. 2.〉
106) 최근 12개월 이내에 임무 수행에 필요한 자격심사를 통과하지 못한 객실승무원에게 항공업무를 수행하게 한 경우
107) 검열운항승무원의 임명 요건을 위반하여 검열운항승무원을 임명한 경우
108) 국토교통부장관 또는 지방항공청장으로부터 인가받은 규정을 준수하지 않고 종사자에 대한 훈련 또는 심사를 한 경우
109) 국토교통부장관 또는 지방항공청장이 인가한 특별근무비행계획(Special flight duty schemes)을 준수하지 않은 경우
110) 비행인가 등 운항통제업무에 관하여 준수해야 할 사항을 위반하여 항공기를 운항하게 한 경우
111) 주 운항기지에 증명서, 규정, 교범 등을 갖춰 두지 않은 경우
112) 삭제 〈2020. 11. 2.〉

113) 항공기 운항, 운항통제, 지상조업, 정비업무, 그 밖의 운항 지원업무에 종사하는 직원의 자격 및 훈련에 관한 기록을 유지하지 않은 경우

114) 비행안전규정, 교범 등의 자료를 관리할 수 있는 비행안전문서시스템을 수립하지 않거나 국토교통부장관 또는 지방항공청장의 승인을 받지 않고 비행안전문서시스템을 사용한 경우

115) 승인된 비행안전문서시스템을 이행하지 않은 경우

116) 전자교범 및 전자기록유지시스템의 운용에 관한 절차와 규정을 수립하지 않고 규정, 절차, 지침, 교범 등의 기록물을 전자 형태로 운용한 경우

117) 항공운송사업을 목적으로 항공기를 임차하여 사용하려는 경우, 국토교통부장관 또는 지방항공청장이 부과한 제한사항을 준수하지 않고 운항한 경우

118) 국적 항공사 간 항공기 임대차에 관한 기준을 준수하지 않고 항공운송사업에 사용할 항공기를 임대차한 경우

119) 중간 기착지에서 항공기 조업이 적절히 수행될 수 있는 시간을 고려하지 않고 운항계획을 수립한 경우

120) 운항하려는 노선에 관한 지침서와 항공지도 등을 운항승무원과 운항통제업무를 담당하는 종사자에게 제공하지 않거나 최신 상태로 유지하지 않은 경우

121) 정비목적의 품질보증프로그램을 포함한 품질관리시스템을 갖추지 않은 경우

122) 삭제 〈2020. 11. 2.〉

123) 운항증명 소지자가 소속 항공종사자 및 객실승무원의 근무 시작 전 해당 항공종사자 및 객실승무원의 음주여부를 검사하지 않은 경우

3. 법 제90조제4항(법 제96조제1항에서 준용하는 경우를 포함한다)에 따른 운영기준 위반행위 중 영 별표 3 제2호오목2)·3) 및 이 규칙 별표 34 조목2)·3)에 따른 중요한 사항과 경미한 사항 위반행위는 다음과 같이 구분한다.

가. 중요한 사항 위반행위

1) 항공기 적재, 중량배분 및 균형 등에 관한 절차를 준수하지 않은 경우

2) 운항증명 소지자가 정기편, 부정기편 운항 공항 활주로에 대하여 해당 항공기의 운항에 필요한 성능자료(Performance Data)[공항 분석 일람표(Airport Analysis Chart), 활주로 이착륙 하중 일람표(RTOLW Chart), 전이고도 일람표(T/L Chart)]를 조종사 및 운항관리사에게 제공하지 않은 경우(성능자료가 제공되지 않는 공항은 제외한다)

3) 운항증명 소지자가 운영기준에 허가된 승객 좌석 수를 초과하여 승객을 탑승시켜 운항하거나 최소 객실승무원 수에 미달하게 객실승무원을 탑승시켜 운항하는 등 운항허가사항을 위반하여 운항한 경우

4) 공중충돌경고장치와 관련된 요건을 준수하지 않은 경우

5) 허가받지 아니한 항로·공항을 운항하거나 공항별로 허가받지 않은 항공기를 운항한 경우
6) 특수공항과 관련된 허가, 제한사항 및 관련 규정을 위반한 경우
7) 터미널에서의 비행규칙, 제한사항 및 관련 규정을 위반한 경우
8) 운항증명 소지자가 운영기준에 규정된 해당 부문의 관리자 변경 내용을 변경신청하지 않거나 자격이 없는 사람을 임명한 경우
9) 운항증명 소지자가 운영기준에 규정된 운항관리센터에 운항관리사를 배치하여 근무하도록 하지 않은 경우
10) 운항증명 소지자가 운영기준에 규정된 운항 관리를 위하여 사용하는 비행계획시스템, 비행감시시스템, 항공정보시스템, 항공기스케줄시스템의 중요 변경 내용을 변경신청하지 않고 적용한 경우
11) 운항증명 소지자가 운영기준에 규정된 절차에 따라 인가를 받은 기내수하물처리절차를 준수하지 않고 기내에 수하물을 탑재한 경우
12) 운항증명 소지자가 운영기준에 규정된 중량배분통제프로그램(Weight and Balance Control Program)의 절차를 위반하여 항공기를 운항한 경우
13) 회항시간 연장운항 정비프로그램 인가를 받지 않고 장거리운항을 한 경우
14) 국토교통부장관으로부터 인가받지 않은 자와 정비계약을 체결하여 항공기등·장비품·부품을 정비한 경우
15) 수직분리축소공역을 운항하는 항공기의 정비프로그램 인가를 받지 않고 항공기를 수직분리축소공역 운항에 사용한 경우
16) 운항증명 소지자가 지속적 감항유지 프로그램에 따라 정비하지 않은 경우
17) 운항증명 소지자가 운영기준에서 정한 회항시간 연장운항 정비프로그램에 따라 항공기의 추진장치, 항공기체 계통의 신뢰성 평가를 하지 않고 운항한 경우
18) 운항증명 소지자가 항공기에 장착된 각 엔진 및 장비품 등을 운영기준에서 정한 정비방식에 따라 정비하지 않은 경우
19) 운영기준의 항공기 목록에 등재되지 않은 항공기를 운항한 경우
20) 정비작업을 수행하는 업체의 정비능력 외의 정비를 하게하고 항공기를 항공에 사용한 경우
21) 운항증명 소지자가 운영기준에 규정된 특수공항에 자격을 갖추지 못한 운항승무원을 해당 공항에 운항하도록 하거나 운항 요건이 충족되지 않은 상태에서해당 공항에 운항하게 한 경우

나. 경미한 사항 위반행위

1) 승인된 기내휴대품 프로그램을 준수하지 않은 경우
2) 허가된 지상 제빙 및 방빙 프로그램을 수정한 후 인가를 받지 않고 사용한 경우
3) 인가된 컴퓨터 기록·유지시스템을 계속 사용하기 위한 조건을 준수하지 않은 경우
4) 소유권 변경, 비행일정의 변경 등 필수 보고사항을 보고하지 않은 경우

5) 계기비행방식 Ⅰ등급(Class Ⅰ) 항행을 위하여 인가된 항공기 및 지역항행시스템 외의 항공기 및 시스템을 이용하여 운항하거나 이에 따른 제한사항을 위반한 경우
6) A등급 공역 내에서의 Ⅰ등급(Class Ⅰ) 항행을 위하여 인가된 항공기, 지역항행시스템 또는 장거리항행시스템 외의 항공기 또는 시스템을 이용하여 운항하거나 이에 따른 제한사항을 위반한 경우
7) 장거리항행시스템을 사용하여 계기비행방식 2등급(Class Ⅱ) 항행이 허가된 지역 외의 지역에서 2등급 항행을 하거나 이에 따른 제한사항을 위반한 경우
8) 허가된 계기접근절차 외에 다른 형태의 계기접근절차를 수행하거나 이에 따른 조건 및 제한사항을 위반한 경우
9) 특수터미널지역 IFR 운항과 관련된 허가, 제한사항 및 규정을 위반한 경우
10) 인가된 항공기의 검사프로그램을 위반한 경우
11) 인가된 신뢰성프로그램을 위반한 경우
12) 부품 차용인가절차를 위반하여 운영한 경우
13) 점검주기 조정 시 절차를 준수하지 않은 경우
14) 회항시간 연장운항 정비프로그램 인가기준을 위반하여 비행기를 정비하고 장거리운항에 사용한 경우
15) 수직분리축소공역을 운항하는 항공기의 정비프로그램 인가사항을 위반한 경우
16) 삭제 〈2020. 11. 2.〉
17) 운항증명 소지자가 인가를 받은 기내수하물 처리절차를 객실승무원 및 공항직원이 준수할 수 있도록 관련 교범에 수록하여 운영하지 않거나 최신의 내용으로 개정 유지하지 않은 경우
18) 운항증명 소지자가 운영기준에 규정된 절차에 따라 기내에 반입 또는 탁송이 금지된 제한품목을 승객에게 안내하지 않거나 관리감독을 소홀히 하여 승객이 이를 위반한 경우
19) 운항증명 소지자가 운항업무에 종사하는 운항승무원, 운항관리사 등에게 운영기준에 규정된 유효한 공항 운항자료를 제공하지 않거나 공항 운항자료를 최신의 상태로 유지 관리하지 않은 경우
20) 운항증명 소지자가 인가된 운영기준 중 기상자료시스템 내용의 중요 변경사항을 국토교통부장관 또는 지방항공청장에게 변경신청하지 않고 사용한 경우(천재지변 등으로 긴급하게 대체시스템을 사용하는 경우는 제외한다)
21) 운항증명 소지자가 인가된 운영기준에 비상구 주변의 지정좌석(Exit Row Seating) 운영절차에 관한 내용을 수록하지 않거나 그 절차를 위반하여 업무를 수행한 경우
22) 운항증명 소지자가 인가된 운영기준 중 컴퓨터 기록·유지시스템을 수정하거나 변경하는 경우 국토교통부장관 또는 지방항공청장에게 변경신청하지 않고 이를 적용하거나, 컴퓨터에 기록한 기본 자료를 정해진 기간 동안 보관하지 않은 경우
23) 운항증명 소지자가 운영기준에 규정된 필수 보고사항을 보고하지 않은 경우

24) 해당 형식의 항공기에 대한 비행시간을 충족하지 못한 기장에게 기상기준값을 상향조정하여 적용하지 않고 운항하게 한 경우

25) 착륙 최저기상기준값의 자격을 취득하지 못한 기장으로 하여금 시정(視程)이 3/4마일(SM) 또는 활주로 가시거리(RVR)가 1,200미터(4,000피트) 미만인 경우에 계기접근을 수행하게 한 경우

26 삭제 〈2020. 11. 2.〉

27) 운항증명 소지자가 운영기준에서 정한 조건과 제한사항을 준수하지 않고 부품을 사용한 경우

28) 운항증명 소지자가 운영기준에서 정한 항공기 장비품 상호교환 프로그램의 요건들을 충족하지 않고 항공기 장비품을 상호교환한 경우

29) 공수비행에 대한 특별비행허가규정을 위반하여 공수비행을 한 경우

30) 운영기준에 명시한 정비문서의 규정에 따라 비상장비·구급용구를 정비하지 않은 경우

4. 법 제93조제7항 후단(법 제96조제2항에서 준용하는 경우를 포함한다)에 따른 운항규정 및 정비규정의 위반행위 중 영 별표 3 제2호호목2)·3) 및 이 규칙 별표 34 누목2)·3)에 따른 중요한 사항과 경미한 사항 위반행위는 다음과 같이 구분한다.

가. 중요한 사항 위반행위

1) 승객이 항공기에 탑승하고 있거나 탑승·하기 중 항공기에 연료를 보급하는 경우 준수해야 할 절차를 이행하지 않고 연료를 보급한 경우

2) 운항증명 소지자가 지상조업회사와 맺은 조업협정에 명시된 조업절차 준수 여부를 지속적으로 관리·감독하지 않은 경우

3) 운항증명 소지자가 항공기에 탑재할 산소요구량을 위반하거나 승무원이 비행 중 산소의 사용에 관한 규정을 위반한 경우

4) 운항승무원 또는 객실승무원이 운항규정에 규정된 각 비행단계별 표준운항절차(Standard Operating procedures)를 위반한 경우

5) 비행 중 정상점검표(Normal Checklist)를 사용해야 할 경우에 이를 사용하지 않거나 정상점검표에 규정된 내용과 다르게 절차를 수행한 경우

6) 항공기 출발 시 발생한 돌발 사태에 대하여 대응절차에 규정된 절차대로 이행하지 않은 경우

7) 운항승무원 또는 객실승무원이 사용하는 정상·비정상 또는 비상절차와 관련된 점검표에 따라 업무를 수행하지 않은 경우

8) 비행하는 노선 및 비행장에 대한 운항절차 또는 최저비행고도 등을 위반하여 운항한 경우

9) 운항증명 소지자가 고용한 항공종사자가 운항업무를 수행할 때 운항규정에 규정된 책임과 의무를 다하지 않은 경우

10) 운항증명 소지자가 운항승무원, 객실승무원의 승무시간·근무시간 제한 기준 및 운항관리사의 근무시간 제한 기준을 위반한 경우
11) 지역항행시스템(RNAV)운항지역, 수직분리축소공역(RVSM), 북극항공로 운항을 위한 운항 요건, 항공기에 장착해야 할 장비 요건 또는 운항절차를 위반한 경우
12) 회항시간 연장운항 및 항로상 교체공항이 60분을 초과하는 장거리 운항을 위하여 갖추어야 할 운항통제, 운항절차 및 업무종사자에 대한 교육훈련 요건을 위반한 경우
13) 인가받은 최저기상기준값을 위반하여 운항한 경우
14) 운항규정에 규정된 연료 및 오일 탑재기준을 위반한 경우
15) 자격이 없는 사람에게 항공기 탑재 및 중량배분 업무를 수행하게 하거나, 항공기 탑재 및 처리교범의 절차를 지키지 아니하여 항공기 탑재 및 중량배분 산정에 중대한 착오가 발생한 경우
16) 지상에서의 제빙·방빙절차를 위반한 경우
17) 삭제 〈2020. 11. 2.〉
18) 계기비행기상상태(IMC)에서의 자동조종장치(Autopilot) 및 자동추력조절장치(Auto-Throttles)의 사용에 관한 절차를 위반한 경우
19) 항공교통관제(ATC) 승인(Clearance)의 확인(Clarification) 및 수락(Acceptance)에 관한 절차를 위반한 경우 또는 이륙 및 상승경로상에 위치한 지형지물 회피 가능 여부를 고려하지 않고 비행계획을 수립하여 운항한 경우
20) 항공기의 출발 또는 접근 브리핑절차를 위반하거나 절차와 다르게 업무를 수행한 경우
21) 조종사가 정기편 및 부정기편에 대하여 출발공항에서 목적공항까지 비행하려는 지역, 항로 및 공항절차에 대하여 사전에 익숙하게 검토하지 않고 운항한 경우
22) 조종사가 안정된 접근절차를 위반하여 운항한 경우
23) 지표면 근처에서 규정된 강하율 또는 접근절차를 위반하여 운항한 경우
24) 착륙을 위한 계기접근을 시작하거나 계속하는 절차를 위반하여 운항한 경우
25) 착륙을 위한 정밀 및 비정밀 접근절차를 위반하여 운항한 경우
26) 야간 및 계기비행기상상태에서 계기접근 및 착륙하는 동안 승무원별로 할당된 임무 및 절차를 위반하여 운항한 경우
27) 비행 중 육지 또는 수면충돌사고(CFIT) 회피절차와 지상접근경고장치(GPWS)절차를 위반하여 운항한 경우
28) 공중충돌회피장치(ACAS) 사용절차를 위반하여 운항한 경우
29) 비상상황에서 해야 할 조치사항을 포함한 위험물 수송에 관한 항공기 탑재, 통보, 조치 및 운송절차를 위반하여 운항한 경우

30) 항공기에 탑재한 항행데이터의 적합성 보증절차 및 데이터의 최신판 유지절차를 위반한 경우
31) 최소장비목록(MEL) 또는 외형변경목록(CDL)에 규정된 절차를 위반하여 운항한 경우
32) 운항규정 중 승무원 편성기준을 위반하여 항공기를 운항하게 한 경우
33) 각 운항구간별로 한 명의 기장을 임명하도록 되어 있는 규정을 지키지 아니하고 운항하게 한 경우
34) 운항승무원, 객실승무원 또는 운항관리사로 하여금 휴식시간을 준수하지 않고 업무를 수행하게 한 경우
35) 운항승무원 또는 운항관리사가 운항규정에 따라 조치해야 할 최소장비목록 또는 외형변경목록의 내용을 조치하지 않 운항하거나 운항하게 한 경우
36) 정비기록문서를 거짓으로 작성한 경우
37) 시험비행에 해당하는 작업을 수행한 후 시험비행을 하지 않고 운항한 경우
38) 감항성에 영향을 미치는 결함을 기록하지 않거나 수정하지 않고 운항한 경우
39) 인가받은 항공기 정비프로그램을 위반하여 항공기 정비를 한 경우

나. 경미한 사항 위반행위

1) 「국제민간항공협약」 부속서 12에서 정한 항공기사고를 목격한 기장의 행동절차를 이행하지 않은 경우
2) 운용허용기준을 초과하여 장비품 등을 항공에 사용한 경우
3) 인가를 받지 않거나 인가를 받은 범위 외의 정비훈련·방법을 제정하여 운행한 경우
4) 인가를 받은 검사원 외의 사람이 검사를 한 경우
5) 인가를 받지 않고 검사원을 임명하여 항공기 검사업무를 수행하도록 한 경우
6) 무선통신에 필요한 항공기 장비 요건, 운항승무원의 자격 요건 등을 위반한 경우
7) 항공기 및 정비시설 안전을 위한 방법·기준을 위반한 경우
8) 승무원이 운항 중 안전운항에 대한 기장의 지휘에 따르지 않거나 기장의 승계 지정에 의한 지휘 순서를 따르지 않고 운항한 경우
9) 운항규정에서 정한 운항비행계획서에 포함할 사항을 누락하고 운항비행계획서를 작성한 경우
10) 사고 예방 및 비행안전프로그램에 관한 절차를 위반한 경우
11) 항공기에 탑재한 항행데이터의 적합성 보증절차 및 최신 데이터의 유지에 관한 절차를 위반한 경우
12) 비상장비 및 안전장비의 점검표에 따라 업무를 수행하지 않은 경우
13) 운항승무원에게 비행 중 사용하는 최신의 노선지침서를 제공하지 않거나 운항승무원이 최신의 노선지침서를 이용하여 운항하지 않은 경우
14) 운항승무원·운항관리사 또는 객실승무원의 훈련프로그램을 인가받기 전에 적용하거나 훈련프로그램의 내용을 준수하지 않은 경우
15) 운항승무원 또는 객실승무원이 운항규정에 따른 승무원 출두시각을 위반하여 항공기를 지연운항하게 한 경우

16) 운항규정의 절차에 따라 운항승무원 또는 객실승무원이 준수해야 할 규정·매뉴얼 등의 내용을 최신의 상태로 유지하지 않거나 비행 시 휴대하도록 되어 있는 의무를 이행하지 않은 경우
17) 운항규정에 따른 운항서류의 기록 유지 및 보관을 하지 않은 경우
18) 회항시간 연장운항에 대한 비행 감시업무를 각 비행단계별로 규정된 절차에 따라 수행하지 않은 경우
19) 회항시간 연장운항에 대하여 비행마다 제공해야 하는 회항시간 연장운항 노선지도(EDTO Plotting Chart)를 제공하지 않은 경우
20) 운항승무원이 비행 중 비상주파수 등 주파수를 청취하지 않고 운항한 경우
21) 정비기록에 대한 작성, 기록 유지 및 보관방법을 위반한 경우
22) 지속적으로 감항성 정보 및 권고사항을 획득하고 평가하지 않은 경우
23) 승인받지 않은 정비프로그램을 종사자에게 제공하여 항공에 사용한 경우
24) 감항성 확보를 위하여 준수해야 할 규정, 기준 및 절차이행을 감시하기 위하여 구축된 품질시스템을 운용하지 않은 경우
25) 인가된 기체구조 수리평가프로그램을 이행하지 않은 경우
26) 인가받지 않은 자와 계약을 맺어 정비를 수행하거나 승인된 도면을 이용하지 않고 장비·공구를 제작한 경우
27) 정비계약업체에 대한 평가 및 인가를 하지 않고 그 업체와 정비계약을 맺은 경우
28) 계약에 의한 정비가 계약에 따라 적절히 수행되는지를 확인하지 않은 경우
29) 정비규정에 따라 보고하여야 할 항공기의 고장 및 결함을 보고하지 않은 경우
30) 정비규정에 따른 품질심사를 실시하지 않거나 관련 규정을 이행하지 않은 경우
31) 기술지시서를 발행하기 위한 규정을 준수하지 않은 경우
32) 정비시설의 환경기준을 위반한 경우
33) 엔진 시운전절차 또는 견인절차를 위반한 경우
34) 인가받은 훈련프로그램에 규정된 대로 교육을 실시하지 않은 경우
35) 자재의 수령·저장·반납 및 취급에 관한 규정을 위반하여 자재를 취급한 경우
36) 비인가 의심부품(폐품에서 뽑아낸 부품을 포함한다)을 사용한 경우
37) 교정하지 않거나 교정시한 만료일이 지난 정밀측정장비를 사용한 경우
38) 정전기 민감 부품의 취급절차를 준수하지 않은 경우
39) 승인된 정비문서 또는 도면을 이용하지 않고 항공기 및 관련 부품을 정비한 경우
40) 정비작업 또는 정비규정의 변형적용(Deviation) 관리를 위반한 경우
41) 용접 비파괴검사 등 특수업무종사자 및 확인정비사에 대한 자격인정기준을 위반하여 자격을 부여한 경우
42) 2단계 이상의 부식 및 부식 재발 방지 보완대책을 마련하여 보고하지 않거나 보고한 보완대책을 이행

하지 않은 경우

43) 기장이 탑재용 항공일지의 확인정비사 서명(Return to Service)을 확인하지 않고 운항한 경우(확인정비사가 주재(駐在)하지 아니하는 장소에 착륙한 경우는 제외한다)

44) 수령검사 및 자재의 품질기준을 위반하여 자재 또는 부품을 항공기에 사용한 경우

45) 항공기의 일시적 비행허용을 위한 기술검토 절차를 위반하여 항공기 비행을 하게 한 경우

46) 항공기 컴퓨터 장치에 탑재가능 소프트웨어(Loadable software)가 제작사 등에서 마련한 보안강화 장치에 따라 보호되지 않은 경우

47) 자재의 저장정비 및 시효관리 기준을 위반한 경우

48) 항공기 부품의 호환성 선정에 관한 기준을 위반한 경우

49) 운항승무원이 비행 중 항공기 고도인지의 유지, 고도복명절차를 위반한 경우

운항규정에 포함되어야 할 사항(제266조제2항제1호 관련)

1. 비행기를 이용하여 항공운송사업 또는 항공기사용사업을 하려는 자의 운항규정은 다음과 같은 구성으로 운항의 특수한 상황을 고려하여 분야별로 분리하거나 통합하여 발행할 수 있다.

가. 일반사항(General)

1) 항공기 운항업무를 수행하는 종사자의 책임과 의무

2) 운항승무원 및 객실승무원의 승무시간·근무시간 제한 및 휴식시간 제공에 관한 기준과 운항관리사의 근무시간 제한에 관한 규정

3) 성능기반항행요구(PBN)공역의 운항을 위한 요건을 포함한 항공기에 장착하여야 할 항법장비의 목록

4) 장거리 운항과 관련된 장소에서의 장거리항법절차, 회항시간 연장운항을 위한 운항통제, 운항절차, 교육훈련, 비행감시절차 및 중요시스템 고장시의 절차 및 회항공항의 이용 절차

5) 무선통신 청취를 유지하여야 할 상황

6) 최저비행고도 결정방법

7) 비행장 기상최저치 결정방법

8) 승객이 항공기에 탑승하고 있는 상태에서의 연료 재급유 중 안전예방조치

9) 지상조업 협정 및 절차

10) 「국제민간항공협약」부속서 12에서 정한 항공기 사고를 목격한 기장의 행동절차

11) 지휘권 승계의 지정을 포함한 운항형태별 운항승무원

12) 항로상에서 1개 또는 그 이상의 발동기가 고장이 날 가능성을 포함한 운항의 모든 환경을 고려한 항공기에 탑재하여야 할 연료 및 오일 양의 산출에 관한 세부지침

13) 산소의 요구량과 사용하여야 하는 조건

14) 항공기의 중량 및 균형 관리를 위한 지침

15) 지상에서의 제빙·방빙(De-icing/Anti-icing) 작업수행 및 관리를 위한 지침

16) 운항비행계획서(Operational flight plan)의 세부사항

17) 각 비행단계별 표준운항절차(Standard operating procedures)

18) 정상 점점표(Normal checklist)의 사용 및 사용시기에 관한 지침

19) 출발 시 돌발사태 대응절차

20) 고도 인지의 유지 및 자동으로 설정하거나 운항승무원의 고도 복명·복창(Altitude call-out)에 관한 지침

21) 계기비행기상상태(IMC)에서의 자동조종장치(Autopilots) 및 자동추력조절장치(Auto-throttles)의 사용에 관한 지침

22) 지형회피가 포함된 곳에서의 항공교통관제(ATC) 승인의 확인 및 수락에 관한 지침

23) 출발 및 접근 브리핑 내용

24) 지역·항로 및 공항을 익숙하게 하기 위한 절차

25) 안정된 접근절차(Stabilized approach procedure)

26) 지표면 근처에서의 많은 강하율에 대한 제한

27) 계기접근을 시작하거나 계속하기 위한 요구조건

28) 정밀 및 비정밀 계기접근절차의 수행을 위한 지침

29) 야간 및 계기비행기상상태에서의 계기접근 및 착륙하는 동안 승무원의 업무량 관리를 위한 운항승무원 임무 및 절차의 할당

30) 비행 중 육지 또는 수면 충돌사고(CFIT) 회피를 위한 지침 및 훈련요건과 지상접근경고장치(GPWS)의 사용을 위한 정책

31) 공중충돌회피 및 공중충돌회피장치(ACAS)의 사용을 위한 정책·지침·절차 및 훈련요건

32) 다음을 포함한 민간 항공기의 요격에 관한 정보 및 지침

(가) 「국제민간항공협약」부속서 2에서 정한 요격을 받은 항공기의 기장의 행동절차

(나) 요격하는 항공기 및 요격을 받은 항공기가 사용하는 「국제민간항공협약」부속서 2에 포함된 시각신호 사용방법

33) 15,000미터(49,000피트)를 초과하는 고도로 비행하는 항공기를 위한 다음의 사항

(가) 태양 우주방사선에 노출될 경우 취하여야 할 최선의 진로를 조종사가 결정할 수 있도록 하는 정보

(나) 강하하기로 결정하였을 경우 다음 사항이 포함된 절차

(1) 적절한 항공교통업무(ATS) 기관에 사전 경고를 줄 필요성과 잠정적인 강하허가를 받을 필요성

(2) 항공교통업무 기관과 통신설정이 아니 되거나 간섭을 받을 경우 취하여야 할 조치

34) 항공안전관리시스템의 운영 및 관리에 관한 사항

35) 비상의 경우 취하여야 할 조치사항을 포함한 위험물 수송에 관한 정보 및 지침

36) 보안 지침 및 안내서

37) 「국제민간항공협약」부속서 6에서 정한 수색절차 점검표

38) 항공기에 탑재된 항행장비에 사용되는 항행데이터(Electronic Navigation data)의 적합성을 보증하기 위한 절차 및 동 데이터를 적시에 배분하고 최신판으로 유지할 수 있도록 하는 절차

39) 비행 개시, 비행의 지속, 회항 및 비행의 종료에 관한 운항승무원·운항관리사의 기능과 책임을 포함하는 운항통제에 대한 책임과 운항통제에 관한 정책 및 관련 절차

40) 출발공항 또는 도착공항의 구조(救助) 및 소방등급 정보와 운항적합성 평가에 관한 사항

41) 전방시현장비 및 시각강화장비의 사용에 관한 지침 및 훈련 절차(전방시현장비 및 시각강화장비를 사용하는 경우에만 해당한다)

42) 전자비행정보장비의 사용에 관한 지침 및 훈련 절차(전자비행정보장비를 사용하는 경우에만 해당한다)

나. 항공기 운항정보(Aircraft operating information)

1) 형식증명·감항증명 등의 항공기 인증서 및 운용한계지정서에 명시된 항공기운항 제한사항(Aircraft certificate limitation and operating limitation)

2) 「국제민간항공협약」부속서 6에서 정한 운항승무원이 사용할 정상·비정상 및 비상 절차와 이와 관련된 점검표

3) 모든 엔진작동 시 상승성능에 대한 운항지침 및 정보

4) 다른 추력·동력 및 속도 조절에 따른 비행 전·비행 중 계획을 위한 비행계획자료

5) 항공기의 형식별 최대측풍과 배풍요소 및 동 수치를 감소시키는 돌풍, 저시정, 활주로 상태, 승무원 경험, 오토파일럿의 사용, 비정상 또는 비상상황, 그 밖에 운항과 관련된 요소

6) 중량 및 균형 계산을 위한 지침 및 자료

7) 항공기 화물탑재 및 화물의 고정을 위한 지침

8) 「국제민간항공협약」부속서 6에서 정한 조종계통과 관련된 항공기 시스템과 그 사용을 위한 지침

9) 성능기반항행요구(PBN)공역에서의 운항을 위한 요건을 포함하여 승인을 얻거나 인가를 받은 특별운항 및 운항할 비행기의 형식에 맞는 최소장비목록(MEL)과 외형변경목록(CDL)

10) 비상 및 안전장비의 점검표 및 그 사용지침

11) 항공기 형식별 특정절차, 승무원 협조, 승무원의 비상시 위치할당 및 각 승무원에게 할당된 비상시의 임무를 포함한 비상탈출절차

12) 운항승무원과 객실승무원간의 협조를 위하여 필요한 절차의 설명을 포함한 객실승무원이 사용할 정상·비정상 및 비상 절차와 이와 관련된 점검표 및 필요하면 항공기 계통에 관한 정보

13) 요구되는 산소의 총량과 이용가능한 양을 결정하기 위한 절차를 포함한 다른 항로에 대한 생존 및 비상장비와 이륙 전 장비의 정상기능을 확인하는데 필요한 절차

14) 생존자가 지상에서 공중으로 사용할 「국제민간항공협약」부속서 12에 포함된 시각신호코드

15) 운항승무원 및 운항업무를 담당하는 자에게 운항정보(NOTAM, AIP, AIC, AIRAC 등)에 수록된 정보를 배포하기 위한 절차

다. 지역, 노선 및 비행장(Areas, routes and aerodromes)

1) 운항승무원이 해당비행을 위하여 항공기 운항에 적용할 수 있는 통신시설, 항행안전시설, 비행장, 계기접근, 계기도착 및 계기출발에 관한 정보와 항공운송사업자 또는 항공기사용사업자가 항공기 운항의 적

절한 수행을 위하여 필요하다고 판단되는 그 밖의 정보가 포함된 노선지침서(Route Guide)

2) 비행하려는 각 노선에 대한 최저비행고도

3) 최초 목적지 비행장 또는 교체 비행장으로 사용할만한 각 비행장에 대한 비행장 기상최저치

4) 접근 또는 비행장시설의 기능저하에 따른 비행장 기상최저치의 증가내용

5) 다음의 정보를 포함한 규정에서 요구하는 모든 비행 프로파일(Profile)의 준수를 위하여 필요한 정보(다만, 다음의 정보에는 제한을 두지는 아니한다)

(가) 이륙거리에 영향을 미치는 항공기 계통 고장을 포함한 건조, 젖은 상태 및 오염된 상태에서의 이륙 활주로 길이요건의 결정

(나) 이륙상승 제한의 결정

(다) 항로상승 제한의 결정

(라) 접근상승 및 착륙상승 제한의 결정

(마) 착륙거리에 영향을 미치는 항공기 계통 고장을 포함한 건조, 젖은 상태 및 오염된 상태에서의 착륙 활주로 길이요건의 결정

(바) 타이어 속도제한과 같은 추가적인 정보의 결정

라. 훈련(Training)

1) 「국제민간항공협약」부속서 6에서 정한 운항승무원 훈련프로그램 및 요건의 세부내용

2) 「국제민간항공협약」부속서 6에서 정한 객실승무원 훈련프로그램의 세부내용

3) 「국제민간항공협약」부속서 6에서 정한 비행감독의 방법과 관련하여 고용된 운항관리사 훈련프로그램의 세부내용

4) 별표 12 제1호에 따른 자가용조종사 과정, 같은 별표 제2호에 따른 사업용조종사과정, 같은 별표 7호에 따른 계기비행증명과정 또는 같은 별표 제8호에 따른 조종교육증명과정의 지정기준의 학과교육, 실기교육, 교관확보기준, 시설 및 장비확보기준, 교육평가방법, 교육계획, 교육규정 등 세부내용(항공기를 이용하여 소속 직원 외에 타인의 수요에 따른 비행훈련을 하는 경우에 적용한다)

2. 헬리콥터를 이용하여 항공운송사업 또는 항공기사용사업을 하려는 자의 운항규정은 다음과 같은 구성으로 운항의 특수한 상황을 고려하여 분야별로 분리하거나 통합하여 발행할 수 있다.

가. 일반사항(General)

1) 항공기 운항업무를 수행하는 종사자의 책임과 의무

2) 운항승무원 및 객실승무원의 승무시간·근무시간 제한 및 휴식시간 제공에 관한 기준과 운항관리사의 근무시간 제한에 관한 규정

3) 항공기에 장착하여야 할 항법장비의 목록

4) 무선통신 청취를 유지하여야 할 상황

5) 최저비행고도 결정방법

6) 헬기장 기상최저치 결정방법

7) 승객이 항공기에 탑승하고 있는 상태에서의 연료 재급유 중 안전예방조치

8) 지상조업 협정 및 절차

9) 「국제민간항공협약」부속서 12에서 정한 항공기 사고를 목격한 기장의 행동절차

10) 지휘권 승계의 지정을 포함한 운항형태별 운항승무원

11) 항로상에서 1개 또는 그 이상의 발동기가 고장날 가능성을 포함한 운항의 모든 환경을 고려한 항공기에 탑재하여야 할 연료 및 오일 양의 산출에 관한 세부지침

12) 산소의 요구량과 사용하여야 하는 조건

13) 항공기 중량 및 균형 관리를 위한 지침

14) 지상에서의 제빙·방빙(De–icing/Anti–icing) 작업수행 및 관리를 위한 지침

15) 운항비행계획서(Operational flight plan)의 세부사항

16) 각 비행단계별 표준운항절차(Standard operating procedures)

17) 정상 점점표(Normal checklist)의 사용 및 사용시기에 관한 지침

18) 출발시 돌발사태 대응절차

19) 고도 인지의 유지에 관한 지침

20) 지형회피가 포함된 곳에서의 항공교통관제(ATC) 승인의 확인 및 수락에 관한 지침

21) 출발 및 접근 브리핑 내용

22) 항로 및 목적지를 익숙하게 하기 위한 절차

23) 계기접근을 시작하거나 계속하기 위한 요구조건

24) 정밀 및 비정밀 계기접근절차의 수행을 위한 지침

25) 야간 및 계기비행기상상태에서의 계기접근 및 착륙하는 동안 승무원의 업무량 관리를 위한 운항승무원의 임무 및 절차의 할당

26) 다음을 포함한 민간 항공기의 요격에 관한 정보 및 지침

가) 「국제민간항공협약」부속서 2에서 정한 요격을 받은 항공기 기장의 행동절차

나) 요격하는 항공기 및 요격을 받은 항공기가 사용하는「국제민간항공협약」부속서 2에 포함된 시각신호 사용방법

27) 「국제민간항공협약」부속서 6에서 정한 안전정책과 종사자의 책임을 포함한 사고예방 및 비행안전프로그램의 세부내용

28) 비상의 경우에 취하여야 할 조치사항을 포함한 위험물 수송에 관한 정보 및 지침

29) 보안 지침 및 안내서

30) 「국제민간항공협약」부속서 6에서 정한 수색절차 점검표

31) 비행 개시, 비행의 지속, 회항 및 비행의 종료에 관한 운항승무원·운항관리사의 기능과 책임을 포함하는 운항통제에 대한 책임과 운항통제에 관한 정책 및 관련 절차

나. 항공기 운항정보(Aircraft operating information)

1) 형식증명·감항증명 등의 항공기 인증서 및 운용한계지정서에 명시된 항공기 운항 제한사항(Aircraft certificate limitation and operating limitation)

2) 「국제민간항공협약」부속서 6에서 정한 운항승무원이 사용할 정상·비정상 및 비상 절차와 이와 관련된 점검표

3) 다른 추력·동력 및 속도 조절에 따른 비행 전·비행 중 계획을 위한 비행계획자료

4) 중량 및 균형 계산을 위한 지침 및 자료

5) 항공기 화물탑재 및 화물의 고정을 위한 지침

6) 「국제민간항공협약」부속서 6에서 정한 조종계통과 관련된 항공기 시스템과 그 사용을 위한 지침

7) 헬리콥터 형식 및 인가받은 특정운항을 위한 최소장비목록(MEL)

8) 비상 및 안전장비의 점검표 및 그 사용지침

9) 형식별 특정절차, 승무원 협조, 승무원의 비상시 위치할당 및 각 승무원에게 할당된 비상시의 임무를 포함한 비상탈출절차

10) 운항승무원과 객실승무원간의 협조를 위하여 필요한 절차의 설명을 포함한 객실승무원이 사용할 정상·비정상 및 비상 절차와 이와 관련된 점검표 및 필요한 항공기 계통에 관한 정보

11) 요구되는 산소의 총량과 이용가능한 양을 결정하기 위한 절차를 포함한 다른 항로에 대한 생존 및 비상장비와 이륙 전 장비의 정상기능을 확인하는데 필요한 절차

12) 생존자가 지상에서 공중으로 사용할 「국제민간항공협약」부속서 12에 포함된 시각신호코드

13) 엔진작동 시 상승성능에 대한 운항지침 및 정보(Information on helicopter climb performance with all engines operation). 이 경우 정보는 헬리콥터 제작사 등에서 제공한 자료를 기초로 한 것만을 말한다.

14) 운항승무원 및 운항업무를 담당하는 자에게 운항정보(NOTAM, AIP, AIC, AIRAC 등)에 수록된 정보를 배포하기 위한 절차

다. 노선 및 비행장(Routes and aerodromes)

1) 운항승무원이 해당비행을 위하여 항공기 운항에 적용할 수 있는 통신시설, 항행안전시설, 비행장, 계기접근, 계기도착 및 계기출발에 관한 정보와 항공운송사업자 또는 항공기사용사업자가 항공기 운항의 적절한 수행을 위하여 필요하다고 판단되는 그 밖의 정보가 포함된 노선지침서(Route Guide)

2) 비행하려는 각 노선에 대한 최저비행고도

3) 최초 목적지 헬기장 또는 교체 헬기장으로 사용할 만한 각 헬기장에 대한 헬기장 기상최저치

4) 접근 또는 헬기장 시설의 기능저하에 따른 헬기장 기상최저치의 증가내용

라. 훈련(Training)

1) 「국제민간항공협약」부속서 6에서 정한 운항승무원 훈련프로그램 및 요건의 세부내용

2) 「국제민간항공협약」부속서 6에서 정한 객실승무원 훈련프로그램의 세부내용

3) 「국제민간항공협약」부속서 6에서 정한 비행감독의 방법과 관련하여 고용된 운항관리사 훈련프로그램의 세부내용

4) 별표 12 제1호에 따른 자가용조종사 과정, 같은 별표 제2호에 따른 사업용조종사과정, 같은 별표 제6호에 따른 계기비행증명과정 또는 같은 별표 제7호에 따른 조종교육증명과정의 지정기준의 학과교육, 실기교육, 교관확보기준, 시설 및 장비확보기준, 교육평가방법, 교육계획, 교육규정 등 세부내용(항공기를 이용하여 소속 직원 외에 타인의 수요에 따른 비행훈련을 하는 경우에 적용한다)

항공안전법 시행규칙 [별표 37] 〈개정 2021. 8. 27.〉

정비규정에 포함되어야 할 사항(제266조제2항제2호 관련)

내용	항공 운송사업	항공기 사용사업	변경 인가대상
1. 일반사항			
가. 제정/개정/관리(차례/유효 페이지 목록/ 개정 기록표/개정요약/인가 및 신고목록/ 배포처 등 포함)	O	O	
나. 목적(지속 감항정비 프로그램 (CAMP) 준수 명시)	O		
다. 적용 범위	O	O	
라. 책임관리자 의무	O	O	
마. 용어 정의 및 약어	O	O	
바. 관련 항공법규와 인가받은 운영기준 등 준수 의무	O	O	
사. 정비규정의 적용을 받는 항공기 목록 및 운항 형태	O	O	
2. 직무 및 정비조직			
가. 정비조직 및 부문별 책임관리자	O	O	
나. 정비업무에 관한 분장 및 책임	O	O	
다. 항공기 정비에 종사하는 자의 자격인정 기준 및 업무범위	O	O	O
라. 검사원의 자격인정 기준과 업무범위	O	O	O
마. 용접, 비파괴검사 등 특수업무 종사자의 자격인정 기준과 업무범위	O	O	O
바. 취항 공항지점의 목록과 수행하는 정비에 관한 사항	O		
사. 항공기 정비에 종사하는 자의 근무시간, 업무의 인수인계에 관한 사항	O	O	
3. 항공기의 감항성을 유지하기 위한 정비 프로그램(CAMP)			
가. 항공기 정비프로그램의 개발, 개정 및 적용 기준	O		O
나. 항공기, 엔진/APU, 장비품 등의 정비 방식, 정비단계, 점검주기 등에 대한 프로그램	O		O
다. 항공기, 엔진, 장비품 정비계획	O		
라. 엔진 수리작업 기준(Workscope planning)에 관한 사항	O		O
마. 특별 정비작업 및 비계획 정비에 관한 사항	O		
바. 사용기한이 정해진(시한성) 품목의 목록 및 한계에 관한 사항	O		O
사. 점검주기의 일시조정 기준	O		O
아. 경년항공기에 대한 특별정비기준	O		O
1) 경년항공기 안전강화 규정 2) 경년시스템 감항성 향상프로그램 3) 기체구조 반복 점검 프로그램 4) 연료탱크 안전강화 규정 5) 기체구조 수리평가 프로그램 6) 부식처리 및 관리 프로그램			

내용	항공 운송사업	항공기 사용사업	변경 인가대상
4. 항공기 검사프로그램			
가. 항공기 검사프로그램의 개정 및 적용 기준		O	O
나. 운용 항공기의 검사방식, 검사단계 및 시기(반복 주기를 포함한다)		O	O
다. 항공기 형식별 검사단계별 점검표		O	
라. 사용기한이 정해진(시한성) 품목의 목록 및 한계에 관한 사항		O	O
마. 점검주기의 일시조정 기준		O	O
5. 품질관리			
가. 품질관리 기준 및 방침	O	O	O
나. 지속적인 분석 및 감시 시스템 (CASS)과 품질심사에 관한 절차	O		O
다. 신뢰성관리절차	O		O
라. 필수 검사제도	O		O
마. 필수 검사항목 지정	O		O
바. 일반 검사제도	O	O	O
사. 항공기 고장, 결함 및 부식 등에 대한 조사 분석 및 항공 당국/제작사 보고 절차	O	O	O
아. 정비프로그램의 유효성 및 효과분석 방법	O		
자. 수령검사 및 자재품질기준	O	O	O
차. 정비작업의 면제처리 및 예외 적용에 관한 사항	O		O
카. 중량 및 평형계측 절차	O	O	
타. 사고조사장비(FDR/CVR) 운용 절차	O	O	
6. 기술관리			
가. 감항성 개선지시, 기술회보 등의 검토 수행절차	O	O	O
나. 기체구조수리평가 프로그램	O		O
다. 항공기 부식 예방 및 처리에 관한 사항	O	O	O
라. 대수리·개조의 수행절차, 기록 및 보고 절차	O	O	
마. 기술적 판단 기준 및 조치 절차	O		O
바. 기체구조 손상허용 기술 승인 절차	O		O
사. 일시적 비행허용을 위한 기술검토 절차(Deferral EA)	O		O
아. 탑재 소프트웨어(Loadable software) 보안관리	O		O
7. 항공기등, 장비품 및 부품의 정비방법 및 절차			
가. 수행하려는 정비의 범위(항공기 기종 및 엔진 형식별)	O	O	O
나. 수행된 정비 등의 확인 절차(비행 전 감항성 확인, 비상장비 작동가능상태 확인 및 정비수행을 확인하는 자 등)	O	O	
다. 최소장비목록(MEL) 또는 외형변경 목록(CDL) 적용기준 및 정비이월 절차(NEF 포함)	O	O	O
라. 제·방빙절차	O	O	
마. 지상조업 감독, 급유/급유량/연료 품질 관리 등 운항정비를 위한 절차	O	O	
바. 회항시간 연장운항(EDTO), 수직 분리 축소(RVSM), 정밀접근 (CAT) 등 특정 사항에 따른 정비 절차	O	O	
사. 발동기 시운전 절차	O	O	

내용	항공 운송사업	항공기 사용사업	변경 인가대상
아. 항공기 여압 시험 절차	O	O	
자. 비행시험, 공수비행에 관한 기준 및 절차	O	O	
차. 구급용구 등의 관리 절차	O	O	
카. 정전기 민감부품(ESDS)의 취급 절차	O	O	
8. 계약정비			
가. 계약정비를 하는 경우 정비확인에 대한 책임, 서명 및 확인절차	O	O	
나. 계약정비에 대한 평가, 계약 후 이행 여부에 대한 심사 절차	O	O	O
9. 장비 및 공구 관리			
가. 정밀측정 장비 및 시험장비의 관리 절차	O	O	O
나. 장비 및 공구를 제작하여 사용하는 경우 승인 절차	O	O	
10. 정비 시설			
가. 보유 또는 이용하려는 정비시설의 위치 및 수행하는 정비작업	O	O	
나. 각 정비 시설별로 갖추어야 하는 설비 및 환경 기준	O	O	
11. 정비 매뉴얼, 기술문서 및 정비 기록물 의 관리방법			
가. 각종 기술자료의 접수, 배포 및 이용 방법	O	O	
나. 전자교범 및 전자 기록 유지관리 시스템	O		O
다. 탑재용 항공일지(비행 및 정비) 등의 서식 및 기록 방법, 운영 절차	O	O	O
라. 정비기록 문서의 관리책임 및 보존 기간	O	O	O
마. 정비문서 및 각종 꼬리표의 서식 및 기록 방법(기술지시서, 정시점검 카드, 작업지시서 등)	O	O	
바. 적정 예비엔진 수량을 판단하는 기준	O		
12. 정비 훈련 프로그램			
가. 교육과정의 종류, 과정별 시간 및 실시 방법	O	O	O
나. 강사(교관)의 자격 기준 및 임명	O	O	O
다. 훈련자의 평가 기준 및 방법	O	O	O
라. 위탁교육 시 위탁 기관의 강사, 커리큘럼(curriculum) 등의 적절성 확인 방법	O	O	
마. 정비훈련 기록에 관한 사항	O	O	
13. 자재 관리			
가. 자재관리 일반(구매, 검수, 저장, 불출, 반납 등)	O	O	
나. 저장정비 및 시효관리	O	O	
다. 부품 임차, 공동사용, 교환, 유용에 관한 사항	O		O
라. 외부 보관부품(External Stock) 관리에 관한 사항	O		
마. 비인가 부품·비인가의심부품의 판단 방법 및 보고 절차	O	O	
바. 위험물(Dangerous Goods) 취급 절차	O	O	
사. 호환품 선정기준	O	O	
14. 안전 및 보안에 관한 사항			
가. 항공기 지상안전을 유지하기 위한 방법	O	O	
나. 인적요인에 대한 안전관리 방법	O	O	
다. 마약, 약물 및 주류 오용 금지사항	O	O	

내용	항공 운송사업	항공기 사용사업	변경 인가대상
라. 항공기 보안에 관한 사항	O	O	
15. 그 밖에 항공운송사업자 또는 항공기 사용사업자가 필요하다고 판단하는 사항			
가. 양식 및 양식 관리절차	O	O	

정비조직인증 취소 등 행정처분기준(제273조제2항 관련)

위반행위	근거 법조문	처분내용
1. 거짓이나 그 밖의 부정한 방법으로 정비조직인증을 받은 경우	법 제98조제1항제1호	인증취소
2. 법 제98조에 따른 업무정지 기간에 업무를 한 경우	법 제98조제1항제5호	인증취소
3. 법 제58조제2항을 위반하여 다음 각 목의 어느 하나에 해당하는 경우	법 제98조제1항제2호	
가. 업무를 시작하기 전까지 항공안전관리시스템을 마련하지 아니한 경우		업무정지(10일)
나. 승인을 받지 아니하고 항공안전관리시스템을 운용한 경우		업무정지(10일)
다. 항공안전관리시스템을 승인받은 내용과 다르게 운용한 경우		업무정지(10일)
라. 승인을 받지 아니하고 제130조제3항으로 정하는 중요 사항을 변경한 경우		업무정지(10일)
4. 정당한 사유 없이 법 제97조제1항에 따른 정비조직인증기준을 위반한 경우	법 제98조제1항제3호	
가. 인증받은 범위 외의 다음의 정비등을 한 경우		
1) 인증받은 정비능력을 초과하여 정비등을 한 경우		업무정지(10일)
2) 인증받은 형식 외의 항공기등에 대한 정비등을 한 경우		업무정지(15일)
3) 인증받은 장비품·부품 외의 장비품·부품의 정비등을 한 경우		업무정지(10일)
나. 인증받은 정비시설 또는 정비건물 등의 위치를 무단으로 변경하여 정비등을 한 경우		업무정지(7일)
다. 인증받은 장소가 아닌 곳에서 정비등을 한 경우		업무정지(10일)
라. 인증받은 범위에서 정비등을 수행한 후 법 제35조제8호의 항공정비사 자격증명을 가진 자로부터 확인을 받지 않은 경우		업무정지(15일)
마. 정비등을 하지 않고 거짓으로 정비기록을 작성한 경우		업무정지(7일)
바. 세부 운영기준에서 정한 정비방법·품질관리절차 및 수행목록 등을 위반하여 정비등을 한 경우(가목부터 마목까지의 규정에 해당되지 않는 사항을 말한다)		업무정지(5일)
사. 가목부터 바목까지의 규정 외에 정비조직인증기준을 위반한 경우		업무정지(3일)
5. 고의 또는 중대한 과실에 의하여 또는 항공종사자에 대한 관리·감독에 관하여 상당한 주의의무를 게을리함으로써 항공기 사고가 발생한 경우	법 제98조제1항제4호	
가. 해당 항공기 사고로 인한 사망자가 200명이상인 경우		업무정지(180일)
나. 해당 항공기 사고로 인한 사망자가 150명 이상 200명 미만인 경우		업무정지(150일)
다. 해당 항공기 사고로 인한 사망자가 100명 이상 150명 미만인 경우		업무정지(120일)
라. 해당 항공기 사고로 인한 사망자가 50명 이상 100명 미만인 경우		업무정지(90일)
마. 해당 항공기 사고로 인한 사망자가 10명 이상 50명 미만인 경우		업무정지(60일)
바. 해당 항공기 사고로 인한 사망자가 10명 미만인 경우		업무정지(30일)
사. 해당 항공기 사고로 인한 중상자가 10명 이상인 경우		업무정지(30일)
아. 해당 항공기 사고로 인한 중상자가 5명 이상 10명 미만인 경우		업무정지(20일)
자. 해당 항공기 사고로 인한 중상자가 5명 미만인 경우		업무정지(15일)
차. 해당 항공기 사고로 인한 항공기 또는 제3자의 재산 피해가 100억원 이상인 경우		업무정지(90일)
카. 해당 항공기 사고로 인한 항공기 또는 제3자의 재산 피해가 50억원 이상 100억원 미만인 경우		업무정지(60일)
타. 해당 항공기 사고로 인한 항공기 또는 제3자의 재산피해가 10억원 이상 50억원 미만인 경우		업무정지(30일)
파. 해당 항공기 사고로 인한 항공기 또는 제3자의 재산피해가 1억원 이상 10억원 미만인 경우		업무정지(20일)
하. 해당 항공기 사고로 인한 항공기 또는 제3자의 재산피해가 1억원 미만인 경우		업무정지(10일)

비고: 위 표의 제5호에 따른 정비등의 업무정지처분을 하는 경우 인명피해와 항공기 또는 제3자의 재산피해가 같이 발생한 경우에는 해당 정비등의 업무정지기간을 합산하여 처분하되, 합산하는 경우에도 정비등의 업무정지기간이 180일을 초과할 수 없다.

항공안전법 시행규칙 [별표 39] 〈개정 2021. 11. 19.〉

외국인 국제항공운송사업자의 항공기 운항정지 등 행정처분기준(제282조 관련)

위반행위	근거 법 조문	처분내용
1. 거짓이나 그 밖의 부정한 방법으로 운항증명승인을 받은 경우	법 제105조제1항제1호	운항증명 승인취소
2. 법 제103조제1항을 위반하여 운항증명승인을 받지 아니하고 운항한 경우	법 제105조제1항제2호	항공기운항정지 (180일)
3. 법 제103조제3항을 위반하여 같은 조 제2항에 따른 운항조건·제한사항을 준수하지 아니한 경우	법 제105조제1항제3호	항공기운항정지 (20일)
4. 법 제103조제5항을 위반하여 변경승인을 받지 아니하고 운항한 경우	법 제105조제1항제4호	항공기운항정지 (30일)
5. 법 제106조제1항에 따라 준용되는 법 제57조제1항을 위반하여 조종사가 주류등의 영향으로 항공업무를 정상적으로 수행할 수 없는 상태에서 항공업무에 종사하게 한 경우	법 제105조제1항제5호	항공기운항정지 (20일)
6. 법 제106조제2항에 따라 준용되는 법 제94조 각 호에 따른 항공운송의 안전을 위한 명령에 따르지 아니한 경우	법 제105조제1항제6호	항공기운항정지 (30일)
7. 항공기 운항의 정지기간에 항공기를 운항한 경우	법 제105조제1항제7호	운항증명 승인취소

항공안전법 시행규칙 [별표 40] 〈개정 2020. 12. 10.〉

경량항공기 안전성인증 등급에 따른 운용범위(제284조제5항 관련)

등급	운용범위
제1종	제한 없음
제2종	항공기대여업 또는 항공레저스포츠사업에의 사용 제한
제3종	다음의 각 호의 사용을 제한 1. 항공기대여업 또는 항공레저스포츠사업에의 사용 2. 조종사를 포함하여 2명이 탑승한 경우에는 이륙 장소의 중심으로부터 반경 10킬로미터 범위를 초과하는 비행에 사용
제4종	다음의 각 호의 사용을 제한 1. 항공기대여업 또는 항공레저스포츠사업에의 사용 2. 이륙 장소의 중심으로부터 반경 10킬로미터 범위를 초과하는 비행에 사용 3. 1명의 조종사 외의 사람이 탑승하는 비행에 사용 4. 인구 밀집지역 상공에서의 비행에 사용

비고: 항공안전기술원은 안전성인증 검사결과에 따라 비행고도, 속도 등의 성능에 관한 제한사항을 추가로 지정할 수 있다.

항공안전법 시행규칙 [별표 41] 〈개정 2021. 8. 27.〉

경량항공기에 대한 경미한 정비의 범위(제285조제2항 관련)

경량항공기에 대한 경미한 정비의 범위는 다음과 같으며, 복잡한 조립 조작이 포함되어 있지 않아야 한다.

1. 착륙장치(Landing Gear)의 타이어를 떼어내는 작업(이하 "장탈"이라 한다), 원래의 위치에 붙이는 작업(이하 '장착"이라 한다)
2. 착륙장치의 탄성충격흡수장치(Elastic Shock Absorber)의 고정용 코드(Cord)의 교환
3. 착륙장치의 유압완충지주(Shock Strut)에 윤활유 또는 공기의 보충
4. 착륙장치 바퀴(Wheel) 베어링에 대한 세척 및 윤활유 주입 등의 서비스
5. 손상된 풀림방지 안전선(Safety Wire) 또는 고정 핀(Cotter Key)의 교환
6. 덮개(Cover plates), 카울링(Cowing) 및 페어링(Fairing)과 같은 비구조부 품목의 장탈(분해하는 경우는 제외한다) 및 윤활
7. 리브 연결(Rib Stitching), 구조부 부품 또는 조종면의 장탈을 필요로 하지 않는 단순한 직물의 기움
8. 유압유 저장탱크에 유압액을 보충하는 것
9. 1차 구조부재 또는 작동 시스템의 장탈 또는 분해가 필요하지 않은 동체(Fuselage), 날개, 꼬리부분의 표면 [균형 조종면(Balanced control surfaces)은 제외한다], 페어링, 카울링, 착륙장치, 조종실 내부의 장식을 위한 덧칠(Coating)
10. 장비품(Components)의 보존 또는 보호를 위한 재료의 사용. 다만, 관련된 1차 구조부재 또는 작동 시스템의 분해가 요구되지 않아야 하고, 덧칠이 금지되거나 좋지 않은 영향이 없어야 한다.
11. 객실 또는 조종실의 실내 장식품 또는 장식용 비품의 수리. 다만, 수리를 위해 1차 구조부재나 작동 시스템의 분해가 요구되지 않아야 하고, 작동 시스템에 간섭을 주거나 1차 구조부재에 영향을 주지 않아야 한다.
12. 페어링, 구조물이 아닌 덮개, 카울링, 소형 패치에 대한 작고 간단한 수리작업 및 공기흐름에 영향을 줄 수 있는 외형상의 변화가 없는 보강작업
13. 작업이 조종계통 또는 전기계통 장비품 등과 같은 작동 시스템의 구조에 간섭을 일으키지 않는 측면 창문(Side Windows)의 교환
14. 안전벨트의 교환
15. 1차 구조부과 작동 시스템의 분해가 필요하지 않는 좌석 또는 좌석부품의 교환
16. 고장 난 착륙등(Landing Light)의 배선 회로에 대한 고장탐구 및 수리

17. 위치등(Position Light)과 착륙등(Landing Light)의 전구, 반사면, 렌즈의 교환
18. 중량과 평형(Weight and Balance) 계산이 필요 없는 바퀴와 스키의 교환
19. 프로펠러나 비행조종계통의 장탈이 필요 없는 카울링의 교환
20. 점화플러그의 교환, 세척 또는 간극(Gap)의 조정
21. 호스 연결부위의 교환
22. 미리 제작된 연료 배관의 교환
23. 연료와 오일 여과기 세척
24. 배터리의 교환 및 충전 서비스
25. 작동에 부수적인 역할을 하며 구조부재가 아닌 파스너(Fastener: 잠금장치)의 교환 및 조절

항공안전법 시행규칙 [별표 42] 〈개정 2022. 6. 8.〉

경량항공기 조종사 등에 대한 행정처분기준(제292조제1항 관련)

1. 일반기준

가. 처분의 구분

1) 자격증명등의 취소란 경량항공기 조종사 자격증명, 경량항공기 조종교육증명, 경량항공기 조종연습허가를 취소하는 것을 말한다.

2) 자격증명등의 효력의 정지란 일정기간 경량항공기 조종연습 및 경량항공기를 조종할 수 있는 자격을 정지하는 것을 말한다.

나. 처분기간의 산정

1) 하나의 행위로 둘 이상의 위반행위가 발생한 경우 그 중 무거운 처분의 기준에 따르되, 2분의 1의 범위에서 가중하여 처분한다.

2) 하나의 비행 편에서 둘 이상의 위반행위가 발생한 경우 그 중 무거운 처분의 기준에 따르되, 2분의 1의 범위에서 가중하여 처분한다.

3) 같은 위반행위가 연속하여 2회 이상 발생한 경우 1회의 위반행위로 보아 처분하되, 2분의 1의 범위에서 가중하여 처분한다. 다만, 위반사실을 인지하고도 같은 위반행위를 반복한 경우에는 위반횟수별로 합산하여 산정한다.

4) 위반행위가 기장을 보조하는 경량항공기 조종사의 잘못으로 발생한 경우에는 기장에 대한 처분 외에 그 경량항공기 조종사에 대해서도 처분할 수 있다. 이 경우 그 경량항공기 조종사에 대한 처분은 처분기준의 2분의 1의 범위에서 줄여 처분할 수 있다.

5) 위반행위의 차수에 따른 행정처분의 기준은 위반행위를 한 날로부터 최근 1년 이내 같은 위반행위로 행정처분을 받은 경우에 적용한다. 이 경우 기간의 계산은 위반행위에 대하여 행정처분을 받은 날과 그 처분 후 다시 같은 위반행위를 하여 적발된 날을 기준으로 한다.

6) 위 5)에 따라 가중된 행정처분을 하는 경우 가중처분의 적용차수는 그 위반행위 전 행정처분 차수[위 5)에 따른 기간 내에 행정처분이 둘 이상 있었던 경우에는 높은 차수를 말한다]의 다음 차수로 한다.

7) 위 3)에서 "같은 위반행위"란 제2호의 같은 목(세부유형이 분류되어 있는 경우에는 그 세부유형)의 위반행위를 말한다.

다. 처분의 조정

1) 국토교통부장관은 다음의 어느 하나에 해당하는 경우에는 나목 및 제2호에 따른 처분기준의 2분의 1의 범위에서 줄여 처분할 수 있다.

가) 항공안전에 대한 위험을 피하기 위한 부득이한 사유가 있는 경우

나) 행위자가 항공안전 향상에 기여한 공로로 정부로부터 표창을 받은 경우(경미한 위반행위에 한정하며, 1회에 한정하여 적용한다)

다) 위반행위를 한 경량항공기 조종사가 과거 법을 위반한 이력이 없는 경우(경미한 위반행위에 한정한다)

라) 「공항시설법」 제2조제7호·제8호에 따른 공항시설 및 비행장시설의 미비·장애, 「공항시설법」 제2조제19호에 따른 이착륙장 시설의 미비·장애 및 경량항공기에 사용한 부품의 결함 및 경량항공기 정비 등을 위해 사용한 장비 등의 오작동 등 외부적인 상황으로 위반행위가 발생한 경우

마) 그 밖에 위반행위의 정도, 위반행위의 동기와 그 결과 등을 고려하여 처분을 줄일 필요가 있다고 인정되는 경우

2) 국토교통부장관은 다음의 어느 하나에 해당하는 경우에는 나목 및 제2호에 따른 처분기준의 2분의 1의 범위에서 늘려 처분할 수 있다.

가) 고의 또는 중과실에 의해 위반행위가 발생한 경우

나) 다른 항공기 또는 경량항공기의 운항안전 또는 공중(公衆)에 상당한 영향을 미친 경우

다) 위반직후 적절한 후속조치를 취하지 아니하여 위험을 증대시킨 경우

라) 그 밖에 위반행위의 정도, 위반행위의 동기와 그 결과 등을 고려하여 처분을 늘릴 필요가 있다고 인정되는 경우

2. 개별 기준

가. 자격증명등

위반행위 또는 사유	근거 법 조문	처분내용
1) 거짓이나 그 밖의 부정한 방법으로 자격증명등을 받은 경우	법 제114조제1항제1호	자격증명 취소
2) 이 법을 위반하여 벌금 이상의 형을 선고받은 경우 가) 벌금 100만원 미만 나) 벌금 100만원 이상 200만원 미만 다) 벌금 200만원 이상	법 제114조제1항제2호	 효력정지 30일 효력정지 50일 자격증명 취소
3) 경량항공기 조종업무를 수행할 때 고의 또는 중대한 과실로 경량항공기사고를 일으켜 다음 각 목의 인명피해를 발생시킨 경우 가) 중상자 외의 부상자가 발생한 경우 나) 중상자가 발생한 경우 다) 사망자가 발생한 경우	법 제114조제1항제3호	 효력 정지 30일 이상 효력 정지 90일 이상 자격증명 취소
4) 경량항공기 조종업무를 수행할 때 고의 또는 중대한 과실로 경량항공기사고를 일으켜 다음 각 목의 재산피해를 발생시킨 경우 가) 경량항공기 또는 제3자의 재산피해가 10억원 미만인 경우 나) 경량항공기 또는 제3자의 재산피해가 10억원 이상 100억원 미만인 경우 다) 경량항공기 또는 제3자의 재산피해가 100억원 이상인 경우	법 제114조제1항제3호	 효력 정지 30일 이상 효력 정지 90일 이상 자격증명 취소
5) 법 제110조 본문을 위반하여 경량항공기 조종업무 외의 업무에 종사한 경우	법 제114조제1항제4호	1차 위반: 효력 정지 150일 2차 위반: 효력 정지 1년
6) 법 제111조제2항을 위반하여 경량항공기 조종사 자격증명의 한정을 받은 사람이 한정된 경량항공기 종류 외의 경량항공기를 조종한 경우	법 제114조제1항제5호	1차 위반: 효력 정지 30일 2차 위반: 효력 정지 60일 3차 이상 위반: 효력 정지 180일
7) 법 제112조의2제1항을 위반하여 다른 사람에게 자기의 성명을 사용하여 경량항공기 조종업무를 수행하게 하거나 경량항공기 조종사 자격증명서를 빌려준 경우	법 제114조제1항 제5호의2	자격증명 취소
8) 법 제112조의2제3항을 위반하여 다음 각 목의 행위를 알선한 경우 가) 다른 사람에게 자기의 성명을 사용하여 경량항공기 조종업무를 수행하게 하거나 경량항공기 조종사 자격증명서를 빌려 주는 행위 나) 다른 사람의 성명을 사용하여 경량항공기 조종업무를 수행하거나 다른 사람의 경량항공기 조종사 자격증명서를 빌리는 행위	법 제114조제1항 제5호의3	자격증명 취소
9) 법 제113조(법 제116조제5항에서 준용하는 경우를 포함한다)를 위반하여 항공신체검사증명을 받지 않고 경량항공기 조종업무를 하거나 경량항공기 조종연습을 한 경우	법 제114조제1항제6호	1차 위반: 효력 정지 30일 2차 위반: 효력 정지 60일 3차 이상 위반: 효력 정지 150일
10) 법 제115조제1항을 위반하여 조종교육증명을 받지 않고 조종교육을 한 경우	법 제114조제1항제7호	1차 위반: 효력 정지 30일 2차 위반: 효력 정지 60일 3차 이상 위반: 효력 정지 180일
11) 법 제115조제2항을 위반하여 국토교통부장관이 정하는 교육을 받지 않은 경우	법 제114조제1항제8호	1차 위반: 효력 정지 30일 2차 위반: 효력 정지 60일 3차 이상 위반: 효력 정지 180일
12) 법 제118조를 위반하여 이륙·착륙 장소가 아닌 곳 또는 「공항시설법」 제25조제6항에 따라 사용이 중지된 장소에서 경량항공기를 이륙하거나 착륙하게 한 경우	법 제114조제1항제9호	1차 위반: 효력 정지 30일 2차 위반: 효력 정지 150일 3차 위반: 효력 정지 1년

위반행위 또는 사유	근거 법 조문	처분내용
13) 법 제121조제2항에서 준용하는 법 제57조제1항을 위반하여 주류등의 영향으로 경량항공기 조종업무(법 제116조에 따른 경량항공기 조종연습을 포함한다)를 정상적으로 수행할 수 없는 상태에서 경량항공기를 사용하여 비행한 경우	법 제114조제1항 제10호	가) 주류의 경우 (1) 혈중알코올농도 0.02퍼센트 이상 0.06퍼센트 미만: 효력 정지 60일 (2) 혈중알코올농도 0.06퍼센트 이상 0.09퍼센트 미만: 효력 정지 120일 (3) 혈중알코올농도 0.09퍼센트 이상: 자격증명 취소 나) 마약류 또는 환각물질의 경우 (1) 1차 위반: 효력 정지 60일 (2) 2차 위반: 효력 정지 120일 (3) 3차 이상 위반: 자격증명 취소
14) 법 제121조제2항에서 준용하는 법 제57조제2항을 위반하여 경량항공기 조종업무(법 제116조에 따른 경량항공기 조종연습을 포함한다)에 종사하는 동안에 같은 조 제1항에 따른 주류등을 섭취하거나 사용한 경우	법 제114조제1항제11호	가) 주류의 경우 (1) 혈중알코올농도 0.02퍼센트 이상 0.06퍼센트 미만: 효력 정지 60일 (2) 혈중알코올농도 0.06퍼센트 이상 0.09퍼센트 미만: 효력 정지 120일 (3) 혈중알코올농도 0.09퍼센트 이상: 자격증명 취소 나) 마약류 또는 환각물질의 경우 (1) 1차 위반: 효력 정지 60일 (2) 2차 위반: 효력 정지 120일 (3) 3차 이상 위반: 자격증명 취소
15) 법 제121조제2항에서 준용하는 법 제57조제3항을 위반하여 같은 조 제1항에 따른 주류등의 섭취 및 사용 여부의 측정 요구에 따르지 않은 경우	법 제114조제1항제12호	자격증명 취소
16) 법 제121조제3항에서 준용하는 법 제67조제1항을 위반하여 비행규칙을 따르지 않고 비행한 경우	법 제114조제1항제13호	1차 위반: 효력 정지 30일 2차 위반: 효력 정지 60일 3차 이상 위반: 효력 정지 180일
17) 법 제121조제4항에서 준용하는 법 제79조제1항을 위반하여 국토교통부장관이 정하여 공고하는 비행의 방식 및 절차에 따르지 않고 비관제공역 또는 주의공역에서 비행한 경우	법 제114조제1항제14호	1차 위반: 효력 정지 30일 2차 위반: 효력 정지 60일 3차 이상 위반: 효력 정지 150일
18) 법 제121조제4항에서 준용하는 법 제79조제2항을 위반하여 허가를 받지 않거나 국토교통부장관이 정하는 비행의 방식 및 절차에 따르지 않고 통제공역에서 비행한 경우	법 제114조제1항제15호	1차 위반: 효력 정지 30일 2차 위반: 효력 정지 90일 3차 위반: 자격증명 취소
19) 법 제121조제5항에서 준용하는 법 제84조제1항을 위반하여 국토교통부장관 또는 항공교통업무증명을 받은 자가 지시하는 이동·이륙·착륙의 순서 및 시기와 비행의 방법에 따르지 않은 경우	법 제114조제1항제16호	1차 위반: 효력 정지 30일 2차 위반: 효력 정지 90일 3차 위반: 자격증명 취소
20) 자격증명등의 정지기간에 경량항공기 조종업무에 종사한 경우	법 제114조제1항제17호	자격증명 취소

나. 항공신체검사증명

위반행위 또는 사유	해당 법 조문	처분내용
1) 거짓이나 그 밖의 부정한 방법으로 항공신체검사증명을 받은 경우	법 제114조제2항제1호	항공신체검사증명 취소
2) 법 제113조제2항에서 준용하는 법 제40조제2항에 따른 자격증명의 종류별 항공신체검사증명의 기준에 맞지 않게 되어 경량항공기 조종업무를 수행하기에 부적합하다고 인정되는 경우	법 제114조제2항제2호	효력정지 30일 이상
3) 법 제121조제2항에서 준용하는 법 제57조제1항을 위반하여 주류등의 영향으로 경량항공기 조종업무(법 제116조에 따른 경량항공기 조종연습을 포함한다)를 정상적으로 수행할 수 없는 상태에서 경량항공기를 사용하여 비행한 경우	법 제114조제2항제3호	가) 주류의 경우 (1) 혈중알코올농도 0.02퍼센트 이상 0.06퍼센트 미만: 효력 정지 60일 (2) 혈중알코올농도 0.06퍼센트 이상 0.09퍼센트 미만: 효력 정지 120일 (3) 혈중알코올농도 0.09퍼센트 이상: 항공신체검사증명 취소 나) 마약류 또는 환각물질의 경우 (1) 1차 위반: 효력 정지 60일 (2) 2차 위반: 효력 정지 120일 (3) 3차 이상 위반: 항공신체검사증명 취소
4) 법 제121조제2항에서 준용하는 법 제57조제2항을 위반하여 경량항공기 조종업무(법 제116조에 따른 경량항공기 조종연습을 포함한다)에 종사하는 동안에 같은 조 제1항에 따른 주류등을 섭취하거나 사용한 경우	법 제114조제2항제3호	가) 주류의 경우 (1) 혈중알코올농도 0.02퍼센트 이상 0.06퍼센트 미만: 효력 정지 60일 (2) 혈중알코올농도 0.06퍼센트 이상 0.09퍼센트 미만: 효력 정지 120일 (3) 혈중알코올농도 0.09퍼센트 이상: 항공신체검사증명 취소 나) 마약류 또는 환각물질의 경우 (1) 1차 위반: 효력 정지 60일 (2) 2차 위반: 효력 정지 120일 (3) 3차 이상 위반: 항공신체검사증명 취소
5) 법 제121조제2항에서 준용하는 법 제57조제3항을 위반하여 같은 조 제1항에 따른 주류등의 섭취 및 사용 여부의 측정 요구에 따르지 않은 경우		1차 위반: 효력 정지 60일 2차 위반: 효력 정지 120일 3차 이상 위반: 항공신체검사증명 취소

초경량비행장치 안전성 인증기관의 인력 및 시설기준(제305조제2항 관련)

구분	기준
1. 법인성격	항공관련 업무를 수행하는 비영리법인
2. 전문인력	다음 각 목의 어느 하나에 해당하는 사람 5명 이상을 확보할 것 가. 법 제35조제8호에 따른 항공정비사 자격증명을 받은 사람 나. 「국가기술자격법」에 따른 항공기사 이상의 자격을 받은 사람 다. 항공기술 관련 학사 이상의 학위를 취득한 후 3년 이상 항공기등, 경량항공기 또는 초경량비행장치의 설계·제작·정비 또는 품질보증 또는 안전성인증 업무에 종사한 경력이 있는 사람
3. 시설 및 장비	가. 초경량비행장치의 시험비행 등을 위한 이륙 및 착륙 시설(타인의 시설을 임차하여 사용하는 경우를 포함한다) 나. 안전성인증 민원업무 처리에 필요한 사무실 및 사무기기 다. 초경량비행장치와 관련된 기술자료실 라. 초경량비행장치 조종자 등에 대한 안전교육을 실시할 수 있는 강의실

초경량비행장치 조종자 증명기관의 인력 및 시설기준(제306조제2항 관련)

구분	기준
1. 법인성격	항공 조종, 정비 등의 업무를 수행하는 비영리법인
2. 전문인력	다음 각 목의 어느 하나에 해당하는 사람 3명 이상을 확보할 것 가. 법 제35조제3호에 따른 자가용 조종사 이상의 자격증명을 받은 사람 나. 법 제109조제1항에 따른 경량항공기 조종사 자격증명을 취득한 후 3년 이상 경량항공기 또는 초경량비행장치의 조종교육 업무에 종사한 경력이 있는 사람 다. 법 제125조제1항에 따른 초경량비행장치 조종자 증명을 취득한 후 3년 이상 초경량비행장치의 조종교육 업무에 종사한 경력이 있는 사람 라. 경량항공기 또는 초경량비행장치의 조종 관련 업무에 5년 이상 종사한 경력이 있는 사람
3. 시설 및 장비	가. 초경량비행장치의 시험비행 등을 위한 이륙 및 착륙 시설(타인의 시설을 임차하여 사용하는 경우를 포함한다) 나. 안전성인증 민원업무 처리에 필요한 사무실 및 사무기기 다. 초경량비행장치와 관련된 기술자료실 라. 초경량비행장치 조종자 등에 대한 안전교육을 실시할 수 있는 강의실

항공안전법 시행규칙 [별표 45] 〈개정 2021. 6. 9.〉

전문검사기관이 갖추어야 할 기술인력·시설 및 장비기준(제318조의2 관련)

구분	기준
1. 기술인력	항공기등 또는 장비품의 인증업무 또는 시제품에 대한 기능시험·성능시험·구조시험 등의 업무에 5년 이상의 경력이 있는 사람 2명 이상을 확보하고, 인증 관련법 제도 외에 나목부터 자목까지 중 해당 분야의 교육·훈련을 이수하여야 한다. 가. 인증 관련법 제도 나. 기체구조 및 하중 인증분야 다. 추진기관 인증분야 라. 세부계통 및 실내장치 인증분야 마. 환경증명 인증분야 바. 비행시험 및 비행성능 인증분야 사. 항공전자·전기 인증분야 아. 형식증명 또는 제작증명 적합성 검사분야 자. 소프트웨어 인증분야
2. 시설	가. 항공기등 또는 장비품의 해당분야에 대한 설계검증 및 품질인증을 위한 시설 나. 기술인력의 교육·훈련을 위한 시설(자체 교육·훈련을 실시할 경우만 해당한다)
3. 장비	항공기등 또는 장비품의 해당분야에 대한 설계검증·시험분석 및 평가를 위해 필요한 장비

항공안전법 시행규칙 [별표 46] 〈개정 2021. 6. 9.〉

항공영어구술능력평가 전문기관의 인력·시설기준 등(제320조제1항 관련)

구분	기준
1. 기술인력	가. 면접인력: 항공영어구술능력증명 6등급의 자격을 갖춘 사람 2명 이상 나. 평가인력: 항공전문가 및 영어전문가 각 1명 이상 다. 출제인력: 항공전문가 또는 영어전문가 중 1개 이상의 자격을 갖춘 전문가 2명 이상. 이 경우 출제인력 중 1명은 항공영어구술능력증명 6등급을 소지해야 한다. 라. 운영인력: 2명 이상
2. 시설기준 등	가. 운영인력 등이 근무할 수 있는 사무실을 확보할 것 나. 컴퓨터 기반의 시험(Computer Based Test)을 실시할 수 있고, 외부 소음을 차단할 수 있는 방음시설 등을 갖춘 시험장을 확보할 것 다. 시험문제, 평가기록 등을 보존할 수 있는 보안성이 확보된 저장매체를 확보할 것

비고: 1. "항공전문가"란 최근 10년 이내에 항공업무(조종·관제·무선통신)에 5년 이상 종사한 사람으로서 항공영어구술능력증명 5등급 이상의 자격을 갖춘 사람을 말한다.

2. "영어전문가"란 다음 각 목의 어느 하나에 해당하는 사람으로서 항공영어구술능력증명 5등급 이상의 자격을 갖춘 사람을 말한다.

가. 영어 교육 또는 평가와 관련된 학과의 석사학위 이상의 자격을 갖춘 사람

나. 영어 교육 또는 평가를 수행하는 기관에서 최근 10년 이내에 3년 이상 재직한 사람으로서 영어 교육 또는 평가와 관련된 학과의 학사학위 이상의 자격을 갖춘 사람

다. 영어 교육 또는 평가를 수행하는 기관에서 최근 10년 이내에 5년 이상 재직한 사람

3. 동일한 인력이 동일한 응시자에 대해 면접과 평가를 동시에 겸임할 수 없다.

4. 면접·평가·출제인력은 필요한 경우 외부 전문가를 위촉하여 수행할 수 있다.

항공안전법 시행규칙 [별표 47] 〈개정 2022. 6. 8.〉

수수료(제321조 관련)

납부자	수수료
1. 삭제 〈2018. 3. 23.〉	
2. 삭제 〈2018. 3. 23.〉	
3. 법 제20조제1항에 따라 형식증명 또는 제한형식증명을 신청하거나 변경신청하는 자. 다만, 변경신청하는 경우 다음 수수료의 50퍼센트를 감면한다. 가. 비행기·헬리콥터 및 비행선 (1) 최대이륙중량 5,700킬로그램 이하 (가) 단발기 (나) 다발기 (2) 최대이륙중량 5,700킬로그램 초과 나. 활공기 다. 발동기 (1) 피스톤발동기 (2) 터보프롭 또는 터보샤프트 발동기 (3) 제트발동기 라. 프로펠러 마. 형식증명서 또는 제한형식증명서 재발급	 130만원 260만원 260만원에 최대이륙중량 초과 1천킬로그램마다 3만3천원을 더한 금액 46만5천원 65만원 130만원 260만원 30만원 200원
4. 법 제20조제5항에 따라 부가형식증명을 신청하는 자 가. 부가형식증명서 최초 발급 나. 부가형식증명서 재발급	 37만원 200원
5. 법 제21조제1항 본문에 따라 형식증명승인을 신청하는 자 가. 최대이륙중량이 5,700킬로그램을 초과한 비행기, 헬리콥터 나. 최대이륙중량이 5,700킬로그램 이하인 비행기, 헬리콥터 및 비행선 (1) 단발기 (2) 다발기 다. 활공기 라. 발동기 (1) 피스톤발동기 (2) 터보프롭 또는 터보샤프트 발동기 (3) 제트발동기 마. 프로펠러 바. 형식증명승인서 재발급	 130만원에 최대이륙중량 초과 1천킬로그램마다 1만6천원을 더한 금액 65만원 130만원 23만원 33만원 65만원 130만원 15만원 200원
6. 법 제21조제5항에 따라 부가형식증명승인을 신청하는 자	18만원
7. 법 제22조제1항에 따라 제작증명을 신청하는 자 가. 항공기 나. 발동기 또는 프로펠러	 130만원 65만원

납부자	수수료
8. 다음 각 호의 항공기에 대하여 법 제23조제1항에 따라 표준감항증명, 특별감항증명(실험분류, 특별비행허가분류는 제외한다) 또는 법 제24조에 따라 항공기에 대한 감항승인을 신청하는 자. 다만, 항공운송사업용 항공기의 경우 법 제31조제2항에 따라 국토교통부장관이 위촉한 검사원이 감항증명을 위한 항공기 상태검사 및 시험비행을 수행하는 경우를 제외한다.	
가. 법 제20조제1항에 따른 형식증명 또는 제한형식증명을 받지 않은 항공기	나목의 감항증명검사수수료에 제3호의 형식증명 또는 제한형식증명 검사수수료를 더한 금액
나. 법 제20조제1항에 따른 형식증명 또는 제한형식증명 또는 제21조제1항에 따른 형식증명승인을 받은 항공기, 감항증명을 받은 사실이 있는 항공기	
(1) 비행기·헬리콥터 및 비행선	
(가) 최대이륙중량 5,700킬로그램 이하	
1) 단발기	10만원
2) 다발기	20만원
(나) 최대이륙중량 5,700킬로그램 초과	20만원에 최대이륙중량 초과 1천킬로그램마다 3천원을 더한 금액
(2) 활공기	4만원
다. 감항증명서 재교부	200원
9. 법 제24조제1항에 따라 발동기, 프로펠러, 장비품 또는 부품에 대한 감항승인을 신청하는 자	개당 2천원. 다만, 부품을 묶음 단위로 신청하는 경우 묶음 당 2천원
10. 법 제25조제1항에 따라 소음기준적합증명을 신청하는 자(서류검사에 의한 소음기준적합증명을 신청하는 자를 제외한다)	
가. 신규로 신청하는 자	
(1) 최대이륙중량 5천700킬로그램 이하의 것	10만원(시험비행을 실시하는 경우에는 18만5천원)
(2) 최대이륙중량 5천700킬로그램 초과의 것	10만원에 최대이륙중량 매 1천킬로그램까지마다 800원을 가산한 금액 (단, 시험비행을 실시하는 경우에는 18만천원에 최대이륙중량 매 1천킬로그램까지마다 1천원을 가산한 금액)
나. 소음기준적합증명을 받은 사실이 있는 항공기로서 수리·개조 등으로 재신청하는 자	
(1) 최대이륙중량 5천700킬로그램 이하의 것	5만원(시험비행을 실시하는 경우에는 14만2천원)
(2) 최대이륙중량 5천700킬로그램 초과의 것	5만원에 최대이륙중량 매 1천킬로그램까지마다 500원을 가산한 금액 (단, 시험비행을 실시하는 경우에는 14만2천원에 최대이륙중량 매 1천킬로그램까지마다 1천원을 가산한 금액)
다. 소음기준적합증명서의 재교부	200원
11. 법 제27조제1항에 따라 기술표준품형식승인을 신청하는 자	27만원
가. 기술표준품형식승인서 재발급	200원
12. 법 제28조제1항에 따라 부품등제작자증명을 신청하는 자	26만원
가. 부품등제작자증명서 재발급	200원
13. 법 제30조제1항 본문의 수리·개조승인을 신청하는 자	
가. 비행기·헬리콥터 및 비행선	
(1) 최대이륙중량 5천700킬로그램 이하의 것	
(가) 단발기	4만원
(나) 다발기	8만원
(2) 최대이륙중량 5천700킬로그램 초과의 것	8만원에 최대이륙중량 5천700킬로그램을 초과하는 중량에 대하여 매 1천킬로그램까지마다 2,000원을 가산한 금액
나. 활공기	4만원
다. 발동기, 프로펠러 및 장비품(항공기에 장착되어 있지 않은 상태로 신청한 경우)	4만원
14. 법 제34조제1항에 따른 항공종사자 자격증명의 발급 및 재발급을 신청 하는 자	1만원

납부자	수수료
15. 법 제38조제1항에 따른 시험 및 법 제38조제2항에 따른 심사에 응시하는 자 가. 학과시험 (1) 자격증명시험(조종사, 항공정비사, 항공교통관제사, 운항관리사) (2) 한정심사(조종사, 항공정비사) 나. 실기시험 (1) 자격증명시험 (가) 조종사, 항공정비사(구술), 항공교통관제사(구술), 운항관리사 (나) 항공정비사 (다) 항공교통관제사 (2) 한정심사(조종사, 항공정비사)	 5만6천원 9만2천원 9만7천원 12만7천원 10만2천원 11만7천원
16. 법 제38조제4항에 따른 자격증명서 유효성 확인서 발급을 신청하는 자	1만원
17. 법 제39조의2제1항에 따른 모의비행훈련장치 지정·변경지정 또는 유효기간 연장을 위한 검사를 신청하는 자	39만2천원
18. 법 제44조에 따른 계기비행증명 및 조종교육증명 시험에 응시하는 자	제15호에 따른 수수료
19. 법 제45조에 따른 항공영어구술능력증명시험 또는 증명서 발급을 신청하는 자 가. 항공영어구술능력증명시험 나. 항공영어구술능력증명 발급 또는 재발급	 12만3천원 1만1천원
20. 다음 각 호의 허가서를 발급 또는 재발급을 신청하는 자 가. 법 제46조제2항에 따른 항공기 조종연습 나. 법 제116조제1항에 따른 경량항공기 조종연습	 200원 200원
21. 법 제63조제2항에 따른 운항자격인정을 위한 심사를 신청하는 자 가. 지식심사 나. 항공기 또는 모의비행훈련장치를 이용한 기량심사 다. 가목의 지식심사와 나목의 기량심사를 병행하는 심사	 5만2천원 8만3천원 13만5천원
22. 법 제74조제1항에 따른 회항시간 연장운항의 승인을 받고자 신청하는 자	8만원
23. 법 제75조제1항에 따른 수직분리축소공역 등에서의 항공기 운항승인을 받고자 신청하는 자	8만원
24. 법 제90조제1항에 따른 운항증명을 받고 자 신청하는 자	78만원
25. 법 제90조제5항에 따른 안전운항체계변경을 하고자 신청하는 자	39만원
26. 법 제97조제1항에 따라 정비조직인증을 신청하는 자 가. 신규 및 갱신 신청 나. 업무한정 및 제한사항의 추가 또는 변경 (사업장의 소재지 변경 또는 추가를 포함한다)	 78만원 39만원
27. 법 제103조에 따른 외국인국제항공운송사업자에 대한 운항증명승인을 신청하는 자 1. 신규 신청 2. 변경승인 신청	 39만원 19만5천원
28. 법 제107조에 따른 외국항공기의 유상운송에 대한 운항안전성 검사를 받고 자 신청하는 자	20만원
29. 법 제108조제1항에 따른 경량항공기 안전성인증을 신청 하는 자 가. 초도검사 나. 정기검사 다. 수시 및 재검사 라. 증명서 재교부	 20만원 15만원 9만원 2만원
30. 법 제109조에 따른 경량항공기 조종사 자격증명을 신청하는 자	제15호에 따른 수수료
31. 법 제115조제1항에 따른 경량항공기 조종교육증명을 신청하는 자	제15호에 따른 수수료
32. 법 제115조제2항에 따른 경량항공기 안전교육을 신청하는 자	5만원(온라인교육의 경우 3만5천원)

납부자	수수료
33. 법 제124조에 따른 초경량비행장치 안전성인증을 신청하는 자 가. 초도검사 나. 정기검사 다. 수시 및 재검사 라. 증명서 재발급	 20만원(인력활공기, 낙하산류의 경우 15만원) 15만원(인력활공기, 낙하산류의 경우 10만원) 9만원 2만원
34. 법 제125조제1항에 따른 초경량비행장치 조종자 증명을 신청 하는 자 가. 학과시험 나. 실기시험 다. 증명서 발급 및 재발급	 4만4천원 6만6천원 1만원
35. 법 제129조제5항에 따라 무인비행장치 특별비행승인을 신청하는 자	1만원

비고: 1. 법 제136조제1항에 따른 검사등을 위하여 현지출장이 필요한 경우 신청자는 수수료 외에 공무원인 경우 「공무원여비규정」, 전문검사기관 등의 소속검사원인 경우 해당 기관의 여비규정에 따른 여비를 따로 부담하여야 한다.

2. 위 표에 따른 수수료에는 기술검증 등과 관련된 비용이 포함되어 있지 않으므로, 전문검사기관 등에서 수행하여야 하는 기술검증 등이 필요한 경우 신청자는 해당 기관에서 정한 인건비 등의 기준에 따라 별도의 비용을 부담하여야 한다.

3. 제14호부터 제16호까지, 제18호, 제29호부터 제31호까지, 제33호 및 제34호를 신청하는 신청자는 해당 수수료 외에 부가세를 추가 부담하여야 한다.

4. 제34호에 따른 초경량비행장치 조종자 증명의 실기시험에 사용되는 초경량비행장치는 해당 시험응시자가 제공하여야 한다.

5. 제15호 및 제18호에 따른 시험에 응시하는 자는 시험실시기관이 제공하는 항공기를 이용하는 경우 해당 항공기의 실운용비를 따로 부담하여야 한다.

6. 제8호에 따른 검사에 불합격하여 다시 검사를 신청하는 경우 해당하는 검사 수수료의 100분의 50을 감면할 수 있다. 다만, 서류상의 검사만을 받는 경우에는 재검사 수수료를 면제할 수 있다.

7. 「국민기초생활 보장법」에 따른 수급자 또는 「한부모가족지원법」에 따른 보호대상자에게는 제15호, 제18호 및 제34호에 따른 수수료의 100분의 50을 감면할 수 있다.

8. 제3호부터 제13호까지의 수수료는 2022년 6월 30일까지 신청하는 자에 대하여 해당 수수료의 100분의 50을 감면한다.

9. 제29호 및 제33호에 따른 검사에 불합격하여 다시 검사를 신청하는 경우 또는 서류상의 검사만을 받는 경우에는 해당 검사 수수료의 100분의 50을 감면할 수 있다. 다만, 다시 검사를 신청하는 경우와 서류상의 검사만을 받는 경우의 감면은 중복하여 적용할 수 없다.

제3장 공항시설법

공항시설법 [법률 제16902호, 2020. 1. 29., 타법개정]	공항시설법 시행령 [대통령령 제30106호, 2019. 10. 8., 타법개정]	공항시설법 시행규칙 [국토교통부령 제618호, 2019. 4. 4., 일부개정]
제1장 총칙		
제1조(목적) 이 법은 공항·비행장 및 항행안전시설의 설치 및 운영 등에 관한 사항을 정함으로써 항공산업의 발전과 공공복리의 증진에 이바지함을 목적으로 한다.	**제1조(목적)** 이 영은 「공항시설법」에서 위임된 사항과 그 시행에 필요한 사항을 규정함을 목적으로 한다.	**제1조(목적)** 이 규칙은 「공항시설법」 및 같은 법 시행령에서 위임된 사항과 그 시행에 필요한 사항을 규정함을 목적으로 한다.
제2조(정의) 이 법에서 사용하는 용어의 뜻은 다음과 같다. 1. "항공기"란 「항공안전법」 제2조제1호에 따른 항공기를 말한다. 2. "비행장"이란 항공기·경량항공기·초경량비행장치의 이륙[이수(離水)를 포함한다. 이하 같다]과 착륙[착수(着水)를 포함한다. 이하 같다]을 위하여 사용되는 육지 또는 수면(水面)의 일정한 구역으로서 대통령령으로 정하는 것을 말한다. 3. "공항"이란 공항시설을 갖춘 공공용 비행장으로서 국토교통부장관이 그 명칭·위치 및 구역을 지정·고시한 것을 말한다. 4. "공항구역"이란 공항으로 사용되고 있는 지역과 공항·비행장개발예정지역 중 「국토의 계획 및 이용에 관한 법률」 제30조 및 제43조에 따라 도시·군계획시설로 결정되어 국토교통부장관이 고시한 지역을 말한다. 5. "비행장구역"이란 비행장으로 사용되고 있는 지역과 공항·비행장개발예정지역 중 「국토의 계획 및 이용에 관한 법률」 제30조 및 제43조에 따라 도시·군계획시설로 결정되어 국토교통부장관이 고시한 지역을 말한다. 6. "공항·비행장개발예정지역"이란 공항 또는 비행장 개발사업을 목적으로 제4조에 따라 국토교통부장관이 공항 또는 비행장의 개발에 관한 기본계획으로 고시한 지역을 말한다. 7. "공항시설"이란 공항구역에 있는 시설과 공항구역 밖에 있는 시설 중 대통령령으로 정하는 시설로서 국토교통부장관이 지정한 다음 각 목의 시설을 말한다. 가. 항공기의 이륙·착륙 및 항행을 위한 시설과 그 부대시설 및 지원시설	**제2조(비행장의 구분)** 「공항시설법」(이하 "법"이라 한다) 제2조제2호에서 "대통령령으로 정하는 것"이란 다음 각 호의 것을 말한다. 1. 육상비행장 2. 육상헬기장 3. 수상비행장 4. 수상헬기장 5. 옥상헬기장 6. 선상(船上)헬기장 7. 해상구조물헬기장	

공항시설법 [법률 제16902호, 2020. 1. 29., 타법개정]	공항시설법 시행령 [대통령령 제30106호, 2019. 10. 8., 타법개정]	공항시설법 시행규칙 [국토교통부령 제618호, 2019. 4. 4., 일부개정]
제1장 총칙		
나. 항공 여객 및 화물의 운송을 위한 시설과 그 부대시설 및 지원시설 8. "비행장시설"이란 비행장에 설치된 항공기의 이륙·착륙을 위한 시설과 그 부대시설로서 국토교통부장관이 지정한 시설을 말한다. 9. "공항개발사업"이란 이 법에 따라 시행하는 다음 각 목의 사업을 말한다. 가. 공항시설의 신설·증설·정비 또는 개량에 관한 사업 나. 공항개발에 따라 필요한 접근교통수단 및 항만시설 등 기반시설의 건설에 관한 사업 다. 공항이용객 및 항공과 관련된 업무종사자를 위한 사업 등 대통령령으로 정하는 사업 10. "비행장개발사업"이란 이 법에 따라 시행하는 다음 각 목의 사업을 말한다. 가. 비행장시설의 신설·증설·정비 또는 개량에 관한 사업 나. 비행장개발에 따라 필요한 접근교통수단 등 기반시설의 건설에 관한 사업 11. "공항운영자"란 「항공사업법」 제2조제34호에 따른 공항운영자를 말한다. 12. "활주로"란 항공기 착륙과 이륙을 위하여 국토교통부령으로 정하는 크기로 이루어지는 공항 또는 비행장에 설정된 구역을 말한다. 13. "착륙대"(着陸帶)란 활주로와 항공기가 활주로를 이탈하는 경우 항공기와 탑승자의 피해를 줄이기 위하여 활주로 주변에 설치하는 안전지대로서 국토교통부령으로 정하는 크기로 이루어지는 활주로 중심선에 중심을 두는 직사각형의 지표면 또는 수면을 말한다. 14. "장애물 제한표면"이란 항공기의 안전운항을 위하여 공항 또는 비행장 주변에 장애물(항공기의 안전운항을 방해하는 지형·지물 등을 말한다)의 설치 등이 제한되는 표면으로서 대통령령으로 정하는 구역을 말한다. 15. "항행안전시설"이란 유선통신, 무선통신, 인공위성, 불빛, 색채 또는 전파(電波)를 이용하여 항공기의 항행을 돕기 위한 시설로서 국토교통부령으로 정하는 시설을 말한다. 16. "항공등화"란 불빛, 색채 또는 형상(形象)을 이용하여 항공기의 항행을 돕기 위한 항행안전시설로서 국토교통부령으로 정하는 시설을 말한다. 17. "항행안전무선시설"이란 전파를 이용하여 항공기의 항행을 돕기 위한 시설로서 국토교통부령으로 정하는 시설을 말한다. 18. "항공정보통신시설"이란 전기통신을 이용하여 항공교통업무에 필요한 정보를 제공·교환하기 위한 시설로서 국토교통부령으로 정하는 시설을 말한다.	**제3조(공항시설의 구분)** 법 제2조제7호 각 목 외의 부분에서 "대통령령으로 정하는 시설"이란 다음 각 호의 시설을 말한다. 1. 다음 각 목에서 정하는 기본시설 가. 활주로, 유도로, 계류장, 착륙대 등 항공기의 이착륙시설 나. 여객터미널, 화물터미널 등 여객시설 및 화물처리시설 다. 항행안전시설 라. 관제소, 송수신소, 통신소 등의 통신시설 마. 기상관측시설 바. 공항 이용객을 위한 주차시설 및 경비·보안시설 사. 공항 이용객에 대한 홍보시설 및 안내시설 2. 다음 각 목에서 정하는 지원시설 가. 항공기 및 지상조업장비의 점검·정비 등을 위한 시설 나. 운항관리시설, 의료시설, 교육훈련시설, 소방시설 및 기내식 제조·공급 등을 위한 시설 다. 공항의 운영 및 유지·보수를 위한 공항 운영·관리시설 라. 공항 이용객 편의시설 및 공항근무자 후생복지시설 마. 공항 이용객을 위한 업무·숙박·판매·위락·운동·전시 및 관람집회 시설 바. 공항교통시설 및 조경시설, 방음벽, 공해배출 방지시설 등 환경보호시설 사. 공항과 관련된 상하수도 시설 및 전력·통신·냉난방 시설 아. 항공기 급유시설 및 유류의 저장·관리 시설 자. 항공화물을 보관하기 위한 창고시설 차. 공항의 운영·관리와 항공운송사업 및 이와 관련된 사업에 필요한 건축물에 부속되는 시설 카. 공항과 관련된 「신에너지 및 재생에너지 개발·이용·보급 촉진법」 제2조제3호에 따른 신에너지 및 재생에너지 설비 3. 도심공항터미널 4. 헬기장에 있는 여객시설, 화물처리시설 및 운항지원시설 5. 공항구역 내에 있는 「자유무역지역의 지정 및 운영에 관한 법률」 제4조에 따라 지정된 자유무역지역에 설치하려는 시설로서 해당 공항의 원활한 운영을 위하여 필요하다고 인정하여 국토교통부장관이 지정·고시하는 시설 6. 그 밖에 국토교통부장관이 공항의 운영 및 관리에 필요하다고 인정하는 시설	**제2조(활주로의 크기)** 「공항시설법」(이하 "법"이라 한다) 제2조제12호에서 "국토교통부령으로 정하는 크기"란 별표 1 제1호라목 및 마목에 따른 육상비행장 활주로의 길이 및 폭과 같은 표 제2호의 표에 따른 헬기장 활주로의 길이 및 폭을 말한다. **제3조(착륙대의 크기)** 법 제2조제13호에서 "국토교통부령으로 정하는 크기"란 다음 각 호의 구분에 따른 크기를 말한다. 1. 육상비행장: 별표 1 제1호나목에서 정하는 길이와 폭으로 이루어지는 활주로 중심선에 중심을 두는 직사각형의 지표면 2. 육상헬기장, 옥상헬기장, 선상헬기장 및 해상구조물헬기장: 별표 1 제2호에서 정하는 길이와 폭으로 활주로(최종접근·이륙구역) 주변에 설치하는 안전지대 3. 수상비행장: 별표 1 제8호에서 정하는 폭 및 같은 표 제1호라목에서 정하는 길이로 이루어지는 활주로 중심선에 중심을 두는 직사각형의 수면 4. 수상헬기장: 별표 1 제9호에서 정하는 길이와 폭으로 이루어지는 수면

공항시설법 [법률 제16902호, 2020. 1. 29., 타법개정]	공항시설법 시행령 [대통령령 제30106호, 2019. 10. 8., 타법개정]	공항시설법 시행규칙 [국토교통부령 제618호, 2019. 4. 4., 일부개정]
제1장 총칙		
19. "이착륙장"이란 비행장 외에 경량항공기 또는 초경량비행장치의 이륙 또는 착륙을 위하여 사용되는 육지 또는 수면의 일정한 구역으로서 대통령령으로 정하는 것을 말한다. 20. "항공학적 검토"란 항공안전과 관련하여 시계비행 및 계기비행절차 등에 대한 위험을 확인하고 수용할 수 있는 안전수준을 유지하면서도 그 위험을 제거하거나 줄이는 방법을 찾기 위하여 계획된 검토 및 평가를 말한다.	**제4조(항공 관련 업무종사자 등을 위한 공항개발사업)** 법 제2조제9호다목에서 "공항이용객 및 항공과 관련된 업무종사자를 위한 사업 등 대통령령으로 정하는 사업"이란 다음 각 호의 어느 하나에 해당하는 사업을 말한다. 1. 제3조제1호 및 제2호에 따른 공항시설의 운영 및 관리에 관한 업무에 종사하는 사람을 위한 주거시설, 생활편익시설 및 이와 관련된 부대시설의 건설에 관한 사업 2. 공항개발사업으로 인하여 주거지를 상실하는 사람을 위한 주거시설, 생활편익시설 및 이와 관련된 부대시설의 건설에 관한 사업 3. 그 밖에 공항개발사업의 건설 종사자를 위한 임시숙소의 건설 등 공항의 건설 및 운영과 관련하여 공항개발사업 시행자가 시행하는 사업	
	제5조(장애물 제한표면의 구분) ① 법 제2조제14호에서 "대통령령으로 정하는 구역"이란 다음 각 호의 것을 말한다. 1. 수평표면 2. 원추표면 3. 진입표면 및 내부진입표면 4. 전이(轉移)표면 및 내부전이표면 5. 착륙복행(着陸復行)표면 ② 장애물 제한표면의 기준 등에 관하여 필요한 사항은 국토교통부령으로 정한다.	**제4조(장애물 제한표면의 기준)** 「공항시설법 시행령」(이하 "영"이라 한다) 제5조제2항에 따른 장애물 제한표면의 기준은 별표 2와 같다.
	제6조(이착륙장의 구분) 법 제2조제19호에서 "대통령령으로 정하는 것"이란 다음 각 호의 것을 말한다. 1. 육상이착륙장 2. 수상이착륙장	**제5조(항행안전시설)** 법 제2조제15호에서 "국토교통부령으로 정하는 시설"이란 다음 항공등화, 항행안전무선시설 및 항공정보통신시설을 말한다.
		제6조(항공등화) 법 제2조제16호에서 "국토교통부령으로 정하는 시설"이란 별표 3의 시설을 말한다.
		제7조(항행안전무선시설) 법 제2조제17호에서 "국토교통부령으로 정하는 시설"이란 다음 각 호의 시설을 말한다. 1. 거리측정시설(DME) 2. 계기착륙시설(ILS/MLS/TLS) 3. 다변측정감시시설(MLAT) 4. 레이더시설(ASR/ARSR/SSR/ARTS/ASDE/PAR) 5. 무지향표지시설(NDB) 6. 범용접속데이터통신시설(UAT) 7. 위성항법감시시설(GNSS Monitoring System) 8. 위성항법시설(GNSS/SBAS/GRAS/GBAS) 9. 자동종속감시시설(ADS, ADS-B, ADS-C) 10. 전방향표지시설(VOR) 11. 전술항행표지시설(TACAN)

공항시설법 [법률 제16902호, 2020. 1. 29., 타법개정]	공항시설법 시행령 [대통령령 제30106호, 2019. 10. 8., 타법개정]	공항시설법 시행규칙 [국토교통부령 제618호, 2019. 4. 4., 일부개정]
제1장 총칙		
		제8조(항공정보통신시설) 법 제2조제18호에서 "국토교통부령으로 정하는 시설"이란 다음 각 호의 시설을 말한다. 1. 항공고정통신시설 가. 항공고정통신시스템(AFTN/MHS) 나. 항공관제정보교환시스템(AIDC) 다. 항공정보처리시스템(AMHS) 라. 항공종합통신시스템(ATN) 2. 항공이동통신시설 가. 관제사·조종사간데이터링크 통신시설(CPDLC) 나. 단거리이동통신시설(VHF/UHF Radio) 다. 단파데이터이동통신시설(HFDL) 라. 단파이동통신시설(HF Radio) 마. 모드 S 데이터통신시설 바. 음성통신제어시설(VCCS, 항공직통전화 시설 및 녹음시설을 포함한다) 사. 초단파디지털이동통신시설(VDL, 항공기출발허가시설 및 디지털공항정보방송시설을 포함한다) 아. 항공이동위성통신시설[AMS(R)S] 자. 공항이동통신시설(AeroMACS) 3. 항공정보방송시설: 공항정보방송시설(ATIS)

공항시설법 [법률 제16902호, 2020. 1. 29., 타법개정]	공항시설법 시행령 [대통령령 제30106호, 2019. 10. 8., 타법개정]	공항시설법 시행규칙 [국토교통부령 제618호, 2019. 4. 4., 일부개정]
제2장 공항 및 비행장의 개발		
제3조(공항개발 종합계획의 수립) ① 국토교통부장관은 공항개발사업을 체계적이고 효율적으로 추진하기 위하여 5년마다 다음 각 호의 사항이 포함된 공항개발 종합계획(이하 "종합계획"이라 한다)을 수립하여야 한다. 1. 항공 수요의 전망 2. 권역별 공항 또는 국가의 재정지원 규모가 300억원 이상의 범위에서 대통령령으로 정하는 규모 이상의 비행장개발 등에 관한 계획 3. 투자 소요 및 재원조달방안 4. 그 밖에 공항 및 비행장 개발과 운영 등에 관한 사항 ② 종합계획은 「항공사업법」 제3조에 따른 항공정책기본계획, 「국가통합교통체계효율화법」 제4조 및 제6조에 따른 국가기간교통망계획 및 중기 교통시설투자계획과 조화를 이루도록 수립하여야 한다. ③ 국토교통부장관은 종합계획 내용 중 공항개발 계획의 변경 등 대통령령으로 정하는 중요한 사항을 변경하려면 대통령령으로 정하는 바에 따라 종합계획을 변경하여야 한다. ④ 국토교통부장관은 종합계획을 수립하거나 제3항에 따라 종합계획을 변경(이하 이 조에서 "변경"이라 한다)하려는 경우에는 관할 지방자치단체의 장의 의견을 들은 후 관계 중앙행정기관의 장과 협의하여야 한다. ⑤ 국토교통부장관은 관계 행정기관의 장에게 종합계획의 수립 또는 변경에 필요한 자료를 요구할 수 있다. 이 경우 요구를 받은 관계 행정기관의 장은 정당한 사유가 없으면 협조하여야 한다. ⑥ 국토교통부장관은 종합계획을 수립하거나 변경하려는 경우에는 「항공사업법」 제4조에 따른 항공정책위원회의 심의를 거쳐야 한다. ⑦ 국토교통부장관은 종합계획을 수립하거나 변경하였을 때에는 대통령령으로 정하는 바에 따라 그 내용을 고시하여야 한다.	**제7조(공항개발 종합계획의 수립·변경 등)** ① 법 제3조제1항제2호에서 "대통령령으로 정하는 규모 이상의 비행장개발"이란 다음 각 호의 어느 하나에 해당하는 것을 말한다. 1. 국가의 재정지원 규모가 300억원 이상이면서 총사업비가 1천억원 이상인 비행장개발 2. 비행장개발예정지역의 면적이 20만제곱미터 이상인 육상비행장개발 ② 법 제3조제3항에 따라 국토교통부장관은 다음 각 호의 어느 하나에 해당하는 경우에는 법 제3조제1항에 따른 공항개발 종합계획(이하 "종합계획"이라 한다)을 변경하여야 한다. 1. 새로운 공항개발에 관한 사항을 종합계획에 추가하는 경우 2. 국가의 재정지원 규모가 300억원 이상이면서 총사업비가 1천억원 이상인 새로운 비행장개발에 관한 사항을 종합계획에 추가하는 경우 3. 공항·비행장개발예정지역의 면적이 당초 계획보다 20만제곱미터 이상 늘어나는 공항개발 또는 육상비행장개발에 관한 사항을 종합계획에 추가하는 경우 4. 길이 500미터 이상의 활주로가 신설되거나 기존 활주로의 길이가 500미터 이상 늘어나는 공항개발 또는 육상비행장개발에 관한 사항을 종합계획에 추가하는 경우 ③ 법 제3조제4항에 따라 국토교통부장관으로부터 종합계획의 수립 또는 변경에 관한 의견제시 요청을 받은 관할 지방자치단체의 장은 종합계획안을 14일 이상 주민이 열람하게 하고 그 주민의 의견을 들어야 한다. ④ 국토교통부장관은 법 제3조제7항에 따라 종합계획을 수립하거나 종합계획을 변경하였을 때에는 다음 각 호의 구분에 따라 해당 사항을 각각 관보에 고시하여야 한다. 1. 종합계획을 수립한 경우: 법 제3조제1항 각 호의 사항 2. 종합계획을 변경한 경우: 변경된 사항	
제4조(공항개발 기본계획의 수립) ① 국토교통부장관은 공항 또는 비행장을 개발하려면 공항 또는 비행장의 개발에 관한 기본계획(이하 "기본계획"이라 한다)을 수립하여야 한다. 다만, 공항시설 또는 비행장시설의 개량에 관한 사업 등 대통령령으로 정하는 경미한 개발사업의 경우에는 기본계획을 수립하지 아니할 수 있다. ② 기본계획에는 다음 각 호의 사항이 포함되어야 한다. 1. 공항 또는 비행장의 현황 분석 2. 공항 또는 비행장의 수요전망 3. 공항·비행장개발예정지역 및 장애물 제한표면	**제8조(공항개발 기본계획의 수립·변경 등)** ① 법 제4조제1항 단서에서 "공항시설 또는 비행장시설의 개량에 관한 사업 등 대통령령으로 정하는 경미한 개발사업"이란 다음 각 호의 어느 하나에 해당하는 사업을 말한다. 1. 기존의 공항구역 또는 비행장구역 내에서 시행하는 공항개발사업 또는 비행장개발사업(이하 "개발사업"이라 한다) 2. 공항·비행장개발예정지역이 「환경영향평가법 시행령」 제59조 및 별표 4에 따라 소규모 환경영향평가를 실시하여야 하는 면적 미만인 개발사업	

공항시설법 [법률 제16902호, 2020. 1. 29., 타법개정]	공항시설법 시행령 [대통령령 제30106호, 2019. 10. 8., 타법개정]	공항시설법 시행규칙 [국토교통부령 제618호, 2019. 4. 4., 일부개정]
제2장 공항 및 비행장의 개발		
4. 공항 또는 비행장의 규모 및 배치 5. 건설 및 운영계획 6. 재원조달계획 7. 환경관리계획 8. 그 밖에 공항 또는 비행장 개발 및 운영 등에 필요한 사항 ③ 국토교통부장관은 기본계획 내용 중 새로운 활주로의 건설 등 대통령령으로 정하는 중요한 사항을 변경하려면 대통령령으로 정하는 바에 따라 기본계획을 변경하여야 한다. ④ 기본계획의 수립 또는 제3항에 따른 기본계획의 변경에 관하여는 제3조제4항부터 제6항까지의 규정을 준용한다. ⑤ 국토교통부장관은 기본계획을 수립하거나 제3항에 따라 기본계획을 변경하였을 때에는 대통령령으로 정하는 바에 따라 그 내용을 고시하여야 한다. 이 경우 지형도면의 고시에 관하여는 「토지이용규제 기본법」 제8조에 따른다. ⑥ 국토교통부장관은 제5항에 따라 기본계획을 고시한 경우에는 그 기본계획을 관계 특별시장·광역시장·도지사(이하 "시·도지사"라 한다)·특별자치시장·특별자치도지사에게 송부하여 14일 이상 일반인에게 공람시켜야 한다.	3. 제2조제2호부터 제7호까지의 규정에 따른 비행장에 관한 비행장개발사업 4. 그 밖에 국토교통부장관이 해당 사업의 특성상 법 제4조제1항에 따른 공항 또는 비행장의 개발에 관한 기본계획(이하 "기본계획"이라 한다)을 수립할 필요가 없다고 인정하는 개발사업 ② 법 제4조제3항에 따라 국토교통부장관은 다음 각 호의 어느 하나에 해당하는 경우에는 기본계획을 변경하여야 한다. 1. 공항·비행장개발예정지역의 면적이 당초 계획보다 「환경영향평가법 시행령」 제59조 및 별표 4에 따라 소규모 환경영향평가를 실시하여야 하는 면적 이상 늘어나는 공항개발 또는 육상비행장개발에 관한 사항을 기본계획에 추가하는 경우 2. 활주로의 신설에 관한 사항을 기본계획에 추가하는 경우 3. 활주로의 길이 변경에 관한 사항을 기본계획에 추가하는 경우 ③ 법 제4조제4항에서 준용하는 법 제3조제4항에 따라 국토교통부장관으로부터 기본계획의 수립 또는 변경에 관한 의견제시 요청을 받은 관할 지방자치단체의 장은 기본계획안을 14일 이상 주민이 열람하게 하고 그 주민의 의견을 들어야 한다. ④ 국토교통부장관은 법 제4조제5항에 따라 기본계획을 수립하거나 변경하였을 때에는 다음 각 호의 구분에 따라 해당 사항을 각각 관보에 고시하여야 한다. 1. 기본계획을 수립한 경우: 법 제4조제2항 각 호의 사항 2. 기본계획을 변경한 경우: 변경된 사항	
제5조(공항개발기술심의위원회) ① 공항개발사업 또는 비행장개발사업(이하 "개발사업"이라 한다)에 따른 건설기술·교통영향 등에 관한 중요 사항을 심의하기 위하여 국토교통부에 공항개발기술심의위원회(이하 "기술심의위원회"라 한다)를 둔다. ② 기술심의위원회는 위원장을 포함한 100명 이내의 위원으로 구성하며, 다음 각 호의 어느 하나에 해당하는 사람 중에서 국토교통부장관이 임명 또는 위촉한다. 1. 개발사업 업무와 관련된 5급 이상 공무원 2. 「공공기관의 운영에 관한 법률」에 따른 공공기관의 임원 3. 공항·건축·토목·소방·환경 등에 관하여 전문적 학식과 경험이 풍부한 사람	**제9조(공항개발기술심의위원회의 구성)** ① 법 제5조제1항에 따른 공항개발기술심의위원회(이하 "기술심의위원회"라 한다)의 위원장은 기술심의위원회의 위원 중에서 국토교통부장관이 지명하는 사람이 된다. ② 법 제5조제2항제2호 및 제3호에 따른 위원의 임기는 2년으로 한다.	

공항시설법 [법률 제16902호, 2020. 1. 29., 타법개정]	공항시설법 시행령 [대통령령 제30106호, 2019. 10. 8., 타법개정]	공항시설법 시행규칙 [국토교통부령 제618호, 2019. 4. 4., 일부개정]
제2장 공항 및 비행장의 개발		
③ 기술심의위원회의 위원장은 기술심의위원회의 심의를 효율적으로 수행하고, 기술심의위원회에서 위임한 사항을 심의하기 위하여 필요한 경우에는 분야별 소위원회를 구성·운영할 수 있다. ④ 제3항에 따른 분야별 소위원회의 심의를 받은 경우 기술심의위원회의 심의를 받은 것으로 본다. ⑤ 기술심의위원회 및 소위원회의 구성·기능 및 운영 등에 필요한 사항은 대통령령으로 정한다.		
	제10조(공항개발기술심의위원회의 기능) 기술심의위원회는 다음 각 호의 사항을 심의한다. 1. 법 제8조제1항제1호·제2호(「건축법」 제4조에 따른 건축위원회의 심의만 해당한다) 또는 제12호의 사항이 포함되어 있는 개발사업에 관한 실시계획의 수립 또는 승인에 관한 사항 2. 법 제19조제1항제1호에 따른 특수기술 또는 특수장치에 관한 사항 3. 법 제19조제1항제2호에 따른 시설의 구조 및 형태에 관한 사항 4. 제28조제5호에 따른 통합발주에 관한 사항 5. 그 밖에 건설공사의 설계 및 시공의 적정성 등에 관한 사항 등 국토교통부장관이 심의를 요청하는 사항	
	제11조(기술심의위원회 위원의 제척·기피·회피) ① 기술심의위원회의 위원이 다음 각 호의 어느 하나에 해당하는 경우에는 기술심의위원회의 심의·의결에서 제척(除斥)된다. 1. 위원 또는 그 배우자나 배우자였던 사람이 해당 안건의 당사자(당사자가 법인·단체 등인 경우에는 그 임원을 포함한다. 이하 이 호 및 제2호에서 같다)가 되거나 그 안건의 당사자와 공동권리자 또는 공동의무자인 경우 2. 위원이 해당 안건의 당사자와 친족이거나 친족이었던 경우 3. 위원이 해당 안건에 대하여 증언, 진술, 자문, 연구, 용역 또는 감정을 한 경우 4. 위원이나 위원이 속한 법인이 해당 안건의 당사자의 대리인이거나 대리인이었던 경우 ② 해당 안건의 당사자는 위원에게 공정한 심의·의결을 기대하기 어려운 사정이 있는 경우에는 기술심의위원회에 기피 신청을 할 수 있고, 기술심의위원회는 의결로 이를 결정한다. 이 경우 기피 신청의 대상인 위원은 그 의결에 참여하지 못한다. ③ 위원이 제1항 각 호에 따른 제척 사유에 해당하는 경우에는 스스로 해당 안건의 심의·의결에서 회피(回避)하여야 한다.	

공항시설법 [법률 제16902호, 2020. 1. 29., 타법개정]	공항시설법 시행령 [대통령령 제30106호, 2019. 10. 8., 타법개정]	공항시설법 시행규칙 [국토교통부령 제618호, 2019. 4. 4., 일부개정]
제2장 공항 및 비행장의 개발		
	제12조(기술심의위원회 위원의 해임 및 해촉) 국토교통부장관은 기술심의위원회 위원이 다음 각 호의 어느 하나에 해당하는 경우에는 해당 위원을 해임하거나 해촉(解囑)할 수 있다. 1. 심신장애로 인하여 직무를 수행할 수 없게 된 경우 2. 직무와 관련된 비위사실이 있는 경우 3. 직무태만, 품위손상이나 그 밖의 사유로 인하여 위원으로 적합하지 아니하다고 인정되는 경우 4. 제11조제1항 각 호의 어느 하나에 해당하는 데에도 불구하고 회피하지 아니한 경우 5. 위원 스스로 직무를 수행하는 것이 곤란하다고 의사를 밝히는 경우	
	제13조(기술심의위원회 위원장의 직무) ① 기술심의위원회의 위원장은 기술심의위원회를 대표하고, 기술심의위원회의 업무를 총괄한다. ② 기술심의위원회의 위원장이 부득이한 사유로 직무를 수행할 수 없을 때에는 기술심의위원회 위원장이 미리 지명한 위원이 그 직무를 대행한다.	
	제14조(기술심의위원회의 회의) ① 기술심의위원회의 위원장은 기술심의위원회의 회의를 소집하고, 그 의장이 된다. ② 기술심의위원회의 회의는 재적위원 과반수의 출석으로 개의(開議)하고, 출석위원 과반수의 찬성으로 의결한다. ③ 기술심의위원회의 위원장은 기술심의위원회의 회의를 소집하는 경우 회의 개최 7일 전까지 회의 일시, 장소 및 안건 등 구체적인 회의 일정을 각 위원에게 알려야 한다. 다만, 긴급히 회의를 소집하여야 할 경우에는 그러하지 아니하다. ④ 기술심의위원회의 위원장은 기술심의위원회의 심의를 위하여 필요한 경우에는 현장조사를 하거나 관계공무원 또는 관계전문가, 그 밖에 이해관계인으로 하여금 회의에 출석하여 발언하게 하거나 그 의견을 들을 수 있으며, 관계 연구기관 및 관계 전문가에게 기술검토를 의뢰하거나 필요한 자료를 요청할 수 있다.	
	제15조(기술심의위원회의 간사) ① 기술심의위원회에 기술심의위원회의 사무를 처리할 간사 1명을 둔다. ② 간사는 국토교통부 소속 공무원 중에서 국토교통부장관이 지명한다.	

공항시설법 [법률 제16902호, 2020. 1. 29., 타법개정]	공항시설법 시행령 [대통령령 제30106호, 2019. 10. 8., 타법개정]	공항시설법 시행규칙 [국토교통부령 제618호, 2019. 4. 4., 일부개정]
제2장 공항 및 비행장의 개발		
	제16조(분야별 소위원회 구성·운영) ① 법 제5조제3항에 따른 분야별 소위원회(이하 "소위원회"라 한다)는 위원장 1명을 포함하여 10명 이상 30명 이내의 위원으로 구성한다. ② 소위원회의 위원장은 기술심의위원회의 위원장이 되거나 소위원회의 위원 중에서 기술심의위원회의 위원장이 지명하는 자가 된다. ③ 소위원회의 위원은 기술심의위원회의 위원 중 기술심의위원회의 위원장이 지명하는 사람이 된다. ④ 소위원회의 회의는 소위원회 재적위원 과반수의 출석으로 개의하고, 출석위원 과반수의 찬성으로 의결한다. ⑤ 소위원회의 위원의 제척·기피·회피 및 지명 철회에 관하여는 각각 제11조 및 제12조를 준용한다.	
	제17조(운영세칙) 이 영에서 규정한 것 외에 기술심의위원회 및 소위원회의 운영에 필요한 사항은 기술심의위원회의 의결을 거쳐 기술심의위원회의 위원장이 정한다.	
제6조(개발사업의 시행자) ① 개발사업은 국토교통부장관이 시행한다. ② 국토교통부장관 외의 자가 개발사업을 시행하려면 국토교통부령으로 정하는 바에 따라 국토교통부장관의 허가를 받아야 한다. 다만, 시설의 개량 등에 관한 개발사업 중 일상적인 유지·보수사업 등 국토교통부령으로 정하는 경미한 개발사업은 국토교통부장관의 허가 없이 시행할 수 있다. ③ 제2항에 따른 허가의 기준은 다음 각 호와 같다. 1. 개발사업의 목적 및 내용이 종합계획 및 기본계획과 조화를 이룰 것 2. 해당 개발사업을 적절하게 수행하는 데 필요한 재무능력 및 기술능력이 있을 것 ④ 국토교통부장관은 제2항에 따른 허가를 할 때 해당 개발사업과 관계된 토지 및 시설(공항의 유지·보수를 위한 시설, 공항이용객 편의시설 등 대통령령으로 정하는 시설은 제외한다)을 국가에 귀속시킬 것을 조건으로 하거나 그 개발사업으로 인하여 부수적으로 필요하게 되는 도로 및 상하수도 등의 기반시설 설치에 드는 비용을 그 개발사업의 시행자가 부담할 것을 조건으로 허가할 수 있다.	**제18조(국가에 귀속되지 아니하는 시설)** 법 제6조제4항 및 제21조제1항 후단에서 "공항의 유지·보수를 위한 시설, 공항이용객 편의시설 등 대통령령으로 정하는 시설"이란 다음 각 호의 어느 하나에 해당하는 시설로서 국토교통부장관이 인정하는 시설을 말한다. 1. 공항구역에 설치하는 공항시설로서 제3조제2호, 제4호(운항지원시설은 제외한다) 또는 제5호의 시설 2. 비행장구역에 설치하는 비행장시설로서 제3조제2호에 따른 시설과 동일하거나 유사한 기능을 가진 시설 3. 그 밖에 공항구역 밖에 설치하는 공항시설	**제9조(개발사업의 시행허가)** ① 법 제6조제2항 본문에 따라 공항개발사업 시행에 관한 허가를 받으려는 자는 별지 제1호서식의 신청서에 다음 각 호의 서류를 첨부하여 지방항공청장에게 제출하여야 한다. 이 경우 담당 공무원은 「전자정부법」 제36조제1항에 따른 행정정보의 공동이용을 통하여 법인등기사항증명서(신청인이 법인인 경우만 해당한다)를 확인하여야 한다. 1. 사업계획서 2. 사업예정지역의 위치·범위 및 시설배치계획 도면 3. 사업 내용별 추정사업비(공사비를 포함한다) 명세서 4. 자금조달계획서 5. 축척 5천분의 1 이상의 지형도 및 지적평면도 또는 이에 준하는 평면도로서 인접지를 포함하는 것 ② 법 제6조제2항 본문에 따라 비행장개발사업 시행에 관한 허가를 받으려는 자는 별지 제2호서식의 신청서에 다음 각 호의 서류를 첨부하여 지방항공청장에게 제출하여야 한다. 이 경우 담당 공무원은 「전자정부법」 제36조제1항에 따른 행정정보의 공동이용을 통하여 법인등기사항증명서(신청인이 법인인 경우만 해당한다)를 확인하여야 한다. 1. 제1항 각 호의 서류 2. 다음 각 목의 사항을 기재한 서류

공항시설법 [법률 제16902호, 2020. 1. 29., 타법개정]	공항시설법 시행령 [대통령령 제30106호, 2019. 10. 8., 타법개정]	공항시설법 시행규칙 [국토교통부령 제618호, 2019. 4. 4., 일부개정]
제2장 공항 및 비행장의 개발		
		가. 비행장의 표고(標高) 및 표점 나. 비행장의 종류 및 착륙대의 등급 다. 착륙대의 깊이(수상비행장 및 수상헬기 장만 해당한다) 3. 비행장 설치 예정 부지에 대한 소유권 또는 사용권이 있음을 증명하는 서류(소유권·사용권이 없는 경우에는 비행장 설치공사 예정 기일까지 이를 취득하기 위한 계획서를 말한다) 4. 해당 비행장에 사용할 항공기의 종류 및 형식을 기재한 서류 5. 비행장의 운영 및 관리계획서 6. 해당 비행장의 비행절차 및 인접공항 또는 비행장(군 비행장을 포함한다)의 비행절차와의 상관관계를 설명하는 도면(계기비행에 의한 착륙 또는 야간 착륙에 이용되는 비행장의 경우에는 그 사유를 포함한다) 7. 해당 비행장의 소요 공역도면 및 인접공역의 현황을 기재한 서류 8. 해당 비행장에 제공되는 항공교통업무의 내용을 기재한 서류 9. 비행장 설치예정지역의 풍향·풍속도(이착륙장 예정지·예정수면 또는 그 부근에서의 풍속은 최근 1년 이상의 자료에 의하여 작성된 것에 한정한다) 10. 장애물 제한표면을 설명하는 도면 및 서류 11. 다음 각 목의 구분에 따른 실측도 가. 육상비행장, 육상헬기장 또는 옥상헬기장: 평면도, 착륙대 종단면도, 착륙대 횡단면도 및 부근도 나. 수상비행장 또는 해상구조물헬기장: 평면도 및 부근도 다. 선상헬기장: 평면도, 착륙대 종단면도, 착륙대 횡단면도 12. 옥상헬기장 설치와 관련된 다음 각 목의 사항을 기재한 서류(옥상헬기장인 경우에만 해당한다) 가. 해당 건축물 또는 구조물의 구조도면과 구조계산서 나. 사용 예정 항공기 운항 시의 구조 및 구조계산상 안전을 증명하는 기술확인서 다. 진입표면·전이표면·수평표면 및 원추표면의 투영면과 일치하는 구역 안의 건축물 또는 구조물의 높이를 표시한 배치도 및 투영도(착륙대보다 높은 것만 해당한다) ③ 제2항제11호에 따른 실측도는 다음 각 호에 따라 작성해야 한다.〈개정 2021. 8. 27.〉 1. 평면도: 축척 5천분의 1 이상으로서 다음 각 목의 사항을 명시할 것 가. 방위 나. 비행장 부지 및 경계선

공항시설법 [법률 제16902호, 2020. 1. 29., 타법개정]	공항시설법 시행령 [대통령령 제30106호, 2019. 10. 8., 타법개정]	공항시설법 시행규칙 [국토교통부령 제618호, 2019. 4. 4., 일부개정]
제2장 공항 및 비행장의 개발		
		다. 비행장 주변 100미터 이상에 걸친 구역 안의 지형 및 지명 라. 비행장 시설의 예정 위치 마. 주요 도로·시가지 및 다른 교통시설과 연결되는 도로 2. 착륙대 종단면도: 가로축척 5천분의 1 이상, 세로축척 500분의 1 이상으로서 다음 각 목의 사항을 명시할 것 가. 측점번호, 측점 간 거리(100미터로 할 것) 및 추가거리 나. 측점마다의 중심선의 지면, 시공기면, 성토(흙쌓기)의 높이 및 절토(땅깎기)의 깊이 3. 착륙대 횡단면도(활주로의 양단 및 중앙의 3개소에서의 착륙대의 횡단면도): 가로축척 1천분의 1 이상, 세로축척 50분의 1 이상으로서 다음 각 목의 사항을 명시할 것 가. 측점번호 및 측점 간 거리 나. 측점마다의 지면, 시공기면, 성토의 높이 및 절토의 깊이 4. 부근도: 축척 1만분의 1(축척 1만분의 1의 도면이 없는 경우에는 축척 2만 5천분의 1 또는 5만분의 1)로 작성하되, 제2항제12호다목의 진입표면·전이표면·수평표면 및 원추표면의 투영면과 일치하는 구역 안에 건축물 또는 구조물이 있는 경우에는 해당 지역의 축척 5천분의 1 이상의 도면에 그 건축물 또는 구조물의 위치 및 종류, 장애 정도 등을 명시할 것 ④ 법 제6조제2항 단서에서 "일상적인 유지·보수사업 등 국토교통부령으로 정하는 경미한 개발사업"이란 다음 각 호의 어느 하나에 해당하는 사업을 말한다.〈개정 2018. 2. 9.〉 1. 「건축법」 제14조에 따른 건축신고, 같은 법 제19조제2항제2호에 따른 건축물의 용도변경 신고, 같은 법 제20조제3항에 따른 가설건축물의 축조 신고 및 같은 법 제83조제1항에 따른 공작물의 축조 신고의 대상이 되는 사업 2. 「전기사업법」 제2조제16호에 따른 전기설비, 「정보통신공사업법」 제2조제1호에 따른 정보통신설비 및 냉난방·운송·승강·소화설비 등 기계설비의 교체 및 유지·보수사업 3. 조경수의 식재 등 조경시설의 설치 4. 다음 각 목의 어느 하나에 해당하는 「문화예술진흥법」에 따른 문화시설의 설치 가. 연면적 1천제곱미터 미만의 문화시설의 설치 나. 90일의 범위 내에서 사용하기 위한 문화시설의 설치 5. 토목·건축물의 안전에 영향을 미치지 아니하는 일상적인 유지·보수사업 6. 항행안전시설의 통신선로 및 부품 교체 등 일상적인 유지·보수사업

공항시설법 [법률 제16902호, 2020. 1. 29., 타법개정]	공항시설법 시행령 [대통령령 제30106호, 2019. 10. 8., 타법개정]	공항시설법 시행규칙 [국토교통부령 제618호, 2019. 4. 4., 일부개정]
제2장 공항 및 비행장의 개발		
제7조(실시계획의 수립·승인 등) ① 제6조에 따른 개발사업의 시행자(이하 "사업시행자"라 한다)는 대통령령으로 정하는 바에 따라 개발사업을 시작하기 전에 개발사업에 관한 실시계획(이하 "실시계획"이라 한다)을 수립하여야 한다. ② 실시계획에는 다음 각 호의 사항이 포함되어야 한다. 1. 사업시행에 필요한 설계도서 2. 자금조달계획 3. 개발사업 시행기간 4. 그 밖에 국토교통부령으로 정하는 사항 ③ 국토교통부장관 외의 사업시행자가 실시계획을 수립한 경우에는 국토교통부장관의 승인을 받아야 한다. 승인받은 사항을 변경하려는 경우에도 또한 같다. ④ 국토교통부장관 외의 사업시행자는 제3항 후단에도 불구하고 구조의 변경을 수반하지 아니하고 안전에 지장이 없는 시설물의 변경 등 국토교통부령으로 정하는 경미한 사항의 변경은 제20조에 따라 준공확인을 신청할 때 한꺼번에 신고할 수 있다. ⑤ 국토교통부장관은 제8조제1항제1호·제2호(「건축법」 제4조에 따른 건축위원회의 심의만 해당한다) 또는 제12호의 사항이 포함되어 있는 실시계획을 수립하거나 제3항에 따라 실시계획을 승인하려면 미리 기술심의위원회의 심의를 거쳐야 한다. ⑥ 국토교통부장관은 실시계획을 수립 또는 변경하였거나 제3항에 따라 실시계획을 승인 또는 변경승인하였을 때에는 국토교통부령으로 정하는 바에 따라 그 내용을 고시하여야 한다. 다만, 제4항에 따른 경미한 사항의 변경 등 국토교통부령으로 정하는 경미한 개발사업에 대해서는 고시를 생략할 수 있다. ⑦ 국토교통부장관은 제6항에 따라 고시한 경우에는 관계 서류의 사본을 관할 특별자치시장·특별자치도지사·시장·군수 및 자치구의 구청장(이하 "시장·군수·구청장"이라 한다)에게 보내야 한다. ⑧ 제7항에 따라 관계 서류의 사본을 받은 시장·군수·구청장은 관계 서류에 「국토의 계획 및 이용에 관한 법률」 제2조제4호의 도시·군관리계획의 결정 사항이 포함되어 있는 경우에는 같은 법 제32조에 따라 지형도면의 승인신청 등 필요한 조치를 하여야 한다. 이 경우 사업시행자는 지형도면의 고시 등에 필요한 서류를 시장·군수·구청장에게 제출하여야 한다.	**제19조(실시계획의 수립·승인)** ① 법 제6조제2항 본문에 따라 개발사업에 관한 허가를 받은 자는 법 제7조제1항에 따른 개발사업에 관한 실시계획(이하 "실시계획"이라 한다)을 수립하여 그 허가를 받은 날(해당 사업을 단계적으로 추진할 수 있도록 허가를 받은 경우에는 해당 단계별 허가를 받은 날을 말한다)부터 3년 이내에 법 제7조제3항에 따라 국토교통부장관에게 승인을 신청하여야 한다. ② 국토교통부장관은 부득이한 사유가 있다고 인정하는 경우에는 1년의 범위에서 제1항에 따른 실시계획의 승인신청 기간을 연장할 수 있다.	**제10조(실시계획의 수립·승인 등)** ① 법 제7조제2항제4호에서 "국토교통부령으로 정하는 사항"이란 다음 각 호의 서류 또는 도면을 말한다. 1. 위치도와 허가구역을 표시한 평면도 2. 수용하거나 사용할 토지·물건 또는 권리(이하 "토지등"이라 한다)의 소재지·지번·지목 및 면적, 소유권 및 소유권 외의 권리의 명세와 그 소유자 및 권리자의 성명·주소 3. 사업시행지역에 있는 토지등의 매수·보상계획 및 주민의 이주대책을 기재한 서류 4. 계획평면도·단면도 및 공사설명서 등 설계도서 5. 공사예정표 6. 자금계획서(연차별 자금투자계획 및 재원조달계획을 포함한다) 7. 환경영향평가서 및 교통영향평가서, 교통영향평가 및 환경영향평가에 대한 관계 행정기관의 장과의 협의 결과(대상사업의 경우만 해당한다) 8. 문화재 현황 조사 결과 및 관계 행정기관의 장과의 협의 결과(대상사업의 경우만 해당한다) 9. 지진피해 경감대책을 기재한 서류(대상사업의 경우만 해당한다) 10. 「국토의 계획 및 이용에 관한 법률」 제65조제1항에 따라 기존의 공공시설에 대체되는 공공시설을 설치하는 경우에는 기존 공공시설의 이전 및 철거계획과 대체공공 시설의 설치계획서 11. 「건설기술 진흥법」에 따른 설계심의대상사업인 경우에는 그 심의 내용을 기재한 서류 12. 법 제5조에 따른 기술심의위원회의 심의사항이 포함되어 있는 경우에는 그 내용 및 심의에 필요한 서류 13. 법 제8조제1항 각 호에 따른 인·허가 등 의제사항이 있는 경우에는 그 내용 및 같은 조 제2항에 따른 관계 행정기관의 장과의 협의에 필요한 서류 14. 법 제17조에 따른 부대공사계획(대상사업의 경우만 해당한다) ② 법 제7조제3항 전단에 따라 공항개발사업 또는 비행장개발사업(이하 "개발사업"이라 한다) 실시계획의 승인을 받으려는 사업시행자(법 제6조에 따른 개발사업의 시행자를 말한다. 이하 같다)는 별지 제3호서식의 신청서에 제1항 각 호의 서류를 첨부하여 지방항공청장에게 제출하여야 한다. 이 경우 담당 공무원은 「전자정부법」 제36조제1항에 따른 행정정보의 공동이용을 통하여 법인등기사항증명서(법인인 경우만 해당한다)와 지적도를 확인하여야 한다.〈개정 2018. 2. 9.〉

공항시설법 [법률 제16902호, 2020. 1. 29., 타법개정]	공항시설법 시행령 [대통령령 제30106호, 2019. 10. 8., 타법개정]	공항시설법 시행규칙 [국토교통부령 제618호, 2019. 4. 4., 일부개정]
제2장 공항 및 비행장의 개발		
⑨ 국토교통부장관은 제12조제1항에 따른 토지등의 수용이 필요한 실시계획을 수립하거나 승인한 경우에는 사업시행자의 명칭 및 사업의 종류와 수용할 토지등의 세목(細目)을 고시하고, 그 토지등의 소유자 및 권리자에게 그 사실을 알려야 한다. 실시계획이 변경되어 수용할 토지등의 세목이 변경된 경우에도 또한 같다.		1. 삭제〈2018. 2. 9.〉 2. 삭제〈2018. 2. 9.〉 3. 삭제〈2018. 2. 9.〉 ③ 법 제7조제3항 후단에 따른 실시계획 변경승인을 받으려는 사업시행자는 별지 제4호서식의 신청서에 다음 각 호의 서류를 첨부하여 지방항공청장에게 제출하여야 한다. 이 경우 담당 공무원은 「전자정부법」 제36조제1항에 따른 행정정보의 공동이용을 통하여 법인등기사항증명서(법인인 경우만 해당한다)를 확인하여야 한다. 1. 변경사유 및 변경내용을 기재한 서류 2. 관계도면(필요한 경우만 해당한다) ④ 법 제7조제4항에서 "구조의 변경을 수반하지 아니하고 안전에 지장이 없는 시설물의 변경 등 국토교통부령으로 정하는 경미한 사항의 변경"이란 다음 각 호의 어느 하나에 해당하는 변경을 말한다.〈개정 2018. 2. 9.〉 1. 「건축법 시행령」 제12조제3항 각 호의 어느 하나에 해당하는 변경 2. 5천제곱미터 이하의 범위에서의 공항·비행장 개발예정지역의 축소(건축 면적의 변경은 제외한다) 3. 총사업비의 100분의 10 미만의 변경. 다만, 법 제23조에 따른 재정지원 금액이 증가하는 경우는 제외한다. 4. 1년 이하의 범위에서의 사업시행기간 변경. 다만, 다음 각 목의 어느 하나에 해당하는 경우는 제외한다. 가. 연장하는 사업시행기간에 법 제12조에 따른 토지등의 수용 또는 사용이 필요한 경우 나. 사업시행기간 연장으로 인하여 법 제23조에 따른 재정지원 금액이 증가하는 경우 5. 설비의 위치 변경 ⑤ 법 제7조제6항 본문에 따른 실시계획 승인 또는 변경승인의 고시는 다음 각 호의 사항을 고시하는 것으로 한다. 1. 사업의 명칭 2. 사업시행지역의 위치 및 면적 3. 사업시행자의 성명 및 주소(법인인 경우에는 법인의 명칭·주소와 대표자의 성명·주소) 4. 사업의 목적과 규모 등 개요 5. 사업시행기간(착공 및 준공 예정일을 포함한다) 6. 총사업비 및 재원조달계획 7. 수용하거나 사용할 토지등의 소재지·지번·지목 및 면적, 소유권 및 소유권 외의 권리의 명세와 그 소유자 및 권리자의 성명·주소 8. 공항 또는 비행장의 표고 및 표점 9. 착륙대의 등급

공항시설법 [법률 제16902호, 2020. 1. 29., 타법개정]	공항시설법 시행령 [대통령령 제30106호, 2019. 10. 8., 타법개정]	공항시설법 시행규칙 [국토교통부령 제618호, 2019. 4. 4., 일부개정]
제2장 공항 및 비행장의 개발		
		10. 활주로의 강도(공항, 육상비행장 및 육상헬기장의 경우만 해당한다) 또는 착륙대의 깊이(수상비행장 및 수상헬기장의 경우만 해당한다) 11. 시계비행 또는 계기비행 이륙·착륙절차 ⑥ 법 제7조제6항 단서에서 "제4항에 따른 경미한 사항의 변경 등 국토교통부령으로 정하는 경미한 개발사업"이란 다음 각 호의 어느 하나에 해당하는 경우를 말한다. 1. 제4항 각 호의 어느 하나에 해당하는 경우 2. 제1호와 유사한 것으로서 국토교통부장관 또는 지방항공청장이 고시가 불필요하다고 인정하는 경우
제8조(인·허가등의 의제 등) ① 국토교통부장관이 제7조제1항 및 제3항에 따라 실시계획을 수립하거나 승인하였을 때에는 면허·다음 각 호의 승인·허가·인가·결정·지정·협의·동의·심의 또는 해제 등(이하 "인·허가등"이라 한다)을 받은 것으로 보고, 국토교통부장관이 제7조제6항에 따라 실시계획의 고시 또는 실시계획의 승인을 고시하였을 때에는 다음 각 호의 법률에 따른 인·허가등의 고시 또는 공고가 있는 것으로 본다.〈개정 2017. 1. 17., 2017. 10. 31., 2020. 1. 29.〉 1. 「건설기술 진흥법」 제5조에 따른 건설기술심의위원회의 심의 2. 「건축법」 제4조에 따른 건축위원회의 심의, 같은 법 제11조에 따른 건축허가, 같은 법 제14조에 따른 건축신고, 같은 법 제19조에 따른 용도변경 허가 및 신고, 같은 법 제20조제1항에 따른 가설건축물의 건축허가 및 같은 조 제3항에 따른 신고, 같은 법 제29조에 따른 건축허가권자와의 협의 3. 「경제자유구역의 지정 및 운영에 관한 특별법」 제9조에 따른 실시계획의 승인 4. 「골재채취법」 제22조에 따른 골재채취의 허가 5. 「공유수면 관리 및 매립에 관한 법률」 제8조에 따른 공유수면의 점용·사용 허가 및 점용·사용 허가의 고시, 같은 법 제17조에 따른 공유수면 점용·사용 실시계획의 승인 또는 신고, 같은 법 제28조에 따른 공유수면의 매립면허, 같은 법 제33조에 따른 매립면허의 고시, 같은 법 제35조에 따른 매립면허관청과의 협의 또는 매립면허관청의 승인 및 같은 법 제38조에 따른 공유수면매립실시계획의 승인 6. 「국토의 계획 및 이용에 관한 법률」 제30조에 따른 도시·군관리계획의 결정, 같은 법 제56조에 따른 개발행위의 허가, 같은 법 제86조에 따른 도시·군계획시설사업 시행자의 지정, 같은 법 제88조에 따른 실시계획의 인가 및 같은 법 제91조에 따른 실시계획의 고시		

공항시설법 [법률 제16902호, 2020. 1. 29., 타법개정]	공항시설법 시행령 [대통령령 제30106호, 2019. 10. 8., 타법개정]	공항시설법 시행규칙 [국토교통부령 제618호, 2019. 4. 4., 일부개정]
제2장 공항 및 비행장의 개발		
7. 「군사기지 및 군사시설 보호법」 제13조에 따른 행정기관의 허가 등에 관한 협의 8. 「농지법」 제34조에 따른 농지전용의 허가 또는 협의 9. 「대기환경보전법」 제23조, 「물환경보전법」 제33조 및 「소음·진동관리법」 제8조에 따른 배출시설 설치의 허가 또는 신고 10. 「도로법」 제107조에 따른 도로관리청과의 협의 또는 승인(같은 법 제19조에 따른 도로 노선의 지정·고시, 같은 법 제25조에 따른 도로구역의 결정, 같은 법 제36조에 따른 도로관리청이 아닌 자에 대한 도로공사의 시행허가, 같은 법 제61조제1항에 따른 도로의 점용 허가에 관한 것만 해당한다) 11. 「도시공원 및 녹지 등에 관한 법률」 제24조에 따른 도시공원의 점용허가 12. 「도시교통정비 촉진법」 제16조에 따른 교통영향평가서의 제출 및 검토 13. 「도시철도법」 제7조제1항에 따른 도시철도사업계획의 승인 및 같은 법 제26조제1항에 따른 도시철도운송사업의 면허 14. 「사방사업법」 제14조에 따른 사방지(砂防地)에서의 벌채 등의 허가 및 같은 법 제20조에 따른 사방지 지정의 해제 15. 「산림자원의 조성 및 관리에 관한 법률」 제36조제1항·제4항에 따른 입목의 벌채 등의 허가·신고 16. 「산업입지 및 개발에 관한 법률」 제16조에 따른 산업단지개발사업의 시행자 지정 및 같은 법 제17조에 따른 국가산업단지개발실시계획의 승인 17. 「산업집적활성화 및 공장설립에 관한 법률」 제13조에 따른 공장설립 등의 승인 및 신고 18. 「산지관리법」 제14조에 따른 산지전용허가 및 같은 법 제15조에 따른 산지전용신고 19. 「소방시설공사업법」 제13조제1항에 따른 소방시설공사의 신고 20. 「화재예방, 소방시설 설치·유지 및 안전관리에 관한 법률」 제7조제1항에 따른 건축허가 등의 동의 21. 「수도법」 제17조제1항에 따른 일반수도사업의 인가, 같은 법 제52조 및 제54조에 따른 전용상수도 및 전용공업용수도 설치의 인가 22. 「위험물안전관리법」 제6조제1항에 따른 제조소등의 설치허가 23. 「자연공원법」 제71조제1항에 따른 공원관리청과의 협의(같은 법 제23조에 따른 공원구역에서의 행위허가에 관한 것만 해당한다) 24. 「초지법」 제23조에 따른 초지전용(草地轉用)의 허가 및 신고 또는 협의		

공항시설법 [법률 제16902호, 2020. 1. 29., 타법개정]	공항시설법 시행령 [대통령령 제30106호, 2019. 10. 8., 타법개정]	공항시설법 시행규칙 [국토교통부령 제618호, 2019. 4. 4., 일부개정]
제2장 공항 및 비행장의 개발		
25. 「폐기물관리법」 제29조제2항에 따른 폐기물 처리시설 설치의 승인 또는 신고 26. 「하수도법」 제16조에 따른 공공하수도공사·유지의 허가, 같은 법 제24조에 따른 점용행위에 관한 점용허가 및 같은 법 제34조제2항에 따른 개인하수처리시설의 설치 등에 대한 신고 27. 「하천법」 제6조에 따른 하천관리청과의 협의 또는 승인(같은 법 제30조에 따른 하천공사 시행의 허가, 같은 법 제33조에 따른 하천의 점용허가 및 점용허가의 고시, 같은 법 제50조에 따른 하천수의 사용허가에 관한 것만 해당한다) 28. 「항로표지법」 제9조제6항, 제13조 또는 제14조에 따른 항로표지의 설치·관리의 허가 또는 신고 29. 「항만법」 제9조제2항에 따른 항만개발사업 시행의 허가 및 같은 법 제10조제2항에 따른 항만개발사업실시계획의 승인 ② 국토교통부장관은 제7조제1항 또는 제3항에 따라 실시계획을 수립 또는 승인을 하려는 경우에는 그 실시계획에 제1항 각 호의 어느 하나에 해당하는 사항이 포함되어 있으면 그 실시계획이 제1항 각 호에 따른 법률에 적합한지에 관하여 미리 관계 행정기관의 장과 협의하여야 한다. ③ 제2항에 따라 협의를 요청받은 관계 행정기관의 장은 협의 요청을 받은 날부터 20일 이내에 의견을 제출하여야 한다. 이 경우 관계 행정기관의 장이 그 기간 내에 의견을 제출하지 아니한 경우에는 협의가 이루어진 것으로 본다.		
제9조(국공유지의 처분제한 등) ① 제4조제5항에 따라 공항·비행장개발예정지역으로 지정·고시된 지역 또는 제7조제6항에 따라 실시계획이 고시된 지역에 있는 국가 또는 지방자치단체 소유의 토지로서 개발사업에 필요한 토지는 그 개발사업 외의 목적으로 매각하거나 양도할 수 없다. ② 제1항에 따른 공항·비행장개발예정지역으로 고시된 지역 또는 실시계획이 고시된 지역에 있는 국가 또는 지방자치단체 소유의 재산은 「국유재산법」, 「공유재산 및 물품 관리법」 및 그 밖의 다른 법령에도 불구하고 사업시행자에게 수의계약으로 매각하거나 양도할 수 있다. 이 경우 행정재산의 용도폐지 및 「국유재산법」 제40조제2항제1호에 따른 일반재산의 처분에 관하여는 국토교통부장관이 미리 관계 행정기관의 장과 협의하여야 한다. ③ 제2항에서 규정한 사항 외에 국유재산의 매각·양도에 관하여는 국토교통부장관이 미리 기획재정부장관과 협의하여야 한다.		

공항시설법 [법률 제16902호, 2020. 1. 29., 타법개정]	공항시설법 시행령 [대통령령 제30106호, 2019. 10. 8., 타법개정]	공항시설법 시행규칙 [국토교통부령 제618호, 2019. 4. 4., 일부개정]
제2장 공항 및 비행장의 개발		
④ 제2항 후단 또는 제3항에 따른 협의요청이 있을 때에는 관계 행정기관의 장 또는 기획재정부장관은 요청을 받은 날부터 30일 이내에 용도폐지 및 매각·양도 또는 그 밖에 필요한 조치를 하여야 한다. ⑤ 제2항에 따라 사업시행자에게 매각하거나 양도하려는 재산 중 관리청이 불분명한 재산에 대해서는 다른 법령의 규정에도 불구하고 기획재정부장관이 관리 또는 처분한다.		
제10조(행위 등의 제한) ① 제4조제5항에 따라 공항·비행장개발예정지역으로 지정·고시된 지역 또는 제7조제6항에 따라 실시계획이 고시된 지역에서 건축물의 건축, 인공구조물의 설치, 토지의 형질변경, 토석의 채취, 토지분할, 물건을 쌓아 놓는 행위 등 대통령령으로 정하는 행위를 하려는 자는 국토교통부장관, 해양수산부장관(「공유수면 관리 및 매립에 관한 법률」에 따라 해양수산부장관이 관리하는 공유수면에서의 행위에 대한 것으로 한정한다. 이하 이 조에서 같다) 또는 시장·군수·구청장의 허가를 받아야 한다. 허가받은 사항을 변경하려는 경우에도 또한 같다. ② 제1항에도 불구하고 다음 각 호의 어느 하나에 해당하는 행위는 허가를 받지 아니하고 할 수 있다. 1. 재해복구 또는 재난수습에 필요한 응급조치를 위하여 하는 행위 2. 경작을 위한 토지의 형질변경 등 대통령령으로 정하는 행위 ③ 제1항에 따라 허가를 받아야 하는 행위로서 공항·비행장개발예정지역 또는 실시계획의 고시 당시 이미 관계 법령에 따라 행위허가를 받았거나 허가를 받을 필요가 없는 행위에 관하여 그 공사 또는 사업을 착수한 자는 대통령령으로 정하는 바에 따라 국토교통부장관 또는 시장·군수·구청장에게 신고한 후 이를 계속 시행할 수 있다. ④ 국토교통부장관, 해양수산부장관 또는 시장·군수·구청장은 제1항을 위반한 자에게 원상회복을 명할 수 있다. 이 경우 원상회복 명령을 받은 자가 그 의무를 이행하지 아니하면 국토교통부장관, 해양수산부장관 또는 시장·군수·구청장은 「행정대집행법」에 따라 대집행할 수 있다. ⑤ 제1항에 따른 허가의 절차 및 기준 등에 관하여는 이 법에서 정한 것을 제외하고는 「국토의 계획 및 이용에 관한 법률」 제57조부터 제60조까지 및 제62조를 준용한다.	**제20조(행위제한 등)** ① 법 제10조제1항 전단에서 "건축물의 건축, 인공구조물의 설치, 토지의 형질변경, 토석의 채취, 토지분할, 물건을 쌓아 놓는 행위 등 대통령령으로 정하는 행위"란 다음 각 호의 행위를 말한다.〈개정 2021. 3. 16.〉 1. 건축물의 건축: 「건축법」 제2조제1항제2호에 따른 건축물(가설건축물을 포함한다)의 건축, 대수선 또는 용도변경 2. 인공구조물의 설치: 인공을 가하여 제작한 시설물(「건축법」 제2조제1항제2호에 따른 건축물은 제외한다)의 설치 3. 토지의 형질변경: 절토(땅깎기)·성토(흙쌓기)·정지(整地)·포장(鋪裝) 등의 방법으로 토지의 형상을 변경하는 행위 또는 토지를 굴착하거나 공유수면을 매립하는 행위 4. 토석의 채취: 흙·모래·자갈·바위 등의 토석을 채취하는 행위. 다만, 토지의 형질변경을 목적으로 하는 것은 제3호에 따른다. 5. 토지분할 6. 물건을 쌓아 놓는 행위: 이동이 쉽지 아니한 물건을 1개월 이상 쌓아 놓는 행위 7. 수산동식물의 포획·채취 또는 양식: 「수산업법」 제2조제7호·제10호 및 제19호에 따른 양식·입어 및 유어(遊漁) 8. 죽목(竹木)을 베거나 심는 행위 ② 국토교통부장관, 해양수산부장관(「공유수면 관리 및 매립에 관한 법률」에 따라 해양수산부장관이 관리하는 공유수면에서의 행위에 대한 것으로 한정한다) 또는 특별자치시장·특별자치도지사·시장·군수 및 자치구의 구청장(이하 "시장·군수·구청장"이라 한다)은 법 제10조제1항에 따라 제1항 각 호의 어느 하나에 해당하는 행위를 허가(변경허가를 포함한다)하려는 경우에는 실시계획이 고시되기 전까지는 국토교통부장관의 의견을 들어야 하며, 실시계획이 고시된 이후에는 법 제6조에 따른 개발사업의 시행자(이하 "사업시행자"라 한다)의 의견을 들어야 한다.	**제11조(공항·비행장개발예정지역에서 건축물의 건축 등 행위 신고)** 영 제20조제4항에서 "국토교통부령으로 정하는 공항·비행장개발예정지역에서의 개발행위 등 신고서"란 별지 5호서식의 신고서를 말한다.

공항시설법 [법률 제16902호, 2020. 1. 29., 타법개정]	공항시설법 시행령 [대통령령 제30106호, 2019. 10. 8., 타법개정]	공항시설법 시행규칙 [국토교통부령 제618호, 2019. 4. 4., 일부개정]
제2장 공항 및 비행장의 개발		
⑥ 제1항에 따라 허가를 받은 경우에는 「국토의 계획 및 이용에 관한 법률」 제56조에 따라 개발행위의 허가를 받은 것으로 본다.	③ 법 제10조제2항제2호에서 "경작을 위한 토지의 형질변경 등 대통령령으로 정하는 행위"란 다음 각 호의 어느 하나에 해당하는 행위를 말한다. 1. 경작을 위한 토지의 형질변경 2. 개발사업에 지장을 주지 아니하고 자연경관을 손상하지 아니하는 범위에서의 토석채취 3. 이동이 쉬운 물건을 쌓아 놓는 행위 4. 관상용 죽목의 임시 식재(경작지에서의 임시 식재는 제외한다) ④ 법 제10조제3항에 따라 공항·비행장개발예정지역 또는 실시계획의 고시 당시 이미 관계 법령에 따라 행위허가를 받았거나 허가를 받을 필요가 없는 행위에 관하여 그 공사 또는 사업을 착수한 자가 그 공사 또는 사업을 계속하여 시행하기 위하여 국토교통부장관 또는 시장·군수·구청장에게 신고하려는 경우에는 국토교통부령으로 정하는 공항·비행장개발예정지역에서의 개발행위 등 신고서를 제출하여야 한다. ⑤ 제4항에 따라 신고서를 접수한 시장·군수·구청장은 즉시 그 사실을 국토교통부장관에게 통지하여야 한다.	
제11조(토지에 출입 및 사용 등) ① 사업시행자(비행장개발사업의 경우에는 국토교통부장관, 지방자치단체의 장 및 「공공기관의 운영에 관한 법률」 제4조에 따른 공공기관의 장으로 한정하며, 이하 이 조 및 제12조제1항에서 같다)는 개발사업을 위하여 필요한 경우에는 다음 각 호의 행위를 할 수 있다. 1. 타인의 토지에 출입하는 행위 2. 타인의 토지를 재료적치장(材料積置場), 통로 또는 임시도로로 일시적으로 사용하는 행위 3. 특히 필요한 경우 나무, 흙, 돌 또는 그 밖의 장애물을 변경하거나 제거하는 행위 ② 제1항에 따른 행위의 방법 및 절차 등에 관하여는 「국토의 계획 및 이용에 관한 법률」 제130조제2항부터 제9항까지 및 제131조를 준용한다. 이 경우 "도시·군계획시설사업의 시행자"는 "사업시행자"로 본다.		
제12조(토지등의 수용) ① 사업시행자는 개발사업을 시행하기 위하여 필요한 경우에는 「공익사업을 위한 토지 등의 취득 및 보상에 관한 법률」 제3조에 따른 토지·물건 또는 권리(이하 "토지등"이라 한다)를 수용하거나 사용할 수 있다. ② 제7조에 따른 실시계획의 수립 또는 승인과 이에 관한 고시가 있을 때에는 「공익사업을 위한 토지 등의 취득 및 보상에 관한 법률」 제20조제1항 및 제22조에 따른 사업인정 및 사업인정의 고시가 있는 것으로 본다.		

공항시설법 [법률 제16902호, 2020. 1. 29., 타법개정]	공항시설법 시행령 [대통령령 제30106호, 2019. 10. 8., 타법개정]	공항시설법 시행규칙 [국토교통부령 제618호, 2019. 4. 4., 일부개정]
제2장 공항 및 비행장의 개발		
③ 토지등의 수용 또는 사용에 관한 재결(裁決)의 신청은 「공익사업을 위한 토지 등의 취득 및 보상에 관한 법률」 제23조 및 제28조제1항에도 불구하고 실시계획에서 정하는 개발사업의 시행기간 내에 할 수 있다. ④ 토지등의 수용 또는 사용에 관한 재결의 관할 토지수용위원회는 중앙토지수용위원회로 한다. ⑤ 토지등의 수용 또는 사용에 관하여는 이 법에 특별한 규정이 있는 것을 제외하고는 「공익사업을 위한 토지 등의 취득 및 보상에 관한 법률」을 준용한다.	**제21조(토지매수업무 등의 위탁)** ① 사업시행자는 법 제13조제1항에 따라 관할 지방자치단체의 장에게 토지매수업무, 손실보상업무 및 이주대책사업 등을 위탁하려면 위탁할 업무의 내용 및 위탁조건 등을 명시한 서면을 관할 지방자치단체의 장에게 제출하여야 한다. ② 제1항에 따라 업무위탁을 요청받은 관할 지방자치단체의 장은 특별한 사유가 없으면 이에 따라야 한다.	
제13조(토지매수업무 등의 위탁) ① 사업시행자는 개발사업을 위한 토지매수업무, 손실보상업무 및 이주대책사업 등을 대통령령으로 정하는 바에 따라 관할 지방자치단체의 장에게 위탁할 수 있다. ② 제1항에 따라 토지매수업무, 손실보상업무 및 이주대책사업 등을 위탁하는 경우의 위탁수수료 등에 관하여는 「공익사업을 위한 토지 등의 취득 및 보상에 관한 법률」에서 정하는 바에 따른다. ③ 개발사업을 위한 손실보상을 하는 경우 국토교통부장관이 한 처분이나 제한으로 인한 손실은 국가가 보상하여야 하고, 국토교통부장관 외의 자의 사업시행으로 인한 손실은 그 사업시행자가 보상하거나 그 손실을 방지하기 위한 시설을 설치하여야 한다. **제14조(토지의 매수청구)** ① 공항·비행장개발예정지역으로 고시됨에 따라 그 지역 안의 토지를 종래의 용도로 사용할 수 없어 그 효용이 현저하게 감소한 토지 또는 그 토지의 사용 및 수익이 사실상 불가능한 토지(이하 "매수대상토지"라 한다)의 소유자로서 다음 각 호의 어느 하나에 해당하는 자는 해당 사업시행자에게 그 토지의 매수를 청구할 수 있다. 1. 공항·비행장개발예정지역으로 고시될 당시부터 그 토지를 계속 소유한 자 2. 토지의 사용·수익이 불가능하게 되기 전에 그 토지를 취득하여 계속 소유한 자 3. 제1호 또는 제2호에 해당하는 자로부터 그 토지를 상속받아 계속 소유한 자 ② 제1항에 따른 종래의 용도로 사용할 수 없어 그 효용이 현저하게 감소한 토지 또는 그 토지의 사용 및 수익이 사실상 불가능한 토지이 구체적인 판정기준은 대통령령으로 정한다.	**제22조(매수대상토지의 판정기준)** 법 제14조제1항에 따른 공항·비행장개발예정지역으로 고시됨에 따라 그 지역 안의 토지를 종래의 용도로 사용할 수 없어 그 효용이 현저하게 감소한 토지 또는 그 토지의 사용 및 수익이 사실상 불가능한 토지(이하 "매수대상토지"라 한다)의 판정기준은 다음 각 호의 기준에 따른다. 이 경우 매수대상토지의 효용감소, 사용·수익의 사실상 불가능에 대하여 법 제14조제1항에 따라 토지의 매수를 청구한 자(이하 "매수청구인"이라 한다)의 귀책사유가 없어야 한다. 1. 종래의 용도로 사용할 수 없어 그 효용이 현저하게 감소한 토지: 매수청구 당시 매수대상토지를 공항·비행장개발예정지역 지정 이전의 지목(매수청구인이 공항·비행장개발예정지역 지정 이전에 적법하게 지적공부상의 지목과 다르게 사용하고 있었음을 공적자료로 증명하는 경우에는 공항·비행장개발예정지역 지정 이전의 실제 용도를 지목으로 본다)대로 사용할 수 없어 매수청구일 현재 해당 토지의 개별공시지가(「부동산 가격공시에 관한 법률」 제10조에 따른 개별공시지가를 말한다. 이하 같다)가 그 토지가 있는 읍·면·동 안에 지정된 공항·비행장개발예정지역의 동일한 지목의 개별공시지가(매수대상토지의 개별공시지가는 제외한다) 평균치의 100분의 50 미만일 것 2. 토지의 사용 및 수익이 사실상 불가능한 토지: 법 제10조제1항에 따른 행위 등의 제한으로 인하여 해당 토지의 사용 및 수익이 불가능할 것	

공항시설법 [법률 제16902호, 2020. 1. 29., 타법개정]	공항시설법 시행령 [대통령령 제30106호, 2019. 10. 8., 타법개정]	공항시설법 시행규칙 [국토교통부령 제618호, 2019. 4. 4., 일부개정]
제2장 공항 및 비행장의 개발		
제15조(매수청구의 절차 등) ① 사업시행자는 제14조제1항에 따라 토지의 매수청구를 받은 날부터 6개월 이내에 매수대상 여부 및 매수예상가격 등을 매수청구인에게 알려야 한다. ② 사업시행자는 제1항에 따라 매수대상토지로 통보를 한 토지에 대하여는 5년의 범위에서 대통령령으로 정하는 기간 이내에 매수계획을 수립하여 그 매수대상토지를 매수하여야 한다. ③ 매수대상토지의 매수가격(이하 "매수가격"이라 한다)은 매수청구 당시의 「부동산 가격공시에 관한 법률」에 따른 표준지공시지가를 기준으로 그 공시기준일부터 매수청구인에게 이를 지급하려는 날까지의 기간 동안 대통령령으로 정하는 지가변동률, 생산자물가상승률, 해당 토지의 위치·형상·환경 및 이용상황 등을 고려하여 평가한 금액으로 한다. ④ 제1항부터 제3항까지에 따라 매수한 토지는 사업시행자가 국토교통부장관이면 국가에 귀속되고, 사업시행자가 국토교통부장관이 아니면 해당 사업시행자에게 귀속된다. ⑤ 제1항부터 제3항까지에 따라 토지를 매수하는 경우 매수가격의 산정방법, 매수절차, 그 밖에 필요한 사항은 대통령령으로 정한다.	**제23조(매수절차)** ① 법 제14조제1항에 따라 토지의 매수를 청구하려는 자는 국토교통부령으로 정하는 토지매수청구서에 다음 각 호의 서류를 첨부하여 사업시행자에게 제출하여야 한다. 1. 토지대장 등본 2. 토지등기사항증명서 3. 토지이용계획확인서 4. 토지의 매수를 청구하는 사유를 적은 서류 ② 제1항에도 불구하고 국토교통부장관이 사업시행자인 경우로서 국토교통부장관에게 토지의 매수를 청구하려는 자는 제1항제1호부터 제3호까지의 서류를 제출하지 아니할 수 있다. 이 경우 국토교통부장관은 「전자정부법」 제36조제1항에 따른 행정정보의 공동이용을 통하여 토지대장, 토지등기사항증명서 및 토지이용계획확인서를 확인하여야 한다. ③ 제1항 또는 제2항에 따라 매수청구를 받은 사업시행자는 법 제15조제1항에 따른 매수대상 여부 및 매수예상가격 등을 매수청구인에게 알리기 전에 매수대상토지가 제22조에 따른 기준에 적합한지 판단하여야 한다. ④ 법 제15조제1항에 따른 매수예상가격은 매수청구 당시의 해당 토지의 개별공시지가로 한다. ⑤ 사업시행자는 법 제15조제1항에 따라 매수예상가격을 알린 경우에는 둘 이상의 감정평가법인등(「감정평가 및 감정평가사에 관한 법률」에 따른 감정평가법인등을 말한다. 이하 같다)에게 매수대상토지에 대한 감정평가를 의뢰하여 제25조에 따른 산정방법에 따라 매수대상토지의 매수가격(이하 "매수가격"이라 한다)을 결정하여야 한다.〈개정 2022. 1. 21.〉 ⑥ 사업시행자는 제5항에 따라 감정평가를 의뢰하려는 경우에는 감정평가를 의뢰하기 1개월 전까지 감정평가를 의뢰한다는 사실을 매수청구인에게 알려야 한다. ⑦ 사업시행자는 제5항에 따라 매수가격을 결정하였을 때에는 즉시 이를 매수청구인에게 알려야 한다.	**제12조(토지매수청구서)** 영 제23조제1항에서 "국토교통부령으로 정하는 매수청구서"란 별지 제6호서식의 매수청구서를 말한다.
	제24조(매수기한) 법 제15조제2항에서 "대통령령으로 정하는 기간"이란 법 제15조제1항에 따라 매수대상 여부를 알린 날부터 3년을 말한다.	

<table>
<tr><th>공항시설법
[법률 제16902호, 2020. 1. 29., 타법개정]</th><th>공항시설법 시행령
[대통령령 제30106호, 2019. 10. 8., 타법개정]</th><th>공항시설법 시행규칙
[국토교통부령 제618호, 2019. 4. 4., 일부개정]</th></tr>
<tr><td colspan="3">제2장 공항 및 비행장의 개발</td></tr>
<tr><td></td><td>제25조(매수가격의 산정방법 등)
① 법 제15조제3항에서 "대통령령으로 정하는 지가변동률, 생산자물가상승률"이란 「부동산 거래신고 등에 관한 법률 시행령」 제17조제1항에 따라 국토교통부장관이 조사한 지가변동률 및 「한국은행법」 제86조에 따라 한국은행이 조사·작성하는 생산자물가지수에 따라 산정된 생산자물가상승률을 말한다.
② 매수가격은 「부동산 가격공시에 관한 법률」 제3조에 따른 표준지공시지가를 기준으로 감정평가법인등 둘 이상이 평가한 금액의 산술평균치로 한다.〈개정 2022. 1. 21.〉</td><td></td></tr>
<tr><td>제16조(비용의 부담)
① 사업시행자는 제15조제3항에 따른 매수가격의 산정을 위한 감정평가 등에 드는 비용을 부담한다.
② 사업시행자는 제1항에도 불구하고 매수청구인이 정당한 사유 없이 매수청구를 철회하는 경우에는 대통령령으로 정하는 바에 따라 감정평가에 따르는 비용의 전부 또는 일부를 매수청구인에게 부담하게 할 수 있다. 다만, 매수예상 가격에 비하여 매수가격이 대통령령으로 정하는 비율 이상으로 떨어진 경우에는 그러하지 아니하다.
③ 사업시행자가 국토교통부장관 또는 지방자치단체의 장인 경우 매수청구인이 제2항 본문에 따라 부담하여야 하는 비용을 납부하지 아니하면 국세 또는 지방세 체납처분의 예에 따라 징수할 수 있다.</td><td>제26조(감정평가비용의 납부고지 등)
① 법 제16조제2항 본문에 따라 사업시행자는 제23조제5항에 따른 감정평가를 의뢰한 후 매수청구인이 정당한 사유 없이 매수청구의 철회를 통보하는 경우에는 해당 토지에 대한 감정평가 비용의 전부를 매수청구인이 부담하도록 할 수 있다.
② 사업시행자는 제1항에 따라 매수청구의 철회를 통보받은 경우 그 통보일부터 10일 이내에 국토교통부령으로 정하는 감정평가 비용의 납부고지서에 감정평가 비용의 산출내역서를 첨부하여 매수청구인에게 보내야 한다.
③ 제2항에 따른 납부고지서를 받은 매수청구인은 납부기한 내에 고지된 감정평가 비용을 사업시행자에게 납부하여야 한다.
④ 법 제16조제2항 단서에서 "대통령령으로 정하는 비율"이란 100분의 30을 말한다.</td><td>제13조(감정평가 비용의 납부고지서)
영 제26조제2항 각 호 외의 부분에서 "국토교통부령으로 정하는 감정평가 비용의 납부고지서"란 별지 제7호서식의 납부고지서를 말한다.</td></tr>
<tr><td>제17조(부대공사의 시행)
① 사업시행자는 개발사업이 아닌 공사로서 개발사업으로 인하여 필요하게 되거나 개발사업을 시행하기 위하여 필요하게 된 공사(이하 "부대공사"라 한다)는 해당 개발사업으로 보아 해당 개발사업과 함께 시행할 수 있다.
② 부대공사의 범위는 대통령령으로 정한다.</td><td>제27조(부대공사의 범위)
법 제17조제1항에 따른 부대공사의 범위는 다음 각 호와 같다.
1. 공사용 건설자재의 현장가공·조립·운반·보관 등을 위하여 공항·비행장개발예정지역 또는 그 인근에 설치되는 시설(공사기간 중에 설치되는 시설에 한정한다)의 건설
2. 개발사업에 필요한 토석채취장의 개발
3. 개발사업 공사용 진입도로·접안시설·주차장·야적장 등의 설치 및 그 운영에 필요한 시설의 건설
4. 개발사업과 관련된 건설인력을 수용하기 위한 숙소·편의시설 및 각종 부속시설의 건설
5. 개발사업과 관련된 건설장비 및 검사계측기기의 정비·점검 및 수리를 위한 시설의 건설
6. 항공기 안전운항 및 공역확보에 필요한 구릉(丘陵) 및 구조물 등 장애물의 제거공사
7. 공항시설 또는 비행장시설에서 배출되는 분뇨·오수·폐수 등을 처리하기 위한 중수도시설 및 폐수처리시설의 건설</td><td></td></tr>
</table>

공항시설법 [법률 제16902호, 2020. 1. 29., 타법개정]	공항시설법 시행령 [대통령령 제30106호, 2019. 10. 8., 타법개정]	공항시설법 시행규칙 [국토교통부령 제618호, 2019. 4. 4., 일부개정]
제2장 공항 및 비행장의 개발		
	8. 환경오염도측정을 위한 시설의 건설 9. 그 밖에 건설안전 관련시설 등 개발사업의 시행에 필요하다고 국토교통부장관이 인정하는 시설의 건설	
제18조(개발사업의 대행) 국토교통부장관은 국토교통부장관 외의 자가 시행하는 개발사업을 효율적으로 수행하기 위하여 필요한 경우에는 해당 사업시행자와 협의하여 그 사업시행자의 비용부담으로 국토교통부장관이 시행하거나, 제3자에게 대행하게 할 수 있다.		
제19조(개발사업의 촉진과 품질향상 등을 위한 특례) ① 다음 각 호의 어느 하나에 해당하는 개발사업에 대해서는 「건축법」 제49조·제50조 및 제53조, 「위험물안전관리법」 제5조제4항 및 「화재예방, 소방시설 설치·유지 및 안전관리에 관한 법률」 제9조제1항을 적용하지 아니한다. 1. 국토교통부장관이 기술심의위원회의 심의를 거쳐 인정한 특수기술 또는 특수장치를 이용한 개발사업 2. 개발사업에 따른 시설의 구조 및 형태가 관계 법령에 따른 소방·방재·방화·대피 등에 관한 기준보다 높은 수준이라고 국토교통부장관이 기술심의위원회의 심의를 거쳐 인정하는 개발사업 ② 사업시행자는 다양한 기능과 특성을 갖는 건설공사를 발주할 때 공사의 성질상 또는 기술관리상 건축·전기 및 전기통신 공사를 분리하여 발주하기 곤란한 경우로서 대통령령으로 정하는 경우에는 통합하여 발주할 수 있다. ③ 사업시행자는 「산업집적활성화 및 공장설립에 관한 법률」 제20조에도 불구하고 개발사업에 들어가는 각종 건설자재의 생산시설로서 국토교통부장관이 개발사업에 직접 필요하다고 인정하는 시설을 공항·비행장개발예정지역 또는 그 인근에 신설·증설 또는 이전할 수 있다. 이 경우 건설자재의 생산시설은 공사용 목적으로 개발사업 기간 중에 설치되는 것으로 한정한다. ④ 사업시행자는 개발사업을 끝낸 경우에는 제3항에 따라 설치한 시설을 원상회복하여야 한다.	**제28조(분리발주의 예외)** 법 제19조제2항에서 "대통령령으로 정하는 경우"란 다음 각 호의 어느 하나에 해당하는 경우를 말한다. 1. 특허공법 등 특수한 기술에 의하여 행하여지는 공사로서 분리발주할 경우 하자책임의 구분이 불명확하게 되거나 하나의 목적물을 완성할 수 없게 되는 경우 2. 천재지변 또는 재해로 인한 복구공사로서 발주가 시급하여 분리발주가 곤란한 경우 3. 국방·국가안보 등과 관련되는 공사로서 기밀유지를 위하여 분리발주가 곤란한 경우 4. 「국가를 당사자로 하는 계약에 관한 법률 시행령」 제79조제1항제5호에 따른 설계·시공일괄입찰로 시행하는 공사이거나 「지방자치단체를 당사자로 하는 계약에 관한 법률 시행령」 제95조제1항제5호에 따른 설계·시공일괄입찰로 시행하는 공사로서 분리발주가 곤란한 경우 5. 효율적인 사업추진을 위하여 분리발주가 곤란하다고 국토교통부장관이 기술심의위원회의 심의를 거쳐 인정하는 경우	
제20조(준공확인) ① 국토교통부장관 외의 사업시행자는 개발사업에 관한 공사를 끝낸 경우에는 지체 없이 국토교통부령으로 정하는 바에 따라 국토교통부장관에게 공사준공 보고서를 제출하고 준공확인을 받아야 한다. 다만, 「건축법」 제22조에 따른 허가권자로부터 사용승인을 받은 건축물에 대해서는 준공확인을 받은 것으로 본다.		

공항시설법 [법률 제16902호, 2020. 1. 29., 타법개정]	공항시설법 시행령 [대통령령 제30106호, 2019. 10. 8., 타법개정]	공항시설법 시행규칙 [국토교통부령 제618호, 2019. 4. 4., 일부개정]
제2장 공항 및 비행장의 개발		
② 제1항 단서에 따라 허가권자로부터 사용승인을 받은 사업시행자는 국토교통부장관에게 그 사실을 보고하여야 한다. ③ 국토교통부장관은 제1항에 따라 준공확인을 하는 경우에는 관계 중앙행정기관의 장, 지방자치단체의 장, 「공공기관의 운영에 관한 법률」 제4조에 따른 공공기관의 장 또는 관계 전문기관 등에 준공확인에 필요한 검사를 의뢰할 수 있다. ④ 국토교통부장관은 제1항에 따른 준공확인 신청을 받았을 때에는 준공확인을 한 후 그 공사가 실시계획의 내용대로 시행되었다고 인정되는 경우에는 그 신청인에게 준공확인증명서를 발급하여야 한다. ⑤ 국토교통부장관은 개발사업에 관한 공사를 끝낸 경우 또는 제4항에 따라 준공확인증명서를 발급한 경우에는 국토교통부령으로 정하는 바에 따라 개발사업의 명칭, 종류, 위치 및 사용 개시일 등을 고시하여야 한다. ⑥ 제5항에 따라 고시를 하였거나 제1항 단서에 따라 사용승인서를 받은 경우에는 제8조제1항 각 호의 인·허가등에 따른 해당 사업의 준공확인 또는 준공인가 등을 받은 것으로 본다. ⑦ 제4항에 따른 준공확인증명서를 발급받기 전에는 개발사업으로 조성되거나 설치된 토지 및 시설을 사용해서는 아니 된다. 다만, 국토교통부장관으로부터 준공확인 전에 사용허가를 받았거나 제1항 단서에 따라 건축물에 대하여 준공확인을 받은 것으로 보는 경우에는 그러하지 아니하다. ⑧ 국토교통부장관은 제7항 단서에 따른 사용허가의 신청을 받은 날부터 20일 이내에 허가 여부를 신청인에게 통지하여야 한다.〈신설 2018. 12. 18.〉		**제14조(준공확인의 신청 등)** ① 법 제20조제1항 본문에 따른 준공확인 또는 법 제25조제2항에 따른 이착륙장 준공확인을 받으려는 사업시행자는 별지 제8호서식의 보고서에 다음 각 호의 서류를 첨부하여 지방항공청장에게 제출하여야 한다. 이 경우 담당 공무원은 「전자정부법」 제36조제1항에 따른 행정정보의 공동이용을 통하여 법인등기사항증명서(신청인이 법인인 경우만 해당한다)를 확인하여야 한다.〈개정 2018. 2. 9., 2018. 6. 27.〉 1. 준공조서(준공설계도서 및 준공사진을 포함한다) 2. 공사착공 전 및 준공 후의 상황을 구분·인식할 수 있는 준공사진 또는 도면 3. 시공품질검사명세서(「건설기술진흥법 시행령」 제89조에 따라 품질관리계획 또는 품질시험계획을 수립하여야 하는 건설공사에 한정한다) 4. 시장·군수 또는 자치구청장이 발행하는 지적측량성과도(필요한 경우만 해당한다) ② 법 제20조제4항에 따른 준공확인 증명서 및 법 제25조제4항에 따른 이착륙장 준공확인 증명서는 별지 제9호서식과 같다.〈개정 2018. 6. 27.〉 ③ 법 제20조제5항에 따른 준공확인의 고시는 다음 각 호의 사항을 고시하는 것으로 한다. 1. 공항 또는 비행장의 명칭·위치 및 면적 2. 사업시행자의 성명(명칭) 및 주소 3. 사업의 목적 및 내용 4. 해당 사업의 완료일 5. 해당 시설의 사용 개시 예정일 6. 시계비행 또는 계기비행 이륙·착륙 절차 7. 「국토의 계획 및 이용에 관한 법률」 제65조제1항에 따라 새로 설치된 공공시설 또는 종래의 공공시설의 귀속에 관한 조서 및 관계 도면 8. 해당 시설의 이용에 관한 특별한 사항 ④ 국토교통부장관 또는 지방항공청장은 제3항에 따라 고시한 사항이 변경된 경우에는 그 변경 사항을 고시하여야 한다. ⑤ 법 제20조제7항 단서에 따른 준공확인 전 사용허가 또는 법 제25조제5항 단서에 따른 이착륙장 준공확인 전 사용허가를 받으려는 자는 별지 제10호서식의 신청서에 다음 각 호의 서류를 첨부하여 지방항공청장에게 제출하여야 한다. 이 경우 담당 공무원은 「전자정부법」 제36조제1항에 따른 행정정보의 공동이용을 통하여 법인등기사항증명서(법인인 경우만 해당한다)를 확인하여야 한다.〈개정 2018. 2. 9., 2018. 6. 27.〉 1. 준공확인 전에 사용하려는 시설의 현황 및 목적을 기재한 서류

공항시설법 [법률 제16902호, 2020. 1. 29., 타법개정]	공항시설법 시행령 [대통령령 제30106호, 2019. 10. 8., 타법개정]	공항시설법 시행규칙 [국토교통부령 제618호, 2019. 4. 4., 일부개정]
제2장 공항 및 비행장의 개발		
		2. 시공품질검사명세서(「건설기술진흥법 시행령」 제89조에 따라 품질관리계획 또는 품질시험계획을 수립하여야 하는 건설공사에 한정한다)
제21조(투자허가·시설물의 귀속 등) ① 국토교통부장관이 시행하는 개발사업에 투자하려는 자는 국토교통부장관의 허가를 받아야 한다. 이 경우 국토교통부장관은 그 개발사업과 관련된 토지 및 그 밖의 시설(공항의 유지·보수를 위한 시설, 공항이용객 편의시설 등 대통령령으로 정하는 시설은 제외한다)을 국가에 귀속시킬 것을 조건으로 허가할 수 있다. ② 제1항 후단 및 제6조제4항에 따른 조건이 붙은 허가를 받아 조성되거나 설치된 토지 및 시설은 해당 공사의 준공과 동시에 국가에 귀속된다. 다만, 조건이 붙지 아니한 허가를 받은 경우에는 그 토지 및 공항시설은 해당 사업시행자의 소유로 한다. ③ 제2항에도 불구하고 「인천국제공항공사법」에 따른 인천국제공항공사가 인천국제공항 개발사업으로 조성 또는 설치한 토지 및 시설의 귀속에 관하여는 같은 법에서 정하는 바에 따른다.	**제29조(투자허가의 신청)** 법 제21조제1항에 따라 국토교통부장관이 시행하는 개발사업에 투자하려는 자는 국토교통부령으로 정하는 투자허가신청서에 사업계획서 및 설계도서를 첨부하여 국토교통부장관에게 제출하여야 한다.	**제15조(공항개발사업 투자허가신청서)** 영 제29조제1항에서 "국토교통부령으로 정하는 투자허가신청서"란 별지 제11호 서식의 신청서를 말한다.
제22조(사용·수익 등) ① 국토교통부장관은 제21조제2항에 따라 국가에 귀속된 공항시설 또는 비행장시설의 투자자 또는 사업시행자에게 그 시설 또는 국토교통부장관이 관리하는 다른 시설을 그가 투자한 총사업비의 범위에서 대통령령으로 정하는 바에 따라 무상으로 사용·수익하게 할 수 있다. 다만, 「인천국제공항공사법」에 따른 인천국제공항공사가 사업시행자로서 인천국제공항 개발사업으로 조성 또는 설치한 토지 및 시설의 사용·수익 등에 관하여는 같은 법에서 정하는 바에 따른다. ② 국토교통부장관은 공항 또는 비행장의 운영을 위하여 부득이하게 필요한 경우에는 제1항에 따라 무상으로 사용·수익을 하게 한 공항시설 또는 비행장시설의 무상사용·수익허가를 취소할 수 있다. 이 경우 국토교통부장관은 제1항에 따른 투자자 또는 사업시행자가 국가에 귀속된 공항시설 또는 비행장시설을 유상으로 사용·수익할 경우의 사용료 총액이 총사업비에 도달하지 아니한 경우에는 그 사용료 총액이 총사업비에 도달할 때까지 다른 공항시설 또는 비행장시설을 무상으로 사용·수익하게 하는 등의 방식으로 보상이 이루어지도록 필요한 조치를 하여야 한다.	**제30조(무상사용·수익 허가 등)** ① 법 제22조제1항에 따라 국가에 귀속된 공항시설, 비행장시설 또는 국토교통부장관이 관리하는 다른 시설의 무상사용·수익허가를 받으려는 투자자 또는 사업시행자(이하 이 조에서 "투자자등"이라 한다)는 무상사용·수익을 하려는 공항시설, 비행장시설 또는 국토교통부장관이 관리하는 다른 시설의 종류, 무상사용·수익의 목적 및 기간을 적은 신청서를 국토교통부장관에게 제출하여야 한다. ② 국토교통부장관이 법 제22조제1항에 따른 무상사용·수익허가를 할 수 있는 공항시설, 비행장시설 또는 국토교통부장관이 관리하는 다른 시설의 범위는 투자자등이 해당 시설을 무상으로 사용·수익하여도 해당 공항, 비행장 또는 국토교통부장관이 관리하는 다른 시설의 관리·운영에 지장을 주지 아니한다고 인정되는 것으로 한정한다. ③ 법 제22조제1항에 따른 무상사용·수익 허가를 위한 총사업비의 산정방법은 해당 개발사업의 준공확인일을 기준으로 그 개발사업과 관련된 다음 각 호의 비용을 합산한 금액으로 한다.〈개정 2020. 8. 26.〉 1. 조사비: 개발사업의 시행을 위한 측량비와 그 밖의 조사비로서 공사비에 포함되지 아니한 비용	

공항시설법 [법률 제16902호, 2020. 1. 29., 타법개정]	공항시설법 시행령 [대통령령 제30106호, 2019. 10. 8., 타법개정]	공항시설법 시행규칙 [국토교통부령 제618호, 2019. 4. 4., 일부개정]
제2장 공항 및 비행장의 개발		
③ 제1항에 따른 총사업비의 산정방법과 무상으로 사용·수익할 수 있는 기간은 대통령령으로 정한다.	2. 설계비: 개발사업의 시행을 위한 설계에 필요한 비용 3. 공사비: 개발사업의 시행을 위한 재료비, 노무비 및 경비를 합친 금액. 이 경우 각 비용의 산정은 「국가를 당사자로 하는 계약에 관한 법률 시행령」 제9조에 따른 예정가격의 결정기준과 정부표준품셈 및 단가(정부고시가격이 있는 경우에는 그 가격을 말한다)에 따른다. 4. 보상비: 개발사업의 시행을 위하여 지급된 토지매입비[건물, 입목(立木) 등의 매입비를 포함한다], 이주대책비 및 영업권·어업권·양식업권·광업권 등의 권리에 대한 보상비 5. 부대비: 「국가를 당사자로 하는 계약에 관한 법률 시행령」 제9조의 예정가격의 결정기준에 따라 산정한 일반관리비, 환경영향평가비, 시공감리비 등 개발사업 시행허가의 조건을 이행하기 위하여 필요한 모든 비용과 「농지법」 제40조에 따른 농지보전부담금 등 6. 건설이자: 제1호부터 제5호까지의 비용에 대한 건설이자(이자율은 사업기간 중 한국은행이 발표하는 예금은행 정기예금 가중평균 수신금리를 적용한다) ④ 법 제22조제1항에 따라 공항시설, 비행장시설 또는 국토교통부장관이 관리하는 다른 시설을 무상으로 사용·수익할 수 있는 기간은 그 시설을 유상으로 사용할 경우의 사용료 총액이 제1항에 따라 산출된 총사업비에 도달할 때까지로 한다.	
제23조(재정지원) ① 국가는 개발사업의 촉진을 위하여 사업시행자에게 예산의 범위에서 해당 개발사업에 필요한 비용의 전부 또는 일부를 보조하거나 재정자금을 융자할 수 있다. ② 국가는 지방자치단체의 장이 제25조제1항에 따라 국토교통부장관의 허가를 받아 이착륙장을 설치하는 경우에는 해당 사업시행에 필요한 비용의 전부 또는 일부를 보조하거나 재정자금을 융자할 수 있다.	**제31조(공항시설 및 비행장시설의 설치기준)** 법 제24조에 따른 개발사업에 필요한 공항시설 및 비행장시설의 설치기준은 다음 각 호와 같다. 1. 공항 또는 비행장 주변에 항공기의 이륙·착륙에 지장을 주는 장애물이 없을 것. 다만, 해당 공항 또는 비행장의 공사 완료 예정일까지 그 장애물을 확실히 제거할 수 있다고 인정되는 경우는 제외한다. 2. 공항 또는 비행장의 체공선회권(공항 또는 비행장에 착륙하려는 항공기의 체공선회를 위하여 필요하다고 인정하는 공항 또는 비행장 상공의 정해진 공역을 말한다. 이하 같다)이 인접한 공항 또는 비행장의 체공선회권과 중복되지 아니할 것 3. 공항 또는 비행장의 활주로·착륙대·유도로의 길이 및 폭과 각 표면의 경사도 및 공항 또는 비행장의 표지시설 등이 국토교통부령으로 정하는 기준에 적합할 것	
제24조(공항시설 및 비행장시설의 설치기준 등) 제6조제1항 및 제2항에 따른 개발사업에 필요한 공항시설 또는 비행장시설 및 항행안전시설의 설치에 관한 기준(이하 "시설설치기준"이라 한다)은 대통령령으로 정한다.		**제16조(공항시설 및 비행장시설의 설치기준)** 영 제31조제3호에서 "국토교통부령으로 정하는 기준"이란 별표 1에 따른 기준을 말한다.

공항시설법 [법률 제16902호, 2020. 1. 29., 타법개정]	공항시설법 시행령 [대통령령 제30106호, 2019. 10. 8., 타법개정]	공항시설법 시행규칙 [국토교통부령 제618호, 2019. 4. 4., 일부개정]
제2장 공항 및 비행장의 개발		
제25조(이착륙장) ① 국토교통부장관은 이착륙장을 설치할 수 있으며, 국토교통부장관 외의 자가 이착륙장을 설치하려는 경우에는 대통령령으로 정하는 바에 따라 국토교통부장관으로부터 허가를 받아야 한다. 국토교통부장관이 이착륙장의 설치를 허가하려는 경우에는 관계 중앙행정기관의 장 및 관할 시장·군수·구청장과 사전에 협의하여야 한다. ② 제1항에 따라 이착륙장 설치허가를 받은 자는 이착륙장 설치공사를 완료한 경우 지체 없이 국토교통부령으로 정하는 바에 따라 공사준공보고서를 국토교통부장관에게 제출하고 준공확인을 받아야 하며, 제3항에 따른 기준에 적합하도록 이착륙장을 관리하여야 한다.〈개정 2017. 12. 26.〉 ③ 제1항 및 제2항에 따른 이착륙장의 설치 및 관리에 필요한 기준은 대통령령으로 정한다. ④ 제2항에 따른 준공확인의 신청을 받은 국토교통부장관은 지체 없이 준공검사를 한 후 해당 설치공사가 제3항에 따른 기준에 적합한 경우 준공확인증명서를 발급하여야 한다.〈신설 2017. 12. 26.〉 ⑤ 제4항에 따른 준공확인증명서를 받기 전에는 해당 이착륙장을 사용하여서는 아니 된다. 다만, 국토교통부령으로 정하는 바에 따라 국토교통부장관으로부터 사용허가를 받은 경우에는 그러하지 아니하다.〈신설 2017. 12. 26.〉 ⑥ 국토교통부장관은 다음 각 호의 어느 하나에 해당하는 경우에는 이착륙장을 설치 또는 관리하는 자에게 적합한 조치를 하도록 명령할 수 있다. 이 경우 국토교통부장관은 명령을 받은 자가 국토교통부장관이 정하는 상당한 기간 내에 적합한 조치를 하지 아니하는 경우에는 해당 허가를 취소할 수 있다.〈개정 2017. 12. 26.〉 1. 정당한 사유 없이 이착륙장 설치허가서에 적힌 공사 착수 예정일부터 1년 이내에 착공하지 아니하거나 정당한 사유 없이 공사 완료 예정일까지 공사를 끝내지 아니한 경우 2. 허가에 붙인 조건을 위반한 경우 3. 제3항에 따른 이착륙장의 설치 및 관리 기준에 적합하지 아니한 경우 ⑦ 국토교통부장관은 이착륙장 설치자가 다음 각 호의 어느 하나에 해당하는 경우에는 그 사업의 시행 및 관리에 관한 허가 또는 승인을 취소하거나 그 효력의 정지, 공사의 중지 명령 등의 필요한 처분을 할 수 있다. 다만, 제1호 또는 제3호에 해당하는 경우에는 그 사업의 시행 및 관리에 관한 허가 또는 승인을 취소하여야 한다.〈개정 2017. 12. 26.〉	**제32조(이착륙장의 설치 허가 신청)** ① 법 제25조제1항에 따라 국토교통부장관 외의 자가 이착륙장을 설치하려는 경우에는 국토교통부령으로 정하는 이착륙장 설치허가 신청서에 다음 각 호의 서류를 첨부하여 국토교통부장관에게 제출하여야 한다. 이 경우 국토교통부장관은 「전자정부법」 제36조제1항에 따른 행정정보의 공동이용을 통하여 법인 등기사항증명서(신청인이 법인인 경우에 한정한다)를 확인하여야 한다. 1. 이착륙장 설치계획서 2. 이착륙장 설치 예정 부지에 대한 소유권 또는 사용권이 있음을 증명하는 서류(소유권 또는 사용권이 없는 경우에는 이착륙장 설치공사 예정일까지 이를 취득하기 위한 계획서를 말한다) 3. 소유자의 성명·주소가 기재된 토지조서 및 물건조서 4. 공사의 내용을 확인할 수 있는 설계도서(설계도면, 설계설명서, 개략적인 공사비 및 수량산출서를 포함한다) ② 제1항제1호에 따른 이착륙장 설치계획서에는 다음 각 호의 사항이 포함되어야 한다. 1. 이착륙장 시설의 개요 및 설치목적 2. 이착륙장 설치 기간 및 공사 방법 3. 이착륙장 설치에 사용되는 자금의 조달계획 4. 이착륙장을 사용할 예정인 경량항공기 또는 초경량비행장치의 종류 5. 이착륙장 관리계획 6. 이착륙장의 시계비행 절차 7. 이착륙장에 필요한 공역도면 및 인접공역의 현황 8. 인접한 공항 또는 비행장(군 비행장을 포함한다)의 비행절차와의 상관관계를 설명하는 도면 9. 경량항공기 또는 초경량비행장치에 제공되는 항공교통업무의 내용 10. 풍향·풍속도(이착륙장 예정지·예정수면 또는 그 부근에서의 풍속은 최근 1년 이상의 자료에 의하여 작성된 것에 한정한다) ③ 법 제25조제1항에 따라 국토교통부장관외에 이착륙장을 설치하려는 자는 제1항제4호에도 불구하고 국토교통부장관으로부터 이착륙장 설치 허가를 받은 후 공사를 착수하기 전에 설계도서에 관하여 국토교통부장관으로부터 따로 허가를 받는 조건으로 설계도서를 첨부하지 아니할 수 있다. 이 경우 이착륙장 설치에 소요되는 추정 비용(공사비를 포함한다) 및 시설배치계획 도면을 설계도서 대신 제출하여야 한다.	**제17조(이착륙장의 설치허가신청서)** 영 제32조제1항 각 호 외의 부분 전단에서 "국토교통부령으로 정하는 이착륙장 설치허가 신청서"란 별지 제12호서식의 신청서를 말한다.

공항시설법 [법률 제16902호, 2020. 1. 29., 타법개정]	공항시설법 시행령 [대통령령 제30106호, 2019. 10. 8., 타법개정]	공항시설법 시행규칙 [국토교통부령 제618호, 2019. 4. 4., 일부개정]
제2장 공항 및 비행장의 개발		
1. 거짓이나 그 밖의 부정한 방법으로 허가를 받은 경우 2. 제1항을 위반하여 국토교통부장관 외의 자가 허가를 받지 아니하고 이착륙장을 설치하거나 허가 받은 사항을 위반한 경우 3. 사정 변경으로 이착륙장 설치를 계속 시행하는 것이 불가능하다고 인정되는 경우 ⑧ 국토교통부장관은 다음 각 호의 어느 하나에 해당하는 경우에는 이착륙장 사용의 중지를 명할 수 있다.〈개정 2017. 12. 26.〉1. 이착륙장의 위치·구조 등이 설치허가 서에 적힌 사실과 다른 경우 2. 제3항에 따른 기준에 맞지 아니하게 된 경우 3. 제5항을 위반하여 준공확인증명서를 받기 전에 이착륙장을 사용하거나 사용허가를 받지 아니하고 이착륙장을 사용하는 경우	**제33조(이착륙장의 설치기준)** 법 제25조제1항에 따른 이착륙장의 설치기준은 다음 각 호와 같다. 1. 이착륙장 주변에 경량항공기 또는 초경량비행장치의 이륙 또는 착륙에 지장을 주는 장애물이 없을 것. 다만, 해당 이착륙장의 공사 완료 예정일까지 그 장애물을 확실히 제거할 수 있다고 인정되는 경우는 제외한다. 2. 이착륙장 활주로의 길이·폭과 활주로 안전구역 및 활주로 보호구역의 길이·폭 등이 국토교통부장관이 정하여 고시하는 기준에 적합할 것	
	제34조(이착륙장의 관리기준) ① 법 제25조제2항에 따른 이착륙장의 관리기준은 다음 각 호와 같다. 1. 제33조에 따른 이착륙장의 설치기준에 적합하도록 유지할 것 2. 이착륙장 시설의 기능 유지를 위하여 점검·청소 등을 할 것 3. 개량이나 그 밖의 공사를 하는 경우에는 필요한 표지의 설치 또는 그 밖의 적절한 조치를 하여 경량항공기 또는 초경량비행장치의 이륙 또는 착륙을 방해하지 아니할 것 4. 이착륙장에 사람·차량 등이 임의로 출입하지 아니하도록 할 것 5. 기상악화, 천재지변이나 그 밖의 원인으로 인하여 경량항공기 또는 초경량비행장치의 안전한 이륙 또는 착륙이 곤란할 우려가 있는 경우에는 지체 없이 해당 이착륙장의 사용을 일시 정지하는 등 위해를 예방하기 위하여 필요한 조치를 할 것 6. 관계 행정기관 및 유사시에 지원하기로 협의된 기관과 수시로 연락할 수 있는 설비 또는 비상연락망을 갖출 것 7. 그 밖에 국토교통부장관이 정하여 고시하는 이착륙장 관리기준에 적합하게 관리할 것 ② 이착륙장을 관리하는 자는 다음 각 호의 사항이 포함된 이착륙장 관리규정을 정하여 관리하여야 한다. 1. 이착륙장의 운용 시간 2. 이륙 또는 착륙의 방향과 비행구역 등을 특별히 한정하는 경우에는 그 내용 3. 경량항공기 또는 초경량비행장치를 위한 연료·자재 등의 보급 장소, 정비·점검 장소 및 계류 장소(해당 보급·정비·점검 등의 방법을 지정하려는 경우에는 그 방법을 포함한다)	

공항시설법 [법률 제16902호, 2020. 1. 29., 타법개정]	공항시설법 시행령 [대통령령 제30106호, 2019. 10. 8., 타법개정]	공항시설법 시행규칙 [국토교통부령 제618호, 2019. 4. 4., 일부개정]
제2장 공항 및 비행장의 개발		
	4. 이착륙장의 출입 제한 방법 5. 이착륙장 안에서의 행위를 제한하는 경우에는 그 제한 대상 행위 6. 경량항공기 또는 초경량비행장치의 안전한 이륙 또는 착륙을 위한 이착륙 절차의 준수에 관한 사항 ③ 이착륙장을 관리하는 자는 다음 각 호의 사항이 기록된 이착륙장 관리대장을 갖추어 두고 관리하여야 한다. 1. 이착륙장의 설비상황 2. 이착륙장 시설의 신설·증설·개량 등 시설의 변동 내용 3. 재해·사고 등이 발생한 경우에는 그 시각·원인·상황과 이에 대한 조치 4. 관계 기관과의 연락사항 5. 경량항공기 또는 초경량비행장치의 이착륙장 사용상황	

공항시설법 [법률 제16902호, 2020. 1. 29., 타법개정]	공항시설법 시행령·공항시설관리권등록령 [대통령령 제30106호, 2019. 10. 8., 타법개정]	공항시설법 시행규칙 [국토교통부령 제618호, 2019. 4. 4., 일부개정]
제3장 공항 및 비행장의 관리·운영		
제26조(공항시설관리권) ① 국토교통부장관은 공항시설을 유지·관리하고 그 공항시설을 사용하거나 이용하는 자로부터 사용료를 징수할 수 있는 권리(이하 "공항시설관리권"이라 한다)를 설정할 수 있다. ② 제1항에 따라 공항시설관리권을 설정받은 자는 대통령령으로 정하는 바에 따라 국토교통부장관에게 등록하여야 한다. 등록한 사항을 변경할 때에도 또한 같다. ③ 공항시설관리권은 물권(物權)으로 보며, 이 법에 특별한 규정이 있는 경우를 제외하고는 「민법」 중 부동산에 관한 규정을 준용한다.	**「공항시설관리권등록령」** 조문전체	
제27조(공항시설관리권 관련 저당권 설정의 특례) ① 저당권이 설정된 공항시설관리권은 저당권자의 동의가 없으면 처분할 수 없다. ② 제26조제1항에 따라 공항시설관리권이 설정된 공항시설 중 활주로 등 대통령령으로 정하는 중요 공항시설에 설정된 공항시설관리권에 대해서는 저당권을 설정할 수 없다.	**「공항시설관리권등록령」** **제55조(공항시설관리권의 저당권설정제한)** 「공항시설법」 제27조제2항에서 "대통령령이 정하는 중요 공항시설"이라 함은 「공항시설법 시행령」 제3조제1호의 규정에 의한 기본시설중 다음 각호의 시설을 말한다.〈개정 2017. 3. 29.〉 1. 활주로·유도로·계류장·착륙대 등 항공기의 이·착륙시설 2. 항행안전시설 3. 관제소·송수신소·통신소 등의 통신시설 4. 기상관측시설 5. 경비보안시설	
제28조(공항시설관리권 등의 권리 변동) ① 공항시설관리권 또는 공항시설관리권을 목적으로 하는 저당권의 설정·변경·소멸 또는 처분의 제한은 국토교통부에서 갖추어 두고 있는 공항시설관리권 등록부에 공항시설관리권 또는 저당권의 설정·변경·소멸 또는 처분의 제한 사실을 등록함으로써 효력이 발생한다. ② 제1항에 따른 공항시설관리권 등의 등록에 필요한 사항은 대통령령으로 정한다.	**「공항시설관리권등록령」** 조문전체	
제29조(비행장시설관리권) ① 국토교통부장관은 국가 소유의 비행장시설을 유지·관리하고 그 비행장시설을 사용하거나 이용하는 자로부터 사용료를 징수할 수 있는 권리(이하 "비행장시설관리권"이라 한다)를 설정할 수 있다. ② 비행장시설관리권에 관하여는 제26조제2항·제3항, 제27조 및 제28조를 준용한다. 이 경우 "공항시설"은 "비행장시설"로, "공항시설관리권"은 "비행장시설관리권"으로, "공항시설관리권 등록부"는 "비행장시설관리권 등록부"로 본다.		

공항시설법 [법률 제16902호, 2020. 1. 29., 타법개정]	공항시설법 시행령·공항시설관리권등록령 [대통령령 제30106호, 2019. 10. 8., 타법개정]	공항시설법 시행규칙 [국토교통부령 제618호, 2019. 4. 4., 일부개정]
제3장 공항 및 비행장의 관리·운영		
제30조(관리대장의 작성·비치) ① 공항시설 또는 비행장시설을 관리·운영하는 자는 공항시설 또는 비행장시설의 관리대장을 작성하여 갖추어 두어야 한다. ② 제1항에 따른 관리대장의 작성·비치 및 기록사항 등에 필요한 사항은 국토교통부령으로 정한다.		**제18조(시설의 관리대장)** ① 법 제30조에 따른 공항시설 또는 비행장시설의 관리대장은 공항 또는 비행장별로 작성하되 해당 시설의 도면을 포함하여야 한다. ② 제1항에 따른 관리대장에는 다음 각 호의 사항을 적어야 한다. 1. 시설의 신설·증설·개량 등의 변화 2. 그 밖에 공항 또는 비행장의 관리·운영을 위하여 필요한 사항 ③ 제1항에 따른 도면 중 평면도는 축척 5천분의 1의 도면에 부근의 지형·방위 및 해발고도 등을 표시하여 작성하되 다음 각 호의 사항을 포함하여야 한다. 1. 공항구역 또는 비행장구역 및 그 경계선 2. 행정구역의 명칭 및 그 경계선 3. 시설의 위치 및 배치 현황 4. 도로·철도 및 항만 등 접근교통시설 5. 주변 장애물 분포현황 6. 그 밖에 시설 관리에 필요한 참고사항 ④ 제1항에 따른 관리대장은 공항 또는 비행장을 관리·운영하는 자가 상시적으로 볼 수 있는 장소에 비치하여야 한다.
제31조(시설의 관리기준) ① 공항시설 또는 비행장시설을 관리·운영하는 자는 시설의 보안관리 및 기능유지에 필요한 사항 등 국토교통부령으로 정하는 시설의 관리·운영 및 사용 등에 관한 기준(이하 "시설관리기준"이라 한다)에 따라 그 시설을 관리하여야 한다. ② 국토교통부장관은 대통령령으로 정하는 바에 따라 공항시설 또는 비행장시설이 시설관리기준에 맞게 관리되는지를 확인하기 위하여 필요한 검사를 하여야 한다. 다만, 제38조제1항에 따른 공항으로서 제40조제1항에 따른 공항의 안전운영체계에 대한 검사를 받는 공항은 이 조에 따른 검사를 하지 아니할 수 있다.	**「공항시설법 시행령」** **제35조(공항시설 또는 비행장시설의 관리에 대한 검사)** ① 국토교통부장관은 법 제31조제2항에 따라 공항시설 또는 비행장시설이 시설관리기준에 맞게 관리되는지를 확인하기 위하여 필요한 검사를 연 1회 이상 실시하여야 한다. 다만, 휴지(休止) 중인 공항시설 또는 비행장시설은 검사를 하지 아니할 수 있다. ② 제1항에 따른 검사의 절차·방법 및 항목 등에 관하여 필요한 사항은 국토교통부장관이 정하여 고시한다.	**제19조(시설의 관리기준 등)** ① 법 제31조제1항에서 "시설의 보안관리 및 기능유지에 필요한 사항 등 국토교통부령으로 정하는 시설의 관리·운영 및 사용 등에 관한 기준"이란 별표 4의 기준을 말한다. ② 공항운영자는 시설의 적절한 관리 및 공항이용자의 편의를 확보하기 위하여 필요한 경우에는 시설이용자나 영업자에 대하여 시설의 운영실태, 영업자의 서비스실태 등에 대하여 보고하게 하거나 그 소속직원으로 하여금 시설의 운영실태, 영업자의 서비스실태 등을 확인하게 할 수 있다. ③ 공항운영자는 공항 관리상 특히 필요가 있을 경우에는 시설이용자 또는 영업자에 대하여 당해시설의 사용의 정지 또는 수리·개조·이전·제거나 그밖에 필요한 조치를 명할 수 있다.
제31조의2(안전관리기준의 준수) ① 공항시설의 유지·보수, 항공기에 대한 급유, 항공화물 또는 수하물의 하역 등 대통령령으로 정하는 항공 관련 업무를 수행하는 사람(이하 "항공업무 수행자"라 한다)은 안전사고의 예방과 차량 및 장비의 안전운행을 위하여 「항공보안법」 제12조에 따른 공항시설 보호구역(이하 "보호구역"이라 한다)에서 다음 각 호의 안전관리기준을 모두 준수하여야 한다.〈개정 2021. 12. 7.〉	**「공항시설법 시행령」** **제35조의2(항공 관련 업무)** 법 제31조의2제1항 각 호 외의 부분에서 "공항시설의 유지·보수, 항공기에 대한 급유, 항공화물 또는 수하물의 하역 등 대통령령으로 정하는 항공 관련 업무"란 다음 각 호의 어느 하나에 해당하는 업무를 말한다. 1. 공항시설의 유지·보수 및 안전점검 2. 항공기에 대한 급유 3. 항공화물·수하물의 탑재 및 하역	**제19조의2(안전관리기준의 시행)** ① 법 제31조의2제1항에 따른 안전관리기준의 시행에 필요한 사항은 다음 각 호와 같다. 1. 공항운영자는 법 제31조의2제1항에 따른 항공업무 수행자(이하 "항공업무 수행자"라 한다)가 준수하여야 하는 안전관리기준과 공항의 지형 및 구조 등에 관한 매뉴얼을 작성하여 항공업무 수행자가 소속한 기관에 나누어 줄 것

공항시설법 [법률 제16902호, 2020. 1. 29., 타법개정]	공항시설법 시행령·공항시설관리권등록령 [대통령령 제30106호, 2019. 10. 8., 타법개정]	공항시설법 시행규칙 [국토교통부령 제618호, 2019. 4. 4., 일부개정]
제3장 공항 및 비행장의 관리·운영		
1. 차량을 운전하거나 장비 등을 사용하려는 경우 공항운영자의 사전 승인을 받을 것 2. 공항운영자에게 등록된 차량을 사용할 것 3. 보호구역에 설치되거나 표시된 교통안전 관련 시설 또는 표지를 훼손하지 말 것 4. 보호구역에서 차량 및 장비를 운행할 경우 다음 각 목의 행위를 하지 말 것 가. 제한속도 및 안전거리 유지의무를 위반하는 행위 나. 주행 중인 차량을 앞지르기하는 행위 다. 지상에서 이동 중인 항공기의 앞을 가로지르거나 주기 중인 항공기의 밑으로 운행하는 행위. 다만, 항공기에 대한 급유, 화물의 하역 등 항공기 관련 업무를 수행 중인 경우는 제외한다. 5. 항공기 이동에 지장을 초래할 수 있는 장비, 부품, 이물질 등을 활주로 및 유도로 등에 방치하거나 공항운영자가 지정한 구역이 아닌 장소에 가연성 물질 등 위험물을 보관 또는 저장하지 말 것 6. 보호구역에서 사람, 차량 또는 장비 관련 사고가 발생한 경우 즉시 신고할 것	4. 항공기 정비, 항공기 입항·출항 유도, 항공기 동력공급, 항공기 청소, 승객 운송 차량 운전, 기내물품 운반 5. 그 밖에 공항시설 보호구역 안에서 상시적으로 이루어지는 항공기 운항 지원 업무 [본조신설 2018. 6. 26.]	2. 항공업무 수행자가 소속한 기관의 장은 항공업무 수행자가 제1호에 따른 매뉴얼의 내용을 알 수 있도록 할 것 3. 공항운영자는 법 제31조의2제1호에 따라 차량 운전 등에 대한 사전 승인을 하려면 운전업무종사자가 제1호에 따른 매뉴얼을 알고 있는지 확인할 것 ② 제1항제1호에 따른 매뉴얼에 포함되어야 할 구체적인 사항은 국토교통부장관이 정하여 고시한다. [본조신설 2018. 6. 27.]
7. 보호구역에서 흡연(공항운영자가 지정한 장소에서의 흡연은 제외한다), 음주 또는 환각제 복용을 하거나 음주 또는 환각제 복용 상태에서 업무 수행을 하지 말 것 8. 그 밖에 안전사고의 예방과 차량 및 장비의 안전운행을 위하여 대통령령으로 정하는 기준 ② 국토교통부장관은 항공업무 수행자가 제1항에 따른 안전관리기준을 위반한 경우 1년 이내의 기간을 정하여 해당 업무(운전업무를 제외한다)에 대한 정지를 명하거나, 공항운영자에게 운전업무의 승인 취소 또는 1년 이내의 기간을 정하여 운전업무를 정지할 것을 명할 수 있다. 다만, 거짓 또는 그 밖의 부정한 방법으로 제1항제1호에 따른 승인을 받거나 같은 항 제7호를 위반하여 음주 또는 환각제 복용 상태에서 운전업무를 수행한 경우에는 운전업무의 승인 취소를 명하여야 한다. ③ 제1항에 따른 안전관리기준의 시행 및 제2항에 따른 처분의 기준·절차 등에 필요한 사항은 국토교통부령으로 정한다. [본조신설 2017. 12. 26.]	**「공항시설법 시행령」** **제35조의3(안전사고 예방 등에 관한 기준)** 법 제31조의2제1항제8호에 따른 안전사고의 예방과 차량 및 장비의 안전운행을 위한 기준은 다음 각 호와 같다. 1. 항공기 및 차량 등의 연료가 유출된 경우 즉시 공항운영자에게 알리고 이를 제거하는 등 필요한 조치를 취할 것 2. 승차정원 및 화물적재량을 초과하지 말 것 3. 일시정지선을 준수하고 공항운영자가 지정한 구역 외의 장소에 차량 및 장비를 주차하거나 정차하지 말 것 4. 차량 및 장비를 운행하는 중에는 전방을 주시하고, 휴대전화 사용 등 안전 운행에 방해가 되는 행위를 하지 말 것 5. 공항운영자가 정하는 바에 따라 차량 및 장비를 견인할 것 6. 공항운영자가 정하는 바에 따라 차량 및 장비에 대하여 안전검사를 실시할 것 [본조신설 2018. 6. 26.]	**제19조의3(항공업무 수행자에 대한 행정처분 기준)** 법 제31조의2제3항에 따른 행정처분의 기준은 별표 4의2와 같다.

공항시설법 [법률 제16902호, 2020. 1. 29., 타법개정]	공항시설법 시행령·공항시설관리권등록령 [대통령령 제30106호, 2019. 10. 8., 타법개정]	공항시설법 시행규칙 [국토교통부령 제618호, 2019. 4. 4., 일부개정]
제3장 공항 및 비행장의 관리·운영		
제32조(사용료의 징수 등) ① 공항시설 또는 비행장시설을 관리·운영하는 자는 국토교통부령으로 정하는 바에 따라 공항·비행장·항행안전시설을 사용하거나 이용하는 자로부터 사용료를 징수할 수 있다. ② 제1항에 따라 사용료를 받으려는 자는 사용료의 금액을 정하거나 변경하려는 경우에는 국토교통부장관에게 신고하여야 한다. 다만, 지방자치단체의 장과 「공공기관의 운영에 관한 법률」 제4조에 따른 공공기관을 제외한 자가 사용료를 정하거나 변경하려는 경우에는 국토교통부장관의 승인을 받아야 한다. ③ 국토교통부장관은 제2항 본문에 따른 신고를 받은 날부터 10일 이내에 신고수리 여부를 신고인에게 통지하여야 한다. ④ 국토교통부장관이 제3항에서 정한 기간 내에 신고수리 여부 또는 민원 처리 관련 법령에 따른 처리기간의 연장을 신고인에게 통지하지 아니하면 그 기간(민원 처리 관련 법령에 따라 처리기간이 연장 또는 재연장된 경우에는 해당 처리기간을 말한다)이 끝난 날의 다음 날에 신고를 수리한 것으로 본다.〈신설 2018. 12. 18.〉		제20조(사용료의 징수 등) ① 법 제32조제1항에 따라 지방항공청장이 징수하는 공항·비행장·항행안전시설 사용료의 종류 및 산정기준은 별표 5와 같다. ② 지방항공청장은 공항운영자에게 법 제32조제1항에 따른 사용료의 징수업무를 대행하게 할 수 있다. ③ 공항운영자는 항공권을 판매하는 항공운송사업자 등에게 법 제32조제1항에 따른 사용료의 징수업무를 대행하게 할 수 있다. ④ 법 제32조제2항에 따른 사용료 금액의 신고(변경신고를 포함한다)를 하려는 자 또는 승인(변경승인을 포함하다)을 받으려는 자는 별지 제13호서식의 신청서에 다음 각 호의 서류를 첨부하여 국토교통부장관에게 제출하여야 한다. 이 경우 담당 공무원은 「전자정부법」 제36조제1항에 따른 행정정보의 공동이용을 통하여 법인등기사항증명서(법인인 경우만 해당한다)를 확인하여야 한다. 1. 예상 사업수지계산서 2. 다음 각 목의 사항을 포함한 사용료 요금표 가. 사용료 부과 대상시설 나. 사용료의 종류 및 산정기준 다. 사용료의 징수 방법 및 절차 3. 다음 각 목의 사항을 포함한 사용료 감면 규정 가. 감면대상 사용료의 종류 나. 사용료 감면절차 및 감면비율 4. 변경 사유 및 변경 전의 사업수지계산서(사용료 변경의 경우만 해당한다)
제33조(공항 또는 비행장 사용의 휴지·폐지·재개) ① 국토교통부장관 외의 사업시행자 및 공항시설 또는 비행장시설을 관리·운영하는 자(이하 "사업시행자등"이라 한다)는 공항시설의 사용을 휴지(休止) 또는 폐지하려는 경우 국토교통부장관의 승인을 받아야 한다. 다만, 공항의 운영과 직접적인 관련이 없는 시설 등 국토교통부령으로 정하는 공항시설은 그러하지 아니하다. ② 사업시행자등은 비행장시설을 휴지 또는 폐지하려는 경우 그 휴지 또는 폐지 예정일 15일 전에 국토교통부장관에게 신고하여야 한다. 다만, 비행장의 운영과 직접적인 관련이 없는 시설 등 국토교통부령으로 정하는 비행장시설은 그러하지 아니하다. ③ 사업시행자등은 휴지 또는 폐지한 공항시설 또는 비행장시설의 사용을 재개(再開)하려면 국토교통부령으로 정하는 바에 따라 국토교통부장관의 승인을 받아야 한다. 이 경우 국토교통부장관은 시설설치기준 및 시설관리기준에 따라 검사하여야 한다.		제21조(공항·비행장시설 사용의 휴지·폐지·재개) ① 법 제33조제1항에 따른 공항시설 사용 휴지·폐지의 승인을 받으려는 사업시행자등(국토교통부장관 외의 사업시행자 및 공항시설 또는 비행장시설을 관리·운영하는 자를 말한다. 이하 같다)은 별지 제14호서식의 신청서에 휴지 또는 폐지하려는 공항시설의 내용, 그 사유 및 기간을 적은 서류를 첨부하여 지방항공청장에게 제출하여야 한다. 이 경우 담당 공무원은 「전자정부법」 제36조제1항에 따른 행정정보의 공동이용을 통하여 법인등기사항증명서(신청인이 법인인 경우만 해당한다)를 확인하여야 한다. ② 법 제33조제1항 단서에서 "공항의 운영과 직접적인 관련이 없는 시설 등 국토교통부령으로 정하는 공항시설"이란 다음 각 호의 시설 외의 시설을 말한다. 1. 활주로, 유도로, 계류장, 격납고 등 항공기의 운항과 직접적인 관련이 있는 시설로서 국토교통부장관이 정하여 고시하는 시설

공항시설법 [법률 제16902호, 2020. 1. 29., 타법개정]	공항시설법 시행령·공항시설관리권등록령 [대통령령 제30106호, 2019. 10. 8., 타법개정]	공항시설법 시행규칙 [국토교통부령 제618호, 2019. 4. 4., 일부개정]
제3장 공항 및 비행장의 관리·운영		
④ 국토교통부장관은 제1항부터 제3항까지에 따른 공항시설 또는 비행장시설의 휴지·폐지 또는 재개에 관한 사항을 고시하여야 한다.		2. 탑승교, 여객·화물터미널 등 여객 또는 화물의 운송과 관련이 있는 시설로서 국토교통부장관이 정하여 고시하는 시설 3. 항행안전시설 등 항공안전 확보와 관련이 있는 시설로서 국토교통부장관이 정하여 고시하는 시설 4. 승강설비, 교통약자 편의시설 등 이용객의 편의를 중대하게 저해하는 이용객 편의시설로서 국토교통부장관이 정하여 고시하는 시설 5. 주차장 등 공항 또는 비행장의 운영 및 관리와 직접적인 관련이 있는 시설로서 국토교통부장관이 정하여 고시하는 시설 ③ 법 제33조제2항 전단에 따른 비행장시설 휴지·폐지 신고를 하려는 사업시행자등은 별지 제14호 서식의 신고서에 휴지·폐지하려는 비행장시설의 내용, 그 사유 및 기간을 적은 서류를 첨부하여 지방항공청장에게 제출하여야 한다. 이 경우 담당 공무원은 「전자정부법」 제36조제1항에 따른 행정정보의 공동이용을 통하여 법인등기사항증명서(신청인이 법인인 경우만 해당한다)를 확인하여야 한다. ④ 법 제33조제2항 단서에서 "비행장의 운영과 직접 관련이 없는 시설 등 국토교통부령으로 정하는 비행장시설"이란 제2항 각 호의 시설 외의 비행장시설을 말한다. ⑤ 법 제33조제3항에 따른 공항시설 또는 비행장시설의 사용 재개 승인을 받으려는 사업시행자등은 별지 제14호서식의 신청서에 사용을 재개하려는 시설의 내용, 재개 사유 및 재개 시기를 기재한 서류를 첨부하여 지방항공청장에게 제출하여야 한다. 이 경우 담당 공무원은 「전자정부법」 제36조제1항에 따른 행정정보의 공동이용을 통하여 법인등기사항증명서(신청인이 법인인 경우만 해당한다)를 확인하여야 한다. ⑥ 법 제33조제4항에 따른 공항 또는 비행장 사용의 휴지·폐지 또는 재개에 관한 고시는 다음 각 호의 사항을 고시하는 것으로 한다. 1. 공항 또는 비행장의 명칭 및 위치 2. 사업시행자의 성명(명칭) 및 주소 3. 휴지 또는 폐지의 사유(휴지의 경우에는 휴지개시일 및 그 예정기간을 포함한다) 4. 폐지 또는 재개의 경우에는 그 예정일

공항시설법 [법률 제16902호, 2020. 1. 29., 타법개정]	공항시설법 시행령·공항시설관리권등록령 [대통령령 제30106호, 2019. 10. 8., 타법개정]	공항시설법 시행규칙 [국토교통부령 제618호, 2019. 4. 4., 일부개정]
제3장 공항 및 비행장의 관리·운영		
제34조(장애물의 제한 등) ① 누구든지 제4조제5항에 따른 기본계획의 고시(변경 고시를 포함한다) 또는 제7조제6항에 따른 실시계획의 고시(변경 고시를 포함한다) 이후에는 해당 고시에 따른 장애물 제한표면의 높이 이상의 건축물·구조물(고시 당시 이미 관계 법령에 따라 행위허가를 받았거나 허가를 받을 필요가 없는 행위에 관하여 그 공사에 착수한 건축물 또는 구조물은 제외한다)·식물 및 그 밖의 장애물을 설치·재배하거나 방치해서는 아니 된다. 다만, 다음 각 호의 어느 하나에 해당하는 경우에는 그러하지 아니하다.〈개정 2017. 12. 26.〉 1. 관계 행정기관의 장이 국토교통부령으로 정하는 바에 따라 국토교통부장관 또는 사업시행자등과 협의하여 설치 또는 방치를 허가하거나 그 공항 또는 비행장의 사용 개시 예정일 전에 제거할 예정인 가설물이나 그 밖에 국토교통부령으로 정하는 장애물의 경우 2. 국토교통부령으로 정하는 항공학적 검토 기준 및 방법 등에 따른 항공학적 검토 결과에 대하여 제35조에 따른 항공학적 검토위원회의 의결로 국토교통부장관이 항공기의 비행안전을 특히 해치지 아니한다고 결정하는 경우 ② 국토교통부장관은 제1항을 위반하여 설치·재배 또는 방치한 장애물(식물이 성장하여 장애물 제한표면 위로 나오는 경우를 포함한다)에 대한 소유권 및 그 밖의 권리를 가진 자에게 그 장애물의 제거를 명할 수 있다. ③ 국토교통부장관 및 사업시행자등은 제1항 각 호에 따른 고시 이전에 장애물 제한표면의 높이를 넘어선 장애물에 대한 소유권 및 그 밖의 권리를 가진 자에게 그 장애물의 제거를 요구할 수 있다. 이 경우 국토교통부장관 또는 사업시행자등은 대통령령으로 정하는 바에 따라 그 장애물에 대한 소유권 및 그 밖의 권리를 가진 자에게 장애물의 제거로 인한 손실을 보상하여야 한다. ④ 제3항에 따른 장애물 또는 장애물이 설치되어 있는 토지의 소유자는 그 장애물의 제거로 인하여 그 장애물 또는 토지의 사용·수익이 곤란하게 된 경우에는 대통령령으로 정하는 바에 따라 국토교통부장관 또는 해당 사업시행자등에게 그 장애물 또는 토지의 매수를 요구할 수 있다. ⑤ 국토교통부장관은 제3항 후단에 따른 손실보상에 대하여 당사자 간의 협의가 이루어지지 아니하여 그 장애물을 제거할 수 없는 경우로서 해당 공항 또는 비행장의 원활한 관리·운영을 위하여 특히 필요하다고 인정될 때에는 장애물에 대한 소유권 및 그 밖의 권리를 가진 자에게 그 장애물의 제거를 명할 수 있다.	「공항시설법 시행령」 **제36조(장애물 제거에 따른 손실보상 등)** ① 법 제34조제3항 후단에 따라 손실보상을 받으려는 자는 다음 각 호의 사항을 적은 국토교통부령으로 정하는 신청서에 그 장애물에 대한 소유권 또는 그 밖의 권리를 가진 자임을 증명하는 서류 및 장애물을 표시하는 도면을 첨부하여 국토교통부장관 또는 국토교통부장관 외의 사업시행자 및 공항시설 또는 비행장시설을 관리·운영하는 자(이하 "사업시행자등"이라 한다)에게 제출하여야 한다. 1. 소유자 및 그 밖의 이해관계인의 성명과 주소 2. 장애물 및 그 밖에 그와 관련되는 물건의 소재지·종류·면적 및 수량 3. 손실보상 요구 명세 ② 법 제34조제4항에 따라 장애물 또는 그 장애물이 설치되어 있는 토지의 매수를 요구하려는 자는 다음 각 호의 사항을 적은 국토교통부령으로 정하는 신청서에 장애물 또는 토지에 대한 소유권이 있음을 증명하는 서류와 장애물 또는 토지를 표시하는 도면을 첨부하여 국토교통부장관 또는 사업시행자등에게 제출하여야 한다. 1. 소유자 및 그 밖의 이해관계인의 성명과 주소 2. 장애물 또는 토지의 소재지·종류·면적 및 수량 ③ 국토교통부장관 또는 사업시행자등이 법 제34조제4항에 따라 장애물 또는 토지를 매수하려는 경우 매수가격은 당사자 간의 협의로 결정하되, 협의가 이루어지지 아니하거나 협의를 할 수 없는 경우에는 둘 이상의 감정평가법인등에게 의뢰하여 평가한 금액의 산술평균치로 한다.〈개정 2022. 1. 21.〉 ④ 제3항에 따른 감정평가를 위하여 당사자는 각각 감정평가법인등 하나를 선정할 수 있으며, 어느 한쪽이 감정평가업자등을 추천하지 아니하는 경우에는 상대방 어느 한쪽이 감정평가법인등 둘을 선정할 수 있다.〈개정 2022. 1. 21.〉 ⑤ 제3항에 따른 감정평가에 필요한 비용은 국토교통부장관 또는 사업시행자등이 부담하여야 한다. ⑥ 법 제34조제7항 후단에 따라 국토교통부장관 또는 사업시행자등이 「공익사업을 위한 토지 등의 취득 및 보상에 관한 법률」 제51조에 따른 관할 토지수용위원회에 재결을 신청하려는 경우에는 장애물에 대한 소유권 및 그 밖의 권리를 가진 자에게 그 사실을 미리 알려야 한다.	**제22조(장애물의 제한에 관한 협의)** ① 법 제34조제1항제1호에서 "국토교통부령으로 정하는 장애물"이란 다음 각 호의 것을 말한다. 1. 「건축법」에 따른 가설건축물 및 피뢰설비 2. 건축물 옥상에 설치되어 있는 7미터 미만의 안테나(유사 구조물을 포함한다) 3. 공항시설 또는 비행장시설로서 공항 또는 비행장 운영에 필요한 시설 4. 지형적 특성으로 인하여 인위적으로 제거하기 곤란한 산악 및 구릉 5. 레이저광선 발사 장치의 위치, 발사 방향 등 국토교통부장관이 정하여 고시하는 기준에 적합한 레이저광선 6. 별표 6의 기준에 적합한 건축물이나 구조물 ② 법 제34조제1항제1호에 따라 협의를 하려는 관계 행정기관의 장은 별지 제15호서식의 요청서에 다음 각 호의 서류를 첨부하여 비행장설치자에게 제출하여야 한다. 1. 사업계획서 2. 설계도 ③ 제2항에 따른 협의 요청서를 받은 비행장설치자는 다음 각 호의 구분에 따라 처리하여야 한다. 1. 협의대상이 장애물 제한표면의 높이 미만인 경우에는 설치 또는 방치할 수 있음을 통지한다. 2. 협의대상이 장애물 제한표면의 높이 이상이고 제1항 각 호의 어느 하나에 해당하지 아니하는 경우에는 설치 또는 방치할 수 없음을 통지한다. 3. 협의대상이 장애물 제한표면의 높이 이상이나 제1항 각 호의 어느 하나에 해당하는 경우에는 지방항공청장이 별표 7의 비행안전 확인기준에 따라 검토한 결과 항공기의 비행안전에 지장이 없다고 인정하면 설치 또는 방치할 수 있음을 통지하고 항공기의 비행안전에 지장이 있다고 인정하면 설치 또는 방치할 수 없음을 통지한다. ④ 관계 행정기관의 장은 제3항제1호 또는 제3호에 따른 통지를 받아 건축물 또는 구조물을 설치한 경우에는 다음 각 호의 구분에 따른 기한 내에 해당 건축물 또는 구조물의 설치·변경 현황을 별지 제16호서식의 서식에 따라 비행장설치자에게 통보하여야 한다. 1. 공사 개시 후: 5일 이내 2. 최고높이 도달 후: 7일 이내 3. 준공 또는 사용승인 전: 5일 이내

공항시설법 [법률 제16902호, 2020. 1. 29., 타법개정]	공항시설법 시행령·공항시설관리권등록령 [대통령령 제30106호, 2019. 10. 8., 타법개정]	공항시설법 시행규칙 [국토교통부령 제618호, 2019. 4. 4., 일부개정]
제3장 공항 및 비행장의 관리·운영		
⑥ 제2항 및 제5항에 따라 장애물의 제거명령을 받은 자가 그 명령에 따르지 아니하는 경우에는 국토교통부장관은 「행정대집행법」에서 정하는 바에 따라 그 장애물을 제거할 수 있다. ⑦ 제5항에 따라 장애물을 제거하는 경우에는 국토교통부장관 또는 사업시행자등이 장애물에 대한 소유권 및 그 밖의 권리를 가진 자에게 그 장애물의 제거로 인한 손실을 보상하여야 한다. 이 경우 손실보상 금액은 당사자 간의 협의로 결정하되, 협의가 이루어지지 아니하거나 협의를 할 수 없는 경우에는 대통령령으로 정하는 바에 따라 「공익사업을 위한 토지 등의 취득 및 보상에 관한 법률」 제51조에 따른 관할 토지수용위원회에 재결을 신청할 수 있다. ⑧ 사업시행자등은 항공기 안전운항에 지장이 없도록 장애물에 대한 정기적인 현황조사 등 국토교통부령으로 정하는 바에 따라 장애물을 관리하여야 한다. ⑨ 제1항제2호에 따른 항공기의 비행안전에 관한 국토교통부장관의 결정을 받고자 하는 자는 국토교통부령으로 정하는 전문기관에 신청하여 항공학적 검토를 거쳐 그 검토 결과보고서를 국토교통부령으로 정하는 절차에 따라 제출하여야 한다. 이 경우 항공학적 검토에 소요되는 비용은 신청하는 자가 부담한다.		**제23조(항공학적 검토 기준 및 방법)** 법 제34조제1항제2호에서 "국토교통부령으로 정하는 항공학적 검토 기준 및 방법"이란 별표 8의 검토기준 및 방법을 말한다.
		제24조(장애물 등의 매수청구 신청서) 영 제36조제2항에서 "국토교통부령으로 정하는 신청서"란 별지 제17호서식의 신청서를 말한다.
		제25조(장애물의 현황 관리) 법 제34조제8항에 따른 장애물 관리기준은 다음 각 호와 같다. 1. 관할 공항의 장애물 제한표면이 지표면 또는 수면에 수직으로 투영된 구역(이하 "장애물제한구역"이라 한다) 내의 장애물을 관리하고, 매년 1회 관리하는 장애물의 현황을 지방항공청장에게 보고할 것 2. 장애물제한구역 내에서 비행안전에 영향을 주는 장애물에 대해서는 5년마다 정밀측량을 실시하고 그 결과를 지방항공청장에게 보고할 것
		제26조(항공학적 검토 전문기관) 법 제34조제9항 전단에서 "국토교통부령으로 정하는 전문기관"이란 다음 각 호의 어느 하나에 해당하는 기관 중에서 국토교통부장관이 지정하여 고시하는 기관을 말한다. 1. 「정부출연연구기관 등의 설립·운영 및 육성에 관한 법률」에 따른 연구기관

공항시설법 [법률 제16902호, 2020. 1. 29., 타법개정]	공항시설법 시행령·공항시설관리권등록령 [대통령령 제30106호, 2019. 10. 8., 타법개정]	공항시설법 시행규칙 [국토교통부령 제618호, 2019. 4. 4., 일부개정]
제3장 공항 및 비행장의 관리·운영		
		2. 「과학기술분야 정부출연연구기관 등의 설립·운영 및 육성에 관한 법률」에 따른 연구기관 3. 그 밖에 국토교통부장관이 정하여 고시하는 인력기준을 갖춘 법인
		제27조(항공기 비행안전에 관한 결정 신청) ① 법 제34조제9항에 따른 비행안전에 관한 국토교통부장관의 결정을 받으려는 자는 별지 제18호서식의 신청서에 다음 각 호의 서류를 첨부하여 국토교통부장관에게 제출하여야 한다. 1. 제26조에 따라 지정·고시한 항공학적 검토 전문기관이 작성한 항공학적 검토 결과보고서 2. 그 밖에 국토교통부장관이 정하여 고시하는 서류 ② 국토교통부장관은 법 제34조제1항제2호에 따라 법 제35조에 따른 항공학적 검토위원회의 의결이 있은 날부터 14일 이내에 그 의결결과 및 비행안전에 관한 결정결과를 신청인에게 통보하여야 한다.
제35조(항공학적 검토위원회) ① 항공학적 검토에 관한 사항을 심의·의결하기 위하여 국토교통부에 항공학적 검토위원회(이하 이 조에서 "위원회"라 한다)를 둔다. ② 위원회에서 항공학적 검토에 관한 사항을 심의·의결하는 때에는「국제민간항공조약」 및 같은 조약의 부속서(附屬書)에서 채택된 표준과 방식에 부합하도록 하여야 한다. ③ 위원회는 위원장 1명을 포함한 10명 이내의 위원으로 구성하되, 위원 중 과반수 이상은 외부 관계 전문가로 한다. ④ 위원회는 필요한 경우 행정기관의 장, 「공공기관의 운영에 관한 법률」 제4조에 따른 공공기관의 장, 그 밖에 관련 기관·단체의 장에게 자료의 제공 등 협조를 요청할 수 있다. 이 경우 해당 기관이나 단체의 장은 정당한 사유가 없으면 이에 따라야 한다. ⑤ 위원회의 위원 중 공무원이 아닌 사람은 「형법」 제129조부터 제132조까지를 적용할 때에는 공무원으로 본다. ⑥ 그 밖에 위원회의 구성과 운영 등에 필요한 사항은 대통령령으로 정한다.	**「공항시설법 시행령」** **제37조(항공학적 검토위원회의 구성)** ① 법 제35조제1항에 따른 항공학적 검토위원회(이하 "검토위원회"라 한다)의 위원장은 검토위원회의 위원 중에서 국토교통부장관이 지명하는 사람이 된다. ② 검토위원회의 위원은 다음 각 호의 사람 중에서 국토교통부장관이 임명하거나 위촉한다. 1. 항공 업무와 관련된 국토교통부 소속의 5급 이상 공무원 2. 공항의 개발·운영 등 항공 관련 학식과 경험이 풍부한 사람 ③ 제2항제2호에 따른 위원의 임기는 2년으로 한다.	
	「공항시설법 시행령」 **제38조(검토위원회의 기능)** 검토위원회는 다음 각 호의 사항을 심의·의결한다. 1. 법 제34조제9항 전단에 따른 항공학적 검토 결과보고서에 관한 사항 2. 그 밖에 항공학적 검토와 관련하여 검토위원회의 위원장이 필요하다고 인정하는 사항	

공항시설법 [법률 제16902호, 2020. 1. 29., 타법개정]	공항시설법 시행령·공항시설관리권등록령 [대통령령 제30106호, 2019. 10. 8., 타법개정]	공항시설법 시행규칙 [국토교통부령 제618호, 2019. 4. 4., 일부개정]
제3장 공항 및 비행장의 관리·운영		
	「공항시설법 시행령」 **제39조(검토위원회 위원의 제척·기피·회피)** ① 검토위원회의 위원이 다음 각 호의 어느 하나에 해당하는 경우에는 검토위원회의 심의·의결에서 제척된다. 1. 위원 또는 그 배우자나 배우자였던 사람이 해당 안건의 당사자(당사자가 법인·단체 등인 경우에는 그 임원을 포함한다. 이하 이 호 및 제2호에서 같다)가 되거나 그 안건의 당사자와 공동권리자 또는 공동의무자인 경우 2. 위원이 해당 안건의 당사자와 친족이거나 친족이었던 경우 3. 위원이 해당 안건에 대하여 증언, 진술, 자문, 연구, 용역 또는 감정을 한 경우 4. 위원이나 위원이 속한 법인이 해당 안건의 당사자의 대리인이거나 대리인이었던 경우 ② 해당 안건의 당사자는 검토위원회의 위원에게 공정한 심의·의결을 기대하기 어려운 사정이 있는 경우에는 검토위원회에 기피 신청을 할 수 있고, 검토위원회는 의결로 이를 결정한다. 이 경우 기피 신청의 대상인 위원은 그 의결에 참여하지 못한다. ③ 위원이 제1항 각 호에 따른 제척 사유에 해당하는 경우에는 스스로 해당 안건의 심의·의결에서 회피하여야 한다.	
	「공항시설법 시행령」 **제40조(검토위원회 위원의 해임 및 해촉)** 국토교통부장관은 검토위원회 위원이 다음 각 호의 어느 하나에 해당하는 경우에는 해당 위원을 해임하거나 해촉할 수 있다. 1. 심신장애로 인하여 직무를 수행할 수 없게 된 경우 2. 직무와 관련된 비위사실이 있는 경우 3. 직무태만, 품위손상이나 그 밖의 사유로 인하여 위원으로 적합하지 아니하다고 인정되는 경우 4. 제39조제1항 각 호의 어느 하나에 해당하는 데에도 불구하고 회피하지 아니한 경우 5. 위원 스스로 직무를 수행하는 것이 곤란하다고 의사를 밝히는 경우	
	「공항시설법 시행령」 **제41조(검토위원회 위원장의 직무)** ① 검토위원회의 위원장은 검토위원회를 대표하고, 검토위원회의 업무를 총괄한다. ② 검토위원회의 위원장이 부득이한 사유로 직무를 수행할 수 없을 때에는 검토위원회의 위원장이 미리 지명한 검토위원회의 위원이 그 직무를 대행한다.	

공항시설법 [법률 제16902호, 2020. 1. 29., 타법개정]	공항시설법 시행령·공항시설관리권등록령 [대통령령 제30106호, 2019. 10. 8., 타법개정]	공항시설법 시행규칙 [국토교통부령 제618호, 2019. 4. 4., 일부개정]
제3장 공항 및 비행장의 관리·운영		
	「공항시설법 시행령」 **제42조(검토위원회의 운영)** ① 검토위원회의 위원장은 검토위원회의 회의를 소집하고, 그 의장이 된다. ② 검토위원회의 회의는 재적위원 3분의 2 이상의 출석으로 개의하고, 출석위원 과반수의 찬성으로 의결한다. ③ 검토위원회의 위원장은 검토위원회의 회의를 소집하는 경우 회의 개최 7일 전까지 회의 일시, 장소 및 안건 등 구체적인 회의 일정을 검토위원회의 각 위원에게 알려야 한다. 다만, 긴급히 회의를 소집하여야 할 경우에는 그러하지 아니하다.	
제36조(항공장애 표시등의 설치 등) ① 국토교통부장관 또는 사업시행자등은 장애물 제한표면에서 수직으로 지상까지 투영한 구역에 있는 구조물로서 국토교통부령으로 정하는 구조물에는 국토교통부령으로 정하는 항공장애 표시등(이하 "표시등"이라 한다) 및 항공장애 주간(晝間)표지(이하 "표지"라 한다)의 설치 위치 및 방법 등에 따라 표시등 및 표지를 설치하여야 한다. 다만, 제4조제5항에 따른 기본계획의 고시 또는 변경 고시, 제7조제6항에 따른 실시계획의 고시 또는 변경 고시를 한 후에 설치되는 구조물의 경우에는 그 구조물의 소유자가 표시등 및 표지를 설치하여야 한다.〈개정 2017. 8. 9.〉 ② 장애물 제한표면 밖의 지역에서 지표면이나 수면으로부터 높이가 60미터 이상 되는 구조물을 설치하는 자는 제1항에 따른 표시등 및 표지의 설치 위치 및 방법 등에 따라 표시등 및 표지를 설치하여야 한다. 다만, 구조물의 높이가 표시등이 설치된 구조물과 같거나 낮은 구조물 등 국토교통부령으로 정하는 구조물은 그러하지 아니하다.〈개정 2017. 8. 9.〉 ③ 국토교통부장관은 국토교통부령으로 정하는 바에 따라 제1항 및 제2항에 따른 구조물 외의 구조물이 항공기의 항행안전을 현저히 해칠 우려가 있으면 구조물에 표시등 및 표지를 설치하여야 한다. ④ 제1항 및 제3항에 따른 구조물의 소유자 또는 점유자는 국토교통부장관 또는 사업시행자등에 의한 표시등 및 표지의 설치를 거부할 수 없다. 이 경우 국토교통부장관 또는 사업시행자등은 제1항 본문 또는 제3항에 따른 표시등 및 표지의 설치로 인하여 해당 구조물의 소유자 또는 점유자에게 손실이 발생하면 대통령령으로 정하는 바에 따라 그 손실을 보상하여야 한다.	「공항시설법 시행령」 **제43조(검토위원회의 간사)** ① 검토위원회에 검토위원회의 사무를 처리할 간사 1명을 둔다. ② 간사는 국토교통부에서 항공학적 검토 업무를 담당하는 과장이 된다.	
	「공항시설법 시행령」 **제44조(검토위원회의 운영세칙)** 이 영에서 규정한 것 외에 검토위원회의 운영에 필요한 사항은 검토위a원회의 의결을 거쳐 위원장이 정한다.	
	「공항시설법 시행령」 **제45조(항공장애 표시등 및 항공장애 주간표지의 설치로 인한 손실보상)** ① 법 제36조제4항 후단에 따른 손실보상의 금액은 당사자 간의 협의로 결정하되, 협의가 이루어지지 아니하거나 협의를 할 수 없는 경우에는 둘 이상의 감정평가법인등에게 의뢰하여 평가한 금액의 산술평균치로 한다.〈개정 2022. 1. 21.〉 ② 제1항에 따른 감정평가를 위하여 당사자는 각각 감정평가법인등 하나를 선정할 수 있으며, 어느 한쪽이 감정평가법인등을 추천하지 아니하는 경우에는 상대방 어느 한쪽이 감정평가법인등 둘을 선정할 수 있다.〈개정 2022. 1. 21.〉 ③ 제1항에 따른 감정평가에 필요한 비용은 국토교통부장관 또는 사업시행 자등이 부담하여야 한다. ④ 제1항에 따른 보상은 당사자 간의 별도 합의가 없는 경우 현금으로 보상하여야 한다.	**제28조(항공장애 표시등 및 항공장애 주간표지의 설치 등)** ① 법 제36조제1항 본문에서 "국토교통부령으로 정하는 구조물"이란 별표 9의 구조물을 말한다. ② 법 제36조제1항 본문에서 "국토교통부령으로 정하는 항공장애 표시등(이하 "표시등"이라 한다) 및 항공장애 주간(晝間)표지(이하 "표지"라 한다)의 설치 위치 및 방법 등"이란 별표 10의 기준을 말한다.〈개정 2018. 2. 9.〉 ③ 삭제〈2018. 2. 9.〉 ④ 법 제36조제2항 단서에서 "구조물의 높이가 표시등이 설치된 구조물과 같거나 낮은 구조물 등 국토교통부령으로 정하는 구조물"이란 별표 11의 구조물을 말한다. ⑤ 법 제36조제3항에 따라 같은 조 제1항 및 제2항에 따른 구조물 외의 구조물로서 다음 각 호의 요건을 모두 갖춘 구조물에는 제2항 및 제3항에 따라 표시등 및 표지를 설치하여야 한다. 1. 장애물 제한표면에서 수직으로 지상까지 투영한 구역에 위치한 구조물일 것 2. 장애물 제한표면에 근접한 구조물일 것 3. 항공기의 항행 안전을 해칠 우려가 있는 구조물일 것

공항시설법 [법률 제16902호, 2020. 1. 29., 타법개정]	공항시설법 시행령 · 공항시설관리권등록령 [대통령령 제30106호, 2019. 10. 8., 타법개정]	공항시설법 시행규칙 [국토교통부령 제618호, 2019. 4. 4., 일부개정]
제3장 공항 및 비행장의 관리·운영		
⑤ 국토교통부장관 외의 자가 제1항 또는 제2항에 따라 표시등 또는 표지를 설치하려는 경우에는 국토교통부장관과 미리 협의하여야 하며, 해당 시설을 설치한 날부터 15일 이내에 국토교통부령으로 정하는 바에 따라 국토교통부장관에게 신고하여야 한다.〈신설 2017. 8. 9.〉 ⑥ 제1항부터 제3항까지에 따라 표시등 또는 표지가 설치된 구조물을 소유 또는 관리하는 자가 해당 구조물에 설치된 표시등 또는 표지를 철거하거나 변경하려는 경우에는 국토교통부장관과 미리 협의하여야 하며, 해당 시설을 철거 또는 변경한 날부터 15일 이내에 국토교통부령으로 정하는 바에 따라 국토교통부장관에게 신고하여야 한다.〈신설 2017. 8. 9.〉 ⑦ 제1항부터 제3항까지의 규정에 따라 표시등 또는 표지가 설치된 구조물을 소유 또는 관리하는 자는 국토교통부령으로 정하는 바에 따라 그 표시등 및 표지를 관리하여야 한다.〈개정 2017. 8. 9.〉 ⑧ 국토교통부장관은 제1항 또는 제2항에도 불구하고 표시등 또는 표지를 설치하지 아니한 자에게 일정한 기간을 정하여 해당 시설의 설치를 명할 수 있다.〈신설 2017. 8. 9.〉 ⑨ 국토교통부장관은 제7항에 따른 관리 실태를 정기 또는 수시로 검사하여야 하며, 검사 결과 점등 불량, 시설기준 미준수 등 관리상 하자를 발견하는 경우에는 그 시정을 명할 수 있다.〈개정 2017. 8. 9.〉 ⑩ 제8항 또는 제9항에 따라 시정명령을 받은 자는 국토교통부장관이 정하는 기간 내에 그 명령을 이행하여야 하며, 그 명령을 이행하였을 때에는 지체 없이 이를 국토교통부장관에게 보고하여야 한다.〈신설 2017. 8. 9.〉 ⑪ 국토교통부장관은 제10항에 따른 보고를 받은 경우 지체 없이 제8항 또는 제9항에 따른 시정명령의 이행 상태 등에 대한 확인을 하여야 한다.〈신설 2017. 8. 9.〉 ⑫ 국토교통부장관은 제9항에 따른 검사 또는 시정명령 권한의 전부 또는 일부를 「공공기관의 운영에 관한 법률」에 따른 공공기관 등 관계 전문기관에 위탁할 수 있다.〈개정 2017. 8. 9.〉 ⑬ 제1항부터 제3항까지에 따라 설치하는 표시등의 종류와 성능 등은 국토교통부령으로 정한다.〈신설 2017. 8. 9.〉		**제29조(표시등 및 표지의 설치·변경·철거 신고 및 관리)** ① 법 제36조제5항에 따라 표시등 또는 표지 설치 신고를 하려는 자는 별지 제19호서식의 신고서에 다음 각 호의 서류를 첨부하여 지방항공청장에게 제출하여야 한다.〈개정 2018. 2. 9.〉 1. 표시등 또는 표지의 종류·수량 및 설치위치가 포함된 도면 2. 표시등 또는 표지의 설치사진(전체적 위치를 나타내는 것) 3. 그 밖에 국토교통부장관이 정하여 고시하는 사항 ② 법 제36조제6항에 따라 표지등 또는 표지 철거 신고를 하려는 자는 별지 제19호의2서식의 신고서에 표시등 또는 표지의 철거사진을 첨부하여 지방항공청장에게 제출하여야 한다.〈신설 2018. 2. 9.〉 ③ 법 제36조제6항에 따라 표시등 또는 표지 변경 신고를 하려는 자는 별지 제19호의3서식의 신고서에 다음 각 호의 서류를 첨부하여 지방항공청장에게 제출하여야 한다.〈신설 2018. 2. 9.〉 1. 표시등 또는 표지의 변경 설치 도면 2. 표시등 또는 표지의 변경 설치 사진 3. 그 밖에 국토교통부장관이 정하여 고시하는 서류 ④ 법 제36조제7항에 따른 표시등 또는 표지의 관리기준은 별표 12와 같다.〈개정 2018. 2. 9.〉 ⑤ 법 제36조제9항에 따른 표시등 및 표지의 관리실태 검사시기 및 방법 등은 국토교통부장관이 정하여 고시한다.〈신설 2018. 2. 9.〉 ⑥ 법 제36조제13항에 따른 표시등의 종류와 성능 등은 별표 10의 기준에 따른다.〈신설 2018. 2. 9.〉 [제목개정 2018. 2. 9.]
제37조(항공등화와 유사한 등화의 제한) ① 누구든지 항공등화의 인식에 방해가 되거나 항공등화로 잘못 인식될 우려가 있는 등화[이하 "유사등화"(類似燈火)라 한다]를 설치해서는 아니 된다.		

공항시설법 [법률 제16902호, 2020. 1. 29., 타법개정]	공항시설법 시행령·공항시설관리권등록령 [대통령령 제30106호, 2019. 10. 8., 타법개정]	공항시설법 시행규칙 [국토교통부령 제618호, 2019. 4. 4., 일부개정]
제3장 공항 및 비행장의 관리·운영		
② 국토교통부장관은 항공등화를 설치할 때 유사등화가 이미 설치되어 있는 경우에는 항공등화의 인식을 방해하거나 항공등화로 잘못 인식되지 아니하도록 유사등화의 소유자 또는 관리자에게 그 유사등화를 가리거나 소등할 것을 명할 수 있다. 이 경우 그 조치에 필요한 비용은 그 항공등화의 설치자가 부담한다. **제38조(공항운영증명 등)** ① 국제항공노선이 있는 공항 등 대통령령으로 정하는 공항을 운영하려는 공항운영자는 국토교통부령으로 정하는 바에 따라 공항을 안전하게 운영할 수 있는 체계를 갖추어 국토교통부장관의 증명(이하 "공항운영증명"이라 한다)을 받아야 한다. ② 국토교통부장관은 공항운영증명을 하는 경우 공항의 사용목적, 항공기의 운항 횟수 등을 고려하여 대통령령으로 정하는 바에 따라 공항운영증명의 등급을 구분하여 증명할 수 있다. ③ 공항운영증명을 받은 자가 해당 공항의 공항운영증명의 등급 등 공항운영증명의 내용을 변경하려는 경우에는 국토교통부령으로 정하는 바에 따라 국토교통부장관의 공항운영증명 변경인가를 받아야 한다. ④ 국토교통부장관은 공항의 안전운영체계를 위하여 필요한 인력, 시설, 장비 및 운영절차 등에 관한 기술기준(이하 "공항안전운영기준"이라 한다)을 정하여 고시하여야 한다.	**「공항시설법 시행령」** **제47조(공항운영증명을 받아야 하는 공항 등)** ① 법 제38조제1항에서 "국제항공노선이 있는 공항 등 대통령령으로 정하는 공항"이란 인천·김포·김해·제주·청주·무안·양양·대구·광주 공항 및 그 밖에 국토교통부장관이 정하여 고시하는 공항을 말한다. ② 국토교통부장관은 법 제38조제2항에 따라 다음 각 호에 따른 등급으로 구분하여 같은 조 제1항에 따른 공항운영증명(이하 "공항운영증명"이라 한다)을 할 수 있다. 1. 1등급: 「항공사업법」 제2조제9호 및 제11호에 따른 국내항공운송사업 및 국제항공운송사업에 사용되고 최근 5년 평균 연간 운항횟수가 3만회 이상인 공항(부정기편만 운항하는 공항은 제외한다)에 대한 공항운영증명 2. 2등급: 「항공사업법」 제2조제9호 및 제11호에 따른 국내항공운송사업 및 국제항공운송사업에 사용되고 최근 5년 평균 연간 운항횟수가 3만회 미만인 공항(부정기편만 운항하는 공항은 제외한다)에 대한 공항운영증명 3. 3등급: 「항공사업법」 제2조제9호에 따른 국내항공운송사업에 사용되는 공항(부정기편만 운항하는 공항은 제외한다)에 대한 공항운영증명 4. 4등급: 제1호부터 제3호까지에 해당하지 아니하는 공항으로서 「항공사업법」 제2조제7호에 따른 항공운송사업에 사용되는 공항에 대한 공항운영증명	**제30조(공항운영증명의 인가 등)** ① 법 제38조제1항에 따른 공항운영증명(이하 "공항운영증명"이라 한다)을 받으려는 공항운영자는 법 제39조제1항에 따른 공항운영규정(이하 "공항운영규정"이라 한다) 인가를 받은 후 별지 제20호서식의 신청서를 국토교통부장관에게 제출하여야 한다. 이 경우 담당 공무원은 「전자정부법」 제36조제1항에 따른 행정정보의 공동이용을 통하여 법인등기사항증명서(신청인이 법인인 경우만 해당한다)를 확인하여야 한다. ② 국토교통부장관은 제1항에 따른 신청서를 제출받은 경우에는 해당 공항의 운영체계가 다음 각 호의 기준 및 규정에 적합한지의 여부를 심사하여 적합하다고 인정되면 별지 제21호서식의 증명서를 발급하여야 한다. 1. 법 제38조제4항에 따른 공항안전운영기준(이하 "공항안전운영기준"이라 한다) 2. 법 제39조제1항에 따라 인가받은 공항운영규정 ③ 「군사기지 및 군사시설 보호법」에 따른 비행장을 사용하는 공항에 대하여 공항운영증명을 받으려는 공항운영자는 공항운영이 군 작전에 영향을 주지 아니하도록 하여야 하며, 법 제40조제1항에 따른 공항의 안전운영체계의 유지에 필요한 인력·장비 등을 마련하여야 한다. ④ 법 제38조제3항에 따라 공항운영증명 변경인가를 받으려는 공항운영자는 법 제39조제1항에 따른 공항운영규정 변경인가를 받거나 같은 조 제2항에 따른 공항운영규정 변경신고를 한 후 별지 제22호서식의 신청서에 그 공항의 공항운영증명의 변경내용을 확인할 수 있는 다음 각 호의 서류를 첨부하여 국토교통부장관에게 제출하여야 한다. 이 경우 담당 공무원은 「전자정부법」 제36조제1항에 따른 행정정보의 공동이용을 통하여 법인등기사항증명서(신청인이 법인인 경우만 해당한다)를 확인하여야 한다. 1. 국제항공노선 운항여부(국제항공노선 운항의 경우에만 해당하고, 부정기편만 운항하는 공항은 제외한다)를 기재한 서류 2. 신청일 전월의 말일을 기준으로 최근 5년간 평균 연간 운항 횟수를 기재한 서류 3. 해당 공항에 취항하는 항공기의 규모를 기재한 서류 ⑤ 국토교통부장관은 제4항에 따른 신청서를 제출받은 경우에는 해당 공항의 운영체계가 다음 각 호의 기준 및 규정에 적합한지의 여부를 심사하여 적합하다고 인정되면 별지 제21호서식의 증명서를 발급하여야 한다.

공항시설법 [법률 제16902호, 2020. 1. 29., 타법개정]	공항시설법 시행령 · 공항시설관리권등록령 [대통령령 제30106호, 2019. 10. 8., 타법개정]	공항시설법 시행규칙 [국토교통부령 제618호, 2019. 4. 4., 일부개정]
제3장 공항 및 비행장의 관리 · 운영		
		1. 공항안전운영기준 2. 법 제39조제1항에 따라 변경인가를 받거나 같은 조 제2항에 따라 변경신고를 한 공항운영규정 ⑥ 국토교통부장관은 소속공무원 또는 「항공안전법」 제132조제2항에 따라 위촉된 항공안전 전문가로 하여금 제2항 또는 제4항에 따른 심사를 하게 하거나 자문에 응하게 할 수 있다.
제39조(공항운영규정) ① 공항운영증명을 받으려는 공항운영자는 공항안전운영기준에 따라 그가 운영하려는 공항의 운영규정(이하 "공항운영규정"이라 한다)을 수립하여 국토교통부장관의 인가를 받아야 하며, 이를 변경하려는 경우에도 또한 같다. ② 제1항에도 불구하고 공항운영자는 공항운영자의 자체적인 세부 운영규정 등 국토교통부령으로 정하는 경미한 사항을 변경하려는 경우에는 국토교통부장관에게 신고하여야 한다. ③ 공항운영증명을 받은 공항운영자는 공항안전운영기준이 변경되거나 공항의 안전 또는 위험의 방지 등을 위하여 국토교통부장관이 공항운영규정의 변경을 명하는 경우에는 국토교통부령으로 정하는 바에 따라 공항운영규정을 변경하여야 한다. ④ 국토교통부장관은 제1항에 따른 인가의 신청을 받은 날부터 20일 이내에 인가 여부를 신청인에게 통지하여야 한다.〈신설 2018. 12. 18.〉		**제31조(공항운영규정의 수립 인가)** ① 법 제39조제1항에 따라 공항운영규정의 인가를 받으려는 공항운영자는 별지 제23호서식의 신청서에 다음 각 호의 서류를 첨부하여 국토교통부장관에게 제출하여야 한다. 이 경우 담당 공무원은 「전자정부법」 제36조제1항에 따른 행정정보의 공동이용을 통하여 법인등기사항증명서(신청인이 법인인 경우만 해당한다)를 확인하여야 한다. 1. 공항운영규정(세부 운영규정을 포함한다) 2부 2. 공항안전운영기준에서 정하는 공항안전운영기준 이행서(Compliance Statement) 3. 항공기의 운항 또는 항공안전에 직접적인 영향을 초래하는 공항시설의 소유 또는 그 권리에 관한 서류 4. 활주로·유도로·계류장 등 항공기의 이륙 및 착륙을 위한 시설의 관리·운영현황(위탁운영 현황을 포함한다)에 관한 서류 5. 공항안전운영기준에서 정하는 필수공항정보 양식 6. 공항안전운영기준에 미달하는 사항이 있는 경우 이를 보완할 수 있는 대체시설 또는 대체운영절차를 적은 서류 ② 국토교통부장관은 제1항에 따라 신청서를 제출받은 경우에는 해당 공항의 운영규정이 공항안전운영기준에 적합한지의 여부를 심사하여 적합하다고 인정되면 그 규정을 인가하여야 한다. ③ 국토교통부장관은 제1항제6호에 따른 서류를 제출한 공항운영자에 대해서는 국토교통부장관이 정하여 고시하는 항공학적 검토기준에 의한 검토 결과에 따라 그 대체시설 또는 대체운영절차로써 공항운영의 안전이 확보될 수 있다고 인정되는 경우에만 제2항에 따른 공항운영규정의 인가를 하여야 한다.

공항시설법 [법률 제16902호, 2020. 1. 29., 타법개정]	공항시설법 시행령·공항시설관리권등록령 [대통령령 제30106호, 2019. 10. 8., 타법개정]	공항시설법 시행규칙 [국토교통부령 제618호, 2019. 4. 4., 일부개정]
제3장 공항 및 비행장의 관리·운영		
		④ 공항운영자는 법 제39조제1항에 따라 인가받은 공항운영규정을 이행하기 위하여 필요하면 항공운송사업자·항공기취급업자 등 공항의 운영과 관련된 자에게 관련 서류의 열람이나 제출 등의 협조를 요청할 수 있다. 이 경우 공항운영자로부터 관련 서류의 열람 등에 대한 협조를 요청받은 자는 특별한 사유가 없는 한 그 요청에 따라야 한다. ⑤ 법 제39조제1항에 따른 공항운영규정의 인가에 관한 심사 또는 자문에 대하여는 제30조제6항을 준용한다.
		제32조(공항운영규정의 변경) ① 법 제39조제1항에 따라 인가받은 공항운영규정의 변경인가를 받으려는 공항운영자는 별지 제24호서식의 신청서에 다음 각 호의 서류를 첨부하여 국토교통부장관에게 제출하여야 한다. 이 경우 담당 공무원은 「전자정부법」 제36조제1항에 따른 행정정보의 공동이용을 통하여 법인등기사항증명서(신청인이 법인인 경우만 해당한다)를 확인하여야 한다. 1. 변경 내용 및 그 내용을 증명하는 서류 2. 신·구 내용 대비표 3. 공항안전운영기준에 미달하는 사항이 있는 경우 이를 보완할 수 있는 대체시설 또는 대체운영절차를 적은 서류 ② 국토교통부장관은 제1항에 따라 신청서를 제출받은 경우에는 공항안전운영기준에 적합한지의 여부를 심사하여 적합하다고 인정되면 그 규정을 인가하여야 한다. ③ 국토교통부장관은 제1항제3호에 따른 서류를 제출한 공항운영자에 대해서는 국토교통부장관이 정하여 고시하는 항공학적 검토기준에 의한 검토 결과에 따라 그 대체시설 또는 대체운영절차로써 공항운영의 안전이 확보될 수 있다고 인정되는 경우에만 제2항에 따른 공항운영규정의 인가를 하여야 한다. ④ 법 제39조제2항에서 "공항운영자의 자체적인 세부 운영규정 등 국토교통부령으로 정하는 경미한 사항"이란 다음 각 호의 사항을 말한다. 1. 세부 운영규정 2. 공항운영규정의 목적과 범위 등 일반 사항 3. 자체 안전점검프로그램 4. 교육훈련프로그램 5. 조직도 등 공항의 행정에 관한 사항

공항시설법 [법률 제16902호, 2020. 1. 29., 타법개정]	공항시설법 시행령·공항시설관리권등록령 [대통령령 제30106호, 2019. 10. 8., 타법개정]	공항시설법 시행규칙 [국토교통부령 제618호, 2019. 4. 4., 일부개정]
제3장 공항 및 비행장의 관리·운영		
		⑤ 법 제39조제2항에 따라 공항운영규정 변경신고를 하려는 공항운영자는 별지 제25호서식의 신고서에 다음 각 호의 서류를 첨부하여 국토교통부장관에게 제출하여야 한다. 이 경우 담당 공무원은 「전자정부법」 제36조제1항에 따른 행정정보의 공동이용을 통하여 법인등기사항증명서(신청인이 법인인 경우만 해당한다)를 확인하여야 한다. 1. 변경 내용 및 그 내용을 증명하는 서류 2. 신·구 내용 대비표 ⑥ 공항운영자는 법 제39조제1항에 따라 변경인가를 받거나 같은 조 제2항에 따라 신고한 공항운영규정을 이행하기 위하여 필요하면 항공운송사업자·항공기취급업자 등 공항의 운영과 관련된 자에게 관련 서류의 열람이나 제출 등의 협조를 요청할 수 있다. 이 경우 공항운영자로부터 관련 서류의 열람 등에 대한 협조를 요청받은 자는 특별한 사유가 없는 한 그 요청에 따라야 한다. ⑦ 법 제39조제1항에 따른 공항운영규정의 변경인가 또는 같은 조 제2항에 따른 변경신고에 관한 심사 또는 자문에 대하여는 제30조제6항을 준용한다. ⑧ 법 제39조제3항에 따라 공항운영규정을 변경하여야 하는 공항운영자는 공항안전운영기준이 변경된 날 또는 국토교통부장관이 공항운영규정의 변경을 명한 날부터 30일 이내에 국토교통부장관에게 공항운영규정의 변경인가를 신청하거나 그 변경한 내용을 제출하여야 한다.
제40조(공항운영의 검사 등) ① 공항운영증명을 받은 공항운영자는 공항안전운영기준 및 공항운영규정에 따라 공항의 안전운영체계를 지속적으로 유지하여야 하며, 국토교통부장관은 이에 대한 준수 여부를 정기 또는 수시로 검사하여야 한다. ② 국토교통부장관은 제1항에 따른 검사 결과 공항운영자가 공항 안전운영기준 또는 공항운영규정을 위반하여 공항을 운영한 경우에는 국토교통부령으로 정하는 바에 따라 시정조치를 명할 수 있다.		**제33조(공항운영의 검사 등)** ① 지방항공청장은 법 제40조제1항에 따라 연 1회 정기검사를 실시하되, 필요하면 수시로 검사를 실시할 수 있다. ② 지방항공청장은 법 제40조제2항에 따라 공항운영자에게 시정조치를 명하는 경우에는 시설의 설치기간 등 시정에 필요한 적정한 기간을 주어야 한다. ③ 제2항에 따른 시정조치명령을 받은 공항운영자는 그 명령을 이행하였을 때에는 지체 없이 그 시정내용을 지방항공청장에게 통보하여야 한다.
제41조(공항운영증명 취소 등) ① 국토교통부장관은 공항운영증명을 받은 공항운영자가 다음 각 호의 어느 하나에 해당하는 경우 공항운영증명을 취소하거나 6개월 이내의 기간을 정하여 공항운영의 정지 또는 그 밖에 필요한 보완조치를 명할 수 있다. 다만, 제1호에 해당하는 경우에는 공항운영증명을 취소하여야 한다.		**제34조(공항운영증명의 취소 등)** ① 법 제41조제1항제2호라목에서 "안전목표·안전조직 및 안전장애 보고체계 등 국토교통부령으로 정하는 중요 사항"이란 「항공안전법」 제58조제2항 각 호 외의 부분 후단에 따른 사항을 말한다. ② 법 제41조에 따른 공항운영증명의 취소, 공항운영의 정지처분 등의 기준은 별표 13과 같다.

공항시설법 [법률 제16902호, 2020. 1. 29., 타법개정]	공항시설법 시행령·공항시설관리권등록령 [대통령령 제30106호, 2019. 10. 8., 타법개정]	공항시설법 시행규칙 [국토교통부령 제618호, 2019. 4. 4., 일부개정]
제3장 공항 및 비행장의 관리·운영		
1. 거짓이나 그 밖의 부정한 방법으로 공항운영증명을 받은 경우 2. 「항공안전법」 제58조제2항을 위반하여 다음 각 목의 어느 하나에 해당하는 경우 가. 사업을 시작하기 전까지 항공안전관리시스템을 마련하지 아니한 경우 나. 승인을 받지 아니하고 항공안전관리시스템을 운용한 경우 다. 항공안전관리시스템을 승인받은 내용과 다르게 운용한 경우 라. 승인을 받지 아니하고 안전목표·안전조직 및 안전장애 보고체계 등 국토교통부령으로 정하는 중요 사항을 변경한 경우 3. 제40조제2항에 따른 시정조치를 이행하지 아니한 경우 4. 천재지변 등 정당한 사유 없이 공항안전운영기준을 위반하여 공항안전에 위험을 초래한 경우 5. 고의 또는 중대한 과실로 항공기사고가 발생하거나 공항종사자를 관리·감독하는 상당한 주의의무를 게을리함으로써 항공기사고가 발생한 경우 ② 제1항에 따른 처분의 기준 및 절차 등에 관하여 필요한 사항은 국토교통부령으로 정한다.		
제42조(사업시행자등의 지위승계) ① 국토교통부장관 외의 비행장개발 사업시행자(비행장시설을 관리·운영하는 자를 포함한다)의 지위를 승계하려는 자는 국토교통부령으로 정하는 바에 따라 국토교통부장관에게 지위승계를 신고하여야 한다.〈개정 2018. 12. 18.〉 ② 국토교통부장관은 제1항에 따른 신고를 받은 날부터 15일 이내에 신고수리 여부를 신고인에게 통지하여야 한다.〈신설 2018. 12. 18.〉 ③ 국토교통부장관이 제2항에서 정한 기간 내에 신고수리 여부 또는 민원 처리 관련 법령에 따른 처리기간의 연장을 신고인에게 통지하지 아니하면 그 기간(민원 처리 관련 법령에 따라 처리기간이 연장 또는 재연장된 경우에는 해당 처리기간을 말한다)이 끝난 날의 다음 날에 신고를 수리한 것으로 본다.〈신설 2018. 12. 18.〉		**제35조(비행장개발 사업시행자등의 지위승계)** 법 제42조에 따라 비행장개발 사업시행자(비행장시설을 관리·운영하는 자를 포함한다)의 지위 승계신고를 하려는 자는 별지 제26호서식의 신고서에 다음 각 호의 서류를 첨부하여 지방항공청장에게 제출하여야 한다. 이 경우 담당 공무원은 「전자정부법」 제36조제1항에 따른 행정정보의 공동이용을 통하여 법인등기사항증명서(신청인이 법인인 경우만 해당한다)를 확인하여야 한다. 1. 승계 원인사실을 증명하는 서류 2. 승계하는 사항과 승계의 조건을 기재한 서류

공항시설법 [법률 제16902호, 2020. 1. 29., 타법개정]	공항시설법 시행령 [대통령령 제30106호, 2019. 10. 8., 타법개정]	공항시설법 시행규칙 [국토교통부령 제618호, 2019. 4. 4., 일부개정]
제4장 항행안전시설		
제43조(항행안전시설의 설치) ① 항행안전시설(제6조에 따른 개발사업으로 설치하는 항행안전시설 외의 것을 말한다. 이하 이 조부터 제46조까지에서 같다)은 국토교통부장관이 설치한다. ② 국토교통부장관 외에 항행안전시설을 설치하려는 자는 국토교통부령으로 정하는 바에 따라 국토교통부장관의 허가를 받아야 한다. 이 경우 국토교통부장관은 항행안전시설의 설치를 허가할 때 해당 시설을 국가에 귀속시킬 것을 조건으로 하거나 그 시설의 설치 및 운영 등에 필요한 조건을 붙일 수 있다. ③ 국토교통부장관은 제2항 전단에 따른 허가의 신청을 받은 날부터 15일 이내에 허가 여부를 신청인에게 통지하여야 한다.〈신설 2018. 12. 18.〉 ④ 제2항에 따라 국가에 귀속된 항행안전시설의 사용·수익에 관하여는 제22조를 준용한다.〈개정 2018. 12. 18.〉 ⑤ 제1항 및 제2항에 따른 항행안전시설의 설치기준, 허가기준 등 항행안전시설 설치에 필요한 사항은 국토교통부령으로 정한다.〈개정 2018. 12. 18.〉		**제36조(항행안전시설 설치허가의 신청 등)** ① 법 제43조제2항에 따른 항행안전시설 설치허가를 받으려는 자는 별지 제27호서식의 신청서에 제9조제1항 각 호의 서류를 첨부하여 지방항공청장(항공로용으로 사용되는 항공정보통신시설 및 항행안전무선시설의 경우에는 항공교통본부장을 말한다)에게 제출하여야 한다. 이 경우 담당 공무원은 「전자정부법」 제36조제1항에 따른 행정정보의 공동이용을 통하여 법인등기사항증명서(신청인이 법인인 경우만 해당한다)를 확인하여야 한다. ② 법 제43조제4항에 따른 항행안전시설의 설치기준은 다음 각 호와 같다. 1. 항공등화의 설치기준: 별표 14 2. 항행안전무선시설의 설치기준: 별표 15 3. 항공정보통신시설의 설치기준: 별표 16
제44조(항행안전시설 설치 실시계획의 수립·승인 등) ① 제43조제1항 및 제2항에 따라 항행안전시설을 설치하려는 자(이하 "항행안전시설설치자"라 한다)는 대통령령으로 정하는 바에 따라 항행안전시설 설치를 시작하기 전에 실시계획을 수립하여야 한다. ② 제1항에 따른 실시계획에는 다음 각 호의 사항이 포함되어야 한다. 1. 사업시행에 필요한 설계도서 2. 자금조달계획 3. 시행기간 4. 그 밖에 국토교통부령으로 정하는 사항 ③ 제43조제2항에 따른 항행안전시설설치자가 실시계획을 수립한 경우에는 국토교통부장관의 승인을 받아야 한다. 승인받은 사항을 변경하려는 경우에도 또한 같다. ④ 제43조제2항에 따른 항행안전시설설치자는 제3항 후단에도 불구하고 구조의 변경을 수반하지 아니하고 안전에 지장이 없는 시설물의 변경 등 국토교통부령으로 정하는 경미한 사항의 변경은 제45조에 따른 완성검사를 신청할 때 한꺼번에 신고할 수 있다. ⑤ 국토교통부장관은 제1항에 따라 실시계획을 수립하거나 제3항에 따라 실시계획을 승인한 경우에는 그 항행안전시설의 명칭, 종류, 위치 등 국토교통부령으로 정하는 사항을 고시하여야 한다.	**제48조(항행안전시설 설치에 관한 실시계획의 수립·승인 등)** ① 법 제43조제2항에 따라 항행안전시설의 설치에 관한 허가를 받은 자는 법 제44조제1항에 따른 항행안전시설 설치에 관한 실시계획을 수립하여 그 허가를 받은 날(해당 사업을 단계적으로 추진할 수 있도록 허가를 받은 경우에는 해당 단계별 허가를 받은 날을 말한다)부터 3년 이내에 법 제44조제3항에 따라 국토교통부장관에게 승인을 신청하여야 한다. ② 국토교통부장관은 부득이한 사유가 있다고 인정하는 경우에는 1년의 범위에서 제1항에 따른 실시계획의 승인신청 기간을 연장할 수 있다.	**제37조(항행안전시설 설치 실시계획 승인신청서 등)** ① 법 제44조제2항제4호에서 "국토교통부령으로 정하는 사항"이란 제10조제1항 각 호(제14호는 제외한다)의 사항을 말한다. ② 법 제44조제3항 전단에 따른 항행안전시설 설치 실시계획 승인을 받으려는 자는 별지 제28호서식의 신청서에 실시계획을 첨부하여 지방항공청장(항공로용으로 사용되는 항공정보통신시설 및 항행안전무선시설의 경우에는 항공교통본부장을 말한다)에게 제출하여야 한다. 이 경우 담당 공무원은 「전자정부법」 제36조제1항에 따른 행정정보의 공동이용을 통하여 법인등기사항증명서(신청인이 법인인 경우만 해당한다)와 지적도를 확인하여야 한다. ③ 법 제44조제3항 후단에 따라 항행안전시설 설치 실시계획 변경승인을 받으려는 자는 별지 제29호서식의 신청서에 다음 각 호의 서류를 첨부하여 지방항공청장(항공로용으로 사용되는 항공정보통신시설 및 항행안전무선시설의 경우에는 항공교통본부장을 말한다)에게 제출하여야 한다. 이 경우 담당 공무원은 「전자정부법」 제36조제1항에 따른 행정정보의 공동이용을 통하여 법인등기사항증명서(신청인이 법인인 경우만 해당한다)와 지적도를 확인하여야 한다. 1. 실시계획 2. 변경사유 및 변경내용을 설명할 수 있는 서류 3. 관계도면(필요한 경우에 한정한다)

공항시설법 [법률 제16902호, 2020. 1. 29., 타법개정]	공항시설법 시행령 [대통령령 제30106호, 2019. 10. 8., 타법개정]	공항시설법 시행규칙 [국토교통부령 제618호, 2019. 4. 4., 일부개정]
제4장 항행안전시설		
		④ 법 제44조제4항에서 "구조의 변경을 수반하지 아니하고 안전에 지장이 없는 시설물의 변경 등 국토교통부령으로 정하는 경미한 사항"이란 다음 각 호 어느 하나에 해당하는 것을 말한다. 1. 「건축법 시행령」 제12조제3항 각 호의 어느 하나에 해당하는 변경 2. 5백제곱미터 이하의 범위에서의 사업면적 축소 3. 100분의 10 이하의 범위에서의 총사업비 변경 4. 6개월 이하의 범위에서의 사업시행기간 변경. 다만, 연장하는 사업시행기간에 법 제12조에 따른 토지등의 수용 또는 사용이 필요한 경우는 제외한다. ⑤ 법 제44조제5항에서 "그 항행안전시설의 명칭, 종류, 위치 등 국토교통부령으로 정하는 사항"이란 다음 각 호의 사항을 말한다. 1. 사업의 명칭 2. 사업시행지역의 위치 및 면적 3. 사업시행자의 성명 및 주소(법인인 경우에는 법인의 명칭·주소와 대표자의 성명·주소) 4. 사업의 목적과 규모 등 개요 5. 사업시행기간(착공 및 준공 예정일을 포함한다) 6. 총사업비 및 재원조달계획 7. 수용하거나 사용할 토지등의 소재지·지번·지목 및 면적, 소유권 및 소유권 외의 권리의 명세와 그 소유자 및 권리자의 성명·주소 8. 그 밖에 필요한 사항
제45조(항행안전시설의 완성검사) ① 제43조제2항에 따른 항행안전시설설치자는 해당 시설의 공사가 끝난 경우에는 사용 개시 이전에 국토교통부령으로 정하는 바에 따라 국토교통부장관의 완성검사를 받아야 한다. ② 제43조제2항에 따른 항행안전시설설치자는 제1항에 따른 완성검사를 신청하기 전에 제48조에 따른 비행검사를 받아야 한다. ③ 국토교통부장관은 제1항에 따라 완성검사를 받으려는 항행안전시설이 제44조제3항에 따른 승인 내용대로 시행되었다고 인정되는 경우에는 그 신청인에게 완성검사확인증을 발급하여야 한다. ④ 국토교통부장관은 항행안전시설 설치에 관한 공사를 끝냈거나 제3항에 따라 완성검사확인증을 발급하였을 때에는 항행안전시설의 명칭, 종류, 위치 및 사용 개시 예정일, 항행안전시설의 운용시간, 운용주파수, 이용상 제한사항 등 국토교통부령으로 정하는 사항을 지정·고시하여야 한다. ⑤ 제3항에 따라 완성검사확인증을 발급 받기 전에는 항행안전시설 설치허가를 받아		**제38조(항행안전시설의 완성검사)** ① 법 제45조제1항에 따른 항행안전시설공사의 완성검사를 받으려는 자는 별지 제30호서식의 신청서에 다음 각 호의 서류를 첨부하여 지방항공청장(항공로용으로 사용되는 항공정보통신시설 및 항행안전무선시설의 경우에는 항공교통본부장을 말한다)에게 제출하여야 한다. 이 경우 담당 공무원은 「전자정부법」 제36조제1항에 따른 행정정보의 공동이용을 통하여 법인등기사항증명서(신청인이 법인인 경우만 해당한다)를 확인하여야 한다. 1. 완성검사조서 2. 준공설계도서(설치허가 신청 시의 설계도서에 변경이 있는 경우만 해당한다) 3. 준공사진 ② 법 제45조제3항에 따른 완성검사확인증은 별지 제31호서식과 같다. ③ 법 제45조제4항에서 "항행안전시설의 명칭, 종류, 위치 및 사용 개시 예정일, 항행안전시설의 운용시간, 운용주파수, 이용상 제한사항 등 국토교통부령으로 정하는 사항"이란 다음 각 호의 사항을 말한다.〈개정 2021. 8. 27.〉 1. 항공등화에 관한 다음 각 목의 사항 가. 항공등화의 명칭·종류·위치 및 사용 개시 예정일

공항시설법 [법률 제16902호, 2020. 1. 29., 타법개정]	공항시설법 시행령 [대통령령 제30106호, 2019. 10. 8., 타법개정]	공항시설법 시행규칙 [국토교통부령 제618호, 2019. 4. 4., 일부개정]
제4장 항행안전시설		
		나. 항공등화설치자의 성명 및 주소 다. 등의 규격·광도·배치 및 그 밖에 항공등화의 성능에 관한 중요 사항 라. 운용시간 마. 그 밖에 항공등화 이용에 관하여 필요한 사항 2. 항행안전무선시설 또는 항공정보통신시설에 관한 다음 각 목의 사항 가. 항행안전무선시설 또는 항공정보통신시설의 명칭·종류·위치 및 사용 개시 예정일 나. 항행안전무선시설 또는 항공정보통신시설설치자의 성명과 주소 다. 송신주파수 라. 안테나공급전력 마. 코스의 방향 바. 식별부호 사. 정격 도달거리 아. 운용시간 자. 그 밖에 항행안전무선시설 또는 항공정보통신시설 이용에 관하여 필요한 사항 ④ 법 제45조제3항에 따라 완성검사확인증을 발급받은 항행안전시설을 사용하려는 자는 별지 제32호서식의 신고서에 사용을 개시하려는 시설의 내용을 기재한 서류를 첨부하여 지방항공청장(항공로용으로 사용되는 항공정보통신시설 및 항행안전무선시설의 경우에는 항공교통본부장을 말한다)에게 제출하여야 한다. 이 경우 담당 공무원은 「전자정부법」 제36조제1항에 따른 행정정보의 공동이용을 통하여 법인등기사항증명서(신청인이 법인인 경우만 해당한다)를 확인하여야 한다.
제46조(항행안전시설의 변경) ① 제43조제2항에 따른 항행안전시설설치자 및 그 시설을 관리·운영하는 자는 해당 시설에 대하여 국토교통부령으로 정하는 사항을 변경하려는 경우에는 국토교통부령으로 정하는 바에 따라 국토교통부장관의 허가를 받아야 한다. ② 국토교통부장관은 제1항에 따른 변경허가의 신청을 받은 날부터 15일 이내에 허가 여부를 신청인에게 통지하여야 한다.〈신설 2018. 12. 18.〉 ③ 제1항에 따라 변경허가를 받은 자는 항행안전시설의 변경이 완료되면 제45조제1항에 따른 완성검사를 받아야 한다. 이 경우 제45조제2항부터 제4항까지의 규정을 준용한다.〈개정 2018. 12. 18.〉		**제39조(항행안전시설의 변경)** ① 법 제46조제1항에서 "국토교통부령으로 정하는 사항"이란 다음 각 호의 사항을 말한다.〈개정 2021. 6. 11., 2021. 8. 27.〉 1. 항공등화에 관한 다음 각 목의 사항 가. 등의 규격 또는 광도 나. 비행장 등화의 배치 및 조합 다. 운용시간 2. 항행안전무선시설 또는 항공정보통신시설에 관한 다음 각 목의 사항 가. 정격 도달거리 나. 코스 다. 운용시간 라. 송수신장치의 구조 또는 회로(주파수, 안테나전력, 식별부호, 그 밖에 항행안전무선시설 또는 항공정보통신시설의 전기적 특성에 영향을 주는 경우만 해당한다) 마. 송수신장치와 전원설비

공항시설법 [법률 제16902호, 2020. 1. 29., 타법개정]	공항시설법 시행령 [대통령령 제30106호, 2019. 10. 8., 타법개정]	공항시설법 시행규칙 [국토교통부령 제618호, 2019. 4. 4., 일부개정]
제4장 항행안전시설		
		② 법 제46조제1항에 따른 항행안전시설의 변경허가를 받으려는 자는 별지 제33호서식의 신청서에 다음 각 호의 서류를 첨부하여 지방항공청장(항공로용으로 사용되는 항공정보통신시설 및 항행안전무선시설의 경우에는 항공교통본부장을 말한다)에게 제출하여야 한다. 1. 시설의 변경 내용을 적은 서류 2. 변경되는 시설 관련 도면 3. 변경 사유 ③ 제2항에 따라 변경허가 신청을 한 항행안전시설설치자가 해당 시설의 완성검사를 신청하는 경우에는 제38조를 준용한다.
제47조(항행안전시설의 관리) ① 제6조에 따른 개발사업으로 항행안전시설을 설치하는 자 및 그 시설을 관리하는 자와 제43조제1항 및 제2항에 따라 항행안전시설을 설치하는 자 및 그 시설을 관리하는 자(이하 "항행안전시설설치자등"이라 한다)는 국토교통부령으로 정하는 항행안전시설의 관리·운용 및 사용기준(이하 "항행안전시설관리기준"이라 한다)에 따라 그 시설을 관리하여야 한다. ② 국토교통부장관은 대통령령으로 정하는 바에 따라 항행안전시설이 항행안전시설관리기준에 맞게 관리되는지를 확인하기 위하여 필요한 검사를 하여야 한다. ③ 제2항에 따른 검사의 방법, 절차 등은 국토교통부장관이 정하여 고시한다. ④ 이 법에서 규정한 사항 외에 항행안전시설의 관리·운영 및 사용 등에 필요한 사항은 국토교통부령으로 정한다.	**제49조(항행안전시설의 관리에 대한 검사)** 국토교통부장관은 법 제47조제2항에 따라 항행안전시설이 항행안전시설관리기준에 맞게 관리되는지를 확인하기 위하여 필요한 검사를 연 1회 이상 실시하여야 한다. 다만, 휴지 중인 항행안전시설은 검사를 하지 아니할 수 있다.	**제40조(항행안전시설의 관리)** ① 법 제47조제1항에서 "국토교통부령으로 정하는 항행안전시설의 관리·운용 및 사용기준"이란 별표 17의 기준을 말한다.〈개정 2018. 9. 21.〉 ② 법 제47조제4항에 따라 국토교통부장관은 항행안전시설(항공등화는 제외한다. 이하 이 조에서 같다)에 관한 안전관리계획을 마련하여 고시하고 항행안전시설의 설치자 또는 관리자에게 통보하여야 한다. ③ 제2항에 따라 통보를 받은 항행안전시설의 설치자 또는 관리자는 항행안전시설 안전관리계획을 실행하기 위한 시행계획을 마련하고 시행하여야 한다.
제48조(항행안전시설의 비행검사) ① 항행안전시설설치자등은 국토교통부장관이 항행안전시설의 성능을 분석할 수 있는 장비를 탑재한 항공기를 이용하여 실시하는 항행안전시설의 성능 등에 관한 검사(이하 "비행검사"라 한다)를 받아야 한다. ② 비행검사의 종류, 대상시설, 절차 및 방법 등에 관하여 필요한 사항은 국토교통부장관이 정하여 고시한다.		**제41조(항행안전시설 사용의 휴지·폐지·재개)** ① 법 제49조제1항에 따라 항행안전시설 사용의 휴지·폐지 승인을 받으려는 항행안전시설설치자등(법 제47조제1항에 따른 항행안전시설설치자등을 말한다. 이하 같다)은 별지 제14호서식의 신청서에 휴지 또는 폐지하려는 항행안전시설의 내용, 그 사유 및 기간을 적은 서류를 첨부하여 지방항공청장(항공로용으로 사용되는 항공정보통신시설 및 항행안전무선시설의 경우에는 항공교통본부장을 말한다)에게 제출하여야 한다. ② 법 제49조제2항에 따라 항행안전시설 사용의 재개 승인을 받으려는 항행안전시설설치자등은 별지 제14호서식의 신청서에 사용을 재개하려는 시설의 내용, 재개 사유 및 재개 시기를 기재한 서류를 첨부하여 지방항공청장(항공로용으로 사용되는 항공정보통신시설 및 항행안전무선시설의 경우에는 항공교통본부장을 말한다)에게 제출하여야 한다.
제49조(항행안전시설 사용의 휴지·폐지·재개) ① 국토교통부장관 외의 항행안전시설설치자등은 항행안전시설의 사용을 휴지 또는 폐지하려는 경우에는 국토교통부장관의 승인을 받아야 한다. 다만, 항공기의 항행이나 비행 안전에 영향을 초래하지 아니하는 시설 등 국토교통부령으로 정하는 시설은 그러하지 아니하다.		

공항시설법 [법률 제16902호, 2020. 1. 29., 타법개정]	공항시설법 시행령 [대통령령 제30106호, 2019. 10. 8., 타법개정]	공항시설법 시행규칙 [국토교통부령 제618호, 2019. 4. 4., 일부개정]
제4장 항행안전시설		
② 국토교통부장관 외의 항행안전시설설치자등은 휴지 또는 폐지한 항행안전시설의 사용을 재개하려는 경우에는 비행검사에 합격한 후 사용 개시 예정일 15일 이전에 국토교통부장관의 승인을 받아야 한다. 이 경우 국토교통부장관은 항행안전시설관리기준에 따라 검사하여야 한다. ③ 국토교통부장관은 제1항 및 제2항에 따른 항행안전시설의 휴지·폐지 또는 재개에 관한 사항을 고시하여야 한다.		③ 법 제49조제3항에 따른 항행안전시설 사용의 휴지·폐지·재개 고시는 다음 각 호의 사항을 고시하는 것으로 한다. 1. 항행안전시설의 종류 및 명칭 2. 설치자의 성명 및 주소 3. 항행안전시설의 위치와 소재지 4. 휴지의 경우에는 휴지 개시일과 그 기간 5. 폐지 또는 재개의 경우에는 그 예정일
제50조(항행안전시설 사용료) ① 항행안전시설설치자등은 국토교통부령으로 정하는 바에 따라 항행안전시설을 사용하거나 이용하는 자에게 사용료(이하 "항행안전시설 사용료"라 한다)를 받을 수 있다. ② 국토교통부장관 외의 항행안전시설설치자등이 제1항에 따라 항행안전시설 사용료를 받으려면 그 사용료의 금액을 정하여 국토교통부장관에게 신고하여야 한다. 항행안전시설 사용료를 변경하려는 경우에도 또한 같다. ③ 국토교통부장관은 제2항에 따른 신고를 받은 날부터 10일 이내에 신고수리 여부를 신고인에게 통지하여야 한다.〈신설 2018. 12. 18.〉 ④ 국토교통부장관이 제3항에서 정한 기간 내에 신고수리 여부 또는 민원 처리 관련 법령에 따른 처리기간의 연장을 신고인에게 통지하지 아니하면 그 기간(민원 처리 관련 법령에 따라 처리기간이 연장 또는 재연장된 경우에는 해당 처리기간을 말한다)이 끝난 날의 다음 날에 신고를 수리한 것으로 본다.〈신설 2018. 12. 18.〉 ⑤ 항행안전시설 사용료의 징수절차, 징수방법 및 징수요율 등은 국토교통부령으로 정한다.〈개정 2018. 12. 18.〉		
제51조(항행안전시설설치자등의 지위승계) ① 국토교통부장관 외의 항행안전시설설치자등의 지위를 승계하려는 자는 국토교통부령으로 정하는 바에 따라 국토교통부장관에게 지위승계를 신고하여야 한다.〈개정 2018. 12. 18.〉 ② 국토교통부장관은 제1항에 따른 신고를 받은 날부터 15일 이내에 신고수리 여부를 신고인에게 통지하여야 한다.〈신설 2018. 12. 18.〉		**제42조(항행안전시설설치자등의 지위승계)** 법 제51조에 따라 항행안전시설설치자등의 지위승계를 신고하려는 자는 별지 제26호서식의 신고서에 다음 각 호의 서류를 첨부하여 지방항공청장(항공로용으로 사용되는 항공정보통신시설 및 항행안전무선시설의 경우에는 항공교통본부장을 말한다)에게 제출하여야 한다. 이 경우 담당 공무원은 「전자정부법」 제36조제1항에 따른 행정정보의 공동이용을 통하여 법인등기사항증명서(신고인이 법인인 경우만 해당한다)를 확인하여야 한다. 1. 승계 원인사실을 증명하는 서류 2. 승계하는 사항과 승계의 조건을 기재한 서류 ③ 국토교통부장관이 제2항에서 정한 기간 내에 신고수리 여부 또는 민원 처리 관련 법령에 따른 처리기간의 연장을 신고인에게 통지하지 아니하면 그 기간(민원 처리 관련 법령에 따라 처리기간이 연장 또는 재연장된 경우에는 해당 처리기간을 말한다)이 끝난 날의 다음 날에 신고를 수리한 것으로 본다.〈신설 2018. 12. 18.〉

공항시설법 [법률 제16902호, 2020. 1. 29., 타법개정]	공항시설법 시행령 [대통령령 제30106호, 2019. 10. 8., 타법개정]	공항시설법 시행규칙 [국토교통부령 제618호, 2019. 4. 4., 일부개정]
제4장 항행안전시설		
제52조(항행안전시설의 성능적합증명) ① 항행안전무선시설, 항공정보통신시설을 제작하거나 수입하는 자는 국토교통부령으로 정하는 바에 따라 국토교통부장관으로부터 그 시설이 국토교통부장관이 정하여 고시하는 항행안전시설에 관한 기술기준에 맞게 제작되었다는 증명(이하 "성능적합증명"이라 한다)을 받을 수 있다. ② 국토교통부장관은 성능적합증명을 위한 검사를 하는 경우에는 국토교통부령으로 정하는 바에 따라 항공 관련 업무를 수행하는 전문검사기관을 지정하여 검사업무를 대행하게 할 수 있다.		**제43조(항행안전시설 성능적합증명 신청)** ① 법 제52조제1항에 따른 항행안전시설 성능적합증명(이하 "성능적합증명"이라 한다)을 받으려는 자는 별지 제34호서식의 신청서에 다음 각 호의 서류를 첨부하여 국토교통부장관에게 제출하여야 한다. 1. 설계도서 2. 부품표 3. 제작된 시설의 성능 확보의 방법 및 절차를 적은 서류 4. 지상·비행성능 시험방법 및 성능시험 결과서 5. 그 밖의 참고사항 ② 국토교통부장관은 성능적합증명을 위한 검사 결과가 법 제52조제1항에 따른 기술기준에 적합하면 별지 제35호서식에 따른 성능적합증명서를 발급하여야 한다. ③ 국토교통부장관은 법 제52조제2항에 따라 성능적합증명 전문검사기관을 지정하려는 경우에는 미리 다음 각 호의 사항을 정하여 고시하여야 한다.〈개정 2018. 2. 9.〉 1. 검사기관의 지정절차 2. 검사기관의 업무 범위 3. 검사기관의 기술인력 및 시설장비 4. 검사기관에 대한 지도·감독 5. 그 밖에 검사기관의 지정에 관하여 필요한 사항
제53조(항공통신업무 등) ① 국토교통부장관은 항공교통업무가 효율적으로 수행되고, 항공안전에 필요한 정보·자료가 항공통신망을 통하여 편리하고 신속하게 제공·교환·관리될 수 있도록 항공통신에 관한 업무(이하 "항공통신업무"라 한다)를 수행하여야 한다. ② 항공통신업무의 종류, 운영절차 등에 관하여 필요한 사항은 국토교통부령으로 정한다.		**제44조(항공통신업무의 종류 등)** ① 법 제53조제1항에 따라 지방항공청장(항공로용으로 사용되는 항공정보통신시설 및 항행안전무선시설의 경우에는 항공교통본부장을 말한다)이 수행하는 항공통신업무의 종류와 내용은 다음 각 호와 같다. 1. 항공고정통신업무: 특정 지점 사이에 항공고정통신시스템(AFTN/MHS) 또는 항공정보처리시스템(AMHS) 등을 이용하여 항공정보를 제공하거나 교환하는 업무 2. 항공이동통신업무: 항공국과 항공기국 사이에 단파이동통신시설(HF Radio) 등을 이용하여 항공정보를 제공하거나 교환하는 업무 3. 항공무선항행업무: 항행안전무선시설을 이용하여 항공항행에 관한 정보를 제공하는 업무 4. 항공방송업무: 단거리이동통신시설(VHF/UHF Radio) 등을 이용하여 항공항행에 관한 정보를 제공하는 업무 ② 제1항에 따른 항공통신업무의 종류별 세부 업무내용과 운영절차 등에 관하여 필요한 사항은 국토교통부장관이 정하여 고시한다.

공항시설법 [법률 제16902호, 2020. 1. 29., 타법개정]	공항시설법 시행령 [대통령령 제30106호, 2019. 10. 8., 타법개정]	공항시설법 시행규칙 [국토교통부령 제618호, 2019. 4. 4., 일부개정]
제4장 항행안전시설		
제54조(항행안전시설 설치에 관한 준용 규정) ① 제6조에 따른 개발사업으로 설치하는 항행안전시설에 관하여는 제43조제5항, 제44조제5항, 제45조 및 제46조를 준용한다. 이 경우 "항행안전시설설치자"는 "사업시행자"로 본다.〈개정 2018. 12. 18.〉 ② 제43조에 따른 항행안전시설의 설치에 관하여는 제8조 및 제11조부터 제13조까지의 규정을 준용한다. 이 경우 "제7조에 따른 실시계획"은 "제44조에 따른 실시계획"으로 보며, "사업시행자"는 "항행안전시설설치자"로 본다.		

공항시설법 [법률 제16902호, 2020. 1. 29., 타법개정]	공항시설법 시행령 [대통령령 제30106호, 2019. 10. 8., 타법개정]	공항시설법 시행규칙 [국토교통부령 제618호, 2019. 4. 4., 일부개정]
제5장 보칙		
제55조(출입·검사 등) ① 국토교통부장관은 이 법 시행을 위하여 필요한 경우에는 사업시행자등 또는 항행안전시설설치자등에 대하여 그 업무에 관하여 필요한 보고를 하게 하거나 자료의 제출을 명할 수 있으며, 소속 공무원으로 하여금 사무실이나 그 밖의 장소에 출입하여 그 업무를 검사하게 할 수 있다. ② 제1항에 따라 검사를 하는 공무원은 그 권한을 표시하는 증표를 지니고 관계인에게 보여주어야 한다. ③ 제2항에 따른 증표에 관하여 필요한 사항은 국토교통부령으로 정한다.		**제45조(검사공무원의 증표)** 법 제55조제3항에 따른 증표는 별지 제36호서식과 같다. **제46조(시설출입의 허가 등)** 법 제56조제1항에 따른 공항시설·비행장시설의 출입허가를 받으려는 자는 별지 제37호서식의 신청서를 지방항공청장, 항공교통본부장, 사업시행자등 또는 항행안전시설설치자등에게 제출하여야 한다.
제56조(금지행위) ① 누구든지 국토교통부장관, 사업시행자등 또는 항행안전시설설치자등의 허가 없이 착륙대, 유도로(誘導路), 계류장(繫留場), 격납고(格納庫) 또는 항행안전시설이 설치된 지역에 출입해서는 아니 된다. ② 누구든지 활주로, 유도로 등 그 밖에 국토교통부령으로 정하는 공항시설·비행장시설 또는 항행안전시설을 파손하거나 이들의 기능을 해칠 우려가 있는 행위를 해서는 아니 된다. ③ 누구든지 항공기, 경량항공기 또는 초경량비행장치를 향하여 물건을 던지거나 그 밖에 항행에 위험을 일으킬 우려가 있는 행위를 해서는 아니 된다. 다만, 다음 각 호의 어느 하나에 해당하는 자는 「항공안전법」 제127조의 비행승인(같은 조 제2항 단서에 따라 제한된 범위에서 비행하려는 경우를 포함한다)을 받지 아니한 초경량비행장치가 공항 또는 비행장에 접근하거나 침입한 경우 해당 비행장치를 퇴치·추락·포획하는 등 항공안전에 필요한 조치를 할 수 있다.〈개정 2020. 12. 8.〉 1. 국가 또는 지방자치단체 2. 공항운영자 3. 비행장시설을 관리·운영하는 자 ④ 누구든지 항행안전시설과 유사한 기능을 가진 시설을 항공기 항행을 지원할 목적으로 설치·운영해서는 아니 된다. ⑤ 항공기와 조류의 충돌을 예방하기 위하여 누구든지 항공기가 이륙·착륙하는 방향의 공항 또는 비행장 주변지역 등 국토교통부령으로 정하는 범위에서 공항 주변에 새들을 유인할 가능성이 있는 오물처리장 등 국토교통부령으로 정하는 환경을 만들거나 시설을 설치해서는 아니 된다.	**제50조(금지행위)** 법 제56조제6항제4호에서 "대통령령으로 정하는 행위"란 다음 각 호의 행위를 말한다. 1. 노숙(露宿)하는 행위 2. 폭언 또는 고성방가 등 소란을 피우는 행위 3. 광고물을 설치·부착하거나 배포하는 행위 4. 기부를 요청하거나 물품을 배부 또는 권유하는 행위 5. 공항의 시설이나 주차장의 차량을 훼손하거나 더럽히는 행위 6. 공항운영자가 지정한 장소 외의 장소에 쓰레기 등의 물건을 버리는 행위 7. 무기, 폭발물 또는 가연성 물질을 휴대하거나 운반하는 행위(공항 내의 사업자 또는 영업자 등이 그 업무 또는 영업을 위하여 하는 경우는 제외한다) 8. 불을 피우는 행위 9. 내화구조와 소화설비를 갖춘 장소 또는 야외 외의 장소에서 가연성 또는 휘발성 액체를 사용하여 항공기, 발동기, 프로펠러 등을 청소하는 행위 10. 공항운영자가 정한 구역 외의 장소에 가연성 액체가스 등을 보관하거나 저장하는 행위 11. 흡연구역 외의 장소에서 담배를 피우는 행위 12. 기름을 넣거나 배출하는 작업 중인 항공기로부터 30미터 이내의 장소에서 담배를 피우는 행위 13. 기름을 넣거나 배출하는 작업, 정비 또는 시운전 중인 항공기로부터 30미터 이내의 장소에 들어가는 행위(그 작업에 종사하는 사람은 제외한다) 14. 내화구조와 통풍설비를 갖춘 장소 외의 장소에서 기계칠을 하는 행위 15. 휘발성·가연성 물질을 사용하여 격납고 또는 건물 바닥을 청소하는 행위	**제47조(금지행위 등)** ① 법 제56조제2항에서 "국토교통부령으로 정하는 공항시설·비행장시설 또는 항행안전시설"이라 함은 다음 각 호의 시설을 말한다. 1. 착륙대, 계류장 및 격납고 2. 항공기 급유시설 및 항공유 저장시설 ② 법 제56조제3항에 따른 항행에 위험을 일으킬 우려가 있는 행위는 다음 각 호와 같다.〈개정 2018. 2. 9.〉 1. 착륙대, 유도로 또는 계류장에 금속편·직물 또는 그 밖의 물건을 방치하는 행위 2. 착륙대·유도로·계류장·격납고 및 사업시행자등이 화기 사용 또는 흡연을 금지한 장소에서 화기를 사용하거나 흡연을 하는 행위 3. 운항 중인 항공기에 장애가 되는 방식으로 항공기나 차량 등을 운행하는 행위 4. 지방항공청장의 승인 없이 레이저광선을 방사하는 행위 5. 지방항공청장의 승인 없이 「항공안전법」 제78조제1항제1호에 따른 관제권에서 불꽃 또는 그 밖의 물건(「총포·도검·화약류 등의 안전관리에 관한 법률 시행규칙」 제4조에 따른 장난감용 꽃불류는 제외한다)을 발사하거나 풍등(風燈)을 날리는 행위 6. 그 밖에 항행의 위험을 일으킬 우려가 있는 행위 ③ 국토교통부장관은 제2항제4호에 따른 레이저광선의 방사로부터 항공기 항행의 안전을 확보하기 위하여 다음 각 호의 보호공역을 비행장 주위에 설정하여야 한다. 1. 레이저광선 제한공역 2. 레이저광선 위험공역 3. 레이저광선 민감공역

공항시설법 [법률 제16902호, 2020. 1. 29., 타법개정]	공항시설법 시행령 [대통령령 제30106호, 2019. 10. 8., 타법개정]	공항시설법 시행규칙 [국토교통부령 제618호, 2019. 4. 4., 일부개정]
	제5장 보칙	
⑥ 누구든지 국토교통부장관, 사업시행자등, 항행안전시설설치자등 또는 이착륙장을 설치·관리하는 자의 승인 없이 해당 시설에서 다음 각 호의 어느 하나에 해당하는 행위를 해서는 아니 된다. 1. 영업행위 2. 시설을 무단으로 점유하는 행위 3. 상품 및 서비스의 구매를 강요하거나 영업을 목적으로 손님을 부르는 행위 4. 그 밖에 제1호부터 제3호까지의 행위에 준하는 행위로서 해당 시설의 이용이나 운영에 현저하게 지장을 주는 대통령령으로 정하는 행위 ⑦ 국토교통부장관, 사업시행자등, 항행안전시설설치자등, 이착륙장을 설치·관리하는 자, 경찰공무원(의무경찰을 포함한다) 또는 자치경찰공무원은 제6항을 위반하는 자의 행위를 제지(制止)하거나 퇴거(退去)를 명할 수 있다.〈개정 2017. 12. 26., 2020. 12. 22.〉	16. 기름이 묻은 걸레 등의 폐기물을 해당 폐기물에 의하여 부식되거나 훼손될 수 있는 보관용기에 담거나 버리는 행위 17. 「드론 활용의 촉진 및 기반조성에 관한 법률」 제2조제1항제1호에 따른 드론을 공항이나 비행장에 진입시키는 행위 [전문개정 2018. 8. 21.]	④ 제3항에 따른 보호공역의 설정기준 및 레이저광선의 허용 출력한계는 별표 18과 같다. ⑤ 제2항제4호 및 제5호에 따른 승인을 받으려는 자는 다음 각 호의 구분에 따른 신청서와 첨부서류를 지방항공청장에게 제출하여야 한다. 이 경우 담당 공무원은 「전자정부법」 제36조제1항에 따른 행정정보의 공동이용을 통하여 법인등기사항증명서(신청인이 법인인 경우만 해당한다)를 확인하여야 한다. 1. 제2항제4호의 경우: 별지 제38호서식의 신청서와 레이저장치 구성 수량 서류(각 장치마다 레이저 장치 구성 설명서를 작성한다) 2. 제2항제5호의 경우: 별지 제39호서식의 신청서 ⑥ 법 제56조제5항에 따라 다음 각 호의 구분에 따른 지역에서는 해당 호에 따른 환경이나 시설을 만들거나 설치하여서는 아니 된다. 1. 공항 표점에서 3킬로미터 이내의 범위의 지역: 양돈장 및 과수원 등 국토교통부장관이 정하여 고시하는 환경이나 시설 2. 공항 표점에서 8킬로미터 이내의 범위의 지역: 조류보호구역, 사냥금지구역 및 음식물 쓰레기 처리장 등 국토교통부장관이 정하여 고시하는 환경이나 시설 ⑦ 삭제〈2018. 9. 21.〉
제57조(시정명령 등) 국토교통부장관은 다음 각 호의 어느 하나에 해당하는 경우에는 사업시행자등 또는 국토교통부장관 외의 항행안전시설설치자등에게 적합한 조치를 하도록 명령하거나 해당 시설을 시설관리기준 또는 항행안전시설관리기준에 따라 관리할 것을 명령할 수 있다. 이 경우 국토교통부장관은 명령을 받은 자가 국토교통부장관이 정하는 상당한 기간 내에 적합한 조치를 하지 아니하는 경우에는 해당 허가를 취소할 수 있다. 1. 정당한 사유 없이 실시계획 승인 신청서에 적힌 공사 착수 예정일부터 1년 이내에 착공하지 아니하거나 정당한 사유 없이 공사 완료 예정일까지 공사를 끝내지 아니한 경우 2. 제20조제1항에 따른 준공확인 또는 제45조제1항에 따른 완성검사 결과 공사를 끝낸 시설이 실시계획 승인 내용과 다른 경우 3. 공항시설·비행장시설 또는 항행안전시설이 시설관리기준 또는 항행안전시설관리기준에 따라 관리되지 아니한 경우 4. 허가에 붙인 조건을 위반한 경우		**제48조(위반행위에 대한 과태료 부과의 요청 등)** 법 제56조제7항에 따른 제지(制止) 또는 퇴거(退去) 명령을 따르지 아니하는 자에 대하여 지방항공청장에게 법 제69조제1항제6호에 따른 과태료의 부과를 요청하려는 공항운영자는 별지 제40호서식의 통보서에 다음 각 호의 자료를 첨부하여 지방항공청장에게 제출하여야 한다. 1. 법 제56조제6항 각 호의 어느 하나에 해당하는 위반행위에 대한 증거자료 2. 법 제56조제7항에 따른 명령 및 그 명령을 따르지 아니한 사실을 기재한 서류 3. 제1호의 위반행위로 피해를 입은 자의 진술서 또는 의견서(해당 사실이 있는 경우만 해당한다)

공항시설법 [법률 제16902호, 2020. 1. 29., 타법개정]	공항시설법 시행령 [대통령령 제30106호, 2019. 10. 8., 타법개정]	공항시설법 시행규칙 [국토교통부령 제618호, 2019. 4. 4., 일부개정]
제5장 보칙		
제58조(허가 등의 취소 등) ① 국토교통부장관은 사업시행자 또는 항행안전시설설치자가 다음 각 호의 어느 하나에 해당하는 경우에는 그 사업의 시행 및 관리에 관한 허가 또는 승인을 취소하거나 그 효력의 정지, 공사의 중지 명령 등의 필요한 처분을 할 수 있다. 다만, 제1호 또는 제4호에 해당하는 경우에는 그 사업의 시행 및 관리에 관한 허가 또는 승인을 취소하여야 한다. 1. 거짓이나 그 밖의 부정한 방법으로 허가를 받은 경우 2. 제7조제3항 또는 제44조제3항을 위반하여 국토교통부장관 외의 사업시행자 또는 항행안전시설설치자가 승인을 받지 아니하고 실시계획을 수립하거나 승인받은 사항을 변경한 경우 3. 제7조제3항 또는 제44조제3항에 따라 승인 또는 변경승인을 받은 실시계획을 위반한 경우 4. 사정 변경으로 개발사업 또는 항행안전시설의 설치를 계속 시행하는 것이 불가능하다고 인정되는 경우 ② 국토교통부장관은 제1항에 따른 처분 또는 명령을 하였을 때에는 대통령령으로 정하는 바에 따라 그 사실을 고시하여야 한다. ③ 제1항에 따른 처분의 세부기준 및 그 밖에 필요한 사항은 국토교통부령으로 정한다.	제51조(허가 등의 취소에 관한 고시) 국토교통부장관은 법 제58조제1항에 따른 허가·승인의 취소 또는 허가·승인의 효력의 정지, 공사의 중지 명령 등의 필요한 처분을 하였을 때에는 법 제58조제2항에 따라 다음 각 호의 사항을 고시하여야 한다. 1. 사업의 명칭 또는 실시계획의 명칭 2. 사업시행자 또는 법 제44조제1항에 따른 항행안전시설설치자의 성명 및 주소(법인인 경우에는 법인의 명칭 및 주소와 대표자의 성명 및 주소) 3. 처분의 내용 및 사유 4. 그 밖에 국토교통부장관이 필요하다고 인정하는 사항	제49조(위반 행위에 대한 처분기준) 법 제58조제3항에 따라 사업시행자 또는 항행안전시설설치자가 법 제58조제1항 각 호를 위반한 경우의 처분기준은 별표 20과 같다.
제59조(과징금의 부과) ① 국토교통부장관은 공항운영자 또는 사업시행자·항행안전시설설치자에게 제41조제1항 각 호의 어느 하나에 해당하여 공항운영의 정지를 명하여야 하거나 제58조에 따라 사업의 시행 및 관리에 관한 허가·승인의 효력 정지, 공사의 중지를 명하여야 하는 경우로서 그 처분이 해당 시설의 이용자에게 심한 불편을 주거나 그 밖에 공익을 침해할 우려가 있을 때에는 그 처분을 갈음하여 10억원 이하의 과징금을 부과·징수할 수 있다. ② 제1항에 따라 과징금을 부과하는 위반행위의 종류와 위반정도에 따른 과징금의 금액 등에 관하여 필요한 사항은 대통령령으로 정한다. ③ 국토교통부장관은 제1항에 따른 과징금을 내야 할 자가 납부기한까지 과징금을 내지 아니하면 국세 체납처분의 예에 따라 징수한다.	제52조(과징금을 부과하는 위반행위와 과징금의 금액) ① 법 제41조제1항에 따른 공항운영의 정지 명령을 갈음하여 법 제59조제1항에 따라 과징금을 부과하는 위반행위의 종류와 위반 정도 등에 따른 과징금의 금액은 별표 1과 같다. ② 법 제58조제1항에 따른 사업의 시행 및 관리에 관한 허가·승인의 효력 정지, 공사의 중지 명령을 갈음하여 법 제59조제1항에 따라 과징금을 부과하는 위반행위의 종류와 위반 정도 등에 따른 과징금의 금액은 별표 2와 같다.	
제60조(수수료) ① 이 법에 따른 허가, 증명 또는 검사를 받으려는 자는 국토교통부령으로 정하는 수수료를 내야 한다. ② 이 법에 따른 허가, 증명 또는 검사를 위하여 현지출장이 필요한 경우에는 그 출장에 드는 여비를 신청인이 내야 한다. 이 경우 여비의 기준은 국토교통부령으로 정한다.		제50조(수수료의 부과기준) ① 법 제48조에 따라 비행검사를 받으려는 자에대한 법 제60조제1항에 따른 수수료는 별표 21과 같다.〈개정 2018. 9. 21.〉 ② 법 제60조제2항에 따른 여비의 기준은 「공무원 여비 규정」에 따른다.〈신설 2018. 9. 21.〉 [본조신설 2018. 2. 9.]

공항시설법 [법률 제16902호, 2020. 1. 29., 타법개정]	공항시설법 시행령 [대통령령 제30106호, 2019. 10. 8., 타법개정]	공항시설법 시행규칙 [국토교통부령 제618호, 2019. 4. 4., 일부개정]

제5장 보칙

제61조(권한의 위임) 국토교통부장관은 이 법에 따른 권한의 일부를 대통령령으로 정하는 바에 따라 국토교통부장관 소속 기관의 장, 시·도지사 또는 시장·군수·구청장에게 위임할 수 있다.	**제55조(권한의 위임)** ① 국토교통부장관은 법 제61조에 따라 다음 각 호의 권한을 지방항공청장에게 위임한다. 다만, 국토교통부장관이 직접 시행하는 것으로 정하여 고시하는 개발사업과 관련된 제1호, 제3호, 제6호부터 제21호까지, 제23호부터 제25호까지, 제30호, 제32호 및 제33호의 권한은 제외한다.〈개정 2018. 2. 9., 2018. 6. 26.〉 1. 법 제6조제1항에 따른 개발사업의 시행 2. 법 제6조제2항에 따른 개발사업의 시행허가 3. 법 제7조제1항에 따른 실시계획의 수립 4. 법 제7조제3항에 따른 실시계획의 승인 및 변경 승인 5. 법 제7조제4항에 따른 변경신고의 수리 6. 법 제7조제5항에 따른 기술심의위원회에 대한 심의의 요청 7. 법 제7조제6항에 따른 실시계획의 고시 8. 법 제7조제7항에 따른 실시계획 관계 서류 사본의 통지 및 같은 조 제8항 후단에 따른 지형도면의 고시 등에 필요한 서류의 제출 9. 법 제7조제9항에 따른 고시 및 토지등의 소유자 및 권리자에 대한 통지 10. 법 제9조제2항 후단에 따른 관계 행정기관의 장과의 협의 11. 법 제9조제3항에 따른 기획재정부장관과의 협의 12. 법 제10조제1항에 따른 건축물의 건축 등 행위에 관한 허가 및 변경 허가 13. 법 제10조제3항에 따른 신고의 수리 14. 법 제10조제4항에 따른 원상회복 명령 및 「행정대집행법」에 따른 대집행 15. 법 제12조제1항에 따른 수용 또는 사용 16. 법 제13조제3항에 따른 손실보상 17. 법 제14조에 따른 매수청구의 접수 18. 법 제15조제1항에 따른 매수대상 여부 및 매수예상가격 등의 통지 19. 법 제15조제2항에 따른 매수계획의 수립 및 매수 20. 법 제16조제1항에 따른 비용의 부담 및 같은 조 제3항에 따른 비용의 징수 21. 법 제17조제1항에 따른 부대공사의 시행 22. 법 제18조에 따른 사업시행자와의 협의, 사업시행자를 대행한 개발사업의 시행 및 사업시행자를 대행할 제3자의 선정 23. 법 제19조제2항에 따른 건설공사의 발주 24. 법 제19조제3항 전단에 따른 개발사업에 직접 필요한 건설자재의 생산시설에 관한 인정 및 건설자재의 생산시설의 신설·증설 또는 이전 25. 법 제19조제4항에 따른 원상회복	

공항시설법 [법률 제16902호, 2020. 1. 29., 타법개정]	공항시설법 시행령 [대통령령 제30106호, 2019. 10. 8., 타법개정]	공항시설법 시행규칙 [국토교통부령 제618호, 2019. 4. 4., 일부개정]
제5장 보칙		
	26. 법 제20조제1항에 따른 공사준공 보고서의 접수 및 준공확인 27. 법 제20조제2항에 따른 보고의 접수 28. 법 제20조제3항에 따른 준공확인에 필요한 검사의 의뢰 29. 법 제20조제4항에 따른 준공확인증명서의 발급 30. 법 제20조제5항에 따른 고시 31. 법 제20조제7항 단서에 따른 준공확인 전 사용허가 32. 법 제21조제1항에 따른 투자허가 33. 법 제22조제1항에 따른 무상사용·수익허가, 같은 조 제2항에 따른 무상사용·수익허가의 취소 및 필요한 조치 34. 법 제25조제1항에 따른 이착륙장의 설치, 이착륙장 설치에 관한 허가 및 관계 중앙행정기관의 장 및 관할 시장·군수·구청장과의 사전협의 35. 법 제25조제2항에 따른 이착륙장의 관리 36. 법 제25조제6항에 따른 명령 및 허가의 취소 37. 법 제25조제7항에 따른 허가 또는 승인의 취소 등 필요한 처분 38. 법 제25조제8항에 따른 이착륙장 사용의 중지 명령 39. 법 제31조제2항 본문에 따른 검사 40. 법 제31조의2제2항에 따른 해당 업무(운전업무를 제외한다) 정지명령, 공항운영자에게 하는 운전업무의 승인 취소 및 운전업무의 정지 명령 41. 법 제32조제1항에 따른 공항시설, 비행장시설 또는 항행안전시설에 대한 사용료의 징수 42. 법 제33조제1항에 따른 공항시설 사용의 휴지 또는 폐지에 대한 승인 43. 법 제33조제2항에 따른 비행장시설의 휴지 또는 폐지에 대한 신고의 수리 44. 법 제33조제3항에 따른 공항시설 또는 비행장시설 사용의 재개(再開)에 대한 승인 및 시설설치기준 및 시설관리기준에 따른 검사 45. 법 제33조제4항에 따른 고시 46. 법 제34조제2항에 따른 장애물의 제거 명령 47. 법 제34조제3항에 따른 장애물의 제거 요구 및 장애물의 제거로 인한 손실보상 48. 법 제34조제4항에 따른 장애물 또는 토지의 매수 요구에 대한 접수 49. 법 제34조제5항에 따른 장애물의 제거명령 및 같은 조 제7항에 따른 손실보상 50. 법 제34조제6항에 따른 장애물의 제거 51. 법 제36조제1항 및 제3항에 따른 표시등 및 표지의 설치	

공항시설법 [법률 제16902호, 2020. 1. 29., 타법개정]	공항시설법 시행령 [대통령령 제30106호, 2019. 10. 8., 타법개정]	공항시설법 시행규칙 [국토교통부령 제618호, 2019. 4. 4., 일부개정]
제5장 보칙		
	52. 법 제36조제4항에 따른 손실보상 53. 법 제36조제5항에 따른 표시등 또는 표지의 설치에 관한 협의 및 신고의 접수 54. 법 제36조제6항에 따른 표시등 또는 표지의 철거와 변경에 관한 협의 및 신고의 접수 55. 법 제36조제8항에 따른 표시등 또는 표지의 설치 명령 56. 법 제36조제9항에 따른 검사 및 시정명령 57. 법 제36조제10항에 따른 시정명령 이행에 관한 보고의 접수 58. 법 제36조제11항에 따른 시정명령의 이행 상태 등에 대한 확인 59. 법 제37조제2항에 따른 유사등화에 대한 소등 등의 명령 60. 법 제40조제1항 및 제2항에 따른 검사 및 시정조치 명령 61. 항행안전시설(항공로용으로 사용되는 항공정보통신시설 및 항행안전무선시설은 제외하되, 타목, 거목 및 너목에서는 포함한다)에 대한 다음 각 목의 권한 가. 법 제43조제1항에 따른 항행안전시설의 설치 나. 법 제43조제2항에 따른 항행안전시설 설치의 허가 다. 법 제44조제1항에 따른 항행안전시설 설치에 관한 실시계획의 수립 라. 법 제44조제3항에 따른 항행안전시설 설치에 관한 실시계획의 승인 및 변경승인 마. 법 제44조제4항에 따른 신고의 수리 바. 법 제44조제5항에 따른 고시 사. 법 제45조제1항 및 제3항에 따른 완성검사 및 완성검사확인증의 발급 아. 법 제45조제4항에 따른 지정·고시 자. 법 제45조제5항 단서에 따른 완성검사확인증 발급 전 사용허가 차. 법 제46조제1항에 따른 항행안전시설 변경허가 카. 법 제47조제2항에 따른 검사 타. 법 제48조제1항에 따른 비행검사(서울지방항공청장만 해당한다) 파. 법 제49조제1항 및 제2항에 따른 항행안전시설의 휴지·폐지 또는 사용 재개에 관한 승인 하. 법 제49조제3항에 따른 항행안전시설의 휴지·폐지 또는 사용 재개에 관한 고시 거. 법 제50조제1항에 따른 항행안전시설 사용료의 징수 너. 법 제50조제2항에 따른 항행안전시설 사용료 신고의 수리 및 사용료 변경신고의 수리	

공항시설법 [법률 제16902호, 2020. 1. 29., 타법개정]	공항시설법 시행령 [대통령령 제30106호, 2019. 10. 8., 타법개정]	공항시설법 시행규칙 [국토교통부령 제618호, 2019. 4. 4., 일부개정]
	제5장 보칙	
	더. 법 제51조에 따른 지위승계 신고의 수리 러. 법 제53조제1항에 따른 항공통신업무의 수행 62. 법 제56조제7항에 따른 제지 또는 퇴거 명령 63. 법 제57조에 따른 명령 또는 허가의 취소(지방항공청장에게 권한이 위임된 사항에 관한 명령 또는 허가의 취소만 해당한다) 64. 법 제58조제1항에 따른 허가 또는 승인취소 등 필요한 처분 및 같은 조 제2항에 따른 고시(지방항공청장에게 권한이 위임된 사항에 관한 허가 또는 승인취소 등 필요한 처분 및 고시만 해당한다) 65. 법 제62조에 따른 청문의 실시(지방항공청장에게 권한이 위임된 사항에 관한 청문의 실시만 해당한다) 66. 법 제69조에 따른 과태료의 부과 및 징수(지방항공청장에게 권한이 위임된 사항에 관한 과태료 및 법 제69조제1항제3호에 따른 과태료의 부과·징수만 해당한다) 67. 법 제70조에 따른 이행강제금의 부과 및 징수 ② 국토교통부장관은 법 제61조에 따라 다음 각 호의 권한을 항공교통본부장에게 위임한다. 1. 항행안전시설(항공로용으로 사용되는 항공정보통신시설 및 항행안전무선시설만 해당한다)에 대한 다음 각 목의 권한 가. 법 제43조제1항에 따른 항행안전시설의 설치 나. 법 제43조제2항에 따른 항행안전시설 설치의 허가 다. 법 제44조제1항에 따른 항행안전시설 설치에 관한 실시계획의 수립 라. 법 제44조제3항에 따른 항행안전시설 설치에 관한 실시계획의 승인 및 변경승인 마. 법 제44조제4항에 따른 신고의 수리 바. 법 제44조제5항에 따른 고시 사. 법 제45조제1항 및 제3항에 따른 완성검사 및 완성검사확인증의 발급 아. 법 제45조제4항에 따른 지정·고시 자. 법 제45조제5항 단서에 따른 완성검사확인증 발급 전 사용허가 차. 법 제46조제1항에 따른 항행안전시설 변경허가 카. 법 제47조제2항에 따른 검사 타. 법 제49조제1항 및 제2항에 따른 항행안전시설의 휴지·폐지 또는 사용 재개에 관한 승인 파. 법 제49조제3항에 따른 항행안전시설의 휴지·폐지 또는 사용 재개에 관한 고시 하. 법 제51조에 따른 지위승계 신고의 수리 거. 법 제53조제1항에 따른 항공통신업무의 수행	

공항시설법 [법률 제16902호, 2020. 1. 29., 타법개정]	공항시설법 시행령 [대통령령 제30106호, 2019. 10. 8., 타법개정]	공항시설법 시행규칙 [국토교통부령 제618호, 2019. 4. 4., 일부개정]
제5장 보칙		
	2. 법 제57조에 따른 명령 또는 허가의 취소(항공교통본부장에게 권한이 위임된 사항에 관한 명령 또는 허가의 취소만 해당한다) 3. 법 제58조제1항에 따른 허가 또는 승인취소 등 필요한 처분 및 같은 조 제2항에 따른 고시(항공교통본부장에게 권한이 위임된 사항에 관한 허가 또는 승인취소 등 필요한 처분 및 고시만 해당한다) 4. 법 제62조에 따른 청문의 실시(항공교통본부장에게 권한이 위임된 사항에 관한 청문의 실시만 해당한다)	
제62조(청문) 국토교통부장관은 다음 각 호의 어느 하나에 해당하는 처분을 하려면 청문을 하여야 한다. 1. 제25조제6항 또는 제57조에 따른 허가의 취소 2. 제25조제7항 또는 제58조제1항에 따른 허가·승인의 취소 3. 제41조제1항에 따른 공항운영증명의 취소 또는 공항운영의 정지		
제63조(규제의 재검토) 국토교통부장관은 제37조제1항에 따른 유사등화의 설치 제한에 관한 사항에 대하여 2016년 1월 1일을 기준으로 3년마다(매 3년이 되는 해의 기준일과 같은 날 전까지를 말한다) 그 타당성을 검토하여 폐지, 완화 또는 유지 등의 조치를 하여야 한다.		

공항시설법 [법률 제16902호, 2020. 1. 29., 타법개정]	공항시설법 시행령 [대통령령 제30106호, 2019. 10. 8., 타법개정]	공항시설법 시행규칙 [국토교통부령 제618호, 2019. 4. 4., 일부개정]
제6장 벌칙		
제64조(공항운영증명에 관한 죄) 제38조를 위반하여 공항운영증명을 받지 아니하고 공항을 운영한 자는 3년 이하의 징역 또는 3천만원 이하의 벌금에 처한다.		
제65조(개발사업에 따른 시설의 불법 사용 등의 죄) 다음 각 호의 어느 하나에 해당하는 자는 2천만원 이하의 벌금에 처한다. 1. 제6조제2항 또는 제43조제2항을 위반하여 허가를 받지 아니하고 시설을 설치한 자 2. 제20조제7항 또는 제45조제5항(제54조제1항에서 준용하는 경우를 포함한다)을 위반하여 시설을 사용한 자 3. 제34조제1항을 위반한 자 4. 제56조제1항부터 제4항까지의 규정을 위반한 자 5. 제57조에 따라 허가가 취소된 시설을 사용한 자		
제66조(명령 등의 위반 죄) 다음 각 호의 어느 하나에 해당하는 자는 1년 이하의 징역 또는 1천만원 이하의 벌금에 처한다.〈개정 2017. 12. 26.〉 1. 제10조제1항에 따라 허가 또는 변경허가를 받아야 할 사항을 허가 또는 변경허가를 받지 아니하고 건축물의 건축 등의 행위를 하거나 거짓 또는 부정한 방법으로 허가를 받은 자 2. 정당한 사유 없이 제11조제1항(제54조제2항에서 준용하는 경우를 포함한다)에 따른 행위를 방해하거나 거부한 자 3. 제25조제8항에 따른 명령을 위반한 자 4. 정당한 사유 없이 제57조 및 제58조제1항에 따른 국토교통부장관의 명령 또는 처분을 위반한 자		
제67조(업무방해 죄) 다음 각 호의 어느 하나에 해당하는 자는 500만원 이하의 벌금에 처한다. 1. 제31조제2항, 제40조제1항, 제47조제2항 및 제48조제1항에 따른 검사를 거부·방해하거나 기피한 자 2. 제55조제1항에 따른 검사 또는 출입을 거부 또는 방해하거나 보고를 거짓으로 한 자 및 기피한 자		
제67조의2(제지·퇴거명령에 대한 불이행의 죄) 제56조제7항에 따른 명령에 따르지 아니한 자는 20만원 이하의 벌금이나 구류 또는 과료(科料)에 처한다. [본조신설 2018. 2. 21.]		
제68조(양벌규정) 법인의 대표자나 법인 또는 개인의 대리인, 사용인, 그 밖의 종업원이 그 법인 또는 개인의 업무에 관하여 제65조부터 제67조까지 및 제67조의2의 위반행위를 하면 행위자를 벌하는 외에 그 법인 또는 개인에게도 해당 조문의 벌금형을 과(科)한다. 다만, 법인 또는 개인이 그 위반행위를 방지하기 위하여 해당 업무에 관하여 상당한 주의와 감독을 게을리하지 아니한 경우에는 그러하지 아니하다.〈개정 2018. 2. 21.〉		

공항시설법 [법률 제16902호, 2020. 1. 29., 타법개정]	공항시설법 시행령 [대통령령 제30106호, 2019. 10. 8., 타법개정]	공항시설법 시행규칙 [국토교통부령 제618호, 2019. 4. 4., 일부개정]
제6장 벌칙		
제69조(과태료) ① 다음 각 호의 어느 하나에 해당하는 자에게는 500만원 이하의 과태료를 부과한다.〈개정 2017. 8. 9., 2017. 12. 26.〉 1. 제25조제5항을 위반하여 준공확인증명서를 받기 전에 이착륙장을 사용하거나 사용허가를 받지 아니하고 이착륙장을 사용한 자 2. 제32조제2항 또는 제50조제2항에 따라 사용료를 신고 또는 승인을 받지 아니하거나 신고 또는 승인한 사용료와 다르게 사용료를 받은 자 3. 제36조제1항·제2항·제7항에 따라 표시등 및 표지를 설치 또는 관리하지 아니한 자 4. 제39조제1항을 위반하여 인가를 받지 아니하고 공항운영규정을 변경한 공항운영자 5. 제39조제3항을 위반하여 공항운영규정을 변경하지 아니한 공항운영자 6. 제40조제1항을 위반하여 공항안전운영기준 및 공항운영규정에 따라 공항의 안전운영체계를 지속적으로 유지하지 아니한 공항운영자 7. 삭제〈2018. 2. 21.〉 ② 다음 각 호의 어느 하나에 해당하는 자에게는 200만원 이하의 과태료를 부과한다.〈개정 2017. 8. 9.〉 1. 제36조제5항 또는 제6항을 위반하여 표시등 또는 표지의 설치·변경·철거에 관한 신고를 하지 아니한 자 2. 제37조제2항에 따른 명령을 위반한 자 3. 제39조제2항을 위반하여 신고를 하지 아니하고 공항운영규정을 변경한 공항운영자 ③ 제1항 또는 제2항에 따른 과태료는 대통령령으로 정하는 바에 따라 국토교통부장관이 부과·징수한다.	**제57조(과태료의 부과기준)** 법 제69조제1항 및 제2항에 따른 과태료의 부과기준은 별표 3과 같다.	
제70조(이행강제금) ① 국토교통부장관은 제36조제8항 또는 제9항에 따라 시정명령을 받은 후 그 정한 기간 이내에 그 명령을 이행하지 아니하는 자에게는 다음 각 호의 구분에 따라 이행강제금을 부과한다. 1. 제36조제8항을 위반한 경우: 1천만원 이하 2. 제36조제9항을 위반한 경우: 500만원 이하 ② 국토교통부장관은 제1항에 따른 이행강제금을 부과하기 전에 이행강제금을 부과·징수한다는 것을 미리 문서로 알려주어야 한다. ③ 국토교통부장관은 제1항에 따라 이행강제금을 부과하는 경우에는 이행강제금의 금액, 부과 사유, 납부기한, 수납기관, 이의제기 방법 및 이의제기 기관 등을 명시한 문서로 하여야 한다. ④ 국토교통부장관은 제36조제8항 또는 제9항에 따른 최초의 시정명령이 있었던 날을 기준으로 하여 1년에 한 번씩 그 시정명령이 이행될 때까지 반복하여 제1항에 따른 이행강제금을 부과·징수할 수 있다. ⑤ 국토교통부장관은 시정명령을 받은 자가 시정명령을 이행한 경우에는 새로운 이행강제금의 부과를 중지하되, 이미 부과된 이행강제금은 징수하여야 한다. ⑥ 국토교통부장관은 제3항에 따라 이행강제금 부과처분을 받은 자가 이행강제금을 납부기한까지 내지 아니하면 국세 체납처분의 예에 따라 징수한다. ⑦ 이행강제금의 부과 및 징수 절차는 국토교통부령으로 정한다. [본조신설 2017. 8. 9.]		**제51조(이행강제금 부과 및 징수)** 법 제70조제7항에 따른 이행강제금의 부과 및 징수 절차는 「국고금관리법 시행규칙」을 준용한다. 이 경우 납입고지서에는 이의신청방법 및 이의신청기간을 함께 기재하여야 한다.

공항시설법 [법률 제16902호, 2020. 1. 29., 타법개정]	공항시설법 시행령 [대통령령 제30106호, 2019. 10. 8., 타법개정]	공항시설법 시행규칙 [국토교통부령 제618호, 2019. 4. 4., 일부개정]
제7장 범칙행위에 관한 처리의 특례 〈신설 2018.2.21〉		
제71조(통칙) ① 이 장에서 "범칙행위"란 제67조의2에 해당하는 위반행위를 뜻하며, 그 구체적인 범위는 대통령령으로 정한다. ② 이 장에서 "범칙자"란 범칙행위를 한 사람으로서 다음 각 호의 어느 하나에 해당하지 아니하는 사람을 뜻한다. 1. 범칙행위를 한 날부터 1년 이내에 3회 이상 위반행위를 한 사람 2. 그 밖에 죄를 범한 동기, 수단 및 결과 등을 헤아려 통고처분을 하는 것이 타당하지 아니하다고 인정되는 사람 ③ 이 장에서 "범칙금"이란 범칙자가 제72조에 따른 통고처분에 따라 국고 또는 제주특별자치도의 금고에 내야 할 금전을 말한다. [본조신설 2018. 2. 21.]	**제56조(고유식별정보의 처리)** 사업시행자등(법 제2조제11호에 따른 공항운영자로 한정한다)은 법 제56조제7항에 따른 제지 또는 퇴거 명령에 따르지 아니한 자에 대하여 국토교통부장관에게 법 제69조제1항제7호에 따른 과태료의 부과를 요청하는 사무를 수행하기 위하여 불가피한 경우 「개인정보 보호법 시행령」 제19조제1호에 따른 주민등록번호가 포함된 자료를 처리할 수 있다.	
제72조(통고처분) ① 경찰서장이나 제주특별자치도지사는 범칙자로 인정되는 사람에 대하여 그 이유를 명시한 범칙금납부통고서로 범칙금을 낼 것을 통고할 수 있다. 다만, 다음 각 호의 어느 하나에 해당하는 사람에 대해서는 그러하지 아니하다. 1. 성명 또는 주소가 확실하지 아니한 사람 2. 범칙금납부통고서 받기를 거부한 사람 ② 제1항에 따라 통고할 범칙금의 액수는 범칙행위의 종류와 위반 정도에 따라 그 위반행위에 대하여 이 법에서 정하는 벌금의 범위에서 대통령령으로 정한다. ③ 제주특별지치도지시가 제1항에 따라 통고처분을 한 경우에는 관할 경찰서장에게 그 사실을 통보하여야 한다. [본조신설 2018. 2. 21.]	**제57조(과태료의 부과기준)** 법 제69조제1항 및 제2항에 따른 과태료의 부과기준은 별표 3과 같다.	
제73조(범칙금의 납부 등) ① 제72조에 따라 범칙금납부통고서를 받은 사람은 10일 이내에 경찰서장 또는 제주특별자치도지사가 지정하는 수납기관에 범칙금을 내야 한다. 다만, 천재지변이나 그 밖의 부득이한 사유로 그 기간 내에 범칙금을 납부할 수 없는 경우에는 그 부득이한 사유가 없어지게 된 날부터 5일 이내에 내야 한다. ② 제1항에 따른 납부기간에 범칙금을 내지 아니한 사람은 납부기간이 끝나는 날의 다음 날부터 20일 이내에 통고받은 범칙금에 그 금액의 100분의 20을 더한 금액을 내야 한다. ③ 제1항에 따른 범칙금납부통고서에 불복하는 사람은 그 납부기간 내에 경찰서장에게 이의를 제기할 수 있다. ④ 제1항 또는 제2항에 따라 범칙금을 낸 사람은 그 범칙행위에 대하여 다시 처벌받지 아니한다. [본조신설 2018. 2. 21.]	**제58조(범칙행위의 범위와 범칙금액)** 법 제71조제1항 및 제72조제2항에 따른 범칙행위의 구체적인 범위와 범칙금액은 별표 4와 같다.	
제74조(통고처분 불이행자 등의 처리) ① 경찰서장 또는 제주특별자치도지사는 다음 각 호의 어느 하나에 해당하는 사람에 대해서는 지체 없이 즉결심판을 청구하여야 한다. 다만, 즉결심판이 청구되기 전까지 통고받은 범칙금에 그 금액의 100분의 50을 더한 금액을 낸 사람에 대해서는 그러하지 아니하다. 1. 제72조제1항 각 호의 어느 하나에 해당하는 사람		

공항시설법 [법률 제16902호, 2020. 1. 29., 타법개정]	공항시설법 시행령 [대통령령 제30106호, 2019. 10. 8., 타법개정]	공항시설법 시행규칙 [국토교통부령 제618호, 2019. 4. 4., 일부개정]
제7장 범칙행위에 관한 처리의 특례 〈신설 2018.2.21〉		
2. 제73조제2항에 따른 납부기간 내에 범칙금을 내지 아니한 사람 3. 제73조제3항에 따라 이의를 제기한 사람 ② 제1항제2호에 따라 즉결심판이 청구된 피고인이 통고받은 범칙금에 그 금액의 100분의 50을 더한 금액을 내고 그 증명서류를 즉결심판 선고 전까지 제출하였을 때에는 경찰서장 또는 제주특별자치도지사는 그 피고인에 대한 즉결심판 청구를 취소하여야 한다. ③ 제1항 단서 또는 제2항에 따라 범칙금을 낸 사람은 그 범칙행위에 대하여 다시 처벌받지 아니한다. [본조신설 2018. 2. 21.]		

공항시설법 시행령 [별표 1]

공항운영자에 대한 위반행위의 종류별 과징금의 금액(제52조제1항 관련)

1. 일반기준

가. 국토교통부장관은 다음의 어느 하나에 해당하는 경우에는 제2호에 따른 과징금 금액의 2분의 1 범위에서 그 금액을 줄일 수 있다. 다만, 과징금을 체납하고 있는 위반행위자의 경우에는 그렇지 않다.

1) 위반행위가 사소한 부주의나 오류로 인한 것으로 인정되는 경우
2) 위반행위자가 법 위반상태를 시정하거나 해소하기 위하여 노력한 사실이 인정되는 경우
3) 그 밖에 위반행위의 정도, 위반행위의 동기와 그 결과 및 위반 횟수 등을 고려하여 과징금 금액을 줄일 필요가 있다고 인정되는 경우

나. 국토교통부장관은 다음의 어느 하나에 해당하는 경우에는 제2호에 따른 과징금 금액의 2분의 1 범위에서 그 금액을 늘릴 수 있다. 다만, 법 제59조제1항에 따른 과징금 금액의 상한을 넘을 수 없다.

1) 위반의 내용·정도가 중대하여 공중에 미치는 영향이 크다고 인정되는 경우
2) 법 위반상태의 기간이 6개월 이상인 경우
3) 그 밖에 위반행위의 정도, 위반행위의 동기와 그 결과 및 위반 횟수 등을 고려하여 과징금 금액을 늘릴 필요가 있다고 인정되는 경우

2. 개별기준

(단위: 만원)

위반행위	근거 법조문	공항의 운항횟수별 과징금의 금액				
		8만회 이상	4만회 이상 8만회 미만	2만회 이상 4만회 미만	5천회 이상 2만회 미만	5천회 미만
가.「항공안전법」 제58조제2항을 위반하여 다음의 어느 하나에 해당하는 경우 1) 사업을 시작하기 전까지 항공안전관리시스템을 마련하지 않은 경우 2) 승인을 받지 않고 항공안전관리시스템을 운용한 경우 3) 항공안전관리시스템을 승인받은 내용과 다르게 운용한 경우 4) 승인을 받지 않고 안전목표·안전조직 및 안전장애 보고체계 등 국토교통부령으로 정하는 중요 사항을 변경한 경우	법 제41조 제1항제2호	3,000	2,000	1,000	600	400

(단위: 만원)

위반행위	근거 법조문	공항의 운항횟수별 과징금의 금액				
		8만회 이상	4만회 이상 8만회 미만	2만회 이상 4만회 미만	5천회 이상 2만회 미만	5천회 미만
나. 법 제40조제2항에 따른 시정조치를 이행하지 않은 경우	법 제41조 제1항제3호					
1) 다음의 어느 하나에 해당하는 시정조치를 이행하지 않은 경우 가) 이동지역 유지·보수에 관한 시정조치 나) 시각보조시설 관리·운영에 관한 시정조치 다) 이동지역 작업 통제 또는 차량·장비 통제에 관한 시정조치 라) 장애물 통제기준에 관한 시정조치 마) 위험물의 취급과 저장에 관한 시정조치 바) 항공기 구조 및 소방에 관한 시정조치		5,000	2,500	1,500	800	500
2) 그 밖의 시정조치를 이행하지 않은 경		2,500	1,000	800	400	250
다. 천재지변 등 정당한 사유 없이 공항안전운영기준을 위반하여 공항안전에 위험을 초래한 경우	법 제41조 제1항제4호	3,000	1,500	1,000	500	300
라. 고의 또는 중대한 과실로 항공기사고가 발생하거나 공항종사자를 관리·감독하는 상당한 주의의무를 게을리함으로써 항공기사고가 발생한 경우	법 제41조 제1항제5호					
1) 해당 항공기사고로 인한 사망자가 200명 이상인 경우		100,000	50,000	30,000	15,000	10,000
2) 해당 항공기사고로 인한 사망자가 150명 이상 200명 미만인 경우		80,000	40,000	20,000	10,000	8,000
3) 해당 항공기사고로 인한 사망자가 100명 이상 150명 미만인 경우		50,000	25,000	15,000	8,000	5,000
4) 해당 항공기사고로 인한 사망자가 50명 이상 100명 미만인 경우		30,000	15,000	10,000	5,000	3,000
5) 해당 항공기사고로 인한 사망자가 10명 이상 50명 미만인 경우		15,000	10,000	5,000	3,000	1,500
6) 해당 항공기사고로 인한 사망자가 10명 미만인 경우		10,000	5,000	3,000	1,500	1,000
7) 해당 항공기사고로 인한 항공기 또는 공항시설의 피해가 100억원 이상인 경우		10,000	5,000	3,000	1,500	1,000
8) 해당 항공기사고로 인한 항공기 또는 공항시설의 피해가 50억원 이상 100억원 미만인 경우		8,000	4,000	2,000	1,000	800
9) 해당 항공기사고로 인한 항공기 또는 공항시설의 피해가 50억원 미만인 경우		5,000	2,500	1,500	800	500

비고: 1. 공항의 운항횟수는 과징금 부과시점을 기준으로 최근 1년간 총운항횟수(국내노선을 운항하는 항공기의 착륙 횟수에 0.25를 곱한 후 국제노선을 운항하는 항공기의 착륙 횟수를 합한 횟수를 말한다. 이 경우 「군사기지 및 군사시설 보호법」에 따른 군용항공기의 착륙 횟수는 제외한다)에 따라 구분하되, 공항의 신규 운영 등으로 인하여 공항의 운영기간이 1년이 되지 않는 경우와 최근 1년간 총운항횟수를 기준으로 하는 것이 불합리하다고 국토교통부장관이 인정하는 경우에는 분기별·월별 또는 일별 운항횟수를 기준으로 할 수 있다.

2. 위 표의 라목에 따른 과징금을 부과하는 경우 인명피해와 항공기 또는 공항시설의 피해가 같이 발생한 경우에는 해당 과징금의 금액을 합산하여 과징금을 부과하되, 합산하는 경우에도 과징금의 총액은 법 제59조제1항에 따른 금액을 초과할 수 없다.

3. 위 표의 라목1)부터 6)까지를 적용하는 경우 중상자 2명을 사망자 1명으로 보되, 소수점 이하는 버린다.

사업시행자 또는 항행안전시설설치자에 대한 위반행위의 종류별 과징금의 금액 (제52조제2항 관련)

1. 일반기준

가. 국토교통부장관은 다음의 어느 하나에 해당하는 경우에는 제2호에 따른 과징금 금액의 2분의 1 범위에서 그 금액을 줄일 수 있다. 다만, 과징금을 체납하고 있는 위반행위자의 경우에는 그렇지 않다.

1) 위반행위가 사소한 부주의나 오류로 인한 것으로 인정되는 경우
2) 위반행위자가 법 위반상태를 시정하거나 해소하기 위하여 노력한 사실이 인정되는 경우
3) 그 밖에 위반행위의 정도, 위반행위의 동기와 그 결과 및 위반 횟수 등을 고려하여 과징금 금액을 줄일 필요가 있다고 인정되는 경우

나. 국토교통부장관은 다음의 어느 하나에 해당하는 경우에는 제2호에 따른 과징금 금액의 2분의 1 범위에서 그 금액을 늘릴 수 있다. 다만, 법 제59조제1항에 따른 과징금 금액의 상한을 넘을 수 없다.

1) 위반의 내용·정도가 중대하여 공중에 미치는 영향이 크다고 인정되는 경우
2) 법 위반상태의 기간이 6개월 이상인 경우
3) 그 밖에 위반행위의 정도, 위반행위의 동기와 그 결과 및 위반 횟수 등을 고려하여 과징금 금액을 늘릴 필요가 있다고 인정되는 경우

2. 개별기준

위반행위	근거 법조문	과징금의 금액
가. 법 제7조제3항 또는 제44조제3항을 위반하여 국토교통부장관 외의 사업시행자 또는 항행안전시설설치자가 승인을 받지 않고 실시계획을 수립하거나 승인받은 사항을 변경한 경우	법 제58조제1항제2호	승인 또는 변경승인을 받지 않은 실시계획에 따라 시행한 공사금액의 100분의 1에 해당하는 금액. 다만, 공사금액의 100분의 1에 해당하는 금액이 5억원을 초과하는 경우 5억원으로 한다.
나. 법 제7조제3항 또는 제44조제3항에 따라 승인 또는 변경승인을 받은 실시계획을 위반한 경우	법 제58조제1항제3호	승인 또는 변경승인을 받은 실시계획을 위반하여 시행한 공사금액의 100분의 1에 해당하는 금액. 다만, 공사금액의 100분의 1에 해당하는 금액이 5억원을 초과하는 경우 5억원으로 한다.

비고: 공사금액은 설계도서에 기재된 공사금액으로 하되, 설계도서가 없는 경우 공사에 실제 소요된 금액으로 한다.

공항시설법 시행령 [별표 3] 〈개정 2019. 10. 8.〉

과태료의 부과기준(제57조 관련)

1. 일반기준

가. 위반행위의 횟수에 따른 과태료의 가중된 부과기준은 최근 1년간 같은 위반행위로 과태료 부과처분을 받은 경우에 적용한다. 이 경우 기간의 계산은 위반행위에 대하여 과태료 부과처분을 받은 날과 그 처분 후 다시 같은 위반행위를 하여 적발된 날을 기준으로 한다.

나. 가목에 따라 가중된 부과처분을 하는 경우 가중처분의 적용 차수는 그 위반행위 전 부과처분 차수(가목에 따른 기간 내에 과태료 부과처분이 둘 이상 있었던 경우에는 높은 차수를 말한다)의 다음 차수로 한다.

다. 부과권자는 다음의 어느 하나에 해당하는 경우에는 제2호에 따른 과태료 금액의 2분의 1 범위에서 그 금액을 줄일 수 있다. 다만, 과태료를 체납하고 있는 위반행위자의 경우에는 그렇지 않다.

1) 위반행위자가 「질서위반행위규제법 시행령」 제2조의2제1항 각 호의 어느 하나에 해당하는 경우

2) 위반행위가 사소한 부주의나 오류로 인한 것으로 인정되는 경우

3) 위반행위자가 법 위반상태를 시정하거나 해소하기 위하여 노력한 사실이 인정되는 경우

4) 그 밖에 위반행위의 정도, 위반행위의 동기와 그 결과 등을 고려하여 감경할 필요가 있다고 인정되는 경우

라. 부과권자는 다음의 어느 하나에 해당하는 경우에는 제2호에 따른 과태료 금액의 2분의 1 범위에서 그 금액을 늘릴 수 있다. 다만, 법 제69조에 따른 과태료 금액의 상한을 넘을 수 없다.

1) 위반의 내용·정도가 중대하여 공중에 미치는 영향이 크다고 인정되는 경우

2) 법 위반상태의 기간이 6개월 이상인 경우

3) 그 밖에 위반행위의 정도, 위반행위의 동기와 그 결과 등을 고려하여 가중할 필요가 있다고 인정되는 경우

2. 개별기준

(단위: 만원)

위반행위	근거 법조문	과태료 금액		
		1차 위반	2차 위반	3차 이상 위반
가. 법 제25조제5항을 위반하여 준공확인증명서를 받기 전에 이착륙장을 사용하거나 사용허가를 받지 않고 이착륙장을 사용한 경우	법 제69조 제1항제1호	250	400	500
나. 법 제32조제2항 또는 제50조제2항에 따라 사용료를 신고 또는 승인을 받지 않거나 신고 또는 승인한 사용료와 다르게 사용료를 받은 경우	법 제69조 제1항제2호			
1) 사용료를 신고하지 않은 경우		150	200	500
2) 신고한 사용료와 다르게 사용료를 받은 경우		150	300	500
3) 사용료를 승인받지 않은 경우		150	300	500
4) 승인 받은 사용료와 다르게 사용료를 받은 경우		250	400	500
다. 법 제36조제1항·제2항·제7항에 따른 표시등 및 표지를 설치 또는 관리하지 않은 경우	법 제69조 제1항제3호	250	400	500
라. 법 제36조제5항 또는 제6항을 위반하여 표시등 또는 표지의 설치·변경·철거에 관한 신고를 하지 않은 경우	법 제69조 제2항제1호	60	100	200
마. 법 제37조제2항에 따른 명령을 위반한 경우	법 제69조 제2항제2호	100	150	200
바. 공항운영자가 법 제39조제1항을 위반하여 인가를 받지 않고 공항운영규정을 변경한 경우	법 제69조 제1항제4호	250	400	500
사. 공항운영자가 법 제39조제2항을 위반하여 신고를 하지 않고 공항운영규정을 변경한 경우	법 제69조 제2항제3호	60	100	200
아. 공항운영자가 법 제39조제3항을 위반하여 공항운영규정을 변경하지 않은 경우	법 제69조 제1항제5호	250	400	500
자. 공항운영자가 법 제40조제1항을 위반하여 공항안전운영기준 및 공항운영규정에 따라 공항의 안전운영체계를 지속적으로 유지하지 않은 경우	법 제69조 제1항제6호	250	400	500

범칙행위 및 범칙금액(제58조 관련)

(단위: 만원)

범칙행위	근거 법조문	범칙금액	
		1차 위반	2차 위반
1. 법 제56조제6항제1호 및 같은 조 제7항을 위반한 영업행위	법 제72조제2항	8	16
2. 법 제56조제6항제2호 및 같은 조 제7항을 위반하여 시설을 무단으로 점유하는 행위	법 제72조제2항	8	16
3. 법 제56조제6항제3호 및 같은 조 제7항을 위반하여 상품 및 서비스의 구매를 강요하거나 영업을 목적으로 손님을 부르는 행위	법 제72조제2항	8	16
4. 법 제56조제6항제4호, 같은 조 제7항 및 이 영 제50조제1호를 위반하여 노숙하는 행위	법 제72조제2항	5	10
5. 법 제56조제6항제4호, 같은 조 제7항 및 이 영 제50조제2호를 위반하여 폭언 또는 고성방가 등 소란을 피우는 행위	법 제72조제2항	5	10
6. 법 제56조제6항제4호, 같은 조 제7항 및 이 영 제50조제3호를 위반하여 광고물을 설치·부착하거나 배포하는 행위	법 제72조제2항	5	10
7. 법 제56조제6항제4호, 같은 조 제7항 및 이 영 제50조제4호를 위반하여 기부를 요청하거나 물품을 배부 또는 권유하는 행위	법 제72조제2항	5	10
8. 법 제56조제6항제4호, 같은 조 제7항 및 이 영 제50조제5호를 위반하여 공항의 시설이나 주차장의 차량을 훼손하거나 더럽히는 행위	법 제72조제2항	5	10
9. 법 제56조제6항제4호, 같은 조 제7항 및 이 영 제50조제6호를 위반하여 공항운영자가 지정한 장소 외의 장소에 쓰레기 등의 물건을 버리는 행위	법 제72조제2항	5	10
10. 법 제56조제6항제4호, 같은 조 제7항 및 이 영 제50조제7호를 위반하여 무기, 폭발물 또는 가연성 물질을 휴대하거나 운반하는 행위(공항 내의 사업자 또는 영업자 등이 그 업무 또는 영업을 위하여 하는 경우는 제외한다)	법 제72조제2항	5	10
11. 법 제56조제6항제4호, 같은 조 제7항 및 이 영 제50조제8호를 위반하여 불을 피우는 행위	법 제72조제2항	5	10
12. 법 제56조제6항제4호, 같은 조 제7항 및 이 영 제50조제9호를 위반하여 내화구조와 소화설비를 갖춘 장소 또는 야외 외의 장소에서 가연성 또는 휘발성 액체를 사용하여 항공기, 발동기, 프로펠러 등을 청소하는 행위	법 제72조제2항	5	10
13. 법 제56조제6항제4호, 같은 조 제7항 및 이 영 제50조제10호를 위반하여 공항운영자가 정한 구역 외의 장소에 가연성 액체가스 등을 보관하거나 저장하는 행위	법 제72조제2항	5	10
14. 법 제56조제6항제4호, 같은 조 제7항 및 이 영 제50조제11호를 위반하여 흡연구역 외의 장소에서 담배를 피우는 행위	법 제72조제2항	5	10
15. 법 제56조제6항제4호, 같은 조 제7항 및 이 영 제50조제12호를 위반하여 기름을 넣거나 배출하는 작업 중인 항공기로부터 30미터 이내의 장소에서 담배를 피우는 행위	법 제72조제2항	5	10
16. 법 제56조제6항제4호, 같은 조 제7항 및 이 영 제50조제13호를 위반하여 기름을 넣거나 배출하는 작업이나 정비 또는 시운전 중인 항공기로부터 30미터 이내의 장소에 들어가는 행위(그 작업에 종사하는 사람은 제외한다)	법 제72조제2항	5	10
17. 법 제56조제6항제4호, 같은 조 제7항 및 이 영 제50조제14호를 위반하여 내화구조와 통풍설비를 갖춘 장소 외의 장소에서 기계칠을 하는 행위	법 제72조제2항	5	10
18. 법 제56조제6항제4호, 같은 조 제7항 및 이 영 제50조제15호를 위반하여 휘발성·가연성 물질을 사용하여 격납고 또는 건물 바닥을 청소하는 행위	법 제72조제2항	5	10
19. 법 제56조제6항제4호, 같은 조 제7항 및 이 영 제50조제16호를 위반하여 기름이 묻은 걸레 등의 폐기물을 해당 폐기물에 의하여 부식되거나 훼손될 수 있는 보관용기에 담거나 버리는 행위	법 제72조제2항	5	10

비고: 위반행위의 횟수에 따른 범칙금액의 부과기준은 최근 1년간 같은 위반행위로 범칙금 통고처분을 받은 경우에 적용한다. 이 경우 기간의 계산은 위반행위에 대하여 범칙금 통고처분을 받은 날과 그 처분 후 다시 같은 위반행위를 하여 적발된 날을 기준으로 한다.

공항시설법 시행규칙 [별표 1] 〈개정 2021. 8. 27.〉

공항시설 및 비행장 설치기준(제2조, 제3조 및 제16조 관련)

1. 육상비행장(공항을 포함한다. 이하 같다)은 가목의 육상비행장 분류기준과 항공기의 주(主) 날개 폭을 고려하여 정한 분류문자 및 주륜(主輪) 외곽의 폭에 따라 나목부터 마목까지의 설치기준에 적합한 활주로·착륙대와 유도로를 갖출 것. 다만, 지형조건 등을 고려하여 항공기의 안전운항에 지장이 없다고 국토교통부장관이 인정하는 경우에는 그렇지 않다.

가. 육상비행장의 분류기준

육상비행장을 사용하는 항공기의 최소이륙거리를 고려하여 정한 분류번호와 항공기의 주(主) 날개 폭을 고려하여 정한 분류문자에 따라 다음과 같이 분류한다.

분류요소 1		분류요소 2	
분류번호	항공기의 최소이륙거리	분류문자	항공기 주 날개 폭
1	800m 미만	A	15m 미만
2	800m 이상 1,200m 미만	B	15m 이상 24m 미만
3	1,200m 이상 1,800m 미만	C	24m 이상 36m 미만
		D	36m 이상 52m 미만
4	1,800m 이상	E	52m 이상 65m 미만
		F	65m 이상 80m 미만

나. 육상비행장의 분류번호별 착륙대 및 활주로 설치기준

<table>
<tr><th colspan="5" rowspan="2">구분</th><th colspan="5">분류번호</th></tr>
<tr><th colspan="2">1</th><th>2</th><th>3</th><th>4</th></tr>
<tr><td rowspan="8">착륙대</td><td rowspan="2">길이</td><td colspan="3" rowspan="2">활주로 시작선 및 활주로 끝선(정지로가 있는 경우에는 정지로 끝선)에서 연장한 거리</td><td>비계기용</td><td>계기용</td><td rowspan="2">60m 이상</td><td rowspan="2">60m 이상</td><td rowspan="2">60m 이상</td></tr>
<tr><td>30m 이상</td><td>60m 이상</td></tr>
<tr><td rowspan="3">폭</td><td rowspan="3">활주로 세로방향의 중심선에서 착륙대의 긴 변까지의 거리</td><td rowspan="2">계기용</td><td>정밀</td><td colspan="2">70m 이상</td><td>70m 이상</td><td>140m 이상</td><td>140m 이상</td></tr>
<tr><td>비정밀</td><td colspan="2">70m 이상</td><td>70m 이상</td><td>140m 이상</td><td>140m 이상</td></tr>
<tr><td colspan="2">비계기용</td><td colspan="2">30m 이상</td><td>40m 이상</td><td>75m 이상</td><td>75m 이상</td></tr>
<tr><td colspan="4">최대 끝선경사도</td><td colspan="2">2%</td><td>2%</td><td>1.75%</td><td>1.5%</td></tr>
<tr><td colspan="2" rowspan="2">최대 횡단경사도</td><td colspan="2">1. 정지구역(Grading area)</td><td colspan="2">3%</td><td>3%</td><td>2.5%</td><td>2.5%</td></tr>
<tr><td colspan="2">2. 정지구역 외의 구역</td><td colspan="2">5%</td><td>5%</td><td>5%</td><td>5%</td></tr>
<tr><td rowspan="3">활주로</td><td colspan="4">활주로 세로 방향의 중심선을 따라 최고표고와 최저표고의 차를 활주로의 길이로 나누어 산출한 최대 끝선경사도</td><td colspan="2">2%</td><td>2%</td><td>1%</td><td>1%</td></tr>
<tr><td colspan="2" rowspan="2">최대 끝선경사도</td><td colspan="2">1. 활주로 길이의 최초 및 최종 4분의 1 구간</td><td colspan="2">2%</td><td>2%</td><td>0.8%</td><td>0.8%</td></tr>
<tr><td colspan="2">2. 제1호 외의 활주로 구간</td><td colspan="2">2%</td><td>2%</td><td>1.5%</td><td>1.25%</td></tr>
</table>

비고: 1) 분류번호는 가목의 항공기의 최소이륙거리에 따른 분류번호를 말한다.
2) 착륙대의 횡단경사도 중 활주로, 활주로 갓길 또는 정지로(Stopway)에서부터 바깥쪽으로 3m 이내의 구간은 배수(排水)를 위해 아래쪽으로 경사지게 하고, 5퍼센트까지 허용할 수 있다.
3) 위 표에서 "정지구역(Grading area)"이란 항공기가 활주로를 이탈하는 경우에 대비하여 착륙대 중에서 국토교통부장관이 정해 고시하는 구역을 말한다.
4) 활주로 최대 끝선경사도 제1호란 중 분류번호 3의 경사도 0.8퍼센트는 CAT-II 또는 CAT-III인 정밀접근활주로의 경우만 해당한다.

다. 육상비행장의 분류문자별 활주로 및 유도로 설치기준

<table>
<tr><th colspan="2">주륜외곽의 폭(OMGWS)</th><th>4.5m 미만</th><th>4.5m 이상
6m 미만</th><th>6m 이상
9m 미만</th><th colspan="3">9m 이상 15m 미만</th></tr>
<tr><td colspan="2">직선유도로의 폭</td><td>7.5m</td><td>10.5m</td><td>15m</td><td colspan="3">23m</td></tr>
<tr><td colspan="2">분류문자</td><td>A</td><td>B</td><td>C</td><td>D</td><td>E</td><td>F</td></tr>
<tr><td rowspan="2">유도로</td><td>최대끝선경사도</td><td>3%</td><td>3%</td><td>1.5%</td><td>1.5%</td><td>1.5%</td><td>1.5%</td></tr>
<tr><td>최대횡단경사도</td><td>2%</td><td>2%</td><td>1.5%</td><td>1.5%</td><td>1.5%</td><td>1.5%</td></tr>
<tr><td>활주로</td><td>최대횡단경사도</td><td>2%</td><td>2%</td><td>1.5%</td><td>1.5%</td><td>1.5%</td><td>1.5%</td></tr>
</table>

비고: 1) 항공기 주륜외곽의 폭(outer main gear wheel span, OMGWS)은항공기 좌우 주기어의 외측 가장자리에서 측정한 직선거리를 말한다.
2) 활주로의 최대횡단경사도는 활주로 또는 유도로의 교차부분과 같이 완만한 경사가 필요한 곳을 제외하고는 1퍼센트 미만이어서는 안 된다.

라. 비행장의 착륙대 등급 분류기준

비행장의 종류	착륙대의 등급	활주로 또는 착륙대의 길이
육상비행장	A	2,550m 이상
	B	2,150m 이상2,550m 미만
	C	1,800m 이상2,150m 미만
	D	1,500m 이상1,800m 미만
	E	1,280m 이상1,500m 미만
	F	1,080m 이상1,280m 미만
	G	900m 이상1,080m 미만
	H	500m 이상 900m 미만
	J	100m 이상500m 미만
수상비행장	4	1,500m 이상
	3	1,200m 이상1,500m 미만
	2	800m 이상1,200m 미만
	1	1,800m 미만

비고: 활주로 또는 착륙대의 길이를 적용할 때 육상비행장의 경우에는 활주로의 길이를, 수상비행장의 경우에는 착륙대의 길이를 기준으로 한다.

마. 육상비행장 활주로의 폭

분류번호	항공기 주륜외곽의 폭(OMGWS)			
	4.5m 미만	4.5m 이상 6m 미만	6m 이상 9m 미만	9m 이상 15m 미만
1	18m	18m	23m	–
2	23m	23m	30m	–
3	30m	30m	30m	45m
4	–	–	45m	45m

비고: 1) 분류번호는 가목에 따른 항공기의 최소이륙거리에 따른 기준을 말한다.
2) 정밀접근 활주로의 폭은 분류번호가 1 또는 2인 경우에는 30m 이상이어야 한다.

2. 육상헬기장·옥상헬기장·선상헬기장·해상구조물헬기장에는 다음 표의 규격에 적합한 활주로·착륙대·유도로(설치하는 경우만 해당한다)를 갖출 것. 다만, 지형조건 등을 고려하여 항공기의 안전운항에 지장이 없다고 국토교통부장관이 인정하는 경우에는 그렇지 않다.

<table>
<tr><th colspan="3">구분</th><th>육상헬기장</th><th>옥상헬기장</th><th>선상 헬기장</th><th>해상구조물 헬기장</th></tr>
<tr><td rowspan="4">활주로</td><td colspan="2">길이</td><td colspan="4">항공기 크기의 1.2배 이상으로서 최소 15m 이상</td></tr>
<tr><td colspan="2">폭</td><td colspan="4">항공기 크기의 1.2배 이상으로서 최소 15m 이상</td></tr>
<tr><td colspan="2">최대 끝선 경사도</td><td>2%</td><td>2%</td><td rowspan="2">–</td><td rowspan="2">–</td></tr>
<tr><td colspan="2">최대 횡단 경사도</td><td>2.5%</td><td>2%</td></tr>
<tr><td rowspan="6">착륙대</td><td rowspan="2">비계기접근</td><td>길이</td><td colspan="2">활주로 양끝 경계면에서 항공기 크기의 0.5배 이상 확장한 값</td><td colspan="2">활주로 크기와 동일</td></tr>
<tr><td>폭</td><td colspan="2">활주로 양끝 경계면에서 항공기 크기의 0.5배 이상 확장한 값</td><td colspan="2">활주로 크기와 동일</td></tr>
<tr><td rowspan="2">비정밀 접근</td><td>길이</td><td colspan="2">활주로 양끝에서 60m 이상</td><td rowspan="2">–</td><td rowspan="2">–</td></tr>
<tr><td>폭</td><td colspan="2">활주로 중심선에서 양측으로 45m 이상</td></tr>
<tr><td colspan="2">최대 끝선 경사도</td><td colspan="2">2%</td><td rowspan="2">–</td><td rowspan="2">–</td></tr>
<tr><td colspan="2">최대 횡단 경사도</td><td colspan="2">2.5%</td></tr>
<tr><td rowspan="6">유도로</td><td>지상</td><td>폭</td><td>항공기 이착륙장치 폭의 2배 이상</td><td>항공기 이착륙장치 폭의 2배 이상</td><td>–</td><td>–</td></tr>
<tr><td>공중</td><td>폭</td><td>항공기 이착륙장치 폭의 2배 이상</td><td>항공기 이착륙장치 폭의 3배 이상</td><td>–</td><td>–</td></tr>
<tr><td>지상·공중</td><td>최대 끝선경사도</td><td colspan="2">3%</td><td>–</td><td>–</td></tr>
<tr><td>지상·공중</td><td>최대 횡단경사도</td><td colspan="2">3%</td><td>–</td><td>–</td></tr>
<tr><td>지상</td><td rowspan="2">유도로 중심선과 장애물과의 간격</td><td colspan="2">항공기 전체 폭의 0.75배 이상</td><td>–</td><td>–</td></tr>
<tr><td>공중</td><td colspan="2">항공기 전체 폭의 1배 이상</td><td>–</td><td>–</td></tr>
</table>

비고: 1) 항공기 크기란 해당 헬기장에 사용 예정인 가장 큰 회전익 항공기의 주 회전날개를 포함한 전체 길이와 폭 중 큰 값 말한다.
2) 이착륙장치 폭이란 바퀴 또는 스키드의 바깥쪽 간의 거리를 말한다.

3. 육상비행장과 육상헬기장에 설치하는 활주로·유도로 및 에이프런(Apron, 격납고의 광장을 말한다. 이하 같다)은 항공기의 운항을 충분히 견딜 수 있는 강도일 것

4. 육상비행장과 육상헬기장의 활주로 및 유도로는 항공기의 항행안전을 위해 국토교통부장관이 정해 고시하는 상호간 거리와 접속점에서의 각도 및 형상을 유지할 수 있을 것

5. 육상비행장에는 활주로와 유도로의 양측과 에이프런의 가장자리에 국토교통부장관이 정해 고시하는 폭·강도 및 표면을 가진 갓길(Shoulder)을 설치할 것

6. 육상헬기장과 수상헬기장에는 해당 헬기장 출발경로·진입경로·장주비행경로에서 비행 중인 회전익항공기의 동력장치가 정지된 경우에 지상 또는 수상에 있는 사람 또는 물건에 위험을 초래하지 않고 착륙할 장소가 있을 것

7. 건축물 또는 구조물위에 설치하는 옥상헬기장에는 제2호부터 제6호까지의 기준 외에 다음 각 목의 시설 또는 설비를 갖출 것. 다만, 착륙대를 제외한 시설 또는 설비는 해당 헬기장의 운영에 지장이 없는 범위에서 해당 건축물이나 구조물의 시설 또는 설비로 대체할 수 있다.

가. 항공기의 탈락 방지시설(낙하 방지용 안전망이 있는 경우는 제외한다)

나. 연료의 유출 방지시설

다. 일반인의 접근 통제를 위한 보안시설

라. 소방 및 안전설비 등 국토교통부장관이 정해 고시하는 시설 또는 설비

8. 수상비행장에는 착륙대의 등급별로 다음 표에 적합한 착륙대, 선회수역 및 유도수로를 갖출 것. 이 경우 세부적인 기준은 국토교통부장관이 정해 고시한다.

착륙대의 등급		1	2	3	4
착륙대	폭	60m 이상	60m 이상	60m 이상	100m 이상
	수심	1.8m 이상(착륙대의 길이가 200m 미만의 경우 1등급 착륙대의 수심은 수상항공기의 제원에 따라 1.2m까지 완화할 수 있다)			
선회수역	지름	120m 이상(중심점은 착륙대의 긴변과 짧은변이 만나는 유도수로에 가까운 직각점)			
유도수로	폭	40m 이상	40m 이상	40m 이상	45m 이상
	수심	1.2m 이상	1.2m 이상	1.2m 이상	1.8m 이상
주변장애물과의 허용거리	• 착륙대 측면과 최근접 장애물 사이의 허용거리는 최소 30m • 선회수역 측면과 최근접 장애물 사이의 허용거리는 최소 15m • 유도수로 측면과 최근접 장애물 사이의 허용거리는 최소 15m				

9. 수상헬기장에는 착륙대의 등급별로 다음 표의 규격에 적합한 착륙대와 유도수로(설치하는 경우만 해당한다)를 갖출 것

구분		시설기준
착륙대	길이	사용 예정 항공기 투영면 길이의 5배 이상
	폭	사용 예정 항공기 투영면 폭의 3배 이상
유도수로의 폭		사용 예정 항공기 투영면 폭의 2배 이상

10. 수상비행장과 수상헬기장의 착륙대, 선회수역 및 유도수로는 간조 시에도 충분한 깊이가 확보되도록 하고, 해당 수면의 상태가 항공기의 안전한 항행에 적합하도록 할 것

11. 해상구조물헬기장에는 국토교통부장관이 정해 고시하는 착륙대, 장애물이 없는 구역 등을 갖출 것

12. 국토교통부장관이 정해 고시하는 공항 또는 비행장 표지시설을 할 것

13. 여객용 항공운송사업에 이용되는 회전익항공기의 모기지(母基地, 항공기 등록 시의 정치장을 말한다)는 국토교통부장관이 인정하는 경우를 제외하고는 다음 표의 시설기준에 적합한 시설 및 설비를 갖출 것

등급구분	시설기준
1급	가. 활주로·착륙대: 제2호에 따른 설치기준에 적합할 것 나. 계류장: 항공기 4대 이상을 계류할 수 있는 면적 이상 다. 터미널: 연건평 300제곱미터 이상 라. 주차장: 1천200제곱미터 이상 마. 소방 및 안전설비: 국제민간항공기구에서 정하는 기술상의 기준에 적합한 설비 바. 격납고: 항공기 1대 이상 보관할 수 있는 면적 이상 사. 정비설비, 급유설비 및 유·무선통신설비를 설치할 것
2급	가. 활주로·착륙대: 제2호에 따른 설치기준에 적합할 것 나. 계류장: 항공기 2대 이상을 계류할 수 있는 면적 이상 다. 터미널: 연건평 300제곱미터 이상 라. 주차장: 800제곱미터 이상 마. 소방 및 안전설비: 국제민간항공기구에서 정하는 기술상의 기준에 적합한 설비 바. 정비설비, 급유설비 및 유·무선통신설비를 설치할 것
3급	가. 활주로·착륙대: 제2호에 따른 설치기준에 적합할 것 나. 계류장: 항공기 1대 이상을 계류할 수 있는 면적 이상 다. 터미널: 연건평 60제곱미터 이상 라. 주차장: 300제곱미터 이상 마. 소방 및 안전설비: 국제민간항공기구에서 정하는 기술상의 기준에 적합한 설비 바. 정비설비, 급유설비 및 유·무선통신설비를 설치할 것
4급	가. 활주로·착륙대: 제2호의 설치기준에 적합할 것 나. 터미널: 연건평 40제곱미터 이상 다. 주차장: 150제곱미터 이상 라. 소방 및 안전설비: 국제민간항공기구에서 정하는 기술기준에 적합한 설비 마. 정비설비, 급유설비 및 유·무선통신설비를 설치할 것

14. 항공교통업무를 수행하는 비행장에는 다음 각 목의 시설을 갖출 것

가. 항행안전무선시설: 항공안전을 확보하고 결항률을 낮추기 위한 해당 비행장의 여건에 적합한 시설

나. 항공등화: 국토교통부장관이 정해 고시하는 기준에 적합한 시설

다. 다음의 항공정보통신시설

1) 항공기 및 비행장 내 차량 등과 교신하는 데 필요한 초단파(VHF) 항공이동통신시설(필요 시 극초단파(UHF) 항공이동통신시설 포함)

2) 조난 등 비상시에 항공기 및 비행장 내 차량 등과 교신하는 데 필요한 초단파 (VHF) 121.5MHz 및 극초단파(UHF) 243.0MHz 항공이동통신시설

3) 관련 항공교통업무기관 및 항공기상기관 등과 항공정보를 송수신할 수 있는 항공고정통신시스템(AFTN/MHS) 또는 음성통신제어시설 등의 항공정보통신시설

4) 공항정보방송시설(ATIS) 또는 디지털공항정보방송시설(D-ATIS)(국토교통부장관이 정해 고시하는 비행장만 해당한다)

5) 비행장관제업무용인 경우에는 관제탑과 해당 비행장으로부터 45km 거리 내의 항공기 간에 직접적이고 전파간섭 없이 양방향통신을 할 수 있는 항공이동통신시설을 갖출 것. 이 경우 기동지역 안에서 교통

통제를 위해 필요한 경우 별도의 통신채널을 갖추어야 한다.

6) 접근관제업무용인 경우에는 관제를 받는 항공기와 신속하게 직접적이고 계속적이며 전파간섭 없이 양방향통신을 할 수 있는 항공이동통신시설을 갖출 것. 이 경우 관제기관이 독립된 기관인 경우에는 전용통신채널을 갖추어야 한다.

7) 지역관제업무용인 경우에는 비행정보구역에서 비행하는 항공기와 신속하게 직접적이고 계속적이며 전파간섭 없이 양방향통신을 할 수 있는 항공이동통신시설을 갖출 것

8) 비행정보업무용인 경우에는 비행정보구역에서 비행하는 항공기와 신속하게 직접적이고 계속적이며 전파간섭 없이 양방향통신을 할 수 있는 항공이동통신시설을 갖출 것

9) 1)부터 8)까지의 항공이동통신시설이 항공교통관제업무에 사용되는 경우에는 모든 채널에 대한 녹음시설을 갖출 것

라. 다음의 항공기상시설

1) 바람(풍향 및 풍속)·기압·습도·온도·강우·강설·시정(視程: 식별 가능 최대 거리)·구름양·구름고도(Ceiling: 하늘의 5/8 이상을 가리는 최하층 구름고도를 말한다), 기상기후 등의 측정 및 보고 시설

2) 해당 비행장을 이용하는 항공기 운항에 필요한 항공기상예보시설

마. 항공기지상이동통제시설[공항지상감시레이더(ASDE: Airport Surface Detection Equipment), 지상이동유도통제시스템(SMGCS: Surface Movement Guidance and Control System) 및 레이더정보현시관제탑장비(BRITE) 등을 말하며 국토교통부장관이 정해 고시하는 비행장만 해당한다]

바. 관제탑시설(관제권이 지정된 경우만 해당한다)

사. 접근관제소시설(국토교통부장관이 정해 고시하는 비행장 또는 장소만 해당한다)

아. 항공기상황표시정보시설(ASDS: Aircraft Situation Display System)(국토교통부장관이 정해 고시하는 비행장 또는 장소만 해당한다)

자. 그 밖에 항공교통업무 수행에 필요한 사항으로서 국토교통부장관이 정해 고시하는 시설

15. 「자연재해대책법」 제20조 및 「지진·화산재해대책법」 제14조에 따라 국토교통부장관이 정해 고시하는 내풍설계기준 및 내진설계기준에 적합하게 설치할 것

16. 그 밖에 비행장의 설치에 필요한 사항으로서 국토교통부장관이 정해 고시하는 시설 또는 설비 기준에 적합할 것

공항시설법 시행규칙 [별표 2] 〈개정 2021. 6. 11.〉

장애물 제한표면의 기준(제4조 관련)

1.비행방식에 따른 장애물 제한표면의 종류

가. 계기비행방식에 의한 접근(이하 "계기접근"이라 한다) 중 계기착륙시설 또는 정밀접근레이더를 이용한 접근(이하 "정밀접근"이라 한다)에 사용되는 활주로(수상비행장 및 수상헬기장에서는 착륙대를 말한다. 이하 같다)가 설치되는 비행장(수상비행장은 제외한다)

1) 원추표면
2) 수평표면
3) 진입표면 및 내부진입표면
4) 전이표면 및 내부전이표면
5) 착륙복행표면(着陸復行表面, 착륙 실패 후 다시 항행을 시도하는 항공기를 보호하기 위한 표면)

나. 계기접근이 아닌 접근(이하 "비계기접근"이라 한다) 및 정밀접근이 아닌 계기접근(이하 "비정밀접근"이라 한다)에 사용되는 활주로가 설치되는 비행장. 다만, 항공기의 직진입(直進入) 이착륙 절차만 수립되어 있는 수상비행장의 경우에는 원추표면 및 수평표면에 대하여 적용하지 않는다.

1) 원추표면
2) 수평표면
3) 진입표면
4) 전이표면

2. 장애물 제한표면 종류별 설정기준

가. 원추표면(수평표면의 원주로부터 바깥쪽 위로 경사도를 갖는 표면을 말한다. 이하 같다)

1) 원추표면의 범위는 수평표면의 원주와 수평표면의 원주 바깥쪽 위로 정하는 경사도 및 높이에 의해 정해지는 위쪽 가장자리를 포함해 [표 3-1]과 같이 한다. 다만, 수상비행장의 경우에는 [표 3-2]와 같이 한다.
2) 원추표면의 경사도는 수평표면 원주의 수직인 면에서 측정해야 한다.
3) 수상비행장에 대해서는 직진입(直進入) 이착륙 절차만 수립된 경우에는 원추표면을 적용하지 않는다.

[표 3-1] 우리나라의 항공협정체결현황(2022년 1월 31일 현재)

구분	A, B	C, D	E, F, G, H, J	A	B	C	D, E, F, G, H, J
거리(미터)	1,100	800	600	1,100	800	500	400
경사도(퍼센트)	5	5	5	5	5	5	5
높이(미터)	55	40	30	55	40	25	20

[표 3-2] 원추표면의 거리·경사도 및 높이(수상비행장에 적용한다)

구분	비계기접근			
	1	2	3	4
거리(미터)	600	600	600	600
경사도(퍼센트)	5	5	5	5
높이(미터)	30	30	30	30

나. 수평표면(비행장 및 그 주변의 위쪽에 수평한 평면을 말한다. 이하 같다)

1) 수평표면의 원호 중심은 다음과 같다.

가) 육상비행장에서는 활주로 중심선 끝에서 60미터 연장한 지점

나) 수상비행장에서는 착륙대 중심선 끝 지점

다) 비계기접근또는 비정밀접근에 사용되는 육상헬기장, 옥상헬기장, 선상헬기장 및 수상헬기장에서는 착륙대 중심선의 끝 지점

2) 수평표면의 범위는 가목에 따른 수평표면의 원호를 중심으로 그린 각각의 원호의 접선을 연결하는 면으로 한다.

3) 수평표면의 높이는 각 활주로 중심선의 끝(수상비행장 및 수상헬기장에서는 착륙대) 높이 중 가장 높은 점을 기준으로 수직상방 45미터로 한다.

4) 수평표면의 반지름의 길이는 다음과 같다.

가) 육상비행장 및 수상비행장에서는 착륙대의 등급별로 [표 3-3]에서 정하는 반지름

나) 비계기접근 또는 비정밀접근에 사용되는 육상헬기장, 수상헬기장, 옥상헬기장, 선상헬기장에서는 200미터

5) 수상비행장에 대해서는 직진입(直進入) 이착륙 절차만 수립되어 있는 경우에는 수평표면을 적용하지 않는다.

[표 3-3] 수평표면의 반지름 길이

비행장의 종류	착륙대의 등급	반지름	비행장의 종류	착륙대의 등급	반지름
육상 비행장	A	4천m	수상 비행장	4	2천5백m
	B	3천5백m		3	2천m
	C	3천m		2	2천m
	D	2천5백m		1	1천8백m
	E	2천m			
	F	1천8백m			
	G	1천5백m			
	H	1천m			
	J	8백m			

다. 진입표면(활주로 시단 또는 착륙대 끝의 앞에 있는 경사도를 갖는 표면을 말한다)

1) 진입표면의 범위는 다음과 같다.

가) 육상비행장에서는 진입표면의 활주로 중심선에 직각이고 수평이며 활주로 시단(始端)에서 60미터 떨어진 지점의 착륙대 폭(이하 "내측저변"이라 한다)

나) 수상비행장에서는 착륙대 중심선에 직각이고 수평이며 착륙대 끝 지점의 착륙대 폭

다) 비계기접근 또는 비정밀접근에 사용되는 육상헬기장, 옥상헬기장, 선상헬기장 및 수상헬기장에서는 착륙대 중심선에 직각이고 수평이며 착륙대 끝 지점의 착륙대 폭

라) 내측저변 양 끝을 기점으로 하고 활주로 중심선의 연장으로부터 규정된 비율로 균등하게 넓힌 2개의 옆변

마) 내측저변과 평행한 바깥쪽 윗변

바) 활주로(수상비행장 및 수상헬기장에서는 착륙대) 중심선의 연장선에 중심을 두는 사다리꼴 형 표면

2) 내측저변의 표고는 활주로 시단의 중앙지점(수상비행장 및 수상헬기장에 서는 착륙대)의 표고와 같아야 한다.

3) 진입표면의 경사도는 수평으로 1만5천미터 이하에서 50분의 1 이상 범위에서 다음과 같이 해야 한다.

가) 계기접근 중 계기착륙시설 또는 정밀접근에 사용되는 육상비행장 및 수상비행장의 착륙대에서는 착륙대 중심선의 연장 3천미터 지점까지는 50분의 1 이상, 3천미터에서 1만5천미터 지점까지는 40분의 1 이상으로 한다.

나) 비정밀접근 및 비계기접근에 사용되는 육상비행장 및 수상비행장의 착륙대에서는 [표 3-4]에서 정하는 경사도로 한다.

[표 3-4] 비정밀접근 및 비계기접근에 사용되는 진입표면의 경사도

비행장의 종류	착륙대의 등급	경사도
육상비행장	A, B, C, D	40분의 1
	E, F	40분의 1 이상 30분의 1 이하의 범위에서 국토교통부장관이 지정하는 경사도
	G	25분의 1
	H, J	20분의 1
수상비행장	4	40분의 1(3,000m)
	3	30분의 1(3,000m)
	2	25분의 1(2,500m)
	1	20분의 1(1,600m)

다) 비계기접근 또는 비정밀접근에 사용되는 헬기장의 착륙대에서는 8분의 1로 한다. 다만, 국토교통부장관은 그 헬기장의 입지조건을 고려하여 특히 필요하다고 인정하는 경우에는 20분의 1 이상 8분의 1 미만의 범위에서 그 경사도를 따로 정할 수 있다.

4) 진입표면 긴 바깥쪽 변의 착륙대 긴 변의 연장선에 대한 경사도는 계기접근을 할 때에는 100분의 15, 비계기접근을 할 때에는 100분의 10으로 해야 한다. 다만, 헬기장에서는 그 경사도를 100분의 27로 해야 한다.

5) 진입표면의 경사도는 활주로(수상비행장 및 수상헬기장에서는 착륙대) 중심선을 포함하는 수직면 내에서 측정해야 한다.

6) 진입표면이 지표면 또는 수면에 수직으로 투영된 구역(이하 "진입구역"이라 한다)의 길이는 계기접근을 할 때에는 1만5천미터, 비계기접근을 할 때에는 육상비행장은 3천미터, 수상비행장은 **[표 3-4]**의 길이로 한다. 다만, 헬기장 진입구역의 길이는 1천미터로 한다.

라. 내부진입표면(활주로 시단 바로 앞에 있는 진입표면의 직사각형 부분을 말한다. 이하 같다)

1) 내부진입표면의 범위는 다음과 같다.

가) 내부진입표면의 내측저변의 위치는 진입표면의 내측저변과 일치

나) 내측저변의 양 끝에서 시작하는 내부진입표면의 옆변은 활주로 중심선을 포함한 수직면에 대해 평행으로 뻗은 2개의 옆변

다) 바깥쪽 윗변은 내측저변과 평행하고 동일한 길이

2) 내부진입표면의 규격 및 경사도는 **[표 3-5]**와 같아야 한다.

마. 전이표면(착륙대의 옆변 및 진입표면 옆변의 일부에서 수평표면에 연결되는 바깥쪽 위로 경사도를 갖는 복합된 표면을 말한다. 이하 같다)

1) 전이표면의 범위는 다음과 같다.

가) 수평표면과 진입표면의 옆변 교점을 기점으로 하여 진입표면의 옆변을 따라 진입표면의 내측저변까지 내려가고, 그 곳에서부터 활주로 중심선에 평행으로 착륙대 길이를 따라 계속되는 아래쪽 가장자리

나) 수평표면의 평면에 위치하는 위쪽 가장자리

2) 아래쪽 가장자리 위의 임의의 점의 표고는 다음과 같다.

가) 진입표면 옆변을 따라서는 그 점에서의 진입표면의 표고

나) 착륙대를 따라서는 가장 가까운 활주로 중심선의 표고

3) 전이표면의 경사도는 아래쪽 가장자리에서 바깥쪽 위로 7분의 1로 해야 한다. 다만, 수상비행장의 전이표면 경사도는 착륙대 등급 1, 2는 5분의 1(20퍼센트), 착륙대 등급 3, 4는 7분의 1(14.3퍼센트)로 한다.

4) 헬기장의 전이표면 경사도

가) 헬기장의 전이표면의 경사도는 2분의 1로 한다. 다만, 국토교통부장관은 그 헬기장의 입지조건을 고려하여 특히 필요하다고 인정하는 경우에는 4분의 1 이상 2분의 1 미만의 범위에서 그 경사도를 따로 정할 수 있다.

나) 가)에도 불구하고 착륙대의 하나의 긴 변(이하 "갑긴변"이라 한다) 측의 전이표면의 경사도는 착륙대의 다른 긴 변(이하 "을긴변"이라 한다) 바깥쪽에 해당 착륙대의 짧은 변의 길이의 2배의 범위 안에 을긴변으로부터 착륙대의 바깥쪽 위로 10분의 1의 경사도가 있는 평면의 위로 나오는 물건이 없고, 갑긴변의 바깥쪽으로 해당 헬기장을 사용할 것이 예상되는 회전익항공기의 회전지름의 4분의 3의 거리의 범위 안에 착륙대의 최고점을 포함하는 수평면의 위로 나오는 물건이 없는 경우에는 2분의 1 이상 1분의 1 이하의 경사도로 할 수 있다.

5) 전이표면의 경사도는 활주로 중심선에 직각인 수직면에서 측정해야 한다.

바. 내부전이표면(활주로에 더욱 가깝고 전이표면과 닮은 표면을 말한다)

1) 내부전이표면의 범위는 다음과 같다.

가) 내부진입표면의 끝부분을 기점으로 하여 내부진입표면의 옆변을 따라 그 표면의 내측저변까지 내리고 그 곳에서부터 활주로 중심선에 평행으로 착륙대를 따라서 착륙복행표면의 옆변을 따라 오르고 그 옆변이 수평표면과 교차하는 점에 이르는 아래쪽 가장자리

나) 수평표면의 평면에 위치하는 위쪽 가장자리

2) 아래쪽 가장자리 위의 임의의 점의 표고는 다음과 같다.

가) 내부진입표면 및 착륙복행표면의 옆변을 따라서는 각 표면의 표고

나) 착륙대를 따라서는 가장 가까운 활주로 중심선의 표고

3) 내부전이표면의 경사도는 **[표 3-5]**와 같이 해야 한다.

4) 내부전이표면의 경사도는 활주로 중심선에 직각인 수직면에서 측정해야 한다.

사. 착륙복행표면(내부전이표면 사이의 시단 이후로 규정된 거리에서 연장되는 경사진 표면을 말한다)

1) 착륙복행표면의 범위는 다음과 같다.

가) 활주로 시단 이후로 [표 3-5]에서 정한 거리에 위치하고 활주로 중심선에 직각이고 수평인 내측저변

나) 내측저변의 양끝을 기점으로 하고 활주로 중심선을 포함한 수직면으로부터 [표 3-5]에서 정한 비율로 균등하게 확장하는 2개의 옆변

다) 내측저변과 평행하고 수평표면에 위치하는 위쪽 가장자리

2) 내측저변의 표고는 내측저변의 위치에서 활주로 중심선의 표고와 같아야 한다.

3) 내측저변의 규격 및 경사도는 [표 3-5]와 같이 해야 한다.

4) 착륙복행표면의 경사도는 활주로 중심선을 포함하는 수직면에서 측정해야 한다.

아. 장애물 제한표면의 기준을 적용할 때에는 높이와 경사도는 기준 값 이하로 해야 하고, 그 밖의 규격에 대해서는 기준 값 이상으로 해야 한다.

[표 3-5] **내부진입표면, 내부전이표면, 착륙복행표면의 규격 및 경사도**

표면	규 격[1]	정밀접근(CAT-I)		정밀접근(CAT-II, III)
		착륙대의 등급		
		F, G, H, J	A ~ E	A ~ E
내부진입표면	폭	90m	120m[2]	120m[2]
	활주로 시단에서의 거리	60m	60m	60m
	길이	900m	900m	900m
	경사도	2.5%	2%	2%
내부전이표면	경사도	40%	33.3%	33.3%
	내측저변의 길이	90m	120m[2]	120m[2]
착륙복행표면	활주로 시단에서의 거리	착륙대 종단까지의 거리	1,800m[3]	1,800m[3]
	확산율(양측)	10%	10%	10%
	경사도	4%	3.33%	3.33%

비고: 1) 모든 규격은 특별히 지정하는 경우를 제외하고는 수평으로 측정해야 한다.
2) 별표 1 제1호가목의 분류문자 F의 경우에는 140미터로 한다. 다만, 항공기 복행(go-around) 기동시 미리 수립된 항적을 유지할 수 있는 조종능력을 제공해주는 자동항법장치(Digital avionics)를 장착한 항공기에 대해서는 120미터로 할 수 있다.
3) 1,800미터 또는 활주로의 종단(終端)까지의 거리 중 짧은 거리를 말한다.

공항시설법 시행규칙 [별표 3] 〈개정 2021. 8. 27.〉

항공등화의 종류(제6조 관련)

1. 비행장등대(Aerodrome Beacon): 항행 중인 항공기에 공항·비행장의 위치를 알려주기 위해 공항·비행장 또는 그 주변에 설치하는 등화
2. 비행장식별등대(Aerodrome Identification Beacon): 항행 중인 항공기에 공항·비행장의 위치를 알려주기 위해 모르스부호에 따라 켜지고 꺼지는 등화
3. 진입등시스템(Approach Lighting Systems): 착륙하려는 항공기에 진입로를 알려주기 위해 진입구역에 설치하는 등화
4. 진입각지시등(Precision Approach Path Indicator): 착륙하려는 항공기에 착륙 시 진입각의 적정 여부를 알려주기 위해 활주로의 외측에 설치하는 등화
5. 활주로등(Runway Edge Lights): 이륙 또는 착륙하려는 항공기에 활주로를 알려주기 위해 그 활주로 양측에 설치하는 등화
6. 활주로시단등(Runway Threshold Lights): 이륙 또는 착륙하려는 항공기에 활주로의 시단을 알려주기 위해 활주로의 양 시단(始端)에 설치하는 등화
7. 활주로시단연장등(Runway Threshold Wing Bar Lights): 활주로시단등의 기능을 보조하기 위해 활주로 시단 부분에 설치하는 등화
8. 활주로중심선등(Runway Center Line Lights): 이륙 또는 착륙하려는 항공기에 활주로의 중심선을 알려주기 위해 그 중심선에 설치하는 등화
9. 접지구역등(Touchdown Zone Lights): 착륙하고자 하려는 항공기에 접지구역을 알려주기 위해 접지구역에 설치하는 등화
10. 활주로거리등(Runway Distance Marker Sign): 활주로를 주행 중인 항공기에 전방의 활주로 종단(終端)까지의 남은 거리를 알려주기 위해 설치하는 등화
11. 활주로종단등(Runway End Lights): 이륙 또는 착륙하려는 항공기에 활주로의 종단을 알려주기 위해 설치하는 등화
12. 활주로시단식별등 (Runway Threshold Identification Lights): 착륙하려는 항공기에 활주로 시단의 위치를 알려주기 위해 활주로 시단의 양쪽에 설치하는 등화
13. 선회등(Circling Guidance Lights): 체공 선회 중인 항공기가 기존의 진입등시스템과 활주로등만으로는 활주로 또는 진입지역을 충분히 식별하지 못하는 경우에 선회비행을 안내하기 위해 활주로의 외측에 설치하는 등화

14. 유도로등(Taxiway Edge Lights): 지상주행 중인 항공기에 유도로·대기지역 또는 계류장 등의 가장자리를 알려주기 위해 설치하는 등화

15. 유도로중심선등(Taxiway Center Line Lights): 지상주행 중인 항공기에 유도로의 중심·활주로 또는 계류장의 출입경로를 알려주기 위해 설치하는 등화

16. 활주로유도등(Runway Leading Lighting Systems): 활주로의 진입경로를 알려주기 위해 진입로를 따라 집단으로 설치하는 등화

17. 일시정지위치등(Intermediate Holding Position Lights): 지상 주행 중인 항공기에 일시 정지해야 하는 위치를 알려주기 위해 설치하는 등화

18. 정지선등(Stop Bar Lights): 유도정지 위치를 표시하기 위해 유도로의 교차부분 또는 활주로 진입정지 위치에 설치하는 등화

19. 활주로경계등(Runway Guard Lights): 활주로에 진입하기 전에 멈추어야 할 위치를 알려주기 위해 설치하는 등화

20. 풍향등(Illuminated Wind Direction Indicator): 항공기에 풍향을 알려주기 위해 설치하는 등화

21. 지향신호등 (Signalling Lamp, Light Gun): 항공교통의 안전을 위해 항공기 등에 필요한 신호를 보내기 위해 사용하는 등화

22. 착륙방향지시등(Landing Direction Indicator): 착륙하려는 항공기에 착륙의 방향을 알려주기 위해 T자형 또는 4면체형의 물건에 설치하는 등화

23. 도로정지위치등(Road-holding Position Lights): 활주로에 연결된 도로의 정지위치에 설치하는 등화

24. 정지로등(Stop Way Lights): 항공기를 정지시킬 수 있는 지역의 정지로에 설치하는 등화

25. 금지구역등(Unserviceability Lights): 항공기에 비행장 안의 사용금지 구역을 알려주기 위해 설치하는 등화

26. 활주로회전패드등(Runway Turn Pad Lights): 활주로 회전패드에서 항공기가 180도 회전하는데 도움을 주기 위하여 설치하는 등화

27. 항공기주기장식별표지등(Aircraft Stand Identification Sign): 주기장(駐機場)으로 진입하는 항공기에 주기장을 알려주기 위해 설치하는 등화

28. 항공기주기장안내등(Aircraft Stand Maneuvering Guidance Lights): 시정(視程)이 나쁠 경우 주기위치 또는 제빙(除氷)·방빙시설(防氷施設)을 알려주기 위해 설치하는 등화

29. 계류장조명등(Apron Floodlighting): 야간에 작업을 할 수 있도록 계류장에 설치하는 등화

30. 시각주기유도시스템(Visual Docking Guidance System): 항공기에 정확한 주기위치를 안내하기 위해 주기장에 설치하는 등화

31. 유도로안내등(Taxiway Guidance Sign): 지상 주행 중인 항공기에 목적지, 경로 및 분기점을 알려주기 위해 설치하는 등화

32. 제빙·방빙시설출구등(De/Anti-Icing Facility Exit Lights): 유도로에 인접해 있는 제빙·방빙시설을 알려주기 위해 출구에 설치하는 등화

33. 비상용등화(Emergency Lighting): 항공등화의 고장 또는 정전에 대비하여 갖춰 두는 이동형 비상등화

34. 헬기장등대(Heliport Beacon): 항행 중인 헬기에 헬기장의 위치를 알려주기 위해 헬기장 또는 그 주변에 설치하는 등화

35. 헬기장진입등시스템(Heliport Approach Lighting System): 착륙하려는 헬기에 그 진입로를 알려주기 위해 진입구역에 설치하는 등화

36. 헬기장진입각지시등(Heliport Approach Path Indicator): 착륙하려는 헬기에 착륙할 때의 진입각의 적정 여부를 알려주기 위해 설치하는 등화

37. 시각정렬안내등(Visual Alignment Guidance System): 헬기장으로 진입하는 헬기에 적정한 진입 방향을 알려주기 위해 설치하는 등화

38. 진입구역등(Final Approach & Take-off Area Lights): 헬기장의 진입구역 및 이륙구역의 경계 윤곽을 알려주기 위해 진입구역 및 이륙구역에 설치하는 등화

39. 목표지점등(Aiming Point Lights): 헬기장의 목표지점을 알려주기 위해 설치하는 등화

40. 착륙구역등(Touchdown & Lift-off Area Lighting System): 착륙구역을 조명하기 위해 설치하는 등화

41. 견인지역조명등(Winching Area Floodlighting): 야간에 사용하는 견인지역을 조명하기 위해 설치하는 등화

42. 장애물조명등(Floodlighting of Obstacles): 헬기장 지역의 장애물에 장애등을 설치하기가 곤란한 경우에 장애물을 표시하기 위해 설치하는 등화

43. 간이접지구역등(Simple Touchdown Zone Lights): 착륙하려는 항공기에 복행을 시작해도 되는지를 알려주기 위해 설치하는 등화

44. 진입금지선등(No-entry Bar): 교통수단이 부주의로 인하여 탈출전용 유도로용 유도로에 진입하는 것을 예방하기 위해 하는 등화

45. 고속탈출유도로지시등(Rapid Exit Taxiway Indicator lights): 활주로에서 가장 가까운 고속탈출유도로에 대한 정보를 제공하는 등화

46. 활주로상태등(Runway Status Lights): 활주로에서 항공기와 항공기 또는 항공기와 차량과의 충돌을 예방하기 위해 설치하는 등화

공항시설·비행장시설 관리기준(제19조제1항 관련)

1. 공항(비행장을 포함한다. 이하 같다)을 제16조에 따른 설치기준에 적합하도록 유지할 것
2. 시설의 기능 유지를 위하여 점검·청소 등을 할 것
3. 개수나 그 밖의 공사를 하는 경우에는 필요한 표지의 설치 또는 그 밖의 적절한 조치를 하여 항공기의 항행을 방해하지 않게 할 것
4. 법 제56조 및 「항공보안법」 제21조제1항에 따른 금지행위에 관한 홍보안내문을 일반인이 보기 쉬운 곳에 게시할 것
5. 법 제56조제1항에 따라 출입이 금지되는 지역에 경계를 분명하게 하는 표지 등을 설치하여 해당 구역에 사람·차량 등이 임의로 출입하지 않도록 할 것
6. 항공기의 화재나 그 밖의 사고에 대처하기 위하여 필요한 소방설비와 구난설비를 설치하고, 사고가 발생했을 때에는 지체 없이 필요한 조치를 할 것. 다만, 공항에 대해서는 다음 각 목의 비상사태에 대처하기 위하여 「국제민간항공조약」 부속서 14에 따라 공항 비상계획을 수립하고 이에 필요한 조직·인원·시설 및 장비를 갖추어 비상사태가 발생하면 지체 없이 필요한 조치를 할 것
가. 공항 및 공항 주변 항공기사고
나. 항공기의 비행 중 사고와 지상에서의 사고
다. 폭탄위협 및 불법납치사고
라. 공항의 자연재해
마. 응급치료를 필요로 하는 사고
7. 천재지변이나 그 밖의 원인으로 항공기의 이륙·착륙이 저해될 우려가 있는 경우에는 지체 없이 해당 비행장의 사용을 일시 정지하는 등 위해를 예방하기 위하여 필요한 조치를 할 것
8. 관계 행정기관 및 유사시에 지원하기로 협의된 기관과 수시로 연락할 수 있는 설비를 갖출 것
9. 다음 각 목의 사항이 기록된 업무일지를 갖춰 두고 1년간 보존할 것
가. 시설의 현황
나. 시행한 공사내용(공사를 시행하는 경우만 해당한다)
다. 재해, 사고 등이 발생한 경우에는 그 시각·원인·상황과 이에 대한 조치
라. 관계기관과의 연락사항
마. 그 밖에 공항의 관리에 필요한 사항

10. 공항 및 공항 주변에서의 항공기 운항 시 조류충돌을 예방하게 하기 위하여 「국제민간항공조약」 부속서 14에서 정한 조류충돌 예방계획(오물처리장 등 새들을 모이게 하는 시설 또는 환경을 만들지 아니하는 것을 포함한다)을 수립하고 이에 필요한 조직·인원·시설 및 장비를 갖출 것. 이 경우 조류충돌 예방과 관련된 세부사항은 국토교통부장관이 정하여 고시하는 기준에 따라야 한다.

11. 항공교통업무를 수행하는 시설에는 다음 각 목의 절차를 갖출 것

가. 제16조제14호에 따른 시설의 관리·운영 절차

나. 관할 공역 내에서의 항공기의 비행절차

다. 항행안전시설에 적합한 항공기의 계기비행방식에 의한 이륙 및 착륙 절차

라. 관할 공역 내의 항공기·차량 및 사람 등에 대한 항공교통관제절차, 지상이동통제절차, 공역관리절차, 소음절감비행통제절차 및 경제운항절차

마. 관할 공역 내의 관련 항공안전정보를 수집 및 가공하여관련 항공기·차량·시설 및 다른 항공정보통신시설 등에 제공하는 절차

바. 항공교통관제량에 적합한 적정 수의 항공교통관제업무 수행요원의 확보, 교육훈련 및 업무 제한의 절차

사. 그 밖에 항공교통업무 수행에 필요한 사항으로 국토교통부장관이 따로 정하여 고시하는 시설의 관리절차

12. 공항운영자는 국토교통부장관이 고시하는 기준에 따라 대기질·수질·토양 등 환경 및 온실가스관리가 포함된 공항환경관리계획을 매년 수립하고 이에 필요한 조직·인원·시설 및 장비를 갖출 것

13. 격납고내에 있는 항공기의 무선시설을 조작하지 말 것. 다만, 지방항공청장의 승인을 얻은 경우에는 그렇지 않다.

14. 항공기의 급유 또는 배유를 하는 경우에는 다음 각 호에 따라 시행할 것

가. 다음의 경우에는 항공기의 급유 또는 배유를 하지 말 것

1) 발동기가 운전 중이거나 또는 가열상태에 있을 경우

2) 항공기가 격납고 기타 폐쇄된 장소 내에 있을 경우

3) 항공기가 격납고 기타의 건물의 외측 15미터 이내에 있을 경우

4) 필요한 위험예방조치가 강구되었을 경우를 제외하고 여객이 항공기내에 있을 경우

나. 급유 또는 배유중의 항공기의 무선설비, 전기설비를 조작하거나 기타 정전, 화학방전을 일으킬 우려가 있을 물건을 사용하지 말 것

다. 급유 또는 배유장치를 항상 안전하고 확실히유지할 것

라. 급유 시에는 항공기와 급유장치 간에 전위차(電位差)를 없애기 위하여 전도체로 연결(Bonding)을 할 것. 다만, 항공기와 지면과의 전기저항 측정치 차이가 1메가옴 이상인 경우에는 추가로 항공기 또는 급유장치를 접지(Grounding)시킬 것

15. 공항을 관리·운영하는 자는 법 제31조제1항에 따라 다음 각 호의 사항이 포함된 관리규정을 정하여 관리

해야 할 것

가. 공항의 운용시간

나. 항공기의 활주로 또는 유도로 사용방법을 특별히 규정하는 경우에는 그 방법

다. 항공기의 승강장, 화물을 싣거나 내리는 장소, 연료·자재 등의 보급장소, 항공기의 정비나 점검장소, 항공기의 정류장소 및 그 방법을 지정하려는 경우에는 그 장소 및 방법

라. 법 제32조에 따른 사용료와 그 수수 및 환불에 관한 사항

마. 공항의 출입을 제한하려는 경우에는 그 제한방법

바. 공항 안에서의 행위를 제한하려는 경우에는 그 제한 대상 행위

사. 시계비행 또는 계기비행의 이륙·착륙 절차의 준수에 관한 사항과 통신장비의 설치 및 기상정보의 제공 등 항공기의 안전한 이륙·착륙을 위하여 국토교통부장관이 정하여 고시하는 사항

아. 그 밖에 공항의 관리에 관하여 중요한 사항

16. 「항공보안법」 제12조에 따른 보호구역(이하 "보호구역"이라 한다)에서 지상조업, 항공기의 견인 등에 사용되는 차량 및 장비는 공항운영자에게 다음 각 호의 서류를 갖추어 등록해야 하며, 등록된 차량 및 장비는 공항관리·운영기관이 정하는 바에 의하여 안전도 등에 관한 검사를 받을 것.

가. 차량 및 장비의 제원과 소유자가 기재된 등록신청서 1부

나. 소유권 및 제원을 증명할 수 있는 서류

다. 차량 및 장비의 앞면 및 옆면 사진 각1매

라. 허가 등을 받았음을 증명할 수 있는 서류의 사본 1부(당해차량 및 장비의 등록이 허가 등의 대상이 되는 사업의 수행을 위하여 필요한 경우에 한정한다)

17. 공항구역에서 차량 또는 장비의 사용 및 취급에 대하여는 다음 각 호에 따를 것. 다만, 긴급한 경우에는 예외로 한다.

가. 보호구역에서는 공항운영자가 승인한 자(「항공보안법」 제13조에 따라 차량 등의 출입허가를 받은 자를 포함한다) 이외의 자는 차량 등을 운전하지 아니할 것

나. 격납고내에 있어서는 배기에 대한 방화 장치가 있는 트랙터를 제외하고는 차량 등을 운전하지 아니할 것

다. 공항에서 차량 등을 주차하는 경우에는 공항운영자가 정한 주차구역 안에서 공항운영자가 정한 규칙에 따라 이를 주차하지 아니할 것

라. 차량 등의 수선 및 청소는 공항운영자가 정하는 장소 이외의 장소에서 행하지 아니할 것

마. 공항구역에 정기로 출입하는 버스 및 택시 등은 공항운영자가 승인한 장소 이외의 장소에서 승객을 승강시키지 아니할 것

공항시설법 시행규칙 [별표 4의2] 〈신설 2018. 6. 27.〉

항공업무 수행자에 대한 처분기준(제19조의3 관련)

1. 일반기준

가. 위반행위의 횟수에 따른 처분의 기준은 최근 1년간 같은 위반행위로 처분을 받은 경우에 적용한다. 이 경우 위반횟수는 같은 위반행위에 대하여 처분을 한 날과 그 처분 후 다시 같은 위반행위를 하여 적발된 날을 각각 기준으로 하여 계산한다.

나. 가목에 따라 가중된 부과처분을 하는 경우 가중처분의 적용 차수는 그 위반행위 전 부과처분 차수(가목에 따른 기간 내에 처분이 둘 이상 있었던 경우에는 높은 차수를 말한다)의 다음 차수로 한다.

다. 처분권자는 다음의 어느 하나에 해당하는 경우에는 제2호의 개별기준에 따른 처분의 2배 범위에서 그 처분기간을 늘릴 수 있다. 다만, 법 제31조의2제2항에 따른 처분기준의 상한을 넘을 수 없다.

1) 위반의 내용 및 정도가 중대하고, 이로 인한 피해가 크다고 인정되는 경우
2) 법 위반상태의 기간이 1개월 이상인 경우
3) 그 밖에 위반행위의 정도, 위반행위의 동기와 그 결과 등을 고려하여 처분을 가중할 필요가 있다고 인정되는 경우

2. 개별기준

위반행위	근거 법조문	처분기준
가. 공항운영자의 사전승인을 받지 않고 차량을 운전하거나 장비 등을 사용한 경우	법 제31조의2 제1항제1호	
1) 승인을 받지 않고 차량을 운전 또는 사용한 경우		1차 위반 : 업무정지 10일 2차 위반 : 업무정지 20일 3차 위반 : 업무정지 40일
2) 거짓 또는 부정한 방법으로 승인을 받은 경우		운전업무승인취소명령
나. 공항운영자에게 등록되지 않은 차량을 사용한 경우	법 제31조의2 제1항제2호	1차 위반 : 업무정지 3일 2차 위반 : 업무정지 5일 3차 위반 : 업무정지 10일
다. 보호구역에 설치되거나 표시된 교통안전 관련 시설 또는 표지를 훼손한 경우	법 제31조의2 제1항제3호	1차 위반 : 업무정지 1일 2차 위반 : 업무정지 3일 3차 위반 : 업무정지 7일
라. 제한속도 및 안전거리 유지의무 등을 위반한 경우	법 제31조의2 제1항제4호	
1) 제한속도를 10km/h 미만 초과한 경우		1차 위반 : 운전업무정지명령 1일 2차 위반 : 운전업무정지명령 2일 3차 위반 : 운전업무정지명령 4일
2) 제한속도를 10km/h 이상 초과한 경우		1차 위반 : 운전업무정지명령 2일 2차 위반 : 운전업무정지명령 4일 3차 위반 : 운전업무정지명령 8일
3) 주행 중인 차량을 추월한 경우		1차 위반 : 운전업무정지명령 2일 2차 위반 : 운전업무정지명령 4일 3차 위반 : 운전업무정지명령 8일
4) 지상에서 이동 중인 항공기의 앞을 가로지르거나 주기 중인 항공기 밑으로 운행한 경우		1차 위반 : 업무정지 5일 2차 위반 : 업무정지 7일 3차 위반 : 업무정지 15일
마. 항공기 이동에 지장을 초래할 수 있는 장비, 부품, 이물질 등을 활주로 및 유도로 등에 방치하거나 공항운영자가 지정한 장소가 아닌 장소에 가연성 물질 등 위험물을 보관 또는 저장한 경우	법 제31조의2 제1항제5호	
1) 항공기 이동에 지장을 초래할 수 있는 이물질, 장비, 부품 등을 활주로 및 유도로 등에 방치한 경우		1차 위반 : 업무정지 3일 2차 위반 : 업무정지 5일 3차 위반 : 업무정지 10일
2) 공항운영자가 지정한 구역이 아닌 다른 장소에 가연성 물질 등 위험물을 보관하거나 저장한 경우		1차 위반 : 업무정지 1일 2차 위반 : 업무정지 3일 3차 위반 : 업무정지 5일
바. 보호구역에서 사람, 차량 또는 장비관련 사고 발생 시 즉시 신고를 하지 아니한 경우	법 제31조의2 제1항제6호	1차 위반 : 업무정지 5일 2차 위반 : 업무정지 10일 3차 위반 : 업무정지 20일
사. 보호구역에서 흡연(공항운영자가 지정한 장소에서의 흡연은 제외), 음주 또는 환각제 복용을 하거나 환각제 복용한 상태에서 업무를 수행한 경우	법 제31조의2 제1항제7호	

위반행위	근거 법조문	처분기준
1) 보호구역 내에서 흡연, 음주 또는 환각제를 복용하거나 음주 또는 환각제 복용 상태에서 업무(운전업무는 제외한다)를 수행한 경우		1차 위반 : 업무정지 3일 2차 위반 : 업무정지 5일 3차 위반 : 업무정지 10일
2) 음주 또는 환각제 복용 상태에서 운전업무를 수행한 경우		운전업무승인취소명령
아. 그 밖에 안전사고의 예방과 차량 및 장비의 안전운행을 위한 안전관리기준을 위반한 경우	법 제31조의2 제1항제8호	
1) 항공기 및 차량 등의 연료가 유출된 경우 즉시 공항운영자에게알리지 않거나 이를 제거하는등의 필요한 조치를 취하지 않은경우		1차 위반 : 업무정지 3일 2차 위반 : 업무정지 5일 3차 위반 : 업무정지 10일
2) 승차정원 및 화물적재량을 초과하여 운행한 경우		1차 위반 : 운전업무정지명령 1일 2차 위반 : 운전업무정지명령 2일 3차 위반 : 운전업무정지명령 4일
3) 일시정지선을 준수하지 않거나 공항운영자가 지정한 구역 외의 장소에 차량 및 장비를 주차하거나 정차한 경우		1차 위반 : 운전업무정지명령 1일 2차 위반 : 운전업무정지명령 2일 3차 위반 : 운전업무정지명령 4일
4) 차량 및 장비 운행 중전방을 주시하지 않거나 휴대전화 사용 등 안전운행에 방해가 되는 행위를 한 경우		1차 위반 : 운전업무정지명령 2일 2차 위반 : 운전업무정지명령 4일 3차 위반 : 운전업무정지명령 8일
5) 공항운영자가 정하는 방법에따라 차량 및 장비를 견인하지아니한 경우		1차 위반 : 운전업무정지명령 1일 2차 위반 : 운전업무정지명령 2일 3차 위반 : 운전업무정지명령 4일
6) 공항운영자가 정하는 방법에따라 차량·장비 등에 대한 안 전검사를 실시하지 않은 경우		1차 위반 : 업무정지 3일 2차 위반 : 업무정지 5일 3차 위반 : 업무정지 10일

비고: 처분기준에서 사용하는 용어의 의미는 다음 각 호와 같다.

1) 업무정지: 일정기간 공항시설 보호구역에서 항공업무 수행자가 소속기관에서 부여받은 업무(운전업무를 제외한다)를 정지하는 것을 말한다.
2) 운전업무정지: 일정기간 공항시설 보호구역에서 운전업무 종사를 정지하는 것을 말한다.
3) 운전승인 취소: 공항시설 보호구역에서의 운전승인을 취소한 것을 말한다.

공항시설법 시행규칙 [별표 5] 〈개정 2021. 6. 11.〉

지방항공청장이 징수하는 사용료의 종류 및 산정기준(제20조제1항 관련)

1. 시설종류별 사용료 계산의 방법 및 금액

가. 토지·건물 등의 사용료: 토지·건물·공작물 또는 기계·기구의 사용료는 「국유재산법」이 정하는 바에 의하여 계산한 금액으로 한다.

나. 항행안전시설 사용료: 항공로구성을 위하여 설치하는 항행안전시설의 사용료로서 항공기(국제 항공에 취항하는 항공기에 한정한다)의 착륙 또는 통과비행 1회마다 다음의 구분에 의한 금액

1) 피스톤 항공기
   가) 도착의 경우에는 11만6천210원
   나) 항로를 통과하는 경우에는 5만8천100원
   다) 항로가 아닌 곳을 통과하는 경우에는 2만9천50원

2) 터보 항공기
   가) 도착의 경우에는 17만4천310원
   나) 항로를 통과하는 경우에는 8만7천150원
   다) 항로가 아닌 곳을 통과하는 경우에는 4만3천580원

3) 제트 항공기
   가) 도착의 경우에는 23만2천410원
   나) 항로를 통과하는 경우에는 15만7천210원
   다) 항로가 아닌 곳을 통과하는 경우에는 5만8천100원

2. 사용료의 감면

가. 지방항공청장은 제1호에도 불구하고 다음 각 목의 어느 하나에 해당하는 경우 항행안전시설 사용료를 면제한다.

1) 기상악화, 천재·지변 또는 긴급환자의 발생 등 부득이한 사유(정비결함 등 항공사에 책임이 있는 사유를 제외한다. 이하 같다)로 공항을 이륙한 후 2시간 이내에 그 공항으로 다시 돌아오는 항공기
2) 기상악화로 공항에 불시착한 후 목적지 공항(대한민국의 공항에 한정한다)을 향하여 이륙하는 항공기

다만, 불시착한 항공기가 불시착한 공항에서 여객 또는 화물의 일부 또는 전부를 내린 경우에는 그렇지 않다. 이 경우 불시착한 항공기가 불시착한 공항에서 항행안전시설 사용료를 납부한 경우에는 목적지 공항에서의 항행안전시설 사용료를 면제한다.

3) 천재·지변 또는 긴급환자의 발생 등 부득이한 사유로 공항에 불시착한 후 목적지 공항을 향하여 이륙하는 항공기. 다만, 불시착한 항공기가 불시착한 공항에서 여객 또는 화물의 전부를 내린 경우에는 그렇지 않다. 이 경우 불시착한 항공기가 불시착한 공항에서 항행안전시설 사용료를 납부한 경우에는 목적지 공항에서의 항행안전시설 사용료를 면제한다.

4) 외교상의 목적이나 공용에 사용되는 항공기

5) 「항공안전법」 제36조제3항에 따라 시험비행을 하는 항공기

6) 다음의 어느 하나에 해당하는 자가 실시하는 조종훈련을 하는 항공기

가) 「항공안전법」 제48조제1항에 따라 국토교통부장관이 지정한 전문교육기관

나) 「항공사업법」 제2조제10호 및 제12호에 따른 국내항공운송사업자 및 국제항공운송사업자, 같은 법 제2조제14호 및 제16호에 따른 소형항공운송사업자 및 같은 법 제134조에 따른 항공기사용사업자

다) 「고등교육법」 제2조제1호에 따른 대학 또는 이와 동등 이상의 교육기관

7) 행정상의 명령에 의하여 착륙 또는 이륙하는 항공기

나. 지방항공청장은 제1호에도 불구하고 다음의 어느 하나에 해당하는 항공기에 대해서는 다음의 구분에 따라 항행안전시설 사용료를 감경할 수 있다.

1) 전년도의 공항시설 이용실적이 공항의 여객처리능력(여객청사면적을 기준으로 한 처리능력을 말한다)의 30퍼센트 이하인 공항 중 공항시설의 이용을 촉진하기 위하여 지방항공청장이 지정한 공항에 착륙하거나 이륙하는 항공기: 항행안전시설 사용료의 50퍼센트

2) 재해 또는 재난 등에 따른 항공운송여건 악화로 경제적 위기에 처해 있는 항공운송사업자가 운항하는 항공기: 항행안전시설 사용료의 50퍼센트 이내

3. 사용료의 징수방법

가. 면허를 받은 국내항공운송사업자, 국제항공운송사업자, 소형항공운송사업자 및 항공기사용사업자(공항을 정치장으로 등록한 항공기 소유자를 포함한다)가 사용하는 항공기의 운항에 의한 각종 사용료는 계약에 의하여 납부하도록 하되, 납부기일은 사용료의 납부사유가 발생한 날이 속하는 달의 다음 달 말일 내로 한다. 다만, 재해 또는 재난 등에 따른 항공운송 여건의 악화로 경제적 위기에 처해있는 항공운송사업자에 대해서는 항행안전시설 사용료의 납부기한을 연장할 수 있다.

나. 가목 외의 자가 일시적으로 운항허가를 받아 사용하는 항공기의 운항에 의한 사용료는 납부사유가 발생

한 때에 납부하고, 그 밖의 사용료는 계약에 의하여 징수하되, 납부기일은 사용료의 납부사유가 발생한 날이 속하는 달의 다음 달 말일 내로 한다. 다만, 토지·건물·공작물 및 기계·기구를 사용하는 경우에는 계약과 동시에 납부하도록 하되, 사용료가 50만원을 초과하는 때에 한하여 연 4회 이내로 분할하여 납부하게 할 수 있고, 분할하여 납부하는 경우의 그 납부 잔액에 대하여는 연 8퍼센트의 이자를 붙여 함께 납부하게 할 수 있다.

다. 사용료 중 10원 미만의 단수가 있는 때에는 이를 계산하지 않는다.

공항시설법 시행규칙 [별표 5의2] 〈신설 2021. 6. 11.〉

공항운영자가 징수하는 사용료의 종류 및 산정기준(제20조제1항 관련)

1. 사용료의 종류

가. 착륙료
나. 조명료
다. 정류료
라. 여객공항사용료
마. 촬영 및 광고료
바. 토지, 건물, 상업시설 등 사용료
사. 주차장 사용료
아. 계류장 사용료
자. 그 밖의 공항시설 또는 비행장시설의 사용 또는 이용으로서 공항운영자가 징수할 필요가 있다고 인정하는 사용 또는 이용에 대한 대가

2. 사용료의 산정기준

다음 각 목의 사용료는 같은 구분에 따른 기준에 따라 사용료를 산정해야 한다.
가. 착륙료: 항공기의 최대 이륙중량
나. 조명료: 조명을 받는 항공기의 수
다. 정류료: 항공기의 무게 및 정류시간

3. 사용료의 감면

가. 공항운영자는 기상악화, 천재지변, 긴급환자의 발생 등 부득이한 사정으로 감면이 필요하다고 인정하면 제1호에 따른 사용료를 감면할 수 있다.
나. 공항운영자는 다음의 어느 하나에 해당하는 항공기의 점검 등을 위해 스스로 운항을 중지하는 항공기에 대해서는 제1호다목에 따른 사용료를 면제할 수 있다. 다만, 「항공안전법」 제93조의 정비규정에 따른 정기점검

이나 고장·결함 등 항공운송사업자의 책임 있는 사유로 운항을 정지하는 항공기에 대해서는 그렇지 않다.

1) 설계·제작 결함이 있는 항공기

2) 안전사고 예방을 위해 점검이 필요한 항공기

3) 제1호 및 제2호에 준하는 항공기로서 운항을 정지할 필요가 있는 항공기

공항시설법 시행규칙 [별표 6]

비행장설치자와 협의하여 설치할 수 있는 장애물의 기준(제22조제1항제6호 관련)

1. 일반적인 기준

가. 수평표면 또는 원추표면에서 장애물(수목을 제외한 자연 장애물 또는 비행장 설치의 고시 당시 건설 중이거나 이미 건설된 건축물·구조물을 말한다. 이하 이 호에서 같다)을 기준으로 활주로를 향한 전면 및 측면 방향으로 건축물·구조물을 설치하는 경우에는 장애물의 정상으로부터 가장 가까운 활주로의 중심선을 향하여 하방경사도가 10분의 1인 경사면이 수평표면 또는 원추표면과 만나는 경계면의 높이보다 낮은 건축물·구조물

나. 수평표면 또는 원추표면에서 장애물을 기준으로 활주로를 향한 반대방향으로 건축물·구조물을 설치하는 경우에는 장애물 정상의 높이보다 낮은 건축물·구조물

다. 진입표면의 활주로 중심선에 직각이고 수평이며 활주로 시단에서 60미터 떨어진 지점의 착륙대 폭(이하 "내측저변"이라 한다)으로부터 3천미터 밖에서 장애물을 기준으로 활주로를 향한 반대방향으로 건축물·구조물을 설치하는 경우에는 장애물 정상의 높이와 같거나 낮은 건축물·구조물

2. 일반적인 기준에 따른 항공장애물제한구역 내의 차폐설정 세부 적용기준

가. 전이표면: 차폐를 적용하지 않는다.

나. 수평표면 및 원추표면에 대한 차폐기준은 다음과 같다.

1) 차폐적용은 장애물(수목을 제외한 자연 장애물 또는 비행장 설치의 고시 당시 건설 중이거나 이미 건설된 건축물·구조물을 말한다. 이하 같다)의 정상에서 가장 가까운 활주로의 중심선을 향한 선(이하 "기준선"이라 한다)을 기준으로 한다.

2) 전면·측면 및 후면의 구분은 장애물 정상에서 기준선의 좌측 및 우측으로 45도 선을 그어 전면(**그림 3.1** "A"), 측면 (**그림 3.1** "C") 및 후면(**그림 3.1** "B")으로 구분한다.

3) 차폐물로 허용할 수 있는 범위는 다음 각 호를 모두 포함해야 한다.

가) 전면(**그림 3.1** "A")은 장애물로부터 하방경사도 10분의 1의 경사면이 수평표면·원추표면 및 전이표면의 연장면과 만나는 아랫부분으로 한다(**표 3-6** 참조).

나) 후면(**그림 3.1** "B")은 장애물의 높이로 원추표면과 교차하거나 원추표면의 끝부분까지 연장한 평면의 아랫부분으로 한다(**표 3-6** 참조).

다) 측면(**그림 3.1** "C")은 후면의 경계선에서 하방경사도 10분의 1의 경사면이 수평표면·원추표면 및 전이표면의 연장면과 만나는 아랫부분으로 한다(**표 3-6** 참조).

라) 전이표면 또는 진입표면의 경계부분(**그림 3.1** "E")은 전이표면이나 진입표면 외측경계선에서 상방경사도 7분의 1의 경사면(**그림 3.1** "E")의 아랫부분으로 한다(**표 3-6** 참조).

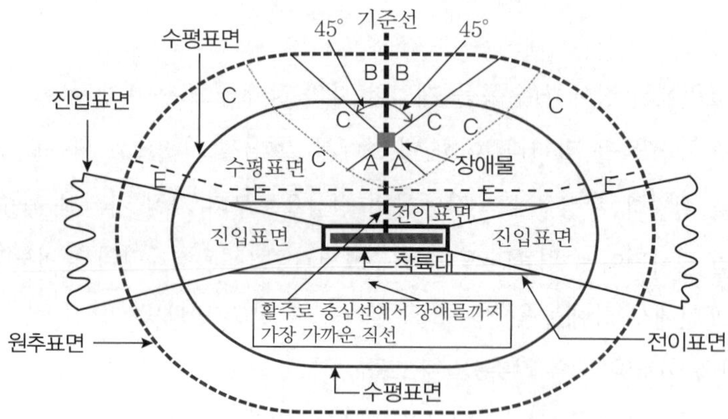

그림 3.1 수평표면 및 원추표면에서의 장애물 차폐 적용 평면도

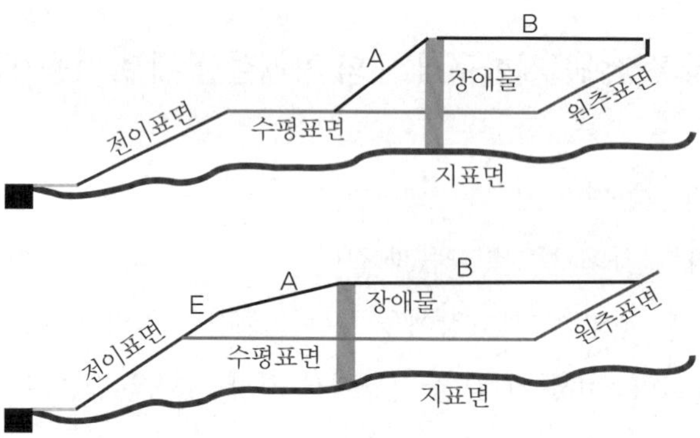

그림 3.2 수평표면 및 원추표면에서의 장애물 차폐 적용 측면도

[표 3-6] **수평표면 및 원추표면에서의 장애물 차폐**

구분	명칭	경사도
A	전면	장애물 기준 하방 10분의 1의 경사면
B	후면	장애물의 높이와 같은 평면
C	측면	후면의 경계선에서 하방 10분의 1의 경사면
E	전이표면 또는 진입표면의 경계부분	기존의 전이표면이나 진입표면 외측에서 상방 7분의 1의 경사면

4) 철탑이나 산과 같이 장애물의 정상이 구별되는 경우에는 전면과 측면의 기준을 한 지점으로 설정할 수 있으며, 그 외에는 여러 지점을 기준점으로 설정할 수 있다.

5) 차폐를 적용하는 경우에는 국토교통부장관이 정하여 고시하는 항공학적 검토기준에 따른 항공학적 검토결과 해당 활주로에서 운용 중인 계기비행 항공기의 이착륙절차와 시계비행 항공기의 비행절차 운영 등 항공기 안전운항에 지장을 가져오지 않아야 한다.

6) 차폐의 적용의 기준이 되는 장애물은 장애물 제한표면 내부에 존재해야 한다.

다. 진입표면에 대한 차폐기준은 다음의 각 목의 요건을 모두 충족한 경우에만 차폐를 허용한다.

1) 진입표면의 활주로 중심선에 직각이고 수평이며 활주로 시단에서 60 미터 떨어진 지점의 착륙대 폭으로부터 3천 미터 밖의 진입표면

2) 진입표면의 후면(장애물의 정상에서 활주로를 향한 반대방향으로 기준선의 좌측 및 우측으로 45도 선을 그어 장애물 정상의 높이와 같거나 낮은 면을 말한다)

3) 장애물의 후면 방향으로 수평거리 152 미터 이내인 경우

항공기의 비행안전 확인 기준(제22조제3항 관련)

1. 비계기접근에 사용되는 활주로가 있는 비행장의 경우

가. 진입표면 또는 전이표면을 침투하는 새로운 물체를 설치하거나 기존의 물체가 확장되지 않도록 할 것

나. 수평표면 또는 원추표면을 침투하는 새로운 물체를 설치하거나 기존의 물체가 확장되지 않도록 할 것. 다만, 지방항공청장이 침투하는 장애물이 제거하기 곤란한 자연 장애물(수목은 제외한다. 이하 같다) 또는 기존의 고정물체에 의하여 차폐(遮蔽)된다고 인정하거나 항공학적 검토 결과에 따라 항공기 안전운항에 악영향을 미칠 우려가 없다고 판단되는 경우에는 그렇지 않다.

다. 원추표면, 수평표면, 진입표면 및 전이표면을 침투하는 기존의 물체는 제거할 것. 다만, 지방항공청장이 침투하는 장애물이 제거하기 곤란한 자연 장애물 또는 기존의 고정물체에 의하여 차폐된다고 인정하거나 항공학적 검토 결과에따라 항공기의 안전운항에 악영향을 미칠 우려가 없다고 판단되는 경우에는 그렇지 않다.

2. 비정밀접근에 사용되는 활주로가 있는 비행장의 경우

가. 내측저변으로부터 3천 미터 이내의 진입표면 또는 전이표면을 침투하는 새로운 물체를 설치하거나 기존의 물체가 확장되지 않도록 할 것

나. 진입표면의 내측저변에서 3천 미터 밖의 진입표면, 원추표면 또는 수평표면을 침투하는 새로운 물체를 설치하거나 기존의 물체가 확장되지 않도록 할 것. 다만, 지방항공청장이 침투하는 장애물이 제거하기 곤란한 자연 장애물 또는 기존의 고정물체에 의하여 차폐된다고 인정하거나 항공학적 검토 결과에 따라 항공기 안전운항에 악영향을 미칠 우려가 없다고 판단되는 경우에는 그렇지 않다.

다. 원추표면, 수평표면, 진입표면 및 전이표면을 침투하는 기존의 물체는 제거할 것. 다만, 지방항공청장이 침투하는 장애물이 제거하기 곤란한 자연 장애물 또는 기존의 고정물체에 의하여 차폐된다고 인정하거나 항공학적 검토 결과에 따라 항공기 안전운항에 악영향을 미칠 우려가 없다고 판단되는 경우에는 그렇지 않다.

3. 정밀접근에 사용되는 활주로가 있는 비행장의 경우

가. 어떠한 고정물체(기능상 착륙대 내에 위치해야 하는 구조물로서 부러지기 쉬운 구조물은 제외한다)도 내부

진입표면, 내부전이표면 및 착륙복행표면을 침투하지 않도록 할 것

나. 항공기의 착륙을 위하여 활주로를 사용하고 있는 동안에는 이동성 물체가 내부진입표면, 내부전이표면 및 착륙복행표면을 침투하지 않도록 할 것

다. 진입표면 또는 전이표면을 침투하는 새로운 물체를 설치하거나 기존의 물체가 확장되지 않도록 할 것

라. 수평표면 또는 원추표면을 침투하는 새로운 물체를 설치하거나 기존의 물체가 확장되지 않도록 할 것. 다만, 지방항공청장이 침투하는 장애물이 제거하기 곤란한 자연 장애물 또는 기존의 고정물체에 의하여 차폐된다고 인정하거나 항공학적 검토 결과에 따라 항공기 안전운항에 악영향을 미칠 우려가 없다고 판단되는 경우에는 그렇지 않다.

마. 원추표면, 수평표면, 진입표면 및 전이표면을 침투하는 기존의 물체를 제거할 것. 다만, 지방항공청장이 침투하는 장애물이 제거하기 곤란한 자연 장애물 또는 기존의 고정물체에 의하여 차폐된다고 인정하거나 항공학적 검토 결과에 따라 항공기 안전운항에 악영향을 미칠 우려가 없다고 판단되는 경우에는 그렇지 않다.

공항시설법 시행규칙 [별표 8] 〈개정 2021. 8. 27.〉

항공학적 검토 기준 및 방법(제23조 관련)

항공기의 비행안전 여부를 판단하기 위하여 항공학적 검토에는 다음 각 호의 사항을 포함해야 한다. 이 경우 항공학적 검토 기준 및 방법 등에 관하여 필요한 세부사항은 국토교통부장관이 정하여 고시한다.

1. 기존 또는 계획된(Proposed) 시계비행절차, 교통장주(Traffic Pattern: 비행장 상공을 도는 경로), 시계비행 보고지점에 대한 안전성
2. 기존 또는 계획된(Proposed) 계기비행절차에 대한 안전성
가. 도착절차구역, 착륙절차구역, 출발절차구역, 선회접근구역 및 레이더 유도(Vector) 비행구역과의 안전 분리[정밀접근절차인 경우에는 충돌위험모델(CRM)에 의한 위험성을 포함한다]
나. 최저항공로고도(MEA), 최저장애물회피고도(MOCA), 최저레이더유도고도(MVA), 최저 계기비행규칙 고도(MIA), 최저안전고도(MSA), 최저통과고도(MCA), 최저체공고도(MHA)의 영향
3. 시각(Visual Approach)의 영향
4. 공항 중장기개발계획(Airport Master Plan)에 대한 영향
5. 기존 또는 계획된 항행안전시설, 통신, 레이더 및 관제시스템 시설에 대한 물리적·전자기적 또는 가시선(Line of Sight) 간섭에 대한 영향
6. 관제탑으로부터 활주로·유도로·헬기장 또는 항공교통장주에 대한 시야 제한으로 인한 영향
7. 공항 수용 용량 영향
8. 공항 효율성 감소 영향
9. 기존 또는 계획된 활주로의 사용 가능거리에 대한 영향
10. 항공교통량에 따른 영향
가. 1일 한 번 이상 정기적으로 사용하는 활주로인 경우, 정기 및 지속성을 지닌 것으로 판단할 것
나. 1주일에 한 번 사용하더라도 해당 활주로에 진출입하기 위한 주 절차인 경우, 중요한 절차로 판단할 것
11. 공항의 특성과 취항 항공기의 특성에 따른 영향
12. 인구밀집지역으로 인한 항공기 소음의 영향
13. 공항 주변의 비행금지 및 제한구역 등의 영향
14. 그 밖의 사항
가. 구조물에의 항공장애표시등 설치 여부
나. 항공정보간행물(AIP)에의 고시 여부

표시등 및 표지 설치대상 구조물(제28조제1항 관련)

1. 장애물 제한표면(진입표면, 전이표면, 수평표면, 원추표면) 보다 높게 위치한 고정 장애물에는 표시등 및 표지를 설치해야 한다. 다만, 다음 각 목의 어느 하나에 해당하는 경우는 그렇지 않다.

가. 장애물이 다른 고정 장애물 또는 자연 장애물의 장애물 차폐면보다 낮은 구조물에는 표시등 및 표지의 설치를 생략할 수 있다. 다만, 지방항공청이 항공기의 항행안전을 해칠 우려가 있다고 인정하는 구조물과 다른 고정 장애물 또는 자연 장애물에 의하여 부분적으로만 차폐되는 경우는 제외한다.

나. 장애물이 주간에 별표 10에 따른 중광도 A형태의 표시등을 설치하여 운영되는 구조물 중 그 높이가 지표 또는 수면으로부터 150미터 이하인 구조물에는 표지의 설치를 생략할 수 있다.

다. 장애물이 주간에 별표 10에 따른 고광도 표시등(이하 "고광도 표시등"이라 한다)을 설치하여 운영되는 경우에는 표지의 설치를 생략할 수 있다.

라. 장애물이 등대(lighthouse)인 경우에는 표시등의 설치를 생략할 수 있다.

마. 고정 장애물 또는 자연 장애물에 의하여 비행(항공)로가 광범위하게 장애가 되는 곳에서 정해진 비행(항공)로 미만으로 안전한 수직 간격이 확보된 비행절차가 정해져 있는 경우에는 수평표면 또는 원추표면 보다 높게 위치한 고정 장애물의 경우에도 표시등 및 표지의 설치를 생략할 수 있다.

바. 그 밖에 지방항공청장이 항공기의 항행안전을 해칠 우려가 없다고 인정하는 구조물 등은 표시등 및 표지의 설치를 생략할 수 있다.

2. 공항·비행장의 이동지역에서 이동하는 항공기를 제외한 차량과 그 밖의 이동물체에는 표지를 설치해야 하며, 그 차량이 야간에 사용되는 경우에는 표시등을 설치해야 한다. 다만, 계류장에서만 사용되는 장비와 차량은 그렇지 않다.

3. 공항·비행장의 이동지역 안에서 지상에 노출된 항공등화는 주간에 식별이 잘 되도록 표지를 설치해야 한다. 다만, 지방항공청장이 항공기의 항행안전을 해칠 가능성이 없다고 인정하는 경우에는 그렇지 않다.

4. 유도로 중심선(center line of taxiway), 계류장 유도로(apron taxiway) 또는 항공기 주기장의 유도선(aircraft stand taxilane)으로부터 [표 3-6]에서 정한 거리 안에 있는 장애물에는 표시등 및 표지를 설치해야 한다.

5. 강·계곡(가공선 또는 케이블 등의 높이가 지표 또는 수면으로부터 90미터 미만인 경우에는 제외한다) 또는 고속도로를 횡단하는 가공선·케이블·현수선 등은 표지를 해야 하며, 지방항공청장이 항공기의 항행안전을 해칠 가능성이 있다고 인정하는 가공선·케이블·현수선 등은 그 가공선·케이블·현수선 등을 지지하는 탑에 표시등 및 표지를 설치해야 한다. 다만, 그 지지탑이 주간에 고광도 표시등을 설치하여 운영되는 경우 표지의

설치를 생략할 수 있다.

6. 가공선·케이블·현수선 등에 표지를 해야 하는 경우로서 그 가공선·케이블·현수선 등에 표지를 설치할 수 없을 경우에는 가공선·케이블·현수선 등을 지지하는 탑에 고광도 표시등을 설치해야 한다.

7. 장애물 제한표면에서 수직으로 지상까지 투영한 구역에서 높이가 지표 또는 수면으로부터 60미터 이상인 물체 및 구조물에는 표시등 및 표지를 설치해야 한다. 다만, 국토교통부장관이 정하여 고시하는 물체 및 구조물의 경우에는 그렇지 않다.

8. 그 밖에 국토교통부장관이 고시하는 물체 및 구조물에는 표시등 및 표지를 설치해야 한다.

[표 3-7]

분류문자	항공기 주기장의 유도선을 제외한 유도로 중심선과 장애물 간(m)	항공기 주기장 유도선의 중심선과 장애물 간(m)
A	15.5	12
B	20	16.5
C	26	22.5
D	37	33.5
E	43.5	40
F	51	47.5

비고: 분류문자는 별표 1 제1호마목에서 정한 분류문자(code letter)를 기준으로 한다.

공항시설법 시행규칙 [별표 10] 〈개정 2021. 8. 27.〉

표시등 및 표지 설치대상 구조물(제28조제1항 관련)

1. 표시등의 종류 및 성능

가. 표시등의 설치 목적은 항공기에 지상 장애물의 존재를 표시해 줌으로써 위험을 줄이려는 것으로, 장애물에 의하여 발생될 수 있는 운항제한을 반드시 감소시키는 것은 아니다.

나. 표시등의 종류와 성능

성능 종류	색채	신호형태 (섬광주기, 분당섬광/fpm)	배경휘도(배경의 단위 면적당 밝기 정도)별 최고광도(cd) (b)			광배 분표 (d)
			500cd/m^2 이상(주간)	50–500cd/m^2 (박명)	50cd/m^2 미만(야간)	
저광도 A형태(고정표시등)	붉은색	고정	비해당	비해당	10	표 3–8
저광도 B형태(고정표시등)	붉은색	고정	비해당	비해당	32	
저광도 C형태(이동표시등)	노란색/파란색(a)	섬광(60~90fpm)	비해당	40	40	
저광도 D형태(지상유도 차량)	노란색	섬광(60~90fpm)	비해당	200	200	
저광도 E형태	붉은색	섬광(C)	비해당	비해당	32	
중광도 A형태	흰색	섬광(20~60fpm)	20000	20000	2000	표 3–9
중광도 B형태	붉은색	섬광(20~60fpm)	비해당	비해당	2000	
중광도 C형태	붉은색	고정	비해당	비해당	2000	
고광도 A형태	흰색	섬광(40~60fpm)	200000	20000	2000	
고광도 B형태	흰색	섬광(40~60fpm)	100000	20000	2000	

비고: 1) 비상 또는 보안 관련 차량에 설치된 저광도 C형태 표시등은 파란색 섬광등이어야 하고 다른 차량에 설치된 저광도 C형태 표시등은 노란색 섬광등이어야 한다.
2) 섬광등의 광도는 국제민간항공기구(ICAO)의 비행장 설계 매뉴얼(Aerodrome Design Manual)(Doc 9157) Part4에서 정하는 실효광도로 한다.
3) 풍력터빈(풍력 에너지를 기계 에너지로 변환시키는 장치)에 적용하는 경우에는 섬광 주기를 터빈 상부의 표시등과 동일하게 하여야 한다.
4) 광배분표는 다목의 [표–38] 및 [표–39]에 따른다.

다. 광배분표

1) 저광도 표시등의 광배분표(표 3–8)

	최소광도(a)	최대광도(a)	수직빔확산(f)	
			최소빔확산	광도
A형태	10cd(b)	비해당	10°	5cd
B형태	32cd(b)	비해당	10°	16cd
C형태	40cd(b)	400cd	12°(d)	20cd
D형태	200cd(c)	400cd	비해당(e)	비해당
E형태	32cd(b)	비해당	10°	16cd

비고: 수평 빔 확산 각도는 별도로 규정하지 않으며, 등의 설치수량은 각 등의 수평 빔 확산 각도와 장애물의 형태에 따라 달라진다. 그러므로 더 좁은 수평 빔 확산 각도의 등을 설치할 경우 더 많은 수량이 필요하다.

1) 360° 수평면으로서 섬광등의 경우 실효광도이며 국제민간항공기구(ICAO)의 비행장 설계 매뉴얼(Aerodrome Design Manual)(Doc 9157) Part 4에 따른다.

2) 2°와 10°사이의 수직앙각(垂直仰角)으로서 수직앙각은 등을 포함하는 수평면을 기준으로 한다.

3) 2°와 20°사이의 수직앙각으로서 수직앙각은 등을 포함하는 수평면을 기준으로 한다.

4) 최고광도는 약 2.5°의 수직앙각에 있어야 한다.

5) 최고광도는 약 17°의 수직앙각에 있어야 한다.

6) '광도'열의 값보다 큰 광도의 광의 방향과 수평면이 이루는 각을 의미한다.

나. 중광도 및 고광도 표시등의 광배분표(표 3–9)

(단위: cd)

기준값	최소요구조건					준수조건				
	수직앙각(b)			수직빔확산(c)		수직앙각(b)			수직빔확산(c)	
	0°		–1°			0°	–1°	–10°		
	최소평균 광도(a)	최소 광도(a)	최소 광도(a)	최소빔 확산	광도(a)	최대광도 (a)	최대 광도(a)	최대 광도(a)	최대빔 확산	광도(a)
200000	20×10^4	15×10^4	7.5×10^4	3°	7.5×10^4	25×10^4	11.25×10^4	0.75×10^4	7°	7.5×10^4
100000	10×10^4	7.5×10^4	3.75×10^4	3°	3.75×10^4	12.5×10^4	5.625×10^4	0.375×10^4	7°	3.75×10^4
20000	2×10^4	1.5×10^4	0.75×10^4	3°	0.75×10^4	2.5×10^4	1.125×10^4	0.075×10^4	비해당	비해당
2000	0.2×10^4	0.15×10^4	0.075×10^4	3°	0.075×10^4	0.25×10^4	0.1125×10^4	0.0075×10^4	비해당	비해당

비고: 수평 빔 확산 각도는 별도로 규정하지 않는다. 따라서 등의 설치수량은 각 등의 수평 빔 확산 각도와 장애물의 형태에 따라 달라진다. 그러므로 더 좁은 수평 빔 확산 각도의 등을 설치할 경우 더 많은 수량이 필요하다.

1) 360° 수평면으로서 섬광등의 경우 실효광도이며 국제민간항공기구(ICAO)의 비행장 설계 매뉴얼(Aerodrome Design Manual)(Doc 9157) Part 4에 따른다.

2) 수직앙각은 수평면을 기준으로 한다.

3) '광도'열의 값보다 큰 광도의 광의 방향과 수평면이 이루는 각을 의미한다.

2. 표시등의 설치위치

가. 표시등은 다음 각 목을 고려하여 설치해야 한다.

1) 표시등은 표시등의 수평빔 확산각도 및 설치 위치, 배열 등을 고려하여 임의의 방향에서 접근하는 조종사가 표시등을 볼 수 있도록 설치해야 한다(각 층당 최소 설치 개수=360/수평빔 확산각도).

2) 표시등이 설치된 장애물의 다른 면 또는 인접 장애물에 의하여 차폐되는 경우에는 표시등이 보이는 위치에 추가 표시등을 설치해야 한다. 다만, 차폐된 표시등이 장애물 확인에 도움이 되지 않는 경우에는 그렇지 않다.

3) 한 개 이상의 표시등을 구조물의 정상에 근접하게 설치해야 한다. 정상에 설치해야 할 표시등은 장애물 제한표면과 관련하여 가장 근접하거나 초과하는 위치의 정상 또는 가장자리에 설치해야 한다. 다만, 굴뚝 또는 그와 같은 기능을 가진 다른 구조물의 경우에 정상에 설치하는 표시등은 연기 등으로 그 표시등의 기능이 저하되는 것을 최소화하기 위하여 정상에서 아래쪽으로 1.5~3m 낮은 곳(플레어 스택의 경우 1.5~6m)에 위치하도록 설치할 수 있다(**그림 3.3** 참조).

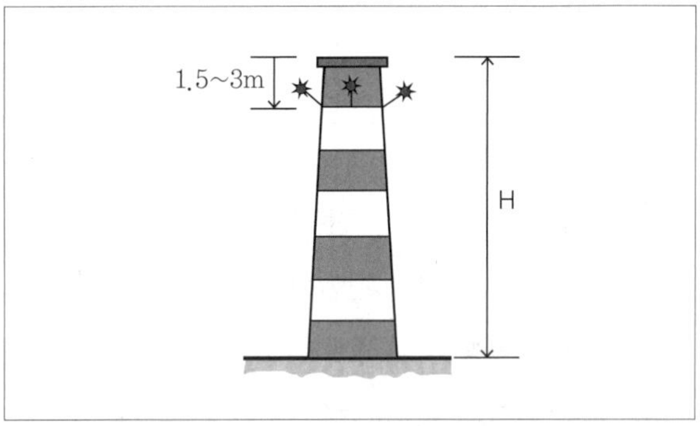

그림 3.3 굴뚝 등에 설치하는 표시등의 설치 예

4) 장애물 제한표면이 기울어져 있고 장애물 제한표면보다 높거나 가장 근접한 지점이 그 물체의 정상점이 아닌 경우에는 그 물체의 정상점에 표시등을 추가로 설치해야 한다.

5) 굴뚝 또는 그와 유사한 연속된 단일 장애물에 설치해야 하는 표시등의 최소 수량은 해당 장애물의 최상부 직경에 따라 결정하여야 한다.

6) 광범위하게 펼쳐진 한 무리의 수목 또는 빌딩과 같은 물체 또는 하나의 그룹으로 근접하게 모여 있는 물체의 경우에 정상에 있는 표시등은 물체의 범위 및 전체적인 윤곽이 나타나도록 장애물 제한표면과 관련하여 가장 높은 물체의 정상 또는 가장자리에 설치하되, 두 개 이상의 가장자리가 같은 높이일 경우에는 착륙지역에서 가장 가까운 가장자리에 설치해야 한다.

나. 넓은 범위에 걸친 단일 물체나 서로 떨어져 있는 여러 개의 물체들이 밀접하게 모여 형성된 하나의 집단에 대한 전체적인 윤곽을 나타내기 위하여 저광도 표시등을 설치할 경우, 수평간격은 45m를 초과할 수 없다(**그림 3.4** 참조)

다. 넓은 범위에 걸친 단일 물체나 서로 떨어져 있는 여러 개의 물체들이 밀접하게 모여 형성된 하나의 집단에 대한 전체적인 윤곽을 나타내기 위하여 중광도 표시등을 설치할 경우, 수평간격은 900m를 초과할 수 없다.

라. 고광도 표시등을 설치할 경우에는 다음 각 목을 고려하여 설치하여야 한다.

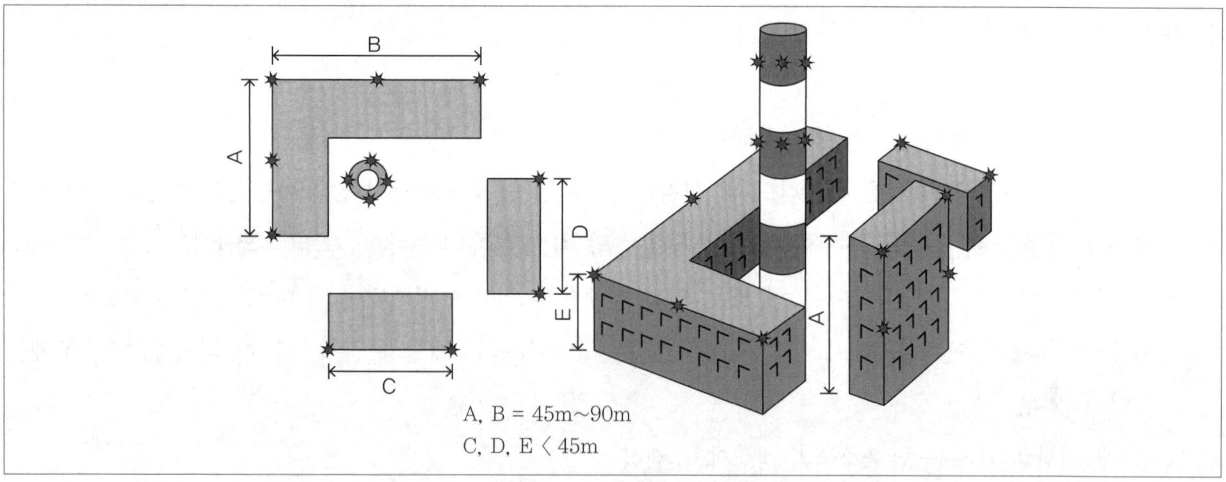

그림 3.4 건물에 설치하는 저광도 표시등의 설치 예

1) 고광도 표시등은 주간 및 야간용으로 사용될 수 있으나, 눈부심을 주지 않도록 설치해야 한다.

2) 단일 물체나 서로 떨어져 있는 여러 개의 물체들이 밀접하게 모여 형성된 하나의 집단에 설치된 고광도 A형태 표시등은 동시에 섬광되어야 하며, 수평간격은 900m를 초과할 수 없다.

3) 고광도 B형태 표시등은 다음의 경우와 같이 설치해야 한다.

가) 가공선·케이블·현수선 등을 지지하는 탑에 고광도 B형태 표시등을 설치할 경우에는 다음의 각 위치에 최소 2개 이상의 표시등을 설치해야 한다.

① 탑의 정상(상부 등(燈))

② 가공선·케이블·현수선 등의 늘어진 부분 중 가장 낮은 부분(하부 등(燈))

③ 위 두 높이의 대략 중간(중간 등(燈))

나) 가공선·케이블·현수선 등을 지지하는 탑에 설치하는 고광도 B형태 표시등은 중간 등, 상부 등, 하부 등의 순서로 섬광되어야 한다.

4) 고광도 A형태, 고광도 B형태 표시등의 설치각도는 다음 [표 3-10]과 같다.

마. 그 밖에 국토교통부장관이 세부적으로 정하여 고시하는 기준에 따라야 한다.

[표 3-10]

지형에서 표시등의 높이	수평선에서 빔의 최고 각도
지표면(AGL)에서 151m 초과	0°
지표면(AGL)에서 122m 초과 151m 이하	1°
지표면(AGL)에서 92m 초과 122m 이하	2°
지표면(AGL)에서 92m 이하	3°

3. 표시등의 설치기준

가. 비행장 이동지역 내 이동성 물체에는 다음의 표시등을 설치해야 한다. 다만, 항공기, 계류장에서만 사용되는 항공기 조업장비와 차량은 제외한다.

1) 비상용 차량 또는 보안용 차량에는 저광도 C형태의 파란색 섬광 표시등을 설치해야 한다.

2) 일반차량이나 그 밖의 이동물체에는 저광도 C형태의 노란색 섬광 표시등을 설치해야 한다.

3) 지상유도(Follow-me) 차량에는 저광도 D형태의 노란색 섬광 표시등을 설치해야 한다.

4) 탑승교와 같이 기동성이 제한된 물체에는 저광도 A형태 표시등을 설치해야 한다. 이 경우 표시등의 빛의 광도는 인접한 주위의 환경을 고려하여 뚜렷하게 보일 수 있을 만큼 충분히 밝아야 한다.

나. 지표 또는 수면으로부터 높이가 45m 미만인 물체에는 다음 각 목에 따른 표시등을 설치해야 한다.

1) 저광도 B형태의 표시등을 설치해야 한다. 다만, 비행장 이동지역 내에 위치한 물체에 저광도 B형태 표시등을 설치하면 조종사에게 눈부심을 유발시켜 항공기 안전운항에 영향을 줄 수 있는 경우 또는 물체의 주변에 다른 불빛이 없어 보다 낮은 광도의 표시등을 설치하더라도 안전성에 지장이 없는 경우에는 저광도 A형태의 표시등을 설치할 수 있다.

2) 물체가 넓은 범위에 걸친 단일 물체(건물들의 집합은 넓은 범위에 걸친 단일 물체로 본다)인 경우에는 중광도 A나 B 또는 C형태의 표시등을 사용해야 한다.

다. 지표 또는 수면으로부터 높이가 45m 이상 150m미만인 물체에는 중광도 A나 B 또는 C형태의 표시등을 설치해야 한다.

라. 지표 또는 수면으로부터 높이가 150m 이상인 물체에는 고광도 A나 B형태의 표시등을 설치해야 한다.

마. 그 밖에 국토교통부장관이 세부적으로 정하여 고시하는 기준에 따라야 한다.

4. 표지의 설치기준

가. 고정물체를 표지하는 경우 색채로 표시를 하되, 색채 표지가 불가능한 경우 표지물 또는 기(flags)를 고정물체에 설치해야 한다. 다만, 그 물체의 형태, 크기 또는 색채가 눈에 잘 띄어 표지할 필요가 없는 경우에는 그렇지 않다.

나. 이동물체를 표지하는 경우 색채 또는 기로 표지해야 한다.

다. 물체가 연속되는 표면을 가지고 수직면상에 수직으로 투영된 물체의 투영면의 가로 및 세로가 모두 4.5미터 이상인 경우에는 체크무늬 형태의 색채로 표지해야 한다. 체크무늬 형태는 한 변이 1.5미터 이상 3미터 이하의 직사각형이어야 하고 모서리는 좀 더 어두운 색채로 표지해야 한다. 체크무늬 형태의 색채는 다른 색채와 대조가 되고 바탕색과도 충분한 대조를 이루어야 하며, 주황색과 흰색 또는 붉은색과 흰색 중에서 선택한 하나의 색채를 사용해야 한다. 다만, 그러한 색채가 주변 색에 흡수되어 어두워 보이는 경우에는 그렇지 않다(**그림 3.5** (가) 참조).

라. 다음 각 목의 어느 하나에 해당하는 물체는 교대로 대조되는 줄무늬가 보이도록 채색하여야 한다(**그림 3.5** (나), (다) 참조).

1) 물체가 연속되는 표면으로서, 한 면의 가로 또는 세로가 각각 1.5미터를 초과하고 다른 한 면의 가로 또는 세로가 각각 4.5미터 미만인 물체
2) 가로 또는 세로 중 하나의 길이가 1.5미터를 초과하는 크기를 갖는 골격형 구조의 물체

마. 라목에 따른 줄무늬는 가장 긴 변 쪽으로 직각형태이어야 하고, 줄무늬의 폭은 **[표 3-11]**에 따른 물체의 최대크기(물체의 가장 긴 변의 길이를 말한다)별 줄무늬의 폭과 30미터 중에서 작은 값으로 한다.

바. 라목에 따른 줄무늬의 색채는 그 배경색과 대조를 이루어야 하고, 그 색채가 주변 색과 대조하여 눈에 잘 띄지 아니하는 경우를 제외하고는 주황색과 흰색을 사용하되, 물체 끝부분의 줄무늬는 더 진한 색으로 칠해야 한다(**그림 3.5** (나), (다) 참조).

사. 수직면에 투영된 물체의 투영면의 가로 및 세로의 길이가 모두 1.5미터 미만인 경우 그 물체는 눈에 잘 띄는 단일색으로 표지해야 하며, 그 색채가 주변 색에 흡수되는 경우 외에는 주황색이나 붉은색을 사용해야 한다.

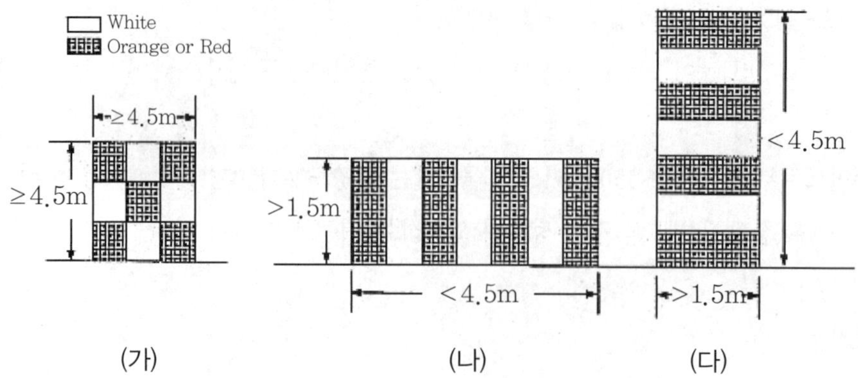

그림 3.5 기본 표지 방식

[표 3-11]

최대크기	줄무늬의 폭
1.5m 초과 210m 이하	최대크기의 1/7
210m 초과 270m 이하	최대크기의 1/9
270m 초과 330m 이하	최대크기의 1/11
330m 초과 390m 이하	최대크기의 1/13
390m 초과 450m 이하	최대크기의 1/15
450m 초과 510m 이하	최대크기의 1/17
510m 초과 570m 이하	최대크기의 1/19
570m 초과 630m 이하	최대크기의 1/21

아. 이동물체는 주변과 대조하여 눈에 잘 띄는 색을 사용하는 경우를 제외하고, 응급차량은 붉은색 또는 황록색, 업무차량은 노란색, 그 밖의 이동물체는 눈에 잘 띄는 단일색을 사용해야 한다.

자. 물체 위 또는 물체 주변에 표지하는 표지물은 그 물체의 위치를 식별하기 쉬운 위치에 설치해야 하며, 양호한 기상조건에서 항공기가 물체에 접근할 경우 공중에서는 최소한 1,000미터의 거리, 지상에서는 적어도 300미터의 거리에서 확인할 수 있어야 한다. 표지물의 형태는 다른 정보 전달용 표지물과 혼동되지 않도록 해야 한다.

차. 가공선·케이블·현수선 등에는 원형의 표지물을 설치해야 하고, 그 원형의 지름은 60센티미터 이상이어야 한다.

카. 둘 이상의 연속표지 또는 표지물과 지지탑 사이의 간격은 표지물의 지름에 따라 다음 각 목의 간격을 초과해서는 안된다.

1) 표지물 지름이 60센티미터 이상인 경우: 30미터
2) 표지물 지름이 80센티미터 이상인 경우: 35미터
3) 표지물 지름이 130센티미터 이상인 경우: 40미터

타. 표지물은 흰색과 붉은색 또는 흰색과 주황색을 사용해야 하고, 표지 색채는 눈에 잘 띄도록 주변 색과 대조가 되어야 한다.

파. 물체를 표지하기 위하여 사용하는 기(flags)는 물체의 정상 또는 가장 높은 가장자리의 주위에 설치해야 한다. 광범위하게 분산된 물체나 근접하게 모여 있는 물체를 표지하려고 기를 사용하는 경우에는 적어도 15미터마다 기를 설치해야 한다.

하. 고정물체를 표지하기 위하여 사용되는 기는 가로 및 세로가 각각 0.6미터 이상인 정사각형이어야 하며, 이동물체를 표시하기 위하여 사용되는 기는 가로 및 세로가 각각 0.9미터 이상인 정사각형이어야 한다.

거. 고정물체를 표지하기 위하여 사용되는 기는 주황색의 단일색이거나 사각형을 대각선으로 분할하여 한 부분은 주황색 또는 붉은색으로, 다른 부분은 흰색으로 구성해야 한다. 다만, 주변 색과 대조하여 눈에 잘 띄지 않는 경우에는 주변 색과 대조하여 눈에 잘 띄는 색을 사용해야 한다.

너. 이동물체를 표지하기 위하여 사용되는 기는 각 변이 0.3미터 이상의 정방형 체크무늬 형태로 구성되어야 한다. 이 형태의 색은 각 변 및 주변의 색과 대조하여 눈에 잘 띄어야 한다. 그러한 색이 주변 색 때문에 눈에 잘 띄지 않는 경우를 제외하고는 주황색과 흰색 또는 붉은색과 흰색을 사용해야 한다.

더. 그 밖에 국토교통부장관이 세부적으로 정하여 고시하는 기준에 따라야 한다.

공항시설법 시행규칙 [별표 11]

표시등 및 표지를 설치하지 아니할 수 있는 구조물(제28조제4항 관련)

1. 표시등을 설치하지 아니할 수 있는 구조물

가. 표시등이 설치된 구조물로부터 600미터 이내에 위치한 구조물로서 그 높이가 표시등이 설치된 구조물의 정상으로부터 수평면에 대한 하방경사도가 10분의 1인 경사면(이하 "장애물차폐면"이라 한다) 보다 낮은 구조물. 다만, 철탑 또는 그 밖에 이와 유사한 형태의 구조물 및 그에 부착된 지선(支線) 또는 가공선(가공선 형태의 현수선·케이블·안테나 등을 포함한다. 이하 같다)은 제외한다.

나. 표시등이 설치된 구조물로부터 45미터 이내의 지역에 위치한 구조물로서 그 높이가 표시등이 설치된 구조물과 같거나 그보다 낮은 구조물. 다만, 철탑 또는 그 밖에 이와 유사한 형태의 구조물 및 그에 부착된 지선(支線) 또는 가공선은 제외한다.

다. 장애물 제한표면 밖의 지역에 설치된 높이 150미터 미만의 구조물. 다만, 다음 각 목의 구조물로서 가목 또는 나목의 어느 하나에 해당하지 않는 구조물은 제외한다.

1) 굴뚝·철탑·기둥 또는 그 밖에 그 높이에 비하여 그 폭이 좁은 구조물

2) 뼈대로만 이루어진 구조물

3) 가공선을 지지하는 탑

4) 계류기구(주간에 시정이 5천미터 미만인 경우와 야간에 계류하는 것만 해당한다)

라. 그 밖에 국토교통부장관이 정하여 고시하는 구조물

2. 표지를 설치하지 아니할 수 있는 구조물

가. 표지가 설치된 구조물로부터 600미터 이내에 위치한 구조물로서 그 높이가 장애물 차폐면보다 낮은 구조물. 다만, 철탑 또는 그 밖에 이와 유사한 형태의 구조물 및 그에 부착된 지선(支線) 또는 가공선은 제외한다.

나. 표지가 설치된구조물로부터 45미터 이내의 지역에 위치한 구조물로서 그 높이가 표지가 설치된 구조물과 같거나 그보다 낮은 구조물. 다만, 철탑 또는 그 밖에 이와 유사한 형태의 구조물 및 그에 부착된 지선(支線) 또는 가공선은 제외한다.

다. 장애물 제한표면 밖의 지역에 설치된 높이 150미터 미만의 구조물. 다만, 다음의 구조물로서 가목 또는 나목의 어느 하나에 해당하지 아니하는 구조물은 제외한다.

1). 굴뚝·철탑·기둥 또는 그 밖에 이와 유사한 형태의 구조물 및 그에 부착된 지선(支線)

2) 뼈대로만 이루어진 구조물

3) 가공선과 이를 지지하는 탑

4) 계류기구와 그에 부착된 지선

라. 주간에 고광도 표시등을 설치하여 운용하는 구조물

마. 그 밖에 국토교통부장관이 정하여 고시하는 구조물

표시등 및 표지의 관리기준(제29조제4항 관련)

1. 표시등 관리기준

가. 표시등의 보수·청소 등을 하여 항상 완전한 상태로 유지할 것

나. 건축물·식물 또는 그 밖의 물체에 의하여 표시등의 기능에 지장이 생긴 경우에는 지체 없이 해당 물체를 제거하거나 표시등의 설치 위치를 변경하는 등 필요한 조치를 할 것

다. 부득이한 사유로 인하여 표시등의 운용을 중지하거나 고장 등으로 인하여 기능이 저해된 경우와 그 표시등의 운용을 재개하거나 기능이 복구된 경우에는 지체 없이 그 사실을 지방항공청장에게 통지할 것

라. 천재지변이나 그 밖의 사유로 표시등이 고장난 경우에는 지체 없이 그 표시등을 복구할 것

마. 표시등의 유지 및 관리를 위한 전구 등 필요한 예비품을 갖추어 둘 것

바. 표시등이 다음 각 목의 요건을 모두 충족하도록 유지할 것

1) 별표 10 제1호나목에 따른 중광도 A형태, 고광도 A형태 및 고광도 B형태의 표시등은 24시간 동안 점등을 유지할 것. 다만, 해당 표시등이 국토교통부장관이 고시하는 바에 따라 이중등화 시스템으로 운영되는 경우에는 같은 호 배경휘도별 최고광도의 구분에 따른 주간 및 박명에만 점등을 유지해야 한다.

2) 별표 10 제1호나목에 따른 저광도 C형태 및 저광도 D형태의 표시등은 같은 목 배경휘도별 최고광도의 구분에 따른 박명 및 야간에 항상 점등을 유지할 것

3) 그 밖의 표시등은 별표 10 제1호나목의 배경휘도별 최고광도의 구분에 따른 야간에 항상 점등을 유지할 것

사. 표시등의 운용을 감시할 수 있는 시각감시기 또는 청각감시기를 감시자가 상주하는 곳에 설치할 것

아. 표시등의 관리 이력을 기록·보관할 것

자. 그 밖에 국토교통부장관이 정하여 고시하는 관리기준에 적합하도록 관리할 것

2. 표지 관리기준

가. 별표 10의 기준에 적합하도록 표지를 유지할 것

나. 표지(항공장애 주간표지깃발은 제외한다)의 기능에 지장(그 기능을 회복하는 데에 7일 이상이 걸리는 경우만

해당한다)이 생긴 경우와 그 기능이 회복된 경우에는 지체 없이 지방항공청장에게 통지할 것

다. 표지의 관리 이력을 기록·보관할 것

라. 그 밖에 국토교통부장관이 정하여 고시하는 관리기준에 적합하도록 관리할 것

공항시설법 시행규칙 [별표 13]

공항운영증명의 취소 등 행정처분기준(제34조제2항)

1. 일반기준

가. 다음의 어느 하나에 해당하는 경우에는 제2호에 따른 공항운영정지 기간을 2분의 1 범위에서 그 기간을 줄일 수 있다.

1) 위반행위가 사소한 부주의나 오류로 인한 것으로 인정되는 경우

2) 위반행위자가 법 위반상태를 시정하거나 해소하기 위하여 노력한 사실이 인정되는 경우

3) 그 밖에 위반행위의 정도, 위반행위의 동기와 그 결과 및 위반 횟수 등을 고려하여 공항운영정지 기간을 줄일 필요가 있다고 인정되는 경우

나. 다음의 어느 하나에 해당하는 경우에는 제2호에 따른 공항운영정지 기간을 2분의 1 범위에서 그 기간을 늘릴 수 있다.

1) 위반의 내용·정도가 중대하여 공중에 미치는 영향이 크다고 인정되는 경우

2) 법 위반상태의 기간이 6개월 이상인 경우

3) 그 밖에 위반행위의 정도, 위반행위의 동기와 그 결과 및 위반 횟수 등을 고려하여 공항운영정지 기간을 늘릴 필요가 있다고 인정되는 경우

2. 개별기준

위반행위	해당 법 조문	처분내용
1. 거짓이나 그 밖의 부정한 방법으로 법 제38조제1항에 따른 공항운영증명을 받은 경우	법 제41조제1항제1호	증명취소
2. 법 제40조제2항에 따른 시정조치명령을 이행하지 않은 경우	법 제41조제1항제3호	
가. 다음의 시정조치사항을 이행하지 않은 경우 1) 이동지역의 유지보수에 관한 시정조치사항 2) 시각보조시설의 관리·운영에 관한 시정조치사항 3) 이동지역 작업 통제 또는 차량·장비 통제에 관한 시정조치사항 4) 장애물 통제기준에 관한 시정조치사항 5) 위험물의 취급과 저장에 관한 시정조치사항 6) 항공기 구조 및 소방에 관한 시정조치사항		운영정지(15일)
나. 그 밖의 시정조치사항을 이행하지 않은 자		운영정지(7일)
3. 천재지변 등 정당한 사유 없이 법 제38조제4항에 따른 공항안전운영기준을 위반하여 공항안전에 위험을 초래한 경우	법 제41조제1항제4호	운영정지(15일)
4. 고의 또는 중대한 과실에 의하거나 공항종사자에 대한 관리·감독에 관하여 상당한 주의의무를 게을리함으로써 다음 각 목의 어느 하나에 해당하는 항공기사고가 발생한 경우	법 제41조제1항제5호	
가. 항공기사고로 인한 사망자가 200명 이상인 경우		증명취소 또는 운영정지(180일)
나. 항공기사고로 인한 사망자가 150명 이상 200명 미만인 경우		운영정지(150일)
다. 항공기사고로 인한 사망자가 100명 이상 150명 미만인 경우		운영정지(120일)
라. 항공기사고로 인한 사망자가 50명 이상 100명 미만인 경우		운영정지(90일)
마.항공기사고로 인한 사망자가 10명 이상 50명 미만인 경우		운영정지(60일)
바. 항공기사고로 인한 사망자가 10명 미만인 경우		운영정지(30일)
사. 항공기사고로 인한 항공기 또는 공항시설·제3자 등의 재산 피해가 100억원 이상인 경우		운영정지(30일)
아. 항공기사고로 인한 항공기 또는 공항시설·제3자 등의 재산 피해가 50억원 이상 100억원 미만인 경우		운영정지(20일)
자. 항공기사고로 인한 항공기 또는 공항시설·제3자 등의 재산 피해가 10억원 이상 50억원 미만인 경우		운영정지(15일)
차. 항공기사고로 인한 항공기 또는 공항시설·제3자 등의 재산 피해가 1억원 이상 10억원 미만인 경우		운영정지(10일)
카. 항공기사고로 인한 항공기 또는 공항시설·제3자 등의 재산 피해가 1억원 미만인 경우		운영정지(5일)

비고: 1) 위 표의 제4호에 따라 공항운영정지 처분을 할 때 인명피해와 항공기 또는 공항시설·제3자 등의 재산 피해가 같이 발생한 경우에는 해당 공항운영정지 기간을 합산하여 처분하되, 합산하는 경우에도 공항운영정지기간은 180일을 초과할 수 없다.
2) 위 표의 제4호가목부터 바목까지의 규정을 적용할 때 중상자 2명을 사망자 1명으로 보며, 소수점 이하는 버린다.
3) 위 표의 제4호가목부터 바목까지의 규정을 적용할 때 사망자와 중상자의 구분은「국제민간항공조약」부속서 13의 기준에 따르되, 사망자는 해당 항공기사고로 인하여 사망한 사람 전부를 포함한다.

공항시설법 시행규칙 [별표 14]

항공등화의 설치기준(제36조제2항제1호 관련)

1. 조종사 및 관제사의 눈이 부시지 않도록 하고, 노출된 등화설비(활주로등, 정지로등, 유도로등 등을 말한다. 이하 이 목에서 갈다)는 항공기와 접촉할 때 항공기에 손상을 주지 않고 등화설비가 부서지도록 경구조물(輕構造物)로 하며, 매립된 등화설비는 항공기 바퀴와 접촉으로 인하여 항공기 및 등화설비에 손상을 주지 않도록 제작·설치할 것

2. 항공등화의 활주로등에 대한 광도비(光度比)는 다음 기준에 적합할 것

항공등화의 종류		활주로등의 평균광도와 해당 등화의 평균광도와의 비율	색상
진입등 시스템	중심선 표시등 및 횡선 표시등	1.5~2.0	흰색
	측렬 표시등	0.5~1.0	붉은색
활주로 시단등	시단등(始端燈)	1.0~1.5	녹색
	시단연장등	1.0~1.5	녹색
접지구역등		0.5~1.0	흰색
활주로 중심선등	30미터 간격의 등	0.5~1.0	흰색
	15미터 간격의 등	0.25~0.5(제1종 및 제2종 활주로)	흰색
		0.5~1.0(제3종 활주로)	
활주로 종단등(終端燈)		0.25~0.5	붉은색
활주로등		1	흰색

비고: 위 표의 제1종(category Ⅰ)·제2종(category Ⅱ) 및 제3종(category Ⅲ) 활주로의 구분은 「국제민간항공조약」 부속서 14의 기준에 따른다.

3. 항공등화의 광도 및 색상 등이 다음 기준에 적합할 것

항공등화 종류	육상비행장					육상 헬기장	최소 광도 (cd)	색상
	비계기 진입 활주로	계기진입 활주로						
		비정밀	카테고리Ⅰ	카테고리Ⅱ	카테고리Ⅲ			
비행장등대	○	○	○	○	○		2,000	흰색, 녹색
진입등시스템		○	○	○	○		5,000	흰색, 붉은색
진입각지시등	○	○	○	○	○		1,500	흰색, 붉은색
활주로등	○	○	○	○	○		10,000	노란색, 흰색
활주로시단등	○	○	○	○	○		10,000	녹색
활주로중심선등				○	○		2,500	흰색, 붉은색
접지구역등				○	○		5,000	흰색
활주로종단등	○	○	○	○	○		2,500	붉은색
유도로등	○	○	○	○	○		2	파란색
유도로중심선등					○		20	노란색, 녹색
일시정지위치등					○		20	노란색
정지선등				○	○		20	붉은색
활주로경계등			○	○	○		30	노란색
풍향등	○	○	○	○	○	○	–	흰색
지향신호등	○	○	○	○	○		6,000	붉은색, 녹색 및 흰색
정지로등	○	○	○	○	○		30	붉은색
유도로안내등	○	○	○	○	○		10	붉은색, 노란색 및 흰색
착륙구역등						○	3	녹색

비고: 1) "○"표는 설치가 필요한 항공등화. 다만, 활주로경계등은 카테고리Ⅰ 활주로에서 항공교통량이 많은 경우에만 설치한다.
2) "○"표의 표시가 없는 항공등화 및 열거되지 않은 항공등화는 해당 비행장의 입지조건 등을 고려하여 설치할 수 있다.
3) 그 밖에 국토교통부장관이 정하여 고시하는 설치기준에 적합할 것

항행안전무선시설의 설치기준(제36조제2항제2호 관련)

1. 일반기준

가. 새로 설치하는 경우에는 가급적 이미 설치된 다른 항행안전시설에 영향을 주지 아니할 것

나. 전파가 양호하게 발사될 수 있는 위치에 설치할 것

다. 감시장치 및 예비전원장치 등을 갖출 것

라. 주 장비와 예비 장비를 갖춘 경우 주 장비에 이상이 있으면 예비 장비로 자동교체되고 그 상태를 표시할 수 있을 것

마. 유지보수 등에 필요한 인원, 시험 및 계측장치, 예비부품 등을 갖출 것

2. 세부 기술기준

가. 무지향표지시설(NDB)

1) 기능: 항공기에 무지향표지시설의 위치를 나타낼 수 있도록 방향정보를 무지향성으로 제공해야 한다.

2) 기술기준

가) 190kHz에서 1,750kHz까지의 주파수대에서 운용되어야 하고, 주파수 허용편차는 ±0.01퍼센트 이내여야 한다. 다만, 1,606.5kHz 이상의 주파수로서 안테나의 출력이 200W 이상인 무지향표지시설인 경우의 주파수 허용편차는 ±0.005퍼센트 이내여야 한다.

나) 식별부호는 2 또는 3개의 문자로 구성된 국제 모르스 부호를 사용해야 하고, 분당 7개 단어에 해당하는 속도로 전송되어야 한다.

다) 정격 도달범위에서의 최소 전계강도는 70㎶/m여야 한다.

3) 설치위치: 무지향표지시설은 계기착륙시설의 보조용으로 사용하려는 경우에는 중간마커 및 외측마커와 같이 활주로 중심 연장선과 평행하게 설치해야 한다.

나. 전방향표지시설(VOR)

1) 기능: 전방향표지시설은 항공기에 자북(磁北)을 기준으로 한 방위각 정보를 제공해야 한다.

2) 기술기준

가) 반송파의 주파수대는 111.975MHz에서 117.975MHz까지의 주파수대에서 운용되어야 하고,

「국제민간항공조약」 부속서 10에 따라 허용되는 경우에는 108MHz에서 111.975MHz까지의 주파수대에서 운용될 수 있다. 다만, 최고 할당 가능한 주파수는 117.950MHz여야 하며, 채널 간격은 50kHz 간격이어야 한다.

나) 채널 간격이 100kHz 또는 200kHz인 경우 무선주파수 반송파의 주파수 허용편차는 ±0.005퍼센트여야 하고, 채널 간격이 50KHz인 경우에는 ±0.002퍼센트 이내여야 한다.

다) 규정된 유효 도달범위에서 항공기의 수신기가 만족스럽게 운용될 수 있도록 요구되는 전방향표지시설의 공간 전계강도 또는 전력밀도는 90㎶/m 또는 −107dBW/㎡여야 한다.

라) 규정된 유효 도달범위에서의 무선주파수 반송파는 다음의 두 가지 신호로 진폭변조되어야 한다.

(1) 30Hz에 의하여 주파수 변조되고 16±1의 변위비율을 가지는 일정한 진폭을 가진 9,960Hz의 부반송파

(가) 컨벤셔널방식 전방향표지시설(CVOR)의 경우에 주파수 변조 (FM) 부반송파의 30Hz 성분은 방위에 관계없이 고정되어야 하며, 이를 기준위상 신호라 한다.

(나) 도플러방식 전방향표지시설(DVOR)의 경우에 30Hz 성분의 위상은 방위에 따라 변하며, 이를 가변위상 신호라 한다.

(2) 30Hz 진폭변조 성분

(가) 컨벤셔널방식 전방향표지시설(CVOR)의 경우에 이 진폭변조 성분은 회전 전계 패턴에 의하여 발생하고 위상은 방위에 따라 변하며, 이를 가변위상신호라 한다.

(나) 도플러방식 전방향표지시설(DVOR)의 경우에 이 진폭변조 성분은 방위에 관계없이 일정한 위상으로 전(全) 방향으로 방사되며, 이를 기준위상 신호라 한다.

마) 9,960Hz의 부반송파에 의한 무선주파수 반송파의 변조도는 28퍼센트에서 32퍼센트 이내여야 한다.

바) 식별부호는 2개 또는 3개의 문자로 구성된 국제 모르스 부호를 사용해야 하고, 분당 약 7개 단어에 해당하는 속도로 1,020㎐±50㎐로 변조되어 송신되어야 하며, 최소한 30초마다 3회씩 동일한 간격으로 송신되어야 한다. 이 경우 이들 식별부호 중 하나는 음성 식별부호의 형태로 할 수 있으며, 전방향표지시설과 거리측정시설(DME)이 병설되는 경우 거리측정시설 식별부호는 전방향표지시설의 식별부호에 연동되어야 한다.

3) 설치위치

가) 가능한 한 주변의 지형지물 또는 인공구조물로부터 영향을 받지 않는 곳에 설치하고, 반송파 안테나에서 반지름 300미터(1,000피트)까지의 지면은 평탄성을 유지하거나 경사면이 4퍼센트 이내여야 한다.

나) 안테나에서 반지름 150미터 이내 지역의 수평면 위로 1.2도의 각도 안에는 전파장애가 되는 구조물이 없어야 한다.

다) 지형 여건 등이 부득이한 경우 도플러방식 전방향표지시설(DVOR)은 위 가) 및 나)에 적합하지 않는

곳에 설치할 수 있으나 전방향표지시설(VOR)의 정상적인 기능에 큰 영향이 없어야 한다.

다. 거리측정시설(DME)

1) 기능: 거리측정시설은 지상의 기준점으로부터 항공기까지의 경사거리정보를 항공기에 제공해야 한다.

2) 기술기준(지상에 설치되는 DME/N에 대한 것)

가) 960MHz에서 1,215MHz까지의 주파수대에서 수직편파로 작동되어야 하고, 질문과 응답 주파수의 채널간격은 1MHz 단위로 할당되어야 한다.

나) 무선주파수의 안정도는 할당된 주파수로부터 ±0.002퍼센트 이내여야 한다.

다) 첨두 유효방사 전력은 사용범위 내에서 약 $-83dBW/m^2$ 이상이어야 한다.

라) 다른 시설과 같이 설치되어 운용될 경우 기본응답 지연시간은 50㎲이어야 한다.

3) 설치위치: 거리측정시설을 계기착륙시설, 전방향표지시설과 병설하려는 경우에는 다음과 같이 설치해야 한다.

가) 전방향표지시설과 거리측정시설을 병설하려는 경우에는 다음과 같이 설치해야 한다.

(1) 동축병설: 전방향표지시설과 거리측정시설의 안테나가 동일 수직축 상에 위치해야 한다.

(2) 편축병설: 공항지역에서 공항접근용으로 사용하거나 높은 정확도가 필요한 절차용으로 사용하려는 경우 전방향표지시설과 거리측정시설 안테나의 분리간격은 30미터를 초과해서는 안 된다. 다만, 거리측정시설의 정보가 별도의 시설에 의하여 제공되는 도플러방식 전방향표지시설의 경우 안테나의 간격은 30미터 이상 분리할 수 있으나, 80미터를 초과해서는 안 된다.

나) 가) 외의 목적으로 사용하려는 경우 전방향표지시설과 거리측정시설 안테나의 분리간격은 600미터를 초과해서는 안 된다.

라. 계기착륙시설(ILS)·마이크로파착륙시설(MLS) 또는 트랜스폰더착륙시설(TLS)

1). 계기착륙시설

가) 기능: 계기착륙시설은 다음의 기능을 갖는다.

(1) 계기착륙시설은 항공기가 착륙하는 데 필요한 방위각정보·활공각정보 및 마커위치정보를 신뢰성 있게 제공해야 한다.

(2) 계기착륙시설의 구성장비는 다음과 같다. 다만, 지형적 여건 또는 운영여건에 따라서 일부장비의 설치를 하지 않거나 또는 유사한 기능을 가진 장비로 대체할 수 있다.

(가) 감시장치·원격제어 및 지시장치를 갖춘 방위각 제공시설(LLZ)

(나) 감시장치·원격제어 및 지시장치를 갖춘 활공각 제공시설(GP)

(다) 감시장치·원격제어 및 지시장치를 갖춘 마커(Marker)장비. 다만, 지형적 또는 운영 여건에 따라 거리측정시설로 대체할 수 있다.

나) 기술기준: 계기착륙시설은 다음의 기술기준을 갖추어야 한다.

(1) 방위각제공시설(LLZ)

(가) 반송파의 주파수대역은 108MHz에서 111.975MHz까지의 주파수대로 동작해야 하고, 단일 무선주파수 반송파가 사용될 경우의 주파수 허용편차는 ±0.005퍼센트 이내여야 한다. 다만, 두개의 무선주파수 반송파가 사용될 경우의 주파수 허용편차는 ±0.002퍼센트 이내여야 하며, 반송파에 의하여 점유되는 공칭대역은 할당된 주파수에 대하여 대칭되어야 하고, 반송파의 주파수 간격은 5kHz 이상 14kHz 이내여야 한다.

(나) 다음의 경우 외에 규정된 도달범위 안에서의 전계강도는 40㎶/m(−114dBW/m^2) 이상이어야 한다.

① 카테고리 Ⅰ용 방위각제공시설의 경우 계기착륙시설 활공로와 방위각 코스구역 내에서의 최소 전계강도는 18.5킬로미터(10NM) 거리로부터 활주로 말단을 포함하는 수평면 상공 60미터 지점까지 90㎶/m(−107dBW/m^2) 이상이어야 한다.

② 카테고리 Ⅱ용 방위각제공시설의 경우 계기착륙시설 활공로와 방위각 코스구역 내에서의 최소 전계강도는 18.5킬로미터(10NM)의 거리에서 100㎶/m(−106dBW/m^2) 이상이어야 하고, 활주로 말단을 포함하는 수평면 상공 15미터 지점까지는 200㎶/m(−100dBW/m^2) 이상이어야 한다.

③ 카테고리 Ⅲ용 방위각제공시설의 경우 계기착륙시설 활공로상과 방위각제공시설 코스구역 내의 최소 전계강도는 18.5킬로미터(10NM)의 거리에서 100㎶/m(−106dBW/m^2) 이상이어야 하고, 활주로 말단을 포함하는 수평면 상공 6미터 지점에서 200㎶/m(−100dBW/m^2) 이상이어야 하며, 활주로 말단을 포함하는 수평면 상공 6미터 지점과 활주로 중심선 4미터 높이로 연결한 지점에서 활주로 종단방향으로 300미터까지 수직 4미터 높이로 연결한 지점에서의 전계강도는 100㎶/m (−106dBW/m^2) 이상이어야 한다.

(다) 식별부호는 1,020Hz±50Hz로 반송파를 진폭변조하고, 2개 또는 3개의 영문자로 구성된 국제 모르스 부호를 사용하며, 계기착륙시설에 인접된 항행시설과 구별할 필요가 있는 경우에는 문자 "I"의 국제 모르스 부호를 첫 번째로 송신하고 설정된 시간간격에 맞게 차례대로 식별부호를 송신해야 한다.

(2) 활공각제공시설(GP)

(가) 반송파의 주파수대역은 328.6MHz에서 335.4MHz까지여야 하며, 단일 무선주파수 반송파가사용될 경우의 주파수 허용편차는 ±0.005퍼센트 이내여야 한다. 다만, 두 개의 주파수 반송파가 사용되는 경우 주파수 허용편차는 ±0.002퍼센트 이내여야 하며, 반송파에 의하여 점유되는 공칭대역은 할당된 주파수에 대하여 대칭적이어야 한다. 이 경우 모든 허용 편차를 적용할때 반송파 간의 주파수 간격은 4kHz 이상 32kHz 이내여야 한다.

(나) 수평 도달범위는 활공각의 중심선 양쪽 측면인 각각 8도 범위의 구간에서 최소한 18.5킬로미터(10NM)까지여야 하고, 수직 도달범위는 수평면을 기준으로 수직으로 상단 1.75θ에서 하단0.45θ

까지 항공기의 수신기가 만족스럽게 운영될 수 있도록 충분한 신호를 제공해야 하며, 고시된 활공각 교차 진입절차(intercept procedure)를 준수해야 하는 경우에는 수직 도달범위를 0.30θ까지 아래쪽으로 확장해야 한다.

(다) (나)에 규정된 활공각 성능의 전파 도달범위를 제공하기 위하여 전파 도달구역 내의 최소 전계강도는 400μV/m(−95dBW/m^2)여야 하며, 활공각제공시설의 카테고리별 전계강도는 다음과 같아야 한다.

① 카테고리 Ⅰ: 활주로 말단을 포함하는 수평면 상공 30미터 지점까지 제공

② 카테고리 Ⅱ 및 카테고리 Ⅲ: 활주로 말단을 포함하는 수평면 상공 15미터 지점까지 제공

(3) 마커

(가) 마커비콘은 75MHz±0.005퍼센트의 주파수 허용편차 이내로 동작되는 수평편파여야 한다.

(나) 마커비콘 장비는 계기착륙시설 활공로 및 방위각 코스라인 상에서 측정할 경우 다음의 거리까지 전파 도달범위가 제공되어야 한다.

① 내측마커(IM): 150m±50m

② 중간마커(mm): 300m±100m

③ 외측마커(OM): 600m±200m

(다) (나)에 규정된 전파 도달범위 한계에서의 전계강도는 1.5mV/m(82dBW/m^2)여야 하며, 전파 도달범위 내에서 전계강도는 최소한 3.0mV/m(76dBW/m^2)여야 한다.

(라) 마커비콘의 식별부호로 인한 반송파의 신호에 영향을 주어서는 안 되고, 오디오 주파수의 변조는 다음과 같은 부호로 구성되어야 하며, 부호화율은 ±15퍼센트 이내여야 한다.

① 내측마커(IM): 매초당 6개의 단점(Dot)을 연속 반복

② 중간마커(mm): 단점(Dot)과 장점(Dash)을 연속적으로 반복하되, 장점(Dash)은 매초 2회, 단점(Dot)은 매초 6회 비율로 부호화

③ 외측마커(OM): 매초당 장점(Dash)을 2회 연속 반복

(4) 설치위치: 계기착륙시설의 설치위치는 다음 **그림 3.6**과 같다. 다만 지형 조건 등으로 다음 **그림 3.6**과 같이 설치하기가 곤란한 경우에는 시설의 성능에 큰 영향을 주지 않는 범위 안에서 설치위치를 조정할 수 있다.

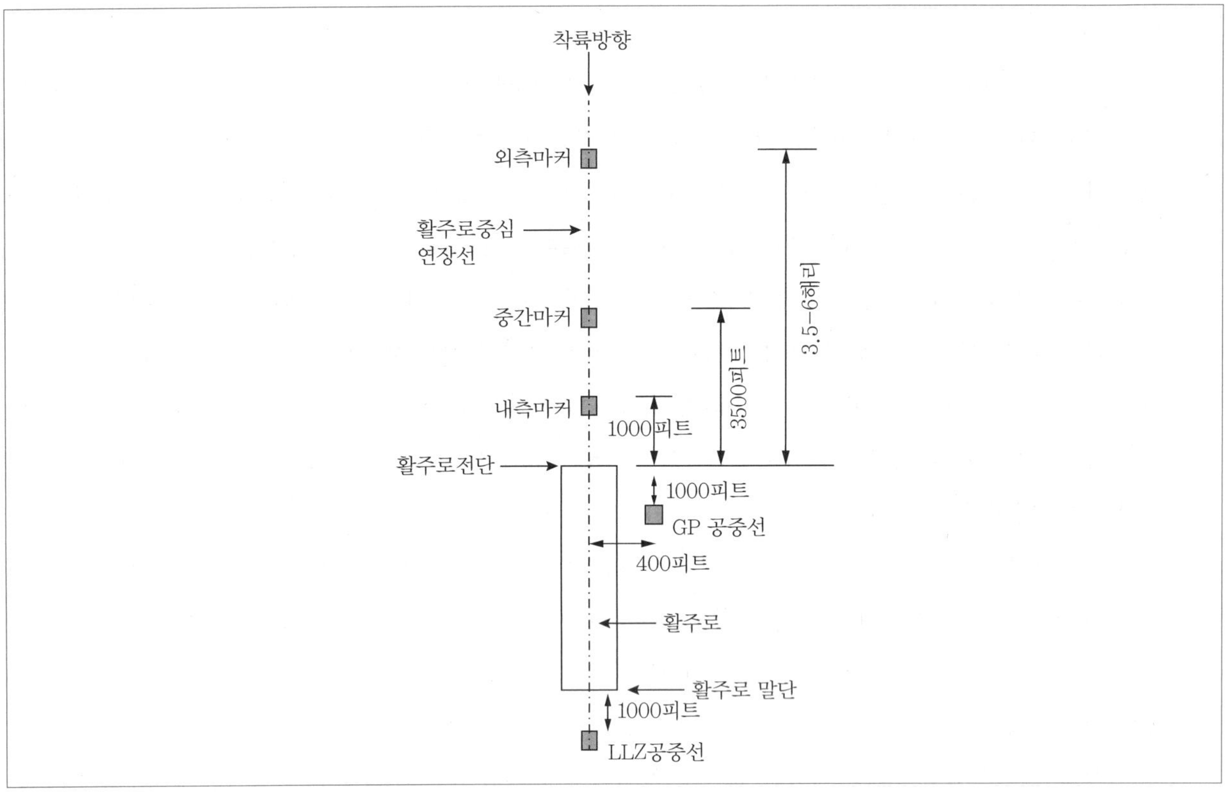

그림 3.6

2) 마이크로파착륙시설

가) 기능

(1) 마이크로파착륙시설은 위치정보와 다양한 지대공 데이터를 제공하는 정밀접근 및 착륙유도시설로서, 위치정보는 넓은 도달범위의 구역에 제공되고 방위각도 측정, 고도각도 측정 및 거리측정에 의하여 결정된다.

(2) 마이크로파착륙시설의 구성장비는 다음과 같다.

(가) 감시장치·원격조정 및 지시장치를 갖춘 방위각 장비(Azimuth)

(나) 감시장치·원격조정 및 지시장치를 갖춘 활공각 장비(Elevation)

(다) 감시장치·원격조정 및 지시장치를 갖춘 데이터 전송장치

(라) 감시장치·원격조정 및 지시장치를 갖춘 거리측정 장비(DME/P)

(3) 마이크로파착륙시설의 기능확장을 위한 장비는 다음과 같다.

(가) 감시장치·원격조정 및 지시장치를 갖춘 후방 방위각 장비(Back Azimuth)

(나) 감시장치·원격조정 및 지시장치를 갖춘 근접 활공각 장비(Flare Elevation)

(다) 감시장치·원격조정 및 지시장치를 갖춘 데이터 전송장치

나) 기술기준

(1) 각도 및 데이터 기능은 「국제민간항공조약」부속서 10에 따라 5,031.0MHz에서 5,090.7MHz까지의 주파수대역에 할당된 200개의 채널 중 하나로 작동되어야 한다.

(2) 지상장비의 운용 무선주파수는 할당된 주파수로부터 ±10kHz 이상 변해서는 안 되고, 주파수 안정도는 1초 간격으로 측정하였을 경우 공칭주파수로부터 ±50Hz 이내여야 한다.

(3) 방위각 유도장비: 방위각 지상장비 안테나는 수평면에서는 좁게, 수직면에서는 넓은 부채꼴 모양의 빔을 생성해야 하고, 생성된 빔은 비례 유도구역의 한계 간에서 수평으로 주사되어야 한다.

(4) 고도각 유도기능: 고도각 지상장비의 안테나는 수직면에서 좁고, 수평면에서는 넓은 부채꼴 모양의 빔을 생성해야 하고, 생성된 빔은 비례 유도구역의 한계 간에서 수직으로 주사되어야 한다.

(5) 데이터 전송장치

(가) 기본 데이터 WORD 1, 2, 3, 4 및 6은 접근 방위각 도달범위 전체구역에 송신되어야 한다.

(나) 후방 방위각 기능이 제공되는 곳에서는 기본 데이터 WORD 4, 5 및 6은 접근 방위각 및 후방 방위각 도달범위 전체구역에 송신되어야 한다.

(6) 설치위치

(가) 접근 방위각장비의 안테나는 활주로 정지선 후방으로 활주로 중심선 연장선상에 위치되어야 하고, 0도 코스라인을 포함하는 수직면이 마이크로파착륙시설 접근 기준점을 포함하도록 해야 하며, 안테나의 설치 위치 선정은 「국제민간항공조약」 부속서 14의 장애물 회피기준에 일치되어야 한다.

(나) 접근 고도각장비 안테나는 활주로 측면에 위치되어야 하며, 안테나의 설치 위치 선정은 「국제민간항공조약」 부속서 14의 장애물 회피기준에 일치되어야 한다.

3) 트랜스폰더착륙시설

가) 기능: 트랜스폰더착륙시설은 항공기에 장착된 트랜스폰더(자동응답장치) 및 계기착륙시설 수신기를 이용하여 방위각정보·활공각정보 등 항공기의 착륙에 필요한 정보를 제공해야 한다.

나) 기술기준

(1) 질문하는 반송파의 송신주파수는 1,030MHz여야 한다.

(2) 방위각 주파수의 송신주파수는 108.1MHz에서 111.975MHz까지여야 하고, 도달범위는 접근선상의 ±10도 이내에서는 18해리 이상이어야 한다.

(3) 활공각 정보의 송신주파수는 329.15MHz에서 335.00MHz까지여야 하고, 도달범위는 지표면 위의 0.75도 에서 7도 사이에서 10해리 이상이어야 한다.

다) 설치위치

(1) 방위각 감지기는 활주로 전단으로부터 활주로 말단방향으로 300미터(1,000피트) 떨어진 지점에서

활주로 중심선을 기준으로 좌우로 45미터(150피트) 떨어진 양 지점 중 한 지점에 설치해야 한다.

(2) 활공각 감지기는 활주로 전단으로부터 활주로 말단방향으로 300미터(1,000피트) 떨어진 지점에서 활주로 중심선을 기준으로 좌우로 200미터(650피트) 떨어진 양 지점 중 한 지점에 설치해야 한다.

(3) 지형적인 여건 등으로 (가) 및 (나)에서 정한 위치에 설치할 수 없는 경우에는 그 기능에 큰 영향을 주지 않는 범위 안에서 설치위치를 조정할 수 있다.

마. 레이더시설 (ASR/ARSR/SSR/ARTS/ASDE/PAR)

1) 기능

가) 일차감시레이더(ASR/ARSR), 이차감시레이더(SSR) 및 레이더 자료 자동처리장치(RDP/FDP/ARTS): 항공기 관제를 안전하고 효율적으로 하기 위하여 항공기 탐지를 위한 항공기 위치, 속도, 고도, 비행계획 자료 및 운영자가 따로 요구하는 사항을 현시장치(Display)에 표시할 수 있어야 한다.

나) 공항지상감시레이더(ASDE): 항공교통관제를 효율적·경제적으로 수행하기 위하여 지상에서 이동하는 항공기 등의 이동물체를 탐지하여 현시장치에 표시함으로써 이동물체의 위치 등을 쉽게 파악할 수 있어야 한다.

다) 정밀접근레이더(PAR): 관제사가 레이더 화면을 이용하여 착륙하는 항공기에 착륙지점에서 15Km 이상의 범위에 대하여 방위각 및 활공각정보를 제공할 수 있어야 한다.

2) 기술기준

가) 일차감시레이더

(1) 공항접근용 일차감시레이더(ASR)

(가) 반송파의 주파수대는 L밴드 또는 S밴드여야 한다.

(나) 수평면위로 0.5도에서 30도까지 중 수평거리 0.5해리에서 60해리까지 및 고도 7,600미터(25,000피트) 안에 있을 경우 탐지할 수 있어야 한다.

(다) 방위각 탐지 오차는 ±2도 이내여야 하고 거리 탐지 오차는 탐지 거리의 ±3% 이내여야 한다.

(라) 수신장치 감도는 −108dBm 이상이어야 한다.

(마) 수신장치는 관제에 필요한 자료를 선택하고 명확히 관찰할 수 있도록 거리 및 구역별 수신감도조정기능(STC: Sensitivity Time Control), 이동물체만 탐지하는 기능 등을 갖추어야 한다.

(바) 현시장치(Display)에 4초 또는 5초 이내에 새로운 자료를 나타낼 수 있어야 한다.

(사) 안테나의 구동모터와 인코더(Encoder)는 이중화되어야 한다.

(아) 수신장치는 레이더 탐지범위 내의 비·구름 등의 기상상태를 탐지하는 기능을 갖추어야 한다.

(2) 항로용 일차감시레이더(ARSR)

(가) 반송파의 주파수대는 L밴드여야 하고, 도달범위는 200해리 이상이어야 한다.

(나) 수평면 위로 0.5도에서 30도까지 중 수평거리 100해리 이상 및 고도 60,000피트 안에 있을 경우

탐지할 수 있어야 한다.

(다) 현시장치(Display)에 8초에서 12초 내에 새로운 자료를 나타낼 수 있어야 한다.

나) 이차감시레이더(지상에 설치되는 장비)

(1) 이차감시레이더는 일차감시레이더와 같이 설치되어 운용될 수 있어야 한다.

(2) 지상장비에서 항공기에 질문하는 주파수는 1,030MHz±0.2MHz이고, 항공기가 응답하여 지상장비의 수신장치가 수신하는 주파수는 1,030MHz±3MHz여야 한다.

(3) 질문은 P1과 P3로 지정된 두 개의 전송된 펄스로 구성되고, 제어 펄스 P2는 처음 질문 펄스 P1에 이어서 전송되어야 한다.

(4) P1과 P2 펄스 간의 간격은 2.0㎲±0.15㎲이어야 하고, P1, P2, P3 펄스의 폭은 각각 0.8㎲±0.1㎲이어야 하며, P1, P2, P3 펄스의 상승시간은 0.05㎲에서 0.1㎲까지여야 하고, 하강시간은 0.05㎲에서 0.2㎲까지여야 한다.

(5) P1과 P3 간의 간격은 질문의 모드(Mode)를 결정하고, 질문모드에 따르는 펄스 간격은 다음과 같다.

(가) 모드 A: 8㎲±0.2㎲로서 항공교통관제(ATC)용

(나) 모드 C: 21㎲±0.2㎲로서 고도지시용

(6) 최대 질문 반복 주파수는 초당 450개의 질문이어야 한다.

(7) 트랜스폰더를 탑재한 항공기가 수평면 위로 0.5도에서 45도 사이의 수평거리 1해리에서 200해리 이내에 있을 경우 이를 탐지할 수 있어야 한다.

(8) 운영상 요구되는 도달범위 안에서 인접된 레이더 신호와의 간섭현상을 최소화할 수 있도록 질문기의 실효방사전력을 최저값으로 줄일 수 있어야 한다.

(9) 수신기는 부엽억제기능(SLS: Side Lobe Suppression)을 갖추어야 한다.

(10) 수신기는 트랜스폰더로부터 수신된 신호에 대하여 항적거리 또는 위치에 관계없이 수신감도가 일정하게 유지될 수 있도록 수신감도조정기능(STC)을 갖추어야 한다.

(11) 질문펄스가 정확한 형태로 전송되는지를 측정하기 위하여 가능한 한 지상에 트랜스폰더를 갖추어야 한다.

다) 레이더자료 자동처리시스템

(1) 레이더자료 자동처리시스템은 일차감시레이더와 이차감시레이더에서 수신된 신호를 비행자료와 결합하여 관제용 현시장치에 숫자·문자·기호 등으로 출력할 수 있는 기능을 갖추어야 한다.

(2) 관제용 현시장치에 인접 항공기 간의 비행자료가 중첩되어 표시될 경우 자동 또는 수동으로 비행자료를 분리할 수 있는 기능을 갖추어야 한다.

(3) 레이더자료 자동처리시스템은 다음의 경보기능을 갖추어야 한다.

(가) 최저안전고도 경보기능

(나) 충돌방지 경보기능

(다) 항공기의 비상상태 경보기능(7700)

(라) 항공기의 무선통신장애 경보기능(7600)

(마) 항공기의 납치 경보기능(7500)

(바) 위험지역 침입 경보기능

(사) 이차감시레이더 부호(SSR CODE) 중복배정 경고기능

(아) 그 밖에 공역의 특성에 따라 항공교통안전을 위하여 필요한 기능

(4) 비행자료 현시기능에는 항공기가 편명·식별부호, 도착·출발공항, 도착·출발시간 등이 표시되어야 한다.

(5) 항공기의 사고조사 등을 위하여 레이더자료 녹화 및 출력장치를 설치해야 하고, 녹화출력 또는 재생 시 주 장비의 동작에 영향을 주어서는 안 된다.

라) 공항지상감시레이더

(1) 반송파의 주파수대는 Ku·K·Ka 밴드여야 한다. 다만, 공항의 여건상 X 밴드의 사용이 바람직한 경우에는 X 밴드를 사용할 수 있다.

(2) 공항지상감시레이더는 다음의 탐지구역에 대한 감시성능을 갖추어야 한다.

(가) 방위각: 360도

(나) 고도: 비행장 지표면에서 60미터까지

(다) 범위: 150미터~6,000미터(해당 지역에 맞추어 조정이 가능해야 한다)

(3) 안테나의 회전속도는 60rpm±10%여야 한다.

(4) 공항지상감시레이더는 가능한 한 기동지역의 모든 항공기 및 차량의 이동상황에 대하여 명확하게 탐지하고 현시할 수 있어야 한다.

(5) 공항 내 지상의 이동물체에 대한 지상 관제업무를 쉽게 수행할 수 있도록 침입방지 및 충돌방지 등에 대한 경보기능을 갖추어야 한다.

(6) 안테나의 인코더는 이중화되어야 한다.

마) 정밀접근레이더

(1) 활주로에 착륙하는 항공기의 상하좌우 위치를 탐지하여 관제화면에 현시할 수 있어야 한다.

(2) 해당 안테나로부터 수평방위 20도, 수직방위 7도의 공간에서 최소한 16.7킬로미터(9해리) 거리까지 전파 도달범위를 가져야 하고, 반사면적 15제곱미터 이상 항공기의 위치를 탐지하여 지시할 수 있어야 한다.

(3) 현시자료는 최소한 1초에 한 번씩 갱신되어야 한다.

3) 설치위치

가) 일차감시레이더 및 이차감시레이더는 다음의 요건을 갖춘 위치에 설치해야 한다.

(1) 가능한 한 주변에 장애물이 적어 넓은 가시거리를 제공할 수 있는 지역이어야 한다.

(2) 안테나에서 반지름 450미터 이내에는 가능한 한 장애물이 없어야 한다.

(3) 가능한 한 항공기가 착륙할 때까지 탐지할 수 있는 지역이어야 한다.

나) 공항지상감시레이더는 다음의 요건을 갖춘 위치에 설치해야 한다.

(1) 항공기·차량 등의 이동물체를 탐지할 수 있는 가시거리가 확보되는 지역이어야 하고, 가능한 한 관제탑 옥상 또는 공항 전구역이 탐지가 되는 장소에 설치해야 한다.

(2) 도파관에 의한 손실을 최소화할 수 있도록 안테나와 장비를 가능한 한 근접하여 설치해야 한다.

다) 정밀접근레이더는 접지점에서 활주로 종단 방향으로 150m(500피트) 지점을 중심으로,활주로 중심선상 좌우 ±5도 방위의 구역과 수직각도 −1도에서 +6도까지의 구역을 탐지할 수 있는 위치에 설치되어야 한다.

바. 전술항행표지시설(TACAN)

1) 기능: 전술항행표지시설은 자북을 기준으로 한 방위각 정보와 지상의 기준점으로부터 항공기까지의 경사거리정보를 항공기에 제공하는 기능을 갖는다.

2) 기술기준: 전술항행표지시설은 다음의 기술기준 외에 거리정보제공에 관하여 거리측정시설과 동일한 기술기준을 갖추어야 한다.

가) 방위각 정보를 제공하기 위하여 15Hz 및 135Hz의 진폭변조가 이루어져야 한다.

나) 15Hz의 최고 진폭이 정동방향에 위치할 경우 자북 기준신호가 송신되어야 하고, 자북 기준신호로부터 40도의 간격을 갖는 보조기준신호를 송신해야 한다.

다) 자북 기준신호는 펄스상의 두 펄스 간격이 12㎲±0.1㎲이고 펄스쌍 간의 간격이 30㎲±0.1㎲인 펄스쌍들이 1초당 180개 송신되며, 보조기준신호는 펄스쌍의 두 펄스 간격이 12㎲±0.1㎲이고 펄스쌍 간의 간격이 24㎲±0.1㎲인 펄스쌍이 1초당 720개 송신되어야 한다.

라) 신호의 송신은 방위기준신호, 식별부호, 거리질문 응답신호, 잡음신호의 순서여야 한다.

마) 운용범위 안의 전계강도는 거리측정시설과 같고, 도달범위는 수평면 위로 40도 이상이어야 한다.

바) 방위각 정보의 오차는 ±2.0도 이하여야 한다.

3) 설치위치: 전술항행표지시설은 전파복사가 쉽고, 송신된 신호가 강하게 반사되지 않는 곳에 설치해야 한다.

사. 위성항법시설(GNSS/SBAS/GRAS/GBAS)

1) 기능: 위성항법시설은 위치정보제공위성 등을 활용하여 위치정보 이용자에게 항행에 필요한 정보를 제공하는 기능을 갖는다.

2) 기술기준

가) 위치정보제공위성(GPS 등)은 전 세계에 지리적 위치정보와 시간정보를 제공해야 한다.

나) 위성항법광역보정시설(SBAS 또는 GRAS)은 위성통신 또는 여러개의 단거리 무선데이터통신 등을 이용하여 넓은 지역에 위치정보제공위성의 보정정보를 제공해야 한다.

다) 위성항법지역보정시설(GBAS)은 단거리 무선데이터통신 등을 이용하여 공항에 접근하는 항공기에게 위치정보제공위성의 보정정보를 제공해야 한다.

라) 위성항법시설은 세계지리좌표계(WGS-84) 및 국제표준시간(UTC)을 적용해야 한다.

아. 자동종속감시시설(ADS, ADS-B)

1) 기능: 자동종속감시시설은 다음의 기능을 갖는다.

가) ADS는 항공기에서 전송하는 위치, 속도 및 호출부호 등의 정보를 관제용 현시장치에 실시간으로 표시하는 기능을 갖는다.

나) ADS-B는 항공기에서 전송하는 정보를 분석하여 항공기의 위치 및 이동 상황, 항공기상정보 등을 관제용 현시장치에 실시간으로 표시하거나 불특정 다수의 항공기에 방송할 수 있는 기능을 갖는다.

2) 기술기준: 자동종속감시시설은 다음의 기술기준을 갖추어야 한다.

가) ADS

(1) ADS의 가용성(Availability)은 99.996퍼센트 이상이어야 하며, 무결성(Integrity)은 10-7 이상이어야 한다.

(2) ADS는 요구접속·사건접속·주기접속 또는 비상모드 등의 형태로 운용되어야 한다.

나) ADS-B

(1) ADS-B의 통신방식(Protocol)은 1,090MHz ES(Extended Squitter), 초단파디지털이동통신시설(VDL) 또는 범용접속데이터통신시설(UAT)을 사용할 수 있어야 한다.

(2) 1090MHz ES를 통하여 운용되는 ADS-B는 TIS-B(Traffic Information Service-Broadcast)의 정보를 처리할 수 있어야 한다.

자. 위성항법감시시설(GNSS Monitoring System)

1) 기능: 위성항법감시시설은 다음의 기능을 갖는다.

가) 위성항법시설(GNSS) 신호의 가용성을 실시간으로 감시하거나 위치정보제공위성의 운용상태 등에 대한 정보를 제공하는 기능을 갖는다.

나) 위성항법감시시설은 위치정보제공위성의 운용상태 등에 대한 정보를 제공하기 위하여 사용 가능한 위치정보제공위성의 수를 예측할 수 있어야 한다.

2) 기술기준: 위성항법감시시설은 다음의 기술기준을 갖추어야 한다.

가) 위성항법감시시설의 가용성은 위성항법시설 신호를 실시간으로 감시하는 방식에 따라 판단하여야 한다.

나) 위성항법감시시설 가용성의 판단기준은 「국제민간항공조약」 부속서 10에 따라 평균적 위치(Average

Location)에서는 수평 및 수직 99퍼센트 이상, 극단적 위치(Worst case Location)에서는 수평 및 수직 90퍼센트 이상이어야 한다.

차. 다변측정감시시설(MLAT)

1) 기능: 다변측정감시시설은 2차 감시레이더(SSR) 트랜스폰더에서 수신되는 신호의 시간차를 비교·분석하는 다변측정방식으로 항공기 또는 지상이동물체의 위치를 탐지하여 관제용 현시장치에 실시간으로 표시하는 기능을 갖는다.

2) 기술기준: 다변측정감시시설은 다음의 기술기준을 갖추어야 한다.

가) 다변측정감시시설은 항공기 또는 지상이동물체의 위치를 탐지하는 탐지장치와 탐지한 위치 등의 정보를 관제용 현시장치에 실시간으로 표시할 수 있도록 하는 자료처리장치로 구성되어야 한다.

나) 탐지장치는 2차 감시레이더 트랜스폰더를 이용하여 항공기 또는 지상이동물체에서 송신되는 신호를 지상의 몇 개의 수신기로 수신하여 위치 및 호출부호 등의 정보를 자료처리장치에 제공할 수 있어야 한다.

다) 자료처리장치는 탐지장치로부터 받은 정보를 분석하여 항공기 또는 지상이동물체의 위치 및 이동상황을 관제용 현시장치에 실시간으로 표시할 수 있어야 한다.

카. 범용접속데이터통신시설(UAT)

1) 기능: 공항지역과 항공로에서 비행에 필요한 최소한의 항공정보를 1.041667Mbps의 변조율로 978Mhz를 이용한 데이터링크 통신기능을 제공한다.

2) 기술기준

가) 송신주파수는 978Mhz여야 한다.

나) 무선주파수 안정도는 할당된 주파수로부터 ±0.002%(20ppm) 이상 변화하지 않아야 한다.

다) 항공기 또는 지상국 장치의 최대 전력은 +58dBm을 초과하지 않아야 한다.

타. 그 밖에 국토교통부장관이 정하여 고시하는 세부 기술기준에 적합할 것

항공정보통신시설의 설치기준(제36조제2항제3호 관련)

1. 일반기준

가. 통신이 원활하게 이루어질 수 있는 위치에 설치할 것

나. 제어장치 및 예비전원장치 등을 갖출 것

다. 유지·보수 등에 필요한 인원, 시험 및 계측장치, 예비 부품 등을 갖출 것

2. 세부 기술기준

가. 단거리이동통신시설(VHF/UHF Radio)

1) 기능: VHF/UHF 대역의 주파수를 이용하여 항공교통관제사와 항공기 조종사간 항공기 관제 및 운항을 위한 통신기능을 제공한다.

2) 기술기준

가) 송신장치

(1) 무선전파는 양측파대 진폭변조신호여야 하며, 전파형식은 A3E이어야 한다.

(2) VHF 반송파의 주파대수는 118.0MHz에서 136.975MHz까지여야 하고, UHF 반송파의 주파대수는 225MHz에서 400MHz까지여야 하며, 주파수의 허용편차는 채널 간격이 25kHz인 경우에는 해당 주파수의 ±0.002퍼센트 이내여야 한다. 다만, 채널 간격이 50kHz인 경우에는 해당주파수의 ±0.005퍼센트 이내여야 한다.

(3) 변조도는 통상적으로 85퍼센트 이상이어야 한다.

(4) 스퓨리어스 발사 강도의 값

(가) 송신기의 평균전력이 25W 이하인 경우에는 25㎼ 이하여야 하며, 기본주파수의 평균전력보다 40㏈ 낮은 값이어야 한다.

(나) 송신기의 평균전력이 25W를 초과하는 경우에는 1㎽ 이하여야 하며, 기본주파수의 평균전력보다 60㏈ 낮은 값이어야 한다.

나) 수신장치

(1) VHF로 사용되는 주파수대는 118.0MHz에서 136.975MHz까지여야 하고, UHF로 사용되는 주파수

대는 225MHz에서 400MHz까지여야 한다.

(2) 수신장치의 감도는 신호 대 잡음비를 6㏈로 하기 위하여 필요한 수신기 입력전압을 1,000Hz의 주파수로 30퍼센트 변조시킨 후 수신장치에 입력한 경우 5㎶ 이하여야 한다.

(3) 하나의 신호선택도의 통과대역폭은 1,000Hz의 주파수로 30퍼센트 변조시킨 전압을 수신장치에 입력한 경우에 6㏈ 저하의 폭이 할당주파수의 ±0.005퍼센트 이상이어야 한다.

다) 안테나: 안테나의 방사특성은 수직편파여야 하며, 가능한 한 수평편파를 포함해야 한다.

3) 설치위치

가) 단파이동통신시설((VHF/UHF Radio)의 안테나는 가능한 한 주변에 장애물이 없어야 하며, 가시거리가 넓은 지역이어야 한다.

나) 송신안테나와 수신안테나는 전파 간섭의 영향이 없도록 설치해야 한다.

나. 단파이동통신시설(HF Radio)

1) 기능: HF 대역의 주파수를 이용하여 지상 운영자와 항공기 조종사에게 장거리 이동통신 기능을 제공한다.

2) 기술기준

가) 무선전파는 단측파대(SSB) 진폭변조신호여야 하며, 전파형식은 J3E이어야 한다.

나) HF 반송파의 주파수대는 2.8MHz에서 22MHz이내여야 하고, 전송되는 음성주파수는 300Hz에서 2,700Hz이내여야 한다.

다) 항공기의 사고조사 등을 위하여 교신 내용 녹음장치를 설치해야 하고, 녹음 또는 재생 시 주 장비의 동작에 영향을 주지 않아야 한다.

3) 설치위치

가) 송신 및 수신 안테나는 가능한 한 주변에 장애물이 없어야 하며, 가시거리가 넓은 지역이어야 한다.

나) 송신안테나와 수신안테나는 전파의 간섭 등을 고려하여 설치해야 한다.

다. 초단파디지털이동통신시설(VDL)

1) 기능: VHF 대역의 주파수를 이용하여 지상의 사용자와 항공기 간에 음성 또는 데이터에 의한 이동통신 기능을 제공한다.

2) 기술기준

가) 지상기지국 반송파의 주파대수는 118.0MHz에서 136.975MHz까지여야 하고, 채널 간격은 25kHz여야 하며, 주파수 허용편차는 ±0.0002퍼센트 이내여야 한다.

나) 안테나의 방사특성은 수직편파여야 한다.

다) 모드 1부터 모드 4까지로 구분되어 운용되어야 한다.

라) 디지털공항정보방송시설(D-ATIS): 공항의 각종 항공정보를 무선데이터 통신시설을 이용하여 문자로 제공할 수 있어야 한다.

3) 설치위치

가) 송신 및 수신안테나는 가능한 한 주변에 장애물이 없어야 하며, 가시거리가 넓은 지역이어야 한다.

나) 송신안테나와 수신안테나는 전파 간섭의 영향이 없도록 설치해야 한다.

라. 단파데이터이동통신시설(HFDL)

1) 기능: HF 대역의 주파수를 이용하여 지상의 사용자와 항공기 간에 데이터에 의한 장거리이동통신 기능을 제공한다.

2) 기술기준

가) HFDL 지상기지국 장비는 전송·수신·데이터변조·복조·프로토콜 실행 및 주파수 선택기능을 갖추어야 한다.

나) HFDL 지상기지국 장비의 동기는 국제표준시의 ±25ms 이내여야 한다.

다) HFDL 반송파의 주파수대는 2.8MHz에서 22MHz까지여야 하며, 기본주파수 안정성은 10Hz 이내여야 한다.

3) 설치위치

가) 송신 및 수신안테나는 가능한 한 주변에 장애물이 없어야 하며, 가시거리가 넓은 지역이어야 한다.

나) 송신안테나와 수신안테나는 전파 간섭의 영향이 없도록 설치하여야 한다.

마. 모드S데이터통신시설

1) 기능: 지상의 사용자와 항공기 간에 모드S방식에 의한 데이터통신을 제공 한다.

2) 기술기준

가) 항공기에는 개별적으로 24비트의 주소체계가 할당되어야 한다.

나) 모드S 데이터통신은 Comm-A, Comm-B, Comm-C, Comm-D의 4가지 메시지 중 하나를 사용해야 한다.

바. 항공이동위성통신시설[AMS(R)S]

1) 기능: 공항지역과 항공로에서 각종 항공정보를 패킷 데이터서비스 또는 음성 서비스나 두 개의 서비스를 지원한다.

2) 기술기준

가) 할당된 주파수 대역 내에서 운용하여야 하며, ITU 전파규칙에 따라 보호되어야 한다.

나) 모든 데이터 패킷 및 음성호출은 관련 우선순위에 따라 확인되어야 한다.

다) 항공기탑재장비(AES), 지상시스템(GES) 및 위성은 항공기의 비행 방향으로 1,500km/h(800knots) 이상의 대지속도로 이동할 경우 서비스링크 신호를 적절히 획득하고 추적할 수 있어야 한다.(2,800km/h(1,500knots) 이상에서 획득 및 추적할 수 있도록 권고된다)

사. 관제사·조종사 간 데이터링크통신시설(CPDLC)

1) 기능: 공항지역과 항공로에서 각종 항공정보를 관제사와 조종사 간에 데이터링크 서비스 방식으로 지원한다.

2) 기술기준

가) 사용자에 의해 입력된 정보를 시스템이 처리할 수 없는 상태일 때에는 이를 사용자에게 알려줄 수 있어야 한다.

나) 국제민간항공기구의 데이터링크 통신 기술기준에서 정하는 표준화된 파라미터의 값과 약어를 사용하여야 한다.

아. 음성통신제어시설(VCCS)

1) 기능: 항공기관제업무용 단파이동통신시설(VHF/UHF Radio)·항공직통전화망 등의 음성회선 교환 및 제어기능을 제공할 수 있어야 한다.

2) 기술기준

가) 중앙처리장치는 관제탑·접근관제소·지역관제소 등에서 사용하는 공중 대 지상 VHF/UHF 무선통신과 직통전화 통신을 서로 다른 모듈(module: 특정 기능을 제공하는 독립장치나 구성요소)로 자동으로 배분할 수 있어야 한다.

나) 직통전화 또는 무선통신 입·출력은 잘 들리도록 적절히 증폭 또는 감쇄되어 자동기록장치(Recorder)에 연결되어야 한다.

다) 음성통신제어시설은 공중 대 지상 통신을 위한 송신 또는 수신 무선주파수의 선택과 해제를 운영석에 할당된 패널의 버튼에 의해 이루어지도록 하여야 한다.

라) 음성통신제어시설의 전화 인터페이스 모듈은 운영자와 인근 항공관제 기관과의 음성통신을 위한 전화통신 또는 지상 대 지상 통신을 지원하여야 한다.

마) 항공직통전화시설: 국내외 관련 항공교통관제기관 및 항공정보제공기관 간의 항공교통업무에 필요한 각종 정보를 음성통신으로 제공할 수 있어야 한다.

바) 녹음장치: 항공기의 사고조사 등을 위하여 교신 내용 녹음장치를 설치해야 하고, 녹음 또는 재생 시 주 장비의 동작에 영향을 주지 않아야 한다.

3) 설치기준

가) 음성통신제어시설(Voice Communications Control System)은 ICAO 부속서 제11권 제6장에서 요구하는 공중 대 지상 통신, 지상 대 지상 통신이 가능하도록 설치하여야 한다.

나) 음성통신제어시설은 항공관제통신에 필요한 내부 음성통신시설 또는 외부 음성통신시설과의 인터페이스를 위해 컴퓨터와 연동되어 작동되도록 설치하여야 한다.

자. 항공고정통신시스템(AFTN/MHS)

1) 기능: 각 국가의 고정된 지점에 위치한 AFTN 통신센터 및 가입자간 항공정보(비행계획, NOTAM, 항공

기상 등)를 교환하는 기능을 제공한다.

2) 기술기준

가) 국내외 항공정보교환은 문지기반의 형식화(IA-5)된 항공정보를 교환하여야한다.

나) 모든 AFTN 가입자는 고유한 8자리 어드레스를 부여 받아야하며, 사용시간은 세계표준시(UTC)를 사용하여야한다.

다) 모든 항공정보는 Store-and-Forward(저장 및 전송) 방식으로 처리되어야 하며, 처리된 항공정보는 30일 이상 보존되어야한다.

차. 항공정보처리시스템(AMHS)

1) 기능: 항공종합통신시스템(ATN)을 이용하여 문자기반의 정보 외에 그래픽, 파일첨부 등 멀티미디어 정보전송 기능을 제공한다.

2) 기술기준

가) 통신 프로토콜은 ITU-T X.400을 준수하여야한다.

나) MTA(Message Transfer Agent), UA(User Agent), MS(Message Store), AU(Access Unit)으로 구성되어야 한다.

다) MTA는 메시지 전달(Transfer)과 배달(Delivery)을 담당한다.

라) UA는 메시지 생성, 전송(Submit)을 담당한다.

마) MS는 MTA와 UA 간 메시지 전달의 매개 역할을 담당한다.

바) AU는 MTA와 외부장치의 접속기능을 제공한다.

카. 항공관제정보교환시스템(AIDC)

1) 기능: 국내외 항공교통관제기관 간에 관제를 위한 정보를 제공한다.

2) 기술기준

가) 전기통신에 의한 방식으로 접속하여 데이터통신을 할 수 있어야 한다.

나) 지점대 지점 간의 양방향 통신이 가능해야 한다.

다) 국제표준화기구(ISO)의 개방형 상호접속방식(OSI)의 통신표준 프로토콜을 사용해야 한다.

타. 항공종합통신시스템(ATN)

1) 기능: ICAO에 의해 정의된 데이터 항공 통신망을 이용하여 공중 대 지상 애플리케이션(ADS-C, CPDLC, FIS)과 지상 대 지상 애플리케이션(ATSMHS, AIDC)의 통신 기능을 제공한다.

2) 기술기준

가) 국제표준화기구(ISO)의 개방형 상호접속방식(OSI)에 기반한 공용 인터페이스 또는 인터넷 프로토콜(IPS)을 지원하여야한다.

나) ATN은 ES(End System, 서버, 게이트웨이 등), IS(Intermediate System, 라우터와 같은 중간 연결

장비)로 구성 된다.

다) IS 간 통신에서는 IS-IS 프로토콜을 사용하여야 하고 IS-ES 간 통신에서는 IS-ES 통신 프로토콜을 사용하여야 한다.

파. 공항정보방송시설(ATIS)

1) 기능: 공항의 각종 항공정보를 음성에 의하여 반복적으로 제공할 수 있어야 한다.

2) 기술기준

가) 반송파의 주파수대는 VHF의 경우 118.0MHz에서 136.975MHz까지여야 하며, UHF의 경우 225MHz에서 400MHz까지여야 한다.

나) 무선전파는 양측파대 진폭변조신호, 전파형식 A3E이어야 하며, 변조도는 85퍼센트±10퍼센트 이내여야 한다.

3) 설치위치

가) 가능한 한 주변에 장애물이 없어야 하며, 가시거리가 넓은 지역이어야 한다.

나) 송신안테나는 전파의 간섭 등을 고려하여 설치해야 한다.

하. 그 밖에 국토교통부장관이 정하여 고시하는 세부 기술기준에 적합할 것

공항시설법 시행규칙 [별표 17] 〈개정 2021. 8. 27.〉

항행안전시설의 관리기준(제40조제1항 관련)

1. 항공등화 관리기준

가. 항공등화는 별표 14에 따른 설치기준에 적합하도록 유지할 것

나. 항공등화의 기능유지를 위하여 개수·청소 등을 할 것

다. 건축물·식물 그 밖의 물건에 의하여 항공등화의 기능이 저해될 우려가 있는 경우에는 지체 없이 해당 물건을 제거하는 등 필요한 조치를 할 것

라. 천재지변이나 그 밖의 사고로 인하여 항공등화의 운용에 지장이 생긴 경우에는 지체 없이 그 복구를 위하여 노력하고 그 운용을 될 수 있는 대로 계속하는 등 항공기의 안전운항을 위하여 필요한 조치를 할 것

마. 항공등화의 관리자는 다음 각 목의 사항이 기록된 항공등화에 관한 업무일지를 갖춰 두고 1년 이상 보존할 것

1) 점검 일시 및 그 결과

2) 해당 등화의 운용이 정지되거나 그 밖의 사고가 발생한 경우에는 그 일시 및 원인과 그에 대한 조치

3) 국토교통부장관에게 통지 또는 보고한 사항과 그 일시

바. 항공등대와 비행장등대는 정해진 운용시간에는 점등을 유지할 것

사. 공항·비행장의 등화(비행장등대는 제외한다)는 야간(태양이 수평선 아래 6도보다 낮은 경우를 말한다)과 계기비행 기상상태에서 항공기가 이륙하거나 착륙하는 경우 또는 상공을 통과하는 항공기의 항행을 돕기 위하여 필요하다고 인정되는 경우에는 다음 각 목의 방법으로 점등할 것

1) 항공기가 착륙하는 경우에는 해당 착륙 예정시각 1시간 전에 점등준비를 하고 그 착륙 예정시각보다 최소한 10분 전에 점등할 것

2) 항공기가 이륙하는 경우에는 이륙한 후 최소한 5분간 점등을 계속할 것

아. 항공등화를 유지·보수하는 인력에 대하여 국토교통부장관이 정하는 바에 따라 교육훈련 등을 실시할 것

자. 그 밖에 국토교통부장관이 정하여 고시하는 관리기준에 적합하게 관리할 것

2. 항행안전무선시설 및 항공정보통신시설의 관리기준

가. 별표 15 및 별표 16에 따른 항행안전무선시설 및 항공정보통신시설의 설치기준에 적합하도록 유지할 것

나. 정해진 운용시간에는 해당 시설의 성능을 정확하게 유지할 것

다. 항행안전무선시설 또는 항공정보통신시설의 기능 유지를 위하여 개수·청소 등을 할 것

라. 건축물·식물 또는 그 밖의 물건에 의하여 항행안전무선시설 또는 항공정보통신시설의 기능이 저해될 우려가 있는 경우에는 지체 없이 해당 물건을 제거하는 등 필요한 조치를 할 것

마. 부득이한 사유로 항행안전무선시설 또는 항공정보통신시설의 운용의 정지, 정격 도달거리와 코스의 변경, 식별부호 송신의 불량 또는 그 밖에 항행안전무선시설 또는 항공정보통신시설의 기능이 저해된 경우와 해당 항행안전무선시설 또는 항공정보통신시설의 운용을 재개하거나 기능이 복구된 경우에는 지체 없이 국토교통부장관에게 통지할 것

바. 천재지변이나 그 밖의 사고로 인하여 항행안전무선시설 또는 항공정보통신시설의 운용에 지장이 생긴 경우에는 지체 없이 그 복구를 위하여 노력하고 그 운용을 될 수 있는 대로 계속하는 등 항공기의 안전운항을 위하여 필요한 조치를 할 것

사. 항행안전무선시설 또는 항공정보통신시설에 대하여 개수나 그 밖의 공사를 하는 경우에는 항공기의 항행을 저해하지 아니하도록 필요한 조치를 할 것

아. 항행안전무선시설 또는 항공정보통신시설의 관리자는 다음 각 목의 사항이 기록된 항행안전무선시설 또는 항공정보통신시설에 관한 업무일지를 갖춰 두고 1년 이상 보존할 것

1) 감시장치 등으로 감시한 일시 및 결과(기록 횟수는 1일 1회 이상일 것)

2) 해당 시설에 관하여 운용이 정지되거나 그 밖의 사고가 발생한 경우에는 그 일시 및 원인과 그에 대한 조치

3) 국토교통부장관에게 통지 또는 보고한 사항과 그 일시

3. 항행안전시설의 운용 및 사용기준

가. 항행안전시설을 관리하는 자는 유지·보수에 필요한 인원, 예비품 및 계측장비 등을 활용할 수 있는 방안을 마련하여 국토교통부장관이 정하여 고시하는 세부 기준에 따라 장애 발생이 최소화되도록 시설을 유지·관리할 것

나. 항행안전시설을 관리하는 자는 항행안전시설을 관리·운용하는 자에 대하여 국토교통부장관이 정하는 바에 따라 교육훈련을 실시하여야 하며, 국토교통부장관이 정하여 고시하는 경력과 교육실적 등을 갖춘 자가 유지보수 업무를 수행하도록 할 것

다. 2차 감시레이더 등의 운용을 위하여 항공기에 모드 S 트랜스폰더를 설치하는 경우에는 24비트 주소를 사용하여야 한다. 이 경우 모드 S 24비트 주소의 할당 등에 대한 사항은 국토교통부장관이 정하여 고시하는 세부기준에 적합하게 할 것

라. 항행안전무선시설 및 항공정보통신시설에 사용되는 주파수는 국토교통부장관이 정하여 고시하는 항공

주파수운용계획에 적합하게 운용할 것

마. 항행안전시설의 운용 등에 적용하는 지명은 국토교통부장관이 정하여 고시하는 바에 따라 4문자 부호를 사용할 것

바. 항공이동통신업무에 선택호출을 적용할 경우에는 선택호출부호를 사용하여야 한다. 이 경우 선택호출부호의 관리 등에 관한 사항은 국토교통부장관이 정하여 고시하는 세부 기준에 적합하게 할 것

사. 항공교통업무 및 항공통신업무 수행을 위한 항공기 소유자의 호출명칭 및 3문자 부호의 배정에 관한 사항은 국토교통부장관이 정하여 고시하는 세부 기준에 적합하게 할 것

레이저광선 비행보호공역의 설정기준 및 허용 출력한계(제47조제4항 관련)

1. 레이저광선 비행보호공역의 설정기준

가. 레이저광선 제한공역

1) 수평범위: 각 활주로 중심선으로부터 모든 방향으로 3,700미터(2해리)까지 확장된 공역과 이 공역으로부터 활주로 중심선을 따라 양쪽 750미터(2,500피트)의 폭으로 5,600미터(3해리)까지 연장된 공역

2) 수직범위: 1)에 따라 설정된 수평범위의 수직상방으로 지표로부터 600미터(2,000피트)까지의 공역

나. 레이저광선 위험공역

1) 수평범위: 비행장 표점으로부터 반지름 18,500미터(10해리)까지의 공역

2) 수직범위: 1)에 따라 설정된 수평범위의 수직상방으로 지표로부터 3,050미터(10,000피트)까지의 공역

다. 레이저광선 민감공역: 레이저광선의 방사로 현맹(flash-blindness) 또는 잔상(after-image)이 일어나지 않는 수준으로 제한되는 공역으로서 항공기의 안전운항에 영향을 줄 수 있다고 인정하여 지방항공청장 또는 사업시행자등이 지정하는 공역

2. 레이저광선 허용출력한계

가. 레이저광선 제한공역: 1제곱센티미터당 50나노와트(nW) 이하

나. 레이저광선 위험공역: 1제곱센티미터당 5마이크로와트(μW) 이하

다. 레이저광선 민감공역: 1제곱센티미터당 100마이크로와트(μW) 이하

라. 가목부터 다목까지 외의 정상비행공역: 최대허용방출량(Maximum Permissible Exposure: MPE) 이하

공항시설법 시행규칙 [별표 20]

위반행위에 대한 처분기준(제49조 관련)

위반행위	해당 법 조문	처분내용
1. 거짓이나 그 밖의 부정한 방법으로 허가를 받은 경우	법 제58조 제1항제1호	허가취소
2. 법 제7조제3항 또는 제44조제3항을 위반하여 다음 각 목의 행위를 한 경우	법 제58조 제1항제2호	
가. 승인을 받지 않고 실시계획을 수립한 경우		허가취소 및 원상회복 명령
나. 승인을 받지 않고 실시계획을 변경한 경우		실시계획 승인 효력정지 1개월 및 그 정지 기간에 실시계획 변경승인을 받지 않은 경우: 승인 취소, 원상회복 명령 실시계획 변경승인을 받지 못한 부분이 있는 경우: 그에 해당하는 인공구조물 또는 물건의 개축·변경·이전·제거 또는 원상회복 명령
3. 법 제7조제3항 또는 제44조제3항에 따라 승인 또는 변경 승인을 받은 실시계획을 위반한 경우	법 제58조 제1항제3호	공사중지 1개월 및 그 중지기간에 실시계획의 변경승인을 받지 않은 경우: 인공구조물 또는 물건의 개축·변경·이전·제거 또는 원상회복 명령, 실시계획의 변경승인을 받지 못한 부분이 있는 경우: 그에 해당하는 인공구조물 또는 물건의 개축·변경·이전·제거 또는 원상회복 명령
4. 사정 변경으로 개발사업 또는 항행안전시설의 설치를 계속 시행하는 것이 불가능하다고 인정되는 경우	법 제58조 제1항제4호	허가취소

공항시설법 시행규칙 [별표 21] 〈개정 2018. 9. 21.〉

항행안전시설 비행검사 수수료의 부과기준(제50조 관련)

1. 항행안전시설 비행검사 수수료의 금액: 비행시간당 267만원

2. 비행시간은 비행검사를 위하여 항공기가 자력(自力)으로 움직이기 시작한 시간부터 비행완료 후 엔진을 정지한 시간까지로 한다.

3. 항행안전시설 비행검사 수수료의 감경 또는 면제

가. 국가기관 또는 지방자치단체의 요청에 따라 시행하는 비행검사: 면제

나. 항행안전시설 연구개발을 목적으로 하는 비행검사: 100분의 30 감경

다. 항행안전시설 관리·운영을 국토교통부장관으로부터 위탁받은 자가 항행안전시설을 사용·이용하는 자로부터 사용료를 징수하는 항행안전시설 외의 항행안전시설에 대한 비행검사: 면제

라. 항행안전시설 성능 검사 목적이 아닌 경우로서 다음의 경우: 면제

1) 국토교통부장관이 항공통신·전자 관련 시설의 연구개발(국토교통부가 지원하는 예산으로 하는 연구개발 사업을 포함한다)을 목적으로 하는 비행검사

2) 그 밖에 국토교통부장관이 필요하다고 인정하는 항공안전관련 시설의 연구개발을 목적으로 하는 비행검사

제4장

항공사업법

항공사업법 [법률제16642호, 2019.11.26., 일부개정]	항공사업법시행령 [대통령령제30714호, 2020.5.26., 일부개정]	항공사업법시행규칙 [국토교통부령제732호, 2020.5.27., 일부개정]
제1장 총칙		
제1조(목적) 이 법은 항공정책의 수립 및 항공사업에 관하여 필요한 사항을 정하여 대한민국 항공사업의 체계적인 성장과 경쟁력 강화 기반을 마련하는 한편, 항공사업의 질서유지 및 건전한 발전을 도모하고 이용자의 편의를 향상시켜 국민경제의 발전과 공공복리의 증진에 이바지함을 목적으로 한다.	제1조(목적) 이영은「항공사업법」에서 위임된 사항과 그 시행에 필요한 사항을 규정함을 목적으로 한다.	제1조(목적) 이 규칙은 「항공사업법」 및 같은 법시행령에서 위임된 사항과 그 시행에 필요한 사항을 규정함을 목적으로 한다.
제2조(정의) 이 법에서 사용하는 용어의 뜻은 다음과 같다. 1. "항공사업"이란 이 법에 따라 국토교통부장관의 면허, 허가 또는 인가를 받거나 국토교통부장관에게 등록 또는 신고하여 경영하는 사업을 말한다. 2. "항공기"란 「항공안전법」 제2조제1호에 따른 항공기를 말한다. 3. "경량항공기"란 「항공안전법」 제2조제2호에 따른 경량항공기를 말한다. 4. "초경량비행장치"란 「항공안전법」 제2조제3호에 따른 초경량비행장치를 말한다. 5. "공항"이란 「공항시설법」 제2조제3호에 따른 공항을 말한다. 6. "비행장"이란 「공항시설법」 제2조제2호에 따른 비행장을 말한다. 7. "항공운송사업"이란 국내항공운송사업, 국제항공운송사업 및 소형항공운송사업을 말한다. 8. "항공운송사업자"란 국내항공운송사업자, 국제항공운송사업자 및 소형항공운송사업자를 말한다. 9. "국내항공운송사업"이란 타인의 수요에 맞추어 항공기를 사용하여 유상으로 여객이나 화물을 운송하는 사업으로서 국토교통부령으로 정하는 일정 규모 이상의 항공기를 이용하여 다음 각 목의 어느 하나에 해당하는 운항을 하는 사업을 말한다. 가. 국내 정기편 운항: 국내공항과 국내공항 사이에 일정한 노선을 정하고 정기적인 운항계획에 따라 운항하는 항공기 운항		제2조(국내항공운송사업 및 국제항공운송사업용 항공기의 규모) 「항공사업법」(이하 "법"이라 한다) 제2조제9호 각 목 외의 부분 및 같은 조 제11호 각 목 외의 부분에서 "국토교통부령으로 정하는 일정 규모 이상의 항공기"란 각각 다음 각 호의 요건을 모두 갖춘 항공기를 말한다. 1. 여객을 운송하기 위한 사업의 경우 승객의 좌석 수가 51석 이상일 것 2. 화물을 운송하기 위한 사업의 경우 최대이륙중량이 2만5천킬로그램을 초과할 것 3. 조종실과 객실 또는 화물칸이 분리된 구조일 것 제3조(부정기편 운항의 구분) 법 제2조제9호나목, 제11호나목 및 제13호에 따른 국내 및 국제 부정기편 운항은 다음 각 호와 같이 구분한다. 1. 지점 간 운항: 한 지점과 다른 지점 사이에 노선을 정하여 운항하는 것 2. 관광비행: 관광을 목적으로 한 지점을 이륙하여 중간에 착륙하지 아니하고 정해진 노선을 따라 출발지점에 착륙하기 위하여 운항하는 것 3. 전세운송: 노선을 정하지 아니하고 사업자와 항공기를 독점하여 이용하려는 이용자 간의 1개의 항공운송계약에 따라 운항하는 것

항공사업법 [법률제16642호, 2019.11.26., 일부개정]	항공사업법시행령 [대통령령제30714호, 2020.5.26., 일부개정]	항공사업법시행규칙 [국토교통부령제732호, 2020.5.27., 일부개정]
제1장 총칙		
나. 국내 부정기편 운항: 국내에서 이루어지는 가목 외의 항공기 운항 10. "국내항공운송사업자"란 제7조제1항에 따라 국토교통부장관으로부터 국내항공운송사업의 면허를 받은 자를 말한다. 11. "국제항공운송사업"이란 타인의 수요에 맞추어 항공기를 사용하여 유상으로 여객이나 화물을 운송하는 사업으로서 국토교통부령으로 정하는 일정 규모 이상의 항공기를 이용하여 다음 각 목의 어느 하나에 해당하는 운항을 하는 사업을 말한다. 가. 국제 정기편 운항: 국내공항과 외국공항 사이 또는 외국공항과 외국공항 사이에 일정한 노선을 정하고 정기적인 운항계획에 따라 운항하는 항공기 운항 나. 국제 부정기편 운항: 국내공항과 외국공항 사이 또는 외국공항과 외국공항 사이에 이루어지는 가목 외의 항공기 운항 12. "국제항공운송사업자"란 제7조제1항에 따라 국토교통부장관으로부터 국제항공운송사업의 면허를 받은 자를 말한다. 13. "소형항공운송사업"이란 타인의 수요에 맞추어 항공기를 사용하여 유상으로 여객이나 화물을 운송하는 사업으로서 국내항공운송사업 및 국제항공운송사업 외의 항공운송사업을 말한다. 14. "소형항공운송사업자"란 제10조제1항에 따라 국토교통부장관에게 소형항공운송사업을 등록한 자를 말한다. 15. "항공기사용사업"이란 항공운송사업 외의 사업으로서 타인의 수요에 맞추어 항공기를 사용하여 유상으로 농약살포, 건설자재 등의 운반, 사진촬영 또는 항공기를 이용한 비행훈련 등 국토교통부령으로 정하는 업무를 하는 사업을 말한다. 16. "항공기사용사업자"란 제30조제1항에 따라 국토교통부장관에게 항공기사용사업을 등록한 자를 말한다. 17. "항공기정비업"이란 타인의 수요에 맞추어 다음 각 목의 어느 하나에 해당하는 업무를 하는 사업을 말한다. 가. 항공기, 발동기, 프로펠러, 장비품 또는 부품을 정비·수리 또는 개조하는 업무 나. 가목의 업무에 대한 기술관리 및 품질관리 등을 지원하는 업무 18. "항공기정비업자"란 제42조제1항에 따라 국토교통부장관에게 항공기정비업을 등록한 자를 말한다. 19. "항공기취급업"이란 타인의 수요에 맞추어 항공기에 대한 급유, 항공화물 또는 수하물의 하역과 그 밖에 국토교통부령으로 정하는 지상조업(地上操業)을 하는 사업을 말한다.		**제4조(항공기사용사업의 범위)** 법 제2조제15호에서 "농약살포, 건설자재 등의 운반 또는 사진촬영 등 국토교통부령으로 정하는 업무"란 다음 각 호의 어느 하나에 해당하는 업무를 말한다. 1. 비료 또는 농약 살포, 씨앗 뿌리기 등 농업 지원 2. 해양오염 방지약제 살포 3. 광고용 현수막 견인 등 공중광고 4. 사진촬영, 육상 및 해상 측량 또는 탐사 5. 산불 등 화재 진압 6. 수색 및 구조(응급구호 및 환자 이송을 포함한다) 7. 헬리콥터를 이용한 건설자재 등의 운반(헬리콥터 외부에 건설자재 등을 매달고 운반하는 경우만 해당한다) 8. 산림, 관로(管路), 전선(電線) 등의 순찰 또는 관측 9. 항공기를 이용한 비행훈련(「고등교육법」 제2조에 따른 학교가 실시하는 비행훈련의 경우는 제외한다) 10. 항공기를 이용한 고공낙하 11. 글라이더 견인 12. 그 밖에 특정 목적을 위하여 하는 것으로서 국토교통부장관 또는 지방항공청장이 인정하는 업무 **제5조(항공기취급업의 구분)** 법 제2조제19호에 따른 항공기취급업은 다음 각 호와 같이 구분한다. 1. 항공기급유업: 항공기에 연료 및 윤활유를 주유하는 사업 2. 항공기하역업: 화물이나 수하물(手荷物)을 항공기에 싣거나 항공기에서 내려서 정리하는 사업 3. 지상조업사업: 항공기 입항·출항에 필요한 유도, 항공기 탑재 관리 및 동력 지원, 항공기 운항정보 지원, 승객 및 승무원의 탑승 또는 출입국 관련 업무, 장비 대여 또는 항공기의 청소 등을 하는 사업

항공사업법 [법률제16642호, 2019.11.26., 일부개정]	항공사업법시행령 [대통령령제30714호, 2020.5.26., 일부개정]	항공사업법시행규칙 [국토교통부령제732호, 2020.5.27., 일부개정]
제1장 총칙		
20. "항공기취급업자"란 제44조제1항에 따라 국토교통부장관에게 항공기취급업을 등록한 자를 말한다. 21. "항공기대여업"이란 타인의 수요에 맞추어 유상으로 항공기, 경량항공기 또는 초경량비행장치를 대여(貸與)하는 사업(제26호나목의 사업은 제외한다)을 말한다. 22. "항공기대여업자"란 제46조제1항에 따라 국토교통부장관에게 항공기대여업을 등록한 자를 말한다. 23. "초경량비행장치사용사업"이란 타인의 수요에 맞추어 국토교통부령으로 정하는 초경량비행장치를 사용하여 유상으로 농약살포, 사진촬영 등 국토교통부령으로 정하는 업무를 하는 사업을 말한다. 24. "초경량비행장치사용사업자"란 제48조제1항에 따라 국토교통부장관에게 초경량비행장치사용사업을 등록한 자를 말한다. 25. "항공레저스포츠"란 취미·오락·체험·교육·경기 등을 목적으로 하는 비행[공중에서 낙하하여 낙하산(落下傘)류를 이용하는 비행을 포함한다] 활동을 말한다.		**제6조(초경량비행장치사용사업의 사업범위 등)** ① 법 제2조제23호에서 "국토교통부령으로 정하는 초경량비행장치"란 「항공안전법 시행규칙」 제5조 제2항제5호에 따른 무인비행장치를 말한다. ② 법 제2조제23호에서 "농약살포, 사진촬영 등 국토교통부령으로 정하는 업무"란 다음 각 호의 어느 하나에 해당하는 업무를 말한다. 1. 비료 또는 농약 살포, 씨앗 뿌리기 등 농업 지원 2. 사진촬영, 육상·해상 측량 또는 탐사 3. 산림 또는 공원 등의 관측 또는 탐사 4. 조종교육 5. 그 밖의 업무로서 다음 각 목의 어느 하나에 해당하지 아니하는 업무 가. 국민의 생명과 재산 등 공공의 안전에 위해를 일으킬 수 있는 업무 나. 국방·보안 등에 관련된 업무로서 국가 안보를 위협할 수 있는 업무
26. "항공레저스포츠사업"이란 타인의 수요에 맞추어 유상으로 다음 각 목의 어느 하나에 해당하는 서비스를 제공하는 사업을 말한다. 가. 항공기(비행선과 활공기에 한정한다), 경량항공기 또는 국토교통부령으로 정하는 초경량비행장치를 사용하여 조종교육, 체험 및 경관조망을 목적으로 사람을 태워 비행하는 서비스 나. 다음 중 어느 하나를 항공레저스포츠를 위하여 대여하여 주는 서비스 1) 활공기 등 국토교통부령으로 정하는 항공기 2) 경량항공기 3) 초경량비행장치 다. 경량항공기 또는 초경량비행장치에 대한 정비, 수리 또는 개조서비스 27. "항공레저스포츠사업자"란 제50조제1항에 따라 국토교통부장관에게 항공레저스포츠사업을 등록한 자를 말한다. 28. "상업서류송달업"이란 타인의 수요에 맞추어 유상으로 「우편법」 제1조의2제7호 단서에 해당하는 수출입 등에 관한 서류와 그에 딸린 견본품을 항공기를 이용하여 송달하는 사업을 말한다. 29. "상업서류송달업자"란 제52조제1항에 따라 국토교통부장관에게 상업서류송달업을 신고한 자를 말한다. 30. "항공운송총대리점업"이란 항공운송사업자를 위하여 유상으로 항공기를 이용한 여객 또는 화물의 국제운송계약 체결을 대리(代理)[사증(査證)을 받는 절차의 대행은 제외한다]하는 사업을 말한다.		**제7조(항공레저스포츠사업에 사용되는 항공기 등)** ① 법 제2조제26호 가목에서 "국토교통부령으로 정하는 초경량비행장치"란 다음 각 호의 어느 하나에 해당하는 것을 말한다. 1. 인력활공기(人力滑空機) 2. 기구류 3. 동력패러글라이더(착륙장치가 없는 비행장치로 한정한다) 4. 낙하산류 ② 법 제2조제26호나목1)에서 "활공기 등 국토교통부령으로 정하는 항공기"란 활공기 또는 비행선을 말한다.

항공사업법 [법률제16642호, 2019.11.26., 일부개정]	항공사업법시행령 [대통령령제30714호, 2020.5.26., 일부개정]	항공사업법시행규칙 [국토교통부령제732호, 2020.5.27., 일부개정]
	제1장 총칙	
31. "항공운송총대리점업자"란 제52조제1항에 따라 국토교통부장관에게 항공운송총대리점업을 신고한 자를 말한다. 32. "도심공항터미널업"이란 「공항시설법」 제2조제4호에 따른 공항구역이 아닌 곳에서 항공여객 및 항공화물의 수송 및 처리에 관한 편의를 제공하기 위하여 이에 필요한 시설을 설치·운영하는 사업을 말한다. 33. "도심공항터미널업자"란 제52조제1항에 따라 국토교통부장관에게 도심공항터미널업을 신고한 자를 말한다. 34. "공항운영자"란 「인천국제공항공사법」, 「한국공항공사법」 등 관계 법률에 따라 공항운영의 권한을 부여받은 자 또는 그 권한을 부여받은 자로부터 공항운영의 권한을 위탁·이전받은 자를 말한다. 35. "항공교통사업자"란 공항 또는 항공기를 사용하여 여객 또는 화물의 운송과 관련된 유상서비스(이하 "항공교통서비스"라 한다)를 제공하는 공항운영자 또는 항공운송사업자를 말한다. 36. "항공교통이용자"란 항공교통사업자가 제공하는 항공교통서비스를 이용하는 자를 말한다. 37. "항공보험"이란 여객보험, 기체보험(機體保險), 화물보험, 전쟁보험, 제3자보험 및 승무원보험과 그 밖에 국토교통부령으로 정하는 보험을 말한다. 38. "외국인 국제항공운송사업"이란 제54조제1항에 따라 타인의 수요에 맞추어 항공기를 사용하여 유상으로 여객이나 화물을 운송하는 사업을 말한다. 39. "외국인 국제항공운송사업자"란 제54조제1항에 따라 국토교통부장관으로부터 외국인 국제항공운송사업의 허가를 받은 자를 말한다.		
제3조(항공정책기본계획의 수립) ① 국토교통부장관은 국가항공정책(「항공우주산업개발 촉진법」에 따른 항공우주산업의 지원·육성에 관한 사항은 제외한다. 이하 같다)에 관한 기본계획(이하 "항공정책기본계획"이라 한다)을 5년마다 수립하여야 한다. ② 항공정책기본계획에는 다음 각 호의 사항이 포함되어야 한 다. 1. 국내외 항공정책 환경의 변화와 전망 2. 국가항공정책의 목표, 전략계획 및 단계별 추진계획 3. 국내항공운송사업, 항공기정비업 등 항공산업의 육성 및 경쟁력 강화에 관한 사항 4. 공항의 효율적 개발 및 운영에 관한 사항	**제2조(항공정책기본계획의 중요한 사항의 변경)** 「항공사업법」(이하 "법"이라 한다) 제3조제4항에서 "대통령령으로 정하는 중요한 사항"이란 다음 각 호의 어느 하나에 해당하는 사항을 말한다. 1. 국가항공정책의 목표 및 전략계획 2. 국내 항공운송사업의 육성 3. 공항의 효율적 개발 4. 항공교통이용자의 보호 5. 항공안전기술의 개발 6. 그 밖에 국토교통부장관이 정하는 사항	

항공사업법 [법률제16642호, 2019.11.26., 일부개정]	항공사업법시행령 [대통령령제30714호, 2020.5.26., 일부개정]	항공사업법시행규칙 [국토교통부령제732호, 2020.5.27., 일부개정]
제1장 총칙		
5. 항공교통이용자 보호 및 서비스 개선에 관한 사항 6. 항공전문인력의 양성 및 항공안전기술·항공기 정비기술 등 항공산업 관련 기술의 개발에 관한 사항 7. 항공교통의 안전관리에 관한 사항 8. 항공보안에 관한 사항 9. 항공레저스포츠 활성화에 관한 사항 10. 그 밖에 항공운송사업, 항공기정비업 등 항공산업의 진흥을 위하여 필요한 사항 ③ 항공정책기본계획은 「항공보안법」 제9조의 항공보안 기본계획, 「항공안전법」 제6조의 항공안전정책기본계획 및 「공항시설법」 제3조의 공항개발 종합계획에 우선하며, 그 계획의 기본이 된다. ④ 국토교통부장관은 항공정책기본계획을 수립하거나 대통령령으로 정하는 중요한 사항을 변경하려면 관계 중앙행정기관의 장과 특별시장·광역시장·특별자치시장·도지사 또는 특별자치도지사(이하 "시·도지사"라 한다)와 협의하여야 한다. ⑤ 국토교통부장관은 항공정책기본계획을 수립하거나 변경하였을 때에는 그 내용을 관보에 고시하고, 관계 중앙행정기관의 장 및 시·도지사에게 알려야 한다. ⑥ 국토교통부장관은 항공정책기본계획을 시행하기 위한 연도별 시행계획을 수립하여야 한다.	**제3조(항공정책위원회의 심의 대상이 되는 공항 또는 비행장의 개발 규모)** 법 제4조제1항에 따른 항공정책위원회(이하 "항공정책위원회"라 한다)의 심의 대상 중 같은 항 제4호에서 "대통령령으로 정하는 일정 규모 이상의 공항 또는 비행장의 개발"이란 다음 각 호의 어느 하나에 해당하는 개발을 말한다. 1. 새로운 공항의 개발 또는 총사업비가 1천억원 이상이면서 국가의 재정지원 규모가 300억원 이상인 새로운 비행장의 개발 2. 공항·비행장개발예정지역의 면적이 당초 계획보다 20만제곱미터 이상 늘어나는 공항 또는 육상비행장의 개발 3. 500미터 이상의 활주로가 신설되거나 활주로의 길이가 500미터 이상 늘어나는 공항 또는 육상비행장의 개발	
제4조(항공정책위원회의 설치 및 운영 등) ① 항공정책에 관한 다음 각 호의 사항을 심의하기 위하여 국토교통부장관 소속으로 항공정책위원회(이하 "위원회"라 한다)를 둔다. 1. 항공정책기본계획의 수립 및 변경 2. 제3조제6항에 따른 연도별 시행계획의 수립 및 변경 3. 「공항시설법」 제4조제1항에 따른 공항개발 기본계획의 수립에 관한 사항 4. 대통령령으로 정하는 일정 규모 이상의 공항 또는 비행장의 개발에 관한 주요 정책 및 자금의 조달에 관한 사항 5. 공항 또는 비행장의 개발과 관련하여 관계 부처 간의 협조에 관한 사항으로서 위원회의 위원장이 심의에 부치는 사항 6. 그 밖에 항공정책에 관한 중요사항 및 공항 또는 비행장의 개발에 관한 사항으로서 위원회의 위원장이 심의에 부치는 사항 ② 위원회는 위원장 1명을 포함한 20명 내외의 위원으로 구성한다. ③ 위원회의 위원장은 국토교통부장관이 되고, 위원은 다음 각 호의 사람이 된다.	**제4조(항공정책위원회의 위원)** 법 제4조제3항제1호에서 "대통령령으로 정하는 행정각부의 차관"이란 다음 각 호의 사람을 말한다. 1. 기획재정부 제2차관 2. 과학기술정보통신부 제1차관 3. 외교부 제2차관 4. 국방부차관 5. 문화체육관광부 제1차관 6. 산업통상자원부 제1차관	

항공사업법 [법률제16642호, 2019.11.26., 일부개정]	항공사업법시행령 [대통령령제30714호, 2020.5.26., 일부개정]	항공사업법시행규칙 [국토교통부령제732호, 2020.5.27., 일부개정]
	제1장 총칙	
1. 대통령령으로 정하는 행정각부의 차관 2. 항공에 관한 학식과 경험이 풍부한 사람으로서 국토교통부장관이 위촉하는 13명 이내의 사람 ④ 제3항제2호에 따른 위원의 임기는 2년으로 한다. ⑤ 위원회에 상정할 안건에 관한 전문적인 연구, 사전 검토 및 위원회에서 위임한 업무 처리 등을 위하여 위원회에 실무위원회를 둘 수 있다. ⑥ 제1항부터 제5항까지에서 규정한 사항 외에 위원회와 실무위원회의 구성과 운영 등에 필요한 사항은 대통령령으로 정한다. ⑦ 위원회의 위원이 다음 각 호의 어느 하나에 해당하는 경우에는 해당 심의 대상 안건의 심의에서 제척(除斥)된다. 1. 위원 또는 위원이 속한 법인·단체 등과 이해관계가 있는 경우 2. 위원의 가족(「민법」 제779조에 따른 가족을 말한다)이 이해관계인인 경우 3. 그 밖에 위원회의 의결에 직접적인 이해관계가 있다고 인정되는 경우 ⑧ 해당 심의 대상 안건의 당사자는 위원에게 공정한 직무집행을 기대하기 어려운 사정이 있으면 위원회에 기피신청을 할 수 있으며, 위원회는 기피신청이 타당하다고 인정하면 의결로 기피를 결정하여야 한다. ⑨ 위원은 제7항이나 제8항의 사유에 해당하면 스스로 해당 심의 대상 안건의 심의를 회피하여야 한다.	**제5조(위원의 해촉)** 국토교통부장관은 항공정책위원회의 법 제4조제3항제2호에 따른 위원이 다음 각 호의 어느 하나에 해당하는 경우에는 해당 위원을 해촉(解囑)할 수 있다. 1. 심신장애로 인하여 직무를 수행할 수 없게 된 경우 2. 직무와 관련된 비위 사실이 있는 경우 3. 직무태만, 품위손상이나 그 밖의 사유로 인하여 위원으로 적합하지 아니하다고 인정되는 경우 4. 법 제4조제7항 또는 제8항의 사유에 해당하는 데에도 불구하고 회피하지 아니한 경우 5. 위원 스스로 직무를 수행하는 것이 곤란하다고 의사를 밝히는 경우	
	제6조(항공정책위원회 위원장의 직무) ① 항공정책위원회의 위원장은 항공정책위원회를 대표하고, 항공정책위원회의 업무를 총괄한다. ② 위원장이 부득이한 사유로 직무를 수행할 수 없을 때에는 위원장이 미리 지명한 위원이 그 직무를 대행한다.	
	제7조(항공정책위원회의 회의) ① 항공정책위원회의 위원장은 항공정책위원회의 회의를 소집하고, 그 의장이 된다. ② 위원장이 회의를 소집하려는 경우에는 회의 개최일 5일 전까지 회의의 일시·장소 및 심의 안건을 각 위원에게 통지하여야 한다. 다만, 긴급한 경우나 부득이한 사유가 있는 경우에는 그러하지 아니하다. ③ 항공정책위원회의 회의는 재적위원 과반수의 출석으로 개의(開議)하고, 출석위원 과반수의 찬성으로 의결한다. ④ 항공정책위원회는 안건의 심의와 그 밖의 업무 수행에 필요하다고 인정되는 경우에는 관계 기관에 자료의 제출을 요청하거나 관계인 또는 전문가를 출석하게 하여 그 의견을 들을 수 있다.	

항공사업법 [법률제16642호, 2019.11.26., 일부개정]	항공사업법시행령 [대통령령제30714호, 2020.5.26., 일부개정]	항공사업법시행규칙 [국토교통부령제732호, 2020.5.27., 일부개정]
제1장 총칙		
	제8조(간사) ① 항공정책위원회에 항공정책위원회의 사무를 처리할 간사 1명을 둔다. ② 간사는 국토교통부의 고위공무원단에 속하는 일반직공무원 중에서 국토교통부장관이 지명한다.	
	제9조(실무위원회) ① 법 제4조제5항에 따라 항공정책위원회에 두는 실무위원회(이하 "실무위원회"라 한다)는 위원장 1명을 포함한 20명 내외의 위원으로 성별을 고려해 구성한다.〈개정 2018. 12. 31.〉 ② 실무위원회의 위원장은 국토교통부의 고위공무원단에 속하는 일반직공무원 중에서 국토교통부장관이 지명하는 사람이 된다. ③ 실무위원회의 위원은 다음 각 호의 사람이 된다.〈개정 2017. 7. 26.〉 1. 기획재정부·과학기술정보통신부·외교부·국방부·문화체육관광부·산업통상자원부의 4급 이상 일반직공무원(고위공무원단에 속하는 일반직공무원을 포함한다) 중 해당 기관의 장이 지명하는 사람 각 1명 2. 「인천국제공항공사법」에 따라 설립된 인천국제공항공사의 임직원 중 인천국제공항공사 사장이 지명하는 사람 1명 3. 「한국공항공사법」에 따라 설립된 한국공항공사의 임직원 중 한국공항공사 사장이 지명하는 사람 1명 4. 항공에 관한 학식과 경험이 풍부한 사람 중에서 실무위원회의 위원장이 위촉하는 사람 ④ 제3항제4호에 따른 위원의 임기는 2년으로 한다. ⑤ 실무위원회에 간사 1명을 두되, 간사는 국토교통부 소속 공무원 중에서 국토교통부장관이 지명한다. ⑥ 제3항제2호 및 제3호에 따라 위원을 지명한 자는 위원이 제5조 각 호의 어느 하나에 해당하는 경우에는 그 지명을 철회할 수 있다. ⑦ 실무위원회의 위원장은 제3항제4호에 따른 위원이 제5조 각 호의 어느 하나에 해당하는 경우에는 해당 위원을 해촉할 수 있다. ⑧ 실무위원회의 위원이 다음 각 호의 어느 하나에 해당하는 경우에는 해당 심의 대상 안건의 심의에서 제척(除斥)된다.〈신설 2018. 12. 31.〉 1. 위원 또는 위원이 속한 법인·단체 등과 이해관계가 있는 경우 2. 위원의 가족(「민법」 제779조에 따른 가족을 말한다)이 이해관계인인 경우 3. 그 밖에 위원회의 의결에 직접적인 이해관계가 있다고 인정되는 경우 ⑨ 해당 심의 대상 안건의 당사자는 위원에게 공정한 직무집행을 기대하기 어려운 사정이 있으면 위원회에 기피신청을 할 수 있으며, 위원회는 기피신청이 타당하다고 인정하면 의결로 기피를 결정해야 한다. 이 경우 기피신청의 대상인 위원은 그 의결에 참여하지 못한다.〈신설 2018. 12. 31.〉 ⑩ 위원은 제8항 또는 제9항의 사유에 해당하면 스스로 해당 심의 대상 안건의 심의를 회피해야 한다.〈신설 2018. 12. 31.〉	

항공사업법 [법률제16642호, 2019.11.26., 일부개정]	항공사업법시행령 [대통령령제30714호, 2020.5.26., 일부개정]	항공사업법시행규칙 [국토교통부령제732호, 2020.5.27., 일부개정]
	제1장 총칙	
	제10조(운영세칙) 이 영에 규정한 것 외에 항공정책위원회 및 실무위원회의 운영에 필요한 사항은 항공정책위원회의 의결을 거쳐 위원장이 정한다.	
제5조(항공기술개발계획의 수립) ① 국토교통부장관은 항공기술의 발전을 위하여 항공기술개발계획을 수립하여야 한다. ② 항공기술개발계획에는 다음 각 호의 사항이 포함되어야 한다. 1. 항공교통 수단의 안전기술 개발 및 국내외 보급기반 구축에 관한 사항 2. 항공사고예방기술 및 항공기정비기술의 개발에 관한 사항 3. 항공교통 관리 및 항행시설기술의 개발에 관한 사항 4. 공항 운영 및 관리기술의 개발에 관한 사항 5. 그 밖에 항공기술산업의 발전에 필요한 사항		
제6조(항공사업의 정보화) ① 국토교통부장관은 항공 관련 정보의 관리, 활용 및 제공 등의 업무를 전자적으로 처리하기 위하여 다음 각 호의 사업을 추진할 수 있다. 1. 운항·비행정보를 관리하기 위한 비행정보시스템 구축·운영 2. 항공물류정보를 관리하기 위한 항공물류정보 시스템 구축·운영 3. 항공교통 및 항공산업 관련 정보제공을 위한 항공정보포털시스템 구축·운영 4. 항공종사자 자격증명시험 정보를 관리하기 위한 상시원격학과시험시스템 구축·운영 5. 항공인력양성 및 관리를 위한 항공인력양성사업 정보화시스템 구축·운영 6. 그 밖에 항공 관련 업무의 전자적 처리를 위하여 필요하여 대통령령으로 정하는 사업 ② 국토교통부장관은 제1항에 따른 사업을 추진하기 위하여 관계 행정기관의 장, 제65조제1항에 따른 항공사업자, 공항운영자, 항공 관련 기관·단체의 장에게 주민등록 전산정보(주민등록번호·외국인등록번호 등 고유식별정보를 포함한다), 적하목록 등 필요한 자료의 제출을 요청할 수 있다. 이 경우 자료의 제공을 요청받은 자는 특별한 사유가 없으면 이에 따라야 한다. ③ 국토교통부장관은 필요하다고 인정하는 경우 제1항에 따른 사업의 전부 또는 일부를 대통령령으로 정하는 바에 따라 관계 전문기관에 위탁할 수 있다. ④ 제1항부터 제3항까지에서 규정한 사항 외에 항공사업의 정보화에 필요한 사항은 국토교통부령으로 정한다.	**제11조(항공 관련 정보화사업의 위탁)** 국토교통부장관은 법 제6조제3항에 따라 다음 각 호의 사업을 해당 호에서 정한 기관에 위탁한다. 1. 항공물류정보시스템 구축·운영: 「인천국제공항공사법」에 따른 인천국제공항공사 2. 항공정보포털시스템 구축·운영: 법 제68조에 따른 한국항공협회 3. 상시원격학과시험시스템 구축·운영: 「한국교통안전공단법」에 따른 한국교통안전공단 4. 항공인력양성사업정보화시스템 구축·운영: 「민법」 제32조에 따라 국토교통부장관의 허가를 받아 설립된 비영리법인 중에서 항공인력양성사업정보화시스템 구축·운영 업무를 수행할 수 있는 인력과 장비를 갖추었다고 인정되어 국토교통부장관이 지정·고시하는 기관	

항공사업법 [법률제16642호, 2019.11.26., 일부개정]	항공사업법시행령 [대통령령제30714호, 2020.5.26., 일부개정]	항공사업법시행규칙 [국토교통부령제732호, 2020.5.27., 일부개정]
제2장 항공운송사업		
제7조(국내항공운송사업과 국제항공운송사업) ① 국내항공운송사업 또는 국제항공운송사업을 경영하려는 자는 국토교통부장관의 면허를 받아야 한다. 다만, 국제항공운송사업의 면허를 받은 경우에는 국내항공운송사업의 면허를 받은 것으로 본다. ② 제1항에 따른 면허를 받은 자가 정기편 운항을 하려면 노선별로 국토교통부장관의 허가를 받아야 한다. ③ 제1항에 따른 면허를 받은 자가 부정기편 운항을 하려면 국토교통부장관의 허가를 받아야 한다. ④ 제1항에 따른 면허를 받으려는 자는 신청서에 사업운영계획서를 첨부하여 국토교통부장관에게 제출하여야 하며, 제2항에 따른 허가를 받으려는 자는 신청서에 사업계획서를 첨부하여 국토교통부장관에게 제출하여야 한다. ⑤ 국토교통부장관은 제1항에 따라 면허를 발급하거나 제28조에 따라 면허를 취소하려는 경우에는 관련 전문가 및 이해관계인의 의견을 들어 결정하여야 한다. ⑥ 제1항부터 제3항까지의 규정에 따른 면허 또는 허가를 받은 자가 그 내용 중 국토교통부령으로 정하는 중요한 사항을 변경하려면 변경면허 또는 변경허가를 받아야 한다. ⑦ 제1항부터 제6항까지의 규정에 따른 면허, 허가, 변경면허 및 변경허가의 절차, 면허 등 관련 서류 제출, 의견수렴에 필요한 사항 등에 관한 사항은 국토교통부령으로 정한다.		제8조(국내항공운송사업 또는 국제항공운송사업의 면허 등) ① 법 제7조제1항에 따라 국내항공운송사업 또는 국제항공운송사업의 면허를 받으려는 자는 별지 제1호서식의 면허신청서(전자문서로 된 신청서를 포함한다)에 다음 각 호의 서류(전자문서를 포함한다)를 첨부하여 국토교통부장관에게 제출하여야 한다. 이 경우 담당 공무원은 「전자정부법」 제36조제1항에 따른 행정정보의 공동이용을 통하여 법인 등기사항증명서(신청인이 법인인 경우만 해당한다)를 확인하여야 한다.〈개정 2020. 2. 28.〉 1. 다음 각 목의 사항을 포함하는 사업운영계획서 가. 취항 예정 노선, 운항계획, 영업소와 그 밖의 사업소(이하 "사업소"라 한다) 등 개략적 사업계획 나. 사용 예정 항공기의 수(도입계획을 포함한다) 및 각 항공기의 형식 다. 신청인이 다른 사업을 하고 있는 경우에는 그 사업의 개요와 해당 사업의 재무제표 및 손익계산서 라. 주주총회의 의결사항(「상법」상 주식회사인 경우만 해당한다) 2. 해당 신청이 법 제8조에 따른 면허기준을 충족함을 증명하거나 설명하는 서류로서 다음 각 목의 사항을 포함하는 서류 가. 안전 관련 조직과 인력의 확보계획 및 교육훈련 계획 나. 정비시설 및 운항관리시설의 개요 다. 최근 10년간 항공기 사고, 항공기 준사고, 항공안전장애 내용 및 소비자 피해구제 접수 건수(신청인이 항공운송사업자인 경우만 해당한다) 라. 임원과 항공종사자의 「항공사업법」, 「항공안전법」, 「공항시설법」, 「항공보안법」 또는 「항공·철도 사고조사에 관한 법률」 위반 내용 마. 소비자 피해구제 계획의 개요 바. 「항공사업법」 제2조제37호에 따른 항공보험 가입 여부 및 가입 계획 사. 법 제19조제1항에 따른 운항개시예정일(이하 "운항개시예정일"이라 한다)부터 3년 동안 사업운영계획서에 따라 항공운송사업을 운영하였을 경우에 예상되는 운영비 등의 비용 명세, 해당 기간 동안의 자금조달 계획 및 확보 자금 증빙서류 아. 해당 국내항공운송사업 또는 국제항공운송사업을 경영하기 위하여 필요한 자금의 명세(자본금의 증감 내용을 포함한다)와 자금조달방법 자. 예상 사업수지 및 그 산출 기초 3. 신청인이 법 제9조 각 호에 따른 결격사유에 해당하지 아니함을 증명하는 서류

항공사업법 [법률제16642호, 2019.11.26., 일부개정]	항공사업법시행령 [대통령령제30714호, 2020.5.26., 일부개정]	항공사업법시행규칙 [국토교통부령제732호, 2020.5.27., 일부개정]
제2장 항공운송사업		
		4. 법 제11조제1항에 따른 항공기사고 시 지원계획서 ② 국토교통부장관은 제1항에 따른 면허 신청을 받은 경우에는 법 제8조에 따른 면허기준을 충족하는지와 법 제9조에 따른 결격사유에 해당하는지를 심사한 후 신청내용이 적합하다고 인정하는 경우에는 별지 제2호서식의 면허대장에 그 사실을 적고 별지 제3호서식의 면허증을 발급하여야 한다. ③ 제2항에 따라 국내항공운송사업 또는 국제항공운송사업의 면허를 받은 자가 법 제7조제2항에 따른 정기편 운항을 위한 노선허가(이하 이 조에서 "정기편 노선허가"라 한다) 또는 법 제7조제3항에 따른 부정기편 운항을 위한 허가(이하 이 조에서 "부정기편 운항허가"라 한다)를 받으려는 경우에는 별지 제4호서식의 신청서에 다음 각 호의 서류를 첨부하여 국토교통부장관 또는 지방항공청장에게 제출하여야 한다. 다만, 부정기편 운항허가를 신청하는 경우에는 제3호가목·다목 및 사목의 내용이 포함된 사업계획서만 제출한다. 1. 해당 정기편 운항으로 해당 노선의 안전에 지장을 줄 염려가 없다는 것을 증명하는 서류 2.해당 정기편 운항이 이용자 편의에 적합함을 증명하는 서류 3. 다음 각 목의 사항을 포함하는 사업계획서 가. 해당 정기편 노선 또는 부정기편 운항의 기점·기항지 및 종점 나. 신청 당시 사용하고 있는 항공기의 수와 해당 정기편 운항으로 항공기의 수 또는 형식이 변경된 경우에는 그 내용 다. 해당 정기편 운항 또는 부정기편 운항의 운항 횟수, 출발·도착 일시 및 운항기간 라. 해당 정기편 운항을 위하여 필요한 자금의 명세와 조달방법 마. 해당 정기편 운항으로 정비시설 또는 운항관리시설이 변경된 경우에는 그 내용 바. 해당 정기편 운항으로 자격별 항공종사자의 수가 변경된 경우에는 그 내용 사. 해당 정기편 운항 또는 부정기편 운항에서의 여객·화물의 취급 예정 수량(공급 좌석 수 또는 톤 수를 말한다) 아. 해당 정기편 운항에 따른 예상 사업수지 및 그 산출기초 ④ 국토교통부장관 또는 지방항공청장은 제3항에 따른 신청을 받으면 정기편 노선허가에 대해서는 제3항제1호 및 제2호에 따라 적합 여부를 심사한 후 그 신청 내용이 적합하다고 인정하는 경우 별지 제2호서식의 노선허가 대장에 그 노선허가 내용을 적고 별지 제5호서식의 허가증을 발급하여야 하며, 부정기편 운항허가에 대해서는 신청 내용이 적합하면 허가를 하였음을 신청인에게 통지하여야 한다.

항공사업법 [법률제16642호, 2019.11.26., 일부개정]	항공사업법시행령 [대통령령제30714호, 2020.5.26., 일부개정]	항공사업법시행규칙 [국토교통부령제732호, 2020.5.27., 일부개정]
제2장 항공운송사업		
		⑤ 제2항에 따라 국내항공운송사업 또는 국제항공운송사업의 면허를 받은 자가 「항공안전법」 제5조 및 같은 법 시행령 제4조제4호에 따른 외국 국적의 항공기를 이용하여 정기편 운항 또는 부정기편 운항을 하려면 다음 각 호의 요건을 모두 갖추어야 한다. 1. 항공기의 유지·관리를 포함한 항공기 운항의 책임이 임차계약서에 명시될 것 2. 항공기 운항에 따른 사고의 배상책임 소재가 계약에 명시될 것 3. 임차인의 운항코드와 편명이 명시될 것 4. 항공기의 등록증명·감항증명·소음증명 및 승무원의 자격증명은 국제민간항공기구(ICAO)의 기준에 따라 항공기 등록국에서 받을 것 5. 그 밖에 취항하려는 국가와 체결한 항공협정에서 정하고 있는 요건을 충족할 것 ⑥ 제2항에 따른 면허대장이나 제4항에 따른 노선허가 대장은 전자적 처리가 불가능한 특별한 사유가 없으면 전자적 처리가 가능한 방법으로 작성·관리하여야 한다. ⑦ 국내항공운송사업 또는 국제항공운송사업의 면허를 받은 자가 법 제7조제6항에 따라 다음 각 호의 면허내용을 변경하려는 경우에는 별지 제6호서식의 변경면허 신청서에 그 변경 내용을 증명하는 서류를 첨부하여 국토교통부장관에게 제출하여야 한다. 이 경우 담당 공무원은 「전자정부법」 제36조제1항에 따른 행정정보의 공동이용을 통하여 법인 등기사항증명서(신청인이 법인인 경우만 해당한다)를 확인하여야 한다. 1. 상호(법인인 경우만 해당한다) 2. 대표자 3. 주소(소재지) 4. 사업범위 ⑧ 정기편 노선허가 또는 부정기편 운항허가를 받은 자가 법 제7조제6항에 따라 허가받은 내용을 변경하려는 경우에는 별지 제7호서식의 변경허가 신청서에 그 변경 내용을 증명하는 서류를 첨부하여 국토교통부장관 또는 지방항공청장에게 제출하여야 한다. 다만, 제3항제3호 각 목의 어느 하나에 해당하는 내용을 변경하는 경우는 제외한다. ⑨ 국토교통부장관은 제7항에 따른 변경면허의 신청을 받은 경우에는 법 제8조에 따른 면허기준을 충족하는지와 법 제9조에 따른 결격사유에 해당하는지를 심사한 후 신청내용이 적합하다고 인정하는 경우에는 별지 제2호서식의 면허대장에 그 사실을 적고 별지 제3호서식의 면허증을 새로 발급하여야 한다.

항공사업법 [법률제16642호, 2019.11.26., 일부개정]	항공사업법시행령 [대통령령제30714호, 2020.5.26., 일부개정]	항공사업법시행규칙 [국토교통부령제732호, 2020.5.27., 일부개정]
제2장 항공운송사업		
		⑩ 국토교통부장관 또는 지방항공청장은 제8항에 따른 변경허가 신청을 받으면 정기편 노선 변경허가에 대해서는 제3항제1호 및 제2호에 따라 적합 여부를 심사한 후 그 신청 내용이 적합하다고 인정하는 경우 별지 제2호서식의 노선허가 대장에 그 노선 변경허가 내용을 적고 별지 제5호서식의 허가증을 재발급하여야 하며, 부정기편 운항 변경허가에 대해서는 신청 내용이 적합하면 변경허가를 하였음을 신청인에게 통지하여야 한다.
제8조(국내항공운송사업과 국제항공운송사업 면허의 기준) ① 국내항공운송사업 또는 국제항공운송사업의 면허기준은 다음 각 호와 같다.〈개정 2019. 8. 27.〉 1. 해당 사업이 항공기 안전, 운항승무원 등 인력확보 계획 등을 고려 시 항공교통의 안전에 지장을 줄 염려가 없을 것 2. 항공시장의 현황 및 전망을 고려하여 해당 사업이 이용자의 편의에 적합할 것 3. 면허를 받으려는 자는 일정 기간 동안의 운영비 등 대통령령으로 정하는 기준에 따라 해당 사업을 수행할 수 있는 재무능력을 갖출 것 4. 다음 각 목의 요건에 적합할 것 가. 자본금 50억원 이상으로서 대통령령으로 정하는 금액 이상일 것 나. 항공기 1대 이상 등 대통령령으로 정하는 기준에 적합할 것 다. 그 밖에 사업 수행에 필요한 요건으로서 국토교통부령으로 정하는 요건을 갖출 것 ② 국내항공운송사업자 또는 국제항공운송사업자는 제7조제1항에 따라 면허를 받은 후 최초 운항 전까지 제1항에 따른 면허기준을 충족하여야 하며, 그 이후에도 계속적으로 유지하여야 한다. ③ 국토교통부장관은 제2항에 따른 면허기준의 준수 여부를 확인하기 위하여 국토교통부령으로 정하는 바에 따라 필요한 자료의 제출을 요구할 수 있다. ④ 국내항공운송사업자 또는 국제항공운송사업자는 제9조 각 호의 어느 하나에 해당하는 사유가 발생하였거나, 대주주 변경 등 국토교통부령으로 정하는 경영상 중대한 변화가 발생하는 경우에는 즉시 국토교통부장관에게 알려야 한다.	**제12조(국내항공운송사업 또는 국제항공운송사업의 면허기준)** 법 제8조제1항제3호, 같은 항 제4호가목 및 나목에 따른 국내항공운송사업 또는 국제항공운송사업의 면허기준은 별표 1과 같다.	**제8조의2(국내항공운송사업과 국제항공운송사업 면허의 기준)** 법 제8조제1항제4호다목에서 "국토교통부령으로 정하는 요건"이란 다음 각 호의 요건을 말한다. 1. 운항승무원 및 객실승무원 등 인력확보계획이 적정할 것 2. 법 제16조에 따른 운수권 확보 가능성 및 수요확보 가능성 등 노선별 취항계획이 타당할 것 [본조신설 2018. 10. 31.] **제9조(면허 관련 의견수렴)** ① 국토교통부장관은 법 제7조제1항에 따라 면허 신청을 받거나 법 제28조에 따라 면허를 취소하려는 경우에는 법 제7조제5항에 따라 관계기관과 이해관계자의 의견을 청취하여야 한다. ② 국토교통부장관은 제1항에 따른 의견청취가 완료된 후 변호사와 공인회계사를 포함한 민간 전문가가 과반수 이상 포함된 자문회의를 구성하여 자문회의의 의견을 들어야 한다. ③ 국토교통부장관은 제2항에 따른 자문회의에 면허의 발급 또는 취소 여부를 판단하기 위하여 필요한 자료와 제1항에 따른 의견청취 결과를 제공하여야 한다. ④ 제1항부터 제3항까지의 규정에 따른 의견청취, 자문회의의 구성 및 운영, 그 밖에 면허의 발급 또는 취소와 관련된 의견수렴에 필요한 세부사항은 국토교통부장관이 정한다. **제10조(국내항공운송사업 또는 국제항공운송사업과 소형항공운송사업의 겸업)** 법 제7조제1항에 따라 국내항공운송사업 또는 국제항공운송사업의 면허를 신청하는 자가 법 제10조제1항에 따른 소형항공운송사업의 등록을 함께 신청하려는 경우에는 국내항공운송사업 또는 국제항공운송사업의 면허신청서에 그 뜻을 적어 함께 신청할 수 있다.

항공사업법 [법률제16642호, 2019.11.26., 일부개정]	항공사업법시행령 [대통령령제30714호, 2020.5.26., 일부개정]	항공사업법시행규칙 [국토교통부령제732호, 2020.5.27., 일부개정]
제2장 항공운송사업		
제9조(국내항공운송사업과 국제항공운송사업 면허의 결격사유 등) 국토교통부장관은 다음 각 호의 어느 하나에 해당하는 자에게는 국내항공운송사업 또는 국제항공운송사업의 면허를 해서는 아니 된다. 1. 「항공안전법」 제10조제1항 각 호의 어느 하나에 해당하는 자 2. 피성년후견인, 피한정후견인 또는 파산선고를 받고 복권되지 아니한 사람 3. 이 법, 「항공안전법」, 「공항시설법」, 「항공보안법」, 「항공·철도 사고조사에 관한 법률」을 위반하여 금고 이상의 실형을 선고받고 그 집행이 끝난 날 또는 집행을 받지 아니하기로 확정된 날부터 3년이 지나지 아니한 사람 4. 이 법, 「항공안전법」, 「공항시설법」, 「항공보안법」, 「항공·철도 사고조사에 관한 법률」을 위반하여 금고 이상의 형의 집행유예를 선고받고 그 유예기간 중에 있는 사람 5. 국내항공운송사업, 국제항공운송사업, 소형항공운송사업 또는 항공기사용사업의 면허 또는 등록의 취소처분을 받은 후 2년이 지나지 아니한 자. 다만, 제2호에 해당하여 제28조제1항제4호 또는 제40조제1항제4호에 따라 면허 또는 등록이 취소된 경우는 제외한다. 6. 임원 중에 제1호부터 제5호까지의 어느 하나에 해당하는 사람이 있는 법인		**제11조(자료제출 등)** ① 국토교통부장관은 법 제8조제3항에 따라 다음 각 호의 어느 하나에 해당하는 자료의 제출을 요구할 수 있다. 1. 다음 각 목의 사항 등이 포함된 포괄손익계산서 가. 매출액 나. 영업이익 다. 외환환산손익이 별도로 명시된 당기순이익 라. 항공기 운용리스금액 및 항공기 금융리스 이자가 별도로 명시된 영업비용 2. 다음 각 목의 사항 등이 포함된 재무상태표 가. 매출채권(유상여객 및 화물에 대한 채권을 말한다), 유형자산[항공기, 엔진 등 항공기재(航空機材)를 말한다], 외화표시 자산 및 자본금이 포함된 자산 현황 나. 선수금(유상여객 및 화물에 관한 채무를 말한다), 항공기 구매 관련 부채, 금융리스 관련 부채 및 마일리지(탑승거리, 판매가 등에 따라 적립되는 점수 등을 말한다) 부채가 포함된 부채현황 3. 다음 각 목의 사항 등이 포함된 사업 현황 가. 유동비율(유동자산/유동부채) 나. 대주주 및 외국인의 주식 또는 지분의 보유 비율 다. 항공기 수급 현황 라. 항공종사자 현황 마. 최근 3년간 자본잠식 비율[(납입자본금-자기자본)/납입자본금] ② 법 제8조제4항에서 "대주주 변경 등 국토교통부령으로 정하는 경영상 중대한 변화"란 다음 각 호의 사항을 말한다. 1. 대주주 변경(모기업의 대주주가 변경된 경우를 포함한다) 2. 「기업구조조정 촉진법」에 따른 공동관리 또는 「채무자 회생 및 파산에 관한 법률」에 따른 회생 및 파산 3. 「항공안전법」 제10조제1항 각 호의 어느 하나에 해당하는 자에게 주식이나 지분의 3분의 1 이상을 매각하거나 그 사업을 사실상 지배할 우려가 있는 정도의 지분을 매각하려는 경우 4. 「항공안전법」 제10조제1항제1호에 해당하는 사람을 임원으로 선임한 경우
제10조(소형항공운송사업) ① 소형항공운송사업을 경영하려는 자는 국토교통부령으로 정하는 바에 따라 국토교통부장관에게 등록하여야 한다. ② 제1항에 따른 소형항공운송사업을 등록하려는 자는 다음 각 호의 요건을 갖추어야 한다. 1. 자본금 또는 자산평가액이 7억원 이상으로서 대통령령으로 정하는 금액 이상일 것 2. 항공기 1대 이상 등 대통령령으로 정하는 기준에 적합할 것	**제13조(소형항공운송사업의 등록요건)** 법 제10조제2항제1호 및 제2호에 따른 소형항공운송사업의 등록요건은 별표 2와 같다.	**제12조(소형항공운송사업의 등록)** ① 법 제10조에 따른 소형항공운송사업을 하려는 자는 별지 제8호서식의 등록신청서(전자문서로 된 신청서를 포함한다)에 다음 각 호의 서류(전자문서를 포함한다)를 첨부하여 지방항공청장에게 제출하여야 한다. 이 경우 지방항공청장은 「전자정부법」 제36조제1항에 따른 행정정보의 공동이용을 통하여 법인 등기사항증명서(신청인이 법인인 경우에만 해당한다)를 확인하여야 한다.

항공사업법 [법률제16642호, 2019.11.26., 일부개정]	항공사업법시행령 [대통령령제30714호, 2020.5.26., 일부개정]	항공사업법시행규칙 [국토교통부령제732호, 2020.5.27., 일부개정]
제2장 항공운송사업		
3. 그 밖에 사업 수행에 필요한 요건으로서 국토교통부령으로 정하는 요건을 갖출 것 ③ 제1항에 따라 소형항공운송사업을 등록한 자가 정기편 운항을 하려면 노선별로 국토교통부장관의 허가를 받아야 하며, 부정기편 운항을 하려면 국토교통부장관에게 신고하여야 한다. ④ 제1항 및 제3항에 따라 등록 또는 신고를 하거나 허가를 받으려는 자는 국토교통부령으로 정하는 바에 따라 운항개시예정일 등을 적은 신청서에 사업계획서와 그 밖에 국토교통부령으로 정하는 서류를 첨부하여 국토교통부장관에게 제출하여야 한다. ⑤ 제1항 및 제3항에 따라 등록 또는 신고를 하거나 허가를 받으려는 자가 그 내용 중 국토교통부령으로 정하는 중요한 사항을 변경하려면 국토교통부장관에게 변경등록 또는 변경신고를 하거나 변경허가를 받아야 한다. ⑥ 제1항부터 제5항까지의 규정에 따른 등록, 신고, 허가, 변경등록, 변경신고 및 변경허가의 절차 등에 관한 사항은 국토교통부령으로 정한다. ⑦ 소형항공운송사업 등록의 결격사유에 관하여는 제9조를 준용한다.		1. 해당 신청이 법 제10조제2항의 등록요건을 충족함을 증명하는 서류 2. 다음 각 목의 사항을 포함하는 사업계획서 가. 정기편 또는 제3조에 따른 부정기편 운항 구분 나. 사업활동을 하는 주된 지역. 다만, 국제선 운항의 경우에는 다음의 서류 또는 사항을 사업계획서에 포함시켜야 한다. 1) 외국에서 사업을 하는 경우에는 「국제민간항공조약」 및 해당 국가의 관계 법령 등에 어긋나지 아니하고 계약 체결 등 영업이 가능함을 증명하는 서류 2) 지점 간 운항의 경우에는 기점·기항지·종점 및 비행로와 각 지점 간의 거리에 관한 사항 3) 관광비행의 경우에는 출발지 및 비행로에 관한 사항 다. 사용 예정 항공기의 수 및 각 항공기의 형식(지점 간 운항 및 관광비행인 경우에는 노선별 또는 관광 비행구역별 사용 예정 항공기의 수 및 각 항공기의 형식) 라. 해당 운항과 관련된 사업을 경영하기 위하여 필요한 자금의 명세와 조달방법 마. 여객·화물의 취급 예정 수량 및 그 산출근거와 예상 사업수지 바. 도급사업별 취급 예정 수량 및 그 산출근거와 예상 사업수지 사. 신청인이 다른 사업을 하고 있는 경우에는 그 사업의 개요 3. 운항하려는 공항 또는 비행장시설의 이용이 가능함을 증명하는 서류(비행기를 이용하는 경우만 해당하며, 전세운송의 경우는 제외한다) 4. 법 제11조제1항에 따른 항공기사고 시 지원계획서 5. 해당 사업의 경영을 위하여 항공종사자 또는 항공기정비업자, 공항 또는 비행장 시설·설비의 소유자 또는 운영자, 헬기장 및 관련 시설의 소유자 또는 운영자, 항공기의 소유자 등과 계약한 서류 사본 ② 지방항공청장은 제1항에 따른 등록신청서의 내용이 명확하지 아니하거나 그 첨부서류가 미비한 경우에는 7일 이내에 보완을 요구하여야 한다. ③ 지방항공청장은 제1항에 따른 등록 신청을 받은 경우에는 법 제10조제2항에 따른 소형항공운송사업의 등록을 충족하는지 심사한 후 신청내용이 적합하다고 인정되면 별지 제9호서식의 등록대장에 적고 별지 제10호서식의 등록증을 발급하여야 한다. ④ 지방항공청장은 제3항에 따른 등록 신청 내용을 심사하는 경우 제1항제5호에 따른 계약의 이행이 가능한지를 확인하기 위하여 관계 행정기관, 관련 단체 또는 계약 당사자의 의견을 들을 수 있다.

항공사업법 [법률제16642호, 2019.11.26., 일부개정]	항공사업법시행령 [대통령령제30714호, 2020.5.26., 일부개정]	항공사업법시행규칙 [국토교통부령제732호, 2020.5.27., 일부개정]
제2장 항공운송사업		
		⑤ 제3항의 등록대장은 전자적 처리가 불가능한 특별한 사유가 없으면 전자적 처리가 가능한 방법으로 작성·관리하여야 한다.
제11조(항공기사고 시 지원계획서) ① 제7조제1항에 따라 국내항공운송사업 및 국제항공운송사업의 면허를 받으려는 자 또는 제10조제1항에 따라 소형항공운송사업 등록을 하려는 자는 면허 또는 등록을 신청할 때 국토교통부령으로 정하는 바에 따라 「항공안전법」 제2조제6호에 따른 항공기사고와 관련된 탑승자 및 그 가족의 지원에 관한 계획서(이하 "항공기사고 시 지원계획서"라 한다)를 첨부하여야 한다. ② 항공기사고 시 지원계획서에는 다음 각 호의 사항이 포함되어야 한다. 1. 항공기사고대책본부의 설치 및 운영에 관한 사항 2. 피해자의 구호 및 보상절차에 관한 사항 3. 유해(遺骸) 및 유품(遺品)의 식별·확인·관리·인도에 관한 사항 4. 피해자 가족에 대한 통지 및 지원에 관한 사항 5. 그 밖에 국토교통부령으로 정하는 사항 ③ 국토교통부장관은 항공기사고 시 지원계획서의 내용이 신속한 사고 수습을 위하여 적절하지 못하다고 인정하는 경우에는 그 내용의 보완 또는 변경을 명할 수 있다. ④ 항공운송사업자는 「항공안전법」 제2조제6호에 따른 항공기사고가 발생하면 항공기사고 시 지원계획서에 포함된 사항을 지체 없이 이행하여야 한다. ⑤ 국토교통부장관은 항공기사고 시 지원계획서를 제출하지 아니하거나 제3항에 따른 보완 또는 변경 명령을 이행하지 아니한 자에게는 제7조제1항에 따른 면허 또는 제10조제1항에 따른 등록을 해서는 아니 된다.		**제13조(소형항공운송사업의 변경등록)** 소형항공운송사업자가 법 제10조제5항에 따라 다음 각 호의 사항을 변경하려는 경우에는 그 변경 사유가 발생한 날부터 30일 이내에 별지 제13호서식의 변경등록 신청서에 그 변경 사실을 증명할 수 있는 서류를 첨부하여 지방항공청장에게 제출하여야 한다. 다만, 그 변경 사항이 제1호·제3호 또는 제5호에 해당하면 지방항공청장은 「전자정부법」 제36조제1항에 따라 행정정보의 공동이용을 통하여 법인 등기사항증명서를 확인함으로써 증명서류를 갈음할 수 있다. 1. 자본금의 변경 2. 사업소의 신설 또는 변경 3. 대표자 변경 4. 대표자의 대표권 제한 및 그 제한의 변경 5. 상호 변경 6. 사업범위의 변경 7. 항공기 등록 대수의 변경 **제14조(소형항공운송사업의 노선허가 및 변경허가 등)** ① 제12조제3항에 따라 소형항공운송사업의 등록을 받은 자가 법 제10조제3항에 따른 정기편 운항을 위한 노선허가(이하 이 조에서 "정기편 노선허가"라 한다)를 받거나 부정기편 운항을 위한 신고(이하 이 조에서 "부정기편 운항신고"라 한다)를 하려면 별지 제4호서식의 신청서(신고서)에 다음 각 호의 서류를 첨부하여 지방항공청장에게 제출하여야 한다. 다만, 부정기편 운항신고를 하는 경우에는 제3호가목·다목 및 사목의 내용이 포함된 사업계획서만 제출한다. 1. 해당 정기편 운항으로 해당 노선의 안전에 지장을 줄 염려가 없다는 것을 증명하는 서류 2. 해당 정기편 운항이 이용자 편의에 적합함을 증명하는 서류 3. 다음 각 목의 사항을 포함하는 사업계획서 가. 해당 정기편 노선 또는 부정기편 운항의 기점·기항지 및 종점 나. 신청 당시 사용하고 있는 항공기의 수와 해당 정기편 운항으로 항공기의 수 또는 형식이 변경된 경우에는 그 내용 다. 해당 정기편 운항 또는 부정기편 운항의 운항 횟수, 출발·도착 일시 및 운항기간 라. 해당 정기편 운항을 위하여 필요한 자금의 명세와 조달방법 마. 해당 정기편 운항으로 정비시설 또는 운항관리시설이 변경된 경우에는 그 내용

항공사업법 [법률제16642호, 2019.11.26., 일부개정]	항공사업법시행령 [대통령령제30714호, 2020.5.26., 일부개정]	항공사업법시행규칙 [국토교통부령제732호, 2020.5.27., 일부개정]
제2장 항공운송사업		
		바. 해당 정기편 운항으로 자격별 항공종사자의 수가 변경된 경우에는 그 내용 사. 해당 정기편 운항 또는 부정기편 운항에서의 여객·화물의 취급 예정 수량(공급 좌석 수 또는 톤 수를 말한다) 아. 해당 정기편 운항에 따른 예상 사업수지 및 그 산출기초 ② 지방항공청장은 제1항에 따른 신청 또는 신고를 받으면 정기편 노선허가에 대해서는 제1항제1호 및 제2호에 따라 적합여부를 심사한 후 그 신청 내용이 적합하다고 인정하는 경우 별지 제2호서식의 노선허가 대장에 그 노선허가 내용을 적고 별지 제5호서식의 허가증을 발급하여야 하며, 부정기편 운항신고에 대해서는 신고 내용이 적합하면 신고를 수리하였음을 신고인에게 통지하여야 한다. ③ 제12조제3항에 따라 소형항공운송사업의 면허를 받은 자가 「항공안전법」 제5조 및「항공안전법 시행령」 제4조제4호에 따른 외국 국적의 항공기를 이용하여 정기편 운항 또는 부정기편 운항을 하려면 다음 각 호의 요건을 모두 갖추어야 한다. 1. 항공기의 유지·관리를 포함한 항공기 운항의 책임이 임차계약서에 명시될 것 2. 항공기 운항에 따른 사고의 배상책임 소재가 계약에 명시될 것 3. 임차인의 운항코드와 편명이 명시될 것 4. 항공기의 등록증명·감항증명·소음증명 및 승무원의 자격증명은 국제민간항공기구의 기준에 따라 항공기 등록국에서 받을 것 5. 그 밖에 취항하려는 국가와 체결한 항공협정에서 정하고 있는 요건에 적합할 것 ④ 제2항에 따른 노선허가 대장은 전자적 처리가 불가능한 특별한 사유가 없으면 전자적 처리가 가능한 방법으로 작성·관리하여야 한다. ⑤ 정기편 노선허가를 받았거나 부정기편 운항신고를 한 자가 법 제10조제5항에 따라 허가받았거나 신고한 내용을 변경하려는 경우에는 별지 제7호서식의 변경허가 신청서(변경신고서)에 그 변경 내용을 증명하는 서류를 첨부하여 지방항공청장에게 제출하여야 한다. 다만, 제1항제3호 각 목의 어느 하나에 해당하는 내용을 변경하는 경우는 제외한다. ⑥ 지방항공청장은 제5항에 따른 변경허가의 신청이나 변경신고를 받으면 정기편 노선 변경허가에 대해서는 제1항제1호 및 제2호에 따라 적합여부를 심사한 후 그 신청 내용이 적합하다고 인정하는 경우 별지 제2호서식의 노선허가 대장에 그 노선 변경허가 내용을 적고 별지 제5호서식의 허가증을 재발급하여야 하며, 부정기편 운항 변경신고에 대해서는 신고 내용이 적합하면 변경신고를 수리하였음을 신고인에게 통지하여야 한다.

항공사업법 [법률제16642호, 2019.11.26., 일부개정]	항공사업법시행령 [대통령령제30714호, 2020.5.26., 일부개정]	항공사업법시행규칙 [국토교통부령제732호, 2020.5.27., 일부개정]
	제2장 항공운송사업	
제12조(사업계획의 변경 등) ① 항공운송사업자는 사업면허, 등록 또는 노선허가를 신청할 때 제출하거나 변경인가 또는 변경신고한 사업계획에 따라 그 업무를 수행하여야 한다. 다만, 다음 각 호의 어느 하나에 해당하는 사유로 사업계획에 따라 업무를 수행하기 곤란한 경우는 그러하지 아니하다. 1. 기상악화 2. 안전운항을 위한 정비로서 예견하지 못한 정비 3. 천재지변 4. 항공기 접속(接續)관계(불가피한 경우로서 국토교통부령으로 정하는 경우에 한정한다) 5. 제1호부터 제4호까지에 준하는 부득이한 사유 ② 항공운송사업자는 제1항 단서에 해당하는 경우에는 국토교통부령으로 정하는 바에 따라 국토교통부장관에게 신고하여야 한다. ③ 항공운송사업자는 제1항에 따른 사업계획을 변경하려면 국토교통부령으로 정하는 바에 따라 국토교통부장관의 인가를 받아야 한다. 다만, 국토교통부령으로 정하는 경미한 사항을 변경하려는 경우에는 국토교통부장관에게 신고하여야 한다. ④ 제3항에도 불구하고 다음 각 호의 어느 하나에 해당하는 비(非)사업 목적으로 운항을 하려는 자가 국토교통부장관에게 「항공안전법」 제67조제2항제4호에 따른 비행계획을 제출하였을 때에는 사업계획 변경인가를 받은 것으로 본다. 1. 항공기 정비를 위한 공수(空手) 비행 2. 항공기 정비 후 항공기의 성능을 점검하기 위한 시험 비행 3. 교체공항으로 회항한 항공기의 목적공항으로의 비행 4. 구조대원 또는 긴급구호물자 등 무상으로 사람이나 화물을 수송하기 위한 비행 ⑤ 제3항에 따른 사업계획의 변경인가 기준에 관하여는 제8조제1항을 준용한다.		**제15조(소형항공운송사업과 항공기사용사업의 겸업)** 법 제10조제1항에 따른 소형항공운송사업의 등록을 신청하는 자가 법 제30조제1항에 따른 항공기사용사업의 등록을 함께 신청하려는 경우에는 소형항공운송사업의 등록신청서에 그 뜻을 적어 함께 신청할 수 있다. **제16조(당일 사업계획의 변경신고)** ① 법 제12조제1항제4호에서 "국토교통부령으로 정하는 경우"란 다음 각 호의 어느 하나에 해당하는 경우로 인하여 접속(接續)관계에 있는 노선이 지연된 경우를 말한다. 1. 이륙 대기 및 공중 체공 등의 사유로 항공교통관제 허가가 지연된 경우 2. 항공로 혼잡으로 운항이 지연된 경우 3. 테러 및 전염병 등의 발생으로 조치가 필요하여 운항이 지연된 경우 4. 공항시설에 장애가 발생하여 운항이 지연된 경우 5. 법 제12조제1항제1호부터 제3호까지 및 제5호의 어느 하나에 해당하는 사유로 운항이 지연된 경우 6. 그 밖에 지방항공청장이 인정하는 경우 ② 법 제12조제2항에 따른 신고는 문서 또는 전자통신문으로 출발 10분 전까지 해야 한다.〈개정 2021. 8. 27.〉 **제17조(사업계획의 변경인가 신청)** ① 법 제12조제3항 본문에 따라 사업계획을 변경하려는 항공운송사업자는 별지 제14호서식의 변경인가 신청서에 변경하려는 사항에 관한 명세서를 첨부하여 국토교통부장관에게 제출하여야 한다. ② 계절적 수요 등 일시적 수요증가에 대응하기 위하여 정기편 노선에 주 1회 이상의 횟수로 4주 미만의 기간 동안 운항을 추가(이하 "임시증편"이라 한다)하기 위하여 사업계획을 변경하려는 국내항공운송사업자 또는 국제항공운송사업자는 별지 제15호서식의 신청서에 임시증편노선에 관한 명세서를 첨부하여 운항개시예정일 5일 전까지 지방항공청장에게 제출하여야 한다.

항공사업법 [법률제16642호, 2019.11.26., 일부개정]	항공사업법시행령 [대통령령제30714호, 2020.5.26., 일부개정]	항공사업법시행규칙 [국토교통부령제732호, 2020.5.27., 일부개정]
제2장 항공운송사업		
		제18조(사업계획 변경신고) ① 법 제12조제3항 단서에서 "국토교통부령으로 정하는 경미한 사항"이란 다음 각 호의 사항을 말한다.〈개정 2020. 5. 27.〉 1. 항공기의 기종(국제선의 경우 항공협정에서 항공기의 좌석 수, 탑재화물 톤 수를 고려하여 수송력 범위를 정하고 있으면 그 수송력 범위에 해당하는 경우만 해당한다) 2. 국내항공운송사업 또는 국제항공운송사업의 정기편 운항 횟수 감편 또는 운항중단(4주 미만의 경우만 해당한다) 3. 항공기의 급유 또는 정비 등을 위하여 착륙하는 비행장 4. 항공기의 운항시간(취항하는 공항이 군용비행장인 경우에는 해당 기지부대장이 운항시간에 대하여 동의하는 경우만 해당한다) 5. 항공기의 편명 6. 외국과의 항공협정으로 운항지점 및 수송력 등에 제한 없이 운항이 가능한 경우 운항지점 및 운항횟수 7. 제6호를 제외한 국제선운항의 임시변경(7일 이내인 경우만 해당한다) 8. 자본금(감소하는 경우만 해당한다) 9. 항공기의 도입·처분과 관련된 사항(국내운송사업과 국제항공운송사업만 해당한다) ② 법 제12조제3항 단서에 따라 제1항 각 호의 어느 하나에 해당하는 사항을 변경하려는 자는 별지 제16호서식의 변경신고서에 변경 사실을 증명할 수 있는 서류를 첨부하여 변경 예정일 7일 전까지(국제화물운송을 위하여 제1항제1호부터 제7호까지의 사항 중 어느 하나에 해당하는 사항을 임시로 변경하는 경우에는 출발 10분 전까지로 한다) 지방항공청장(제1항제9호의 사항은 국토교통부장관)에게 신고하여야 한다. 이 경우 담당 공무원은 「전자정부법」 제36조제1항에 따른 행정정보의 공동이용을 통하여 법인 등기사항증명서를 확인하여야 한다.〈개정 2020. 5. 27.〉 ③ 지방항공청장은 제2항에 따른 신고사항 중 제1항제8호의 자본금 감소에 대해서는 국토교통부장관에게 보고하여야 한다.
제13조(사업계획의 준수 여부 조사) ① 국토교통부장관은 항공교통서비스에 관한 이용자 불편을 최소화하기 위하여 항공운송사업자에 대하여 제12조에 따른 사업계획 중 국토교통부령으로 정하는 운항계획의 준수 여부를 조사할 수 있다. ② 국토교통부장관은 제1항에 따른 조사 결과에 따라 사업개선 명령 또는 사업정지 등 필요한 조치를 할 수 있다. ③ 국토교통부장관은 제1항에 따른 조사 업무를 효율적으로 추진하기 위하여 국토교통부령으로 정하는 바에 따라 전담조사반을 둘 수 있다. ④ 제1항에 따라 조사를 실시하는 경우에는 제73조를 준용한다.		**제19조(사업계획의 준수 여부 조사 범위)** 법 제13조제1항에서 "국토교통부령으로 정하는 운항계획"이란 다음 각 호의 사항에 해당하는 운항계획을 말한다. 1. 제8조제3항제3호가목부터 다목까지 및 사목에 해당하는 사항 2. 제18조제1항제2호·제4호·제6호에 해당하는 사항

항공사업법 [법률제16642호, 2019.11.26., 일부개정]	항공사업법시행령 [대통령령제30714호, 2020.5.26., 일부개정]	항공사업법시행규칙 [국토교통부령제732호, 2020.5.27., 일부개정]
	제2장 항공운송사업	
제14조(항공운송사업 운임 및 요금의 인가 등) ① 국제항공운송사업자 및 소형항공운송사업자(국제 정기편 운항만 해당한다)는 해당 국제항공노선에 관련된 항공협정에서 정하는 바에 따라 국제항공 노선의 여객 또는 화물(우편물은 제외한다. 이하 같다)의 운임 및 요금을 정하여 국토교통부장관의 인가를 받거나 국토교통부장관에게 신고하여야 한다. 이를 변경하려는 경우에도 또한 같다. ② 국내항공운송사업자 및 소형항공운송사업자(국내 정기편 운항만 해당한다)는 국내항공노선의 여객 또는 화물의 운임 및 요금을 정하거나 변경하려는 경우에는 20일 이상 예고하여야 한다. ③ 제1항에 따른 운임과 요금의 인가기준은 다음 각 호와 같다. 1. 해당 사업의 적정한 경비 및 이윤을 포함한 범위를 초과하지 아니할 것 2. 해당 사업이 제공하는 서비스의 성질이 고려되어 있을 것 3. 특정한 여객 또는 화물운송 의뢰인에 대하여 불합리하게 차별하지 아니할 것 4. 여객 또는 화물운송 의뢰인이 해당 사업을 이용하는 것을 매우 곤란하게 하지 아니할 것 5. 다른 항공운송사업자와의 부당한 경쟁을 일으킬 우려가 없을 것		**제20조(전담조사반의 구성 및 운영)** ① 지방항공청장은 법 제13조제3항에 따라 운항계획 준수 여부를 조사하기 위하여 제19조에 따른 운항계획 관련 업무를 담당하는 공무원으로 구성되는 전담조사반을 운영할 수 있다. ② 전담조사반은 운항계획 준수 여부의 조사가 종료되었을 때에는 지체 없이 조사보고서를 작성하여 국토교통부장관에게 제출하여야 한다. **제21조(운임 및 요금의 인가 신청 등)** 법 제14조제1항에 따라 국제항공노선의 운임 및 요금을 정하거나 변경하려는 자는 별지 제17호서식의 인가(변경인가) 신청서나 별지 제18호서식의 신고서(변경신고서)에 다음 각 호의 서류를 첨부하여 국토교통부장관에게 제출하여야 한다. 1. 운임 및 요금의 종류·금액 및 그 산출근거가 되는 서류(산출근거 서류는 인가 신청의 경우만 해당한다) 2. 운임 및 요금의 변경 사유(변경인가 신청 또는 변경신고의 경우만 해당한다) **제22조(운수에 관한 협정의 범위)** 항공운송사업자가 법 제15조제1항에 따라 국토교통부장관 또는 지방항공청장의 인가를 받아 다른 항공운송사업자와 운수에 관한 협정을 체결할 수 있는 사항은 다음 각 호와 같다. 1. 국가 간 항공협정에서 항공운송사업자 간 협의에 따르도록 위임된 사항 2. 공동운항 등 운항방법에 관한 사항 3. 수송력 공급·수입·비용의 배분에 관한 사항 4. 항공협정 미체결 국가의 항공운송사업자와의 영업 협력에 관한 사항
제15조(운수에 관한 협정 등) ① 항공운송사업자가 다른 항공운송사업자(외국인 국제항공운송사업자를 포함한다)와 공동운항협정 등 운수에 관한 협정(이하 "운수협정"이라 한다)을 체결하거나 운항일정·운임·홍보·판매에 관한 영업협력 등 제휴에 관한 협정(이하 "제휴협정"이라 한다)을 체결하는 경우에는 국토교통부령으로 정하는 바에 따라 국토교통부장관의 인가를 받아야 한다. 인가받은 사항을 변경하려는 경우에도 같다. ② 제1항 후단에도 불구하고 국토교통부령으로 정하는 경미한 사항을 변경한 경우에는 국토교통부령으로 정하는 바에 따라 지체 없이 국토교통부장관에게 신고하여야 한다. ③ 운수협정과 제휴협정에는 다음 각 호의 어느 하나에 해당하는 내용이 포함되어서는 아니 된다. 1. 항공운송사업자 간 경쟁을 실질적으로 제한하는 내용		**제23조(운수에 관한 협정 등)** ① 법 제15조제1항에 따라 다른 항공운송사업자와 운수에 관한 협정 또는 제휴에 관한 협정(이하 "협정등"이라 한다)을 체결하거나 변경하려는 자는 별지 제19호서식의 협정 체결(변경)인가 신청서에 다음 각 호의 서류를 첨부하여 국토교통부장관 또는 지방항공청장에게 제출하여야 한다. 1. 협정등의 당사자가 경영하고 있는 사업의 개요를 적은 서류 2. 체결하거나 변경하려는 협정등의 내용을 적은 서류(협정등이 외국어로 표시되어 있는 경우에는 원안과 그 번역문) 3. 협정등의 체결 또는 변경이 필요한 사유를 적은 서류 ② 법 제15조제2항에서 "국토교통부령으로 정하는 경미한 사항"이란 다음 각 호의 어느 하나에 해당하는 사항을 말한다.

항공사업법 [법률제16642호, 2019.11.26., 일부개정]	항공사업법시행령 [대통령령제30714호, 2020.5.26., 일부개정]	항공사업법시행규칙 [국토교통부령제732호, 2020.5.27., 일부개정]
제2장 항공운송사업		
2. 이용자의 이익을 부당하게 침해하거나 특정 이용자를 차별하는 내용 3. 다른 항공운송사업자의 가입 또는 탈퇴를 부당하게 제한하는 내용 ④ 국토교통부장관은 제1항에 따라 제휴협정을 인가하거나 변경인가하는 경우에는 미리 공정거래위원회와 협의하여야 한다. ⑤ 운수협정 또는 제휴협정은 국토교통부장관의 인가 또는 변경인가를 받아야 그 효력이 발생한다.		1. 법 제15조에 따라 인가받은 운수에 관한 협정의 유효기간 변경에 관한 사항 2. 법 제15조에 따라 인가받은 협정등 중 정산 요율의 변경에 관한 사항 3. 법 제15조에 따라 인가받은 협정등 중 항공기의 편명 변경에 관한 사항 4. 법 제15조에 따라 인가받은 협정등 중 항공기의 운항 횟수 또는 운항지점의 변경에 관한 사항(정기편 노선허가에 따른 사업계획의 범위에서의 운항 횟수 또는 운항지점의 변경만 해당한다) ③ 법 제15조제2항에 따라 제2항 각 호의 사항을 변경하려는 자는 별지 제20호서식의 협정 변경신고서에 변경 사실을 증명할 수 있는 서류를 첨부하여 국토교통부장관 또는 지방항공청장에게 제출하여야 한다.
제16조(국제항공 운수권의 배분 등) ① 국토교통부장관은 외국정부와의 항공회담을 통하여 항공기 운항 횟수를 정하고, 그 횟수 내에서 항공기를 운항할 수 있는 권리(이하 "운수권"이라 한다)를 국제항공운송사업자의 신청을 받아 배분할 수 있다. ② 국토교통부장관은 제1항에 따라 운수권을 배분하는 경우에는 제8조제1항 각 호의 면허기준 및 외국정부와의 항공회담에 따른 합의사항 등을 고려하여야 한다. ③ 국토교통부장관은 운수권의 활용도를 높이기 위하여 국제항공운송사업자가 다음 각 호의 어느 하나에 해당하는 경우에는 배분된 운수권의 전부 또는 일부를 회수할 수 있다. 1. 제25조에 따라 폐업하거나 해당 노선을 폐지한 경우 2. 운수권을 배분받은 후 1년 이내에 해당 노선을 취항하지 아니한 경우 3. 해당 노선을 취항한 후 운수권의 전부 또는 일부를 사용하지 아니한 경우 ④ 제1항 및 제3항에 따른 운수권의 배분신청, 배분·회수의 기준 및 방법과 그 밖에 필요한 사항은 국제항공운송사업자의 운항 가능 여부, 이용자의 편의성 등을 고려하여 국토교통부령으로 정한다.		**「국제항공운수권 및 영공통과 이용권 배분 등에 관한 규칙」** 조문전체
제17조(영공통과이용권의 배분 등) ① 국토교통부장관은 외국정부와의 항공회담을 통하여 외국의 영공통과 이용 횟수를 정하고, 그 횟수 내에서 항공기를 운항할 수 있는 권리(이하 "영공통과이용권"이라 한다)를 국제항공운송사업자의 신청을 받아 배분할 수 있다.		**「국제항공운수권 및 영공통과 이용권 배분 등에 관한 규칙」** 조문전체

항공사업법 [법률제16642호, 2019.11.26., 일부개정]	항공사업법시행령 [대통령령제30714호, 2020.5.26., 일부개정]	항공사업법시행규칙 [국토교통부령제732호, 2020.5.27., 일부개정]
제2장 항공운송사업		
② 국토교통부장관은 제1항에 따른 영공통과이용권을 배분하는 경우에는 제8조제1항 각 호의 면허기준 및 외국정부와의 항공회담에 따른 합의사항 등을 고려하여야 한다. ③ 국토교통부장관은 제1항에 따라 배분된 영공통과이용권이 사용되지 아니하는 경우에는 배분된 영공통과이용권의 전부 또는 일부를 회수할 수 있다. ④ 제1항 및 제3항에 따른 영공통과이용권의 배분신청, 배분·회수의 기준 및 방법과 그 밖에 필요한 사항은 국제항공운송사업자의 운항 가능 여부, 이용자의 편의성 등을 고려하여 국토교통부령으로 정한다.		
제18조(항공기 운항시각의 배분 등) ① 국토교통부장관은 「인천국제공항공사법」 제10조제1항제1호에 따른 인천국제공항 등 국토교통부령으로 정하는 공항의 효율적인 운영과 항공기의 원활한 운항, 항공교통의 안전 확보, 항공교통이용자 보호 및 항공교통서비스의 개선 등을 위하여 항공기의 출발 또는 도착시각(이하 "운항시각"이라 한다)을 항공운송사업자의 신청을 받아 배분 또는 조정할 수 있다.〈개정 2019. 11. 26.〉 ② 국토교통부장관은 제1항에도 불구하고 다음 각 호의 어느 하나에 해당하는 경우 항공의 공공성, 안전성 또는 이용편리성 확보 등 공공복리를 위하여 직권으로 운항시각을 배분 또는 조정할 수 있다.〈신설 2019. 11. 26.〉 1. 천재지변으로 공항시설이 파손되는 등 공항운영에 차질이 발생하거나 발생할 우려가 있는 경우 2. 항공안전사고가 발생하거나 발생할 우려가 있는 경우 3. 지역 간 항공서비스의 심각한 불균형으로 지역균형 발전을 저해한다고 인정되는 경우 4. 항공수요의 급격한 변동으로 인해 항공서비스 제공에 중대한 차질이 발생하거나 발생할 우려가 있는 경우 5. 운항시각의 집중 등으로 공항운영에 차질이 발생하는 경우 6. 운항시각의 배분이나 운영과 관련하여 항공운송사업자의 불공정행위나 부당행위가 있는 경우 7. 항공운송사업자에 대한 주기적인 서비스 또는 안전 평가 결과 항공운송사업자가 항공운송사업을 수행하기에 현저히 곤란하다고 인정되는 경우 ③ 국토교통부장관은 제1항 또는 제2항에 따라 운항시각을 배분하는 경우에는 공항시설의 규모, 여객수용능력 등을 고려하여야 한다.〈개정 2019. 11. 26.〉		「운항시각 조정·배분 등에 관한 규칙」 조문전체

항공사업법 [법률제16642호, 2019.11.26., 일부개정]	항공사업법시행령 [대통령령제30714호, 2020.5.26., 일부개정]	항공사업법시행규칙 [국토교통부령제732호, 2020.5.27., 일부개정]
제2장 항공운송사업		
④ 국토교통부장관은 제1항 또는 제2항에 따라 운항시각을 배분 또는 조정할 때 필요한 경우 조건 또는 기한을 붙이거나 이미 붙인 조건 또는 기한을 변경할 수 있다.〈신설 2019. 11. 26.〉 ⑤ 국토교통부장관은 운항시각의 활용도 향상, 공항의 효율적인 운영과 항공기의 원활한 운항, 항공교통의 안전 확보, 항공교통이용자 보호 및 항공교통서비스의 개선 등을 위하여 제1항 또는 제2항에 따라 배분된 운항시각의 전부 또는 일부가 사용되지 아니하는 경우에는 배분한 운항시각을 회수할 수 있다.〈개정 2019. 11. 26.〉 ⑥ 제1항부터 제5항까지의 규정에 따른 운항시각의 배분신청, 배분·조정·회수의 기준 및 방법과 그 밖에 필요한 사항은 국토교통부령으로 정한다.〈개정 2019. 11. 26.〉 ⑦ 항공운송사업자가 제1항 또는 제2항에 따라 배분받은 운항시각을 다른 항공운송사업자가 배분받은 운항시각과 상호 교환하려는 경우에는 국토교통부장관의 인가를 받아야 한다.〈신설 2019. 11. 26.〉 ⑧ 제7항에 따른 인가의 신청, 인가의 기준 및 그 밖에 운항시각의 상호 교환에 필요한 사항은 국토교통부령으로 정한다.〈신설 2019. 11. 26.〉		**「운항시각 조정·배분 등에 관한 규칙」** **제3조(운항시각 조정·배분 대상 공항)** 법 제18조제1항에서 "인천국제공항 등 국토교통부령으로 정하는 공항"이란 다음 각 호의 공항을 말한다. 1. 인천국제공항 2. 김포국제공항 3. 제주국제공항 4. 김해국제공항 5. 대구국제공항 6. 청주국제공항 7. 그 밖에 국토교통부장관이 정하여 고시하는 공항
제19조(항공운송사업자의 운항개시 의무) ① 항공운송사업자는 면허신청서 또는 등록신청서에 적은 운항개시예정일에 운항을 시작하여야 한다. ② 항공운송사업자가 제7조제2항 또는 제10조제3항에 따라 정기편 노선의 허가를 받은 경우에는 노선허가 신청서에 적은 운항개시예정일에 운항을 시작하여야 한다. ③ 제1항과 제2항에도 불구하고 천재지변이나 그 밖의 불가피한 사유로 운항개시예정일을 연기하는 경우에는 국토교통부장관의 승인을 받아야 하며, 운항개시예정일 전에 운항을 시작하려는 경우에는 국토교통부장관에게 신고하여야 한다. 이 경우 국토교통부장관에게 승인받거나 신고한 운항개시예정일에 운항을 시작하여야 한다.		**제23조의2(운항시각 교환의 인가 신청)** ① 항공사업자는 법 제18조제7항에 따른 운항시각 교환 인가를 신청하려면 별지 제20호의2서식의 운항시각 교환 인가 신청서에 교환하려는 운항시각에 관한 명세서를 첨부하여 국토교통부장관에게 제출해야 한다. ② 제1항의 신청서를 받은 국토교통부장관은 신청을 받은 날부터 25일 이내에 인가 여부를 회신해야 한다. 이 경우 공휴일 및 토요일은 그 기간의 산정에서 제외한다. [본조신설 2020. 5. 27.]
제20조(항공운송사업 면허 등 대여금지) 항공운송사업자는 타인에게 자기의 성명 또는 상호를 사용하여 항공운송사업을 경영하게 하거나 그 면허증 또는 등록증을 빌려주어서는 아니 된다.		**제24조(운항개시의 연기 신청 등)** ① 항공운송사업자는 법 제19조제3항에 따라 운항개시예정일을 연기하려는 경우에는 변경된 운항개시 예정일과 그 사유를 적은 별지 제11호서식의 신청서를 국토교통부장관 또는 지방항공청장에게 제출하여야 한다. ② 항공운송사업자는 법 제19조제3항에 따라 항공운송사업 면허신청서 또는 노선허가신청서에 적힌 운항개시예정일 전에 운항을 개시하려는 경우에는 변경된 운항개시예정일과 그 사유를 적은 별지 제12호서식의 신고서를 국토교통부장관 또는 지방항공청장에게 제출하여야 한다.

항공사업법 [법률제16642호, 2019.11.26., 일부개정]	항공사업법시행령 [대통령령제30714호, 2020.5.26., 일부개정]	항공사업법시행규칙 [국토교통부령제732호, 2020.5.27., 일부개정]
제2장 항공운송사업		
제21조(항공운송사업의 양도·양수) ① 항공운송사업자가 항공운송사업을 양도·양수하려는 경우에는 국토교통부령으로 정하는 바에 따라 국토교통부장관의 인가를 받아야 한다. 다만, 소형항공운송사업자가 그 소형항공운송사업을 양도·양수하려는 경우에는 신고하여야 한다. ② 국토교통부장관은 제1항에 따라 양도·양수의 인가 신청 또는 신고를 받은 경우 양도인 또는 양수인이 다음 각 호의 어느 하나에 해당하면 양도·양수를 인가하거나 신고를 수리해서는 아니 된다. 1. 양수인이 제9조 각 호의 어느 하나에 해당하는 경우 2. 양도인이 제28조에 따라 사업정지처분을 받고 그 처분기간 중에 있는 경우 3. 양도인이 제28조에 따라 면허취소처분을 받았으나 「행정심판법」 또는 「행정소송법」에 따라 그 취소처분이 집행정지 중에 있는 경우 ③ 국토교통부장관은 제1항에 따른 인가 신청 또는 신고를 받으면 국토교통부령으로 정하는 바에 따라 이를 공고하여야 한다. 이 경우 공고의 비용은 양도인이 부담한다. ④ 제1항에 따라 인가를 받거나 신고가 수리된 경우에는 양수인은 양도인인 항공운송사업자의 이 법에 따른 지위를 승계한다.		제25조(항공운송사업의 양도·양수의 인가 신청) ① 법 제21조제1항에 따라 항공운송사업을 양도·양수하려는 양도인과 양수인은 별지 제21호서식의 인가 신청서(소형항공운송사업을 양도·양수하는 경우에는 신고서를 말한다)에 다음 각 호의 서류를 첨부하여 계약일부터 30일 이내에 연명(連名)으로 국토교통부장관 또는 지방항공청장에게 제출하여야 한다. 이 경우 담당 공무원은 「전자정부법」 제36조제1항에 따른 행정정보의 공동이용을 통하여 양수인의 법인 등기사항증명서(양수인이 법인인 경우만 해당한다)를 확인하여야 한다. 1. 양도·양수 후 해당 노선에 대한 사업계획서 2. 양수인이 법 제8조제1항제3호 및 제4호의 기준을 충족함을 증명하거나 설명하는 서류와 법 제9조의 결격사유에 해당하지 아니함을 증명하는 서류 3. 양도·양수 계약서의 사본 4. 양도 또는 양수에 관한 의사결정을 증명하는 서류(양도인 또는 양수인이 법인인 경우만 해당한다) ② 국토교통부장관 또는 지방항공청장은 제1항에 따른 신청을 받으면 법 제21조제3항에 따라 다음 각 호의 사항을 공고하여야 한다. 1. 양도·양수인의 성명(법인의 경우에는 법인의 명칭 및 대표자의 성명) 및 주소 2. 양도·양수의 대상이 되는 노선 및 사업범위 3. 양도·양수의 사유 4. 양도·양수 인가 신청일 및 양도·양수 예정일
제22조(법인의 합병) ① 법인인 국내항공운송사업자 및 국제항공운송사업자가 다른 항공운송사업자 또는 항공운송사업 외의 사업을 경영하는 자와 합병하려는 경우에는 국토교통부령으로 정하는 바에 따라 국토교통부장관의 인가를 받아야 한다. 다만, 법인인 소형항공운송사업자가 다른 항공운송사업자 또는 항공운송사업 외의 사업을 경영하는 자와 합병하려는 경우에는 국토교통부장관에게 신고하여야 한다. ② 제1항에 따른 인가 또는 신고 기준에 관하여는 제8조제1항을 준용한다. ③ 제1항에 따라 인가를 받거나 신고가 수리된 경우에는 합병으로 존속하거나 신설되는 법인은 합병으로 소멸되는 법인인 항공운송사업자의 이 법에 따른 지위를 승계한다.		제26조(법인 합병의 인가 신청) 법 제22조제1항에 따라 법인의 합병을 하려는 자는 별지 제22호서식의 합병인가 신청서(소형항공운송사업자가 법인 합병을 하려는 경우에는 합병 신고서를 말한다)에 다음 각 호의 서류를 첨부하여 계약일부터 30일 이내에 연명으로 국토교통부장관 또는 지방항공청장에게 제출하여야 한다. 이 경우 담당 공무원은 「전자정부법」 제36조제1항에 따른 행정정보의 공동이용을 통하여 합병당사자의 법인 등기사항증명서를 확인하여야 한다. 1. 합병의 방법과 조건에 관한 서류 2. 당사자가 신청 당시 경영하고 있는 사업의 개요를 적은 서류 3. 합병 후 존속하는 법인 또는 합병으로 설립되는 법인이 법 제8조제1항제3호 및 제4호의 기준을 충족함을 증명하거나 설명하는 서류와 법 제9조의 결격사유에 해당하지 아니함을 증명하는 서류 4. 합병계약서 5. 합병에 관한 의사결정을 증명하는 서류

항공사업법 [법률제16642호, 2019.11.26., 일부개정]	항공사업법시행령 [대통령령제30714호, 2020.5.26., 일부개정]	항공사업법시행규칙 [국토교통부령제732호, 2020.5.27., 일부개정]
	제2장 항공운송사업	
제23조(상속) ① 항공운송사업자가 사망한 경우 그 상속인(상속인이 2명 이상인 경우 협의에 의한 1명의 상속인을 말한다)은 피상속인인 항공운송사업자의 이 법에 따른 지위를 승계한다. ② 제1항에 따른 상속인은 피상속인의 항공운송사업을 계속하려면 피상속인이 사망한 날부터 30일 이내에 국토교통부장관에게 신고하여야 한다. ③ 제1항에 따라 항공운송사업자의 지위를 승계한 상속인이 제9조 각 호의 어느 하나에 해당하는 경우에는 3개월 이내에 그 항공운송사업을 타인에게 양도할 수 있다.		제27조(상속인의 지위승계 신고) 법 제23조제2항에 따라 항공운송사업자의 지위를 승계한 상속인은 별지 제23호서식의 지위승계 신고서(전자문서로 된 신고서를 포함한다)에 다음 각 호의 서류(전자문서를 포함한다)를 첨부하여 국토교통부장관 또는 지방항공청장에게 제출하여야 한다. 1. 가족관계등록부 2. 신고인이 법 제8조제1항제3호 및 제4호의 기준을 충족함을 증명하거나 설명하는 서류와 법 제9조의 결격사유에 해당하지 아니함을 증명하는 서류 3. 신고인의 항공운송사업 승계에 대한 다른 상속인의 동의서(2명 이상의 상속인이 있는 경우만 해당한다)
제24조(항공운송사업의 휴업과 노선의 휴지) ① 항공운송사업자는 다음 각 호의 어느 하나에 해당하는 경우에는 국토교통부장관의 허가를 받아야 한다. 다만, 국제항공운송사업자가 국내항공운송사업을 휴업[국내노선의 휴지(休止)를 포함한다]하려는 경우에는 국토교통부장관에게 신고하여야 한다. 1. 국제항공운송사업자가 휴업(국제노선의 휴지를 포함한다)하려는 경우 2. 소형항공운송사업자가 국제노선을 휴지하려는 경우 ② 제1항 본문에 따른 휴업 또는 휴지의 허가기준은 다음 각 호와 같다. 1. 휴업 또는 휴지 예정기간에 항공편 예약 사항이 없거나, 예약 사항이 있는 경우 대체 항공편 제공 등의 조치가 끝났을 것 2. 휴업 또는 휴지로 이용자 등에게 심한 불편을 주거나 공익을 해칠 우려가 없을 것 ③ 국내항공운송사업자 또는 소형항공운송사업자가 휴업(노선의 휴지를 포함하되, 국제노선의 휴지는 제외한다)하려는 경우에는 국토교통부장관에게 신고하여야 한다. ④ 제1항 및 제3항에 따른 휴업 또는 휴지 기간은 6개월을 초과할 수 없다. 다만, 외국과의 항공협정으로 운항지점 및 수송력 등에 제한 없이 운항이 가능한 노선의 휴지기간은 12개월을 초과할 수 없다. ⑤ 국토교통부장관은 제4항에도 불구하고 천재지변·감염병·전쟁 등 부득이한 사유로 운항 재개가 불가하다고 인정하는 경우에는 해당 휴지 기간을 연장할 수 있다〈신설 2021. 12. 7.〉		제28조(항공운송사업의 휴업허가 또는 노선의 휴지) ① 법 제24조제1항 본문에 따라 휴업 또는 국제노선 휴지(休止) 허가를 신청하려는 국제항공운송사업자 또는 소형항공운송사업자는 별지 제24호서식의 허가 신청서를 사업휴업·노선휴지 예정일 15일 전까지 국토교통부장관 또는 지방항공청장에게 제출하여야 한다. ② 법 제24조제1항 단서 및 같은 조 제3항에 따라 휴업 또는 국내노선 휴지를 신고하려는 국제항공운송사업자, 국내항공운송사업자 또는 소형항공운송사업자는 별지 제24호서식의 신고서를 휴업(휴지) 예정일 5일 전까지 국토교통부장관 또는 지방항공청장에게 제출하여야 한다.

항공사업법 [법률제16642호, 2019.11.26., 일부개정]	항공사업법시행령 [대통령령제30714호, 2020.5.26., 일부개정]	항공사업법시행규칙 [국토교통부령제732호, 2020.5.27., 일부개정]
제2장 항공운송사업		
제25조(항공운송사업의 폐업과 노선의 폐지) ① 국제항공운송사업자가 폐업(국제노선의 폐지를 포함한다)하려는 경우와 소형항공운송사업자가 국제노선을 폐지하려는 경우에는 국토교통부장관의 허가를 받아야 한다. 다만, 국제항공운송사업자가 국내항공운송사업을 폐업(국내노선의 폐지를 포함한다)하려는 경우에는 국토교통부장관에게 신고하여야 한다. ② 제1항 본문에 따른 폐업 또는 폐지의 허가기준은 다음 각 호와 같다. 1. 폐업일 또는 폐지일 이후 항공편 예약 사항이 없거나, 예약 사항이 있는 경우 대체 항공편 제공 등의 조치가 끝났을 것 2. 폐업 또는 폐지로 항공시장의 건전한 질서를 침해하지 아니할 것 ③ 국내항공운송사업자 또는 소형항공운송사업자가 폐업(노선의 폐지를 포함하되, 국제노선의 폐지는 제외한다)하려는 경우에는 국토교통부장관에게 신고하여야 한다.		제29조(항공운송사업의 폐업 또는 노선의 폐지) ① 법 제25조제1항 본문에 따라 폐업 또는 국제노선 폐지 허가를 신청하려는 국제항공운송사업자 또는 소형항공운송사업자는 별지 제25호서식의 허가 신청서를 폐업·노선폐지 예정일 15일 전까지 국토교통부장관 또는 지방항공청장에게 제출하여야 한다. ② 법 제25조제1항 단서 및 제3항에 따라 폐업 또는 국내노선 폐지 신고를 하려는 국제항공운송사업자, 국내항공운송사업자 또는 소형항공운송사업자는 별지 제25호서식의 신고서를 폐업(노선폐지) 예정일 5일 전까지 국토교통부장관 또는 지방항공청장에게 제출하여야 한다.
제26조(항공운송사업 면허 등의 조건) ① 제7조, 제10조, 제12조, 제14조, 제15조, 제21조 및 제24조에 따른 면허·등록·인가·허가에는 조건 또는 기한을 붙이거나 이미 붙인 조건 또는 기한을 변경할 수 있다. ② 제1항에 따른 조건 또는 기한은 공공의 이익 증진이나 면허·등록·인가 또는 허가의 시행에 필요한 최소한도의 것이어야 하며, 해당 항공운송사업자에게 부당한 의무를 부과하는 것이어서는 아니 된다.		
제27조(사업개선 명령) 국토교통부장관은 항공교통서비스의 개선을 위하여 필요하다고 인정되는 경우에는 항공교통사업자에게 다음 각 호의 사항을 명할 수 있다. 1. 사업계획의 변경 2. 운임 및 요금의 변경 3. 항공기 및 그 밖의 시설의 개선 4. 「항공안전법」 제2조제6호에 따른 항공기사고로 인하여 지급할 손해배상을 위한 보험계약의 체결 5. 항공에 관한 국제조약을 이행하기 위하여 필요한 사항 6. 항공교통이용자를 보호하기 위하여 필요한 사항 7. 제63조의 항공교통서비스 평가 결과에 따른 서비스 개선계획 제출 및 이행 8. 국토교통부령으로 정하는 바에 따른 재무구조 개선 9. 그 밖에 항공기의 안전운항에 대한 방해 요소를 제거하기 위하여 필요한 사항		제30조(재무구조 개선명령) 국토교통부장관은 다음 각 호의 어느 하나에 해당하는 경우에 법 제27조제8호에 따른 재무구조 개선을 명할 수 있다. 1. 자본금의 2분의 1 이상이 잠식된 상태가 1년 이상 지속되는 경우 2. 완전자본잠식이 되는 경우[자기자본이 영(0)인 경우]

항공사업법 [법률제16642호, 2019.11.26., 일부개정]	항공사업법시행령 [대통령령제30714호, 2020.5.26., 일부개정]	항공사업법시행규칙 [국토교통부령제732호, 2020.5.27., 일부개정]
제2장 항공운송사업		
제28조(항공운송사업 면허의 취소 등) ① 국토교통부장관은 항공운송사업자가 다음 각 호의 어느 하나에 해당하면 그 면허 또는 등록을 취소하거나 6개월 이내의 기간을 정하여 그 사업의 전부 또는 일부의 정지를 명할 수 있다. 다만, 제1호·제2호·제4호 또는 제21호에 해당하면 그 면허 또는 등록을 취소하여야 한다.〈개정 2017. 8. 9., 2019. 8. 27., 2019. 11. 26.〉 1. 거짓이나 그 밖의 부정한 방법으로 면허를 받거나 등록한 경우 2. 제7조에 따라 면허받은 사항 또는 제10조에 따라 등록한 사항을 이행하지 아니한 경우 3. 제8조제1항에 따른 면허기준 또는 제10조제2항에 따른 등록기준에 미달한 경우. 다만, 다음 각 목의 어느 하나에 해당하는 경우는 제외한다. 가. 면허 또는 등록 기준에 일시적으로 미달한 후 3개월 이내에 그 기준을 충족하는 경우 나. 「채무자 회생 및 파산에 관한 법률」에 따라 법원이 회생절차개시의 결정을 하고 그 절차가 진행 중인 경우 다. 「기업구조조정 촉진법」에 따라 금융채권자협의회가 채권금융기관 공동관리절차 개시의 의결을 하고 그 절차가 진행 중인 경우 4. 항공운송사업자가 제9조 각 호의 어느 하나에 해당하게 된 경우. 다만, 다음 각 목의 어느 하나에 해당하는 경우는 제외한다. 가. 제9조제6호에 해당하는 법인이 3개월 이내에 해당 임원을 결격사유가 없는 임원으로 바꾸어 임명한 경우 나. 피상속인이 사망한 날부터 3개월 이내에 상속인이 항공운송사업을 타인에게 양도한 경우 5. 제12조제1항 본문에 따른 사업계획에 따라 사업을 하지 아니한 경우 또는 같은 조 제2항에 따른 신고를 하지 아니하거나 거짓으로 신고한 경우 6. 제12조제3항에 따른 인가를 받지 아니하거나 신고를 하지 아니하고 사업계획을 변경한 경우 7. 제14조제1항을 위반하여 운임 및 요금에 대하여 인가 또는 변경인가를 받지 아니하거나 신고 또는 변경신고를 하지 아니한 경우 및 인가받거나 신고한 사항을 이행하지 아니한 경우 8. 제15조를 위반하여 운수협정 또는 제휴협정에 대하여 인가 또는 변경인가를 받지 아니하거나 신고를 하지 아니한 경우 및 인가받거나 신고한 사항을 이행하지 아니한 경우 9. 제20조를 위반하여 타인에게 자기의 성명 또는 상호를 사용하여 사업을 경영하게 하거나 면허증 또는 등록증을 빌려준 경우 10. 제21조제1항을 위반하여 인가나 신고 없이 사업을 양도·양수한 경우	**제14조(면허취소 등의 사유)** ① 법 제28조제1항제16호에서 "대통령령으로 정하는 안전 또는 소비자 피해가 우려되는 경우"란 다음 각 호의 어느 하나에 해당하는 경우를 말한다.〈개정 2020. 2. 25.〉 1. 「항공안전법」 제2조제14호에 따른 항공종사자에 대한 교육훈련 또는 항공기 정비 등에 대한 투자 부족으로 인하여 같은 조 제6호 또는 제9호에 따른 항공기사고 또는 항공기준사고(航空機準事故)가 예상되는 경우 2. 운송 불이행 또는 취소된 항공권의 대금환급 지연이 예상되는 경우 3. 그 밖에 제1호 또는 제2호와 유사한 경우로서 안전 또는 소비자 피해가 우려되는 경우 ② 법 제28조제1항제22호에서 "대통령령으로 정하는 중대한 결함"이란 다음 각 호의 어느 하나에 해당하는 결함 중 항공운항에 중대한 영향을 미치는 결함을 말한다.〈신설 2020. 2. 25., 2020. 5. 26.〉 1. 「항공안전법」 제2조제17호에 따른 객실승무원 및 같은 법 제34조제1항에 따른 항공종사자 자격증명을 받은 조종사, 항공정비사, 운항관리사 등의 자격·인원 및 교육훈련의 결함 2. 운항통제시설, 정비작업장, 훈련시설, 예비엔진 및 예비부품 등 인가받으려는 항공운항에 필요한 시설 및 장비의 결함	**제31조(항공운송사업자에 대한 행정처분기준)** 법 제28조제1항에 따른 행정처분의 기준은 별표 1과 같다.

항공사업법 [법률제16642호, 2019.11.26., 일부개정]	항공사업법시행령 [대통령령제30714호, 2020.5.26., 일부개정]	항공사업법시행규칙 [국토교통부령제732호, 2020.5.27., 일부개정]
제2장 항공운송사업		
11. 제22조제1항을 위반하여 인가나 신고 없이 사업을 합병한 경우 12. 제23조제2항을 위반하여 상속에 관한 신고를 하지 아니한 경우 13. 제24조제1항 또는 제3항을 위반하여 허가나 신고 없이 휴업한 경우 및 휴업기간이 지난 후에도 사업을 시작하지 아니한 경우 14. 제26조제1항에 따라 부과된 면허 등의 조건 등을 이행하지 아니한 경우 15. 제27조제1호·제2호·제4호 또는 제6호에 따른 사업개선 명령을 이행하지 아니한 경우 16. 제27조제8호에 따른 사업개선 명령 후 2분의 1 이상 자본잠식이 2년 이상 지속되어 대통령령으로 정하는 안전 또는 소비자 피해가 우려되는 경우 17. 제61조의2제1항을 위반하여 같은 항 각 호의 시간을 초과하여 항공기를 머무르게 한 경우 18. 제62조제4항을 위반하여 운송약관 등을 갖추어 두지 아니하거나 항공교통이용자가 열람할 수 있게 하지 아니한 경우 19. 제62조제5항을 위반하여 항공운임 등 총액을 쉽게 알 수 있도록 제공하지 아니한 경우 20. 국가의 안전이나 사회의 안녕질서에 위해를 끼칠 현저한 사유가 있는 경우 21. 이 조에 따른 사업정지명령을 위반하여 사업정지기간에 사업을 경영한 경우 22. 「항공안전법」 제90조제1항에 따른 검사에서 대통령령으로 정하는 중대한 결함이 발견된 경우 ② 제1항에 따른 처분의 기준 및 절차와 그 밖에 필요한 사항은 국토교통부령으로 정한다.		
제29조(과징금 부과) ① 국토교통부장관은 항공운송사업자가 제28조제1항제3호 또는 제5호부터 제20호까지의 어느 하나에 해당하여 사업의 정지를 명하여야 하는 경우로서 그 사업을 정지하면 그 사업의 이용자 등에게 심한 불편을 주거나 공익을 해칠 우려가 있는 경우에는 사업정지처분을 갈음하여 50억원 이하의 과징금을 부과할 수 있다. 다만, 소형항공운송사업자의 경우에는 20억원 이하의 과징금을 부과할 수 있다.〈개정 2019. 11. 26.〉 ② 제1항에 따라 과징금을 부과하는 위반행위의 종류와 위반 정도에 따른 과징금의 금액과 그 밖에 필요한 사항은 대통령령으로 정한다. ③ 국토교통부장관은 제1항에 따른 과징금을 내야 할 자가 납부기한까지 과징금을 내지 아니하면 국세 체납처분의 예에 따라 징수한다.	**제15조(과징금을 부과하는 위반행위와 과징금의 금액 등)** 법 제29조제1항(법 제53조제1항 및 제59조제2항에서 준용하는 경우를 포함한다)에 따라 과징금을 부과하는 위반행위의 종류와 위반 정도 등에 따른 과징금의 금액은 별표 3과 같다.	

항공사업법 [법률제16642호, 2019.11.26., 일부개정]	항공사업법시행령 [대통령령제30714호, 2020.5.26., 일부개정]	항공사업법시행규칙 [국토교통부령제732호, 2020.5.27., 일부개정]
제2장 항공운송사업		
	제16조(과징금의 부과 및 납부) ① 국토교통부장관은 법 제29조에 따라 과징금을 부과하려면 그 위반행위의 종류와 해당 과징금의 금액을 구체적으로 적어 서면으로 통지하여야 한다. ② 제1항에 따라 통지를 받은 자는 통지를 받은 날부터 20일 이내에 국토교통부장관이 정하는 수납기관에 과징금을 내야 한다. 다만, 천재지변이나 그 밖의 부득이한 사유로 그 기간에 과징금을 낼 수 없는 경우에는 그 사유가 없어진 날부터 7일 이내에 내야 한다. ③ 제2항에 따라 과징금을 받은 수납기관은 그 납부자에게 영수증을 발급하여야 한다. ④ 과징금의 수납기관은 제2항에 따른 과징금을 받으면 지체 없이 그 사실을 국토교통부장관에게 통보하여야 한다. ⑤ 삭제〈2021. 9. 24.〉	
	제17조(과징금의 독촉 및 징수) ① 국토교통부장관은 제16조제1항에 따라 과징금의 납부통지를 받은 자가 납부기한까지 과징금을 내지 아니하면 납부기한이 지난 날부터 7일 이내에 독촉장을 발급하여야 한다. 이 경우 납부기한은 독촉장 발급일부터 10일 이내로 하여야 한다. ② 국토교통부장관은 제1항에 따라 독촉을 받은 자가 납부기한까지 과징금을 내지 아니한 경우에는 소속 공무원으로 하여금 국세 체납처분의 예에 따라 과징금을 강제징수하게 할 수 있다.	

항공사업법 [법률제16642호, 2019.11.26., 일부개정]	항공사업법시행령 [대통령령제30714호, 2020.5.26., 일부개정]	항공사업법시행규칙 [국토교통부령제732호, 2020.5.27., 일부개정]
제3장 항공기사용사업등		
제1절 항공기사용사업		
제30조(항공기사용사업의 등록) ① 항공기사용사업을 경영하려는 자는 국토교통부령으로 정하는 바에 따라 운항개시예정일 등을 적은 신청서에 사업계획서와 그 밖에 국토교통부령으로 정하는 서류를 첨부하여 국토교통부장관에게 등록하여야 한다. ② 제1항에 따른 항공기사용사업을 등록하려는 자는 다음 각 호의 요건을 갖추어야 한다. 1. 자본금 또는 자산평가액이 7억원 이상으로서 대통령령으로 정하는 금액 이상일 것 2. 항공기 1대 이상 등 대통령령으로 정하는 기준에 적합할 것 3. 그 밖에 사업 수행에 필요한 요건으로서 국토교통부령으로 정하는 요건을 갖출 것 ③ 제9조 각 호의 어느 하나에 해당하는 자는 항공기사용사업의 등록을 할 수 없다.	제18조(항공기사용사업의 등록요건) 법 제30조제2항제1호 및 제2호에 따른 항공기사용사업의 등록요건은 별표 4와 같다.	제32조(항공기사용사업의 등록) ① 법 제30조제1항에서 "국토교통부령으로 정하는 서류"란 다음 각 호의 서류를 말한다.〈개정 2017. 7. 18.〉 1. 해당 신청이 법 제30조제2항의 등록요건을 충족함을 증명하는 서류 2. 다음 각 목의 사항을 포함하는 사업계획서 가. 사용 예정 항공기의 수 및 각 항공기의 형식(지점 간 운항 및 관광비행인 경우에는 노선별 또는 관광비행구역별 사용 예정 항공기의 수 및 각 항공기의 형식) 나. 해당 운항과 관련된 사업을 경영하기 위하여 필요한 자금의 명세와 조달방법 다. 도급사업별 취급 예정 수량 및 그 산출근거와 예상 사업수지 라. 신청인이 다른 사업을 하고 있는 경우에는 그 사업의 개요 3. 운항하려는 공항 또는 비행장시설의 이용이 가능함을 증명하는 서류(비행기를 이용하는 경우만 해당하며, 전세운송의 경우는 제외한다) 4. 해당 사업의 경영을 위하여 항공종사자 또는 항공기정비업자, 공항 또는 비행장 시설·설비의 소유자 또는 운영자, 헬기장 및 관련 시설의 소유자 또는 운영자, 항공기의 소유자 등과 계약한 서류 사본 5. 법 제30조의2제1항에 따라 보증보험, 공제(共濟) 또는 영업보증금(이하 "보증보험등"이라 한다)에 가입하거나 예치한 사실을 증명하는 서류[항공기를 이용한 비행훈련 업무를 하는 사업을 경영하는 자(이하 "비행훈련업자"라 한다)에 한정하며, 법 제30조의2제1항 단서에 따라 보증보험등에 가입 또는 예치하지 아니할 수 있는 자는 제외한다] ② 법 제30조에 따른 항공기사용사업을 하려는 자는 별지 제8호서식의 등록신청서에 제1항 각 호의 서류를 첨부하여 지방항공청장에게 제출하여야 한다. 이 경우 지방항공청장은 「전자정부법」 제36조제1항에 따른 행정정보의 공동이용을 통하여 법인 등기사항증명서(신청인이 법인인 경우에만 해당한다)를 확인하여야 한다. ③ 지방항공청장은 제1항에 따른 등록신청서의 내용이 명확하지 아니하거나 그 첨부서류가 미비한 경우에는 7일 이내에 보완을 요구하여야 한다. ④ 지방항공청장은 제1항에 따른 등록 신청을 받은 경우에는 법 제30조제2항에 따른 항공기사용사업의 등록요건을 충족하는지 심사한 후 신청내용이 적합하다고 인정되면 별지 제9호서식의 등록대장에 적고 별지 제10호서식의 등록증을 발급하여야 한다.

항공사업법 [법률제16642호, 2019.11.26., 일부개정]	항공사업법시행령 [대통령령제30714호, 2020.5.26., 일부개정]	항공사업법시행규칙 [국토교통부령제732호, 2020.5.27., 일부개정]
제3장 항공기사용사업등		
제1절 항공기사용사업		
		⑤ 지방항공청장은 제3항에 따른 등록 신청 내용을 심사하는 경우 제1항제4호에 따른 계약의 이행이 가능한지를 확인하기 위하여 관계 행정기관, 관련 단체 또는 계약 당사자의 의견을 들을 수 있다. ⑥ 제4항의 등록대장은 전자적 처리가 불가능한 특별한 사유가 없으면 전자적 처리가 가능한 방법으로 작성·관리하여야 한다.
제30조의2(보증보험 등의 가입 등) ① 항공기사용사업자 중 항공기를 이용한 비행훈련 업무를 하는 사업을 경영하는 자(이하 "비행훈련업자"라 한다)는 국토교통부령으로 정하는 바에 따라 교육비 반환 불이행 등에 따른 교육생의 손해를 배상할 것을 내용으로 하는 보증보험, 공제(共濟) 또는 영업보증금(이하 "보증보험등"이라 한다)에 가입하거나 예치하여야 한다. 다만, 해당 비행훈련업자의 재정적 능력 등을 고려하여 대통령령으로 정하는 경우에는 보증보험등에 가입 또는 예치하지 아니할 수 있다. ② 비행훈련업자는 교육생(제1항의 보증보험등에 따라 손해배상을 받을 수 있는 교육생으로 한정한다)이 계약의 해지 및 해제를 원하거나 사업 등록의 취소·정지 등으로 영업을 계속할 수 없는 경우에는 교육생으로부터 받은 교육비를 반환하는 등 교육생을 보호하기 위하여 필요한 조치를 하여야 한다. ③ 제2항에 따른 교육비의 구체적인 반환사유, 반환금액, 그 밖에 필요한 사항은 국토교통부령으로 정한다. [본조신설 2017. 1. 17.]	**제18조의2(보증보험 등의 가입 또는 예치의 예외)** ① 법 제30조의2제1항 단서에서 "대통령령으로 정하는 경우"란 다음 각 호의 어느 하나에 해당하는 경우를 말한다.〈개정 2021. 1. 5.〉 1. 다음 각 목의 요건을 모두 충족하는 경우 가. 항공기사용사업자 중 항공기를 이용한 비행훈련 업무를 하는 사업을 경영하는 자(이하 "비행훈련업자"라 한다)의 직전 3개 사업연도의 평균 매출액이 300억원 이상이고, 직전 3개 사업연도의 평균 당기순이익이 30억원 이상일 것(매출액 및 당기순이익은 손익계산서에 표시된 매출액 및 당기순이익을 말하며, 비행훈련업자가 다른 사업을 겸업하는 경우에는 항공기를 이용한 비행훈련 업무를 하는 사업에서 발생한 매출액 및 당기순이익을 말한다) 나. 비행훈련업자가 최근 3년 이내에 해당 사업을 휴업하거나 폐업한 사실이 없을 것 2. 비행훈련업자가 교육비를 후지급으로 받는 등 교육비 반환 불이행 등에 따른 교육생의 손해가 발생할 우려가 없음을 지방항공청장이 인정하는 경우 [본조신설 2017. 7. 17.]	**제32조의2(보증보험등의 가입 등)** ① 법 제30조의2제1항에 따라 비행훈련업자가 가입하거나 예치하여야 하는 보증보험등의 가입 또는 예치 금액은 별표 1의2와 같다. ② 제1항에 따라 보증보험등에 가입 또는 예치한 비행훈련업자는 보험증서, 공제증서 또는 예치증서의 사본을 지체 없이 지방항공청장에게 제출하여야 한다. 이를 변경 또는 갱신한 때에도 또한 같다. ③ 제1항 및 제2항에서 규정한 사항 외에 보증보험등의 가입 또는 예치 절차 및 보증보험금, 공제금 또는 영업보증금의 지급절차 등에 관하여 필요한 사항은 국토교통부장관이 정하여 고시한다. [본조신설 2017. 7. 18.]
		제32조의3(교육비의 반환) ① 법 제30조의2제2항에 따라 비행훈련업자는 다음 각 호의 어느 하나에 해당하는 경우에 교육생으로부터 받은 교육비를 반환하여야 한다. 1. 교육생이 계약의 해지 또는 해제를 원하는 경우 2. 비행훈련업자가 법 제37조 또는 제38조에 따라 항공기사용사업을 휴업 또는 폐업한 경우 3. 비행훈련업자가 법 제40조에 따라 등록취소 또는 사업정지명령을 받아 영업을 계속할 수 없는 경우

항공사업법 [법률제16642호, 2019.11.26., 일부개정]	항공사업법시행령 [대통령령제30714호, 2020.5.26., 일부개정]	항공사업법시행규칙 [국토교통부령제732호, 2020.5.27., 일부개정]
제3장 항공기사용사업등		
제1절 항공기사용사업		
		4. 그 밖에 비행훈련업자가 교육장비 또는 교육장소를 제공하지 못하는 등 영업을 계속할 수 없는 경우 ② 비행훈련업자는 제1항 각 호의 사유가 발생한 날부터 30일 이내(반환금액이 5천만원을 초과하는 경우에는 60일 이내)에 별표 1의3의 기준에 따라 산정한 반환금액을 반환하여야 한다. 이 경우 비행훈련업자가 제1항 각 호의 사유가 발생한 날부터 10일 이내에 반환하지 아니한 경우에는 별표 1의3의 기준에 따라 산정한 반환금액에 「민법」 제379조의 법정이율에 따른 이자를 가산한 금액을 반환하여야 한다. [본조신설 2017. 7. 18.]
제31조(항공기사용사업자의 운항개시 의무) 항공기사용사업자는 등록신청서에 적은 운항개시예정일에 운항을 시작하여야 한다. 다만, 천재지변이나 그 밖의 불가피한 사유로 국토교통부장관의 승인을 받아 운항 개시 날짜를 연기하는 경우와 운항개시예정일 전에 운항을 개시하기 위하여 국토교통부장관에게 신고하는 경우에는 그러하지 아니하다.		**제34조(사업계획의 변경 등)** ① 법 제32조제1항 단서에서 "기상악화 등 국토교통부령으로 정하는 부득이한 사유"란 다음 각 호의 어느 하나에 해당하는 사유를 말한다. 1. 기상악화 2. 안전운항을 위한 정비로서 예견하지 못한 정비 3. 천재지변 4. 제1호부터 제3호까지의 사유에 준하는 부득이한 사유 ② 법 제32조제2항 본문에 따라 사업계획을 변경하려는 자는 별지 제14호서식의 변경인가 신청서에 변경하려는 사항에 관한 명세서를 첨부하여 지방항공청장에게 제출하여야 한다. ③ 법 제32조제2항 단서에서 "국토교통부령으로 정하는 경미한 사항"이란 다음 각 호의 사항을 말한다. 1. 자본금의 변경 2. 사업소의 신설 또는 변경 3. 대표자 변경 4. 대표자의 대표권 제한 및 그 제한의 변경 5. 상호 변경 6. 사업범위의 변경 7. 항공기 등록 대수의 변경 ④ 법 제32조제2항 단서에 따라 제3항 각 호의 어느 하나에 해당하는 사항을 변경하려는 자는 변경 사유가 발생한 날부터 30일 이내에 별지 제16호서식의 변경신고서에 변경 사실을 증명할 수 있는 서류를 첨부하여 지방항공청장에게 제출하여야 한다. 이 경우 변경 사항이 제3항제1호·제3호 또는 제5호에 해당하면 지방항공청장은 「전자정부법」 제36조제1항에 따라 행정정보의 공동이용을 통하여 법인 등기사항증명서를 확인함으로써 증명서류를 갈음할 수 있다.
제32조(사업계획의 변경 등) ① 항공기사용사업자는 등록할 때 제출한 사업계획에 따라 그 업무를 수행하여야 한다. 다만, 기상악화 등 국토교통부령으로 정하는 부득이한 사유가 있는 경우는 그러하지 아니하다. ② 항공기사용사업자는 제1항에 따른 사업계획을 변경하려는 경우에는 국토교통부장관의 인가를 받아야 한다. 다만, 국토교통부령으로 정하는 경미한 사항을 변경하려는 경우에는 국토교통부장관에게 신고하여야 한다. ③ 제2항에 따른 사업계획의 변경인가 기준은 다음 각 호와 같다. 1. 해당 사업의 시작으로 항공교통의 안전에 지장을 줄 염려가 없을 것 2. 해당 사업의 시작으로 사업자 간 과당경쟁의 우려가 없고 이용자의 편의에 적합할 것		

항공사업법 [법률제16642호, 2019.11.26., 일부개정]	항공사업법시행령 [대통령령제30714호, 2020.5.26., 일부개정]	항공사업법시행규칙 [국토교통부령제732호, 2020.5.27., 일부개정]
	제3장 항공기사용사업등	
	제1절 항공기사용사업	
제33조(명의대여 등의 금지) 항공기사용사업자는 타인에게 자기의 성명 또는 상호를 사용하여 항공기사용사업을 경영하게 하거나 그 등록증을 빌려주어서는 아니 된다.		제35조(항공기사용사업의 양도·양수의 인가 신청) ① 법 제34조제1항에 따라 항공기사용사업을 양도·양수하려는 양도인과 양수인은 별지 제21호서식의 인가 신청서에 다음 각 호의 서류를 첨부하여 계약일부터 30일 이내에 연명으로 지방항공청장에게 제출하여야 한다. 이 경우 담당 공무원은 「전자정부법」 제36조제1항에 따른 행정정보의 공동이용을 통하여 양수인의 법인 등기사항증명서(양수인이 법인인 경우만 해당한다)를 확인하여야 한다. 1. 양도·양수 후 사업계획서 2. 양수인이 법 제9조의 결격사유에 해당하지 아니함을 증명하는 서류와 법 제30조제2항의 기준을 충족함을 증명하거나 설명하는 서류 3. 양도·양수 계약서의 사본 4. 양도 또는 양수에 관한 의사결정을 증명하는 서류(양도인 또는 양수인이 법인인 경우만 해당한다) ② 지방항공청장은 제1항에 따른 신청을 받으면 법 제34조제3항에 따라 다음 각 호의 사항을 공고하여야 한다. 1. 양도·양수인의 성명(법인의 경우에는 법인의 명칭 및 대표자의 성명) 및 주소 2. 양도·양수의 대상이 되는 사업범위 3. 양도·양수의 사유 4. 양도·양수 인가 신청일 및 양도·양수 예정일
제34조(항공기사용사업의 양도·양수) ① 항공기사용사업자가 항공기사용사업을 양도·양수하려는 경우에는 국토교통부령으로 정하는 바에 따라 국토교통부장관에게 신고하여야 한다. ② 국토교통부장관은 제1항에 따라 양도·양수의 신고를 받은 경우 양도인 또는 양수인이 다음 각 호의 어느 하나에 해당하면 양도·양수 신고를 수리해서는 아니 된다. 1. 양수인이 제9조 각 호의 어느 하나에 해당하는 경우 2. 양도인이 제40조에 따라 사업정지처분을 받고 그 처분기간 중에 있는 경우 3. 양도인이 제40조에 따라 등록취소처분을 받았으나 「행정심판법」 또는 「행정소송법」에 따라 그 취소처분이 집행정지 중에 있는 경우 ③ 국토교통부장관은 제1항에 따른 신고를 받으면 국토교통부령으로 정하는 바에 따라 이를 공고하여야 한다. 이 경우 공고의 비용은 양도인이 부담한다. ④ 제1항에 따라 신고가 수리된 경우에 양수인은 양도인인 항공기사용사업자의 이 법에 따른 지위를 승계한다.		
제35조(법인의 합병) ① 법인인 항공기사용사업자가 다른 항공기사용사업자 또는 항공기사용사업 외의 사업을 경영하는 자와 합병하려는 경우에는 국토교통부령으로 정하는 바에 따라 국토교통부장관에게 신고하여야 한다. ② 제1항에 따라 신고가 수리된 경우에 합병으로 존속하거나 신설되는 법인은 합병으로 소멸되는 법인인 항공기사용사업자의 이 법에 따른 지위를 승계한다.		제36조(법인의 합병 신고) 법 제35조제1항에 따라 법인의 합병을 하려는 항공기사용사업자는 별지 제22호서식의 합병 신고서에 다음 각 호의 서류를 첨부하여 계약일부터 30일 이내에 연명으로 지방항공청장에게 제출하여야 한다. 이 경우 담당 공무원은 「전자정부법」 제36조제1항에 따른 행정정보의 공동이용을 통하여 합병당사자의 법인 등기사항증명서를 확인하여야 한다. 1. 합병의 방법과 조건에 관한 서류 2. 당사자가 신청 당시 경영하고 있는 사업의 개요를 적은 서류 3. 합병 후 존속하는 법인 또는 합병으로 설립되는 법인이 법 제9조의 결격사유에 해당하지 아니함을 증명하는 서류와 법 제30조제2항의 기준을 충족을 증명하거나 설명하는 서류 4. 합병계약서 5. 합병에 관한 의사결정을 증명하는 서류

항공사업법 [법률제16642호, 2019.11.26., 일부개정]	항공사업법시행령 [대통령령제30714호, 2020.5.26., 일부개정]	항공사업법시행규칙 [국토교통부령제732호, 2020.5.27., 일부개정]
제3장 항공기사용사업등		
제1절 항공기사용사업		
제36조(상속) ① 항공기사용사업자가 사망한 경우 그 상속인(상속인이 2명 이상인 경우 협의에 의한 1명의 상속인을 말한다)은 피상속인인 항공기사용사업자의 이 법에 따른 지위를 승계한다. ② 제1항에 따른 상속인은 피상속인의 항공기사용사업을 계속하려면 피상속인이 사망한 날부터 30일 이내에 국토교통부장관에게 신고하여야 한다. ③ 제1항에 따라 항공기사용사업자의 지위를 승계한 상속인이 제9조 각 호의 어느 하나에 해당하는 경우에는 3개월 이내에 그 항공기사용사업을 타인에게 양도할 수 있다.		
제37조(항공기사용사업의 휴업) ① 항공기사용사업자가 휴업하려는 경우에는 국토교통부령으로 정하는 바에 따라 국토교통부장관에게 신고하여야 한다. ② 제1항에 따른 휴업기간은 6개월을 초과할 수 없다.		**제38조(항공기사용사업 휴업 신고)** 법 제37조제1항에 따라 휴업 신고를 하려는 항공기사용사업자는 별지 제24호서식의 휴업 신고서를 휴업 예정일 5일 전까지 지방항공청장에게 제출하여야 한다.
제38조(항공기사용사업의 폐업) ① 항공기사용사업자가 폐업하려는 경우에는 국토교통부령으로 정하는 바에 따라 국토교통부장관에게 신고하여야 한다. ② 제1항에 따른 폐업을 할 수 있는 경우는 다음 각 호와 같다. 1. 폐업일 이후 예약 사항이 없거나, 예약 사항이 있는 경우 대체 서비스 제공 등의 조치가 끝났을 것 2. 폐업으로 항공시장의 건전한 질서를 침해하지 아니할 것		**제39조(항공기사용사업의 폐업 또는 노선의 폐지)** 법 제38조제1항에 따라 폐업 신고를 하려는 항공기사용사업자는 별지 제25호서식의 폐업 신고서를 폐업 예정일 15일 전까지 지방항공청장에게 제출하여야 한다.
제39조(사업개선 명령) 국토교통부장관은 항공기사용사업의 서비스 개선을 위하여 필요하다고 인정되는 경우에는 항공기사용사업자에게 다음 각 호의 사항을 명할 수 있다. 1. 사업계획의 변경 2. 항공기 및 그 밖의 시설의 개선 3.「항공안전법」 제2조제6호에 따른 항공기사고로 인하여 지급할 손해배상을 위한 보험계약의 체결 4. 항공에 관한 국제조약을 이행하기 위하여 필요한 사항 5. 그 밖에 항공기사용사업 서비스의 개선을 위하여 필요한 사항		

항공사업법 [법률제16642호, 2019.11.26., 일부개정]	항공사업법시행령 [대통령령제30714호, 2020.5.26., 일부개정]	항공사업법시행규칙 [국토교통부령제732호, 2020.5.27., 일부개정]
제3장 항공기사용사업등		
제1절 항공기사용사업		
제40조(항공기사용사업의 등록취소 등) ① 국토교통부장관은 항공기사용사업자가 다음 각 호의 어느 하나에 해당하면 그 등록을 취소하거나 6개월 이내의 기간을 정하여 그 사업의 전부 또는 일부의 정지를 명할 수 있다. 다만, 제1호·제2호·제4호·제13호 또는 제15호에 해당하면 그 등록을 취소하여야 한다.〈개정 2017. 1. 17., 2017. 8. 9.〉 1. 거짓이나 그 밖의 부정한 방법으로 등록한 경우 2. 제30조제1항에 따라 등록한 사항을 이행하지 아니한 경우 3. 제30조제2항에 따른 등록기준에 미달한 경우. 다만, 다음 각 목의 어느 하나에 해당하는 경우는 제외한다. 가. 등록기준에 일시적으로 미달한 후 3개월 이내에 그 기준을 충족하는 경우 나. 「채무자 회생 및 파산에 관한 법률」에 따라 법원이 회생절차개시의 결정을 하고 그 절차가 진행 중인 경우 다. 「기업구조조정 촉진법」에 따라 금융채권자협의회가 채권금융기관 공동관리절차 개시의 의결을 하고 그 절차가 진행 중인 경우 4. 항공기사용사업자가 제9조 각 호의 어느 하나에 해당하게 된 경우. 다만, 다음 각 목의 어느 하나에 해당하는 경우는 제외한다. 가. 제9조제6호에 해당하는 법인이 3개월 이내에 해당 임원을 결격사유가 없는 임원으로 바꾸어 임명한 경우 나. 피상속인이 사망한 날부터 3개월 이내에 상속인이 항공기사용사업을 타인에게 양도한 경우 4의2. 제30조의2제1항을 위반하여 보증보험등에 가입 또는 예치하지 아니한 경우 5. 제32조제1항을 위반하여 사업계획에 따라 사업을 하지 아니한 경우 및 같은 조 제2항에 따라 인가를 받지 아니하거나 신고를 하지 아니하고 사업계획을 변경한 경우 6. 제33조를 위반하여 타인에게 자기의 성명 또는 상호를 사용하여 사업을 경영하게 하거나 등록증을 빌려 준 경우 7. 제34조제1항을 위반하여 신고를 하지 아니하고 사업을 양도·양수한 경우 8. 제35조제1항을 위반하여 합병신고를 하지 아니한 경우 9. 제36조제2항을 위반하여 상속에 관한 신고를 하지 아니한 경우 10. 제37조제1항 및 제2항을 위반하여 신고 없이 휴업한 경우 및 휴업기간이 지난 후에도 사업을 시작하지 아니한 경우		**제40조(항공기사용사업자 등에 대한 행정처분기준)** 법 제40조제1항에 따른 행정처분의 기준은 별표 2와 같다.

항공사업법 [법률제16642호, 2019.11.26., 일부개정]	항공사업법시행령 [대통령령제30714호, 2020.5.26., 일부개정]	항공사업법시행규칙 [국토교통부령제732호, 2020.5.27., 일부개정]
제3장 항공기사용사업등		
제1절 항공기사용사업		
11. 제39조제1호 또는 제3호에 따른 사업개선 명령을 이행하지 아니한 경우 12. 제62조제6항을 위반하여 요금표 등을 갖추어 두지 아니하거나 항공교통이용자가 열람할 수 있게 하지 아니한 경우 13. 「항공안전법」 제95조제2항에 따른 항공기 운항의 정지명령을 위반하여 운항정지기간에 운항한 경우 14. 국가의 안전이나 사회의 안녕질서에 위해를 끼칠 현저한 사유가 있는 경우 15. 이 조에 따른 사업정지명령을 위반하여 사업정지기간에 사업을 경영한 경우 ② 제1항에 따른 처분의 기준 및 절차와 그 밖에 필요한 사항은 국토교통부령으로 정한다.		
제41조(과징금 부과) ① 국토교통부장관은 항공기사용사업자가 제40조제1항제3호, 제4호의2, 제5호부터 제12호까지 또는 제14호의 어느 하나에 해당하여 사업의 정지를 명하여야 하는 경우로서 사업을 정지하면 그 사업의 이용자 등에게 심한 불편을 주거나 공익을 해칠 우려가 있는 경우에는 사업정지처분을 갈음하여 10억원 이하의 과징금을 부과할 수 있다.〈개정 2017. 1. 17.〉 ② 제1항에 따라 과징금을 부과하는 위반행위의 종류와 위반 정도에 따른 과징금의 금액과 그 밖에 필요한 사항은 대통령령으로 정한다. ③ 국토교통부장관은 제1항에 따른 과징금을 내야 할 자가 납부기한까지 과징금을 내지 아니하면 국세 체납처분의 예에 따라 징수한다.	**제19조(과징금을 부과하는 위반행위와 과징금의 금액 등)** ① 법 제41조제1항(법 제43조제8항, 제45조제8항, 제47조제9항, 제49조제9항, 제51조제8항 및 제53조제9항에서 준용하는 경우를 포함한다)에 따라 과징금을 부과하는 위반행위의 종류와 위반 정도 등에 따른 과징금의 금액은 별표 5와 같다. ② 과징금의 부과·납부 및 독촉·징수에 관하여는 제16조 및 제17조를 준용한다.	
제42조(항공기정비업의 등록) ① 항공기정비업을 경영하려는 자는 국토교통부령으로 정하는 바에 따라 국토교통부장관에게 등록하여야 한다. 등록한 사항 중 국토교통부령으로 정하는 사항을 변경하려는 경우에는 국토교통부장관에게 신고하여야 한다. ② 제1항에 따른 항공기정비업을 등록하려는 자는 다음 각 호의 요건을 갖추어야 한다. 1. 자본금 또는 자산평가액이 3억원 이상으로서 대통령령으로 정하는 금액 이상일 것 2. 정비사 1명 이상 등 대통령령으로 정하는 기준에 적합할 것 3. 그 밖에 사업 수행에 필요한 요건으로서 국토교통부령으로 정하는 요건을 갖출 것 ③ 다음 각 호의 어느 하나에 해당하는 자는 항공기정비업의 등록을 할 수 없다.〈개정 2017. 12. 26.〉	**제20조(항공기정비업의 등록요건)** 법 제42조제2항제1호 및 제2호에 따른 항공기정비업의 등록요건은 별표 6과 같다.	**제41조(항공기정비업의 등록)** ① 법 제42조에 따른 항공기정비업을 하려는 자는 별지 제26호서식의 등록신청서(전자문서로 된 신청서를 포함한다)에 다음 각 호의 서류(전자문서를 포함한다)를 첨부하여 지방항공청장에게 제출하여야 한다. 이 경우 지방항공청장은 「전자정부법」 제36조제1항에 따른 행정정보의 공동이용을 통하여 법인 등기사항증명서(신청인이 법인인 경우만 해당한다) 및 부동산 등기사항증명서(타인의 부동산을 사용하는 경우는 제외한다)를 확인하여야 한다. 1. 해당 신청이 법 제42조제2항에 따른 등록요건을 충족함을 증명하거나 설명하는 서류 2. 다음 각 목의 사항을 포함하는 사업계획서 가. 자본금 나. 상호·대표자의 성명과 사업소의 명칭 및 소재지

항공사업법 [법률제16642호, 2019.11.26., 일부개정]	항공사업법시행령 [대통령령제30714호, 2020.5.26., 일부개정]	항공사업법시행규칙 [국토교통부령제732호, 2020.5.27., 일부개정]
제3장 항공기사용사업등		
제2절 항공기정비업		
1. 제9조제2호부터 제6호(법인으로서 임원 중에 대한민국 국민이 아닌 사람이 있는 경우는 제외한다)까지의 어느 하나에 해당하는 자 2. 항공기정비업 등록의 취소처분을 받은 후 2년이 지나지 아니한 자. 다만, 제9조제2호에 해당하여 제43조제7항에 따라 항공기정비업 등록이 취소된 경우는 제외한다.		다. 해당 사업의 취급 예정 수량 및 그 산출근거와 예상 사업수지계산서 라. 필요한 자금 및 조달방법 마. 사용시설·설비 및 장비 개요 바. 종사자의 수 사. 사업 개시 예정일 3. 부동산을 사용할 수 있음을 증명하는 서류(타인의 부동산을 사용하는 경우만 해당한다) ② 지방항공청장은 제1항에 따른 등록신청서의 내용이 명확하지 아니하거나 첨부서류가 미비한 경우에는 7일 이내에 그 보완을 요구하여야 한다. ③ 지방항공청장은 제1항에 따라 등록신청을 받았을 때에는 법 제42조제2항에 따른 항공기정비업 등록요건을 충족하는지를 심사하여 신청내용이 적합하다고 인정되면 별지 제9호서식의 등록대장에 그 사실을 적고, 별지 제10호서식의 등록증을 발급하여야 한다. ④ 지방항공청장은 제3항에 따른 등록 신청 내용을 심사할 때 항공기정비업의 등록 신청인과 계약한 항공종사자, 항공운송사업자, 공항 또는 비행장 시설·설비의 소유자 등이 해당 계약을 이행할 수 있는지에 관하여 관계 행정기관 또는 단체의 의견을 들을 수 있다. ⑤ 제3항의 등록대장은 전자적 처리가 불가능한 특별한 사유가 없으면 전자적 처리가 가능한 방법으로 작성·관리하여야 한다.
제43조(항공기정비업에 대한 준용규정) ① 항공기정비업의 명의대여 등의 금지에 관하여는 제33조를 준용한다. ② 항공기정비업의 양도·양수에 관하여는 제34조를 준용한다. ③ 항공기정비업의 합병에 관하여는 제35조를 준용한다. ④ 항공기정비업의 상속에 관하여는 제36조를 준용한다. ⑤ 항공기정비업의 휴업 및 폐업에 관하여는 제37조 및 제38조를 준용한다. ⑥ 항공기정비업의 사업개선 명령에 관하여는 제39조(같은 조 제3호는 제외한다)를 준용한다. ⑦ 항공기정비업의 등록취소 또는 사업정지에 관하여는 제40조를 준용한다. 다만, 제40조제1항제4호(항공기정비업자가 제9조제1호에 해당하게 된 경우에 한정한다), 제4호의2, 제5호 및 제13호는 준용하지 아니한다.〈개정 2017. 1. 17.〉 ⑧ 항공기정비업에 대한 과징금의 부과에 관하여는 제41조를 준용한다. 이 경우 제41조제1항 중 "10억원"은 "3억원"으로 본다.		**제42조(항공기정비업 변경신고)** ① 법 제42조제1항 후단에서 "국토교통부령으로 정하는 사항"이란 다음 각 호의 사항을 말한다.〈개정 2017. 7. 18.〉 1. 자본금의 감소 2. 사업소의 신설 또는 변경 3. 대표자 변경 4. 대표자의 대표권 제한 및 그 제한의 변경 5. 상호의 변경 6. 사업 범위의 변경 ② 법 제42조제1항 후단에 따라 변경신고를 하려는 자는 그 변경 사유가 발생한 날부터 30일 이내에 별지 제13호서식의 변경신고서에 변경 사실을 증명할 수 있는 서류를 첨부하여 지방항공청장에게 제출하여야 한다.

항공사업법 [법률제16642호, 2019.11.26., 일부개정]	항공사업법시행령 [대통령령제30714호, 2020.5.26., 일부개정]	항공사업법시행규칙 [국토교통부령제732호, 2020.5.27., 일부개정]
제3장 항공기사용사업등		
제3절 항공기취급업		
제44조(항공기취급업의 등록) ① 항공기취급업을 경영하려는 자는 국토교통부령으로 정하는 바에 따라 신청서에 사업계획서와 그 밖에 국토교통부령으로 정하는 서류를 첨부하여 국토교통부장관에게 등록하여야 한다. 등록한 사항 중 국토교통부령으로 정하는 사항을 변경하려는 경우에는 국토교통부장관에게 신고하여야 한다. ② 제1항에 따른 항공기취급업을 등록하려는 자는 다음 각 호의 요건을 갖추어야 한다. 1. 자본금 또는 자산평가액이 3억원 이상으로서 대통령령으로 정하는 금액 이상일 것 2. 항공기 급유, 하역, 지상조업을 위한 장비 등이 대통령령으로 정하는 기준에 적합할 것 3. 그 밖에 사업 수행에 필요한 요건으로서 국토교통부령으로 정하는 요건을 갖출 것 ③ 다음 각 호의 어느 하나에 해당하는 자는 항공기취급업의 등록을 할 수 없다.〈개정 2017. 12. 26.〉 1. 제9조제2호부터 제6호(법인으로서 임원 중에 대한민국 국민이 아닌 사람이 있는 경우는 제외한다)까지의 어느 하나에 해당하는 자 2. 항공기취급업 등록의 취소처분을 받은 후 2년이 지나지 아니한 자. 다만, 제9조제2호에 해당하여 제45조제7항에 따라 항공기취급업 등록이 취소된 경우는 제외한다.	제21조(항공기취급업의 등록요건) 법 제44조제2항제1호 및 제2호에 따른 항공기취급업의 등록요건은 별표 7과 같다.	제43조(항공기취급업의 등록) ① 법 제44조에 따른 항공기취급업을 하려는 자는 별지 제26호서식의 등록신청서(전자문서로 된 신청서를 포함한다)에 다음 각 호의 서류(전자문서를 포함한다)를 첨부하여 지방항공청장에게 제출하여야 한다. 이 경우 지방항공청장은 「전자정부법」 제36조제1항에 따른 행정정보의 공동이용을 통하여 법인등기사항증명서(신청인이 법인인 경우만 해당한다) 및 부동산 등기사항증명서(타인의 부동산을 사용하는 경우는 제외한다)를 확인하여야 한다.〈개정 2019. 1. 3.〉 1. 해당 신청이 법 제44조제2항에 따른 등록요건을 충족함을 증명하거나 설명하는 서류 2. 다음 각 목의 사항을 포함하는 사업계획서 가. 자본금 나. 상호·대표자의 성명과 사업소의 명칭 및 소재지 다. 해당 사업의 취급 예정 수량 및 그 산출근거와 예상 사업수지계산서 라. 필요한 자금 및 조달방법 마. 사용시설·설비 및 장비 개요 바. 종사자의 수 사. 사업 개시 예정일 아. 도급(하도급을 포함한다)하려는 경우 해당 업무의 범위와 책임, 수급업체에 대한 관리감독에 관한 사항 3. 부동산을 사용할 수 있음을 증명하는 서류(타인의 부동산을 사용하는 경우만 해당한다) ② 지방항공청장은 제1항에 따른 등록신청서의 내용이 명확하지 아니하거나 첨부서류가 미비한 경우에는 7일 이내에 그 보완을 요구하여야 한다. ③ 지방항공청장은 제1항에 따라 등록 신청을 받았을 때에는 법 제44조제2항에 따른 항공기취급업 등록요건을 충족하는지를 심사하여 신청내용이 적합하다고 인정되면 별지 제9호서식의 등록대장에 그 사실을 적고, 별지 제10호서식의 등록증을 발급하여야 한다. ④ 지방항공청장은 제3항에 따른 등록 신청 내용을 심사할 때 항공기취급업의 등록 신청인과 계약한 항공종사자, 항공운송사업자, 공항 또는 비행장 시설·설비의 소유자 등이 그 계약을 이행할 수 있는지에 관하여 관계 행정기관 또는 단체의 의견을 들을 수 있다. ⑤ 제3항의 등록대장은 전자적 처리가 불가능한 특별한 사유가 없으면 전자적 처리가 가능한 방법으로 작성·관리하여야 한다.

항공사업법 [법률제16642호, 2019.11.26., 일부개정]	항공사업법시행령 [대통령령제30714호, 2020.5.26., 일부개정]	항공사업법시행규칙 [국토교통부령제732호, 2020.5.27., 일부개정]
제3장 항공기사용사업등		
제3절 항공기취급업		
		제44조(항공기취급업 변경신고) ① 법 제44조제1항 후단에서 "국토교통부령으로 정하는 사항"이란 다음 각 호의 사항을 말한다.〈개정 2017. 7. 18., 2019. 1. 3.〉 1. 자본금의 감소 2. 사업소의 신설 또는 변경 3. 대표자 변경 4. 대표자의 대표권 제한 및 그 제한의 변경 5. 상호의 변경 6. 사업 범위의 변경 7. 도급(하도급을 포함한다)에 관한 사항의 변경 ② 법 제44조제1항 후단에 따라 변경신고를 하려는 자는 그 변경 사유가 발생한 날부터 30일 이내에 별지 제13호서식의 변경신고서에 그 변경 사실을 증명할 수 있는 서류를 첨부하여 지방항공청장에게 제출하여야 한다.
제45조(항공기취급업에 대한 준용규정) ① 항공기취급업의 명의대여 등의 금지에 관하여는 제33조를 준용한다. ② 항공기취급업의 양도·양수에 관하여는 제34조를 준용한다. ③ 항공기취급업의 합병에 관하여는 제35조를 준용한다. ④ 항공기취급업의 상속에 관하여는 제36조를 준용한다. ⑤ 항공기취급업의 휴업 및 폐업에 관하여는 제37조 및 제38조를 준용한다. ⑥ 항공기취급업의 사업개선 명령에 관하여는 제39조(같은 조 제3호는 제외한다)를 준용한다. ⑦ 항공기취급업의 등록취소 또는 사업정지에 관하여는 제40조를 준용한다. 다만, 제40조제1항제4호(항공기취급업자가 제9조제1호에 해당하게 된 경우에 한정한다), 제4호의2, 제5호 및 제13호는 준용하지 아니한다.〈개정 2017. 1. 17.〉 ⑧ 항공기취급업에 대한 과징금의 부과에 관하여는 제41조를 준용한다. 이 경우 제41조제1항 중 "10억원"은 "3억원"으로 본다.		

항공사업법 [법률제16642호, 2019.11.26., 일부개정]	항공사업법시행령 [대통령령제30714호, 2020.5.26., 일부개정]	항공사업법시행규칙 [국토교통부령제732호, 2020.5.27., 일부개정]
제3장 항공기사용사업등		
제4절 항공기대여업		
제46조(항공기대여업의 등록) ① 항공기대여업을 경영하려는 자는 국토교통부령으로 정하는 바에 따라 신청서에 사업계획서와 그 밖에 국토교통부령으로 정하는 서류를 첨부하여 국토교통부장관에게 등록하여야 한다. 등록한 사항 중 국토교통부령으로 정하는 사항을 변경하려는 경우에는 국토교통부장관에게 신고하여야 한다. ② 제1항에 따른 항공기대여업을 등록하려는 자는 다음 각 호의 요건을 갖추어야 한다. 1. 자본금 또는 자산평가액이 3천만원 이상으로서 대통령령으로 정하는 금액 이상일 것 2. 항공기, 경량항공기 또는 초경량비행장치 1대 이상 등 대통령령으로 정하는 기준에 적합할 것 3. 그 밖에 사업 수행에 필요한 요건으로서 국토교통부령으로 정하는 요건을 갖출 것 ③ 다음 각 호의 어느 하나에 해당하는 자는 항공기대여업의 등록을 할 수 없다.〈개정 2017. 12. 26.〉 1. 제9조 각 호의 어느 하나에 해당하는 자 2. 항공기대여업 등록의 취소처분을 받은 후 2년이 지나지 아니한 자. 다만, 제9조제2호에 해당하여 제47조제8항에 따라 항공기대여업 등록이 취소된 경우는 제외한다.	**제22조(항공기대여업의 등록요건)** 법 제46조제2항제1호 및 제2호에 따른 항공기대여업의 등록요건은 별표 8과 같다.	**제45조(항공기대여업의 등록신청)** ① 법 제46조에 따른 항공기대여업을 하려는 자는 별지 제26호서식의 등록신청서(전자문서로 된 신청서를 포함한다)에 다음 각 호의 서류(전자문서를 포함한다)를 첨부하여 지방항공청장에게 제출하여야 한다. 이 경우 지방항공청장은 「전자정부법」 제36조제1항에 따른 행정정보의 공동이용을 통하여 법인 등기사항증명서(신청인이 법인인 경우만 해당한다) 및 부동산 등기사항증명서(타인의 부동산을 사용하는 경우는 제외한다)를 확인하여야 한다. 1. 해당 신청이 법 제46조제2항에 따른 등록요건을 충족함을 증명하거나 설명하는 서류 2. 다음 각 목의 사항을 포함하는 사업계획서 가. 자본금 나. 상호·대표자의 성명과 사업소의 명칭 및 소재지 다. 예상 사업수지계산서 라. 재원 조달방법 마. 사용 시설·설비 및 장비 개요 바. 종사자 인력의 개요 사. 사업 개시 예정일 3. 부동산을 사용할 수 있음을 증명하는 서류(타인의 부동산을 사용하는 경우만 해당한다) ② 지방항공청장은 제1항에 따른 등록신청서의 내용이 명확하지 아니하거나 첨부서류가 미비한 경우에는 7일 이내에 보완을 요구하여야 한다. ③ 지방항공청장은 제1항에 따라 등록신청을 받았을 때에는 법 제46조제2항에 따른 항공기대여업의 등록요건을 충족하는지를 심사하여 신청내용이 적합하다고 인정되면 별지 제9호서식의 등록대장에 그 사실을 적고, 별지 제10호서식의 등록증을 발급하여야 한다. ④ 지방항공청장은 제3항에 따른 등록 신청 내용을 심사할 때 항공기대여업의 등록 신청인과 계약한 항공종사자, 항공운송사업자, 공항, 비행장 또는 이착륙장 시설·설비의 소유자 등이 그 계약을 이행할 수 있는지에 관하여 관계 행정기관 또는 단체의 의견을 들을 수 있다. ⑤ 제3항의 등록대장은 전자적 처리가 불가능한 특별한 사유가 없으면 전자적 처리가 가능한 방법으로 작성·관리하여야 한다.
		제46조(항공기대여업 변경신고) ① 법 제46조제1항 후단에서 "국토교통부령으로 정하는 사항"이란 다음 각 호의 사항을 말한다. 〈개정 2017. 7. 18.〉 1. 자본금의 감소 2. 사업소의 신설 또는 변경

항공사업법 [법률제16642호, 2019.11.26., 일부개정]	항공사업법시행령 [대통령령제30714호, 2020.5.26., 일부개정]	항공사업법시행규칙 [국토교통부령제732호, 2020.5.27., 일부개정]
제3장 항공기사용사업등		
제4절 항공기대여업		
		3. 대표자 변경 4. 대표자의 대표권 제한 및 그 제한의 변경 5. 상호의 변경 6. 사업 범위의 변경 ② 법 제46조제1항 후단에 따라 변경신고를 하려는 자는 변경 사유가 발생한 날부터 30일 이내에 별지 제13호서식의 변경신고서에 변경 사실을 증명할 수 있는 서류를 첨부하여 지방항공청장에게 제출하여야 한다.
제47조(항공기대여업에 대한 준용규정) ① 항공기대여업의 사업계획에 관하여는 제32조를 준용한다. ② 항공기대여업의 명의대여 등의 금지에 관하여는 제33조를 준용한다. ③ 항공기대여업의 양도·양수에 관하여는 제34조를 준용한다. ④ 항공기대여업의 합병에 관하여는 제35조를 준용한다. ⑤ 항공기대여업의 상속에 관하여는 제36조를 준용한다. ⑥ 항공기대여업의 휴업 및 폐업에 관하여는 제37조 및 제38조를 준용한다. ⑦ 항공기대여업의 사업개선 명령에 관하여는 제39조를 준용한다. 이 경우 제39조제2호 중 "항공기"는 "항공기·경량항공기·초경량비행장치"로, 같은 조 제3호 중 "「항공안전법」 제2조제6호에 따른 항공기사고"는 "「항공안전법」 제2조제6호부터 제8호까지에 따른 항공기사고·경량항공기사고·초경량비행장치사고"로 본다. ⑧ 항공기대여업의 등록취소 또는 사업정지에 관하여는 제40조(같은 조 제1항제4호의2·제13호는 제외한다)를 준용한다.〈개정 2017. 1. 17.〉 ⑨ 항공기대여업에 대한 과징금의 부과에 관하여는 제41조를 준용한다. 이 경우 제41조제1항 중 "10억원"은 "3억원"으로 본다.		

항공사업법 [법률제16642호, 2019.11.26., 일부개정]	항공사업법시행령 [대통령령제30714호, 2020.5.26., 일부개정]	항공사업법시행규칙 [국토교통부령제732호, 2020.5.27., 일부개정]
제3장 항공기사용사업등		
제5절 초경량비행장치사용사업		
제48조(초경량비행장치사용사업의 등록) ① 초경량비행장치사용사업을 경영하려는 자는 국토교통부령으로 정하는 바에 따라 신청서에 사업계획서와 그 밖에 국토교통부령으로 정하는 서류를 첨부하여 국토교통부장관에게 등록하여야 한다. 등록한 사항 중 국토교통부령으로 정하는 사항을 변경하려는 경우에는 국토교통부장관에게 신고하여야 한다. ② 제1항에 따른 초경량비행장치사용사업을 등록하려는 자는 다음 각 호의 요건을 갖추어야 한다.〈개정 2016. 12. 2.〉 1. 자본금 또는 자산평가액이 3천만원 이상으로서 대통령령으로 정하는 금액 이상일 것. 다만, 최대이륙중량이 25킬로그램 이하인 무인비행장치만을 사용하여 초경량비행장치사용사업을 하려는 경우는 제외한다. 2. 초경량비행장치 1대 이상 등 대통령령으로 정하는 기준에 적합할 것 3. 그 밖에 사업 수행에 필요한 요건으로서 국토교통부령으로 정하는 요건을 갖출 것 ③ 다음 각 호의 어느 하나에 해당하는 자는 초경량비행장치사용사업의 등록을 할 수 없다.〈개정 2017. 12. 26.〉 1. 제9조 각 호의 어느 하나에 해당하는 자 2. 초경량비행장치사용사업 등록의 취소처분을 받은 후 2년이 지나지 아니한 자. 다만, 제9조제2호에 해당하여 제49조제8항에 따라 초경량비행장치사용사업 등록이 취소된 경우는 제외한다.	**제23조(초경량비행장치사용사업의 등록요건)** 법 제48조제2항제1호 본문 및 같은 항 제2호에 따른 초경량비행장치사용사업의 등록요건은 별표 9와 같다.	**제47조(초경량비행장치사용사업의 등록)** ① 법 제48조에 따른 초경량비행장치사용사업을 하려는 자는 별지 제26호서식의 등록신청서(전자문서로 된 신청서를 포함한다)에 다음 각 호의 서류(전자문서를 포함한다)를 첨부하여 지방항공청장에게 제출하여야 한다. 이 경우 지방항공청장은 「전자정부법」 제36조제1항에 따른 행정정보의 공동이용을 통하여 법인 등기사항증명서(신청인이 법인인 경우만 해당한다)와 부동산 등기사항증명서(타인의 부동산을 사용하는 경우는 제외한다)를 확인하여야 한다. 1. 해당 신청이 법 제48조제2항에 따른 등록요건을 충족함을 증명하거나 설명하는 서류 1부 2. 다음 각 목의 사항을 포함하는 사업계획서 가. 사업목적 및 범위 나. 초경량비행장치의 안전성 점검 계획 및 사고 대응 매뉴얼 등을 포함한 안전관리대책 다. 자본금 라. 상호·대표자의 성명과 사업소의 명칭 및 소재지 마. 사용시설·설비 및 장비 개요 바. 종사자 인력의 개요 사. 사업 개시 예정일 3. 부동산을 사용할 수 있음을 증명하는 서류(타인의 부동산을 사용하는 경우만 해당한다) ② 지방항공청장은 제1항에 따른 등록신청서의 내용이 명확하지 아니하거나 첨부서류가 미비한 경우에는 7일 이내에 보완을 요구하여야 한다. ③ 지방항공청장은 제1항에 따라 등록신청을 받았을 때에는 법 제48조제2항에 따른 초경량비행장치사용사업 등록요건을 충족하는지를 심사하여 신청내용이 적합하다고 인정되면 별지 제9호서식의 등록대장에 그 사실을 적고, 별지 제10호서식의 등록증을 발급하여야 한다. ④ 지방항공청장은 제3항에 따른 등록 신청 내용을 심사할 때 초경량비행장치사용사업의 등록 신청인과 계약한 이착륙장 시설·설비의 소유자 등이 해당 계약을 이행할 수 있는지에 관하여 관계 행정기관 또는 단체의 의견을 들을 수 있다. ⑤ 제3항의 등록대장은 전자적 처리가 불가능한 특별한 사유가 없으면 전자적 처리가 가능한 방법으로 작성·관리하여야 한다.
		제48조(초경량비행장치사용사업 변경신고) ① 법 제48조제1항 후단에서 "국토교통부령으로 정하는 사항"이란 다음 각 호의 사항을 말한다.〈개정 2017. 7. 18.〉

항공사업법 [법률제16642호, 2019.11.26., 일부개정]	항공사업법시행령 [대통령령제30714호, 2020.5.26., 일부개정]	항공사업법시행규칙 [국토교통부령제732호, 2020.5.27., 일부개정]
제3장 항공기사용사업등		
제5절 초경량비행장치사용사업		
		1. 자본금의 감소 2. 사업소의 신설 또는 변경 3. 대표자 변경 4. 대표자의 대표권 제한 및 그 제한의 변경 5. 상호의 변경 6. 사업 범위의 변경 ② 법 제48조제1항 후단에 따라 변경신고를 하려는 자는 변경 사유가 발생한 날부터 30일 이내에 별지 제13호서식의 변경신고서에 변경 사실을 증명할 수 있는 서류를 첨부하여 지방항공청장에게 제출하여야 한다.
제49조(초경량비행장치사용사업에 대한 준용규정) ① 초경량비행장치사용사업의 사업계획에 관하여는 제32조를 준용한다. ② 초경량비행장치사용사업의 명의대여 등의 금지에 관하여는 제33조를 준용한다. ③ 초경량비행장치사용사업의 양도·양수에 관하여는 제34조를 준용한다. ④ 초경량비행장치사용사업의 합병에 관하여는 제35조를 준용한다. ⑤ 초경량비행장치사용사업의 상속에 관하여는 제36조를 준용한다. ⑥ 초경량비행장치사용사업의 휴업 및 폐업에 관하여는 제37조 및 제38조를 준용한다. ⑦ 초경량비행장치사용사업의 사업개선명령에 관하여는 제39조를 준용한다. 이 경우 제39조제2호 중 "항공기"는 "초경량비행장치"로, 같은 조 제3호 중 "「항공안전법」 제2조제6호에 따른 항공기사고"는 "「항공안전법」 제2조제8호에 따른 초경량비행장치사고"로 본다. ⑧ 초경량비행장치사용사업의 등록취소 또는 사업정지에 관하여는 제40조(같은 조 제1항제4호의2·제13호는 제외한다)를 준용한다.〈개정 2017. 1. 17.〉 ⑨ 초경량비행장치사용사업에 대한 과징금의 부과에 관하여는 제41조를 준용한다. 이 경우 제41조제1항 중 "10억원"은 "3천만원"으로 본다.		

항공사업법 [법률제16642호, 2019.11.26., 일부개정]	항공사업법시행령 [대통령령제30714호, 2020.5.26., 일부개정]	항공사업법시행규칙 [국토교통부령제732호, 2020.5.27., 일부개정]
제3장 항공기사용사업등		
제6절 항공레저스포츠사업		
제50조(항공레저스포츠사업의 등록) ① 항공레저스포츠사업을 경영하려는 자는 국토교통부령으로 정하는 바에 따라 국토교통부장관에게 등록하여야 한다. 등록한 사항 중 국토교통부령으로 정하는 사항을 변경하려는 경우에는 국토교통부장관에게 신고하여야 한다. ② 제1항에 따른 항공레저스포츠사업을 등록하려는 자는 다음 각 호의 요건을 갖추어야 한다. 1. 자본금 또는 자산평가액이 3천만원 이상으로서 대통령령으로 정하는 금액 이상일 것 2. 항공기, 경량항공기 또는 초경량비행장치 1대 이상 등 대통령령으로 정하는 기준에 적합할 것 3. 그 밖에 사업 수행에 필요한 요건으로서 국토교통부령으로 정하는 요건을 갖출 것 ③ 다음 각 호의 어느 하나에 해당하는 자는 항공레저스포츠사업의 등록을 할 수 없다.〈개정 2017. 12. 26.〉 1. 제9조 각 호의 어느 하나에 해당하는 자 2. 항공기취급업, 항공기정비업, 또는 항공레저스포츠사업(제2조제26호 각 목의 사업 중 해당하는 사업의 경우에 한정한다) 등록의 취소처분을 받은 후 2년이 지나지 아니한 자. 다만, 제9조제2호에 해당하여 제43조제7항, 제45조제7항 또는 제51조제7항에 따라 등록이 취소된 경우는 제외한다. ④ 항공레저스포츠사업이 다음 각 호의 어느 하나에 해당하는 경우 국토교통부장관은 항공레저스포츠사업 등록을 제한할 수 있다. 1. 항공레저스포츠 활동의 안전사고 우려 및 이용자들에게 심한 불편을 주거나 공익을 해칠 우려가 있는 경우 2. 인구밀집지역, 사생활 침해, 교통, 소음 및 주변환경 등을 고려할 때 영업행위가 부적합하다고 인정하는 경우 3. 그 밖에 항공안전 및 사고예방 등을 위하여 국토교통부장관이 항공레저스포츠사업의 등록제한이 필요하다고 인정하는 경우	제24조(항공레저스포츠사업의 등록요건) 법 제50조제2항제1호 및 제2호에 따른 항공레저스포츠사업의 등록요건은 별표 10과 같다.	제49조(항공레저스포츠사업의 등록) ① 법 제50조제1항에 따라 항공레저스포츠사업을 등록하려는 자는 별지 제26호서식의 등록신청서(전자문서로 된 신청서를 포함한다)에 다음 각 호의 서류(전자문서를 포함한다)를 첨부하여 지방항공청장에게 제출하여야 한다. 이 경우 지방항공청장은 「전자정부법」 제36조제1항에 따른 행정정보의 공동이용을 통하여 법인 등기사항증명서(신청인이 법인인 경우만 해당한다)와 부동산 등기사항증명서(타인의 부동산을 사용하는 경우는 제외한다)를 확인하여야 한다. 1. 해당 신청이 법 제50조제2항에 따른 등록요건을 충족함을 증명하거나 설명하는 서류 2. 다음 각 목의 사항을 포함하는 사업계획서 가. 자본금 나. 상호·대표자의 성명과 사업소의 명칭 및 소재지 다. 해당 사업의 항공기 등 수량 및 그 산출근거와 예상 사업수지계산서 라. 재원 조달방법 마. 사용 시설·설비, 장비 및 이용자 편의시설 개요 바. 종사자 인력의 개요 사. 사업 개시 예정일 아. 영업구역 범위 및 영업시간 자. 탑승료·대여료 등 이용요금 차. 항공레저 활동의 안전 및 이용자 편의를 위한 안전 관리대책(항공레저시설 관리 및 점검계획, 안전 수칙·교육·점검계획, 사고발생 시 비상연락체계, 탑승자 기록관리, 기상상태 현황 등) 3. 사업시설 부지 등 부동산을 사용할 수 있음을 증명하는 서류(타인의 부동산을 사용하는 경우만 해당한다) ② 지방항공청장은 제1항에 따른 등록신청서의 내용이 명확하지 아니하거나 첨부서류가 미비한 경우에는 7일 이내에 그 보완을 요구하여야 한다. ③ 지방항공청장은 제1항에 따라 등록 신청을 받았을 때에는 법 제50조제2항에 따른 항공레저스포츠사업 등록요건을 충족하는지를 심사하여 신청내용이 적합하다고 인정되면 별지 제9호서식의 등록대장에 그 사실을 적고, 별지 제10호서식의 등록증을 발급하여야 한다.〈개정 2019. 1. 3.〉 ④ 지방항공청장은 제3항에 따른 등록 신청 내용을 심사할 때 항공레저스포츠사업의 등록 신청인과 계약한 공항, 비행장, 이착륙장 시설·설비의 소유자 등이 해당 계약을 이행할 수 있는지에 관하여 관계 행정기관 또는 단체의 의견을 들을 수 있다.

항공사업법 [법률제16642호, 2019.11.26., 일부개정]	항공사업법시행령 [대통령령제30714호, 2020.5.26., 일부개정]	항공사업법시행규칙 [국토교통부령제732호, 2020.5.27., 일부개정]
제3장 항공기사용사업등		
제6절 항공레저스포츠사업		
		⑤ 제3항의 등록대장은 전자적 처리가 불가능한 특별한 사유가 없으면 전자적 처리가 가능한 방법으로 작성·관리하여야 한다.
		제50조(항공레저스포츠사업의 등록기준상의 경량항공기) 영 별표 10 제1호나목2) 및 같은 표 제2호나목2)에서 "국토교통부령으로 정하는 안전성인증 등급을 받은 경량항공기"란 「항공안전법」 제108조제2항 및 「항공안전법 시행규칙」 제284조제5항제1호에 따른 제1종 등급을 받은 경량항공기를 말한다.
제51조(항공레저스포츠사업에 대한 준용규정) ① 항공레저스포츠사업의 명의대여 등의 금지에 관하여는 제33조를 준용한다. ② 항공레저스포츠사업의 양도·양수에 관하여는 제34조를 준용한다. ③ 항공레저스포츠사업의 합병에 관하여는 제35조를 준용한다. ④ 항공레저스포츠사업의 상속에 관하여는 제36조를 준용한다. ⑤ 항공레저스포츠사업의 휴업 및 폐업에 관하여는 제37조 및 제38조를 준용한다. ⑥ 항공레저스포츠사업의 사업개선 명령에 관하여는 제39조를 준용한다. 이 경우 제39조제2호 중 "항공기"는 "항공기·경량항공기·초경량비행장치"로, 같은 조 제3호 중 "「항공안전법」 제2조제6호에 따른 항공기사고"는 "「항공안전법」 제2조제6호부터 제8호까지에 따른 항공기사고·경량항공기사고·초경량비행장치사고"로 본다. ⑦ 항공레저스포츠사업의 등록취소 또는 사업정지에 관하여는 제40조(같은 조 제1항제4호의2·제5호 및 제13호는 제외한다)를 준용한다.〈개정 2017. 1. 17.〉 ⑧ 항공레저스포츠사업에 대한 과징금의 부과에 관하여는 제41조를 준용한다. 이 경우 제41조제1항 중 "10억원"은 "3억원"으로 본다.		**제51조(항공레저스포츠사업의 변경신고)** ① 법 제50조제1항 후단에서 "국토교통부령으로 정하는 사항"이란 다음 각 호의 사항을 말한다.〈개정 2017. 7. 18.〉 1. 자본금의 감소 2. 사업소의 신설 또는 변경 3. 대표자 변경 4. 대표자의 대표권 제한 및 그 제한의 변경 5. 상호의 변경 6. 사업 범위의 변경 ② 법 제50조제1항 후단에 따라 변경신고를 하려는 자는 변경 사유가 발생한 날부터 30일 이내에 별지 제13호서식의 변경신고서에 변경 사실을 증명할 수 있는 서류를 첨부하여 지방항공청장에게 제출하여야 한다.

항공사업법 [법률제16642호, 2019.11.26., 일부개정]	항공사업법시행령 [대통령령제30714호, 2020.5.26., 일부개정]	항공사업법시행규칙 [국토교통부령제732호, 2020.5.27., 일부개정]
제3장 항공기사용사업등		
제7절 상업서류송달업 등		
제52조(상업서류송달업 등의 신고) ① 상업서류송달업, 항공운송총대리점업 및 도심공항터미널업(이하 "상업서류송달업등"이라 한다)을 경영하려는 자는 국토교통부령으로 정하는 바에 따라 국토교통부장관에게 신고하여야 한다. 신고한 사항을 변경하려는 경우에도 또한 같다. ② 제1항에 따른 신고를 하려는 자는 국토교통부령으로 정하는 바에 따라 해당 신고서에 사업계획서와 그 밖에 국토교통부령으로 정하는 서류를 첨부하여 국토교통부장관에게 제출하여야 한다.		**제52조(상업서류송달업의 신고 및 변경신고)** ① 법 제52조제1항 전단에 따라 상업서류송달업을 하려는 자는 별지 제27호서식의 신고서에 다음 각 호의 서류를 첨부하여 지방항공청장에게 제출하여야 한다. 이 경우 담당 공무원은 「전자정부법」 제36조제1항에 따른 행정정보의 공동이용을 통하여 법인 등기사항증명서(신고인이 법인인 경우만 해당한다) 또는 사업자등록증명을 확인하여야 한다. 1. 사업계획서 2. 예상 사업수지계산서 3. 외국의 상업서류 송달업체로서 50개 이상의 대리점망을 가진 상업서류 송달업체와의 계약 체결 또는 2개 대륙 6개국 이상에서의 해외지사 설치를 증명하는 서류 ② 법 제52조제1항 후단에 따라 상호·소재지 또는 대표자나 외국업체와 체결한 계약을 변경하려는 자는 그 사유가 발생한 날부터 60일 이내에 별지 제27호서식의 신고서에 변경 사실을 증명할 수 있는 서류를 첨부하여 지방항공청장에게 신고하여야 한다. ③ 지방항공청장은 제1항과 제2항에 따른 신고를 받으면 별지 제28호서식의 신고대장에 그 내용을 적고, 별지 제29호서식의 신고증명서를 발급하여야 한다. ④ 제3항의 신고대장은 전자적 처리가 불가능한 특별한 사유가 없으면 전자적 처리가 가능한 방법으로 작성·관리하여야 한다.
		제53조(항공운송총대리점업의 신고 및 변경신고) ① 법 제52조제1항 전단에 따라 항공운송총대리점업을 하려는 자는 별지 제27호서식의 신고서에 다음 각 호의 서류를 첨부하여 지방항공청장에게 제출하여야 한다. 이 경우 담당 공무원은 「전자정부법」 제36조제1항에 따른 행정정보의 공동이용을 통하여 법인 등기사항증명서(신고인이 법인인 경우만 해당한다)를 확인하여야 한다. 1. 사업계획서 2. 항공운송사업자와 체결한 계약서 3. 예상 사업수지계산서 ② 법 제52조제1항 후단에 따라 상호·소재지 및 대표자를 변경하려는 자는 그 사유가 발생한 날부터 30일 이내에 별지 제27호서식의 신고서에 변경 사실을 증명할 수 있는 서류를 첨부하여 지방항공청장에게 신고하여야 한다. ③ 지방항공청장은 제1항과 제2항에 따른 신고를 받으면 별지 제28호서식의 신고대장에 그 내용을 적고, 별지 제29호서식의 신고증명서를 발급하여야 한다.

항공사업법 [법률제16642호, 2019.11.26., 일부개정]	항공사업법시행령 [대통령령제30714호, 2020.5.26., 일부개정]	항공사업법시행규칙 [국토교통부령제732호, 2020.5.27., 일부개정]
제3장 항공기사용사업등		
제7절 상업서류송달업 등		
제53조(상업서류송달업등에 대한 준용규정) ① 항공운송총대리점업의 운송약관 등의 비치 및 과징금에 대하여는 제28조(같은 조 제1항제18호만 해당한다), 제29조를 준용한다. 이 경우 제28조제1항 각 호 외의 부분 본문 및 단서 중 "면허 또는 등록을 취소"는 "영업소를 폐쇄"로, 제29조제1항 본문 중 "50억원"은 "3억원"으로 본다.〈개정 2019. 11. 26.〉 ② 상업서류송달업등의 명의대여 등의 금지에 관하여는 제33조를 준용한다. 이 경우 "등록증"은 "신고증명서"로 본다. ③ 상업서류송달업등의 양도·양수에 관하여는 제34조를 준용한다. ④ 상업서류송달업등의 합병에 관하여는 제35조를 준용한다. ⑤ 상업서류송달업등의 상속에 관하여는 제36조를 준용한다. ⑥ 상업서류송달업등의 휴업 및 폐업에 관하여는 제37조 및 제38조를 준용한다. ⑦ 상업서류송달업등의 사업개선 명령에 관하여는 제39조(같은 조 제3호는 제외한다)를 준용한다. ⑧ 상업서류송달업등의 영업소의 폐쇄 또는 사업정지에 관하여는 제40조(같은 조 제1항제3호·제4호·제4호의2·제12호 및 제13호는 제외한다)를 준용한다. 이 경우 제40조제1항 각 호 외의 부분 본문 및 단서 중 "등록을 취소"는 "영업소를 폐쇄"로 본다.〈개정 2017. 1. 17.〉 ⑨ 상업서류송달업등에 대한 과징금의 부과에 관하여는 제41조를 준용한다. 이 경우 제41조제1항 중 "10억원"은 "3억원"으로 본다.		④ 제3항의 신고대장은 전자적 처리가 불가능한 특별한 사유가 없으면 전자적 처리가 가능한 방법으로 작성·관리하여야 한다. **제54조(도심공항터미널업의 신고 및 변경신고)** ① 법 제52조제1항 전단에 따라 도심공항터미널업을 하려는 자는 별지 제27호서식의 신고서에 다음 각 호의 서류를 첨부하여 지방항공청장에게 제출하여야 한다. 이 경우 담당 공무원은 「전자정부법」 제36조제1항에 따른 행정정보의 공동이용을 통하여 법인 등기사항증명서(신고인이 법인인 경우만 해당한다)를 확인하여야 한다. 1. 사업계획서 2. 도심공항터미널시설 명세서 3. 국제항공운송사업자와 체결한 계약서 4. 예상 사업수지계산서 5. 공항과 도심공항터미널을 왕래하는 교통수단의 확보에 관한 서류 ② 법 제52조제1항 후단에 따라 상호·소재지 및 대표자를 변경하려는 자는 그 사유가 발생한 날부터 30일 이내에 별지 제27호서식의 신고서에 변경 사실을 증명할 수 있는 서류를 첨부하여 지방항공청장자에게 제출하여야 한다. ③ 지방항공청장은 제1항과 제2항에 따른 신고를 받으면 별지 제28호서식의 신고대장에 그 내용을 적고, 별지 제29호서식의 신고증명서를 발급하여야 한다. ④ 제3항의 신고대장은 전자적 처리가 불가능한 특별한 사유가 없으면 전자적 처리가 가능한 방법으로 작성·관리하여야 한다.

항공사업법 [법률제16642호, 2019.11.26., 일부개정]	항공사업법시행령 [대통령령제30714호, 2020.5.26., 일부개정]	항공사업법시행규칙 [국토교통부령제732호, 2020.5.27., 일부개정]
제4장 외국인 국제항공운송사업		
제54조(외국인 국제항공운송사업의 허가) ① 제7조제1항 및 제10조제1항에도 불구하고 다음 각 호의 어느 하나에 해당하는 자는 국토교통부장관의 허가를 받아 타인의 수요에 맞추어 유상으로 「항공안전법」 제100조제1항 각 호의 어느 하나에 해당하는 항행(이러한 항행과 관련하여 행하는 대한민국 각 지역 간의 항행을 포함한다)을 하여 여객 또는 화물을 운송하는 사업을 할 수 있다. 이 경우 국토교통부장관은 국내항공운송사업의 국제항공 발전에 지장을 초래하지 아니하는 범위에서 운항 횟수 및 사용 항공기의 기종(機種)을 제한하여 사업을 허가할 수 있다. 1. 대한민국 국민이 아닌 사람 2. 외국정부 또는 외국의 공공단체 3. 외국의 법인 또는 단체 4. 제1호부터 제3호까지의 어느 하나에 해당하는 자가 주식이나 지분의 2분의 1 이상을 소유하거나 그 사업을 사실상 지배하는 법인. 다만, 우리나라가 해당 국가(국가연합 또는 경제공동체를 포함한다)와 체결한 항공협정에서 달리 정한 경우에는 그 항공협정에 따른다. 5. 외국인이 법인등기사항증명서상의 대표자이거나 외국인이 법인등기사항증명서상 임원 수의 2분의 1 이상을 차지하는 법인. 다만, 우리나라가 해당 국가(국가연합 또는 경제공동체를 포함한다)와 체결한 항공협정에서 달리 정한 경우에는 그 항공협정에 따른다. ② 제1항에 따른 허가기준은 다음 각 호와 같다. 1. 우리나라와 체결한 항공협정에 따라 해당 국가로부터 국제항공운송사업자로 지정받은 자일 것 2. 운항의 안전성이 「국제민간항공협약」 및 같은 협약의 부속서에서 정한 표준과 방식에 부합하여 「항공안전법」 제103조제1항에 따른 운항증명승인을 받았을 것 3. 항공운송사업의 내용이 우리나라가 해당 국가와 체결한 항공협정에 적합할 것 4. 국제 여객 및 화물의 원활한 운송을 목적으로 할 것 ③ 제1항에 따른 허가를 받으려는 자는 국토교통부령으로 정하는 바에 따라 신청서에 사업계획서와 그 밖에 국토교통부령으로 정하는 서류를 첨부하여 운항개시예정일 60일 전까지 국토교통부장관에게 제출하여야 한다.		**제55조(외국인 국제항공운송사업의 허가 신청)** 법 제54조에 따라 외국인 국제항공운송사업을 하려는 자는 운항개시예정일 60일 전까지 별지 제30호서식의 신청서(전자문서로 된 신청서를 포함한다)에 다음 각 호의 서류(전자문서를 포함한다)를 첨부하여 국토교통부장관에게 제출해야 한다. 1. 자본금과 그 출자자의 국적별 및 국가·공공단체·법인·개인별 출자액의 비율에 관한 명세서 2. 신청인이 신청 당시 경영하고 있는 항공운송사업의 개요를 적은 서류(항공운송사업을 경영하고 있는 경우만 해당한다) 3. 다음 각 목의 사항을 포함한 사업계획서 가. 노선의 기점·기항지 및 종점과 각 지점 간의 거리 나. 사용 예정 항공기의 수, 각 항공기의 등록부호·형식 및 식별부호, 사용 예정 항공기의 등록·감항·소음·보험 증명서 다. 운항 횟수 및 출발·도착 일시 라. 정비시설 및 운항관리시설의 개요 4. 신청인이 해당 노선에 대하여 본국에서 받은 항공운송사업 면허증 사본 또는 이를 갈음하는 서류 5. 법인의 정관 및 그 번역문(법인인 경우만 해당한다) 6. 최근의 손익계산서와 재무상태표 7. 운송약관 및 그 번역문 8. 「항공안전법 시행규칙」 제279조제1항 각 목의 제출서류 9. 「항공보안법」 제10조제2항에 따른 자체 보안계획서 10. 그 밖에 국토교통부장관이 정하는 사항
제55조(외국항공기의 유상운송) ① 외국 국적을 가진 항공기(외국인 국제항공운송사업자가 해당 사업에 사용하는 항공기는 제외한다)의 사용자는 「항공인진법」 제100조제1항제1호 또는 제2호에 따른 항행(이러한 항행과 관련하여 행하는 국내 각 지역 간의 항행을 포함한다)을 할 때 국내에 도착하거나 국내에서 출발하는 여객 또는 화물의 유상운송을 하는 경우에는 국토교통부령으로 정하는 바에 따라 국토교통부장관의 허가를 받아야 한다.		**제56조(외국항공기의 유상운송허가 신청)** 법 제55조에 따라 외국 국적을 가진 항공기를 사용하여 유상운송을 하려는 자는 운송 예정일 10일 전까지(국내 및 국외의 재난으로 인한 물자·인력의 수송, 국가행사 지원, 긴급수출품 운송 등의 경우에는 운송개시 전까지로 한다) 별지 제31호서식의 신청서에 다음 각 호의 사항을 적은 운항 내용을 첨부하여 국토교통부장관 또는 지방항공청장에게 제출하여야 한다.

항공사업법 [법률제16642호, 2019.11.26., 일부개정]	항공사업법시행령 [대통령령제30714호, 2020.5.26., 일부개정]	항공사업법시행규칙 [국토교통부령제732호, 2020.5.27., 일부개정]
제4장 외국인 국제항공운송사업		
② 제1항에 따른 허가기준은 다음 각 호와 같다. 1. 우리나라가 해당 국가와 체결한 항공협정에 따른 정기편 운항을 보완하는 것일 것 2. 운항의 안전성이 「국제민간항공협약」 및 같은 협약의 부속서에서 정한 표준과 방식에 부합할 것 3. 건전한 시장질서를 해치지 아니할 것 4. 국제 여객 및 화물의 원활한 운송을 목적으로 할 것		1. 항공기의 국적·등록부호·형식 및 식별부호 2. 기항지를 포함한 항행의 경로·일시 및 유상운송 구간 3. 해당 운송을 하려는 취지 4. 기장·승무원의 성명과 자격 5. 여객의 성명 및 국적 또는 화물의 품명 및 수량 6. 운임 또는 요금의 종류 및 액수 7. 「항공안전법 시행규칙」 제279조제1항제1호 및 제2호의 제출서류(주 1회 이상의 운항 횟수로 4주 이상 운항하는 것을 계획한 경우만 해당한다) 8. 그 밖에 국토교통부장관이 정하는 사항
제56조(외국항공기의 국내 유상 운송 금지) 제54조, 제55조 또는 「항공안전법」 제101조 단서에 따른 허가를 받은 항공기는 유상으로 국내 각 지역 간의 여객 또는 화물을 운송해서는 아니 된다.		
제57조(외국인 국제항공운송사업의 휴업) ① 외국인 국제항공운송사업자가 휴업하려는 경우에는 국토교통부장관에게 신고하여야 한다. ② 제1항에 따른 휴업기간은 6개월을 초과할 수 없다. ③ 외국인 국제항공운송사업자가 제2항에 따른 최대 휴업기간이 지난 이후에 사업을 재개하지 아니하면서 폐업신고를 하지 아니한 경우에는 최대 휴업기간 종료일의 다음날 폐업한 것으로 본다.		**제57조(외국인 국제항공운송사업의 휴업 신고)** 법 제57조제1항에 따라 휴업 신고를 하려는 외국인 국제항공운송사업자는 별지 제36호서식의 신고서를 국토교통부장관에게 제출하여야 한다.
제58조(군수품 수송의 금지) 외국 국적을 가진 항공기(「대한민국과 아메리카합중국 간의 상호방위조약」 제4조에 따라 아메리카합중국정부가 사용하는 항공기와 이에 관련된 항공업무에 종사하는 사람은 제외한다)로 「항공안전법」 제100조제1항 각 호의 어느 하나에 해당하는 항행을 하여 국토교통부령으로 정하는 군수품을 수송해서는 아니 된다. 다만, 국토교통부령으로 정하는 바에 따라 국토교통부장관의 허가를 받은 경우에는 그러하지 아니한다.		**제58조(수송 금지 군수품)** 법 제58조 본문에서 "국토교통부령으로 정하는 군수품"이란 병기와 탄약을 말한다.
		제59조(외국항공기의 군수품 수송허가 신청) 법 제58조 단서에 따라 군수품 수송허가를 신청하려는 자는 수송 예정일 10일 전까지 별지 제32호서식의 신청서에 다음 각 호의 사항을 적은 운항 및 수송명세서를 첨부하여 국토교통부장관에게 제출하여야 한다. 1. 성명·국적 및 주소 2. 항공기의 국적·등록부호·형식 및 식별부호 3. 수송하려는 군수품의 품명과 수량의 명세 4. 해당 수송이 필요한 이유 5. 해당 군수품을 수송하려는 구간 및 항행의 일시

항공사업법 [법률제16642호, 2019.11.26., 일부개정]	항공사업법시행령 [대통령령제30714호, 2020.5.26., 일부개정]	항공사업법시행규칙 [국토교통부령제732호, 2020.5.27., 일부개정]
제4장 외국인 국제항공운송사업		
제59조(외국인 국제항공운송사업 허가의 취소 등) ① 국토교통부장관은 외국인 국제항공운송사업자가 다음 각 호의 어느 하나에 해당하면 그 허가를 취소하거나 6개월 이내의 기간을 정하여 그 사업의 정지를 명할 수 있다. 다만, 제1호 또는 제22호에 해당하는 경우에는 그 허가를 취소하여야 한다.〈개정 2017. 8. 9., 2019. 11. 26.〉 1. 거짓이나 그 밖의 부정한 방법으로 허가를 받은 경우 2. 제54조제2항에 따른 허가기준에 적합하지 아니하게 운항하거나 사업을 한 경우 3. 제57조를 위반하여 신고를 하지 아니하고 휴업한 경우 및 휴업기간에 사업을 하거나 휴업기간이 지난 후에도 사업을 시작하지 아니한 경우 4. 제60조제2항에서 준용하는 제12조제1항부터 제3항까지의 규정을 위반하여 사업계획에 따라 사업을 하지 아니한 경우 및 인가를 받지 아니하거나 신고를 하지 아니하고 사업계획을 정하거나 변경한 경우 5. 제60조제4항에서 준용하는 제14조제1항을 위반하여 운임 및 요금에 대하여 인가 또는 변경인가를 받지 아니하거나 신고 또는 변경신고를 하지 아니한 경우 및 인가를 받거나 신고한 사항을 이행하지 아니한 경우 6. 제60조제5항에서 준용하는 제15조를 위반하여 운수협정 또는 제휴협정에 대하여 인가 또는 변경인가를 받지 아니하거나 신고를 하지 아니한 경우 및 인가를 받거나 신고한 사항을 이행하지 아니한 경우 7. 제60조제8항에서 준용하는 제26조에 따라 부과된 허가 등의 조건 등을 이행하지 아니한 경우 8. 제60조제9항에서 준용하는 제27조에 따른 사업개선 명령을 이행하지 아니한 경우 9. 제60조제11항에서 준용하는 제61조의2제1항을 위반하여 같은 항 각 호의 시간을 초과하여 항공기를 머무르게 한 경우 9의2. 제60조제12항에서 준용하는 제62조제4항 및 제5항을 위반하여 운송약관 등 서류의 비치 및 항공운임 등 총액 정보 제공의 의무를 이행하지 아니한 경우 10. 「항공안전법」 제51조를 위반하여 국토교통부령으로 정하는 무선설비를 설치하지 아니한 항공기 또는 설치한 무선설비가 운용되지 아니하는 항공기를 항공에 사용한 경우 11. 「항공안전법」 제52조를 위반하여 항공기에 항공계기등을 설치하거나 탑재하지 아니하고 항공에 사용하거나 그 운용방법 등을 따르지 아니한 경우 12. 「항공안전법」 제54조를 위반하여 항공기를 야간에 비행시키거나 비행장에 주기 또는 정박시키는 경우에 국토교통부령으로 정하는 바에 따라 등불로 항공기의 위치를 나타내지 아니한 경우		**제60조(외국인 국제항공운송사업에 대한 행정처분 기준)** 법 제59조제1항에 따른 행정처분의 기준은 별표 3과 같다. **제61조(외국인 국제항공운송사업자의 사업계획 변경인가 신청 등)** ① 법 제60조제2항에 따라 사업계획을 변경하려는 자는 별지 제33호서식의 외국인 국제항공운송사업계획 변경인가 신청서 및 외국인 국제항공운송사업계획 변경신고서, 별지 제34호서식의 외국인 국제항공운송사업 노선임시증편 인가신청서를 국토교통부장관 또는 지방항공청장에게 제출하여야 한다. ② 법 제60조제2항에 따라 준용되는 법 제12조제3항 단서에서 "국토교통부령으로 정하는 경미한 사항"이란 다음 각 호의 사항을 말한다.〈개정 2020. 5. 27.〉 1. 자본금 2. 대표자 및 대표권의 제한 3. 상호(국내사업소만 해당한다) 4. 항공기 수 및 편명 5. 항공기등록부호 6. 항공기의 기종(국제선의 경우에는 항공협정에서 항공기의 좌석 수, 탑재화물 톤 수를 고려하여 수송력 범위를 정하고 있으면 그 수송력 범위에 해당하는 경우만 해당한다) 7. 정기편의 운항 횟수 감편 또는 4주 미만 운항 중단(국제항공운송사업만 해당한다) 8. 운항시간(취항하는 공항이 군용비행장인 경우에는 해당기지부대장이 운항시간에 대해 동의하는 경우만 해당한다) 9. 외국과의 항공협정으로 운항지점 및 수송력 등에 제한 없이 운항이 가능한 경우 운항지점 및 운항횟수 10. 제9호에 해당되는 경우를 제외한 국제선운항의 임시변경 사항(7일 이내인 경우만 해당한다) 11. 항공기의 급유 또는 정비 등을 위해 착륙하는 비행장 **제62조(외국인 국제항공운송사업자의 운임 및 요금의 인가 신청 등)** ① 법 제60조제4항에 따라 준용되는 법 제14조에 따라 운임 및 요금의 인가 또는 변경인가를 신청하거나 신고하려는 자는 별지 제35호서식의 인가·변경인가 신청서나 신고·변경신고서를 국토교통부장관에게 제출하여야 한다. ② 제1항에 따른 인가 또는 변경인가 신청을 할 때에는 운임 및 요금의 산출근거를 적은 서류를 첨부하여야 한다.

항공사업법 [법률제16642호, 2019.11.26., 일부개정]	항공사업법시행령 [대통령령제30714호, 2020.5.26., 일부개정]	항공사업법시행규칙 [국토교통부령제732호, 2020.5.27., 일부개정]
제4장 외국인 국제항공운송사업		
13. 「항공안전법」 제66조를 위반하여 이륙·착륙 장소가 아닌 곳에서 이륙하거나 착륙하게 한 경우 14. 「항공안전법」 제68조를 위반하여 비행 중 금지행위 등을 하게 한 경우 15. 「항공안전법」 제70조제1항을 위반하여 허가를 받지 아니하고 항공기를 이용하여 위험물을 운송하거나 같은 조 제3항을 위반하여 국토교통부장관이 고시하는 위험물취급의 절차 및 방법을 따르지 아니하고 위험물을 취급한 경우 16. 「항공안전법」 제104조제1항을 위반하여 같은 항 각 호의 서류를 항공기에 싣지 아니하고 운항한 경우 17. 「항공안전법」 제104조제2항을 위반하여 같은 조 제1항제2호의 운영기준을 지키지 아니한 경우 18. 정당한 사유 없이 허가받거나 인가받은 사항을 이행하지 아니한 경우 19. 주식이나 지분의 과반수에 대한 소유권 또는 실질적인 지배권이 제54조제2항제1호에 따라 국제항공운송사업자를 지정한 국가 또는 그 국가의 국민에게 속하지 아니하게 된 경우. 다만, 우리나라가 해당 국가(국가연합 또는 경제공동체를 포함한다)와 체결한 항공협정에서 달리 정한 경우에는 그 항공협정에 따른다. 20. 대한민국과 제54조제2항제1호에 따라 국제항공운송사업자를 지정한 국가가 항공에 관하여 체결한 협정이 있는 경우 그 협정이 효력을 잃거나 그 해당 국가 또는 외국인 국제항공운송사업자가 그 협정을 위반한 경우 21. 대한민국의 안전이나 사회의 안녕질서에 위해를 끼칠 현저한 사유가 있는 경우 22. 이 조에 따른 사업정지명령을 위반하여 사업정지기간에 사업을 경영한 경우 ② 제1항에 따른 사업정지처분을 갈음한 과징금의 부과에 관하여는 제29조를 준용한다. ③ 제1항에 따른 처분의 세부기준과 그 밖에 처분의 절차에 필요한 사항은 국토교통부령으로 정한다.		**제63조(외국인 국제항공운송사업자의 폐업 신고)** 법 제60조제6항에 따라 준용되는 법 제25조에 따라 폐업 신고를 하려는 자는 별지 제36호서식의 신고서를 국토교통부장관에게 제출하여야 한다.
제60조(외국인 국제항공운송사업에 대한 준용규정) ① 외국인 국제항공운송사업자의 항공기사고 시 지원계획서에 관하여는 제11조를 준용한다. 이 경우 "면허 또는 등록"은 "허가"로 본다. ② 외국인 국제항공운송사업자의 사업계획의 변경 등에 관하여는 제12조를 준용한다. 이 경우 "사업면허, 등록 또는 노선허가"는 "허가"로 본다. ③ 외국인 국제항공운송사업자의 사업계획 준수 여부 조사에 관하여는 제13조를 준용한다. ④ 외국인 국제항공운송사업자의 운임 및 요금의 인가 등에 관하여는 제14조를 준용한다.		

항공사업법 [법률제16642호, 2019.11.26., 일부개정]	항공사업법시행령 [대통령령제30714호, 2020.5.26., 일부개정]	항공사업법시행규칙 [국토교통부령제732호, 2020.5.27., 일부개정]
제4장 외국인 국제항공운송사업		
⑤ 외국인 국제항공운송사업자의 운수에 관한 협정 등에 관하여는 제15조를 준용한다. ⑥ 외국인 국제항공운송사업자의 항공기 운항시각의 배분 등에 관하여는 제18조를 준용한다.〈신설 2019. 11. 26.〉 ⑦ 외국인 국제항공운송사업자의 폐업에 관하여는 제25조를 준용한다.〈개정 2019. 11. 26.〉 ⑧ 외국인 국제항공운송사업자의 허가 조건에 관하여는 제26조를 준용한다.〈개정 2019. 11. 26.〉 ⑨ 외국인 국제항공운송사업자의 사업개선 명령에 관하여는 제27조를 준용한다.〈개정 2019. 11. 26.〉 ⑩ 외국인 국제항공운송사업자의 항공교통이용자 보호 등에 관하여는 제61조를 준용한다.〈개정 2019. 11. 26.〉 ⑪ 외국인 국제항공운송사업자의 이동지역에서의 지연 금지 등에 관하여는 제61조의2를 준용한다.〈신설 2019. 11. 26.〉 ⑫ 외국인 국제항공운송사업자의 운송약관 등의 신고·비치 및 항공운임 등 총액에 관한 정보 제공의 의무에 관하여는 제62조제1항·제4항 및 제5항을 준용한다.〈개정 2017. 8. 9., 2019. 11. 26.〉 ⑬ 외국인 국제항공운송사업자의 항공교통서비스 평가에 관하여는 제63조를 준용한다.〈개정 2019. 11. 26.〉 ⑭ 외국인 국제항공운송사업자의 정보제공 등에 관하여는 제64조를 준용한다.〈개정 2019. 11. 26.〉		

항공사업법 [법률제16642호, 2019.11.26., 일부개정]	항공사업법시행령 [대통령령제30714호, 2020.5.26., 일부개정]	항공사업법시행규칙 [국토교통부령제732호, 2020.5.27., 일부개정]
제5장 항공교통이용자 보호		
제61조(항공교통이용자 보호 등) ① 항공교통사업자는 영업개시 30일 전까지 국토교통부령으로 정하는 바에 따라 항공교통이용자를 다음 각 호의 어느 하나에 해당하는 피해로부터 보호하기 위한 피해구제 절차 및 처리계획(이하 "피해구제계획"이라 한다)을 수립하고 이를 이행하여야 한다. 다만, 제12조제1항 각 호의 어느 하나에 해당하는 사유로 인한 피해에 대하여 항공교통사업자가 불가항력적 피해임을 증명하는 경우에는 그러하지 아니하다. 1. 항공교통사업자의 운송 불이행 및 지연 2. 위탁수화물의 분실·파손 3. 항공권 초과 판매 4. 취소 항공권의 대금환급 지연 5. 탑승위치, 항공편 등 관련 정보 미제공으로 인한 탑승 불가 6. 그 밖에 항공교통이용자를 보호하기 위하여 국토교통부령으로 정하는 사항 ② 피해구제계획에는 다음 각 호의 사항이 포함되어야 한다. 1. 피해구제 접수처의 설치 및 운영에 관한 사항 2. 피해구제 업무를 담당할 부서 및 담당자의 역할과 임무 3. 피해구제 처리 절차 4. 피해구제 신청자에 대하여 처리결과를 안내할 수 있는 정보제공의 방법 5. 그 밖에 국토교통부령으로 정하는 항공교통이용자 피해구제에 관한 사항 ③ 항공교통사업자는 항공교통이용자의 피해구제 신청을 신속·공정하게 처리하여야 하며, 그 신청을 접수한 날부터 14일 이내에 결과를 통지하여야 한다. ④ 제3항에도 불구하고 신청인의 피해조사를 위한 번역이 필요한 경우 등 특별한 사유가 있는 경우에는 항공교통사업자는 항공교통이용자의 피해구제 신청을 접수한 날부터 60일 이내에 결과를 통지하여야 한다. 이 경우 항공교통사업자는 통지서에 그 사유를 구체적으로 밝혀야 한다. ⑤ 제3항 및 제4항에 따른 처리기한 내에 피해구제 신청의 처리가 곤란하거나 항공교통이용자의 요청이 있을 경우에는 그 피해구제 신청서를 「소비자기본법」에 따른 한국소비자원에 이송하여야 한다. ⑥ 항공교통사업자는 항공교통이용자의 피해구제 신청현황, 피해구제 처리결과 등 항공교통이용자 피해구제에 관한 사항을 국토교통부령으로 정하는 바에 따라 국토교통부장관에게 정기적으로 보고하여야 한다. ⑦ 국토교통부장관은 관계 중앙행정기관의 장, 「소비자기본법」 제33조에 따른 한국소비자원의 장에게 항공교통이용자의 피해구제 신청현황, 피해구제 처리결과 등 항공교통이용자 피해구제에 관한 자료의 제공을 요청할 수 있다. 이 경우 자료의 제공을 요청받은 자는 특별한 사유가 없으면 이에 따라야 한다.		**제64조(항공교통이용자의 피해유형 등)** ① 법 제61조제1항제6호에서 "국토교통부령으로 정하는 사항"이란 다음 각 호의 어느 하나에 해당하는 사항을 말한다. 1. 항공마일리지와 관련한 다음 각 목의 피해 가. 항공사 과실로 인한 항공마일리지의 누락 나. 항공사의 사전 고지 없이 발생한 항공마일리지의 소멸 2. 「교통약자의 이용편의 증진법」 제2조제7호에 따른 이동편의시설의 미설치로 인한 항공기의 탑승 장애 ② 법 제61조제2항제5호에서 "국토교통부령으로 정하는 항공교통이용자 피해구제에 관한 사항"이란 다음 각 호의 사항을 말한다. 1. 피해 구제 상담을 위한 국내 대표 전화번호 2. 피해구제 처리결과에 대한 이의 신청의 방법 및 절차 ③ 법 제61조제6항에 따른 보고는 반기별로 별지 제37호서식의 보고서를 국토교통부장관 또는 지방항공청장에게 제출하는 방법으로 한다.〈개정 2019. 1. 3.〉 **제64조의2(교통약자를 위한 정보제공 등)** ① 항공교통사업자는 법 제61조제11항제1호에 따라 다음 각 호의 구분에 따른 정보를 「교통약자의 이동편의 증진법」 제2조제1호에 해당하는 교통약자(이하 "교통약자"라 한다)가 요청한 경우 이를 제공해야 한다. 1. 공항운영자 가. 공항 외부와 내부의 교통약자 이용편의시설 현황 및 이용방법 나. 공항 내 이동을 위해 제공되는 서비스의 내용과 이용방법 다. 그 밖에 교통약자의 공항시설 이용을 위해 제공되는 서비스 및 불만처리 절차 2. 항공운송사업자 가. 교통약자 우선좌석 운영 및 이용가능 여부 나. 기내용 휠체어 이용 가능 여부 다. 그 밖에 교통약자의 항공기 이용을 위해 제공되는 서비스 및 불만처리 절차 ② 항공교통사업자는 교통약자로부터 요청받은 제64조의3 또는 제64조의4에 따른 서비스가 그 소관에 속하지 않으면 해당 교통약자의 유형, 요청사항 등에 관한 정보를 관련 항공교통사업자에게 통지해야 한다. [본조신설 2020. 2. 28.]

항공사업법 [법률제16642호, 2019.11.26., 일부개정]	항공사업법시행령 [대통령령제30714호, 2020.5.26., 일부개정]	항공사업법시행규칙 [국토교통부령제732호, 2020.5.27., 일부개정]
제5장 항공교통이용자 보호		
⑧ 국토교통부장관은 항공교통이용자의 피해를 예방하고 피해구제가 신속·공정하게 이루어질 수 있도록 다음 각 호의 어느 하나에 해당하는 사항에 대하여 항공교통이용자 보호기준을 고시할 수 있다. 1. 제1항 각 호에 해당하는 사항 2. 항공권 취소·환불 및 변경과 관련하여 소비자 피해가 발생하는 사항 3. 항공권 예약·구매·취소·환불·변경 및 탑승과 관련된 정보제공에 관한 사항 ⑨ 국토교통부장관은 제8항에 따라 항공교통이용자 보호기준을 고시하는 경우 관계 행정기관의 장과 미리 협의하여야 하며, 항공교통사업자, 「소비자기본법」 제29조에 따라 등록한 소비자단체, 항공 관련 전문가 및 그 밖의 이해관계인 등의 의견을 들을 수 있다. ⑩ 항공교통사업자, 항공운송총대리점업자 및 「관광진흥법」 제4조에 따라 여행업 등록을 한 자(이하 "여행업자"라 한다)는 제8항에 따른 항공교통이용자 보호기준을 준수하여야 한다. ⑪ 국토교통부장관은 「교통약자의 이동편의 증진법」 제2조제1호에 해당하는 교통약자를 보호하고 이동권을 보장하기 위하여 다음 각 호의 어느 하나에 해당하는 사항에 대하여 교통약자의 항공교통이용 편의기준을 국토교통부령으로 정할 수 있다.〈신설 2019. 8. 27.〉 1. 항공교통사업자가 교통약자를 위하여 제공하여야 하는 정보 및 정보제공방법에 관한 사항 2. 항공교통사업자가 교통약자의 공항이용 및 항공기 탑승·하기(下機)를 위하여 제공하여야 하는 서비스에 관한 사항 3. 항공운송사업자가 교통약자를 위하여 항공기 내에서 제공하여야 하는 서비스에 관한 사항 4. 항공교통사업자가 교통약자 관련 서비스를 제공하기 위하여 실시하여야 하는 종사자 훈련·교육에 관한 사항 5. 교통약자 관련 서비스에 대하여 접수된 불만처리에 관한 사항 ⑫ 항공교통사업자는 제11항에 따른 교통약자의 항공교통이용 편의기준을 준수하여야 한다.〈신설 2019. 8. 27.〉		제64조의3 [교통약자를 위한 공항이용 및 항공기 탑승·하기(下機) 서비스] ① 항공교통사업자는 법 제61조제11항제2호에 따라 교통약자가 공항이용 및 항공기 탑승·하기(下機)를 위해 항공기 출발 48시간 전까지 다음 각 호의 서비스를 요청하는 경우 이를 제공해야 한다. 1. 휠체어를 이용하는 교통약자가 탑승하는 항공기에 탑승교 또는 휠체어 탑승설비 우선 배정 2. 수하물로 운송하는 교통약자용 보조기구의 우선 처리 ② 제1항에도 불구하고 항공교통사업자는 기상상황, 재난, 다른 교통약자에 의한 해당 서비스의 이용 등 부득이한 사유가 있는 경우에는 해당 서비스를 제공하지 않을 수 있다. 이 경우 그 사유를 교통약자에게 알려야 한다. ③ 항공교통사업자는 공항이용 및 항공기 탑승·하기(下機)를 위해 교통약자에게 서비스를 제공할 때 본인의 동의 없이 교통약자를 안거나 업어서 이동시켜서는 안 된다. 다만, 비행기 사고 등 불가피한 사유가 있는 경우에는 그렇지 않다. [본조신설 2020. 2. 28.] 제64조의4(교통약자를 위한 항공기 내 서비스) ① 항공운송사업자는 장애인 등 거동이 불편한 교통약자의 편의를 위해 항공기 내 우선좌석을 운영해야 한다. 이 경우 교통약자에게 동행하는 보호자가 있는 경우 인접좌석을 보호자에게 배정할 수 있다. ② 항공운송사업자는 항공기 내에서 승객에게 제공하는 안전 및 서비스에 관한 정보를 자막, 점자, 안내메모, 그림 등을 통해 제공해야 한다. ③ 교통약자의 요청에 따라 항공기 내에서 교통약자에게 제공하는 기내용 휠체어는 발판, 팔걸이, 안전벨트, 고정장치 등 교통약자의 안전을 고려한 것이어야 한다. [본조신설 2020. 2. 28.]
		제64조의5(교통약자 관련 종사자의 훈련·교육) ① 항공교통사업자는 법 제61조제11항제4호에 따라 다음 각 호의 종사자에게 연간 2시간 이상 훈련·교육을 실시해야 한다. 1. 고객 안내 및 서비스 상담 업무를 담당하는 직원 2. 예약 및 발권 업무를 담당하는 직원 3. 객실승무원 4. 휠체어 탑승설비 등 그 밖의 이동수단 운행업무를 담당하는 직원 ② 제1항에 따른 종사자 훈련·교육에 다음 각 호의 내용이 포함되어야 한다. 1. 교통약자 이동편의시설 종류와 사용방법

항공사업법 [법률제16642호, 2019.11.26., 일부개정]	항공사업법시행령 [대통령령제30714호, 2020.5.26., 일부개정]	항공사업법시행규칙 [국토교통부령제732호, 2020.5.27., 일부개정]
제5장 항공교통이용자 보호		
		2. 교통약자용 보조기구 및 보조견의 취급 3. 교통약자가 사용하는 위험물 취급 등 안전 및 보안 관련 규범 4. 그 밖에 교통약자의 항공여행에 관한 필요한 사항 [본조신설 2020. 2. 28.]
제61조의2(이동지역에서의 지연 금지 등) ① 항공운송사업자는 항공교통이용자가 항공기에 탑승한 상태로 이동지역(활주로·유도로 및 계류장 등 항공기의 이륙·착륙 및 지상이동을 위하여 사용되는 공항 내 지역을 말한다. 이하 같다)에서 다음 각 호의 시간을 초과하여 항공기를 머무르게 하여서는 아니 된다. 다만, 승객의 하기(下機)가 공항운영에 중대한 혼란을 초래할 수 있다고 관계 기관의 장이 의견을 제시하거나, 기상·재난·재해·테러 등이 우려되어 안전 또는 보안상의 이유로 승객을 기내에서 대기시킬 수밖에 없다고 관계 기관의 장 또는 기장이 판단하는 경우에는 그러하지 아니하다. 1. 국내항공운송: 3시간 2. 국제항공운송: 4시간 ② 항공운송사업자는 항공교통이용자가 항공기에 탑승한 상태로 이동지역에서 항공기를 머무르게 하는 경우 해당 항공기에 탑승한 항공교통이용자에게 30분마다 그 사유 및 진행상황을 알려야 한다. ③ 항공운송사업자는 항공교통이용자가 항공기에 탑승한 상태로 이동지역에서 항공기를 머무르게 하는 시간이 2시간을 초과하게 된 경우 해당 항공교통이용자에게 적절한 음식물을 제공하여야 하며, 국토교통부령으로 정하는 바에 따라 지체 없이 국토교통부장관에게 보고하여야 한다. ④ 제3항에 따른 항공운송사업자의 보고를 받은 국토교통부장관은 관계 기관의 장 및 공항운영자에게 해당 지연 상황의 조속한 해결을 위하여 필요한 협조를 요청할 수 있다. 이 경우 요청을 받은 자는 특별한 사유가 없으면 이에 따라야 한다. ⑤ 그 밖에 이동지역 내에서의 지연 금지 및 관계 기관의 장 등에 대한 협조 요청의 절차와 내용에 관한 사항은 대통령령으로 정한다.	**제24조의2(이동지역에서의 기내 지연 시 협조요청 등)** ① 국토교통부장관이 법 제61조의2제4항에 따라 협조를 요청할 수 있는 사항은 다음 각 호의 구분에 따른 사항으로 한다. 1. 관계 기관의 장에 대한 협조요청 가. 항공기 입·출항 보고서 및 탑승객 명부의 우선 처리 나. 외부음식 반입 관련 허가절차의 우선 처리 다. 승무원 보건상태 신고 및 승무원 교체에 따른 변경신고의 우선 처리 라. 그 밖에 이동지역(활주로·유도로 및 계류장 등 항공기의 이륙·착륙 및 지상이동을 위하여 사용되는 공항 내 지역을 말한다. 이하 같다)에서의 지연 해소를 위하여 협조가 필요한 사항 2. 공항운영자에 대한 협조요청 가. 항공기가 2시간을 초과하여 이동지역에서 머무를 경우 상황 접수·전파·모니터링 나. 계류장 재배정, 관제 지원 및 항공기 통제 다. 승객 하기(下機) 절차 지원 라. 그 밖에 이동지역에서의 지연 해소를 위하여 협조가 필요한 사항 ② 국토교통부장관은 제1항에 따른 협조를 요청하는 경우에는 문서로 해야 하고, 협조의 내용과 이유를 구체적으로 밝혀야 한다. [본조신설 2020. 5. 26.]	**제64조의6(교통약자 관련 서비스의 불만처리)** ① 항공교통사업자는 법 제61조제11항제5호에 따라 교통약자 관련 서비스에 대하여 접수된 불만을 신속·공정하게 처리해야 하며, 그 신청을 접수한 날부터 14일 이내에 결과를 통지해야 한다. ② 항공교통사업자는 불만 조사를 위해 번역이 필요한 경우 등 특별한 사유가 있는 경우에는 제1항에도 불구하고 교통약자의 불만을 접수한 날부터 60일 이내에 결과를 통지해야 한다. 이 경우 항공교통사업자는 결과통지서에 그 연장사유를 구체적으로 밝혀야 한다. [본조신설 2020. 2. 28.] **제64조의7(이동지역 내 지연사항 보고)** 법 제61조의2제3항에 따른 보고에는 다음 각 호의 사항이 포함되어야 한다. 1. 지연시간 2. 지연원인 3. 승객에 대한 조치내용 4. 하기(下機)계획 [본조신설 2020. 5. 27.]

항공사업법 [법률제16642호, 2019.11.26., 일부개정]	항공사업법시행령 [대통령령제30714호, 2020.5.26., 일부개정]	항공사업법시행규칙 [국토교통부령제732호, 2020.5.27., 일부개정]
제5장 항공교통이용자 보호		
제62조(운송약관 등의 비치 등) ① 항공운송사업자는 운송약관을 정하여 국토교통부장관에게 신고하여야 한다. 이를 변경하려는 경우에도 같다. ② 제1항에 따른 신고 또는 변경신고가 신고서의 기재사항 및 첨부서류에 흠이 없고, 법령 등에 규정된 형식상의 요건을 충족하는 경우에는 신고서가 접수기관에 도달된 때에 신고 의무가 이행된 것으로 본다.〈신설 2017. 8. 9.〉 ③ 제1항에 따른 운송약관 신고 등 필요한 사항은 국토교통부령으로 정한다.〈개정 2017. 8. 9.〉 ④ 항공교통사업자는 다음 각 호의 서류를 그 사업자의 영업소, 인터넷 홈페이지 또는 항공교통이용자가 잘 볼 수 있는 곳에 국토교통부령으로 정하는 바에 따라 갖추어 두고, 항공교통이용자가 열람할 수 있게 하여야 한다. 다만, 제1호부터 제3호까지의 서류는 항공교통사업자 중 항공운송사업자만 해당한다.〈개정 2017. 8. 9.〉 1. 운임표 2. 요금표 3. 운송약관 4. 피해구제계획 및 피해구제 신청을 위한 관계 서류 ⑤ 항공운송사업자, 항공운송총대리점업자 및 여행업자는 제14조제1항 및 제2항의 운임 및 요금을 포함하여 대통령령으로 정하는 바에 따라 항공교통이용자가 실제로 부담하여야 하는 금액의 총액(이하 "항공운임 등 총액"이라 한다)을 쉽게 알 수 있도록 항공교통이용자에게 해당 정보를 제공하여야 한다.〈개정 2017. 8. 9.〉 ⑥ 항공기사용사업자, 항공기정비업자, 항공기취급업자, 항공기대여업자, 초경량비행장치사용사업자 및 항공레저스포츠사업자는 요금표 및 약관을 영업소나 그 밖의 사업소에서 항공교통이용자가 잘 볼 수 있는 곳에 국토교통부령으로 정하는 바에 따라 갖추어 두고, 항공교통이용자가 열람할 수 있게 하여야 한다.〈개정 2017. 8. 9.〉 ⑦ 여행업에 대하여는 제28조(같은 조 제1항제19호에 한정한다)를 준용한다. 이 경우 제28조제1항 각 호 외의 부분 본문 중 "국토교통부장관"은 "특별자치시장·특별자치도지사·시장·군수·구청장(자치구의 구청장을 말한다)"으로 본다.〈개정 2017. 8. 9., 2019. 11. 26.〉	제25조(항공운임 등 총액) ① 항공운송사업자가 법 제62조제5항에 따라 항공교통이용자에게 제공하여야 하는 항공운임 등 총액(이하 "항공운임 등 총액"이라 한다)은 다음 각 호의 금액을 합산한 금액으로 한다.〈개정 2017. 11. 10.〉 1. 「공항시설법」 제32조제1항에 따른 사용료 2. 법 제14조제1항 또는 제2항에 따른 운임 및 요금 3. 해외 공항의 시설사용료 4. 「관광진흥개발기금법」 제2조제3항에 따른 출국납부금 5. 「국제질병퇴치기금법」 제5조제1항에 따른 출국납부금 6. 그 밖에 항공운송사업자가 제공하는 항공교통서비스를 이용하기 위하여 항공교통이용자가 납부하여야 하는 금액 ② 항공운송사업자는 법 제62조제5항에 따라 항공교통이용자에게 항공권을 표시·광고 또는 안내하는 경우에 항공운임 등 총액에 관한 정보를 제공하여야 한다.〈개정 2017. 11. 10.〉 ③ 항공운송총대리점업자 및 법 제61조제10항에 따른 여행업자는 법 제62조제5항에 따라 항공교통이용자에게 항공권 또는 항공권이 포함되어 있는 여행상품을 표시·광고 또는 안내하는 경우에 항공운임 등 총액에 관한 정보를 제공하여야 한다. 다만, 항공운임 등 총액이 여행상품 가격에 포함된 경우에는 항공운임 등 총액에 관한 정보를 제공한 것으로 본다.〈개정 2017. 11. 10.〉 ④ 제2항 또는 제3항에 따라 항공권 또는 항공권이 포함되어 있는 여행상품을 표시·광고 또는 안내할 때 항공운임 등 총액에 관한 정보를 제공하는 기준은 다음 각 호와 같다.	제65조(운송약관의 신고) 법 제62조제1항에 따라 신고 또는 변경신고를 하려는 자는 별지 제38호서식의 신고(변경신고서)에 다음 각 호의 서류를 첨부하여 국토교통부장관 또는 지방항공청장에게 제출하여야 한다. 이 경우 제출서류가 외국어로 작성된 경우에는 번역문을 첨부하여야 한다. 1. 운송약관 2. 운송약관 신·구조문대비표 및 운송약관 변경사유(변경신고의 경우만 해당한다)

항공사업법 [법률제16642호, 2019.11.26., 일부개정]	항공사업법시행령 [대통령령제30714호, 2020.5.26., 일부개정]	항공사업법시행규칙 [국토교통부령제732호, 2020.5.27., 일부개정]
제5장 항공교통이용자 보호		
	1. 항공운임 등 총액이 편도인지 왕복인지를 명시할 것 2. 항공운임 등 총액에 포함된 유류할증료, 해외 공항의 시설사용료 등 발권일·환율 등에 따라 변동될 수 있는 항목의 변동가능 여부를 명시할 것 3. 항공권 또는 항공권이 포함되어 있는 여행상품을 표시 또는 광고할 때 항공교통 이용자가 항공운임 등 총액을 쉽게 식별할 수 있도록 "항공운임 등 총액"의 글자 크기·형태 및 색상 등을 제1항 각 호의 사항과 차별되게 강조할 것 4. 출발·도착 도시 및 일자, 항공권의 종류 등이 구체적으로 명시된 항공권 또는 해당 항공권이 포함된 여행상품의 경우 유류할증료(환율에 따라 변동되는 유류할증료의 경우 항공운송사업자 또는 외국인 국제항공운송사업자가 적용하는 환율로 산정한 금액을 말한다)를 명시할 것	**제66조(항공교통이용자를 위한 서류의 비치 장소)** 법 제62조제3항에 따라 항공교통사업자가 같은 항 각 호에 따른 서류를 갖추어 두어야 하는 장소는 다음과 같다. 다만, 제3호의 장소에는 법 제62조제3항제4호에 따른 서류 중 피해구제 신청을 위한 관계 서류만 비치할 수 있다. 1. 발권대 2. 공항 안내데스크 3. 항공기 내(법 제2조제39호에 따른 외국인 국제항공운송사업자는 제외한다)
제63조(항공교통서비스 평가 등) ① 국토교통부장관은 공공복리의 증진과 항공교통이용자의 권익보호를 위하여 항공교통사업자가 제공하는 항공교통서비스에 대한 평가를 할 수 있다. ② 제1항에 따른 항공교통서비스 평가항목은 다음 각 호와 같다. 1. 항공교통서비스의 정시성 또는 신뢰성 2. 항공교통서비스 관련 시설의 편의성 3. 항공교통서비스의 안전성 4. 그 밖에 제1호부터 제3호까지에 준하는 사항으로서 국토교통부령으로 정하는 사항 ③ 국토교통부장관은 항공교통서비스의 평가를 할 경우 항공교통사업자에게 관련 자료 및 의견 제출 등을 요구하거나 서비스에 대한 실지조사를 할 수 있다. ④ 제3항에 따른 자료 또는 의견 제출 등을 요구받은 항공교통사업자는 특별한 사유가 없으면 이에 따라야 한다. ⑤ 국토교통부장관은 제1항에 따른 항공교통서비스의 평가를 한 후 평가항목별 평가 결과, 서비스 품질 및 서비스 순위 등 세부사항을 대통령령으로 정하는 바에 따라 공표하여야 한다. ⑥ 제1항부터 제5항까지에서 규정한 사항 외에 항공교통서비스에 대한 평가기준, 평가주기 및 절차 등에 관한 세부사항은 국토교통부령으로 정한다.	**제26조(항공교통서비스 평가 결과의 공표)** 국토교통부장관은 법 제63조 제5항에 따라 항공교통서비스의 평가 결과를 공표하는 경우에는 그 평가가 끝난 날부터 10일 이내에 국토교통부 홈페이지에 게시하여야 한다.	**제67조(항공교통서비스 평가항목)** 법 제63조제2항제4호에서 "국토교통부령으로 정하는 사항"이란 다음 각 호의 사항을 말한다. 1. 항공교통서비스의 이용자 만족도 2. 항공교통서비스의 신속성 및 정확성 3. 항공운송사업자의 안전문화 4. 항공교통사업자의 피해구제실적 및 항공교통이용자 보호조치의 충실성

항공사업법 [법률제16642호, 2019.11.26., 일부개정]	항공사업법시행령 [대통령령제30714호, 2020.5.26., 일부개정]	항공사업법시행규칙 [국토교통부령제732호, 2020.5.27., 일부개정]
제5장 항공교통이용자 보호		
		제68조(항공교통서비스 평가기준 등) ① 법 제63조에 따른 항공교통서비스 평가는 다음 각 호의 기준에 따라 한다.〈개정 2019. 1. 3.〉 1. 평가방법: 평가항목에 대해서는 정량평가를 기준으로 평가할 것. 다만, 평가항목의 특성상 필요하다고 인정하는 경우에는 정성평가를 추가할 수 있다. 2. 평가기간 및 평가주기: 해당 연도의 1월 1일부터 12월 31일까지를 기준으로 1년마다 평가할 것 ② 국토교통부장관은 법 제63조제1항에 따라 평가를 할 때에는 항공교통사업자의 매출규모, 인력현황, 사업범위 또는 사업운영방식 등을 종합적으로 고려할 수 있다. ③ 국토교통부장관은 법 제63조제1항에 따른 평가를 위하여 필요하다고 인정하는 경우에는 관계 전문가, 기관 또는 단체에 대하여 의견 또는 자료의 제출을 요청할 수 있다. ④ 제1항부터 제3항까지의 규정에 따른 평가방법 및 평가절차 등에 관하여 필요한 세부사항은 국토교통부장관이 정한다.
제64조(항공교통이용자를 위한 정보의 제공 등) ① 국토교통부장관은 항공교통이용자 보호 및 항공교통서비스의 촉진을 위하여 국토교통부령으로 정하는 바에 따라 항공교통서비스에 관한 보고서(이하 "항공교통서비스 보고서"라 한다)를 연 단위로 발간하여 국토교통부령으로 정하는 바에 따라 항공교통이용자에게 제공하여야 한다. ② 항공교통서비스 보고서에는 다음 각 호의 사항이 포함되어야 한다. 1. 항공교통사업자 및 항공교통이용자 현황 2. 항공교통이용자의 피해현황 및 그 분석 자료 3. 항공교통서비스 수준에 관한 사항 4. 「항공안전법」 제133조에 따른 항공운송사업자의 안전도에 관한 정보 5. 국제기구 또는 다른 나라의 항공교통이용자 보호 및 항공교통서비스 정책에 관한 사항 6. 항공교통이용자의 항공권 구입에 따라 적립되는 마일리지(탑승거리, 판매가 등에 따라 적립되는 점수 등을 말한다)에 대한 항공운송사업자(외국인 국제항공운송사업자를 포함한다)별 적립 기준 및 사용 기준 7. 제1호부터 제6호까지에서 규정한 사항 외에 국토교통부령으로 정하는 항공교통이용자 보호에 관한 사항 ③ 국토교통부장관은 항공교통서비스 보고서 발간을 위하여 항공교통사업자에게 자료의 제출을 요청할 수 있다. 이 경우 항공교통사업자는 특별한 사유가 없으면 이에 따라야 한다.		제69조(항공교통서비스 보고서 발간 등) ① 국토교통부장관은 법 제64조제1항에 따른 항공교통서비스에 관한 보고서(이하 "항공교통서비스 보고서"라 한다)의 발간을 위하여 필요하다고 인정하는 경우에는 관계 공무원으로 구성되는 항공교통서비스 발간협의회를 설치·운영할 수 있다. ② 항공교통서비스 보고서의 제공은 국토교통부의 홈페이지에 게재하는 방법으로 한다. 이 경우 필요하다고 인정되는 경우에는 항공 관련 기관·단체의 간행물이나 홈페이지에 함께 게재할 수 있다. ③ 법 제64조제2항제7호에서 "국토교통부령으로 정하는 항공교통이용자 보호에 관한 사항"이란 다음 각 호의 사항을 말한다.〈개정 2019. 1. 3.〉 1. 항공교통이용자 및 항공교통사업자 관련 국내 법령 현황 2. 항공교통사업자의 업무규정 또는 약관의 주요 내용 3. 항공교통사업자의 이용요금에 관한 사항 4. 항공교통량 및 이용객 현황에 관한 사항 ④ 제3항에 따른 항공교통이용자의 보호에 관한 사항과 관련된 세부내용 및 구분 등에 필요한 사항은 국토교통부장관이 정한다.

항공사업법 [법률제16642호, 2019.11.26., 일부개정]	항공사업법시행령 [대통령령제30714호, 2020.5.26., 일부개정]	항공사업법시행규칙 [국토교통부령제732호, 2020.5.27., 일부개정]
제6장 항공사업의 진흥		
제65조(항공사업자에 대한 재정지원) ① 국가는 항공사업을 진흥하기 위하여 다음 각 호의 어느 하나에 해당하는 경우 대통령령으로 정하는 바에 따라 항공사업을 영위하는 자(이하 "항공사업자"라 한다)에게 그 소요 자금의 일부를 보조하거나 재정자금으로 융자하여 줄 수 있다. 1. 전쟁·내란·테러 등으로 항공사업자에게 손실이 발생한 경우 2. 항공사업의 육성을 위하여 필요하다고 인정하는 경우 ② 지방자치단체는 항공사업의 지원이 지역경제 활성화를 위하여 필요하다고 인정하는 경우에는 조례로 정하는 바에 따라 예산의 범위에서 항공사업자에게 재정지원을 할 수 있다.	**제27조(항공사업의 진흥)** ① 국가가 법 제65조제1항에 따라 항공사업자에게 소요 자금의 일부를 보조하거나 융자할 수 있는 금액의 범위는 다음 각 호와 같다. 1. 법 제 65조제1항제1호의 경우: 전쟁·내란·테러 등으로 인한 손실액의 100분의 20 이내의 보조 또는 100분의 70 이내의 융자 2. 법 제65조제1항제2호의 경우: 국토교통부장관이 정한 금액 ② 법 제65조제1항에 따라 보조 또는 융자를 받으려는 자는 다음 각 호의 사항을 적은 신청서를 국토교통부장관에게 제출하여야 한다. 1. 신청자의 주소·성명(법인인 경우에는 그 명칭 및 대표자의 성명) 2. 면허, 허가, 인가, 등록 및 신고의 종류·일자·번호 3. 보조 또는 융자를 받으려는 이유 4. 보조 또는 융자를 받으려는 금액 ③ 제2항의 신청서에는 다음 각 호의 서류를 첨부하여야 한다. 이 경우 국토교통부장관은 「전자정부법」 제36조제1항에 따른 행정정보의 공동이용을 통하여 법인 등기사항증명서(법인인 경우로 한정한다)를 확인하여야 한다. 1. 면허, 허가, 인가, 등록 및 신고에 따르는 사업운영계획서 또는 사업계획서 사본 2. 보조 또는 융자에 의하여 시행하려는 사업의 사업계획서 3. 전쟁·내란·테러 등으로 인한	
제66조(항공기담보의 특례) 정부 또는 금융회사 등은 항공사업자가 항공기를 도입하는 경우에 그 항공기가 「항공안전법」 제7조에 따른 소유권 취득에 관한 등록을 하기 전이라도 그 항공기를 담보로 하여 융자하여 줄 수 있다. **제67조(보조 또는 융자 자금의 목적 외 사용금지와 감독)** ① 이 법에 따라 보조 또는 융자를 받은 항공사업자는 그 자금을 해당 교부 목적 외의 목적으로 사용하지 못한다. ② 국토교통부장관 또는 지방자치단체의 장은 이 법에 따라 보조 또는 융자를 받은 항공사업자에 대하여 그 자금을 적정하게 사용하도록 감독하여야 한다.	**제28조(한국항공협회의 설립)** 법 제68조에 따른 한국항공협회(이하 "협회"라 한다)를 설립하려면 협회의 회원이 될 자격이 있는 자 10분의 1 이상의 발기인이 정관을 작성하여 해당 협회의 회원이 될 자격이 있는 자 과반수가 출석한 창립총회의 의결을 거쳐야 한다.	
제68조(한국항공협회의 설립) ① 다음 각 호에 해당하는 자는 항공운송사업의 발전, 항공운송사업자의 권익보호, 공항운영 개선 및 항공안전에 관한 연구와 그 밖에 정부가 위탁한 업무를 효율적으로 수행하기 위하여 한국항공협회(이하 "협회"라 한다)를 설립할 수 있다. 1. 국내항공운송사업자 또는 국제항공운송사업자 2. 「인천국제공항공사법」에 따른 인천국제공항공사 3. 「한국공항공사법」에 따른 한국공항공사	**제29조(한국항공협회의 정관)** ① 협회의 정관에는 다음 각 호의 사항이 포함되어야 한다. 1. 목적 2. 명칭 3. 사무소의 소재지 4. 회원 및 총회에 관한 사항 5. 임원에 관한 사항 6. 업무에 관한 사항	

항공사업법 [법률제16642호, 2019.11.26., 일부개정]	항공사업법시행령 [대통령령제30714호, 2020.5.26., 일부개정]	항공사업법시행규칙 [국토교통부령제732호, 2020.5.27., 일부개정]
제6장 항공사업의 진흥		
4. 그 밖에 항공과 관련된 사업자 및 단체 ② 협회는 법인으로 한다. ③ 협회는 그 주된 사무소의 소재지에서 설립등기를 함으로써 성립한다. ④ 협회의 정관, 업무 및 감독 등에 관하여 필요한 사항은 대통령령으로 정한다. ⑤ 국토교통부장관은 필요하다고 인정되는 경우에는 협회가 다음 각 호의 어느 하나에 해당하는 사업을 원활하게 할 수 있도록 예산의 범위에서 협회에 재정지원을 할 수 있다. 1. 항공 진흥 및 안전을 위한 연구사업 2. 항공 관련 정보의 수집·관리를 위한 사업 3. 외국 항공기관과의 국제협력 촉진을 위한 사업 4. 그 밖에 항공운송산업 발전을 위하여 국토교통부장관이 필요하다고 인정하는 사업 ⑥ 협회에 관하여는 이 법에서 규정한 것을 제외하고는 「민법」 중 사단법인에 관한 규정을 준용한다.	7. 회계에 관한 사항 8. 해산에 관한 사항 9. 정관의 변경에 관한 사항 10. 협회의 공고방법에 관한 사항 ② 제1항에 따른 정관은 국토교통부장관의 승인을 받아야 한다. 승인받은 사항을 변경하려는 경우에도 또한 같다.	
	제30조(협회의 업무) 협회는 다음 각 호의 업무를 한다. 1. 항공운송사업, 공항의 운영·관리 및 이와 관련된 사업(이하 "항공운송사업등"이라 한다)의 발전을 위한 업무 2. 항공운송사업등의 조사·연구 및 홍보 3. 공항시설의 운영 개선에 관한 업무 4. 항공운송사업등 종사자의 육성 및 지원 5. 항공 관련 통계 및 자료의 발간 6. 항공 관련 정보의 수집·관리 7. 항공운송사업등의 경영 개선과 지도에 관한 업무 8. 외국의 항공제도의 조사·연구 9. 항공진흥을 위한 연구용역사업 10. 항공안전에 관한 조사·연구 11. 외국항공기관과의 국제협력 촉진에 관한 업무 12. 국토교통부장관으로부터 위탁받은 업무 13. 제1호부터 제12호까지의 업무에 부수되는 사업	
	제31조(감독) 국토교통부장관은 협회의 업무를 감독하며, 협회의 건전한 발전을 위하여 필요한 명령을 할 수 있다.	
제69조(항공 관련 기관·단체 및 항공산업의 육성) ① 국가는 항공산업발전을 위하여 항공 관련 기관·단체를 육성하여야 한다. ② 국가는 제1항의 경우에 재정적 지원이 필요하다고 인정할 때에는 예산의 범위에서 그 소요 자금의 일부를 보조할 수 있다. ③ 국가는 항공산업과 관련된 기술 및 기술의 개발, 인력 양성 등을 위하여 필요한 사업을 직접 시행하거나 지방자치단체 및 관계 기관 등이 시행하는 사업에 드는 비용의 일부를 보조할 수 있다.		

항공사업법 [법률제16642호, 2019.11.26., 일부개정]	항공사업법시행령 [대통령령제30714호, 2020.5.26., 일부개정]	항공사업법시행규칙 [국토교통부령제732호, 2020.5.27., 일부개정]
제6장 항공사업의 진흥		
제69조의2(무인항공 분야 항공산업의 안전증진 및 활성화) 국가는 「항공안전법」 제2조제3호에 따른 초경량비행장치 중 무인비행장치 및 같은 조 제6호에 따른 무인항공기의 인증, 정비·수리·개조, 사용 또는 이와 관련된 서비스를 제공하는 무인항공 분야 항공산업의 안전증진 및 활성화를 위하여 대통령령으로 정하는 바에 따라 다음 각 호의 사업을 추진할 수 있다. 1. 무인항공 분야 항공산업의 발전을 위한 기반조성 2. 무인항공 분야 항공산업에 대한 현황 및 관련 통계의 조사·연구 3. 무인비행장치 및 무인항공기의 안전기술, 운영·관리체계 등에 대한 연구 및 개발 4. 무인비행장치 및 무인항공기의 조종, 성능평가·인증, 안전관리, 정비·수리·개조 등 전문인력의 양성 5. 무인항공 분야의 우수한 기업의 지원 및 육성 6. 무인비행장치 및 무인항공기의 사용 촉진 및 보급 7. 무인비행장치 및 무인항공기의 안전한 운영·관리 등을 위한 인프라 또는 비행시험 시설의 구축·운영 8. 무인항공 분야 항공산업의 발전을 위한 국제협력 및 해외진출의 지원 9. 그 밖에 무인항공 분야 항공산업의 안전증진 및 활성하를 위하여 필요한 사항 [본조신설 2017. 8. 9.]		

항공사업법 [법률제16642호, 2019.11.26., 일부개정]	항공사업법시행령 [대통령령제30714호, 2020.5.26., 일부개정]	항공사업법시행규칙 [국토교통부령제732호, 2020.5.27., 일부개정]
제7장 보칙		
제70조(항공보험 등의 가입의무) ① 다음 각 호의 항공사업자는 국토교통부령으로 정하는 바에 따라 항공보험에 가입하지 아니하고는 항공기를 운항할 수 없다. 1. 항공운송사업자 2. 항공기사용사업자 3. 항공기대여업자 ② 제1항 각 호의 자 외의 항공기 소유자 또는 항공기를 사용하여 비행하려는 자는 국토교통부령으로 정하는 바에 따라 항공보험에 가입하지 아니하고는 항공기를 운항할 수 없다. ③ 「항공안전법」 제108조에 따른 경량항공기소유자등은 그 경량항공기의 비행으로 다른 사람이 사망하거나 부상한 경우에 피해자(피해자가 사망한 경우에는 손해배상을 받을 권리를 가진 자를 말한다)에 대한 보상을 위하여 같은 조 제1항에 따른 안전성인증을 받기 전까지 국토교통부령으로 정하는 보험이나 공제에 가입하여야 한다.〈개정 2017. 1. 17.〉 ④ 초경량비행장치를 초경량비행장치사용사업, 항공기대여업 및 항공레저스포츠사업에 사용하려는 자와 무인비행장치 등 국토교통부령으로 정하는 초경량비행장치를 소유한 국가, 지방자치단체, 「공공기관의 운영에 관한 법률」 제4조에 따른 공공기관은 국토교통부령으로 정하는 보험 또는 공제에 가입하여야 한다.〈개정 2020. 6. 9.〉 ⑤ 제1항부터 제4항까지의 규정에 따라 항공보험 등에 가입한 자는 국토교통부령으로 정하는 바에 따라 보험가입신고서 등 보험가입 등을 확인할 수 있는 자료를 국토교통부장관에게 제출하여야 한다. 이를 변경 또는 갱신한 때에도 또한 같다.〈신설 2017. 1. 17.〉		제70조(항공운송사업자 등의 항공보험 등 가입의무) ① 법 제70조에 따라 항공보험 등에 가입한 자는 항공보험 등에 가입한 날부터 7일 이내에 다음 각 호의 사항을 적은 보험가입신고서 또는 공제가입신고서에 보험증서 또는 공제증서 사본을 첨부하여 국토교통부장관에게 제출하여야 한다. 가입사항을 변경하거나 갱신하였을 때에도 또한 같다.〈개정 2017. 7. 18.〉 1. 가입자의 주소, 성명(법인인 경우에는 그 명칭 및 대표자의 성명) 2. 가입된 보험 또는 공제의 종류, 보험료 또는 공제료 및 보험금액 또는 공제금액 3. 보험 또는 공제의 종류별 발효 및 만료일 4. 보험증서 또는 공제증서의 개요 ② 법 제70조제1항 및 제2항에 따른 항공보험에 가입하는 경우의 책임한도액은 다음과 같다.〈개정 2017. 7. 18.〉 1. 우리나라가 가입하고 있는 항공운송의 책임에 관한 제국제협약에서 규정하는 책임한도액 2. 제1호를 적용하기 불합리한 경우에는 국토교통부장관이 정하는 항공운송인의 책임한도액 ③ 법 제70조제3항에서 "국토교통부령으로 정하는 보험이나 공제"란 다른 사람이 사망하거나 부상한 경우에 피해자(피해자가 사망한 경우에는 손해배상을 받을 권리를 가진 자를 말한다. 이하 이 조에서 같다)에게 「자동차손해배상 보장법 시행령」 제3조제1항 각 호에 따른 금액 이상을 보장하는 보험 또는 공제를 말하며, 동승한 사람에 대하여 보장하는 보험 또는 공제를 포함한다.〈개정 2020. 12. 10.〉 ④ 법 제70조제4항에서 "무인비행장치 등 국토교통부령으로 정하는 초경량비행장치"란 「항공안전법 시행규칙」 제5조제5호에 따른 무인비행장치를 말한다.〈개정 2020. 12. 10.〉 ⑤ 법 제70조제4항에서 "국토교통부령으로 정하는 보험 또는 공제"란 다음 각 호의 보험 또는 공제를 말한다.〈신설 2020. 12. 10.〉 1. 다른 사람이 사망하거나 부상한 경우에 피해자(피해자가 사망한 경우에는 손해배상을 받을 권리를 가진 자를 말한다. 이하 이 조에서 같다)에게 「자동차손해배상 보장법 시행령」 제3조제1항 각 호에 따른 금액 이상을 보장하는 보험 또는 공제(동승한 사람에 대하여 보장하는 보험 또는 공제를 포함한다) 2. 다른 사람의 재물이 멸실되거나 훼손된 경우에 피해자에게 「자동차손해배상 보장법 시행령」 제3조제3항에 따른 금액 이상을 보장하는 보험 또는 공제(「항공안전법 시행규칙」 제5조제5호에 따른 무인비행장치를 소유한 경우에만 해당한다) [제목개정 2017. 7. 18.]

항공사업법 [법률제16642호, 2019.11.26., 일부개정]	항공사업법시행령 [대통령령제30714호, 2020.5.26., 일부개정]	항공사업법시행규칙 [국토교통부령제732호, 2020.5.27., 일부개정]
	제7장 보칙	
제71조(경량항공기 등의 영리 목적 사용금지) 누구든지 경량항공기 또는 초경량비행장치를 사용하여 비행하려는 자는 다음 각 호의 어느 하나에 해당하는 경우를 제외하고는 경량항공기 또는 초경량비행장치를 영리 목적으로 사용해서는 아니 된다. 1. 항공기대여업에 사용하는 경우 2. 초경량비행장치사용사업에 사용하는 경우 3. 항공레저스포츠사업에 사용하는 경우		
제72조(수수료 등) ① 다음 각 호의 어느 하나에 해당하는 자는 국토교통부령으로 정하는 바에 따라 국토교통부장관(제75조에 따라 권한이 위탁된 경우에는 수탁자를 말한다)에게 수수료를 내야 한다. 1. 이 법에 따른 면허·허가·인가·승인 또는 등록(이하 "면허등"이라 한다)을 받으려는 자 2. 이 법에 따른 신고를 하려는 자 3. 이 법에 따른 면허증 또는 허가서의 발급 또는 재발급을 신청하는 자 ② 면허등을 위하여 현지출장이 필요한 경우에는 그 출장에 드는 여비를 신청인이 내야 한다. 이 경우 여비의 기준은 국토교통부령으로 정한다. ③ 국가 또는 지방자치단체는 제1항에 따른 수수료를 면제한다.		**제71조(수수료)** ① 법 제72조에 따라 수수료를 낼 자와 그 금액은 별표 4와 같다. ② 제1항에 따른 수수료는 정보통신망을 이용하여 전자화폐·전자결제 등의 방법으로 내도록 할 수 있다. ③ 법 제72조제2항에 따른 현지출장 등의 여비 지급기준은 「공무원 여비 규정」에 따른다. ④ 제1항에 따른 수수료가 과오납(過誤納)된 경우에는 해당 과오납 금액을 반환하여야 한다.
제73조(보고, 출입 및 검사 등) ① 국토교통부장관은 이 법의 시행에 필요한 범위에서 국토교통부령으로 정하는 바에 따라 다음 각 호의 자에게 그 업무에 관한 보고를 하게 하거나 서류를 제출하게 할 수 있다. 1. 항공사업자 2. 공항운영자 3. 항공종사자 4. 제1호부터 제3호까지의 자 외의 자로서 항공기 또는 항공시설을 계속하여 사용하는 자 ② 국토교통부장관은 이 법을 시행하기 위하여 특히 필요한 경우에는 소속 공무원으로 하여금 제1항 각 호의 어느 하나에 해당하는 자의 사무소, 사업장, 공항시설, 비행장 또는 항공기 등에 출입하여 관계 서류나 시설, 장비, 그 밖의 물건 등을 검사하거나 관계인에게 질문하게 할 수 있다. ③ 국토교통부장관은 상업서류송달업자가 「우편법」을 위반할 현저한 우려가 있다고 인정하여 과학기술정보통신부장관이 요청하는 경우에는 과학기술정보통신부 소속 공무원으로 하여금 상업서류송달업자의 사무소 또는 사업장에 출입하여 「우편법」과 관련된 사항에 관한 검사 또는 질문을 하게 할 수 있다.〈개정 2017. 7. 26.〉		**제71조의2(서류의 제출 등)** ① 법 제73조제1항에 따라 국토교통부장관으로부터 업무에 관한 보고 또는 서류의 제출을 요청받은 자는 그 요청을 받은 날부터 15일 이내에 보고(전자문서에 의한 보고를 포함한다)하거나 자료를 제출(전자문서에 의한 제출을 포함한다)해야 한다. ② 법 제73조제7항에 따른 증표는 별지 제39호서식과 같다. [본조신설 2019. 1. 3.]

항공사업법 [법률제16642호, 2019.11.26., 일부개정]	항공사업법시행령 [대통령령제30714호, 2020.5.26., 일부개정]	항공사업법시행규칙 [국토교통부령제732호, 2020.5.27., 일부개정]
제7장 보칙		
④ 제2항 및 제3항에 따른 검사 또는 질문을 하려면 검사 또는 질문을 하기 7일 전까지 검사 또는 질문의 일시, 사유 및 내용 등의 계획을 피검사자 또는 피질문자에게 알려야 한다. 다만, 긴급한 경우이거나 사전에 알리면 증거인멸 등으로 검사 또는 질문의 목적을 달성할 수 없다고 인정하는 경우에는 그러하지 아니할 수 있다. ⑤ 제2항 및 제3항에 따른 검사 또는 질문을 하는 공무원은 그 권한을 표시하는 증표를 지니고, 이를 관계인에게 보여주어야 한다. ⑥ 제2항 및 제3항에 따른 검사 또는 질문을 한 경우에는 그 결과를 피검사자 또는 피질문자에게 서면으로 알려야 한다. ⑦ 제5항에 따른 증표에 관하여 필요한 사항은 국토교통부령으로 정한다.		
제74조(청문) 국토교통부장관은 다음 각 호의 어느 하나에 해당하는 처분을 하려면 청문을 하여야 한다. 1. 제28조제1항에 따른 항공운송사업 면허 또는 등록의 취소 2. 제40조제1항에 따른 항공기사용사업 등록의 취소 3. 제43조제7항에서 준용하는 제40조제1항에 따른 항공기정비업 등록의 취소 4. 제45조제7항에서 준용하는 제40조제1항에 따른 항공기취급업 등록의 취소 5. 제47조제8항에서 준용하는 제40조제1항에 따른 항공기대여업 등록의 취소 6. 제49조제8항에서 준용하는 제40조제1항에 따른 초경량비행장치사용사업 등록의 취소 7. 제51조제7항에서 준용하는 제40조제1항에 따른 항공레저스포츠사업 등록의 취소 8. 제53조제1항에서 준용하는 제28조(같은 조 제1항제18호만 해당한다)에 따른 항공운송총대리점업의 영업소 폐쇄 9. 제53조제8항에서 준용하는 제40조에 따른 상업서류송달업등의 영업소 폐쇄 10. 제59조제1항에 따른 외국인 국제항공운송 사업 허가의 취소 11. 제62조제7항에서 준용하는 제28조제1항에 따른 여행업 등록의 취소. 이 경우 제28조제1항 각 호 외의 부분 본문 중 "국토교통부장관"은 "특별자치시장·특별자치도지사·시장·군수·구청장(자치구의 구청장을 말한다)"으로 본다.		

항공사업법 [법률제16642호, 2019.11.26., 일부개정]	항공사업법시행령 [대통령령제30714호, 2020.5.26., 일부개정]	항공사업법시행규칙 [국토교통부령제732호, 2020.5.27., 일부개정]
	제7장 보칙	
제75조(권한의 위임·위탁) ① 이 법에 따른 국토교통부장관의 권한은 그 일부를 대통령령으로 정하는 바에 따라 시·도지사 또는 국토교통부장관 소속 기관의 장에게 위임할 수 있다. ② 국토교통부장관은 제18조에 따른 운항시각의 배분 등의 업무를 대통령령으로 정하는 바에 따라 「인천국제공항공사법」에 따른 인천국제공항공사 또는 「한국공항공사법」에 따른 한국공항공사에 위탁할 수 있다.〈신설 2019. 11. 26.〉 ③ 국토교통부장관은 다음 각 호의 업무를 대통령령으로 정하는 바에 따라 「정부출연연구 기관 등의 설립·운영 및 육성에 관한 법률」에 따라 설립된 한국교통연구원 또는 항공 관련 기관·단체에 위탁할 수 있다.〈개정 2019. 11. 26.〉 1. 제63조에 따른 항공교통서비스 평가에 관한 업무 2. 제64조에 따른 항공교통이용자를 위한 항공교통서비스 보고서의 발간에 관한 업무 ④ 국토교통부장관은 제69조의2에 따른 업무를 대통령령으로 정하는 바에 따라 「항공안전기술원법」에 따른 항공안전기술원(이하 "기술원"이라 한다) 또는 항공 관련 기관·단체에 위탁할 수 있다.〈신설 2017. 8. 9., 2019. 11. 26.〉	제33조(권한의 위임·위탁) ① 국토교통부장관은 법 제75조제1항에 따라 다음 각 호의 권한을 지방항공청장에게 위임한다. 다만, 제1호의 권한은 서울지방항공청장에게만 위임한다.〈개정 2018. 12. 31., 2020. 5. 26.〉 1. 법 제6조제1항제1호에 따른 비행정보시스템의 구축·운영 2. 법 제7조제3항 및 제6항에 따른 국내항공운송사업자의 부정기편 운항의 허가(운항기간이 2주 미만인 경우만 해당한다) 및 변경허가(변경 되는 운항기간이 2주 미만인 경우만 해당한다) 3. 법 제7조제3항 및 제6항에 따른 국제항공운송사업자의 부정기편 운항 허가 및 변경허가(외국과의 항공협정으로 수송력에 제한 없이 운항이 가능한 공항으로의 부정기편 운항 허가 및 변경허가만 해당한다) 4. 소형항공운송사업에 대한 다음 각 목의 사항 가. 법 제10조제1항에 따른 등록 나. 법 제61조제6항에 따른 항공교통이용자의 피해구제 신청현황 및 그 처리결과 등에 관한 보고의 접수 다. 법 제62조제1항에 따른 운송약관 신고 및 변경신고의 접수 5. 법 제10조제3항에 따른 정기편 노선의 허가 및 부정기편 운항 신고의 수리 6. 법 제10조제5항에 따른 변경등록, 변경신고의 수리 및 변경허가 7. 법 제11조에 따른 항공기사고 시 지원계획서(소형항공운송사업 등록을 하려는 자의 항공기사고 시 지원계획서만 해당한다)의 수리 및 그 내용의 보완 또는 변경 명령 8. 법 제12조제2항에 따른 신고의 수리 9. 법 제12조제3항 본문에 따른 사업계획 변경인가(국내항공운송사업 또는 국제항공운송사업의 경우에는 항공노선의 임시증편을 위한 사업계획 변경인가만 해당한다) 10. 법 제12조제3항 단서에 따른 사업계획 변경신고의 수리. 다만, 다음 각 목의 사업계획 변경신고의 수리는 제외한다. 가. 항공기의 도입·처분과 관련된 사업계획 변경신고(국내항공운송사업과 국제항공운송사업만 해당한다) 나. 국토교통부장관의 인가를 받아야 하는 국내항공운송사업 또는 국제항공운송사업의 사업계획 변경과 연계되는 경미한 사업계획 변경신고로서 사업계획 변경인가 신청 시에 국토교통부장관에게 함께 제출되는 사업계획 변경신고	

항공사업법 [법률제16642호, 2019.11.26., 일부개정]	항공사업법시행령 [대통령령제30714호, 2020.5.26., 일부개정]	항공사업법시행규칙 [국토교통부령제732호, 2020.5.27., 일부개정]
제7장 보칙		
	11. 법 제13조에 따른 운항계획의 준수 여부에 대한 조사 및 그 조사를 위한 전담조사반의 설치 12. 법 제15조제1항 및 제2항에 따른 운수협정 및 제휴협정의 인가, 변경인가 및 변경신고의 수리(소형항공운송사업자가 다른 소형항공운송사업자와 체결한 운수협정 또는 제휴협정만 해당한다) 13. 법 제15조제4항에 따른 공정거래위원회와의 협의(소형항공운송사업자가 다른 소형항공운송사업자와 체결한 제휴협정을 인가 또는 변경인가하는 경우만 해당한다) 14. 삭제〈2020. 5. 26.〉 15. 법 제19조제3항에 따른 운항개시예정일 연기 승인 및 운항개시예정일 전 운항 신고의 수리(소형항공운송사업의 경우만 해당한다) 16. 법 제21조제1항 단서에 따른 양도·양수 신고의 수리 및 같은 조 제3항에 따른 공고(같은 조 제1항 단서에 따른 양도·양수 신고에 대한 공고만 해당한다) 17. 법 제22조제1항 단서에 따른 합병 신고의 수리 18. 법 제23조제2항에 따른 상속 신고의 수리(소형항공운송사업의 경우만 해당한다) 19. 법 제24조에 따른 휴업·휴지의 허가 또는 신고의 수리(소형항공운송사업의 경우만 해당한다) 20. 법 제25조에 따른 폐업·폐지의 허가 또는 신고의 수리(소형항공운송사업의 경우만 해당한다) 21. 법 제27조에 따른 사업개선 명령(지방항공청장에게 권한이 위임된 사항에 관한 사업개선 명령만 해당한다) 22. 법 제28조에 따른 면허 또는 등록의 취소 또는 사업정지명령(지방항공청장에게 권한이 위임된 사항에 관한 면허 또는 등록의 취소 또는 사업정지명령만 해당한다) 23. 법 제29조에 따른 과징금의 부과 및 징수(지방항공청장에게 권한이 위임된 사항에 관한 과징금의 부과 및 징수만 해당한다) 24. 항공기사용사업에 대한 다음 각 목의 사항 가. 법 제30조제1항에 따른 항공기사용사업의 등록 나. 법 제31조 단서에 따른 운항개시예정일 연기 승인 및 운항개시예정일 전 운항 신고의 수리 다. 법 제32조제2항에 따른 사업계획의 변경인가 및 변경신고의 수리 라. 법 제34조제1항에 따른 양도·양수 신고의 수리 및 같은 조 제3항에 따른 공고	

항공사업법 [법률제16642호, 2019.11.26., 일부개정]	항공사업법시행령 [대통령령제30714호, 2020.5.26., 일부개정]	항공사업법시행규칙 [국토교통부령제732호, 2020.5.27., 일부개정]
	제7장 보칙	
	마. 법 제35조제1항에 따른 합병 신고의 수리 바. 법 제36조제2항에 따른 상속 신고의 수리 사. 법 제37조제1항에 따른 휴업 신고의 수리 아. 법 제38조제1항에 따른 폐업 신고의 수리 자. 법 제39조에 따른 사업개선 명령 차. 법 제40조제1항에 따른 등록취소 또는 사업정지명령 카. 법 제41조에 따른 과징금의 부과·징수 25. 항공기정비업에 대한 다음 각 목의 사항 가. 법 제42조제1항에 따른 항공기정비업의 등록 및 변경신고의 수리 나. 법 제43조제2항에 따라 준용되는 법 제34조제1항에 따른 양도·양수 신고의 수리 및 같은 조 제3항에 따른 공고 다. 법 제43조제3항에 따라 준용되는 법 제35조제1항에 따른 합병 신고의 수리 라. 법 제43조제4항에 따라 준용되는 법 제36조제2항에 따른 상속 신고의 수리 마. 법 제43조제5항에 따라 준용되는 법 제37조제1항에 따른 휴업 신고의 수리 바. 법 제43조제5항에 따라 준용되는 법 제38조제1항에 따른 폐업 신고의 수리 사. 법 제43조제6항에 따라 준용되는 법 제39조에 따른 사업개선 명령 아. 법 제43조제7항에 따라 준용되는 법 제40조제1항에 따른 등록취소 또는 사업정지명령 자. 법 제43조제8항에 따라 준용되는 법 제41조에 따른 과징금의 부과·징수 26. 항공기취급업에 대한 다음 각 목의 사항 가. 법 제44조제1항에 따른 항공기취급업의 등록 및 변경신고의 수리 나. 법 제45조제2항에 따라 준용되는 법 제34조제1항에 따른 양도·양수 신고의 수리 및 같은 조 제3항에 따른 공고 다. 법 제45조제3항에 따라 준용되는 법 제35조제1항에 따른 합병 신고의 수리 라. 법 제45조제4항에 따라 준용되는 법 제36조제2항에 따른 상속 신고의 수리 마. 법 제45조제5항에 따라 준용되는 법 제37조제1항에 따른 휴업 신고의 수리 바. 법 제45조제5항에 따라 준용되는 법 제38조제1항에 따른 폐업 신고의 수리 사. 법 제45조제6항에 따라 준용되는 법 제39조에 따른 사업개선 명령 아. 법 제45조제7항에 따라 준용되는 법 제40조제1항에 따른 등록취소 또는 사업정지명령 자. 법 제45조제8항에 따라 준용되는 법 제41조제1항에 따른 과징금의 부과·징수	

항공사업법 [법률제16642호, 2019.11.26., 일부개정]	항공사업법시행령 [대통령령제30714호, 2020.5.26., 일부개정]	항공사업법시행규칙 [국토교통부령제732호, 2020.5.27., 일부개정]
제7장 보칙		
	27. 항공기대여업에 대한 다음 각 목의 사항 가. 법 제46조제1항에 따른 항공기대여업의 등록 및 변경신고의 수리 나. 법 제47조제1항에 따라 준용되는 법 제32조제2항에 따른 사업계획의 변경인가 또는 변경신고의 수리 다. 법 제47조제3항에 따라 준용되는 법 제34조제1항에 따른 양도·양수 신고의 수리 및 같은 조 제3항에 따른 공고 라. 법 제47조제4항에 따라 준용되는 법 제35조제1항에 따른 합병 신고의 수리 마. 법 제47조제5항에 따라 준용되는 법 제36조제2항에 따른 상속 신고의 수리 바. 법 제47조제6항에 따라 준용되는 법 제37조제1항에 따른 휴업 신고의 수리 사. 법 제47조제6항에 따라 준용되는 법 제38조제1항에 따른 폐업 신고의 수리 아. 법 제47조제7항에 따라 준용되는 법 제39조에 따른 사업개선 명령 자. 법 제47조제8항에 따라 준용되는 법 제40조제1항에 따른 등록취소 또는 사업정지명령 차. 법 제47조제9항에 따라 준용되는 법 제41조에 따른 과징금의 부과·징수 28. 초경량비행장치사용사업에 대한 다음 각 목의 사항 가. 법 제48조제1항에 따른 초경량비행장치사 용사업의 등록 및 변경신고의 수리 나. 법 제49조제1항에 따라 준용되는 법 제32조제2항에 따른 사업계획의 변경인가 또는 변경신고의 수리 다. 법 제49조제3항에 따라 준용되는 법 제34조제1항에 따른 양도·양수 신고의 수리 및 같은 조 제3항에 따른 공고 라. 법 제49조제4항에 따라 준용되는 법 제35조제1항에 따른 합병 신고의 수리 마. 법 제49조제5항에 따라 준용되는 법 제36조제2항에 따른 상속 신고의 수리 바. 법 제49조제6항에 따라 준용되는 법 제37조제1항에 따른 휴업 신고의 수리 사. 법 제49조제6항에 따라 준용되는 법 제38조제1항에 따른 폐업 신고의 수리 아. 법 제49조제7항에 따라 준용되는 법 제39조에 따른 사업개선 명령 자. 법 제49조제8항에 따라 준용되는 법 제40조제1항에 따른 등록취소 또는 사업정지명령 차. 법 제49조제9항에 따라 준용되는 법 제41조에 따른 과징금의 부과·징수	

항공사업법 [법률제16642호, 2019.11.26., 일부개정]	항공사업법시행령 [대통령령제30714호, 2020.5.26., 일부개정]	항공사업법시행규칙 [국토교통부령제732호, 2020.5.27., 일부개정]
	제7장 보칙	
	29. 항공레저스포츠사업에 대한 다음 각 목의 사항 가. 법 제50조제1항에 따른 항공레저스포츠사업의 등록 및 변경신고의 수리 나. 법 제51조제2항에 따라 준용되는 법 제34조제1항에 따른 양도·양수 신고의 수리 및 같은 조 제3항에 따른 공고 다. 법 제51조제3항에 따라 준용되는 법 제35조제1항에 따른 합병 신고의 수리 라. 법 제51조제4항에 따라 준용되는 법 제36조제2항에 따른 상속 신고의 수리 마. 법 제51조제5항에 따라 준용되는 법 제37조제1항에 따른 휴업 신고의 수리 바. 법 제51조제5항에 따라 준용되는 법 제38조제1항에 따른 폐업 신고의 수리 사. 법 제51조제6항에 따라 준용되는 법 제39조에 따른 사업개선 명령 아. 법 제51조제7항에 따라 준용되는 법 제40조제1항에 따른 등록취소 또는 사업정지명령 자. 법 제51조제8항에 따라 준용되는 법 제41조에 따른 과징금의 부과·징수 30. 상업서류송달업, 항공운송총대리점업 및 도심공항터미널업에 대한 다음 각 목의 사항 가. 법 제52조제1항에 따른 상업서류송달업, 항공운송총대리점업 및 도심공항터미널업의 신고 및 변경신고의 수리 나. 법 제53조제3항에 따라 준용되는 법 제34조제1항에 따른 양도·양수 신고의 수리 및 같은 조 제3항에 따른 공고 다. 법 제53조제4항에 따라 준용되는 법 제35조제1항에 따른 합병 신고의 수리 라. 법 제53조제5항에 따라 준용되는 법 제36조제2항에 따른 상속 신고의 수리 마. 법 제53조제6항에 따라 준용되는 법 제37조제1항에 따른 휴업 신고의 수리 바. 법 제53조제6항에 따라 준용되는 법 제38조제1항에 따른 폐업 신고의 수리 사. 법 제53조제7항에 따라 준용되는 법 제39조에 따른 사업개선 명령 아. 법 제53조제8항에 따라 준용되는 법 제40조제1항에 따른 영업소의 폐쇄 또는 사업정지명령 자. 법 제53조제9항에 따라 준용되는 법 제41조에 따른 과징금의 부과·징수 31. 법 제55조제1항에 따른 외국 국적을 가진 항공기의 여객 또는 화물의 유상운송 허가(외국과의 항공협정으로 수송력에 제한 없이 운항이 가능한 공항으로의 유상운송인 경우만 해당한다)	

항공사업법 [법률제16642호, 2019.11.26., 일부개정]	항공사업법시행령 [대통령령제30714호, 2020.5.26., 일부개정]	항공사업법시행규칙 [국토교통부령제732호, 2020.5.27., 일부개정]
	제7장 보칙	
	32. 외국인 국제항공운송사업에 대한 다음 각 목의 사항 가. 법 제59조제1항에 따른 허가취소 또는 사업정지명령(지방항공청장에게 권한이 위임된 사항에 관한 허가취소 또는 사업정지명령만 해당한다) 나. 법 제59조제2항에서 준용하는 법 제29조에 따른 과징금의 부과 및 징수(지방항공청장에게 권한이 위임된 사항에 관한 과징금의 부과 및 징수만 해당한다) 다. 법 제60조제2항에서 준용하는 법 제12조제2항에 따른 신고의 수리 라. 법 제60조제2항에서 준용하는 법 제12조제3항 본문에 따른 사업계획 변경인가(항공노선의 임시증편을 위한 사업계획 변경인가만 해당한다) 마. 법 제60조제2항에서 준용하는 법 제12조제3항 단서에 따른 사업계획 변경신고의 수리. 다만, 다음의 사업계획 변경신고의 수리는 제외한다. 1) 자본금의 변경 2) 대표자 변경, 대표권의 제한 및 그 제한의 변경 3) 상호변경(국내사업소만 해당한다) 4) 국토교통부장관의 인가를 받아야 하는 사업계획 변경과 연계되는 경미한 사업계획 변경신고로서 사업계획 변경인가 신청 시에 국토교통부장관에게 함께 제출되는 사업계획 변경신고 32의2. 법 제61조의2제3항에 따른 이동지역 내 지연발생 보고의 접수 및 같은 조 제4항에 따른 관계 기관의 장과 공항운영자에 대한 협조 요청 33. 법 제70조제5항에 따른 항공보험 등에 가입한 자가 제출하는 보험가입신고서 등 보험가입 등을 확인할 수 있는 자료의 접수(항공사업의 등록 업무가 지방항공청장에게 위임된 경우만 해당한다) 34. 법 제74조에 따른 청문의 실시(지방항공청장에게 위임된 업무와 관련된 사항만 해당한다) 35. 법 제84조에 따른 과태료의 부과·징수(지방항공청장에게 권한이 위임된 사항에 관한 과태료 및 법 제84조제2항제18호에 따른 과태료의 부과·징수만 해당한다) ② 국토교통부장관은 법 제75조제2항에 따라 다음 각 호의 업무를 「인천국제공항공사법」에 따른 인천국제공항공사 또는 「한국공항공사법」에 따른 한국공항공사에 관할별로 위탁한다.〈신설 2020. 5. 26.〉	

항공사업법 [법률제16642호, 2019.11.26., 일부개정]	항공사업법시행령 [대통령령제30714호, 2020.5.26., 일부개정]	항공사업법시행규칙 [국토교통부령제732호, 2020.5.27., 일부개정]
	제7장 보칙	
	1. 법 제18조제1항에 따른 운항시각 배분 또는 조정 신청의 접수 2. 법 제18조제1항에 따른 운항시각 배분 또는 조정 ③ 국토교통부장관은 법 제75조제3항에 따라 같은 항 제1호 및 제2호의 업무를 「정부출연연구기관 등의 설립·운영 및 육성에 관한 법률」 제8조에 따라 설립된 한국교통연구원에 위탁한다.〈개정 2020. 5. 26.〉 ④ 국토교통부장관은 법 제75조제4항에 따라 법 제69조의2 각 호의 업무를 「항공안전기술원법」에 따른 항공안전기술원에 위탁한다.〈신설 2017. 11. 10., 2020. 5. 26.〉	
제76조(벌칙 적용에서 공무원 의제) 다음 각 호의 어느 하나에 해당하는 사람은 「형법」 제129조부터 제132조까지의 규정을 적용할 때에는 공무원으로 본다. 1. 제4조에 따른 항공정책위원회의 위원 중 공무원이 아닌 사람 2. 제75조제2항에 따라 국토교통부장관이 위탁한 업무에 종사하는 인천국제공항공사 또는 한국공항공사의 임직원 3. 제75조제3항에 따라 국토교통부장관이 위탁한 업무에 종사하는 한국교통연구원 또는 항공 관련 기관·단체 등의 임직원		

항공사업법 [법률제16642호, 2019.11.26., 일부개정]	항공사업법시행령 [대통령령제30714호, 2020.5.26., 일부개정]	항공사업법시행규칙 [국토교통부령제732호, 2020.5.27., 일부개정]
제8장 벌칙		
제77조(보조금 등의 부정 교부 및 사용 등에 관한 죄) 제65조에 따른 보조금, 융자금을 거짓이나 그 밖의 부정한 방법으로 교부받은 자는 5년 이하의 징역 또는 5천만원 이하의 벌금에 처한다.		
제78조(항공사업자의 업무 등에 관한 죄) ① 다음 각 호의 어느 하나에 해당하는 자는 3년 이하의 징역 또는 3천만원 이하의 벌금에 처한다. 1. 제7조에 따른 면허를 받지 아니하고 국내항공운송사업 또는 국제항공운송사업을 경영한 자 2. 제10조제1항에 따른 등록을 하지 아니하고 소형항공운송사업을 경영한 자 3. 제30조제1항에 따른 등록을 하지 아니하고 항공기사용사업을 경영한 자 4. 제67조제1항을 위반하여 보조금, 융자금을 교부목적 외의 목적에 사용한 항공사업자 5. 제70조제1항을 위반하여 항공보험에 가입하지 아니하고 항공기를 운항한 항공사업자 6. 제70조제2항을 위반하여 항공보험에 가입하지 아니하고 항공기를 운항한 자 ② 다음 각 호의 어느 하나에 해당하는 자는 1년 이하의 징역 또는 1천만원 이하의 벌금에 처한다. 1. 제20조에 따른 면허 등 대여금지를 위반한 항공운송사업자 2. 제33조에 따른 명의대여 등의 금지를 위반한 항공기사용사업자 3. 제42조에 따른 등록을 하지 아니하고 항공기정비업을 경영한 자 4. 제43조제1항에서 준용하는 제33조에 따른 명의대여 등의 금지를 위반한 항공기정비업자 5. 제44조에 따른 등록을 하지 아니하고 항공기취급업을 경영한 자 6. 제45조제1항에서 준용하는 제33조에 따른 명의대여 등의 금지를 위반한 항공기취급업자 7. 제46조에 따른 등록을 하지 아니하고 항공기대여업을 경영한 자 8. 제47조제2항에서 준용하는 제33조에 따른 명의대여 등의 금지를 위반한 항공기대여업자 9. 제48조제1항에 따른 등록을 하지 아니하고 초경량비행장치사용사업을 경영한 자 10. 제49조제2항에서 준용하는 제33조에 따른 명의대여 등의 금지를 위반한 초경량비행장치사용사업자 11. 제50조제1항에 따른 등록을 하지 아니하고 항공레저스포츠사업을 경영한 자 12. 제51조제1항에서 준용하는 제33조에 따른 명의대여 등의 금지를 위반한 항공레저스포츠사업자 13. 제52조제1항에 따른 신고를 하지 아니하고 상업서류송달업등을 경영한 자 ③ 다음 각 호의 어느 하나에 해당하는 자는 1천만원 이하의 벌금에 처한다.〈개정 2019. 11. 26.〉 1. 제12조제1항 또는 제2항을 위반하여 사업계획 변경인가 또는 변경신고를 하지 아니한 자 2. 제12조제3항에 따른 인가를 받지 아니하고 사업계획을 변경한 자 3. 제14조에 따른 인가를 받지 아니하거나 신고를 하지 아니하고 운임 또는 요금을 받은 자 4. 제15조를 위반하여 인가 또는 변경인가를 받지 아니한 운수협정 또는 제휴협정을 이행하거나 변경신고를 하지 아니한 자 4의2. 제18조제7항에 따른 인가를 받지 아니하고 항공기 운항시각을 상호 교환한 자		

항공사업법 [법률제16642호, 2019.11.26., 일부개정]	항공사업법시행령 [대통령령제30714호, 2020.5.26., 일부개정]	항공사업법시행규칙 [국토교통부령제732호, 2020.5.27., 일부개정]
제8장 벌칙		
5. 제24조 또는 제37조를 위반하여 휴업 또는 휴지를 한 자 6. 제27조(같은 조 제6호는 제외한다) 또는 제39조에 따른 사업개선명령을 위반한 자 7. 제28조 또는 제40조에 따른 사업정지명령을 위반한 자 8. 제32조제1항을 위반하여 등록할 때 제출한 사업계획대로 업무를 수행하지 아니한 자 9. 제32조제2항에 따른 인가를 받지 아니하고 사업계획을 변경한 자 10. 제43조제6항에서 준용하는 제39조(같은 조 제3호는 제외한다)에 따른 명령을 위반한 항공기정비업자 11. 제45조제6항에서 준용하는 제39조(같은 조 제3호는 제외한다)에 따른 명령을 위반한 항공기취급업자 12. 제47조제7항에서 준용하는 제39조에 따른 명령을 위반한 항공기대여업자 13. 제49조제7항에서 준용하는 제39조에 따른 명령을 위반한 초경량비행장치사용사업자 14. 제51조제6항에서 준용하는 제39조에 따른 명령을 위반한 항공레저스포츠사업자 15. 제53조제7항에서 준용하는 제39조제1호를 위반한 상업서류송달업자, 항공운송총대리점업자 및 도심공항터미널업자		
제79조(외국인 국제항공운송사업자 등의 업무 등에 관한 죄) ① 제54조제1항에 따른 허가를 받지 아니하고 외국인 국제항공운송사업을 경영한 자는 3년 이하의 징역 또는 3천만원 이하의 벌금에 처한다. ② 다음 각 호의 어느 하나에 해당하는 자는 3천만원 이하의 벌금에 처한다. 1. 제54조제1항 후단에 따른 운항 횟수 또는 항공기 기종의 제한을 위반한 외국인 국제항공운송사업자 2. 제55조제1항에 따른 허가를 받지 아니하고 같은 조에 따른 유상운송을 한 자 또는 제56조를 위반하여 유상운송을 한 자 ③ 다음 각 호의 어느 하나에 해당하는 외국인 국제항공운송사업자는 1천만원 이하의 벌금에 처한다.〈개정 2019. 11. 26.〉 1. 제59조에 따른 사업정지명령을 위반한 자 2. 제60조제2항에서 준용하는 제12조제3항에 따른 인가를 받지 아니하거나 신고를 하지 아니하고 사업계획을 변경한 자 3. 제60조제4항에서 준용하는 제14조제1항에 따른 인가를 받지 아니하거나 신고를 하지 아니하고 운임 또는 요금을 받은 자 4. 제60조제5항에서 준용하는 제15조에 따른 인가 또는 변경인가를 받지 아니한 운수협정 또는 제휴협정을 이행하거나 변경신고를 하지 아니한 자 4의2. 제60조제6항에서 준용하는 제18조제7항에 따른 인가를 받지 아니하고 항공기 운항시각을 상호 교환한 자 5. 제60조제9항에서 준용하는 제27조(같은 조 제6호는 제외한다)에 따른 사업개선 명령을 이행하지 아니한 자		
제80조(경량항공기 등의 영리 목적 사용에 관한 죄) ① 제71조를 위반하여 경량항공기를 영리 목적으로 사용한 자는 1년 이하의 징역 또는 1천만원 이하의 벌금에 처한다. ② 제71조를 위반하여 초경량비행장치를 영리 목적으로 사용한 자는 6개월 이하의 징역 또는 500만원 이하의 벌금에 처한다.		

항공사업법 [법률제16642호, 2019.11.26., 일부개정]	항공사업법시행령 [대통령령제30714호, 2020.5.26., 일부개정]	항공사업법시행규칙 [국토교통부령제732호, 2020.5.27., 일부개정]
제8장 벌칙		
제81조(검사 거부 등의 죄) 제73조제2항 또는 제3항에 따른 검사 또는 출입을 거부·방해하거나 기피한 자는 500만원 이하의 벌금에 처한다.		
제82조(양벌규정) 법인의 대표자나 법인 또는 개인의 대리인, 사용인, 그 밖의 종업원이 그 법인 또는 개인의 업무에 관하여 제77조부터 제81조까지의 어느 하나에 해당하는 위반행위를 하면 그 행위자를 벌하는 외에 그 법인 또는 개인에게도 해당 조문의 벌금형을 과(科)한다. 다만, 법인 또는 개인이 그 위반행위를 방지하기 위하여 해당 업무에 관하여 상당한 주의와 감독을 게을리하지 아니한 경우에는 그러하지 아니하다.		
제83조(벌칙 적용의 특례) 제78조(같은 조 제1항 및 같은 조 제2항제1호는 제외한다) 및 제79조(같은 조 제1항은 제외한다)의 벌칙에 관한 규정을 적용할 때 이 법에 따라 과징금을 부과할 수 있는 행위에 대해서는 국토교통부장관의 고발이 있어야 공소를 제기할 수 있으며, 과징금을 부과한 행위에 대해서는 과태료를 부과할 수 없다.		
제84조(과태료) ① 제27조제6호 및 제7호에 따른 사업개선 명령을 이행하지 아니한 항공교통사업자 중 항공운송사업자(외국인 국제항공운송사업자를 포함한다)에게는 2천만원 이하의 과태료를 부과한다. ② 다음 각 호의 어느 하나에 해당하는 자에게는 500만원 이하의 과태료를 부과한다.〈개정 2017. 1. 17., 2017. 8. 9., 2019. 8. 27., 2019. 11. 26.〉 1. 제8조제3항에 따른 자료를 제출하지 아니하거나 거짓의 자료를 제출한 자 2. 제8조제4항에 따른 고지의 의무를 이행하지 아니한 자 3. 제25조를 위반하여 폐업 또는 폐지를 하거나 폐업 또는 폐지 신고를 하지 아니하거나 거짓으로 신고한 자 4. 제27조제6호에 따른 사업개선 명령을 이행하지 아니한 공항운영자 4의2. 제30조의2제2항을 위반하여 교육비의 반환 등 교육생을 보호하기 위한 조치를 하지 아니한 자 5. 제38조를 위반하여 폐업하거나 폐업 신고를 하지 아니하거나 거짓으로 신고한 자 6. 제43조제5항에서 준용하는 제38조를 위반하여 폐업하거나 폐업 신고를 하지 아니하거나 거짓으로 신고한 자 7. 제45조제5항에서 준용하는 제38조를 위반하여 폐업하거나 폐업 신고를 하지 아니하거나 거짓으로 신고한 자 8. 제47조제6항에서 준용하는 제38조를 위반하여 폐업하거나 폐업 신고를 하지 아니하거나 거짓으로 신고한 자 9. 제49조제6항에서 준용하는 제38조를 위반하여 폐업하거나 폐업 신고를 하지 아니하거나 거짓으로 신고한 자 10. 제51조제5항에서 준용하는 제38조를 위반하여 폐업하거나 폐업 신고를 하지 아니하거나 거짓으로 신고한 자 11. 제53조제6항에서 준용하는 제38조를 위반하여 폐업하거나 폐업 신고를 하지 아니하거나 거짓으로 신고한 자 12. 제61조제6항(제60조제10항에서 준용하는 경우를 포함한다)에 따라 보고를 하지 아니하거나 거짓으로 보고한 자 13. 제61조제10항(제60조제10항에서 준용하는 경우를 포함한다)에 따른 의무를 위반한 자	**제35조(과태료의 부과기준)** 법 제84조에 따른 과태료의 부과기준은 별표 11과 같다.	

항공사업법 [법률제16642호, 2019.11.26., 일부개정]	항공사업법시행령 [대통령령제30714호, 2020.5.26., 일부개정]	항공사업법시행규칙 [국토교통부령제732호, 2020.5.27., 일부개정]
제8장 벌칙		
14. 제61조제12항(제60조제10항에서 준용하는 경우를 포함한다)에 따른 의무를 위반한 자 15. 제61조의2제2항(제60조제11항에서 준용하는 경우를 포함한다)을 위반하여 지연사유 및 진행상황 등을 알리지 아니한 자 16. 제61조의2제3항(제60조제11항에서 준용하는 경우를 포함한다)을 위반하여 음식물을 제공하지 아니하거나 보고를 하지 아니한 자 17. 제62조제1항(제60조제12항에서 준용하는 경우를 포함한다)을 위반하여 운송약관을 신고 또는 변경신고하지 아니한 자 18. 제62조제4항(제60조제12항에서 준용하는 경우를 포함한다) 또는 같은 조 제6항에 따른 요금표 등을 갖추어 두지 아니하거나 거짓 사항을 적은 요금표 등을 갖추어 둔 자 19. 제62조제5항(제60조제12항에서 준용하는 경우를 포함한다)을 위반하여 항공운임 등 총액을 제공하지 아니하거나 거짓으로 제공한 자 20. 제63조제4항(제60조제13항에서 준용하는 경우를 포함한다)을 위반하여 자료를 제출하지 아니하거나 거짓 자료를 제출한 자 21. 제70조제3항 또는 제4항을 위반하여 보험 또는 공제에 가입하지 아니하고 경량항공기 또는 초경량비행장치를 사용하여 비행한 자 22. 제70조제5항에 따른 자료를 제출하지 아니하거나 거짓으로 자료를 제출한 자 23. 제73조제1항에 따른 보고 등을 하지 아니하거나 거짓 보고 등을 한 자 24. 제73조제2항 또는 제3항에 따른 질문에 대하여 거짓으로 진술한 자 ③ 제1항 및 제2항에 따른 과태료는 대통령령으로 정하는 바에 따라 국토교통부장관이 부과·징수한다. ④ 제2항제13호 및 제16호에 해당하는 여행업자에 대한 과태료는 대통령령으로 정하는 바에 따라 특별자치시장·특별자치도지사·시장·군수·구청장(자치구의 구청장을 말한다)이 부과·징수한다.		

항공사업법 시행령 [별표 1] 〈개정 2018. 10. 30.〉

국내 항공운송사업 및 국제 항공운송사업의 면허기준(제12조관련)

<table>
<tr><th>구분</th><th>국내(여객)·국내(화물)·국제(화물)</th><th>국제(여객)</th></tr>
<tr><td>1. 재무능력</td><td colspan="2">법 제19조제1항에 따른 운항개시예정일(이하 “운항개시예정일”이라 한다)부터 3년 동안 법 제7조제4항에 따른 사업운영계획서에 따라 항공운송사업을 운영하였을 경우에 예상되는 운영비 등의 비용을 충당할 수 있는 재무능력(해당 기간동안 예상되는 영업수익 및 기타수익을 포함한다)을 갖출 것. 다만, 운항개시예정일부터 3개월 동안은 영업수익 및 기타수익을 제외하고도 해당기간에 예상되는 운영비 등의 비용을 충당할 수 있는 재무능력을 갖추어야 한다.</td></tr>
<tr><td>2. 자본금 또는 자산평가액</td><td>가. 법인: 납입자본금 50억원 이상일 것
나. 개인: 자산평가액 75억원 이상일 것</td><td>가. 법인: 납입자본금 150억원 이상일 것
나. 개인: 자산평가액 200억원 이상일 것</td></tr>
<tr><td>3. 항공기</td><td>가. 항공기 대수: 1대 이상
나. 항공기 성능
1) 계기 비행능력을 갖출 것
2) 쌍발(雙發) 이상의 항공기일 것
3) 여객을 운송하는 경우에는 항공기의 조종실과 객실이, 화물을 운송하는 경우에는 항공기의 조종실과 화물칸이 분리된 구조일 것
4) 항공기의 위치를 자동으로 확인할 수 있는 기능을 갖출것
다. 승객의 좌석수가 51석 이상일 것(여객을 운송하는 경우만 해당한다)
라. 항공기의 최대 이륙중량이 25,000킬로그램을 초과할 것(화물을 운송하는 경우만 해당한다)</td><td>가. 항공기 대수: 5대 이상(운항개시 예정일부터 3년 이내에도입할 것)
나. 항공기 성능
1) 계기비행능력을 갖출 것
2) 쌍발이상의 항공기일 것
3) 항공기의 조종실과 객실이 분리된 구조일 것
4) 항공기의 위치를 자동으로 확인할 수 있는 기능을 갖출 것
다. 승객의 좌석수가 51석 이상일 것</td></tr>
</table>

항공사업법 시행령 [별표 2] 〈개정 2018. 12. 31.〉

소형항공운송사업의 등록요건(제13조관련)

구분	기준
1. 자본금 또는 자산평가액	가. 승객 좌석수가 10석 이상 50석 이하의 항공기(화물운송전용의 경우 최대 이륙중량이 5,700킬로그램 초과 2만5천킬로그램 이하의 항공기) 1) 법인: 납입자본금 15억원 이상 2) 개인: 자산평가액 22억5천만원 이상 나. 승객 좌석수가 9석 이하의 항공기(화물운송전용의 경우 최대이륙중량이 5,700킬로그램 이하의 항공기) 1) 법인: 납입자본금 7억5천만원 이상 2) 개인: 자산평가액 11억2,500만원 이상
2. 항공기	가. 대수: 1대이상 나. 능력 1) 항공기의 위치를 자동으로 확인할 수 있는 기능을 갖출 것(해상비행 및 국제선 운항인 경우에만 해당한다) 2) 계기비행 능력을 갖출 것. 다만, 헬리콥터를 이용해 주간시계비행 조건으로만 관광 또는 여객수송을 하는 경우는 제외한다.
3.기술인력	가. 조종사 항공기 1대당 「항공안전법」에 따른 운송용조종사(해당 항공기의 비행교범에 따라 1명의 조종사가 필요한 항공기인 경우와 비행선인 항공기의 경우에는 「항공안전법」에 따른 사업용 조종사를 말한다)자격증명을 받은 사람 1명 이상 나. 정비사 항공기 1대당 「항공안전법」에 따른 항공정비사 자격증명을 받은 사람 1명 이상. 다만, 보유항공기에 대한 정비능력이 있는 항공기 정비업자에게 항공기 정비 업무전체를 위탁하는 경우에는 정비사를 두지 않을 수 있다.
4. 대기실등 이용객 편의시설	가. 대기실, 화장실, 세면장 등 이용객 편의시설(공항 또는 비행장의 대기실에 시설을 확보한 경우는 제외한다)을 갖출 것 나. 이용객 안내시설
5. 보험가입	보유 항공기마다 여객보험(화물운송 전용인 경우 여객보험은 제외한다), 기체보험, 화물보험, 전쟁보험(국제선 운항만 해당한다), 제3자 보험 및 승무원보험. 다만, 여객보험, 기체보험, 화물보험 및 전쟁보험은 「항공안전법」 제90조에 따른 운항증명 완료 전까지 가입할 수 있다.

항공사업법 시행령 [별표 3] 〈개정 2020. 5. 26.〉

위반행위의 종류별 과징금의 금액(제15조관련)

1. 일반기준

가. 국토교통부장관은 다음의 어느 하나에 해당하는 경우에는 제2호에 따른 과징금 금액의 2분의 1 범위에서 그 금액을 줄일 수 있다. 다만, 과징금을 체납하고 있는 위반 행위자의 경우에는 그렇지 않다.

1) 위반 행위가 사소한 부주의나 오류로 인한 것으로 인정되는 경우

2) 위반 행위자가 법 위반상태를 시정하거나 해소하기 위하여 노력한 사실이 인정되는 경우

3) 그 밖에 사업자의 사업규모, 사업지역의 특수성, 위반 행위의 정도, 위반 행위의 동기와 그 결과 및 위반 횟수 등을 고려하여 과징금 금액을 줄일 필요가 있다고 인정되는 경우

나. 국토교통부장관은 다음의 어느 하나에 해당하는 경우에는 제2호에 따른 과징금 금액의 2분의 1 범위에서 그 금액을 늘릴 수 있다. 다만, 법 제29조제1항에 따른 금액(법 제53조제1항에서 준용하는 경우에는 법 제53조제1항 후단에 따른 금액을 말한다)의 상한을 넘을 수 없다.

1) 위반의 내용·정도가 중대하여 공중에 미치는 영향이 크다고 인정되는 경우

2) 법 위반상태의 기간이 6개월 이상인 경우

3) 그 밖에 사업자의 사업규모, 사업지역의 특수성, 위반행위의 정도, 위반행위의 동기와 그 결과 및 위반횟수등을 고려하여 과징금 금액을 늘릴 필요가 있다고 인정되는 경우

2. 개별기준

(단위: 만원)

위반행위	근거법조문	사업의 종류별 과징금의 금액				
		국제 항공 운송 사업	국내 항공 운송 사업	소형 항공 운송 사업	외국인 국제 항공 운송 사업	항공 운송 총대점업
가. 법 제8조제1항에 따른 면허기준 또는 제10조제2항에 따른 등록기준에 미달한 경우	법제28조제1항제3호	10,000	1,000	1,000		
나. 사업계획						
1) 법 제12조제1항본문(법 제60조제2항에서 준용하는 경우를 포함한다)에 따른 사업계획에 따라 사업을 하지 않은 경우	법 제28조제1항제5호 및 제59조제1항제4호	10,000	1,000	200	10,000	
2) 법 제12조제2항에 따른 신고를 하지 않거나 거짓으로신고한 경우	법 제28조제1항제5호	10,000	1,000	200		
3) 법 제12조제3항 본문(법 제60조제2항에서 준용하는경우를 포함한다)에 따른 인가를 받지 않고 사업계획을 변경한 경우	법 제28조제1항제6호 및 제59조제1항제4호	10,000	1,000	200	10,000	
4) 법 제12조제3항 단서(법 제60조제2항에서 준용하는 경우를 포함한다)에 따른 신고를 하지 않고 사업계획을 변경한 경우	법 제28조제1항제6호 및 제59조제1항제4호	5,000	1,000	50	5,000	
다. 운임 및 요금						
1) 법 제14조제1항(법 제60조제4항에서 준용하는 경우를 포함한다)을 위반하여 운임 및 요금에 대하여 인가 또는 변경인가를 받지 않거나 신고 또는 변경신고를 하지 않은 경우	법 제28조제1항제7호 및 제59조제1항제5호	2,000		200	2,000	
2) 법 제14조제1항(법 제60조제4항에서 준용하는 경우를 포함한다)을 위반하여 인가받거나 신고한 사항을 이행하지않은 경우	법 제28조제1항제7호 및 제59조제1항제5호	2,000		200	2,000	
라. 운수협정 또는 제휴협정						
1) 법 제15조(법 제60조제5항에서 준용하는 경우를 포함한다)를 위반하여 운수협정 또는 제휴협정에 대하여 인가 또는 변경인가를 받지 않거나 신고를 하지 않은 경우	법제28조제1항제8호 및 제59조제1항제6호	3,000	500	100	3,000	
2) 법 제15조(법 제60조제5항에서 준용하는 경우를 포함한다)에 따라 인가받거나 신고한 사항을 이행하지 않은 경우	법제28조제1항제8호 및 제59조제1항제6호	3,000	500	100	3,000	
마. 법 제20조를 위반하여 타인에게 자기의 성명 또는 상호를 사용하여 사업을 경영하게 하거나 면허증 또는 등록증을 빌려준 경우	법 제28조제1항제9호	5,000	1,000	500		
바. 법 제21조제1항 또는 제22조제1항을 위반하여 인가나 신고없이 사업을 양도·양수 또는 합병한 경우	법 제28조제1항제10호 및 제11호	5,000	1,000	200		
사. 법 제23조제2항을 위반하여 상속에 관한 신고를 하지 않은 경우	법 제28조제1항제12호	5,000	1,000	200		
아. 법 제24조제1항 또는 제3항을 위반하여 허가나 신고없이 휴업한 경우 및 휴업기간이 지난 후에도 사업을 시작하지 않은 경우	법 제28조제1항제13호	5,000	1,000	200		

위반행위	근거법조문	사업의 종류별 과징금의 금액				
		국제 항공 운송 사업	국내 항공 운송 사업	소형 항공 운송 사업	외국인 국제 항공 운송 사업	항공 운송 총대점업
자. 법 제26조제1항(법 제60조제7항에서 준용하는 경우를 포함한다)에 따라 부과된 면허등의 조건등을 이행하지 않은 경우	법 제28조제1항제14호 및 제59조제1항제7호	10,000	1,000	500	10,000	
차. 법 제27조제1호·제2호·제4호 또는 제6호(법 제60조제8항에서 준 용하는 경우를 포함한다)에 따른 사업개선명령을 이행하지 않은 경우	법 제28조제1항제15호 및 제59조제1항제8호	10,000	1,000	200	10,000	
카. 법 제27조제8호에 따른 사업개선 명령 후 2분의 1 이상 자본잠식이 3년 이상 지속되어 제14조에 따른 안전 또는 소비자 피해가 우려되는 경우	법 제28조제1항제16호	10,000	1,000	200		
타. 소비자보호						
1) 법 제61조의2제1항(법 제60조제11항에서 준용하는 경우를 포함한다)을 위반하여 같은 항 각 호의 시간을 초과하여 항공기를 머무르게 한 경우	법 제28조제1항제17호, 제59조제1항제9호	5,000	1,000	200	5,000	
2) 법 제62조제4항(법 제60조제12항에서 준용하는 경우를 포함한다)을 위반하여 운송약관 등을 갖추어 두지 않거나 항공교통이용자가 열람할 수 있게 하지 않은 경우	법 제28조제1항제18호, 제53조제1항 및 제59조제1항제9호의2	500	250	50	500	50
3) 법 제62조제5항(법 제60조제12항에서 준용하는 경우를 포함한다)을 위반하여 항공운임등 총액을 쉽게 알 수 있도록 제공하지 않은 경우	법 제28조제1항제19호 및 제59조제1항 제9호의2	1,000	500	100	1,000	
파. 국가의 안전이나 사회의 안녕 질서에 위해를 끼칠 현저한 사유가 있는 경우	법 제28조제1항제20호 및 제59조제1항제21호	10,000	1,000	1,000	10,000	
하. 외국인 국제 항공운송사업자의 항공기 운항관련						
1) 법 제54조제2항에 따른 허가 기준에 적합하지 않게 운항하거나 사업을 한 경우	법 제59조제1항제2호				10,000	
2) 법 제57조를 위반하여 신고를 하지않고 휴업한 경우 및 휴업기간에 사업을 하거나 휴업 기간이 지난 후에도 사업을 시작하지 않은 경우	법 제59조제1항제3호				5,000	
3) 「항공안전법」 제51조를 위반하여 국토교통부령으로 정하는 무선설비를 설치하지 않은 항공기 또는 설치한 무선설비가 운용되지 않는 항공기를 항공에 사용한 경우	법 제59조제1항제10호				2,000	
4) 「항공안전법」 제52조를 위반하여 항공기에 항공계기등을 설치하거나 탑재하지 않고 항공에 사용하거나 그 운용 방법등을 따르지 않은 경우	법 제59조제1항제11호				1,000	
5) 「항공안전법」 제54조를 위반하여 항공기를 야간에 비행시키거나 비행장에 주기 또는 정박시키는 경우에 국토교통부령으로 정하는 바에 따라 등불로 항공기의 위치를 나타내지 않은 경우	법 제59조제1항제12호				500	
6) 「항공안전법」 제66조를 위반하여 이륙·착륙 장소가 아닌 곳에서 이륙하거나 착륙하게 한 경우	법 제59조제1항제13호				1,000	
7) 「항공안전법」 제68조를 위반하여 비행중 금지행위등을 하게 한 경우	법 제59조제1항제14호				3,000	
8)「항공안전법」 제70조제1항을 위반하여 허가를 받지 않고 항공기를 이용하여 위험물을 운송하거나 같은 조 제3항을 위반하여 국토교통부장관이 고시하는 위험물 취급의 절차 및 방법을 따르지 않고 위험물을 취급한 경우	법 제59조제1항제15호				3,000	

(단위: 만원)

위반행위	근거법조문	사업의 종류별 과징금의 금액				
		국제 항공 운송 사업	국내 항공 운송 사업	소형 항공 운송 사업	외국인 국제 항공 운송 사업	항공 운송 총대점업
9) 「항공안전법」 제104조제1항을 위반하여 같은 항 각 호의 서류를 항공기에 싣지 않고 운항한 경우	법 제59조제1항제16호				1,000	
10) 「항공안전법」 제104조제2항을 위반하여 같은 조 제1항 제2호의 운영기준을 지키지 않은 경우	법 제59조제1항제17호				2,000	
11) 정당한 사유없이 허가받거나 인가받은 사항을 이행하지 않은 경우	법 제59조제1항제18호				1,000	
12) 주식이나 지분의 과반수에 대한 소유권 또는 실질적인 지배권이 법 제54조제2항제1호에따라 국제항공운송사업자를 지정한 국가 또는 그 국가의 국민에게 속하지 않게 된 경우	법 제59조제1항제19호				2,000	
13) 대한민국과 법 제54조제2항제1호에 따라 국제 항공운송사업자를 지정한 국가가 항공에 관하여 체결한 협정이 있는 경우 그 협정이 효력을 잃거나 그 해당국가 또는 외국인국제항공운송사업자가 그 협정을 위반한 경우	법 제59조제1항제20호				2,000	

비고: 국제 항공운송사업과 국내 항공운송사업을 겸업하는 경우에는 국제 항공운송사업의 과징금 부과기준을 적용한다.

항공사업법 시행령 [별표 4]

항공기 사용사업의 등록요건(제18조관련)

구분	기준
1. 자본금 또는 자산평가액	가. 법인: 납입 자본금 7억5천만원 이상 나. 개인: 자산평가액 11억2,500만원 이상
2.기술인력	가. 조종사: 항공기 1대당 「항공안전법」에 따른 사업용 조종사 자격증명을 받은 사람 1명 이상 나. 정비사: 항공기 1대당(같은 기종인 경우에는 2대당) 「항공안전법」에 따른 항공정비사 자격증명을 받은 사람 1명 이상. 다만, 보유 항공기에 대한 정비능력이 있는 항공기 정비업자에게 항공기 정비업무 전체를 위탁하는 경우에는 정비사를 두지 않을 수 있다.
3. 항공기	가. 대수: 1대 이상 나. 능력: 해상 비행시 항공기의 위치를 자동으로 확인할 수 있는 기능을 갖출 것
4. 보험가입	보유 항공기마다 기체보험, 제3자 보험 및 승무원 보험에 가입할 것

항공사업법 시행령 [별표 5] 〈개정 2017. 11. 10.〉

위반행위의 종류별 과징금의 금액(제19조제1항관련)

1. 일반기준

가. 국토교통부장관은 다음의 어느 하나에 해당하는 경우에는 제2호에 따른 과징금 금액의 2분의 1 범위에서 그 금액을 줄일 수 있다. 다만, 과징금을 체납하고 있는 위반 행위자의 경우에는 그렇지 않다.

1) 위반 행위가 사소한 부주의나 오류로 인한 것으로 인정되는 경우

2) 위반 행위자가 법 위반상태를 시정하거나 해소하기 위하여 노력한 사실이 인정되는 경우

3) 그 밖에 사업자의 사업규모, 사업지역의 특수성, 위반행위의 정도, 위반행위의 동기와 그 결과 및 위반 횟수 등을 고려하여 과징금 금액을 줄일 필요가 있다고 인정되는경우

나. 국토교통부장관은 다음의 어느 하나에 해당하는 경우에는 제2호에 따른 과징금 금액의 2분의 1 범위에서 그 금액을 늘릴 수 있다. 다만, 법 제41조제1항에 따른 금액(법 제43조제8항, 제45조제8항, 제47조제9항, 제49조제9항, 제51조제8항 및 제53조제9항에서 준용하는 경우에는 각각 해당규정에 따른 금액을 말한다)의 상한을 넘을 수 없다.

1) 위반의 내용·정도가 중대하여 공중에 미치는 영향이 크다고 인정되는 경우

2) 법 위반상태의 기간이 6개월 이상인 경우

3) 그 밖에 사업자의 사업규모, 사업지역의 특수성, 위반행위의 정도, 위반행위의 동기와 그 결과 및 위반 횟수 등을 고려하여 과징금 금액을 늘릴 필요가 있다고 인정되는 경우

2. 개별기준

(단위: 만원)

위반행위	근거법조문	사업의 종류별 과징금의 금액							
		항공기 사용 사업	항공기 정비업 및 항공기 취급업	항공기 대여업	초경량 비행 장치 사용 사업	항공 레저 스포츠 사업	상업 서류 송달업	항공 운송 총대리 점업	도심 공항 터미 널업
가. 법 제30조제2항, 제42조제2항, 제44조제2항, 제46조제2항, 제48조제2항 및 제50조제2항에 따른 등록기준에 미달한 경우	법 제40조제1항제3호, 제43조제7항, 제45조제7항, 제47조제8항, 제49조제8항 및 제51조제7항	1,000	1,000	500	500	500			
나. 법 제30조의2제1항을 위반하여 보증보험등에 가입 또는 예치하지 않은 경우	법 제40조제1항 제4호의2	1,000							
다. 사업계획									
1) 법 제32조제1항(법 제47조제1항 및 제49조제1항에서 준용하는 경우를 포함한다)을 위반하여 사업계획에 따라 사업을 하지 않은 경우	법 제40조제1항제5호, 제47조제8항 및 제49조제8항	1,000		500	500				
2) 법 제32조제2항 본문(법 제47조제1항 및 제49조제1항에서 준용하는 경우를 포함한다)에 따른 인가를 받지 않고 사업계획을 변경하는 경우	법제40조제1항제5호, 제47조제8항 및 제49조제8항	1,000		500	500				
3) 법 제32조제2항단서(법 제47조제1항 및 제49조제1항에서 준용하는 경우를 포함한다)에 따라 신고를 하지 않고 사업계획을 변경한 경우	법제40조제1항제5호, 제47조제8항 및 제49조제8항	200		50	50				
라. 법 제33조(법 제43조제1항, 제45조제1항, 제47조제2항, 제49조제2항, 제51조제1항 및 제53조제2항에서 준용하는 경우를 포함한다)를 위반하여 타인에게 자기의 성명 또는 상호를 사용하여 사업을 경영하게 하거나 등록증을 빌려준 경우	법제40조제1항제6호, 제43조제7항, 제45조제7항, 제47조제8항, 제49조제8항, 제51조제7항 및 제53조제8항	500	500	500	500	500	500	500	500
마. 법 제34조제1항 또는 제35조제1항(법 제43조제2항·제3항, 제45조제2항·제3항, 제47조제3항·제4항, 제49조제3항·제4항, 제51조제2항·제3항 및 제53조제3항·제4항에서 준용하는 경우를 포함한다)을 위반하여 신고를 하지 않고 사업을 양도·양수한 경우 또는 합병신고를 하지 않은 경우	법 제40조제1항제7호·제8호, 제43조제7항, 제45조제7항, 제47조제8항, 제49조제8항, 제51조제7항 및 제53조제8항	1,000	1,000	500	500	500	500	500	500
바. 법 제36조제2항(법 제43조제4항, 제45조제4항, 제47조제5항, 제49조제5항, 제51조제4항 및 제53조제5항에서 준용하는 경우를 포함한다)을 위반하여 상속에 관한 신고를 하지 않은 경우	법제40조제1항제9호, 제43조제7항, 제45조제7항, 제47조제8항, 제49조제8항, 제51조제7항 및 제53조제8항	1,000	1,000	200	200	200	500	500	500

(단위: 만원)

위반행위	근거법조문	사업의 종류별 과징금의 금액							
		항공기 사용 사업	항공기 정비업 및 항공기 취급업	항공기 대여업	초경량 비행 장치 사용 사업	항공 레저 스포츠 사업	상업 서류 송달업	항공 운송 총대리 점업	도심 공항 터미 널업
사. 법 제37조제1항및제2항(법 제43조제5항, 제45조제5항, 제47조제6항, 제49조제6항, 제51조제5항 및 제53조제6항에서 준용하는 경우를 포함한다)을 위반하여 신고없이 휴업한 경우 및 휴업기간이 지난 후에도 사업을 시작하지 않은 경우	법 제40조제1항제10호, 제43조제7항, 제45조제7항, 제47조제8항, 제49조제8항, 제51조제7항 및 제53조제8항	1,000	1,000	500	500	500	500	500	500
아. 법 제39조제1호 또는 제3호(법 제43조제6항, 제45조제6항, 제47조제7항, 제49조제7항, 제51조제6항 및 제53조제7항에서 준용하는 경우를 포함한다)에 따른 사업 개선명령을 이행하지 않은 경우	법 제40조제1항제11호, 제43조제7항, 제45조제7항, 제47조제8항, 제49조제8항, 제51조제7항 및 제53조제8항	1,000	1,000	500	500	500	500	500	500
자. 법 제62조제6항을 위반하여 요금표 등을 갖추어 두지 않거나 항공 교통이용자가 열람할 수 있게 하지 않은 경우	법 제40조제1항제12호, 제43조제7항, 제45조제7항, 제47조제8항, 제49조제8항 및 제51조제7항	100	100	50	50	50			
차. 국가의 안전이나 사회의 안녕 질서에 위해를 끼칠 현저한 사유가 있는 경우	법 제40조제1항제14호, 제43조제7항, 제45조제7항, 제47조제8항, 제49조제8항, 제51조제7항 및 제53조제8항	1,000	1,000	500	500	500	500	500	500

항공사업법 시행령 [별표 6]

항공기 정비업의 등록요건(제20조관련)

구분	기준
1. 자본금 또는 자산평가액	가. 법인: 납입자본금 3억원 이상 나. 개인: 자산평가액 4억5천만원 이상
2. 인력·시설 및 장비기준	가. 인력: 「항공안전법」에 따른 항공 정비사 자격증명을 받은 사람 1명 이상 나. 시설: 사무실, 정비작업장(정비자재 보관장소 등을 포함한다) 및 사무기기 다. 장비: 작업용 공구, 계측 장비등 정비 작업에 필요한 장비(수행하려는 업무에 해당하는 장비로 한정한다)

항공사업법 시행령 [별표 7] 〈개정 2018. 12. 31.〉

항공기 취급업의 등록요건(제21조관련)

구분	기준
1. 자본금 또는 자산평가액	가. 법인: 납입자본금 3억원 이상 나. 개인: 자산평가액 4억5천만원 이상
2. 장비	가. 항공기 급유업: 급유지원차, 급유차, 트랙터, 트레일러등 급유에 필요한 장비. 다만, 해당 공항의 급유시설 상황에 따라 불필요한 장비는 제외한다. 나. 항공기 하역업: 소형견인차, 수화물하역차, 화물하역장비, 수화물이동장치, 화물트레일러, 화물카트 등 하역에 필요한 장비(수행하려는 업무에 필요한 장비로 한정한다) 다. 지상 조업사업: 항공기견인차, 지상발전기(GPU), 엔진시동지원장치(ASU), 탑승계단차, 오물처리카트 등 지상조업에 필요한 장비(수행하려는 업무에 필요한 장비로 한정한다)

비고: 임차계약을 통해 항공기 취급업 등록에 필요한 장비의 사용권을 확보한 경우에는 해당장비를 갖춘 것으로 본다.

항공기 취급업의 등록요건(제21조관련)

구분	기준
1. 자본금 또는 자산평가액	가. 법인: 납입자본금 2억5천만원 이상. 다만, 경량항공기 또는 초경량비행장치만을 대여하는 경우에는 3천만원 이상으로 한다. 나. 개인: 자산평가액 3억7,500만원 이상. 다만, 경량항공기 또는 초경량비행장치만을 대여하는 경우에는 3천만원 이상으로한다.
2. 항공기	항공기, 경량항공기 또는 초경량비행장치 1대 이상
3. 보험가입	항공기, 경량항공기 또는 초경량비행장치마다 여객보험(여객이 없는 초경량비행장치의 경우에는 제외한다), 기체보험(경량항공기 및 초경량비행장치의 경우에는 제외한다), 제3자보험, 승무원보험(승무원이 없는 초경량비행장치의 경우에는 제외한다)에 가입할 것

항공사업법 시행령 [별표 9] 〈개정 2018. 12. 31.〉

초경량비행장치 사용사업의 등록요건(제23조관련)

구분	기준
1. 자본금 또는 자산평가액	가. 법인: 납입자본금 3천만원 이상 나. 개인: 자산평가액 3천만원 이상
2. 조종자	1명 이상
3. 장치	초경량비행장치(무인비행장치로 한정한다) 1대 이상
4. 보험(해당보험에 상응하는 공제를 포함한다)	제3자보험에 가입할 것

항공사업법 시행령 [별표 10] 〈개정 2020. 5. 26.〉

항공레저스포츠사업의 등록요건(제24조관련)

1. 법 제2조제26호가목의 서비스를 제공하는 사업의 경우

구분	기준
가. 자본금 또는 자산평가액	1) 법인: 납입자본금 3억원 이상. 다만, 경량항공기 또는 초경량비행장치만을 사용하는 경우에는 3천만원 이상으로 한다. 2) 개인: 자산평가액 4억5천만원 이상. 다만, 경량항공기 또는 초경량비행장치만을 사용하는 경우에는 3천만원 이상으로 한다.
나. 항공기등	다음의 구분에 따른 요건을 갖춘 항공기·경량항공기 또는 초경량비행장치 1대 이상 1) 항공기: 「항공안전법」 제23조에 따른 감항증명을 받은 비행선 또는 활공기 2) 경량항공기: 「항공안전법」 제108조제2항에 따라 국토교통부령으로 정하는 안전성 인증등급을 받은 경량항공기 3) 초경량비행장치: 「항공안전법」 제124조에 따라 안전성 인증을 받은 초경량비행장치
다. 인력	1) 조종사: 다음의 구분에 따른 자격기준을 충족하는 사람 1명 이상 가) 항공기: 「항공안전법」에 따른 운송용조종사 또는 사업용조종사 자격증명을 받은 사람 나) 경량항공기: 「항공안전법」 제115조제1항에 따른 경량항공기 조종교육증명을 받은 사람 다) 초경량비행장치: 「항공안전법」 제125조제1항에 따른 초경량비행장치 조종자증명을 받은 사람으로서 비행시간이 180시간 이상인 사람 2) 정비인력(초경량비행장치만을 사용하는 사업의 경우는 제외한다): 「항공안전법」에 따른 항공정비사 자격증명을 받은 사람1 명 이상. 다만, 경량항공기를 사용하는 사업의 경우로서 해당 경량항공기의 정비업무전체를 법 제2조제26호다목의 서비스를 제공하는 항공레저스포츠 사업자에게 위탁한 경우에는 정비인력을 갖추지 않을 수 있다. 3) 항공레저스포츠 이용자의 안전관리를 위한 비행 및 안전통제요원 1명 이상. 다만, 안전관리에 지장을 주지 않는 범위에서 2)에 따른 정비인력으로 대체할 수 있다.
라.시설 및 장비	항공레저스포츠 이용자와 사업장 주변항공기(군비행장에서 운용하는 항공기를 포함한다)의 안전을 위하여 인근에 있는 「항공안전법」 제83조제4항에 따른 항공교통업무를 수행하는 기관(군비행장을 포함한다)과 연락할 수 있는유·무선통신장비를갖출것
마. 보험(해당보험에 상응하는 공제를 포함한다)	항공기, 경량항공기 및 초경량비행장치마다 제3자배상책임보험, 조종자 및 동승자보험에 가입하되, 가입금액은 「자동차 손해배상보장법 시행령」 제3조제1항에 따른 금액 이상으로 할 것. 다만, 초경량비행장치(기구류 제외)에 대해서는 사업자별로 보험에 가입할 수 있다.

2. 법 제2조제26호나목의 서비스를 제공하는 사업의 경우

구분	기준
가. 자본금 또는 자산평가액	1) 법인: 납입자본금 2억5천만원 이상. 다만, 경량항공기 또는 초경량비행장치만을 대여하는 경우에는 3천만원 이상으로 한다. 2) 개인: 자산평가액 3억7,500만원 이상. 다만, 경량항공기 또는 초경량비행장치만을 대여하는 경우에는 3천만원 이상으로 한다.
나. 항공기등	다음의 구분에 따른 요건을 갖춘 항공기·경량항공기 또는 초경량비행장치 1대 이상 1) 항공기: 「항공안전법」 제23조에 따른 감항증명을 받은 비행선 또는 활공기 2) 경량항공기: 「항공안전법」 제108조제2항에 따라 국토교통부령으로 정하는 안전성 인증등급을 받은 경량항공기 3) 초경량비행장치: 「항공안전법」 제2조제3호에 따른 초경량비행장치

구분	기준
다. 인력	1) 항공기 또는 경량항공기를 대여하는 경우: 「항공안전법」에 따른 항공정비사 자격증명을 받은 사람 1명 이상. 다만, 경량항공기를 대여하는 사업의 경우로서 해당경량항공기의 정비업무 전체를 법 제2조제26호다목의 서비스를 제공하는 항공레저스포츠 사업자에게 위탁한 경우는 제외한다. 2) 초경량비행장치를 대여하는 경우: 「항공안전법」 제125조제1항에 따른 초경량비행장치 조종자 증명을 받은 사람으로서 비행시간이 180시간 이상인 사람. 다만, 초경량비행장치의 정비업무전체를 법제2조제26호다목의 서비스를 제공하는 항공레저스포츠 사업자에게 위탁한 경우는 제외한다.
라. 보험(해당보험에 상응하는 공제를 포함한다)	항공기, 경량항공기 및 초경량비행장치마다 제3자배상책임보험, 조종자 및 동승자보험에 가입하되, 가입금액은 「자동차손해배상 보장법 시행령」 제3조제1항에 따른 금액 이상으로 할 것. 다만, 초경량비행장치(기구류 제외)에 대해서는 사업자별로 보험에 가입할 수 있다.

3. 법 제2조제26호다목의 서비스를 제공하는 사업의 경우

구분	기준
가. 자본금 또는 자산평가액	1) 법인: 납입자본금 3천만원 이상 2) 개인: 자산평가액 3천만원 이상
나. 인력	1) 경량항공기를 정비, 수리 또는 개조하는 경우: 「항공안전법」에 따른 항공정비사자격 증명을 받은 사람 1명 이상 초경량비행장치를 정비, 수리 또는 개조하는 경우: 다음의 어느 하나에 해당하는 사람 1명 이상. 다만, 다)에 해당하는 사람은 낙하산류 초경량비행장치를 정비, 수리 또는 개조하는 경우만 해당한다. 가) 「항공안전법」 제125조제1항에 따른 초경량비행장치 조종자 증명을 받은 사람으로서 비행시간이 180시간 이상인사람 나) 「항공안전법」에 따른 항공정비사자격 증명을 받은 사람 다) 「민법」 제32조에 따라 설립된 사단법인 또는 외국의 정부나 민간단체에서 발행한 낙하산 정비자격증명을 받은 사람
다. 시설 및 장비	1) 시설: 사무실 및 정비, 수리 또는 개조를 위한 작업장(정비자재 보관장소 등을 포함한다) 2) 장비: 작업용공구, 계측장비등 정비, 수리 또는 개조작업에 필요한 장비(수행하려는 업무에 해당하는 장비로 한정한다)

비고: 1) 항공레저스포츠 사업자가 다른 항공레저스포츠 사업의 등록을 추가로 신청하는 경우에는 등록한 항공레저스포츠 사업의 자본금기준(등록한 항공레저스포츠 사업이 둘 이상인 경우에는 자본금 기준이 최대인 항공레저스포츠사업의 자본금 기준을 말한다)의 2분의 1을 한도로 등록하려는 항공레저스포츠 사업의 자본금 기준의 2분의 1에 해당하는 자본금을 이미 갖춘 것으로 본다.

2) 항공레저스포츠 사업자가 둘 이상의 다른 항공레저스포츠 사업의 등록을 추가로 신청하는 경우에는 등록한 항공레저스포츠 사업의 자본금 기준(등록한 항공레저스포츠 사업이 둘 이상인 경우에는 자본금 기준이 최대인 항공레저스포츠 사업의 자본금 기준을 말한다)의 2분의 1을 한도로 등록하려는 각각의 항공레저스포츠 사업의 자본금 기준의 2분의 1에 해당하는 자본금을 이미 갖춘 것으로 본다.

3) 항공레저스포츠 사업등록을 하지 않은 자가 둘 이상의 항공레저스포츠 사업의 등록을 동시에 신청하는 경우에는 등록하려는 항공레저스포츠사업 중 자본금 기준이 최대인 항공레저스포츠 사업의 자본금을 갖추면 자본금 기준이 최대인 항공레저스포츠 사업외의 각각의 항공레저스포츠 사업의자본금 기준의 2분의 1에 해당하는 자본금을 이미 갖춘 것으로 본다.

4) 제1호부터 제3호까지의 규정에 따라 자본금 기준의 일부를 이미 갖춘 것으로 보고 항공레저스포츠 사업을 등록한 후, 다음 각목의 어느하나에해당하는 사유가 발생한 경우에는 등록신청 당시 이미 갖춘 것으로 본 자본금을 다시 갖추어야 한다. 이 경우 다시 자본금을 갖추어야 하는 항공레저스포츠 사업이 둘 이상인 경우에는 자본금 기준이 최대인 항공레저스포츠 사업의 자본금을 갖추면 자본금 기준이 최대인 항공레저스포츠 사업외의 각각의 항공레저스포츠 사업의 자본금 기준의 2분의 1에 해당하는 자본금을 이미 갖춘 것으로 본다.

가. 제1호 및 제2호에 따른 등록신청 당시 이미 등록하였던 항공레저스포츠 사업(등록한 항공레저스포츠 사업이 둘 이상인 경우에는 자본금 기준이 최대인 항공레저스포츠 사업을 말한다)을 등록취소 또는 폐업 등의 사유로 더 이상 경영하지 않게 된 경우

나. 제3호에 따른 등록신청 당시 자본금기준이 최대인 항공레저스포츠 사업을 등록 취소 또는 폐업 등의 사유로 더 이상 경영하지 않게 된 경우

항공사업법 시행령 [별표 11] 〈개정 2020. 5. 26.〉

과태료의 부과기준(제35조관련)

1. 일반기준

가. 위반행위의 횟수에 따른 과태료의 가중된 부과기준은 최근 1년간 같은 위반행위로 과태료 부과처분을 받은 경우에 적용한다. 이 경우 기간의 계산은 위반행위에 대하여 과태료 부과처분을 받은 날과 그 처분 후 다시 같은 위반행위를 하여 적발된 날을 기준으로 한다.
나. 가목에 따라 가중된 부과처분을 하는 경우 가중처분의 적용차수는 그 위반행위 전부과 처분차수(가목에 따른 기간내에 과태료 부과처분이 둘 이상 있었던 경우에는 높은 차수를 말한다)의 다음 차수로 한다.
다. 부과권자는 다음의 어느 하나에 해당하는 경우에는 제2호에 따른 과태료 금액의 2분의 1 범위에서 그 금액을 줄일 수 있다. 다만, 과태료를 체납하고 있는 위반 행위자의 경우에는 그렇지 않다.
  1) 위반행위자가 「질서 위반행위 규제법 시행령」 제2조의2제1항 각 호의 어느 하나에 해당하는 경우
  2) 위반행위가 사소한 부주의나 오류로 인한 것으로 인정되는 경우
  3) 위반행위자가 법 위반 상태를 시정하거나 해소하기 위하여 노력한 것이 인정되는 경우
  4) 그 밖에 위반행위의 정도, 위반행위의 동기와 그 결과 등을 고려하여 감경할 필요가 있다고 인정되는 경우
라. 부과권자는 다음의 어느 하나에 해당하는 경우에는 제2호에 따른 과태료 금액의 2분의1 범위에서 그 금액을 늘릴 수 있다. 다만, 법 제84조에 따른 과태료 금액의 상한을 넘을 수 없다.
  1) 위반의 내용·정도가 중대하여 공중에 미치는 영향이 크다고 인정되는 경우
  2) 법 위반 상태의 기간이 6개월 이상인 경우
  3) 그 밖에 위반행위의 정도, 위반행위의 동기와 그 결과 등을 고려하여 가중할 필요가 있다고 인정되는 경우

2. 개별기준

(단위: 만원)

위반행위	근거법 조문	과태료 금액		
		1차 위반	2차 위반	3차 이상 위반
가. 법 제8조제3항에 따른 자료를 제출하지 않거나 거짓의 자료를 제출한 경우 1) 자료를 제출하지 않은 경우 2) 거짓의 자료를 제출한 경우	법 제84조 제2항제1호	 150 250	 300 375	 500 500
나. 법 제8조제4항에 따른 고지의 의무를 이행하지 않은 경우	법 제84조 제2항제2호	250	375	500
다. 법 제25조를 위반하여 폐업 또는 폐지를 하거나 폐업 또는 폐지신고를 하지 않거나 거짓으로 신고한 경우	법 제84조 제2항제3호	250	375	500
라. 공항운영자가 법 제27조제6호에 따른 사업개선명령을 이행하지 않은 경우	법 제84조 제2항제4호	150	300	500
마. 항공교통 사업자 중 항공운송사업자(외국인 국제항공운송사업자를 포함한다)가 법 제27조제6호 및 제7호에 따른 사업개선명령을 이행하지 않은 경우	법 제84조 제1항	1,000	1,500	2,000
바. 법 제30조의2제2항을 위반하여 교육비의 반환 등 교육생을 보호하기 위한 조치를 하지 않은 경우	법 제84조제 2항제4호의2	300	400	500
사. 법 제38조(법 제43조제5항, 제45조제5항, 제47조제6항, 제49조제6항, 제51조제5항 및 제53조제6항에서 준용하는 경우를 포함한다)를 위반하여 폐업하거나 폐업신고를 하지 않거나 거짓으로 신고한 경우	법 제84조 제2항제5호, 제6호부터 제11호까지	250	375	50
아. 법 제61조제6항(법 제60조제10항에서 준용하는 경우를 포함한다)에 따라 보고를 하지 않거나 거짓으로 보고한 경우 1) 보고를 하지 않은 경우 2) 거짓으로 보고한 경우	법 제84조 제2항제12호	 150 250	 300 375	 500 500
자. 법 제61조제10항(법 제60조제10항에서 준용하는 경우를 포함한다)에 따른 의무를 위반한 경우	법 제84조 제2항제13호	400	500	500
차. 법 제61조제12항(법 제60조제10항에서 준용하는 경우를 포함한다)에 따른 의무를 위반한 경우	법 제84조 제2항제14호	250	375	500
카. 법 제61조의2제2항(법 제60조제11항에서 준용하는 경우를 포함한다)에 따른 지연사유 및 진행상황을 알리지 않은 경우	법 제84조제 2항제15호	400	500	500
타. 법 제61조의2제3항(법 제60조제11항에서 준용하는 경우를 포함한다)에 따른 음식물을 제공하지 않거나 보고를 하지 않은 경우	법 제84조 제2항제16호	400	500	500
파. 법 제62조제1항(법 제60조제12항에서 준용하는 경우를 포함한다)을 위반하여 운송약관을 신고 또는 변경 신고하지 않은 경우	법 제84조 제2항제17호	250	375	500
하. 법 제62조제4항(법 제60조제12항에서 준용하는 경우를 포함한다) 또는 같은 조 제6항에 따른 요금표 등을 갖춰두지 않거나 거짓사항을 적은 요금표 등을 갖춰둔 경우 1) 요금표 등을 갖춰두지 않은 경우 2) 거짓사항을 적은 요금표 등을 갖춰둔 경우	법 제84조 제2항제18호	150	300	500
거. 법 제62조제5항(법 제60조제12항에서 준용하는 경우를 포함한다)을 위반하여 항공운임등 총액을 제공하지 않거나 거짓으로 제공한 경우 1) 국제 항공운송사업자 및 외국인 국제항공운송 사업자인 경우 2) 국내 항공운송사업자, 소형 항공운송사업자, 항공운송총 대리점업자 및 여행업자인경우	법 제84조 제2항제19호	 400 250	 500 375	 500 500

위반행위	근거법 조문	과태료 금액		
		1차 위반	2차 위반	3차 이상 위반
너. 법 제63조제4항(법 제60조제13항에서 준용하는 경우를 포함한다)에 따른 자료를 제출하지 않거나 거짓자료를 제출한 경우	법 제84조 제2항제20호			
1) 자료를 제출하지 않은 경우		150	300	500
2) 거짓의 자료를 제출한 경우		250	375	500
더. 법 제70조제3항 또는 제4항을 위반하여 보험 또는 공제에 가입하지 않고 경량항공기 또는 초경량비행장치를 사용하여 비행한 경우	법 제84조 제2항제21호	150	300	500
러. 법 제70조제5항에 따른 자료를 제출하지 않거나 거짓으로 자료를 제출한 경우	법제84조 제2항제22호			
1) 자료를 제출하지 않은 경우		150	300	500
2) 거짓으로 자료를 제출한 경우		250	375	500
머. 법 제73조제1항에 따른 보고등을 하지않거나 거짓보고등을 한 경우	법제84조 제2항제23호			
1) 보고등을 하지 않은 경우		150	300	500
2) 거짓보고등을 한 경우		250	375	500
버. 법 제73조제2항 또는 제3항에 따른 질문에 대하여 거짓으로 진술한 경우	법 제84조 제2항제24호	250	375	500

항공사업법 시행규칙 [별표 1] 〈개정 2020. 5. 27.〉

공항운영자에 대한 위반행위의 종류별 과징금의 금액(제52조제1항 관련)

1. 일반기준

가. 위반행위가 둘 이상인 경우에는 그에 해당하는 각각의 처분기준이 다른 경우에는 그 중 무거운 처분기준에따른다. 다만, 둘 이상의 처분기준이 모두 사업 정지인 경우에는 그 정지기간을 합산한다.

나. 처분권자는 제2호에 따른 처분기준을 적용하는 것이 현저하게 불합리하다고 인정되는 경우에는 공공복리의 침해정도, 사고로 인한 피해의 정도, 항공종사자과실의 정도 및 위반행위의 내용·횟수 등을 고려하여 그 처분기준을 다음의 구분에 따라 늘리거나 줄일 수 있다.

1) 사업의 전부 정지 또는 사업의 일부 정지의 경우: 처분 기준일수를 2분의 1의 범위에서 늘리거나 줄일 것. 이 경우 늘릴때에도 그 기간은 6개월을 초과할 수 없다.

2) 항공기가 1대인 사업자의 면허 또는 등록의 취소를 경감하는 경우: 90일 이상의 사업 전부 정지를 할 것

2. 개별기준

위반행위	근거법조문	사업종류별처분내용		
		국내 및 국제 항공운송사업	소형항공 운송사업	항공운송 총대리점업
1. 면허·등록·허가 및 신고				
가. 거짓이나 그 밖의 부정한 방법으로 법 제7조 또는 법 제10조에 따른 면허를 받거나 등록한 경우	법 제28조제1항제1호	면허 취소	등록 취소	
나. 법 제7조에 따라 면허받은 사항 또는 법 제10조에 따라 등록한 사항을 이행하지 않은 경우	법 제28조제1항제2호	면허 취소	등록 취소	
다. 법 제8조제1항에 따른 면허 기준 또는 법 제10조제2항에 따른 등록기준에 미달한 경우	법 제28조제1항제3호	면허 취소	등록 취소	
2. 법 제9조 각 호의 어느 하나에 해당하게 된 경우	법 제28조제1항제4호	면허 취소	등록 취소	
3. 사업계획				
가. 법 제12조제1항 본문에 따른 사업계획에 따라 사업을 하지 않은 경우 또는 같은 조 제2항에 따라 신고를 하지 않거나 거짓으로 신고한 경우	법 제28조제1항제5호	사업 일부 정지 (30일)	사업 일부 정지 (30일)	
나. 법 제12조제3항에 따른 인가를 받지않고 사업계획을 변경한 경우	법 제28조제1항제6호	사업 일부 정지 (30일)	사업 일부 정지 (30일)	
다. 법 제12조제3항 단서를 위반하여 신고를 하지 않고 사업계획 중 경미한 사항을 변경한 경우	법 제28조제1항제6호	사업 일부 정지(7일)	사업 일부 정지(7일)	

위반행위	근거법조문	사업종류별처분내용		
		국내 및 국제 항공운송사업	소형항공 운송사업	항공운송 총대리점업
4. 운임 및 요금				
가. 법 제14조제1항을 위반하여 운임 및 요금에 대하여 인가 또는 변경인가를 받지 않거나 신고 또는 변경 신고를 하지 않은경우	법 제28조제1항제7호	사업 일부 정지(10일, 국제항공운송사업만 해당한다)	사업 일부 정지(10일)	
나. 법 제14조제1항을 위반하여 인가를 받거나 신고를 한 운임 또는 요금을 받지 않고 부당한 운임이나 요금을 받은 경우	법 제28조제1항제7호	사업 일부 정지(10일, 국제항공운송사업만 해당한다)	사업 일부 정지(10일)	
다. 법 제14조제1항을 위반하여 인가를 받거나 신고를 한 운임 또는 요금과 다른 내용의 운임표 또는 요금표를 갖춰 둔 경우	법 제28조제1항제7호	사업 일부 정지(5일, 국제항공운송사업만 해당한다)	사업 일부 정지(5일)	
5. 운수협정 또는 제휴협정				
가. 법 제15조를 위반하여 운수 협정 또는 제휴 협정에 대하여 인가 또는 변경인가를 받지 않거나 신고를 하지 않은 경우	법 제28조제1항제8호	사업 일부 정지(15일)	사업 일부 정지(15일)	
나. 법 제15조에 따라 인가를 받거나 신고한 사항을 이행하지 않은 경우	법 제28조제1항제8호	사업 일부 정지(15일)	사업 일부 정지(15일)	
6. 법 제20조를 위반하여 타인에게 자기의 성명 또는 상호를 사용하여 사업을 경영하게 하거나 면허증 또는 등록증을 빌려준 경우	법 제28조제1항제9호	면허 취소	등록 취소	
7. 법 제21조제1항 및 법 제22조제1항을 위반하여 인가나 신고없이 사업을 양도·양수 또는 합병한경우	법 제28조제1항제10호 및 제11호	사업 일부 정지(20일)	사업 일부 정지(20일)	
8. 법 제23조제2항을 위반하여 상속에 관한 신고를 하지 않은 경우	법 제28조제1항제12호	사업 일부 정지(20일)	사업 일부 정지(20일)	
9. 법 제24조제1항 또는 제3항을 위반하여 허가나 신고없이 휴업한 경우 및 휴업기간이 지난 후에도 사업을 시작하지 않은 경우	법 제28조제1항제13호	사업 일부 정지(20일)	사업 일부 정지(20일)	
10. 법 제26조제1항에 따라 부과된 면허·등록·인가·허가의 조건 또는 기한을 이행하지 않은 경우	법 제28조제1항제14호	사업 일부정지	사업 일부정지	
11. 사업개선명령				
가. 법 제27조제1호·제2호·제4호 또는 제6호에 따른 사업개선명령을 이행하지 않은 경우	법 제28조제1항제15호	사업 일부 정지(30일)	사업 일부 정지(30일)	
나. 법 제27조제8호에 따른 사업 개선명령 후 2분의 1 이상 자본잠식이 2년 이상 지속되어 대통령령으로 정하는 안전 또는 소비자 피해가 우려되는 경우	법 제28조제1항제15호	면허 취소	등록 취소	
12.소비자보호				
가. 법 제61조의2제1항을 위반하여 같은 항 각 호의 시간을 초과하여 항공기를 머무르게 한 경우	법 제28조제1항제17호	사업 일부 정지(20일)	사업 일부 정지(20일)	
나. 법 제62조제4항을 위반하여 운송약관 등을 갖추어 두지 않거나 항공교통 이용자가 열람할 수 있게 하지 않은 경우	법 제28조제1항제17호	사업 일부 정지(5일)	사업 일부 정지(5일)	사업 일부 정지(5일)
다. 법 제62조제5항을 위반하여 항공운임등 총액을 항공교통 이용자가 쉽게 알 수 있도록 제공하지 않은 경우	법 제28조제1항제19호	사업 일부 정지(7일)		
13. 법 제28조에 따른 사업정지 명령을 위반하여 사업 정지기간에 사업을 경영한 경우	법 제28조제1항제21호	면허 취소	등록 취소	
14. 「항공안전법」 제90조제1항에 따른 검사에서 대통령령으로 정하는 중대한 결함이 발견된 경우	법 제28조제1항제22호	면허 취소	등록 취소	

항공사업법 시행규칙 [별표 1의2] 〈신설 2017. 7. 18.〉

보증보험등의 가입 또는 예치금액(제32조의2제1항관련)

가입 또는 예치금액 / 직전 사업 연도 매출액	보증보험	공제	영업보증금
1.10억원 미만	2억원 이상	2억원 이상	2억원 이상
2.10억원 이상 20억원 미만	3억원 이상	3억원 이상	3억원 이상
3.20억원 이상 30억원 미만	4억원 이상	4억원 이상	4억원 이상
4.30억원 이상	5억원 이상	5억원 이상	5억원 이상

비고: 1) 직전 사업연도 매출액은 손익계산서에 표시된 매출액을 말하며, 비행훈련업자가 다른 사업을 겸업하는 경우에는 항공기를 이용한 비행훈련업무를 하는 사업에서 발생한 매출액을 말한다.
2) 「소득세법」 제160조제3항 및 같은법 시행령 제208조제5항에 따른 간편 장부대상자의 경우에는 직전 사업연도 매출액이 10억원 미만인 경우의 기준을 적용한다.
3) 직전 사업연도의 매출액이 없는 사업 개시 연도의 경우에는 직전 사업연도 매출액이 10억원 미만인 경우의 기준을 적용한다.

항공사업법 시행규칙 [별표 1의3] 〈신설 2017. 7. 18.〉

교육비 반환 금액 산정기준(제32조의3제2항관련)

1. 제32조의 3제1항제1호의 사유로 교육비를 반환하는 경우

구분	반환사유 발생시점	반환금액
가. 총 교육기간이 1개월 이내인 경우	교육시작 전	이미 납부한 교육비의 전액
	총 교육시간의 1/3 경과 전	이미 납부한 교육비의 2/3에 해당하는 금액
	총 교육시간의 1/2 경과 전	이미 납부한 교육비의 1/2에 해당하는 금액
	총 교육시간의 1/2 경과 후	반환하지 않음
나. 총 교육기간이 1개월을 초과하는 경우	교육시작 전	이미 납부한 교육비의 전액
	교육시작 후	반환사유가 발생한 해당 월의 반환 대상 교육비(총 교육기간이 1개월 이내인 경우의 기준에 따라 산출한 금액을 말한다)와 나머지 월의 교육비의 전액을 합산한 금액

2. 제32조의 3제1항제2호부터 제4호까지의 사유로 교육비를 반환하는 경우: 이미 납부한 교육비에서 교육을 받은 기간의 교육비[교육비를 일할(日割) 계산하여 산정한다]를 뺀 금액
3. 원격 교육의 경우 해당 교육내용을 컴퓨터 등에 저장한 경우에는 교육을 받은 것으로 본다.

항공사업법 시행규칙 [별표 2] 〈개정 2017. 7. 18.〉

항공기 사용사업자등에 대한 행정처분기준(제40조)

1. 일반기준

가. 위반행위가 둘 이상인 경우에는 그에 해당하는 각각의 처분기준이 다른 경우에는 그 중 무거운 처분기준에 따른다. 다만, 둘 이상의 처분기준이 모두 사업정지인 경우에는 그 정지기간을 합산한다.

나. 처분권자는 제2호에 따른 처분기준을 적용하는 것이 현저하게 불합리하다고 인정되는 경우에는 공공복리의 침해정도, 사고로 인한 피해의 정도, 항공종사자 과실의 정도 및 위반행위의 내용횟수 등을 고려하여 그 처분기준을 다음의 구분에 따라 늘리거나 줄일 수 있다.

1) 사업의 전부 정지 또는 사업의 일부 정지의 경우: 처분 기준일수를 2분의 1의 범위에서 늘리거나 줄일 것 이 경우 늘릴때에도 그 기간은 6개월을 초과할 수 없다.

2) 항공기가 1대인 사업자의 등록취소를 경감하는 경우: 90일 이상의 사업 전부 정지를 할 것

2. 개별기준

위반 행위	근거법 조문	사업종류별 처분 내용							
		항공기 사용 사업	항공기 정비업 및 항공기 취급업	항공기 대여업 및 초경량비행장치사용사업	항공 레저 스포츠 사업	상업 서류 송달업	항공 운송 대리 점업	도심 공항 터미 널업	여행 업자
1. 등록·허가 및 신고									
가. 거짓이나 그 밖의 부정한 방법으로 법제30조·제42조·제44조·제46조·제48조·제50조 및 제52조에 따른 등록·신고를 한 경우	법 제40조제1항제1호, 제43조제7항, 제45조제7항, 제47조제8항, 제49조제8항, 제51조제7항 및 제53조제8항	등록 취소	등록 취소	등록 취소	등록 취소	영업소 폐쇄	영업소 폐쇄	영업소 폐쇄	
나. 법 제30조·제42조·제44조·제46조·제48조·제50조 및 제52조에 따라 등록·신고를 한 사항을 이행하지 않은 경우	법 제40조제1항제2호, 제43조제7항, 제45조제7항, 제47조제8항, 제49조제8항, 제51조제7항 및 제53조제8항	등록 취소	등록 취소	등록 취소	등록 취소	영업소 폐쇄	영업소 폐쇄	영업소 폐쇄	
다. 법 제30조·제42조·제44조·제46조·제48조·제50조 및 제52조에 따라 등록·신고를 한 사업범위를 위반하여 사업을 한 경우	법제40조제1항제2호, 제43조제7항, 제45조제7항, 제47조제8항, 제49조제8항, 제51조제7항 및 제53조제8항	사업 일부 정지 (30일)	사업 일부 정지 (30일)	사업 일부 정지 (30일)	사업 일부 정지 (30일)	사업 일부 정지 (30일)	사업 일부 정지 (30일)	사업 일부 정지 (30일)	
라. 법 제30조·제42조·제44조·제46조·제50조·제48조 및 제52조에 따른 등록 또는 신고기준에 미달한 경우	법 제40조제1항제3호, 제43조제7항, 제45조제7항, 제47조제8항, 제49조제8항, 제51조제7항 및 제53조제8항	등록 취소	등록 취소	등록 취소	등록 취소	영업소 폐쇄	영업소 폐쇄	영업소 폐쇄	
2. 법 제9조 각 호의 어느하나에 해당하게 된 경우	법 제40조제1항제4호, 제43조제7항, 제45조제7항, 제47조제8항, 제49조제8항 및 제51조제7항	등록 취소	등록 취소	등록 취소	등록 취소				
2의2. 법 제30조의 2제1항을 위반하여 보증보험등에 가입 또는 예치하지 않은 경우	법 제40조제1항 제4호의2	사업 일부 정지 (30일)							
3. 사업계획									
가. 법 제32조제1항을 위반하여 사업계획에 따라 사업을 하지 않은 경우	법 제40조제1항제5호	사업 일부 정지 (30일)		사업 일부 정지 (30일)	사업 일부 정지 (30일)				
나. 법 제32조제2항을 위반하여 인가를 받지않고 사업계획을 변경한 경우	법 제40조제1항제5호	사업 일부 정지 (30일)		사업 일부 정지 (30일)	사업 일부 정지 (30일)				
다. 법 제32조제2항 단서를 위반하여 신고하지 않고 사업계획중 경미한 사항을 변경한 경우	법 제40조제1항제5호	사업 일부 정지 (7일)		사업 일부 정지 (7일)	사업 일부 정지 (7일)				

위반 행위	근거법 조문	사업종류별 처분 내용							
		항공기 사용 사업	항공기 정비업 및 항공기 취급업	항공기 대여업 및 초경량비행 장치사용사업	항공 레저 스포츠 사업	상업 서류 송달업	항공 운송 대리 점업	도심 공항 터미 널업	여행 업자
4. 법 제33조를 위반하여 타인에게 자기의 성명 또는 상호를 사용하여 사업을 경영하게 하거나 등록증·허가증 또는 신고증명서를 빌려준 경우	법 제40조제1항제6호, 제43조제7항, 제45조제7항, 제47조제8항, 제49조제8항, 제51조제7항 및 제53조제8항	등록 취소	등록 취소	등록 취소	등록 취소	영업소 폐쇄	영업소 폐쇄	영업소 폐쇄	
5. 법 제34조제1항 및 제35조제1항을 위반하여 신고를 하지않고 사업을 양도·양수하거나 합병한 경우	법 제40조제1항제7호·제8호, 제43조제7항, 제45조제7항, 제47조제8항, 제49조제8항, 제51조제7항 및 제53조제8항	사업 일부 정지 (20일)	사업 일부 정지 (20일)	사업 일부 정지 (20일)	사업 일부 정지 (20일)	사업 일부 정지 (20일)	사업 일부 정지 (20일)	사업 일부 정지 (20일)	
6. 법 제36조제2항을 위반하여 상속에 관한 신고를 하지 않은 경우	법 제40조제1항제9호, 제43조제7항, 제45조제7항, 제47조제8항, 제49조제8항, 제51조제7항 및 제53조제8항	사업 일부 정지 (20일)	사업 일부 정지 (20일)	사업 일부 정지 (20일)	사업 일부 정지 (20일)	사업 일부 정지 (20일)	사업 일부 정지 (20일)	사업 일부 정지 (20일)	
7. 법 제37조제1항 및 제2항을 위반하여 신고없이 휴업한 경우 및 휴업기간이 지난 후에도 사업을 시작하지 않은 경우	법 제40조제1항제10호, 제43조제7항, 제45조제7항, 제47조제8항, 제49조제8항, 제51조제7항 및 제53조제8항	사업 일부 정지 (20일)	사업 일부 정지 (20일)	사업 일부 정지 (20일)	사업 일부 정지 (20일)	사업 일부 정지 (20일)	사업 일부 정지 (20일)	사업 일부 정지 (20일)	
8. 법 제39조제1호 또는 제3호에 따른 사업개선명령을 이행하지 않은 경우	법제40조제1항제11호, 제43조제7항, 제45조제7항, 제47조제8항, 제49조제8항, 제51조제7항 및 제53조제8항	사업 일부 정지 (30일)	사업 일부 정지 (30일)	사업 일부 정지 (30일)	사업 일부 정지 (30일)	사업 일부 정지 (30일)	사업 일부 정지 (30일)	사업 일부 정지 (30일)	
9. 법 제62조제5항을 위반하여 요금표를 갖춰두지 않거나 항공교통이용자가 열람할 수 있게 하지 않은 경우	법 제40조제1항제12호, 제43조제7항, 제45조제7항, 제47조제8항, 제49조제8항 및 제51조제7항	사업 일부 정지 (5일)	사업 일부 정지 (5일)	사업 일부 정지 (5일)	사업 일부 정지 (5일)				
10. 「항공안전법」 제95조제2항에 따른 항공기운항의 정지 명령을 위반하여 운항 정지기간에 운항한 경우	법제40조제1항제13호	등록 취소							
11. 법 제40조에 따른 사업정지 명령을 위반하여 사업정지기간에 사업을 경영한 경우	법 제40조제1항제15호, 제43조제7항, 제45조제7항, 제47조제8항, 제49조제8항, 제51조제7항 및 제53조제8항	등록 취소	등록 취소	등록 취소	등록 취소	영업소 폐쇄	영업소 폐쇄	영업소 폐쇄	

항공사업법 시행규칙 [별표 3] 〈개정 2020. 5. 27.〉

외국인 국제항공운송사업자에 대한 행정처분기준(제60조관련)

1. 일반기준

가. 위반행위가 둘 이상인 경우에는 그에 해당하는 각각의 처분기준이 다른 경우에는 그 중 무거운 처분기준에 따른다. 다만, 둘 이상의 처분기준이 모두 사업정지인 경우에는 그 정지기간을 합산한다.

나. 처분권자는 제2호에 따른 처분기준을 적용하는 것이 현저하게 불합리하다고 인정되는 경우에는 공공복리의 침해정도, 사고로 인한 피해의 정도, 항공종사자 과실의 정도 및 위반행위의 내용·횟수 등을 고려하여 그 처분기준을 다음의 구분에 따라 가중하거나 경감할 수 있다.

1) 사업의 전부 정지 또는 사업의 일부 정지의 경우: 처분기준 일수를 2분의 1의 범위에서 늘리거나 줄일 것. 이 경우 늘릴때에도 그 기간은 6개월을 초과할 수 없다.

2) 항공기가 한대인 사업자의 허가의 취소를 경감하는 경우: 90일 이상의 사업 전부 정지를 할 것

2. 개별기준

위반 행위	근거법 조문	처분 내용
1. 거짓이나 그 밖의 부정한 방법으로 허가를 받은 경우	법 제59조제1항제1호	허가 취소
2. 법 제54조제2항에 따른 허가기준에 적합하지 않게 운항하거나 사업을 한 경우	법 제59조제1항제2호	사업 일부 정지(180일)
3. 법 제57조를 위반하여 신고를 하지않고 휴업한 경우 및 휴업기간에 사업을 하거나 휴업기간이 지난 후에도 사업을 시작하지 않은 경우	법 제59조제1항제3호	사업 일부 정지(20일)
4. 법 제60조제2항에서 준용하는 법 제12조제1항부터 제3항까지의 규정을 위반하여 사업계획에 따라 사업을 하지않은 경우 및 인가를 받지 않거나 신고를 하지 않고 사업계획을 정하거나 변경한 경우	법 제59조제1항제4호	사업 일부 정지(30일)
5. 법 제60조제4항에서 준용하는 법 제14조제1항을 위반하여 운임 및 요금에 대하여 인가 또는 변경인가를 받지 않거나 신고 또는 변경신고를 하지않은 경우 및 인가를 받거나 신고한 사항을 이행하지 않은 경우	법 제59조제1항제5호	사업 일부 정지(10일)
6. 법 제60조제5항에서 준용하는 법 제15조를 위반하여 운수협정 또는 제휴협정에 대하여 인가를 받지 않거나 신고를 하지 않은 경우 및 인가를 받거나 신고한 사항을 이행하지 않은 경우	법 제59조제1항제6호	사업 일부 정지(15일)
7. 법 제60조제8항에서 준용하는 법 제26조에 따라 부과된 허가등의 조건등을 이행하지 않은 경우	법 제59조제1항제7호	사업 일부 정지(30일)
8. 법 제60조제9항에서 준용하는 법 제27조에 따른 사업개선 명령을 이행하지 않은 경우	법 제59조제1항제8호	사업 일부 정지(30일)

위반 행위	근거법 조문	처분 내용
9. 법 제60조제11항에서 준용하는 법 제61조의2제1항을 위반하여 같은 항 각 호의 시간을 초과하여 항공기를 머무르게 한 경우	법 제59조제1항제9호	사업 일부 정지(20일)
10. 법 제60조제12항에서 준용하는 법 제62조제4항 및 제5항을 위반하여 운송약관등 서류의 비치 및 항공운임등 총액 정보제공의 의무를 이행하지 않은 경우	법 제59조제1항제9호의2	사업 일부 정지(7일)
11. 「항공안전법」 제51조를 위반하여 「항공안전법시행규칙」으로 정하는 무선설비를 설치하지 않은 항공기 또는 설치한 무선설비가 운용되지 않은 항공기를 항공에 사용한 경우	법 제59조제1항제10호	사업 일부 정지(10일)
12. 「항공안전법」 제52조를 위반하여 항공기에 필요한 항공계기등을 설치하거나 탑재하지 않고 항공에 사용하거나 그 운용방법등을 따르지 않은 경우	법 제59조제1항제11호	사업 일부 정지(7일)
13. 「항공안전법」 제54조를 위반하여 항공기를 야간에 비행시키거나 비행장에 정류 또는 정박시키는 경우에 「항공안전법시행규칙」으로 정하는 바에 따라 등불로 항공기의 위치를 나타내지 않은 경우	법 제59조제1항제12호	사업 일부 정지(5일)
14.「항공안전법」 제66조를 위반하여 이착륙장소가 아닌 곳에서 이륙하거나 착륙하게 한 경우	법 제59조제1항제13호	사업 일부 정지(7일)
15. 「항공안전법」 제68조를 위반하여 비행중금지행위등을하게한경우	법 제59조제1항제14호	사업 일부 정지(15일)
16. 「항공안전법」 제70조제1항을 위반하여 허가를 받지 않고 항공기를 이용하여 위험물을 운송하거나 법 제70조제3항을 위반하여 국토교통부장관이 고시하는 위험물 취급의 절차 및 방법을 따르지 않고 위험물을 취급한 경우	법 제59조제1항제15호	사업 일부 정지(15일)
17. 「항공안전법」 제104조제1항을 위반하여 같은 항 각 호의 서류를 항공기에 싣지 않고 운항한 경우	법 제59조제1항제16호	사업 일부 정지(5일)
18. 「항공안전법」 제104조제2항을 위반하여 같은 조 제1항제2호의 운영기준을 지키지 않은 경우	법 제59조제1항제17호	사업 일부 정지(20일)
19. 정당한 사유없이 허가받거나 인가받은 사항을 이행하지 않은 경우	법 제59조제1항제18호	사업 일부 정지(30일)
20. 주식이나 지분의 과반수에 대한 소유권 또는 실질적인 지배권이 법 제54조제2항제1호에 따라 국제항공운송사업자를 지정한 국가 또는 그 국가의 국민에게 속하지 않게 된 경우. 다만, 우리나라가 해당국가(국가연합 또는 경제공동체를 포함한다)와 체결한 항공협정에서 달리 정한 경우에는 그 항공협정에 따른다.	법 제59조제1항제19 호	사업 일부 정지(180일)
21. 대한민국과 법 제54조제2항제1호에 따라 국제항공운송업자를 지정한 국가가 항공에 관하여 체결한 협정이 있는 경우 그 협정이 효력을 잃거나 그 국가 또는 외국인 국제항공운송사업자가 그 협정을 위반한 경우	법 제59조제1항제20호	사업 일부 정지(180일)
22. 대한민국의 안전이나 사회의 안녕질서에 위해를 끼칠 현저한 사유가 있는 경우	법 제59조제1항제21호	사업 일부 정지(180일)
23. 법 제59조에 따른 사업 정지명령을 위반하여 사업 정지 기간에 사업을 경영한 경우	법제59조제1항제22 호	허가취소

항공사업법 시행규칙 [별표 4] 〈개정 2019. 1. 3.〉

수수료(제71조관련)

납부자	금액
1. 법 제7조제1항 및 같은 조 제6항에 따라 항공운송사업 면허 또는 변경 면허를 신청하는 자	1만원
2. 법 제7조제2항 및 같은 조 제6항에 따라 정기편 노선허가 또는 변경 허가를 신청하는 자	1만원(노선마다)
3. 법 제21조에 따라 양도·양수인가 신청, 법 제34조, 법 제43조제2항, 법 제45조제2항, 법 제47조제3항, 법 제49조제3항, 법 제51조제2항, 법 제53조제3항에 따라 양도·양수신고를 하는 자	1만원
4. 법 제22조에 따라 법인의 합병인가 신청 및 법 제35조, 법 제43조제3항, 법 제45조제3항, 법 제47조제4항, 법 제49조제4항, 법 제51조제3항, 법 제53조제4항에 따라 법인의 합병신고를 하는 자	1만원
5. 법 제23조, 법 제36조, 법 제43조제4항, 법 제45조제4항, 법 제47조제5항, 법 제49조제5항, 법 제51조제4항, 법 제53조제5항에 따라 사업의 승계를 신고하는 자	1만원
6. 법 제10조 및 법 제30조에 따라 소형항공 운송사업 또는 항공기 사용사업의 등록을 신청하는 자	1만원
7. 법 제42조 및 법 제44조에 따라 항공기 정비업 또는 항공기 취급업의 등록을 신청하는 자	1만원
8. 법 제52조에 따라 항공운송 총대리점업 또는 도심공항터미널업의 신고 및 변경신고를 하는 자	1만원
9. 법 제46조, 법 제48조 및 법 제50조에 따라 항공기대여업, 초경량 비행장치 사용사업, 항공 레저스포츠 사업의 등록을 신청하는 자	1만원

제5장

항공보안법

[시행 2022. 1. 28.] [법률 제18354호, 2021. 7. 27., 일부개정]

제1장 총칙 〈개정 2010. 3. 22.〉

제1조(목적) 이 법은 「국제민간항공협약」 등 국제협약에 따라 공항시설, 항행안전시설 및 항공기 내에서의 불법행위를 방지하고 민간항공의 보안을 확보하기 위한 기준·절차 및 의무사항 등을 규정함을 목적으로 한다. 〈개정 2013. 4. 5.〉

[전문개정 2010. 3. 22.]

제2조(정의) 이 법에서 사용하는 용어의 뜻은 다음과 같다. 다만, 이 법에 특별한 규정이 있는 것을 제외하고는 「항공사업법」·「항공안전법」·「공항시설법」에서 정하는 바에 따른다. 〈개정 2012. 1. 26., 2013. 4. 5., 2016. 3. 29., 2017. 10. 24.〉

1. "운항중"이란 승객이 탑승한 후 항공기의 모든 문이 닫힌 때부터 내리기 위하여 문을 열 때까지를 말한다.
2. "공항운영자"란 「항공사업법」 제2조 제34호에 따른 공항운영자를 말한다.
3. "항공운송사업자"란 「항공사업법」 제7조에 따라 면허를 받은 국내항공운송사업자 및 국제항공운송사업자, 같은 법 제10조에 따라 등록을 한 소형항공운송사업자 및 같은 법 제54조에 따라 허가를 받은 외국인 국제항공운송업자를 말한다.
4. "항공기취급업체"란 「항공사업법」 제44조에 따라 항공기취급업을 등록한 업체를 말한다.
5. "항공기정비업체"란 「항공사업법」 제42조에 따라 항공기정비업을 등록한 업체를 말한다.
6. "공항상주업체"란 공항에서 영업을 할 목적으로 공항운영자와 시설이용 계약을 맺은 개인 또는 법인을 말한다.
7. "항공기내보안요원"이란 항공기 내의 불법방해행위를 방지하는 직무를 담당하는 사법경찰관리 또는 그 직무를 위하여 항공운송사업자가 지명하는 사람을 말한다.
8. "불법방해행위"란 항공기의 안전운항을 저해할 우려가 있거나 운항을 불가능하게 하는 행위로서 다음 각 목의 행위를 말한다.

가. 지상에 있거나 운항중인 항공기를 납치하거나 납치를 시도하는 행위

나. 항공기 또는 공항에서 사람을 인질로 삼는 행위

다. 항공기, 공항 및 항행안전시설을 파괴하거나 손상시키는 행위

라. 항공기, 항행안전시설 및 제12조에 따른 보호구역(이하 "보호구역"이라 한다)에 무단 침입하거나 운영을 방해하는 행위

마. 범죄의 목적으로 항공기 또는 보호구역 내로 제21조에 따른 무기 등 위해물품(危害物品)을 반입하는 행위

바. 지상에 있거나 운항중인 항공기의 안전을 위협하는 거짓 정보를 제공하는 행위 또는 공항 및 공항시설 내에 있는 승객, 승무원, 지상근무자의 안전을 위협하는 거짓 정보를 제공하는 행위

사. 사람을 사상(死傷)에 이르게 하거나 재산 또는 환경에 심각한 손상을 입힐 목적으로 항공기를 이용하는 행위

아. 그 밖에 이 법에 따라 처벌받는 행위

9. "보안검색"이란 불법방해행위를 하는 데에 사용될 수 있는 무기 또는 폭발물 등 위험성이 있는 물건들을 탐지 및 수색하기 위한 행위를 말한다.

10. "항공보안검색요원"이란 승객, 휴대물품, 위탁수하물, 항공화물 또는 보호구역에 출입하려고 하는 사람 등에 대하여 보안검색을 하는 사람을 말한다.

11. "장비운영자"란 제15조부터 제17조까지 및 제17조의2에 따라 보안검색을 실시하기 위하여 항공보안장비를 설치·운영하는 공항운영자, 항공운송사업자, 화물터미널운영자, 상용화주 및 그 밖에 국토교통부령으로 정하는 자를 말한다.

[전문개정 2010. 3. 22.]

제3조(국제협약의 준수) ① 민간항공의 보안을 위하여 이 법에서 규정하는 사항 외에는 다음 각 호의 국제협약에 따른다. 〈개정 2013. 4. 5.〉

1. 「항공기 내에서 범한 범죄 및 기타 행위에 관한 협약」
2. 「항공기의 불법납치 억제를 위한 협약」
3. 「민간항공의 안전에 대한 불법적 행위의 억제를 위한 협약」
4. 「민간항공의 안전에 대한 불법적 행위의 억제를 위한 협약을 보충하는 국제민간항공에 사용되는 공항에서의 불법적 폭력행위의 억제를 위한 의정서」
5. 「가소성 폭약의 탐지를 위한 식별조치에 관한 협약」

② 제1항에 따른 국제협약 외에 항공보안에 관련된 다른 국제협약이 있는 경우에는 그 협약에 따른다. 〈개정 2013. 4. 5.〉

[전문개정 2010. 3. 22.]

제4조(국가의 책무) 국토교통부장관은 민간항공의 보안에 관한 계획 수립, 관계 행정기관 간 업무 협조체제 유지, 공항운영자·항공운송사업자·항공기취급업체·항공기정비업체·공항상주업체 및 항공여객·화물터미널운영자 등의 자체 보안계획에 대한 승인 및 실행점검, 항공보안 교육훈련계획의 개발 등의 업무를 수행한다. 〈개정 2013. 3. 23., 2013. 4. 5.〉

[전문개정 2010. 3. 22.]

제5조(공항운영자 등의 협조의무) 공항운영자, 항공운송사업자, 항공기취급업체, 항공기정비업체, 공항상주업체, 항공여객·화물터미널운영자, 공항이용자, 그 밖에 국토교통부령으로 정하는 자는 항공보안을 위한 국가의 시책에 협조하여야 한다. 〈개정 2013. 3. 23., 2013. 4. 5.〉

[전문개정 2010. 3. 22.]

제6조 삭제 〈2013. 4. 5.〉

제2장 항공보안협의회 등 〈개정 2013. 4. 5.〉

제7조(항공보안협의회) ① 항공보안에 관련되는 다음 각 호의 사항을 협의하기 위하여 국토교통부에 항공보안협의회를 둔다. 〈개정 2013. 3. 23., 2013. 4. 5., 2020. 12. 15.〉

1. 항공보안에 관한 계획의 협의
2. 관계 행정기관 간 업무 협조
3. 제10조 제2항에 따른 자체 보안계획의 승인을 위한 협의
4. 그 밖에 항공보안을 위하여 항공보안협의회의 장이 필요하다고 인정하는 사항. 다만, 「국가정보원법」 제4조에 따른 대테러에 관한 사항은 제외한다.

② 항공보안협의회의 구성, 운영 및 자체 보안계획 승인의 대상 등에 관하여 필요한 사항은 대통령령으로 정한다. 〈개정 2013. 4. 5.〉

[전문개정 2010. 3. 22.]

[제목개정 2013. 4. 5.]

제8조(지방항공보안협의회) ① 지방항공청장은 관할 공항별로 항공보안에 관한 사항을 협의하기 위하여 지방항공보안협의회를 둔다. 〈개정 2013. 4. 5.〉

② 지방항공보안협의회의 구성·임무 및 운영 등에 관하여 필요한 사항은 대통령령으로 정한다. 〈개정 2013. 4. 5.〉

[전문개정 2010. 3. 22.]

[제목개정 2013. 4. 5.]

제9조(항공보안 기본계획) ① 국토교통부장관은 항공보안에 관한 기본계획(이하 "기본계획"이라 한다)을 5년마다 수립하고, 그 내용을 공항운영자, 항공운송사업자, 항공기취급업체, 항공기정비업체, 공항상주업체, 항공

여객·화물터미널운영자, 그 밖에 국토교통부령으로 정하는 자(이하 "공항운영자등"이라 한다)에게 통보하여야 한다. 〈개정 2013. 3. 23., 2013. 4. 5.〉

② 기본계획에는 항공보안에 관한 종합적·장기적인 추진방향 등 대통령령으로 정하는 사항이 포함되어야 한다. 〈개정 2013. 4. 5.〉

③ 국토교통부장관은 기본계획에 따라 항공보안 업무를 수행하기 위하여 매년 항공보안에 관한 시행계획(이하 "시행계획"이라 한다)을 수립·시행하여야 한다. 〈개정 2013. 4. 5.〉

④ 국토교통부장관은 기본계획을 수립하거나 변경하고자 하는 때에는 관계 행정기관과 미리 협의하여야 한다. 〈신설 2013. 4. 5.〉

⑤ 국토교통부장관은 기본계획 및 시행계획의 수립을 위하여 필요하다고 인정하는 경우에는 관계 기관, 단체 또는 전문가로부터 의견을 듣거나 필요한 자료의 제출을 요청할 수 있다. 〈신설 2013. 4. 5.〉

⑥ 그 밖에 기본계획 및 시행계획의 수립·변경·시행 등에 필요한 사항은 대통령령으로 정한다. 〈신설 2013. 4. 5.〉

[전문개정 2010. 3. 22.]

[제목개정 2013. 4. 5.]

제10조(국가항공보안계획 등의 수립) ① 국토교통부장관은 항공보안 업무를 수행하기 위하여 국가항공보안계획을 수립·시행하여야 한다. 〈개정 2013. 3. 23., 2013. 4. 5.〉

② 공항운영자등은 제1항의 국가항공보안계획에 따라 자체 보안계획을 수립하거나 수립된 자체 보안계획을 변경하려는 경우에는 국토교통부장관의 승인을 받아야 한다. 다만, 국토교통부령으로 정하는 경미한 사항의 변경은 그러하지 아니하다. 〈개정 2013. 3. 23.〉

③ 제1항 및 제2항에 따라 수립하는 국가항공보안계획, 자체 보안계획의 세부 내용 및 수립절차 등에 관하여 필요한 사항은 국토교통부령으로 정한다. 〈개정 2013. 3. 23.〉

[전문개정 2010. 3. 22.]

제3장 공항·항공기 등의 보안

제11조(공항시설 등의 보안) ① 공항운영자는 공항시설과 항행안전시설에 대하여 보안에 필요한 조치를 하여야 한다. 〈개정 2013. 4. 5.〉

② 공항운영자는 보안검색이 완료된 승객과 완료되지 못한 승객 간의 접촉을 방지하기 위한 대책을 수립·시행하여야 한다.

③ 공항운영자는 보안검색을 거부하거나 무기·폭발물 또는 그 밖에 항공보안에 위협이 되는 물건을 휴대한 승객 등이 보안검색이 완료된 구역으로 진입하는 것을 방지하기 위한 대책을 수립·시행하여야 한다. 〈신설 2013. 4. 5.〉

④ 공항을 건설하거나 유지·보수를 하는 경우에 불법방해행위로부터 사람 및 시설 등을 보호하기 위하여 준수하여야 할 세부 기준은 국토교통부장관이 정한다. 〈개정 2013. 3. 23., 2013. 4. 5.〉

[전문개정 2010. 3. 22.]

[제목개정 2013. 4. 5.]

제12조(공항시설 보호구역의 지정) ① 공항운영자는 보안검색이 완료된 구역, 활주로, 계류장(繫留場) 등 공항시설의 보호를 위하여 필요한 구역을 국토교통부장관의 승인을 받아 보호구역으로 지정하여야 한다. 〈개정 2013. 3. 23.〉

② 공항운영자는 필요한 경우 국토교통부장관의 승인을 받아 임시로 보호구역을 지정할 수 있다. 〈개정 2013. 3. 23.〉

③ 제1항과 제2항에 따른 보호구역의 지정기준 및 지정취소에 관하여 필요한 사항은 국토교통부령으로 정한다. 〈개정 2013. 3. 23.〉

[전문개정 2010. 3. 22.]

제13조(보호구역에의 출입허가) ① 다음 각 호의 어느 하나에 해당하는 사람은 공항운영자의 허가를 받아 보호구역에 출입할 수 있다.

1. 보호구역의 공항시설 등에서 상시적으로 업무를 수행하는 사람
2. 공항 건설이나 공항시설의 유지·보수 등을 위하여 보호구역에서 업무를 수행할 필요가 있는 사람
3. 그 밖에 업무수행을 위하여 보호구역에 출입이 필요하다고 인정되는 사람

② 제1항에 따른 출입허가의 절차 등에 관하여 필요한 사항은 국토교통부령으로 정한다. 〈개정 2013. 3. 23.〉

[전문개정 2010. 3. 22.]

제14조(승객의 안전 및 항공기의 보안) ① 항공운송사업자는 승객의 안전 및 항공기의 보안을 위하여 필요한 조치를 하여야 한다.

② 항공운송사업자는 승객이 탑승한 항공기를 운항하는 경우 항공기내보안요원을 탑승시켜야 한다.

③ 항공운송사업자는 국토교통부령으로 정하는 바에 따라 조종실 출입문의 보안을 강화하고 운항중에는 허가받지 아니한 사람의 조종실 출입을 통제하는 등 항공기에 대한 보안조치를 하여야 한다. 〈개정 2013. 3. 23., 2013. 4. 5.〉

④ 항공운송사업자는 매 비행 전에 항공기에 대한 보안점검을 하여야 한다. 이 경우 보안점검에 관한 세부 사항은 국토교통부령으로 정한다. 〈개정 2013. 3. 23.〉

⑤ 공항운영자 및 항공운송사업자는 액체, 겔(gel)류 등 국토교통부장관이 정하여 고시하는 항공기 내 반입금지 물질이 보안검색이 완료된 구역과 항공기 내에 반입되지 아니하도록 조치하여야 한다. 〈개정 2013. 3. 23., 2013. 4. 5.〉

⑥ 항공운송사업자 또는 항공기 소유자는 항공기의 보안을 위하여 필요한 경우에는 「청원경찰법」에 따른 청원

경찰이나 「경비업법」에 따른 특수경비원으로 하여금 항공기의 경비를 담당하게 할 수 있다. 〈개정 2013. 4. 5.〉

[전문개정 2010. 3. 22.]

제14조의2(생체정보를 활용한 본인 일치 여부 확인) ① 공항운영자 및 항공운송사업자는 다음 각 호의 어느 하나에 해당하는 목적에 한정하여 관계 행정기관이 보유하고 있는 얼굴·지문·홍채 및 손바닥 정맥 등 개인을 식별할 수 있는 신체적 특징에 관한 개인정보(이하 "생체정보"라 한다)를 이용할 수 있다.

1. 공항운영자: 보호구역으로 진입하는 사람에 대한 본인 일치 여부 확인
2. 항공운송사업자: 탑승권을 발권, 수하물을 위탁하거나 항공기에 탑승하는 승객에 대한 본인 일치 여부 확인

② 제1항에 따라 생체정보를 이용하려는 경우 공항운영자 및 항공운송사업자는 관계 행정기관에 생체정보 제공을 요청할 수 있으며, 행정기관은 정당한 이유 없이 그 요청을 거부하여서는 아니 된다.

③ 공항운영자 및 항공운송사업자는 제1항 및 제2항에 따른 생체정보를 「개인정보 보호법」에 따라 처리하여야 한다.

④ 제1항 및 제2항에 따른 생체정보를 활용한 본인 일치 여부 확인방법 및 생체정보의 보호 등에 필요한 사항은 대통령령으로 정한다.

⑤ 공항운영자 및 항공운송사업자는 본인 일치 여부가 확인된 사람의 생체정보를 대통령령으로 정하는 바에 따라 파기하여야 한다.

[본조신설 2020. 6. 9.]

제15조(승객 등의 검색 등) ① 항공기에 탑승하는 사람은 신체, 휴대물품 및 위탁수하물에 대한 보안검색을 받아야 한다.

② 공항운영자는 항공기에 탑승하는 사람, 휴대물품 및 위탁수하물에 대한 보안검색을 하고, 항공운송사업자는 화물에 대한 보안검색을 하여야 한다. 다만, 관할 국가경찰관서의 장은 범죄의 수사 및 공공의 위험예방을 위하여 필요한 경우 보안검색에 대하여 필요한 조치를 요구할 수 있고, 공항운영자나 항공운송사업자는 정당한 사유 없이 그 요구를 거절할 수 없다.

③ 공항운영자 및 항공운송사업자는 제2항에 따른 보안검색을 직접 하거나 「경비업법」 제4조 제1항에 따른 경비업자 중 공항운영자 및 항공운송사업자의 추천을 받아 제6항에 따라 국토교통부장관이 지정한 업체에 위탁할 수 있다. 〈개정 2013. 3. 23.〉

④ 공항운영자는 제2항에 따른 보안검색에 드는 비용에 충당하기 위하여 「공항시설법」 제32조 및 제50조에 따른 사용료의 일부를 사용할 수 있다. 〈개정 2016. 3. 29.〉

⑤ 항공운송사업자는 공항 및 항공기의 보안을 위하여 항공기에 탑승하는 승객의 성명, 국적 및 여권번호 등 국토교통부령으로 정하는 운송정보를 공항운영자에게 제공하여야 한다. 이 경우 운송정보 제공 방법 및 절차 등 필요한 사항은 국토교통부령으로 정한다. 〈신설 2014. 1. 14.〉

⑥ 제2항에 따른 보안검색의 방법·절차·면제 등에 관하여 필요한 사항은 대통령령으로 정한다. 〈개정 2014. 1. 14.〉

⑦ 제3항에 따라 보안검색 업무를 위탁받으려는 업체는 국토교통부령으로 정하는 바에 따라 국토교통부장관의 지정을 받아야 한다. 〈개정 2013. 4. 5., 2014. 1. 14.〉

⑧ 국토교통부장관은 제6항에 따라 지정을 받은 업체가 다음 각 호의 어느 하나에 해당하는 경우에는 그 지정을 취소할 수 있다. 다만, 제1호 또는 제2호에 해당하면 지정을 취소하여야 한다. 〈신설 2013. 4. 5., 2014. 1. 14.〉

1. 거짓이나 그 밖의 부정한 방법으로 지정을 받은 경우
2. 「경비업법」에 따른 경비업의 허가가 취소되거나 영업이 정지된 경우
3. 국토교통부령에 따른 지정기준에 미달하게 된 경우. 다만, 일시적으로 지정기준에 미달하게 되어 3개월 이내에 지정기준을 다시 갖춘 경우에는 그러하지 아니하다.
4. 보안검색 업무의 수행 중 고의 또는 중대한 과실로 인명피해가 발생하거나 보안검색에 실패한 경우

[전문개정 2010. 3. 22.]

[제목개정 2014. 1. 14.]

제15조의2(승객의 신분증명서 확인 등) ① 항공기에 탑승하는 사람은 주민등록증, 여권 등 대통령령으로 정하는 신분증명서(이하 "신분증명서"라 한다)를 지니고 있어야 한다.

② 항공기에 탑승하는 사람은 공항운영자 및 항공운송사업자가 본인 일치 여부 확인을 위하여 신분증명서 제시를 요구하는 경우 이를 보여주어야 한다. 다만, 생체정보를 통하여 본인 일치 여부가 확인되는 등 대통령령으로 정하는 경우에는 그러하지 아니하다.

③ 제2항에서 정한 사항 외에 본인 일치 여부 확인에 필요한 절차·방법 등은 대통령령으로 정한다.

[본조신설 2021. 7. 27.]

제16조(승객이 아닌 사람 등에 대한 검색) ① 공항운영자는 제13조 제1항에 따라 허가를 받아 보호구역으로 들어가는 사람 또는 물품에 대하여도 보안검색을 하여야 한다. 이 경우 보안검색의 방법·절차·면제 및 위탁 등에 관하여는 제15조 제2항 단서, 같은 조 제3항 및 제6항부터 제8항까지의 규정을 준용한다. 〈개정 2013. 4. 5., 2014. 1. 14.〉

② 제1항에도 불구하고 화물터미널 내에 지정된 보호구역으로 들어가는 사람 또는 물품에 대한 보안검색은 화물터미널운영자가 하여야 한다. 이 경우 보안검색의 방법·절차·면제 및 위탁 등에 관하여는 제15조 제2항 단서, 같은 조 제3항 및 제6항부터 제8항까지의 규정을 준용한다. 〈개정 2013. 4. 5., 2014. 1. 14.〉

[전문개정 2010. 3. 22.]

제17조(통과 승객 또는 환승 승객에 대한 보안검색 등) ① 항공운송사업자는 항공기가 공항에 도착하면 통과 승객이나 환승 승객으로 하여금 휴대물품을 가지고 내리도록 하여야 한다.

② 공항운영자는 제1항에 따라 항공기에서 내린 통과 승객, 환승 승객, 휴대물품 및 위탁수하물에 대하여 보안검색을 하여야 한다. 〈개정 2013. 4. 5.〉

③ 제2항에 따른 보안검색에 드는 비용은 공항운영자가 부담하고, 항공운송사업자는 통과 승객이나 환승 승객에 대한 운송정보를 공항운영자에게 제공하여야 한다.

④ 제3항에 따른 운송정보 제공에 대하여는 제15조 제5항을 준용한다. 〈개정 2014. 1. 14.〉

⑤ 제2항에 따른 보안검색의 방법·절차·면제 및 위탁 등에 관하여는 제15조 제2항 단서, 같은 조 제3항 및 제6항부터 제8항까지의 규정을 준용한다. 〈개정 2013. 4. 5., 2014. 1. 14.〉

[전문개정 2010. 3. 22.]

제17조의2(상용화주) ① 국토교통부장관은 검색장비, 항공보안검색요원 등 국토교통부령으로 정하는 기준을 갖춘 화주(貨主) 또는 항공화물을 포장하여 보관 및 운송하는 자를 지정하여 항공화물 및 우편물에 대하여 보안검색을 실시하게 할 수 있다. 〈개정 2013. 3. 23.〉

② 국토교통부장관은 제1항에 따라 지정된 자[이하 "상용화주"(常用貨主)라 한다]가 준수하여야 할 화물보안통제절차 등에 관한 항공화물보안기준을 정하여 고시하여야 한다. 〈개정 2013. 3. 23.〉

③ 항공운송사업자는 제15조 제2항에도 불구하고 제1항에 따라 상용화주가 보안검색을 한 항공화물 및 우편물에 대하여는 보안검색을 하지 아니한다. 다만, 다음 각 호에서 정하는 항공화물 및 우편물에 대하여는 보안검색을 실시하여야 한다. 〈개정 2017. 8. 9.〉

1. 상용화주로부터 접수하였으나 상용화주가 아닌 자가 취급한 경우
2. 접수·보안검색·운송 등 취급과정에서 상용화주 및 항공운송사업자의 통제를 벗어난 경우
3. 훼손 흔적이 있는 경우
4. 허가받지 아니한 자의 접촉이 발생하였거나 접촉이 의심되는 경우
5. 화물전용기에서 여객기로 옮겨지는 경우
6. 무작위 표본검색 등 국토교통부장관이 정하여 고시한 사항에 해당하는 경우
7. 제15조 제2항 단서에 따라 관할 국가경찰관서의 장이 필요한 조치를 요구한 경우
8. 그 밖에 위협정보의 입수 등 항공운송사업자가 보안검색이 필요하다고 인정할 만한 상당한 사유가 있는 경우

④ 상용화주의 지정절차 등에 관하여 필요한 사항은 국토교통부령으로 정한다. 〈개정 2013. 3. 23.〉

[본조신설 2010. 3. 22.]

제17조의3(상용화주의 지정취소) ① 국토교통부장관은 상용화주가 다음 각 호의 어느 하나에 해당하는 경우 그 지정을 취소할 수 있다. 다만, 제1호에 해당하면 그 지정을 취소하여야 한다. 〈개정 2013. 3. 23., 2013. 4. 5.〉

1. 거짓이나 그 밖의 부정한 방법으로 지정을 받은 경우
2. 제17조의2 제1항의 지정기준에 미달하게 된 경우

3. 제17조의2 제2항의 항공화물보안기준을 위반하여 업무를 수행한 경우

② 국토교통부장관은 제1항에 따라 상용화주의 지정을 취소한 경우에는 즉시 항공운송사업자에게 통보하여 항공운송사업자가 보안검색을 하도록 조치하여야 한다. 〈개정 2013. 3. 23., 2013. 4. 5.〉

③ 상용화주 지정취소의 절차 등에 관하여 필요한 사항은 국토교통부령으로 정한다. 〈개정 2013. 3. 23.〉

[본조신설 2010. 3. 22.]

제18조(기내식 등의 통제) ① 항공운송사업자는 제21조에 따른 위해물품이 기내식(機內食)이나 기내 저장품을 이용하여 항공기 내로 유입되는 것을 방지하기 위하여 필요한 조치를 하여야 한다.

② 기내식 및 기내 저장품 유입·유출의 통제에 대한 세부 사항은 국토교통부령으로 정한다. 〈개정 2013. 3. 23.〉

[전문개정 2010. 3. 22.]

제19조(보안검색 실패 등에 대한 대책) ① 공항운영자, 항공운송사업자 및 화물터미널운영자는 다음 각 호의 사항이 발생한 경우에는 즉시 국토교통부장관에게 보고하여야 한다. 〈개정 2013. 3. 23., 2013. 4. 5.〉

1. 검색장비가 정상적으로 작동되지 아니한 상태로 검색을 하였거나 검색이 미흡한 사실을 알게 된 경우
2. 허가받지 아니한 사람 또는 물품이 보호구역 또는 항공기 안으로 들어간 경우
3. 그 밖에 항공보안에 우려가 있는 것으로서 국토교통부령으로 정하는 사항

② 국토교통부장관은 제1항에 따른 보고를 받은 경우에는 다음 각 호의 구분에 따라 항공보안을 위한 필요한 조치를 하여야 한다. 〈개정 2013. 4. 5.〉

1. 항공기가 출발하기 전에 보고를 받은 경우: 해당 항공기에 대한 보안검색 등의 보안조치
2. 항공기가 출발한 후 보고를 받은 경우: 해당 항공기가 도착하는 국가의 관련 기관에 대한 통보

③ 국토교통부장관은 다른 국가로부터 제1항 각 호의 어느 하나에 해당하는 사항을 통보받은 경우에는 해당 항공기를 격리계류장으로 유도하여 보안검색 등 보안조치를 하여야 한다. 〈개정 2013. 3. 23., 2013. 4. 5.〉

[전문개정 2010. 3. 22.]

제20조(비행 서류의 보안관리 절차 등) ① 항공운송사업자는 탑승권, 수하물 꼬리표 등 비행 서류에 대한 보안관리 대책을 수립·시행하여야 한다. 〈개정 2013. 4. 5.〉

② 제1항에 따른 비행 서류의 보안관리를 위한 세부 사항은 국토교통부령으로 정한다. 〈개정 2013. 3. 23., 2013. 4. 5.〉

[전문개정 2010. 3. 22.]

[제목개정 2013. 4. 5.]

제4장 항공기 내의 보안 〈개정 2013. 4. 5.〉

제21조(위해물품 휴대 금지 및 검색시스템 구축·운영) ① 누구든지 항공기에 무기[탄저균(炭疽菌), 천연두균 등의 생화학무기를 포함한다], 도검류(刀劍類), 폭발물, 독극물 또는 연소성이 높은 물건 등 국토교통부장관이 정하여 고시하는 위해물품을 가지고 들어가서는 아니 된다. 〈개정 2013. 3. 23.〉

② 국토교통부장관은 제1항에 따른 위해물품의 세부종류, 공개방법 등과 관련한 사항을 정하고 정기적으로 적정성을 검토하여야 한다. 〈신설 2020. 6. 9.〉

③ 제1항에도 불구하고 경호업무, 범죄인 호송업무 등 대통령령으로 정하는 특정한 직무를 수행하기 위하여 대통령령으로 정하는 무기의 경우에는 국토교통부장관의 허가를 받아 항공기에 가지고 들어갈 수 있다. 〈개정 2013. 3. 23., 2020. 6. 9.〉

④ 제3항에 따라 항공기에 무기를 가지고 들어가려는 사람은 탑승 전에 이를 해당 항공기의 기장에게 보관하게 하고 목적지에 도착한 후 반환받아야 한다. 다만, 제14조제2항에 따라 항공기 내에 탑승한 항공기내보안요원은 그러하지 아니하다. 〈개정 2020. 6. 9.〉

⑤ 항공기 내에 제3항에 따른 무기를 반입하고 입국하려는 항공보안에 관한 업무를 수행하는 외국인 또는 외국국적 항공운송사업자는 항공기 출발 전에 국토교통부장관으로부터 미리 허가를 받아야 한다. 〈개정 2013. 3. 23., 2013. 4. 5., 2020. 6. 9.〉

⑥ 제3항 및 제5항에 따른 항공기 내 무기 반입 허가절차 등에 관하여 필요한 사항은 국토교통부령으로 정한다. 〈개정 2013. 3. 23., 2020. 6. 9.〉

⑦ 국토교통부장관은 제1항 및 제2항에 따른 위해물품을 쉽게 확인하기 위하여 위해물품 검색시스템을 구축·운영할 수 있다. 〈신설 2020. 6. 9.〉

[전문개정 2010. 3. 22.]

[제목개정 2020. 6. 9.]

제22조(기장 등의 권한) ① 기장이나 기장으로부터 권한을 위임받은 승무원(이하 "기장등"이라 한다) 또는 승객의 항공기 탑승 관련 업무를 지원하는 항공운송사업자 소속 직원 중 기장의 지원요청을 받은 사람은 다음 각 호의 어느 하나에 해당하는 행위를 하려는 사람에 대하여 그 행위를 저지하기 위한 필요한 조치를 할 수 있다. 〈개정 2013. 4. 5.〉

1. 항공기의 보안을 해치는 행위
2. 인명이나 재산에 위해를 주는 행위
3. 항공기 내의 질서를 어지럽히거나 규율을 위반하는 행위

② 항공기 내에 있는 사람은 제1항에 따른 조치에 관하여 기장등의 요청이 있으면 협조하여야 한다.

③ 기장등은 제1항 각 호의 행위를 한 사람을 체포한 경우에 항공기가 착륙하였을 때에는 체포된 사람이 그

상태로 계속 탑승하는 것에 동의하거나 체포된 사람을 항공기에서 내리게 할 수 없는 사유가 있는 경우를 제외하고는 체포한 상태로 이륙하여서는 아니 된다.

④ 기장으로부터 권한을 위임받은 승무원 또는 승객의 항공기 탑승 관련 업무를 지원하는 항공운송사업자 소속 직원 중 기장의 지원요청을 받은 사람이 제1항에 따른 조치를 할 때에는 기장의 지휘를 받아야 한다.

[전문개정 2010. 3. 22.]

제23조(승객의 협조의무) ① 항공기 내에 있는 승객은 항공기와 승객의 안전한 운항과 여행을 위하여 다음 각 호의 어느 하나에 해당하는 행위를 하여서는 아니 된다. 〈개정 2013. 7. 16., 2016. 3. 29., 2020. 6. 9.〉

1. 폭언, 고성방가 등 소란행위
2. 흡연
3. 술을 마시거나 약물을 복용하고 다른 사람에게 위해를 주는 행위
4. 다른 사람에게 성적(性的) 수치심을 일으키는 행위
5. 「항공안전법」 제73조를 위반하여 전자기기를 사용하는 행위
6. 기장의 승낙 없이 조종실 출입을 기도하는 행위
7. 기장등의 업무를 위계 또는 위력으로써 방해하는 행위

② 승객은 항공기 내에서 다른 사람을 폭행하거나 항공기의 보안이나 운항을 저해하는 폭행·협박·위계행위(危計行爲) 또는 출입문·탈출구·기기의 조작을 하여서는 아니 된다. 〈개정 2017. 3. 21.〉

③ 승객은 항공기가 착륙한 후 항공기에서 내리지 아니하고 항공기를 점거하거나 항공기 내에서 농성하여서는 아니 된다.

④ 항공기 내의 승객은 항공기의 보안이나 운항을 저해하는 행위를 금지하는 기장등의 정당한 직무상 지시에 따라야 한다. 〈개정 2013. 4. 5.〉

⑤ 항공운송사업자는 금연 등 항공기와 승객의 안전한 운항과 여행을 위한 규제로 인하여 승객이 받는 불편을 줄일 수 있는 방안을 마련하여야 한다.

⑥ 기장등은 승객이 항공기 내에서 제1항제1호부터 제5호까지의 어느 하나에 해당하는 행위를 하거나 할 우려가 있는 경우 이를 중지하게 하거나 하지 말 것을 경고하여 사전에 방지하도록 노력하여야 한다.

⑦ 항공운송사업자는 다음 각 호의 어느 하나에 해당하는 사람에 대하여 탑승을 거절할 수 있다. 〈개정 2013. 3. 23., 2013. 4. 5., 2021. 7. 27.〉

1. 제15조 또는 제17조에 따른 보안검색을 거부하는 사람

1의2. 제15조의2 제2항을 위반하여 본인 일치 여부 확인을 거부하는 사람

2. 음주로 인하여 소란행위를 하거나 할 우려가 있는 사람
3. 항공보안에 관한 업무를 담당하는 국내외 국가기관 또는 국제기구 등으로부터 항공기 안전운항을 해칠 우려가 있어 탑승을 거절할 것을 요청받거나 통보받은 사람

4. 그 밖에 항공기 안전운항을 해칠 우려가 있어 국토교통부령으로 정하는 사람

⑧ 누구든지 공항에서 보안검색 업무를 수행 중인 항공보안검색요원 또는 보호구역에의 출입을 통제하는 사람에 대하여 업무를 방해하는 행위 또는 폭행 등 신체에 위해를 주는 행위를 하여서는 아니 된다.

⑨ 항공운송사업자는 항공기가 이륙하기 전에 승객에게 국토교통부장관이 정하는 바에 따라 승객의 협조의무를 영상물 상영 또는 방송 등을 통하여 안내하여야 한다. 〈신설 2017. 8. 9.〉

[전문개정 2010. 3. 22.]

[제목개정 2013. 4. 5.]

제24조(수감 중인 사람 등의 호송) ① 사법경찰관리 또는 법 집행 권한이 있는 공무원은 항공기를 이용하여 피의자, 피고인, 수형자(受刑者), 그 밖에 기내 보안에 위해를 일으킬 우려가 있는 사람(이하 이 조에서 "호송대상자"라 한다)을 호송할 경우에는 미리 해당 항공운송사업자에게 통보하여야 한다. 〈개정 2013. 4. 5.〉

② 제1항에 따른 통보사항에는 호송대상자의 인적사항, 호송 이유, 호송방법 및 호송 안전조치 등에 관한 사항이 포함되어야 한다.

③ 제1항에 따라 통보를 받은 항공운송사업자는 호송대상자가 항공기, 승무원 및 승객의 안전에 위협이 된다고 판단되는 경우에는 사법경찰관리 등 호송 공무원에게 적절한 안전조치를 요구할 수 있다.

④ 호송대상자의 호송방법, 호송조건 등에 관하여 필요한 사항은 국토교통부령으로 정한다. 〈개정 2013. 3. 23.〉

[전문개정 2010. 3. 22.]

제25조(범인의 인도·인수) ① 기장등은 항공기 내에서 이 법에 따른 죄를 범한 범인을 직접 또는 해당 관계 기관 공무원을 통하여 해당 공항을 관할하는 국가경찰관서에 통보한 후 인도하여야 한다. 〈개정 2016. 1. 19.〉

② 기장등이 다른 항공기 내에서 죄를 범한 범인을 인수한 경우에 그 항공기 내에서 구금을 계속할 수 없을 때에는 직접 또는 해당 관계 기관 공무원을 통하여 해당 공항을 관할하는 국가경찰관서에 지체 없이 인도하여야 한다.

③ 제1항 및 제2항에 따라 범인을 인도받은 국가경찰관서의 장은 범인에 대한 처리 결과를 지체 없이 해당 항공운송사업자에게 통보하여야 한다.

[전문개정 2010. 3. 22.]

제26조(예비조사) ① 국가경찰관서의 장은 제25조 제1항 및 제2항에 따라 범인을 인도받은 경우에는 범행에 대한 범인의 조사, 증거물의 제출요구 또는 증인에 대한 진술확보 등 예비조사를 할 수 있다.

② 국가경찰관서의 장은 제1항에 따른 예비조사를 하는 경우에 해당 항공기의 운항을 부당하게 지연시켜서는 아니 된다.

[전문개정 2010. 3. 22.]

제5장 항공보안장비 등 〈개정 2013. 4. 5.〉

제27조(항공보안장비 성능 인증 등) ① 장비운영자가 이 법에 따른 보안검색을 하는 경우에는 국토교통부장관으로부터 성능 인증을 받은 항공보안장비를 사용하여야 한다.

② 제1항에 따른 항공보안장비의 성능 인증을 위한 기준·방법·절차 및 장비운영자가 사용하는 항공보안장비의 성능 검사 등 운영에 필요한 사항은 국토교통부령으로 정한다.

③ 국토교통부장관은 성능 인증을 받은 항공보안장비의 종류, 운영, 유지관리 등에 관한 기준을 정하여 고시하여야 한다.

④ 국토교통부장관은 제1항에 따라 성능 인증을 받은 항공보안장비가 계속하여 성능을 유지하고 있는지를 확인하기 위하여 국토교통부령으로 정하는 바에 따라 정기적으로 또는 수시로 점검을 실시하여야 한다.

⑤ 우리나라와 항공보안장비 성능 상호인증 협약이 체결된 국가로부터 그 성능을 인증받은 항공보안장비는 제1항의 규정에도 불구하고 우리나라의 항공보안장비 성능 인증을 받은 것으로 본다. 다만, 국토교통부장관은 상호인증 협약을 체결하였을 때에는 그 내용을 고시하여야 한다.

[전문개정 2017. 10. 24.]

제27조의2(항공보안장비 성능 인증의 취소) 국토교통부장관은 성능 인증을 받은 항공보안장비가 다음 각 호의 어느 하나에 해당하는 경우에는 그 인증을 취소할 수 있다. 다만, 제1호에 해당하는 때에는 그 인증을 취소하여야 한다.

1. 거짓이나 그 밖의 부정한 방법으로 인증을 받은 경우
2. 항공보안장비가 제27조 제2항에 따른 성능 기준에 적합하지 아니하게 된 경우
3. 제27조 제4항에 따른 점검을 정당한 사유 없이 받지 아니한 경우
4. 제27조 제4항에 따른 점검을 실시한 결과 중대한 결함이 있다고 판단될 경우

[본조신설 2017. 10. 24.]

제27조의3(인증업무의 위탁) 국토교통부장관은 인증업무의 전문성과 신뢰성을 확보하기 위하여 제27조에 따른 항공보안장비의 성능 인증 및 점검 업무를 대통령령으로 정하는 기관(이하 "인증기관"이라 한다)에 위탁할 수 있다.

[본조신설 2017. 10. 24.]

제27조의4(시험기관의 지정) ① 국토교통부장관은 제27조에 따른 성능 인증을 위하여 항공보안장비의 성능을 평가하는 시험(이하 "성능평가시험"이라 한다)을 실시하는 기관(이하 "시험기관"이라 한다)을 지정할 수 있다.

② 제1항에 따라 시험기관 지정을 받으려는 법인이나 단체는 국토교통부령으로 정하는 지정기준을 갖추어 국토교통부장관에게 지정신청을 하여야 한다.

[본조신설 2017. 10. 24.]

제27조의5(시험기관의 지정취소 등) ① 국토교통부장관은 제27조의4에 따라 시험기관으로 지정받은 법인이나 단체가 다음 각 호의 어느 하나에 해당하는 경우에는 그 지정을 취소하거나 1년 이내의 기간을 정하여 그 업무의 전부 또는 일부의 정지를 명할 수 있다. 다만, 제1호 또는 제2호에 해당하는 때에는 그 지정을 취소하여야 한다.

1. 거짓이나 그 밖의 부정한 방법을 사용하여 시험기관으로 지정을 받은 경우
2. 업무정지 명령을 받은 후 그 업무정지 기간에 성능평가시험을 실시한 경우
3. 정당한 사유 없이 성능평가시험을 실시하지 아니한 경우
4. 제27조 제2항에 따른 기준·방법·절차 등을 위반하여 성능평가시험을 실시한 경우
5. 제27조의4 제2항에 따른 시험기관 지정기준을 충족하지 못하게 된 경우
6. 성능평가시험 결과를 거짓으로 조작하여 수행한 경우

② 제1항에 따른 지정취소와 업무정지의 기준 등에 관하여 필요한 사항은 국토교통부령으로 정한다.

[본조신설 2017. 10. 24.]

제27조의6(수수료) 제27조 제1항에 따라 항공보안장비 성능 인증을 받으려는 자는 국토교통부령으로 정하는 바에 따라 인증기관 및 시험기관에 수수료를 내야 한다.

[본조신설 2017. 10. 24.]

제28조(교육훈련 등) ① 국토교통부장관은 항공보안에 관한 업무수행자의 교육에 필요한 사항을 정하여야 한다. 〈개정 2013. 3. 23., 2013. 4. 5.〉

② 보안검색 업무를 감독하거나 수행하는 사람은 국토교통부장관이 지정한 교육기관에서 검색방법, 검색절차, 검색장비의 운용, 그 밖에 보안검색에 필요한 교육훈련을 이수하여야 한다. 〈개정 2013. 3. 23.〉

③ 제2항에 따른 교육기관으로 지정받으려는 자가 갖추어야 하는 시설·장비 및 인력 등의 지정기준에 대하여는 국토교통부령으로 정한다. 〈개정 2013. 3. 23.〉

④ 국토교통부장관은 교육기관으로 지정받은 자가 다음 각 호의 어느 하나에 해당하는 경우에는 그 지정을 취소할 수 있다. 다만, 제1호에 해당하면 지정을 취소하여야 한다. 〈개정 2013. 3. 23.〉

1. 거짓이나 그 밖의 부정한 방법으로 교육기관의 지정을 받은 경우
2. 제3항의 지정기준에 미달하게 된 경우. 다만, 일시적으로 지정기준에 미달하게 되어 3개월 내에 지정기준을 다시 갖춘 경우에는 그러하지 아니하다.
3. 교육의 전 과정을 2년 이상 운영하지 아니한 경우

⑤ 교육기관의 지정이나 교육훈련에 관하여 필요한 사항은 국토교통부장관이 정한다. 〈개정 2013. 3. 23.〉

[전문개정 2010. 3. 22.]

제29조(검색 기록의 유지) 공항운영자 및 항공운송사업자 또는 보안검색을 위탁받은 검색업체는 검색요원의 업무, 현장교육훈련 기록 등의 보안검색에 관한 기록을 국토교통부령으로 정하는 바에 따라 작성·유지하여야

한다. 〈개정 2013. 3. 23.〉

[전문개정 2010. 3. 22.]

제6장 항공보안 위협에 대한 대응 〈개정 2013. 4. 5.〉

제30조(항공보안을 위협하는 정보의 제공) ① 국토교통부장관은 항공보안을 해치는 정보를 알게 되었을 때에는 관련 행정기관, 국제민간항공기구, 해당 항공기 등록국가의 관련 기관 및 항공기 소유자 등에 그 정보를 제공하여야 한다. 〈개정 2013. 3. 23., 2013. 4. 5.〉

② 제1항에 따른 정보 제공의 절차 및 협력사항 등에 관한 세부 사항은 국토교통부령으로 정한다. 〈개정 2013. 3. 23.〉

[전문개정 2010. 3. 22.]

[제목개정 2013. 4. 5.]

제31조(국가항공보안 우발계획 등의 수립) ① 국토교통부장관은 민간항공에 대한 불법방해행위에 신속하게 대응하기 위하여 국가항공보안 우발계획을 수립·시행하여야 한다.

② 공항운영자등은 제1항의 국가항공보안 우발계획에 따라 자체 우발계획을 수립·시행하여야 한다.

③ 공항운영자등은 제2항에 따라 자체 우발계획을 수립 또는 변경하는 경우에는 국토교통부장관의 승인을 받아야 한다. 다만, 국토교통부령으로 정하는 경미한 사항을 변경하는 경우에는 그러하지 아니하다.

④ 제1항부터 제3항까지의 규정에 따른 국가항공보안 우발계획 및 자체 우발계획의 구체적인 내용, 수립기준 및 승인절차 등에 관하여 필요한 사항은 국토교통부령으로 정한다.

[전문개정 2013. 4. 5.]

제32조(보안조치) 국토교통부장관은 민간항공에 대한 위협에 신속한 대응이 필요한 경우에는 공항운영자등에 대하여 필요한 조치를 할 수 있다. 〈개정 2013. 3. 23.〉

[전문개정 2010. 3. 22.]

[제목개정 2013. 4. 5.]

제33조(항공보안 감독) ① 국토교통부장관은 소속 공무원을 항공보안 감독관으로 지정하여 항공보안에 관한 점검업무를 수행하게 하여야 한다. 〈개정 2013. 3. 23., 2013. 4. 5.〉

② 국토교통부장관은 대통령령으로 정하는 바에 따라 관계 행정기관과 합동으로 공항 및 항공기의 보안실태에 대하여 현장점검을 할 수 있다. 〈개정 2013. 4. 5.〉

③ 국토교통부장관은 제1항 및 제2항에 따른 점검업무의 수행에 필요하다고 인정하는 경우에는 공항운영자등에게 필요한 서류 및 자료를 제출하게 할 수 있다. 〈신설 2013. 4. 5.〉

④ 국토교통부장관은 제1항 및 제2항에 따른 점검 결과 그 개선이나 보완이 필요하다고 인정하는 경우에는 공

항운영자등에게 시정조치 또는 그 밖의 보안대책 수립을 명할 수 있다. 〈신설 2013. 4. 5.〉

⑤ 제1항 또는 제2항에 따라 점검을 하는 경우에는 점검 7일 전까지 점검일시, 점검이유 및 점검내용 등에 대한 점검계획을 점검 대상자에게 통지하여야 한다. 다만, 긴급한 경우 또는 사전에 통지하면 증거인멸 등으로 점검 목적을 달성할 수 없다고 인정하는 경우에는 그러하지 아니하다. 〈개정 2013. 4. 5.〉

⑥ 항공보안 감독관은 항공보안에 관한 점검업무 수행을 위하여 필요한 경우에는 항공기 및 공항시설에 출입하여 검사할 수 있다. 〈개정 2013. 4. 5.〉

⑦ 제1항, 제2항 및 제6항에 따라 점검을 하는 공무원은 그 권한을 표시하는 증표를 지니고 이를 관계인에게 보여주어야 한다. 〈개정 2013. 4. 5.〉

⑧ 제1항에 따른 항공보안 감독관의 지정·운영 및 점검업무 등에 대한 세부 사항은 국토교통부령으로 정한다. 〈개정 2013. 3. 23., 2013. 4. 5.〉

[전문개정 2010. 3. 22.]

제33조의2(항공보안 자율신고) ① 민간항공의 보안을 해치거나 해칠 우려가 있는 사실로서 국토교통부령으로 정하는 사실을 안 사람은 국토교통부장관에게 그 사실을 신고(이하 이 조에서 "항공보안 자율신고"라 한다)할 수 있다.

② 국토교통부장관은 항공보안 자율신고를 한 사람의 의사에 반하여 신고자의 신분을 공개하여서는 아니 되며, 그 신고 내용을 보안사고 예방 및 항공보안 확보 목적 외의 다른 목적으로 사용하여서는 아니 된다.

③ 공항운영자등은 소속 임직원이 항공보안 자율신고를 한 경우에는 그 신고를 이유로 해고, 선보, 징계, 그 밖에 신분이나 처우와 관련하여 불이익한 조치를 하여서는 아니 된다.

④ 국토교통부장관은 제1항 및 제2항에 따른 항공보안 자율신고의 접수·분석·전파에 관한 업무를 대통령령으로 정하는 바에 따라 「한국교통안전공단법」에 따른 한국교통안전공단에 위탁할 수 있다. 이 경우 위탁받은 업무에 종사하는 한국교통안전공단의 임직원은 「형법」 제129조부터 제132조까지의 규정을 적용할 때에는 공무원으로 본다. 〈개정 2017. 10. 24.〉

⑤ 항공보안 자율신고의 신고방법 및 신고처리절차 등에 관하여 필요한 사항은 국토교통부령으로 정한다.

[본조신설 2013. 4. 5.]

제7장 보칙

제34조(재정 지원) 국가는 예산의 범위에서 항공보안 업무 수행에 필요한 비용을 지원할 수 있다. 〈개정 2013. 4. 5.〉

[전문개정 2010. 3. 22.]

제35조(감독) ① 국토교통부장관은 이 법 또는 이 법에 따른 명령이나 처분을 위반하는 행위에 대하여는 시정

명령 등 필요한 조치를 할 수 있다. 〈개정 2013. 3. 23., 2017. 10. 24.〉

② 국토교통부장관은 항공보안장비의 안전 및 적합성을 확보하기 위하여 인증기관 및 시험기관에 대하여 필요한 범위에서 지도·감독을 할 수 있다. 〈신설 2017. 10. 24.〉

③ 국토교통부장관은 제2항에 따라 감독상 필요하다고 인정되는 경우에는 인증기관 및 시험기관의 운영과 업무의 처리에 관한 명령을 할 수 있으며, 소속 공무원으로 하여금 그 장부와 전표, 서류, 시설 등을 검사하게 할 수 있다. 이 경우 검사를 하는 공무원은 그 권한을 표시하는 증표를 지니고 이를 관계인에게 내보여야 한다. 〈신설 2017. 10. 24.〉

[전문개정 2010. 3. 22.]

제35조의2(항공보안정보체계의 구축) ① 국토교통부장관은 항공보안정보의 체계적인 관리 및 정보공유를 위하여 항공보안정보체계를 구축·운영할 수 있다.

② 국토교통부장관은 항공보안정보체계의 구축·운영에 필요한 자료의 제출 또는 정보의 제공을 공항운영자등에게 요청할 수 있다. 이 경우 자료의 제출이나 정보의 제공을 요구받은 자는 정당한 사유가 없으면 이에 따라야 한다.

[본조신설 2017. 8. 9.]

제36조 삭제 〈2012. 1. 26.〉

제37조(청문) 국토교통부장관은 다음 각 호의 어느 하나에 해당하는 취소처분을 하려면 청문을 하여야 한다. 〈개정 2013. 3. 23., 2013. 4. 5., 2014. 1. 14., 2017. 10. 24.〉

1. 제15조 제8항(제16조 제1항 후단, 제2항 후단 및 제17조 제5항에서 준용하는 경우를 포함한다)에 따른 위탁업체 지정의 취소
2. 제17조의3 제1항에 따른 상용화주 지정의 취소
3. 제27조의5에 따른 시험기관 지정의 취소
4. 제28조 제4항에 따른 교육기관 지정의 취소

[전문개정 2010. 3. 22.]

제38조(권한의 위임·위탁) ① 국토교통부장관은 이 법에 따른 권한의 일부를 대통령령으로 정하는 바에 따라 소속기관의 장에게 위임할 수 있다.

② 국토교통부장관은 이 법에 따른 업무의 일부를 대통령령으로 정하는 바에 따라 항공보안 관련 기관 또는 단체에 위탁할 수 있다.

[전문개정 2020. 6. 9.]

제38조의2(벌칙 적용에서 공무원 의제) 항공보안장비 성능 인증 및 성능평가시험에 관한 업무에 종사하는 인증기관 및 시험기관의 임직원은 「형법」 제129조부터 제132조까지의 규정에 따른 벌칙을 적용할 때에는 공무원으로 본다.

[본조신설 2017. 10. 24.]

제8장 벌칙

제39조(항공기 파손죄) ① 운항중인 항공기의 안전을 해칠 정도로 항공기를 파손한 사람(「항공안전법」 제138조 제1항에 해당하는 사람은 제외한다)은 사형, 무기징역 또는 5년 이상의 징역에 처한다. 〈개정 2016. 3. 29.〉

② 계류 중인 항공기의 안전을 해칠 정도로 항공기를 파손한 사람은 7년 이하의 징역에 처한다.

[전문개정 2010. 3. 22.]

제40조(항공기 납치죄 등) ① 폭행, 협박 또는 그 밖의 방법으로 항공기를 강탈하거나 그 운항을 강제한 사람은 무기 또는 7년 이상의 징역에 처한다.

② 제1항의 죄를 범하여 사람을 사상(死傷)에 이르게 한 사람은 사형 또는 무기징역에 처한다.

③ 제1항의 미수범은 처벌한다.

④ 제1항 또는 제2항의 죄를 범할 목적으로 예비 또는 음모한 사람은 5년 이하의 징역에 처한다. 다만, 그 목적한 죄를 실행에 옮기기 전에 자수한 사람에 대하여는 그 형을 감경하거나 면제할 수 있다.

[전문개정 2010. 3. 22.]

제41조(항공시설 파손죄) ① 항공기 운항과 관련된 항공시설을 파손하거나 조작을 방해함으로써 항공기의 안전운항을 해친 사람(「항공안전법」 제140조에 해당하는 사람은 제외한다)은 10년 이하의 징역에 처한다. 〈개정 2016. 3. 29., 2017. 10. 24.〉

② 제1항의 죄를 범하여 사람을 사상에 이르게 한 사람은 사형, 무기징역 또는 7년 이상의 징역에 처한다. 〈신설 2017. 10. 24.〉

[전문개정 2010. 3. 22.]

제42조(항공기 항로 변경죄) 위계 또는 위력으로써 운항중인 항공기의 항로를 변경하게 하여 정상 운항을 방해한 사람은 1년 이상 10년 이하의 징역에 처한다.

[전문개정 2010. 3. 22.]

제43조(직무집행방해죄) 폭행·협박 또는 위계로써 기장등의 정당한 직무집행을 방해하여 항공기와 승객의 안전을 해친 사람은 10년 이하의 징역에 처한다.

[전문개정 2010. 3. 22.]

제44조(항공기 위험물건 탑재죄) 제21조를 위반하여 휴대 또는 탑재가 금지된 물건을 항공기에 휴대 또는 탑재하거나 다른 사람으로 하여금 휴대 또는 탑재하게 한 사람은 2년 이상 5년 이하의 징역 또는 2천만원 이상 5천만원 이하의 벌금에 처한다. 〈개정 2017. 8. 9.〉

[전문개정 2010. 3. 22.]

제45조(공항운영 방해죄) 거짓된 사실의 유포, 폭행, 협박 및 위계로써 공항운영을 방해한 사람은 5년 이하의 징역 또는 5천만원 이하의 벌금에 처한다. 〈개정 2013. 4. 5.〉

[전문개정 2010. 3. 22.]

제46조(항공기 내 폭행죄 등) ① 제23조 제2항을 위반하여 항공기의 보안이나 운항을 저해하는 폭행·협박·위계행위 또는 출입문·탈출구·기기의 조작을 한 사람은 10년 이하의 징역에 처한다.

② 제23조 제2항을 위반하여 항공기 내에서 다른 사람을 폭행한 사람은 5년 이하의 징역에 처한다.

[전문개정 2017. 3. 21.]

제47조(항공기 점거 및 농성죄) 제23조 제3항을 위반하여 항공기를 점거하거나 항공기 내에서 농성한 사람은 3년 이하의 징역 또는 3천만원 이하의 벌금에 처한다. 〈개정 2013. 4. 5.〉

[전문개정 2010. 3. 22.]

제48조(운항 방해정보 제공죄) 항공운항을 방해할 목적으로 거짓된 정보를 제공한 사람은 3년 이하의 징역 또는 3천만원 이하의 벌금에 처한다. 〈개정 2013. 4. 5.〉

[전문개정 2010. 3. 22.]

제49조(벌칙) ① 제23조 제1항 제7호를 위반하여 기장등의 업무를 위계 또는 위력으로써 방해한 사람은 10년 이하의 징역 또는 1억원 이하의 벌금에 처한다. 〈신설 2016. 1. 19., 2017. 3. 21.〉

② 다음 각 호의 어느 하나에 해당하는 사람은 3년 이하의 징역 또는 3천만원 이하의 벌금에 처한다. 〈개정 2017. 3. 21.〉

1. 제23조 제1항 제6호를 위반하여 조종실 출입을 기도한 사람
2. 제23조 제4항을 위반하여 기장등의 지시에 따르지 아니한 사람

[전문개정 2010. 3. 22.]

제50조(벌칙) ① 제15조의2 제2항 본문에 따라 신분증명서 제시를 요구받은 경우 위조 또는 변조된 신분증명서를 제시하여 본인 일치 여부 확인을 받으려 한 사람은 10년 이하의 징역에 처한다. 이 경우 3천만원 이하의 벌금을 병과할 수 있다. 〈신설 2021. 7. 27.〉

② 제23조 제8항을 위반하여 공항에서 보안검색 업무를 수행 중인 항공보안검색요원 또는 보호구역에의 출입을 통제하는 사람에 대하여 업무를 방해하는 행위 또는 폭행 등 신체에 위해를 주는 행위를 한 사람은 5년 이하의 징역 또는 5천만원 이하의 벌금에 처한다. 〈개정 2021. 7. 27.〉

③ 다음 각 호의 어느 하나에 해당하는 사람은 3년 이하의 징역 또는 3천만원 이하의 벌금에 처한다. 〈개정 2021. 7. 27.〉

1. 제15조의2 제2항 본문에 따라 신분증명서 제시를 요구받은 경우 다른 사람의 신분증명서를 부정하게 사용하여 본인 일치 여부 확인을 받으려 한 사람
2. 운항 중인 항공기 내에서 제23조 제1항 제1호를 위반하여 폭언, 고성방가 등 소란행위를 한 사람
3. 운항 중인 항공기 내에서 제23조 제1항 제3호를 위반하여 술을 마시거나 약물을 복용하고 다른 사람에게 위해를 주는 행위를 한 사람

④ 다음 각 호의 어느 하나에 해당하는 자는 5천만원 이하의 벌금에 처한다. 〈개정 2021. 7. 27.〉

1. 제10조 제2항을 위반하여 자체 보안계획을 수립하지 아니한 자
2. 제15조를 위반하여 보안검색 업무를 하지 아니하거나 소홀히 한 사람
3. 제31조 제2항을 위반하여 자체 우발계획을 수립하지 아니한 자

⑤ 다음 각 호의 어느 하나에 해당하는 자는 3천만원 이하의 벌금에 처한다. 〈개정 2021. 7. 27.〉

1. 제10조 제2항을 위반하여 자체 보안계획의 승인을 받지 아니한 자
2. 제16조 또는 제17조를 위반하여 보안검색 업무를 하지 아니하거나 소홀히 한 사람
3. 제31조 제3항을 위반하여 자체 우발계획의 승인을 받지 아니한 자

⑥ 계류 중인 항공기 내에서 다음 각 호의 어느 하나에 해당하는 사람은 2천만원 이하의 벌금에 처한다. 〈개정 2021. 7. 27.〉

1. 제23조 제1항 제1호를 위반하여 폭언, 고성방가 등 소란행위를 한 사람
2. 제23조 제1항 제3호를 위반하여 술을 마시거나 약물을 복용하고 다른 사람에게 위해를 주는 행위를 한 사람

⑦ 운항 중인 항공기 내에서 다음 각 호의 어느 하나에 해당하는 사람은 1천만원 이하의 벌금에 처한다. 〈개정 2021. 7. 27.〉

1. 제23조 제1항 제2호를 위반하여 흡연을 한 사람
2. 제23조 제1항 제4호를 위반하여 다른 사람에게 성적(性的) 수치심을 일으키는 행위를 한 사람
3. 제23조 제1항 제5호를 위반하여 전자기기를 사용한 사람

⑧ 계류 중인 항공기 내에서 다음 각 호의 어느 하나에 해당하는 사람은 5백만원 이하의 벌금에 처한다. 〈개정 2021. 7. 27.〉

1. 제23조 제1항 제2호를 위반하여 흡연을 한 사람
2. 제23조 제1항 제4호를 위반하여 다른 사람에게 성적(性的) 수치심을 일으키는 행위를 한 사람
3. 제23조 제1항 제5호를 위반하여 전자기기를 사용한 사람

⑨ 제13조 제1항을 위반하여 공항운영자의 허가를 받지 아니하고 보호구역에 출입한 사람은 100만원 이하의 벌금에 처한다. 〈개정 2021. 7. 27.〉

[전문개정 2017. 3. 21.]

제50조의2(양벌규정) 법인의 대표자나 법인 또는 개인의 대리인, 사용인, 그 밖의 종업원이 그 법인 또는 개인의 업무에 관하여 제50조의 어느 하나에 해당하는 위반행위를 하면 그 행위자를 벌하는 외에 그 법인 또는 개인에게도 해당 조문의 벌금형을 과(科)한다. 다만, 법인 또는 개인이 그 위반행위를 방지하기 위하여 해당 업무에 관하여 상당한 주의와 감독을 게을리하지 아니한 경우에는 그러하지 아니하다.

[본조신설 2013. 4. 5.]

제51조(과태료) ① 다음 각 호의 어느 하나에 해당하는 자에게는 1천만원 이하의 과태료를 부과한다. 〈개정 2013. 4. 5., 2016. 1. 19., 2017. 10. 24., 2020. 6. 9.〉

1. 제10조 제2항에 따라 승인받은 자체 보안계획을 이행하지 아니한 자(국가항공보안계획과 관련되는 부분만 해당한다)
2. 제14조 제2항을 위반하여 항공기내보안요원을 탑승시키지 아니한 항공운송사업자
3. 제14조 제4항을 위반하여 항공기에 대한 보안점검을 실시하지 아니한 항공운송사업자

3의2. 제14조의2 제5항을 위반하여 생체정보를 파기하지 아니한 자

4. 제17조 제1항을 위반하여 통과 승객이나 환승 승객에게 휴대물품을 가지고 내리도록 조치하지 아니한 항공운송사업자
5. 제19조 제1항을 위반하여 국토교통부장관에게 보고하지 아니한 자

5의2. 제25조 제1항을 위반하여 항공기 내에서 죄를 범한 범인을 관할 국가경찰관서에 인도하지 아니한 기장등이 소속된 항공운송사업자

6. 제27조를 위반하여 국토교통부장관의 성능 인증을 받은 항공보안장비를 사용하지 아니한 자

6의2. 제27조에 따른 항공보안장비 성능 인증을 위한 기준과 절차 등을 위반한 인증기관 및 시험기관

7. 제31조 제3항에 따라 승인받은 자체 우발계획을 이행하지 아니한 자(국가항공보안 우발계획과 관련되는 부분만 해당한다)
8. 제32조에 따른 보안조치를 이행하지 아니한 자
9. 제33조 제4항에 따른 시정조치 또는 명령을 이행하지 아니한 자
10. 제33조의2 제3항을 위반하여 불이익한 조치를 한 자
11. 제35조에 따른 시정명령 등 필요한 조치를 이행하지 아니한 자

② 다음 각 호의 어느 하나에 해당하는 자에게는 500만원 이하의 과태료를 부과한다. 〈신설 2013. 4. 5., 2017. 8. 9.〉

1. 제23조 제9항에 따른 안내를 하지 아니한 항공운송사업자
2. 제29조를 위반하여 보안검색에 관한 기록을 작성·유지하지 아니한 자
3. 제33조 제3항에 따른 점검업무의 수행에 필요한 서류 및 자료를 제출하지 아니하거나 거짓의 자료를 제출한 자

③ 제17조 제1항에 따른 항공운송사업자의 지시에도 불구하고 휴대물품을 가지고 내리지 아니한 사람에게는 100만원 이하의 과태료를 부과한다. 〈개정 2013. 4. 5.〉

④ 제1항부터 제3항까지의 규정에 따른 과태료는 대통령령으로 정하는 바에 따라 국토교통부장관이 부과·징수한다. 〈개정 2013. 4. 5.〉

[전문개정 2010. 3. 22.]

부칙 〈법률 제6734호, 2002. 8. 26.〉

①(시행일) 이 법은 공포후 3월이 경과한 날부터 시행한다. 다만, 제6조 및 제38조의 개정규정은 공포한 날부터 시행한다.

②(보안검색업무에 관한 경과조치) 이 법 시행 당시 공항에서 보안검색업무를 수행하고 있는 자는 공항운영자 및 항공운송사업자가 보안검색을 인수할 때까지 보안검색업무를 수행한 다.

③(다른 법률의 개정) 항공법중 다음과 같이 개정한다.

제61조 제2항 및 제6항을 삭제한다.

제165조 중 "제61조제2항 또는 제3항"을 "제61조제3항"으로 한다.

부칙 〈법률 제7050호, 2003. 12. 31.〉

①(시행일) 이 법은 2004년 4월 1일부터 시행한다.

②(통과 또는 환승 승객 등에 대한 보안검색에 관한 적용례) 제17조 및 제50조제1항제2호 및 제3호의 개정규정은 이 법 시행후 최초로 공항에 도착한 항공기의 통과 또는 환승 승객 및 휴대물품부터 적용한다.

③(보안검색업무에 관한 경과조치) 이 법 시행 당시 공항운영자가 통과 또는 환승 승객 및 휴대물품의 보안검색업무를 인수할 때까지 항공운송사업자가 보안검색업무를 수행한다.

부칙 〈법률 제7472호, 2005. 3. 31.〉

이 법은 공포 후 3월이 경과한 날부터 시행한다.

부칙 〈법률 제7691호, 2005. 11. 8.〉 (항공법)

제1조(시행일) 이 법은 공포 후 8월이 경과한 날부터 시행한다. 〈단서 생략〉

제2조 내지 **제9조** 생략

제10조(다른 법률의 개정) 항공안전및보안에관한법률 일부를 다음과 같이 개정한다.

제21조제1항 단서를 다음과 같이 한다.

다만, 「항공법」제59조제1항의 규정에 의하여 건설교통부장관의 허가를 받은 경우 및 특정한 직무를 수행하기 위한 경우 등 건설교통부령이 정하는 경우에는 그러하지 아니하다.

부칙 〈법률 제7849호, 2006. 2. 21.〉 (제주특별자치도 설치 및 국제자유도시 조성을 위한 특별법)

제1조(시행일) 이 법은 2006년 7월 1일부터 시행한다. 〈단서 생략〉

제2조 내지 **제39조** 생략

제40조(다른 법령의 개정) ① 내지 ㉟ 생략

㊱ 항공안전 및 보안에 관한 법률 일부를 다음과 같이 개정한다.

제15조제2항 단서, 제25조제1항 내지 제3항 및 제26조제1항·제2항 중 "경찰관서"를 각각 "국가경찰관서"로 한다.

㊲ 내지 ㊼ 생략

제41조 생략

부칙 〈법률 제7926호, 2006. 3. 24.〉

이 법은 공포 후 3개월이 경과한 날부터 시행한다.

부칙 〈법률 제7988호, 2006. 9. 27.〉 (소비자기본법)

제1조(시행일) 이 법은 공포 후 6개월이 경과한 날부터 시행한다. 〈단서 생략〉

제2조 내지 **제11조** 생략

제12조(다른 법률의 개정) ① 내지 ⑩ 생략

⑪ 항공안전 및 보안에 관한 법률 일부를 다음과 같이 개정한다.

제36조제1항 본문 중 "소비자보호법에 의한 한국소비자보호원(이하 "소비자보호원"이라 한다)"을 "「소비자기본법」에 의한 한국소비자원(이하 "한국소비자원"이라 한다)"으로 하고, 동조 제3항 중 "소비자보호원"을 "한국소비자원"으로 한다.

⑫ 생략

제13조 생략

부칙 〈법률 제8129호, 2006. 12. 28.〉

이 법은 공포 후 3개월이 경과한 날부터 시행한다.

부칙 〈법률 제8787호, 2007. 12. 21.〉 (항공법)

제1조(시행일) 이 법은 공포 후 6개월이 경과한 날부터 시행한다. 〈단서 생략〉

제2조부터 **제12조**까지 생략

제13조(다른 법률의 개정) 항공안전 및 보안에 관한 법률 일부를 다음과 같이 개정한다.

제2조에 제4호의2를 다음과 같이 신설한다.

4의2. "항공기정비업체"란 「항공법」 제137조의2에 따라 항공기정비업을 등록한 업체를 말한다.

제4조중 "항공기취급업체"를 "항공기취급업체·항공기정비업체"로 한다.

제5조 및 제10조중 "항공기취급업체"를 각각 "항공기취급업체, 항공기정비업체"로 한다.

부칙 〈법률 제8852호, 2008. 2. 29.〉 (정부조직법)

제1조(시행일) 이 법은 공포한 날부터 시행한다. 다만, ···〈생략〉···, 부칙 제6조에 따라 개정되는 법률 중 이 법의 시행 전에 공포되었으나 시행일이 도래하지 아니한 법률을 개정한 부분은 각각 해당 법률의 시행일부터 시행한다.

제2조부터 **제5조**까지 생략

제6조(다른 법률의 개정) ①부터 〈624〉까지 생략

〈625〉 항공안전 및 보안에 관한 법률 일부를 다음과 같이 개정한다.

제4조, 제6조, 제7조제1항 각 호 외의 부분, 제9조제1항, 제10조제1항, 제12조제1항·제2항, 제15조제3항·제6항 전단, 제17조제4항, 제19조제1항 각 호 외의 부분·제2항·제3항, 제21조제1항 단서, 제27조제1항·제2항, 제28조제1항·제2항, 제30조, 제31조제2항, 제32조, 제33조제1항·제2항, 제35조, 제37조 및 제38조제1항·제2항 중 "건 설교통부장관"을 각각 "국토해양부장관"으로 한다.

제5조, 제10조제1항, 제12조제3항, 제13조제2항, 제14조제3항, 제15조제6항 후단, 제18조제2항, 제19조제1항 제3호, 제20조제2항, 제21조제1항 단서, 제23조제7항, 제24조제4항, 제29조, 제31조제3항, 제33조제5항 및 제36조제4항 중 "건설교통부령"을 각각 "국토해양부령"으로 한다.

제7조제1항 각 호 외의 부분 중 "건설교통부"를 "국토해양부"로 한다.

〈626〉 부터 〈760〉 까지 생략

제7조 생략

부칙 〈법률 제9074호, 2008. 3. 28.〉

이 법은 공포 후 3개월이 경과한 날부터 시행한다.

부칙 〈법률 제9779호, 2009. 6. 9.〉

①(시행일) 이 법은 공포한 날부터 시행한다. 다만, 제23조제7항의 개정규정은 공포 후 3개월이 경과한 날부터 시행하고, 제17조제3항부터 제5항까지의 개정규정은 2010년 1월 1일부터 시행한다.
②(벌칙에 관한 경과조치) 이 법 시행 전의 행위에 대하여 벌칙을 적용할 때에는 종전의 규정에 따른다.

부칙 〈법률 제9780호, 2009. 6. 9.〉 (항공법)

제1조(시행일) 이 법은 공포 후 3개월이 경과한 날부터 시행한다. 〈단서 생략〉
제2조부터 **제10조**까지 생략
제11조(다른 법률의 개정) ①부터 ⑰까지 생략
⑱ 항공안전 및 보안에 관한 법률 일부를 다음과 같이 개정한다.
제2조제3호 중 "「항공법」 제112조의 규정에 의하여 면허를 받은 정기항공운송사업자, 동법 제132조의 규정에 의하여 등록한 부정기항공운송사업자 및 동법 제147조의 규정에 의하여"를 "「항공법」 제112조에 따라 면허를 받은 국내항공운송사업자 및 국제항공운송사업자, 같은 법 제132조에 따라 등록을 한 소형항공운송사업자 및 같은 법 제147조에 따라"로 한다.
제11조제1항 중 "「항공법」 제2조제6호 및 제16호의 규정에 의한"을 "「항공법」 제2조제8호 및 제17호에 따른"으로 한다.
⑲ 생략
제12조 생략

부칙 〈법률 제10160호, 2010. 3. 22.〉

①(시행일) 이 법은 공포 후 6개월이 경과한 날부터 시행한다.
②(경과조치) 이 법 시행 당시 종전의 규정에 따라 공항운영자등이 수립하여 국토해양부장관의 승인을 받은 항공안전 및 보안의 시행계획은 제10조제2항의 개정규정에 따라 수립하여 승인받은 자체 보안계획으로 본다.

부칙 〈법률 제11244호, 2012. 1. 26.〉 (항공법)

제1조(시행일) 이 법은 공포 후 6개월이 경과한 날부터 시행한다. 〈단서 생략〉

제2조부터 **제7조**까지 생략

제8조(다른 법률의 개정) ① 항공안전 및 보안에 관한 법률 일부를 다음과 같이 개정한다.

제2조제2호를 다음과 같이 한다.

2. "공항운영자"란 「항공법」제2조제7호의2에 따른 공항운영자를 말한다.

제36조를 삭제한다.

② 생략

부칙 〈법률 제11690호, 2013. 3. 23.〉 (정부조직법)

제1조(시행일) ① 이 법은 공포한 날부터 시행한다.

② 생략

제2조부터 **제5조**까지 생략

제6조(다른 법률의 개정) ①부터 〈653〉까지 생략

〈654〉 항공안전 및 보안에 관한 법률 일부를 다음과 같이 개정한다.

제4조, 제6조, 제9조제1항, 제10조제1항, 같은 조 제2항 본문, 제11조제3항, 제12조제1항·제2항, 제14조제5항, 제15조제3항, 같은 조 제6항 전단, 제17조제4항, 제17조의2제1항·제2항, 제17조의3제1항 각 호 외의 부분, 같은 조 제2항, 제19조제1항 각 호 외의 부분, 같은 조 제2항·제3항, 제21조제1항·제2항·제4항, 제27조제1항·제2항, 제28조제1항·제2항, 같은 조 제4항 각 호 외의 부분 본문, 같은 조 제5항, 제30조제1항, 제31조제2항, 제32조, 제33조제1항·제2항, 제35조, 제37조 각 호 외의 부분, 제38조제1항·제2항 및 제51조제3항 중 "국토해양부장관"을 각각 "국토교통부장관"으로 한다.

제5조, 제9조제1항, 제10조제2항 단서, 같은 조 제3항, 제12조제3항, 제13조제2항, 제14조제3항, 같은 조 제4항 후단, 제15조제6항 후단, 제17조의2제1항·제4항, 제17조의3제3항, 제18조제2항, 제19조제1항제3호, 제20조제2항, 제21조제5항, 제23조제7항제4호, 제24조제4항, 제28조제3항, 제29조, 제30조제2항, 제31조제3항 및 제33조제6항 중 "국토해양부령"을 각각 "국토교통부령"으로 한다.

제7조제1항 각 호 외의 부분 중 "국토해양부"를 "국토교통부"로 한다.

〈655〉부터 〈710〉까지 생략

제7조 생략

부칙 〈법률 제11753호, 2013. 4. 5.〉

제1조(시행일) 이 법은 공포 후 1년이 경과한 날부터 시행한다.

제2조(항공안전협의회 등에 관한 경과조치) ① 이 법 시행 당시 종전의 규정에 따라 설치된 항공안전협의회는 제7조의 개정규정에 따른 항공보안협의회로 본다.

② 이 법 시행 당시 종전의 규정에 따라 설치된 공항안전운영협의회는 제8조의 개정규정에 따른 지방항공보안협의회로 본다.

제3조(항공안전 및 보안에 관한 기본계획에 관한 경과조치) 이 법 시행 당시 종전의 규정에 따라 수립된 항공안전 및 보안에 관한 기본계획은 제9조의 개정규정에 따른 항공보안에 관한 기본계획으로 본다.

제4조(항공안전 보안장비 관련 고시에 관한 경과조치) 이 법 시행 당시 종전의 규정에 따라 국토교통부장관이 행한 항공안전 보안장비에 관한 고시는 제27조제2항의 개정규정에 따른 항공보안장비에 관한 고시로 본다.

제5조(국가항공보안 우발계획 등에 관한 경과조치) ① 국토교통부장관은 이 법 시행일부터 3개월 이내에 제31조제1항의 개정규정에 따른 국가항공보안 우발계획을 수립하여야 한다.

② 이 법 시행 당시 종전의 규정에 따라 공항운영자등이 수립하여 승인받은 우발계획은 제31조제3항의 개정규정에 따라 국토교통부장관의 승인을 받은 자체 우발계획으로 본다.

제6조(벌칙 및 과태료에 관한 경과조치) 이 법 시행 전의 행위에 대한 벌칙과 과태료의 적용은 종전의 규정에 따른다.

제7조(다른 법률의 개정) 공중 등 협박목적을 위한 자금조달행위의 금지에 관한 법률 일부를 다음과 같이 개정한다.

제2조제1호나목(1) 중 "「항공안전 및 보안에 관한 법률」"을 "「항공보안법」"으로 한다.

부칙 〈법률 제11932호, 2013. 7. 16.〉

이 법은 2014년 4월 6일부터 시행한다.

부칙 〈법률 제12257호, 2014. 1. 14.〉

이 법은 2014년 4월 6일부터 시행한다.

부칙 〈법률 제13811호, 2016. 1. 19.〉

이 법은 공포한 날부터 시행한다.

부칙 〈법률 제14113호, 2016. 3. 29.〉 (공항시설법)

제1조(시행일) 이 법은 공포 후 1년이 경과한 날부터 시행한다.

제2조부터 **제16조**까지 생략

제17조(다른 법률의 개정) ①부터 ㉔까지 생략

㉕ 항공보안법 일부를 다음과 같이 개정한다.

제15조제4항 중 "「항공법」 제86조"를 "「공항시설법」 제32조 및 제50조"로 한다.

㉖ 생략

제18조 생략

부칙 〈법률 제14115호, 2016. 3. 29.〉 (항공사업법)

제1조(시행일) 이 법은 공포 후 1년이 경과한 날부터 시행한다.

제2조부터 **제24조**까지 생략

제25조(다른 법률의 개정) ①부터 ⑤까지 생략

⑥ 항공보안법 일부를 다음과 같이 개정한다.

제2조 각 호 외의 부분 단서 중 "「항공법」"을 "「항공사업법」·「항공안전법」·「공항시설법」"으로 한다.

제2조제2호 중 "「항공법」제2조제7호의2"를 "「항공사업법」 제2조제34호"로 하고, 같은 조 제3호 중 "「항공법」 제112조"를 "「항공사업법」 제7조"로, "같은 법 제132조"를 "같은 법 제10조"로, "같은 법 제147조"를 "같은 법 제54조"로 하며, 같은 조 제4호 중 "「항공법」 제137조"를 "「항공사업법」 제44조"로 하고, 같은 조 제5호 중 "「항공법」 제137조의2"를 "「항공사업법」 제42조"로 한다.

⑦ 생략

제26조 생략

부칙 〈법률 제14116호, 2016. 3. 29.〉 (항공안전법)

제1조(시행일) 이 법은 공포 후 1년이 경과한 날부터 시행한다. 〈단서 생략〉

제2조부터 **제53조**까지 생략

제54조(다른 법률의 개정) ①부터 ⑲까지 생략

⑳ 항공보안법 일부를 다음과 같이 개정한다.

제23조제1항제5호 중 "「항공법」 제61조의2"를 "「항공안전법」 제73조"로 한다.

제39조제1항 중 "「항공법」 제157조제1항"을 "「항공안전법」 제138조제1항"으로 한다.

제41조 중 "「항공법」 제156조"를 "「항공안전법」 제140조"로 한다.

㉑부터 ㉓까지 생략

제55조 생략

부칙 〈법률 제14724호, 2017. 3. 21.〉

이 법은 공포한 날부터 시행한다.

부칙 〈법률 제14870호, 2017. 8. 9.〉

이 법은 공포 후 6개월이 경과한 날부터 시행한다. 다만, 제17조의2제3항 및 제35조의2의 개정규정은 공포 후 3개월이 경과한 날부터 시행한다.

부칙 〈법률 제14939호, 2017. 10. 24.〉 (한국교통안전공단법)

제1조(시행일) 이 법은 2018년 1월 1일부터 시행한다.

제2조 생략

제3조(다른 법률의 개정) ①부터 ⑨까지 생략

⑩ 항공보안법 일부를 다음과 같이 개정한다.

제33조의2제4항 전단 중 "「교통안전공단법」에 따른 교통안전공단"을 "「한국교통안전공단법」에 따른 한국교통안전공단"으로 하고, 같은 항 후단 중 "교통안전공단"을 "한국교통안전공단"으로 한다.

⑪ 및 ⑫ 생략

부칙 〈법률 제14954호, 2017. 10. 24.〉

제1조(시행일) 이 법은 공포 후 1년이 경과한 날부터 시행한다.

제2조(항공보안장비 성능 인증에 대한 경과조치) ① 장비운영자는 제27조제1항의 개정규정에도 불구하고 이 법 시행일 이전부터 사용하고 있는 항공보안장비 중 제작국가 등의 항공보안장비 인증 공인기관으로부터 성능을 인증 받은 항공보안장비에 대하여는 해당 장비의 내용연수를 다할 때까지 국토교통부령으로 정하는 바에 따라 사용할 수 있다.

② 장비운영자는 제27조제1항의 개정규정에도 불구하고 국토교통부장관으로부터 성능 인증을 받고 생산 중인 항공보안장비가 각기 다른 제작사의 장비로서 종류별로 2종 이상이 인증되기 이전까지는 제작국가 등의 항공보안장비 인증 공인기관으로부터 성능을 인증받은 장비를 사용할 수 있다.

부칙 〈법률 제17461호, 2020. 6. 9.〉

이 법은 공포 후 6개월이 경과한 날부터 시행한다. 다만, 제23조의 개정규정은 공포한 날부터 시행한다.

부칙 〈법률 제17646호, 2020. 12. 15.〉 (국가정보원법)

제1조(시행일) 이 법은 2021년 1월 1일부터 시행한다. 〈단서 생략〉

제2조부터 **제4조**까지 생략

제5조(다른 법률의 개정) ①부터 ⑦까지 생략

⑧ 항공보안법 일부를 다음과 같이 개정한다.

제7조제1항제4호 단서 중 "「국가정보원법」 제3조"를 "「국가정보원법」 제4조"로 한다.

⑨ 및 ⑩ 생략

제6조 생략

부칙 〈법률 제18354호, 2021. 7. 27.〉

이 법은 공포 후 6개월이 경과한 날부터 시행한다.

제3부 | 주요 국제항공조약

제1장

CONVENTION ON INTERNATIONAL CIVIL AVIATION(Chicago Convention)

Signed at Chicago, on 7 December 1944

PREAMBLE

WHEREAS the future development of international civil aviation can greatly help to create and preserve friendship and understanding among the nations and peoples of the world, yet its abuse can become a threat to the general security;

WHEREAS it is desirable to avoid friction and to promote that cooperation between nations and peoples upon which the peace of the world depends; and

THEREFORE, the undersigned governments having agreed on certain principles and arrangements in order that international civil aviation may be developed in a safe and orderly manner and that international air transport services may be established on the basis of equality of opportunity and operated soundly and economically;

Have accordingly concluded this Convention to that end.

CHAPTER I.

GENERAL PRINCIPLES AND APPLICATION OF THE CONVENTION

Article 1

Sovereignty

The contracting States recognize that every State has complete and exclusive sovereignty over the airspace above its territory.

Article 2

Territory

For the purposes of this Convention the territory of a State shall be deemed to be the land areas and territorial waters adjacent thereto under the sovereignty, suzerainty, protection or mandate of such State.

Article 3

Civil and state aircraft

(a) This Convention shall be applicable only to civil aircraft, and shall not be applicable to state aircraft.

(b) Aircraft used in military, customs and police services shall be deemed to be state aircraft.

(c) No state aircraft of a contracting State shall fly over the territory of another State or land thereon without authorization by special agreement or otherwise, and in accordance with the terms thereof.

(d) The contracting States undertake, when issuing regulations for their state aircraft, that they will have due regard for the safety of navigation of civil aircraft.

Article 3 bis2

(a) The contracting States recognize that every State must refrain from resorting to the use of weapons against civil aircraft in flight and that, in case of interception, the lives of persons on board and the safety of aircraft must not be endangered. This provision shall not be interpreted as modifying in any way the rights and obligations of States set forth in the Charter of the United Nations.

(b) The contracting States recognize that every State, in the exercise of its sovereignty, is entitled to require

the landing at some designated airport of a civil aircraft flying above its territory without authority or if there are reasonable grounds to conclude that it is being used for any purpose inconsistent with the aims of this Convention; it may also give such aircraft any other instructions to put an end to such violations. For this purpose, the contracting States may resort to any appropriate means consistent with relevant rules of international law, including the relevant provisions of this Convention, specifically paragraph (a) of this article. Each contracting State agrees to publish its regulations in force regarding the interception of civil aircraft.
(c) Every civil aircraft shall comply with an order given in conformity with paragraph (b) of this Article. To this end each contracting State shall establish all necessary provisions in its national laws or regulations to make such compliance mandatory for any civil aircraft registered in that State or operated by an operator who has his principal place of business or permanent residence in that State. Each contracting State shall make any violation of such applicable laws or regulations punishable by severe penalties and shall submit the case to its competent authorities in accordance with its laws or regulations.
(d) Each contracting State shall take appropriate measures to prohibit the deliberate use of any civil aircraft registered in that State or operated by an operator who has his principal place of business or permanent residence in that State for any purpose inconsistent with the aims of this Convention. This provision shall not affect paragraph (a) or derogate from paragraphs (b) and (c) of this Article.

Article 4

Misuse of civil aviation

Each contracting State agrees not to use civil aviation for any purpose inconsistent with the aims of this Convention.

CHAPTER II.

FLIGHT OVER TERRITORY OF CONTRACTING STATES

Article 5

Right of non-scheduled flight

Each contracting State agrees that all aircraft of the other contracting States, being aircraft not engaged in scheduled international air services shall have the right, subject to the observance of the terms of this Convention, to make flights into or in transit non-stop across its territory and to make stops for non-traffic purposes without the necessity of obtaining prior permission, and subject to the right of the State flown over to require landing. Each contracting State nevertheless reserves the right, for reasons of safety of flight, to require aircraft desiring to proceed over regions which are inaccessible or without adequate air navigation facilities to follow prescribed routes, or to obtain special permission for such flights.

Such aircraft, if engaged in the carriage of passengers, cargo, or mail for remuneration or hire on other than scheduled international air services, shall also, subject to the provisions of Article 7, have the privilege of taking on or discharging passengers, cargo, or mail, subject to the right of any State where such embarkation or discharge takes place to impose such regulations, conditions or limitations as it may consider desirable.

Article 6

Scheduled air services

No scheduled international air service may be operated over or into the territory of a contracting State, except with the special permission or other authorization of that State, and in accordance with the terms of such permission or authorization.

Article 7

Cabotage

Each contracting State shall have the right to refuse permission to the aircraft of other contracting States to take on in its territory passengers, mail and cargo carried for remuneration or hire and destined for another point within its territory. Each contracting State undertakes not to enter into any arrangements which specifically grant any such privilege on an exclusive basis to any other State or an airline of any other State, and not to obtain any such exclusive privilege from any other State.

Article 8

Pilotless aircraft

No aircraft capable of being flown without a pilot shall be flown without a pilot over the territory of a contracting State without special authorization by that State and in accordance with the terms of such authorization. Each contracting State undertakes to insure that the flight of such aircraft without a pilot in regions open to civil aircraft shall be so controlled as to obviate danger to civil aircraft.

Article 9

Prohibited areas

(a) Each contracting State may, for reasons of military necessity or public safety, restrict or prohibit uniformly the aircraft of other States from flying over certain areas of its territory, provided that no distinction in this respect is made between the aircraft of the State whose territory is involved, engaged in international scheduled airline services, and the aircraft of the other contracting States likewise engaged. Such prohibited areas shall be of reasonable extent and location so as not to interfere unnecessarily with air navigation. Descriptions of such prohibited areas in the territory of a contracting State, as well as any subsequent alterations therein, shall be communicated as soon as possible to the other contracting States and to the International Civil Aviation Organization.

(b) Each contracting State reserves also the right, in exceptional circumstances or during a period of emergency, or in the interest of public safety, and with immediate effect, temporarily to restrict or prohibit flying over the whole or any part of its territory, on condition that such restriction or prohibition shall be applicable without distinction of nationality to aircraft of all other States.

(c) Each contracting State, under such regulations as it may prescribe, may require any aircraft entering the areas contemplated in subparagraph (a) or (b) above to effect a landing as soon as practicable thereafter at some designated airport within its territory.

Article10

Landing at customs airport

Except in a case where, under the terms of this Convention or a special authorization, aircraft are permitted to cross the territory of a contracting State without landing, every aircraft which enters the territory of a contracting State shall, if the regulations of that State so require, land at an airport designated by that State for the purpose of customs and other examination. On departure from the territory of a contracting State, such aircraft shall depart from a similarly designated customs airport. Particulars of all designated customs airports shall be published by the State and transmitted to the International Civil Aviation Organization established under Part II of this Convention for communication to all other contracting States.

Article 11

Aplicability of air regulations

Subject to the provisions of this Convention, the laws and regulations of a contracting State relating to the admission to or departure from its territory of aircraft engaged in international air navigation, or to the operation and navigation of such aircraft while within its territory, shall be aplied to the aircraft of all contracting States without distinction as to nationality, and shall be complied with by such aircraft upon entering or departing from or while within the territory of that State.

Article 12

Rules of the air

Each contracting State undertakes to adopt measures to insure that every aircraft flying over or maneuvering within its territory and that every aircraft carrying its nationality mark, wherever such aircraft may be, shall comply with the rules and regulations relating to the flight and maneuver of aircraft there in force. Each contracting State undertakes to keep its own regulations in these respects uniform, to the greatest possible extent, with those established from time to time under this Convention. Over the high seas, the rules in force shall be those established under this Convention. Each contracting State undertakes to insure the prosecution of all persons violating the regulations aplicable.

Article 13

Entry and clearance regulations

The laws and regulations of a contracting State as to the admission to or departure from its territory of passengers, crew or cargo of aircraft, such as regulations relating to entry, clearance, immigration, passports, customs and quarantine shall be complied with by or on behalf of such passengers, crew or cargo upon entrance into or departure from, or while within the territory of that State.

Article 14

Prevention of spread of disease

Each contracting State agrees to take effective measures to prevent the spread by means of air navigation of cholera, typhus (epidemic), smallpox, yellow fever, plague, and such other communicable diseases as the contracting States shall from time to time decide to designate, and to that end contracting States will keep in close consultation with the agencies concerned with international regulations relating to sanitary measures aplicable to aircraft. Such consultation shall be without prejudice to the aplication of any existing international convention on this subject to which the contracting States may be parties.

Article 15

Airport and similar charges

Every airport in a contracting State which is open to public use by its national aircraft shall likewise, subject to the provisions of Article 68, be open under uniform conditions to the aircraft of all the other contracting States. The like uniform conditions shall apply to the use, by aircraft of every contracting State, of all air navigation facilities, including radio and meteorological services, which may be provided for public use for the safety and expedition of air navigation.

Any charges that may be imposed or permitted to be imposed by a contracting State for the use of such airports and air navigation facilities by the aircraft of any other contracting State shall not be higher,

(a) As to aircraft not engaged in scheduled international air services, than those that would be paid by its national aircraft of the same class engaged in similar operations, and

(b) As to aircraft engaged in scheduled international air services, than those that would be paid by its national aircraft engaged in similar international air services.

All such charges shall be published and communicated to the International Civil Aviation Organization, provided that, upon representation by an interested contracting State, the charges imposed for the use of airports and other facilities shall be subject to review by the Council, which shall report and make recommendations thereon for the consideration of the State or States concerned. No fees, dues or other charges shall be imposed by any contracting State in respect solely of the right of transit over or entry into or exit from its territory of any aircraft of a contracting State or persons or property thereon.

Article 16

Search of aircraft

The appropriate authorities of each of the contracting States shall have the right, without unreasonable delay, to search aircraft of the other contracting States on landing or departure, and to inspect the certificates and other documents prescribed by this Convention.

CHAPTER III.

NATIONALITY OF AIRCRAFT

Article 17

Nationality of aircraft

Aircraft have the nationality of the State in which they are registered.

Article 18

Dual registration

An aircraft cannot be validly registered in more than one State, but its registration may be changed from one State to another.

Article 19

National laws governing registration

The registration or transfer of registration of aircraft in any contracting State shall be made in accordance with its laws and regulations.

Article 20

Display of marks

Every aircraft engaged in international air navigation shall bear its appropriate nationality and registration marks.

Article 21

Report of registrations

Each contracting State undertakes to supply to any other contracting State or to the International Civil Aviation Organization, on demand, information concerning the registration and ownership of any particular aircraft registered in that State. In addition, each contracting State shall furnish reports to the International Civil Aviation Organization, under such regulations as the latter may prescribe, giving such pertinent data as can be made available concerning the ownership and control of aircraft registered in that State and habitually engaged in international air navigation. The data thus obtained by the International Civil Aviation Organization shall be made available by it on request to the other contracting States.

CHAPTER IV.

MEASURES TO FACILITATE AIR NAVIGATION

Article 22

Facilitation of formalities

Each contracting State agrees to adopt all practicable measures, through the issuance of special regulations or otherwise, to facilitate and expedite navigation by aircraft between the territories of contracting States, and to prevent unnecessary delays to aircraft, crews, passengers and cargo, especially in the administration of the laws relating to immigration, quarantine, customs and clearance.

Article 23

Customs and immigration procedures

Each contracting State undertakes, so far as it may find practicable, to establish customs and immigration procedures affecting international air navigation in accordance with the practices which may be established or recommended from time to time, pursuant to this Convention. Nothing in this Convention shall be construed as preventing the establishment of customs—free airports.

Article 24

Customs duty

(a) Aircraft on a flight to, from, or across the territory of another contracting State shall be admitted temporarily free of duty, subject to the customs regulations of the State. Fuel, lubricating oils, spare parts, regular equipment and aircraft stores on board an aircraft of a contracting State, on arrival in the territory of another contracting State and retained on board on leaving the territory of that State shall be exempt from customs duty, inspection fees or similar national or local duties and charges. This exemption shall not apply to any quantities or articles unloaded, except in accordance with the customs regulations of the State, which may require that they shall be kept under customs supervision.

(b) Spare parts and equipment imported into the territory of a contracting State for incorporation in or use on an aircraft of another contracting State engaged in international air navigation shall be admitted free of customs duty, subject to compliance with the regulations of the State concerned, which may provide that the articles shall be kept under customs supervision and control.

Article 25

Aircraft in distress

Each contracting State undertakes to provide such measures of assistance to aircraft in distress in its territory as it may find practicable, and to permit, subject to control by its own authorities, the owners of the aircraft or authorities of the State in which the aircraft is registered to provide such measures of assistance as may be necessitated by the circumstances. Each contracting State, when undertaking search for missing aircraft, will collaborate in coordinated measures which may be recommended from time to time pursuant to this Convention.

Article 26

Investigation of accidents

In the event of an accident to an aircraft of a contracting State occurring in the territory of another contracting State, and involving death or serious injury, or indicating serious technical defect in the aircraft or air navigation facilities, the State in which the accident occurs will institute an inquiry into the circumstances of the accident, in accordance, so far as its laws permit, with the procedure which may be recommended by the International Civil Aviation Organization. The State in which the aircraft is registered shall be given the opportunity to appoint observers to be present at the inquiry and the State holding the inquiry shall communicate the report and findings in the matter to that State.

Article 27

Exemption from seizure on patent claims

(a) While engaged in international air navigation, any authorized entry of aircraft of a contracting State into the territory of another contracting State or authorized transit across the territory of such State with or without landings shall not entail any seizure or detention of the aircraft or any claim against the owner or operator thereof or any other interference therewith by or on behalf of such State or any person therein, on the ground that the construction, mechanism, parts, accessories or operation of the aircraft is an infringement of any patent, design, or model duly granted or registered in the State whose territory is entered by the aircraft, it being agreed that no deposit of security in connection with the foregoing exemption from seizure or detention of the aircraft shall in any case be required in the State entered by such aircraft.

(b) The provisions of paragraph (a) of this Article shall also be applicable to the storage of spare parts and spare equipment for the aircraft and the right to use and install the same in the repair of an aircraft of a contracting State in the territory of any other contracting State, provided that any patented part or equipment so stored shall not be sold or distributed internally in or exported commercially from the contracting State entered by the aircraft.

(c) The benefits of this Article shall apply only to such States, parties to this Convention, as either (1) are parties to the International Convention for the Protection of Industrial Property and to any amendments thereof; or (2) have enacted patent laws which recognize and give adequate protection to inventions made by the nationals of the other States parties to this Convention.

Article 28

Air navigation facilities and standard systems

Each contracting State undertakes, so far as it may find practicable, to:

(a) Provide, in its territory, airports, radio services, meteorological services and other air navigation facilities to facilitate international air navigation, in accordance with the standards and practices recommended or established from time to time, pursuant to this Convention

(b) Adopt and put into operation the appropriate standard systems of communications procedure, codes, markings, signals, lighting and other operational practices and rules which may be recommended or established from time to time, pursuant to this Convention;

(c) Collaborate in international measures to secure the publication of aeronautical maps and charts in accordance with standards which may be recommended or established from time to time, pursuant to this Convention.

CHAPTER V.

CONDITIONS TO BE FULFILLED WITH RESPECT TO AIRCRAFT

Article 29

Documents carried in aircraft

Every aircraft of a contracting State, engaged in international navigation, shall carry the following documents in conformity with the conditions prescribed in this Convention:

(a) Its certificate of registration;

(b) Its certificate of airworthiness;

(c) The appropriate licenses for each member of the crew;

(d) Its journey log book;

(e) If it is equiped with radio apparatus, the aircraft radio station license;

(f) If it carries passengers, a list of their names and places of embarkation and destination;

(g) If it carries cargo, a manifest and detailed declarations of the cargo.

Article 30

Aircraft radio equipment

(a) Aircraft of each contracting State may, in or over the territory of other contracting States, carry radio transmitting apparatus only if a license to install and operate such apparatus has been issued by the appropriate authorities of the State in which the aircraft is registered. The use of radio transmitting apparatus in the territory of the contracting State whose territory is flown over shall be in accordance with the regulations prescribed by that State.

(b) Radio transmitting apparatus may be used only by members of the flight crew who are provided with a special license for the purpose, issued by the appropriate authorities of the State in which the aircraft is registered.

Article 31

Certificates of airworthiness

Every aircraft engaged in international navigation shall be provided with a certificate of airworthiness issued or rendered valid by the State in which it is registered.

Article 32

Licenses of personnel

(a) The pilot of every aircraft and the other members of the operating crew of every aircraft engaged in international navigation shall be provided with certificates of competency and licenses issued or rendered valid by the State in which the aircraft is registered.

(b) Each contracting State reserves the right to refuse to recognize, for the purpose of flight above its own territory, certificates of competency and licenses granted to any of its nationals by another contracting State.

Article 33

Recognition of certificates and licenses

Certificates of airworthiness and certificates of competency and licenses issued or rendered valid by the contracting State in which the aircraft is registered, shall be recognized as valid by the other contracting States, provided that the requirements under which such certificates or licenses were issued or rendered valid are equal to or above the minimum standards which may be established from time to time pursuant to this Convention.

Article 34

Journey log books

There shall be maintained in respect of every aircraft engaged in international navigation a journey log book in which shall be entered particulars of the aircraft, its crew and of each journey, in such form as may be prescribed from time to time pursuant to this Convention.

Article 35

Cargo restrictions

(a) No munitions of war or implements of war may be carried in or above the territory of a State in aircraft engaged in international navigation, except by permission of such State. Each State shall determine by regulations what constitutes munitions of war or implements of war for the purposes of this Article, giving due consideration, for the purposes of uniformity, to such recommendations as the International Civil Aviation Organization may from time to time make.

(b) Each contracting State reserves the right, for reasons of public order and safety, to regulate or prohibit the carriage in or above its territory of articles other than those enumerated in paragraph (a): provided that no distinction is made in this respect between its national aircraft engaged in international navigation and the aircraft of the other States so engaged; and provided further that no restriction shall be imposed which may interfere with the carriage and use on aircraft of apparatus necessary for the operation or navigation of the aircraft or the safety of the personnel or passengers.

Article 36

Photographic apparatus

Each contracting State may prohibit or regulate the use of photographic apparatus in aircraft over its territory.

CHAPTER VI.

INTERNATIONAL STANDARDS AND RECOMMENDED PRACTICES

Article 37

Adoption of international standards and procedures

Each contracting State undertakes to collaborate in securing the highest practicable degree of uniformity in regulations, standards, procedures, and organization in relation to aircraft, personnel, airways and auxiliary services in all matters in which such uniformity will facilitate and improve air navigation.

To this end the International Civil Aviation Organization shall adopt and amend from time to time, as may be necessary, international standards and recommended practices and procedures dealing with:

(a) Communications systems and air navigation aids, including ground marking;

(b) Characteristics of airports and landing areas;

(c) Rules of the air and air traffic control practices;

(d) Licensing of operating and mechanical personnel;

(e) Airworthiness of aircraft;

(f) Registration and identification of aircraft;

(g) Collection and exchange of meteorological information;

(h) Log books;

(i) Aeronautical maps and charts;

(j) Customs and immigration procedures;

(k) Aircraft in distress and investigation of accidents;

and such other matters concerned with the safety, regularity, and efficiency of air navigation as may from time to time appear appropriate.

Article 38

Departures from international standards and procedures

Any State which finds it impracticable to comply in all respects with any such international standard or procedure, or to bring its own regulations or practices into full accord with any international standard or procedure after amendment of the latter, or which deems it necessary to adopt regulations or practices differing in any particular respect from those established by an international standard, shall give immediate notification to the International Civil Aviation Organization of the differences between its own practice and that established by the international standard. In the case of amendments to international standards, any State which does not make the appropriate amendments to its own regulations or practices shall give notice to the Council within sixty days of the adoption of the amendment to the international standard, or indicate the action which it proposes to take. In any such case, the Council shall make immediate notification to all other states of the difference which exists between one or more features of an international standard and the corresponding national practice of that State.

Article 39

Endorsement of certificates and licenses

(a) Any aircraft or part thereof with respect to which there exists an international standard of airworthiness or performance, and which failed in any respect to satisfy that standard at the time of its certification, shall have endorsed on or attached to its airworthiness certificate a complete enumeration of the details in respect of which it so failed.

(b) Any person holding a license who does not satisfy in full the conditions laid down in the international standard relating to the class of license or certificate which he holds shall have endorsed on or attached to his license a complete enumeration of the particulars in which he does not satisfy such conditions.

Article 40

Validity of endorsed certificates and licenses

No aircraft or personnel having certificates or licenses so endorsed shall participate in international navigation, except with the permission of the State or States whose territory is entered. The registration or use of any such aircraft, or of any certificated aircraft part, in any State other than that in which it was originally certificated shall be at the discretion of the State into which the aircraft or part is imported.

Article 41

Recognition of existing standards of airworthiness

The provisions of this Chapter shall not apply to aircraft and aircraft equipment of types of which the prototype is submitted to the appropriate national authorities for certification prior to a date three years after the date of adoption of an international standard of airworthiness for such equipment.

Article 42

Recognition of existing standards of competency of personnel

The provisions of this Chapter shall not apply to personnel whose licenses are originally issued prior to a date one year after initial adoption of an international standard of qualification for such personnel; but they shall in any case apply to all personnel whose licenses remain valid five years after the date of adoption of such standard.

PART 2 THE INTERNATIONAL CIVIL AVIATION ORGANIZATION

CHAPTER VII.

THE ORGANIZATION

Article 43

Name and composition

An organization to be named the International Civil Aviation Organization is formed by the Convention. It is made up of an Assembly, a Council, and such other bodies as may be necessary.

Article 44

Objectives

The aims and objectives of the Organization are to develop the principles and techniques of international air navigation and to foster the planning and development of international air transport so as to:

(a) Insure the safe and orderly growth of international civil aviation throughout the world;

(b) Encourage the arts of aircraft design and operation for peaceful purposes;

(c) Encourage the development of airways, airports, and air navigation facilities for international civil aviation;

(d) Meet the needs of the peoples of the world for safe, regular, efficient and economical air transport;

(e) Prevent economic waste caused by unreasonable competition;

(f) Insure that the rights of contracting States are fully respected and that every contracting State has a fair opportunity to operate international airlines;

(g) Avoid discrimination between contracting States;

(h) Promote safety of flight in international air navigation;

(i) Promote generally the development of all aspects of international civil aeronautics.

Article 45[1)]

Permanent seat

The permanent seat of the Organization shall be at such place as shall be determined at the final meeting of the Interim Assembly of the Provisional International Civil Aviation Organization set up by the Interim Agreement on International Civil Aviation signed at Chicago on December 7, 1944. The seat may be temporarily transferred elsewhere by decision of the Council, and otherwise than temporarily by decision of the Assembly, such decision to be taken by the number of votes specified by the Assembly. The number of votes so specified will not be less than three–fifths of the total number of contracting States.

Article 46

First meeting of Assembly

The first meeting of the Assembly shall be summoned by the Interim Council of the above–mentioned Provisional Organization as soon as the Convention has come into force, to meet at a time and place to be decided by the Interim Council.

Article 47

Legal capacity

The Organization shall enjoy in the territory of each contracting State such legal capacity as may be necessary for the performance of its functions. Full juridical personality shall be granted wherever compatible with the constitution and laws of the State concerned.

---

1) This is the text of the Article as amended by the English Session of the Assembly on 14 June 1954; It entered into force on 16 May 1958. Under Article 94(a) of the convention, the amended text is in force in respect of those States which have ratified the amendment. In respect of the States which have not ratified the amendment, the original text is still in force and, therefor, that text is reproduced below: "The permanent seat of the Organization shall be at such place as shall be determined at the final meeting of the Interim Assembly of the Provisional International Civil Aviation Organization set up by the Interim Agreement on International Civil Aviation signed at Chicago on December 7, 1944. The seat may be temporarily transferred elsewhere by decision of the Council."

CHAPTER VIII.

THE ASSEMBLY

Article 48

Meetings of Assembly and voting

(a) The Assembly shall meet not less than once in three years and shall be convened by the Council at a suitable time and place. Extraordinary meeting of the Assembly may be held at any time upon the call of the Council or at the request of not less than one-fifth of the total number of contracting States addressed to the Secretary General.[2]

(b) All contracting States shall have an equal right to be represented at the meetings of the Assembly and each contracting State shall be entitled to one vote. Delegates representing contracting States may be assisted by technical advisers who may participate in the meetings but shall have no vote.

(c) A majority of the contracting States is required to constitute a quorum for the meetings of the Assembly. Unless otherwise provided in this Convention, decisions of the Assembly shall be taken by a majority of the votes cast.

Article 49

Powers and duties of Assembly

The powers and duties of the Assembly shall be to:

(a) Elect at each meeting its President and other officers;

(b) Elect the contracting State to be represented on the Council, in accordance with the provisions of Chapter IX;

(c) Examine and take appropriate action on the reports of the Council and decide on any matter referred to it

---

2) This is the text of the Article as amended by the 14th Session of the Assembly on 14 September 1962; it entered into force on 11 September 1975. Under Article 94 (a) of the convention, the amended text is in force in respect of those States which have rarified the amendment. The previous text of this article as amended by the 8th Session of the Assembly on 14 June 1954 and which entered into force on 12 December 1956 read as follows:
"(a) The Assembly shall meet not less than once in three years and shall be convened by the Council at a suitable time and place. Extraordinary meetings of the Assembly may be held at any time upon the call of the Council or at the request of any ten contracting States addressed to the Secretary General."
The Original unamended text of the convention read as follows:
"(a) The Assembly shall meet annually and shall be convened by the Council at a suitable time and place. Extraordinary meetings of the Assembly may be held at any time upon the call of the Council or at the request of any ten contracting States addressed to the Secretary General."

by the Council;

(d) Determine its own rules of procedure and establish such subsidiary commissions as it may consider to be necessary or desirable;

(e) Vote annual budgets and determine the financial arrangements of the Organization, in accordance with the provisions of Chapter XII;[3]

(f) Review expenditures and approve the accounts of the Organization;

(g) Refer, at its discretion, to the Council, to subsidiary commissions, or to any other body any matter within its sphere of action;

(h) Delegate to the Council the powers and authority necessary or desirable for the discharge of the duties of the Organization and revoke or modify the delegations of authority at any time;

(i) Carry out the appropriate provisions of Chapter XIII;

(j) Consider proposals for the modification or amendment of the provisions of this Convention and, if it approves of the proposals, recommend them to the contracting States in accordance with the provisions of Chapter XXI;

(k) Deal with any matter within the sphere of action of the Organization not specifically assigned to the Council.

CHAPTER IX.
THE COUNCIL

Article 50

Composition and election of Council

(a) The Council shall be a permanent body responsible to the Assembly. It shall be composed of thirty six(36) contracting States elected by the Assembly. An election shall be held at the first meeting of the Assembly and thereafter every three years, and the members of the Council so elected shall hold office until the next

3) This is the text of the Article as amended by the Eighth Session of the Assembly on 14 June 1954: it entered force on 12 December 1956. Under Article 94 (a) of the Convention, the amended text is in force in respect of those States which have ratified the amendment. In respect of the States which have not ratified the amendment ratified the amendment the original text is still in force and, therefore, that text is reproduced below:
"(e) Vote an annual budget and determine the financial arrangements of the Organization, in accordance with the provisions of Chapter XII"

following election.[4)]

(b) In electing the members of the Council, the Assembly shall give adequate representation to (1) the States of chief importance in air transport; (2) the States not otherwise included which make the largest contribution to the provision of facilities for international civil air navigation; and (3) the States not otherwise included whose designation will insure that all the major geographic areas of the world are represented on the Council. Any vacancy on the Council shall be filled by the Assembly as soon as possible; any contracting State so elected to the Council shall hold office for the unexpired portion of its predecessor's term of office.

(c) No representative of a contracting State on the Council shall be actively associated with the operation of an international air service or financially interested in such a service.

Article 51

President of Council

The Council shall elect its President for a term of three years. He may be reelected. He shall have no vote. The Council shall elect from among its members one or more Vice Presidents who shall retain their right to vote when serving as acting President. The President need not be selected from among the representatives of the members of the Council but, if a representative is elected, his seat shall be deemed vacant and it shall be filled by the State which he represented. The duties of the President shall be to:

(a) Convene meetings of the Council, the Air Transport Committee, and the Air Navigation Commission;

(b) Serve as representative of the Council; and

(c) Carry out on behalf of the Council the functions which the Council assigns to him.

Article 52

Voting in Council

Decisions by the Council shall require approval by a majority of its members. The Council may delegate authority with respect to any particular matter to a committee of its members. Decisions of any committee of the Council may be appealed to the Council by any interested contracting State.

---

4) This is the text of the Article as amended by the 21st Session of the Assembly on 14 October 1974. It entered into force on 15 February 1980. The original text of the Convention provided for twenty-one Members of the council. the text was subsequently amended at the 13th (Extraordinary) Session of the Assembly on 19 June 1961 : that amendment entered into force on 17 July 1962 and provided for twenty seven members of the council ; a further amendment was approved by the 17th (A) (Extraordinary) Session of the Assembly on 12 March 1971 providing for thirty members of the Council, this amendment entered into force on 16 January 1973.

Article 53

Participation without a vote

Any contracting State may participate, without a vote, in the consideration by the Council and by its committees and commissions of any question which especially affects its interests. No member of the Council shall vote in the consideration by the Council of a dispute to which it is a party.

Article 54

Mandatory functions of Council

The Council shall:

(a) Submit annual reports to the Assembly;

(b) Carry out the directions of the Assembly and discharge the duties and obligations which are laid on it by this Convention;

(c) Determine its organization and rules of procedure;

(d) A point and define the duties of an Air Transport Committee, which shall be chosen from among the representatives of the members of the Council, and which shall be responsible to it;

(e) Establish an Air Navigation Commission, in accordance with the provisions of Chapter X;

(f) Administer the finances of the Organization in accordance with the provisions of Chapters XII and XV;

(g) Determine the emoluments of the President of the Council;

(h) A point a chief executive officer who shall be called the Secretary General, and make provision for the appointment of such other personnel as may be necessary, in accordance with the provisions of Chapter XI;

(i) Request, collect, examine and publish information relating to the advancement of air navigation and the operation of international air services, including information about the costs of operation and particulars of subsidies paid to airlines from public funds;

(j) Report to contracting States any infraction of this Convention, as well as any failure to carry out recommendations or determinations of the Council;

(k) Report to the Assembly any infraction of this Convention where a contracting State has failed to take appropriate action within a reasonable time after notice of the infraction;

(l) Adopt, in accordance with the provisions of Chapter VI of this Convention, international standards and recommended practices; for convenience, designate them as Annexes to this Convention; and notify all contracting States of the action taken;

(m) Consider recommendations of the Air Navigation Commission for amendment of the Annexes and take action in accordance with the provisions of Chapter XX;

(n) Consider any matter relating to the Convention which any contracting State refers to it.

Article 55

Permissive functions of Council

The Council may:

(a) Where appropriate and as experience may show to be desirable, create subordinate air transport commissions on a regional or other basis and define groups of states or airlines with or through which it may deal to facilitate the carrying out of the aims of this Convention;

(b) Delegate to the Air Navigation Commission duties additional to those set forth in the Convention and revoke or modify such delegations of authority at any time;

(c) Conduct research into all aspects of air transport and air navigation which are of international importance, communicate the results of its research to the contracting States, and facilitate the exchange of information between contracting States on air transport and air navigation matters;

(d) Study any matters affecting the organization and operation of international air transport, including the international ownership and operation of international air services on trunk routes, and submit to the Assembly plans in relation thereto;

(e) Investigate, at the request of any contracting State, any situation which may appear to present avoidable obstacles to the development of international air navigation; and, after such investigation, issue such reports as may appear to it desirable.

CHAPTER X.

THE AIR NAVIGATION COMMISSION

Article 56

Nomination and appointment of Commission

The Air Navigation Commission shall be composed of nineteen(19) members anointed by the Council from among persons nominated by contracting States. These persons shall have suitable qualifications and experience in the science and practice of aeronautics. The Council shall request all contracting States to submit nominations. The President of the Air Navigation Commission shall be anointed by the Council.[5]

Article 57

Duties of Commission

The Air Navigation Commission shall:

(a) Consider, and recommend to the Council for adoption, modifications of the Annexes to this Convention;

(b) Establish technical subcommissions on which any contracting State may be represented, if it so desires;

(c) Advise the Council concerning the collection and communication to the contracting States of all information which it considers necessary and useful for the advancement of air navigation.

CHAPTER XI.

PERSONNEL

Article 58

Appointment of personnel

Subject to any rules laid down by the Assembly and to the provisions of this Convention, the Council shall determine the method of appointment and of termination of appointment, the training, and the salaries, allowances, and conditions of service of the Secretary General and other personnel of the Organization, and may employ or make use of the services of nationals of any contracting State.

Article 59

International character of personnel

The President of the Council, the Secretary General, and other personnel shall not seek or receive instructions in regard to the discharge of their responsibilities from any authority external to the Organization. Each contracting State undertakes fully to respect the international character of the responsibilities of the personnel and not to seek to influence any of its nationals in the discharge of their responsibilities.

---

5) This is the text of the Article as amended at the 18th Session of the Assembly on 7 July 1971; it entered into force on 19 December 1974. The original text of the Convention provided for twelve members of the Air Navigation Commission.

Article 60

Immunities and privileges of personnel

Each contracting State undertakes, so far as possible under its constitutional procedure, to accord to the President of the Council, the Secretary General, and the other personnel of the Organization, the immunities and privileges which are accorded to corresponding personnel of other public international organizations. If a general international agreement on the immunities and privileges of international civil servants is arrived at, the immunities and privileges accorded to the President, the Secretary General, and the other personnel of the Organization shall be the immunities and privileges accorded under that general international agreement.

CHAPTER XII.

FINANCE

Article 61[6]

Budget and apportionment of expenses

The Council shall submit to the Assembly an annual budget, annual statements of accounts and estimates of all receipts and expenditures. The Assembly shall vote the budget with whatever modification it sees fit to prescribe, and, with the exception of assessments under Chapter XV to States consenting thereto, shall apportion the expenses of the Organization among the contracting States on the basis which it shall from time to time determine.

Article 62

Suspension of voting power

The Assembly may suspend the voting power in the Assembly and in the Council of any contracting State that fails to discharge within a reasonable period its financial obligations to the Organization.

---

6) This is the text of the Article as amended by the Eight Session of the Assembly on 14 June 1954; it entered into force on 12 December 1956. Under Article 94 (a) of the Convention, the amended text is in force in respect of those States which have ratified the amendment. In respect of the States which have not ratified the amendment, the original text is still in force and, therefore, that text is reproduced below:
"The Council shall submit to the Assembly annual budgets, annual statements of accounts and estimates of all receipts and expenditures. The Assembly shall vote the budgets with whatever modification it sees fit to prescribe and with the exception of assessments under Chapter XV to States consenting thereto, shall apportion the expenses of the Organization among the contracting States on the basis which it shall from time to time determine."

Article 63

Expenses of delegations and other representatives

Each contracting State shall bear the expenses of its own delegation to the Assembly and the remuneration, travel, and other expenses of any person whom it anoints to serve on the Council, and of its nominees or representatives on any subsidiary committees or commissions of the Organization.

CHAPTER XIII.

OTHER INTERNATIONAL ARRANGEMENTS

Article 64

Security arrangements

The Organization may, with respect to air matters within its competence directly affecting world security, by vote of the Assembly enter into appropriate arrangements with any general organization set up by the nations of the world to preserve peace.

Article 65

Arrangements with other international bodies

The Council, on behalf of the Organization, may enter into agreements with other international bodies for the maintenance of common services and for common arrangements concerning personnel and, with the approval of the Assembly, may enter into such other arrangements as may facilitate the work of the Organization.

Article 66

Functions relating to other agreements

(a) The Organization shall also carry out the functions placed upon it by the International Air Services Transit Agreement and by the International Air Transport Agreement drawn up at Chicago on December 7, 1944, in accordance with the terms and conditions therein set forth.

(b) Members of the Assembly and the Council who have not accepted the International Air Services Transit Agreement or the International Air Transport Agreement drawn up at Chicago on December 7, 1944 shall not have the right to vote on any questions referred to the Assembly or Council under the provisions of the relevant Agreement.

CHAPTER XIV.

INFORMATION AND REPORTS

Article 67

File reports with Council

Each contracting State undertakes that its international airlines shall, in accordance with requirements laid down by the Council, file with the Council traffic reports, cost statistics and financial statements showing among other things all receipts and the sources thereof.

CHAPTER XV.

AIRPORTS AND OTHER AIR NAVIGATION FACILITIES

Article 68

Designation of routes and airports

Each contracting State may, subject to the provisions of this Convention, designate the route to be followed within its territory by any international air service and the airports which any such service may use.

Article 69

Improvement of air navigation facilities

If the Council is of the opinion that the airports or other air navigation facilities, including radio and meteorological services, of a contracting State are not reasonably adequate for the safe, regular, efficient, and economical operation of international air services, present or contemplated, the Council shall consult with the State directly concerned, and other States affected, with a view to finding means by which the situation may be remedied, and may make recommendations for that purpose. No contracting State shall be guilty of an infraction of this Convention if it fails to carry out these recommendations.

Article 70

Financing of air navigation facilities

A contracting State, in the circumstances arising under the provisions of Article 69, may conclude an arrangement with the Council for giving effect to such recommendations. The State may elect to bear all of the costs involved in any such arrangement. If the State does not so elect, the Council may agree, at the request of the State, to provide for all or a portion of the costs.

Article 71

Provision and maintenance of facilities by Council

If a contracting State so requests, the Council may agree to provide, man, maintain, and administer any or all of the airports and other air navigation facilities, including radio and meteorological services, required in its territory for the safe, regular, efficient and economical operation of the international air services of the other contracting States, and may specify just and reasonable charges for the use of the facilities provided.

Article 72

Acquisition or use of land

Where land is needed for facilities financed in whole or in part by the Council at the request of a contracting State, that State shall either provide the land itself, retaining title if it wishes, or facilitate the use of the land by the Council on just and reasonable terms and in accordance with the laws of the State concerned.

Article 73

Expenditure and assessment of funds

Within the limit of the funds which may be made available to it by the Assembly under Chapter XII, the Council may make current expenditures for the purposes of this Chapter from the general funds of the Organization. The Council shall assess the capital funds required for the purposes of this Chapter in previously agreed proportions over a reasonable period of time to the contracting States consenting thereto whose airlines use the facilities. The Council may also assess to States that consent any working funds that are required.

Article 74

Technical assistance and utilization of revenues

When the Council, at the request of a contracting State, advances funds or provides airports or other facilities in whole or in part, the arrangement may provide, with the consent of that State, for technical assistance in the supervision and operation of the airports and other facilities, and for the payment, from the revenues derived from the operation of the airports and other facilities, of the operating expenses of the airports and the other facilities, and of interest and amortization charges.

Article 75

Taking over of facilities from Council

A contracting State may at any time discharge any obligation into which it has entered under Article 70, and take over airports and other facilities which the Council has provided in its territory pursuant to the provisions of Articles 71 and 72, by paying to the Council an amount which in the opinion of the Council is reasonable in the circumstances. If the State considers that the amount fixed by the Council is unreasonable it may appeal to the Assembly against the decision of the Council and the Assembly may confirm or amend the decision of the Council.

Article 76

Return of funds

Funds obtained by the Council through reimbursement under Article 75 and from receipts of interest and amortization payments under Article 74 shall, in the case of advances originally financed by States under Article 73, be returned to the States which were originally assessed in the proportion of their assessments, as determined by the Council.

CHAPTER XVI.

JOINT OPERATING ORGANIZATIONS AND POOLED SERVICES

Article 77

Joint operating organizations permitted

Nothing in this Convention shall prevent two or more contracting States from constituting joint air transport operating organizations or international operating agencies and from pooling their air services on any routes or in any regions, but such organizations or agencies and such pooled services shall be subject to all the provisions of this Convention, including those relating to the registration of agreements with the Council. The

Council shall determine in what manner the provisions of this Convention relating to nationality of aircraft shall apply to aircraft operated by international operating agencies.

Article 78

Function of Council

The Council may suggest to contracting States concerned that they form joint organizations to operate air services on any routes or in any regions.

Article 79

Participation in operating organizations

A State may participate in joint operating organizations or in pooling arrangements, either through its government or through an airline company or companies designated by its government. The companies may, at the sole discretion of the State concerned, be state−owned or partly state−owned or privately owned.

PART 4 FINAL PROVISIONS

CHAPTER XVII.

OTHER AERONAUTICAL AGREEMENTS AND ARRANGEMENTS

Article 80

Paris and Habana Conventions

Each contracting State undertakes, immediately upon the coming into force of this Convention, to give notice of denunciation of the Convention relating to the Regulation of Aerial Navigation signed at Paris on October 13, 1919 or the Convention on Commercial Aviation signed at Habana on February 20, 1928, if it is a party to either. As between contracting States, this Convention supersedes the Conventions of Paris and Habana previously referred to.

Article 81

Registration of existing agreements

All aeronautical agreements which are in existence on the coming into force of this Convention, and which are between a contracting State and any other State or between an airline of a contracting State and any other State or the airline of any other State, shall be forthwith registered with the Council.

Article 82

Abrogation of inconsistent arrangements

The contracting States accept this Convention as abrogating all obligations and understandings between them which are inconsistent with its terms, and undertake not to enter into any such obligations and understandings. A contracting State which, before becoming a member of the Organization has undertaken any obligations toward a non-contracting State or a national of a contracting State or of a non-contracting State inconsistent with the terms of this Convention, shall take immediate steps to procure its release from the obligations. If an airline of any contracting State has entered into any such inconsistent obligations, the State of which it is a national shall use its best efforts to secure their termination forthwith and shall in any event cause them to be terminated as soon as such action can lawfully be taken after the coming into force of this Convention.

Article 83

Registration of new arrangements

Subject to the provisions of the preceding Article, any contracting State may make arrangements not inconsistent with the provisions of this Convention. Any such arrangement shall be forthwith registered with the Council, which shall make it public as soon as possible.

Article 83 bis 15

Transfer of certain functions and duties

(a) Notwithstanding the provisions of Articles 12, 30, 31 and 32(a), when an aircraft registered in a contracting State is operated pursuant to an agreement for the lease, charter or interchange of the aircraft or any similar arrangement by an operator who has his principal place of business or, if he has no such place of business, his permanent residence in another contracting State, the State of registry may, by agreement with such other State, transfer to it all or part of its functions and duties as State of registry in respect of that aircraft under Articles 12, 30, 31 and 32(a). The State of registry shall be relieved of responsibility in respect of the functions and duties transferred.

(b) The transfer shall not have effect in respect of other contracting States before either the agreement between

States in which it is embodied has been registered with the Council and made public pursuant to Article 83 or the existence and scope of the agreement have been directly communicated to the authorities of the other contracting State or States concerned by a State party to the agreement.

(c) The provisions of paragraphs (a) and (b) above shall also be appliable to cases covered by Article 77.

CHAPTER XVIII.
DISPUTES AND DEFAULT

Article 84

Settlement of disputes

If any disagreement between two or more contracting States relating to the interpretation or application of this Convention and its Annexes cannot be settled by negotiation, it shall, on the application of any State concerned in the disagreement, be decided by the Council. No member of the Council shall vote in the consideration by the Council of any dispute to which it is a party. Any contracting State may, subject to Article 85, appeal from the decision of the Council to an ad hoc arbitral tribunal agreed upon with the other parties to the dispute or to the Permanent Court of International Justice. Any such appeal shall be notified to the Council within sixty days of receipt of notification of the decision of the Council.

Article 85

Arbitration procedure

If any contracting State party to a dispute in which the decision of the Council is under appeal has not accepted the Statute of the Permanent Court of International Justice and the contracting States parties to the dispute cannot agree on the choice of the arbitral tribunal, each of the contracting States parties to the dispute shall name a single arbitrator who shall name an umpire. If either contracting State party to the dispute fails to name an arbitrator within a period of three months from the date of the appeal, an arbitrator shall be named on behalf of that State by the President of the Council from a list of qualified and available persons maintained by the Council. If, within thirty days, the arbitrators cannot agree on an umpire, the President of the Council shall designate an umpire from the list previously referred to. The arbitrators and the umpire shall then jointly constitute an arbitral tribunal. Any arbitral tribunal established under this or the preceding Article shall settle its own procedure and give its decisions by majority vote, provided that the Council may determine procedural questions in the event of any delay which in the opinion of the Council is excessive.

Article 86

Appeals

Unless the Council decides otherwise any decision by the Council on whether an international airline is operating in conformity with the provisions of this Convention shall remain in effect unless reversed on appeal. On any other matter, decisions of the Council shall, if appealed from, be suspended until the appeal is decided. The decisions of the Permanent Court of International Justice and of an arbitral tribunal shall be final and binding.

Article 87

Penalty for non-conformity of airline

Each contracting State undertakes not to allow the operation of an airline of a contracting State through the airspace above its territory if the Council has decided that the airline concerned is not conforming to a final decision rendered in accordance with the previous Article.

Article 88

Penalty for non-conformity by State

The Assembly shall suspend the voting power in the Assembly and in the Council of any contracting State that is found in default under the provisions of this Chapter.

CHAPTER XIX.

WAR

Article 89

War and emergency conditions

In case of war, the provisions of this Convention shall not affect the freedom of action of any of the contracting States affected, whether as belligerent or as neutrals. The same principle shall apply in the case of any contracting State which declares a state of national emergency and notifies the fact to the Council.

CHAPTER XX.

ANNEXES

Article 90

Adoption and amendment of Annexes

(a) The adoption by the Council of the Annexes described in Article 54, subparagraph (l), shall require the vote of two–thirds of the Council at a meeting called for that purpose and shall then be submitted by the Council to each contracting State. Any such Annex or any amendment of an Annex shall become effective within three months after its submission to the contracting States or at the end of such longer period of time as the Council may prescribe, unless in the meantime a majority of the contracting States register their disapproval with the Council.

(b) The Council shall immediately notify all contracting States of the coming into force of any Annex or amendment thereto.

CHAPTER XXI.

RATIFICATION, ADHERENCES, AMENDMENTS, AND DENUNCIATIONS

Article 91

Ratification of Convention

(a) This Convention shall be subject to ratification by the signatory States. The instruments of ratification shall be deposited in the archives of the Government of the United States of America, which shall give notice of the date of the deposit to each of the signatory and adhering States.

(b) As soon as this Convention has been ratified or adhered to by twenty–six States it shall come into force between them on the thirtieth day after deposit of the twenty–sixth instrument. It shall come into force for each State ratifying thereafter on the thirtieth day after the deposit of its instrument of ratification.

(c) It shall be the duty of the Government of the United States of America to notify the government of each of the signatory and adhering States of the date on which this Convention comes into force.

Article 92

Adherence to Convention

(a) This Convention shall be open for adherence by members of the United Nations and States associated with them, and States which remained neutral during the present world conflict.

(b) Adherence shall be effected by a notification addressed to the Government of the United States of America and shall take effect as from the thirtieth day from the receipt of the notification by the Government of the United States of America, which shall notify all the contracting States.

Article 93

Admission of other States

States other than those provided for in Articles 91 and 92 (a) may, subject to approval by any general international organization set up by the nations of the world to preserve peace, be admitted to participation in this Convention by means of a four-fifths vote of the Assembly and on such conditions as the Assembly may prescribe: provided that in each case the assent of any State invaded or attacked during the present war by the State seeking admission shall be necessary.

Article 93 bis16

(a) Notwithstanding the provisions of Articles 91, 92 and 93 above:

(1) A State whose government the General Assembly of the United Nations has recommended be debarred from membership in international agencies established by or brought into relationship with the United Nations shall automatically cease to be a member of the International Civil Aviation Organization;

(2) A State which has been expelled from membership in the United Nations shall automatically cease to be a member of the International Civil Aviation Organization unless the General Assembly of the United Nations attaches to its act of expulsion a recommendation to the contrary.

(b) A State which ceases to be a member of the International Civil Aviation Organization as a result of the provisions of paragraph (a) above may, after approval by the General Assembly of the United Nations, be readmitted to the International Civil Aviation Organization upon application and upon approval by a majority of the Council.

(c) Members of the Organization which are suspended from the exercise of the rights and privileges of membership in the United Nations shall, upon the request of the latter, be suspended from the rights and privileges of membership in this Organization.

Article 94

Amendment of Convention

(a) Any proposed amendment to this Convention must be approved by a two—thirds vote of the Assembly and shall then come into force in respect of States which have ratified such amendment when ratified by the number of contracting States specified by the Assembly. The number so specified shall not be less than two—thirds of the total number of contracting States.

(b) If in its opinion the amendment is of such a nature as to justify this course, the Assembly in its resolution recommending adoption may provide that any State which has not ratified within a specified period after the amendment has come into force shall thereupon cease to be a member of the Organization and a party to the Convention.

Article 95

Denunciation of Convention

(a) Any contracting State may give notice of denunciation of this Convention three years after its coming into effect by notification addressed to the Government of the United States of America, which shall at once inform each of the contracting States.

(b) Denunciation shall take effect one year from the date of the receipt of the notification and shall operate only as regards the State effecting the denunciation.

CHAPTER XXII.

DEFINITIONS

Article 96

For the purpose of this Convention the expression:

(a) Air service means any scheduled air service performed by aircraft for the public transport of passengers, mail or cargo.

(b) International air service means an air service which passes through the air space over the territory of more than one State.

(c) Airline means any air transport enterprise offering or operating an international air service.

(d) Stop for non—traffic purposes means a landing for any purpose other than taking on or discharging passengers, cargo or mail.

SIGNATURE OF CONVENTION

In WITNESS WHEREOF, the undersigned plenipotentiaries, having been duly authorized, sign this Convention on behalf of their respective governments on the dates appearing opposite their signatures.

DONE at Chicago the seventh day of December 1944, in the English language. A text drawn up in the English, French, and Spanish languages, each of which shall be of equal authenticity, shall be opened for signature at Washington, D. C. Both texts shall be deposited in the archives of the Government of the United States of America, and certified copies shall be transmitted by that Government to the governments of all the States which may sign or adhere to this Convention.

제2장

국제민간항공조약(시카고조약)

전문

국제민간항공의 장래의 발달은 세계 각국 및 각 국민간에 있어 우호적이고 상호 이해를 창조하고, 또한 유지할 것을 조장할 수 있으나, 국제민간항공의 남용은 일반적 안전에 대한 위협이 되는 수가 있기 때문에 각국 및 각 국민간에 있어 마찰을 피하고, 또한 세계평화의 기초가 되는 각국 및 각 국민간에 있어 협력을 촉진하는 것이 바람직하므로, 다음의 정부는 국제민간항공이 안전하고 또한 정연한 발달을 하도록, 그리고 국제항공운송업무가 기회균등주의에 근거하여 확립되고, 건전하고 경제적으로 운영되도록 일정한 원칙 및 협약에 합의를 하고, 그 목적을 위해 이 조약을 체결하였다.

제1부 항공

제1장 일반원칙 및 조약의 적용

제1조(주권) 체약국은 각국이 그 영역상의 공간에 있어 완전하고 배타적인 주권을 갖는 것을 승인한다.

제2조(영역) 이 조약의 적용상 국가의 영역이란, 그 국가의 주권, 종주권 보호 또는 위임 통치하에 있는 육지 및 이에 인접하는 영수를 말한다.

제3조(민간항공기 및 국가항공기)

① 이 조약은 민간항공기에만 적용하는 것이며, 국가항공기에는 적용하지 않는다.

② 군, 세관 및 경찰의 업무에 사용하는 항공기는 국가항공기로 간주한다.

③ 체약국의 국가항공기는 특별협정, 기타의 방법에 의한 허가를 받고, 또는 그 조건에 따르지 않으면 다른 국가의 영역의 상공을 비행하거나 그 영역에 착륙하여서는 아니 된다.

④ 체약국은 자국의 국가항공기에 관한 규제를 설정함에 있어, 민간항공기의 항행의 안전에 관하여 타당한 고려를 할 것을 약속한다.

제3조 bis(영문시카고조약 참조)

제4조(민간항공의 남용) 각 체약국은 이 조약의 목적과 양립하지 않는 목적을 위해 민간항공을 사용하지 않을

것에 동의한다.

제2장 체약국의 영역상공의 비행

제5조(부정기비행의 권리) 각 체약국은 다른 체약국의 항공기로서 정기국제항공업무에 종사하지 않는 모든 항공기가 사전의 허가를 얻은 것을 필요로 하지 않고, 또한 그 항공기가 상공을 비행하는 국가의 착륙요구권에 따른 것을 조건으로 하며, 그 나라의 영역 내에 비행 또는 동영역의 무착륙 횡단비행을 하고, 또한 운수 이외의 목적으로 착륙을 하는 권리를 이 조약의 조항을 준수할 것을 조건으로 유보할 것에 동의한다. 다만, 각 체약국은 비행의 안전을 위하여 접근이 곤란한 지역, 또는 적당한 항공시설이 없는 지역의 상공의 비행을 희망하는 항공기에 대하여 소정의 항공로를 비행할 것과, 또는 이와 같은 비행을 위하여 특별한 허가를 받을 것을 요구하는 권리를 유보한다.

전기한 항공기는 정기국제항공업무로서가 아니고 유상 또는 전세로 행하는 여객화물, 또는 우편물의 운송에 종사하는 경우에는 제7조의 규정에 따를 것을 조건으로, 여객·화물·우편물의 적재, 또는 하기를 하는 특권을 갖는다. 다만, 적재 또는 하기가 행하여지는 나라는 그것이 바람직하다고 인정하는 규제, 조건, 또는 제한을 부과하는 권리를 갖는다.

제6조(정기 항공업무) 정기국제항공업무는 체약국의 특별한 허가, 기타의 허가를 받고, 또는 그 허가의 조건에 따를 경우를 제외하는 이외에, 그 체약국의 영역의 상공을 통과 또는 그 영역에 진입을 행할 수 없다.

제7조(국내영업) 각 체약국은 다른 체약국의 항공기에 대하여, 유상 또는 전세로 지국영역 내에서 다른 지점을 향하여 운송되는 여객, 우편물 및 화물을 그 영역 내에서 하기하는 허가를 부여하지 않는 권리를 갖는다. 각 체약국은 다른 나라 또는 다른 나라의 항공기업에 대하여, 배타적인 기초 위에 그와 같은 특권을 특히 부여하는 협약을 하지 않을 것과, 다른 나라로부터 그와 같은 배타적인 특권을 획득하지 않을 것을 약속한다.

제8조(무조종자 항공기) 조종자없이 비행할 수 있는 항공기는 체약국의 특별한 허가를 받고, 또는 그 허가의 조건에 따르지 않으면 그 체약국의 영역의 상공을 조종자 없이 비행하여서는 아니 된다. 각 체약국은 민간항공기에 개방되어 있는 지역에서와 같이, 무조종자 항공기의 비행이 민간항공기에 미치는 위험을 예방하도록 그 관제가 행하여질 것을 약속한다.

제9조(금지구역)

a. 각 체약국은 군사상의 필요 또는 공공의 안전을 위하여, 다른 나라의 항공기가 자국의 영역 내의 일정한 구역의 상공을 비행할 것을 일률적으로 제한하고 또는 금지할 수 있다. 다만, 이것에 관하여서는 당해영역이 속하는 나라의 항공기로서, 정기국제항공업무에 종사하는 항공기와 다른 체약국의 항공기로서 같은 업무에 종사하는 것과의 차별을 하여서는 아니 된다. 이 금지구역은 항공을 불필요하게 방해하지 않는 적당한 범위와 위치의 것이라야 한다. 체약국의 영역 내에 있어 이 금지구역의 명세 및 그 변경은, 가능한 한 신속하게 다른 체약국 및 국제민간항공기구에 통지하여야 한다.

b. 각 체약국은 또한 특별한 사태에 있어, 또는 긴급한 기간 또는 공공의 안전을 위해 즉시 그 영역의 전부, 또는 일부의 상공의 비행을 일시적으로 제한하고, 또는 금지하는 권리를 유보한다. 다만, 그 제한 또는 금지는 다른 모든 나라의 항공기에 대해 국적의 여하를 불문하고 적용하는 것이라야 한다.

c. 각 체약국은 그 설정한 규제에 의하여 전기한 ① 또는 ②에서 정하는 구역에 진입하는 항공기에 대하여, 그 후 가능한 한 신속하게 그 영역 내의 지정공항에 착륙하도록 요구할 수 있다.

제10조(세관공항에의 착륙) 항공기가 이 조약의 조항 또는 특별허가의 조건에 의하여 체약국의 영역에 무착륙 횡단을 허가받은 경우를 제외하고, 체약국 영역에 진입하는 모든 항공기는 그 나라의 규제가 요구할 때에는 세관검사, 기타의 검사를 받기 위해 그 나라가 지정하는 공항에 착륙하여야 한다. 그 항공기는 체약국 영역으로부터 출발에 있어서는 같은 지정된 세관공항에서 출발하여야 한다. 지정된 모든 세관공항의 명세는 그 나라가 발표하여야 하며, 또는 다른 모든 체약국에 통지하기 위해 이 조약의 제 2 부에 의해 설립된 국제민간항공기구에 전달하여야 한다.

제11조(항공에 관한 규제의 적용) 체약국의 법령으로 국제항공에 종사하는 항공기의 당해 체약국의 영역에의 입국, 혹은 그 곳으로부터 출국 또는 동영역 내에 있는 동안은, 운항 및 항행에 관한 것은 이 조약의 규정에 따를 것을 조건으로 국적의 여하를 불문하고 모든 체약국의 항공기에 적용되는 것이며, 또한 그 나라의 영역에 입국 혹은 그 곳으로부터 출국에 있어, 또는 동영역 내에 있는 동안 당해 항공기에 의해 준수되어야 한다.

제12조(항공규칙) 각 체약국은 그 영역의 상공을 비행하고, 또는 동영역 내에서 작동하는 모든 항공기 및 소재의 여하를 불문하고, 그 국적기호를 게시하는 모든 항공기가 당해영역에서 시행되고 있는 항공기의 비행, 또는 작동에 관한 규칙에 따를 것을 확보하는 조치를 취할 것을 약속한다. 각 체약국은 이러한 점에 관해 자국의 규칙을 이 조약에 의해 수시 설정되는 규칙에 가능한 한 일치하도록 할 것을 약속한다. 공해상공에 있어서 시행되는 규칙은 이 조약에 의해 설정되는 것이라야 한다. 각 체약국은 적용되는 규칙에 위반한 모든 자의 소추를 확보할 것을 약속한다.

제13조(입국 및 출국에 관한 규제) 체약국의 법령으로 항공기의 승객, 승무원 또는 화물의 당해 체약국의 영역에의 입국 또는 그로부터 출국에 관한 것은, 예를 들면 입국, 출국, 이민, 여권, 세관 및 검역에 관한 규제는, 그 나라 영역에의 입국 혹은 그 곳으로부터 출국에 있어, 또는 동영역 내에 있는 동안 그 여객, 승무원 혹은 화물에 의해, 혹은 그러한 명칭에 의해서 준수되어야 한다.

제14조(질병의 만연의 방지) 각 체약국은 콜레라, 장티푸스, 천연두, 황열, 페스트 및 체약국이 수시결정하여 지정하는 기타의 전염병의 항공에 의한 만연을 방지하는 효과적인 조치를 취할 것에 동의하고, 따라서 체약국은 항공기에 적용되는 위생상의 조치에 관한 국제규제에 관계 있는 기관과 항상 긴밀하게 협의를 행한다. 이 협의는 이 문제에 관한 현존의 국제조약이 체약국으로 하여금 그 당사국이라는 적용을 방해하지 않는다.

제15조(공항의 사용요금, 기타의 사용요금) 체약국 내의 공항에서 그 나라의 항공기의 사용에 공개되어 있는 것은 제68조의 규정에 따를 것을 조건으로 하여, 다른 모든 체약국의 항공기에 대해서도 동등하게 균등의

조건하에서 공개되어야 한다. 동등한 균등의 조건은 각 체약국의 항공기가 무선 및 기상의 시설을 포함하는 모든 항행안전시설이 항공의 안전 및 신속화를 위해 공공의 용에 공하여지는 것을 사용하는 경우에도 적용된다. 체약국이 다른 체약국의 항공기에 의해 이러한 공항 및 항행안전시설의 사용에 관해 부과하고, 또 부과할 것을 허용한 요금은 다음의 요금보다 고액이 되어서는 아니 된다.

① 정기국제항공업무에 종사하지 않는 항공기에 관해서는, 유사한 운항에 종사하는 자국의 동급의 항공기가 지불하는 요금

② 정기국제항공업무에 종사하는 항공기에 관해서는 유사한 국제항공업무에 종사하는 자국의 항공기가 지불하는 요금. 전기한 요금은 모두 공표를 하고 또는 국제민간항공기구에 통지하여야 한다. 다만, 관계 체약국의 신립이 있을 때에는 항공, 기타의 시설의 사용에 관하여 부과되는 요금은 이사회의 심의를 받아야 하며, 이사회는 1 또는 2 이상의 관계국의 고려를 구하기 위하여 이것에 관해 보고를 하고, 또는 권고를 하여야 한다. 어느 체약국도 다른 체약국의 항공기 또는 그 항공기상의 사람, 혹은 재산이 자국의 영역상공의 통과국 같은 영역에의 입국, 또는 그 곳으로부터 출국을 하는 권리에 한한 것에 대해 수수료, 사용료, 기타의 과징금을 부과해서는 아니 된다.

제16조(항공기의 검사) 각 체약국은 당국이 부당하게 지체함이 없이 다른 체약국의 항공기를 착륙 또는 출발할 때에 검사하고, 혹은 이 조약에서 정하는 증명서, 기타의 서류를 검열하는 권리를 갖는다.

제3장 항공기의 국적

제17조(항공기의 국적) 항공기는 등록을 받은 나라의 국적을 갖는다.

제18조(2중 등록) 항공기는 2 이상의 나라에서 유효하게 등록을 받을 수 없다. 다만, 그 등록은 한 나라에서 다른 나라로 변경할 수 있다.

제19조(등록에 관한 국내법) 체약국에 있어 항공기의 등록 또는 등록의 변경은, 그 나라의 법령에 따라 행해져야 한다.

제20조(기호의 표시) 국제항공에 종사하는 모든 항공기는 그 적정한 국적 및 등록의 기호를 게시하여야 한다.

제21조(등록의 보고) 각 체약국은 요구가 있을 때에는, 다른 체약국 또는 국제민간항공기구에 대해 자국에 등록된 특정한 항공기의 등록 및 소유권에 관한 정보를 제공할 것을 약속한다. 또한, 각 체약국은 국제민간항공기구에 대해, 동기구가 정하는 규칙에 따라 자국에 등록되고, 또한 일반국제항공에 종사하는 항공기의 소유 및 관리에 관한 입수가능한 관계자료를 게시한 보고서를 제공하여야 한다. 국제민간항공기구는 다른 체약국이 요청하였을 때에는, 이와 같이하여 입수한 자료를 그 용에 공하여야 한다.

제4장 항공을 용이하게 하는 조치

제22조(수속의 간이화) 각 체약국은 영역에 있어 항공기의 항행을 용이하게 하고, 또는 신속하게 하기 위해 특

히 입국, 검역, 세관 및 출국에 관한 법령의 시행에 있어 항공기승무원, 여객 및 화물에 대해 발생하는 불필요한 지연을 방지하기 위해, 특별한 규제의 설정, 기타의 방법에 의해 모든 실행이 가능한 조치를 취할 것에 동의한다.

제23조(세관 및 출입국의 수속) 각 체약국은 실행이 가능하다고 인정하는 한 이 조약에 의해 수시설정되고, 또는 권고되는 방식에 따라 국제항공에 관한 세관 및 출입국의 수속을 정할 것을 약속한다. 이 조약의 여하한 규정도 자유공항의 설치를 방해하는 것으로 해석하여서는 아니 된다.

제24조(관세)

① 다른 체약국의 영역에 비행을 하고 또는 동영역을 횡단하여 비행하는 항공기는, 그 나라 세관의 규제에 따를 것을 조건으로 잠정적으로 세관의 면세를 인정받는다. 체약국의 항공기가 다른 체약국의 영역에 도착하였을 때에 하기한 연료, 윤활유, 예비부품, 정규의 장비품 및 항공기 저장품으로서 그 나라의 영역으로부터 출발할 때에 하기한 것은, 관세, 검사 수수료 또는 그러한 것에 유사한 나라 혹은 지방공공단체가 부과하는 조세, 기타의 과징금을 면제한다. 이 면제는 적하된 양 또는 물품에는 적용되지 않는다. 다만, 그 양 또는 물품을 세관의 감시하에 둘 것을 요구하는 그 나라의 세관의 규제에 따를 경우 이에 한하지 아니한다.

② 국제항공에 종사하는 다른 체약국의 항공기에 부착하기 위해, 또는 그 항공기가 사용하기 위해 체약국의 영역에 수입되는 예비부품 및 장비품은, 이러한 물품을 세관의 감시 및 관리하에 둘 것을 규정하는 관계국의 규제에 따른 조건으로 관세의 면세를 인정받는다.

제25조(조난 항공기) 각 체약국은 그 영역 내에서 조난당한 항공기에 대해 실행이 가능하다고 인정하는 구원조치를 취하고, 또한 자국당국의 감독에 따를 것을 조건으로 그 항공기의 소유자 또는 그 항공기가 등록을 받은 나라, 당국의 상황에 따라 필요로 하는 구원조치를 취하도록 허가할 것을 약속한다. 각 체약국은 행방불명의 항공기의 수색에 종사할 경우, 이 조약에 의해 수시권고되는 공동조치에 협력한다.

제26조(사고의 조사) 체약국의 항공기가 다른 체약국의 영역에서 사고가 발생하였을 경우에 있어, 그 사고가 사망 혹은 중상을 수반할 때 또는 항공기 혹은 항공시설의 중대한 기술적 결함을 제시할 경우, 그 사고가 발생한 나라는 자국의 법령이 허가하는 한 국제민간항공기구가 권고하는 수속에 따라 사고의 사정에 대한 조사를 행하는 것으로 한다. 그 항공기가 등록을 받은 나라는 조사에 입회할 자를 임명하는 기회를 부여받도록 하여야 하며, 조사를 행하는 나라는 그 나라에 대하여 그 사항에 관한 보고 및 소견을 통지하여야 한다.

제27조(특허권에 의해 청구되는 차압의 면제)

① 국제항공에 종사하고 있는 한, 체약국의 항공기가 허가를 받고 다른 체약국의 영역에 진입할 경우, 또는 허가를 받고 그 영역의 착륙을 수반하는, 혹은 무착륙의 횡단을 하는 경우에 그 나라 혹은 그 나라에 있는 사람 또는 그들의 대리인은 항공기의 구조, 기계 장치, 부품, 부속품 혹은 운항이, 항공기가 진입한 영역이 속하는 나라에서 정당하게 허가되고, 또는 등록된 특허, 의장 평면도형의 침해라는 이유로 항공

기의 차압 또는 억류, 항공기의 소유자 혹은 운영자에 대한 청구 또는 항공기에 대한 기타의 간섭을 행해서는 아니 된다. 이 경우에 있어 항공기의 차압 또는 억압의 면제에 관한 담보의 공여는, 그 항공기가 진입한 나라에서는 여하한 경우에도 요구되지 않는 것으로 한다.

② 본조 ①의 규정은 또한 체약국의 항공기를 위한 예비부품 및 예비장비품이 다른 체약국의 영역 내에서 보관, 그리고 이러한 체약국의 항공기가 다른 체약국의 영역 내에서 수리를 위해 사용하고, 또는 장치하는 권리에 관해서도 적용된다. 다만, 이와 같이하여 보관되는 여하한 특허부품 또는 특허장비품도 항공기가 입국하는 체약국의 국내에서 판매하거나 혹은 분배, 그 체약국으로부터 상업상의 목적으로 수출을 하여서는 아니 된다.

③ 본조의 이익은 이 조약의 당사국으로서, ㉠ 공업 소유권의 보호에 관한 국제조약 및 개정조약의 당사국의 것일 것, 또는 ㉡ 이 조약의 다른 당사국의 국민이 행한 발명을 승인하고, 또한 이것에 적당한 보호를 부여하는 특허법을 제정한 것에 한하여 적용한다.

제28조(항공시설 및 표준양식) 각 체약국은 실행이 가능하다고 인정하는 한 다음의 것을 약속한다.

① 이 조약에 의하여 수시 권고되고 또는 설정되는 표준 및 방식에 따라, 국제항공을 용이하게 하기 위해 그 영역 내에 공항, 무선시설, 기상시설 기타의 항공시설을 설정할 것

② 이 조약에 의해 수시 권고되고 또는 설정되는 통신수속, 부호·기호·신호 및 조명의 적당한 표준양식, 그리고 기타의 운항상의 방식 및 규칙을 채택하고 또한 실시할 것

③ 이 조약에 의해 수시 권고되고 또는 설정된 표준에 따를 항공지도 및 항공도의 간행을 확보하기 위한 국제적 조치에 협력할 것

제5장 항공기에 비치하여야 할 요건

제29조(항공기가 휴대할 서류) 국제항공에 종사하는 체약국의 모든 항공기는, 이 조약에서 정하는 요건에 합치되는 다음의 서류를 휴대하여야 한다.

① 등록증명서

② 감항증명서

③ 각 승무원의 적당한 면장

④ 항공일지

⑤ 무선기를 정비할 때에는 항공기국의 면허장

⑥ 여객을 운송할 때에는 그 성명, 탑승지 및 목적지의 기록표

⑦ 화물을 운송할 때에는 하기목록 및 화물의 세목 신고서

제30조(항공기의 무선장비)

a. 각 체약국의 항공기는 등록을 받은 나라의 당국으로부터 무선송신기를 장비하고, 또한 운용을 하기 위

한 면허장의 발급을 받았을 때에 한해 다른 체약국의 영역 내에서 또는 그 영역의 상공에서 그 송신기를 휴대할 수 있다. 영역의 상공을 비행하는 체약국의 영역에 있어, 무선송신기의 사용은 그 나라가 설정하는 규제에 따라야 한다.

b. 무선통신기는 항공기가 등록을 받은 나라 당국이 발급한 특별한 면장을 소지하는 항공기승무원에 한해 사용할 수 있다.

제31조(감항증명서) 국제항공에 종사하는 모든 항공기는 등록을 받은 나라가 발급하고, 또는 유효하다고 인정하는 감항증명서를 비치하여야 한다.

제32조(항공종사자의 면장)

① 국제항공에 종사하는 모든 항공기의 조종자와 기타의 운항승무원은, 그 항공기가 등록을 받은 나라가 발급하고 또는 유효하다고 인정한 기능증명서 및 면장을 소지하여야 한다.

② 각 체약국은 자국의 영역상공의 비행에 관해서는, 자국민에 대해 다른 체약국이 발급한 기능증명서 및 면장을 인정할 것을 거부하는 권리를 유보한다.

제33조(증명서 및 면장의 승인) 항공기가 등록을 받은 나라가 발급하고 또는 유효하다고 인정한 감항증명서, 기능증명서 및 면장은, 그 증명서 또는 면장을 발급하고 혹은 유효하다고 인정한 요건이 이 조약에 따라 수시 설정되는 최저표준과 동등, 또는 그 이상의 것이 되는 한, 다른 체약국에 대해서도 유효하다고 인정하여야 한다.

제34조(항공일지) 국제항공에 종사하는 모든 항공기에 관해서는, 이 조약에 따라 수시 설정하는 형식으로 항공기, 그 승무원 및 각 비행의 세목을 기입한 항공일지를 보지하여야 한다.

제35조(화물의 제한)

① 군수품 또는 군용기재는 체약국의 허가를 받은 경우를 제외하고, 국제항공에 종사하는 항공기로서 그 나라의 영역내 또는 영역의 상공을 운송하여서는 아니 된다. 각국은 통일을 기하기 위해 국제민간항공기구가 수시 행하는 권고에 대해 타당한 고려를 한 후, 본조에서 말하는 군수품 또는 군용 기재란의 어떠한 규칙에 의해서 결정되어야 한다.

② 각 체약국은 공공의 질서 및 안전을 위해 ①에서 게시하는 물품 이외의 물품을 그 영역내 또는 영역의 상공에서 운송할 것을 제한하고, 또는 금지하는 권리를 유보한다. 다만, 이 점에 관해서는 국제항공에 종사하는 자국의 항공기와 다른 체약국의 같은 항공기간에 차별을 설정하여서는 아니 되며, 그리고 항공기의 운항, 승무원 혹은 여객의 안전을 위해 필요한 장치의 휴대 및 항공기상에 있어 그 사용을 방해하는 제한을 부과해서는 아니 된다.

제36조(사진기) 각 체약국은 그 영역의 상공에 있는 항공기에 대해 사진기를 사용할 것을 금지하고, 또는 제한할 수 있다.

제6장 국제표준 및 권고방식

제37조(국제표준 및 수속의 채택) 각 체약국은 항공기, 항공종사자, 항공로 및 부속업무에 관한 규칙, 표준, 수속 및 조직의 실행가능한 최고도의 통일화를, 그리고 그 통일이 항공을 용이하게 하고 또한 개선할 모든 사항에 관해 확보하도록 협력할 것을 약속한다. 그러므로, 국제민간항공기구는 다음 사항에 관한 국제표준, 그리고 권고되는 방식 및 수속을 필요에 따라 수시채택하고 또한 개정한다.

① 통신조직 및 항행안전시설(지상표지를 포함)

② 항공 및 착륙장의 성질

③ 항공규칙 및 항공교통관제방식

④ 운항관제 및 정비관계의 항공종사자의 면허

⑤ 항공기의 감항성

⑥ 항공기의 등록 및 식별

⑦ 기상정보의 수집 및 교환

⑧ 항공일지

⑨ 항공지도 및 항공도

⑩ 세관 및 출입국의 수속

⑪ 조난 항공기 및 사고의 조사

그리고, 항공의 안전확보 및 능률에 관계 있는 기타의 사항으로서 수시 적당하다고 인정하는 것

제38조(국제표준 및 수속상의 차이) 모든 점에서 국제표준 또는 수속에 따라야 할 사항, 혹은 국제표준, 수속의 개정 후 자국의 규제 또는 방식을 이것에 완전히 일치시킬 것이 불가능하다고 인정하는 나라 또는 국제표준에 의해 설정된 규칙 또는 방식과 특정한 점에 있어, 상이한 규제 혹은 방식을 채택한 것이 필요하다고 인정하는 나라는, 자국의 방식과 국제표준에 의해 설정된 방식과의 차이점을 즉시 국제민간항공기구에 통고하여야 한다. 국제표준의 개정이 있었을 경우에 자국의 규제 또는 방식에 적당한 개정을 가하지 않는 나라는, 국제표준의 개정을 채택한 날로부터 60일 이내에 이사회에 통고하고, 또는 자국이 취하고자 하는 조치를 명시하여야 한다. 이 경우에는 이사회는 국제표준의 1 또는 2 이상의 특이점과 이에 대응하는 그 나라의 국내방식과의 차이점을 즉시 모든 나라에 통고하여야 한다.

제39조(증명서 및 면장의 이서)

① 감항성 또는 성능의 국제표준이 존재하는 항공기 혹은 그 부품으로서 그 증명을 할 때 어떠한 점에서 그 표준에 합치되어 있지 않는 것은, 그 불합치점의 완전한 명세가 그 감항증명서에 이서되고 또는 이것에 첨부되어야 한다.

② 면장을 소지하는 자로서 그 소지하는 면장 또는 증명서의 등급에 관하여 국제표준이 요구하는 조건을 완전히 충족하고 있지 못한 것에 대해서는, 그 조건을 충족하고 있지 못한 점을 그 면장에 이서하거나 또

는 이것에 첨부하여야 한다.

제40조(이기된 증명서 및 면장의 효력) 전기한 바와 같이 이기된 증명서 또는 면장을 갖는 항공기 또는 항공종사자는, 그 진입하는 영역이 속하는 1 또는 2 이상의 나라의 허가를 받은 경우를 제외하고 국제항공에 참가하여서는 아니 된다. 그 항공기 또는 증명을 받은 항공기 부품이 최초로 증명을 받은 나라 이외의 나라에 있어서, 등록 또는 사용은 그 항공기 혹은 부품을 수입하는 나라가 임의로 정한다.

제41조(감항성의 현행표준의 승인) 이 장의 규정은 항공기 및 항공기 장비품으로서 이러한 국제표준의 채택일로부터 3년 이내에, 원형식이 당해국 당국에 증명을 위해 제출되는 형식의 것에는 적용되지 않는다.

제42조(항공종사자의 기능의 현행표준의 승인) 이 장의 규정은 항공종사자로서 그 자격증명의 국제표준의 채택일로부터 1년 이내에 처음으로 면장의 발급을 받는 자는 적용되지 않는다. 다만, 이 표준의 채택일로부터 5년을 경과하여도 아직 유효한 면장을 보유하는 모든 항공종사자에는 여하한 경우라도 적용된다.

제2부 국제민간항공기구

제7장 기구

제43조(명칭 및 구성) 이 조약에 의해 국제민간항공기구라는 기구를 조직한다. 이 기구는 총회, 이사회, 기타의 필요한 기관으로 구성된다.

제44조(목적) 이 기구의 목적은 다음의 것을 위해 국제항공의 원칙 및 기술을 발달시키고, 또한 국제항공운송의 계획 및 발달을 조장하는 것이다.

① 세계를 통해 국제민간항공의 안전하고 또한 정연한 발전을 확보하는 것

② 평화적 목적을 위해 항공기의 설계 및 운항의 기술을 장려하는 것

③ 국제민간항공을 위한 항공로, 공항 및 항행안전시설의 발달을 장려하는 것

④ 안전하고 정확하고 능률적이고, 또한 경제적인 항공운송에 대한 세계의 전국민의 요구에 응하는 것

⑤ 불합리한 경쟁에 의해 발생하는 경제적인 낭비를 방지하는 것

⑥ 체약국의 권리가 충분히 존중을 받아야 하며, 모든 체약국이 국제항공기업을 운영하는 공정한 기회를 가질 것을 확보하는 것

⑦ 체약국간의 차별대우를 피하는 것

⑧ 국제항공에 있어 비행의 안전을 증진하는 것

⑨ 국제민간항공의 모든 부분의 발달을 전반적으로 촉진하는 것

제45조(항구적 소재지) 이 기구의 항구적 소재지는 1944년 12월 7일에 시카고에서 서명된 국제민간항공 중간협정에 의해 임시 국제민간항공기구의 중간총회의 최종회합에서 결정되는 장소로 한다. 그 소재지는 이사회의 결정에 의해 일시적으로 다른 장소에, 또는 총회의 결정에 의해 일시적이 아닌 다른 장소에 이동할 수 있다.

그 총회의 결정은 총회에서 정하는 표수에 의해 행해지는 것으로 하고, 총회가 정하는 표수는 체약국의 총수의 5분의 3 미만이 되어서는 아니 된다.

제46조(총회의 제1회 회합) 총회의 제1회 회합은 전기한 임시기구의 중간 이사회가 결정할 때 또는 그 결정하는 장소에서 회합하도록, 이 조약의 효력발생 후 즉시로 중간 이사회가 소집한다.

제47조(법률상의 행위능력) 이 기구는 각 체약국의 영역내에서 임무의 수행에 필요한 법률상의 행위 능력을 보유한다. 이 기구는 관계국의 헌법 및 법률과 양립하는 한 완전한 법인격을 부여받는다.

제8장 총회

제48조(총회의 회합 및 표결)

① 총회는 적어도 3년에 1회 회합하기로 하고 이사회가 적당한 시기와 장소에 소집한다. 임시총회는 이사회의 소집 또는 체약국의 총수의 5분의 1 이상이 사무국장 앞으로 요청이 있을 때에 언제든지 개최할 수 있다.

② 모든 체약국은 총회의 회합에 대표자를 참가시킬 평등한 권리를 가지며, 각 체약국은 1개의 투표권을 갖는다. 체약국을 대표하는 대표는 기술고문의 원조를 받을 수 있다. 기술고문은 회합에 참가할 수 있으나 투표권은 갖고 있지 않다.

③ 총회의 회합정족수를 구성하기 위해서는 체약국의 과반수를 필요로 한다. 총회의 결정은 이 조약에 별도로 정하는 것이 없는 한 투표의 과반수에 의해 행해진다.

제49조(총회의 권한 및 임무) 총회의 권한 및 임무는 다음과 같다.

① 매 회합마다 의장, 기타의 역원을 선거하는 것

② 제9장의 규정에 따라 이사회에 대표자를 출석시킬 체약국을 선거하는 것

③ 이사회의 보고를 심사하여 적당한 조치를 취하고, 또한 이사회가 총회에 부탁한 사항에 관해 결정하는 것

④ 그 수속규칙을 결정하고, 또한 필요하고 혹은 바람직하다고 인정하는 보조적인 위원회를 설립하는 것

⑤ 제12장의 규정에 따라 이 기구의 연차적인 예산을 표결하고, 또한 이 기구의 제정상의 조치를 결정하는 것

⑥ 이 기구의 지출을 검사하고, 또한 이 기구의 결산보고를 승인하는 것

⑦ 이 활동범위 내의 사항을 이사회, 보조적인 위원회, 기타의 기구에 임의로 부탁하는 것

⑧ 이 기구의 임무수행에 필요하고 또는 바람직한 권한을 이사회에 위임하고, 그 권한의 위임을 언제든지 취소하고 또는 수정하는 것

⑨ 제13장의 관계규정을 실시하는 것

⑩ 이 조약의 규정의 수정 또는 개정에 따라 이것을 체약국에 권고하는 것

⑪ 이 기구의 활동범위 내의 사항으로서 특히 이사회의 임무가 아닌 것을 처리하는 것

제9장 이사회

제50조(이사회의 구성 및 선거)

a. 이사회는 총회에 대하여 책임을 부담하는 상설기구로 한다. 이사회는 총회가 선거하는 36개의 체약국으로 구성된다. 선거는 총회의 제1회 회합에서 행하고, 그 후에는 매 3년마다 행한다. 이와 같이하여 선출된 이사회의 구성원은 다음 선거까지 재임한다.

b. 이사회의 구성원의 선거에 있어 총회는 (1) 항공운송에 있어 가장 중요한 나라, (2), (1) 또는 (3)에 포함되지 않는 나라로서 국제민간항공을 위한 시설의 설치에 최대의 공헌을 하는 나라 및 (3), (1) 또는 (2)에 포함되지 않는 나라로서, 그 나라를 지명하면 세계의 모든 주요한 지리적 지역이 이사회에 확실히 대표가 될 수 있는 가망성이 있는 것이, 적당히 대표가 되도록 하여야 한다. 이와 같이하여 이사회에 선출된 체약국은 전임자의 잔임기간 중 재임한다.

c. 이사회를 구성하는 체약국의 대표는 국제항공업무의 운영에 적극적으로 참여하고, 또한 그 업무에 재정적으로 관여하여서는 아니 된다.

제51조(이사회의 의장) 이사회는 그 의장을 3년 임기로 선거하고, 의장은 재선될 수 있다. 의장은 투표권을 갖지 않는다. 이사회는 그 구성원 중에서 1인 또는 2인 이상의 부의장을 선거한다. 부의장은 의장대리가 되었을 때에도 투표권을 보유한다. 의장은 이사회의 구성원의 대표자 중에서 선정될 것을 필요로 하지 않으나, 대표자가 의장에 선출되었을 경우 그 의석은 공석으로 간주하고, 그 대표자가 대표하는 나라에 의해 보충된다. 의장의 임무는 다음과 같다.

㉠ 이사회, 항공운송위원회 및 항공위원회의 회합을 소집하는 것

㉡ 이사회의 대표자가 되는 것

㉢ 이사회가 지정하는 임무를 이사회를 대신하여 수행하는 것

제52조(이사회에 있어 표결) 이사회의 결정은 그 구성원의 과반수의 승인을 필요로 한다. 이사회는 특정사항에 관한 권한을 그 구성원으로 성립되는 위원회에 위임할 수 있다. 이사회의 위원회의 결정에 관해서는 이해관계가 있는 체약국은 이사회에 이의를 제기할 수 있다.

제53조(투표권을 수반하지 않는 참가) 체약국은 자국의 이해에 특히 영향을 주는 문제에 관해 이사회 및 그 위원회가 행하는 심의에 투표권없이 참가할 수 있다. 이사회의 구성원은 자국이 당사자로 되는 분쟁에 관해 이사회가 행하는 심의에 있어서는 투표권을 갖지 않는다.

제54조(이사회의 의무적 임무) 이사회는 다음의 것을 행하여야 한다.

① 총회에 연차보고를 제출하는 것

② 총회의 지령을 수행하고, 그리고 이 조약이 부과되는 임무 및 의무를 이행하는 것

③ 그 조직 및 수속규칙을 결정하는 것

④ 항공운송위원회를 설치하고 또한 그 임무를 정하는 것 그리고 그 위원회의 위원은 이사회의 구성원의

대 표자 중에서 선출되고, 그 위원회는 이사회에 대해 책임을 부담하게 된다.

⑤ 제10장의 규정에 따라 항공위원회를 설치하는 것

⑥ 제12장 및 제15장의 규정에 따라 이 기구의 회계를 관리하는 것

⑦ 이사회의 의장의 보수를 결정하는 것

⑧ 제11장의 규정에 따라 사무국장이라고 칭하는 수석행정관을 임명하고, 또한 기타의 필요한 직원의 임명에 관한 규정을 작성하는 것

⑨ 항공의 발달 및 국제항공업무의 운영에 관한 정보를 요청·수집·심사하고 또한 공표하는 것. 그리고 그 정보에는 운영의 비용에 관한 정보를 포함한다.

⑩ 이 조약의 위반 및 이사회의 권고 또는 결정의 불이행을 체약국에 보고하는 것

⑪ 이 조약의 위반을 통고한 후 상당한 기간 내에 체약국이 적당한 조치를 취하지 않았을 경우에는, 그 위반을 총회에 보고하는 것

⑫ 이 조약의 제 6 장의 규정에 따라 국제표준 및 권고방식을 채택하고, 편의상 이러한 것을 이 조약의 부속서로서, 또한 취한 조치를 모든 체약국에 통고하는 것

⑬ 부속서의 개정에 관한 항공위원회의 권고를 심의하고, 또한 제20장의 규정에 따라 조치를 취하는 것

⑭ 이 조약에 관해 체약국이 부탁하는 문제를 심의하는 것

제55조(이사회의 임의적 임무) 이사회는 다음의 것을 행할 수 있다.

① 적당하고 또한 경험상 바람직하다고 인정되는 경우에는, 지역적 기초, 기타의 기초에 의해 항공운송소위원회를 창설하고, 또는 이사회가 이 조약의 목적의 수행을 용이하게 하기 위해 직접 또는 간접으로 교섭할 수 있는 나라, 혹은 항공기업의 집단을 정하는 것

② 이 조약에서 정하는 임무에 추가되는 임무를 항공위원회에서 위임하고, 또한 그 권한의 위임을 언제든지 취소하고 또는 수정하는 것

③ 국제적 중요성을 갖는 항공운송 및 항공의 모든 부면에 관해 조사를 행하고, 그 조사의 결과를 체약국에 통지하며, 그리고 항공운송 및 항공상의 문제에 관한 체약국간의 정보의 교환을 용이하게 하는 것

④ 국제간선항공업무의 국제적인 소유 및 운영을 포함하는 국제항공운송의 조직 및 운영에 관한 문제를 연구하고, 그리고 이에 관한 계획을 총회에 제출하는 것

⑤ 피할 수 있는 장해가 국제항공의 발달을 방해하고 있다고 인정되는 사태를 체약국의 요청에 의해 조사하고, 그 조사를 한 후 이사회가 바람직하다고 인정하는 보고를 발표하는 것

제10장 항공위원회

제56조(위원의 지명 및 임명) 항공위원회는 체약국이 지명하는 자 중에서 이사회가 임명하는 19인의 위원으로 구성된다. 체약국이 지명하는 자는 항공의 이론 및 실제에 관해 적당한 자격 및 경험을 갖는 자라야 한다. 이

사회는 모든 체약국에 대해 피지명자 명부의 제출을 요청할 수 있다. 그리고 항공위원회의 위원장은 이사회가 임명한다.

제57조(위원회의 임무) 항공위원회는 다음의 것을 행하여야 한다.

① 이 조약의 부속서의 수정을 심의하고, 또한 그 채택을 이사회에 권고하는 것

② 바람직하다고 인정되는 경우에는 어떠한 체약국도 대표자를 참가시킬 수 있는 전문부회를 설치하는 것

③ 항공의 발달에 필요 또는 유용하다고 인정하는 모든 정보의 수집 및 체약국에의 통지에 관해 이사회에 조언하는 것

제11장 직원

제58조(직원의 임명) 총회가 정하는 규칙 및 이 조약의 규정에 따를 것을 조건으로, 이사회는 사무국장, 기타 이 기구의 직원의 임명 및 임기종료의 방법·훈련, 그리고 봉급, 수당 및 근무조건을 결정하여야 하며, 또한 체약국의 국민을 고용하고 또는 그 역할을 이용할 수 있다.

제59조(직원의 국제적 성질) 이사회의 의장, 사무국장 기타의 직원은 그 책임의 수행에 관해 이 기구 외의 여하한 당국으로부터라도 지시를 구하거나 또는 받아서는 아니 된다. 각 체약국은 직원의 책임의 국제적 성질을 충분히 존중할 것과, 또한 자국민이 그 책임을 수행함에 있어서 이것을 좌우하는 일이 없을 것을 약속한다.

제60조(직원의 면제 및 특권) 각 체약국은 그 헌법상의 수속에 의해 가능한 한 이사회의 의장과 사무국장, 기타 이 기구의 직원에 대해 다른 공적 국제기구의 상당직원에 부여되어 있는 면제 및 특권에 관한 일반적 국제협정이 체결되었을 경우, 의장·사무국장 기타의 이 기구의 직원에게 부여된 면제 및 특권은, 그 일반적 국제협정에 의해 부여되는 면제 및 특권이라야 한다.

제12장 회계

제61조(예산 및 경비의 할당) 이사회는 연차예산, 연차 결산서 및 모든 수지에 관한 계산을 총회에 제출한다. 총회는 적당하다고 인정하는 수정을 가하여 예산을 표결하고, 또한 제15장에 의한 동의국(同意國)에의 할당금을 제외하는 외에, 이 기구의 경비를 총회가 수시결정하는 기초에 의해 체약국에 할당한다.

제62조(투표권의 정지) 총회는 이 기구에 대한 재정상의 의무를 상당한 기간 내에 이행하지 않는 체약국의 총회 및 이사회에 있어 투표권을 정지할 수 있다.

제63조(대표단 기타의 대표자의 경비) 각 체약국은 총회에서의 자국의 대표단의 경비, 그리고 이사회 근무를 명한 자 및 이 기구의 보조적인 위원회에 대한 피지명자, 또는 대표자의 보수, 여비, 기타의 경비를 부담하여야 한다.

제13장 다른 국제협약

제64조(안전보장 협약) 이 기구는 그 권한 내에 있는 항공문제로서 세계의 안전보장에 직접으로 영향을 미치는 것에 관해, 총회의 표결에 의해 세계 각국이 평화를 유지하기 위해 설립하는 일반적인 기구와 적당한 협약을 체결할 수 있다.

제65조(다른 국제단체와의 협약) 이사회는 공통의 업무의 유지 및 직원에 관한 공통의 협약을 위해, 이 기구를 대신하여 다른 국제단체와 협정을 체결하고, 그리고 총회의 승인을 얻어 이 기구의 사업을 용이하게 할 수 있도록 기타의 협약을 체결할 수 있다.

제66조(다른 협정에 관한 임무)

① 이 기구는 또한 1944 년 12월 7일에 시카고에서 작성된 국제항공업무통과협정 및 국제항공운송협정에 의해 부과된 임무를 이러한 협정이 정하는 조항 및 조건에 따라 수행한다.

② 총회 및 이사회의 구성원으로서 1944년 12월 7일에 시카고에서 작성된 국제항공업무통과협정 또는 국제항공운송협정을 수락하지 않고 있는 자는, 관계협정의 규정에 의해 총회 또는 이사회에 부탁되는 문제에 관해서는 투표권을 갖지 않는다.

제3부 국제항공운송

제14장 정보 및 보고

제67조(이사회에의 보고의 제출) 각 체약국은 그 국제항공기업이 운수보고, 지출통계, 그리고 회계 보고서로서 특히 모든 수입 및 그 원천을 표시하는 것을 이사회가 정하는 요건에 따라 이사회에 제출할 것을 약속한다.

제15장 공항 기타의 항공시설

제68조(항공로 및 공항의 지정) 각 체약국은 이 조약의 규정에 따를 것을 조건으로 하여, 국제항공업무가 자국의 영역 내에서 비행해야 할 항공로 및 그 업무가 사용하는 공항을 지정할 수 있다.

제69조(항공시설의 개선) 이사회는 체약국의 공항, 기타의 항공시설(무선 및 기상의 시설을 포함)이 현존 또는 계획 중에 있는 것으로서 국제항공업무의 안전하고 정확하고 능률적이고, 또한 경제적인 운영을 위해 합리적인 판단을 하여 적당하지 않다고 인정하는 경우에는, 그 사태를 구제하는 방법을 발견하기 위해 직접 관계국 및 영향을 받는 기타의 나라와 협의하여야 하며, 또한 이 목적을 위해 권고할 수 있다. 체약국은 이 권고를 실행하지 않을 경우에도 이 조약위반의 책임을 부담하지 않는다.

제70조(항공시설의 비용의 부담) 체약국은 제69조에 규정하는 사정하에 있을 때에는, 전기한 권고를 실시하기 위해 이사회와 협약을 체결할 수 있다. 그 나라는 그 협약에 수반하는 모든 비용을 부담할 수 있다. 그 나라가 이것을 부담하지 않을 경우에는, 이사회는 그 나라의 요청에 의해 비용의 전부 또는 일부를 부담할 것에 동의

할 수 있다.

제71조(이사회에 의한 시설의 설치 및 유지) 이사회는 체약국이 요청하는 경우에는 공항, 기타의 항공시설(무선 및 기상의 시설을 포함)의 일부 또는 전부로서, 그 영역 내에서 다른 체약국의 국제항공업무의 안전하고 정확하고 능률적이고 또한 경제적인 운영을 위해 필요로 하는 것의 설치, 인원배치, 유지 및 관리를 하는 것에 동의하고, 또한 설치한 시설의 시용에 관해 공정하고 합리적인 요금을 정할 수 있다.

제72조(토지의 취득 또는 사용) 체약국의 요청에 따라 이사회가 비용의 전부 또는 일부를 부담하는 시설을 위해 토지가 필요한 경우, 그 나라가 희망할 때에 소유권을 보유하면서 토지자체를 제공하고, 또는 이사회가 공정하고 합리적인 조건으로, 또한 당해국의 법률에 따라 토지를 사용할 것을 용이하게 하여야 한다.

제73조(자금의 지출 및 할당) 이사회는 총회가 제12장에 의해 이사회의 사용에 공하는 자금의 범위 내에서 이 장의 목적을 위해 이 기구의 일반자금에서 경상적 지출을 할 수 있다. 이사회는 이 장의 목적에 필요한 설비자금을 상당한 기간에 걸쳐 사전에 협정한 비율로 그 시설을 이용하는 항공기업이 속하는 체약국으로서, 이것에 동의하는 것에 할당하여야 한다. 이사회는 또한 필요로 하는 운전자금을 동의하는 나라에 할당할 수 있다.

제74조(기술적 원조 및 수입의 이용) 이사회가 체약국의 요청에 의해 자금을 선불하고 또한 공항, 기타의 시설의 전부 혹은 일부를 설치할 경우에는, 그 협약은 그 나라의 동의를 얻어 그 공항, 기타의 시설의 감독 및 운영에 관한 기술적 원조에 관해, 그리고 그 공항, 기타시설의 운영비, 그리고 이자 및 할부상환금이 그 공항, 기타 시설의 운영에 의해 발생하는 수입에서 지불할 수 있는 것에 관하여 정할 수 있다.

제75조(이사회로부터의 시설의 인계) 체약국은 언제든지 상황에 의해 합리적이라고 이사회가 인정하는 금액을 지불함으로서, 제70조에 의하여 부담한 채무를 이행하고, 그리고 이사회가 제71조 및 제72조의 규정에 따라 자국의 영역 내에 설치한 공항, 기타의 시설을 인계할 수 있다. 체약국은 이사회가 정하는 금액이 부당하다고 인정할 경우에는, 이사회의 결정에 관해 총회에 이의를 제기할 수 있다. 총회는 이사회의 결정을 확인하고 또는 수정할 수 있다.

제76조(자금의 반제) 이사회가 제75조에 의한 변제, 그리고 제74조에 의한 이자 및 할부 상환금의 영수에 의해 얻은 자금은, 제73조에 의해 체약국이 최초로 자금을 선불하고 있을 경우, 최초로 출자를 할당한 나라에 대해 이사회가 결정한 그 할당액에 비례해서 반제하여야 한다.

제16장 공동운영조직 및 공동계산 업무

제77조(공동운영조직의 허가) 이 조약의 여하한 규정도 2 이상의 체약국이 공동의 항공운송운영조직 또는 국제운영기구를 조직하고, 또한 어떠한 노선 또는 지역에 있어 항공업무를 공동계산으로 하는 것을 방해하지 않는다. 다만, 그 조직 또는 기구 및 그 공동계산 업무는 협정의 이사회 등록에 관한 규정을 포함하는 이 조약의 모든 규정에 따라야 한다. 이사회는 국제운영기구가 운영하는 항공기에 대해 항공기의 국적에 관한 이 조약의 규정을 어떠한 방법으로 적용할 것인가를 결정하여야 한다.

제78조(이사회의 임무) 이사회는 어떠한 노선 또는 지역에 있어 항공업무를 운영하기 위해, 공동조직을 작성할 것을 관계 체약국에 제의할 수 있다.

제79조(운영조직에의 참가) 국가는 그 정부를 통하여 또는 그 정부가 지정하는 1 혹은 2 이상의 항공회사를 통해 공동운영조직 또는 공동계산협약에 참가할 수 있다. 이러한 항공회사는 주로 관계국의 재량에 의하여 국유, 일부국유 또는 사유 등의 것이라고 할 수 있다.

제4부 최종규정

제17장 다른 항공협정 및 항공협약

제80조(파리조약 및 하바나조약) 각 체약국은 1919년 10월 13일에 파리에서 서명된 항공법규에 관한 조약 또는 1928년 2월 20일에 하바나에서 서명된 상업항공에 관한 조약의 어느 쪽의 당사국인 경우, 그 폐기를 이 조약의 효력발생 후 즉시 통고할 것을 약속한다. 이 조약은 체약국간에 있어서는 전기한 파리조약 및 하바나조약에 대신하는 것으로 한다.

제81조(현존협정의 등록) 이 조약의 효력이 발생할 때에 체약국과 다른 국가간, 또는 체약국의 항공기업과 다른 국가 혹은 다른 국가의 항공기업간에 존재하는 모든 항공협정은, 즉시 이사회에 등록하여야 한다.

제82조(양립하지 않는 협약의 폐지) 체약국은 이 조약이 이 조약의 조항과 양립하지 않는 상호간의 모든 의무 및 양해를 폐지한다는 것을 승인하고, 또한 그와 같은 의무 및 양해를 성립시키지 않을 것을 약속한다. 이 기구의 가맹국이 되기 전에 이 조약의 조항과 양립하지 않는 의무를 비체약국에 대해, 또는 체약국 혹은 비체약국의 국민에 대해 약속한 체약국은, 그 의무를 면제할 조치를 즉시 취해야 한다. 체약국의 항공기업이 이와 같은 양립하지 않는 의무를 부담하고 있을 경우에는, 이 기업의 국적이 속하는 나라는 즉시 이 의무를 종지할 것을 확보하기 위해 최선의 노력을 하고, 또한 어떠한 경우라도 이 의무를 종지시킬 조치가 이 조약의 효력발생 후 적법이 가능하여졌을 때에는 즉시 이 조치를 취해야 한다.

제83조(새로운 협약의 등록) 체약국은 제82조의 규정에 따를 것을 조건으로 이 조약의 규정에 위배하지 않는 협약을 체결할 수 있다. 이 협약은 즉시 이사회에 등록하여야 하며, 이사회는 가능한 한 신속하게 이것을 공표하여야 한다.

제18장 분쟁 및 위약

제84조(분쟁의 해결) 이 조약 및 부속서의 해석 또는 적용에 관한 2 이상의 체약국간의 의견의 차이가 교섭에 의하여 해결되지 않을 경우에는, 그 의견의 차이는 이에 관계 있는 나라의 신청에 의해 이사회가 해결한다. 이사회의 구성원은 자국이 당사자인 분쟁에 관해 이사회가 행하는 심의에 있어 투표권을 갖지 아니 한다. 체약

국은 제85조에 따를 것을 조건으로 이사회의 결정에 관해 다른 분쟁 당사자와 협정하는 특별중재재판소 또는 상설 국제사법재판소에 제소할 수 있다. 이 제소는 이사회의 결정의 통고를 수령한 날로부터 60일 이내에 이사회에 통고하여야 한다.

제85조(중재수속) 분쟁 당사자인 어느 체약국으로서 그 분쟁에 관한 이사회의 결정에 관해 제소되어 있는 것이 상설 국제사법재판소 규정을 수락하지 않고, 또한 분쟁 당사자인 체약국이 중재재판소의 선정에 관해 협의할 수 없을 경우에는 분쟁 당사자인 각 체약국은 1명의 중재위원을 지명하여야 한다. 이러한 중재위원은 1명의 심판위원을 지명하는 것으로 한다. 그 분쟁의 당사자인 어떠한 체약국이 제소의 날로부터 3개월의 기간 내에 중재위원을 지명하지 않았을 경우에는, 중재위원은 이사회가 비치하고 있는 유자격자의 현재 원명부 중에서 이사회의 의장이 그 나라를 대신하여 지명하여야 한다. 중재위원이 심판위원에 관해 30일 이내에 합의할 수 없었을 경우에는 이사회의 의장은 전기의 명부 중에서 심판위원을 지명하여야 한다. 다음은 중재위원 및 심판위원을 중재재판소에서 공동으로 구성하여야 한다. 본조 또는 제 84 조에 의해 설치된 중재재판소는 그 수속을 정하고, 또한 다수결에 의해 결정을 행하여야 한다. 다만, 이사회가 심히 지연되었다고 인정될 경우에는 수속문제를 결정할 수 있다.

제86조(제소) 이사회가 별도로 정하는 경우를 제외하고 국제항공기업이 이 조약의 규정에 따라 운영되고 있는지의 여부에 관한 이사회의 결정은, 제소에 의해 파기되지 않는 한 계속 유효하다. 기타의 사항에 관해서는 이사회의 결정이 이에 관해 제소된 경우에는, 그 제소가 결정될 때까지 정지되어야 한다. 상설 국제사법재판소 및 중재재판소의 결정은 최종적이고 또한 구속력을 갖는다.

제87조(항공기업의 위반에 대한 제재) 각 체약국은 자국의 영역상의 공간을 통과하는 체약국의 항공기업이, 제86조에 따라 행하여진 최종적 결정에 위반이 있다고 이사회가 결정하였을 경우에는, 그 항공기업의 운영을 허가하지 않을 것을 약속한다.

제88조(국가의 위반에 대한 제재) 총회는 이 장의 규정에 의해 위약국으로 인정된 체약국의 총회 및 이사회에 있어 투표권을 정지해야 한다.

제19장 전쟁

제89조(전쟁 및 긴급상태) 이 조약의 규정은 전쟁의 경우에 교전국이나 중립국이나를 불문하고, 관계 체약국의 행동의 자유에 영향을 미치게 하지 않는다. 동일한 원칙은 국가 긴급사태를 선언하고 그 사실을 이사회에 통고한 체약국의 경우에도 적용된다.

제20장 부속서

제90조(부속서의 채택된 및 개정)

① 제54조 ①에 언급된 이사회에 의한 부속서의 채택은, 그 때문에 소집된 회합의 이사회에 있어 3분의 2의

투표를 필요로 하며, 다음은 이사회가 각 체약국에 송부해야 한다. 그 부속서 또는 부속서의 개정은 각 체약국에 송부한 날로부터 3개월 이내에, 또는 이사회가 정하는 그 이상의 기간의 종료시에 효력이 발생한다.

다만, 체약국의 과반수가 이 기간 내에 그 승인을 거부하는 뜻을 이사회에 제출하였을 경우는 그러하지 아니한다.

② 이사회는 부속서 또는 개정의 효력의 발생을 모든 체약국에 즉시 통고하여야 한다.

제21장 비준, 가입, 개정 및 폐기

제91조(조약의 비준)

① 이 조약은 서명국에 의해 비준되어야 한다. 비준서는 미합중국 정부의 기록에 기탁한다. 동 정부는 그 기탁의 일자를 각 서명국 및 가입국에 통고한다.

② 이 조약은 26개국이 이것을 비준하고, 또는 이것에 가입하였을 때에는 26번째의 문서의 기탁한 날로부터 30일이 경과되면, 그러한 나라간에 있어 효력이 발생한다. 이 조약은 그 후 비준하는 각국에 있어서는 그 비준서의 기탁한 날로부터 30일이면 효력을 발생한다.

③ 미합중국 정부는 이 조약이 효력을 발생시킬 일자를 각 서명국 및 가입국의 정부에 통고하도록 한다.

제92조(조약에의 가입)

① 이 조약은 연합국 및 이들과 연합하여 있는 나라, 그리고 제 2 차 세계대전 중 중립이었던 나라의 가입을 위해 개방된다.

② 가입은 미합중국 정부에 대해 통고함으로써 행하며, 또한 미합중국 정부가 통고를 수령한 날로부터 30일이면 효력을 발생한다. 동정부는 모든 체약국에 그 취지를 통고한다.

제93조(기타의 가입승인) 제91조 및 제92조 ①에 규정하는 나라 이외의 나라는, 세계의 각국의 평화를 유지하기 위해 설립하는 일반적인 국제기구의 승인을 얻은 것을 조건으로, 총회의 5분의 4 의 투표에 의해 또한 총회가 정하는 조건으로써 이 조약에 가입하는 것을 승인한다. 다만, 각 경우에 있어 승인을 구하는 나라에 있어서는 제2차 세계대전 중 침략을 당하였거나 또한 공격을 당한 나라의 동의를 필요로 한다.

제94조(조약의 개정)

① 이 조약의 개정안은 총회의 3 분의 2 의 투표에 의해 승인되어야 하며, 또한 총회가 정하는 수의 체약국이 비준하였을 때에는 그 개정을 비준한 나라에 관해 효력이 발생한다. 총회가 정하는 수는 체약국 총수의 3분의 2 미만이면 아니 된다.

② 총회는 전기한 개정의 성질상 정당하다고 인정하는 경우에는 채택을 권고하는 결의에 있어 개정의 효력 발생 후 소정의 기간 내에 비준을 하지 않았던 나라가, 즉시로 이 기구의 가맹국 및 이 조약의 당사국이 될 수 없다는 것을 규정할 수 있다.

제95조(조약의 폐기)

① 체약국은 이 조약의 효력발생 후 3년을 경과하였을 때에는 미합중국 정부에 대해 통고함으로써 이 조약의 폐기의 통고를 할 수 있다. 동 정부는 즉시로 각 체약국에 그 취지를 통보한다.

② 폐기는 그 통고의 수령일로부터 1년이면 그 효력이 발생하며, 또한 폐기를 행한 나라에 한하여 유효하다.

제22장 정의

제96조(이 조약의 적용상)

①「항공업무」란 여객, 우편물 또는 화물의 공중용의 운송을 위해 항공기로 행하는 정기항공업무를 말한다.

②「국제항공업무」란 2 이상의 나라의 영역상의 공간에서 행하는 항공업무를 말한다.

③「항공기업」이란 국제항공업무를 제공하고 또는 운영하는 항공운송기업을 말한다.

④「운수 이외의 목적으로 착륙」이란, 여객·화물 또는 우편물의 하기 또는 적하 이외의 목적으로 착륙하는 것을 말한다.

「국제민간항공조약의 개정에 관한 의정서」

제48조 ① 중「매년 1회」를「적어도 3년에 1회」로 개정한다.

제49조 ⑤ 중「연차계산」(an annual budget)을「연차계산」(annual budgets)으로 개정한다.

제61조 「연차예산」(an annual budget)을「연차예산」(annual budgets)으로,「예산을 표결하고」(vote the budget)를「예산을 표결하고」(vote the budgets)로 개정한다.

「국제민간항공조약의 개정에 관한 의정서」

제45조 후단을 다음과 같이 개정한다.

그 소재지는 이사회의 결정에 의해 일시적으로 다른 장소에, 또한 총회의 결정에 의해 일시적이 아니고 다른 장소에 이전할 수 있다. 그 총회의 결정은 총회가 정하는 표수에 의해 행해지는 것으로 하고, 총회가 결정하는 표수는 체약국의 총수의 5분의 3 미만이면 아니 된다.

제3장

국제항공업무통과협정

이 국제항공업무통과협정에 서명하고, 또한 이것을 수락하는 국제민간항공기구의 가맹국은 다음과 같이 선언한다.

제1조

제1항: 각 체약국은 정기 국제항공업무에 관해 다음과 같은 공간의 자유를 허가한다.

① 자국의 영역을 무착륙으로 횡단비행하는 특권

② 운수이외의 목적으로 착륙하는 특권 : 이 항의 특권은 여하한 정기 국제항공업무라도 배제하며, 군사상의 목적에 사용하는 공항에 관해서는 적용되지 않는다. 실제로 적대행위가 행해지고 있든가, 또는 군사점령하에 있는 지역(전시에는 이러한 지역에 통하는 보급로를 포함한다)에 있어서는 그러한 특권은 권한이 있는 군당국의 승인을 얻어 행사하여야 한다.

제2항: 전기한 특권은 모두 1944년 12월 7일에 시카고에서 작성된 국제민간항공조약이 효력을 발행하였을 때, 동조약의 규정에 따라 행사하여야 한다.

제3항: 운수이외의 목적으로 착륙하는 특권을 다른 체약국의 항공기업에 허가하는 체약국은, 당해 항공기업에 대해 그 착륙을 행하는 지점에 있어 합리적인 상업상의 업무를 제공하도록 요구할 수 있다. 전기한 요구를 행함에 있어서는 동일 노선상에서 운영하고 있는 항공기업간에 여하한 차별도 하여서는 아니 되며, 항공기의 하기량을 고려하여야 하고, 또한 관계 국제항공업무의 통상적인 운영 혹은 체약국의 권리 및 의무를 해하지 않는 방법으로 행하여야 한다.

제4항: 각체약국은 이 협정에 따를 것을 조건으로 다음의 것을 행할 수 있다.

① 자국의 영역 내에서 국제항공업무가 비행을 할 항공로 및 그 업무가 사용하는 공항을 지정하는 것

② 전기한 국제항공업무에 대해 전기한 공항, 기타시설의 사용에 관해 공정 또는 합리적인 요금을 부과하고, 혹은 부과할 것을 허가하는 것. 이러한 요금은 유사한 국제업무에 종사하는 자국의 항공기가 당해 공항, 기타시설의 사용에 있어 지불할 요금보다도 고액의 것이어서는 아니 된다. 다만, 관계 체약국의 신립이 있을 때에는 공항, 기타시설의 사용에 관해 부과되는 요금은 전기한 조약에 의해 설립되는 국제민간항공기구의 이사회의 심사를 받아야 하며, 동이사회는 1 또는 2 이상의 관계국의 고려를 구하기 위해,

이에 관해 보고하고 또한 권고해야 한다.

제5항: 각 체약국은 다른 체약국의 항공운송사업의 실효적인 소유 및 실효적인 지배가 당해 체약국의 국민에 속하지 않다고 인정하였을 경우, 또한 그 항공운송기업이 상공을 운항하는 나라의 법령을 준수하지 않고, 혹은 이 협정에 의한 의무를 이행하지 않았을 경우에는, 그 항공운송기업에 대한 면허 또는 허가를 부여하지 않으며, 또한 취소하는 권리를 유보한다.

제2조

제1항: 체약국은 이 협정에 의한 다른 체약국의 조치가 자국에 대하여 부정 또는 지장을 미치게 하고 있다고 인정할 때에는, 이사회에 대하여 사정을 조사하도록 요구할 수 있다. 이사회는 그 요구가 있을 때에는 문제를 조사하고, 또한 관계국에 대해 협의를 행하도록 하여야 한다. 그 협의에 의해 곤란을 해결할 수 없었을 경우에는 이사회가 관계 체약국에 대해 적당한 인정 및 권고를 행할 수 있다. 이사회는 그 후 관계 체약국이 적당한 시정조치를 부당하게 취하지 않았음을 인정할 경우에는, 전기한 기구의 총회에 대해 당해 체약국의 그 조치를 취할 때까지 이 협정에 의한 그 권리 및 특권을 정지하도록 권고할 수 있다. 총회는 3분의 2의 투표에 의해 총회가 적당하다고 인정하는 기간 중, 또는 당해 체약국이 시정조치를 취하였음을 이사회가 인정할 때까지 당해 체약국에 대해 정기의 정지를 행할 수 있다.

제2항: 이 협정은 해석 또는 적용에 관해 2 이상의 체약국간의 의견의 차이가 교섭에 의해 해결되지 않을 경우에는, 전기한 조약의 제18장의 규정이 동조약의 해석, 또는 적용에 관한 의견의 차이에 관해 이 장에서 정하는 방법과 같은 방법으로 적용된다.

제3조

이 협정은 전기한 조약이 효력을 갖는 동안 계속 효력을 갖는다. 다만, 이 협정의 당사국인 체약국은 미합중국 정부에 대한 1년의 예고에 의해 이 협정을 폐기할 수 있다. 동정부는 즉시로 그 예고 및 탈퇴를 다른 모든 체약국에 통고하여야 한다.

제4조

전기한 조약이 효력을 발생할 때까지 이 협정에 전기한 조약이라 함은, 제2조 제2항 및 제5조에 언급한 것을 제외하고, 1944년 12월 7일에 시카고에서 작성된 국제민간항공중간협정을 말하는 것으로 간주하고, 또한 국제민간항공기구, 총회 및 이사회라고 말할 때에는, 각각 임시 국제민간항공기구, 중간총회 및 중간이사회를 말하는 것으로 간주한다.

제5조

이 협정은 적용상 「영역」은 전기한 조약이 제2조에 정의되는 것과 같은 정의로 하는 것으로 본다.

제6조(협정의 서명 및 수락)

1944년 11월 1일에 시카고에서 개최된 국제민간항공회의에 대한 다음의 대표는, 이 협정에 서명한 각 정부가 동정부를 위한 서명이 당해정부에 의한 이 협정의 수락 및 동정부를 구속하는 의무를 의미하는 것인지의 여부를, 가능한 한 신속하게 미합중국 정부에 통고하여야 한다는 양해하에 이 협정에 서명하였다.

국제민간항공기구는 가맹국인 국가가 미합중국 정부에 대해 수락통고에 의한 자국을 구속하는 의무로써 이 협정을 수락할 수 있다. 그 수락은 동 정부가 그 수령한 일자에 효력을 발생한다.

이 협정은 각 체약국이 이 협정을 수락하였을 때에 그러한 체약국간에 효력을 발생한다. 그 후는 이 협정은 미합중국 정부에 수락을 통고하는 기타의 각국에 관해서는, 동 정부가 그 통고를 수령한 날로부터 구속력을 갖는다. 미합중국 정부는 모든 서명국 및 수락국에 대해 이 협정의 모든 수락의 일자 및 수락국에 대한 효력발생의 일자를 통고하여야 한다.

제4장

국제항공운송에 있어서의 일부 규칙 통일에 관한 협약(몬트리올협약 1999)

몬트리올협약 1999

이 협약의 당사국은,

1929년 10월 12일 바르샤바에서 서명된 국제항공운송에 있어서의 일부 규칙 통일에 관한 협약(이하 '바르샤바협약'이라 한다) 및 기타 관련 문서들이 국제항공사법의 조화에 지대한 공헌을 하여왔음을 인식하며, 바르샤바협약 및 관련 문서를 현대화하고 통합하여야 할 필요성을 인식하며, 국제항공운송에 있어서 소비자 이익 보호의 중요성과 원상회복의 원칙에 근거한 공평한 보상의 필요성을 인식하며, 1944년 12월 7일 시카고에서 작성된 국제민간항공협약의 원칙과 목적에 따른 국제항공운송사업의 질서정연한 발전과 승객·수하물 및 화물의 원활한 이동이 바람직함을 재확인하며, 새로운 협약을 통하여 국제항공운송을 규율하는 일부 규칙의 조화 및 성문화를 진작하기 위한 국가의 공동행동이 공평한 이익균형의 달성에 가장 적합한 수단임을 확신하며, 다음과 같이 합의하였다.

제1장 총칙

제1조(적용 범위)

1. 이 협약은 항공기에 의하여 유상으로 수행되는 승객·수하물 또는 화물의 모든 국제운송에 적용된다. 이 협약은 항공운송기업이 항공기에 의하여 무상으로 수행되는 운송에도 동일하게 적용된다.

2. 이 협약의 목적상, 국제운송이라 함은 운송의 중단 또는 환적이 있는지 여부를 불문하고, 당사자간 합의에 따라 출발지와 도착지가 두 개의 당사국의 영역내에 있는 운송, 또는 출발지와 도착지가 단일의 당사국 영역내에 있는 운송으로서 합의된 예정 기항지가 타 국가의 영역내에 존재하는 운송을 말한다. 이때 예정 기항지가 존재한 타 국가가 이 협약의 당사국인지 여부는 불문한다. 단일의 당사국 영역내의 두 지점간 수행하는 운송으로서 타 국가의 영역내에 합의된 예정 기항지가 존재하지 아니하는 것은 이 협약의 목적상 국제운송이 아니다.

3. 2인 이상의 운송인이 연속적으로 수행하는 운송은 이 협약의 목적상, 당사자가 단일의 취급을 한 때에는, 단일의 계약형식 또는 일련의 계약형식으로 합의하였는지 여부를 불문하고 하나의 불가분의 운송이라고 간주

되며, 이러한 운송은 단지 단일의 계약 또는 일련의 계약이 전적으로 동일국의 영역내에서 이행된다는 이유로 국제적 성질이 상실되는 것은 아니다.

4. 이 협약은 또한, 제5장의 조건에 따라, 동장에 규정된 운송에도 적용된다.

제2조(국가가 수행하는 운송 및 우편물의 운송)

1. 이 협약은 제1조에 규정된 조건에 합치하는 한, 국가 또는 법적으로 설치된 공공기관이 수행하는 운송에도 적용된다.

2. 우편물의 운송의 경우, 운송인은 운송인과 우정당국간 관계에 적용되는 규칙에 따라 관련 우정당국에 대해서만 책임을 진다.

3. 본 조 제2항에서 규정하고 있는 경우를 제외한 이 협약의 규정은 우편물의 운송에 적용되지 아니한다.

제2장 승객·수하물 및 화물의 운송과 관련된 증권과 당사자 의무

제3조(승객 및 수하물)

1. 승객의 운송에 관하여 다음 사항을 포함한 개인용 또는 단체용 운송증권을 교부한다.
   가. 출발지 및 도착지의 표시
   나. 출발지 및 도착지가 단일의 당사국 영역내에 있고 하나 또는 그 이상의 예정 기항지가 타 국가의 영역내에 존재하는 경우에는 그러한 예정 기항지 중 최소한 한 곳의 표시

2. 제1항에 명시된 정보를 보존하는 다른 수단도 동항에 언급된 증권의 교부를 대체할 수 있다. 그러한 수단이 사용되는 경우, 운송인은 보존된 정보에 관한 서면 신고서의 교부를 승객에게 제안한다.

3. 운송인은 개개의 위탁수하물에 대한 수하물 식별표를 여객에게 교부한다.

4. 운송인은 이 협약이 적용가능한 경우 승객의 사망 또는 부상 및 수하물의 파괴·분실 또는 손상 및 지연에 대한 운송인의 책임을 이 협약이 규율하고 제한할 수 있음을 승객에게 서면으로 통고한다.

5. 전항의 규정에 따르지 아니한 경우에도 운송계약의 존재 및 유효성에는 영향을 미치지 아니하며, 책임의 한도에 관한 규정을 포함한 이 협약의 규정이 적용된다.

제4조(화물)

1. 화물 운송의 경우, 항공운송장이 교부된다.

2. 운송에 관한 기록을 보존하는 다른 수단도 항공운송장의 교부를 대체할 수 있다. 그러한 수단이 사용되는 경우, 운송인은 송하인의 요청에 따라 송하인에게 운송을 증명하고 그러한 수단에 의하여 보존되는 기록에 포함된 정보를 수록한 화물수령증을 교부한다.

제5조(항공운송장 또는 화물수령증의 기재사항)

항공운송장 또는 화물수령증에는 다음의 사항을 기재한다.

가. 출발지 및 도착지의 표시

나. 출발지 및 도착지가 단일의 당사국 영역내에 존재하고 하나 또는 그 이상의 예정 기항지가 타 국가의 영역내에 존재하는 경우에는 그러한 예정 기항지의 최소한 한 곳의 표시

다. 화물의 중량 표시

제6조(화물의 성질에 관련된 서류)

세관·경찰 및 유사한 공공기관의 절차를 이행하기 위하여 필요한 경우, 송하인은 화물의 성질을 명시한 서류를 교부할 것을 요구받을 수 있다. 이 규정은 운송인에게 어떠한 의무·구속 또는 그에 따른 책임을 부과하지 아니한다.

제7조(항공운송장의 서식)

1. 항공운송장은 송하인에 의하여 원본 3통이 작성된다.

2. 제1의 원본에는 '운송인용'이라고 기재하고 송하인이 서명한다. 제2의 원본에는 '수하인용'이라고 기재하고 송하인 및 운송인이 서명한다. 제3의 원본에는 운송인이 서명하고, 화물을 접수받은 후 송하인에게 인도한다.

3. 운송인 및 송하인의 서명은 인쇄 또는 날인하여도 무방하다.

4. 송하인의 청구에 따라 운송인이 항공운송장을 작성하였을 경우, 반증이 없는 한 운송인은 송하인을 대신하여 항공운송장을 작성한 것으로 간주된다.

제8조(복수화물을 위한 증권)

1개 이상의 화물이 있는 경우,

가. 화물의 운송인은 송하인에게 개별적인 항공운송장을 작성하여 줄 것을 청구할 권리를 갖는다.

나. 송하인은 제4조제2항에 언급된 다른 수단이 사용되는 경우에는 운송인에게 개별적인 화물수령증의 교부를 청구할 권리를 갖는다.

제9조(증권상 요건의 불이행)

제4조 내지 제8조의 규정에 따르지 아니하는 경우에도 운송계약의 존재 및 유효성에는 영향을 미치지 아니하며, 책임의 한도에 관한 규정을 포함한 이 협약의 규정이 적용된다.

제10조(증권의 기재사항에 대한 책임)

1. 송하인은 본인 또는 대리인이 화물에 관련하여 항공운송장에 기재한 사항, 본인 또는 대리인이 화물수령증에의 기재를 위하여 운송인에게 제공한 사항, 또는 제4조제2항에 언급된 다른 수단에 의하여 보존되는 기록에의 기재를 위하여 운송인에게 제공한 사항의 정확성에 대하여 책임진다. 이는 송하인을 대신하여 행동하는 자가 운송인의 대리인인 경우에도 적용된다.

2. 송하인은 본인 또는 대리인이 제공한 기재사항의 불비·부정확 또는 불완전으로 인하여 운송인이나 운송인이 책임을 부담하는 자가 당한 모든 손해에 대하여 운송인에게 보상한다.

3. 본 조 제1항 및 제2항의 규정을 조건으로, 운송인은 본인 또는 대리인이 화물수령증 또는 제4조제2항에

언급된 다른 수단에 의하여 보존되는 기록에 기재한 사항의 불비·부정확 또는 불완전으로 인하여 송하인이나 송하인이 책임을 부담하는 자가 당한 모든 손해에 대하여 송하인에게 보상한다.

제11조(증권의 증거력)

1. 항공운송장 또는 화물수령증은 반증이 없는 한, 그러한 증권에 언급된 계약의 체결, 화물의 인수 및 운송의 조건에 관한 증거가 된다.
2. 화물의 개수를 포함한, 화물의 중량·크기 및 포장에 관한 항공운송장 및 화물수령증의 기재사항은 반증이 없는 한, 기재된 사실에 대한 증거가 된다. 화물의 수량·부피 및 상태는 운송인이 송하인의 입회하에 점검하고, 그러한 사실을 항공운송장이나 화물수령증에 기재한 경우 또는 화물의 외양에 관한 기재의 경우를 제외하고는 운송인에게 불리한 증거를 구성하지 아니한다.

제12조(화물의 처분권)

1. 송하인은 운송계약에 따른 모든 채무를 이행할 책임을 조건으로, 출발공항 또는 도착공항에서 화물을 회수하거나, 운송도중 착륙할 때에 화물을 유치하거나, 최초 지정한 수하인 이외의 자에 대하여 도착지에서 또는 운송도중에 화물을 인도할 것을 요청하거나 또는 출발공항으로 화물을 반송할 것을 청구함으로써 화물을 처분할 권리를 보유한다. 송하인은 운송인 또는 다른 송하인을 해하는 방식으로 이러한 처분권을 행사해서는 아니되며, 이러한 처분권의 행사에 의하여 발생한 어떠한 비용도 변제하여야 한다.
2. 송하인의 지시를 이행하지 못할 경우, 운송인은 즉시 이를 송하인에게 통보하여야 한다.
3. 운송인은 송하인에게 교부한 항공운송장 또는 화물수령증의 제시를 요구하지 아니하고 화물의 처분에 관한 송하인의 지시에 따른 경우, 이로 인하여 항공운송장 또는 화물수령증의 정당한 소지인에게 발생된 어떠한 손해에 대하여도 책임을 진다. 단, 송하인에 대한 운송인의 구상권은 침해받지 아니한다.
4. 송하인에게 부여된 권리는 수하인의 권리가 제13조에 따라 발생할 때 소멸한다. 그럼에도 불구하고 수하인이 화물의 수취를 거절하거나 또는 수하인을 알 수 없는 때에는 송하인은 처분권을 회복한다.

제13조(화물의 인도)

1. 송하인이 제12조에 따른 권리를 행사하는 경우를 제외하고, 수하인은 화물이 도착지에 도착하였을 때 운송인에게 정당한 비용을 지급하고 운송의 조건을 충족하면 화물의 인도를 요구할 권리를 가진다.
2. 별도의 합의가 없는 한, 운송인은 화물이 도착한 때 수하인에게 통지를 할 의무가 있다.
3. 운송인이 화물의 분실을 인정하거나 또는 화물이 도착되었어야 할 날로부터 7일이 경과하여도 도착되지 아니하였을 때에는 수하인은 운송인에 대하여 계약으로부터 발생된 권리를 행사할 권리를 가진다.

제14조(송하인과 수하인의 권리행사)

송하인과 수하인은 운송계약에 의하여 부과된 채무를 이행할 것을 조건으로 하여 자신 또는 타인의 이익을 위하여 행사함을 불문하고 각각 자기의 명의로 제12조 및 제13조에 의하여 부여된 모든 권리를 행사할 수 있다.

제15조(송하인과 수하인의 관계 또는 제3자와의 상호관계)

1. 제12조·제13조 및 제14조는 송하인과 수하인의 상호관계 또는 송하인 및 수하인과 이들중 어느 한쪽으로부터 권리를 취득한 제3자와의 상호관계에는 영향을 미치지 아니한다.

2. 제12조·제13조 및 제14조의 규정은 항공운송장 또는 화물수령증에 명시적인 규정에 의해서만 변경될 수 있다.

제16조(세관·경찰 및 기타 공공기관의 절차)

1. 송하인은 화물이 수하인에게 인도될 수 있기 전에 세관·경찰 또는 기타 공공기관의 절차를 이행하기 위하여 필요한 정보 및 서류를 제공한다. 송하인은 그러한 정보 및 서류의 부재·불충분 또는 불비로부터 발생한 손해에 대하여 운송인에게 책임을 진다. 단, 그러한 손해가 운송인·그의 고용인 또는 대리인의 과실에 기인한 경우에는 그러하지 아니한다.

2. 운송인은 그러한 정보 또는 서류의 정확성 또는 충분성 여부를 조사할 의무가 없다.

제3장 운송인의 책임 및 손해배상의 범위

제17조(승객의 사망 및 부상 – 수하물에 대한 손해)

1. 운송인은 승객의 사망 또는 신체의 부상의 경우에 입은 손해에 대하여 사망 또는 부상을 야기한 사고가 항공기상에서 발생하였거나 또는 탑승과 하강의 과정에서 발생하였을 때에 한하여 책임을 진다.

2. 운송인은 위탁수하물의 파괴·분실 또는 손상으로 인한 손해에 대하여 파괴·분실 또는 손상을 야기한 사고가 항공기상에서 발생하였거나 또는 위탁수하물이 운송인의 관리하에 있는 기간중 발생한 경우에 한하여 책임을 진다. 그러나, 운송인은 손해가 수하물 고유의 결함·성질 또는 수하물의 불완전에 기인하는 경우 및 그러한 범위 내에서는 책임을 부담하지 아니한다. 개인소지품을 포함한 휴대수하물의 경우, 운송인·그의 고용인 또는 대리인의 과실에 기인하였을 때에만 책임을 진다.

3. 운송인이 위탁수하물의 분실을 인정하거나 또는 위탁수하물이 도착하였여야 하는 날로부터 21일이 경과하여도 도착하지 아니하였을 때 승객은 운송인에 대하여 운송계약으로부터 발생되는 권리를 행사할 권한을 가진다.

4. 별도의 구체적인 규정이 없는 한, 이 협약에서 '수하물'이라는 용어는 위탁수하물 및 휴대 수하물 모두를 의미한다.

제18조(화물에 대한 손해)

1. 운송인은 화물의 파괴·분실 또는 손상으로 인한 손해에 대하여 손해를 야기한 사고가 항공운송중에 발생하였을 경우에 한하여 책임을 진다.

2. 그러나, 운송인은 화물의 파괴·분실 또는 손상이 다음중 하나이상의 사유에 기인하여 발생하였다는 것이 입증되었을 때에는 책임을 지지 아니한다.

가. 화물의 고유한 결함·성질 또는 화물의 불완전

나. 운송인·그의 고용인 또는 대리인이외의 자가 수행한 화물의 결함이 있는 포장

다. 전쟁 또는 무력분쟁행위

라. 화물의 입출국 또는 통과와 관련하여 행한 공공기관의 행위

3. 본 조 제1항의 의미상 항공운송은 화물이 운송인의 관리하에 있는 기간도 포함된다.

4. 항공운송의 기간에는 공항외부에서 행한 육상·해상운송 또는 내륙수로운송은 포함되지 아니한다. 그러나, 그러한 운송이 항공운송계약을 이행함에 있어서, 화물의 적재·인도 또는 환적을 목적으로 하여 행하여졌을 때에는 반증이 없는 한 어떠한 손해도 항공운송중에 발생한 사고의 결과라고 추정된다. 운송인이 송하인의 동의없이 당사자간 합의에 따라 항공운송으로 행할 것이 예정되어 있었던 운송의 전부 또는 일부를 다른 운송수단의 형태에 의한 운송으로 대체하였을 때에는 다른 운송수단의 형태에 의한 운송은 항공운송의 기간내에 있는 것으로 간주된다.

제19조(지연)

운송인은 승객·수하물 또는 화물의 항공운송중 지연으로 인한 손해에 대한 책임을 진다. 그럼에도 불구하고, 운송인은 본인·그의 고용인 또는 대리인이 손해를 피하기 위하여 합리적으로 요구되는 모든 조치를 다하였거나 또는 그러한 조치를 취할 수 없었다는 것을 증명한 경우에는 책임을 지지 아니한다.

제20조(책임 면제)

운송인이 손해배상을 청구하는 자 또는 그로부터 권한을 위임받은 자의 과실·기타 불법적인 작위 또는 부작위가 손해를 야기하였거나 또는 손해에 기여하였다는 것을 증명하였을 때에는 그러한 과실·불법적인 작위 또는 부작위가 손해를 야기하였거나 손해에 기여한 정도에 따라 청구자에 대하여 책임의 전부 또는 일부를 면제받는다. 승객의 사망 또는 부상을 이유로 하여 손해배상이 승객이외의 자에 의하여 청구되었을 때, 운송인은 손해가 승객의 과실·불법적인 작위 또는 부작위에 기인하였거나 이에 기여하였음을 증명한 정도에 따라 책임의 전부 또는 일부를 면제받는다. 본 조는 제21조제1항을 포함한 이 협약의 모든 배상책임규정에 적용된다.

제21조(승객의 사망 또는 부상에 대한 배상)

1. 운송인은 승객당 113,100 SDR[1)]을 초과하지 아니한 제17조제1항상의 손해에 대한 책임을 배제하거나 제한하지 못한다.

2. 승객당 113,100 SDR을 초과하는 제17조제1항상의 손해에 대하여, 운송인이 다음을 증명하는 경우에는 책임을 지지 아니한다.

   가. 그러한 손해가 운송인·그의 고용인 또는 대리인의 과실·기타 불법적인 작위 또는 부작위에 기인하지 아니하였거나,

1) 동 협약 제정 당시 100,000 SDR이었으나 2009년 12월 30일 113,100 SDR로 인상.

나. 그러한 손해가 오직 제3자의 과실·기타 불법적인 작위 또는 부작위에 기인하였을 경우

제22조(지연·수하물 및 화물과 관련한 배상책임의 한도)

1. 승객의 운송에 있어서 제19조에 규정되어 있는 지연에 기인한 손해가 발생한 경우, 운송인의 책임은 승객 1인당 4,694 SDR[2)]로 제한된다.

2. 수하물의 운송에 있어서 수하물의 파괴·분실·손상 또는 지연이 발생한 경우 운송인의 책임은 승객 1인당 1,131 SDR[3)]로 제한된다. 단, 승객이 위탁수하물을 운송인에게 인도할 때에 도착지에서 인도시 이익에 관한 특별신고를 하였거나 필요에 따라 추가요금을 지급한 경우에는 그러하지 아니한다. 이러한 경우, 운송인은 신고가액이 도착지에 있어서 인도시 승객의 실질이익을 초과한다는 것을 증명하지 아니하는 한 신고가액을 한도로 하는 금액을 지급할 책임을 진다.

3. 화물의 운송에 있어서 화물의 파괴·분실·손상 또는 지연이 발생한 경우 운송인의 책임은 1킬로그램당 19 SDR[4)]로 제한된다. 단, 송하인이 화물을 운송인에게 인도할 때에 도착지에서 인도시 이익에 관한 특별신고를 하였거나 필요에 따라 추가 요금을 지급한 경우에는 그러하지 아니하다. 이러한 경우, 운송인은 신고가액이 도착지에 있어서 인도시 송하인의 실질이익을 초과한다는 것을 증명하지 아니하는 한 신고가액을 한도로 하는 금액을 지급할 책임을 진다.

4. 화물의 일부 또는 화물에 포함된 물건의 파괴·분실·손상 또는 지연의 경우, 운송인의 책임한도를 결정함에 있어서 고려하여야 할 중량은 관련 화물의 총 중량이다. 그럼에도 불구하고 화물의 일부 또는 화물에 포함된 물건의 파괴·분실·손상 또는 지연이 동일한 항공운송장 또는 화물수령증에 기재하거나 또는 이러한 증권이 발행되지 아니하였을 때에는 제4조제2항에 언급된 다른 수단에 의하여 보존되고 있는 동일한 기록에 기재되어 있는 기타 화물의 가액에 영향을 미칠 때에는 운송인의 책임한도를 결정함에 있어 그러한 화물의 총 중량도 고려되어야 한다.

5. 손해가 운송인·그의 고용인 또는 대리인이 손해를 야기할 의도를 가지거나 또는 무모하게 손해가 야기될 것을 인지하고 행한 작위 또는 부작위로부터 발생되었다는 것이 입증되었을 때에는 본 조 제1항 및 제2항에 전술한 규정은 적용되지 아니한다. 단, 고용인 또는 대리인이 작위 또는 부작위를 행한 경우에는 그가 자기의 고용업무의 범위내에서 행하였다는 것이 입증되어야 한다.

6. 제21조 및 본 조에 규정된 책임제한은 자국법에 따라 법원이 원고가 부담하는 소송비용 및 소송과 관련된 기타 비용에 이자를 포함한 금액의 전부 또는 일부를 재정하는 것을 방해하지 아니한다. 전기 규정은 소송비용 및 소송과 관련된 기타 비용을 제외한, 재정된 손해액이 손해를 야기한 사건의 발생일로부터 6월의 기간내에

2) 동 협약 제정 당시 4,150 SDR이었으나 2009년 12월 30일 4,694 SDR로 인상.

3) 동 협약 제정 당시 1,000 SDR이었으나 2009년 12월 30일 1,131 SDR로 인상.

4) 동 협약 제정 당시 17 SDR이었으나 2009년 12월 30일 19 SDR로 인상.

또는 소송의 개시가 상기 기간이후일 경우에는 소송 개시전에 운송인이 원고에게 서면으로 제시한 액수를 초과하지 아니한 때에는 적용되지 아니한다.

제23조(화폐단위의 환산)

1. 이 협약에서 특별인출권으로 환산되어 언급된 금액은 국제통화기금이 정의한 특별인출권을 의미하는 것으로 간주된다. 재판절차에 있어서 국내통화로의 환산은 판결일자에 특별인출권의 국내통화환산액에 따라 정한다. 국제통화기금의 회원국의 특별인출권의 국내통화환산금액은 국제통화기금의 운영과 거래를 위하여 적용하는 평가방식에 따라 산출하게 되며, 동 방식은 판결일자에 유효하여야 한다. 국제통화기금의 비회원국인 당사국의 특별인출권의 국내통화환산금액은 동 당사국이 결정한 방식에 따라 산출된다.

2. 그럼에도 불구하고, 국제통화기금의 비회원국이며 자국법에 따라 본 조 제1항의 적용이 허용되지 아니하는 국가는 비준·가입시 또는 그 이후에 언제라도 제21조에 규정되어 있는 운송인의 책임한도가 자국의 영역에서 소송이 진행중인 경우 승객 1인당 1,500,000 화폐단위, 제22조제1항과 관련해서는 승객 1인당 62,500 화폐단위, 제22조제2항과 관련해서는 승객 1인당 15,000 화폐단위 및 제22조제3항과 관련해서는 1킬로그램당 250 화폐단위로 고정된다고 선언할 수 있다. 이와 같은 화폐단위는 1000분의 900의 순도를 가진 금 65.5 밀리그램에 해당한다. 국내통화로 환산된 금액은 관계국 통화의 단수가 없는 금액으로 환산할 수 있다. 국내통화로 환산되는 금액은 관련국가의 법률에 따른다.

3. 본 조 제1항 후단에 언급된 계산 및 제2항에 언급된 환산방식은 본 조 제1항의 전 3단의 적용에 기인되는 제21조 및 제22조의 가액과 동일한 실질가치를 가능한 한 동 당사국의 국내통화로 표시하는 방법으로 할 수 있다. 당사국들은 본 조 제1항에 따른 산출방식 또는, 경우에 따라 본 조 제2항에 의한 환산의 결과를 이 협약의 비준서·수락서·승인서 또는 가입서 기탁시 또는 상기 산출방식이나 환산결과의 변경시 수탁자에 통보한다.

제24조(한도의 검토)

1. 이 협약 제25조의 규정을 침해하지 아니하고 하기 제2항을 조건으로 하여, 제21조 내지 제23조에 규정한 책임한도는 5년 주기로 수탁자에 의하여 검토되어야 하며, 최초의 검토는 이 협약의 발효일로부터 5년이 되는 해의 연말에 실시된다. 만일 이 협약이 서명을 위하여 개방된 날로부터 5년내에 발효가 되지 못하면 발효되는 해에 협약의 발효일 이후 또는 이전 수정이후 누적 물가상승률에 상응하는 물가상승요인을 참고하여 검토된다. 물가상승요인의 결정에 사용되는 물가상승률의 기준은 제23조제1항에 언급된 특별인출권을 구성하는 통화를 가진 국가의 소비자물가지수의 상승 또는 하강률의 가중평균치를 부여하여 산정한다.

2. 전항의 규정에 따라 검토를 행한 결과 인플레이션 계수가 10퍼센트를 초과하였다면 수탁자는 당사국에게 책임한도의 수정을 통고한다. 이러한 수정은 당사국에게 통고된 후 6월 경과시 효력을 발생한다. 만일 당사국에게 통고된 후 3월이내에 과반수의 당사국들이 수정에 대한 불승인을 표명한 때에는 수정은 효력을 발생하지 아니하며, 수탁자는 동 문제를 당사국의 회합에 회부한다. 수탁자는 모든 당사국에게 수정의 발효를 즉시 통보한다.

3. 본 조 제1항에도 불구하고, 본 조 제2항에 언급된 절차는 당사국의 3분의 1이상이 이전의 수정 또는 이전에 수정이 없었다면 이 협약의 발효일이래 본 조 제1항에 언급된 인플레이션계수가 30퍼센트를 초과할 것을 조건으로 하여 그러한 효과에 대한 의사를 표시한 경우에는 언제나 적용 가능하다. 본 조 제1항에 기술된 절차를 사용한 추가검토는 본 항에 따른 검토일로부터 5년이 되는 해의 연말에 개시하여 5년 주기로 한다.

제25조(한도의 규정)

운송인은 이 협약이 정한 책임한도보다 높은 한도를 정하거나 어떤 경우에도 책임의 한도를 두지 아니한다는 것을 운송계약에 규정할 수 있다.

제26조(계약조항의 무효)

운송인의 책임을 경감하거나 또는 이 협약에 규정된 책임한도보다 낮은 한도를 정하는 어떠한 조항도 무효다. 그러나, 그러한 조항의 무효는 계약 전체를 무효로 하는 것은 아니며 계약은 이 협약의 조항에 따른다.

제27조(계약의 자유)

이 협약의 어떠한 규정도 운송인이 운송계약의 체결을 거절하거나, 이 협약상의 항변권을 포기하거나 또는 이 협약의 규정과 저촉되지 아니하는 운송조건을 설정하는 것을 방해하지 못한다.

제28조(선배상지급)

승객의 사망 또는 부상을 야기하는 항공기사고시, 운송인은 자국법이 요구하는 경우 자연인 또는 배상을 받을 권한이 있는 자의 즉각적인 경제적 필요성을 충족시키기 위하여 지체없이 선배상금을 지급한다. 이러한 선배상지급은 운송인의 책임을 인정하는 것은 아니며, 추후 운송인이 지급한 배상금과 상쇄될 수 있다.

제29조(청구의 기초)

승객·수하물 및 화물의 운송에 있어서, 손해에 관한 어떠한 소송이든지 이 협약·계약·불법행위 또는 기타 어떠한 사항에 근거하는지 여부를 불문하고, 소를 제기할 권리를 가지는 자와 그들 각각의 권리에 관한 문제를 침해함이 없이, 이 협약에 규정되어 있는 조건 및 책임한도에 따르는 경우에만 제기될 수 있다. 어떠한 소송에 있어서도, 징벌적 배상 또는 비보상적 배상은 회복되지 아니한다.

제30조(고용인·대리인-청구의 총액)

1. 이 협약과 관련된 손해로 인하여 운송인의 고용인 또는 대리인을 상대로 소송이 제기된 경우, 그들이 고용범위내에서 행동하였음이 증명된다면 이 협약하에서 운송인 자신이 주장할 수 있는 책임의 조건 및 한도를 원용할 권리를 가진다.

2. 그러한 경우, 운송인·그의 고용인 및 대리인으로부터 회수가능한 금액의 총액은 전술한 한도를 초과하지 아니한다.

3. 화물운송의 경우를 제외하고는 본 조 제1항 및 제2항의 규정은 고용인 또는 대리인이 손해를 야기할 의도로 무모하게, 또는 손해가 발생할 것을 알고 행한 작위 또는 부작위에 기인한 손해임이 증명된 경우에는 적용되지 아니한다.

제31조(이의제기의 시한)

1. 위탁수하물 또는 화물을 인도받을 권리를 가지고 있는 자가 이의를 제기하지 아니하고 이를 수령하였다는 것은 반증이 없는 한 위탁수하물 또는 화물이 양호한 상태로 또한 운송서류 또는 제3조제2항 및 제4조제2항에 언급된 기타 수단으로 보존된 기록에 따라 인도되었다는 명백한 증거가 된다.

2. 손상의 경우, 인도받을 권리를 가지는 자는 손상을 발견한 즉시 또한 늦어도 위탁수하물의 경우에는 수령일로부터 7일 이내에 그리고 화물의 경우에는 수령일로부터 14일 이내에 운송인에게 이의를 제기하여야 한다. 지연의 경우, 이의는 인도받을 권리를 가지는 자가 수하물 또는 화물을 처분할 수 있는 날로부터 21일 이내에 제기되어야 한다.

3. 개개의 이의는 서면으로 작성되어야 하며, 전술한 기한내에 발송하여야 한다.

4. 전술한 기한내에 이의가 제기되지 아니한 때에는 운송인에 대하여 제소할 수 없다. 단, 운송인측의 사기인 경우에는 그러하지 아니한다.

제32조(책임있는 자의 사망)

책임있는 자가 사망하는 경우, 손해에 관한 소송은 이 협약의 규정에 따라 동인의 재산의 법정 대리인에 대하여 제기할 수 있다.

제33조(재판관할권)

1. 손해에 관한 소송은 원고의 선택에 따라 당사국중 하나의 영역내에서 운송인의 주소지, 운송인의 주된 영업소 소재지, 운송인이 계약을 체결한 영업소 소재지의 법원 또는 도착지의 법원중 어느 한 법원에 제기한다.

2. 승객의 사망 또는 부상으로 인한 손해의 경우, 소송은 본 조 제1항에 언급된 법원 또는 사고발생당시 승객의 주소지와 주된 거주지가 있고 운송인이 자신이 소유한 항공기 또는 상업적 계약에 따른 타 운송인의 항공기로 항공운송서비스를 제공하는 장소이며, 운송인 자신 또는 상업적 계약에 의하여 타 운송인이 소유하거나 임대한 건물로부터 항공운송사업을 영위하고 있는 장소에서 소송을 제기할 수 있다.

3. 제2항의 목적을 위하여,

   가. '상업적 계약'이라 함은 대리점 계약을 제외한, 항공승객운송을 위한 공동서비스의 제공과 관련된 운송인간의 계약을 말한다.

   나. '주소지 및 영구거주지'라 함은 사고발생당시 승객의 고정적이고 영구적인 하나의 주소를 말한다. 이 경우 승객의 국적은 결정요인이 되지 않는다.

4. 소송절차에 관한 문제는 소송이 계류중인 법원의 법률에 의한다.

제34조(중재)

1. 본 조의 규정에 따를 것을 조건으로, 화물운송계약의 당사자들은 이 협약에 따른 운송인의 책임에 관련된 어떠한 분쟁도 중재에 의하여 해결한다고 규정할 수 있다.

2. 중재절차는 청구인의 선택에 따라 제33조에 언급된 재판관할권중 하나에서 진행된다.

3. 중재인 또는 중재법원은 이 협약의 규정을 적용한다.

4. 본 조 제2항 및 제3항의 규정은 모든 중재조항 또는 협정의 일부라고 간주되며, 이러한 규정과 일치하지 아니하는 조항 또는 협정의 어떠한 조건도 무효이다.

제35조(제소기한)

1. 손해에 관한 권리가 도착지에 도착한 날·항공기가 도착하였어만 하는 날 또는 운송이 중지된 날로부터 기산하여 2년내에 제기되지 않을 때에는 소멸된다.

2. 그러한 기간의 산정방법은 소송이 계류된 법원의 법률에 의하여 결정된다.

제36조(순차운송)

1. 2인 이상의 운송인이 순차로 행한 운송으로서 이 협약 제1조제3항에 규정된 정의에 해당하는 운송의 경우, 승객·수하물 또는 화물을 인수하는 각 운송인은 이 협약에 규정된 규칙에 따라야 하며, 또한 운송계약이 각 운송인의 관리하에 수행된 운송부분을 다루고 있는 한 동 운송계약의 당사자중 1인으로 간주된다.

2. 이러한 성질을 가지는 운송의 경우, 승객 또는 승객에 관하여 손해배상을 받을 권한을 가지는 자는, 명시적 합의에 의하여 최초의 운송인이 모든 운송구간에 대한 책임을 지는 경우를 제외하고는, 사고 또는 지연이 발생된 동안에 운송을 수행한 운송인에 대하여 소송을 제기할 수 있다.

3. 수하물 또는 화물과 관련하여, 승객 또는 송하인은 최초 운송인에 대하여 소송을 제기할 수 있는 권리를 가지며, 인도받을 권리를 가지는 승객 또는 수하인은 최종 운송인에 대하여 소송을 제기할 권리를 가지며, 또한, 각자는 파괴·분실·손상 또는 지연이 발생한 기간중에 운송을 수행한 운송인에 대하여 소송을 제기할 수 있다. 이들 운송인은 여객·송하인 또는 수하인에 대하여 연대하거나 또는 단독으로 책임을 진다.

제37조(제3자에 대한 구상권)

이 협약의 어떠한 규정도 이 협약의 규정에 따라 손해에 대하여 책임을 지는 자가 갖고 있는 다른 사람에 대한 구상권을 행사할 권리가 있는지 여부에 관한 문제에 영향을 미치지 아니한다.

제4장 복합운송

제38조(복합운송)

1. 운송이 항공과 다른 운송형식에 의하여 부분적으로 행하여지는 복합운송의 경우에는 이 협약의 규정들은, 제18조제4항을 조건으로 하여, 항공운송에 대하여만 적용된다. 단, 그러한 항공운송이 제1조의 조건을 충족시킨 경우에 한한다.

2. 이 협약의 어떠한 규정도 복합운송의 경우 당사자가 다른 운송형식에 관한 조건을 항공운송의 증권에 기재하는 것을 방해하지 아니한다. 단, 항공운송에 관하여 이 협약의 규정이 준수되어야 한다.

제5장 계약운송인 이외의 자에 의한 항공운송

제39조(계약운송인－실제운송인)

본 장의 규정은 어떤 사람(이하 '계약운송인'이라 한다.)이 승객 또는 송하인·승객 또는 송하인을 대신하여 행동하는 자와 이 협약에 의하여 규율되는 운송계약을 체결하고, 다른 사람(이하 '실제운송인'이라 한다.)이 계약운송인으로부터 권한을 받아 운송의 전부 또는 일부를 행하지만 이 협약의 의미내에서 그러한 운송의 일부에 관하여 순차운송인에는 해당되지 않는 경우에 적용된다. 이와 같은 권한은 반증이 없는 한 추정된다.

제40조(계약운송인과 실제운송인의 개별적 책임)

실제운송인이 제39조에 언급된 계약에 따라 이 협약이 규율하는 운송의 전부 또는 일부를 수행한다면, 본 장에 달리 정하는 경우를 제외하고, 계약운송인 및 실제운송인 모두는 이 협약의 규칙에 따른다. 즉, 계약운송인이 계약에 예정된 운송의 전부에 관하여 그리고 실제운송인은 자기가 수행한 운송에 한하여 이 협약의 규칙에 따른다.

제41조(상호 책임)

1. 실제운송인이 수행한 운송과 관련하여, 실제운송인·자신의 고용업무의 범위내에서 행동한 고용인 및 대리인의 작위 또는 부작위도 또한 계약운송인의 작위 또는 부작위로 간주된다.

2. 실제운송인이 수행한 운송과 관련하여, 계약운송인, 자신의 고용업무의 범위내에서 행동한 고용인 및 대리인의 작위 또는 부작위도 또한 실제운송인의 작위 및 부작위로 간주된다. 그럼에도 불구하고, 그러한 작위 및 부작위로 인하여 실제운송인은 이 협약 제21조 내지 제24조에 언급된 금액을 초과하는 책임을 부담하지 아니한다. 이 협약이 부과하지 아니한 의무를 계약운송인에게 부과하는 특별 합의·이 협약이 부여한 권리의 포기 또는 이 협약 제22조에서 예정된 도착지에서의 인도 이익에 관한 특별신고는 실제운송인이 합의하지 아니하는 한 그에게 영향을 미치지 아니한다.

제42조(이의제기 및 지시의 상대방)

이 협약에 근거하여 운송인에게 행한 이의나 지시는 계약운송인 또는 실제운송인 어느 쪽에 행하여도 동일한 효력이 있다. 그럼에도 불구하고, 이 협약 제12조에 언급된 지시는 계약운송인에게 행한 경우에 한하여 효력이 있다.

제43조(고용인 및 대리인)

실제운송인이 수행한 운송과 관련하여, 실제운송인 또는 계약운송인의 고용인 또는 대리인은 자기의 고용업무의 범위내의 행위를 증명할 경우 이 협약하에서 자신이 귀속되는 운송인에게 적용할 이 협약상 책임의 조건 및 한도를 원용할 권리를 가진다. 단, 그들이 책임한도가 이 협약에 따라 원용되는 것을 방지하는 방식으로 행동하는 것이 증명된 경우에는 그러하지 아니한다.

제44조(손해배상총액)

실제운송인이 수행한 운송과 관련하여, 실제운송인과 계약운송인, 또는 자기의 고용업무의 범위내에서 행동한 고용인 및 대리인으로부터 회수가능한 배상총액은 이 협약에 따라 계약운송인 또는 실제운송인의 어느 한 쪽에 대하여 재정할 수 있는 최고액을 초과하여서는 아니된다. 그러나, 상기 언급된 자중 누구도 그에게 적용가능한 한도를 초과하는 금액에 대하여 책임을 지지 아니한다.

제45조(피청구자)

실제운송인이 수행한 운송과 관련하여, 손해에 관한 소송은 원고의 선택에 따라 실제운송인 또는 계약운송인에 대하여 공동 또는 개별적으로 제기될 수 있다. 소송이 이들 운송인중 하나에 한하여 제기된 때에는 동 운송인은 다른 운송인에게 소송절차에 참가할 것을 요구할 권리를 가지며, 그 절차와 효과는 소송이 계류되어 있는 법원의 법률에 따르게 된다.

제46조(추가재판관할권)

제45조에 예정된 손해에 대한 소송은 원고의 선택에 따라 이 협약 제33조에 규정된 바에 따라 당사국중 하나의 영역내에서 계약운송인에 대한 소송이 제기될 수 있는 법원 또는 실제운송인의 주소지나 주된 영업소 소재지에 대하여 관할권을 가지는 법원에 제기되어야 한다.

제47조(계약조항의 무효)

본 장에 따른 계약운송인 또는 실제운송인의 책임을 경감하거나 또는 본 장에 따라 적용가능한 한도보다 낮은 한도를 정하는 것은 무효로 한다. 그러나, 그러한 조항의 무효는 계약 전체를 무효로 하는 것은 아니며 계약은 이 협약의 조항에 따른다.

제48조(계약운송인 및 실제운송인의 상호관계)

제45조에 규정된 경우를 제외하고는 본 장의 여하한 규정도 여하한 구상권 또는 손실보상청구권을 포함하는, 계약운송인 또는 실제운송인간 운송인의 권리 및 의무에 영향을 미치지 아니한다.

제6장 기타 규정

제49조(강제적용)

적용될 법을 결정하거나 관할권에 관한 규칙을 변경함으로써 이 협약에 규정된 규칙을 침해할 의도를 가진 당사자에 의하여 손해가 발생되기 전에 발효한 운송계약과 모든 특별합의에 포함된 조항은 무효로 한다.

제50조(보험)

당사국은 이 협약에 따른 손해배상책임을 담보하는 적절한 보험을 유지하도록 운송인에게 요구한다. 운송인은 취항지국으로부터 이 협약에 따른 손해배상책임을 담보하는 보험을 유지하고 있음을 증명하는 자료를 요구받을 수 있다.

제51조(비정상적인 상황하에서의 운송)

운송증권과 관련된 제3조 내지 제5조·제7조 및 제8조의 규정은 운송인의 정상적인 사업범위를 벗어난 비정상적인 상황에는 적용되지 아니한다.

제52조(일의 정의)

이 협약에서 사용되는 '일(日)'이라 함은 영업일(營業日)이 아닌 역일(曆日)을 말한다.

제7장 최종 조항

제53조(서명·비준 및 발효)

1. 이 협약은 1999년 5월 10일부터 28일간 몬트리올에서 개최된 항공법에 관한 국제회의에 참가한 국가의 서명을 위하여 1999년 5월 28일 개방된다. 1999년 5월 28일 이후에는 본 조 제6항에 따라 이 협약이 발효하기 전까지 국제민간항공기구 본부에서 서명을 위하여 모든 국가에 개방된다.

2. 이 협약은 지역경제통합기구의 서명을 위하여 동일하게 개방된다. 이 협약의 목적상, '지역경제통합기구'라 함은 이 협약이 규율하는 특정 문제에 관하여 권한을 가진, 일정지역의 주권국가로 구성된 기구이며, 이 협약의 서명·비준·수락·승인 및 가입을 위한 정당한 권한을 가진 기구를 말한다. 이 협약상의 '당사국'이란 용어는 제1조제2항·제3조제1항나목·제5조나항·제23조·제33조·제46조 및 제57조나항을 제외하고, 지역경제통합기구에도 동일하게 적용된다. 제24조의 목적상, '당사국의 과반수' 및 '당사국의 3분의 1'이란 용어는 지역경제통합기구에는 적용되지 아니한다.

3. 이 협약은 서명한 당사국 및 지역경제통합기구의 비준을 받는다.

4. 이 협약에 서명하지 아니한 국가 및 지역경제통합기구는 언제라도 이를 수락·승인하거나 또는 이에 가입할 수 있다.

5. 비준서·수락서·승인서 또는 가입서는 국제민간항공기구 사무총장에게 기탁된다. 국제민간항공기구 사무총장은 이 협약의 수탁자가 된다.

6. 이 협약은 30번째 비준서, 수락서, 승인서 및 가입서가 기탁된 날로부터 60일이 되는 날 기탁한 국가간에 발효한다. 지역경제통합기구가 기탁한 문서는 본 항의 목적상 산입되지 아니한다.

7. 다른 국가 및 지역경제통합기관에 대하여 이 협약은 비준서·수락서·승인서 및 가입서가 기탁된 날로부터 60일이 경과하면 효력을 발생한다.

8. 수탁자는 아래의 내용을 모든 당사국에 지체없이 통고한다.

가. 이 협약의 서명자 및 서명일

나. 비준서·수락서·승인서 및 가입서의 제출 및 제출일

다. 이 협약의 발효일

라. 이 협약이 정한 배상책임한도의 수정의 효력발생일

제54조(폐기)

1. 모든 당사국은 수탁자에 대한 서면통고로써 이 협약을 폐기할 수 있다.
2. 폐기에 관한 통고는 수탁자에게 접수된 날로부터 180일 경과후 효력을 갖는다.

제55조(기타 바르샤바협약 문서와의 관계)

1. 이 협약은 아래 협약들의 당사국인 이 협약의 당사국간에 국제항공운송에 적용되는 모든 규칙에 우선하여 적용된다.
   가. 1929년 10월 12일 바르샤바에서 서명된 '국제항공운송에 있어서의 일부 규칙의 통일에 관한 협약'(이하 바르샤바협약이라 부른다.)
   나. 1955년 9월 28일 헤이그에서 작성된 '1929년 10월 12일 바르샤바에서 서명된 국제항공운송에 있어서의 일부 규칙의 통일에 관한 협약의 개정의정서'(이하 헤이그의정서라 부른다.)
   다. 1961년 9월 18일 과달라하라에서 서명된 '계약운송인을 제외한 자에 의하여 수행된 국제항공운송에 있어서의 일부 규칙의 통일을 위한 협약'(이하 과달라하라협약이라 부른다.)
   라. 1971년 3월 8일 과테말라시티에서 서명된 '1955년 9월 28일 헤이그에서 작성된 의정서에 의하여 개정된, 1929년 10월 12일 바르샤바에서 서명된 국제항공운송에 있어서의 일부 규칙의 통일에 관한 협약의 개정의정서'(이하 과테말라시티의정서라 부른다.)
   마. 1975년 9월 25일 몬트리올에서 서명된 '헤이그의정서와 과테말라시티의정서 또는 헤이그의정서에 의하여 개정된 바르샤바협약을 개정하는 몬트리올 제1, 2, 3, 4 추가의정서'(이하 몬트리올의정서라 부른다.)
2. 이 협약은 상기 가목 내지 마목의 협약중 하나 이상의 당사국인 이 협약의 단일당사국 영역내에서 적용된다.

제56조(하나 이상의 법체계를 가진 국가)

1. 이 협약에서 다루는 사안과 관련하여 서로 상이한 법체계가 적용되는 둘 이상의 영역단위를 가지는 국가는 이 협약의 서명·비준·수락·승인 및 가입시 이 협약이 모든 영역에 적용되는지 또는 그중 하나 또는 그 이상의 지역에 미치는가를 선언한다. 이는 언제든지 다른 선언을 제출함으로써 변경할 수 있다.
2. 그러한 선언은 수탁자에게 통고되어야 하며, 이 협약이 적용되는 영역단위에 대하여 명시적으로 진술하여야 한다.
3. 그러한 선언을 행한 당사국과 관련하여,
   가. 제23조상 '국내통화'라는 용어는 당사국의 관련 영역단위의 통화를 의미하는 것으로 해석된다.
   나. 제28조상 '국내법'이라는 용어는 당사국의 관련 영역단위의 법을 의미하는 것으로 해석된다.

제57조(유보)

이 협약은 유보될 수 없다. 그러나 당사국이 아래의 내용에 대하여 이 협약이 적용되지 않음을 수탁자에 대한 통고로서 선언한 경우에는 그러하지 아니하다.

가. 주권국가로서의 기능과 의무에 관하여 비상업적 목적을 위하여 당사국이 직접 수행하거나 운영하는 국제운송

나. 당사국에 등록된 항공기 또는 당사국이 임대한 항공기로서 군당국을 위한 승객·화물 및 수하물의 운송. 그러한 권한전체는 상기 당국에 의하여 또는 상기 당국을 대신하여 보유된다.

이상의 증거로서 아래 전권대표는 정당하게 권한을 위임받아 이 협약에 서명하였다.

이 협약은 1999년 5월 28일 몬트리올에서 영어·아랍어·중국어·프랑스어·러시아어 및 서반아어로 작성되었으며, 동등하게 정본이다. 이 협약은 국제민간항공기구 문서보관소에 기탁되며, 수탁자는 인증등본은 바르샤바협약·헤이그의정서·과달라하라협약·과테말라시티의정서 및 몬트리올 추가의정서의 당사국과 이 협약의 모든 당사국에 송부한다.

제4부 | 연습문제와 해설

연습문제와 해설

연습문제는 국제항공법과 국내항공법으로 구분하였으며, 문제마다 참고란을 두어 문제와 관련된 법 조항을 찾아봄으로써 효과적인 학습을 할 수 있도록 정리하였다. 그러나 국내항공법의 경우 개정·수정이 비교적 잦음으로 최신 법규내용을 재확인할 필요가 있으며, 특히, 항공안전 강화 정책에 따라 벌칙의 경우 수시 개정 가능성이 크므로 그 때마다 최신내용을 확인하는 것이 바람직하며, 이 곳의 연습문제는 공부를 돕기 위한 참고사항임을 명심하기 바란다. 그러나 추후 항공법 개정으로 인한 연습문제의 개정보완은 추록을 함으로써 계속 정리를 하고자 한다.

국제 항공법

※ 다음 문제를 읽고 옳은 답을 선택하라.

001. **세계 각국이 자국의 영역상공에 있어 완전하고 배타적인 주권을 행사할 수 있는 법적근거는?**

① 국제항공운송협정 ② 시카고 국제민간항공조약
③ 국제항공업무통과협정 ④ 바르샤바 조약

참고 시카고 국제민간항공조약 제1조

002. **정기국제항공에 있어 체약국의 영역상공을 무착륙으로 횡단하는 특권이란 다음 중 어느 것인가?**

① 제1의 자유 ② 제2의 자유
③ 제3의 자유 ④ 제4의 자유

참고 국제항공업무통과 협정 제1조 제2항

003. **정기국제항공에 있어 체약국의 영역에 운수 이외의 목적으로 착륙하는 특권은 다음 중 어느 것인가?**

① 제4의 자유 ② 제3의 자유
③ 제2의 자유 ④ 제1의 자유

참고 국제항공업무통과협정 제1조 제2항

004. 미국의 Delta 항공기가 우리나라 김포국제공항에서 홍콩으로 향하는 여객·화물을 싣는 특권은?

① 제6의 자유
② 제5의 자유
③ 제4의 자유
④ 제3의 자유

참고 국제항공업무통과협정 제1조 제2항

005. JAL기 및 Delta기가 정기항공업무를 수행하기 위해 우리나라에서 여객·화물을 싣거나 부리는 법적근거는?

① 시카고조약
② 2개국간의 항공협정
③ 국제항공업무통과 협정
④ 국제항공운송협정

참고 시카고조약 제6조

006. 다음 중에서 부정기 국제항공의 권리와 관계가 없는 것은?

① 사전허가를 얻지 않고 당해 체약국의 영역 내의 비행을 하는 권리
② 당해 체약국의 영공을 무착륙으로 횡단비행을 할 수 있는 권리
③ 당해 체약국의 영역 내의 2지점간에 있어 여객·화물을 운송하는 권리
④ 당해 체약국의 영역 내에서 운수 이외의 목적으로 착륙하는 권리

참고 시카고조약 제5조

007. Air Cabotage의 금지란?

① 다른 체약국의 영역에서 자국을 향해 여객·화물을 싣는 것을 금지하는 것
② 외국항공기가 자국 내의 지점간에 있어 여객·화물을 싣거나 부리는 것을 금지하는 것
③ 제3국의 영역으로 향하는 여객·화물을 다른 체약국의 영역 내에서 싣는 것을 금지하는 것
④ 제3국의 영역으로부터 여객·화물을 다른 체약국의 영역 내에서 부리는 것을 금지하는 것

008. 다음 중 항공협정을 근거로 하여 운영되는 정기국제항공업무가 보유하는 특권과 관계가 없는 것은?

① 상대 체약국의 영역을 무착륙으로 횡단비행하는 특권
② 운수이외의 목적으로 상대 체약국의 영역에 착륙하는 특권
③ 여객·화물을 싣거나 부리기 위해 상대 체약국의 영역 내에 착륙하는 특권
④ 상대 체약국의 영역 내에서 2 지점간의 구역을 여객 및 화물의 운송을 행하는 특권

참고 항공운수협정

009. 다음 중에서 국제항공에 종사하는 항공기가 관세의 면세의 적용을 받지 않는 것은?

① 항공기에 적재되어 있는 연료·윤활유
② 항공기에 적재되어 있는 예비부품·장비품
③ 당해 항공기로부터 지상에 내려놓은 항공기 저장품
④ 관계국의 세관 감시하에 보관한 항공기의 예비품 및 장비품

참고 시카고조약 제24조 제2항

010. 다음 중에서 비행금지구역을 설정할 경우 부적당한 것은?

① 국가항공기는 적용되지 않는다.
② 비행금지구역을 ICAO에 통보하여야 한다.
③ 외국항공기에 한하여 적용된다.
④ 모든 항공기에 차별함이 없이 적용된다.

참고 시카고조약 제9조 제a항

011. **다른 체약국의 영역상공에서 항공기승무원이 무선장비를 사용할 경우, 그 필요한 요건은?**

① 당해 항공기의 등록국이 발급한 무선종사자 면장을 소지할 것

② ICAO가 발급한 특별면장을 소지할 것

③ 당해 항공기의 기장만이 사용할 것

④ 당해 항공기의 기장이 지정하는 승무원이 사용할 것

참고 시카고조약 제30조 제b항

012. **각 체약국은 항공기 등록국이 발급한 증명서 및 면장을 유효하다고 인정하는데 필요한 요건은?**

① 항공기 등록국의 법령에 의해 발급된 것일 것

② 항공협정에 의해 그 유효성을 인정받을 것

③ 시카고조약이 설정하는 최저의 표준과 동등한 것일 것

④ 체약국간의 협정에 의해 발급된 것일 것

참고 시카고조약 제33조

013. **다음 중 각 체약국은 국제항공에 종사하는 항공기의 적하물의 제한에 있어 부적당하다고 생각되는 것은?**

① 군수품, 군용기재 등의 물품은 운송을 금지한다.

② 군수품을 운송할 경우, 당해 체약국의 허가를 받아야 한다.

③ 군수품 운송에 있어 항공기승무원의 안전을 위해 필요한 장치의 휴대를 허용한다.

④ 자국의 항공기와 다른 체약국의 항공기간에 있어 그 안전을 위해 차별조치를 하여야 한다.

참고 시카고조약 제35조

014. **다음 중에서 국제항공기구가 국제표준, 권고방식 및 수속을 수시 채택하고 개정을 하는 대상이 아닌 것은?**

① 항공시설 및 항공보안시설

② 항공행정 및 항공협정양식

③ 항공규칙 및 항공교통관제방식

④ 항공지도 및 항공도

참고 시카고조약 제37조

015. **각 체약국은 자국의 규칙 및 방식이 국제표준 및 수속상의 차이가 있을 경우, 당해 체약국이 취할 조치는?**

① 차이점을 즉시 국제민간항공기구에 통고하여야 한다.

② 차이점을 60일 이내에 개정하여야 한다.

③ 차이점을 모든 나라에 통고하여야 한다.

④ 차이점을 개정하고 30일 이내에 ICAO에 통고하여야 한다.

참고 시카고조약 제38조

016. **다음 중 국제민간항공기구의 목적과 관계가 없는 것은?**

① 각 체약국의 영공에 있어 국가주권의 행사에 어떠한 제약도 받지 않음을 보장한다.

② 세계를 통해 국제민간항공의 안전과 정연한 발전을 확보한다.

③ 평화적 목적을 위해 항공기의 설계 및 운항의 기술을 장려한다.

④ 불합리한 경쟁에 의해 발생하는 경제적 낭비를 방지한다.

참고 시카고조약 제44조

017. **다음 중 국제민간항공기구의 구성원이 될 수 있는 조건과 관계가 없는 것은?**

① 시카고조약 서명국으로서 비준서를 미국정부에 기탁한다.

② 중립국은 미국정부에 가입할 것을 통고만 하면 된다.

③ 제2차 세계대전의 패전국일 경우에는 동대전 중 그 국가로부터 침략 또는 공격을 당한 국가의 동의를 필요로 한다.

④ ICAO 이사회에서 정하는 조건에 따라야 한다.

참고 시카고조약 제92조 및 제93조

018. **국제민간항공기구의 소재지는?**

① 캐나다의 몬트리올 ② 미국의 뉴욕

③ 프랑스의 파리 ④ 영국의 런던

참고 시카고조약 제45조

019. **다음 중 국제민간항공기구가 갖는 법인격과 관계가 없는 것은?**

① 체약국의 헌법과 국내법에 저촉을 받지 않는다.

② 국가와 외교기관에 준하는 특권 및 과세로부터 면제를 받는다.

③ 동산 및 부동산을 취득 또는 처분을 하는 능력을 갖는다.

④ 각 체약국의 국제항공업무에 대해 법률상의 감독권을 갖는다.

참고 시카고조약 제47조

020. **국제민간항공기구의 이사회가 정기총회를 소집하는 시기는?**

① 1년에 1회 소집한다. ② 2년에 1회 소집한다.

③ 3년에 1회 소집한다. ④ 4년에 1회 소집한다.

참고 시카고조약 제48조

021. **국제민간항공기구의 임시총회를 소집하기 위해서는?**

① 10개 이상의 체약국이 사무국장 앞으로 요청이 있을 때

② 15개 이상의 체약국이 사무국장 앞으로 요청이 있을 때

③ 체약국 총수의 5분의 1 이상이 사무국장 앞으로 요청이 있을 때

④ 체약국의 과반수에 의해 결정된 때

참고 시카고조약 제48조

022. **국제민간항공기구의 이사회는 몇 개의 체약국으로 구성되는가?**

① 30개의 체약국 ② 36개의 체약국

③ 35개의 체약국 ④ 27개의 체약국

참고 시카고조약 제50조 제a항

023. **국제민간항공기구의 총회는 이사회의 선정에 있어 어떤 배분조건에 의해 행하는데, 다음 중에서 그 조건이 아닌 것은?**

① 국제민간항공을 위한 시설의 설치에 있어 최대의 공헌을 한 나라

② 항공운송력을 가장 많이 보유하고 있는 나라

③ 항공운송에 있어 가장 중요한 나라

④ 이사회의 구성을 지역적으로 구성하기 위해 특정지역을 대표하는 나라

참고 시카고조약 제50조 제b항

024. **시카고조약의 개정을 하는 절차에 있어 다음 중 옳은 것은?**

① 조약의 개정안은 ICAO 총회의 과반수의 찬성을 얻어야 한다.

② 조약의 개정안은 ICAO 총회 3분의 2의 투표에 의해 승인되어야 한다.

③ ICAO 법률위원회가 조약의 개정안을 심의하여 ICAO 이사회의 3분의 2의 투표에 의해 결정한다.

④ ICAO 이사회의 과반수의 찬성을 얻어야 한다.

참고 시카고조약 제94조

025. **국제민간항공조약 개정의 의정서는 체약국의 비준서를 ICAO에 기탁할 때 발효한다. 다음 중에서 옳은 것은?**

① 회원국 중 3분의 2의 비준서를 기탁한다.

② 회원국 중 3분의 1의 비준서를 기탁한다.

③ 회원국 중 4분의 1의 비준서를 기탁한다.

④ 회원국 중 2분의 1의 비준서를 기탁한다.

026. **ICAO 이사회가 설치하는 항공위원회의 구성 인원은?**

① 20인의 위원으로 구성된다.

② 25인의 위원으로 구성된다.

③ 19인의 위원으로 구성된다.

④ 17인의 위원으로 구성된다.

참고 시카고조약 제56조

027. **각 체약국은 자국의 영공을 통과하는 체약국의 항공기업이 조약의 규정에 위반하였음을 이사회가 결정하였을 경우, 그 제재방법은?**

① 그 항공기업의 소속국에 대해 경고한다.

② 그 항공기업의 운영을 허가하지 않을 것을 약속한다.

③ 그 항공기업의 체약국은 총회에 있어 투표권을 정지당한다.

④ 그 항공기업은 3년간 운영을 정지할 것을 약속한다.

참고 시카고조약 제87조

028. **다음 중 시카고조약의 부속서를 채택함에 있어 필요한 요건은?**

① 체약국의 과반수의 투표를 필요로 한다.

② 이사회의 3분의 2의 투표를 필요로 한다.

③ 이사회의 과반수의 투표를 필요로 한다.

④ 체약국의 3분의 2의 투표를 필요로 한다.

참고 시카고조약 제90조

029. **세계 각국의 공역에 있어 완전하고 배타적인 주권을 인정한 것은 다음 중 어느 것인가?**

① 국제항공업무통과협정

② 국제민간항공조약

③ 국제항공운송협정

④ 국제민간항공에 관한 잠정적 협정

참고 국제민간항공조약 제1조

030. 국제항공운송업무에 종사하는 항공기가 다른 체약국의 영역에서 사고로 인해 사망자 및 중상자가 발생하였을 경우, 그 사고조사의 책임은?

① 항공기 등록국에 속한다.

② 국제민간항공기구(ICAO)에 속한다.

③ 사고발생한 지역을 관할하는 국가에 속한다.

④ 당해 항공기의 출발지국에 속한다.

참고 국제민간항공조약 제26조

031. 다음 중 어떠한 경우라도 공중수송이 금지된 위험물이 아닌 것은?

① 전염성이 살아 있는 물질 및 동물

② 암모니아산을 포함하는 폭발물

③ 염소산을 포함하는 폭발물

④ 기계적인 충격에 매우 민감한 고체폭발물

참고 Annex 18 4-4-3

032. 항공사고 발생지국은 사고발생 통보를 신속하게 하여야 한다. 다음 중 통보내용과 관계가 없는 것은?

① 사고의 종별 및 당해 항공기의 기장명

② 사고일시 및 출발지·목적지

③ 위치(경도 및 위도) 또는 식별용이한 지점

④ 승무원·승객 사상자 수 및 명단

참고 Annex 18 4-4-2

033. 이륙하는 항공기는 악의 항공기와 충돌의 위험에 대비하여 안전간격을 유지하여야 한다. 다음 중 부적당한 것은?

① single engine의 항공기: 3,000ft의 간격

② 2 개 이상의 엔진을 장착한 항공기: 4,000ft의 간격

③ 최대이륙중량 5,700kg 이상의 항공기: 4,500ft의 간격

④ 최대이륙중량 15,000kg 이상의 항공기: 6,000ft의 간격

정답

1. ② 2. ① 3. ③ 4. ② 5. ② 6. ③ 7. ② 8. ④ 9. ③ 10. ③ 11. ① 12. ③ 13. ④ 14. ② 15. ① 6. ① 17. ④ 18. ① 19. ④ 20. ③ 21. ③ 22. ② 23. ② 24. ② 25. ① 26. ③ 27. ② 28. ② 29. ② 30. ③ 31. ① 32. ④ 33. ②

[제1장 총칙]

※ 다음 문제를 읽고 옳은 답을 선택하라.

034. **다음 중 항공법의 목적과 관계가 없는 것은?**

① 항공기의 안전운항을 확보한다.

② 항공사업의 질서와 정연한 발전을 위해 감독을 한다.

③ 자국의 항공의 권익을 보장한다.

④ 국제적 통일화를 기한다.

035. **다음 중 항공법이 규정하는 항공기의 정의는 어느 것인가?**

① 사람이 탑승조종하여 항공기의 용에 공할 수 있는 기기

② 공기의 반동에 의해 대기 중에 뜰 수 있는 기기

③ 국토교통부령으로 정하는 항공의 용에 공할 수 있는 기기

④ 민간항공에 사용하는 비행기·비행선·활공기·회전익 항공기

참고 항공안전법 제2조 제1항

036. **다음 중에서 항공법이 규정하는 항공종사자는?**

① 항행안전시설의 보수업무에 종사하는 자

② 법 제25조 제1항의 규정에 의한 기능증명을 받은 자

③ 항공기의 정비업무에 종사하는 자

④ 항공기의 안전운항을 위해 지상조업을 하는 자

037. **다음 중에서 비행장이라 함은?**

① 항공기의 운동구역을 말한다.

② 항공기의 이 ·착륙을 위해 사용하는 육지를 말한다.

③ 항공기가 이·착륙하는 활주로를 말한다.

④ 항공기의 착륙대를 말한다.

참고 공항시설법 제2조 제2항

038. **공항이라 함은?**

① 공공용 비행장을 말한다.

② 국토교통부장관이 지정을 한 비행장을 말한다.

③ 공항시설을 갖춘 공공용 비행장으로서 국토교통부장관이 명칭, 위치, 구역을 지정고시한 것을 말한다.

④ 그 명칭, 위치 및 구역을 지정하여 고시한 비행장을 말한다.

참고 공항시설법 제2조 제3항

039. **육상비행장 C 등급에 있어 수평표면의 반지름의 길이는?**

① 3,000m ② 3,500m
③ 4,000m ④ 4,500m

참고 공항시설법 시행규칙 제8조

040. **전이표면의 경사도는?**

① 4분의 1 ② 5분의 1
③ 6분의 1 ④ 7분의 1

참고 공항시설법 제4조 제1항

041. **다음 중에서 항행안전시설이 아닌 것은?**

① 항공기의 이·착륙을 원조하는 교통관제시설
② 불빛에 의해 항공기의 항행을 원조하는 시설
③ 형상에 의해 항공기의 항행을 원조하는 시설
④ 색채에 의해 항공기의 항행을 원조하는 시설

참고 공항시설법 제2조 제15항

042. **다음 중에서 항행안전무선시설이 아닌 것은?**

① 무지향성무선표지시설(NDB)
② 방향탐지시설(ADF)
③ 초단파 전방향 무선표지시설(VOR)
④ 계기착륙시설(ILS)

참고 공항시설법 시행규칙 제7조

043. **다음 중 항공등대의 종류인 것은?**

① 항공로 등대 ② 신호항공 등대
③ 위험항공 등대 ④ 비행장 등대

참고 공항시설법 시행규칙 제6조

044. **다음 중 항공교통관제와 관계가 없는 것은?**

① 항공기 상호간의 충돌방지
② 항공기와 장애물과의 충돌방지
③ 항공교통의 질서 있는 유통의 촉진
④ 전파에 의한 항공기 항행의 지원

045. **항공교통관제구라 함은?**

① 항공로의 지표·수면으로부터 200m 이상의 공역
② 항공로의 지표·수면으로부터 300m 이상의 공역
③ 항공로의 지표·수면으로부터 400m 이상의 공역
④ 항공로의 지표·수면으로부터 400m 이상의 공역

참고 공항시설법 제2조

046. 다음 중에서 항공기 취급업의 구분과 관계가 없는 것은?

① 항공기 정비업 ② 승객의 안내업
③ 항공기 하역업 ④ 항공기 급유업

047. 다음 중 초경량비행장치 중에서 동력비행 장치의 요건에 해당하지 않는 것은?

① 당해장치의 자체중량이 좌석 1인 경우, 150kg 이하일 것
② 당해장치의 연료용량이 좌석 1인 경우, 19 이하일 것
③ 프로펠러에서 추진력을 얻는 것일 것
④ 착륙장치가 없는 고정익 비행장치일 것0

참고 항공안전법 시행규칙 제5조

048. 다음 중 부정기항공사업의 구분에 해당되지 않는 것은?

① 지점간 운송사업 ② 임시증편 운송사업
③ 전세운송사업 ④ 관광비행사업

참고 항공사업법 시행규칙 제3조

049. 다음 중 계기접근에 있어서 진입구역의 길이는?

① 15,000m ② 10,000m
③ 13,000m ④ 12,000m

050. 다음 중 헬기장의 진입구역의 길이는?

① 500m 이하의 범위에서 국토해양부장관이 정하는 길이
② 200m 이하의 범위에서 국토해양부장관이 정하는 길이
③ 1,000m 이하의 범위에서 국토해양부장관이 정하는 길이
④ 600m 이하의 범위에서 국토해양부장관이 정하는 길이

참고 공항시설법 시행규칙 제2조

051. 다음 중에서 헬기장 전이표면의 경사도가 옳은 것은?

① 2분의 1로 한다.
② 3분의 1로 한다.
③ 2분의 1 미만의 범위에서 국토해양부장관이 정하는 경사도
④ 4분의 1 미만의 범위에서 국토해양부장관이 정하는 경사도

참고 공항시설법 시행규칙 제2조

052. 다음 중 항공기 등록의 제한사항이 아닌 것은?

① 외국인이 대표자이거나 외국인이 임원수의 2 분의 1 이상인 법인
② 외국의 법인단체
③ 대한민국의 국민이 외국의 국적을 말소한 항공기를 소유하였을 경우
④ 외국정부 또는 외국의 공공단체

참고 항공안전법 제11조

053. 다음 중에서 항공법이 정하는 항공기 등록의 종류가 아닌 것은?

① 변경등록 ② 이전등록

③ 말소등록 ④ 임차등록

참고 항공안전법 제13조, 제14조, 제15조

054. 다음 중에서 항공기 말소등록의 사유가 아닌 것은?

① 항공기의 행방이 2개월 이상 불분명한 경우

② 항공기가 멸실되었거나 항공기를 해체한 경우(정비·개조·수송, 또는 보관하기 위해 행하는 해체는 제외)

③ 주식이나 지분의 4분의 1 이상을 소유한 외국의 법인이 항공기를 소유한 경우

④ 임차기간의 만료 등으로 항공기를 사용할 수 있는 권리가 상실된 경우

참고 항공안전법 제15조 제1항

정답

34. ③ 35. ④ 36. ② 37. ② 38. ③ 39. ① 40. ④ 41. ① 42. ② 43. ④ 44. ④ 45. ① 46. ② 47. ④ 48. ② 49. ① 50. ③ 51. ① 52. ③ 53. ④ 54. ③

[제2장 항공기 등록]

※ 다음 문제를 읽고 옳은 답을 선택하라.

055. **다음 중 항공기의 등록사항과 관계가 없는 것은?**

① 항공기의 형식 ② 항공기의 제작자
③ 항공기의 감항분류 ④ 항공기의 등록기호

참고 항공안전법 제7조

056. **다음 중 항공기의 변경등록을 신청하여야 할 사유는?**

① 항공기 등록기호의 변경 ② 항공기 정치장의 변경
③ 항공기 형식의 변경 ④ 항공기 소유자의 변경

참고 항공안전법 제13조

057. **다음 중 항공기의 말소등록 사유와 관계가 없는 것은?**

① 항공기가 외국인의 소유가 된 때
② 항공기를 보관하기 위해 해체하였을 때
③ 항공기의 행방이 2개월 이상 불명일 때
④ 항공기가 멸실되었을 때

참고 항공안전법 제15조

058. **다음 중 항공기에 부착하여야 할 등록기호표와 관계가 없는 것은?**

① 형식·재질 ② 부착위치
③ 기호의 색채 ④ 부착방법

참고 시행규칙 제17조

059. **다음 중 항공기에 부착하는 등록기호표의 형식은?**

① 가로 10cm, 세로 7cm의 직사각형
② 가로 7cm, 세로 5cm의 직사각형
③ 가로 8cm, 세로 6cm의 직사각형
④ 가로 9cm, 세로 6cm의 직사각형

참고 항공안전법 제17조, 시행규칙 제17조

060. **다음 중 항공기 등록의 제한사항이 아닌 것은?**

① 외국의 공공단체
② 외국의 법인 또는 단체
③ 대한민국의 국민이 아닌 자
④ 외국의 국적을 가진 항공기를 임차하였을 경우

참고 항공안전법 제10조

061. 다음 중 항공기의 안전성을 확보하는 기본적인 제도는?

① 기능증명 ② 예비품증명
③ 감항증명 ④ 형식증명

참고 시행규칙 제23조

[제3장 항공기기술기준 및 형식증명]

062. 감항증명을 받은 바 있는 항공기의 감항검사신청에 있어 신청서 제출시기는?

① 검사희망일 7일 전 ② 검사희망일 10일 전
③ 검사희망일 15일 전 ④ 검사희망일 20일 전

참고 항공안전법 시행규칙 제23조

063. 감항증명을 받은 바 있는 항공기의 감항검사를 신청할 경우, 첨부할 서류와 관계가 없는 것은?

① 비행교범
② 정비방식을 기재한 서류
③ 정비·개조에 관한 기술적 기술
④ 사용중지 중의 보관사항을 기재한 서류

참고 항공안전법 시행규칙 제42조

064. 다음 중 국토교통부장관이 행하는 감항증명의 검사범위와 무관한 것은?

① 당해 항공기의 설계 및 제작과정
② 각종 장치의 구조 및 강도
③ 완성 후의 상태
④ 비행성능

참고 항공안전법 시행규칙 제43조

065. 다음 중 소음기준적합증명을 받아야 할 대상 항공기는?

① 회전익 항공기
② 프로펠러 발동기를 장착한 항공기
③ 터빈 발동기를 장착한 항공기
④ 국토교통부장관이 필요하다고 인정하는 항공기

참고 항공안전법 제25조

066. 다음 중에서 형식증명을 받고자 하는 자가 첨부하여야 할 서류가 아닌 것은?

① 설계계획서, 설계서
② 최대이륙중량 및 착륙증량
③ 설계도면목록, 설계도면
④ 제작계획서, 사양서

참고 항공안전법 시행규칙 제18조

067. 다음 중 국토교통부장관이 감항증명을 위한 검사를 하는 때, 그 검사범위와 무관한 것은?

① 당해형식의 설계에 대한 검사

② 그 설계에 의해 제작되는 과정에 대한 검사

③ 완성 후의 상태 및 비행성능에 대한 검사

④ 국토교통부장관이 필요하다고 인정하는 사항에 대한 검사

참고 항공안전법 시행규칙 제40조

068. 감항증명의 유효기간 내에 당해 항공기의 수리, 개조를 하였을 경우에는?

① 국토교통부 장관에게 이 사실을 보고한다.

② 국토교통부장관의 승인을 받아야 한다.

③ 정비사의 자격을 갖는 자의 확인을 받는다.

④ 반드시 항공일지에 기재하여야 한다.

참고 항공안전법 시행규칙 제41조

069. 다음 중 비행방법한계란?

① 항공기의 이·착륙시의 안전성을 확보하기 위해 정한 운용한계

② 항공기의 안전운항을 위해 정한 조종장치의 사용한계

③ 활공기에 대해 금지된 비행방법의 종류

④ 항공기에 대하여 금지된 비행방법의 운용한계

참고 항공안전법 시행규칙 제109조

070. 다음 중 예항방법한계란?

① 비행기가 안전하게 물체를 예항할 수 있는 방법의 운용한계

② 항공기가 예항비행에 있어 금지된 방법

③ 활공기가 안전하게 예항될 수 있는 방법의 운용한계

④ 활공기를 예항하는 비행에 있어 금지된 방법

참고 항공안전법 시행규칙 제109조

071. 다음 중에서 감항증명을 받지 아니한 항공기를 국토교통부장관의 허가를 얻어 항공에 사용할 수 있는 경우에 해당되지 않는 것은?

① 장비품 등의 시험·조사·연구·개발을 위한 시험비행

② 항공기의 제작 또는 수리·개조 후 행하는 시험비행

③ 항공기의 정비 또는 수리·개조를 위한 장소까지의 공수비행

④ 현지답사를 위해 항공기를 일시적으로 행하는 비행

참고 항공안전법 시행규칙 제36조

072. 형식증명을 함에 있어 생략할 수 있는 검사와 관계가 없는 것은?

① 제작과정에 대한 검사 및 비행성능에 대한 검사

② 설계계획서에 대한 검사

③ 외국으로부터 수입한 장비품에 대한 검사

④ 외국에서 도입한 부품의 설계서, 설계도면 목록, 설계도면에 대한 검사

참고 항공안전법 시행규칙 제29조

073. **다음 중 항공기의 수리·개조의 범위가 아닌 것은?**

① 기본구조 부분의 강도에 상당한 영향을 미칠 우려가 있는 작업
② 복잡하고 특수한 장비를 필요로 하지 않는 작업
③ 중요 장비품에 있어서는 내부 부분품을 분해하는 작업
④ 복잡하고 특수한 기계 또는 장비를 필요로 하는 작업

참고 항공안전법 시행규칙 제65조

074. **다음 중 항공기의 수리·개조검사의 범위인 것은?**

① 당해 항공기의 수리·개조의 과정에 대한 검사
② 수리·개조의 계획서에 대한 검사
③ 작업완료 후의 상태에 대한 검사
④ 비행성능에 대한 검사

참고 항공안전법 시행규칙 제65조

075. **항공기의 수리·개조능력 인정을 받고자 하는 자는, 다음의 기준에 적합하여야 한다. 그러나 다음 중에서 부적당한 것은?**

① 항공기의 수리 또는 개조에 필요한 면적, 온도 및 습도조정, 설비조명설비를 갖춘 작업장을 갖출 것
② 필요한 재료·부품·장비품 및 검사기구 등을 보관하기 위한 시설을 갖출 것
③ 항공기의 수리·개조에 대한 기록관리에 필요한 인원을 갖출 것
④ 재료·부품·장비품 등이 합리적인 보급체계를 갖출 것

참고 항공안전법 제30조, 시행규칙 제66조

076. **다음 중 항공기의 수리·개조능력 인정의 업무범위는?**

① 최대 이륙중량 5,000kg 이상의 항공기의 수리 및 개조
② 최대 이륙중량 5,700kg 이상의 항공기의 수리 및 개조
③ 최대 이륙중량 6,000kg 이상의 항공기의 수리 및 개조
④ 최대 이륙중량 6,500kg 이상의 항공기의 수리 및 개조

참고 항공안전법 제30조

077. **다음 중 항공기의 수리·개조능력 인정의 유효기간은?**

① 2년이다. ② 1년 6개월이다.
③ 1년이다. ④ 3년이다.

참고 항공안전법 시행규칙 제67조

078. **다음 중 국토교통부령이 정하는 경미한 정비에 해당하지 않는 것은?**

① 간단한 보수를 하는 예방작업으로서 긴도조절(리깅) 또는 간격의 조정작업
② 상당한 영향을 미칠 우려가 있는 늘림·이음·용접 등의 작업
③ 복잡한 결합작업을 필요로 하지 않는 규격장비품의 교환작업
④ 간단하게 행할 수 있는 부품의 교환작업

참고 항공안전법 시행규칙 제68조

079. **정비사의 확인을 받지 아니하고 항공기를 사용한 자에 대한 처벌은?**

① 3년 이하의 징역 또는 300만원 이하의 벌금에 처한다.

② 2년 이하의 징역 또는 400만원 이하의 벌금에 처한다.

③ 2년 이하의 징역 또는 300만원 이하의 벌금에 처한다.

④ 3년 이하의 징역 또는 5,000만원 이하의 벌금에 처한다.

참고 항공안전법 48조 3 제1항

080. **외국의 지역에 있어 당해국의 정비사 자격증을 가진 자를 안전성에 관한 확인자로 인정할 경우, 그 유효기간은?**

① 6개월 ② 1년

③ 국토교통부장관이 정한다. ④ 2년

참고 항공안전법 시행규칙 제71조

081. **다음 중 초경량 비행장치를 사용하여 비행하고자 하는 자의 자격기준에 해당되지 않는 것은?**

① 만14세 이상의 자로서 국제항공연맹가입 단체의 장이 발행한 자격증 소지자

② 만15세 이상의 자로서 국토교통부장관이 발행한 비행자의 자격증 소지자

③ 만14세 이상의 자로서 국토교통부장관이 지정한 단체나 기관의 장이 발행한 비행자의 자격증 소지자

④ 만 20세 이상의 자로서 20시간 이상 비행장치를 조종한 경험이 있는 자

참고 항공안전법 시행규칙 제75조

082. **대한민국 외의 지역에서 항공기를 정비하는 경우, 국토교통부령이 정하는 자격을 가진 자라 함은?**

① 국제민간항공기구가 발행한 자격증서를 가진 자

② 외국정부가 인정한 항공기의 수리 사업자

③ 외국정부가 발행한 자격증서를 가진 자로서 우리나라 항공정비사의 능력과 동등 이상의 능력이 있다고 국토해양부장관이 인정하는 자

④ 외국정부가 발행한 자격증서를 가진 자

참고 항공안전법 시행규칙 제73조

083. **다음 중 등록기호표에 기재하여야 할 사항이 아닌 것은?**

① 국적기호 ② 등록부호

③ 항공기 소유자 ④ 항공기 형식

참고 항공안전법 제17조

084. **다음 중 국토교통부령이 정하는 경미한 정비란 어떤 것인가?**

① 간단한 보수를 하는 예방작업으로서 긴도조절 또는 간격의 조정작업

② 복잡한 결합작업을 필요로 하지만 규격장비품 또는 부품의 교환작업

③ 복잡하고 특수한 기능 또는 장비를 필요로 하는 작업

④ 항공정비사가 항공법 제22조의 규정에 의한 확인을 하는 행위

참고 항공안전법 시행규칙 제68조

085. **다음 중에서 형식증명을 함에 있어 생략할 수 있는 검사와 관계가 없는 것은?**

① 제작과정에 대한 검사 및 비행성능에 대한 검사

② 설계계획서에 대한 검사

③ 외국으로부터 수입한 장비품에 대한 검사

④ 외국에서 수입한 부품의 설계서, 설계도면목록, 제작계획서에 대한 검사

참고 항공안전법 시행규칙 제27조

086. **항공기의 소음기준적합증명의 기준과 소음의 측정방법은 다음 중 어느 것에 의하여 정하는가?**

① 국제민간항공조약 부속서 6

② 국제민간항공조약 부속서 8

③ 국제민간항공조약 부속서 16

④ 국제민간항공조약 부속서 18

참고 항공안전법 시행규칙 제51조

정답

55. ③ 56. ② 57. ② 58 ③ 59. ② 60. ④ 61. ③ 62. ② 63. ② 64. ② 65. ③ 66. ② 67. ④ 68. ② 69. ④ 70. ③ 71. ④ 72. ① 73. ② 74. ② 75. ③ 76. ② 77. ③ 78. ②, ④ 79. ④ 80. ② 81. ② 82. ③ 83. ④ 84. ① 85. ① 86. ③

[제4장 항공종사자 등]

087. 다음 중 항공종사자의 기능증명과 관계가 없는 것은?

① 자가용조종사 ② 운항관리사
③ 항공통신사 ④ 항공사

참고 항공안전법 시행규칙 제75조

088. 조종사의 자격에 있어 기능증명의 한정이 불필요한 항공기란?

① 최대 이륙중량 5,700kg 이상의 항공기
② 최대 이륙중량 5,700kg 이하의 항공기
③ 최대 이륙중량 6,500kg 이하의 항공기
④ 최대 이륙중량 5,700kg 이하의 항공기

참고 항공안전법 시행규칙 제81조

089. 다음 중 항공기관사의 자격에 관한 기능증명의 한정은?

① 최대 이륙중량 15,000kg 이상의 항공기
② 당해형식의 항공기
③ 국토해양부장관이 지정하는 형식의 항공기
④ 최대 이륙중량 17,000kg 이상의 항공기

참고 항공안전법 시행규칙 제82조

090. 항공공장정비사의 자격에 관한 기능증명의 한정과 관계가 없는 것은?

① 항공기의 무선설비 및 구급용구
② 기체관계 및 프로펠러 관계
③ 계기관계 또는 전기관계
④ 터빈 발동기 관계 및 피스톤 발동기 관계

참고 항공안전법 시행규칙 제82조

091. 다음 중 항공정비사의 업무범위는?

① 감항증명이 있는 항공기의 정비 및 개조를 하는 행위
② 정비(국토교통부령이 정하는 범위의 수리를 제외)한 항공기를 법 제22조의 규정에 의한 확인을 하는 행위
③ 수리·개조(법 제19조 제1항의 규정에 의한 수리·개조제외)한 항공기를 확인하는 행위
④ 국토교통부령이 정하는 범위의 수리를 하는 행위

참고 항공안전법 제36조, 시행규칙 제75조

092. 다음 중 운항관리사의 업무범위는? (항공운송사업에 사용되는 항공기에 한함)

① 항공상 자료를 산출하는 행위

② 비행계획의 작성 및 항공기 연료소비량의 산출행위

③ 항공기에 탑승하여 방향의 측정을 하는 행위

④ 무선장치의 조작을 하는 행위

참고 항공안전법 시행규칙 제75조

항공운송사업에 사용되는 항공기의 운항에 필요한 다음 각호의 사항을 확인하는 행위
1. 비행계획의 작성 및 변경
2. 항공기 연료소비량의 산출
3. 항공기 운항의 통제 및 감시

093. 항공기에 탑승하여 발동기 및 기체를 취급하는 기능증명의 자격은?

① 자가용조종사 ② 항공사

③ 운항관리사 ④ 항공기관사

참고 항공안전법 시행규칙 제75조

094. 다음 중 기능증명 응시자격에 있어 연령이 부적당한 것은?

① 항공정비사의 자격은 만 18 세 이상

② 사업용조종사의 자격은 만 18 세 이상

③ 항공기관사의 자격은 만 18 세 이상

④ 항공공장정비사의 자격은 만 22 세 이상 – 21세

참고 항공안전법 제34조

095. 다음 중 운송용조종사의 실기시험에 사용하는 항공기는?

① 최대 이륙중량 5,700kg 이상의 항공기

② 최대 이륙중량 5,600kg 이상의 항공기

③ 최대 이륙중량 6,500kg 이상의 항공기

④ 최대 이륙중량 7,500kg 이상의 항공기

참고 항공안전법 제38조

096. 항공교통관제사의 경우, 다음의 경력 중에서 적당한 것은?

① 항공기조종사의 경력이 1년 이상인 자

② 항공사로서 항공기에 탑승한 경력이 1년 이상인 자

③ 항공기관사로서 항공기에 탑승한 경력이 1년 이상인 자

④ 민간항공에 사용되는 군시설에서 9월 이상 관제실무를 행한 경험이 있는 자

참고 항공안전법 시행규칙 제75조

097. 항공기관사의 경우, 당해 항공기에 탑승하여 실기연습을 100시간 이상 행한 자로 규정하고 있으나, 다음 중에서 부적당한 것은?

① 1년 이상의 항공기 정비의 경험이 있는 자

② 200시간 이상의 운송용 항공기를 조종한 비행경험이 있는 자

③ 항공사로서 3년 이상의 항공기 탑승경험이 있는 자

④ 국토교통부장관이 지정한 전문교육기관에서 항공기관사에 필요한 과정을 2년 이상 이수한 자

참고 항공안전법 시행규칙 제81조

098. 항공공장정비사의 기능증명을 받고자 하는 자의 당해업무에 대한 경험은?

① 2년 이상의 정비·개조의 경험과 1년 이상의 검사경험이 있는 자

② 3년 이상의 정비·개조의 실무경험이 있는 자

③ 교육법에 의한 전문대학에서 공장정비사에 필요한 과정을 2년 이상 이수한 자로서, 1년 이상의 실무경험이 있는 자

④ 5년 이상의 정비·개조의 경험을 가진 자

참고 항공안전법 시행규칙 제81조

099. 다음 중 항공종사자의 기능증명시험의 면제대상이 아닌 자는?

① 외국정부가 발행하는 기능증명을 받은 자

② 국토교통부장관이 지정한 전문교육기간의 교육과정을 이수한 자

③ 군기술 학교에서 교육을 받고 3년 이상 실무경험이 있는 자

④ 국가기술자격법에 의해 항공기사 1급의 자격을 취득한 자

참고 항공안전법 시행규칙 제86조

100. 국토교통부령으로 정하는 항공기를 조종할 경우 기능증명의 한정은?

① 등급에 의해 한정을 받지 않는다.

② 적용되지 않는다.

③ 형식에 의해 한정을 받는다.

④ 종류에 의해 한정을 받는다.

참고 항공안전법 시행규칙 제81조

101. 항공기승무원 신체검사기준 및 유효기간에 있어, 다음 중에서 적합하지 않은 것은?

① 운송용조종사 : 신체검사의 종류는 제1종, 유효기간은 12개월

② 항공기관사 : 신체검사의 종류는 제1종, 유효기간은 12개월

③ 사업용조종사 : 신체검사의 종류는 제2종, 유효기간은 12개월

④ 항공사 : 신체검사의 종류는 제1종, 유효기간은 12개월

참고 항공안전법 시행규칙 제92조 〈별표 8〉

별표 13-3 참고-항공기관사 제 2종, 유효기간 12개월/사업용 조종사 1종(활공기제외), 유효기간 12개월
항공사 제2종 유효기간 12개월

102. 사업용조종사의 실기시험을 전부 면제할 대상자는?

① 비행경력이 1,500시간 이상인 자

② 외국정부가 발행한 자격증을 소지하고 비행경력이 1,500시간 이상인 자

③ 국토교통부장관이 지정한 전문교육기관에서 사업용조종사에 필요한 과정을 이수한 자

④ 군에서 1,000시간 이상의 비행경력을 갖고 있는 자

참고 항공안전법 시행규칙 제86조

103. 다음 중 항공정비사 실기시험을 전부 면제할 대상자는?

① 5년 이상의 항공정비사 실무경험이 있는 자

② 외국정부가 발행한 자격증을 소지한 자

③ 국토교통부장관이 지정하는 전문교육기관에서 항공정비사에 필요한 과정을 이수한 자

④ 군항공에서 3년 이상의 항공정비사 실무경험이 있는 자

참고 항공안전법 시행규칙 제86조

104. 다음 중 조종교육의 범위와 관계가 없는 것은?

① 이륙조작 ② 착륙조작

③ 곡기비행 조작 ④ 공중조작

참고 항공안전법 제37조

105. 국토교통부장관이 지정한 전문교육기관에서 당해형식의 항공기에 관한 전문교육을 이수한 조종사의 시험의 면제는, 다음 중에서 어떠한 것이 해당되는가?

① 최대 이륙중량 5700kg 이상의 항공기

② 최대 이륙중량 5700kg 미만의 회전익 항공기

③ 최대 이륙중량 6500kg 미만의 항공기

④ 최대 이륙중량 5700kg 이상의 회전익 항공기

참고 항공안전법 시행규칙 제104조

국토교통부장관이 지정한 전문교육기관(외국의 전문교육기관으로서 당해외국정부가 자격한정에 관한 전문교육기관으로 인정한 것은 이를 국토교통부장관이 지정한 전문교육기관으로 본다)에서 항공기에 관한 전문교육을 이수한 조종사 및 항공기관사가 교육이수후 180일이내에 교육받은 것과 같은 형식의 항공기에 관한 한정심사에 응시하는 경우에는 국토교통부장관이 정하는 바에 따라 실기시험을 면제한다. 다만, 항공기의 소유자등이 우리나라에 새로운 형식의 항공기를 도입하는 경우 그 항공기의 조종사 및 항공기관사에 관한 한정심사에 있어서는 그 응시자가 외국정부가 인정한 외국의 전문교육기관(항공기제작사소속 훈련기관을 포함한다)에서 항공기에 관한 전문교육을 이수한 경우에 한하여 국토교통부장관이 정하는 바에 따라 실기시험과 학과시험을 면제한다.

106. 항공운송사업용 여객기에는 메가폰을 비치하여야 한다. 다음 중에서 메가폰의 수가 잘못된 것은?

① 승객 좌석수 61석까지 메가폰 0

② 승객 좌석수 61석부터 99석까지 메가폰 수 1

③ 승객 좌석수 100석부터 199석까지 메가폰 수 2

④ 승객 좌석수 200석 이상 메가폰 수 3

참고 항공안전법 시행규칙 제109조, 〈별표 15〉

정답

87. ③ 88. ② 89. ② 90. ① 91. ② 92. ② 93. ④ 94. ④ 95. ① 96. ④ 97. ③ 98. ② 99. ③ 100. ② 101. ③ 102. ④ 103. ④ 104. ③ 105. ② 106. ④

[제5장 항공기의 운항]

107. 다음 중 항공기에 표시하여야 할 사항과 관계가 없는 것은?

① 국적기호 ② 해당국의 국기
③ 등록부호 ④ 소유자의 성명

참고 항공안전법 제7조

108. 다음 중 항공기에 국적 등의 표시를 함에 있어 부적당한 것은?

① 국적은 로마자의 대문자 HL로 표시하여야 한다.
② 등록부호는 장식체로 4개 이상의 아라비아 숫자로 표시하여야 한다.
③ 국적기호, 등록부호는 지워지지 아니하도록 선명하게 표시하여야 한다.
④ 등록부호는 장식체가 아닌 4개의 아라비아 숫자의 대문자로 표시하여야 한다.

참고 항공안전법 제12조

109. 다음 중에서 등록부호의 표시장소가 부적당한 것은?

① 비행기의 경우, 주날개와 꼬리날개 또는 주날개와 동체에 표시한다.
② 회전익 항공기의 경우, 동체 아래면과 동체 옆면에 표시한다.
③ 비행선의 경우, 선체 또는 수평안전판과 수직안정판에 표시한다.
④ 활공기의 경우, 주날개의 윗면과 아래면에 표시한다.

참고 항공안전법 제14조

110. 비행기와 활공기의 경우, 주날개의 등록부호에 높이는?

① 50cm 이상 ② 40cm 이상
③ 35cm 이상 ④ 30cm 이상

참고 항공안전법 제15조

111. 우리나라 국적기호를 HL로 정한 것은?

① ICAO가 선정한 것이다.
② 우리나라 국회가 선정하여 각 체약국에 통보한 것이다.
③ 무선국의 호출부호 중에서 선정한 것이다.
④ 각국이 자국의 국적기호를 선정하여 ICAO에 통보한 것이다.

참고 국제전기통신조약에 의하여 각국에 할당된 무선국의 호출부호 중에서 선정한 것이다.

112. 항공운송사업에 사용되는 항공기에 설치하여야 할 무선설비는 다음과 같다. 그러나 그 중에서 부적당한 것은?

① 초단파(VHF) 무선전화, 송신기·수신기 각 2대
② 자동방향탐지기(ADF) 1대
③ 항법원조시설(TACAN)
④ 거리측정시설(DME) 수신기 1대

참고 항공안전법 제51조

113. **다음 중에서 항공기에 비치하여야 할 서류와 관계가 없는 것은?**

① 항공기 등록증명서

② 감항증명서

③ 형식증명서 번호

④ 항공일지

참고 항공안전법 시행규칙 제113조

114. **항공기에 낙하산을 장비하여야 할 경우란?**

① 시험비행 또는 곡기비행을 행하는 경우

② 해상비행을 하는 경우

③ 무선장비가 없이 비행하는 경우

④ 항행안전시설이 없는 지역의 상공을 비행하는 경우

참고 항공안전법 시행규칙 제112조

115. **다음 중 항공기에 장비하는 구급용구의 점검기간이 부적당한 것은?**

① 항공기에 장비하여야 할 비상신호등, 방수휴대등

② 구명동의·구명보트·불꽃조난 신호장비 등

③ 낙하산·산소공급 장치 등

④ 항공기용 구명무선기, 음성신호발생기, 구급용구 등

참고 항공안전법 시행규칙 제110조, 〈별표 15〉

116. **여압장치가 있는 항공기가 "방사선투사량계기"를 갖추어야 할 경우란?**

① 평균해면으로부터 6,500 m 이상의 고도로 비행하는 경우

② 평균해면으로부터 6,500 m 이상의 고도로 비행하는 경우

③ 평균해면으로부터 7,300 m 이상의 고도로 비행하는 경우

④ 평균해면으로부터 15,000 m 이상의 고도로 비행하는 경우

참고 항공안전법 시행규'칙 제116조

법 제52조 2항에 따라 항공운송사업용 항공기가 평균해면으로부터 1만5천미터(4만9천피트)를 초과하는 고도로 운항하려는 경우에는 방사선투사량계기(Radiation Indicator) 1기를 갖추어야 한다.

117. **시계비행을 하는 항공기에 갖추어야 할 다음의 항공계기 중에서 부적당한 것은?**

① 나침반 1기

② 승강계 1기

③ 정밀고도계 1기

④ 속도계 1기

118. **최대 이륙중량 5,700kg 이상의 항공기가 야간에 공중과 지상 또는 수상을 항행하는 경우, 항공기 등불의 표시는?**

① 우현등·좌현등·미등에 의해 항공기의 위치를 표시한다.

② 충돌 방지등, 우현등, 좌현등에 의해 항공기의 위치를 표시한다.

③ 충돌 방지등, 우현등, 좌현등, 미등에 의해 항공기의 위치를 표시한다.

④ 우현등, 충돌 방지등, 미등에 의해 항공기의 위치를 표시한다.

참고 항공안전법 제54조

119. 항공운송사업용 항공기의 운항에 종사할 항공기관사의 최근의 비행경험은?

① 해당형식의 항공기에 승무하여 70 시간 이상의 비행경험

② 해당형식의 항공기에 승무하여 50 시간 이상의 비행경험

③ 해당형식의 항공기에 승무하여 30 시간 이상의 비행경험

④ 해당형식의 항공기에 모의비행장치를 국토해양부장관이 지정하는 방식에 의해 30 시간 조작한 경험

참고 항공안전법 시행규칙 제122조

120. 조종교육의 업무에 종사하고자 하는 조종사의 비행경험은?

① 조종교육을 하고자 하는 날로부터 기산하여 1년까지의 사이에 25시간 이상의 조종교육을 행한 경험

② 조종교육을 하고자 하는 날로부터 기산하여 1년까지의 사이에 30시간 이상의 조종교육을 행한 경험

③ 조종교육을 하고자 하는 날로부터 기산하여 1년까지의 사이에 20시간 이상의 조종교육을 행한 경험

④ 조종교육을 하고자 하는 날로부터 기산하여 1년까지의 사이에 10시간 이상의 조종교육을 행한 경험

참고 항공안전법 시행규칙 제125조

121. 항공기의 기장은 출발 전에 다음의 사항 등을 확인하여야 한다. 다음 중에서 부적당한 것은?

① 당해 항공기와 그 장비품의 정비

② 이륙중량, 착륙중량, 중심위치 및 중량분포

③ 연료 및 윤활유의 탑재량과 그 품질

④ 승객의 명단 및 적재화물의 점검

참고 항공안전법 제136조

122. 신체검사증명서의 유효기간 내에 있어서 해당 승무원이 신체검사기준에 적합하지 못할 경우는?

① 신체검사증명서를 국토해양부장관에게 반납한다.

② 신체검사증명서를 취소한다.

③ 항공업무에 종사하여서는 아니 된다.

④ 기능증명을 취소한다.

참고 항공안전법 시행규칙 제92조

123. 항공운송사업용 항공기의 기장은 당해노선에 관한 지식이 있어야 한다. 그러나 다음에 부적당한 것은?

① 지형 및 최저안전고도

② 긴급시에 있어서의 항공기의 조작과 조치

③ 계절별 기상특성

④ 수색 및 구조절차

참고 항공안전법 시행규칙 제138조

124. 지정항공운송사업자의 지정신청서에 포함되지 않는 것은?

① 설치자 성명

② 당해 항공운송사업의 면허번호 및 면허취득 연월일

③ 당해 항공운송사업 노선

④ 기종별 항공기 대수 및 조종사의 수

참고 항공안전법 시행규칙 제146조

125. **조종사의 운항자격 인정을 위한 심사는 다음의 방법에 의한다. 그 중에서 가장 적당한 것은?**

① 서류·구술에 의해 행한다.

② 실기심사에 의해 행한다.

③ 서류 및 실기심사에 의해 행한다.

④ 서류·구술 및 실기심사에 의해 행한다.

참고 항공안전법 시행규칙 제141조

126. **조종사는 항행 중 항공기의 안전에 영향을 미칠 우려가 있는 상태의 보고를 하여야 한다. 그러나 그 중에서 해당이 되지 않는 것은?**

① 비행장 및 항행안전시설의 기능장애

② 화산의 폭발, 지상 또는 수상의 급격한 변화

③ 발동기의 고장, 연료의 결핍, 기체의 결빙

④ 기류의 교란, 화산재 구름발생, 기타 이상한 기상상태

참고 항공안전법 제59조

127. **조종사의 운항자격인정을 받은 자에 대하여 행하는 정기심사는?**

① 6월마다 1회씩 실시한다.

② 매년 3회 이상 실시한다.

③ 8월마다 정기적으로 실시한다.

④ 매년 1회 이상 실시한다

참고 항공안전법 시행규칙 제143조

128. **시계비행의 경우, 가옥이 밀집하고 있는 지역의 상공에 있어 최저비행고도는?**

① 항공기를 중심으로 하여 수평 거리 500m 범위 내의 높은 장애물의 상단에서 250m의 고도

② 항공기를 중심으로 하여 수평 거리 600m 범위 내의 높은 장애물의 상단에서 300m의 고도

③ 항공기를 중심으로 하여 수평 거리 700m 범위 내의 높은 장애물의 상단에서 300m의 고도

④ 항공기를 중심으로 하여 수평 거리 800m 범위 내의 높은 장애물의 상단에서 350m의 고도

참고 항공안전법 시행규칙 제199조

129. **다음 중에서 "긴급항공기"라 함은, 다음의 업무를 수행하는 항공기를 말한다. 다음의 업무 중에서 부적당한 것은?**

① 사고 항공기의 수색 또는 구조

② 응급환자의 수송

③ 화재진압

④ 긴급구호물자의 수송

참고 항공안전법 시행규칙 제207조

130. **긴급 항공기의 지정을 받은 자가 긴급운항을 하고자 하는 경우에는, 다음 사항을 국토교통부장관에게 통지하여야 한다. 다음 사항 중에서 부적당한 것은?**

① 긴급운항업무의 종류

② 긴급운항 의뢰인의 성명 또는 명칭 및 주소

③ 긴급항공기 조종사의 성명 및 긴급운항 업무수행자의 교육정도

④ 비행일시, 출발 비행장, 비행구간 및 착륙장소

참고 항공안전법 시행규칙 제208조

131. 자방위 210도의 방향으로 시계비행방식에 의해 29,000피트의 미만으로써 비행하는 경우, 그 순항고도의 산출은?

① 1000피트의 기수배에 500피트를 가한 고도

② 1000피트의 우수배에 500피트를 가한 고도

③ 1000피트의 기수배의 고도

④ 1000 피트의 우수배의 고도

참고 항공안전법 시행규칙 제164조

132. 시계비행방식에 의하여 29,000피트 이상으로서 비행하는 경우, 32,000피트에 4000피트값 배수를 더한 순항고도의 비행방향은?

① 자방위 90도 이상 180도 미만

② 자방위 0도 이상 180도 미만

③ 자방위 180도 이상 360도 미만

④ 자방위 0도 이상 90도 미만

참고 항공안전법 시행규칙 제164조

133. 비행 중의 같은 순위의 항공기 상호간에 진로의 양보는?

① 다른 항공기를 좌측으로 보는 항공기가 진로를 양보한다.

② 다른 항공기를 우측으로 보는 항공기가 진로를 양보한다.

③ 고도가 하방에 있는 항공기가 진로를 양보한다

④ 고도가 상방에 있는 항공기가 진로를 양보한다.

참고 항공안전법 시행규칙 제166조

134. 비행 중의 같은 순위의 항공기 상호간에 있어, 정면 또는 이에 가까운 각도로서 접근하는 경우 진로의 변경은?

① 서로 진로를 좌로 바꾼다

② 서로 진로를 우로 바꾼다

③ 먼저 발견한 항공기가 진로를 좌로 바꾼다.

④ 먼저 발견한 항공기가 진로를 우로 바꾼다.

참고 항공안전법 시행규칙 제166조

135. 다음 중 우선적으로 진로권을 갖는 항공기는?

① 비행 중의 항공기

② 지상에서 운행 중의 항공기

③ 착륙조작을 행하고 있는 항공기

④ 공중에서 비행장에 진입하고 있는 항공기

참고 항공안전법 시행규칙 제167조

136. 착륙을 하기 위해 비행장에 진입하는 항공기 상호간에 있어서 그 진입순위는?

① 비행장 관제탑에서 그 순위를 지시한다.

② 군용기 및 경찰기가 우선한다.

③ 저고도에 있는 항공기가 진로권을 갖는다.

④ 훈련 중에 있는 항공기가 우선한다.

참고 항공안전법 시행규칙 제167조

137. 다음 중 항공기에 의한 수송을 금지하는 물품이 아닌 것은?

① 총포, 도검, 화약류 단속법에 의한 화약류

② 국가안보에 영향을 주는 비밀문서 및 불온문서

③ 부식성 액체, 인화성 액체, 가연성 고체, 산화성 물질, 독물

④ 방사성 물질, 고압가스

참고 항공안전법 시행규칙 제209조

138. 다음 중에서 곡기비행 금지공역과 관계가 없는 것은?

① 사람 또는 건축물이 밀집하여 있는 지역의 상공

② 지표로부터 700m 미만의 고도

③ 관제구 및 관제권

④ 당해 항공기를 중심으로 하여 반지름 500m 범위 안에 있는, 가장 높은 장애물의 상당으로부터 500m 이하의 고도

참고 항공안전법 시행규칙 제204조

139. 비행고도 3,050m(10,000피트) 미만의 공역에서 곡기비행을 행할 수 있는 비행시정은?

① 3,000m 이상
② 5,000m 이상
③ 3,500m 이상
④ 4,000m 이상

참고 항공안전법 시행규칙 제197조

140. 곡기비행을 허가신청시 포함되지 않는 사항은?

① 성명 및 주소

② 항공기 정치장

③ 항공기의 형식 및 등록부호

④ 비행계획의 개요

참고 항공안전법 시행규칙 제205조

141. 급격한 기상의 악화 등 부득이한 사유가 있는 경우에는, 다음의 기준에 따라 특별 시계비행을 행하여야 한다 그러나 다음 중에서 부적당한 것은?

① 허가받은 관제권 안을 비행할 것

② 구름을 피하여 비행할 것

③ 비행시정을 2,000m 이상으로 유지하며 비행할 것

④ 지표 또는 수면을 계속하여 볼 수 있는 상태로 비행할 것

참고 항공안전법 시행규칙 제174조

142. 다음 각호의 1에 해당되는 경우에는 기상상태에 관계없이, 계기비행방식에 의하여 비행하여야 한다.

① 5,000m 이상의 고도로 비행하는 경우

② 5,300m 이상의 고도로 비행하는 경우

③ 6,100m 이상의 고도로 비행하는 경우

④ 5,500m 이상의 고도로 비행하는 경우

참고 항공안전법 시행규칙 제181조

정답

107. ② 108. ② 109. ④ 110. ① 111. ③ 112. ③ 113. ③ 114. ① 115. ③ 116. ④ 117. ② 118. ③ 119. ② 120. ④ 121. ④ 122. ③ 123. ② 124. ① 125. ④
126. ③ 127. ④ 128. ② 129. ④ 130. ① 131. ③ 132. ② 133 ② 134. ② 135. ③ 136. ③ 137. ② 138. ② 139. ③ 140. ② 141. ③ 142. ③

[제6장 공역 및 항공교통업무]

143. 항공교통의 관제업무는 다음과 같다. 그 중에서 부적당한 것은?

① 항공기간의 충돌방지에 관한 업무
② 항공기와 장애물간의 충돌방지에 관한 업무
③ 항공교통의 촉진 및 질서유지를 위해 행하는 업무
④ 항공기의 안전운항을 위한 비행방법지시 등에 관한 업무

참고 항공안전법 시행규칙 제228조

144. 항공교통관제업무의 종류는 다음과 같다. 그 중에서 해당되지 않는 것은?

① 비행장관제업무 ② 접근관제업무
③ 특별구역관제업무 ④ 항로관제업무

참고 항공안전법 시행규칙 제228조

145. 항공기의 조종사가 다음의 사유로 인하여 관제탑의 지시를 위반해서 항행할 경우, 다음의 사유와 관계가 없는 것은?

① 기상상태의 변화
② 항공기의 안전항행에 장애가 될 사태
③ 항공기의 비상사태
④ 기타 부득이한 사유

참고 항공안전법 시행규칙 제243조

146. 관제탑과 항공기와의 무선통신이 두절된 경우 사용하는 신호의 종류 및 그 의미는 다음과 같다. 그 중에서 부적당한 것은?

① 연속되는 녹색신호 : 착륙 또는 이륙을 허가한다
② 깜박이는 적색신호 : 착륙을 준비할 것
③ 연속되는 적색신호 : 진로를 양보하고 계속 선회할 것
④ 깜박이는 백색신호 : 착륙하여 계류장으로 갈 것

참고 항공안전법 시행규칙 제194조, 〈별표 26〉

147. 계기비행방식으로 관제구 또는 관제권을 비행하는 경우, 비행계획에는 다음의 사항이 포함되어야 한다. 다음의 사항 중에서 부적당한 것은?

① 항공기의 식별부호
② 탑재장비
③ 순항속도·고도 및 예정항로
④ 당해 항공기승무원의 성명

참고 항공안전법 시행규칙 제184조

148. **항공운송사업 등 항공기(프로펠러 추진 발동기)가 계기비행으로 교체 비행장이 요구될 경우, 항공기에 실어야 할 연료의 양은?**

① 최초의 착륙예정 비행장까지 비행에 필요한 연료의 양에 당해 교체 비행장까지 비행을 마친 후, 다시 순항속도로 55분간 더 비행할 수 있는 양을 더한 양

② 최초의 착륙예정 비행장까지 비행에 필요한 연료의 양에 당해 교체 비행장까지 비행을 마친 후, 다시 순항속도로 50분간 더 비행할 수 있는 양을 더한 양

③ 최초의 착륙예정 비행장까지 비행에 필요한 연료의 양에 당해 교체 비행장까지 비행을 마친 후, 다시 순항속도로 45분간 더 비행할 수 있는 양을 더한 양

④ 최초의 착륙예정 비행장까지 비행에 필요한 연료의 양에 당해 교체 비행장까지 비행을 마친 후, 다시 순항속도로 40분간 더 비행할 수 있는 양을 더한 양

참고 항공안전법 시행규칙 제186조

149. **항공운송사업에 사용되는 항공기를 운항할 경우에는, 다음의 구분에 따라 교체 비행장을 지정하여야 한다. 다음 중에서 부적당한 것은?**

① 이륙공항의 기상상태가 착륙 최저값 미만이거나, 기타의 이유로 이륙공항에 되돌아올 수 없는 경우

② 쌍발 항공기의 1개 발동기가 고장난 상태에서 나머지 순항속도로 비행하여 착륙가능 공항으로부터 1시간을 초과하는 지점이 있는 노선으로 운항하는 경우

③ 3발 이상의 항공기의 경우, 1개 발동기가 고장난 상태에서 순항속도로 2시간 비행하여 착륙이 가능한 경우

④ 계기비행방식에 의하여 운항하는 경우, 최초 착륙 비행장과 그 교체 비행장의 기상예보가 임계값(margin)에 있는 경우

참고 항공안전법 시행규칙 제186조

150. **비행계획의 승인을 얻었거나 비행계획을 통지한 항공기 조종사는 비행 중 당해 항공기의 위치, 비행상태, 기타 필요한 사항을 관제탑에 통지하여야 한다. 다음 사항 중 부적당한 것은?**

① 당해 위치통지점 도착시간과 고도

② 시간으로 표시된 연료 탑재량

③ 다음 위치통지점 도착예정시각(계기비행의 경우)

④ 예보되지 아니한 특수한 기상상태

참고 항공안전법 시행규칙 제191조

151. **국토교통부장관이 제공하는 항공정보의 내용은 다음과 같다. 그 중에서 부적당한 것은?**

① 비행장과 항행안전시설의 공용의 개시·휴지·재개와 폐지에 관한 사항

② 비행장과 항행안전시설의 중요한 변경 및 운용에 관한 사항

③ 항공로 안의 250m 이상 높이의 공역에서 기구계류·부양에 관한 사항

④ 항공교통관제에 관한 사항

참고 항공안전법 시행규칙 제255조

152. **여객운송에 사용되는 항공기의 객실에는 다음과 같이 객실승무원을 태워야 한다. 그 중에서 적당한 것은? (승객수 20인 이상 50인 미만인 경우)**

① 객실승무원수 1인　　② 객실승무원수 2인

③ 객실승무원수 3인　　④ 객실승무원수 4인

참고 항공안전법 시행규칙 제218조

153. **항공운송사업자는 객실승무원에게 다음의 사항을 매년 1회 이상 교육훈련을 실시하여야 한다. 그 중에서 부적당한 것은?**

① 비상시 비상탈출의 조치사항

② 구명동의 구명보트·탈출대·비상구 등의 사용법

③ 기내에서 발생한 환자에 대한 치료 및 위생처리

④ 운송금지 및 무기 등의 보관 등에 관한 사항

참고 항공안전법 시행규칙 제218조

154. **항공운송사업용 항공기 객실에는 다음의 소화기를 비치하여야 한다. 다음 중 부적당한 것은?**

① 좌석수 201석부터 300석까지 소화기의 수 4

② 좌석수 301석부터 400석까지 소화기의 수 5

③ 좌석수 401석부터 500석까지 소화기의 수 6

④ 좌석수 500석 이상 소화기의 수 8

참고 항공안전법 시행규칙 제110조, 〈별표 15〉

155. **다음 중에서 항공운송사업에 사용되는 항공기에 비행자료 기록장치 및 조종실 음성기록 장치를 갖추어야 할 경우란?**

① 최대 이륙중량 6,500kg 이상의 항공기

② 최대 이륙중량 7,500kg 이상의 항공기

③ 최대 이륙중량 5,700kg 이상의 항공기

④ 최대 이륙중량 6,000kg 이상의 항공기

참고 항공안전법 시행규칙 제109조

156. **항공기에 갖추어야 할 비상식량의 양은 다음 중 어느 것인가?**

① 1인당 1일분 이상의 비상식량

② 1인당 2일분 이상의 비상식량

③ 1인당 3일분 이상의 비상식량

④ 1인당 4일분 이상의 비상식량

참고 항공안전법 시행규칙 제110조, 〈별표 15〉

157. **기장이 출발 전에 확인하여야 할 사항은 다음과 같다. 다음 중 부적당한 것은?**

① 당해 항공기와 그 장비품의 정비

② 이륙중량·착륙중량·중심위치 및 중량분포

③ 항행에 필요한 기상정보

④ 당해 항공기의 항행안전에 장애가 될 상태

참고 항공안전법 시행규칙 제136조

정답

143. ④ 144. ③ 145. ② 146. ② 147. ④ 148. ③ 149. ③ 150. ② 151. ③ 152. ① 153. ③ 154. ④ 155. ③ 56. ② 157. ④

[제1장 총칙]

158. 육상비행장에 있어 착륙대의 등급이 C급일 때 그 길이는?

① 2,150m 이상, 2,550m 미만

② 2,000m 이상, 2,150m 미만

③ 1,800m 이상, 2,150m 미만

④ 1,600m 이상, 2,000m 미만

참고 공항시설법 시행규칙 제2조

159. 항공교통관제업무를 수행하는 비행장에서는 다음의 관제통신시설을 갖추어야 한다. 그 중에서 부적당한 것은?

① 항공기와 교신하는 데 필요한 무선전화 송·수신기

② 항공표지시설 및 항공등화시설

③ 비상 주파수 등에 의한 무선전화 송·수신기

④ 적색·녹색 및 백색신호를 보낼 수 있는 신호표시등

참고 공항시설법 시행규칙 제2조

160. 육상비행장, 육상헬기장 시설 중 국토교통부장관의 변경허가를 받아야 할 사항이 아닌 것은?

① 표점의 위치변경

② 격납고 및 급유시설의 신설 및 그 변경

③ 활주로·착륙대·유도로 또는 에이프런의 신설

④ 착륙대의 길이·폭·강도의 변경

참고 공항시설법 시행규칙 제10조

161. 다음 중에서 공항의 기본시설이 아닌 것은?

① 활주로·유도로·계류장 등의 항공기의 이·착륙시설

② 여객터미널, 화물터미널 등 여객 및 화물처리시설

③ 항공기 및 지상조업장비의 점검·정비 등을 위한 시설

④ 관제탑·송수신소·통신소 등의 통신시설

참고 공항시설법 시행규칙 제2조 〈별표 1〉

162. 다음 중에서 비행장 업무일지에 기재하여야 할 사항과 관계가 없는 것은?

① 비행장의 설비상황

② 비행장의 명칭 및 위치

③ 관계기관과의 연락사항

④ 항공기에 의한 비행장의 사용상황

참고 공항시설법 시행규칙 제19조의 3 〈별표 4〉

163. **고광도 항공장애등의 성능은 다음 중에서 어떤 것인가?**

① 점멸하지 아니하는 적색등으로서 광도가 40 칸델라 이상일 것

② 1분당 20회 내지 60회 점멸하는 적색등으로서 실효광도가 2000칸델라 이상일 것

③ 점멸하는 적색등으로서 실효광도가 2000칸델라 이상일 것

④ 1분당 80회 점멸하는 적색등으로서 실효광도가 3000칸델라 이상일 것

참고 공항시설법 시행규칙 제28조 〈별표 10〉

164. **다음 중에서 항공장애등을 설치하여야 하는 구조물은?**

① 장애물 제한표면(진입표면 · 수평표면 · 전이표면 등)에 근접한 고정구조물

② 장애물 제한구역 외의 지역에 설치된 높이 150m 미만의 구조물

③ 장애물 제한구역 외의 지역에 설치된 높이 140m 미만의 구조물

④ 장애물 제한구역 외의 지역에 설치된 높이 130m 미만의 구조물

참고 공항시설법 시행규칙 제28조 〈별표 10〉

165. **공항소음 피해지역을 항공기 소음영향도에 따라 구역별로 지정·고시하여야 한다. 그 중에서 적당한 것은?**

① 소음피해지역 제1종 구역의 소음영향도는 100 이상

② 소음피해지역 제1종 구역의 소음영향도는 95 이상

③ 소음피해지역 제2종 구역의 소음영향도는 80 이상

④ 소음피해지역 제2종 구역의 소음영향도는 90 미만

참고 시행규칙 제271조

166. **국토교통부장관은 비행장 또는 항행안전시설에 대하여 관리검사를 실시해야 한다. 다음 중 정답은?**

① 연 1회 실시한다.

② 연 3회 실시한다.

③ 연 2회 실시한다.

④ 필요시에만 실시한다.

참고 공항시설법 시행규칙 제40조

167. **다음 중에서 공항의 정의를 택하라.**

① 공공용 비행장으로서 항공기의 이륙 · 착륙을 위해 필요한 시설을 설치한 비행장

② 공항시설을 갖춘 공공용 비행장

③ 공공용 비행장으로서 국토교통부장관이 명칭 · 위치 및 구역을 지정한 비행장

④ 공항시설을 갖춘 공공용 비행장으로서 명칭 · 위치 및 구역을 국토교통부장관이 지정하여 고시한 비행장

참고 공항시설법 제2조

168. **공항개발기본계획의 변경에 있어 "대통령령이 정하는 경미한 사항"이라 함은?**

① 3개월 범위 내에서 하는 사업기간의 단축 또는 연장

② 5개월 범위 내에서 하는 사업기간의 단축 또는 연장

③ 6월 범위 내에서 하는 사업기간의 단축 또는 연장

④ 2년의 범위 내에서 하는 사업기간의 단축 또는 연장

참고 공항시설법 제8조

정답

158. ③ 159. ② 160. ② 161. ③ 162. ② 163. ② 164. ① 165. ② 166. ① 167. ④ 168. ④

[제2장 항공운송사업]

169. **정기항공운송사업자는 다음의 사항을 영업소의 보기 쉬운 곳에 비치하여야 한다. 그 중에서 부적당한 것은?**

① 국내선 및 국제선의 노선별 운임 및 요금

② 국내선 및 국제선의 노선별 운임 및 요금의 할인내용

③ 운송약관

④ 운송약관의 내용으로서 필요한 사항

참고 공항시설법 시행규칙 제8조

170. **정기항공운송사업의 면허기준에 관한 다음 사항 중에서 부적합한 것은?**

① 해당 사업의 시작으로 항공교통의 안전에 지장을 줄 염려가 없을 것

② 사업계획서상의 운항계획이 이용자의 편의에 적합할 것

③ 신청인은 당해사업을 수행할 수 있는 재무구조를 보유하고 있을 것

④ 해당 사업에 사용할 항공기의 대수(臺數), 항공기당 좌석 수 및 자본금 등이 국토교통부령으로 정하는 기준에 적합할 것

참고 공항시설법 제8조

171. **정기항공운송사업자가 정하는 운항규정의 기재사항과 무관한 것은?**

① 운항목표 및 관리조직, 운항감독방법, 운항관리의 실시방법

② 항공기승무원 및 기타요원의 지구·항공기 승무원의 편성

③ 이·착륙할 때의 최저 기상상태, 최저 안정비행 고도

④ 기체 및 장비품 등의 정비실시 방법 및 장비 등의 한계사용시간

참고 공항시설법 시행규칙 제8조

정답

169. ④ 170. ③ 171. ④

[제4장 외국인 국제항공운송사업]

172. 다음 중에서 외국의 국적을 가진 항공기로 수송을 금지하는 군수품은?

① 군용기의 각 부품 ② 군용의 의약품

③ 병기와 탄약 ④ 전쟁목적에 사용하는 물품

참고 항공사업법 제58조, 시행규칙 제58조(수송금지군수품)

173. 국제민간항공조약 체약국인 외국정부가 발급한 다음의 각 증명은, 국토교통부장관이 행한 것으로 본다. 그 중에서 해당되지 않는 것은?

① 법 제9조의 규정에 의한 항공기등록증명

② 법 제15조 제1항의 규정에 의한 감항증명

③ 법 제25조 제1항의 규정에 의한 항공종사자의 자격증명

④ 법 제35조 제2항의 규정에 의한 조종교육증명

참고 항공사업법 제54조

174. 국토교통부장관은 외국인 국제항공운송사업자가 다음의 사유가 있을 때에는, 그 면허를 반드시 취소한다. 다음 중에서 해당되는 사유는?

① 사기 기타 부정한 방법으로 허가를 받은 때

② 항공법에 의한 명령·처분에 위반한 때

③ 정당한 사유없이 허가 또는 인가받은 사항을 이행하지 아니한 때

④ 대한민국의 안전에 위해를 가져올 사유가 있을 때

참고 항공사업법 제59조

정답

172. ③ 173. ④ 174. ①

[제7장 보칙]

175. **국토교통부장관은 정기항공운송사업자가 취항하고 있는 공항에 대하여, 다음의 사항은 정기적으로 안전성 검사로 실시하여야 한다. 다음 중에서 검사대상이 아닌 것은?**

① 항공기 운항, 정비 및 지원에 관련된 업무 및 교육훈련

② 항공기 운항허가 및 비상지원 절차

③ 항공여객 취급시설 및 화물취급 시설

④ 항공기 부품과 예비품의 보관 및 급유시설

참고 항공사업법 제73조

176. **국토교통부장관은 다음 각 호의 자에 대하여 그 업무에 관한 보고를 명할 수 있다. 그 중에서 부적당한 것은?**

① 항공기 또는 장비품의 제작·개조·수리 또는 정비를 하는 자

② 공항시설·비행장, 또는 항행안전시설의 설치자 및 관리자

③ 항공종사자

④ 지상조업과 위험물 취급자

참고 항공사업법 제73조

정답

175. ③ 176. ④

[제8장 벌칙]

177. 비행장·공항시설, 또는 항행안전시설을 손괴하거나 기타의 방법으로 항공상의 위험을 발생하게 한 자에 대한 처벌은?

① 사형에 처한다.

② 5년 이상의 징역에 처한다.

③ 2년 이상의 유기징역에 처한다.

④ 무기징역에 처한다.

참고 항공사업법 제78조

178. 항행 중의 항공기를 추락 또는 전복시키거나 파괴한 자에 대한 처벌은?

① 10년 이상의 징역에 처한다.

② 사형, 무기징역 또는 5년 이상의 징역에 처한다

③ 5억원 이하의 벌금에 처한다.

④ 5년 이상의 금고에 처한다.

참고 항공사업법 제78조

179. 업무상 과실 또는 중대한 과실로 공항시설, 또는 항행안전시설을 손괴하거나 항행 중의 항공기를 추락 혹은 전복시키거나 파괴한 자에 대한 처벌은?

① 3년 이하의 징역이나 금고 또는 5천만원 이하의 벌금에 처한다.

② 6천만원 이하의 벌금에 처한다.

③ 2년 이하의 징역이나 금고에 처한다.

④ 3천만원 이하의 벌금에 처한다.

참고 항공사업법 제78조

180. 법이 규정하는 표시를 하지 아니하거나 허위의 표시를 한 항공기를 사용한 소유자에 대한 처벌은?

① 2년 이하의 징역에 처한다.

② 3천만원 이하의 벌금에 처한다.

③ 1년 이하의 징역 또는 2천만원 이하의 벌금에 처한다.

④ 6월 이상의 징역에 처한다.

참고 항공사업법 제79조

181. 항공종사자의 자격이 없는 자가 항공업무에 종사한 때의 처벌은?

① 6월 이상의 징역에 처한다.

② 2년 이하의 징역 또는 1천만원 이하의 벌금에 처한다.

③ 1년 이하의 징역에 처한다.

④ 2천만원 이하의 벌금에 처한다.

참고 항공사업법 제79조

182. **기장이 항공기 안에 있는 자에 대해 직권을 남용하였을 때의 처벌은?**

① 1년 이상 10년 이하의 징역에 처한다.

② 6월 이상 5년 이하의 징역에 처한다.

③ 5천만원 이하의 벌금에 처한다.

④ 3년 이상의 징역에 처한다.

참고 항공사업법 제79조

183. **법에 위반하여 기장이 항공기를 이탈한 때의 처벌은?**

① 3천만원 이하의 벌금에 처한다.

② 3년 이상의 징역에 처한다.

③ 2천만원 이하의 벌금에 처한다.

④ 5년 이하의 징역에 처한다.

참고 항공사업법 제79조

184. **기장 등이 법에 의한 보고·통지를 하지 아니하거나 허위의 보고·통지를 하였을 때의 처벌은?**

① 2천만원 이하의 벌금에 처한다.

② 1천만원 이하의 벌금에 처한다.

③ 5백만원 이하의 벌금에 처한다.

④ 3백만원 이상의 벌금에 처한다.

참고 항공사업법 제84조

185. **법 제153조 제3항 내지 제5항의 규정에 의한 검사를 거부·방해한 자에 대한 처벌은?**

① 500 만원 이하의 벌금에 처한다.

② 300 만원 이하의 벌금에 처한다.

③ 6월의 기간을 정하여 그 업무의 정지를 명한다.

④ 1년의 기간을 정하여 그 업무의 정지를 명한다.

참고 항공사업법 제84조

186. **법 제23조 제1항 및 제2항의 규정에 위반한 자에 대한 처벌은?**

① 300만원 이하의 과태료에 처한다.

② 200만원 이하의 과태료에 처한다.

③ 100만원 이하의 과태료에 처한다.

④ 6월 이하의 기간을 정하여 비행정지를 명한다.

참고 항공사업법 제84조

※ 별칙의 경우 특히 항공안전강화정책에 따라 수시 개정 가능성이 크므로 그 때마다 최신 내용을 확인하는 것이 바람직함.

정답

177.③ 178. ② 179. ① 180. ③ 181. ② 182. ① 183. ④ 184. ③ 185. ① 186. ②

주요 참고문헌

"The Law of international Air Transport", Bin Cheng, 1962

"Le droit arien", Louis Cartou, P.U.F., 1981

"An Introduction to Air Laws", I.H.ph. Die deriks Verschoor, Kluwer Law, 1997

"Aerospace Law", Nicolas Mateesco Matte, Ed. Pedone, 1969

"Air Law", Showcross & Beaumont, 4th Ed. 1961

"Public International Air Transport Law in a New Era", H. A. Wassenbergh, Kluwer, 1988

"International Aviation Relations of Major Powers", Soon-Kil Hong, 1989

"International Air Transport Law", Marek Zylicz, Martinus Nijhoff Publisher, 1992

"International Civil Aviation Organization", Jcacob Schekman, 1955

Annals of Air and Space Law, McGill(1990~), McGill University, Montreal, Canada

Journal of Air Law & Commerce(1990~), Southern Methodist Univ. U.S.A.

"공항운영관리론", 이강석 저, 박영사, 1992

"국제항공법론", 坂本昭雄 저, 유신당, 1992

"항공운송계약법", 손주찬 저, 박영사, 1992

"최신항공법", 송효경 저, 동명사, 1993

"현대항공수송론", 이태원저, 서울컴퓨터프레스, 1991

"항공산업론" 홍순길외 5인 공저, 한국항공대 출판부, 1997

"항공산업론" 유광의·이강석·유문기 공저, 대왕사, 2021

"국제법강의", 이한기 저, 박영사, 1993

"국제항공법", 최완식 저, 한국항공대학교 출판부, 1991

"신항공법강의" 최완식 저, 한국항공대학교 출판부, 1993

"신국내항공법" 홍순길, 신홍균, 양한모, 김칠영, 한국항공대학교 출판부, 1996

"국제항공운송법론", 최준서 저, 삼영사, 1986

"항공보안학", 이강석외 4인 공저, 박영사, 2015

「항공우주법학회지」, 한국 항공우주법학회 발간, 제1호~제20호

「항공산업정책연구」, 한국항공대 항공산업정책연구소간, 제1호~제10호 외 다수

저자약력

홍순길(洪淳吉)

1942년 충북 청주 출생

- 서울대학교 외교학과 및 동 대학원 졸업(국제항공법)
- 미 조지 워싱턴대 대학원 졸업(정치학 박사; 항공정책)
- 대한항공 기획·영업·국제부장, 홍콩·워싱턴 지점장
- 국제민간항공기구(ICAO) 제23차, 제28차, 제32차 총회 및 IATA 회의, 한·미 항공회담 등 국제항공회담 대표
- 한국항공대학교 항공교통학과 교수, 항공산업정책연구 소장, 기획처장 역임.
- 항공우주법학과 교수겸 항공산업대학원장, 한국항공대학교 총장 역임
- 교통부, 법무부, 한국공항공단, 교통개발연구원, 민주평화통일 자문회의 자문위원(항공법, 항공정책)
- 전 각종 항공 종사자 시험 및 5급 승진 출제위원
- 전 한국항공우주법학회 회장, 현 한국항공우주법학회 명예회장
- 한국공공정책학회 전 회장
- 한국국제정치학회 이사
- 한서대학교 항공학부 석좌교수

저서 및 논문

- International Aviation Relations of Major Powers; 주요국가의 국제항공 관계
- Aviation Policy-Making in Korea; 한국의 항공정책 결정
- 일·소의 항공산업과 정책(공저)
- 중국의 민간항공(공저)
- 신국내항공법(공저)
- 신국제항공우주법(공저)
- 남북한민간항공협력
- 항공산업론(공저)
- 국제항공기구론(공저)
- 신항공법정해(공저)외 논문 다수

이강석(李康碩)

1965년 서울 출생

- 한국항공대학교 항공경영학과, 동 대학원 졸업(항공경영 및 항공관리)
- 한국항공대학교 대학원 졸업(이학박사 ; 항공경영 및 항공교통)
- 현 한서대학교 항공교통물류학과 교수
- 한서대학교 항공정보산업대학원장, 기획예산처장, 항공학부장, 항공교통관제교육원장, 항공교통관리학과장 역임
- 미국 오하이오주립대학교(Center for Aviation Studies)객원교수
- 사단법인 한국항공진흥협회 책임연구원
- 국토교통부 자체평가위원(전)
- 국토교통부 항공보안장비인증 심사위원장
- 국토교통부 중앙건설기술심의위원회 위원(전)
- 국토교통부 공항정책포럼 전문위원
- 국토교통부 항공분야 공무원 시험출제 및 채점위원
- 기획재정부 공기업·준정부기관 경영평가위원(전)
- 기획재정부 재정사업평가위원회 분과위원
- 광주광역시 군공항이전 자문위원회 공항정책자문위원
- 보건복지부 경영평가위원
- 인사혁신처 중앙선발시험위원회 시험위원
- 인천공항공사 인천공항발전포럼 분과위원
- 인천광역시 항공정책위원회 전문위원
- 항공안전기술원 비상임이사
- 한국공항공사 건설기술자문위원회 자문위원
- 한국항공우주정책법학회 이사
- 동중앙아시아경상학회 부회장
- 한국항공보안학회 부회장
- 한국항공경영학회 이사
- 한국관광학회 이사

저서 및 논문

- 항공안전이 항공이용자 행동에 미치는 영향(박사학위논문) (The Impact of Aviation Safety over the Consumer's Behaviour)
- 김포국제공항의 수용력 확장에 관한 연구(석사학위논문)
- 민간항공 교관조종사의 리더쉽 핵심역량 모델링 및 중요도와 수행도 비교 연구
- 항공교통문화지수 개발에 관한 연구
- 외국의 항공법 체계 비교를 통한 국내항공법 개정 변화 추이
- 한국의 공항운영 현황과 민영화에 대한 법적 고찰(세계공항의 운영형태 변화와 인천국제공항사법을 중심으로)
- 한국의 항공장애물관리규정 적용에 관한 연구
- MCJ를 이용한 공항서비스 품질지수 평가에 관한 연구
- SHELL 모델에 근거한 학생조종사의 인적 요인에 관한 연구
- 주요국가의 항공보안 관련 법 및 제도의 변화 연구
- SBD(Self Bag Drop) Systems의 보안 및 운영 개선 방안에 대한 연구
- Safety perceptions of trainning pilots based on trainning institution and experience
- Improving the Security and Efficiency of Self Bag Drop Systems: Proposals Based on the Current State of the Technology and Aviation Accident Cases
- A Study on the Legal and Institutional Military UAV Rules in the National
- Airspace System
- 항공산업론(대왕사)
- 신항공법정해(동명사)
- 항공보안학(박영사)
- 공항운영관리론(박영사)